Andreas Moritz
Herausgeber

Klinische Labordiagnostik in der Tiermedizin

Unter Mitarbeit von

Natali Bauer
Pamela Beelitz
Hartwig Bostedt
Martina Dick
Kerstin Fey
Andrea Fischer
Manfred Fürll
Arthur Grabner
Christine Griebsch
Dietmar Hamel
Esther Haßdenteufel
Jutta Hein
Johannes Hirschberger
Anne Hölscher
Elke Huisinga
Stefanie Klenner
Petra Kölle
Rüdiger Korbel
Wilfried Kraft
Petra Kühnlein
Constanze Leuser
Michael Lierz
Reinhard Mischke
Elisabeth Müller
Frank Mutschmann
Reto Neiger
Henner Neuhaus
Stephan Neumann
Alexander Pankraz
Kurt Pfister
Mathias Ritzmann
Christian Salzmann
Matthias Schneider
Ilse Schwendenwein
Martina Stirn
Andrea Tipold
Axel Wehrend

Andreas Moritz
Herausgeber

Klinische Labordiagnostik in der Tiermedizin

7., vollständig überarbeitete und erweiterte Auflage

Der neue Kraft/Dürr

Mit 474 Abbildungen und 286 Tabellen

Schattauer

Bibliografische Information der Deutschen Nationalbibliothek
Die Deutsche Nationalbibliothek verzeichnet diese Publikation in der Deutschen Nationalbibliografie; detaillierte bibliografische Daten sind im Internet über http://dnb.d-nb.de abrufbar.

Besonderer Hinweis:
Die Medizin unterliegt einem fortwährenden Entwicklungsprozess, sodass alle Angaben, insbesondere zu diagnostischen und therapeutischen Verfahren, immer nur dem Wissensstand zum Zeitpunkt der Drucklegung des Buches entsprechen können. Hinsichtlich der angegebenen Empfehlungen zur Therapie und der Auswahl sowie Dosierung von Medikamenten wurde die größtmögliche Sorgfalt beachtet. Gleichwohl werden die Benutzer aufgefordert, die Beipackzettel und Fachinformationen der Hersteller zur Kontrolle heranzuziehen und im Zweifelsfall einen Spezialisten zu konsultieren. Fragliche Unstimmigkeiten sollten bitte im allgemeinen Interesse dem Verlag mitgeteilt werden. Der Benutzer selbst bleibt verantwortlich für jede diagnostische oder therapeutische Applikation, Medikation und Dosierung.
In diesem Buch sind eingetragene Warenzeichen (geschützte Warennamen) nicht besonders kenntlich gemacht. Es kann also aus dem Fehlen eines entsprechenden Hinweises nicht geschlossen werden, dass es sich um einen freien Warennamen handelt.

Hölderlinstraße 3, 70174 Stuttgart, Germany
E-Mail: info@schattauer.de
Internet: www.schattauer.de
Printed in Germany

Die 1. und 2. Auflage sind erschienen im Verlag M. & H. Schaper, Hannover, unter dem Titel „Kompendium der klinischen Laboratoriumsdiagnostik bei Hund, Katze, Pferd“.

Projektleitung: Dipl.-Biol. Sabine Poppe
Lektorat: Dipl.-Biol. Martina Kunze, Ehringshausen
Umschlagabbildungen (von links oben im Uhrzeigersinn): Metamyelozyt Hund, Abklatschpräparat Goldfisch, Blutentnahme aus der V. cephalica bei einem Meerschweinchen, Eipaket von Dipylidium caninum
Satz: Fotosatz H. Buck, Kumhausen
Druck und Einband: Mayr Miesbach GmbH, Druck · Medien · Verlag, Miesbach

Auch als E-Book erhältlich:
ISBN 978-3-7945-6411-8

ISBN 978-3-7945-2737-3

Geleitwort

Die Labordiagnostik nimmt in der Diagnose und Therapiekontrolle veterinärmedizinischer Erkrankungen einen sehr hohen Stellenwert ein. Insbesondere im Bereich der Inneren Medizin beruht oft ein großer Teil der Diagnostik auf Laboruntersuchungen. Gleichzeitig muss der Kliniker sich bewusst sein, dass (abweichende) Laborwerte nicht isoliert betrachtet werden dürfen, sondern stets im Kontext mit der Klinik beurteilt werden müssen.

Die Kenntnis, welche Ursachen zu Abweichungen in den Ergebnissen labordiagnostischer Untersuchungen führen können und welche Folgen ein veränderter Laborwert haben kann, ist essenziell für eine gute Tiermedizin.

Wie viele andere Bereiche der Tiermedizin ist auch die Labordiagnostik ein Feld, welches sich stetig weiterentwickelt. Die 7. Auflage des bewährten Standardwerks wurde von den Autoren komplett überarbeitet, erweitert und aktualisiert. Das übersichtliche Format der Gliederung nach Organsystemen wurde beibehalten. Das Buch umfasst außerdem allgemeine Grundlagen der Befundinterpretation sowie Ausführungen zu Labortechnik und Qualitätskontrolle, inklusive praktischer Hinweise für die Einrichtung eines praxiseigenen Labors. Am Ende des Buches schließen sich mehrere Kapitel zu tierartspezifischen Untersuchungsmethoden an.

Das vorliegende Werk ist aufgrund der übersichtlichen Darstellung sehr gut als Nachschlagewerk für den täglichen Gebrauch geeignet. Es sollte in keiner Praxis fehlen. Durch die Schilderung der physiologischen Grundlagen des jeweiligen Organsystems zu Beginn der Kapitel ist das Buch außerdem ein wertvolles Lehrbuch für Studierende.

Ich wünsche allen Lesern viel Freude bei der Lektüre des Buches und der Erweiterung ihres Wissens auf dem faszinierenden Gebiet der Labordiagnostik.

München,
im September 2013

Katrin Hartmann

Vorwort zur 7. Auflage

Die klinische Laboratoriumsdiagnostik hat in den letzten Jahren eine enorme Weiterentwicklung erfahren. Sie stellt heute eine zunehmend unentbehrliche Säule im differenzialdiagnostischen Prozess dar. Besonders auf dem Gebiet der In-Praxis-Labordiagnostik wurden nicht nur neue Geräte und Methoden bzw. Schnelltests entwickelt, sondern auch die Verfügbarkeit qualitativ hochwertiger Labordiagnostik für die praktizierenden Tierärztinnen und Tierärzte ist deutlich gestiegen. Herausgeber und Verlag haben sich daher entschieden, das seit Jahrzehnten als Standardwerk geltende Fachbuch „Klinische Labordiagnostik in der Tiermedizin" umfangreich zu überarbeiten, um neue Kapitel zu erweitern und dabei gleichzeitig die charakteristische Klarheit und Übersichtlichkeit zu erhalten. Die Referenzbereiche stehen als Übersicht zusammengefasst online zum Download zur Verfügung. Hinsichtlich der den Organsystemen zugeordneten Labordiagnostik sind die neuen Kapitel zu den Akute-Phase-Proteinen und den kardiologischen Parametern zu erwähnen. Bei den Heimtieren/Exoten wurde die Labordiagnostik bei Frettchen und Chinchillas sowie bei Amphibien und Fischen ergänzt.
Eine Erweiterung zum bisherigen Spektrum sind die Kapitel Klinische Labordiagnostik in der pharmazeutischen Industrie, Drug Monitoring, therapeutisches Drug Monitoring, Medikationskontrolle beim Pferd sowie genetische Untersuchungen.
Den bisherigen Herausgebern Prof. Dr. med. vet. Wilfried Kraft und Dr. med. vet. Ulrich M. Dürr, allen Autorinnen und Autoren, die an früheren Auflagen mitwirkten und auch die jetzige Auflage mit gestaltet haben sowie den Autorinnen und Autoren, die neu gewonnen werden konnten, sei herzlich für ihre Mitarbeit gedankt. Mein besonderer Dank gilt dem Schattauer Verlag für die Neuauflage dieses Buches, Frau Dr. med. vet. Marie Teltscher für die initiale Strukturdiskussion, Frau Dipl.-Biol. Sabine Poppe für die Koordination von Autoren und Verlag sowie Frau Dipl.-Biol. Martina Kunze für die Ordnung der äußeren Form.

Herausgeber, Autoren und der Verlag freuen sich, wenn das vorliegende Buch vielfältig zur Hand genommen wird und breite Nutzung erfährt. Kritik, Anregungen und Verbesserungsvorschläge sind jederzeit herzlich willkommen.

Gießen,
im Herbst 2013

Andreas Moritz

Vorwort zur 6. Auflage

Seit der letzten Auflage der „Klinischen Labordiagnostik“ sind nun sechs Jahre vergangen. Daher wurde eine umfangreiche Neubearbeitung erforderlich, die das seit vielen Jahren zum Standardwerk gewordene Fachbuch auf den derzeit neuesten Stand der Wissenschaft bringen musste. Dies stellt bei der raschen Folge neuer Forschungsergebnisse und Erkenntnisse insbesondere auf dem Gebiet der Inneren Medizin, die den größten Teil der Labordiagnostik umfasst, aber auch durch die Fortschritte in Gynäkologie und Chirurgie an die Autoren besondere Anforderungen. Ihnen allen, denjenigen, die bereits an früheren Auflagen beteiligt waren, und den Autorinnen und Autoren, die neu gewonnen werden konnten, sei herzlich gedankt für die Mitarbeit und das Verständnis, das sie den Herausgebern mit deren unermüdlichen Änderungs-, Straffungs- und Kürzungswünschen entgegengebracht haben.

Heimtiere, Vögel und Reptilien spielen in der Tiermedizin eine immer größer werdende Rolle. Dies zeigt sich nicht nur in der ständigen Zunahme der wissenschaftlichen Publikationen in den Fachzeitschriften, sondern auch in der fortschreitenden Spezialisierung der Tierärztinnen und Tierärzte auf diesen Gebieten. Die Herausgeber haben sich daher entschlossen, auch diese Tierarten in der sechsten Auflage zu berücksichtigen. Sie konnten dazu maßgebliche Fachleute gewinnen. Herausgeber und Verlag haben die für die „Klinische Labordiagnostik“ charakteristische Klarheit und Übersichtlichkeit erhalten, indem für einige Tierarten und -klassen spezielle Kapitel eingerichtet wurden.

Für die Referenzbereiche gilt das schon früher Gesagte: Sie gelten für die jeweils angegebenen Untersuchungsverfahren; Abweichungen hiervon führen zu anderen Ergebnissen. Dies zu berücksichtigen ist wichtig! Die angegebenen Referenzbereiche sind daher als Anhaltspunkte zu bewerten. Dies ist besonders dann zu berücksichtigen, wenn Proben in kommerziellen Labors untersucht werden; deren Referenzbereiche sind dann zugrunde zu legen.

Ein ganz besonderer Dank gilt wiederum dem Schattauer Verlag – zum einen weil er den Mut zu einer weiteren Neuauflage aufbrachte, zum anderen weil er wiederum Frau Dr. Gisela Jöhnssen mit dem Lektorat beauftragte. Frau Kollegin Jöhnssen ist bekannt durch ihre außerordentlich sorgfältige und fachkundige Durchsicht der Manuskripte; hieran hat sich auch in dieser Auflage nichts geändert. Frau Dr. Andrea Heinrich hat die äußere Form geordnet. Den beiden Lektorinnen sei herzlich für ihre manchmal nicht ganz einfache, immer aber sehr zeit- und kraftaufwändige Arbeit gedankt.

München und Bremen,
im Frühjahr 2005

Wilfried Kraft
Ulrich M. Dürr

Anschriften

Herausgeber

Prof. Dr. med. vet. Andreas Moritz
Dipl. ECVIM-CA (Internal Medicine)
Assoc. Member ECVCP
Fachtierarzt für Innere Medizin
Fachtierarzt für klinische Laboratoriumsdiagnostik
Justus-Liebig-Universität Gießen
Klinische Pathophysiologie und klinische Laboratoriumsdiagnostik
Frankfurter Straße 126, 35392 Gießen
andreas.moritz@vetmed.uni-giessen.de

Autoren

Priv.-Doz. Dr. (habil.) med. vet. Natali Bauer
Dipl. ECVCP
Fachtierärztin für Innere Medizin der Klein- und Heimtiere
Justus-Liebig-Universität Gießen
Klinische Pathophysiologie und klinische Laboratoriumsdiagnostik
Frankfurter Straße 126, 35392 Gießen
natali.bauer@vetmed.uni-giessen.de

Dr. med. vet. Pamela Beelitz
Dipl. EVPC
Fachtierärztin für Parasitologie
Ludwig-Maximilians-Universität München
Lehrstuhl für Vergleichende Tropenmedizin und Parasitologie
Leopoldstraße 5, 80802 München
pamela.beelitz@tropa.vetmed.uni-muenchen.de

Prof. Dr. med. vet. Dr. h. c. mult. Hartwig Bostedt
Fachtierarzt für Zuchthygiene
Justus-Liebig-Universität Gießen
Klinik für Geburtshilfe, Gynäkologie und Andrologie der Groß- und Kleintiere
Frankfurter Straße 106, 35392 Gießen
hartwig.bostedt@vetmed.uni-giessen.de

Dr. med. vet. Martina Dick
Fachtierärztin für Innere Medizin der Klein- und Heimtiere
Biocontrol Ingelheim
Konrad-Adenauer-Straße 17,
55218 Ingelheim am Rhein
martina.dick@biocontrol.de

Prof. Dr. med. vet. Kerstin Fey
Dipl. ECEIM
Fachtierärztin für Innere Medizin
Justus-Liebig-Universität Gießen
Klinik für Pferde, Innere Medizin
Frankfurter Straße 126, 35392 Gießen
kerstin.fey@vetmed.uni-giessen.de

Prof. Dr. med. vet. Dr. med. vet. habil. Andrea Fischer
Dipl. ECVN, Dipl. ACVIM (Neurologie)
Fachtierärztin für Innere Medizin
Ludwig-Maximilians-Universität München
Medizinische Kleintierklinik
Veterinärstraße 13, 80539 München
andrea.fischer@med.vetmed.uni-muenchen.de

apl. Prof. Dr. med. vet. Manfred Fürll
Dipl. ECBHM
Fachtierarzt für Innere Medizin
Fachtierarzt für Rinderkrankheiten
Universität Leipzig
Medizinische Tierklinik
An den Tierkliniken 11, 04103 Leipzig
mfuerll@vetmed.uni-leipzig.de

Prof. Dr. med. vet. Dr. med. vet. habil. Arthur Grabner
Fachtierarzt für Innere Medizin
Fachtierarzt für Pferde
Sanddornweg 1, 85551 Kirchheim
grabner.arthur@web.de

Dr. med. vet. Christine Griebsch
Dipl. ECVIM-CA
Fachtierärztin für Innere Medizin der Klein- und Heimtiere
University Veterinary Teaching Hospital Sydney
65 Parramatta Road
Camperdown NSW 2006, Australien
c.griebsch@gmx.de

Dr. med. vet. Dietmar Hamel
Dipl. EVPC
Fachtierarzt für Parasitologie
Merial GmbH
Kathrinenhof Research Center, Walchenseestraße 8–12,
83101 Rohrdorf-Lauterbach
dietmar.hamel@merial.com

Dr. med. vet. Esther Haßdenteufel
Dipl. ACVECC
Justus-Liebig-Universität Gießen
Klinik für Kleintiere, Innere Medizin
Frankfurter Straße 126, 35392 Gießen
esther2308@aol.com

Dr. med. vet. Jutta Hein
Zusatzbezeichnung Heimtiere/Kleinsäuger
Flemingstraße 22, 86391 Stadtbergen
dr.hein@heimtieraerztin.de

Prof. Dr. med. vet. Dr. med. vet. habil. Johannes Hirschberger
Dipl. ECVIM-CA (Oncology),
Dipl. ECVIM-CA (Internal Medicine),
hon. Dipl. ECVCP
Fachtierarzt für Innere Medizin
Fachtierarzt für Innere Medizin der Kleintiere
Fachtierarzt für Klinische Labordiagnostik
Ludwig-Maximilians-Universität München
Medizinische Kleintierklinik
Veterinärstraße 13, 80539 München
hirschberger@lmu.de

Dr. med. vet. Anne Hölscher
KleintierKlinik Hannover
Hildesheimer Straße 386, 30519 Hannover
dr.hoelscher@vet-praxis.de

Dr. med. vet. Elke Huisinga
Fachtierärztin für Kleintiere
Vet Med Labor GmbH
Division of IDEXX Laboratories
Mörikestraße 28/3, 71611 Ludwigsburg
elke-huisinga@idexx.com

Dr. med. vet. Stefanie Klenner
Dipl. ECVCP
scil animal care company GmbH
Dina-Weißmann-Allee 6, 68519 Viernheim
stefanie.klenner@scilvet.com

Priv.-Doz. Dr. med. vet. Petra Kölle
Fachtierärztin für Fische inkl. Teilgebiet Zierfische
Fachtierärztin für Reptilien
Zusatzbezeichnung Ernährungsberatung (Kleintiere)
Andreas-Wagner-Straße 1A,
85640 Solalinden
dr.petra.koelle@gmx.de

Univ.-Prof. Dr. med. vet. Dr. med. vet. habil. Rüdiger Korbel
Dipl. ECZM (Avian)
Fachtierarzt für Geflügel einschl. Teilgebiete Zier-, Zoo-, Wild- und Greifvögel
Zusatzbezeichnung Augenheilkunde
Ludwig-Maximilians-Universität München
Klinik für Vögel, Reptilien, Amphibien und Zierfische
Sonnenstraße 18, 85764 Oberschleißheim
korbel@vogelklinik.vetmed.uni-muenchen.de

Prof. Dr. med. vet. Dr. med. vet. h. c. Wilfried Kraft
Ludwig-Maximilians-Universität München
Medizinische Kleintierklinik
Veterinärstraße 13, 80539 München
wilfried.kraft@med.vetmed.uni-muenchen.de

Dr. rer. nat. Petra Kühnlein
LABOKLIN GmbH & Co. KG
Abteilung Molekularbiologie
Steubenstraße 4, 97688 Bad Kissingen
kuehnlein@laboklin.de

Dr. med. vet. Constanze Leuser
Biocontrol Ingelheim
Konrad-Adenauer-Straße 17,
55218 Ingelheim
constanze.leuser@biocontrol.de

Prof. Dr. med. vet. Michael Lierz
DZooMed, Dipl. ECZM (WPH), Dipl. ECPVS
Fachtierarzt für Geflügel und Ziervögel
Fachtierarzt für Zoo-, Wild- und Gehegetiere
Fachtierarzt für Mikrobiologie
Zusatzbezeichnung Artenschutz
Justus-Liebig-Universität Gießen
Klinik für Vögel, Reptilien, Amphibien und Fische
Frankfurter Straße 91–93, 35392 Gießen
Michael.Lierz@vetmed.uni-giessen.de

Prof. Dr. med. vet. Reinhard Mischke
Dipl. ECVIM-CA (Internal Medicine)
Fachtierarzt für Innere Medizin
Fachtierarzt für klinische Laboratoriumsdiagnostik
Stiftung Tierärztliche Hochschule Hannover
Klinik für Kleintiere
Bünteweg 9, 30559 Hannover
reinhard.mischke@tiho-hannover.de

Prof. Dr. med. vet. Andreas Moritz
Dipl. ECVIM-CA (Internal Medicine)
Assoc. Member ECVCP
Fachtierarzt für Innere Medizin
Fachtierarzt für klinische Laboratoriumsdiagnostik
Justus-Liebig-Universität Gießen
Klinische Pathophysiologie und klinische Laboratoriumsdiagnostik
Frankfurter Straße 126, 35392 Gießen
andreas.moritz@vetmed.uni-giessen.de

Dr. med. vet. Elisabeth Müller
LABOKLIN GmbH & Co. KG
Steubenstraße 4, 97688 Bad Kissingen
mueller@laboklin.de

Dr. med. vet. Frank Mutschmann
Dipl. ECZM (Herpetology)
Fachtierarzt für Reptilien
Fachtierarzt für Parasitologie
Erich-Kurz-Straße 7, 10319 Berlin
mutschmann@exomed.de

Prof. Dr. med. vet. Reto Neiger, PhD
Dipl. ACVIM, Dipl. ECVIM-CA
Fachtierarzt für Innere Medizin
der Klein- und Heimtiere
Justus-Liebig-Universität Gießen
Klinik für Kleintiere, Innere Medizin
Frankfurter Straße 126, 35392 Gießen
reto.neiger@vetmed.uni-giessen.de

Dr. med. vet. Henner Neuhaus
Fachtierarzt für Fische
An der Baumschule 23, 21762 Otterndorf
henner.neuhaus@fisch-tierarzt.de

Prof. Dr. med. vet. Stephan Neumann
Dipl. ECVCP
Fachtierarzt für Kleintiere und Labordiagnostik
Georg-August-Universität Göttingen
Tierärztliches Institut Kleintierklinik
Burckhardtweg 2, 37077 Göttingen
sneuman@gwdg.de

Dr. med. vet. Alexander Pankraz
Dipl. ECVCP
Biocontrol Ingelheim
Konrad-Adenauer-Straße 17,
55218 Ingelheim
alexander.pankraz@biocontrol.de

Prof. Dr. med. vet. Kurt Pfister
Dipl. EVPC
Fachtierarzt für Parasitologie und Tropenveterinärmedizin
Ludwig-Maximilians-Universität München
Lehrstuhl für Vergleichende Tropenmedizin und Parasitologie
Leopoldstraße 5, 80802 München
kurt.pfister@tropa.vetmed.uni-muenchen.de

Prof. Dr. med. vet. Mathias Ritzmann
Dipl. ECPHM
Ludwig-Maximilians-Universität München
Zentrum für Klinische Tiermedizin
Klinik für Schweine
Sonnenstraße 16, 85764 Oberschleißheim
schweineklinik@med.vetmed.uni-muenchen.de

Christian Salzmann
scil animal care company GmbH
Dina-Weißmann-Allee 6, 68519 Viernheim
christian.salzmann@scilvet.com

Prof. Dr. med. vet. Matthias Schneider
Dipl. ECVIM-CA (Cardiology)
Justus-Liebig-Universität Gießen
Klinik für Kleintiere, Innere Medizin
Frankfurter Straße 126, 35392 Gießen
matthias.a.schneider@vetmed.uni-giessen.de

Ass.-Prof. Dr. med. vet.
Ilse Schwendenwein
Dipl. ECVCP
Veterinärmedizinische Universität Wien
Department für Pathobiologie, Plattform
Labordiagnostik
Veterinärplatz 1, 1210 Wien, Österreich
ilse.schwendenwein@vetmeduni.ac.at

Dr. med. vet. Martina Stirn
Dipl. ECVCP
Universität Zürich
Vetsuisse Fakultät, Veterinärmedizinisches Labor
Winterthurerstraße 260,
8057 Zürich, Schweiz
mstirn@vetclinics.uzh.ch

Prof. Dr. med. vet. Andrea Tipold
Dipl. ECVN
Fachtierärztin für Veterinärneurologie
Tierärztliche Hochschule Hannover
Klinik für kleine Haustiere
Bünteweg 9, 30559 Hannover
atipold@klt.tiho-hannover.de

Prof. Dr. med. vet. Axel Wehrend
Dipl. ECAR
Fachtierarzt für Reproduktionsmedizin
Justus-Liebig-Universität Gießen
Klinik für Geburtshilfe, Gynäkologie und Andrologie der Groß- und Kleintiere
Frankfurter Straße 106, 35392 Gießen
axel.wehrend@vetmed.uni-giessen.de

Inhalt

Grundlagen

Organsysteme und Stoffwechselparameter

Zytologie, Mikrobiologie und Parasitologie

Spezielle Untersuchungen und Labordiagnostik ausgewählter Tierspezies

Anhang

Grundlagen

1 Referenzintervalle – Referenzlimits

Ilse Schwendenwein

1.1 Einleitung

Zur sinnvollen Planung und korrekten Interpretation labordiagnostischer Untersuchungsergebnisse müssen folgende Punkte beachtet werden:

- umfassende klinische Untersuchung,
- ausführliche Anamnese, einschließlich vorangegangener Therapiemaßnahmen bzw. Dauermedikationen (Medikamente können den Labormesswert sowohl biologisch als auch analytisch beeinflussen)
- Kenntnis der pathophysiologischen Mechanismen, die Laborresultate verändern können
- Problembewusstsein hinsichtlich präanalytischer, analytischer und postanalytischer Fehlerquellen
- Vergleich der Messwerte mit adäquaten Referenzintervallen (RI)
- Verwendung adäquater medizinisch diagnostischer Grenzwerte (medical decision limits)

Jeder Laborbefund bedarf einer klinischen Interpretation!

1.2 Referenzintervalle

Zur Beurteilung von Laborergebnissen werden die Messwerte eines Patienten mit dem **Referenzintervall (RI)** des entsprechenden Analyseparameters verglichen. Das RI wird mit statistischen Verfahren aus den Messwerten des **Referenzbereichs** berechnet, der alle Messwerte, die an einer repräsentativen Anzahl gesunder Individuen ermittelt wurde, umfasst. Das untere und obere **Referenzlimit** begrenzen das RI. Die traditionellen Begriffe wie »Normalwert« oder »Normwert« sollten vermieden werden, da »Norm« und »Normalität« in der Medizin nicht eindeutig definiert werden können (Grasbeck und Saris 1983). Das Präfix »Referenz«, das sich vom lateinischen »refere« (sich auf etwas beziehen) ableitet, impliziert, dass es sich bei einem RI um ein Bezugssystem zwischen einem Analysenwert eines Patienten und Messwerten der gesunden Vergleichspopulation, aus der der Patient stammt, handelt. Dieses Referenzsystem ist jedoch nur für die jeweilige Analysemethode anwendbar. Daraus ergibt sich, dass das RI eines Labormesswertes nur für die jeweilige Population und Untersuchungsmethode gültig ist. Jedes Labor muss daher die RIs bei Einführung einer neuen Messgröße oder geänderten Untersuchungsmethoden überprüfen oder, falls nötig, neu ermitteln.

Die RIs können in Abhängigkeit von Analysemethode und Referenzpopulation sehr stark variieren.

Daher wird für jedes Großlabor die Erstellung eigener RIs empfohlen. Dies ist ein arbeitsaufwendiges, kostenintensives und sehr komplexes Verfahren.

1

Ermittlung von Referenzintervallen

Bei einer De-novo-Erstellung von RIs müssen folgende Punkte beachtet werden:
- exakte Charakterisierung der gesunden Referenzpopulation,
- Definition der präanalytischen Bedingungen,
- Definition der analytischen Prozesse,
- Definition der statistischen Bearbeitung der erhobenen Daten.

Referenzpopulation

Der Begriff »Gesundheit« ist nach den Kriterien der WHO als Zustand vollkommenen physischen, mentalen und sozialen Wohlbefindens definiert.

Diese WHO-Kriterien sind in der Veterinärmedizin nur schwer zu erheben und zu beurteilen. Daher muss die Referenzpopulation möglichst genau charakterisiert werden, indem Rasse, Alter, Geschlecht, Haltungsformen, Produktionsstatus etc. sowie Ein- und Ausschlusskriterien genau beschrieben werden. Eine Referenzpopulation soll möglichst **repräsentativ** für die zu untersuchende Patientengruppe sein. Bei ihrer Auswahl ist daher auf eine gleichmäßige Verteilung bestimmter Variablen, wie z. B. Rasse oder Gewichtsklasse, zu achten. Eine weitere Schwierigkeit liegt in der großen Anzahl der Individuen, die untersucht werden muss. Nach den offiziellen Empfehlungen der IFCC (International Federation of Clinical Chemistry) und CLSI (Clinical Laboratory Standards Institute) sollte eine Referenzpopulation mindestens 120 Individuen umfassen – zumindest sollten es nicht weniger als 80 sein. Diese Bedingungen können in der Veterinärmedizin, man denke an exotische Spezies, nur selten erfüllt werden. Die Referenzwerte kleinerer Kollektive müssen mit speziellen »robusten« statistischen Methoden bearbeitet werden, um zu einem RI zu gelangen.

Präanalytische Bedingungen

Präanalytische Bedingungen wie die Vorbereitung der Patienten (fasten, Tageszeit) sowie Modalitäten der Probenentnahme und -vorbereitung (Antikoagulans, Lagerung etc.) beeinflussen die Messergebnisse und müssen daher genau definiert und konsequent eingehalten werden.

Analyseverfahren – Bestimmungsmethode

Die analytischen Charakteristika einer Untersuchungsmethode, wie z. B. das verwendete Instrument und die Art der Methode (z. B. Zusammensetzung der Reagenzien), müssen detailliert beschrieben werden, da sie ebenfalls zu einer großen Variationsbreite der verschiedenen RIs beitragen. Erstaunlicherweise fehlen vor allem in älteren Literaturstellen sehr häufig Angaben zu den verwendeten Analysemethoden, sodass Vergleiche nur schwer oder gar nicht möglich sind. Qualitätsrelevante Spezifikationen wie Angaben zur Reproduzierbarkeit **(Präzision)** und **Richtigkeit** (Vergleichbarkeit mit einer aufwendigen Referenzmethode) sowie zu Interferenzen (z. B. Beeinflussung durch Hämolyse) der verwendeten Methode sind ebenfalls erforderlich. Sie erlauben eine bessere Einschätzung, ob abweichende Werte tatsächlich durch einen veränderten Stoffwechsel des Patienten oder nur durch methodische Schwankungen (Messungenauigkeiten) verursacht werden.

Statistische Bearbeitung

Für die statistische Bearbeitung der Daten gibt es mittlerweile entsprechende Software (entweder von speziellen Firmen, wie z. B. MedCalc®, MedCalc-Software, Mariakerke, Belgien; analyze-it®, Analyse-it-Software Ltd, Leeds, UK; oder auch frei im Internet, wie z. B. das Programm »Reference Value Advisor« unter http://www.biostat.envt.fr/spip/spip.php?article63). Damit ist die statistische Auswertung operativ zwar wesentlich einfacher, aber nicht weniger komplex geworden. Eine systematische Herangehensweise sowie deren Dokumentation sind daher unerlässlich. Zunächst wird eine **Häufigkeitsverteilungskurve** (Histogramm) der Daten angefertigt (**Abb. 1.1**). Diese erlaubt eine visuelle Beurteilung der Daten und die Identifikation potenzieller Ausreißer. Diese Ausreißer müssen nochmals hinsichtlich Eingabefehler sowie präanalytischer und analytischer Fehler überprüft werden. Lassen sich dabei keine plausiblen Ursachen für die Abweichung identifizieren, so werden verschiedene statistische Verfahren (z. B. Tukey oder Dixon-Reed) angewendet, um zu entscheiden, ob die Werte inkludiert oder eliminiert werden. Die generelle Empfehlung lautet jedoch, vor allem für kleine Probandenkollektive, dass die Werte eher beibehalten als verworfen werden sollten. Anschließend werden die Werte auf eine Normalverteilung geprüft. Ist diese gegeben (**Abb. 1.1a**), so kann das RI mit klassischen, sog. parametrischen Methoden (Mittelwert ± 2-fache Standardabweichung) berechnet werden. Eine **Normalverteilung** schließt die zentralen 95 % aller Beobachtungen ein. Allerdings sind normalverteilte Referenzwerte eher selten, viel häufiger sind links-steile Kurven (**Abb. 1.1b**) und seltener rechts-steile Kurven zu beobachten. In diesen Fällen muss das RI mittels einer nicht parametrischen Methode, der sog. Perzentil-Methode, bestimmt werden. Meist wird das **95 %-Perzentil-Intervall** gewählt. Die erhaltenen Messwerte werden in aufsteigender Reihenfolge sortiert und die oberen und unteren 2,5 % der Daten ausgeschlossen. Ist es wie bei den meisten Enzymaktivitäten sinnvoll, nur eine Obergrenze zu bestimmen, so werden nur 2,5 % der Messwerte am oberen Ende eliminiert. In diesen Fällen ergibt sich ein **97,5 %-Perzentil-Intervall**. Nicht normalverteilte Messdaten können durch Transformation (z. B. Logarithmierung bei Linkssteilheit) in normalverteilte Daten umgewandelt werden und nach der konventionellen Methode bearbeitet werden. Bei kleinen Probandenkollektiven (n = < 80) sollte unbedingt der gesamte Referenzbereich (Minimal- und Maximalwert) angegeben werden. Zur Berechnung eines RI werden sog. robuste Methoden verwendet. Dabei werden durch Iterationen (Näherungsverfahren, bei dem immer gleiche Rechenoperationen durchgeführt werden, um eine exakte Lösung zu berechnen) der Medianwert und die Streuung der Werte berechnet. Üblicherweise werden mit den **Grenzwerten (Referenzlimits)** auch die sog. **Konfidenzintervalle (Vertrauensbereiche)** angegeben. Diese beschreiben, in welchem Bereich sich der Grenzwert der Gesamtpopulation bei einem bestimmten Wahrscheinlichkeitslevel (meist werden 90 % gewählt) befindet. Sind nur wenige Messdaten vorhanden, so sind diese Grenzen meist sehr weit, oder lassen sich nur schwer bestimmen, das heißt, die Referenzlimits sind ungenauer.

Transferverfahren

Die Ermittlung von RIs ist also aufwendig und teuer. Artenvielfalt, unterschiedliche Haltungsbedingungen, die Schwierigkeit, ausreichend große Probandenkollektive

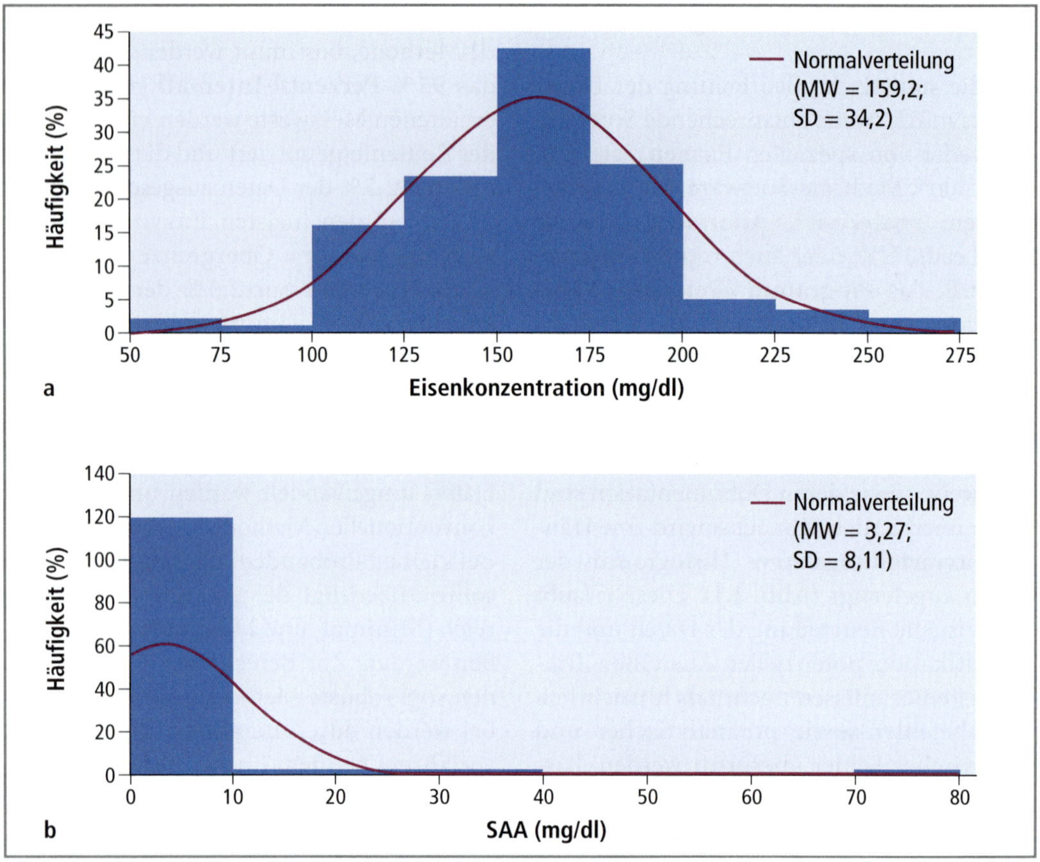

Abb. 1.1 Häufigkeitsverteilung verschiedener Serumparameter bei klinisch gesunden Pferden (n = 120). Die Balken repräsentieren die Anzahl der Individuen, die einen bestimmten Messwert aufweisen. Die rote Linie repräsentiert die Normalverteilung (MW = Mittelwert, SD = Standardabweichung).
a) Serumeisenkonzentration: **Normalverteilung**
b) Serum-Amyloid-A-Konzentration (SAA): **nicht normal verteilte** Daten (Linkssteilheit der Kurve)

zu rekrutieren, und beschränkte finanzielle Ressourcen gestalten diese Verfahren in der Veterinärmedizin besonders schwierig. Selbst in der Humanmedizin wird von offizieller Seite darauf hingewiesen, dass die Erwartung, dass jedes Labor seine eigenen RIs generiert, unrealistisch ist. Daher wurden Transferverfahren entwickelt, die überprüfen, ob übernommene populationsspezifische RIs gültig sind. die nunmehr auch auf breiter Basis akzeptiert und empfohlen werden (CLSI 2008, Petitclerc et al. 1983).

Bei der Anwendung solcher Transferverfahren müssen folgende drei Punkte möglichst genau erfüllt werden:

- Das übernommene Referenzintervall (RI Trans) soll nach den oben beschriebenen klassischen Bedingungen ermittelt worden sein.
- Die analytischen Methoden müssen gut vergleichbar oder identisch sein.
- Die Patientenpopulationen müssen vergleichbar oder identisch sein.

Sind diese Bedingungen erfüllt, so werden 20 gesunde Individuen der Referenzpopulation untersucht. Anschließend werden die erhaltenen Messwerte mit dem zu überprüfenden RI verglichen. Hier ergeben sich drei Möglichkeiten (**Abb. 1.2**):

- Ist die Anzahl der Messwerte außerhalb des zu übernehmenden RI Trans < 2 (< 10 %), so kann das Referenzintervall übernommen werden.
- Ist die Anzahl der Messwerte außerhalb des RI Trans > 5 (> 25 %), so muss ein neues RI konventionell ermittelt werden.
- Ist die Anzahl der Messwerte außerhalb des RI Trans > 2 aber < 5, so kann ein weiteres Kollektiv von 20 gesunden Probanden untersucht werden – wenn in diesem Kollektiv < 2 Ergebnisse außerhalb des RI liegen, so kann das RI akzeptiert werden. Liegen wieder mehr als zwei Werte außerhalb des RI Trans, so muss ein eigenes Referenzintervall konventionell ermittelt werden.

Interpretation der Laborresultate

Bei der Interpretation von Laborresultaten ist zu berücksichtigen, dass das RI nur 95 % der Referenzpopulation erfasst. Wenn von 20 gesunden Probanden ein Messwert bestimmt wird, so ist zu erwarten, dass ein Individuum [(20 – (0,95*20) = 20 – 19 = 1] einen Messwert außerhalb des RI aufweist. Naturgemäß wird dieser Messwert nur we-

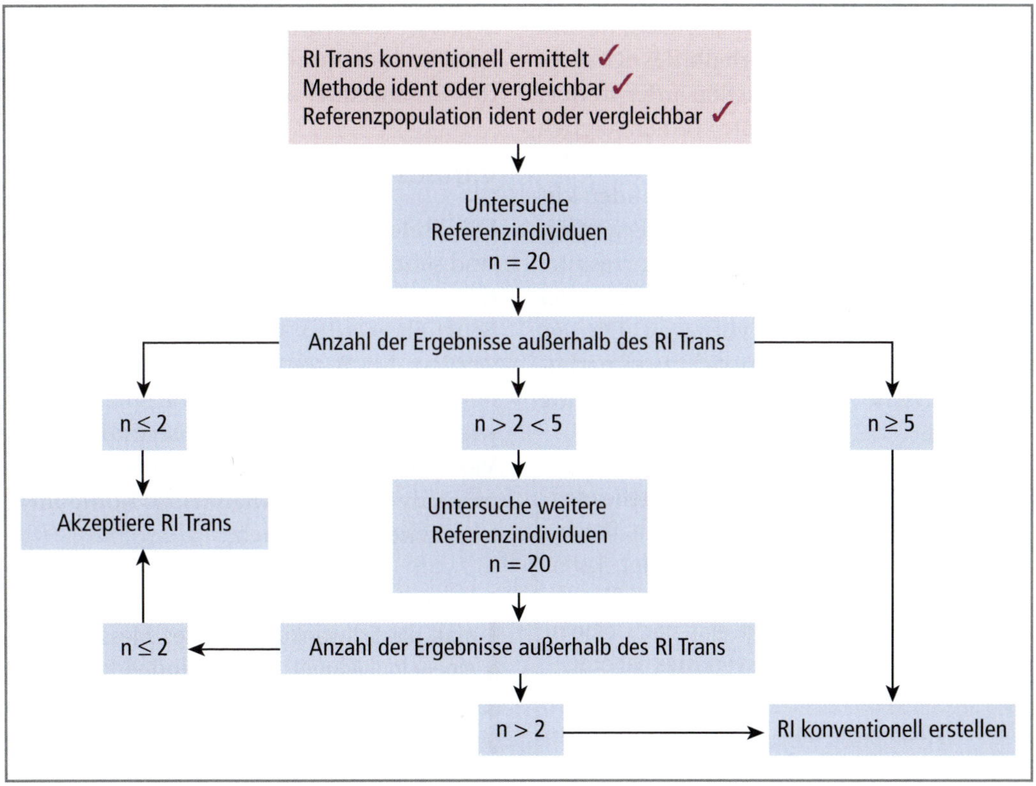

Abb. 1.2 Algorithmus zum Transfer eines Referenzintervalls (RI Trans) für eine neue Methode bzw. einen neuen Analysenwert

1

nig vom oberen oder unteren Referenzlimit abweichen. Dasselbe gilt auch für multivariate Auswertungen. Das heißt, wenn mehrere unabhängige Messgrößen bei einem klinisch gesunden Patienten bestimmt werden, erhöht sich die Wahrscheinlichkeit, dass ein Wert außerhalb des RI liegt. Werden nun z. B. 20 verschiedene, voneinander unabhängige Messgrößen bei einem klinisch gesunden Patienten bestimmt, so besteht für jede einzelne Messgröße eine 5%ige Chance, außerhalb des RI zu liegen. Oder anders ausgedrückt: Es besteht eine Chance von [100*(1–0,95*20)] = 64 %, dass mindestens ein Messwert außerhalb des Referenzbereichs liegt. Dies ist bei der Interpretation von Laborresultaten, die im Rahmen von Vorsorgeuntersuchungen an klinisch gesunden Patienten erhoben wurden, unbedingt zu berücksichtigen. Das erklärt auch, warum ein Labormesswert außerhalb des RI nicht per se als Krankheitszeichen interpretiert werden darf. Laborresultate können folglich nur im Zusammenhang mit einer gründlichen Anamnese und einer eingehenden klinischen Untersuchung korrekt interpretiert werden. Außerdem kann ein Laborresultat innerhalb des RI liegen, obwohl eine oder mehrere Erkrankungen vorliegen. Dies ist z. B. dann der Fall, wenn sich zwei pathophysiologische Mechanismen gegenseitig aufheben.

Beispiele: Ein Patient mit einer bestehenden Anämie, der durch einen schweren Brechdurchfall eine Dehydratation erleidet, kann einen Hämatokritwert innerhalb des RI aufweisen. Die Anämie wird erst nach einem Ausgleich des Flüssigkeitsverlustes labordiagnostisch fassbar.
Eine Hypoproteinämie kann eine Fruktosaminkonzentration im RI trotz persistierender Hyperglykämie verursachen!

Individuelle Referenzwerte

Neben den oben beschriebenen **populationsspezifischen Referenzwerten** können auch **individuelle Referenzwerte** zur Beurteilung eines Patienten herangezogen werden. Bei exotischen Spezies, für die keine ausreichend großen Probandenkollektive zur Ermittlung von Referenzwerten vorhanden sind, empfiehlt es sich, im Rahmen von Vorsorgeuntersuchungen Labormesswerte zu erheben. Diese können dann im Krankheitsfall zum Vergleich herangezogen werden. Aber auch für gut untersuchte Spezies können Laborresultate, die während Vorsorgeuntersuchungen am gesunden Patienten erhoben wurden, die Beurteilung des Patienten im Krankheitsfall erleichtern. Eine wichtige Voraussetzung für die Anwendbarkeit solcher intraindividuellen Vergleiche ist jedoch, dass immer die gleiche Analysemethode verwendet wird.

Varianz

Die Referenzbereiche vieler Messgrößen sind sehr weit, weshalb der Zustand des Patienten in diesen Fällen nur sehr ungenau beurteilt werden kann. Diese weiten RIs werden durch sog. **Varianzkomponenten**, nämlich der biologischen Varianz, die sich wiederum aus intra- und interindividueller Varianz und der analytischen Varianz, die präanalytische und analytische Komponenten aufweist, verursacht.

Unter **intraindividueller Varianz** versteht man die Schwankungen eines Messwertes in einem Individuum. Die **interindividuelle** oder auch **Gruppenvarianz** beschreibt die unterschiedlichen Messwerte der Individuen einer Gruppe.

Zur Bestimmung der Varianzkomponenten werden an einer kleineren Probandengruppe von sechs bis zwölf gesunden Tieren über einen längeren Zeitraum Laboranalysen unter konstanten Bedingungen mit Doppelbestimmungen (zur Bestimmung der analytischen Varianz) durchgeführt und statistisch bearbeitet. Anhand der Ergebnisse einer **Varianzkomponentenanalyse** können die einzelnen Varianzkomponenten bestimmt werden. Aus diesen wiederum kann die **kritische Differenz** berechnet werden. Mithilfe dieser lässt sich beurteilen, ob die Unterschiede zwischen sequenziellen Laborresultaten durch eine Änderung des Zustandes des Patienten oder nur durch methodische und/oder individuelle Schwankungen bedingt sind:

- Ist die beobachtete Differenz zwischen zwei Messwerten größer als die kritische Differenz, so ist davon auszugehen, dass sich der Zustand des Patienten tatsächlich verändert hat.
- Sind für eine Tierart oder Untersuchungsmethode keine Daten zur kritischen Differenz vorhanden, so kann die Präzision der Bestimmungsmethode als Richtwert herangezogen werden.
- Ist die Differenz sequenzieller Untersuchungsergebnisse größer als das Dreifache der Standardabweichung der Analysemethode, so ist die Differenz mit hoher Wahrscheinlichkeit auf eine Zustandsänderung des Patienten und keine analytische Schwankung zurückzuführen.

Die Standardabweichung kann den Methodenblättern der Hersteller entnommen werden. Es ist jedoch empfehlenswert, diese Angaben durch eigene Untersuchungen zu überprüfen.

Mithilfe der Varianzkomponentenanalyse kann man auch beurteilen, ob für die Interpretation einer Messgröße populationsspezifische oder individuelle Referenzwerte besser geeignet sind (Jensen und Aaes 1993, Pagitz et al. 2007). Manche Messgrößen sind intraindividuell sehr eng gefasst, während sie interindividuell eine große Spannbreite besitzen – in letzteren Fällen ist das RI meist sehr weit und erschwert daher die Beurteilung des Einzelindividuums. Wenn ein Individuum erkrankt, das seinen Messwert im gesunden Zustand im unteren Bereich des RI fixiert hat, kann es sein, dass bereits diagnostisch bedeutsame Veränderungen des Messwertes noch innerhalb des populationsspezifischen RI bleiben und damit nicht erkannt werden. In diesem Fall wird der Patient fälschlich als gesund eingestuft (falsch negativ). Bei Patienten, die ihren individuellen Messwert im oberen Grenzbereich fixiert haben, werden jedoch schon kleine Abweichungen detektiert. Auch diese Tatsache unterstreicht, wie wichtig die klinische Beurteilung eines Patienten ist. Zur Illustration sind in **Abb. 1.3** die Ergebnisse einer Langzeitstudie dargestellt, die die Varianzkomponenten von Kreatinin untersuchte (Pagitz et al. 2007). Im Rahmen dieser Studie wurde gesunden Hunden in einem Zeitraum von 6 Monaten in zweiwöchigen Abständen Blut entnommen. Für jedes Individuum und für die gesamte Gruppe sind vergleichend zum RI des Labors die Mittelwerte und die zweifache Standardabweichung grafisch dargestellt. Die Kreatininkonzentrationen der Tiere 8 und 9 weisen eine sehr geringe intraindividuelle Schwankung im unteren Referenzbereich auf. Tier 16 zeigt eine große individuelle Schwankung, der Mittelwert liegt nahe am oberen Referenzlimit. Mit der Erstellung eigener RIs für verschiedene Subgruppen, wie z. B. verschiedene Hunderassen, wird häufig versucht, die diagnostische Sicherheit der Patientenbeurteilung anhand von Vergleichen mit RIs zu verbessern. Dies ist jedoch nur bedingt zielfüh-

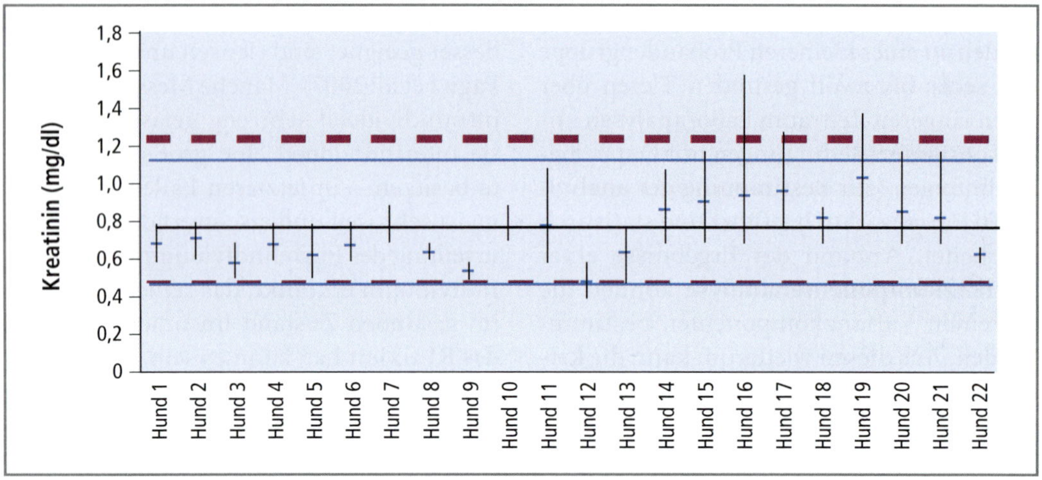

Abb. 1.3 Langzeitstudie (6 Monate): Plasmakreatininkonzentrationen bei gesunden Hunden (n = 22). Die Längsbalken stellen den Minimal-, Mittel- und Maximalwert des Einzelindividuums über den Beobachtungszeitraum dar. - - - - oberes und unteres Referenzlimit ——— ± 2 SD (Standardabweichung) der Population ——— Mittelwert der untersuchten Population

rend, da diese RIs immer an die verwendete Methode angepasst werden müssen, sodass sowohl der logistische als auch der finanzielle Aufwand extrem hoch sind. Die grundlegende Problematik von RIs in der Diagnostik wird dadurch nicht wesentlich verbessert. Die Unterschiede zwischen den Gruppen sind oft so gering, dass bezweifelt werden muss, ob sie nicht durch analytische Schwankungen verdeckt werden. Schwierig ist auch die Anpassung von Referenzwerten an die verschiedenen Altersgruppen. Viele Messgrößen zeigen eine deutliche Altersabhängigkeit (z.B. Kalzium, Phosphat, alkalische Phosphatase). Das biologische Alter des Einzeltieres entspricht aber oft nicht dem kalendarischen Alter, das heißt, dass die interindividuelle Varianz eine sehr große Rolle spielt (frühreife und spätreife Rassen). Die Klinikerin bzw. der Kliniker muss die Größenordnungen der Veränderungen der altersabhängigen Laborparameter kennen und in Kombination mit den klinischen Befunden diagnostisch auswerten.

Darstellung der Dynamik von Sensitivität und Spezifität mittels ROC-Kurven

Da die RIs oft auch im Zusammenhang mit klinischen Befunden keine zuverlässigen Diagnosen erlauben, wurde ein Verfahren entwickelt, um den Zustand des Patienten besser beurteilen zu können: Mithilfe sog. Receiver-Operating-Characteristic-Kurven (ROC-Kurven) können medizinisch **diagnostische Grenzwerte** ermittelt werden, die die Diagnose definierter Krankheitsbilder erleichtern. Dazu wird ein genau definiertes, für ein bestimmtes Krankheitsbild klinisch verdächtiges Patientenkollektiv sowohl mit dem Index-Test (Test, für den ein medizinisch diagnostischer Grenzwert gefunden werden soll) als auch mit einem unabhängigen Standardtest (Referenztest) untersucht. Die Patienten im untersuchten Kollektiv werden anhand des Standardtestes als erkrankt oder nicht erkrankt kategorisiert. Mithilfe einer sog. Vier-Felder-Analyse

(Bayes-Diagramm) können **Sensitivität** und **Spezifität** des Index-Testes bestimmt werden (**Tab. 1.1**).

Die **Sensitivität** (Empfindlichkeit) wird definiert als der Quotient aus richtig positiven Merkmalsträgern (bestimmt durch Index-Test) und der Summe aus richtig positiven und falsch negativen Testergebnissen.
Die **Spezifität** ist definiert als der Quotient aus richtig negativen Patienten (bestimmt durch Index-Test) und der Summe aus richtig negativen und falsch positiven Testergebnissen.

Aus dem **Vier-Felder-Diagramm** (Tab. 1.1) können folgende wichtige Parameter berechnet werden:

- Sensitivität = RP/(RP + FN)
- Spezifität = RN/(RN + FP)
- positiver Voraussagewert = RP/(RP + FP)
- negativer Voraussagewert = RN/(RN + FN)
- Effizienz = (RP + RN)/(RP + FP + RN + FN)

Mithilfe dieser Kategorisierung werden Sensitivität und Spezifität jedes einzelnen Grenzwertes, der mit dem Index-Test ermittelt wurde, berechnet und grafisch dargestellt. Sind Sensitivität und der Anteil der falsch positiven Ergebnisse gleich groß, so ergibt die Grafik eine Diagonale in einem 45°-Winkel. Der Test ist dann nicht für die Diagnostik geeignet, da Sensitivität und Spezifität stets gleich groß sind, da nicht entschieden werden kann, ob der Patient Merkmalsträger ist oder nicht.
Ein **Maß für die diagnostische Effizienz** (Anteil der richtig kategorisierten Patienten in der gesamten getesteten Population) ist die Fläche unter der ROC-Kurve: **AUC** (= area under the curve). Je mehr sich die Kurvenfläche dem Wert 1, also der linken oberen Ecke im Diagramm nähert, desto besser ist der Test geeignet, zwischen krank und nicht krank zu unterschieden. Mit dieser Darstellungsweise kann auch die diagnostische Effizienz verschiedener Tests verglichen werden. **Abb. 1.4** zeigt eine vergleichende Darstellung der ROC-Kurven dreier verschiedener Tests. Test A hat die höchste, Test C die geringste diagnostische Effizienz.

Tab. 1.1 Vier-Felder-Diagramm (Bayes-Diagramm)

Standard-Test	Gesund	Krank
Index-Test positiv	falsch positiv (FP)	richtig positiv (RP)
Index-Test negativ	richtig negativ (RN)	falsch negativ (FN)

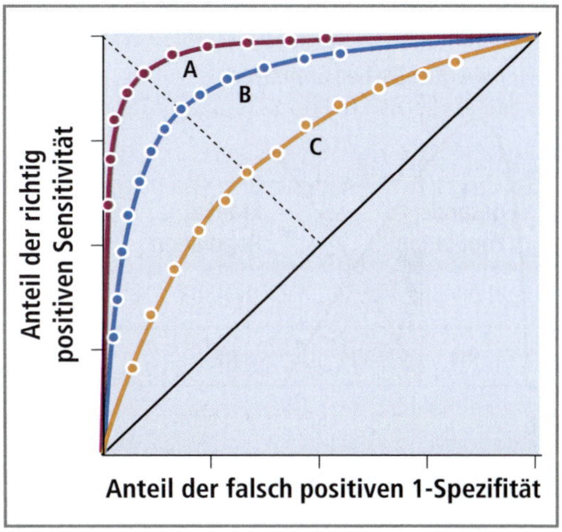

Abb. 1.4 ROC-Kurven verschiedener Analyseparameter vergleichend dargestellt. Die Kurvenpunkte repräsentieren die Sensitivität und Spezifität zur Detektion eines bestimmten Merkmals (Erkrankung) beim jeweiligen Messwert. Die Fläche unter der Kurve für Test A (rote Linie) ist am größten, d. h., mit diesem Test kann die Erkrankung mit der höchsten Sensitivität und Spezifität diagnostiziert werden. Test A ist somit besser geeignet als Test B und Test C.

1

Idealerweise trennt das Referenzlimit Individuen mit einem bestimmten Merkmal (Erkrankung) von jenen Individuen, die dieses Merkmal (Erkrankung) nicht aufweisen. In der Realität überlappen sich jedoch die Messwerte der gesunden und kranken Population (**Abb. 1.5a**). Je nachdem, welche diagnostische Fragestellung beantwortet werden soll, können unterschiedliche Referenzwerte für einen einzigen Test angewendet werden (Zeugswetter et al. 2010). Unter der Voraussetzung, dass ein Überschreiten des oberen Referenzlimits als diagnostisch für eine Krankheit gilt, muss man, um diese Krankheit mit hoher Wahrscheinlichkeit auszuschließen zu können, den Grenzwert niedrig wählen. Dadurch wird die Sensitivität (Empfindlichkeit) erhöht. Sehr empfindliche Tests gehen aber immer mit einer hohen Anzahl falsch positiver Resultate einher (**Abb. 1.5b**). Diese Tests besitzen eine hohe Sensitivität, aber eine geringe Spezifität. Das heißt, alle erkrankten Patienten sind eingeschlossen. Allerdings ist die Anzahl der falsch positiven Ergebnisse, also jener Patienten, die trotz eines positiven Testergebnisses keine Merkmalsträger (d. h. nicht erkrankt) sind, hoch. Demnach ist bei einem Patienten mit negativem Testergebnis die Erkrankung mit hoher Sicherheit auszuschließen! Hat die Diagnose schwerwiegende Folgen für den Patienten, z. B. eine sehr stark belastende Therapie, so wird es sinnvoll sein, den Grenzwert so zu wählen, dass die Wahrscheinlichkeit für ein falsch positives Testergebnis gering ist. Damit hat der Test

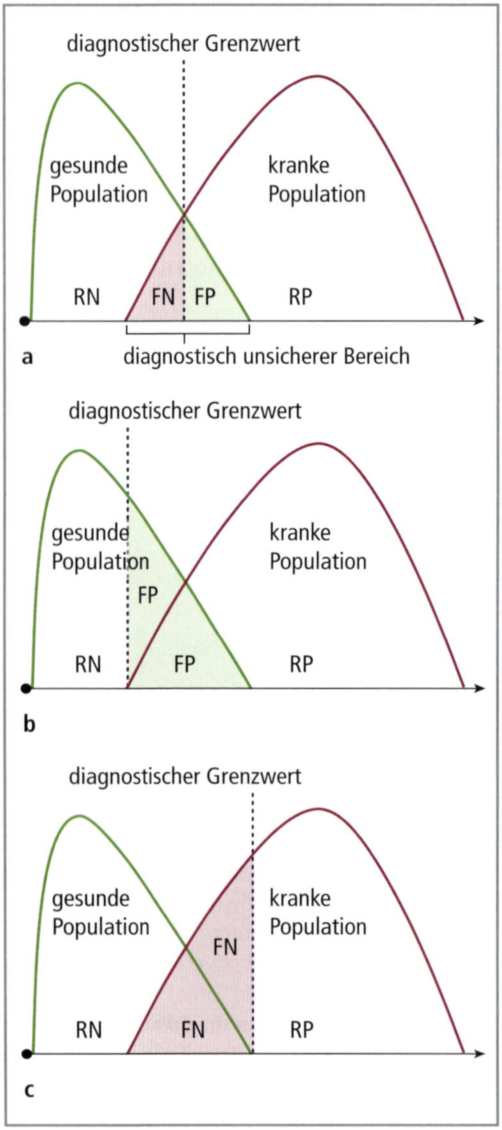

Abb. 1.5 Darstellung verschiedener diagnostischer Grenzwerte (FN = falsch negativ, FP = falsch positiv, RN = richtig negativ, RP = richtig positiv)
a) Grenzwert mit gleich hohem Anteil an falsch positiven und falsch negativen Testergebnissen (optimierter diagnostischer Grenzwert)
b) Grenzwert mit hoher Sensitivität, der einen hohen Anteil an falsch positiven Ergebnissen bedingt, dafür gibt es keine falsch negativen Ergebnisse (niedriger diagnostischer Grenzwert). Geeignet zum Ausschluss einer Erkrankung.
c) Grenzwert mit hoher Spezifität, der einen hohen Anteil an falsch negativen Ergebnissen bedingt, dafür gibt es keine falsch positiven Ergebnisse (hoher diagnostischer Grenzwert). Geeignet zum Einschluss einer Erkrankung.

zwar eine geringe Sensitivität, d.h., es wird eine höhere Anzahl an tatsächlich erkrankten Patienten fälschlicherweise als negativ eingestuft, dafür aber eine hohe Spezifität, d.h., Patienten mit einem positiven Testergebnis sind mit hoher Wahrscheinlichkeit tatsächlich erkrankt (**Abb. 1.5c**).

Um jenen Grenzwert zu bestimmen, bei dem Sensitivität und Spezifität in einem optimalen Verhältnis zueinander stehen, also die größte diagnostische Effizienz zeigt, wird die Differenz aus Sensitivität und falsch positiven Ergebnissen (1 minus Spezifität) gebildet. Der Grenzwert, bei dem diese Differenz am größten ist, ist der gesuchte diagnostische Grenzwert, der die höchste diagnostische Effizienz des Testes ergibt.

Literatur

CLSI Clinical and Laboratory Standards Institute (CLSI). Defining, Establishing and Verifying Reference Intervals in the Clinical laboratory. Approved Guideline 3rd ed. Wayne, PA: CLSI 2008.

Costongs GM, Janson PC, Bas BM, Hermans J, van Wersch JW, Brombacher PJ. Short-term and long-term intra-individual variations and critical differences of clinical chemical laboratory parameters. J Clin Chem Clin Biochem 1985; 23(1): 7–16.

Gardner IA, Greiner M. Receiver-operating characteristic curves and likelihood ratios: improvements of traditional methods for the evaluation and application of veterinary clinical pathology tests. Vet Clin Pathol 2006; 35(1): 8–17.

Geffré A, Friedrichs K, Harr K, Concordet D, Trumel C, Braun JP. Reference values: a review. Vet Clin Pathol 2009; 38(3): 288–98.

Grasbeck R, Saris NE. Establishment and use of normal values. Scand J Clin Lab Invest 1969; 26(Suppl 110): 62–3.

Harris EK, Yasaka T. On the calculation of a »reference change« for comparing two consecutive measurements. Clin Chem 1983; 29(1): 25–30.

Harris EK. Effects of intra- and interindividual variation on the appropriate use of normal ranges. Clin Chem 1974; 20(12): 1535–42.

Jensen AL, Aaes H. Critical differences of clinical chemical parameters in blood from dogs. Res Vet Sci 1993; 54(1): 10–4.

Jensen AL, Bomholt M, Moe L. Preliminary evaluation of a particle-enhanced turbidimetric immunoassay (PETIA) for the determination of serum cystatin C-like immunoreactivity in dogs. Vet Clin Pathol 2001; 30(2): 86–90.

Jensen AL, Pedersen HD, Koch J, Aaes H, Flagstad A. Applicability of the critical difference. Zentralbl Veterinarmed A 1993; 40(8): 624–30.

Kraft W, Hartmann K, Dereser R. Age-dependence of laboratory values in dogs and cats. III. Bilirubin, creatinine and proteins in serum. Tierarztl Prax 1996; 24(6): 610–5.

Pagitz M, Frommlet F, Schwendenwein I. [Evaluation of biological variance of cystatin C in comparison with other endogeneous markers of glomerular filtration rate in healthy dogs]. J Vet Intern Med 2007; 21(5): 936–42.

Petitclerc C, Morasse P, Carrier G. Transferability of reference values. Practical experience with alkaline phosphatase. Bull Mol Biol Med 1983; 8: 41–52.

Scope A, Schwendenwein I, Gabler C. Short-term variations of biochemical parameters in racing pigeons (Columba livia). J Av Med Surg 2002; 16(1): 10–5.

Zeugswetter F, Bydzovsky N, Kampner D, Schwendenwein I. Tailored reference limits for canine urine corticoid: creatinine ratio to answer distinct clinical questions. Vet Rec 2010: 167(26): 997–1001.

2 Maßeinheiten

Wilfried Kraft und Ilse Schwendenwein

2.1 Einleitung

Die im Prinzip begrüßenswerte Absicht zur Vereinheitlichung der Maßeinheiten hat in der klinischen Labordiagnostik zu einem Nebeneinander verschiedener Systeme geführt. Während sich in der Bundesrepublik Deutschland das Système International d'Unité mit den SI-Einheiten nicht voll durchsetzen konnte und, wo dies durchaus sinnvoll erschien, das alte System auch mit Billigung der Deutschen Gesellschaft für Klinische Chemie zum Teil beibehalten wurde, haben sich die Nachbarländer den SI-Einheiten wesentlich konsequenter zugewandt. Um allgemein verständlich zu bleiben, werden daher im Folgenden beide Systeme berücksichtigt.

Da die Verwendung unterschiedlicher Maßsysteme zu erheblichen Irrtümern und schwerwiegenden Fehlentscheidungen führen kann, ist es immer erforderlich, bei Angaben von Laborergebnissen die Maßeinheit anzugeben.

2.2 Maßeinheiten

Folgende Maßeinheiten sind in der Labordiagnostik üblich:

- Massenangaben

g = Gramm
kg = Kilogramm (10^3 g) (= SI-Basiseinheit)
mg = Milligramm (10^{-3} g)
µg = Mikrogramm (10^{-6} g)
ng = Nanogramm (10^{-9} g)
pg = Pikogramm (10^{-12} g)
fg = Femtogramm (10^{-15} g)

- Volumenangaben

l = Liter
ml = Milliliter (10^{-3} l)
µl = Mikroliter (10^{-6} l)
nl = Nanoliter (10^{-9} l)
pl = Pikoliter (10^{-12} l)
fl = Femtoliter (10^{-15} l)

- Längenangaben

m = Meter
dm = Dezimeter (10^{-1} m)
cm = Zentimeter (10^{-2} m)
mm = Millimeter (10^{-3} m)
µm = Mikrometer (10^{-6} m)
nm = Nanometer (10^{-9} m)
pm = Pikometer (10^{-12} m)
fm = Femtometer (10^{-15} m)

- Stoffmengenangaben

mol = Mol
mmol = Millimol (10^{-3} mol)
µmol = Mikromol (10^{-6} mol)
nmol = Nanomol (10^{-9} mol)
pmol = Pikomol (10^{-12} mol)
fmol = Femtomol (10^{-15} mol)

1 Mol ist die Menge eines Stoffes in so viel Gramm, wie sein Molekulargewicht angibt (»Molekulargewicht in Gramm«).

▶ Einheit der Enzymaktivität

1 IU/l = 1 Internationale Einheit (unit) pro Liter
= 1 ImU/ml

1 IU/l = 1000 ImU/l

1 IU ist die Enzymaktivität, die pro Minute unter definierten Bedingungen die Umwandlung von einem Mikromol Substrat katalysiert.
1 Katal ist die Enzymaktivität, die pro Minute unter definierten Bedingungen die Umwandlung von einem Mol Substrat katalysiert.

1 kat/l = 1 Katal/Liter
1 mkat = Millikatal (10^{-3} kat/l)
1 µkat = Mikrokatal (10^{-6} kat/l)
1 nkat = Nanokatal (10^{-9} kat/l)

Zum Umrechnen der konventionellen Maßangaben in die SI-Einheiten und umgekehrt können die in **Tabelle 2.1** angegebenen Umrechnungsfaktoren herangezogen werden.

▶ Rechenbeispiele

1. Gemessen wurden 178 mg Triglyzeride/dl. Gesucht wird der Wert in der SI-Einheit.
Umrechnung: mg/dl × 0,0114 = mmol/l
Für das Beispiel folgt: 178 mg/dl × 0,0114 = 2,0292 mmol/l
178 mg Triglyzeride/dl entsprechen also 2,03 mmol Triglyzeriden/l.

2. Gemessen wurden 30,9 nmol Thyroxin/l. Gesucht wird der Wert in der konventionellen Einheit.
Umrechnung: nmol/l × 0,078 = µg/dl
Für das Beispiel folgt: 30,9 nmol Thyroxin/l × 0,078 = 2,4 µg Thyroxin/dl
30,9 nmol Thyroxin/l entsprechen also 2,4 µg Thyroxin/dl.

Tab. 2.1 Maßeinheiten und Umrechnungsfaktoren verschiedener Laborparameter

Messgröße (Parameter)	SI-Einheit	Konventionelle Einheit
ACTH	0,2202 pmol/l	4,541 pg/ml
Alaninaminotransferase (ALT)	siehe Enzyme	
Albumin	144,93 µmol/l	0,0069 g/dl
Alkalische Phosphatase (AP)	siehe Enzyme	
Ammoniak	0,5873 µmol/l	1,703 µg/dl
Aspartataminotransferase (AST)	siehe Enzyme	
Basenüberschuss, -exzess (BE)	1,0 mmol/l	1,0 mval/l
Bikarbonat	1,0 mmol/l	1,0 mval/l
Bilirubin	17,104 µmol/l	0,0585 mg/dl
Chlorid	0,2821 mmol/l	3,5453 mg/dl
Cholesterin	0,0259 mmol/ l	38,664 mg/dl
Cholinesterase, Pseudo- (CHE)	siehe Enzyme	
Eisen	0,1791 µmol/l	5,5847 µg/dl

Tab. 2.1 (Fortsetzung)

Messgröße (Parameter)	SI-Einheit	Konventionelle Einheit
Eisenbindungskapazität	0,1791 µmol/l	5,5847 µg/dl
Enzyme	16,67 nkat/l	0,05999 IU/l
Erythrozyten	1,0 T/l	1,0 Mio./µl
Fettsäuren, freie	1000,0 µmol/l	0,001 mval/l
Fibrinogen	0,01 g/l	100 mg/dl
Fruktose	0,0555 mmol/l	18,016 mg/dl
Galaktose	0,0555 mmol/l	18,016 mg/dl
γ-Glutamyl-Transferase (γ-GT)	siehe Enzyme	
Glukose	0,0555 mmol/l	18,016 mg/dl
Glutamatdehydrogenase (GLDH)	siehe Enzyme	
Hämatokrit	0,01 l/l	100,0 %
Hämoglobin	0,6207 mmol/l	1,611 g/dl
Harnsäure	59,485 µmol/l	0,0168 mg/dl
Harnstoff	0,1665 mmol/l	6,006 mg/dl
Harnstoff-Stickstoff	0,3561 mmol/l	2,808 mg/dl
α-Hydroxybutyrat-Dehydrogenase (α-HBDH)	siehe Enzyme	
Insulin	172,12 pmol/l	0,00581 ng/ml
Kalium	0,2557 mmol/l	3,9102 mg/dl
Kalzium	0,2494 mmol/l	4,008 mg/dl
Kohlendioxid (CO_2 partial)	0,1333 kPa	7,502 mmHg oder Torr
Kortisol	0,0276 µmol/l	36,247 µg/dl
Kreatin	76,254 µmol/l	0,0131 mg/dl
Kreatinin	88,402 µmol/l	0,0113 mg/dl
Kreatinkinase (CK)	siehe Enzyme	
Kupfer	0,1574 µmol/l	6,3546 µg/dl
Laktat	0,1110 mmol/l	9,008 mg/dl
Laktatdehydrogenase (LDH)	siehe Enzyme	

Tab. 2.1 (Fortsetzung)

Messgröße (Parameter)	SI-Einheit	Konventionelle Einheit
Leukozyten	0,001 G/l	1000/µl
Lipide	0,01 g/l	100 mg/dl
Lipoprotein	0,01 g/l	100 mg/dl
Magnesium	0,4113 mmol/l	2,4312 mg/dl
MCH	0,06207 fmol	16,11 pg
MCHC	0,6207 mmol/l	1,6110 g/dl
MCV	1,0 fl	1,0 μm^3
Molalität	1,0 mmol/l	1,0 mosm/kg
Natrium	0,435 mmol/l	2,2989 mg/dl
Phosphat, anorganisch	0,323 mmol/l	3,0974 mg/dl
Protein	10,0 g/l	0,1 g/dl
Sauerstoff (O_2 partial)	0,1333 kPa	7,502 mmHg oder Torr
Somatotropin	45,454 pmol/l	0,022 ng/ml
Sorbitdehydrogenase (SDH)	siehe Enzyme	
Thrombozyten	0,001 G/l	1000 /µl
Thyroxin, freies	12,87 pmol/l	0,078 ng/dl
Thyroxin, gesamt	12,87 nmol/l	0,078 µg/dl
Triglyzeride	0,0114 mmol/l	87,5 mg/dl
Trijodthyronin, freies	1,536 pmol/l	0,651 pg/ml
Trijodthyronin, gesamt	0,01536 nmol/l	65,1 ng/dl

3 Leistungsumfang des klinischen Labors

Ilse Schwendenwein

3

3.1 Einleitung

Laboruntersuchungen haben sich sowohl durch das vielfältige Angebot praxistauglicher Analyseautomaten als auch durch das reichhaltige Serviceangebot kommerzieller und von öffentlicher Hand finanzierter Labors zum unverzichtbaren Bestandteil der klinischen Diagnostik entwickelt. Insbesondere in der Kleintierpraxis erwartet der Tierbesitzer eine labordiagnostische Mindestausstattung. Das **Praxislabor** besitzt also auch einen Marketing-Effekt. Der offensichtliche Vorteil eines Praxislabors liegt in der unmittelbaren Verfügbarkeit der Resultate. Nachteilig sind die mitunter hohen Kosten, die der Betrieb eines Praxislabors verursacht, und manchmal auch Zweifel an der Richtigkeit der Ergebnisse, wenn Erfahrung oder Grundkenntnisse fehlen.

Für die erfolgreiche Führung eines Praxislabors sind eine gute Ausbildung und Interesse für dieses Spezialgebiet unbedingt notwendig. Alle mit Laboranalysen beauftragten Personen sollten sich ihrer Verantwortung bewusst sein und die Grundprinzipien der angewendeten Untersuchungstechniken sowie die häufigsten Fehlerquellen kennen. Ausstattung, Leistungsumfang und Betrieb eines Praxislabors müssen sorgfältig überlegt und geplant werden, um den erwünschten Effekt, nämlich eine bessere Patientenversorgung und damit eine höhere Kundenzufriedenheit und -bindung, zu erzielen.

3.2 Ausstattung, Leistungsumfang und Betrieb

Bei der Einrichtung eines Praxislabors ist auf geeignete räumliche Voraussetzungen zu achten, die ein störungsfreies und strukturiertes, den hygienischen Sicherheitsvorschriften entsprechendes Arbeiten erlauben. Bei der Anschaffung größerer Geräte sind Platzbedarf, Reagenzienverbrauch, Wartung (Kalibration) und Qualitätskontrolle sowie der Personalaufwand zu berücksichtigen. Für eine gute Schulung und kontinuierliche Weiterbildung der Personen, die mit der Durchführung von Laboruntersuchungen betraut sind, ist zu sorgen. Es sollte auch darauf geachtet werden, dass bei morphologischen Untersuchungen eine zweite Meinung eingeholt werden kann. Schriftliche Aufzeichnungen in Form von Arbeitsanleitungen (Standard Operating Procedures, SOP) und Protokolle über Analysen, Reagenzienverbrauch, Wartungsarbeiten, Qualitätssicherungsverfahren und Fehlermeldungen sind dringend zu empfehlen. Diese Aufzeichnungen sind für die Schulung neuer Mitarbeiter, aber auch bei der Fehlersuche und zur Geltendmachung von Garantieansprüchen hilfreich. Arbeitsanleitungen müssen in definierten Abständen (etwa einmal jährlich) oder bei Bedarf überprüft und verbessert werden. Ein modularer, stufenweiser Aufbau eines Praxislabors ist, insbesondere bei Praxisgründungen, zu empfehlen. Hier gilt es, eine optimale Mischung zwischen Leistungsumfang des eigenen Labors und der Inanspruchnahme eines kommerziellen Labors zu finden. Bei der Ausstattung des Labors ist zwischen Geräten und Reagenzien zu unterscheiden. Beim Ankauf von Reagenzien und Verbrauchsmaterial ist deren begrenzte Haltbarkeit zu berücksichtigen und auf eine bedarfsgerechte Vorratshaltung zu achten. Der schrittweise Aufbau des Praxislabors ist in **Tabelle 3.1** dargestellt.

Tab. 3.1 Schrittweise Ausbaustufen eines Praxislabors

Ausbaustufe	Geräte	Verbrauchsmaterial	Leistungsumfang
Grundausstattung	• Mikroskop • Zählkammer • Melangeur • Refraktometer • Zentrifuge • Hämatokrit-zentrifuge • Kühlschrank • Gefrierfach • Gefriertruhe/-schrank	• Objektträger • Färbelösungen • Probengefäße • Harnteststreifen • Glukoseteststreifen • div. Schnelltestsysteme • Aufbewahrung: – Proberöhrchen – Röhrchenhalter – Einmalpipetten • für den Transport: – Kühlakkus – Verpackungsmaterial **Rechtsvorschriften beachten!**	• Untersuchung von Harn, Liquor, Synovia, Effusionen • Anfertigen von Blutausstrichen und zytologischen Präparaten • Suche nach Blutparasiten • Bestimmung von Hämatokrit und Plasmaprotein • Leukozytenschätzung • parasitologische Kotuntersuchung
1. Ausbaustufe	System für klinische Chemie	• Reagenzienverwaltung planen! • Vorräte nur für häufig benötigte Untersuchungen	• Diagnose und Therapiekontrolle verschiedener Organkrankheiten: – Nephropathien – Hepatopathien – Muskelerkrankungen
2. Ausbaustufe	Hämatologie-automat	• Reagenzienpackungen fix vorgefertigt • Durchsatz beachten!	• hämatologische Analysen • abweichende Befunde mikroskopisch kontrollieren
3. Ausbaustufe	Blutgasanalysator und Gerinnungs-analysesystem	• Kassettensysteme mit verschiedenen Parameterkombinationen vorhanden • Prothrombinzeit, andere Gerinnungszeiten weniger wichtig	• optimierte intensivmedizinische Betreuung

Bestimmte Untersuchungsmaterialien wie Harn und Liquor cerebrospinalis, die nur kurze Zeit haltbar sind, müssen unmittelbar in der Praxis untersucht werden. Für die Harnuntersuchung sind neben Teststreifen ein Mikroskop sowie eine Zentrifuge zum Anfertigen des Harnsediments und ein Refraktometer zur Bestimmung des spezifischen Gewichtes (Dichte) des Harnes erforderlich. Soll eine Zellzählung und -differenzierung im Liquor durchgeführt werden, so müssen zusätzlich Pipetten, Färbelösungen und eine Zählkammer vorhanden sein. Die **Grundausstattung** eines Praxislabors umfasst ein qualitativ hochwertiges Mikroskop, ein Refraktometer und eine Laborzentrifuge. An **Verbrauchsmaterialien** sollten Objektträger, Deckgläschen, Harnteststreifen, Probengefäße (Röhrchen für Blutabnahme, Harnbecher, Kotbecher), Zählkammern, Pipetten und Färbelösungen, evtl. auch Blutglukosemessstreifen und Schnelltests zur Diagnose von Infektionskrankheiten (z. B. felines Leukämievirus, FeLV) vorhanden sein. Mit dieser Ausrüstung können neben der Beurteilung von Harn- und Liquor auch Blutausstriche, Effusionen, Synovia und zytologische Präparate untersucht werden. Mit der Zentrifuge können nicht nur Zellen angereichert werden, sondern auch die Zellen von Plasma und Serum abgetrennt werden. Plasma oder Serum kann dann in Röhrchen ohne Antikoagulanzien versendet werden. Sinnvoll ist auch die Anschaffung einer Hämatokritzentrifuge. Die makroskopische Beurteilung einer zentrifugierten Hämatokritkapillare erlaubt neben der Abschätzung der Erythrozytenkonzentration auch die Beurteilung des Plasmaüberstandes (Ikterus, Hämolyse, Lipidämie) sowie eine grobe Schätzung der Leukozytenzahl durch die Beurteilung der Breite des Leukozytensaums (Buffy Coat). Die Hämatokritkapillare kann abgebrochen werden und ein Tropfen des Plasmaüberstands auf das Refraktometer zur Bestimmung des Totalproteingehaltes aufgebracht werden. Der Betrieb eines klinisch chemischen Analysenautomaten ist durch das Beschränken auf die wichtigsten, häufig benötigten Analyseparameter kostengünstig zu gestalten.

Es ist preiswerter und sicherer, selten benötigte Untersuchungen in einem **externen Labor** durchführen zu lassen. Bei der Auswahl eines externen Labors ist darauf zu achten, dass das Labor über Erfahrungen im Veterinärbereich verfügt. Externe Labors können aufgrund des hohen Probendurchsatzes eine Vielzahl von Analysemethoden sehr kostengünstig anbieten. Der hohe Probendurchsatz ermöglicht aufwendige Qualitätssicherungsverfahren, die in kleineren Einheiten nicht möglich sind. In kommerziellen Labors führt gut ausgebildetes Personal die Analysen durch. Dies wirkt sich ebenfalls positiv auf die Befundqualität aus. Bei Problemfällen können Mitarbeiter des externen Labors fachlichen Rat geben. Daher sollten bei der Auswahl eines externen Partnerlabors nicht nur kommerzielle Interessen, sondern auch Kompetenz und Verfügbarkeit der fachlichen Beratung berücksichtigt werden.

Das eingesendete Untersuchungsmaterial ist eindeutig zu kennzeichnen. Ein kurzer Vorbericht mit einer Verdachtsdiagnose ermöglicht der Untersuchungsstelle eine bessere Plausibilitätskontrolle der Befunde und ist daher wichtig für die Befundqualität. Weiterhin muss ein exakter Untersuchungsauftrag erteilt werden, welche Messgrößen bestimmt werden sollen, sodass unnötige Kosten vermieden werden. Es ist wichtig, sich über die gesetzlich vorgeschriebenen Sicherheitsmaßnahmen für den Versand biologischen Untersuchungsmaterials zu informieren und diese auch einzuhalten.

4 Allgemeine Labortechniken

Ilse Schwendenwein

4.1 Gewinnung, Aufbewahrung und Versand von Blutproben

Gewinnung der Blutproben

Vorbereitung des Patienten

Blut ist das am häufigsten untersuchte Material im klinischen Labor. Eine sachgerechte Patientenvorbereitung, Probenentnahme und -vorbereitung sind unbedingte Voraussetzungen für die Erstellung verwertbarer Befunde. Vor der Blutprobenentnahme muss überlegt werden, welche Messgrößen analysiert werden sollen und welches Material (Vollblut, Serum, Plasma) in welcher Menge hierfür erforderlich ist. Sollen externe Labors die Analysen durchführen, ist den Zuweisungsformularen das bevorzugte Probenmaterial, die Probenmenge und -vorbereitung (z. B. einfrieren) zu entnehmen. Die Probenentnahme soll für den Patienten so schonend wie möglich erfolgen.

Bei Fleischfressern sollte eine 10- bis 12-stündige Nahrungskarenz vor der Blutentnahme eingehalten werden, da postprandiale Hyperlipidämien viele Analysen stören.

Schwere körperliche Belastungen und Stresszustände sind zu vermeiden, da sie verschiedene Messgrößen verändern. Katzen und Schweine zeigen besonders deutlich ausgeprägte stressbedingte Veränderungen, wie z. B. Stresshyperglykämie oder Stressleukozytose. Muss der Patient für die Entnahme der Blutproben sediert werden, so muss bei der Interpretation der Ergebnisse berücksichtigt werden, dass die Medikamente die Analysenergebnisse beeinflussen können.

Entnahme der Blutproben

Für die meisten Blutuntersuchungen ist **venöses Blut** das bevorzugte Material. Ist eine venöse Entnahme der Blutproben nicht möglich, so kann auch **Kapillarblut** zur Untersuchung mancher Messgrößen (z. B. Glukose) herangezogen werden. Für die Interpretation sind dann unterschiedliche Referenzwerte zu berücksichtigen. Kapillarblut wird zum Nachweis von Blutparasiten wie Babesien oder Mikrofilarien empfohlen. **Arterielles Blut** wird hauptsächlich für Blutgasanalysen benötigt. Hier vor allem dann, wenn die arterielle Sauerstoffspannung beurteilt werden soll. Für die Beurteilung des Säure-Basen-Haushaltes kann venöses Blut verwendet werden.

Bevorzugte Entnahmestelle für arterielles Blut ist beim Pferd die rechte A. carotis eine Handbreit über dem Buggelenk, beim Kleintier die A. femoralis oder die A. dorsalis pedis sowie beim Rind und Schwein die Ohrarterie. Venöses Blut wird nach Schur und Desinfektion der Punktionsstelle entnommen. Bei Großtieren ist die V. jugularis, beim Kleintier die V. cephalica antebrachii die bevorzugte Entnahmestelle. Größere Blutmengen werden auch beim Kleintier aus der V. jugularis gezogen. Im Bedarfsfall kann beim Kleintier auch die V. saphena lateralis oder medialis zur Blutprobenentnahme verwendet werden. Beim Ferkel wird Blut aus der V. cava cranialis, beim erwachsenen Schwein aus der V. jugularis externa oder interna entnommen. Kleinere Blutmengen können auch aus den Ohrrandvenen beim erwachsenen Schwein gewonnen werden. Die Vene sollte nur so stark gestaut werden, dass das Gefäß deutlich hervortritt.

Zu starkes Stauen aktiviert die Blutgerinnung und verändert auch andere Analysewerte (z. B. Muskelenzyme). Deshalb dürfen auch »Gerinnungsröhrchen« zur Untersuchung von Gerinnungsparametern nicht als erstes befüllt werden, da sonst aufgrund der Stauung aktivierte Werte gemessen werden.

Für die Entnahme der Blutproben sollten nicht zu dünne Nadeln verwendet werden, um Hämolyse oder Verstopfung der Nadel bei schlechtem Blutangebot zu vermeiden. Am häufigsten werden Kanülen mit 20 G verwendet. Das Blut soll frei entlang der Röhrchenwand aus der Nadel fließen, oder mittels Vakuumröhrchen entnommen werden. Der Vorteil bei der Verwendung von Vakuumröhrchen besteht darin, dass das optimale Mischungsverhältnis zwischen Antikoagulans und Blutvolumen automatisch eingehalten wird. Übermäßiges Stauen unterbindet den arteriellen Zufluss und sollte ebenso wie pumpende Bewegungen mit der Extremität zum Herauspressen einiger Blutstropfen vermieden werden. Lässt man das Blut frei einfließen, ist darauf zu achten, dass bei Verwendung von Antikoagulanzien die höchstzulässige Füllmenge nicht überschritten wird. Passiert dies, so entstehen Mikrogerinnsel, die zu falschen hämatologischen Messwerten führen und die Kapillaren von Hämatologieautomaten verstopfen. Chemische Bestimmungen aus dem Plasma werden jedoch nicht gestört. Die Proberöhrchen sollten unmittelbar nach der Entnahme mit dem dazugehörigen farblich codierten Stöpsel verschlossen und vorsichtig über Kopf gemischt werden, um eine gute Durchmischung mit den Antikoagulanzien zu gewährleisten. Danach müssen die Röhrchen zur Sicherung der Probenidentität leserlich und eindeutig gekennzeichnet werden. Blutreste, die sich außen am Röhrchen befinden, sind aus hygienischen Gründen abzuwischen.

Probengefäße – Zusätze (Antikoagulanzien)

Zahlreiche Hersteller bieten Einmalgebinde aus Glas oder Kunststoff mit und ohne Probenzusätze als Vakuumröhrchen in verschiedenen Größen an. Probenzusätze sind entweder als Wandbeschichtung oder in flüssiger Form vorhanden. Bei flüssigen Probenzusätzen ist darauf zu achten, dass die Flüssigkeit bei der Entnahme mit geöffneten Röhrchen nicht unabsichtlich vor der Probenentnahme entleert wird. Bei den Zusätzen handelt es sich entweder um Gerinnungshemmer (Antikoagulanzien) oder Gerinnungsförderer (clot-enhancer). Letztere beschleunigen die Blutgerinnung und damit die Serumgewinnung. Probengefäße sind nur begrenzt haltbar und sollten vor dem Ablaufdatum verbraucht werden. Die meisten Analysensysteme kommen mit sehr geringen Blutmengen aus. Dennoch sollte, sofern es die Größe des Tieres erlaubt, etwas mehr Blut als unbedingt erforderlich entnommen werden, um eine Reserve für Wiederholungsuntersuchungen und Untersuchungen zusätzlicher Messgrößen zur Verfügung zu haben. Sehr kleine Blutvolumina sind viel schwieriger zu bearbeiten – schon das Absaugen des Plasmas erfordert Übung und eine ruhige Hand. Außer-

dem lassen sich sehr kleine Blutvolumina in Mikrogefäßen oft nur schlecht mischen, weshalb die Gefahr, dass sich Mikrogerinnsel bilden, sehr groß ist. Mikrogefäße sind auch schwieriger zu beschriften. Ein entsprechend großzügiges Probenvolumen trägt daher maßgeblich zur Verbesserung der Befundqualität bei.
Idealerweise soll für hämatologische Untersuchungen 0,5–1 ml antikoaguliertes Vollblut zur Verfügung stehen. Für chemische Blutuntersuchungen umfangreicherer Profile sind 1 ml Plasma oder Serum meist ausreichend. Für die Gewinnung von etwa 1 ml Plasma müssen rund 2 ml Vollblut entnommen werden, für 1 ml Serum sollten es mindestens 2,5 ml, besser 3 ml Vollblut sein. Aus einer definierten Menge Vollblut lässt sich stets mehr Plasma als Serum gewinnen, da bei der Gewinnung von Serum ein höherer Anteil der flüssigen Phase im Blutkuchen verbleibt. Der Hämatokritwert beeinflusst ebenfalls die Menge an Flüssigkeit, die gewonnen werden kann.
Verschiedenfarbige Stöpsel und Etiketten codieren die unterschiedlichen Probenzusätze. Da die Farbcodierungen jedoch nicht für alle Röhrchentypen einheitlich sind, sollte man den Probenzusatz und die maximal zulässige Füllmenge auf dem Etikett nachlesen.

Wurde die Probe irrtümlich in ein falsches Röhrchen gefüllt, so darf die Probe nicht einfach in das korrekte Röhrchen umgegossen werden, da die chemische Reaktion, die die Störungen in der Analytik hervorruft, bereits unmittelbar beim Kontakt mit dem Probenzusatz stattfindet!

Die wichtigsten Zusätze und ihre Indikationen sind in **Tabelle 4.1** zusammengefasst.

4

Tab. 4.1 Indikationen für Blutgerinnungshemmer und andere Zusätze

Blutzusatz	Indikation
Heparin	Enzymaktivitätsbestimmung, chemische Analysen
EDTA	• hämatologische Untersuchung • Blutglukose • Ammoniak • ACTH-Bestimmung, Plasma gefroren versenden! • chemische und Enzymanalysen (Tab. 4.2) • einige Trockenchemiemethoden
Zitrat	• Gerinnungsanalysen • Blutkörperchensenkungsreaktion (unterschiedliche Zitratkonzentrationen!)
Fluorid	• Glukose • Laktat
Trenngel (→ Serumgewinnung)	• chemische Analysen • Enzymaktivitätsbestimmungen • kein Ammoniak (LDH, anorganisches Phosphat, Kalium, Glukose bedingt möglich; Glukose in Blut und Serum/Plasma ergibt unterschiedliche Werte)

Für **hämatologische** Untersuchungen wird Vollblut benötigt, das mit Gerinnungshemmern versetzt wurde. Am besten eignen sich hierfür **EDTA-Salze** wie K_2- oder K_3-EDTA. Diese Salze binden Kalzium und verhindern dadurch die Blutgerinnung. Die EDTA-Salze verändern nicht die Zellmorphologie, weshalb die Zellen weiterhin für die üblichen Färbeverfahren gut geeignet sind. EDTA-Plasma ist aber nicht für alle gebräuchlichen chemischen Blutanalysen geeignet (**Tab. 4.2**).

Hämatologische Untersuchungen sollten möglichst sofort nach der Blutentnahme er-

Tab. 4.2 Einfluss von Antikoagulanzien auf die Bestimmung verschiedener Parameter

	Antikoagulanzien-Konzentrationen im Blut						
	Ammonium-heparinat 0,75 mg/ 1 ml	**Lithium-heparinat 0,75 mg/ 1 ml**	**Natrium-heparinat 0,75 mg/ 1 ml**	**EDTA 1 mg/ 1 ml**	**Zitrat 5 mg/ 1 ml**	**Oxalat 2 mg/ 1 ml**	**Natrium-fluorid 2 mg/ 1 ml**
Alkalische Phosphatase, optimiert	0	0	0	X	X	X	X
ALT, konventionell und optimiert	0	0	0	0	0	X	0
Ammoniak (enzymatischer UV-Test)	X	X	X	0	X	X	X
AST, konventionell und optimiert	0	0	0	0	0	X	0
Bilirubin, Jendrassik-Methode	0	0	0	0	0	0	0
Bilirubin, DPD-Methode	0	0	0	0	X	X	X
Cholesterin, chemischer Farbtest	0	0	0	0	0	0	0
Cholesterin, Katalase-Methode[1]	0	0	0	0	0	0	0

0	= kein Einfluss auf die Bestimmung
X	= Bestimmung wird gestört
1	2–8 % niedrigere Werte für Zitrat-, Oxalat- und Fluorid-Plasma
2	für Auto-Analyzer® und SMA®-Geräte (eingetragene Warenzeichen der Firma Technicon Instruments Corporation, Tarrytown, NY, USA)
3	im Plasma niedriger als im Serum, wenn für die Serumgewinnung kein Trenngel verwendet wird
ALT	Alaninaminotransferase
AST	Aspartataminotransferase
CHOD	Cholesterinoxidase
CK	Kreatinkinase
CK-MB	Kreatinkinase mit einer M- und B-Untereinheit
DPD	Dichlorophenyl Diazonium
GLDH	Glutamatdehydrogenase
GT	Glutamyltransferase
HBDH	Hydroxybutyrat-Dehydrogenase
LDH	Laktatdehydrogenase
NAC	N-Acetylcystein
opt.	optisch
PAP	Paraaminophenazon
SDH	Sorbitdehydrogenase

Tab. 4.2 (Fortsetzung)

	Antikoagulanzien-Konzentrationen im Blut						
	Ammonium-heparinat 0,75 mg/ 1 ml	**Lithium-heparinat 0,75 mg/ 1 ml**	**Natrium-heparinat 0,75 mg/ 1 ml**	**EDTA 1 mg/ 1 ml**	**Zitrat 5 mg/ 1 ml**	**Oxalat 2 mg/ 1 ml**	**Natrium-fluorid 2 mg/ 1 ml**
Cholesterin, CHOD-PAP-Methode	0	0	0	0	0	0	0
Eisen, Methode mit Enteiweißung	0	0	0	X	X	X	0
Eisen, Methode ohne Enteiweißung	X	X	X	X	X	X	0
Gesamteiweiß	0	0	0	0	0	0	0
Gesamtlipide	0	0	0	X	0	0	0
GLDH aktiviert	0	0	0	0	0	0	X
Glukose, GOD-Perid®-Methode	0	0	0	X	X	X	0
Glukose, GOD-Perid®-Methode							
• mit Dialyse des Plasmas	0	0	0	0	0	0	0
• mit URAC®-Enteiweißung	0	0	0	0	X	X	X
Glukose, HK-Methode							
• mit Perchloressig-säure-Enteiweißung	0	0	0	0	0	0	0
• mit URAC®-Enteiweißung	0	0	0	0	X	0	X

0	= kein Einfluss auf die Bestimmung
X	= Bestimmung wird gestört
1	2–8 % niedrigere Werte für Zitrat-, Oxalat- und Fluorid-Plasma
2	für Auto-Analyzer® und SMA®-Geräte (eingetragene Warenzeichen der Firma Technicon Instruments Corporation, Tarrytown, NY, USA)
3	im Plasma niedriger als im Serum, wenn für die Serumgewinnung kein Trenngel verwendet wird
ALT	Alaninaminotransferase
AST	Aspartataminotransferase
CHOD	Cholesterinoxidase
CK	Kreatinkinase
CK-MB	Kreatinkinase mit einer M- und B-Untereinheit
DPD	Dichlorophenyl Diazonium
GLDH	Glutamatdehydrogenase
GT	Glutamyltransferase
HBDH	Hydroxybutyrat-Dehydrogenase
LDH	Laktatdehydrogenase
NAC	N-Acetylcystein
opt.	optisch
PAP	Paraaminophenazon
SDH	Sorbitdehydrogenase

4

Tab. 4.2 (Fortsetzung)

	Antikoagulanzien-Konzentrationen im Blut						
	Ammonium-heparinat 0,75 mg/ 1 ml	Lithium-heparinat 0,75 mg/ 1 ml	Natrium-heparinat 0,75 mg/ 1 ml	EDTA 1 mg/ 1 ml	Zitrat 5 mg/ 1 ml	Oxalat 2 mg/ 1 ml	Natrium-fluorid 2 mg/ 1 ml
γ-GT neu (L-γ-Glutamyl-3-carboxy-4-nitroanilid)							
• Start mit Probe	X	X	X	X	X	X	X
• Start mit Start-reagenz	O	O	O	O	X	X	X
γ -GT (L-γ-Glutamyl-p-nitroanilid)	O	O	O	O	X	X	X
Harnsäure, Urikase-Methode	O	O	O	X	X	X	X
Harnsäure, Urica quant®	O	O	O	O	O	O	O
Harnsäure, Urikase-PAP-Methode[2]	O	O	O	O	O	O	O
Harnstoff, Berthelot und UV-Methode	X	O	O	O	O	O	O
α-HBDH opt.	X	X	X	O	O	X	O
Kalium	O[3]	O[3]	O[3]	X	X	X	X
Kalzium	O	O	O	X	X	X	X
Kreatinkinase NAC-aktiviert							
CK-Gesamtaktivität	O	O	O	O	X	X	X
Isoenzym CK-MB	X	X	X	X	X	X	X

O	= kein Einfluss auf die Bestimmung	CK	Kreatinkinase
X	= Bestimmung wird gestört	CK-MB	Kreatinkinase mit einer M- und B-Untereinheit
1	2–8 % niedrigere Werte für Zitrat-, Oxalat- und Fluorid-Plasma	DPD	Dichlorophenyl Diazonium
2	für Auto-Analyzer® und SMA®-Geräte (eingetragene Warenzeichen der Firma Technicon Instruments Corporation, Tarrytown, NY, USA)	GLDH	Glutamatdehydrogenase
3	im Plasma niedriger als im Serum, wenn für die Serumgewinnung kein Trenngel verwendet wird	GT	Glutamyltransferase
ALT	Alaninaminotransferase	HBDH	Hydroxybutyrat-Dehydrogenase
AST	Aspartataminotransferase	LDH	Laktatdehydrogenase
CHOD	Cholesterinoxidase	NAC	N-Acetylcystein
		opt.	optisch
		PAP	Paraaminophenazon
		SDH	Sorbitdehydrogenase

Tab. 4.2 (Fortsetzung)

	Antikoagulanzien-Konzentrationen im Blut						
	Ammonium-heparinat 0,75 mg/1 ml	Lithium-heparinat 0,75 mg/1 ml	Natrium-heparinat 0,75 mg/1 ml	EDTA 1 mg/1 ml	Zitrat 5 mg/1 ml	Oxalat 2 mg/1 ml	Natrium-fluorid 2 mg/1 ml
Kreatinin, mit und ohne Enteiweißung	0	0	0	X	X	X	X
LDH opt.	0[3]	0[3]	0[3]	0[3]	0[3]	X	0
Phosphor anorganisch	0	0	0	0	0	0	0
SDH	0	0	0	X	0	0	X
Triglyzeride (Neutralfett)	0	0	0	0	X	X	X

0 = kein Einfluss auf die Bestimmung
X = Bestimmung wird gestört
1 2–8 % niedrigere Werte für Zitrat-, Oxalat- und Fluorid-Plasma
2 für Auto-Analyzer® und SMA®-Geräte (eingetragene Warenzeichen der Firma Technicon Instruments Corporation, Tarrytown, NY, USA)
3 im Plasma niedriger als im Serum, wenn für die Serumgewinnung kein Trenngel verwendet wird
ALT Alaninaminotransferase
AST Aspartataminotransferase
CHOD Cholesterinoxidase
CK Kreatinkinase
CK-MB Kreatinkinase mit einer M- und B-Untereinheit
DPD Dichlorophenyl Diazonium
GLDH Glutamatdehydrogenase
GT Glutamyltransferase
HBDH Hydroxybutyrat-Dehydrogenase
LDH Laktatdehydrogenase
NAC N-Acetylcystein
opt. optisch
PAP Paraaminophenazon
SDH Sorbitdehydrogenase

folgen. Die meisten Messgrößen sind etwa 4 Stunden stabil. Danach verändern sich die Thrombozytenkonzentrationen und die Zellvolumina. Ein Blutausstrich muss unverzüglich nach der Blutprobenentnahme angefertigt werden, da sich Blutzellen außerhalb des Gefäßsystems rasch verändern. Aus dem gleichen Grund muss auch eine Retikulozytenzählung sobald wie möglich durchgeführt werden, da diese Zellen in vitro nachreifen. Für gerinnungsanalytische Untersuchungen, wie die globalen Gerinnungstests, wird Zitratplasma verwendet. Natriumzitrat verhindert ebenso wie EDTA durch Kalziumbindung den Eintritt der Blutgerinnung. 3,2 % Natriumzitrat wird im Verhältnis 1 + 9 mit Vollblut gemischt. Das Mischungsverhältnis muss unbedingt eingehalten werden. Zu geringe Füllvolumina führen zu falsch verlängerten Gerinnungszeiten.

Manchmal wird mit Zitrat antikoaguliertes Vollblut zur Thrombozytenzählung empfohlen, weil Natriumzitrat die Thrombozytenaggregation besser hemmen soll als EDTA. Allerdings ist dann ein Verdünnungsfaktor von 1,1 zu berücksichtigen: Das Zählergebnis muss mit diesem Faktor multipliziert werden. Bei Pferden können bei Verwendung von EDTA Thrombozytenaggregate entstehen. Eine Wiederholung der Untersuchung mit durch Lithiumheparinat antikoaguliertem Blut kann hier verlässliche Thrombozytenzahlen liefern.

Heparin und Heparinsalze (vorzugsw. Lithiumheparinat) sind Antikoagulanzien, die die Wirkung von Antithrombin verstärken.

Antithrombin ist ein Gerinnungshemmer, der natürlicherweise im Plasma vorkommt.

Heparin und seine Salze sind bevorzugte Antikoagulanzien für die Plasmagewinnung zur chemischen Blutuntersuchung. Heparinplasma ist für die Untersuchung der meisten chemischen Analyseparameter gut geeignet. Aus heparinisierten Vollblutproben können zwar auch hämatologische Untersuchungen durchgeführt werden, jedoch zeigen die angefärbten Blutzellen einen leichten Blaustich, der unter Umständen die morphologische Beurteilung erschweren kann. Das Plasma kann sofort nach der Entnahme der Blutproben durch Zentrifugieren (5–10 Minuten bei 4000 G) gewonnen werden. Das überstehende Plasma wird vorsichtig ohne Berühren der Zellsäule abgesaugt.

Schütteln oder Kippen des bereits zentrifugierten Röhrchens führt zu einer neuerlichen Vermischung von Zellen und Blutflüssigkeit!

Na-Fluorid wird den Blutproben zugesetzt, wenn Glukose und/oder Laktat *nicht* unmittelbar nach der Blutprobenentnahme untersucht werden können. Na-Fluorid verhindert, dass die im Vollblut vorhandenen Zellen Plasmaglukose abbauen und damit einen Anstieg der Laktatkonzentration bewirken. Der Zusatz von Na-Fluorid kann entfallen, wenn unmittelbar nach der Blutentnahme das Plasma von den Zellen abgetrennt werden kann. Sobald die Zellen entfernt sind, bleiben diese beiden Messgrößen stabil.

Für manche Analysen muss **Serum** verwendet werden. Serum kann entweder aus unbeschichteten Glasröhrchen oder in Kunststoffröhrchen, denen eine **Gerinnungshilfe** beigefügt ist, gewonnen werden. Das Serumröhrchen muss 15–30 Minuten bis zum vollständigen Eintritt der Gerinnung bei Raumtemperatur möglichst erschütterungsfrei gelagert werden.

Wird die Probe geschüttelt, bilden sich gelartige Pfropfen, aus denen sich keine Flüssigkeit mehr gewinnen lässt.

Danach wird der Thrombus mit einem Plastikspatel vorsichtig von der Röhrchenwand gelöst und das Röhrchen 5–10 Minuten bei 4000 G zentrifugiert. Häufig werden auch Trenngele eingesetzt, die sich aufgrund ihres spezifischen Gewichts nach dem Zentrifugieren an der Phasengrenze absetzen. Dies verhindert, dass intrazelluläre Bestandteile in das Serum übertreten bzw. Plasmabestandteile abgebaut werden. Allerdings stören Trenngele manche Analyseverfahren.

Ob Serum oder Plasma verwendet werden muss, hängt in erster Linie von den Messgrößen ab, die untersucht werden sollen. Manche Messgrößen zeigen in Serum und Plasma unterschiedliche Konzentrationen. So ist die Totalproteinkonzentration im Plasma etwas höher als im Serum, da Serum kein Fibrinogen mehr enthält. Die Konzentrationen von Kalium und anorganischem Phosphat sowie die Aktivität der Laktatdehydrogenase (LDH) sind häufig im Serum deutlich höher, da sie im Zuge des Gerinnungsprozesses aus den Zellen ins Serum übertreten. Die Verwendung von Trenngelen kann diese Effekte deutlich minimieren. Wenn beide Medien für die Untersuchung geeignet sind, dann wird meist Plasma bevorzugt, da dieses ohne Zeitverzögerung unmittelbar nach der Blutentnahme gewonnen werden kann und die Ausbeute etwas größer ist als bei der Serumgewinnung. Außerdem ist die Gefahr einer In-vitro-Hämolyse bei der Plasmagewinnung deutlich geringer.

4.2 Lagerung und Haltbarkeit von Serum oder Plasma

Vor dem Versand bzw. zur Lagerung sollte sowohl Serum als auch Plasma von den Zellen getrennt werden. Die flüssige Phase kann in einem zusatzfreien, bruchsicheren Röhrchen aufbewahrt und versendet werden (Eppendorf-Cup). Ein Lichtschutz ist empfehlenswert, um den Abbau von Bilirubin zu vermeiden. Ist keine unmittelbare Bearbeitung möglich, so können sowohl Serum als auch Plasma bei 4 °C bis zu 48 Stunden gelagert werden, ohne dass sich die Messwerte der meisten gebräuchlichen Messgrößen diagnostisch signifikant verändern. Sollen die Proben länger gelagert werden, können sie bei –20 °C oder besser bei –70 °C eingefroren werden. Nach dem Auftauen müssen die Proben vor der Analyse gut gemischt werden. Müssen mehrere Untersuchungen zu verschiedenen Zeitpunkten durchgeführt werden, so ist es besser, die Probe in mehreren Fraktionen einzufrieren. Wiederholtes Einfrieren und Auftauen ist zu vermeiden!

4.3 Labortechniken

Abmessen von Flüssigkeiten

Größere Flüssigkeitsvolumina werden in Mensuren, Messzylindern oder Büretten abgemessen. Glas- oder Einmalpipetten aus Kunststoff werden für Mengen zwischen 2 und 20 ml verwendet. Es ist darauf zu achten, ob es sich um eine **Eingusspipette** (gekennzeichnet durch IN) oder eine **Auslaufpipette** (gekennzeichnet durch EX) handelt. Bei der Eingusspipette muss die abgemessene Flüssigkeit vollständig aus der Pipette ausgeblasen werden. Die Auslaufpipette ist hingegen so kalibriert, dass der durch die Kapillarwirkung in der Pipette verbleibende Flüssigkeitsrest nicht ausgeblasen werden darf! Zum Ansaugen und Ausblasen der Flüssigkeiten ist ein Pipettierball oder eine elektrische Pipettierhilfe zu verwenden.

Misst man Flüssigkeiten mit einer Pipette ab, darf die Flüssigkeit auf keinen Fall mit dem Mund angesaugt werden!

Die Flüssigkeitsmenge muss in Augenhöhe abgelesen werden (Vermeidung der parallaktischen Verschiebung), wobei der untere Rand des Flüssigkeitsmeniskus als Begrenzung gilt. Für das Pipettieren kleinerer Flüssigkeitsmengen (< 2 ml), wie z. B. Patientenseren, verwendet man **Kolbenhubpipetten**. Diese sind entweder auf ein fixes Volumen geeicht oder können variabel eingestellt werden. Für diese Pipetten benötigt man Einmalspitzen, wobei darauf zu achten ist, dass die Pipettenspitzen für den Gerätetyp passen. Die Spitzen werden mit einer leicht drehenden Bewegung fest aufgesetzt.

Für jede neue Probe ist eine frische Pipettenspitze zu verwenden, um Probenkontamination zu vermeiden.

Der Hubkolben dieser Pipetten wird mit dem Daumen betätigt. Um korrekte Volumina zu erhalten, ist wie folgt vorzugehen: Vor dem Eintauchen in die Flüssigkeit wird der Hubkolben bis zum ersten Anschlag niedergedrückt gehalten. Sobald die Spitze ausreichend weit in die Flüssigkeit eingetaucht ist, lässt man den Kolben langsam zurückfedern, dadurch wird die Flüssigkeit angesaugt. Um die Flüssigkeit wieder abzugeben, wird der Kolben über den ersten Anschlag hinaus bis zum zweiten gedrückt. Damit entfernt man die Flüssigkeit restlos aus der Pipettenspitze. Beim Entleeren der Pipette wird die Öffnung der Pipettenspitze gegen die Gefäßwand gehalten, sodass die Flüssigkeit ohne Blasenbildung auslaufen kann. Weiterhin sollten folgende Regeln beachtet werden:

- Stellen Sie sicher, dass keine Flüssigkeit in den Pipettenschaft gelangt.
- Eine befüllte Pipette darf niemals waagerecht abgelegt werden.
- Benutzte Pipettenspitzen sollten sofort von der Pipette entfernt werden.
- Kolbenhubpipetten müssen von Zeit zu Zeit gewartet und auf ihre Messgenauigkeit überprüft werden. Dies geschieht, indem destilliertes Wasser pipettiert und mit einer Präzisionswaage gewogen wird. Für die Portionierung größerer Serien werden halbautomatische Systeme (z. B. Multipette®) verwendet.

Kolbenhubpipetten sind Präzisionsgeräte und sorgsam zu behandeln.

Abmessen fester Körper (Wägen)

Im Labor fallen kleine bis sehr kleine Massen an, die am besten mit **Analysenwaagen** oder zumindest **Präzisionswaagen** gemessen werden müssen. Waagen müssen streng horizontal, erschütterungsfrei und vor Sonnenlicht, Staub und Zugluft geschützt aufgestellt werden. Die meisten Fabrikate erlauben eine Gewichtsbestimmung des Gefäßes, in das der gewogene Stoff eingewogen werden kann (Tara).

Herstellen von Lösungen

Zur Herstellung einer Lösung werden die zu lösenden festen Körper oder Flüssigkeiten gewogen und in einer definierte Menge Lösungsmittel gelöst. Werden Säuren oder Laugen in Wasser gelöst, so ist stets die Säure oder Lauge unter Rühren dem Wasser beizumengen, da es sonst zu explosionsartiger Erwärmung kommen kann.

Erst das Wasser, dann die Säure, sonst passiert das Ungeheure!

Es gibt verschiedene Möglichkeiten, Lösungsverhältnisse anzugeben: Bei **prozentualen Lösungen** wird die zu lösende Substanz in Gramm in 100 g Lösungsmittel aufgelöst. Man wiegt sowohl das Lösungsmittel als auch den zu lösenden Stoff ab. Handelt es sich beim Lösungsmittel um destilliertes Wasser, so kann das Volumen (100 ml) als Gewichtsäquivalent verwendet werden. Wenn eine Lösung mit bestimmter Konzentration aus zwei Stammlösungen mit verschiedenen Konzentrationen oder durch Verdünnung mit destilliertem Wasser hergestellt werden soll, so bedient man sich des **Mischungskreuzes**. Dabei ist zu beachten, dass es sich um Gewichts- und nicht um Volumenanteile der Lösungen handelt (**Abb. 4.1**).

Bei einer **molaren Lösung** wird ein Mol eines Stoffes in einem Liter Lösungsmittel gelöst.

Ein **Mol** ist die Stoffmenge, die dem Molekulargewicht der Substanz in Gramm entspricht.

Das Molekulargewicht einer Substanz wird vom Hersteller angegeben oder kann aus dem Atomgewicht bzw. der Summe der Atomgewichte eines Elementes berechnet werden. Die Atomgewichte sind in dem Periodensystem der Elemente (z. B. im Internet unter: http://www.periodensystem.info/periodensystem) angegeben.

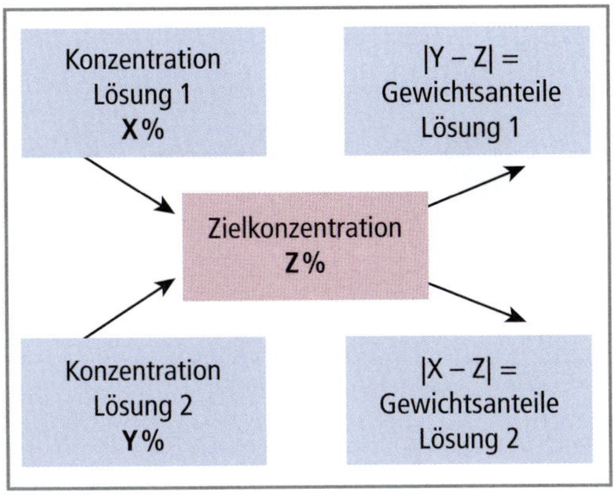

Abb. 4.1 Mischungskreuz zur Ermittlung des Mischungsverhältnisses von Lösungen verschiedener Konzentrationen (X, Y) zur Herstellung einer gewünschten Konzentration (Z)

Bei **Normallösungen** handelt es sich um Lösungen, bei denen das Äquivalentgewicht eines Stoffes in 1 Liter Lösungsmittel gelöst wird. Das **Äquivalentgewicht** ist definiert als Molekulargewicht dividiert durch die Wertigkeit des Stoffes.

4.4 Messverfahren

Optische Messverfahren

Fotometrie bezeichnet Messverfahren, bei denen die Abschwächung der Intensität eines Lichtstrahles einer bestimmten Wellenlänge zur Quantifizierung eines gelösten Stoffes herangezogen wird. Durchdringt ein monochromatischer (gebündeltes Licht einer bestimmten Wellenlänge) Lichtstrahl eine farbige Lösung, so wird er abgeschwächt – Licht wird **absorbiert**. Wie viel Licht absorbiert wird, hängt von den Transmissionseigenschaften des gelösten Stoffes, die wiederum durch seine chemischen Eigenschaften bestimmt werden, seiner Konzentration und der Länge des Lichtweges in der Lösung ab. Diese Gesetzmäßigkeit wird durch das **Lambert-Beer'sche Gesetz** beschrieben.

Lambert-Beer'sches Gesetz:
$E = \varepsilon \times c \times d$
E: Extinktion, ε: Extinktionskoeffizient ($cm^2/\mu mol$), c: Konzentration (mmol/l), d: Dicke der Küvette (cm)

Man verwendet monochromatisches Licht im UV- oder spektralen Bereich (380–800 nm Wellenlänge). Je nachdem, ob das Licht durch Filter oder Prismen gebündelt wird, spricht man von Filter- oder Spektralfotometern. Der Strahlengang ist in **Abb. 4.2** dargestellt. Für die jeweilige Bestimmungsmethode wird immer diejenige Wellenlänge ausgewählt, bei der der gelöste Stoff sein Absorptionsmaximum aufweist, d.h., die Abschwächung am größten ist. Dadurch erreicht man eine hohe Empfindlichkeit, da in diesem Falle auch sehr kleine Konzentrationsänderungen gut messbare Signale hervorrufen. Die Intensität des Austrittstrahles wird gemessen und als prozentualer Anteil der Lichtintensität des Eintrittsstrahles angegeben (Transmissionsgrad).

Die **Absorption** ist der negative dekadische Logarithmus des Transmissionsgrades.

Trägt man die Absorption, die ein Stoff in einer bestimmten Konzentration hervorruft, in einem Diagramm gegen seine jeweilige Konzentration auf, so erhält man eine Gerade, die als **Eichkurve** verwendet wird. Damit können unbekannte Konzentrationen bestimmt werden.

In der klinischen Chemie werden vorwiegend **kolorimetrische Verfahren** zur Konzentrationsbestimmung von **Substraten** oder Mineralstoffen verwendet. Die Reagenzien ergeben mit dem gesuchten Stoff

4

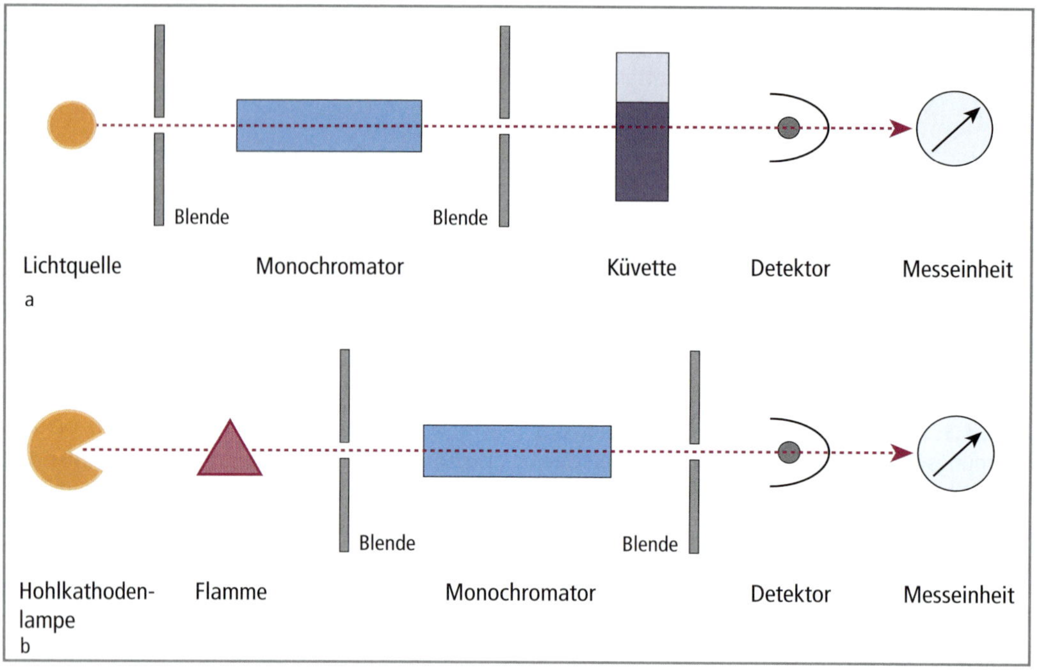

Abb. 4.2 Schematische Darstellung der Strahlengänge
a) für Absorptionsfotometer
b) für Atomabsorptionsspektrometer

eine Farbreaktion. Die Absorption, die diese Farblösung hervorruft, ist der Konzentration des gesuchten Stoffes proportional und kann somit fotometrisch bestimmt werden. Auch **Enzymaktivitäten** können mithilfe kolorimetrischer Verfahren gemessen werden. Enzymaktivitätsbestimmungen sind funktionelle Assays, d.h., es wird nicht die Menge des Enzyms gravimetrisch bestimmt, sondern seine Aktivität gemessen. Dies ist technisch einfacher, da Enzyme im Serum oder Plasma nur in sehr geringen Konzentrationen vorliegen. Im Testansatz wird nun die Reaktion, die das Enzym katalysiert, durch Zugabe des Substrates und bei definierten Reaktionsbedingungen (pH-Wert, Temperatur) hervorgerufen. Die Entstehung der Reaktionsprodukte oder der Substratabbau sind an eine Farbreaktion gekoppelt. Diese kann wiederum fotometrisch quantifiziert werden. Die Reaktionsgeschwindigkeit wird durch eine sog. **kinetische Messung** bestimmt. Dabei wird die Absorptionsänderung in bestimmten Zeitintervallen erfasst. Die Geschwindigkeit der Absorptionsänderung (Steigung der Reaktionskurve) ist ein Maß für die Reaktionsgeschwindigkeit und entspricht damit der Enzymaktivität.

Trockenchemiesysteme (s. Kap. 5), bei denen die Farbreaktionen auf Trägerfolien gebunden verlaufen, verwenden eine Variante der Absorptionsfotometrie, nämlich die **Reflexionsfotometrie**. Bei diesem Verfahren wird die Reflexion eines Lichtstrahles, der auf das Reaktionsfeld auftrifft, zur Quantifizierung der Reaktion bestimmt. **Turbidimetrie** (Trübungsmessung) und **Nephelometrie** sind weitere optische Verfahren, die vor allem in der Proteinanalytik verwendet werden. Streulicht entsteht, wenn Licht in einer elastischen Kollision auf ein Molekül auftrifft und dadurch gestreut wird. Mithilfe der Turbidimetrie wird die Abschwächung eines Lichtstrahles, der durch eine trübe Lösung durchtritt, gemessen und zur Konzentrationsbestimmung herangezogen. Bei der Nephelometrie wird die Intensität des Streulichtes gemessen. Die Wellenlänge des Eintrittsstrahles entspricht der Wellenlänge des Austrittstrahles. Bei weiteren optischen Verfahren wie **Fluorimetrie** und **Lumineszenz** wird eine Lichtemission hervorgerufen und fotometrisch ausgewertet.

Unter **Fluoreszenz** versteht man die Eigenschaft eines Moleküls, Licht einer bestimmten Wellenlänge zu absorbieren und diese Energie als langwelligeres Licht wieder zu emittieren. Das heißt, die Wellenlänge des anregenden Lichts unterscheidet sich von der Wellenlänge des emittierten Lichtes.

Ein Molekül, das fluoreszierende Eigenschaften besitzt, wird als **Fluorophor** bezeichnet.

Die Intensität der Fluoreszenz ist sowohl der Konzentration des Fluorophors als auch der Exzitationsintensität proportional und wird durch eine modifizierte Form des Lambert-Beer'schen Gesetzes beschrieben. Diese Gesetzmäßigkeit trifft allerdings nur für verdünnte Lösungen in einem sehr engen Konzentrationsbereich zu. Daher sind fluorimetrische Methoden zwar hundert- bis tausendfach empfindlicher als absorptionsfotometrische Verfahren, aber auch wesentlich störanfälliger. Deshalb werden sie nur für besondere Fragestellungen genutzt. Andere Verfahren, wie **Chemo-** oder **Elektrochemolumineszenz** basieren ebenfalls auf Lichtemission. Diese wird entweder chemisch durch die Oxidation eines organischen Stoffes, wie z. B. Luminol oder Acridinester, die durch Zugabe von Oxidationsmitteln in Kombination mit Enzymen gestartet wird, oder auf elektrochemischem Wege hervorgerufen. Lumineszenzverfahren sind hochsensitiv und besitzen einen weiten Messbereich, sodass sie häufig für automatisierte Immunoassays verwendet werden.

Bei diesen hochempfindlichen Systemen ist auf einen hohen Reinheitsgrad der Reagenzien und vor allem des verwendeten Wassers zu achten.

Atomabsorptionsspektrofotometrie (AA) ist ein hochempfindliches Verfahren zur Bestimmung von Elementen wie Kupfer, Zink, Blei, Magnesium, Kalzium, Lithium, Aluminium und anderen Metallen. Das zu bestimmende Element wird atomisiert, d. h., durch Verbrennung werden alle seine Bindungen gelöst. Dadurch gelangt das Element auf ein energetisches Grundniveau. In diesem Zustand ist das Atom in der Lage, Licht in einem sehr begrenzten, für das gemessene Element jedoch charakteristischen Spektrum zu absorbieren. Die Absorption ist der Konzentration des Elementes proportional und kann gemessen werden. Das Prinzip des Verfahrens entspricht dem der Spektralfotometrie, wobei eine Hohlkathodenlampe der Lichtquelle und die Flamme, in der das Element atomisiert wird, der Küvette mit der Farblösung entsprechen (Abb. 4.2). Die **Flammenemissionsfotometrie** basiert auf der Messung der charakteristischen Lichtemission von metallischen Elementen, wenn diese entsprechend angeregt, d.h. in einer Flamme verbrannt werden. Diese Methode wurde in der Vergangenheit vorwiegend zur Bestimmung von Natrium- oder Kaliumkonzentrationen herangezogen. Heute werden diese meist mithilfe elektrochemischer Verfahren bestimmt.

4

Elektrochemische Messverfahren

Elektrochemische Messverfahren nutzen die elektrochemischen Eigenschaften einer Messgröße. Diese führt zu einer Potenzialdifferenz oder zu einem Stromfluss zwischen einer Mess- und einer Referenzelektrode. Die Konzentration der Messgröße ist dem Stromfluss proportional. Es gibt verschiedene Elektrodentypen, wobei im klinischen Bereich vorwiegend ionenselektive Elektroden (ISE) eingesetzt werden. An der ionenselektiven Membran, die nur für bestimmte Ionen durchlässig ist, baut sich ein Spannungspotenzial auf, das der Ionenkonzentration proportional ist. Für die verschiedenen Ionen werden unterschiedliche Membrantypen eingesetzt. Bisher wurden diese Messverfahren hauptsächlich zur Bestimmung von pH- und Blutgaswerten sowie Ionenkonzentrationen (z. B. Na^+, K^+, Cl^-, Ca^{++}, Mg^{++}) verwendet. Mit der Weiterentwicklung der Membrantechnologie können nunmehr auch Konzentrationen verschiedener Substrate wie Glukose, Laktat, Harnstoff, Cholesterol und Bilirubin bestimmt werden. Die Entwicklung von Biosensoren ist ein weiteres Anwendungsgebiet dieser Technologie (z. B. Glukosesensoren zur Steuerung einer Insulinpumpe). Bei diesen Systemen werden Enzyme an Membranen gebunden, die einen Substratabbau induzieren. Ein ebenfalls gebundenes Indikatorsystem ruft Potenzialdifferenzen hervor, die erfasst und in Messdaten umgewandelt werden.

Literatur

Affenzeller N, Benesch T, Thalhammer JG, Willmann M. A pilot study to evaluate a novel subcutaneous continuous glucose monitoring system in healthy Beagle dogs. Vet J 2010; 184(1): 105–10.

Ceron J, Martinez-Subiela S, Hennemann C, Tecles F. The effects of different anticoagulants on routine canine plasma biochemistry. Vet J 2004; 167(3): 294–301.

Ehsani A, Afshari A, Bahadori H, Mohri M, Seifi HA. Serum constituents analyses in dairy cows: Effects of duration and temperature of the storage of clotted blood. Res Vet Sci 2008; 85(3): 473–5.

Morris J D, Fernandez JM, Chapa MA, Gentry LR, Thorn KE, Weick TM. Effects of sample handling, processing, storage, and hemolysis on measurements of key energy metabolites in ovine blood. Sm Rum Res 2002; 43(2): 157–66.

Reynolds B, Taillade B, Medaille C, Palenche F, Trumel C, Lefebvre HP. Effect of repeated freeze-thaw cycles on routine plasma biochemical constituents in canine plasma. Vet Clin Pathol 2006; 35(3): 339–40.

Thoresen SI, Havre GN, Morberg H, Mowinckel P. Effects of storage time on chemistry results from canine whole blood, heparinized whole blood, serum and heparinized plasma. Vet Clin Pathol 1992; 21(3): 88–94.

Thoresen S, Tverdal A, Havre G, Morberg H. Effects of storage time and freezing temperature on clinical chemical parameters from canine serum and heparinized plasma. Vet Clin Pathol 1992; 24(4): 129–33.

5 Trockenchemie

Johannes Hirschberger

5.1 Einleitung

Klinisch-chemische Untersuchungen mittels automatisierter Trockenchemiesysteme gewinnen in der tierärztlichen Praxis an Bedeutung. Kleine Tischgeräte stehen für das Praxislabor, große Analysenautomaten für das Einsendelabor zur Verfügung. Selbst kleine Tischgeräte bieten ein hinreichend großes Parameterspektrum für Suchprogramme und zum Teil auch für Organprofile.

Den Trockenchemiesystemen gemeinsam ist ihre einfache Handhabung. Reagenzien brauchen nicht vorbereitet zu werden. Sie sind in einem **Trockenreagenzträger** enthalten, der durch seinen inneren Aufbau und die Verteilung der Reagenzien den chemischen Ablauf steuert (**Abb. 5.1**).

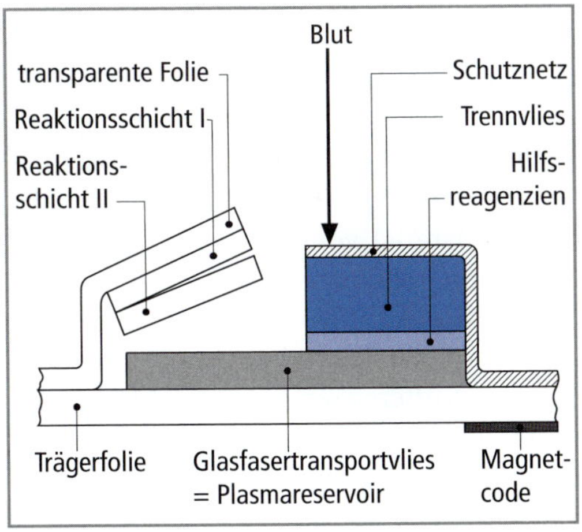

Abb. 5.1 Prinzipieller Aufbau eines Reflotron®-Trockenreagenzträgers

Die Kontrolle über die Wahl des richtigen Trockenreagenzträgers, die Einhaltung der Inkubationszeiten und der Messintervalle sowie die Wahl der Messwellenlänge für die reflexionsfotometrische Auswertung finden automatisch statt. Die Ergebnisberechnung und die Linearitätsprüfung werden ebenfalls von der Elektronik übernommen.

Ein Trockenchemiegerät erlaubt nur die Verwendung von systemspezifischen Trockenreagenzträgern und systemspezifischem Kontrollmaterial. Hierdurch entsteht eine nicht zu unterschätzende Abhängigkeit vom Hersteller in Bezug auf das Parameterspektrum, die Analysenmethode und die Qualitätskontrolle des Systems.

5.2 Probenmaterial

Als Untersuchungsgut dient allgemein **Serum** oder **Plasma**. In einzelnen Systemen kann auch Vollblut, als Frischblut oder mit Antikoagulanzien versehen, verwendet werden. Die Verwendung von Vollblut erspart den Zeitaufwand der Serumgewinnung, macht das System aber für gewisse Störfaktoren wie Hämolyse und Probenviskosität anfällig.

Lithiumheparinat ist das in der Trockenchemie am vielseitigsten einsetzbare Antikoagulans. Bei der Verwendung von anderen Antikoagulanzien müssen in Abhängigkeit von Parameter und Gerätesystem Einschränkungen beachtet werden. EDTA kann Kofermente inhibieren und die Analysenergebnisse verfälschen. Natriumfluorid (NaF) wird als Antikoagulans oft bei Glukosebestimmungen eingesetzt, es kann aber in der Trockenchemie zu Reaktionen mit dem Chromogensystem führen. Die Angaben des Herstellers sind genau zu beachten.

Bei der Verwendung von **Vollblut** als Probenmaterial spielt der Hämatokrit der Blutprobe eine große Rolle, denn es wird nur die im Plasmaanteil der Probe enthaltene Substratmenge bestimmt. Bei sehr hohen Hämatokritwerten reicht unter Umständen die Plasmamenge zur Analyse nicht mehr aus. Glukosebestimmungen aus Vollblut mit einem Hämatokrit von über 55 % können zu falsch niedrigen Messwerten führen. Deshalb sollte die Glukosebestimmung bei unbekanntem Hämatokrit im Plasma erfolgen. Ein Durchmischen der Vollblutprobe durch Schwenken ist unbedingt erforderlich. Bei Rindern und bei Katzen scheint es auf dem Trennvlies des Reflotron®-Reagenzträgers zu Spontanhämolysen zu kommen, die besonders bei der Bilirubinbestimmung Messfehler bedingen. Durch Verwendung von Plasma oder Serum wird diese Gefahr vermieden. Hämolytische, ikterische und lipämische Proben führen auch in der Trockenchemie zu Interferenzen.

5.3 Informationsübertragung und Kalibration

Die **Reagenzträger** besitzen einen Magnetstreifen oder Barcode, der die parameter- und chargenspezifischen Informationen enthält. Diese werden vom Gerät gelesen. Die Kalibration des Systems erfolgt für jeden Parameter chargenspezifisch über den Informationsgehalt des Magnetstreifens. Ein manuelles Kalibrieren des Gerätes ist nicht möglich (siehe hierzu auch Kapitel 7: »Qualitätskontrolle und Fehlermöglichkeiten«).

5.4 Messbereich

Auch in der Trockenchemie richten sich die Messbereiche der Reagenzträger wie in der sog. Nasschemie (s. Kap. 6) nach den Referenzbereichen und Belangen der Humanmedizin. Den **Referenzbereich der Amylase** beim Hund (bis 1650 U/l) und bei der Katze (bis 1850 U/l) schöpft der Messbereich der Trockenreagenzträger nicht aus. Niedrige **Gesamt-Bilirubinspiegel** unter 0,5 mg/dl werden vom Reflotron®-System nicht angezeigt. Bei Werten, die an der Grenze des Messbereiches liegen, muss immer von einer gewissen Unrichtigkeit ausgegangen werden.

5.5 Präzision und Richtigkeit

Die **Präzision** der Trockenchemiesysteme ist gut. Aus technischen Gründen ist man gezwungen, Routinemethoden zu verändern. Die Systeme sind aber so weit adaptiert, dass trotz methodischer Unterschiede gleiche Messresultate ausgegeben werden. Diese Anpassung erfolgt allein für das humanmedizinische Probengut. In der Tiermedizin treten allerdings Probleme auf. Die tierartlich unterschiedliche Enzymspezifität, die physikochemischen Eigenschaften der Enzyme und die Viskosität von Serum und Plasma besitzen hier Bedeutung. Die Rheologie des Vollblutes ist tierartlich sehr verschieden. So weisen gerade Enzymbestimmungen im Probenmaterial vom Tier in der Trockenchemie oft systematische Fehler auf.

Solange die verglichenen Methoden gut miteinander korrelieren, können im Einzelfall Messwertdifferenzen über die Multiplikation mit einem Faktor ausgeglichen werden, oder die anerkannten Referenzwerte werden über eine Umrechnung korrigiert. Im Gegensatz zu Enzymaktivitätsmessungen scheinen Substratbestimmungen recht problemlos zu sein.

6 Nasschemie

Constanze Leuser

6.1 Einleitung

Im Gegensatz zur Trockenchemie (s. Kap. 5) verwenden nasschemische Analysegeräte flüssige Reagenzien. Diese sind zwar preisgünstiger, weisen jedoch nach Anbruch eine eingeschränkte Haltbarkeit auf. Entsprechend lohnt sich die Anschaffung nur bei ausreichendem Probenaufkommen.

6.2 Vor- und Nachteile

Weiterhin besteht die Gefahr einer Kontamination der Reagenzien. Nasschemische Analysegeräte werden vor allem in größeren Laboratorien verwendet und benötigen geschultes Personal, da die Geräte aufwendiger zu bedienen sind und regelmäßige Kalibrationen sowie Qualitätskontrollen unabdingbar sind. Vorteile nasschemischer Analysegeräte sind der hohe Probendurchsatz sowie die Vielzahl an Parametern, die zur Verfügung stehen. Des Weiteren können in der Regel Reagenzien verschiedener Hersteller verwendet werden, sodass keine Abhängigkeit von einzelnen besteht. Als **Probenmaterial** dient Serum sowie Heparinplasma. Weiterhin können auch Körperflüssigkeiten wie Urin, Zerebrospinalflüssigkeit oder Proben von Körperhöhlenergüssen analysiert werden.

Zentrales Element jedes nasschemischen Fotometers sind die Rotoren, auf denen die Reagenzien und Proben platziert sind. Einige Geräte verfügen über eine interne Kühlung, bei anderen ist der Reagenzienrotor transportabel und wird am Ende des Arbeitstages im Kühlschrank gelagert. Häufig sind die Geräte mit einem internen Barcode-Lesegerät ausgestattet. Die Proben werden über den Barcode erkannt und die angeforderten Tests abgearbeitet. Durch das Erstellen von Profilen wird eine schnelle Abarbeitung gewährleistet. Bei sog. **Random-Access-Analysern** kann der Rotor jederzeit mit neuen Proben bestückt werden. Bei anderen Geräten müssen erst die bereits geladenen Proben abgearbeitet werden, bevor neue Proben eingesetzt werden können. Zum Teil sind die letztgenannten Geräte mit einer sog. STAT-Funktion ausgestattet, die es ermöglicht, ein oder zwei zusätzliche Proben während des Betriebes einzuschieben, die dann als Notfallproben vorgezogen werden.

6.3 Durchführung

Die Tests werden in Plastikküvetten zum Einmalgebrauch durchgeführt, die als zusammenhängende Segmente eingebracht werden. Bei der Bestückung des Gerätes ist auf einen sorgfältigen Umgang mit den Reaktionsküvetten zu achten. Die Küvetten sollten nur am dafür vorgesehenen Griffstück berührt werden, um eine Verschmutzung der Ablesezone durch Fingerabdrücke, Beschädigungen oder eine Kontamination der Gefäße zu vermeiden. Diese können zu falschen Messergebnissen des Fotometers führen.

Küvetten nur am dafür vorgesehenen Griffstück berühren, damit die Ablesezone nicht verschmutzt.

Das Gerät pipettiert automatisch das entsprechende Reagenz- und Probenvolumen in die vorgewärmten Reaktionsküvetten. Zunächst wird das Reagenz pipettiert und eine Leerwertmessung durchgeführt, dann wird die Probe zugegeben. Je nach Test wird nach einer entsprechenden Inkubationszeit ein zweites Reagenz zupipettiert. Eine Küvette mit destilliertem Wasser dient als Referenz. Zwischen den einzelnen Pipettierungsschritten wird die Pipette automatisch mit destilliertem oder deionisiertem Wasser aus dem internen Wasserbehälter gespült. Dementsprechend ist der Wasserverbrauch des Gerätes eine interessante Kenngröße bei der Auswahl eines Analysegerätes. Es gibt **Endpunkttests**, sog. fixed-time kinetische und linear kinetische Tests. Ein Endpunkttest erreicht nach der Reaktionszeit ein Plateau, der Wert zum Endzeitpunkt wird ermittelt (**Abb. 6.1**). Bei kinetischen Tests werden zu verschiedenen definierten Zeitpunkten Messungen vorgenommen und entsprechend der Kinetik der Wert berechnet (**Abb. 6.2** u. **6.3**). Die Messwerte werden automatisch an einen angeschlossenen PC übertragen.

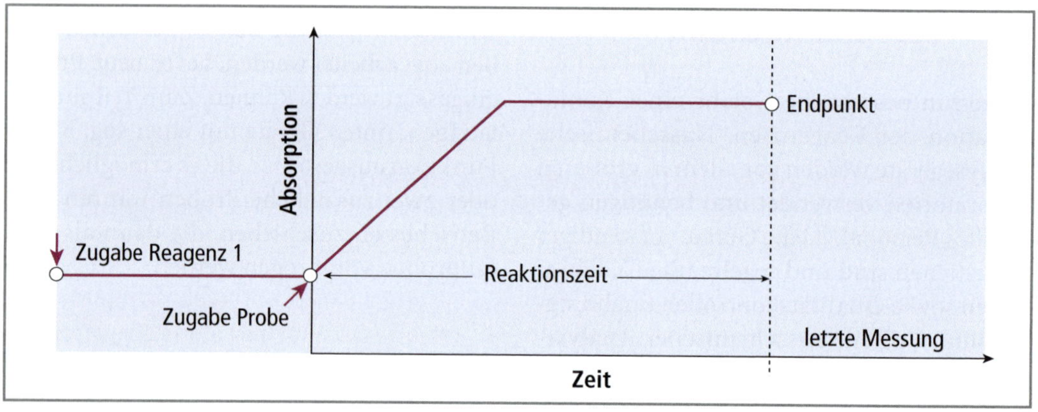

Abb. 6.1 Endpunkttest

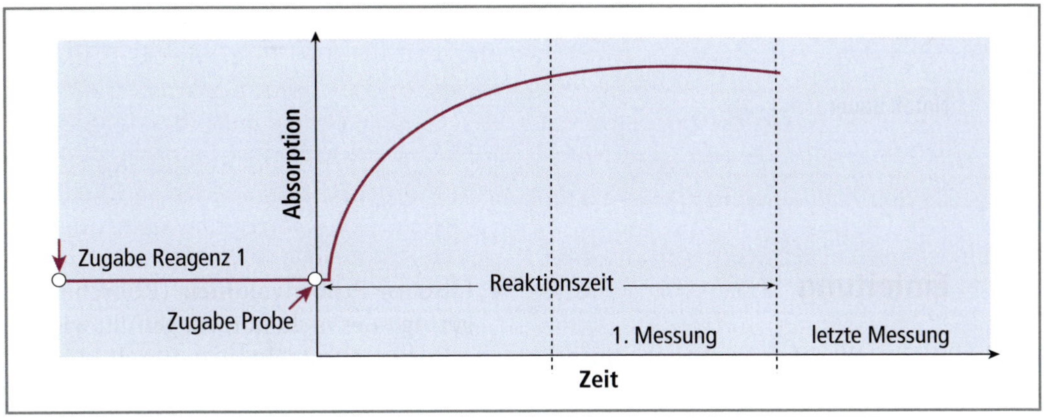

Abb. 6.2 Fixed-time kinetischer Test

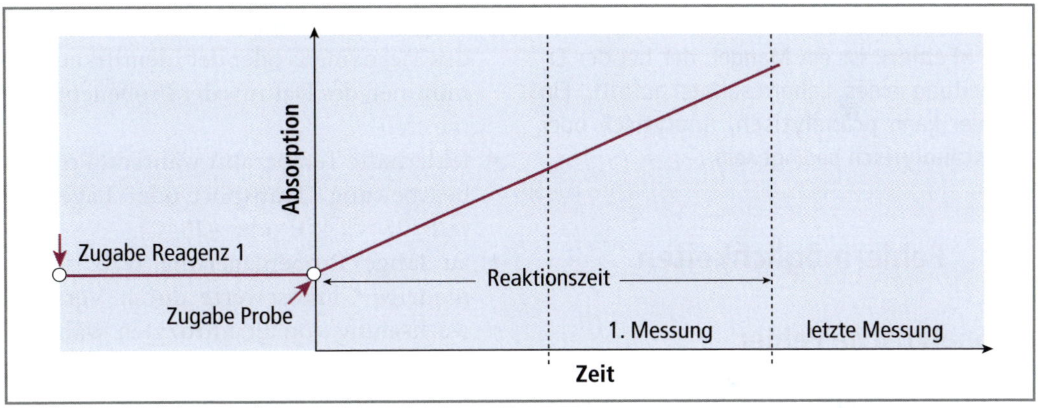

Abb. 6.3 Linear kinetischer Test. Über einen bestimmten Zeitraum werden mehrere Messungen durchgeführt und anhand der Reaktionsrate die Enzymaktivität bestimmt.

7 Qualitätskontrolle und Fehlermöglichkeiten

Natali Bauer

7.1 Einleitung

Idealerweise sollten Laborresultate immer korrekt sein – unabhängig von dem Untersuchungstag und dem Patienten. Fehler sind immer dann zu vermuten, wenn die Laborresultate nicht den Erwartungen entsprechen.

> Ein »**Fehler**« ist ein Mangel, der bei der Erarbeitung eines Laborresultats auftritt. Ein Fehler kann **pränalytisch, analytisch** oder **postanalytisch** bedingt sein.

7

7.2 Fehlermöglichkeiten

Präanalytische Fehler

Fehlerhafte Probenentnahme

- schlecht vorbereiteter Patient (z. B. nicht nüchtern)
- schlechte Probenentnahme (z. B. Hämolyse durch langes Stauen, wiederholte Punktionsversuche an einer Vene, Verwendung einer zu kleinlumigen Kanüle, Kontamination mit Alkohol/Desinfektionsmitteln)
- Verwendung von Röhrchen mit falschem Antikoagulans (z. B. EDTA statt Heparin)
- Kontamination von Heparinröhrchen mit Kalium-EDTA (häufig: führt zu falsch hohen Kalium- und falsch niedrigen Kalziumwerten durch Komplexbildung mit EDTA)
- falsches Probenvolumen (Röhrchen zu gering oder nicht korrekt gefüllt; wichtig z. B. bei Zitratröhrchen für die Gerinnungsanalyse)

Fehlerhafte Probenbearbeitung

- inkorrekte oder fehlende Probenbeschriftung (fehlende oder inkorrekte Angabe des Tiernamens oder der Identifikationsnummer, des Datums der Probenentnahme etc.)
- fehlerhafte Temperatur während Probenbearbeitung, Transport oder Lagerung (z. B. 25 °C, 4 °C oder –20 °C).
- zu lange Probenlagerung (z. B. falsch niedrige Glukosewerte durch Verstoffwechselung von Erythrozyten während des Lagerungsprozesses)

Analytische Fehler

- inkorrekte Methode für eine bestimmte Spezies (z. B. Verwendung von Hämatologiegeräten, die für Messungen in der Humanmedizin bestimmt sind. Werden diese in der Tiermedizin, z. B. für die Untersuchung von tierischen Erythrozyten, eingesetzt, können die Ergebnisse verfälscht sein, da die Erythrozyten bei einigen Spezies deutlich kleiner sind als beim Menschen. Auch eine fehlende Kreuzreaktivität von Antikörpern infolge der Verwendung von humanmedizinischen Tests kann zu inkorrekten Ergebnissen führen).

- minderwertige Qualität von Laborgeräten und Ausstattung (z. B. mangelhafte Herstellung oder unzureichende Wartung)
- minderwertige Qualität von Reagenzien (z. B. durch fehlerhafte Auflösung durch den Anwender, Verwendung nach Ablaufdatum)
- fehlerbehaftete Methodik (mangelhafte Einarbeitung des Personals, Pipettierfehler, verschmutzte Küvetten, Ablesefehler etc.)
- fehlende Qualitätskontrolle (intern, extern)

Postanalytische Fehler

- Schreibfehler bei manuellem Übertrag der Resultate in Computerprogramme
- Interpretationsfehler

7.3 Qualitätssicherung

Qualitätssicherung ist für alle Praxislabore wichtig, für kleine genauso wie für große.

Maßnahmen zur Fehlervermeidung und Qualitätssicherung

- Erstellung eines Plans zur Qualitätssicherung
- Verwendung adäquater Geräte und Methoden
- Erstellung von schriftlichen Standardarbeitsanweisungen (= Standard Operating Procedures, **SOP**s)
- interne Qualitätskontrolle (kommerzielles Kontrollmaterial)
- externe Qualitätskontrolle (Ringversuche)
- Verwendung von Regeln zur Interpretation der Ergebnisse interner und externer Qualitätskontrolle
- Ausbildung und Information des medizinischen Personals
- regelmäßige Fortbildung des Laborpersonals (und Dokumentation dieser)
- regelmäßige Wartung der Geräte (und Dokumentation dieser)
- automatische Übertragung von Messresultaten an eine Laborsoftware (Vermeidung von Schreibfehlern)
- Übermittlung des Ergebnisses erst nach medizinischer Validierung durch einen Tierarzt oder eine Tierärztin

Labore, die diese Qualitätsanforderungen erfüllen, können auch in der Veterinärmedizin akkreditiert werden. Eine **Akkreditierung** erfolgt durch ein Komitee der europäischen Spezialistengruppe für klinische Laboratoriumsdiagnostik in der Veterinärmedizin **(European College of Veterinary Clinical Pathology; ECVCP)**. Eine Zertifizierung kann auch nach **DIN EN ISO 17189** (eine speziell auf das Qualitätsmanagement von medizinischen Laboren ausgerichtete Norm) erfolgen oder nach **DIN EN ISO 9001** (eine auf Qualitätsmanagement allgemein ausgerichtete Norm).

Qualitätssicherung im Labor

Bei jedem Labortest können **zufällige** oder **systematische Fehler** auftreten.

Zufällige Fehler

Zufällige Fehler entstehen durch Faktoren, die die Messungen zufällig beeinflussen, wie z. B. unterschiedliche Proben- oder Reagenzvolumina (z. B. Pipettierfehler). Zufällige Fehler entstehen vor allem bei manuellen Methoden. Durch eine tägliche Messung einer internen Qualitätskontrolle, d. h. eines standardisierten Materials, das in der Regel vom Hersteller der Reagenzien oder Laborgeräte bezogen wird, können zufällige Fehler erkannt werden, indem man den **Variationskoeffizienten (VK)** berechnet. Dieser ist ein Maß für die Streuung und spiegelt die **Präzision** einer Methode wider.

$$VK\ (\text{in}\ \%) = \frac{\text{Standardabweichung (s)}}{\text{Mittelwert}} \times 100$$

Man unterscheidet zwischen einem Intraassay-Variationskoeffizienten und einem Interassay-Variationskoeffizienten.

Der **Intraassay-Variationskoeffizient** beschreibt zufällige Fehler, die bei wiederholter Messung einer Probe in einem bestimmten Testansatz erwartet werden können. Der **Interassay-Variationskoeffizient** repräsentiert zufällige Fehler, die bei wiederholter Messung einer Probe (oder eines Kontrollmaterials) bei verschiedenen Testansätzen (z. B. an verschiedenen Tagen) zu erwarten sind.

7

Der Intraassay-Variationskoeffizient sollte immer kleiner sein als der Interassay-Variationskoeffizient. Welcher VK für eine Methode akzeptabel ist, hängt von der biologischen Variation des Parameters ab. So muss eine Methode sehr präzise sein, wenn schon kleinste Veränderungen des Messwertes biologische Veränderungen beim Patienten widerspiegeln, wogegen eine hohe Präzision nicht erforderlich ist, wenn der Parameter auch physiologischerweise großen Schwankungen unterliegt, die keine klinische Bedeutung haben.

Systematische Fehler

Systematische Fehler (Unrichtigkeit, englisch: Bias) sind Fehler, die z. B. durch eine falsche Eichung eines Gerätes oder durch eine Verunreinigung der Proben auftreten. Sie äußern sich in einer (oft) konstanten oder auch proportionalen Verschiebung der Messwerte. Systematische Fehler beeinflussen die **Richtigkeit**, sie können sich sowohl addieren als auch gegenseitig aufheben.

Mittlerer systematischer Fehler (Mittelwertabweichung: englisch: Bias) = [Mittelwert aus Wiederholungsmessungen] – [Zielwert]. Der **Zielwert** stellt den vom Hersteller des Qualitätskontrollmaterials optimal zu erreichenden »Sollwert« dar.

Abbildung 7.1 verdeutlicht die Fehlertypen sowie Präzision und Richtigkeit am Beispiel einer Schießscheibe und als Bland-Altmann-Diagramm.
Jedes Labor (auch jedes Praxislabor) sollte ein Qualitätssicherungsprogramm haben, um die oben genannten Fehler aufzudecken.

Für die Qualitätssicherung ist die Durchführung einer internen und externen Qualitätskontrolle wichtig.

Interne Qualitätskontrolle

Die interne Qualitätskontrolle wird mit kommerziell erhältlichen Kontrollmaterialien durchgeführt.

Kalibriermaterial und Kontrolle dürfen nicht identisch sein!

Der Zielwert des Kontrollmaterials sollte idealerweise in dem Messbereich liegen, der für die medizinische Entscheidungen relevant ist **(medizinischer Entscheidungsbereich)**. Dies ist jedoch nicht immer gewährleistet, da es sich in der Regel um humanmedizinische Kontrollproben handelt.

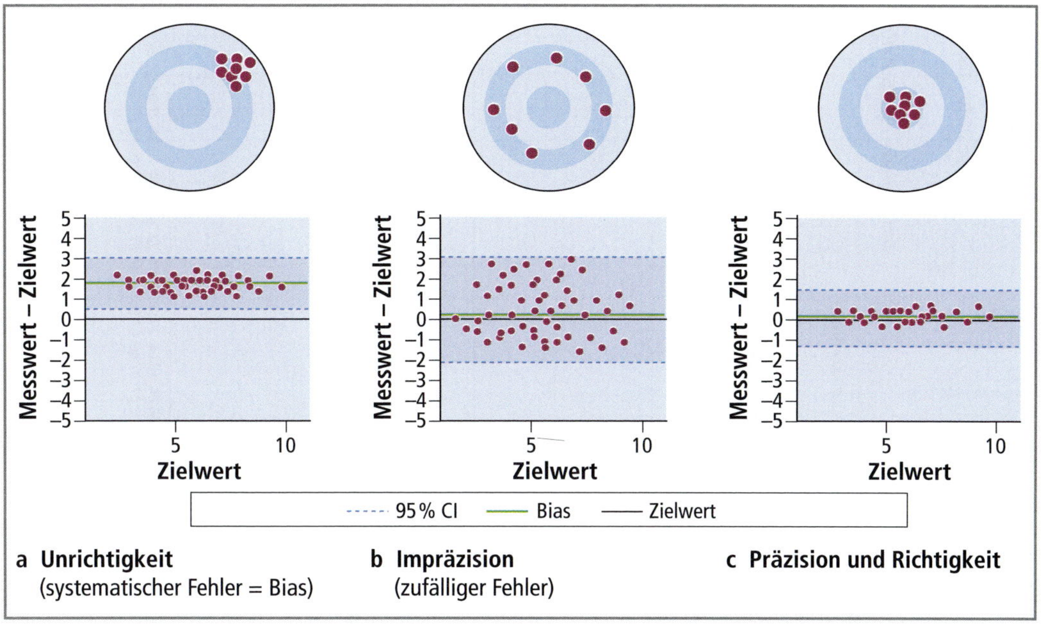

Abb. 7.1 Fehlermöglichkeiten von Labortests. Oben: schematisch dargestellt als Schießscheibe; unten: als Bland-Altmann-Diagramm. In den Bland-Altmann-Diagrammen wird die Differenz aus dem Zielwert (d. h. dem optimal zu erreichenden »Sollwert« des Qualitätskontrollmaterials) und dem tatsächlichen Messergebnis auf der y-Achse aufgetragen. Auf der x-Achse ist der Zielwert in aufsteigender Konzentration aufgetragen. Die mittlere Differenz des tatsächlichen Messwertes vom Zielwert entspricht dem Mittelwertunterschied (englisch: »Bias«). Ein großer Mittelwertunterschied spiegelt somit einen systematischen Fehler wider. Eine hohe Streuung der Einzelwerte und somit ein hohes 95 %-Konfidenzintervall (95 % CI) spricht für eine hohe Impräzision infolge eines zufälligen Fehlers.
a) Ergebnisse einer präzisen Methode, die jedoch einen systematischen Fehler (Bias) zeigt
b) Ergebnisse einer impräzisen Methode infolge zufälliger Fehler (minimaler Bias, jedoch hohe Streuung und somit hohes 95 %-Konfidenzintervall)
c) Ergebnisse einer präzisen und richtigen Methode (minimaler Bias, geringes 95 %-Konfidenzintervall)

Durchführung

- beim Start eines Messverfahrens
- an jedem Tag, an dem mit dem Verfahren Patientenproben gemessen werden
- nach jedem Eingriff am Messgerät (Neustart nach Abschalten des Gerätes, Kalibration, nach Reparatur und Wartung, Reagenzienwechsel)
- Verwendung von Kontrollmaterial mit Zielwerten in mindestens zwei unterschiedlichen Konzentrationen (»normal«, »abnormal«; für hämatologische Messungen in der Regel drei Konzentrationen: »niedrig«, »normal«, »hoch«)

Auswertung der Ergebnisse

- Eintragen der Einzelmesswerte in sog. **Levey-Jennings-Diagramme (Abb. 7.2)**
- Berechnung von Variationskoeffizient und Bias von mindestens 20 Kontrollmesswerten über maximal 4 Monate
- Bewertung nach bestimmten Regeln

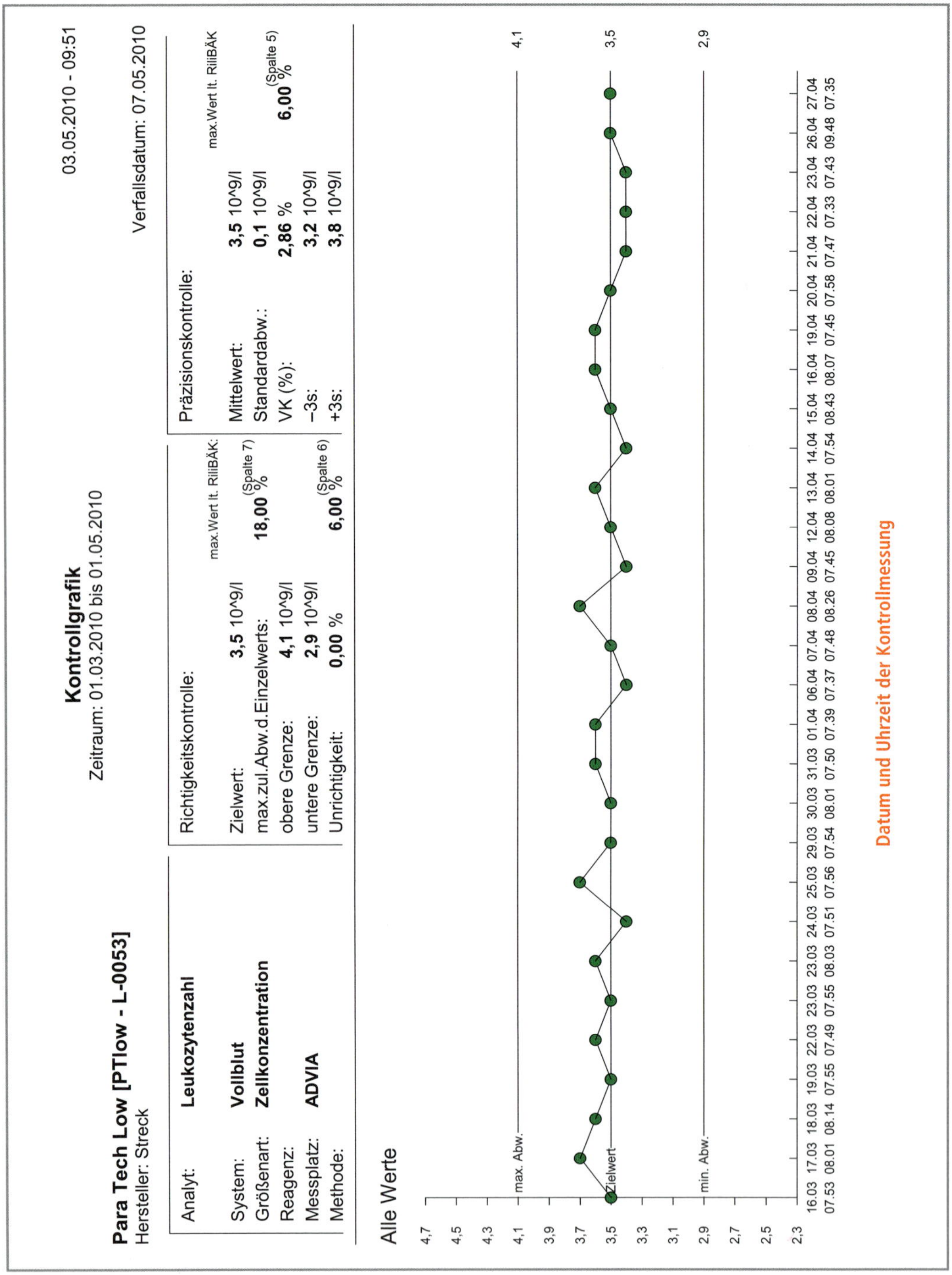

Abb. 7.2 Levey-Jennings-Diagramm zur grafischen Darstellung der Kontrollproben-Einzelmesswerte am Beispiel einer Leukozyten-Niedrigkontrolle. Eingezeichnet sind auch die erlaubten minimalen und maximalen Abweichungen nach RiliBÄK (min. und max. Abw.)

Nur Messwerte bei stabiler Funktion des Gerätes einbeziehen!

Das Eintragen der Ergebnisse in ein Levey-Jennings-Diagramm alleine erlaubt noch keine Beurteilung, ob ein Einzelwert eine akzeptable oder inakzeptable Variation darstellt. Erst wenn die Ergebnisse nach bestimmen Regeln ausgewertet werden, können die Einzelwerte beurteilt werden. In deutschen humanmedizinischen Labors geschieht die Auswertung obligatorisch nach den Richtlinien der Bundesärztekammer **(RiliBÄK)**, internationale Labors verwenden häufig die **Westgard-Regeln**. Die Westgard-Regeln werden spezifisch für jedes Labor, jedes Gerät und jeden Parameter festgelegt, während die ersten beiden Faktoren bei den RiliBÄK-Richtlinien unberücksichtigt bleiben.

RiliBÄK

- wird angewendet, wenn ein Kontrollzyklus (> 20 Kontrollmessungen) beendet ist
- Berechnung der laborinternen Fehlergrenzen (± 3 s-Bereich; 3 s = 3-fache Standardabweichung)
- Berechnung des Variationskoeffizienten
- Berechnung des systematischen Fehlers (Bias)
- Bewertung nach folgenden Kriterien:
  - Überschreitung laborinterner Fehlergrenzen
  - Überschreitung der in der RiliBÄK publizierten Vorgaben für den Variationskoeffizienten und das Bias (für Glukose beträgt dieser Richtwert z. B. 12 %).

Westgard-Regeln

Mit den Westgard-Regeln können zufällige und systematische Fehler entdeckt werden.

- **1_{2s}-Regel:** Eine Regelverletzung tritt dann auf, wenn *ein einziger Messwert* den Mittelwert um ± 2-fache Standardabweichung überschreitet. Die Regel dient als Warnung, um frühzeitig die Kontrolldaten kontrollieren zu können.
- **1_{3s}-Regel:** Eine Regelverletzung tritt dann auf, wenn *ein einziger Messwert* den Mittelwert um ± 3-fache Standardabweichung überschreitet. Diese Regel ist besonders geeignet, um zufällige Fehler erkennen zu können.
- **2_{2s}-Regel:** Eine Regelverletzung tritt dann auf, wenn *zwei aufeinanderfolgende Messwerte* (oder jeweils ein zusammengehöriger, d. h. zeitgleich gemessener Wert, in zwei verschiedenen Kontrollmaterialien, z. B. eine normale und abnormale Kontrolle) den Mittelwert um ± 2-fache Standardabweichung überschreiten. Diese Regel ist ebenfalls gut geeignet, um zufällige Fehler zu erkennen zu können.
- **R_{4s}-Regel:** Eine Regelverletzung tritt dann auf, wenn zwei aufeinanderfolgende Resultate der Messung eines Kontrollmaterials (oder die zusammengehörigen, zeitgleich gemessen Ergebnisse von zwei Kontrollmaterialien, z. B. einer normalen und abnormalen Kontrolle) einen Bereich (R = Range) von 4 s auseinander liegen. Dies tritt z. B. auf, wenn eine Messung den +2 s-Bereich überschreitet und die nächste den –2 s-Bereich. Mit dieser »Bereichs«-Regel entdeckt man Veränderungen in der Verteilungsbreite der Ergebnisse und somit schwerwiegende zufallsbedingte Fehler. Eine Regelverletzung verlangt, dass die Messreihe verworfen wird.
- **6_x-Regel:** Eine Regelverletzung tritt dann auf, wenn *sechs aufeinanderfolgende Messwerte* nur in eine Richtung von dem Mittelwert abweichen (also entweder +x-fache oder –x-fache Standardabweichung; diese Regel kann auch zu einer 8_x-, 10_x- oder 12_x-Regel modifiziert werden). Diese

Regel ist ebenfalls gut geeignet, um systematische Fehler erkennen zu können (**Abb. 7.3**).

Festlegung der Westgard-Regeln

Um die Westgard-Regeln festlegen zu können, müssen folgende Faktoren bekannt sein:

- der medizinische Entscheidungsbereich
- die maximale erlaubte Abweichung = die Abweichung vom »wahren« Messwert, die für den Patienten klinisch keine Relevanz hätte
- der erlaubte Gesamtfehler (total allowable error = TEa)
- der systematischer Fehler (Bias)
- der Variationskoeffizient (VK)

$$\text{TEa} = \frac{\text{erlaubte Abweichung}}{\text{medizinischer Entscheidungsbereich}} \times 100$$

Rechenbeispiel für Glukosekonzentration:

- medizinischer Entscheidungsbereich: 8 mmol/l
- erlaubte Abweichung: 1 mmol/l
- TEa = 1/8 × 100 = 12,5 %

Mittels spezieller Diagramme (**OPSpecs Charts** = Charts of operational process specifications) oder einer Software (Westgard EZRules 3, Fa. Westgard QC, Inc., Madison, Wisconsin, USA) können unter Einbeziehung des TEa, des systematischen Fehlers (Bias) und des VK die zutreffenden Regeln festgelegt werden (Genaueres siehe im Internet unter: http://www.westgard.com/).

Mögliche Ursachen für Fehler bei der internen Qualitätskontrolle

- Fehler bei der Kalibration
- überalterte Reagenzien
- falsche Reihenfolge der Reagenzien im Analyseprozess

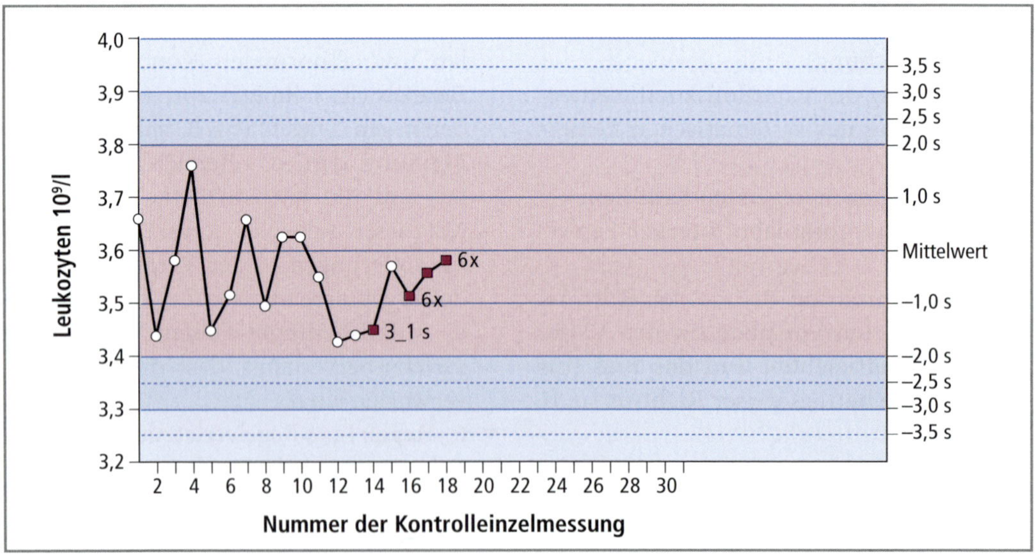

Abb. 7.3 Levey-Jennings-Diagramm mit Regelverstößen gegen Westgard-Regeln am Beispiel der täglichen Messungen der Leukozytenzahl einer Hämatologie-Niedrigkontrolle. Rot dargestellt sind die Messungen mit einem Regelverstoß (s = Standardabweichung).

- verschiedene Charge von Kalibrator und Reagenzien für die Analytik
- falsche Lagerung oder Transport der Reagenzien
- Pipettierfehler
- Funktionsstörung des Gerätes (Verschmutzung der Optik, altersschwache Lichtquelle etc.)
- Schwankungen des elektrischen Stroms

Vorgehen bei Fehlern bei der internen Qualitätskontrolle

- Fehlersuche (technische Wartung, Überprüfung der Reagenzien etc.)
- gegebenenfalls: Neukalibration
- danach: Wiederholung der Kontrollen

Patientenproben dürfen erst gemessen werden, wenn die Funktionsfähigkeit des Verfahrens bewiesen ist.

Externe Qualitätskontrolle

Für die externe Qualitätskontrolle nimmt das Labor an einem **Ringversuch** teil. Hier werden Ringversuchsproben an die teilnehmenden Laboratorien geschickt und unter Routinebedingungen analysiert.

Die Messergebnisse und die Messmethoden werden an die Referenzinstitution übermittelt – und idealerweise – mit einer Referenzmethode verglichen. Falls diese nicht zur Verfügung steht, erfolgt ein Vergleich mit den Ergebnissen anderer Teilnehmer, die die gleiche Methode benutzen, und zusätzlich mit den Resultaten aller Teilnehmer und allen Methoden.

Idealerweise sollte das Labor an veterinärmedizinischen Ringversuchen teilnehmen. Da diese jedoch in der Regel viel seltener durchgeführt werden als humanmedizinische Ringversuche, sollte man eine zusätzliche Teilnahme an Letzteren in Betracht ziehen.

Die Auswertung erfolgt nach den vom Referenzlabor angegebenen Richtlinien (z. B. darf der Mittelwert ± 2-fache Standardabweichung nicht über- oder unterschritten werden. Ein Beispiel dazu zeigt **Abbildung 7.4**. Die Auswertung kann alternativ auch nach RiliBÄK durchgeführt werden). Wenn die Resultate aus dem akzeptablen Bereich herausfallen, sollten sie mit den Ergebnissen der internen Qualitätskontrolle im selben Zeitraum verglichen werden, um zu überprüfen, ob sie ein ähnliches Ergebnis zeigen (z. B. zu hohe Messergebnisse bei beiden Analysen). Sollte Letzteres der Fall sein, spricht dies für ein Problem im Labor selbst und nicht für einen Unterschied, der lediglich durch unterschiedliche Methoden und Analysesysteme bedingt ist. In dem Fall sollten weitere Maßnahmen ergriffen werden (Kalibration, Wartung des Gerätes etc.). Unterschiede zwischen den eigenen Ergebnissen und denen anderer Labore können sich ergeben durch:

- unterschiedliche Analysegeräte
- unterschiedliche Methoden
- unterschiedliche Reagenzien
- unterschiedliche Reaktionstemperaturen
- unterschiedlicher pH-Wert der Testkits

Standardarbeitsanweisungen

Standardarbeitsanweisungen (SOPs) sind schriftliche Verfahrensanweisungen für stationäre, diagnostische oder labortechnische Abläufe, die die Vorgehensweise für alle Mitarbeiter verbindlich festlegen und somit standardisieren, was zur Fehlervermeidung beträgt. Die SOPs enthalten Gebrauchsanweisungen der Hersteller und zusätzliche laborspezifische Hinweise. SOPs sollten so formuliert sein, dass auch weniger erfahrene Mitarbeiter das Verfahren richtig durch-

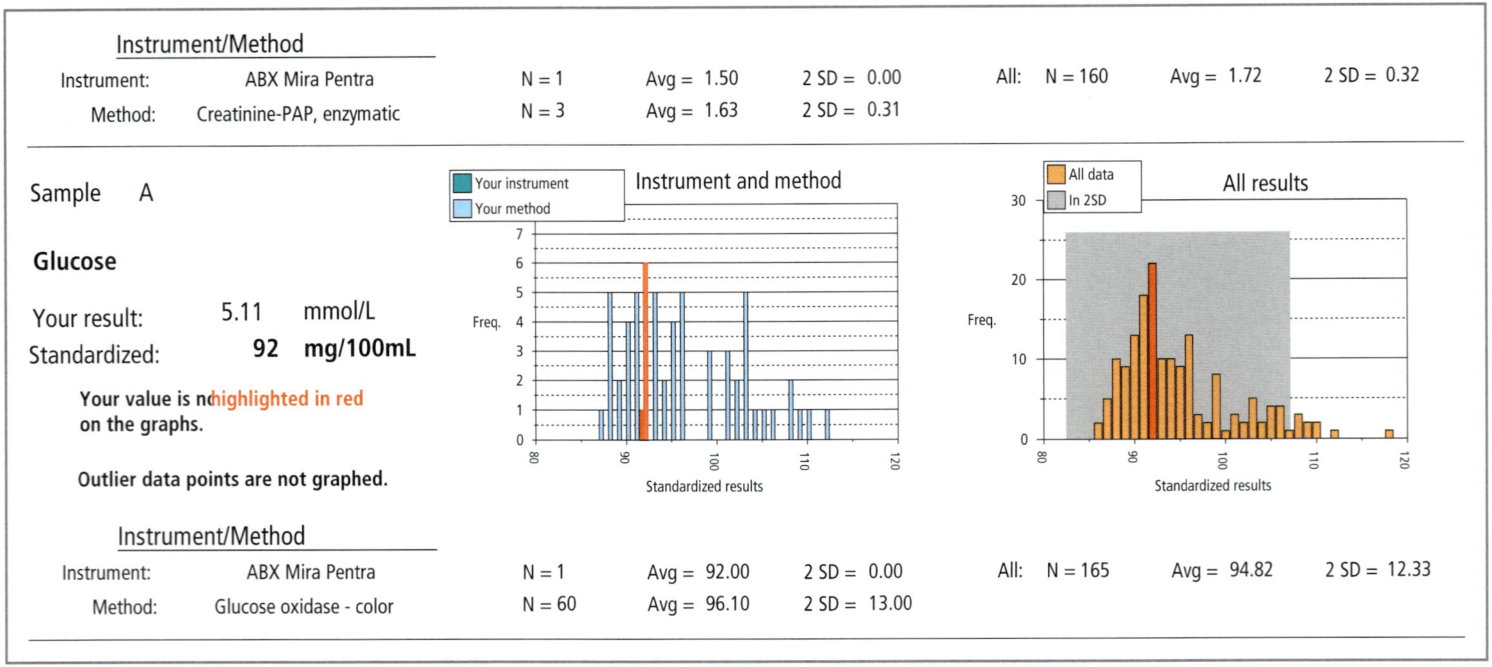

Abb. 7.4 Ergebnis einer externen Qualitätskontrolle am Beispiel eines Ringversuchs der Veterinary Laboratory Association (VLA) im Mai 2009 (Originalausdruck ins Deutsche übersetzt). Für einen besseren Vergleich werden die Einheiten der Ergebnisse aller teilnehmenden Labore für die Auswertung standardisiert, d. h. hier in mg/100 ml umgerechnet. Die linke Abbildung zeigt das Ergebnis des eigenen Labors (rot dargestellt) im Vergleich zu anderen Teilnehmern, die die gleiche Methode (hellblaue Balken) bzw. das gleiche Gerät und die gleiche Methode (dunkelblaue Balken; hier fehlend, da keine weiteren Teilnehmer das Gerät benutzen) verwenden. In der rechten Abbildung ist das laboreigene Ergebnis im Vergleich zu allen Teilnehmern und allen Methoden/Geräten gezeigt. Das laboreigene Resultat ist rot dargestellt und sollte den Mittelwert ± 2-fache Standardabweichung aller Ergebnisse (grau unterlegter Bereich) nicht über- oder unterschreiten. Unter der linken Abbildung ist die Anzahl der Labore angegeben, die das Gerät und die Methode verwenden. Ferner sind der Mittelwert der Messergebnisse sowie die 2-fache Standardabweichung genannt.
Unter der rechten Abbildung ist dies für alle Teilnehmer und Methoden aufgeführt. Avg = Mittelwert, Freq. = Anzahl, SD = Standardabweichung

führen können. In humanmedizinischen und akkreditierten veterinärmedizinischen Labors müssen SOPs für alle Arbeitsplätze ständig verfügbar sein.

Inhalt einer SOP

- Identifikationsnummer
- Nummer der Version und Erstellungs-/Änderungsdatum
- Zweck der SOP
- Kategorie der SOP (z. B. »Hämatologie«, »klinische Chemie« etc.)
- Verantwortlichkeiten (z. B. »medizinisch technische Angestellte am Arbeitsplatz«)
- Spezifikationen des Testes (z. B. »klinische Diagnostik«)
- Probenart (z. B. »EDTA-Vollblut«)
- Material (Angabe des Materials, inklusive Hersteller, Katalognummer, Adressen der Vertreiber, Lagerung etc.)
- technische Geräte und Ausrüstung
- Messprozedur (genaue Angabe des Arbeitsablaufs)
- Ergebnisübertragung (»manuelle Eingabe« oder »automatische Übertragung«)
- Qualitätskontrolle
- Interferenzen und Kreuzreaktionen
- Referenzbereiche gesunder Tiere
- Sicherheitsmaßnahmen (in Deutschland z. B. Verweis auf Sicherheitsdatenblätter von Reagenzien und Chemikalien)
- Literaturangaben

Literatur

Bundesärztekammer, Hrsg. Richtlinie der Bundesärztekammer zur Qualitätssicherung labormedizinischer Untersuchungen. Dtsch Arztebl 2008; 105(7): 341–55.

Freeman KP, Bauer N, Jensen A, Thorensen S. Introduction to ISO 15189: A blueprint for quality systems in veterinary laboratories. Vet Clin Path 2006; 35(2): 157–71.

Stockham SL, Scott MA. Introductory concepts. In: Stockham SL, Scott MA, Hrsg. Fundamentals of Veterinary Clinical Pathology. Oxford: Blackwell 2008.

Westgard JO, Barry PL, Hunt RM, Groth T. A multirule Shewhart chart for quality control in clinical chemistry. Clin Chem 1981; 27(3): 493–501.

Westgard JO. Basic planning for quality. Madison WI: Westgard QC 2000.

8 Bewertung von Laborbefunden

Ilse Schwendenwein und Wilfried Kraft

8.1 Allgemeine Aspekte

Laboruntersuchungen werden aus verschiedenen Gründen durchgeführt – hauptsächlich zur Diagnostik, das heißt zur Bestätigung einer klinischen Verdachtsdiagnose oder auch zum Ein-/bzw. Ausschluss von Verdachtsdiagnosen. Auch im Rahmen von Screeninguntersuchungen sind Laboruntersuchungen hilfreich, um klinisch inapparente Erkrankungen zu erkennen. Ferner werden viele Laboruntersuchungen zur Überwachung des Krankheitsverlaufes bzw. Therapieerfolges durchgeführt.

Jeder Laborbefund bedarf der klinischen Interpretation!

Die unkritische Akzeptanz von Laborbefunden ohne Berücksichtigung von Anamnese und Befunden der klinischen Untersuchung kann zu Fehldiagnosen führen.

Viele pathophysiologische Mechanismen heben einander auf, sodass Werte im Referenzbereich gemessen werden.

Beispiel: Der Hämatokritwert eines Hundes liegt im Referenzbereich. Dies kann bedeuten, dass entweder keine krankhafte Veränderung des roten Blutbildes oder aber eine Anämie bei gleichzeitiger erheblicher Dehydratation vorliegt.

Man muss sich in jedem Fall fragen, weshalb ein aktueller Wert vom Referenzbereich abweicht, welcher krankhafte Vorgang also die Veränderung ausgelöst hat.

Beispiel: Ein erhöhter Harnstoffwert kann, muss aber nicht auf einer Niereninsuffizienz beruhen.

Andere Ursachen sind eine Herz-Kreislauf-Insuffizienz (prärenale Azotämie), eine Erkrankung der harnabführenden Wege (postrenale Azotämie), eine kürzlich stattgefundene Aufnahme von proteinreichem Futter bzw. eine gastrointestinale Blutung. Weiterhin ist es wichtig, Analysenwerte, die pathophysiologisch miteinander verknüpft sind, zu beurteilen, und zu prüfen, ob Abweichungen vorliegen. Dadurch können häufig der Schweregrad einer Veränderung besser eingeschätzt bzw. Differenzialdiagnosen ausgeschlossen werden. Beispiel: Erhält man bei der Bestimmung von Gesamtkalzium einen niedrigen Messwert, ohne dass klinische Zeichen einer Hypokalzämie vorliegen, so ist zu prüfen, ob nicht eventuell eine Hypoproteinämie besteht – denn dann ist die proteingebundene Kalziumfraktion erniedrigt und somit auch die Gesamtkalziumkonzentration. Ein weiterer wichtiger Aspekt bei der Beurteilung von Laborbefunden ist die **Kinetik**, der zeitliche Verlauf, in dem sich Labormesswerte verändern (ansteigen, abfallen). Der genaue Zeitpunkt des Beginns einer Erkrankung lässt sich meist nur experimentell feststellen, nicht jedoch in der täglichen klinischen Praxis. Daher ist es oft schwierig, anhand eines einzelnen Untersuchungsbefundes bereits eine Diagnose zu stellen. So bleibt z. B. der Hämatokritwert zu Beginn einer akuten Blutungsanämie unverändert. Erst wenn das Blutvolumen durch proteinarmes Gewebewasser ersetzt wird, sinken die Werte für Hämatokrit und Totalprotein ab. Auch das Einsetzen der regenerativen Vorgänge bei regenerativen Anämien dauert meist 2–4 Tage. Erst dann steigt die Retikulozytenzahl im peripheren Blut an. Bei einer Lumbago des Pferdes steigt die Aktivität der Kreatinkinase (CK) innerhalb von 2 Stunden deutlich an, die anderen Muskelenzyme, wie z. B. die Aspartataminotransferase (AST), erreichen erst nach 24 Stunden ihre maximale Aktivität. Zu diesem Zeitpunkt fällt die CK-Aktivität bereits wieder ab, wenn die Vorgänge, die zur Muskelzellschädigung geführt haben, zum Stillstand gekommen sind. Die Beispiele verdeutlichen, wie wichtig es ist, die Kinetiken der verschiedenen Analyten zu kennen, um die Laborergebnisse klinisch korrekt interpretieren zu können.

Um **aktuelle Laborbefunde beurteilen** zu können, müssen sie mit den jeweiligen spezifischen Referenzbereichen verglichen werden. **Referenzbereiche** werden mit definierten Probandenkollektiven unter definierten Bedingungen gewonnen und können je nach Methode zum Teil erheblich voneinander abweichen (s. Kap. 1). Daher ist es erforderlich, den aktuellen Laborbefund eines Patienten mit dem mit der gleichen Methode ermittelten Referenzbereich zu vergleichen und zu interpretieren. Für die Beurteilung sequenzieller Untersuchungsergebnisse eines Einzeltieres ist ein Vergleich mit populationsspezifischen Referenzbereichen meist unzureichend, da die Referenzintervalle häufig sehr weit sind, sodass erhebliche Veränderungen im Individuum zwar stattgefunden haben, aber die Werte noch im Referenzintervall liegen und deshalb nicht erkannt werden. Daraus ergibt sich noch ein weiteres Problem: Liegt der individuelle Referenzbereich des Patienten in der Nähe des populationsspezifischen Grenzwertes, so können physiologische Schwankungen bereits dazu führen, dass der Grenzwert überschritten wird. Das Ergebnis wird folglich »falsch positiv« interpretiert. Eine Wiederholung der Untersuchung ergäbe mit hoher Wahrscheinlichkeit wieder ein vom Referenzintervall abweichendes Untersuchungsergebnis und wäre daher sinnlos.

Durch regelmäßige Vorsorgeuntersuchungen ergeben sich **»patienteneigene Referenzbereiche«**, wodurch Abweichungen im Krankheitsfall gut erkannt werden können. Zusammen mit der klinischen Untersuchung erlaubt die wiederholte Erhebung von Laborbefunden die Verlaufskontrolle einer Krankheit.

Oft kommen auch **unplausible Laborbefunde** vor, die mit den Ergebnissen der klinischen Untersuchung nicht in Einklang zu bringen sind. Schuld daran sind häufig zufällige Fehler, die immer wieder vorkommen können. Daher ist es wichtig, bei der Einsendung einer Probe in ein Referenzlabor eine Zuweisungsdiagnose bzw. kurze Anamnese beizufügen – so kann das Labor eine optimale Plausibilitätskontrolle durchführen, die hilft, zufällige Fehler zu vermeiden. Wird dennoch ein unplausibler Befund ermittelt, muss zunächst der Fehler gefunden werden. Vor allem ist zu prüfen, ob die Probe richtig identifiziert, also dem richtigen Patienten zugeordnet wurde. Ferner muss geprüft werden, ob das richtige Antiokoagulans verwendet wurde, oder ob das Probematerial Störfaktoren ausgesetzt war. Des Weiteren müssen die Vorgänge in der Probenvorbereitung (Präanalytik), wie z. B. das Durchmischen einer hämatologischen Probe vor dem Einbringen in einen Hämatologieautomaten, überprüft werden. Werden die Vorsichtsmaßnahmen in der Präanalytik unterlassen, ergeben sich schnell Fehlmessungen, weil – bleiben wir bei unserem Beispiel – z. B. die Zellsuspension nicht gleichmäßig durchmischt war! Erst wenn die Fehlersuche erfolglos bleibt, sollte erneut eine Probe entnommen und untersucht werden. Nicht vergessen darf man auch, dass bereits geringfügige Abweichungen, sowohl von einem scheinbar gesunden in einen scheinbar krankhaften Bereich als auch umgekehrt, auf methodischen Fehlern bei der Bestimmung der Messgröße beruhen können.

Beispiel: Bei einer Katze werden mit der Zählkammermethode und durch Anfertigung eines Differenzialblutbildes eine relative Lymphozytenzahl von 13 % und eine absolute von 920/µl bestimmt. Dieser Wert kann bedeuten, dass eine geringgradige krankhafte Lymphopenie vorliegt, er kann aber auch durch Stress oder durch einen Fehler bei der ungenauen Zählkammermethode oder/und der Differenzierung des Blutbildes (besonders bei kleinen Zellpopulationen) entstanden sein.

8.2 Diagnostische Effizienz von Testverfahren

Als Voraussetzung für eine korrekte Interpretation gilt, dass der Test ausreichend zuverlässig, d. h. richtig und präzise ist (s. Kap. 7). Aber auch bei nachgewiesener Zuverlässigkeit des Tests ist nicht unbedingt sicher, dass ein Testergebnis eine für die Diagnosestellung verwertbare Information liefert. Wird eine Testmethode geändert, ist es daher notwendig, einen Methodenvergleich anzustellen. Ebenso müssen die Referenzintervalle bzw. die klinischen Entscheidungslimits (clinical decision limits), d. h. jene Grenzwerte, die zur Diagnosefindung bzw. zur Indikationsstellung für therapeutische Verfahren dienen, überprüft werden.
Die diagnostische Validierung ermöglicht eine Aussage darüber, ob ein Verfahren zur Darstellung eines tatsächlichen Sachverhaltes geeignet ist. Sie kann mittels der Sensitivität und der Spezifität des fraglichen Testverfahrens im Vergleich mit einem diagnostischen Goldstandard beurteilt werden, indem man ein Vier-Felder-Diagramm (Bayes-Diagramm) anwendet (s. Kap. 1., Tab. 1.1)

8.3 Sensitivität

Sie gibt Auskunft über die Sicherheit, mit dem der fragliche Test eine Krankheit richtig erkennen kann.

Das tatsächliche Vorliegen der Krankheit wird mit einem (meist aufwendigen) Goldstandardverfahren (z. B. Sektionsbefund) bestätigt. Die Sensitivität eines Testes wird mit folgender Formel errechnet:

$$\text{Sensitivität} = \frac{\text{Anzahl der Kranken mit positivem Testergebnis}}{\text{Gesamtzahl der Kranken}}$$

8.4 Spezifität

Die **Spezifität** gibt an, mit welcher Sicherheit der Test das Nichtvorhandensein einer Krankheit richtig auszuschließen vermag.

$$\text{Spezifität} = \frac{\text{Anzahl der Kranken mit negativem Testergebnis}}{\text{Gesamtzahl der Nichtkranken}}$$

Prädiktive Werte

> Der **prädiktive Wert des positiven Testergebnisses** (positive predictive value, PPV) sagt aus, wie groß die Wahrscheinlichkeit ist, dass bei einem positiven Testergebnis die zu untersuchende Krankheit auch tatsächlich vorliegt.

Er wird nach folgender Formel errechnet:

$$\text{PPV} = \frac{\text{Anzahl der kranken Testpositiven}}{\text{Gesamtzahl der Testpositiven}}$$

Er beantwortet mit anderen Worten die Frage: Wie hoch ist der Anteil der richtig positiven unter allen positiven Werten? Wie hoch ist die Wahrscheinlichkeit, dass ein Patient mit einem positiven Testergebnis, die Krankheit auch tatsächlich hat.
Der **prädiktive Wert des negativen Testergebnisses** (negative predictive value, NPV) gibt dagegen an, wie hoch die Wahrscheinlichkeit ist, dass bei einem negativen Testergebnis tatsächlich keine Erkrankung vorliegt. Die Berechnung erfolgt nach folgender Formel:

$$\text{NPV} = \frac{\text{Anzahl der nicht kranken Testnegativen}}{\text{Gesamtzahl der Testnegativen}}$$

Bei der Interpretation der prädiktiven Werte (Voraussagewerte) ist zu berücksichtigen, dass diese nur für die jeweilige in der untersuchten Population gefundene Prävalenz der Erkrankung gelten. Das heißt, diese Werte hängen von den jeweiligen Indikationsstellungen ab, die für den jeweiligen Test angewendet werden, und damit auch von der klinischen Untersuchung. Sie werden also von der sog. Prätest-Wahrscheinlichkeit für das Vorliegen einer bestimmten Krankheit beeinflusst. Daher kann es sein, dass diese Werte in einer anderen Population, in der die Krankheit häufiger oder seltener vorkommt, nicht gelten.
Hieraus lässt sich schließen, dass der Test unter idealen Voraussetzungen eine Spezifität und Sensitivität von 100 % und prädiktive Werte von 1,0 ergeben sollte – Idealwerte, die unter normalen Bedingungen durch die biologische Variabilität allenfalls annähernd zu erreichen sind. Dies wäre der Fall, wenn im aktuellen Test alle Kranken »testpositiv« reagierten, wenn also alle Kranken einen »pathologischen« Wert hätten und keiner der »Gesunden« einen »pathologischen« Wert aufwiese. Dies ist allein schon aufgrund der Definition der Referenzbereiche unwahrscheinlich. Die mathematisch errechneten Referenzbereiche werden im Allgemeinen als 95 %-Bereiche definiert, sei es als ($\bar{x} \pm 2\,s$)-Bereich (bei Normalverteilung) oder als 95 %-Perzentil. Das bedeutet, 5 % der gesunden Individuen liegen immer außerhalb des Referenzbereiches, der, wie man daher sieht, kein »krankhafter« Bereich sein muss.

Sensitivität und Spezifität beschreiben die Validität eines Tests unter idealen Voraussetzungen, während die **prädiktiven Werte** Aussagen über die tatsächlichen Bedingungen treffen.

Effizienz

Die Effizienz eines Testes bezeichnet das Verhältnis der richtigen Testresultate zu allen Testresultaten. Sie errechnet sich nach folgender Formel:

$$\text{Effizienz} = \frac{\text{n Richtigpositive} + \text{n Richtignegative}}{\text{n Richtigpositive} + \text{n Richtignegative} + \text{n Falschpositive} + \text{n Falschnegative}}$$

Likelihood

Um eine sicherere Entscheidung treffen zu können, hat man die »Likelihood-Ratio« (L) eingeführt. Die Frage »Liegt die Krankheit vor?« wird durch den Likelihood-Quotienten beantwortet:

$$L = \frac{\text{Sensitivität}}{1 - \text{Spezifität}}$$

Auch hier muss zunächst entschieden werden, ob bei Testkombinationen jedes Testergebnis »positiv« (d. h. »krankhaft«) ausfallen soll, oder ob es ausreicht, wenn *ein* Testergebnis positiv ausfällt.

Prävalenz

Die **Prävalenz** bezeichnet die relative Anzahl der Kranken in einer Population zu einem bestimmten Zeitpunkt.

Inzidenz

Die **Inzidenz** beschreibt, wie häufig die Krankheit in einer Population innerhalb einer bestimmten Zeitspanne, etwa innerhalb eines Jahres, auftritt.

Beispiel: Die Prävalenz der FIV-Infektion in Bayern beträgt 2,3 %, d. h., es sind 2,3 % der bayrischen Katzen mit dem FIV (felines Immundefizienz-Virus) infiziert. Angenommen, die Population der Katzen in Bayern beträgt 700 000 Individuen und es treten – hochgerechnet – pro Jahr 5000 neue FIV-Fälle auf, dann läge die Inzidenz bei 0,071 ‰.

Literatur

Bush BM. Interpretation of Laboratory Results for Small Animal Clinicians. Oxford: Blackwell Sci Pub 1991.

Erb HN. Prior probability (the pretest best guess) affects predictive values of diagnostic tests. Vet Clin Pathol 2011; 40(2): 154–8.

Gardner IA, Greiner M. Receiver-operating characteristic curves and likelihood ratios: improvements over traditional methods for the evaluation and application of veterinary clinical pathology tests. Vet Clin Pathol 2006; 35(1): 8–17.

Greiling H, Gressner AM. Lehrbuch der Klinischen Chemie und Pathobiochemie. 3. Aufl. Stuttgart, New York: Schattauer 1995.

Keller H. Klinisch-chemische Labordiagnostik für die Praxis. Stuttgart: Thieme 1986.

Willard MD, Tvedten H, Turnwald GH. Small Animal Clinical Diagnose by Laboratory Methods. Philadelphia: Saunders 1999.

Stockham SL, Scott MA. Fundamentals of Veterinary Clinical Pathology. 2th ed. Ames, Iowa, USA: Blackwell Publishing 2008.

9 Wirtschaftlichkeit und Kostenerfassung im Praxislabor

Anne Hölscher und Christian Salzmann

9.1 Einleitung

Tierarztpraxen verfügen in der überwiegenden Mehrzahl über ein eigenes Labor. Die Laborausstattung kann in **apparative** und **nichtapparative Untersuchungsmethoden** unterteilt werden.
Letztere umfassen Blut-, Kot- und Urinschnelltests, die vorrangig zur Bestimmung chemischer Parameter sowie dem Nachweis von verschiedenen Infektionserregern dienen. Auf deren Wirtschaftlichkeit wird in diesem Kapitel nicht eingegangen, sie tragen aber wesentlich zu einem sinnvoll zusammengestellten Laborequipment bei. Für apparative Untersuchungen sind auf dem Veterinärmarkt erhältlich: Mikroskope, klinisch-chemische Geräte, Hämatologiesysteme, Blutgas- und Elektrolytgeräte, Gerinnungsgeräte und Spezialgeräte für z. B. die Bestimmung von Hormonen oder Akute-Phase-Proteinen. Aus wirtschaftlichen Überlegungen heraus sind weitere prinzipielle Unterteilungen sinnvoll:

- Mikroskopische Untersuchungen sind mit einem höheren Maß an manueller und personeller Tätigkeit behaftet, wohingegen die Material- und Investitionskosten niedrig sind. Spezielle Untersuchungen wie Zytologien, Hautgeschabsel, Urinsedimente, die ausschließlich manuell-mikroskopisch durchgeführt werden, erfordern ein entsprechend hohes Maß an fachlicher Kompetenz, Weiterbildung und Erfahrung, das bei den Personalkosten zu berücksichtigen ist.
- Hingegen verlangen halb- und vollautomatische Analysegeräte zwar meist einen geringeren Personaleinsatz, sind dafür aber mit einem höheren Investitions- und Materialkostenaufwand verbunden.
- Einfache Geräte wie ein Refraktometer oder eine Hämatokritzentrifuge haben entweder keinen oder nur einen verschwindend geringen Sachkostenbedarf.

Der technische Fortschritt ist in den tiermedizinischen Praxislaboren an einem zunehmenden Mechanisierungs- und Automatisierungsgrad der Laborausstattung erkennbar.
Vollautomatisierte Untersuchungsverfahren haben im Vergleich zu halbautomatisierten oder manuell-mikroskopischen Methoden den Vorteil, dass sie weniger anfällig für Handhabungsfehler (Bedienungsfehler) und die Ergebnisse standardisierter und kaum untersucherabhängig sind. Manuell-mikroskopische Untersuchungsmethoden, wie z. B. die Auswertung von Differenzialblutbildern, das Zählen der Retikulozyten, die Erkennung einer Linksverschiebung ergänzen oft, obwohl vollautomatisiert möglich, aus Genauigkeitsgründen automatisierte Untersuchungen.

9.2 Investitionsplanung Labor

Um eine sinnvolle Investition im Labor tätigen zu können, ist im Vorfeld eine **gründliche Planung** unabdingbar. Dabei sind nicht nur rein wirtschaftliche, sondern auch fachliche Aspekte und Notwendigkeiten bedeutsam. Die Wirtschaftlichkeit einer Investition hängt ganz allgemein von der Nutzungsmöglichkeit und -häufigkeit ab. Daher sollte einer **Wirtschaftlichkeitsbetrachtung** oder **Kosten-Nutzen-Analyse** für eine Geräteanschaffung eine umfangreiche **Bedarfsanalyse** vorausgehen. Für das tiermedizinische Praxislabor spielen dabei die Fachrichtung chirurgisch oder internistisch, eine Spezialisierung (z. B. Dermatologie, Ophthalmologie, Neurologie), die behandelten Spezies, der Anteil überwiesener Patienten, das Aufkommen und die Betreuung von Notfall- und stationären Intensivpatienten, aber auch ganz entscheidend der medizinisch-diagnostische Anspruch eine entscheidende Rolle. Hilfreich für diese individuelle, auf die eigene Praxis bezogene Bedarfsanalyse können eigene Beobachtungen des Probenaufkommens über einen gewissen Zeitraum sein, bei denen die Art und Häufigkeit der geplanten Laboranalysen protokolliert werden. Dabei sind Einzelparameter- sowie Profilanforderungen getrennt zu protokollieren und bei Letzteren die enthaltenen Parameter zu beachten.

Anhand dieser Bedarfsanalyse ergeben sich dann ein oder mehrere Laborsysteme, die sich mit den gegebenen Laboranforderungen möglichst gut decken sollten. Gerätespezifische Eigenschaften wie Handhabung, Messtechnik und technischer Entwicklungsstand, Probendurchsatz, erforderliche Probenmenge und -art, Mobilität, Aufwärmzeit, Messdauer, Gerätegröße, Schulungs- und Einarbeitungsbedarf, Wartungsfreundlichkeit, Reparaturanfälligkeit, After-Sales-Service, Evaluierung und Zulassungen grenzen die Geräteauswahl weiter ein.

9.3 Gerätekombinationen und -auslastung

Für eine optimale Auslastung eines bestimmten Laborgerätes ist von Bedeutung, inwieweit es mit anderen Laborgeräten oder manuellen Analyseverfahren kombiniert eingesetzt wird und in welchem Umfang zusätzlich das Einsendelabor genutzt wird.

Eine wirtschaftlich **optimale Auslastung** eines Gerätes liegt dann vor, wenn es für die labormedizinischen Fragestellungen, für die es vorgesehen ist, in vollem Umfang genutzt wird.

Es liegt keine optimale Nutzung vor, wenn aufgrund äußerer Umstände wie Zeit- oder Personalmangel eine Nutzung unterbleibt bzw. ins Einsendelabor verlegt wird oder auch, wenn in der Gesamtlaboranforderung einer Blutprobe einzelne Parameter fehlen und diese dann komplett extern in Auftrag gegeben wird. Daher sind üblicherweise Gerätekombinationen im Einsatz, die an den Bedarf angepasst sind, sowohl die klinische Chemie als auch die Hämatologie gleichermaßen abdecken, die aber auch durch manuelle, mikroskopische Untersuchungen und Schnelltests ergänzt werden. Inwieweit diese »Basis-Geräte« darüber hinaus für seltenere Bestimmungen wie die von Gerinnungsparametern, Blutgasen, ionisiertem Kalzium, Hormonen oder Akute-Phase-Proteinen durch weitere Geräte ergänzt werden, hängt dann wiederum von der Häufigkeit der klinischen Fragestellung, den Kosten, aber auch von der Verfügbarkeit der Geräte für die Inhouse-Labormedizin und der Versandmöglichkeit der Probe ab.

9.4 Wirtschaftlichkeitsberechnungen

Die Investition in ein Laborsystem hat betriebswirtschaftlich zum Ziel, das eingebrachte Kapital mit Gewinn zurückzubekommen. Die **Gesamtwirtschaftlichkeit** eines Praxislabors kann in eine direkte und indirekte Rentabilität unterteilt werden. Die **direkte Rentabilität** ergibt sich aus der unmittelbaren Nutzung des Labors und ist durch Amortisationsberechnungen (Tab. 9.1a, b u. Tab. 9.2a, b) gut kalkulierbar. Die **indirekte Rentabilität** ergibt sich daraus, dass die Labortätigkeiten und -befunde Auswirkungen in Form von Folgeleistungen auf andere Bereiche der Praxis haben (Dürr 2005). Auch implementiert die Laboruntersuchung als Serviceleistung an sich gewinnbringende Aspekte wie Zeitersparnis, Imagegewinn und Kundenbindung. Diese wirtschaftlichen Nebeneffekte lassen sich aber kaum rechnerisch erfassen.

Amortisationsberechnungen sollten für jedes Laborgerät gesondert erfolgen, um deren Rentabilität bewerten zu können. In den folgenden Berechnungen (**Tab. 9.1** u. **9.2**) sind für ein Hämatologiegerät und ein klinisch-chemisches Gerät beispielhaft eine Gewinnkalkulation sowie eine Break-even-Berechnung ohne (Tab. 9.1a u. 9.2a) und mit (Tab. 9.1b u. 9.2b) Fremdfinanzierung dargestellt.

> Der **Break-even** ist der Kostendeckungspunkt nach Kauf des Gerätes, an dem die Einnahmen gleich den Kosten sind. Nach Überschreitung des Break-even werden Gewinne erzielt (Wöhe und Döring 2000).

Einnahmen/Umsatz im Labor

Der Umsatz errechnet sich aus dem Produkt der Anzahl der Untersuchungen und Einnahmen pro Untersuchung. Letztere resultieren aus der Gebührenordnung für Tierärzte (GOT) der Bundestierärzteordnung. Folgende Annahmen wurden dabei zugrunde gelegt: Nach der Gebührenordnung für Tierärzte (GOT), Stand Juni 2008, beträgt die Vergütung für fotometrische Einzelparameter bei 1–3 Parametern pro Analyse nach Ziffer BI 2, 1-facher Satz, 5,15 € pro Parameter und für mehr als 3 Parameter 3,44 € pro Parameter. Analog ergeben sich für eine hämatologische Untersuchung, inkl. Differenzialblutbild, nach der GOT Ziffer BI 8, 1-facher Satz, 14,31 €. Alle Beträge der GOT verstehen sich als Nettobeträge und sind nach § 1 der GOT zuzüglich des Verbrauchsmaterials, der Kosten für dessen Lagerung und des dazu erforderlichen Kapitalaufwandes abzurechnen. Die Befundung der Ergebnisse ist kostenmäßig darin enthalten.

Kostenerfassung im Labor

Die **Rentabilität** eines Laborgerätes hängt von den Kosten und den Erträgen ab. Bei den Kosten unterscheidet man **direkte** und **indirekte Kosten**. Die direkten, mit der Nutzung eines Laborgerätes verbundenen Kosten, lassen sich aufteilen in Investitionskosten, Verbrauchsmaterialkosten (Sachkosten) und die direkt auf das Gerät bezogenen Personalkosten. Auf die indirekten Kosten wie Lagerhaltungskosten, Energie-, Raum- und Gebäudekosten wird im Folgenden nicht eingegangen, obwohl deren mitunter erheblicher Umfang gerade bei eventuell notwendigen Neu- oder Umbaumaßnahmen berücksichtigt werden sollte.

Tab. 9.1a Beispielrechnung: **Barkauf** eines Hämatologiegerätes im Wert von netto 10 000 €

	Einnahmen/Umsatz							
	Jahr 1	**Jahr 2**	**Jahr 3**	**Jahr 4**	**Jahr 5**	**Jahr 6**	**Jahr 7**	**Jahr 8**
Anzahl tägliche Blutbilder	4	4	4	4	4	4	4	4
Anzahl jährliche Blutbilder	880	880	880	880	880	880	880	880
täglicher Umsatz, Abrechnung Blutbild (nach GOT: 1-fach 14,31 €)	57,24 €	57,24 €	57,24 €	57,24 €	57,24 €	57,24 €	57,24 €	57,24 €
tägliches Verbrauchsmaterial, Reagenzien (2,00 € je Blutbild)	8,00 €	8,00 €	8,00 €	8,00 €	8,00 €	8,00 €	8,00 €	8,00 €
tägliche Lagerungs- und Kapitalkosten für Reagenzien und Verbrauchsmaterialien (0,20 € je Blutbild)	0,80 €	0,80 €	0,80 €	0,80 €	0,80 €	0,80 €	0,80 €	0,80 €
täglicher gesamter Umsatz, Abrechnung Blutbild nach GOT, Reagenzien und Verbrauchsmaterialien	66,04 €	66,04 €	66,04 €	66,04 €	66,04 €	66,04 €	66,04 €	66,04 €
jährlicher Umsatz, Abrechnung Blutbild nach GOT	12 592,80 €	12 592,80 €	12 592,80 €	12 592,80 €	12 592,80 €	12 592,80 €	12 592,80 €	12 592,80 €
jährliche Verbrauchsmaterialien, Reagenzien u. deren Lagerungs- und Kapitalkosten	1936,00 €	1936,00 €	1936,00 €	1936,00 €	1936,00 €	1936,00 €	1936,00 €	1936,00 €
jährlicher gesamter Umsatz	**14 528,80 €**	**14 528,80 €**	**14 528,80 €**	**14 528,80 €**	**14 528,80 €**	**14 528,80 €**	**14 528,80 €**	**14 528,80 €**

Tab. 9.1a Fortsetzung

	Kosten + Break-even (Finanzierung durch Eigenkapital)							
	Jahr 1	**Jahr 2**	**Jahr 3**	**Jahr 4**	**Jahr 5**	**Jahr 6**	**Jahr 7**	**Jahr 8**
Personalkosten (0,20 € je Parameter)	572,00 €	572,00 €	572,00 €	572,00 €	572,00 €	572,00 €	572,00 €	572,00 €
Wartungs- und Reparaturkosten, jährl. Steigerung um 5 %	–	370,00 €	388,50 €	407,93 €	428,32 €	449,74 €	472,22 €	495,84 €
Opportunitätskosten (5 %), entgangener Zinsvorteil	500,00 €	500,00 €	500,00 €	500,00 €	500,00 €	500,00 €	500,00 €	500,00 €
Abschreibungssumme	2000,00 €	2000,00 €	2000,00 €	2000,00 €	2000,00 €	–	–	–
Transferpreise der jährlichen Reagenzien (2,00 € je Blutbild), entsprechend der Anzahl der jährlichen Blutbilder	1760,00 €	1760,00 €	1760,00 €	1760,00 €	1760,00 €	1760,00 €	1760,00 €	1760,00 €
jährliche Lagerungs- und Kapitalkosten für Reagenzien und Verbrauchsmaterialien (0,20 € je Blutbild)	176,00 €	176,00 €	176,00 €	176,00 €	176,00 €	176,00 €	176,00 €	176,00 €
Gesamtkosten	**5008,00 €**	**5378,00 €**	**5552,58 €**	**5415,93 €**	**5436,32 €**	**3457,74 €**	**3480,22 €**	**3503,84 €**
Gewinn (Umsatz minus Kosten)	**9520,80 €**	**9150,80 €**	**9132,30 €**	**9112,88 €**	**9092,48 €**	**11 071,06 €**	**11 048,58 €**	**11 024,96 €**
Break-even-Ausbringungsmenge*: m = Blutbilder pro Tag für Break-even	**0,95**	**1,10**	**1,10**	**1,11**	**1,12**	**0,36**	**0,37**	**0,38**

* Ausbringungsmenge (m) = Kosten fix/Preis – Kosten variabel
Kosten fix beinhalten Abschreibungssumme, Opportunitätskosten, Wartungskosten p. a., Kosten variabel = 2,40 € pro Blutbild, Preis = 14,31 €

9

Tab. 9.1b Beispielrechnung: **Leasing** eines Hämatologiegerätes im Wert von netto 10 000 €

	Einnahmen/Umsatz							
	Jahr 1	**Jahr 2**	**Jahr 3**	**Jahr 4**	**Jahr 5**	**Jahr 6**	**Jahr 7**	**Jahr 8**
Anzahl tägliche Blutbilder	4	4	4	4	4	4	4	4
Anzahl jährliche Blutbilder	880	880	880	880	880	880	880	880
täglicher Umsatz, Abrechnung Blutbild (nach GOT: 1-fach 14,31 €)	57,24 €	57,24 €	57,24 €	57,24 €	57,24 €	57,24 €	57,24 €	57,24 €
tägliches Verbrauchsmaterial, Reagenzien (2,00 € je Blutbild)	8,00 €	8,00 €	8,00 €	8,00 €	8,00 €	8,00 €	8,00 €	8,00 €
tägliche Lagerungs- und Kapitalkosten für Reagenzien und Verbrauchsmaterialien (0,20 € je Blutbild)	0,80 €	0,80 €	0,80 €	0,80 €	0,80 €	0,80 €	0,80 €	0,80 €
täglicher gesamter Umsatz, Abrechnung Blutbild nach GOT, Reagenzien und Verbrauchsmaterialien	66,04 €	66,04 €	66,04 €	66,04 €	66,04 €	66,04 €	66,04 €	66,04 €
jährlicher Umsatz, Abrechnung Blutbild nach GOT	12 592,80 €	12 592,80 €	12 592,80 €	12 592,80 €	12 592,80 €	12 592,80 €	12 592,80 €	12 592,80 €
jährliche Verbrauchsmaterialien, Reagenzien u. deren Lagerungs- und Kapitalkosten	1936,00 €	1936,00 €	1936,00 €	1936,00 €	1936,00 €	1936,00 €	1936,00 €	1936,00 €
jährlicher gesamter Umsatz	**14 528,80 €**	**14 528,80 €**	**14 528,80 €**	**14 528,80 €**	**14 528,80 €**	**14 528,80 €**	**14 528,80 €**	**14 528,80 €**

Tab. 9.1b Fortsetzung

	Kosten + Break-even (Leasing 54 Monate, Restkaufwert mit Übernahme des Gerätes)							
	Jahr 1	**Jahr 2**	**Jahr 3**	**Jahr 4**	**Jahr 5**	**Jahr 6**	**Jahr 7**	**Jahr 8**
Personalkosten (0,20 € je Parameter)	572,00 €	572,00 €	572,00 €	572,00 €	572,00 €	572,00 €	572,00 €	572,00 €
Wartungs- und Reparaturkosten, jährl. Steigerung um 5 %	–	370,00 €	388,50 €	407,93 €	428,32 €	449,74 €	472,22 €	495,84 €
Leasingkosten pro Jahr	2656,08 €	2656,08 €	2656,08 €	2656,08 €	1770,72 €	–	–	–
Transferpreise der jährlichen Reagenzien (2,00 € je Blutbild), entsprechend der Anzahl der jährlichen Blutbilder	1760,00 €	1760,00 €	1760,00 €	1760,00 €	1760,00 €	1760,00 €	1760,00 €	1760,00 €
jährliche Lagerungs- und Kapitalkosten für Reagenzien und Verbrauchsmaterialien (0,20 € je Blutbild)	176,00 €	176,00 €	176,00 €	176,00 €	176,00 €	176,00 €	176,00 €	176,00 €
Gesamtkosten	**5164,08 €**	**5534,08 €**	**5552,58 €**	**5572,01 €**	**4707,04 €**	**2957,74 €**	**2980,22 €**	**3003,84 €**
Gewinn (Umsatz minus Kosten)	**9364,72 €**	**8994,72 €**	**8976,22 €**	**8956,80 €**	**9821,76 €**	**11 571,06 €**	**11 548,58 €**	**11 524,96 €**
Break-even-Ausbringungsmenge*: m = Blutbilder pro Tag für Break-even	**1,01**	**1,15**	**1,16**	**1,17**	**0,84**	**0,17**	**0,18**	**0,19**

* Ausbringungsmenge (m) = Kosten fix/Preis – Kosten variabel
Kosten fix beinhalten Abschreibungssumme, Opportunitätskosten, Wartungskosten p. a., Kosten variabel = 2,40 € pro Blutbild, Preis = 14,31 €

9

Tab. 9.2a Beispielrechnung: **Barkauf** eines klinisch-chemischen Gerätes (Vollautomat) im Wert von netto 10000 €

	Einnahmen/Umsatz: (Vergütung GOT 1-fach: • 1–3 Parameter pro Analyse: 5,15 €/Parameter • 4 und mehr Parameter pro Analyse: 3,44 €/Parameter)							
	Jahr 1	**Jahr 2**	**Jahr 3**	**Jahr 4**	**Jahr 5**	**Jahr 6**	**Jahr 7**	**Jahr 8**
Anzahl tägliche Untersuchungen à 1 Parameter	3	3	3	3	3	3	3	3
Anzahl tägliche Untersuchungen à 5 Parameter	2	2	2	2	2	2	2	2
Anzahl tägliche Gesamtparameter	13	13	13	13	13	13	13	13
Anzahl jährliche Parameter	2860	2860	2860	2860	2860	2860	2860	2860
täglicher Umsatz, Abrechnung Parameter nach GOT (1–3 Parameter pro Untersuchung)	15,45 €	15,45 €	15,45 €	15,45 €	15,45 €	15,45 €	15,45 €	15,45 €
täglicher Umsatz, Abrechnung Parameter nach GOT (5 Parameter pro Untersuchung)	34,40 €	34,40 €	34,40 €	34,40 €	34,40 €	34,40 €	34,40 €	34,40 €
tägliches Verbrauchsmaterial, Reagenzien (1,50 € je Parameter)	19,50 €	19,50 €	19,50 €	19,50 €	19,50 €	19,50 €	19,50 €	19,50 €
tägliche Lagerungs- und Kapitalkosten für Reagenzien und Verbrauchsmaterialien (0,20 € je Parameter)	2,60 €	2,60 €	2,60 €	2,60 €	2,60 €	2,60 €	2,60 €	2,60 €
täglicher gesamter Umsatz, Abrechnung Parameter nach GOT, Reagenzien und Verbrauchsmaterialien u. deren Lagerungs- und Kapitalkosten	71,95 €	71,95 €	71,95 €	71,95 €	71,95 €	71,95 €	71,95 €	71,95 €
jährlicher Umsatz, Abrechnung Parameter nach GOT (1–3 Parameter pro Untersuchung)	3399,00 €	3399,00 €	3399,00 €	3399,00 €	3399,00 €	3399,00 €	3399,00 €	3399,00 €

Tab. 9.2a Fortsetzung

jährlicher Umsatz, Abrechnung nach Parameter GOT (5 Parameter/Unters.)	7568,00 €	7568,00 €	7568,00 €	7568,00 €	7568,00 €	7568,00 €	7568,00 €	7568,00 €
jährliche Lagerungs- und Kapitalkosten für Reagenzien und Verbrauchsmaterialien pro Tag (1,70 € je Parameter)	4862,00 €	4862,00 €	4862,00 €	4862,00 €	4862,00 €	4862,00 €	4862,00 €	4862,00 €
jährlicher gesamter Umsatz	**15829,00 €**	**15829,00 €**	**15829,00 €**	**15829,00 €**	**15829,00 €**	**15829,00 €**	**15829,00 €**	**15829,00 €**
	Kosten (Finanzierung durch Eigenkapital)							
	Jahr 1	**Jahr 2**	**Jahr 3**	**Jahr 4**	**Jahr 5**	**Jahr 6**	**Jahr 7**	**Jahr 8**
Personalkosten (0,20 € je Parameter)	572,00 €	572,00 €	572,00 €	572,00 €	572,00 €	572,00 €	572,00 €	572,00 €
Wartungs- und Reparaturkosten, jährl. Steigerung um 5 %	–	300,00 €	315,00 €	330,75 €	347,29 €	364,65 €	382,88 €	402,03 €
Opportunitätskosten (5 %), entgangener Zinsvorteil	500,00 €	500,00 €	500,00 €	500,00 €	500,00 €	500,00 €	500,00 €	500,00 €
Abschreibungssumme	2000,00 €	2000,00 €	2000,00 €	2000,00 €	2000,00 €	–	–	–
Transferpreise der jährlichen Reagenzien (1,50 € je Parameter), entsprechend der Anzahl der jährlichen Parameter	4290,00 €	4290,00 €	4290,00 €	4290,00 €	4290,00 €	4290,00 €	4290,00 €	4290,00 €
jährliche Lagerungs- und Kapitalkosten für Reagenzien und Verbrauchsmaterialien (0,20 € je Parameter)	572,00 €	572,00 €	572,00 €	572,00 €	572,00 €	572,00 €	572,00 €	572,00 €
Gesamtkosten	**7934,00 €**	**8234,00 €**	**8249,00 €**	**8264,75 €**	**8281,29 €**	**6298,65 €**	**6316,88 €**	**6336,03 €**
Gewinn (Umsatz minus Kosten)	**7895,00 €**	**7595,00 €**	**7580,00 €**	**7564,25 €**	**7547,71 €**	**9530,35 €**	**9512,12 €**	**9492,97 €**
Break-even-Ausbringungsmenge: m = Parameter pro Tag für Break-even*	3,50	3,92	3,94	3,96	3,98	1,21	1,23	1,26
Break-even-Ausbringungsmenge: m = Parameter pro Tag für Break-even**	7,38	8,26	8,31	8,36	8,40	2,55	2,61	2,66

Ausbringungsmenge (m) = Kosten fix/Preis – Kosten variabel; * bei ausschließlich Einzelparameteranalyse (5,15 €/Parameter); ** bei Mehrparameteranalyse (3,44 €/Parameter); Kosten fix beinhalten jeweils Abschreibungssumme, Opportunitätskosten, Wartungskosten p. a., Kosten variabel = 1,90 € pro Parameter

Tab. 9.2b Beispielrechnung: **Leasing** eines klinisch-chemischen Gerätes (Vollautomat) im Wert von netto 10 000 €

	Einnahmen/Umsatz (Vergütung pro Parameter: GOT 1-fach: • 1–3 Parameter pro Analyse: 5,15 €/Parameter • 4 und mehr Parameter pro Analyse: 3,44 €/Parameter)							
	Jahr 1	**Jahr 2**	**Jahr 3**	**Jahr 4**	**Jahr 5**	**Jahr 6**	**Jahr 7**	**Jahr 8**
Anzahl tägliche Untersuchungen à 1 Parameter	3	3	3	3	3	3	3	3
Anzahl tägliche Untersuchungen à 5 Parameter	2	2	2	2	2	2	2	2
Anzahl tägliche Gesamtparameter	13	13	13	13	13	13	13	13
Anzahl jährliche Parameter	2860	2860	2860	2860	2860	2860	2860	2860
täglicher Umsatz, Abrechnung Parameter nach GOT (1–3 Parameter pro Untersuchung)	15,45 €	15,45 €	15,45 €	15,45 €	15,45 €	15,45 €	15,45 €	15,45 €
täglicher Umsatz, Abrechnung Parameter nach GOT (5 Parameter pro Untersuchung)	34,40 €	34,40 €	34,40 €	34,40 €	34,40 €	34,40 €	34,40 €	34,40 €
tägliches Verbrauchsmaterial, Reagenzien (1,50 € je Parameter)	19,50 €	19,50 €	19,50 €	19,50 €	19,50 €	19,50 €	19,50 €	19,50 €
tägliche Lagerungs- und Kapitalkosten für Reagenzien und Verbrauchsmaterialien (0,20 € je Parameter)	2,60 €	2,60 €	2,60 €	2,60 €	2,60 €	2,60 €	2,60 €	2,60 €
täglicher gesamter Umsatz, Abrechnung Parameter nach GOT, Reagenzien und Verbrauchsmaterialien u. deren Lagerungs- und Kapitalkosten	71,95 €	71,95 €	71,95 €	71,95 €	71,95 €	71,95 €	71,95 €	71,95 €
jährlicher Umsatz, Abrechnung Parameter nach GOT (1–3 Parameter pro Untersuchung)	3399,00 €	3399,00 €	3399,00 €	3399,00 €	3399,00 €	3399,00 €	3399,00 €	3399,00 €

Tab. 9.2b Fortsetzung

jährlicher Umsatz, Abrechnung Parameter nach GOT (5 Parameter/Unters.)	7568,00 €	7568,00 €	7568,00 €	7568,00 €	7568,00 €	7568,00 €	7568,00 €	7568,00 €
jährliche Lagerungs- und Kapitalkosten für Reagenzien und Verbrauchsmaterialien pro Tag (1,70 € je Parameter)	4862,00 €	4862,00 €	4862,00 €	4862,00 €	4862,00 €	4862,00 €	4862,00 €	4862,00 €
jährlicher gesamter Umsatz	**15 829,00 €**	**15 829,00 €**	**15 829,00 €**	**15 829,00 €**	**15 829,00 €**	**15 829,00 €**	**15 829,00 €**	**15 829,00 €**
	Kosten (Leasing 54 Monate, Restkaufwert mit Übernahme des Gerätes)							
	Jahr 1	**Jahr 2**	**Jahr 3**	**Jahr 4**	**Jahr 5**	**Jahr 6**	**Jahr 7**	**Jahr 8**
Personalkosten (0,20 € je Parameter)	572,00 €	572,00 €	572,00 €	572,00 €	572,00 €	572,00 €	572,00 €	572,00 €
Wartungs- und Reparaturkosten, jährl. Steigerung um 5 %	–	300,00 €	315,00 €	330,75 €	347,29 €	364,65 €	382,88 €	402,03 €
Leasingkosten pro Jahr	2656,08 €	2656,08 €	2656,08 €	2656,08 €	1770,72 €	–	–	–
jährliche Lagerungs- und Kapitalkosten für Reagenzien und Verbrauchsmaterialien (0,20 € je Blutbild)	572,00 €	572,00 €	572,00 €	572,00 €	572,00 €	572,00 €	572,00 €	572,00 €
Gesamtkosten	**8090,08 €**	**8390,08 €**	**8405,08 €**	**8420,83 €**	**7552,01 €**	**5798,65 €**	**5816,88 €**	**5836,03 €**
Gewinn (Umsatz minus Kosten)	**7738,92 €**	**7438,92 €**	**7423,92 €**	**7408,17 €**	**8276,99 €**	**10 030,35 €**	**10 012,12 €**	**9992,97 €**
Break-even-Ausbringungsmenge: m = Parameter pro Tag für Break-even*	**3,71**	**4,13**	**4,16**	**4,18**	**2,96**	**0,51**	**0,54**	**0,56**
Break-even-Ausbringungsmenge: m = Parameter pro Tag für Break-even**	**7,84**	**8,73**	**8,77**	**8,82**	**6,25**	**1,08**	**1,13**	**1,19**

Ausbringungsmenge (m) = Kosten fix/Preis – Kosten variabel; * bei ausschließlich Einzelparameteranalyse (5,15 €/Parameter);** bei Mehrparameteranalyse (3,44 €/Parameter); Kosten fix beinhalten jeweils Abschreibungssumme, Opportunitätskosten, Wartungskosten p. a., Kosten variabel = 1,90 € pro Parameter

Finanzierungskosten

Neben der Finanzierung mit **Eigenkapital** gibt es die Finanzierung mit **Fremdkapital** typischerweise als Bankdarlehen oder Leasing. Insbesondere Praxisneugründern bieten sich als Fremdkapitalgeber zusätzlich noch öffentliche Förderstellen wie die KfW und regionale Förder- und Bürgschaftsbanken an. Die Entscheidung für die optimale Finanzierung sollte – unterstützt von einem Wirtschafts- oder Steuerberater – individuell für das Labor getroffen werden. Die steuerliche Abschreibungsdauer für Laborgeräte beträgt nach dem geltenden Steuerrecht fünf Jahre und stellt einen wichtigen Faktor für die Wirtschaftlichkeitsberechnungen dar (s. Tab. 9.1 u. 9.2). Bei der Finanzierung durch Leasing oder Bankdarlehen sind die monatlichen Raten, Zinszahlungen und Restwertzahlungen in einer Wirtschaftlichkeitsberechnung auf der Kostenseite anzusetzen. In den Berechnungen der Tabellen 9.1b und 9.2b ist beispielhaft ein Vollamortisationsleasing mit 54-monatiger Laufzeit und anschließender Restwertzahlung von zwei Monatsraten mit Übernahme des Laborgerätes angesetzt. Bei Barkauf eines Laborgerätes ist in den Amortisationsberechnungen der entgangene Zinsvorteil für das für den Kauf des Gerätes ausgegebene Kapital als Opportunitätskosten, hier in Höhe von 5 %, auf der Kostenseite anzusetzen.

Sachkosten

Die Sachkosten umfassen Verbrauchsmaterialien. Hierzu zählen Reagenzien, Probengefäße, Pipettenspitzen, Druckerpapier u. Ä. Die für jedes Laborgerät spezifischen Sachkosten sind den jeweiligen Zubehörpreislisten der Hersteller zu entnehmen und fließen, pro Analyse und/oder Parameter ausgerechnet, in die Wirtschaftlichkeitsberechnungen (Tab. 9.1 u. 9.2) als direkte Kosten ein. Die Abpackungsgrößen und Verfallsdaten der Reagenzien sollten mit dem Probenaufkommen in Einklang stehen, damit keine Verluste durch verfallene Ware entstehen. Wartungskosten fallen als direkte Kosten an, wenn die Geräte regelmäßig vom eigenen Laborpersonal gewartet werden und/oder ein Wartungsvertrag für die Geräte abgeschlossen wird. Die Höhe der Reparaturkosten sollte an das Alter der Geräte angepasst einkalkuliert werden. In den Beispielrechnungen (Tab. 9.1 u. 9.2) ist eine jährliche Kostensteigerung der Reparaturkosten um 5 % zugrunde gelegt. Kosten für eventuell notwendiges Kontroll- und Kalibrationsmaterial und deren Abpackungsgrößen und Haltbarkeitszeiten sind zu prüfen. Bei Nasschemiegeräten mit Flüssigreagenzien sind die reinen Reagenzienkosten günstiger als bei Trockenchemiegeräten, hingegen der personelle Aufwand und die Kosten für die notwendigen Vor-Ort-Kontrollen und -Kalibrationen erheblich teurer als bei den Trockenchemie- oder Testkassettengeräten, bei denen die Kalibrationen chargenbezogen von den Herstellerfirmen der Reagenzien übernommen werden. Auch die Abpackungsgrößen bei Flüssigreagenzien übersteigen i. d. R. das praxisübliche Probenaufkommen.

Personalkosten

Die Personalkosten errechnen sich aus dem prozentualen Anteil der im Labor verbrachten Arbeitszeit in Relation zu den gesamten Personalkosten der Labormitarbeiter (tiermedizinische Fachangestellte, MTAs, VMTAs, Tierärzte) (Dürr 2005). Als Berechnungsgrundlage für die Personalkosten dienen hier die Gehaltstabellen des geltenden Gehaltstarifvertrages zwischen dem Bundesverband Praktizierender Tierärzte e. V. und dem Verband medizinischer Fachberufe e. V. (gültig ab dem 01.01.2009) für Tiermedizinische Fachangestellte mit abgeschlossener Berufsausbildung im 1. und 2. Berufsjahr der Tätigkeitsgruppe I (Grundgehalt ohne Zuschlag) zuzüglich der Sozialabgaben. Das sich daraus ergebende jährliche Bruttogehalt von angenommen 20 483,– € wurde auf eine Minute bezogen, sodass beispielhaft mit Personalkosten von aufgerundet 0,20 € pro Minute für TFAs im 1.–2. Berufsjahr kalkuliert wurde.

9.5 Controlling des Praxislabors und weitere Investitionen

Ein bestehendes Labor sollte durch ein regelmäßiges Controlling auf Wirtschaftlichkeit überprüft werden, um im Falle einer unrentablen Auslastung frühzeitig gegensteuern zu können oder um vorausschauend weitere Laborinvestitionen und -modernisierungen planen zu können. Vorteilhaft ist dafür ein im Laborgerät vorhandener Analysenzähler oder eine Praxissoftware, die die durchgeführten Analysen in einem bestimmten Zeitraum anzeigen. Hierbei ist zu beachten, dass nur die tatsächlich ausgeführten Analysen und nicht die Wiederholungs-, Kontroll- oder Kalibrationsmessungen erfasst werden. Weitere wichtige Controllingmaßnahmen für eine bessere Wirtschaftlichkeit sind: Optimierung der Bestellmengen, Rabattanalyse, Lagerkontrolle sowie Arbeitsorganisation im Labor.

Literatur

Dürr U. Wirtschaftlichkeit und Kostenerfassung im Labor. In: Kraft W, Dürr U, Hrsg. Klinische Labordiagnostik in der Tiermedizin. Stuttgart, New York: Schattauer 2005; 41.

Wöhe G, Döring U. Einführung in die Allgemeine Betriebswirtschaftslehre. München: Franz Vahlen 2000.

10 Suchprogramme, Organ- und Tierartenprofile

Martina Dick

10.1 Einleitung

Ziel der weiterführenden Diagnostik im Allgemeinen und der Labordiagnostik im Speziellen soll sein, eine Verdachtsdiagnose zu bestätigen oder zu widerlegen, mögliche Komplikationen frühzeitig aufzudecken und klinische Verlaufskontrollen zu unterstützen.

Über den Sinn einer Nutzung von allgemein gehaltenen **Suchprogrammen** kann sicher grundsätzlich diskutiert werden. Einerseits besteht die Gefahr, dass die Bedeutung von exakter Anamnese, klinischer Untersuchung und Erstellen einer Differenzialdiagnosenliste zugunsten der weiterführenden Diagnostik in den Hintergrund tritt. Die unselektive Anwendung führt dann nicht selten zu unnötigen Untersuchungen mit entsprechenden Kosten.

10

Andererseits sind sie unbestreitbar sinnvoll, um als Screeninguntersuchung bei unspezifischer Symptomatik und unklaren klinischen Befunden den richtigen Faden aufnehmen zu können. Zudem sind sie hilfreich bei der fundierten Einschätzung des Gesamtzustandes eines erkrankten Tieres.

Hierzu können Suchprogramme weit gefasst sein (z. B. allgemeines Suchprogramm) oder symptomorientiert (z. B. Anämie, Polydipsie/Polyurie) zusammengestellt werden.

Der spezielleren Diagnostik dienen **Organprofile**. Hier werden die jeweils organspezifischsten Parameter verwendet, ggf. in Kombination mit weiteren Untersuchungen, die helfen, den Schweregrad der Erkrankung einzuschätzen (z. B. Pankreasprofil, Pankreatitis Hund).

Die **Tierartenprofile** berücksichtigen tierartliche Besonderheiten in der Wertigkeit bestimmter Parameter bzw. spezielle Erkrankungen und verstehen sich als Screeninguntersuchungen.

Bei der Verwendung von labordiagnostischen Programmen oder Profilen ist jeweils nach Lage des Falles und den zur Verfügung stehenden Materialien zu entscheiden, ob eine Kombination mit Einzelparametern oder weiteren Profilen angezeigt ist (z. B. Polydipsie/Polyurie mit Urinuntersuchung, Leberprofil mit Nüchtern-Gallensäuren, Gastroenteropathie mit Kotprofil). Die meisten kommerziellen veterinärdiagnostischen Labore bieten die Möglichkeit an, *Praxisprofile* einzurichten und tragen damit den diagnostischen Schwerpunkten und individuellen Wünschen ihrer Kunden Rechnung.

Beim Erstellen der jeweiligen Programme und Profile spielen neben der größtmöglichen Aussagekraft auch Überlegungen zum Kosten-Nutzen-Verhältnis und zur Praktikabilität eine Rolle. So ist der Einsatz eines Parameters mit geringer Stabilität in den Standardmaterialien als Screeningwert limitiert und eignet sich durch den erhöhten Aufwand bei Gewinnung, Transport oder Bearbeitung nur als Einzelbestimmung bei spezieller Fragestellung.

Mitunter ergibt sich aus zweifelhaften oder verdächtigen klinischen und labordiagnostischen Befunden die Notwendigkeit, eine tiefergehende Funktionsdiagnostik durch-

zuführen. Dies betrifft vor allem die endokrinen Organe, aber auch zur Überprüfung von z. B. Nieren und Leber stehen praxisgeeignete Funktionstests zur Verfügung. Hierzu sei an dieser Stelle auf die entsprechenden Kapitel in diesem Buch verwiesen.
Nachfolgend eine als Anregung zu verstehende Zusammenstellung von Profilen, wie sie in ähnlicher Form auch von kommerziellen Laboren angeboten werden.

10.2 Suchprogramme

Allgemeines Suchprogramm

- großes Blutbild (Blutbild mit Differenzialblutbild)
- Gesamteiweiß
- Albumin
- Globulin
- Albumin/Globulin-Quotient (nur bei Katze)
- Harnstoff
- Kreatinin
- Glukose
- Fruktosamin
- Bilirubin gesamt
- Cholesterin
- Triglyzeride
- AP
- ALT
- AST
- GLDH
- γ-GT
- CK
- Amylase
- Lipase
- Natrium
- Kalium
- Kalzium
- Phosphat
- Chlorid
- ergänzend gegebenenfalls:
  - Urinprofil

Spezielle Suchprogramme

Geriatrieprofil

- allgemeines Suchprogramm
- freies T_4 oder Gesamt-T_4
- ergänzend gegebenenfalls:
  - Urinprofil

Gastroenteropathie Hund

- großes Blutbild
- Trypsin-like immunoreactivity (cTLI)
- Folsäure
- Vitamin B_{12}
- CRP
- Gesamteiweiß
- Albumin
- Globulin
- Amylase
- Lipase
- Natrium
- Kalium
- Kalzium
- Chlorid
- empfehlenswert: Kotprofil
- ergänzend empfehlenswert (extraintestinale Ursachen):
  - Harnstoff
  - Kreatinin
  - Bilirubin gesamt
  - ALT

Gastroenteropathie Katze

- großes Blutbild
- Pankreaslipase (fPLI)
- Folsäure
- Vitamin B_{12}
- Gesamteiweiß
- Albumin

- Globulin
- Eiweißelektrophorese
- Natrium
- Kalium
- Kalzium
- Chlorid
- empfehlenswert: Kotprofil
- ergänzend gegebenenfalls:
  - Harnstoff
  - Kreatinin
  - Bilirubin gesamt
  - ALT
  - T_4
  - Trypsin-like immunoreactivity (fTLI)

Polydipsie/Polyurie

- großes Blutbild
- Glukose
- Fruktosamin
- Gesamteiweiß
- Albumin
- Harnstoff
- Kreatinin
- Cholesterin
- AP
- ALT
- GLDH
- Natrium
- Kalium
- Kalzium
- Phosphat
- Chlorid
- empfehlenswert: Urinprofil
- ergänzend gegebenenfalls:
  - Bilirubin gesamt
  - T_4 (Katze)

Epileptische Anfälle

- kleines Blutbild
- Bilirubin gesamt
- Gesamteiweiß
- Albumin/Globulin-Quotient
- Harnstoff
- Kreatinin
- Glukose
- Fruktosamin
- Cholesterin
- Triglyzeride
- AP
- ALT
- AST
- GLDH
- Natrium
- Kalium
- Kalzium
- Phosphat
- Chlorid
- ergänzend gegebenenfalls:
  - Cholinesterase
  - Insulin
  - Gallensäurestimulationstest, Ammoniak
  - spezifischer Erregernachweis
  - Liquordiagnostik

Anämie

- großes Blutbild
- Retikulozyten
- Gesamteiweiß
- Bilirubin
- Harnstoff
- Eisen
- ergänzend gegebenenfalls:
  - Kreatinin
  - Coombs-Test
  - Gerinnung
  - Erythropoietin
  - spezifischer Erregernachweis

Prä-OP-Profil

- kleines Blutbild, inkl. Thrombozyten
- PT
- PTT
- Gesamteiweiß

- Harnstoff
- Kreatinin
- ALT
- AP
- GLDH
- Kalzium
- Phosphat
- ergänzend gegebenenfalls:
  - Urinprofil

Gerinnungsprofil

- kleines Blutbild, inkl. Thrombozyten
- PT
- PTT
- ergänzend gegebenenfalls:
  - Einzelfaktorenbestimmung (z. B. Faktor VIII, Faktor IX)
  - Fibrinogen
  - D-Dimere

Mineralstoffe/Elektrolyte

- Kalzium
- Magnesium
- Phosphat
- Natrium
- Kalium
- Chlorid
- Eisen
- Spurenelemente
  - Kupfer
  - Zink
  - Selen
- ergänzend gegebenenfalls:
  - Mangan

Urinprofil

- spezifisches Gewicht
- Harnstatus
- Harnsediment
- ergänzend gegebenenfalls:
  - Protein/Kreatinin-Quotient im Urin
  - bakteriologische Urinuntersuchung mit Resistenztest

Kotprofil

- parasitologische Untersuchung
- bakteriologische Untersuchung mit Resistenztest
- mykologische Untersuchung
- ergänzend gegebenenfalls:
  - spezifischer Erreger- und Toxinnachweis
  - zusätzliche Parameter (z. B. α-1-Protease-Inhibitor, canine Elastase-1)

Synoviaprofil

- Zellzahl
- Zelldifferenzierung
- zytologische Untersuchung
- Bilirubin gesamt
- Gesamteiweiß
- LDH
- Viskosität
- Sediment (Kristalle)
- ergänzend gegebenenfalls:
  - spezifischer Erregernachweis

Ergussprofil

- Zellzahl
- Hämatokrit
- Gesamteiweiß
- spezifisches Gewicht
- zytologische Untersuchung
- ergänzend gegebenenfalls:
  - spezifischer Erregernachweis

Liquorprofil

- Zellzahl
- Gesamteiweiß
- zytologische Untersuchung

- ergänzend gegebenenfalls:
  - spezifischer Erregernachweis

10.3 Organprofile

Schilddrüsenprofil (Hund)

- canines TSH
- T_4
- freies T_4
- ergänzend gegebenenfalls:
  - Thyreoglobulin-, T_3-, T_4-Autoantikörper

Leberprofil

- Bilirubin gesamt
- Gesamteiweiß
- Albumin
- Globulin
- Harnstoff
- Cholesterin
- Triglyzeride
- AP
- ALT
- γ-GT
- GLDH
- ergänzend gegebenenfalls:
  - Gallensäuren-Stimulationstest
  - Ammoniak

Nierenprofil

- großes Blutbild
- Harnstoff
- Kreatinin
- Gesamteiweiß
- Albumin
- Cholesterin
- Natrium
- Kalium
- Kalzium
- Phosphat
- Chlorid
- Urinprofil

Pankreasprofil, Pankreatitis Hund

- großes Blutbild
- Cholesterin
- Triglyzeride
- Glukose
- Amylase
- Lipase
- γ-GT
- AP
- GLDH
- Pankreaslipase (cPLI)
- CRP

Pankreasprofil, Pankreatitis Katze

- großes Blutbild
- Cholesterin
- Triglyzeride
- Glukose
- γ-GT
- ALT
- GLDH
- Pankreaslipase (fPLI)

Herz-/Muskelprofil

- AST
- CK
- LDH
- Glukose
- Natrium
- Kalium
- Kalzium
- Phosphat
- Chlorid
- ergänzend gegebenenfalls:
  - Troponin I
  - NT-proBNP
  - CRP

10.4 Tierartenprofile

Katzenprofil

- großes Blutbild
- Bilirubin gesamt
- Gesamteiweiß
- Albumin
- Globulin
- Albumin/Globulin-Quotient
- Harnstoff
- Kreatinin
- Glukose
- Fruktosamin
- Cholesterin
- Triglyzeride
- AP
- ALT
- AST
- GLDH
- γ-GT
- CK
- Natrium
- Kalium
- Kalzium
- Phosphat
- Chlorid
- Coronavirus-Antikörper
- FeLV-Antigen
- FIV-Antikörper
- ergänzend gegebenenfalls:
  - Serumelektrophorese (bei Hyperglobulinämie)

FIP-Profil

- großes Blutbild
- Bilirubin gesamt
- Gesamteiweiß
- Albumin
- Globulin
- Albumin/Globulin-Quotient
- ALT
- Serumelektrophorese
- Coronavirus-Antikörper
- ergänzend bei Körperhöhlenergüssen:
  - Ergussprofil
  - spezifischer Erregernachweis (z. B. Coronavirus PCR, Coronavirus-Antigen in Makrophagen)

Heimtierprofil

- großes Blutbild
- Bilirubin gesamt
- Gesamteiweiß
- Glukose
- Fruktosamin
- Cholesterin
- Gallensäuren
- Harnstoff
- Kreatinin
- AP
- ALT
- AST
- GLDH
- γ-GT
- Natrium
- Kalium
- Kalzium
- Phosphat

Pferdeprofil

- großes Blutbild
- Bilirubin gesamt
- Gesamteiweiß
- Albumin
- Globulin
- Harnstoff
- Kreatinin
- Glukose
- Cholesterin
- Triglyzeride
- CK
- LDH
- AP
- AST

- GLDH
- γ-GT
- Natrium
- Kalium
- Kalzium
- Phosphat
- Chlorid
- Magnesium
- Eisen
- Kupfer
- Zink
- Selen
- ergänzend gegebenenfalls:
  - Laktat
  - Gallensäuren
  - Fibrinogen
  - Serum-Amyloid A

Equines metabolisches Syndrom/ equines Cushing-Syndrom

- ACTH
- Insulin
- Glukose
- Fruktosamin
- γ-GT
- Triglyzeride

10

Rinderprofil

- großes Blutbild
- Bilirubin gesamt
- Gesamteiweiß
- Albumin
- Harnstoff
- Kreatinin
- Glukose
- Cholesterin
- Triglyzeride
- AST
- γ-GT
- AP
- GLDH
- CK
- Natrium
- Kalium
- Kalzium
- Phosphat
- Magnesium
- Chlorid

Schweineprofil

- Bilirubin gesamt
- Gesamteiweiß
- Albumin
- Harnstoff
- Kreatinin
- ALT
- AST
- AP
- γ-GT
- GLDH
- CK
- Natrium
- Kalium
- Kalzium
- Phosphat
- Eisen
- Chlorid

Vogelprofil

- Gesamteiweiß
- Harnstoff
- Harnsäure
- Gallensäuren
- CK
- Pseudocholinesterase
- AP
- ALT
- AST
- γ-GT
- Amylase
- Natrium
- Kalium
- Kalzium
- Phosphat

- ergänzend gegebenenfalls:
  - großes Blutbild

Reptilienprofil

- Gesamteiweiß
- Harnsäure
- Harnstoff
- Kreatinin
- AP
- ALT
- AST
- CK
- Natrium
- Kalium
- Kalzium
- Phosphat
- ergänzend gegebenenfalls:
  - großes Blutbild

Organsysteme und Stoffwechselparameter

11 Hämatologie

Andreas Moritz, Ilse Schwendenwein und Wilfried Kraft

11.1 Einleitung

Hämatologische Untersuchungen, die Erhebung des sog. Blutstatus (Blutbild), gehören zu den am häufigsten durchgeführten Untersuchungen in der Veterinärmedizin. Die Untersuchung kann aus diagnostischen Gründen erfolgen, um zu sehen, ob eine klinisch manifeste Erkrankung bereits Veränderungen des Blutbildes bewirkt hat, oder ob sich latente Erkrankungen bereits im Blutbild manifestieren. Bei der Untersuchung des Blutbildes werden das rote Blutbild (Erythrogramm), das weiße Blutbild (Leukogramm) sowie die Konzentration der Blutplättchen nach quantitativen und qualitativen bzw. morphologischen Kriterien erfasst. Erhebliche Anstrengungen der Industrie haben die Automatisierung der hämatologischen Untersuchungen so weit vorangetrieben, dass eine Reihe von Systemen nun auch in der tierärztlichen Praxis angewendet werden können. Dennoch kann eine kunstgerechte mikroskopische Beurteilung eines Blutausstrichs durch Technologie nicht ersetzt werden. Die Technologie hilft lediglich, jene Patienten zu identifizieren, deren Blutausstrich einer näheren morphologischen Beurteilung bedarf. Tierartliche Unterschiede sind sowohl bei der Technologie als auch bei der Befundinterpretation zu berücksichtigen. Im folgenden Kapitel sind zunächst die hämatologischen Untersuchungsverfahren und danach die Befundinterpretationen aufgelistet.

Damit die nachfolgenden Abschnitte verständlicher werden, sei ein kurzer Abschnitt, der Abkürzungen und Definitionen erhält, eingefügt.

11.2 Definitionen

Anämie: (an- = -los, leer; haima = Blut); Verminderung der Erythrozytenzahl, der Erythrozytenmasse, des Hämoglobingehalts und/oder des Hämatokrits unter den Referenzbereich der Spezies, der Rasse und des Alters bei normalem Hydratationsstatus (Definition Anämie beim Menschen nach WHO: Verminderung des Hämoglobingehalts)

Anämie, aplastische: aregenerative Anämie bei Störung der Erythropoese

Anämie, aregenerative: Anämie ohne Regenerationszeichen wie erhöhte Retikulozytenzahl oder Polychromasie

Anämie, autoimmunhämolytische: durch gegen die Erythrozyten gerichtete Autoantikörper hervorgerufene (regenerative) Anämie

Anämie, hämolytische: durch beschleunigten Erythrozytenabbau oder Hämolyse bedingter Erythrozytenuntergang mit kompensatorisch gesteigerter Erythropoese und Retikulozytenvermehrung

Anämie, makrozytäre hypochrome: vergrößerte Erythrozyten bei vermindertem Hämoglobingehalt, Form der regenerativen Anämie nach Blutverlust oder Hämolyse

Anämie, makrozytäre normochrome: vergrößerte Erythrozyten bei normalem Hämoglobingehalt, Form der Anämie bei Neoplasien und FeLV-Infektion (Katze)

Anämie, normozytäre normochrome: normal große Erythrozyten bei normalem Hämoglobingehalt, Form der aregenerativen Anämie, Begleitanämie bei chronischen Krankheiten/Entzündungen (ACD/AID, anemia of chronic/inflamatory diseases)

Anämie, mikrozytäre hypochrome: zu kleine Erythrozyten bei zu geringem Hämoglobingehalt; bei Eisenmangel, bisweilen bei chronischen Entzündungsvorgängen oder portosystemischem Shunt

Anämie, regenerative: Anämie mit erhöhter absoluter Retikulozytenzahl und Polychromasie

Anisozytose: ungleich große Erythrozyten

Autoagglutination: Verklumpung von Blutzellen, besonders nach Aufbringen eines Bluttropfens auf einen (kalten) Objektträger; bei Bestehenbleiben der Autoagglutination nach 3-maligem Waschen (mit 0,9%iger NaCl, am besten PBS) ist die Diagnose immunmediiert gestellt

Basophile Granulozyten: Leukozyten mit unterschiedlich zahlreichen und intensiv dunkelblau, bei der Katze mit wenigen violett bis rötlich gefärbten Granula

Blut(körperchen)senkungsreaktion (BSR): Sedimentationsgeschwindigkeit der Erythrozyten in mit 3,8%iger Natriumzitratlösung ungerinnbar gemachtem Blut (1 Teil + 4 Teile) in senkrecht oder schräg gestellten Makro- oder Mikrosenkungspipetten

B-Lymphozyten (B = Bursa Fabricii): verantwortlich für die humorale Immunabwehr

Chediak-Higashi-Syndrom: autosomal rezessiv vererbliche Veränderung der neutrophilen Granulozyten der Katze mit sehr großen Granula und gleichzeitig auftretenden Gerinnungsstörungen durch gestörte Thrombozytenfunktion

CHr (cellular hemoglobin concentration reticulocyte): zelluläre Hämoglobinkonzentration der Retikulozyten

Döhle-Körper: längliche, zart basophile, fleckförmige randständige Einschlüsse im Zytoplasma der Neutrophilen; bei schweren Infektionskrankheiten, am häufigsten bei der Katze

Drumsticks (»Trommelschlägel«): Kernanhängsel an den Granulozyten bei weiblichen Tieren

Eosinophile Granulozyten: weiße Blutzellen mit tierartlich unterschiedlich zahlreichen, verschieden großen und unterschiedlich intensiv rot gefärbten Granula (Pappenheim-, Wright-Färbung)

Eosinophilie: Vermehrung der eosinophilen Granulozyten; bei Allergien, Parasitosen, eosinophiler Gastroenteritis, eosinophiler Myositis, eosinophilem Granulom der Katze, Hypoadrenokortizismus

Erythropoese: Bildung von Erythrozyten im Knochenmark, gefördert durch Erythropoietin (siehe dort)

Erythropoietin: in der Niere synthetisiertes und sezerniertes Hormon (Glykoprotein), stimuliert im Knochenmark Erythroblasten aus Stammzellen; verminderte Konzentration bei chronischer Niereninsuffizienz, erhöhte Konzentration bei Zystennieren und einigen Nierentumoren, bei Hypoxie, z. B. durch Rechts-links-Shunt, pulmonalen Erkrankungen, Aufenthalt in großen Höhen

Erythrozytenindizes: siehe MCH, MCHC, MCV

Erythrozytenschatten (Ghosts): Erythrozyten nach Verlust des Hämoglobins

Granulozyten: weiße Blutzellen mit unterschiedlich feinen und zahlreichen Granula im Zytoplasma

Hämatokrit (Hkt): in (Mikro-)Hämatokritzentrifugen bestimmter Anteil der zellulären Bestandteile des Blutes (PCV= Zellpackungsvolumen, packed cell volume), er kann auch in Hämatologiesystemen aus MCV und Erythrozytenzahl bzw. Impulshöhensummation errechnet werden

Hämoglobin (Hb): roter Blutfarbstoff (Chromoprotein, tetrameres Hämoprotein), bindet und transportiert Sauerstoff von der Lunge zu den Organen und Geweben

HbE (= MCH): Färbekoeffizient, mittlerer Hämoglobingehalt des einzelnen Erythrozyten

Heinz-Innenkörper (Heinz-Körper): mit Brillantkresylblaufärbung (nicht mit panoptischen Färbemethoden) nachweisbare blaue Einschlusskörper in Erythrozyten (Degenerationsform des Hämoglobins); vereinzeltes Vorkommen bei der Katze ohne Bedeutung, sonst vermehrt bei Intoxikationen (oxidative Substanzen, Paracetamol, Zwiebel) und nach Splenektomie

Howell-Jolly-Körper: siehe Jolly-Körper

Hypochromasie: verminderte Hämoglobinkonzentration in den Einzelerythrozyten; MCHC und MCH erniedrigt

Jolly-Körper: Kernreste in Erythrozyten, kleine, in Ein- oder Mehrzahl auftretende kugelige Gebilde; vereinzelt bei der Katze ohne Bedeutung; vermehrt nach Splenektomie, bei hämolytischer Anämie und Kortikosteroidtherapie

Kernlinksverschiebung: erhöhte Zahl an unreifen neutrophilen Granulozyten: Stabkernige, wesentlich seltener Metamyelozyten, Myelozyten, Promyelozyten; regenerative Kernlinksverschiebung: Neutrophilie mit weniger als 10 % Stabkernigen, keine unreiferen Formen; degenerative Kernlinksverschiebung: Neutrophilie mit mehr als 10 % Stabkernigen und häufig unreiferen Formen

Leukämie (veraltet: Leukose): neoplastische Krankheit des hämatopoetischen Systems, je nach Art der betroffenen Zellen Differenzierung in lymphatische, myeloische (monozytäre, erythroide usw.)

Leukopenie: verminderte Leukozytenzahl

Leukozyten: weiße Blutzellen mit tierartlich sehr unterschiedlicher Zahl und Differenzierung

Leukozytose: erhöhte Leukozytenzahl, Differenzierung erforderlich

Linksverschiebung: siehe Kernlinksverschiebung

Lymphopenie: Verminderung der relativen (prozentualen) oder absoluten Lymphozytenzahl im peripheren Blut; bei Stress, Hyperadrenokortizismus, Kortikosteroidbehandlung

Lymphozyten: antikörperproduzierende Blutzellen (siehe auch B- und T-Lymphozyten); relative und absolute Häufigkeit tierartlich erheblich unterschiedlich

Lymphozytose: erhöhte Lymphozytenzahl im peripheren Blut; bei chronischen Infektionskrankheiten, Infektionskrankheiten im Heilungsstadium, Hypoadrenokortizismus, lymphatischer Leukämie

Makrophage: im Gewebe angesiedelt, im peripheren Blut als Monozyt vorkommend; Phagozytose von Bakterien, Pilzen, Zelltrümmern; sezernieren Zytokine und Chemokine, ferner Proteasen zur Wundheilung, präsentieren den T-Lymphozyten Antigene zur Anregung der spezifischen Immunantwort

Makrozyt: abnorm großer Erythrozyt; erhöhte Zahl bei regenerativer Anämie, oft als Retikulozyten auftretend

Mastzelle: Erscheinungsbild wie basophiler Granulozyt, erhöhte Zahl bei Stress, Mastzelltumoren, bisweilen bei Parvovirose (relative Vermehrung)

MCH (mean corpuscular hemoglobin = HbE): mittlerer Hämoglobingehalt des einzelnen Erythrozyten

MCHC (mean corpuscular hemoglobin concentration): mittlere Hämoglobinkonzentration der Erythrozyten; bei der Berechnung wird der Hämatokrit zugrunde gelegt

MCV (mean corpuscular volume): mittleres Erythrozytenvolumen

Mikrozyt: abnorm kleiner Erythrozyt; tritt vermehrt bei Eisenmangelanämie und Infektionskrankheiten auf

Monozyt: entspricht dem Makrophagen (siehe dort) im peripheren Blut

Monozytose: erhöhte Monozytenzahl; bei Stress, chronischen Entzündungen, Infektionskrankheiten in der Überwindungsphase, Nekrosen, Granulomen

MPV (mean platelet volume): automatische Messung der Thrombozytengröße

nRBC (nucleated red blood cells): kernhaltige Erythrozyten

Neubauer-Zählkammer: die am weitesten verbreitete Zählkammer für Erythrozyten, Leukozyten und Thrombozyten

Neutropenie: Verminderung der (absoluten) Zahl neutrophiler Granulozyten; bei viralen Infektionskrankheiten, Knochenmarksuppression, Intoxikationen

Neutrophiler Granulozyt: Leukozyt mit oxyphilem Zytoplasma und feinen – neutrophilen – Granula, Kern im Reifestadium segmentiert; Phagozytose von Mikroorganismen

Neutrophilie: Vermehrung der (absoluten) Zahl neutrophiler Granulozyten; bei Stress, Entzündungen, bakteriellen Infektionen, Nekrosen

Normozyt: Erythrozyt, dessen Größe und Hämoglobingehalt (gemessen in MCHC und MCV) im Referenzbereich der jeweiligen Spezies liegt

Normoblast: kernhaltiger Erythrozyt; je nach Reifegrad basophil, polychromatisch, oxyphil

Panzytopenie: verminderte Zahl aller im peripheren Blut vorkommenden Zellen

PCV (packed cell volume): Mikrozentrifugenhämatokrit, siehe Hämatokrit

PLT: Thrombozytenzahl (Konzentration/Volumeneinheit)

Plasmazelle: durch Antigen stimulierter B-Lymphozyt

Poikilozyt: abnorm geformter Erythrozyt; bei chronischem Blutverlust, mechanischer Schädigung (Thrombose), Bleivergiftung

Polychromasie: ins Violette reichende Farbveränderungen unterschiedlicher Intensität der Erythrozyten in der Pappenheim- oder Wright-Färbung; häufig sind polychromatische Zellen gleichzeitig Retikulozyten; vermehrt bei regenerativer Anämie

Polyglobulie: erhöhte Erythrozytenzahl; symptomatisch bei Hypoxämie (Herzinsuffizienz, pulmonal, große Höhe), nicht hypoxämisch bei gesteigerter Sekretion von Erythropoietin (siehe dort)

RBC (red blood cell count): Erythrozytenzahl (Konzentration/Volumeneinheit)

RDW (red cell distribution width): elektronisch gemessene erythrozytäre Anisozytose (siehe dort); erhöhter Wert bei regenerativer Anämie, wenn also vermehrt unterschiedlich große Erythrozyten vorhanden sind

Retikulozyten: junge Erythrozyten, in denen sich mit Brillantkresylblau (sog. Vitalfärbung) eine schwarzblaue, körnige Substantia granulofilamentosa (Zellorganellreste kernhaltiger Vorstufen) nachweisen lässt; erhöhte Zahl als Regenerationszeichen bei Anämie

Sichelzellen: sichelförmige Erythrozyten; bei Sauerstoffmangel

Sphärozyten: Kugelzellen, Erythrozyten, die im Zentrum keine Eindellung aufweisen und daher keine Aufhellung zeigen; bei Hämolyse

Substantia granulofilamentosa: siehe Retikulozyten

Target-Zellen (Schießscheibenzellen, Kokardenzellen): Erythrozyten mit Hämoglobinanreicherung am Zellrand und im Zentrum (weist auf verminderte Hb- und Cholesterinaufnahme in die Zelle hin, Vorkommen z. B. bei regenerativer Anämie, Leber-, Milz-, Nierenerkrankung)

TCT: Thrombokrit, Anteil der Thrombozyten am gesamten Blutvolumen

Thrombokrit: siehe TCT

T-Lymphozyten (T = Thymus): in zellmediierte Immunabwehr involvierte Lymphozyten (intrazelluläre Organismen, Tumoren, Hypersensitivität)

Toxische Granula: basophile Granula in neutrophilen Granulozyten; bei schweren Intoxikationen

Tüpfelung, basophile: Degeneration zytoplasmatischer Ribonukleinsäure im Zytoplasma der Erythrozyten, bei Pappenheim- oder Wright-Färbung als basophile Punkte sichtbar; bei der Katze vereinzelte basophile Tüpfelung unauffällig, vermehrt bei Anämie und Bleivergiftung

TWBC (total white cell count): Gesamtleukozytenzahl (Konzentration/Volumeneinheit)

wRI (within reference interval): innerhalb des Referenzintervalls

11.3 Funktionen und Zusammensetzung des Blutes

Blut ist ein flüssiges Organ, dessen hauptsächliche Aufgaben **Transportfunktionen** sind. Sauerstoff wird durch die Erythrozyten von der Lunge zu den Organen transportiert. Leukozyten gelangen von ihrer Bildungsstätte aus dem Knochenmark (**Abb. 11.1**) dorthin, wo sie gebraucht werden. Metaboliten, Mineralstoffe und Hormone sowie Arzneimittel werden ebenfalls über das Blut transportiert. Organschäden, die zu einer Freisetzung von Enzymen aus den Zellen führen, manifestieren sich in einer Zunahme der Enzymaktivitäten im Blut. Metaboliten, die eliminiert werden sollen, werden ins Blut abgegeben und zum Ort der Ausscheidung transportiert. Eine weitere wichtige Aufgabe des Blutes ist die **Aufrechterhaltung der Fließeigenschaften**, die aus einem Gleichgewicht zwischen pro- und antikoagulatorischen Mechanismen besteht und auch bei der **Wundheilung** eine bedeutende Rolle spielt.

11

Das Blut besteht aus einer flüssigen Phase, in der die zellulären Bestandteile suspendiert sind.

Durch den Blutstrom entsteht eine »Schichtung« des Blutflusses im Gefäß, wobei die wandständigen Schichten langsamer fließen als die zentralen, wodurch auch bestimmte Funktionen des Blutes, wie z. B. die Auswanderung neutrophiler Granulozyten aus dem Gefäßsystem, ermöglicht werden. Die flüssige Phase besteht zu ca. 93 % aus Wasser. Darin sind Proteine gelöst, hauptsächlich Albumine und Globulin, aber auch Mineralstoffe und Elektrolyte. Plasmaproteine erzeugen den osmotischen bzw. onkotischen Druck, binden Wasser und fungieren auch als Träger für Hormone, Arzneimittel und Mineralstoffe.

Die **Blutmenge** eines erwachsenen Säugetiers beträgt ca. 6–8 % seiner Körpermasse.

Die **Bildung der Blutzellen** erfolgt bei erwachsenen Tieren hauptsächlich im **Knochenmark**, allerdings kann im Krankheitsfall auch eine **extramedulläre Hämatopoese** in der Milz und der Leber stattfinden. Diese Organe spielen eine wichtige Rolle bei der fetalen Hämatopoese und können zumindest beim Fleischfresser bei Bedarf »reaktiviert« werden. In minimalem Ausmaß findet dort auch bei gesunden Tieren eine Hämatopoese statt. Daher müssen Leber und Milz bei der Allgemeinuntersuchung besonders sorgfältig, eventuell auch durch bildgebende Verfahren unterstützt, untersucht werden, wenn massive Veränderungen des Blutbildes diagnostiziert wurden.

Hämatologische Untersuchungen befassen sich in erster Linie mit den quantitativen und qualitativen Eigenschaften der zellulären Blutbestandteile.

> Im peripheren But findet man drei verschiedene Zellfraktionen: Erythrozyten, Leukozyten und Thrombozyten (Blutplättchen).

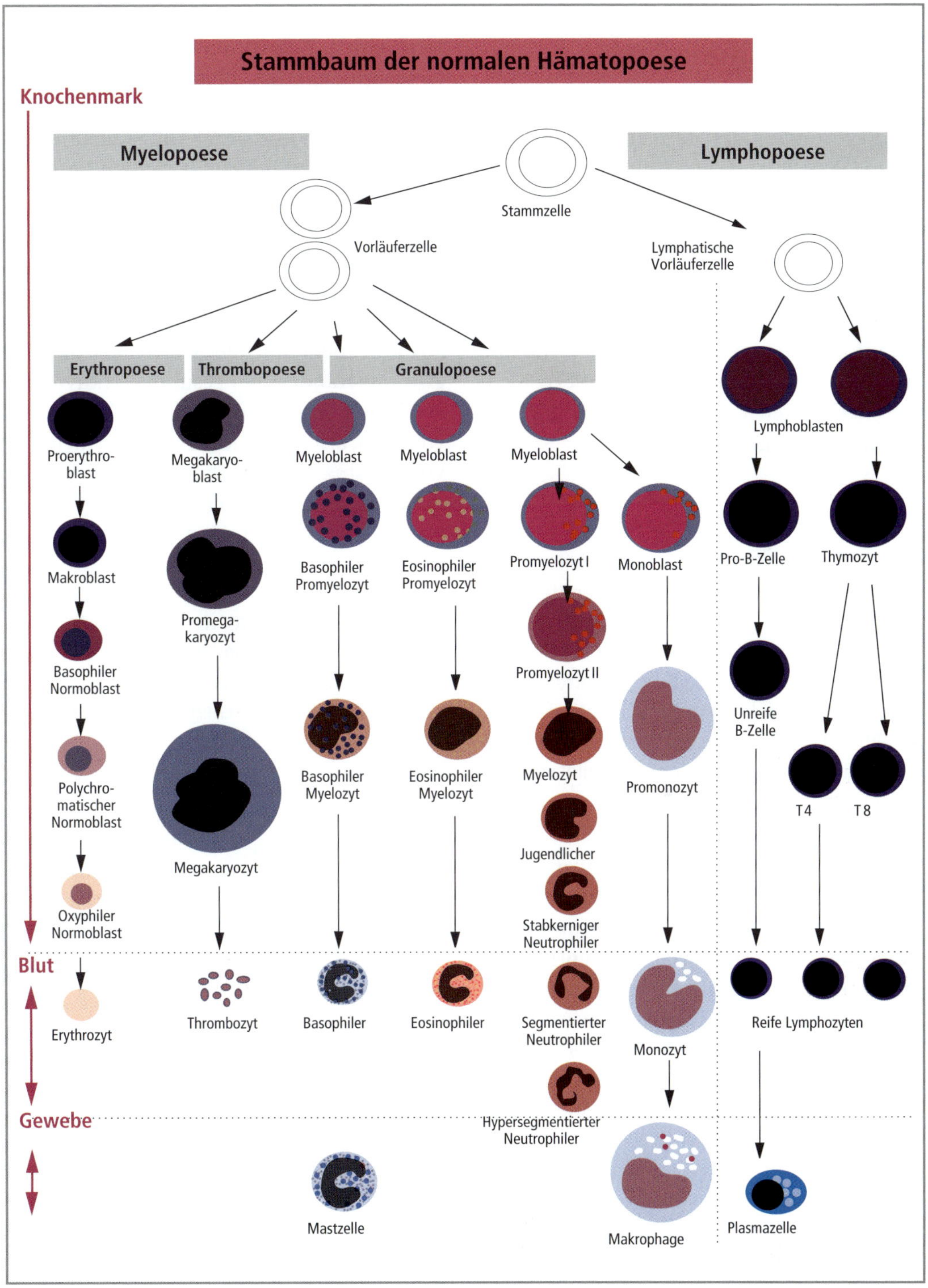

Abb. 11.1 Hämatopoese (Entwurf: I. Dietz, I. Med. Tierklinik, LMU München)

11.4 Hämatologische Untersuchungsmethoden

Die Bestimmung des Hämatokritwertes sowie die Beurteilung eines Blutausstrichs sollten in jeder Praxis möglich sein. Erfahrene Untersucher können mit diesen Methoden die meisten hämatologischen Fragestellungen beantworten. Bei der Verwendung von Hämatologiesystemen für die Praxis muss darauf geachtet werden, dass nicht nur die ausgegebenen Zahlenwerte, sondern auch die zugehörigen Grafiken (Histo- und Zytogramme) ausgewertet werden.

Hämatokrit, PCV

Der **Hämatokritwert (Hkt)** gibt den prozentualen Anteil der zellulären Bestandteile am Gesamtblut wieder. Der PCV ist der Mikrozentrifugenhämatokrit, der Hkt bezeichnet den mittels Hämatologiesystem errechneten Hämatokrit. Da letztere Systeme auf den PCV kalibriert werden, entsprechen sich die beiden Hämatokritwerte und können parallel verwendet werden.

Zwischen den zentrifugierten Zellen befindet sich noch ein Plasmarest. Dessen Volumen ist bei Verwendung der hochtourigen modernen Mikrohämatokritzentrifugen sehr gering und sehr konstant, weshalb er bei der Angabe des Hämatokritwertes vernachlässigt wird. Das im Verhältnis zur Erythrozytenmasse geringe Volumen der anderen Blutzellen bleibt in der Regel ebenfalls unberücksichtigt.

11

Der Hämatokritwert hängt ab von:
- der Zahl und dem Volumen der Erythrozyten
- dem Plasmavolumen

Es ist zu beachten, dass der Hämatokritwert einen **Relativwert** darstellt. Da die Gesamtmenge des Blutes – zumindest in Routineuntersuchungen – unbekannt bleibt und aufgrund klinischer Untersuchungsbefunde nur grob geschätzt werden kann, ist der Hämatokritwert niemals eine absolute Messgröße, sondern gibt nur das Verhältnis der Anzahl der Blutkörperchen zum Plasma an. Ein Hinweis auf die gesamte im Blutkreislauf vorhandene Blutmenge lässt sich aus ihm nicht ableiten. Der Hämatokrit ist also unverändert bei gesunden Individuen, aber auch bei einem erhöhten Gesamtblutvolumen, also bei gleichzeitiger Vermehrung von Plasma und Blutkörperchen. Auf der anderen Seite bleibt er auch unverändert, wenn Blut in seiner Gesamtheit, also z. B. bei akuten Blutungen, verlorengeht.

Es ist ein – allerdings weitverbreiteter – Irrtum, man könne anhand der Werte von Hämatokrit, Hämoglobin oder Erythrozytenzahl auf das Ausmaß einer frischen Blutung schließen.

Die Bestimmung des Hämatokritwertes mit den modernen Mikromethoden ergibt wesentlich besser reproduzierbare Ergebnisse als die Bestimmung der Erythrozytenzahl in der Zählkammer und ist weniger zeit- und arbeitsaufwendig.

Material

EDTA-Blut, Heparinblut

Geeignet sind nur feste Antikoagulanzien, die im Sammelgefäß vorhanden sind. Bei direkter Abnahme mit dem Mikrohämatokritröhrchen aus der Punktionskanüle muss dieses entsprechend präpariert sein.

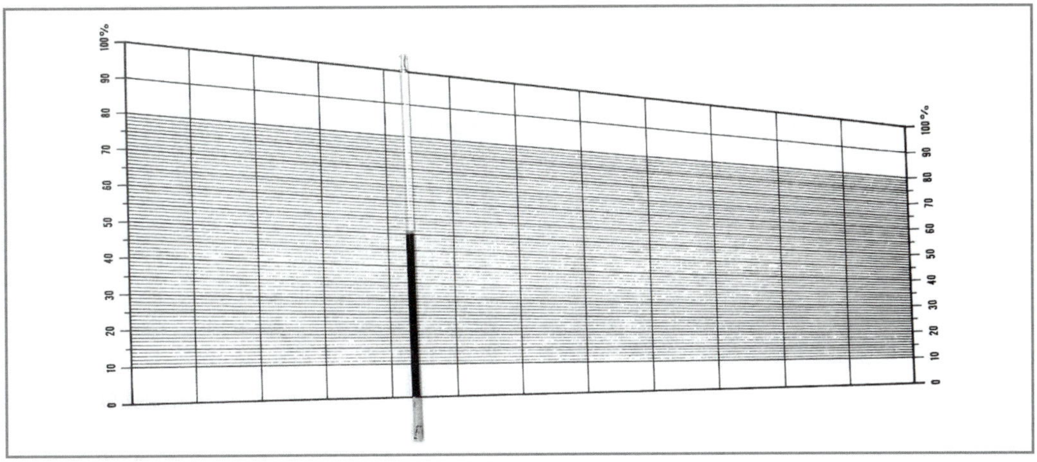

Abb. 11.2 Hämatokrit ablesen an Schablone

Prinzip

Zentrifugation von blutgefüllten (Mikro-) Hämatokritröhrchen und Ablesen des prozentualen (relativen) Anteils der korpuskulären (erythrozytären) Anteile am Gesamtblut (**Abb. 11.2**). Am Übergang zwischen der Erythrozytensäule und dem Plasma reichern sich die Leukozyten und Thrombozyten an und bilden den sog. **Buffy Coat**.
Eine deutliche Verbreiterung des Leukozytensaums > 1 mm kann auf eine Leukozytose oder Thrombozytose hinweisen (**Abb. 11.3**). Weiterhin kann auch die Farbe der überstehenden Plasmasäule beurteilt werden. Eine Rotfärbung weist auf eine intravaskuläre Hämolyse hin, eine intensive Gelbfärbung ist ein Hinweis auf eine Hyperbilirubinämie (**Abb. 11.4**) und ein weißlicher Fettring am oberen Rand der Plasmasäule weist auf eine Hyptertriglizeridämie hin (**Abb. 11.5**).
Im Falle einer Anämie wird das Glasröhrchen im Bereich der Plasmasäule gebrochen und ein Tropfen Plasma entnommen. Dieser kann zur Bestimmung des Totalproteins mittels Refraktometer verwendet werden (s. Abb. 25.5, Interpretation s. Tab. 11.2)

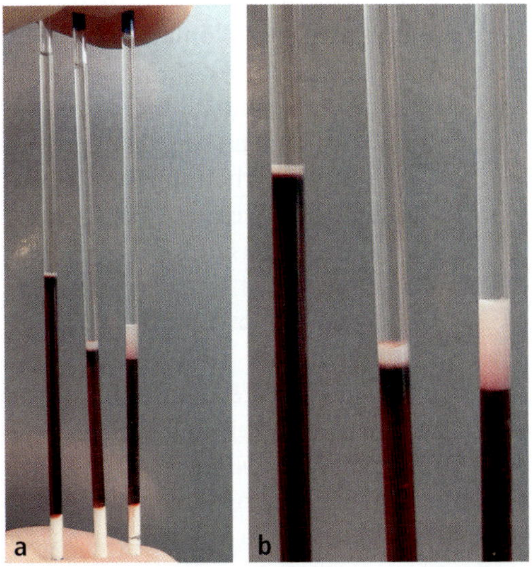

Abb. 11.3 Hämatokrit: verbreiterter Buffy Coat aufgrund einer Leukozytose links WBC (white blood cells) 8 × 10^9/L, Mitte WBC 18 × 10^9/L, rechts WBC 180 × 10^9/L (Hund mit ALL)
a) Übersicht b) Detailaufnahme

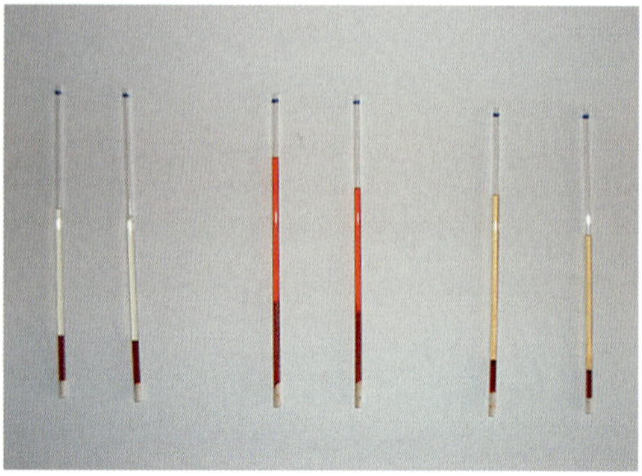

Abb. 11.4 Hämatokrit: Plasma (von links nach rechts): ganz leicht ikterisch, hämolytisch, deutlich ikterisch

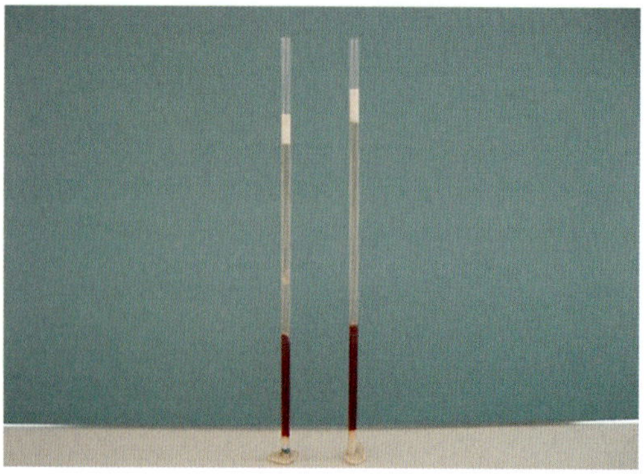

Abb. 11.5 Hämatokrit: Fettring aufgrund einer Hypertriglyzeridämie

Technik

Siehe Seite 118 ff. für mehr Informationen über die automatisierte Hämatokritbestimmung.
Manuell kann nur noch die **Mikrohämatokritmethode** empfohlen werden:

- vor der Weiterverarbeitung Blut durch vorsichtiges (!) Schwenken des Sammelgefäßes sorgfältig mischen
- Hämatokritkapillare schräg halten, ein Ende in die Probe tauchen und das ungerinnbar gemachte Blut mittels Kapillarkraft zu drei Viertel bis vier Fünftel in der Kapillare hochsteigen lassen
- unteres Ende der Kapillare mit Spezialkitt verschließen und die Kapillare mit dem verschlossenen Ende nach außen in die Zentrifuge einsetzen
- 6–8 min zentrifugieren
- Kapillare in das Auswertegerät legen und den Hämatokritwert ablesen (s. Abb. 11.2). Die Angabe erfolgt in Prozent bzw. l/l (Blutsäule gegenüber der Gesamtsäule).

Referenzbereiche

Tabelle 11.1 liefert eine Übersicht über die tierartspezifischen Referenzwerte für Hämatokrit bzw. PCV.

Umrechnungsfaktoren

- SI-Einheit: × 0,01 (l/l)
- konventionelle Einheit: × 100 (%)

Tab. 11.1 Referenzwerte für Hämatokrit bzw. PCV für verschiedene Tierspezies

Tierart	Hämatokrit, PCV	
	%	l/l
Hund	40–55[1]	0,40–0,55[1]
Katze	30–44	0,30–0,44
Pferd	30–50[2]	0,30–0,50[2]
Rind	28–38	0,28–0,38
Schaf	30–38	0,30–0,38
Ziege	28–40	0,28–0,40
Schwein	33–45	0,33–0,45

1 Trainierte Hunde, insbesondere Windhunde, zeigen wesentlich höhere Werte.
2 Vollblut 35–50 % (0,35–0,50 l/l)
Warmblut 33–45 % (0,33–0,45 l/l)
Kaltblut 32–44 % (0,32–0,44 l/l)
Pony 30–40 % (0,30–0,44 l/l)

Bewertung

Bei der Bewertung muss immer berücksichtigt werden, dass der Ausgangswert, d. h. der letzte Wert vor der aktuellen Erkrankung, in der Regel unbekannt ist. Wenn beispielsweise bereits vorher eine Anämie vorlag und dann eine Hämokonzentration eingetreten ist, »normalisiert« sich der Hämatokritwert nun scheinbar.

▶ Hämatokrit ↑ = Polyglobulie

Absolute Polyglobulie:
- Hypoxie
  - physiologisch
    - Training
    - Aufenthalt in großen Höhen
  - pathologisch
    - chronische Pneumopathien
    - chronische Herzinsuffizienz
  - Polycythaemia vera
  - Hypererythropoietinämie (Nierentumoren, Nephrose)

Relative Polyglobulie (Pseudopolyglobulie):
- Dehydratation (Exsikkose)
- Kreislaufschock

▶ Hämatokrit ↓ = Anämie

Absolute Erythrozytopenie:
- aplastische oder hypoplastische Anämie
- hämolytische Anämie – roter Überstand bei intravaskulärer Hämolyse
- chronische Blutungsanämie
- einige Stunden/Tage nach akutem Blutverlust

Relative Erythrozytopenie, Hydrämie:
- Vermehrung des Blutplasmas

Tabelle 11.2 zeigt ein Schema, wie die Ergebnisse für Hämatokrit und Totalprotein bewertet werden können.

Beurteilung des Blutausstrichs

Material

EDTA-Blut ist zu bevorzugen, da durch dieses Antikoagulans die morphologischen Eigenschaften am besten konserviert werden; seltener Heparin-, selten Zitrat- oder Nativblut. Eine Hämolyse muss vermieden werden. Vor der Entnahme des Blutstropfens für die Anfertigung eines Blutausstrichs ist die Blutprobe sorgfältig über Kopf zu mischen,

Tab. 11.2 Vereinfachtes Bewertungsschema von Hämatokrit (Hkt) und Totalprotein (TP)

	TP ↑	TP ±	TP ↓
Hkt ↓	• Hämolyse • aregenerative Anämie	• Hämolyse • chronische Blutung • aregenerative Anämie	• Blutverlust nach Volumenausgleich • Hyperinfusion
Hkt ±	Anämie + Exsikkose	• physiologisch • Beginn akute Blutung	• Hypoproteinämie • Verluste ↑ • Synthese ↓
Hkt ↑	Exsikkose	• Milzentspeicherung • Polyzythämie	• Milzentspeicherung • Hypoproteinämie

↑: erhöht, ±: im Referenzintervall, ↓: erniedrigt

11

damit wieder eine möglichst homogene Suspension der Zellen vorliegt.
Bekantete, geschliffene Objektträger; Bleistift oder Diamantschreiber zur Probenidentifikation (**Abb. 11.6**)

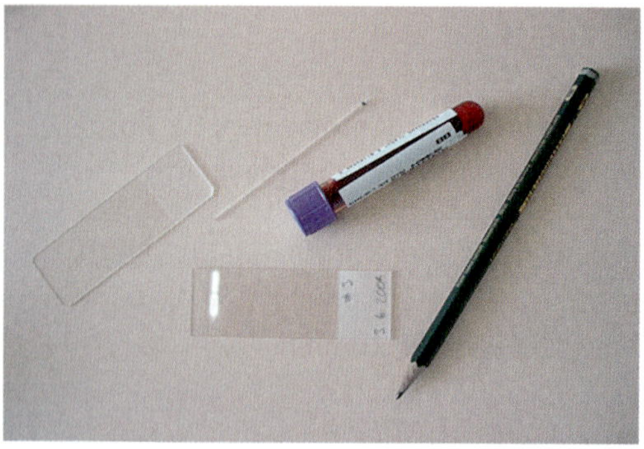

Abb. 11.6 Anfertigen eines Blutausstrichs, Material

Technik

Aus der gut gemischten frischen Vollblutprobe wird mithilfe einer Hämatokritkapillare etwas antikoaguliertes Vollblut aufgenommen (**Abb. 11.7**). Damit wird ein ca. glasstecknadelkopfgroßer Tropfen ca. 1 cm von der schmalen Kante entfernt aufgebracht (**Abb. 11.8**). Ein zweiter Objektträger wird in 45°-Winkel vor dem Tropfen aufgesetzt, sodass sich der Tropfen durch die Kapillarwirkung über die ganze Breite des Objektträgers ausbreitet (**Abb. 11.9**). Danach wird der Tropfen zügig durch Nachziehen des Flüssigkeitsfilms ausgestrichen (**Abb. 11.10**). Der Ausstrich soll nicht bis zum Objektträgerrand reichen und nicht in Endfahnen auslaufen.

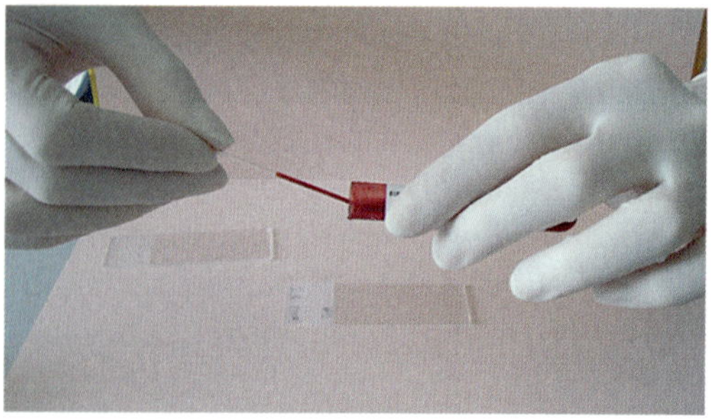

Abb. 11.7 Anfertigen eines Blutausstrichs, Entnahme Blutstropfen

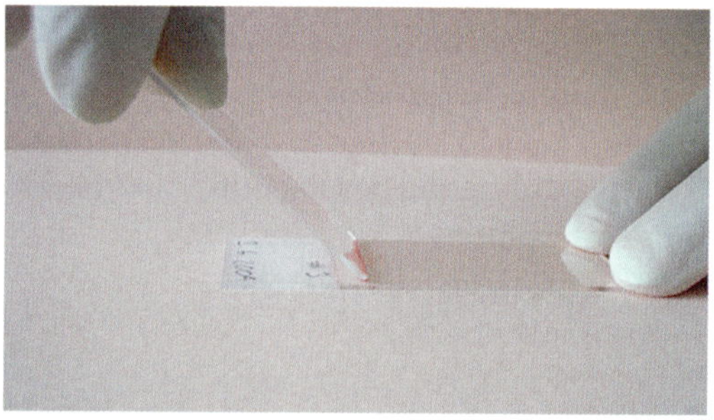

Abb. 11.9 Anfertigen eines Blutausstrichs, Aufnehmen des Blutstropfens mit 2. Objektträger

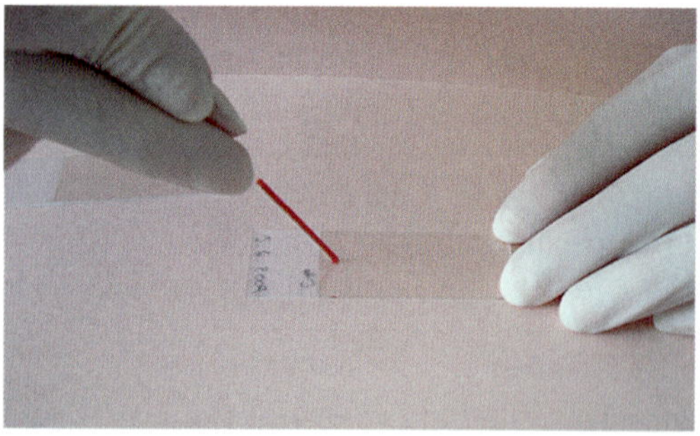

Abb. 11.8 Anfertigen eines Blutausstrichs, Blutstropfen auf Objektträger

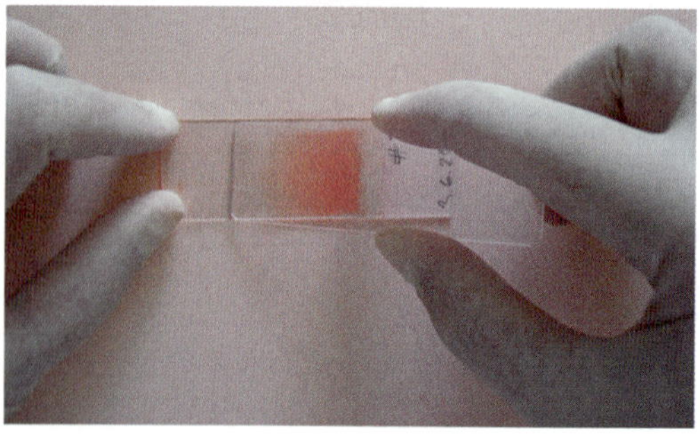

Abb. 11.10 Anfertigen eines Blutausstrichs, Ausstreichen

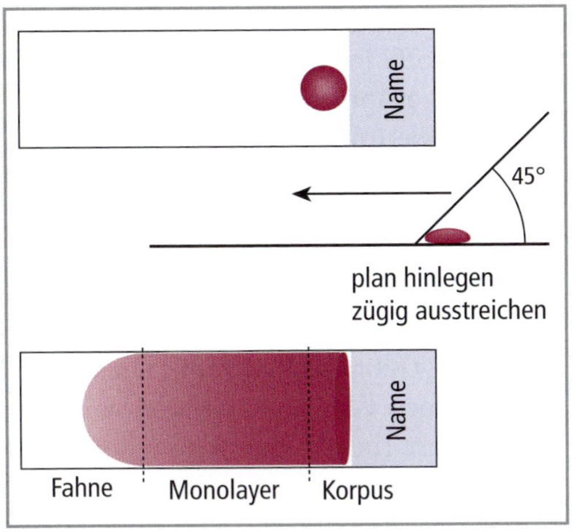

Abb. 11.11 Schematische Darstellung der Bereiche eines Blutausstrichs: Korpus, Monolayer und Fahne

Zu lange Ausstriche resultieren aus einem zu flach gehaltenen, vorgeschobenen Objektträger, wobei zu kurze Ausstriche häufig durch einen zu steil aufgestellten Objektträger entstehen.

Durch Anpassungen der Winkelung des Objektträgers können die Ausstriche optimiert werden (wie bereits erwähnt, werden die besten Ergebnisse mit einem Winkel von 30 bis 45° erzielt).

Der ideale Blutausstrich weist dann verschiedene Zonen, nämlich den Korpus, den Monolayer und die Fahne auf (**Abb. 11.11–11.14**). Nach dem Trocknen des Ausstrichs wird dieser gefärbt.

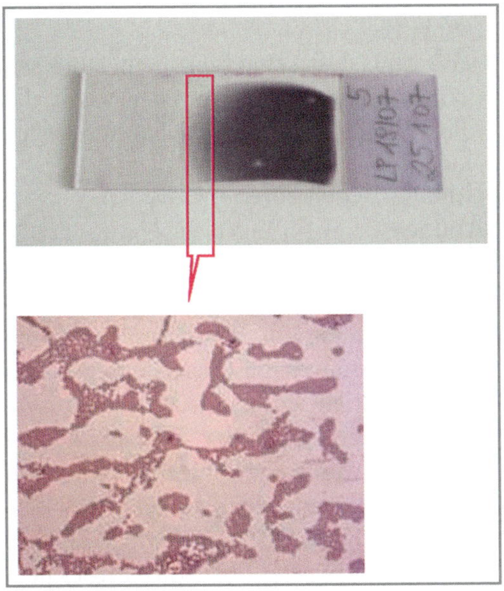

Abb. 11.12 Fahne eines Blutausstrichs (Thrombozytenaggregate, große Zellen, Blasten, intrazelluläre Parasiten; Vorsicht: Artefakte)

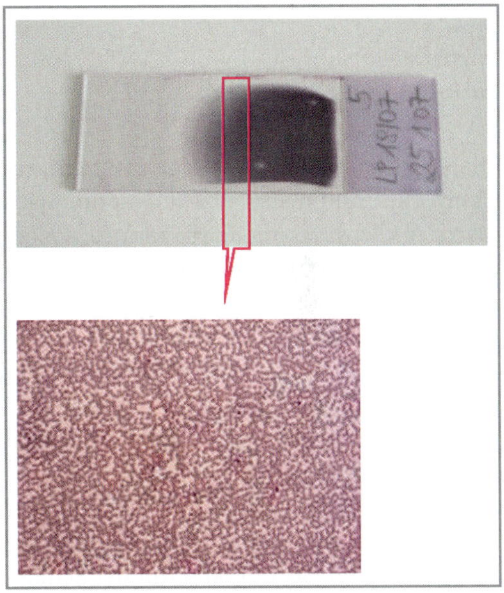

Abb. 11.13 Monolayer eines Blutausstrichs (50 % der RBC berühren sich, optimale Morphologie → Differenzialblutbild)

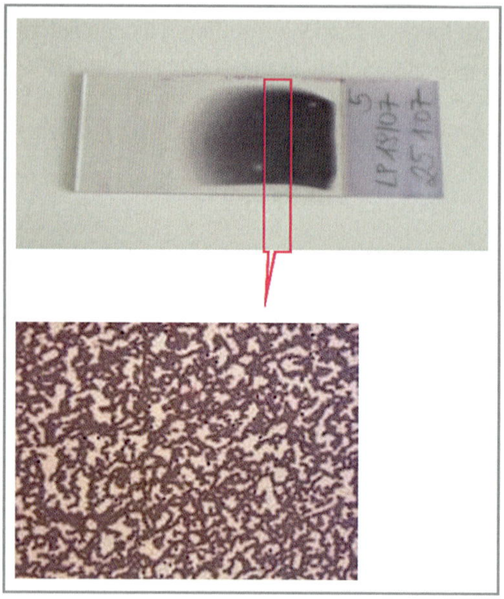

Abb. 11.14 Korpus eines Blutausstrichs (dicht, Zellmorphologie ↓, Agglutination, Rouleaux-Formation)

Färbetechnik

Die gleichmäßigsten Färbungen werden mit einem Färbeautomaten erzielt. In praxi wird man sich allerdings mit den apparativ weniger aufwendigen Färbungen mittels Eintauchen begnügen. Wichtig ist in jedem Fall die vollständige Trocknung des Präparats. Die Anfangstrocknung soll möglichst rasch erfolgen, damit die Erythrozyten nicht stechapfelförmig verändert werden. Man legt das Präparat dazu am besten in den – trockenen – Brutschrank oder notfalls auf die nicht zu heiße Heizung. Danach soll die Nachtrocknung erfolgen, indem das Präparat mit der Schicht nach unten auf die Färbebank gelegt wird.

> Jede Feuchtigkeit (Wasserdampf, Anhauchen, selbst das Halten in der Hand kann zur Hämolyse führen!) ist unbedingt zu vermeiden.

Die Zellen werden mit Alkohol fixiert. Da die Farbstoffe in der Regel bereits Alkohol enthalten, erübrigt sich meistens eine getrennte Fixierung. Wichtig ist, dass der gesamte Objektträger mit Farblösung bedeckt ist (waagerecht auflegen).

Pappenheim-Färbung (May-Grünwald-Giemsa-Färbung)

- Giemsa-Gebrauchslösung herstellen: 10 Tropfen Giemsa-Konzentrat in 10 ml Aqua dest. (besser Phosphatpuffer pH 7,2) geben
- Ausstrich mit konzentrierter May-Grünwald-Lösung bedecken; 3 min einwirken lassen; nicht abkippen
- gleiche Menge Aqua dest. hinzugeben; 1–2 min einwirken lassen
- Farblösung abkippen, mit Giemsa-Gebrauchslösung nachfärben; 15–20 min einwirken lassen
- mit Aqua dest. scharf abspülen; Unterseite mit Tuch reinigen; trocknen lassen, dabei Schichtseite schräg nach unten stellen

Schnellfärbeverfahren – Eintauchfärbungen

Es steht eine Reihe von kostengünstigen Schnellfärbelösungen vom »Romanowsky-Typ« zur Verfügung. Bei diesen Verfahren werden die sauren Bestandteile der Zellen wie die Nukleinsäuren des Kerns blau gefärbt, während basische Zellbestandteile rot gefärbt werden (z. B. Hemacolor®, Fa. Merck, Darmstadt), Hämaquick® (Fa. Bio-Rad, München) Diff-Quick® (Fa. Fisher Scientific, Schwerte). Der gut getrocknete Ausstrich wird gemäß der Gebrauchsanweisung mehrmals in die Fixierlösung sowie die rote und blaue Färbelösung getaucht und anschließend mit gepuffertem Aqua bidest. abgespült. Je nach lokaler Wasserqualität kann die restliche Färbelösung auch mit Leistungswasser abgespült werden. Nach dem Färben und Abspülen werden die Objektträger zum Trocknen senkrecht auf eine gut saugende Unterlage (Papierhandtuch, Küchenrolle) gestellt.

Eine gut saugende Unterlage ist wichtig, da sich sonst Flecken auf dem Ausstrich bilden!

Gefärbte, getrocknete Ausstriche sind, wenn sie lichtgeschützt und trocken gelagert werden, über viele Jahre beurteilbar. Zur Konservierung, vor allem wenn sie immer wieder mit Ölimmersion betrachtet werden, sollten die Präparate mit Eindeckmedien (z. B. Entellan®, Fa. Merck, Darmstadt) und einem Deckgläschen zusätzlich geschützt werden.

Prinzip

In erster Linie mikroskopische quantitative und qualitative Beurteilung aller drei Zellfraktionen im Blutausstrich.

Aber auch schon bei der Anfertigung des Blutausstrichs lassen sich bereits wichtige diagnostische Hinweise gewinnen: So ist z. B. im Falle ausgeprägter Anämien die Blutviskosität deutlich herabgesetzt. Manchmal kann man auch eine Spontanagglutination (**Abb. 11.15**) beobachten. In diesem Fall sollte durch Mischen eines Blutstropfens auf einem Objektträger mit physiologischer NaCl-Lösung überprüft werden, ob die Agglutination bestehen bleibt. Ist dies der Fall, so ist dies als Hinweis auf das Vorliegen einer immunmediierten Anämie zu werten.

Mikroskopieren

Der Ausstrich wird zunächst bei 100 × oder 20 × Vergrößerung (Okular 10 ×, Objektiv 10 × oder 20 ×) mäanderförmig durchgemustert (**Abb. 11.16**).

Dabei werden die verschiedenen Areale des Ausstrichs hinsichtlich Dichte und Anordnung der Zellen zueinander beurteilt. Der Kondensor ist dabei hochgedreht und die Blende offen. Es werden nur Zellen beurteilt, die im Monolayer-Bereich (s. Abb. 11.11 u. 11.13) des Ausstrichs liegen, d. h. dort, wo ca. 50 % der Zellen einander berühren. Nur in diesem Bereich werden die einzelnen Zellfraktionen morphologisch beurteilt.

Beim Durchmustern des Ausstrichs empfiehlt sich ein systematisches Vorgehen, bei dem die Zahl und die Anordnung der Zellen zueinander betrachtet werden sollte:

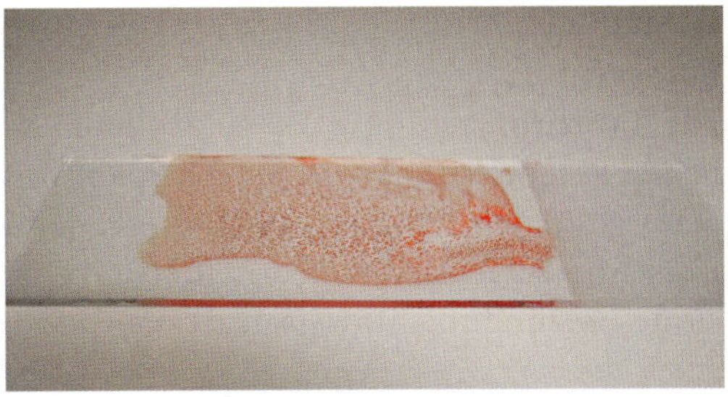

Abb. 11.15 Spontanagglutination

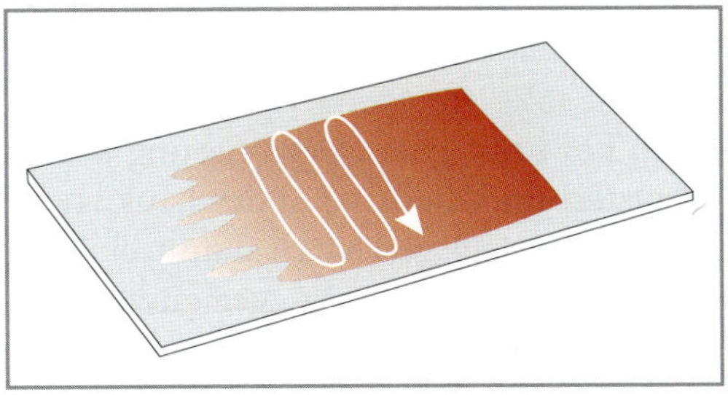

Abb. 11.16 Mäanderförmige Durchmusterung eines Blutausstrichs

Anordnung der Zellen zueinander

Spontanagglutination

Die Erythrozyten sind in kleinen Häufchen (Agglutinaten) angeordnet. Bleibt die Spontanagglutination auch nach Verdünnung mit phys. Kochsalzlösung bestehen, so kann davon ausgegangen werden, dass Autoantikörper auf der Erythrozytenoberfläche diese Agglutination verursachen.

11

Geldrollenbildung (Rouleaux-Formation)

Die Erythrozyten sind in geldrollenähnlichen »Stapeln« angeordnet. Dies kommt beim gesunden Pferd regelmäßig vor, beim Fleischfresser kann diese Formation auf eine akute Entzündung hinweisen.

Schätzung der Leukozytenzahl im Blutausstrich

Es ist möglich, die Anzahl der Leukozyten im Blutausstrich zu schätzen. Dabei geht man wie folgt vor: Zunächst wird der Ausstrich bei 400-facher Vergrößerung durchgemustert und die Anzahl der Leukozyten pro Gesichtsfeld geschätzt, damit eine für die Leukozytenzählung geeignete Vergrößerung gewählt werden kann. Danach werden bei entsprechender Vergrößerung mindestens zehn Gesichtsfelder ausgezählt, bei inhomogener Verteilung der Leukozyten entsprechend mehr. Schließlich wird die durchschnittliche Leukozytenzahl/Gesichtsfeld ermittelt. Diese wird dann mit dem der Vergrößerung entsprechenden Multiplikator multipliziert und so die Gesamtleukozytenzahl geschätzt (**Tab. 11.3**).

Tab. 11.3 Schätzung der Gesamtleukozytenzahl (TWBC) im Blutausstrich

Leukozytenzahl/ Gesichtsfeld bei 400×	Wähle Vergrößerung	Multiplikator
<1	100 ×	100 → TWBC/µl
2–20	400 ×	1500 → TWBC/µl
>20	1000 × (Ölimmersion)	8000 → TWBC/µl

11

Bei **automatisierten Zählverfahren**, insbesondere bei Impedanz-Automaten, kommt es häufig vor, dass Thrombozytenaggregate (**Abb. 11.17–11.19**) als Leukozyten gezählt werden. Ebenso werden bei diesen Verfahren kernhaltige Erythrozyten als Leukozyten gezählt, sodass im Automaten sehr hohe Gesamtleukozytenzahlen ermittelt werden. In diesen Fällen kann mittels Schätzverfahren überprüft werden, ob die automatisierte Zählung richtig ist.

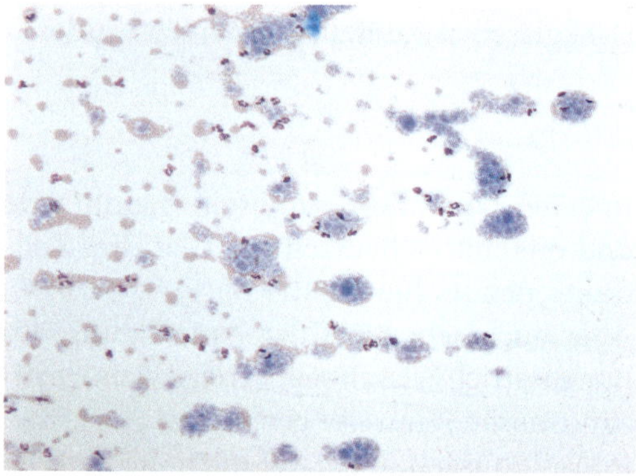

Abb. 11.17 Thrombozytenaggregate, Katze, Ausstrichfahne, 100 ×, MGG

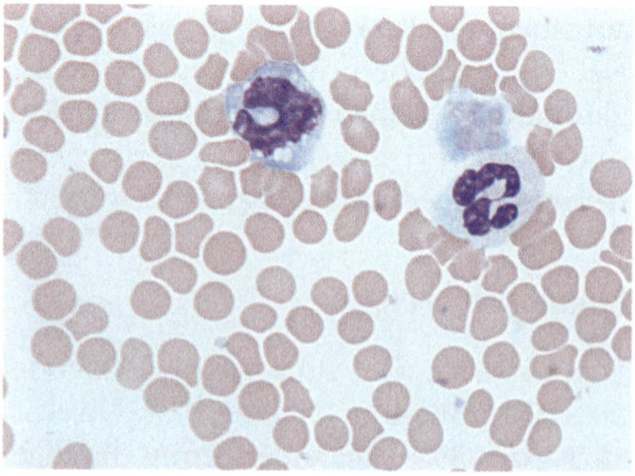

Abb. 11.18 Thrombozytenaggregate oberhalb eines neutrophilen Granulozyten, Katze, Monolayer, 1000 ×, MGG

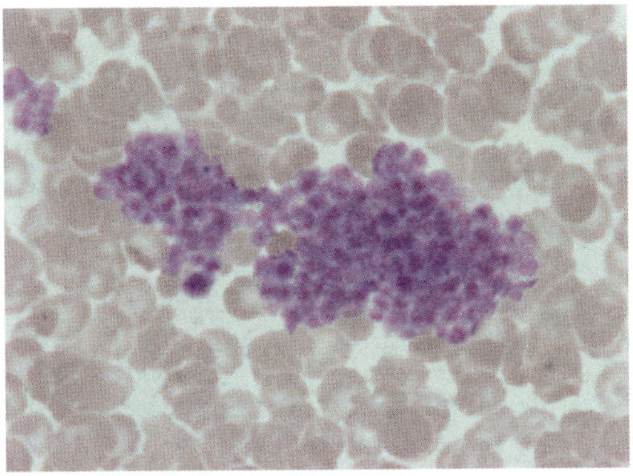

Abb. 11.19 Große Thrombozytenaggregate, Hund, 1000 ×, MGG

Schätzung der Thrombozytenzahl im Blutausstrich

Dazu wird der Blutausstrich bei 1000 × Vergrößerung in der Ölimmersion beurteilt (**Tab. 11.4**).

Wird bei einer **automatisierten Zellzählung** eine Thrombopenie festgestellt, so muss dieses Resultat durch die mikroskopische Beurteilung eines Blutausstrichs verifiziert werden, da insbesondere bei Impedanz-Automaten durch eine gelegentlich vorkommende spontane Aggregation der Thrombozyten deren exakte Zählung häufig nicht möglich ist – vor allem bei Katzen werden oft Thrombozytenaggregate gebildet (s. Abb. 11.16 und 11.18).

Tab. 11.4 Schätzung der Gesamtthrombozytenzahl im Blutausstrich

Thrombozyten/ Gesichtsfeld bei 1000 ×	Beurteilung
< 10	höhergradige Thrombopenie
20–50	physiologisch
> 70	Thrombozytose

Quantifizierung von Veränderungen der Erythrozyten im Blutausstrich

Dazu wird der Blutausstrich bei 1000 × Vergrößerung mit Ölimmersion beurteilt (**Tab. 11.5**).

Morphologische Beurteilung der Zellen

Die einzelnen Zellfraktionen werden nach folgenden morphologischen Gesichtspunkten beurteilt:

Anzahl

siehe oben

Größe

Die Größe der einzelnen Zelltypen, vor allem aber der Erythrozyten, schwankt tierartlich sehr stark, was bei der Beurteilung der Größe zu berücksichtigen ist. Vor allem darf nicht vergessen werden, dass dadurch auch die Größenverhältnisse zu den anderen Zellen etwas unterschiedlich erscheinen. Das Zellvolumen bzw. die Größenvariabilität spielt vor allem bei der Beurteilung der Erythrozyten eine Rolle, aber auch die Größe von Thrombozyten kann erheblich variieren. Bei Leukozyten sind Größenveränderungen häufig ein Zeichen für eine toxische Degeneration (siehe unten). Die

Tab. 11.5 Veränderungen der Erythrozyten im Blutausstrich und ihre Beurteilung

Zahl veränderter Erythrozyten/ Gesichtsfeld bei 1000 ×	Beurteilung
0–5	geringgradige Veränderung
5–10	mittelgradige Veränderung
> 10	hochgradige Veränderung

Begriffe Makrozytose (größer als gewöhnlich), Mikrozytose (kleiner als gewöhnlich) und Anisozytose (die Zellen einer Art sind ungleich groß) werden vor allem für Erythrozyten angewendet.

▶ Normozyt

- normale Zellen der roten Reihe im Gefäßsystem (**Abb. 11.20**)
- rundliche, im Zentrum eingedellte, flache Scheibe (bikonkav), daher zentrale Aufhellung
- kernlos
- zentrale Blässe fehlt bei Tierarten mit kleinen Erythrozytenvolumina (Katze, Ziege, Schaf etc.)

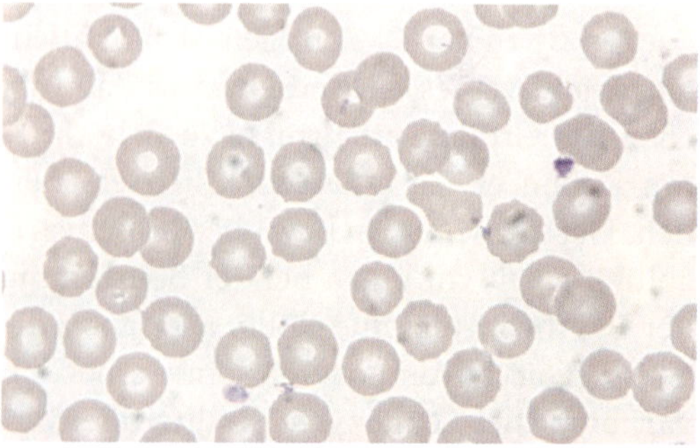

Abb. 11.20 Normozytär-normochrome Erythrozyten, Hund, 1000 ×, MGG

▶ Makrozyt

- Form wie Normozyt, jedoch größer; Größe nimmt mit Unreife zu, dann häufig hypochrom, auch polychromatisch; Hyperchromasie möglich
- bei hypo- und hyperchromen Anämien

▶ Mikrozyt

- wie Normozyt, jedoch kleiner (≤5 µm) und häufig oligochrom (hämoglobinarm), blass
- nach Blutungen (Eisenmangelanämie) infolge starker Regeneration (**Abb. 11.21**)

Form

Die Beurteilung der Form sowie die Gleichförmigkeit der Zellen ist vor allem für die Erythrozyten von Bedeutung:

▶ Fragmentozyt, Schistozyt

- mechanisch zerstörte, unregelmäßig geformte Erythrozyten (bzw. Teile von Erythrozyten; **Abb. 11.22**)
- bei disseminierter intravasaler Gerinnung (DIC), mikroangiopathischer hämolytischer Anämie oder mechanischer Zerstörung, z. B. nach Coil-Embolisationen

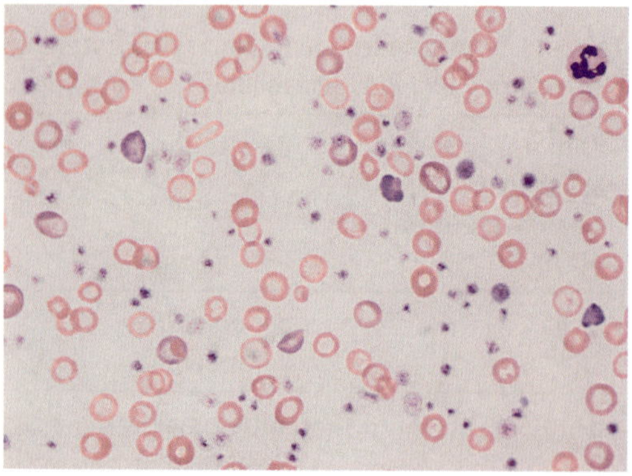

Abb. 11.21 Mikrozytär-hypochrome Erythrozyten, Thrombozytose, Eisenmangelanämie, Hund, 1000 ×, MGG

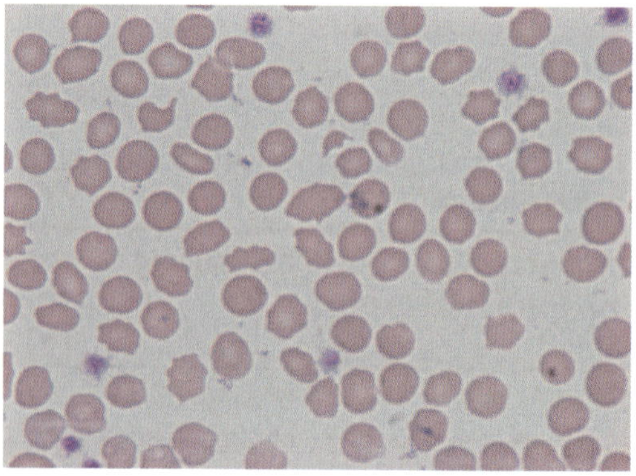

Abb. 11.22 Fragmentozyten und Sphärozyten, Hund, 1000 ×, MGG

11

▶ Poikilozytose

- Verformung und Zerreißung von Erythrozyten im (ordnungsgemäß hergestellten!) Ausstrich; die Zellen liegen in verschiedenen Richtungen (bei robustem Ausstreichen nur in einer Richtung)
- bei schweren Anämien

▶ Stechapfelform – Echinozyten

Artifiziell: zu langsames Trocknen, besonders bei zu dicken oder im feuchten Stallklima hergestellten Ausstrichen. Durch das Schrumpfen der Zellen beim Trocknen entstehen spitze Zacken in der Zellmembran.

▶ Akanthozyten

Im Gegensatz zu den Echinozyten weisen **Akanthozyten** fingerförmige Ausstülpungen der Erythrozytenmembran auf (**Abb. 11.23**), die durch Veränderungen der Zellmembranen bei metabolischen Erkrankungen (z. B. Hepatopathien) entstehen. Die äußere Hülle der Zellmembran ist größer als die innere.

▶ Keratozyten

Helmartige Zellen entstehen, wenn oxidativ geschädigtes Hämoglobin nach Bildung von Heinz-Körperchen aus der Zelle herausfällt.

Farbe

Die Beurteilung der Farbe hat ebenfalls hauptsächlich für Erythrozyten Bedeutung. Man unterscheidet zwischen **normochromen** Zellen mit physiologischem Hämoglobingehalt, und **hypochromen** Zellen, die eine verminderte Hämoglobinkonzentration aufweisen und daher eine größere zentrale Blässe aufweisen. Zellen, bei denen das Hämoglobin ringförmig am Rand liegt, bezeichnet man auch als Anulozyten. Fehlt die zentrale Aufhellung, sodass der Erythrozyt kugelförmig aussieht, so spricht man von einem Sphärozyten. Zur Sphärozytose kommt es im Zuge immunmediierter hämolytischer Anämien, wenn durch die Anheftung von Antikörpern Wasser in die Zellen einströmen kann oder die antikörperbehafteten Zellwandabschnitte vom Phagozytensystem (Makrophagen in der Leber oder der Milz) aus der Zellwand herausgerissen werden, wodurch sich die Erythrozyten verkleinern und aufkugeln. Weiterhin können Sphärozyten nach einer mechanischen Schädigung durch Fibrinfäden, z. B. im Rahmen einer mikroangiopathischen hämolytischen Anämie oder bei Zink- bzw. Zwiebelintoxikation, entstehen. Ist das Hämoglobin in Ringen wie bei einer Schießscheibe angeordnet, spricht man von einer Target-Zelle oder einem Kodozyten. Ist das Hämoglobin an einer Seite an die Zellwand gedrängt, so wird dies als Ekzentrozyt bezeichnet.

Weisen die Erythrozyten eine leicht bläuliche Verfärbung auf, so spricht man von einer **Polychromasie**. Polychromatische Erythrozyten (**Abb. 11.24**) sind junge Erythrozyten, die noch Reste des endoplasmatischen Retikulums aufweisen – es handelt sich um Retikulozyten. Sie können auch mit Spezialfärbungen (siehe dort S. 107 f.) dargestellt werden.

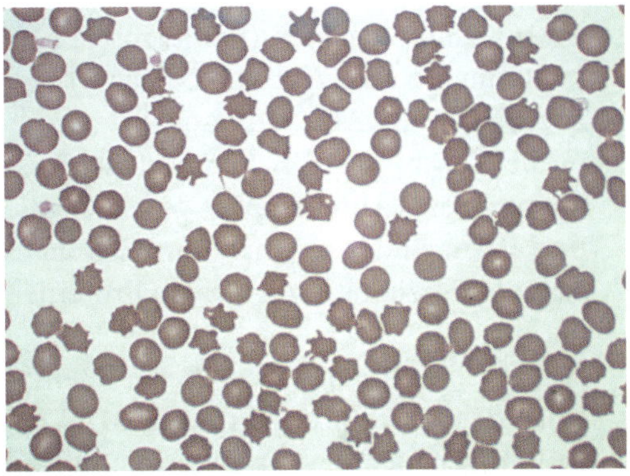

Abb. 11.23 Akanthozyten, Hund, 1000 ×, MGG

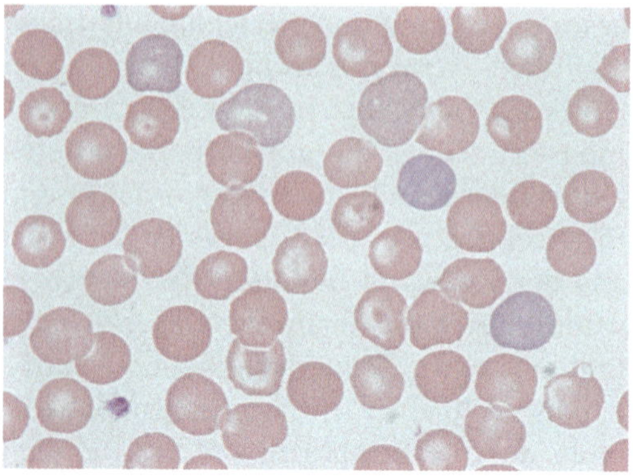

Abb. 11.24 Polychromatische Erythrozyten, Hund, 1000 ×, MGG

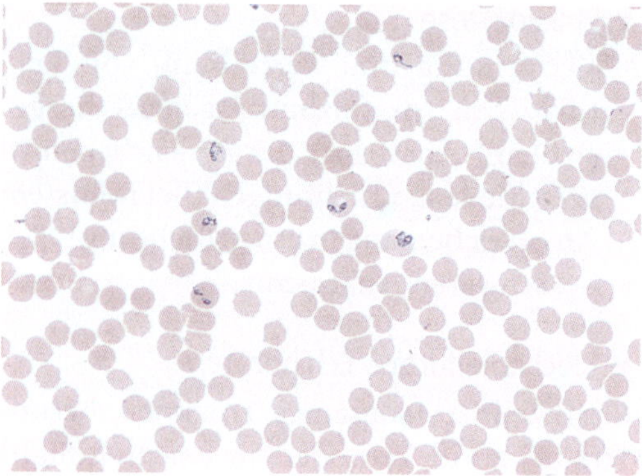

Abb. 11.25 Babesiose (*Babesia canis*), Hund, 200 ×, MGG

Einschlüsse

Einschlüsse in Blutzellen können entweder durch Blutparasiten oder Viren verursacht werden. Manchmal werden auch Bakterien im Blut von neutrophilen Granuloyzten phagozytiert. Dies kann vor allem in vitro vorkommen, wenn Blutproben unsauber entnommen werden und die Bakterien günstige Wachstumsbedingungen vorfinden – dann kommt es zu einer In-vitro-Phagozytose von Bakterien. Eine weitere Ursache für Einschlüsse in Blutzellen sind Reifungs- bzw. Differenzierungsstörungen oder auch oxidative Zellschädigungen.

▶ Erythrozytäre Einschlüsse

- Blutparasiten: Babesien (**Abb. 11.25** und **11.26**), Hämoplasmen (hämotrophe Mykoplasmen, Katze, **Abb. 11.27**; Eperythrozoon, Schwein, **Abb. 11.28** etc.)
- virale Einschlüsse: z. B. Staupeeinschlusskörperchen (**Abb. 11.29**); deren Größe und Form sind stets unregelmäßig, da es sich um Präzipitate von viralen Proteinen handelt
- Heinz'sche Innenkörperchen (Heinz-Körperchen, **Abb. 11.30** und **11.31**): Vorwölbungen der Erythrozytenmembran, die durch Oxidationsprodukte des Hämoglobins hervorgerufen werden. Auch Heinz-Körperchen können in der Retikulozytenfärbung (**Abb. 11.32**) dargestellt werden.

11

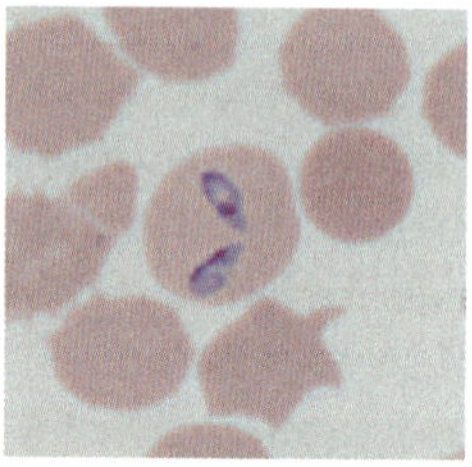

Abb. 11.26 Babesiose (*Babesia canis*), Hund, 1000 ×, MGG

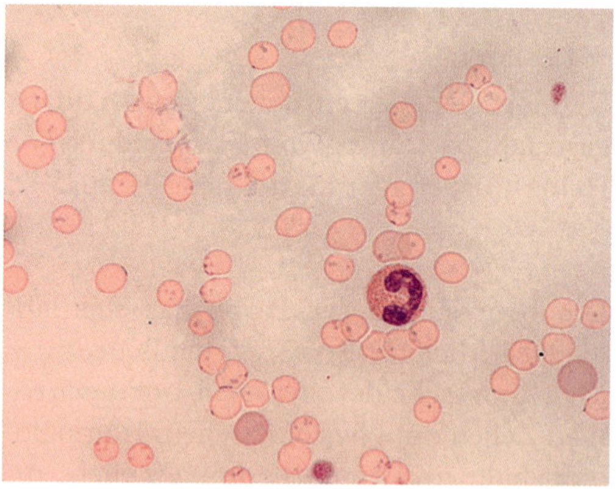

Abb. 11.27 Hämotrophe Mykoplasmen, Katze, 1000 ×, Wright

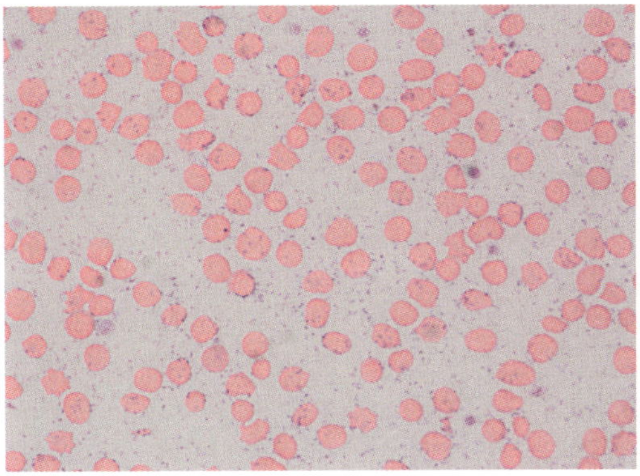

Abb. 11.28 *Eperythrozoon suis*, Schwein 1000 ×, MGG

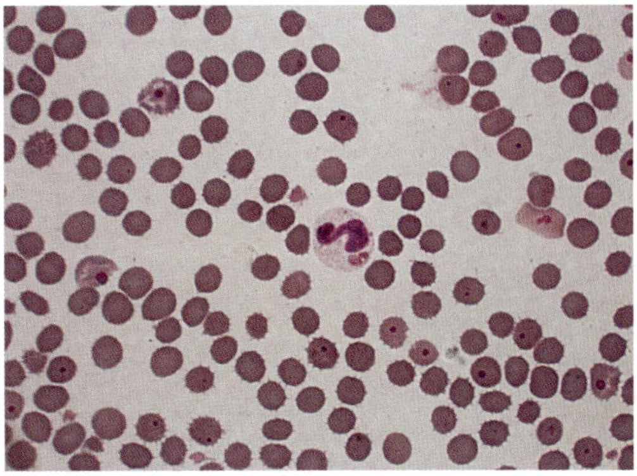

Abb. 11.29 Staupeeinschlusskörperchen, Hund, 1000 ×, MGG

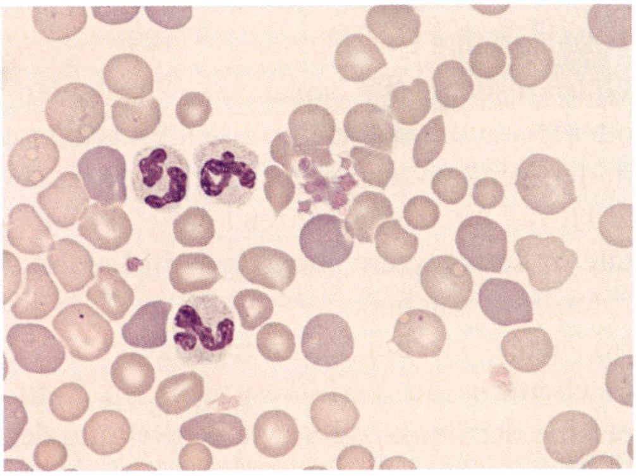

Abb. 11.30 Heinz-Körperchen, Polychromasie, Sphärozyten, Hund, 1000 ×, MGG

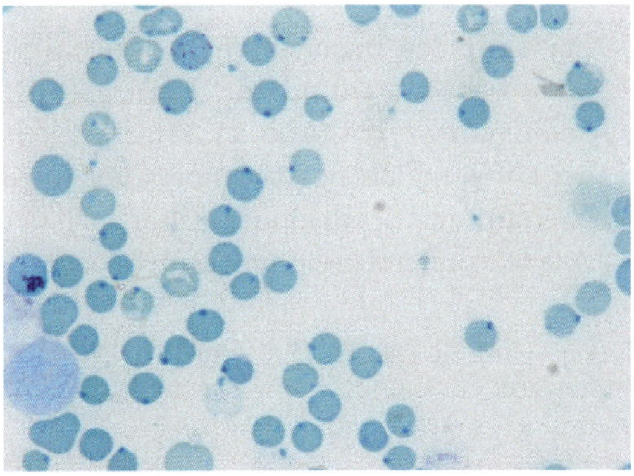

Abb. 11.31 Heinz-Körperchen, Katze, 1000 ×, Brillantkresylblau

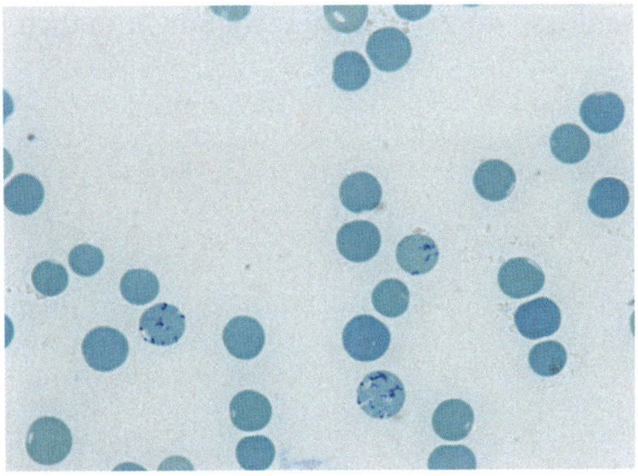

Abb. 11.32 Retikulozyten, Hund, 1000 ×, Brillantkresylblau

▶ Basophile Tüpfelung

- Ribosomen/Ribonukleinsäure in kleinen Körnchen konzentriert (**Abb. 11.33** u. **11.34**), die sich blau anfärben
- in weniger als 1 % physiologisch; deutlich vermehrt bei Bleivergiftung
- (Howell-)Jolly-Körper
- Kernreste, die sich blau bis dunkelviolett färben
- Normozyten mit Jolly-Körpern kommen vermehrt nach Blutungen im Regenerationsstadium vor, ferner nach Splenektomie und unter Kortikosteroidtherapie. Bei der Katze werden Jolly-Körper ohne Krankheitssymptome bei bis zu 1 % der

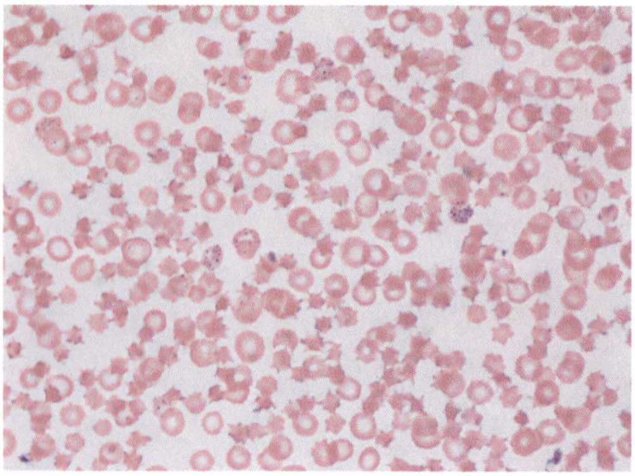

Abb. 11.33 Basophile Tüpfelung, Rind, 1000 ×, MGG

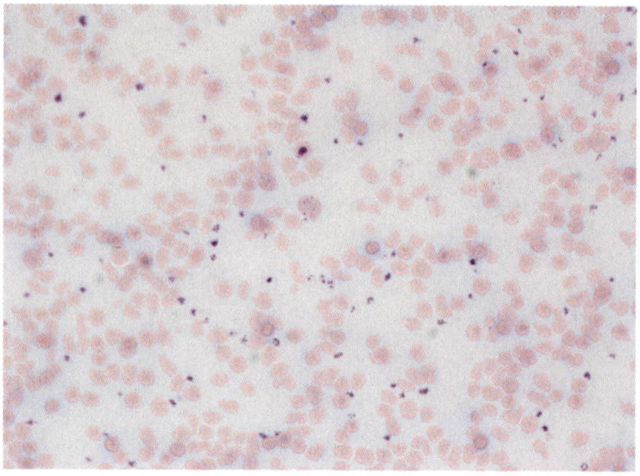

Abb. 11.34 Basophile Tüpfelung, Ziege, 1000 ×, MGG

Erythrozyten beobachtet. Howell-Jolly-Körperchen: sind kleine Kernreste in den Erythrozyten (**Abb. 11.35**). Sie treten bei Differenzierungsstörungen, bei einer überstürzten Erythropoese, aber auch bei splenektomierten Tieren vermehrt auf.

Verwechslung mit hämothrophen Mykoplasmen oder Parasiten!

▶ Cabot-Ringe

- basophile bis violette Ring- oder Schleifenformen in Erythrozyten
- bei schweren Anämien mit überstürzter Neubildung
- Hämoglobinkristalle

▶ Leukozytäre Einschlüsse

Blutparasiten wie Anaplasmen-, Ehrlichien- oder Hepatozoon-Arten können Einschlüsse in den Leukoyzten hervorrufen (**Abb. 11.36** u. **11.37**). Auch Staupeviren können Präzipitate in Leukozyten, ebenso wie in Erythrozyten, verursachen.

Im Zuge **toxischer Veränderungen** kommt es ebenfalls zu Veränderungen im Zytoplasma der Leukozyten wie Schwellung des Zellleibes (**Abb. 11.38**), Vakuolisierung und Basophilie des Zytoplasmas (**Abb. 11.39** u. **11.40**) und Bildung von Döhle-Körperchen (**Abb. 11.41**). Letztere sind bläuliche Einschlüsse im Zytoplasma, aber auch manch-

11

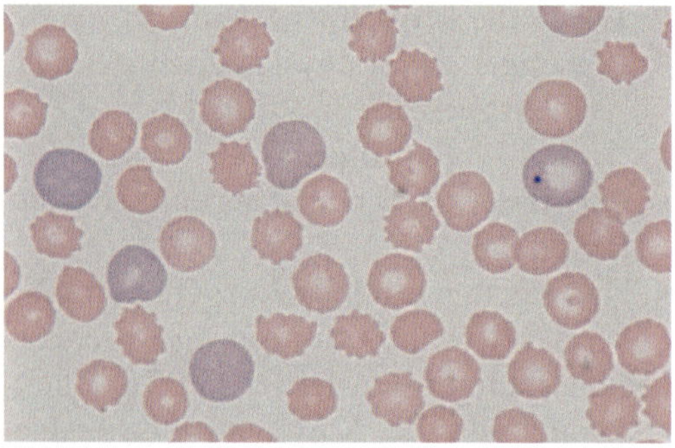

Abb. 11.35 Howel-Jolly-Körperchen, Polychromasie, Akanthozyten, Hund, 1000 ×, MGG

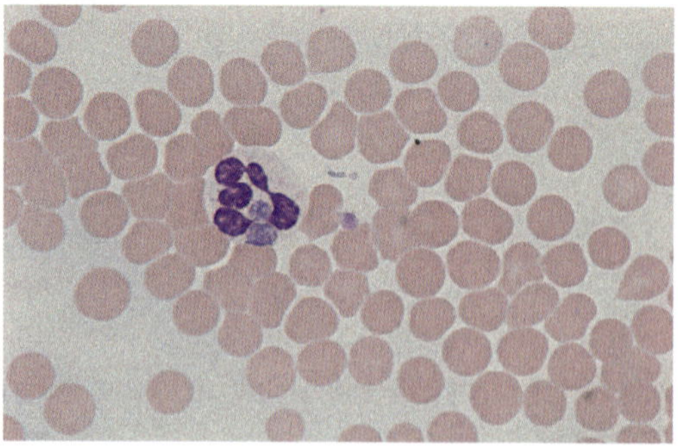

Abb. 11.36 Neutrohiler Granulozyt mit Morulae von *Anaplasma phagozyophilum*

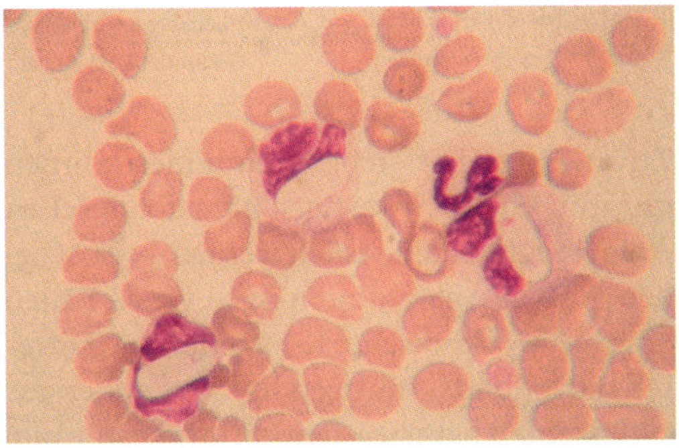

Abb. 11.37 Neutrophiler Granulozyt mit *Hepatozoon canis*

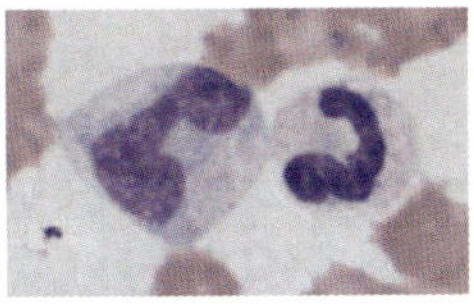

Abb. 11.38 Toxischer Neutrophiler, Riesenform, Hund, 1000 ×, MGG

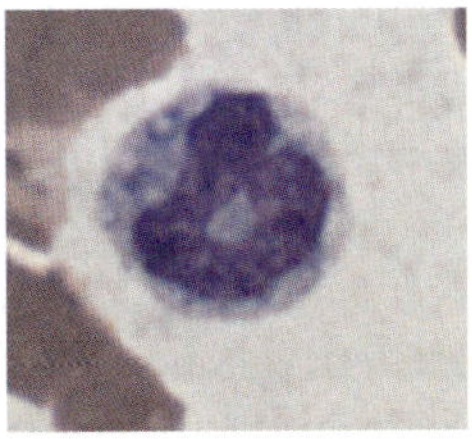

Abb. 11.39 Toxischer Neutrophiler, Vakuolisierung des Zytoplasmas, Hund, 1000 ×, MGG

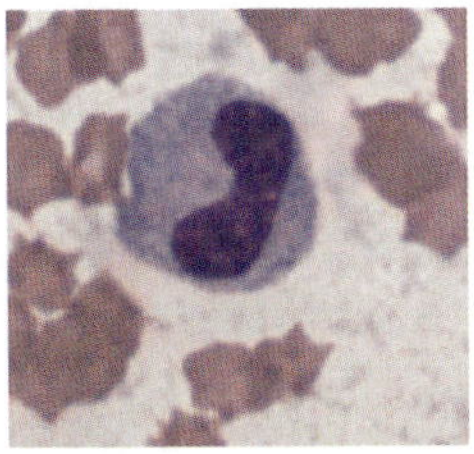

Abb. 11.40 Toxischer Neutrophiler, Basophilie des Zytoplasmas, Hund, 1000 ×, MGG

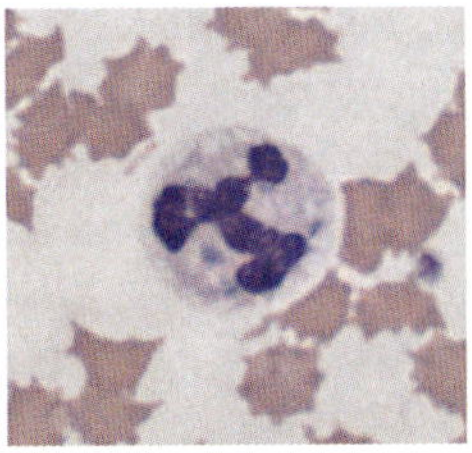

Abb. 11.41 Toxischer Neutrophiler, Döhle-Körperchen im Zytoplasma, Hund, 1000 ×, MGG

mal eine rötliche toxische Granulation des Zytoplasmas (v. a. beim Pferd). Im Zuge toxischer Veränderungen schwillt auch der Zellkern an. Mitunter entstehen bizarre Kernformen, evtl. auch Ringformen (**Abb. 11.42**).

Bei Labornagern sind ringförmige Kerne physiologisch!

▶ Thrombozytäre Einschlüsse

Gelegentlich verursachen auch Anaplasmen thrombozytäre Einschlüsse. Üblicherweise weisen Thrombozyten eine Granulation auf, welche auch mit modernen Hämatologiesystemen (Laserdurchflusszytometern) quantitativ bestimmt werden kann. Die medizinische Bedeutung und Interpretation sind noch nicht restlos geklärt.

Differenzierung

Der Differenzierungsgrad spielt vor allem bei der Beurteilung der Leukozyten eine Rolle. Die Zellen der granulozytären Reihe werden anhand ihrer Kernform (rund, stabkernig, segmentkernig) differenziert, die anderen Zellen durch die Struktur des Kernchromatins (feinstaubig mit Nukeloli = unreif; grobschollig, verklumpt = differenziert, reif).

Kernhaltige Erythrozyten (**Abb. 11.43**) sind unreif. Sie werden auch als Normoblasten bezeichnet. Die neuere Literatur bevorzugt

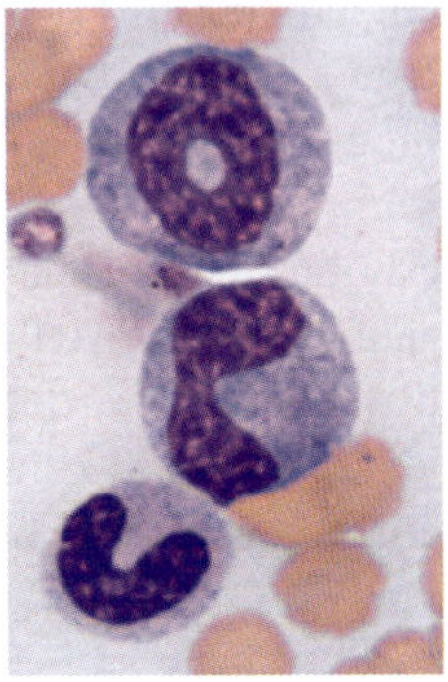

Abb. 11.42 Toxischer Neutrophiler, Ringform des Zellkerns, Hund, 1000 ×, MGG

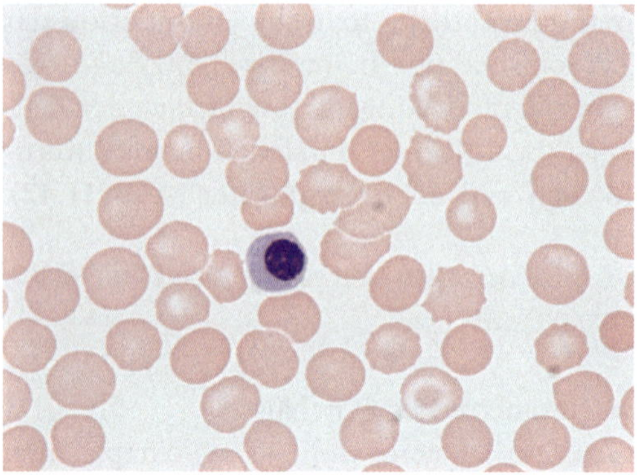

Abb. 11.43 nRBC (nucleated red blood cells) kernhaltiger Erythrozyt, Hund, 1000 ×, MGG

jedoch den Terminus Rubrizyt oder kernhaltiger Erythrozyt (n-RBC). Das Zytoplasma dieser Zellen enthält unterschiedliche Mengen an Hämoglobin, unreifere Erythrozytenvorstufen haben ein deutlich blaues (basophiles) Zytoplasma, reifere Formen, bei denen die Farbe des Hämoglobins bereits denen der reifen (kernlosen) Erythrozyten ähnelt, werden auch als oxyphil bezeichnet.

Erstellung des mikroskopischen Differenzialblutbildes

Das Differenzialblutbild wird durch die Beurteilung von zumeist 100 Leukozyten im Blutausstrich, die den verschiedenen Zellfraktionen zugeordnet werden, erstellt. Dadurch werden die relativen Anteile der einzelnen Zellfraktionen bestimmt. Besteht eine schwere Leukopenie, so ist es oft nur möglich, 50 Zellen zu differenzieren. Bei sehr hohen Leukozytenkonzentrationen erhöht sich die Genauigkeit des Differenzialblutbildes, wenn 200 oder mehr Zellen differenziert werden. Mithilfe der Gesamtleukozytenzahl kann die Konzentration der einzelnen Zellfraktionen berechnet werden.

$$\text{Absolute Zellkonzentration}_{\text{Leukozytenfraktion}} = 100 \times \% \ \frac{\text{Leukozytenfraktion}}{\text{Gesamtleukozytenzahl}}$$

Zuverlässige Differenzialblutbilder können nur mit sehr hochwertigen hämatologischen Analyseautomaten erstellt werden – selbst bei den großen Analysatoren ist in vielen Fällen eine mikroskopische Kontrolle des Differenzialzellbildes notwendig, wenn Leukozytenzahlen bzw. Scattergramme bestimmte Merkmale aufweisen. Linksverschiebungen können beispielsweise auch von Großgeräten nicht zuverlässig erkannt werden.

Im peripheren Blut gesunder Säugetiere unterscheidet man meist fünf verschiedene Leukozytenpopulationen: Die Zellen der granulozytären Reihe, die auch als polymorphkernige bezeichnet werden, werden nach der Farbe ihrer Sekundärgranula in neutrophile, eosinophile und basophile Granulozyten eingeteilt (**Abb. 11.44**).

Reife Granulozyten weisen einen segmentierten Kern auf. Unreife Granulozyten sind stabkernig bzw. weisen einen runden Kern auf. Die sogenannten mononukleären Zellen, das heißt Zellen, deren Kerne keine Segmentierung aufweisen, können in Monozyten (die der myelomonozytären Reihe entspringen) und Lymphozyten eingeteilt werden (**Abb. 11.45**).

Zellen der granulozytären Reihe

Granulozyten

Stabkerniger Neutrophiler (Abb. 11.46)

- 9–14 µm, Zelle rund
- Kern gebogen stabförmig, Kernmembranen parallel, Näherung bis auf ein Drittel der benachbarten Kernteile möglich (Undulation), ebenso Einbuchtungen
- Zytoplasma oxyphil

11

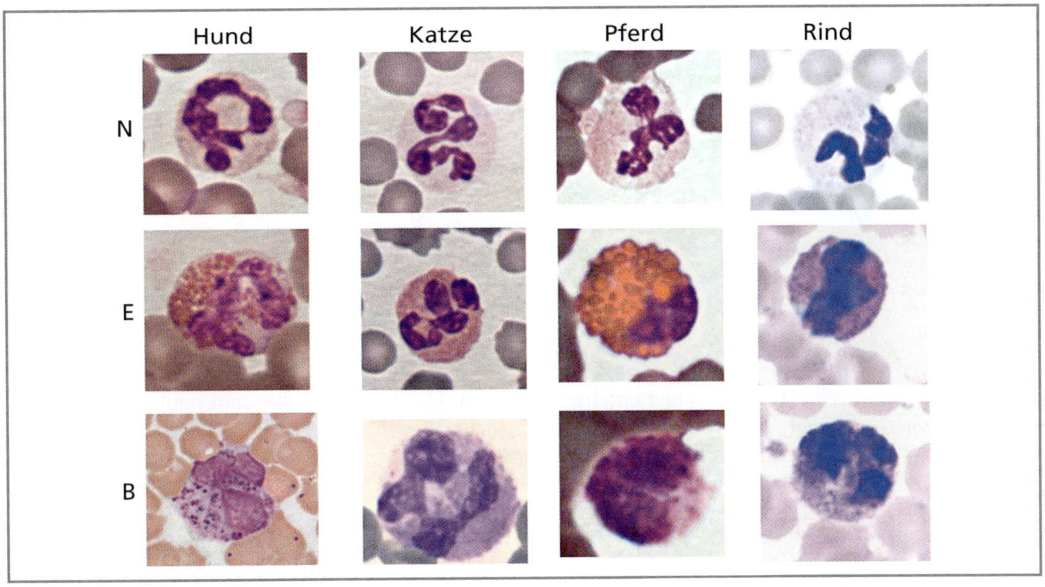

Abb. 11.44 Neutrophile (N), eosinophile (E) und basophile Granulozyten von Hund, Katze, Pferd und Rind

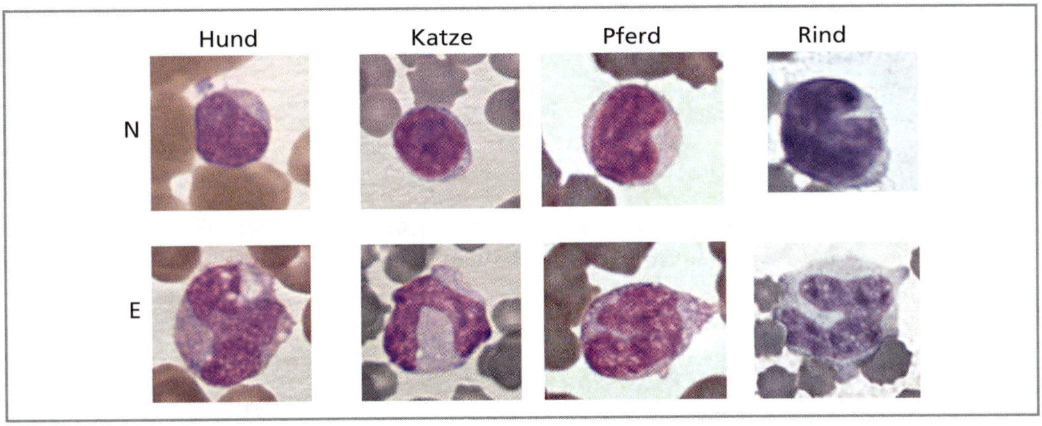

Abb. 11.45 Lymphozyten (L) und Monozyten (M) von Hund, Katze, Pferd und Rind

Segmentkerniger Neutrophiler (Abb. 11.46 u. 11.47)

- 9–13 µm, Zelle rund
- Kern segmentiert mit fadenförmigen Verbindungen (bzw. weiter als bis auf ein Drittel angenähert)
- Zytoplasma oxyphil

Eosinophiler Granulozyt (Abb. 11.46, 11.48 u. 11.49)

- Entwicklungsstufen wie beim neutrophilen Granulozyten
- Granula tierartlich unterschiedlich groß und azidophil gefärbt

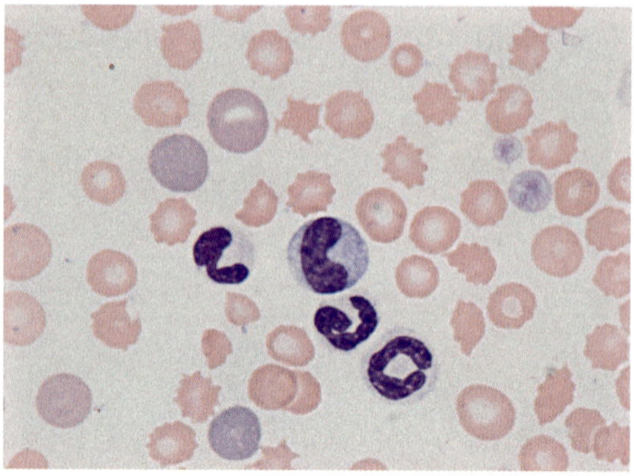

Abb. 11.46 Metamyelozyt, stabkerniger und hyposegmentierter Granulozyt, Polychromasie der Erythrozyten, Hund, 1000 ×, MGG

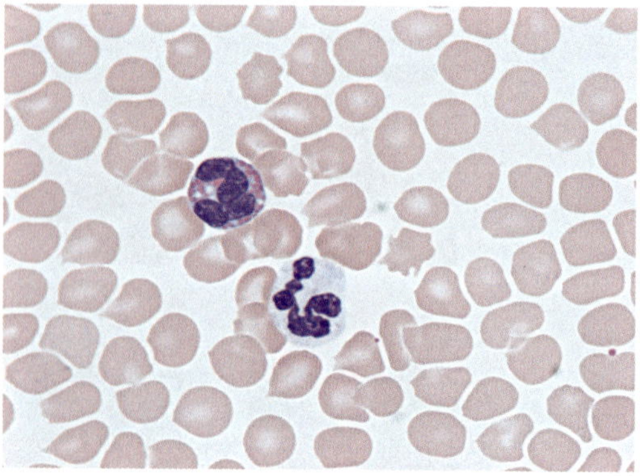

Abb. 11.47 Eosinophiler und neutrophiler Granulozyt, Hund, 1000 ×, MGG

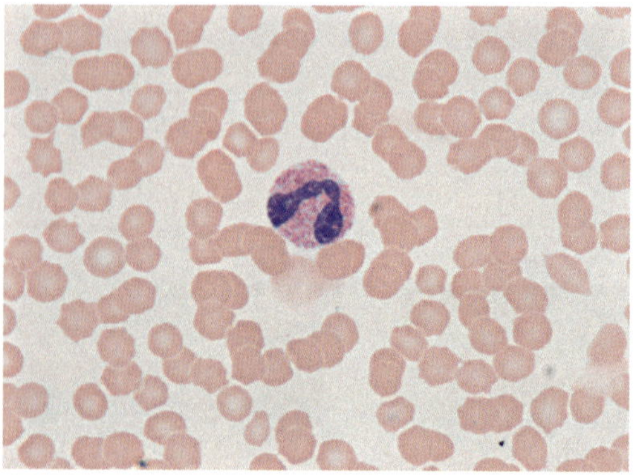

Abb. 11.48 Eosinophiler Granulozyt, Katze, 1000 ×, MGG

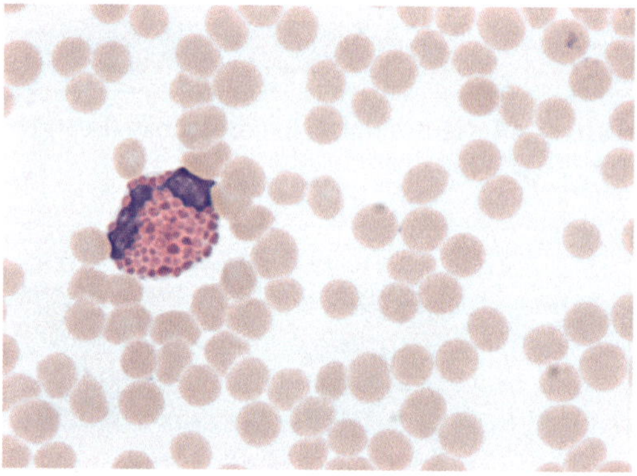

Abb. 11.49 Eosinophiler Granulozyt, Pferd, 1000 ×, MGG

Basophiler Granulozyt (Abb. 11.50 u. 11.51)

- Entwicklungsstufen wie beim neutrophilen Granulozyten
- Granula tierartlich unterschiedlich zahlreich und tiefblau (bei der Katze heller bis rötlich)

Die **neutrophilen Granulozyten** haben die Aufgabe der Phagozytose. Die meisten Bakterien werden verdaut, wobei es zum Untergang der Granulozyten kommen kann. Einige Bakterien (Mykobakterien, Bruzellen) können in den Neutrophilen überleben und verschleppt werden.

Die **eosinophilen Granulozyten** werden von Antigenen, Antigen-Antikörper-Komplexen, heterologen Gammaglobulinen, Fibrin und Histamin chemotaktisch angezogen. Nach einer kurzen Bluteosinophilie, die oft nur wenige Stunden dauert, wandern sie in die affektierten Gewebe und Organe aus. Dies ist auch der Grund, warum unter anderem bei Allergien eine Bluteosinophilie fehlen kann.

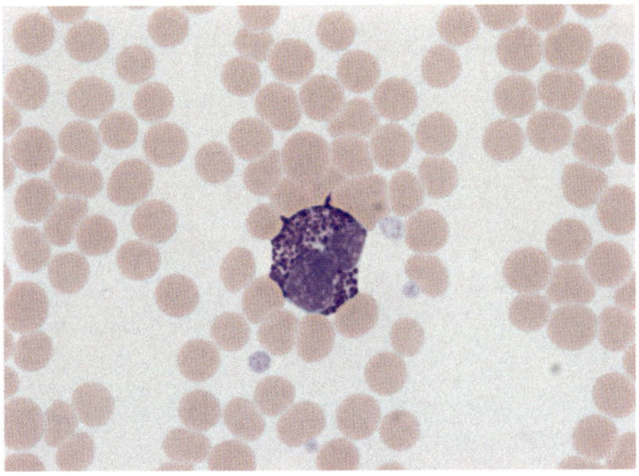

Abb. 11.50 Basophiler Granulozyt, Pferd, 1000 ×, MGG

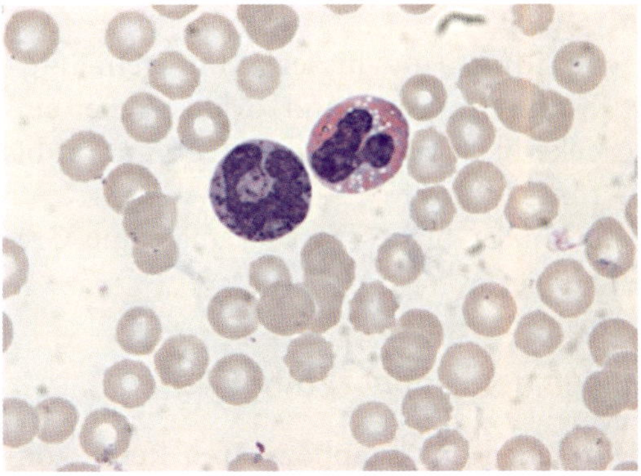

Abb. 11.51 Basophiler und eosinophiler Granulozyt, Hund, 1000 ×, MGG

Die **basophilen Granulozyten** sind reich an Histamin, das zusammen mit Heparin bei der Degranulation frei wird. Dies geschieht besonders bei Gewebsschädigungen oder bei Antigen-Antikörper-Reaktionen. Die Folge der Histaminfreisetzung ist eine Vasodilatation mit Flüssigkeitsaustritt aus den Blutgefäßen (Ödem). Heparin wird eine Schutzwirkung gegen die disseminierte intravasale Gerinnung beigemessen.

Unreife Granuozyten – Linksverschiebung

Wenn im Zuge akuter Entzündungsreaktionen der Bedarf an Leukozyten in der Peripherie sehr hoch ist, werden unreife Granulozyten aus dem Knochenmark in die Blutbahn freigesetzt: Es kommt zur sog. Linksverschiebung.

> Eine Linksverschiebung ist mit automatisierten Systemen nicht sicher erkennbar, weshalb im Verdachtsfall immer ein Blutausstrich beurteilt werden muss!

Zunächst werden sog. Stabkernige freigesetzt – bei schwereren Formen kommt es auch zur Ausschwemmung weiterer Vorstufen wie Myelozyten und selten auch Promyelozyten.

Bei Erscheinen von Promyelozyten und Blasten im peripheren Blut ist differenzialdiagnostisch immer an eine myeloische Leukämie zu denken.

Jugendlicher Neutrophiler, Metamyelozyt (s. Abb. 11.46)

- 10–15 µm, Zelle rund
- Kern bohnen- bis wurstförmig, Chromatin weiter vergröbert
- Zytoplasma oxyphil, Granula neutrophil

Neutrophiler Myelozyt

- 12–16 µm, Zelle fast rund
- Kern groß, rund bis oval, bisweilen leichte Einbuchtung, Chromatin wird gröber
- Zytoplasma blassbläulich (unreifer Myelozyt) bis rein oxyphil, einige bis mehrere rötliche bis neutrophile Granula

Promyelozyt

- 14–20 µm
- Kern gröber, rund, oval, eingebuchtet, Nukleoli angedeutet
- Zytoplasmasaum deutlich breiter, noch bläulich, aber heller als beim Myeloblasten, Aufhellung an Kernbucht, bläulich violette Granula

Myeloblast

- 12–16 µm, rund bis leicht unregelmäßig
- Kern sehr groß, rund, oval, seltener eingekerbt, feines, lockeres Chromatin, bis fünf Nukleoli
- schmales blaues Zytoplasma ohne Granula

Zellen der lymphozytären Reihe

Die Zellen der lymphozytären Reihe können im Individuum, insbesondere bei Pferden und Rindern, mitunter recht deutliche Größenunterschiede aufweisen. Die morphologische Unterscheidung von **kleinen Lymphozyten** (um 10 µm) und **großen Lymphozyten** (> 10 µm) (**Abb. 11.52–11.54**) ist, seitdem die Immunophänotypisierung der Lymphozytenpopulationen Eingang in die Diagnostik gefunden hat, obsolet, da sich daraus ohnehin keine funktionellen Charakteristika ableiten lassen. Nur ein geringer Teil der Körperlymphozyten kreist im Blut. Der weitaus größte Teil befindet sich in den Lymphknoten, im Thymus und in anderen lymphatischen Geweben, ein relativ kleiner Teil auch im Knochenmark.
Ihrer **Funktion** nach können Lymphozyten in zwei Gruppen unterteilt werden:

- Lymphozyten, die bei einer Immunreaktion im Zusammenhang mit der humoralen Sofortreaktion (B-Zellen) stehen, und
- Lymphozyten, die mit der verzögerten zellulären Reaktion verbunden sind (T-Zellen).

Die **B-Lymphozyten** (abgeleitet von der Bursa Fabricii der Vögel) entstehen beim Säugetier im Knochenmark aus der Stammzelle. Sie enthalten membrangebundene Immunglobuline (IgM, IgG).

Die **T-Lymphozyten** (abgeleitet vom Thymus) entstehen aus Zellen, die schon embry-

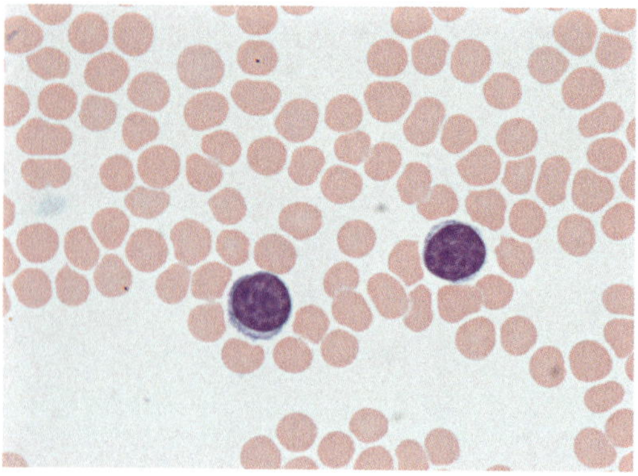

Abb. 11.52 Lymphozyt, Katze, 1000 ×, MGG

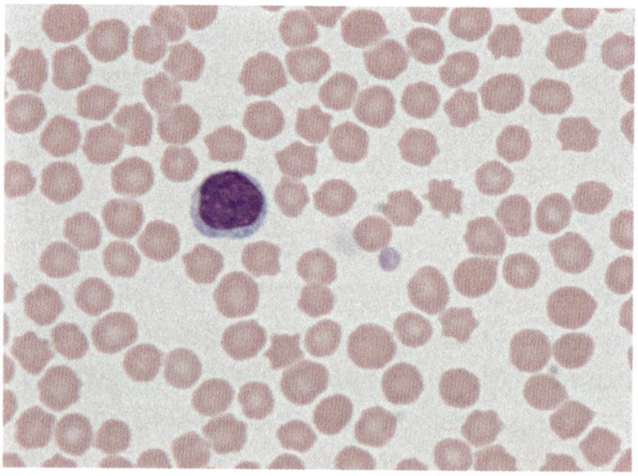

Abb. 11.53 Lymphozyt, Pferd, 1000 ×, MGG

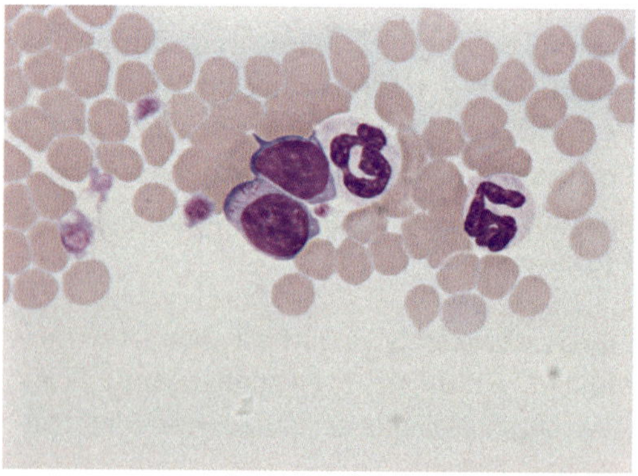

Abb. 11.54 Reaktiver Lymphozyt, natürliche Killerzelle (mit intrazytoplasmatischen Granula), neutrophile Granulozyten, aktivierte Thrombozyten, Hund, 1000 ×, MGG

onal in den Thymus ausgewandert sind. Sie produzieren Lymphokine, die zytotoxische Eigenschaften besitzen. Beide Zellarten können lichtmikroskopisch nicht unterschieden werden.

Das Verhältnis von B- zu T-Lymphozyten beträgt etwa 1 : 5. Von den B-Zellen stammen über Zwischenstufen (Proplasmo-, Plasmoblasten) die **Plasmazellen** ab. Sie sind 10–20 µm groß. Ihr Kern liegt exzentrisch. Das Chromatin ist grobschollig, häufig radspeichenförmig. Das tiefblaue Zytoplasma mit hellerem perinukleärem Hof enthält häufig Vakuolen.

Plasmazellen produzieren Immunglobuline.

Zellen der monozytären Reihe

Sie entstammen dem Knochenmark. Ihre Vorstufen sind **Monoblasten** (große, selten eindeutig runde Zellen mit schieferblauem Protoplasma ohne Granula, Kern rund, feinkörnig, wabig, große Nukleolen) und Promonozyten als Übergangsformen. **Reife Monozyten** (**Abb. 11.55**) sind 14–20 µm groß und besitzen einen vielgestaltigen Kern (hufeisenförmig, nierenförmig, häufig an einem Ende erheblich verdickt, gelappt). Das Protoplasma ist schieferblau.
Bei akuten myeloproliferativen Erkrankungen, z. B. bei akuter myelomonozytärer Leukämie (**Abb. 11.56**) kann die Differenzierung anhand eines panoptisch gefärbten Blutausstrichs schwierig sein. In diesen Fällen können zytochemische Färbungen (s. Kap. 12) bzw. durchflusszytometrische Verfahren mit Antikörpermarkierungen notwendig werden.

Monozyten können phagozytieren.

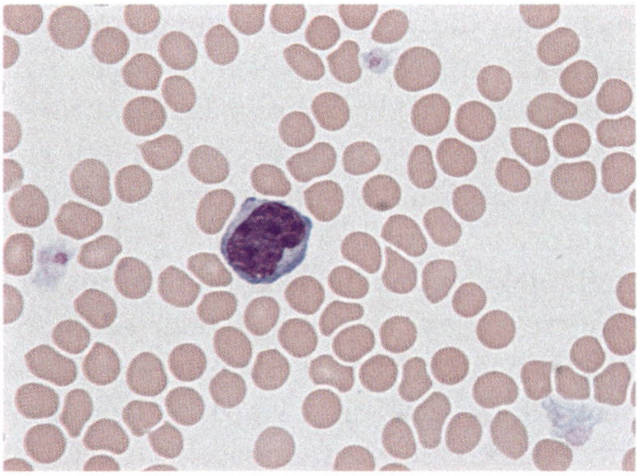

Abb. 11.55 Monozyt, Katze, 1000 ×, MGG

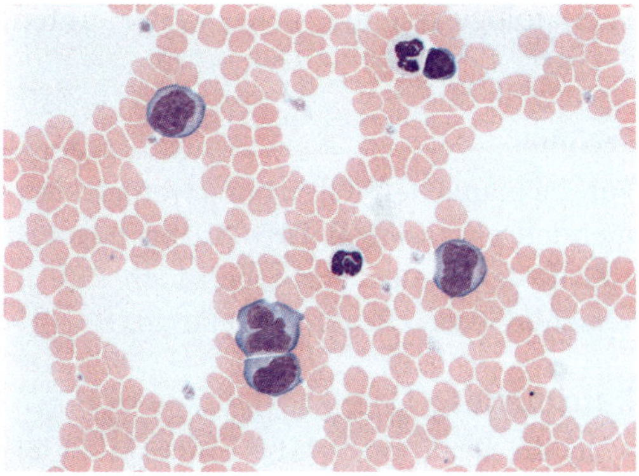

Abb. 11.56 Myelomonozytäre Leukämie, Hund, 500 ×, MGG

Retikulozytenzählung

Retikulozyten sind junge Erythrozyten, in denen sich eine »Substantia granulofilamentosa« (Zellorganellreste kernhaltiger Vorstufen) nachweisen lässt. Die im panoptisch gefärbten Blutausstrich vorhandenen polychromatischen Erythrozyten sind Retikulozyten, wobei nicht alle Retikulozyten polychromatisch sein müssen (s. Abb. 11.31 u. 11.32).

Prinzip

Die Darstellung der Retikulozyten erfordert eine spezielle Färbung. Sie wurde auch als **»Vitalfärbung«** bezeichnet, wobei es sich nicht um die Färbung lebender, sondern lediglich unfixierter Zellen handelt. Am häufigsten wird alkoholische Brillantkresylblau-Lösung verwendet (s. Abb. 11.32). Die Substantia granulofilamentosa stellt sich als vereinzelte Körnchen (Grad I, punktierte Retikulozyten, bis zu 12–15 Punkte), als verzweigtes Netzwerk (Grad II) oder als klumpiges Knäuel (Grad III) dar. Bei der Katze sind die Grade II und III, d.h. die aggregierten Retikulozyten, aussagekräftiger und deshalb meist in den Befunden beschrieben. Retikulozytenzählung mittels moderner Hämatologiesysteme siehe weiter unten, S. 118 ff.

Technik

Für die manuelle Vitalfärbung werden kommerziell erhältlichen Farblösungen, meist 100 µl, verwendet. Diese befinden sich in verschließbaren Reaktionsgefäßen.

Durchführung

- in die Reaktionsgefäße hinein die gleiche Menge Blut geben, mischen und 10–20 min einwirken lassen
- danach erneut mischen und Blutausstrich wie üblich anfertigen

Die **Auszählung** erfolgt unter Einlegen einer Rechteckblende ins Mikroskop, die das Gesichtsfeld einengt. 1000 Erythrozyten werden ausgezählt, die darin enthaltenen Retikulozyten vermerkt und in Promille angegeben.

$$\frac{\text{Ery/µl} \times \text{Retikulozyten in ‰}}{1000}$$

Referenzbereiche

Die Referenzbereiche für die Retikulozytenzahl sind in **Tabelle 11.6** angegeben.

Tab. 11.6 Referenzbereiche für die Retikulozytenzahl für verschiedene Tierarten

Tierart	Anzahl der Retikulozyten	
	Relativ	Absolut
Hund	5–20 ‰	bis 60 000/µl
Katze	5–10 ‰	bis 30 000/µl
Pferd	ohne Bedeutung	
Rind	0–2 Tage nach Geburt: bis 10–2 Jahre: vereinzelt	
Schaf	ohne Bedeutung	
Ziege	ohne Bedeutung	
Schwein	0,6–2,5 %	bis 95 000/ µl

Bewertung

Eine Retikulozytenzählung ist nur bei Hund, Katze und Rind sinnvoll. Erhöhte Retikulozytenzahlen (Hund: > 60 000/µl, Katze: > 30 000/µl) bei vorliegender Anämie, zeigen eine gute Regenerationsfähigkeit des Knochenmarks an, verminderte Retikulozytenzahlen eine schlechte Regenerationsfähigkeit.

▶ Retikulozytenzahl ↑ bei Anämie

gute Regenerationsfähigkeit des Knochenmarks (hämolytische Anämie, Blutungsanämie)

▶ Retikulozytenzahl ↓ bei Anämie

schlechte Regenerationsfähigkeit (aplastische Anämie)

Automatisierte hämatologische Untersuchungsmethoden

Die Blutzellzählungen werden heute weitgehend automatisiert durchgeführt. **Automatisierte Blutzellzählgeräte** weisen eine sehr

gute Präzision und eine enorme Analysengeschwindigkeit auf. In human- und tiermedizinischen Großlabors und zunehmend in den tierärztlichen Praxen werden sie deshalb routinemäßig eingesetzt.
Im Folgenden soll auf die einzelnen Methoden und ihre Besonderheiten eingegangen werden. Die Messprinzipien sind sehr unterschiedlich und eignen sich für die Routineuntersuchung in der tierärztlichen Praxis unterschiedlich gut.

Durchflussverfahren

Bei diesem Untersuchungsverfahren wird eine Blutverdünnung durch einen Transducer oder Messwandler geschickt. Beim Durchtritt jeder Zelle wird ein Signal induziert und einer Signalverarbeitungseinheit zugeführt. Die Geräte arbeiten nach einem von drei Prinzipien:

- konduktometrisches Prinzip
- optoelektronisches Messprinzip
- Fluoreszenzmessung (Fluorometrie)

Konduktometrisches Prinzip – Impedanzmethode

Die Bestimmung der elektrischen Leitfähigkeit ist die Basis des konduktometrischen Prinzips (auch als Impedanz- oder Widerstandsmethode bzw. Coulter-Prinzip bekannt; **Abb. 11.57**).
Blut wird stark verdünnt und durch eine kleine Messöffnung gesaugt. In den Flüssigkeitsräumen beiderseits der Öffnung befindet sich je eine Elektrode. Bei jedem Durchtritt einer Zelle (aber auch eines Schmutzpartikels oder eines Mikrokoagulums) durch die Öffnung ändert sich kurzfristig der Widerstand/die Impedanz und damit die Stromstärke. Die Stärke des Signals ist proportional dem Partikelvolumen. Es kann sowohl die Zellzahl als auch die Größenverteilung der Zellen ermittelt werden. Anhand der unterschiedlichen Zellgröße erfolgt letztendlich die Differenzierung der Thrombozyten, Erythrozyten und Leukozyten. Manche Counter drucken die Größenverteilung der Zellen grafisch als sog. Histogramme aus (**Abb. 11.58a**).

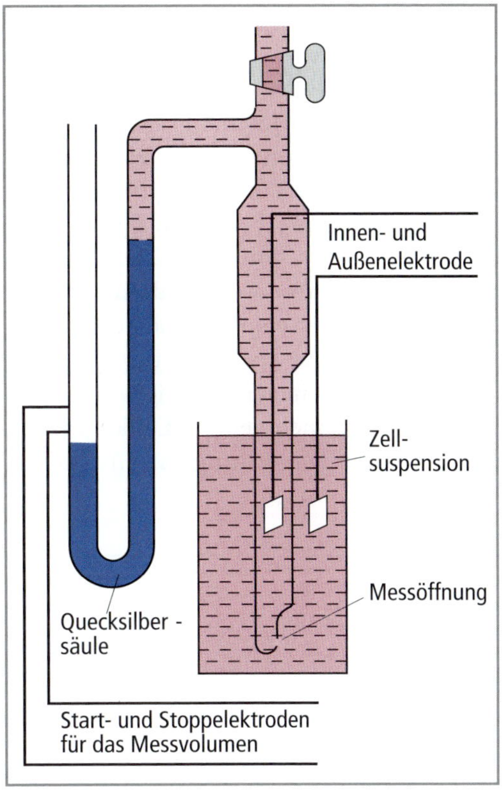

Abb. 11.57 Konduktometrisches (Coulter-)Messprinzip (aus Müller und Nink 1981)

Um einen Einfluss der Erythrozyten auf die **Leukozytenzählung** auszuschließen, werden die Erythrozyten vor der Bestimmung der Leukozyten hämolysiert. Das Hämolysemittel schädigt auch die Leukozytenmembran, weshalb die Leukozyten je nach System fast bis auf ihre Kerngröße schrumpfen. Sie lassen sich anschließend infolge ihres spezifischen Schrumpfungsverhaltens über ihre Restgröße differenzieren. Die meisten Analysensysteme sind auf den Menschen zugeschnitten. Da sich Leukozyten der Haustiere jedoch anders verhalten, lassen sie sich nur bedingt anhand ihrer Größe nach der Hämolyse differenzieren.

Die **Leukozyten**- und **Thrombozytenzählung** in Blutproben der Katze bereiten oftmals Probleme, weil die felinen Thrombozyten zur Agglomeration neigen. Die Thrombozytenagglomerate werden dann als Partikel von Leukozytengröße wie Leukozyten gezählt, respektive als Erythrozyten, wenn die Thrombozytenaggregate die Größe eines Erythrozyten annehmen. Im **Leukogramm,** der grafischen Darstellung der Größenverteilung der Leukozyten, ist unschwer zu erkennen, dass Partikel unterschiedlicher Größe mit in die Leukozytenpopulation hineinreichen (**Abb. 11.58b**). Der veränderte Verlauf der dargestellten Kurve macht deutlich, dass der Messwert nicht der wahren Leukozytenzahl entspricht. Somit sollten bei Vorhandensein von Thrombozytenaggregaten falsch hohe Leukozytenzahlen in Betracht gezogen werden.

Ebenso sind links der Erythrozytenkurve die Thrombozyten nicht scharf von den Erythrozyten abgegrenzt (**Abb. 11.58c**). In ähnlicher Weise setzen sich oftmals die groß-

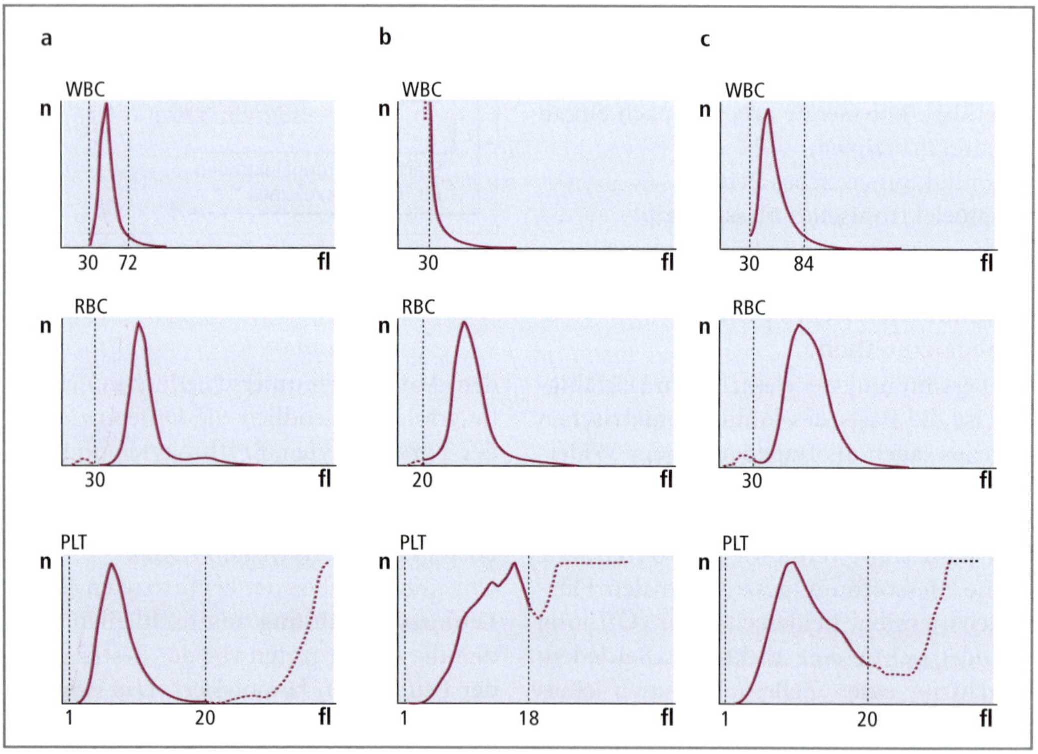

Abb. 11.58 a) Normales Histogramm einer Blutprobe eines Hundes, WBC (white blood cells) = Leukozyten, RBC (red blood cells) = Erythrozyten, PLT (platelets) = Thrombozyten
b) Thrombozytenagglomerate fließen von links sowohl in die Leukozyten- (WBC) als auch in die Erythrozytenkurve (RBC) mit ein. Das Auftreten von Thrombozytenagglomeraten ist an der mehrgipfligen, nach rechts zu den Erythrozyten kaum abgesetzten Thrombozytenkurve (PLT) zu erkennen.
c) Verbreiterung der Erythrozytenkurve (RBC) bei einer regenerativen Anämie infolge einer Makrozytose

volumigen Thrombozyten der Katze (**Abb. 11.59**) in der größenmäßigen Auftrennung nur schlecht von den recht kleinen Erythrozyten ab. Bei einer Zellzählung werden dann Zellen der einen Population bei der anderen mitgezählt und umgekehrt. Der **Schwellenwert** zur Trennung der Thrombozyten und Erythrozyten kann von Katze zu Katze und in weit stärkerem Maße von Tierart zu Tierart variieren.

Counter, die mit einem festen Schwellenwert arbeiten, müssen speziesspezifisch über eine Änderung der Kapillarspannung umgestellt werden. Counter mit variablem Schwellenwert ermitteln die Talsohle zwischen den Verteilungskurven zweier Populationen und legen den Schwellenwert individuell an diese Stelle. Diese Geräte brauchen nicht auf eine Tierart adaptiert zu werden und können in der Serie Blutproben verschiedener Spezies verarbeiten. Kernhaltige Erythrozyten, Normoblasten, werden als Leukozyten mitgezählt. Eine eindeutige Identifizierung von Normoblasten ist mit diesem Messprinzip somit nicht sicher möglich.

Hämatokritwerte werden von Countern nicht direkt gemessen, sondern über die Impulszahl und die Impulshöhe errechnet. Dazu erfolgt eine einmalige Kalibrierung mittels einer Mikrohämatokritzentrifuge (PCV). Die ermittelten Hämatokritwerte stimmen mit den Werten der Mikrohämatokritzentrifuge überein, solange es sich um Blut der Spezies handelt, mit der kalibriert wurde. Die Kalibrierung ist aufgrund der Größenunterschiede der Erythrozyten und der in unterschiedlichem Maße zwischen diesen eingeschlossenen Plasmamenge tierartspezifisch. Referenzmethode ist und bleibt die Bestimmung mit der Mikrohämatokritzentrifuge (PCV).

Zusätzlich zu den bisher erwähnten Untersuchungen hat die **RDW (red cell distribution width)** in der Hämatologie an Bedeutung gewonnen. Bei einer regenerativen Anämie werden vermehrt Makrozyten im Blut gefunden. Diese Zellen mit ihrem größeren Volumen zeigen sich im Erythrogramm in einer Stufung des rechten Schenkels der Erythrozytenpopulation. Das Auftreten von Makrozyten ist demzufolge frühzeitiger an einer Verbreiterung des Erythrogramms (RDW) zu erkennen (**Abb. 11.58c**) als an der Zunahme des MCV (mean corpuscular volume).

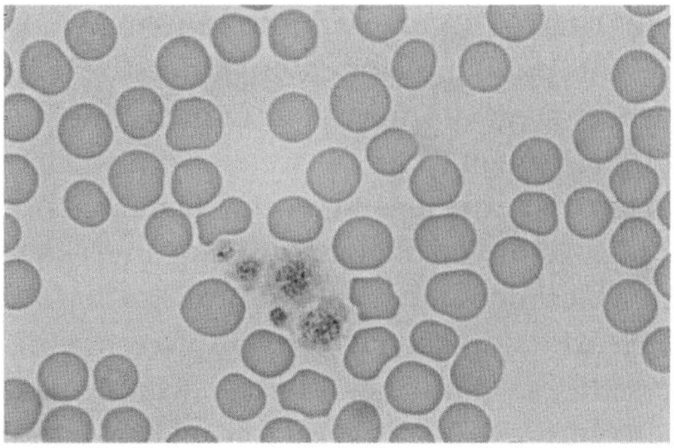

Abb. 11.59 Unterschiedlich große Thrombozyten, Katze, 1 : 2000

Auch bei den Thrombozyten können das **MPV (mean platelet volume)** und die **PDW (platelet distribution width)** ermittelt werden. Diese Parameter korrelieren mit der Aktivität der Thrombozyten.

Im Folgenden werden beispielhaft einige derzeit häufig in tierärztlichen Praxen eingesetzte Hämatologiesysteme kurz näher beschrieben.

Der *Scil Vet abc Plus*+ (Fa. scil animal care company, Viernheim) ist ein Beispiel für ein Hämatologiegerät, welches die Impedanzmessung (konduktometrisches Prinzip) verwendet. Mit einem Probenvolumen von nur 10 µl EDTA Vollblut generiert das Gerät innerhalb von 60 Sekunden ein Ergebnis. Die Analyse ist für acht verschiedene Tierarten möglich. Dabei liefert der Scil Vet abc Plus+ für die Spezies Hund, Katze und Pferd ein 4-fach-Differenzialblutbild (Aufschlüsselung der Leukozyten in Lymphozyten, Monozyten, Granulozyten und eosinophile Granulozyten). Für die weiteren fünf Tierarten (Kaninchen, Schwein, Schaf, Rind, Maus, Ratte) ist die Bestimmung eines kleinen Blutbildes möglich. Der *VetScan HM5™* (Fa. scil animal care company, Viernheim) erstellt ein ähnliches Blutbild wie der Scil Vet abc Plus+, benötigt jedoch ein Probenvolumen von 50 µl und weist eine Analysenzeit von 3 Minuten auf. Im Unterschied zum Scil Vet abc Plus+ analysiert der VetScan HM5™ weiterhin die Spezies Affe und Frettchen.

Ein weiteres Hämatologiegerät, welches die Impedanzmessung verwendet, ist der *PocH-100iV Diff* (Fa. scil animal care company, Viernheim). Die verwendete Probenmenge ist mit 15 µl Blut ähnlich gering wie bei dem Vet abc Plus+. Die Analysenzeit ist mit 148 Sekunden marginal länger. Für die Spezies Hund und Katze erstellt der PocH-100iV Diff ein 3-fach-Differenzialblutbild und unterscheidet somit die Gesamtleukozyten, Lymphozyten, eosinophile Granulozyten sowie »andere kernhaltige Zellen«. Rinder- und Pferdeleukozyten werden in Lymphozyten und »andere« unterteilt. Die Software des PocH-100iV bietet die Möglichkeit, weitere 13 Spezies einzuprogrammieren.

Das 2010 herausgebrachte Hämatologiegerät *ProCyte Dx* (Fa. Idexx Laboratories, Maine, USA) verwendet die Impedanzmethode, um Erythrozyten und Thrombozyten zu differenzieren. Die Probenmenge beträgt 30 µl und die Analysenzeit 2 Minuten. Die Bestimmung der Leukozyten erfolgt beim ProCyte Dx nach dem optoelektronischen Messprinzip (siehe unten).

Auch die High-End-Hämatologiegeräte *Cell-Dyn* (Fa. Abbott Diagnostics, Wiesbaden) und *Sysmex XT-2000iV* (Fa. Sysmex Deutschland, Norderstedt) verwenden die Impedanztechnologie, um Erythrozyten und Thrombozyten zu differenzieren. Der Cell-Dyn generiert weiterhin eine Gesamtleukozytenzahl nach diesem Prinzip. Für diese Messung werden die Erythrozyten ebenfalls lysiert und das Zytoplasma der Leukozyten entfernt, um eine Interferenz zu verhindern und eine sichere Detektion der Zellen zu gewährleisten.

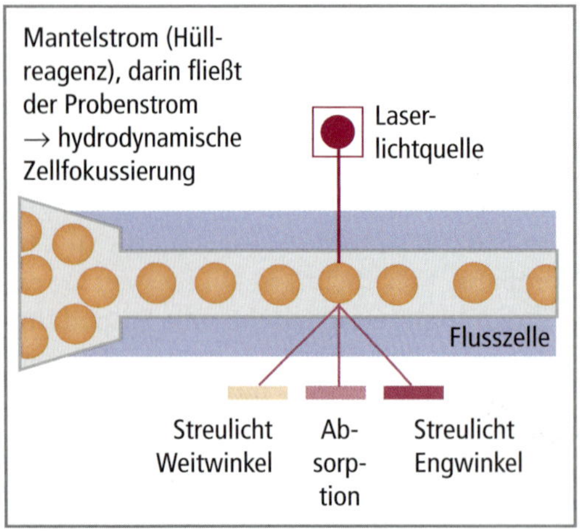

Abb. 11.60 Durchflusszytometrie, hydrodynamische Zellfokussierung

Optoelektronisches Messprinzip

Das Prinzip, welches diesem Messverfahren zugrunde liegt, basiert auf der Umwandlung von Lichtemissionen in elektronische Daten. Bei diesem Verfahren wird eine Zellsuspension durch eine Durchflussküvette geschickt, die seitlich durch einen Licht- oder Laserstrahl beleuchtet wird. Beim Auftreffen des Strahles auf einen Partikel entsteht Streulicht unterschiedlicher Art. Die Zellen beugen, brechen und/oder reflektieren das Licht. Der Detektor besteht aus einem lichtempfindlichen Empfänger (Fotomultiplier). Alternativ wird die durch jede Zelle verursachte Lichtabschwächung gemessen (absorbimetrisches Messverfahren). **Abbildung 11.60** zeigt das Prinzip schematisch.

Bei diesem Untersuchungsverfahren wird jede Zelle einzeln grafisch dargestellt. Das abgelenkte Licht wird in verschiedenen Winkeln detektiert. Die ADVIA-Systeme untersuchen die Zellgröße der Erythrozyten und Thrombozyten mithilfe des Niedrigwinkelsignals und die Dichte mit dem Hochwinkelsignal. **Abbildung 11.61** zeigt das Erythrozytenscattergramm des ADVIA® 2120. Die zentral gelegene Erythrozytenwolke ist deutlich aus den Einzelerythrozyten zusammengesetzt.

Die Bestimmung des Differenzialblutbildes erfolgt bei den meisten Analysern nach Lyse der Erythrozyten und Anfärbung verschiedener Zellstrukturen. Weiterhin werden die verschiedenen Leukozyten meist mit zwei unterschiedlichen Methoden detektiert, um eine interne Qualitätskontrolle vorzunehmen. Der ADVIA® 120/2120 bestimmt die Leukozytenzahl, die Zahl der neutrophilen und eosinophilen Granulozyten sowie die Lymphozyten und Monozyten im Peroxidasekanal. Dabei wird die zytoplasmatische Peroxidase angefärbt und mittels Halogenlicht detektiert. **Abbildung 11.62** zeigt das Peroxidasescattergramm des ADVIA® 2120, erstellt aus einer Hundeblutprobe.

Da feline eosinophile Granulozyten (Abb. 11.62) keine Peroxidase enthalten, können diese auch nicht im Peroxidasekanal detektiert werden. Alternativ erfolgt die Bestimmung der felinen eosinophilen Granulozyten mit der Retikulozytenmethodik.

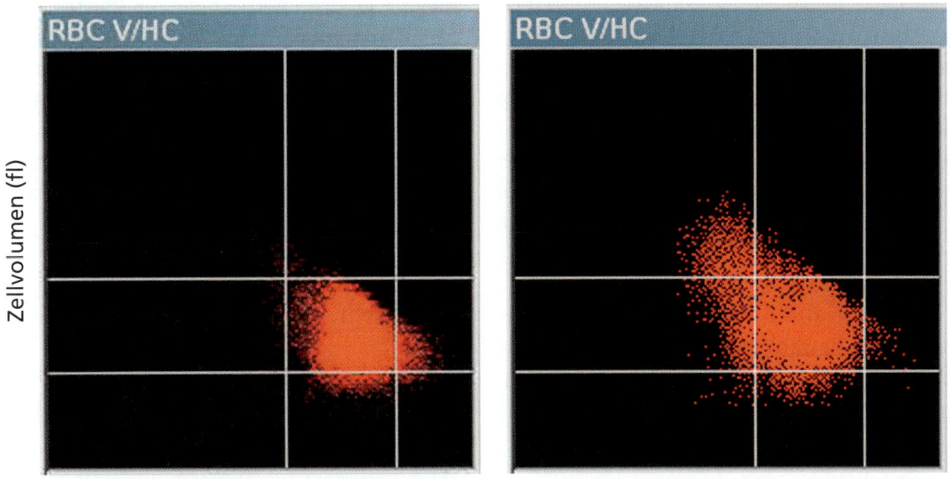

Abb. 11.61 Canines Erythrozytenscattergramm des ADVIA 2120®. Auf der y-Achse ist das Volumen der Erythrozyten in [fl] dargestellt und auf der x-Achse die Hämoglobinkonzentration in [g/dl]. Das zentral gelegene Viereck markiert die Position der normozytär-normochromen Erythrozyten. Über der oberen waagerechten Linie, welche RBCs der Größe 120 fl markiert, liegen makrozytäre Erythrozyten. Unter der unteren waagerechten Linie, welche bei 60 fl liegt, befinden sich mikrozytäre Erythrozyten. Die senkrechten Linien begrenzen unterschiedliche Hämoglobinkonzentrationsbereiche. Die linke senkrechte Linie liegt bei 28 g/dl und die rechte senkrechte Linie bei 41 g/dl. Damit befinden sich hypochrome Erythrozyten ganz links, normochrome Erythrozyten in der Mitte und hyperchrome Erythrozyten auf der rechten Seite. Das 2. Erythrozytenscattergramm zeigt einen Patienten mit normozytär-normochromen und makrozytär-hypochromen Erythrozyten (regenerative Anämie) RBC (red blood cells) = Erythrozyten, V/HC = Volumen/Hämoglobinkonzentration.

11

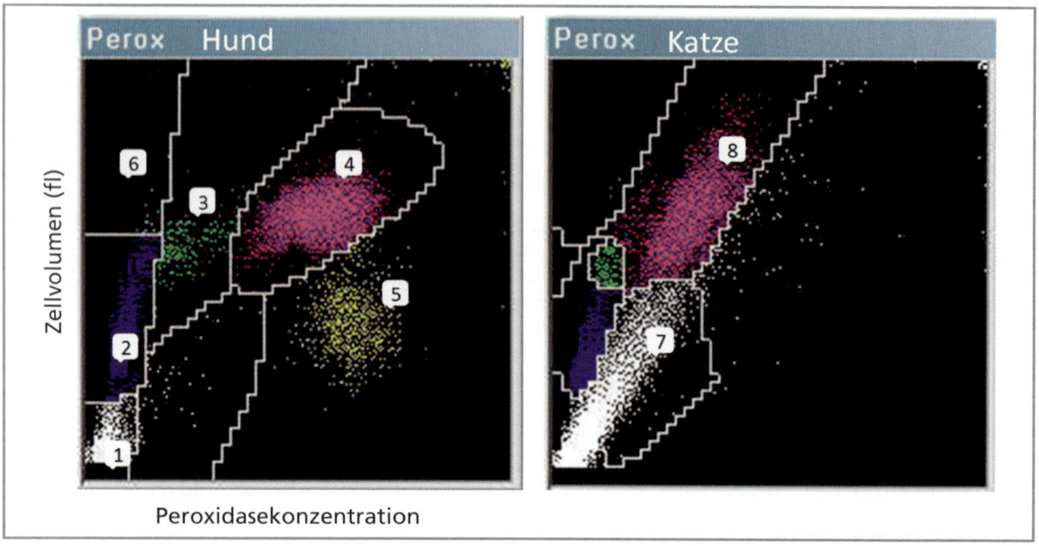

Abb. 11.62 Canines Peroxidasescattergramm, ADVIA 2120®. Auf der y-Achse ist die Zellgröße und auf der x-Achse die Peroxidasekonzentration aufgetragen. 1= Zelldebris, die blaue Punktwolke (2) markiert die Lage der Lymphozyten (fehlender Peroxidasegehalt), die grüne Punktwolke (3) zeigt Monozyten (mittlerer Peroxidasegehalt), die rosa-/magentafarbene Wolke (4) markiert die Lage der neutrophilen Granulozyten, die gelbe Wolke (5) zeigt die Lage der eosinophilen Granulozyten und die türkisfarbene Punktwolke (6) zeigt Zellen eingruppiert in die »large unstained cells«. Dabei handelt es sich überwiegend um Blasten, reaktive Lymphozyten und Monozyten. Im rechten Teil der Abbildung ist ein felines Scattergramm gezeigt. Die von links unten nach rechts Richtung Mitte verlaufende Punktwolke (7) sind Thrombozytenagglutinate. Die rosa-/magentafarbene Wolke (8) markiert die Lage der neutrophilen und der peroxidasenegativen eosinophilen Granulozyten der Katze.

Der zweite Kanal, in dem die ADVIA-Systeme die Leukozyten unterscheiden, ist der Basophilen-Kernsegmentierungskanal. Nach Lyse der Erythrozyten und Thrombozyten werden allen Leukozyten, außer den basophilen Granulozyten, einem zytoplasmatischen Stripping unterzogen. Die Zellgröße sowie die Dichte des Chromatins dienen danach als Unterscheidungsmerkmale im Laserlicht. **Abbildung 11.63** zeigt die grafische Darstellung der Zellen im Basophilen-Kernsegmentierungskanal.

Der Sysmex XT-200iV detektiert das Volumen der Zellen im Vorwärtsstreulicht und im Seitwärtsstreulicht die Kernstruktur/Granularität der Zelle. Die einzelnen Zellpopulationen werden ebenfalls grafisch dargestellt, wie in **Abbildung 11.64** ersichtlich.

11

Fluoreszenzmessung (Fluorometrie)

Die Zellen werden mit Fluoreszenzfarbstoff fluorochromiert, sodass kurzwelliges in längerwelliges Licht verwandelt und über einen Multiplier gemessen werden kann.

Neben der Durchflusszytometrie im WBC/BASO-Kanal verwendet der Sysmex XT-2000iV eine Fluoreszenzdurchflusszytometrie zur Bestimmung der einzelnen Leukozyten. Dabei färbt der Sysmex XT-2000iV die DNA/RNA der Zellen mit einem fluoreszierenden Farbstoff an. Die Seitwärtsfluoreszenz wird ebenfalls durchflusszytometrisch detektiert. Ähnlich wie die ADVIA-Systeme

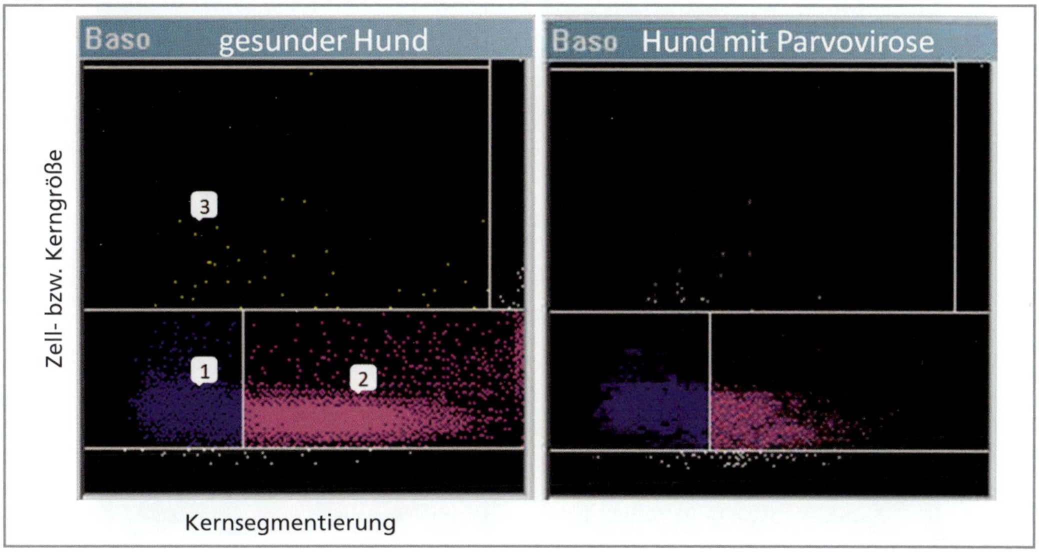

Abb. 11.63 Canine Leukozyten im Basophilen-Kernsegmentierungskanal. Ähnlich wie bei der Erythrozyten- und Thrombozytendifferenzierung zeigt die y-Achse das Signal aus dem Niedrigwinkelstreulicht (Zellgröße) und die x-Achse das Hochwinkelsignal (Kernsegmentierung). Mononukleäre Zellen sind blau (1) dargestellt. Die rosa-/magentafarbene Punktwolke (2) enthält verschiedene polymorphkernige (PMN) Granulozyten mit zunehmender Kernsegmentierung weiter in Richtung rechts im Scattergramm. Die gelbe Punkwolke (3) repräsentiert lyseresistente Zellen (Zellen, die mit dem Reagenz nicht lysiert werden), das sind basophile Granulozyten, aber auch aktivierte Zellen bzw. Blasen (je nachdem, ob sie aus der Population der MNs, Lymphozyten/Monozyten, oder der PMNs, Granulozyten, kommen). Das rechts abgebildete Scattergramm zeigt Leukozyten eines Hundes mit Parvovirose. Die PMN-Wolke zeigt, dass die Anzahl der PMNs hochgradig vermindert ist (in diesem Fall hochgradige Neuropenie).

verwendet der Sysmex zwei unterschiedliche Kanäle, um die Leukozyten zu differenzieren. **Abbildung 11.65** zeigt die Darstellung der Leukozyten im Differenzierungskanal.

Zur Qualitätskontrolle hämatologischer Untersuchungen in der tierärztlichen Praxis werden neben der Plausibilitätskontrolle der numerischen Resultate zunehmend auch die Scattergramme der modernen Hämatologiesysteme ausgewertet.

Eine 5-Zell-Leukozytendifferenzierung mithilfe der Durchflusszytometrie führen weiterhin auch die In-House-Geräte ProCyte Dx™ und der LaserCyte® durch. Die Ergebnisse werden als Scattergramm reportiert.

In den folgenden **Abbildungen 11.66** und **11.67** sind beispielhaft zwei Leukozyten-Scattergramme des LaserCyte® dargestellt. Das Prinzip der Fluorometrie wird in dieser Form ebenfalls von dem In-House-Gerät ProCyte Dx™ verwendet, um die Detektion der Erythrozyten und Thrombozyten aus dem Impedanzkanal zu verifizieren und die Retikulozytenzahl zu bestimmen (**Abb. 11.68**).

Zentrifugales Hämatologiesystem (QBC-System)

Das System verfährt nach dem Zentrifugenprinzip. Aufgrund der unterschiedlichen Dichte der einzelnen Zellarten sinken die

11

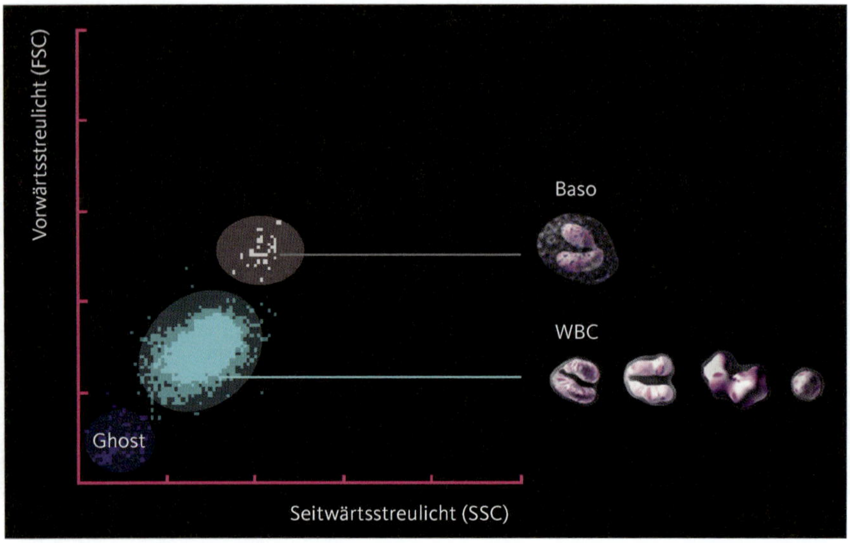

Abb.11.64 WBC/BASO-Scattergramm des Sysmex XT-2000iV (Sysmex Schulungsunterlagen); BASO = basophile Granulozyten, WBC = Leukozyten, außer basophile Granulozyten; Ghosts = Zelldetritus

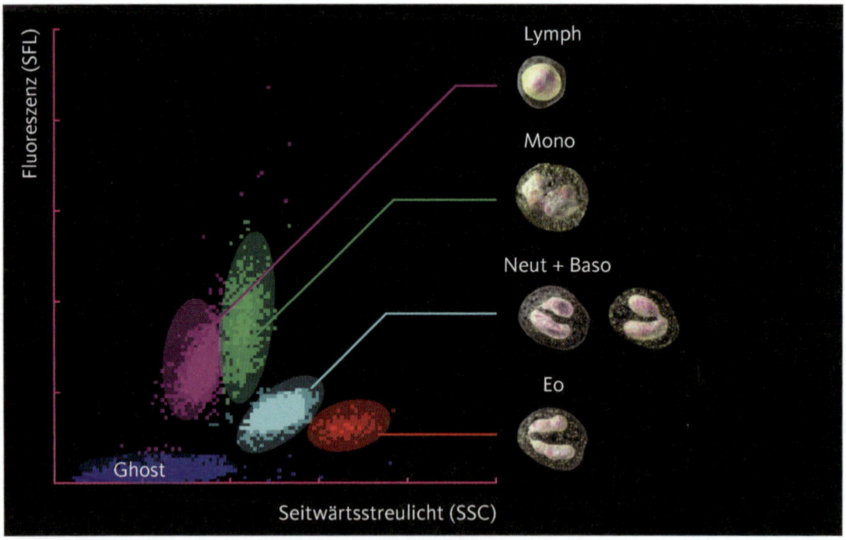

Abb. 11.65 Leukozyten dargestellt im DIFF-Scattergramm (Sysmex Schulungsunterlagen). Auf der y-Achse ist die Seitwärtsfluoreszenz (SFL) und auf der x-Achse das Seitwärtsstreulicht dargestellt. MONO = Monozyten, LYMPH = Lymphozyten, EO = eosinophile Granulozyten, NEUT = neutrophile Granulozyten, BASO = basophile Granulozyten

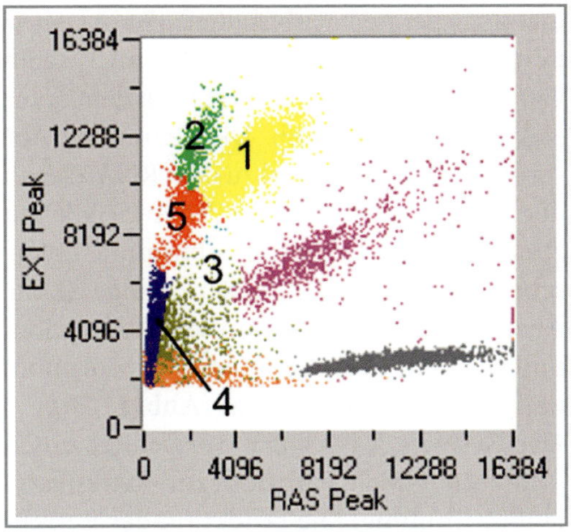

Abb.11.66 LaserCyte®-Scattergramm Hund: canine Leukozyten im Punktwolkendiagramm des IDEXX LaserCyte; gelbe Punktwolke (1): neutrophile Granulozyten, hellgrüne Punktwolke (2): eosinophile Granulozyten, dunkelgrüne Punktwolke (3): basophile Granulozyten, blaue Punkwolke (4): Lymphozyten, rote Punkwolke (5): Monozyten

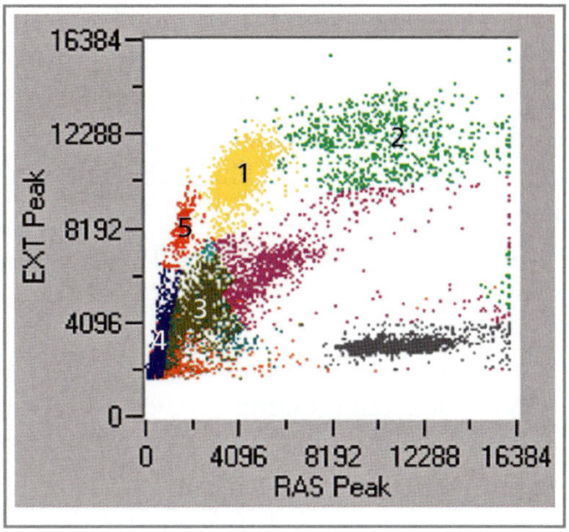

Abb. 11.67 LaserCyte®-Scattergramm Katze: feline Leukozyten im Punktwolkendiagramm des IDEXX LaserCyte: gelbe Punktwolke (1): neutrophile Granulozyten, hellgrüne Punktwolke (2): eosinophile Granulozyten, dunkelgrüne Punktwolke (3): basophile Granulozyten, blaue Punkwolke (4): Lymphozyten, rote Punkwolke (5): Monozyten

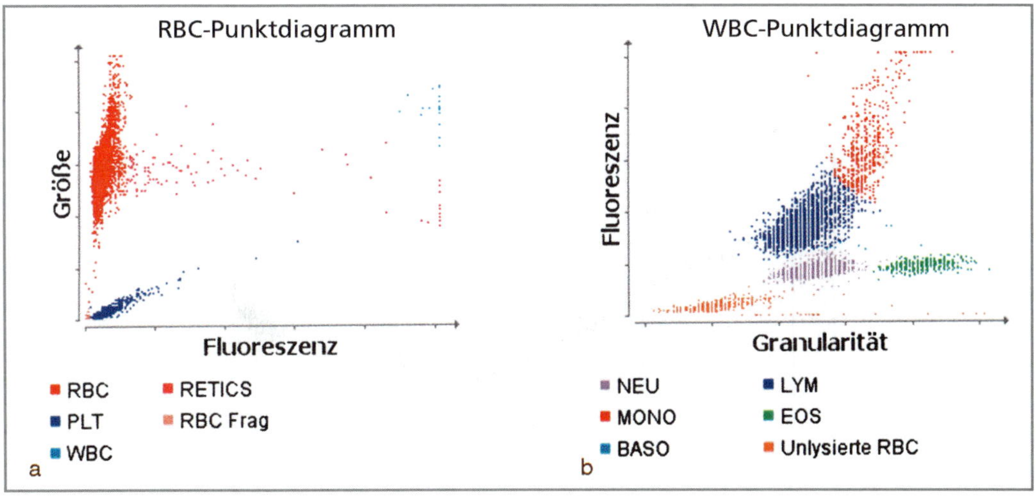

Abb. 11.68 a) RBC-Scattergramme
b) WBC-Scattergramme des ProCyte Dx™ BASO = basophile Granulozyten, EOS = eosinophile Granulozyten, LYM = Lymphozyten, MONO = Monozyten, NEU = neutrophile Granulozyten, PLT = platelets, WBC = white blood cells, RBC = red blood cells, RBC FRAG = fragmentierte Erythrozyten, RETICS = Retikulozyten

11

Zellen verschieden rasch ab. Zur Differenzierung der Leukozyten muss die »Speckschicht« (Buffy Coat) durch einen Kunststoffschwimmer auseinandergezogen werden (**Abb. 11.69**). Durch Fluorochromierung werden die einzelnen Zellarten erkannt und differenziert. Folgende Messgrößen lassen sich bestimmen:

- Hämatokrit
- Gesamtleukozytenzahl
- Granulozyten (gesamt)
- Lymphozytenzahl
- Thrombozytenzahl

Retikulozytenzählung mittels automatisierten Hämatologiesystemen

Bis auf wenige Ausnahmen (LaserCyte, ProCyte, ForCyte) bleibt die automatisierte Retikulozytenbestimmung den High-End-Hämatologiegeräten vorbehalten. Die ADVIA-Systeme färben Retikulozyten mit Oxazin 750 an. Die Detektion erfolgt nach dem optoelektronischen Prinzip. Die gemessene Absorption ist proportional zu dem RNA-Gehalt der Retikulozyten. Da der RNA-Gehalt mit zunehmender Zellreifung abnimmt, unterscheidet das ADVIA-System junge (hohe Absorption), mittelalte (mittlere Absorption) und alte Retikulozyten (niedrige Absorption) und stellt diese grafisch dar (**Abb. 11.70**).

Der Sysmex XT-2000iV verwendet einen fluoreszierenden Farbstoff zur Retikulozytenbestimmung. Die Detektion der Retikulozyten erfolgt ähnlich wie bei den ADVIA-Systemen mittels Durchflusszytometrie. Neben diesen High-End-Hämatologiegeräten sind nur zwei In-House-Geräte in der Lage, die Retikulozytenzahl zu bestimmen. Der ProCyte Dx™ (Fa. Idexx Laboratories,

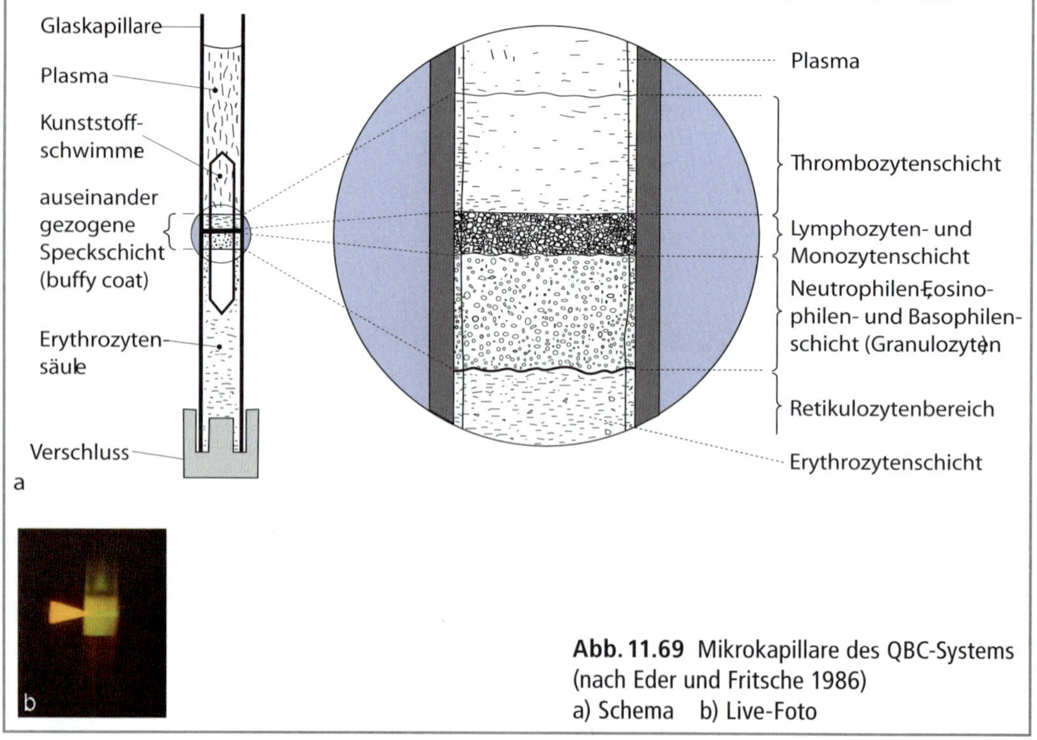

Abb. 11.69 Mikrokapillare des QBC-Systems (nach Eder und Fritsche 1986)
a) Schema b) Live-Foto

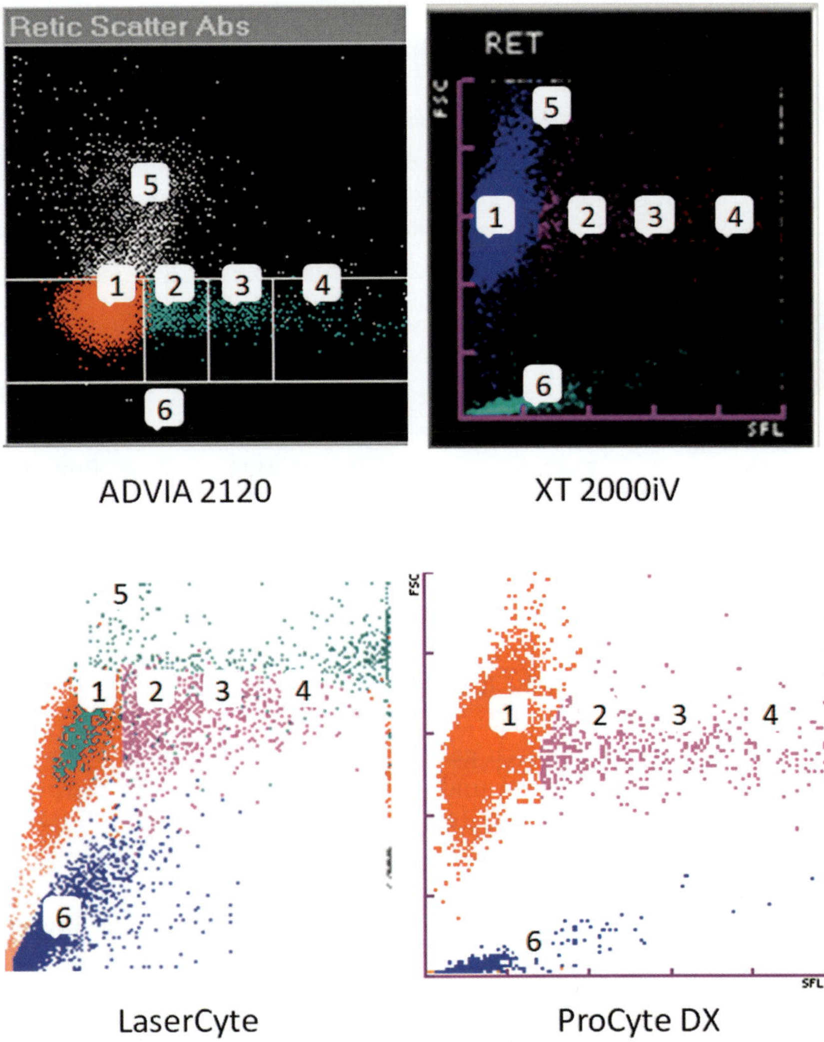

Abb. 11.70 Retikulozytenscattergramme verschiedener Hundeproben gemessen mit dem ADVIA® 2120 (links oben), XT 2000iV (rechts oben), LaserCyte® (links unten) ProCyte Dx™ (rechts unten) Auf der x-Achse ist die Absorption aufgetragen gegen die Zellgröße auf der y-Achse. 1. mature Erythrozyten, 2. Retikulozyten mit niedriger Absorption, 3. Retikulozyten mit mittlerer Absorption, 4. Retikulozyten mit starker Absorption, 5. Zufallstreffer/Interferenzen, 6. Thrombozyten

Westbrook, Maine, USA) verwendet eine ähnliche Methodik wie der Sysmex, während der LaserCyte® (Fa. Idexx Laboratories, Westbrook, Maine, USA) die Retikulozyten nach Anfärbung mit Neumethylenblau durchflusszytometrisch detektiert. Bei der Katze werden durch die genannten Hämatologiesysteme die aggregierten Retikulozyten gezählt und ausgegeben.

Zu beachten ist, dass es bei Hunden, die einen erhöhten Erythrozyten-Turnover, aber keine Anämie haben, aufregungsbedingt

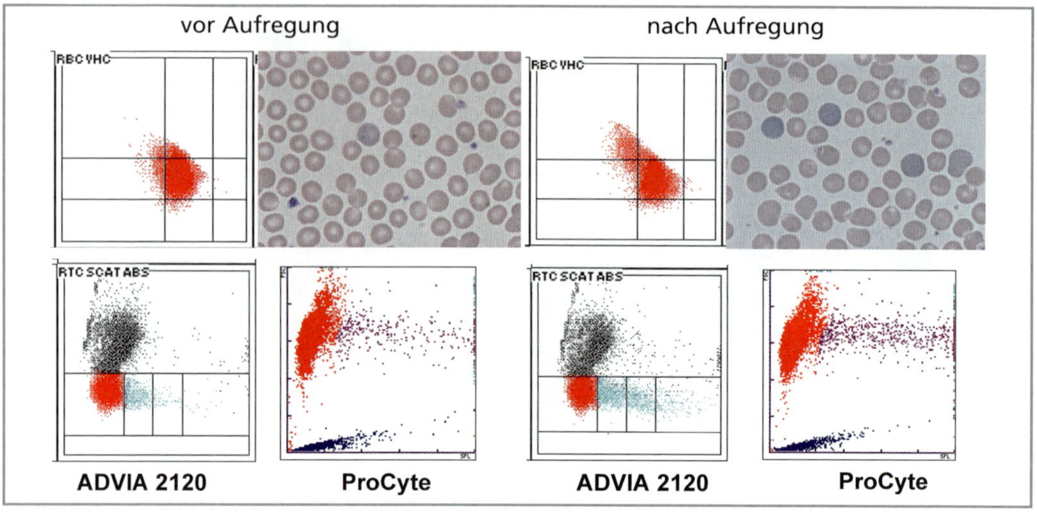

Abb. 11.71 Aufregungsbedingte Retikulozytose, Anisozytose und Polychromasie beim Hund

(Adrenalin-Effekt) zu einer Ausschwemmung der Retikulozyten aus der Milz kommen kann. In **Abbildung 11.71** ist die Retikulozytenzählung mit dem ADVIA® 2120, dem Procyte DX und der panoptisch gefärbte Blutausstrichs eines Beagles vor und nach Aufregung gezeigt. Auffallend sind die deutlich erhöhte Retikulozytenzahl sowie die stärkere Polychromasie.

Erkennung des Eisenmangels mittels ADVIA®-120/2120-Retikulozyten-Indizes

11

Moderne Hämatologie-Analyser, wie z. B. der ADVIA® 120/2120, messen und reportieren neue Retikulozytenparameter, wie z. B. die Retikulozyten-Hämoglobin-Konzentration (CHr) und das MCV der Retikulozyten. Beide Parameter, besonders jedoch der CHr, sind bei Erniedrigung sehr sensitiv für einen Eisenmangel. Der beschriebene Cut-off-Wert zur Diagnose eines Eisenmangels liegt bei 1,22 fmol (Hund: Sensitivität 95,2 %; Spezifität 90,5 %) bzw. 0,88 fmol (Katze: Sensitivität 93,8 %; Spezifität 76,9 %).

Bestimmung der Erythrozytenzahl mittels Zählkammer

Material

- EDTA-, Zitrat-, Heparinblut
  Bei Verwendung von Gerinnungshemmern in Pulverform erübrigen sich Umrechnungen. Die Blutprobe muss vor jeder Entnahme vorsichtig gemischt werden. Verfälschungen der Ergebnisse entstehen durch Hämolyse.
- Nativblut (sofort weiterverarbeiten)

Prinzip

Für die Bestimmung der Erythrozytenzahl mit Geräten gilt das oben im Abschnitt »Automatisierte Blutzellzählung« Gesagte.

Zählkammerverfahren

Es stellt ein altes, billiges, zeitaufwendiges und – abgesehen von tierartlichen Schwierigkeiten bei verschiedenen automatischen Methoden – fehleranfälliges Verfahren dar. Eine Reihe, zum Teil sehr unterschiedlicher Zählkammern ist im Gebrauch. Um reproduzierbare Ergebnisse zu erzielen, ist die genaue Kenntnis über die jeweils verwendete Zählkammer, ihre Grundeinheiten und Grenzlinien absolut wichtig. Ebenso ist sorgfältiges Arbeiten mit den Spezialpipetten erforderlich.

Das **Prinzip** der verschiedenen Zählkammern ist gleich: Sie bestehen aus einer dicken Glasplatte, die in der Mitte durch in der Regel vier eingeschliffene Rillen unterteilt ist (**Abb. 11.72**). So entstehen drei Felder, wobei das mittlere durch eine Querrille zweigeteilt ist. Die dadurch entstehenden zwei Felder liegen 0,1 mm niedriger als das übrige Kammerniveau. In diese Felder sind die Zählfelder kreuzförmig eingraviert (s. Abb. 11.71). Durch Auflegen des Schliffdeckglases auf die Zählkammer entsteht über den Zählfeldern ein Hohlraum von 0,1 mm Höhe. In der Mitte des Zählfeldes, dem Schnittpunkt des Kreuzes, befindet sich das Erythrozytenzählfeld. Es ist bei den unterschiedlichen Kammern teilweise anders gestaltet. Die Grundeinheit bildet das Gruppenquadrat mit 0,2 mm Seitenlänge oder 0,04 mm^2 Fläche, das 16 Kleinstquadrate mit 0,05 mm Seitenlänge oder 0,0025 mm^2 Fläche enthält. Zur Zählung der Erythrozyten werden fünf Gruppenquadrate mit insgesamt 80 Kleinstquadraten ausgezählt (**Abb. 11.73** und **11.74**). Bei einer Höhe von 0,1 mm entspricht dies einem Rauminhalt von 5 × 0,004 mm^3 = 0,02 mm^3.

Die **Erythrozytenmischpipette**, kenntlich an dem größeren Mischkolben mit rotem Innenkörper, wird normalerweise bis zur Marke 0,5 mit Blut und bis zur Marke 101 mit Verdünnungslösung (Hayem-Lösung) beschickt. Dies entspricht einer Verdünnung von 1 : 200.

Um die **Zellzahl** in einem Mikroliter (entsprechend 1 mm^3) Blut zu ermitteln, folgt bei einer Erythrozytenverdünnung in der Mischpipette von 1 : 200 und dem Auszählen von fünf Gruppenquadraten folgende **Rechnung**:

- Verdünnungsfaktor 200 (Erythrozytenpipette)
- Kammerfaktor 50 (0,02 mm^3 ausgezählt, Umrechnung auf 1 mm^3)
- Daraus ergibt sich ein Gesamtfaktor (Verdünnungsfaktor × Kammerfaktor) von 10 000. Mit diesem Faktor muss die gezählte Erythrozytenzahl multipliziert werden, um die Zellzahl/µl zu erhalten.

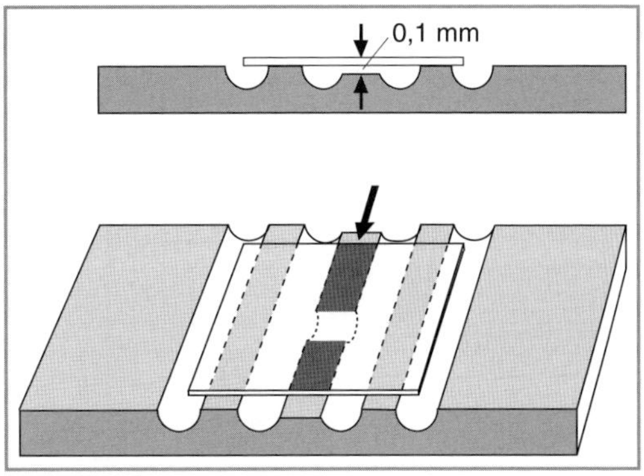

Abb. 11.72 Zählkammer von oben und von der Seite, schraffierte Fläche mit Blutverdünnung gefüllt

Die am weitesten verbreiteten Zählkammern dürften die **Neubauer-Zählkammern** »alt« oder »verbessert« sein. Bei der verbesserten Form liegen in der Länge und Breite jeweils fünf, bei der alten vier Gruppenquadrate in einer Reihe. Zur Auszählung der fünf Gruppenquadrate können somit in der verbesserten Kammer die auf einer Diagonalen liegenden Quadrate verwendet werden (s. Abb. 11.72), während in der alten Kammer nur vier Gruppenquadrate diagonal liegen und damit ein fünftes Quadrat in einer Ecke ausgezählt werden muss (s. Abb. 11.73). Ein weiterer – entscheidender – Unterschied zwischen »alt« und »verbessert« besteht darin, dass die Kantenlänge eines Kleinstquadrats (0,2 mm) bei der »alten« Zählkammer bis zur inneren, bei

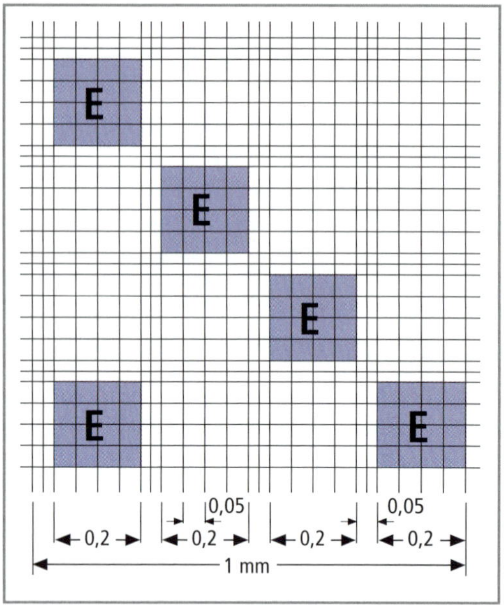

Abb. 11.73 Erythrozytenzählfeld (Mitte der Kammer) der älteren Neubauer-Zählkammer. Die fünf mit E bezeichneten Gruppenquadrate werden zur Erythrozytenzählung herangezogen.

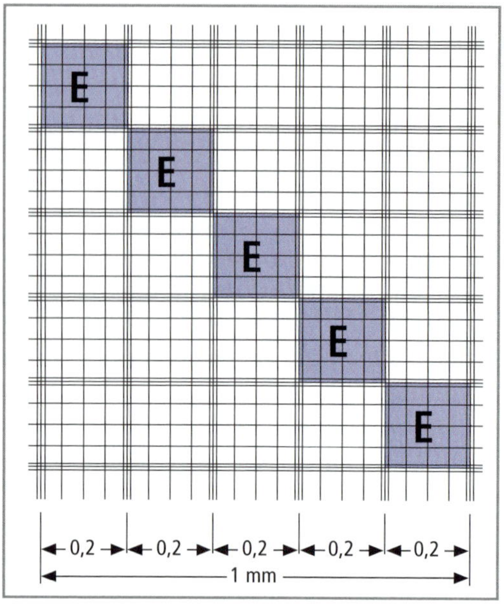

Abb. 11.74 Erythrozytenzählfeld der »verbesserten« Neubauer-Zählkammer

der »verbesserten« jedoch bis zur mittleren Begrenzungslinie reicht (**Abb. 11.75** und **11.76**). Dies zu wissen ist sehr wichtig, da bei Verwechslung erhebliche Fehler auftreten. Es darf im Übrigen durchaus diskutiert werden, ob die »verbesserte« Neubauer-Zählkammer besser als die »alte« ist.

11

Technik

Bei den automatischen Zählgeräten richtet man sich nach den Angaben der Hersteller. Für die **Bestimmung mit Zählkammern** geht man folgendermaßen vor:

Vorbereitung der Zählkammer

- seitliche Führungsschienen der Kammer befeuchten
- Schliffdeckglas so aufschieben, dass Newton-Farbringe entstehen; damit ist die Höhe von 0,1 mm garantiert

Beschicken der Erythrozytenmischpipette

Nur noch geeichte Pipetten verwenden!

- Blutprobe durch vorsichtiges Schwenken mischen
- Blut bis zur Marke 0,5 aufziehen (bei schwerer Anämie – »dünnes« Blut – bis zur Marke 1; in diesem Fall beträgt der Multiplikationsfaktor 5000).
- Durch Abtupfen der Pipettenspitze exakt auf Marke 0,5 einstellen; Pipette von äußerlich anhaftendem Restblut reinigen (Abwischen in Richtung Pipettenspitze)
- Blut in der Pipette etwa 1 mm hochziehen (verhindert Kontamination der Hayem-Lösung durch Blut)
- Hayem-Lösung bis zur Marke 101 aufsaugen
- Blut-Verdünnungslösung-Gemisch in der Pipette durch einminütiges Schwenken

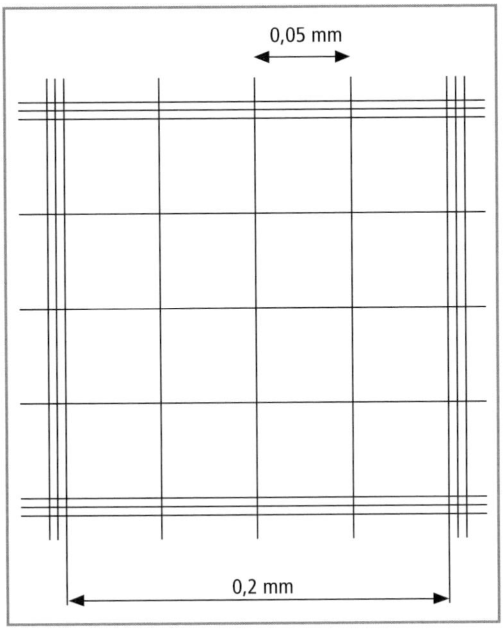

Abb. 11.75 Erythrozytenfeld der älteren Neubauer-Zählkammer. Das Gruppenquadrat wird von den inneren der Dreifachlinien begrenzt.

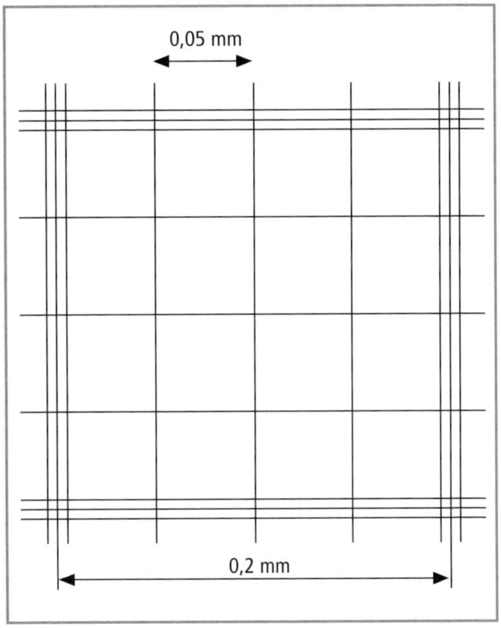

Abb. 11.76 Erythrozytenfeld der »verbesserten« Neubauer-Zählkammer. Das Gruppenquadrat wird von den mittleren der Dreifachlinien begrenzt.

»über Kopf« gut mischen oder Pipette auf Mischgerät legen

- erste Tropfen aus der Mischpipette (nur Verdünnungslösung) verwerfen

Beschicken der Zählkammer

Pipettenspitze auf dem mittleren Feld (Zählfeld) seitlich an die Kante des Deckglases aufsetzen und durch Kapillarkraft Gemisch in die Kammer ziehen lassen. Das Zählfeld muss vollständig bedeckt sein. Die Flüssigkeit darf auch in die Überlaufrinnen, nicht jedoch darüber hinausfließen. Unvollständige Füllung der Kammer und größere Aussparungen sind in der Regel auf unvollkommene Reinigung (Fett, vorheriges Anfassen mit den Fingern) zurückzuführen. Kleine Luftblasen lassen sich durch leichtes Beklopfen des Deckglases entfernen.

Erythrozytenzählung

Nach Sedimentation von einigen Minuten werden fünf Gruppenquadrate à 16 Kleinstquadrate, entsprechend der Eigenart der verwendeten Zählkammer (s. Abb. 11.72 und 11.73), ausgezählt. Die Technik des Auszählens geht aus den **Abbildungen 11.77** und **11.78** hervor. Sie muss strikt eingehalten werden.

Berechnung

Summe der gezählten Zellen bilden und mit 10 000 (bei Aufziehen des Blutes bis zur Marke 1 mit 5000) multiplizieren. Damit erhält man die Zahl der Erythrozyten pro µl. In SI-Einheiten gilt dieselbe Zahl (also kein Umrechnungsfaktor nötig); sie wird angegeben in T (Tera) pro Liter, das entspricht 10^{12} Zellen pro Liter (bei 6,28 Mio./µl wären dies 6,28 Billionen oder 6,28 Tera/l).

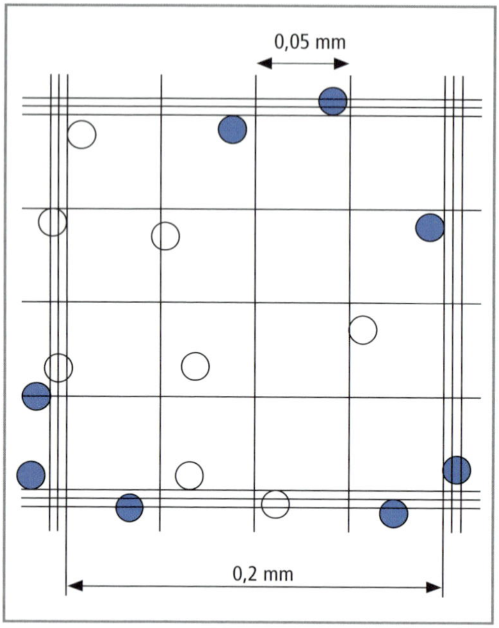

Abb. 11.77 Ältere Neubauer-Zählkammer. Alle die innere Linie der linken und unteren Dreifachlinie berührenden und die innerhalb des Gruppenquadrats liegenden Zellen werden gezählt (○). Nicht berücksichtigt werden Zellen, die die innere obere und rechte Linie berühren oder außerhalb liegen (●).

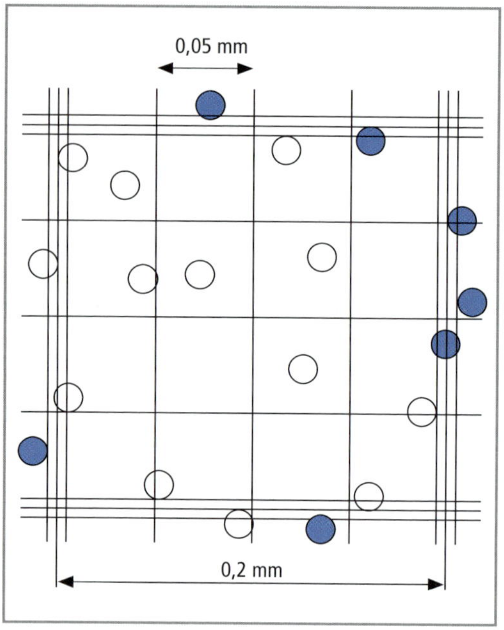

Abb. 11.78 »Verbesserte« Neubauer-Zählkammer. Die Auswertung orientiert sich hier an der linken und unteren Dreifachbegrenzung (L-förmig). Alle mit ○ symbolisierten Zellen werden gezählt, die mit ● markierten nicht. Die Kammer hat nach Meinung der Autoren keine entscheidenden Vorteile gegenüber der älteren.

Referenzbereiche

Die tierartspezifischen Referenzbereiche sind in **Tabelle 11.7** angegeben.

Tab. 11.7 Referenzbereiche für die mit einer Zählkammer bestimmte Erythrozytenzahl für verschiedene Tierarten

Spezies	Erythrozytenzahl	
	× 10^6/µl	T/l
Hund	5,5–8,5	5,5–8,5
Katze	5–10	5–10
Pferd	6–12[1]	6–12[1]
Rind	5–10	5–10
Schaf	6,5–11,3	6,5–11,3
Ziege	8–14	8–14
Schwein	5,8–8,1	5,8–8,1

1 Vollblut 8–12, Kaltblut 6–9, Warmblut 6,5–9, Pony 5,5–8,5

Umrechnungsfaktoren

SI-Einheit: × 1,0 (T/l)
konventionelle Einheit: × 1,0 (× 10^6/µl)

Bewertung

Prinzipiell erfolgt die Bewertung wie beim Hämatokrit (siehe dort). Da die Bestimmung der Erythrozytenzahl aufwendiger und je nach Verfahren auch fehleranfälliger ist als die Bestimmung des Hämatokritwerts, wird sie selten als Suchmethode, sondern im Allgemeinen nur bei bestimmten Fragestellungen durchgeführt. Dies gilt insbesondere dann, wenn die erythrozytenabhängigen Indizes untersucht werden sollen, also MCH und MCV.

▶ Erythrozytenzahl ↑ = Polyglobulie, absolut oder relativ

- Dehydratation
- Erregung, Angst
- Anstrengung
- längerer Aufenthalt in großer Höhe
- Herzinsuffizienz, Rechts-links-Shunt
- Lungenerkrankung
- Nierentumor, Zystenniere, Pyelonephritis
- Polycythaemia vera
- Hyperthyreose
- Anabolikaapplikation

▶ Erythrozytenzahl ↓ = Anämie

- hypochrome Anämie
- makrozytäre Anämie
- aplastische Anämie
- hämolytische Anämie
- Hydrämie

Kurz nach einer selbst umfangreichen Blutung zeigt sich die Erythrozytenzahl unverändert, obwohl die Gesamtzahl der dem Körper (noch) zur Verfügung stehenden Erythrozyten absolut vermindert ist. Dies resultiert daraus, dass bei einer Blutung nicht nur Erythrozyten, sondern auch Plasma im gleichen Verhältnis verlorengegangen sind (Hypovolämie).

Bestimmung der Gesamtleukozytenzahl mittels Zählkammer

Material

EDTA-, Heparin-, selten Zitrat- oder Nativblut

> Eine Hämolyse muss vermieden werden. Vor jeder Blutentnahme aus dem Gefäß Blut vorsichtig mischen.

Prinzip

Die Zählung erfolgt mit denselben Methoden wie die der Erythrozyten.

Technik

Für die Bestimmung der Leukozytenzahl mit Geräten gilt das im Abschnitt »Automatisierte Blutzellzählung« (siehe oben) Gesagte. Die in den kleineren Labors der tierärztlichen Praxis am weitesten verbreitete Untersuchungsart ist jedoch die **Zählkammermethode**. Man geht folgendermaßen vor:

Vorbereitung der Zählkammer

- Zählfeld trocknen
- seitliche Stege zum Auflegen des Deckglases leicht anfeuchten
- sauberes und trockenes Schliffdeckglas auflegen, andrücken und leicht hin- und herschieben, bis Newton-Farbringe entstehen

Füllen der Leukozytenpipette

- in die trockene Leukozytenpipette (weiße Glasperle muss frei beweglich sein) bis Marke 0,5 (bei erwarteter Leukopenie bis 1) vorher gemischtes Blut aufziehen
- Pipettenspitze außen vorsichtig von anhaftendem Blut reinigen
- Blut in der Pipette etwa 1 mm hochziehen
- bis Marke 11 Türk-Lösung aufziehen (vorher Türk-Lösung in Blockschälchen geben, nicht aus dem Vorratsgefäß aufziehen!)
- Pipette mit Daumen und Mittelfinger verschließen und etwa 1 min mischen, besser Pipette auf Schüttelmaschine zum Mischen legen

Füllen der Zählkammer

Durchführen wie zur Zählung von Erythrozyten beschrieben (siehe oben)

Leukozytenzählung

- bei schwachem Trockensystem Zählkreuz aufsuchen (**Abb. 11.79**)
- Leukozytenzählfelder auf »ein, fünf, sieben, elf Uhr« aufsuchen
- auf gleichmäßige Füllung und Sauberkeit achten
- auf mittleres Trockensystem (ca. 100-fach) umschalten
- Kondensor tief stellen oder abblenden
- fokussieren bis zum deutlichen Sichtbarwerden der Leukozyten
- Alle vier Leukozytenquadrate mäanderförmig auszählen. Gezählt werden alle Zellen, die innerhalb des jeweiligen Quadrates liegen oder dieses an zwei Seitenlinien von innen oder außen berühren oder auf diesen Seitenlinien liegen (es werden jeweils die linke und die untere Seitenlinie mitgezählt, also L-förmig)

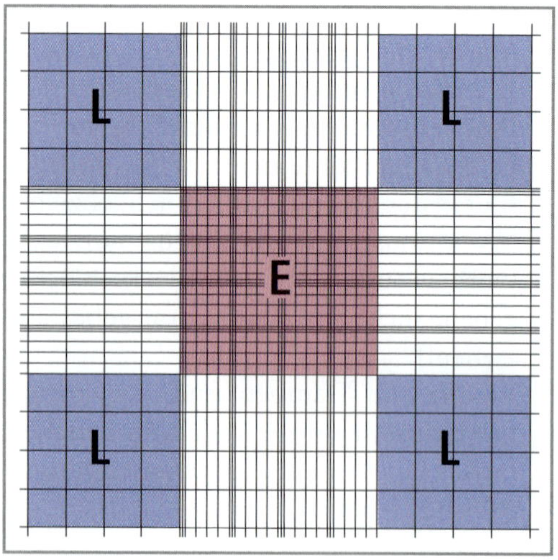

Abb. 11.79 Zählfelder der Neubauer-Zählkammer; E = Erythrozytenzählfeld, L = Leukozytenzählfeld

Berechnung

Summe aller in vier Leukozytenquadraten gezählten Zellen multipliziert mit 50 = Zellen/µl oder Zellen × 10^6/l.

Beispiel

- Gezählt wurden in den vier Leukozytenquadraten 53, 48, 52, 47 Zellen, zusammen also 200.
- 200 × 50 = 10 000
- Ergebnis also 10 000 Zellen pro Mikroliter oder 10 000 × 10^6 pro Liter

Referenzbereiche

Die Referenzbereiche der mit einer Zählkammer bestimmten Leukozytenzahl für verschiedene Tierarten sind in **Tabelle 11.8** angegeben.

Umrechnungsfaktoren

- SI-Einheit: × 0,001 (G/l)
- konventionelle Einheit: × 1000 (Zahl/µl)

Tab. 11.8 Referenzbereiche der mittels Zählkammer ermittelten Leukozytenzahl für verschiedene Tierarten

Spezies	Leukozytenzahl Zahl/µl	Zahl × 10^9/l = G/l
Hund	6000–12 000[1] bis 15 000[2]	6–12[1] bis 15[2]
Katze	6000–11 000[1] bis 18 000	6–11[1] bis 18[2]
Pferd	5000–10 000	5–10
Rind	5000–10 000[3] 4000–12 000[4]	5–10[3] 4–12[4]
Schaf	4200–6200	4,2–6,2
Ziege	4000–10 000	4–10
Schwein	10 000–22 000	10–22

1 ruhig
2 erregt
3 erwachsenes Rind
4 Kalb

Zählung von Granulozyten mit besonderen Färbeverfahren

Zählung der eosinophilen Granulozyten

Die Zahl der eosinophilen Granulozyten wird **indirekt** über die Gesamtzahl der Leukozyten und die durch die Ausstrichdifferenzierung erhaltene relative Zahl ermittelt oder **direkt** in der Zählkammer nach einer Spezialfärbung. Diese ist jedoch mit einem recht großen Fehler behaftet. Daher hat sich die direkte Bestimmung mithilfe automatischer Zählgeräte durchgesetzt. Die Zählung empfiehlt sich bei Verdacht auf Allergien, Parasitosen, eosinophilen Infiltrationen und eosinophilem Granulom. Bei keiner dieser Krankheiten liegt regelmäßig eine Eosinophilie vor und nur der positive Befund, also die Eosinophilie, ist aussagekräftig.

Fluoreszenzmikroskopischer Nachweis (Methode nach Eder)

Technik

- lufttrockenen Ausstrich mit 60- bis 70%igem Alkohol durch Eintauchen fixieren
- sofort in Färbeküvette mit wässriger einpromilliger Anilinblaulösung geben, 2–3 min belassen
- lufttrocknen
- im Fluoreszenzmikroskop untersuchen, Eosinophile sind leuchtend grün (!)
- Wenn gleichzeitig die Leukozytenkerne sichtbar werden sollen, wird der Ausstrich nach der Anilinbehandlung mit Akridingelblösung 1 : 10 000 nachbehandelt (einige Sekunden). Die Zellkerne werden rot, das Zytoplasma gelbgrün.

Zählung der basophilen Granulozyten nach Ehrlich

Material

- Vollblut
- (1) o-Toluidinblau 0,05%ig in physiologischer Kochsalzlösung
- (2) 95%iges Ethanol
- (3) gesättigte Saponinlösung in 50%igem Ethanol

Technik

- 40 ml Reagenz (1) + 11 ml Reagenz (2) + 1 ml Reagenz (3) mischen. Die Lösung ist vier Monate haltbar. Vor Gebrauch muss sie filtriert werden.
- Durchführung der Zählung und Berechnung wie bei der Eosinophilenzählung

Bestimmung des Hämoglobingehalts

Das Hämoglobin ist nur in den Erythrozyten biologisch aktiv. Sobald es durch Hämolyse aus den Zellen entweicht, verliert es seine Fähigkeit, ausreichend Sauerstoff zu transportieren. Diese **Hämolyse** kann durch hypotonische Lösungen sowohl intra vitam (sog. »Wasservergiftung« nach Aufnahme großer Wassermengen bei Dürstenden oder durch Leitungswasserklysmen, besonders bei der Katze) als auch in vitro ausgelöst werden, ferner durch Toxine (Schlangengifte, Zink, hämolysierende Bakterien, Viren) oder durch Antikörper (Hämolysine).
Das Hämoglobin setzt sich aus den Bestandteilen Häm, dem eigentlichen Farbstoff mit zweiwertigem Eisen, und Globin, einem Peptid aus zweimal zwei identischen Polypeptidketten, zusammen. **Abgebaut** wird der Blutfarbstoff nach Freisetzung aus den gealterten Erythrozyten im retikuloendothelialen System, vorwiegend in der Milz. Das Eisen wird dabei wiederverwendet und

der Rest in eisenfreies, fettlösliches primäres Bilirubin umgewandelt, in der Leber zu wasserlöslichem sekundärem Bilirubin glukuronidiert und über die Galle ausgeschieden. Die **Bestimmung des Hämoglobingehalts** im Blut ist erforderlich, wenn nicht nur die Gesamtmasse der Erythrozyten und/oder deren Zahl diagnostisch von Interesse ist, sondern auch deren Beladung mit dem Blutfarbstoff. Daraus lassen sich gegebenenfalls Rückschlüsse auf die Art einer vorliegenden Anämie ziehen.

Material

- ungerinnbar gemachtes Blut, meist EDTA- oder Heparinblut
- Blutprobe vor der Weiterverarbeitung erneut mischen

Prinzip

Verwendet wird in der Regel die **Zyanhämoglobinmethode**. Durch Zusatz von Kaliumferrizyanid wird Hämoglobin zu Methämoglobin (Hämiglobin) umgewandelt. (Die heute im Handel erhältlichen Lösungen enthalten so geringe Mengen Zyanid, dass sie nicht besonders entsorgt werden müssen. Allerdings sind die herkömmlichen fotometrischen Methoden noch sehr zyanidreich.) Das Kaliumferrizyanid reagiert mit dem Methämoglobin zu Zyanhämoglobin, welches fotometrisch bei einer Wellenlänge zwischen 520 und 560 nm bestimmt wird.
Da die Zyanhämoglobinmethode relativ zeitaufwendig und das Zyanid toxisch ist, verwenden neuere Hämatologiesysteme eine zyanfreie Hämoglobindetektion. Der PocH-100iV Diff z. B. verwendet ein quarternäres Ammoniumsalz, welches zur Lyse der Erythrozyten und damit zum Freiwerden des Hämoglobins führt. Die Bestimmung des Hämoglobins erfolgt dann ebenfalls fotometrisch. Der Sysmex XT-2000iV (Fa. Sysmex Deutschland, Norderstedt) verwendet Sodiumlaurylsulfat, welches zu einer Konformationsänderung und Oxidation des Hämoglobins führt. An die dadurch freiwerdende Bindungsstelle bindet das Sodiumlaurylsulfat letztendlich, sodass dieser Komplex ebenfalls fotometrisch bestimmt werden kann.
Während der ADVIA® 120 (Fa. Siemens Healthcare Diagnostics, Eschborn) noch die Zyanhämoglobinmethode verwendet, kommt in neueren Geräten (ADVIA® 2120) ebenfalls die zyanfreie Detektionen zum Einsatz. Neben dieser Messung des freien Hämoglobins im Plasma findet eine zweite, zellbasierte Hämoglobinmessung statt. Dabei wird der Hämoglobingehalt jedes Erythrozyten evaluiert und in dem Parameter CHCM (cell hemoglobin concentration mean) angegeben. Dieser ist mit dem MCHC vergleichbar, bei dem es sich jedoch um einen kalkulierten Parameter handelt. Weiterhin wird der CHCM, im Gegensatz zum MCHC, nicht durch Hämolyse oder Lipämie beeinträchtigt. Lediglich Patienten mit Heinz-Körperchen auf den Erythrozyten können einen falsch hohen CHCM-Wert aufweisen, da es hier zu Veränderungen der Lichtstreuung an den Erythrozyten kommt.

Technik

Die automatisierten Methoden variieren je nach Hersteller. Die Technik richtet sich daher nach den jeweiligen Angaben.

Referenzbereiche

Die Referenzbereiche für Hämoglobin sind in **Tabelle 11.9** dargestellt.

Tab. 11.9 Referenzbereiche für Hämoglobin für verschiedene Tierarten

Tierart	Hämoglobinkonzentration	
	g/dl	mmol/l
Hund	13,2–19,0	8,2–11,8
Katze	9,0–15,0	5,6– 9,3
Pferd	11,0–17,0	6,8–10,6
Rind	9,0–14,0	5,6– 8,7
Schaf	8,7–12,8	5,4– 7,9
Ziege	8,0–12,5	4,9– 7,8
Schwein	10,8–14,8	6,7– 9,2

Tab. 11.10 Referenzbereiche für MCHC für verschiedene Tierarten

Spezies	MCHC-Konzentration	
	g/dl	mmol/l
Hund	32–36	20–22
Katze	31–36	20–23
Pferd	31–36	19–22
Rind	31–34	19–21
Schaf	29–34	18–21
Ziege	28–31	17–19
Schwein	30–35	19–22

Umrechnungsfaktoren

- SI-Einheit: × 0,6207 (mmol/l)
- konventionelle Einheit: × 1,611 (g/dl)
  - g/dl → g/l: Faktor 10
  - g/l → g/dl: Faktor 0,1

Bewertung

Die Bewertung erfolgt wie beim Hämatokrit (siehe dort).

Erythrozytenindizes

Die Indizes werden aus den drei Grundgrößen, Hämatokrit, Erythrozytenzahl und Hämoglobin, berechnet. Je nach Reproduzierbarkeit (Präzision) der Grundgrößen wechselt auch die Präzision der Indizes.

Mittlere Hämoglobinkonzentration der Erythrozyten (MCHC = mean corpuscular hemoglobin concentration)

Die MCHC dient der Diagnose hypochromer Anämien (z. B. Eisenmangelanämien). Ihr Vorteil liegt in der Verwendung der beiden gut reproduzierbaren Messgrößen Hämatokrit und Hämoglobin. Die MCHC lässt sich daher leicht ermitteln und ist sehr präzise. Sie errechnet sich nach der Formel:

$$\text{MCHC} = \frac{\text{Hb} \times 100}{\text{Hkt}}$$

▶ Einheiten

- konventionelle Einheiten: Hb (g/dl), Hkt (%), MCHC (g/dl)
- SI-Einheiten: Hb (mmol/l), Hkt (l/l), MCHC (mmol/l)

Referenzbereiche

Die Referenzbereiche für die MCHC-Werte sind in **Tabelle 11.10** gelistet.

Umrechnungsfaktoren

- SI-Einheit: × 0,6207 (mmol/l)
- konventionelle Einheit: × 1,6110 (g/dl)

Bewertung

▶ MCHC ↑

- Irrtum

▶ MCHC ↓
- Retikulozytose
- Normoblastenvermehrung
- Eisenmangel
- Eiweißmangelernährung

▶ MCHC ±
- gleichzeitige Verminderung des Erythrozytenvolumens und des Hämoglobingehalts
- gleichzeitige Erhöhung des Erythrozytenvolumens und des relativen Hämoglobingehalts (sog. hyperchrome Anämie)
- normochrome Anämien

Mittlerer Hämoglobingehalt der Einzelerythrozyten (MCH = mean corpuscular hemoglobin); HbE = Färbekoeffizient

Der MCH oder HbE gibt den durchschnittlichen Hämoglobingehalt des Einzelerythrozyten an. Seine Genauigkeit hängt in erster Linie von einer exakten Erythrozytenzählung ab. Mit dem MCH gelingt die Unterscheidung von hyperchromer, normochromer und hypochromer Anämie. Der MCH errechnet sich nach der Formel:

$$\text{MCH oder HbE [pg]} = \frac{\text{Hb [g/dl} \times 10]}{\text{Erythrozytenzahl } [10^6/\text{ml}]}$$

oder

$$\text{MCH oder HbE [fmol]} = \frac{\text{Hb [mmol / l]}}{\text{Erythrozytenzahl [T/l]}}$$

Beispiel
Es seien bei einem Hund gefunden worden:
Hb 17,0 g/dl (10,6 mmol/l)
Erythrozyten 7,5 Mio./µl (T/l)

$$\text{MCH} = \frac{17 \times 10}{7{,}5} = 22{,}7 \text{ pg oder}$$

$$\frac{10{,}6}{7{,}5} = 1{,}4 \text{ fmol}$$

▶ Einheiten
- konventionelle Einheiten: Hb (g/dl), Erythrozyten (Mio./µl), MCH (pg)
- SI-Einheiten: Hb (mmol/l), Erythrozyten (T/l), MCH (fmol)

Referenzbereiche

Tabelle 11.11 gibt die Referenzbereiche für MCH- bzw. HbE-Werte an.

Umrechnungsfaktoren

- SI-Einheit: × 0,06207 (fmol)
- konventionelle Einheit: × 16,11 (pg)

Bewertung

▶ MCH bzw. HbE ↑
hyperchrome Anämie

▶ MCH bzw. HbE ↓
hypochrome Anämie

Tab. 11.11 Referenzbereiche für MCH bzw. HbE für verschiedene Tierarten

Spezies	MCH bzw. HbE	
	pg	fmol
Hund	21–27	1,3–1,7
Katze	13–16	0,8–0,9
Pferd	13–19	0,8–1,2
Rind	11–17	0,7–1,0
Schaf	13–14	0,8–0,9
Ziege	8–9	0,5–0,6
Schwein	17–21	1,0–1,3

▶ MCH bzw. HbE ±
normochrome Anämie bei anderweitig ermittelter Anämie

Mittleres Erythrozytenvolumen (MCV = mean corpuscular volume)

Dieser Index gibt das durchschnittliche (mittlere) Volumen der Erythrozyten an. Er errechnet sich aus dem gut reproduzierbaren Hämatokrit und der fehleranfälligeren Erythrozytenzahl. Die Berechnungsformel lautet:

$$MCV = \frac{Hkt \times 10}{Erythrozytenzahl}$$

▶ Einheiten
- konventionelle Einheiten: Hkt (%), Erythrozyten (Mio./µl), MCV ($µm^3$)
- SI-Einheiten: Hkt (l/l), Erythrozyten (T/l), MCV (fl)

Referenzbereiche

Tabelle 11.12 gibt die Referenzbereiche für das MCV an.

Tab. 11.12 Referenzbereiche für MCV für verschiedene Tierarten

Spezies	MCV	
	$µm^3$	fl
Hund	60–77	60–77
Katze	40–55	40–55
Pferd	37–55	37–55
Rind	46–65	46–65
Schaf	34–46	34–46
Ziege	25–31	25–31
Schwein	50–65	50–65

Umrechnungsfaktoren
- SI-Einheit: × 1 (fl)
- konventionelle Einheit: 1 ($µm^3$)

Bewertung
▶ MCV ↑
makrozytäre, hyperchrome Anämie

▶ MCV ↓
mikrozytäre, hypochrome Anämie (Eisen-, Kupfermangel)

▶ MCV ±
normozytäre Anämie bei anderweitig festgestellter Anämie (aplastische normochrome Anämie

Heinz-Innenkörper

Hierbei handelt es sich um eine Degenerationsform des Hämoglobins. Die Heinz-Innenkörper lassen sich mit der gleichen Färbemethode wie die Retikulozyten anfärben und stellen sich als kräftig mittelblau gefärbte, unregelmäßig geformte, klumpige Gebilde dar (s. Abb. 11.30 und 11.31).
Die Erythrozyten weisen im gesunden Stadium keine Heinz-Innenkörper auf. Lediglich bei der Katze kommen auch im offenbar gesunden Zustand einige Innenkörper (≤ 5 %) vor. Es wird angenommen, dass Katzenerythrozyten einerseits empfindlicher gegenüber Oxidanzien reagieren und andererseits die Katzenmilz nicht in der Lage ist, die Erythrozyten mit Heinz-Innenkörpern vollständig aus dem Blut zu entfernen. Eine erhöhte Zahl an Zellen mit Heinz-Innenkörpern oder ihr Auftreten bei anderen Tierarten kann folgende Ursachen haben:
- Einwirkung von Oxidanzien (Acetaminophen, Benzocain, Methylenblau, Phenacetin, Phenylhydrazin, Propylthiouracil)

- Vitamin-K-Behandlung (besonders Vitamin K_3)
- Zwiebelvergiftung

Blutkörperchensenkungsreaktion (BSR)

Die Blutkörperchensenkungsreaktion wird zu den Labilitätsproben gerechnet. Sie leistet als Suchtest gute Dienste. Die **Senkungsgeschwindigkeit** ist von zahlreichen Faktoren abhängig, die die Erythrozyten, das Blutplasma oder beides betreffen können:

- tierartliche Besonderheiten
- Zellzahl
- Zellgröße
- Zellform
- Oberflächenspannung
- Fibrinogengehalt
- Globulingehalt
- Art und Konzentration des Antikoagulans

Die Reaktion ist zwar unspezifisch, aber recht empfindlich. Von **Vorteil** ist ihre leichte Durchführbarkeit. Als **nachteilig** erweist sich besonders bei kleinen Tieren (Katzen, kleine Hunde) die große Blutmenge, die benötigt wird. Die BSR lässt sich nur bei Pferd, Hund und Katze durchführen, da die Erythrozyten der Wiederkäuer und des Schweines im spezieseigenen Plasma kaum reagieren. Beim Pferd konnten erhebliche rassespezifische Unterschiede nachgewiesen werden, die bei der Beurteilung berücksichtigt werden müssen.

Material

Zitratblut: 1 Teil 3,8%ige Natriumzitratlösung + 4 Teile Blut

Im Allgemeinen wird in einer Spritze 0,4 ml Natriumzitrat vorgelegt und bis zur Marke 2 ml Blut aufgezogen.

Prinzip

Das Zitratblut wird in Blutsenkungspipetten nach Westergren, bei sehr kleinen Tieren zur Blutersparnis in pädiatrische Mikropipetten nach Westergren-Katzmeier gegeben, die in spezielle BSR-Gestelle eingespannt sind. Die Blutsenkungsgeschwindigkeit hängt vor allem vom Fibrinogengehalt des Plasmas ab, aber auch von zahlreichen anderen Faktoren (s. oben). Durch Schrägstellen der Pipetten kann die Senkung, insbesondere bei sich langsamer senkendem Blut (Katze, Hund), beschleunigt und damit die Zeit bis zur Ablesung verkürzt werden.

Technik

Es stehen verschiedene Methoden zur Verfügung:

- die Originalmethode nach Westergren mit senkrecht stehender Pipette
- die Westergren-Methode mit um 60° geneigter Pipette (sog. Makro-Schnellmethode)
- Mikromethoden:
  - nach Westergren-Katzmeier, wobei eine Pipette der Länge der Makromethode, jedoch mit einem Durchmesser von nur 1 mm verwendet wird
  - Mikropipette De Hag, 100 mm lang und 0,8 mm im Durchmesser

Die Makro- und Mikromethoden ergeben bei Senkrechtstellung gleiche Werte, wenn die Pipetten gleich lang sind. Für die Schrägmethoden gelten eigene Referenzbereiche. Die Werte der Schräg- und Senkrechtmethoden können nicht ineinander umgerechnet werden.

Referenzbereiche

Die Referenzbereiche für die BSR sind in **Tabelle 11.13** nachzulesen.

Tab. 11.13 Referenzbereiche für die BSR nach unterschiedlichen Methoden für verschiedene Tierarten

Westergren, Makromethode, senkrecht (mm)				
Pferd	**Zeit**			
	10 min	**30 min**	**60 min**	**120 min**
Vollblut	0–0	2–12	4–40	20–80
Warmblut	4–18	3–60	30–110	70–150
Kaltblut	0–60	50–150	100–160	120–160
Pony	0–15	10–100	20–150	80–150
Hund	**Zeit**			
	1 h	**2 h**	**24 h**	
	0–2	2–10	19–35	
Westergren, Makromethode, 60° (mm)				
Hund	**Zeit**			
	30 min			
	20–40			
De Hag, Mikromethode, senkrecht (mm)				
Katze	**Zeit**			
	1 h	**2 h**	**3 h**	
	0–2	2–10	19–35	

Bewertung

▶ BSR ↑

- Infektionskrankheiten
- Urämie
- Resorption von Entzündungsprodukten
- parenterale Proteinresorption
- Anämie
- Leukämie
- Malignome, insbesondere generalisierte

▶ BSR ↓

- Polyglobulie
- Dehydratation
- Kachexie
- Hypoxämie

Blutgruppen bei Hund und Katze

Die beim **Hund** derzeit bekannten Blutgruppen sind DEA 1.1 1.2, 3, 4, 5 und 7 (alte Bezeichnung: A_1, A_2, B, C, D, F, Tr und He). Andere Antigene können auf der Erythrozytenoberfläche exprimiert sein, aber aufgrund fehlender Antikörper nicht detektiert werden. DEA 6 und 8 kommen oft vor (DEA 6 zu 99 %; DEA 8 bei etwa 40 % der Hunde). Das *Dal*-Antigen ist kürzlich entdeckt worden und daher noch nicht bekannt, wie häufig es vorkommt. Besonders unverträglich ist die Blutgruppe DEA 1.1 (und DEA 7). Ihre Übertragung auf dafür negative Hunde kann bei wiederholter Transfusion eine schwere Transfusionsreaktion hervorrufen. Die erste Transfusion vertragen die Tiere gut, da klinisch relevante natürliche Antikörper fehlen.

Bei der **Katze** sind drei Blutgruppen bekannt: A, B und AB. Nach Haarer und Grünbaum (1993) gehören ca. 94 % der Katzen der Blutgruppe A und 6 % der Blutgruppe B an. Weniger als 1 % weisen die Blutgruppe AB auf. Bei 47 % der Katzen wurden natürliche Antikörper gefunden, wobei bei der Blutgruppe A nur zu 45 % Anti-B-Antikörper, bei der Gruppe B dagegen zu 74 % Anti-A-Blutkörper nachzuweisen waren. Übereinstimmend mit neueren Untersuchungen fand sich jedoch bei Katzen der Rasse British Shorthair und Kartäuser gehäuft die Blutgruppe B. Transfusionszwischenfälle sind besonders häufig bei Katzen mit der Blutgruppe B zu erwarten.

Ein **Icterus haemolyticus neonatorum** tritt häufig bei Paarungen »B-Kätzin« × »A-Kater« auf, wobei bei »A-Welpen« die von der Mutter übertragenen Anti-A-Antikörper die Hämolyse auslösen (Haarer und Grünbaum 1993).

Die früher empfohlene **»biologische Vorprobe«**, bei der eine kleine Menge Spenderblut dem Empfänger intravenös injiziert und die Reaktion beobachtet wird, ist obsolet. Selbst kleine Mengen können, besonders bei vorbehandelten Tieren, gegebenenfalls schwere Unverträglichkeitsreaktionen hervorrufen; andererseits kann man auch mit kleinen Mengen eine Sensibilisierung provozieren. Daher sollte heute immer eine **Kreuzprobe** (siehe unten) durchgeführt

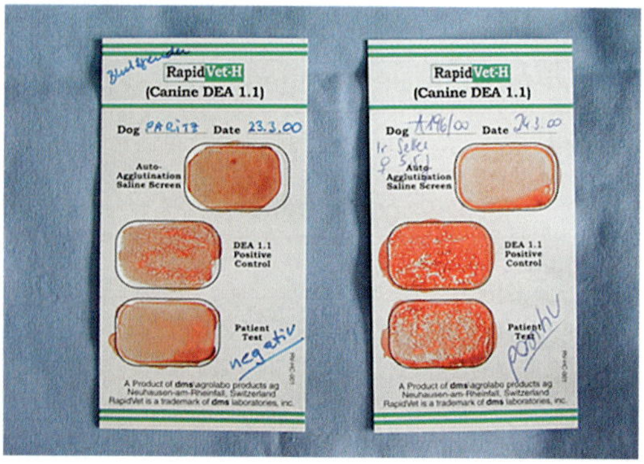

Abb. 11.80 Blutgruppenbestimmung bei Hund und Katze mittels Testkarten (hier Beispiel Hund)

oder die Blutgruppe mit kommerziell erhältlichen Testverfahren (**Abb. 11.80**) ermittelt werden.

Blutgruppen bei Großtieren

Die Blutgruppenbestimmung bei Großtieren ist komplex und wird am besten in kommerziellen Veterinärlabors durchgeführt, da in der Praxis anwendbare Schnelltests aktuell nicht verfügbar sind. So sind z. B. 34 verschiedene Erythrozyten-Antigene von sieben Blutgruppen beim Pferd identifiziert. Rinder weisen mindestens elf und Schafe sieben Blutgruppensysteme auf. Das bedeutet, dass das Auffinden eines Spenders mit identischer Blutgruppe sehr schwierig ist. Eine Verträglichkeitstestung zum Erkennen bereits vorhandener Antikörper soll helfen, schwere Transfusionsreaktionen zu vermeiden. Die Alloantigene Aa und Qa sind beim Pferd am meisten immunogen und für die Mehrzahl der Fälle von equiner neonataler Isoerythrolyse (NI) verantwortlich. Stuten, die die Antigene Aa und Qa nicht haben, produzieren nach Kontakt durch Bluttransfusion oder vorheriger Trächtigkeit Antikörper dagegen. Zur Vermeidung einer neonatalen Isoerythrolyse sollte dies vor einer Trächtigkeit getestet werden.

Verträglichkeitsprüfung (Kreuzprobe)

Technik

- auf das eine Ende eines Objektträgers 1 Tr. Empfängerplasma + 1 Tr. Spendererythrozyten geben = Majorprobe
- auf das andere Ende des Objektträgers 1 Tr. Spenderplasma + 1 Tr. Empfängererythrozyten geben = Minorprobe
- durch vorsichtiges Schwenken mischen
- Unverträglichkeit wird durch **Agglutination** angezeigt.

Blutgruppentestsysteme

Material

1 ml EDTA-Blut

Technik

Die Felder der Testkarten (s. Abb. 11.80) bzw. Teststreifen sind mit Antiseren gegen die Blutgruppenmerkmale beschichtet. Tritt nach Aufbringen von Probandenblut eine Agglutination bzw. eine Bande auf, kennzeichnet dies die entsprechende Blutgruppe.

Erythrozytenantikörper

Erythrozytenantikörper werden bei primärer oder sekundärer **immunvermittelter Anämie (IMHA)** gefunden.

Kochsalzaktive Autoagglutinine

Es bestehen Autoagglutinine (IgG, IgM), die zu einer intravasalen Hämagglutination führen können.

Material

Heparinblut

Technik

Blut auf einen Objektträger geben. Agglutiniert das Blut, ist der Nachweis positiv. Eventuell kann die Agglutination mit Geldrollenbildung verwechselt werden. Gibt man jedoch die gleiche Menge physiologischer Kochsalzlösung hinzu und agglutiniert das Blut erneut, auch nach 3-maligem Waschen mit 0,95%iger NaCl-Lösung oder PBS, gilt Typ I der autoimmunhämolytischen Anämie (AIHA) als nachgewiesen.

Kältehämagglutinine

Sie werden bei Kälte aktiv und führen entsprechend bei Abkühlung des Organismus oder von Körperteilen (Ohren, Schwanz, Füße) zu einer intravasalen Hämagglutination (Klasse IV der AIHA). Siehe auch Coombs-Test unter Kälte (s. S. 136).

Material

EDTA-Blut

Technik

Einige Tropfen Blut auf einen kalten (Kühlschranktemperatur) Objektträger geben und vorsichtig schwenken. Bei Anwesenheit von Kälteagglutininen kommt eine Agglutination zustande, die bei Erwärmung des Blutes auf 38 °C (Brutschrank) verschwindet.

Coombs-Test (Antiglobulintest)

Der Test dient dem Nachweis inkompletter Antikörper gegen Erythrozyten. Unterschieden werden ein direkter und ein indirekter Coombs-Test.

Direkter Coombs-Test

▶ Prinzip

Zu den Probandenerythrozyten wird antiglobulinhaltiges Serum (Coombs-Serum) gegeben. Positiv ist eine deutliche Agglutination. Fällt der Test positiv aus, sind auf den Erythrozyten fixierte Antikörper vorhanden.

▶ Material

EDTA-Blut, Serum

▶ Technik

Erythrozyten des Probanden waschen:

- EDTA-Blut abzentrifugieren und Plasma abpipettieren
- etwa 1 ml des Sediments in ein trockenes Röhrchen füllen
- Röhrchen mit physiologischer Kochsalzlösung auffüllen, zentrifugieren und Überstand verwerfen
- Waschvorgang insgesamt dreimal durchführen

▶ Durchführung

Objektträgermethode

- Erythrozytenaufschwemmung aus 1 Teil gewaschenen Erythrozyten und 2 Teilen physiologischer Kochsalzlösung herstellen und auf einen Objektträger geben:
  - *Probe:* 1 Tr. Erythrozytenaufschwemmung + 1 Tr. Coombs-Serum
  - *Kontrolle:* 1 Erythrozytenaufschwemmung + 1 Tr. phys. Kochsalzlösung
- mit Stab vorsichtig mischen
- 5–10 min in einer feuchten Kammer bei Zimmertemperatur inkubieren
- Bewertung wie bei Röhrchenmethode vornehmen

Röhrchenmethode

- Erythrozytenaufschwemmung aus 1 Teil gewaschenen Erythrozyten und 10 Teilen physiologischer Kochsalzlösung herstellen und in ein Kunststoffröhrchen geben:
  - *Probe:* 2 Tr. Erythrozytenaufschwemmung + 2 Tr. Coombs-Serum
  - *Kontrolle:* 2 Erythrozytenaufschwemmung + 2 Tr. phys. Kochsalzlösung
- mit Stab vorsichtig mischen
- 1–2 min bei etwa 1000 U/min zentrifugieren
- Ablesen: Tritt eine Agglutination ein, liegen Antikörper auf den Erythrozyten vor.

Der Coombs-Test wird auch in einer Verdünnungsreihe mit physiologischer Kochsalzlösung im Verhältnis von 1 Teil Blut bis zu 64 Teilen NaCl-Lösung durchgeführt (1 : 1 bis 1 : 64).

Indirekter Coombs-Test

▶ Prinzip

Zu Testerythrozyten (mit Antikörpern beladen) wird Patientenserum gegeben. Positiv ist wiederum die Agglutination. Der Test dient dem Nachweis zirkulierender Antikörper und eignet sich als Suchtest. Er ist durch die Schwierigkeit limitiert, Testerythrozyten für Hund und Katze zu erhalten.

▶ Material

Testerythrozyten, Probandenserum

▶ Technik

- 2 Tr. Probandenserum + 2 Tr. Testerythrozyten in ein Kunststoffröhrchen geben und vorsichtig mischen
- 30 min im Wasserbad bei 37 °C inkubieren
- 1 min bei 1000 U/min zentrifugieren
- Blutkörperchen 3-mal waschen (s. direkter Coombs-Test)
- 2 Tr. Coombs-Serum zum Sediment geben und mischen
- 1 min bei 1000 U/min zentrifugieren
- Bodensatz aufschütteln
- Ablesen: Tritt eine Agglutination ein, liegen freie Antikörper im Probandenserum vor.

Der Coombs-Test sollte bei Zimmertemperatur und bei 4 °C durchgeführt werden, da Coombs-positive Kälteagglutinine bei einfacher Kälteagglutinationsprüfung nicht immer zur Agglutination führen.

11.5 Interpretation hämatologischer Befunde

Erythrogramm

Die **Erythrozyten** sind hauptsächlich für den Transport des Sauerstoffs verantwortlich, der an das Hämoglobin locker gebunden ist. Der Transport kann nur erfolgen, wenn die Erythrozyten intakt sind und das Hämoglobin in ihnen vorliegt. Nach Hämolyse freigesetztes Hämoglobin ist für den Sauerstofftransport im Wesentlichen ungeeignet.
Die **mittlere Überlebenszeit der Erythrozyten** weist erhebliche tierartliche Unterschiede auf:

- Hund: 120 Tage
- Katze: 70 Tage
- Pferd: 140–150 Tage
- Rind: 160 Tage
- Schwein: 62 Tage

Deutlich abgekürzt ist sie bei hämolytischen Anämien.
Neonaten und Jungtiere besitzen eine deutlich niedrigere Erythrozytenzahl und damit auch eine niedrigere Hämoglobinkonzentration als erwachsene Tiere. Im ersten Lebenshalbjahr gleichen sich die Werte langsam an die der adulten Tiere an. Entsprechend der verstärkten Erythropoese liegt die Retikulozytenzahl in den ersten Lebenswochen deutlich höher als bei adulten Tieren. Diese Verhältnisse müssen berücksichtigt werden, damit Fehlinterpretationen von Werten junger Individuen vermieden werden:

- So sind Hämolgobin- und Erythrozytenkonzentrationen im Referenzbereich für adulte Tiere in den ersten Lebenswochen bereits als erhebliche Hämokonzentration zu bewerten und die Jungtiere entsprechend zu behandeln.
- Umgekehrt sind im Vergleich zu Erwachsenen »anämische« Werte mit Vermehrung der Retikulozyten bei Welpen durchaus als »dem Alter entsprechend« zu bewerten.

Die Erythrozyten bestehen aus:

- dem Stützgerüst oder Stroma
- dem Blutfarbstoff oder Hämoglobin

Hämoglobin setzt sich zusammen aus den Komponenten:

- Häm, dem eigentlichen Farbstoff mit zweiwertigem Eisen (Ferro-Form)
- Globin, einem Protein mit zweimal zwei identischen Peptidketten

Das Blut-Eisen umfasst etwa drei Viertel des **Eisenbestandes des Körpers.** Der Rest findet sich als Speichereisen in Form von Hämosiderin und Ferritin hauptsächlich im Knochenmark, weniger in der Milz; ein geringerer Teil ist im Transferrin, dem Transportglobulin des Eisens, und im Myoglobin, dem Muskelfarbstoff, enthalten. Daneben kommen in einigen Enzymen geringe Eisenmengen vor.
Eisen ist ein in der Nahrung nur beschränkt enthaltenes Metall. Der Organismus geht daher sehr sparsam mit ihm um. Das bei der normalen Zellmauserung der Erythrozyten frei werdende Eisen wird wieder der Hämoglobinsynthese zugeführt. Mit der Nahrung aufgenommenes Eisen wird unter dem Einfluss der Magensalzsäure ionisiert, im Darm resorbiert und an Transferrin gebunden ins Blut abgegeben. In Form des Ferritins erfolgt seine Speicherung in Knochenmark, Leber und Milz.
Der Säugling nimmt mit der Muttermilch nur relativ wenig Eisen auf. Andererseits findet in diesem Lebensalter eine stärkere Synthese von Hämoglobin statt. Die Folge ist eine **hypochrome Anämie,** die gerade

bei den landwirtschaftlichen Nutztieren, vor allem beim Schwein, beträchtliche Auswirkungen entfalten kann. Anämische Individuen entwickeln sich schlecht, sind blass, kümmern, frieren und leiden vermehrt unter Infektions- und Jungtierkrankheiten.

Anämie

Unter **Anämie** versteht man die Verminderung der Erythrozytenzahl, des Hämoglobingehalts und/oder des Hämatokrits unter den Referenzbereich der Spezies, der Rasse und des Alters.

Die **Einteilung** der Anämien kann erfolgen nach:

- ätiologischen Gesichtspunkten
- morphologischen Gesichtspunkten
- reaktiven Gesichtspunkten

Diese schematisierte Einteilung weist natürlich Unschärfen und Übergangsformen auf, eignet sich aber als Wegweiser zur systematischen Abklärung von Anämien. Die morphologischen Kriterien, die es ermöglichen, reaktive von aregenerativen Formen zu unterscheiden, geben Hinweise auf die **Ätiologie**, die wiederum zielgerichtete Therapien ermöglicht.

Diagnostisches Vorgehen bei Anämie

- Ist die Anämie akut oder chronisch (Vorbericht, klinische Untersuchung)?
  - Akute entstandene Anämien (z. B. plötzlicher Blutverlust) verursachen meist weitaus schwerere klinische Symptome als langsam entstandene Anämien (z. B. aplastische Anämien im Zuge von Tumorerkrankungen), da der Körper länger Zeit hatte, sich an die veränderte Sauerstofftransportkapazität zu gewöhnen.
- Ist die Anämie lebensbedrohend (klinische Untersuchung: hypovolämischer Schock, Hypoxie)?
- Ist die Anämie regenerativ oder nichtregenerativ?
  - Retikulozytenzahl (Hund, Katze, Schwein, Rind – sehr selten Pferd)
  - Normochromasie, Hyperchromasie, Hypochromasie, Polychromasie
  - Normoblasten
  - Poikilozytose, Anisozytose
- Ist die Anämie hämolytisch oder nichthämolytisch?
  - intravaskuläre Hämolyse rötlich verfärbte Plasmasäule, Hämoglobinurie
  - extravaskuläre Hämolyse: häufig Hepatosplenomegalie
- Welche Primärkrankheit liegt zugrunde?
  - Infektionskrankheiten, chronische Entzündung
- Besteht eine Knochenmarkreaktion, Knochenmarkkrankheit (Biopsie)?

Einteilung der Anämien

Regenerative Anämien

Den regenerativen Anämien liegt eine Blutung oder Hämolyse zugrunde. Sie kommen außerdem bei Einwirkung bestimmter hämolytischer Toxine vor. Das Knochenmark reagiert durch gesteigerte Bildung von Erythrozyten, um den Zellverlust auszugleichen. Typische Befunde sind erhöhte Retikulozytenzahl und Polychromasie. Im Knochenmark ist das Verhältnis der erythrozytären zur leukozytären Reihe zugunsten der erythrozytären verschoben (niedriges Leukozyten-Erythrozyten-Verhältnis). Im peripheren Blut können die typischen Regenerationszeichen erst drei bis vier Tage nach dem Ereignis beobachtet werden.

Blutungsanämien

▶ Akute Blutungsanämie

Direkt nach einem akuten Blutverlust lassen sich keine Veränderungen des Hämatokritwertes, der Erythrozytenzahl oder der Hämoglobinkonzentration nachweisen. Im Vordergrund steht bei akuten Blutverlusten von 20 % und mehr des Gesamtblutes vielmehr die hypovolämische Kreislaufinsuffizienz in Form von Tachykardie, Blutdruckabfall, peripherer Mangeldurchblutung mit Ischämie (blasse Schleimhäute) bis hin zum Kreislaufschock. Nach einigen Stunden strömt Wasser aus den Geweben ins Gefäßsystem, gefolgt von einem Ersatz des Plasmaproteins. Der Erythrozytenersatz benötigt Wochen.

Laborbefund: zunächst keine Veränderungen; nach einigen Stunden normochrome normozytäre Anämie nachweisbar (bedingt durch Wassereinstrom in das Gefäßsystem): Hämatokrit, Erythrozytenzahl, Hämoglobinkonzentration sinken ebenso wie die Totalproteinkonzentration im Plasma (die Totalproteinkonzentration wird durch den Einstrom von proteinfreiem Gewebswasser verdünnt); nach zwei Tagen beginnende Regeneration der Erythrozyten: erhöhte Retikulozytenzahl, langsamer Anstieg von Hämatokrit, Erythrozytenzahl, Hämoglobingehalt in Verbindung mit abfallenden Erythrozytenindizes MCHC, MCH, MCV, zudem Thrombozytose; auch das Totalprotein erreicht wieder den Referenzbereich nach einigen Tagen.

Vorkommen: Blutungen in Körperhöhlen, ins Gewebe oder nach außen

▶ Chronische Blutungsanämie

Sie entsteht, wenn durch fortgesetzte Verluste von Erythrozyten/Gesamtblut die verlorengehende Menge trotz erhöhter kompensatorischer Erythropoese nicht ausgeglichen werden kann.

Laborbefund: Hämatokrit, Erythrozytenzahl, Hämoglobingehalt vermindert, erhöhte Retikulozytenzahl, MCHC, MCH unverändert, MCV erhöht, später bei erschöpfter Regenerationskapazität hypochrome bis mikrozytäre Anämie (dann Absinken von MCHC, MCH, MCV) möglich – bedingt durch chronischen Eisenmangel. Die Mikrozytose beim Eisenmangel resultiert aus einer zusätzlichen Zellteilung, weil aufgrund des Eisenmangels nicht ausreichend Hämoglobin gebildet werden kann – üblicherweise stoppt der Hämoglobingehalt der Zelle die Zellteilung.

Vorkommen: Endo-, Ektoparasitosen, chronische Sickerblutungen (besonders im Magen-Darm-Trakt – Meläna wird vom Besitzer oft übersehen.

Hämolytische Anämien

Sie entstehen durch einen beschleunigten Abbau von Erythrozyten im Makrophagen/Phagozytensystem oder durch eine intravaskuläre Hämolyse.

Laborbefund: Hämatokrit, Erythrozytenzahl, Hämoglobingehalt vermindert, regenerative Zeichen: Retikulozyten (Hund, Katze, Rind), Polychromasie, Makrozytose, Sphärozyten; z. T. Wärme- oder Kälteagglutination (bei Zimmertemperatur bzw. 4 °C), Coombs-Test z. T. positiv (IgG, IgM, C3), Hyperbilirubinämie, häufig erhöhte Aktivität von LDH und α-HBDH (α-Hydroxybutyrat-Dehydrogenase).

Vorkommen:

- primäre autoimmunhämolytische Anämien (AIHA), einschließlich Lupus erythematodes (selten)
- sekundäre autoimmunhämolytische Anämien durch Viren, Bakterien, Parasiten (Nachweis im Blut; s. Abb. 11.25 und 11.26) oder Neoplasien
- parasitäre Anämien: zusätzlicher Laborbefund: Parasiten (Babesien), Bakterien

(hämotrophe Mykoplasmen, s. Abb. 11.27, oder Eperythrozoon, s. Abb. 11.28) im Ausstrich, Antikörpernachweis
- toxische Anämien (gehen häufig mit Heinz'schen Innenkörperchen einher): Azetaminophen, Kupfer, Zink, Zwiebel

Aregenerative Anämien

Normochrome normozytäre Anämie

Laborbefund: Hämatokrit, Erythrozytenzahl, Hämoglobingehalt vermindert, MCHC, MCH, MCV unverändert
Vorkommen:
- hypoproliferativ:
  - chronische Niereninsuffizienz (Erythropoietinmangel)
  - Hypothyreose
  - (Proteinmangel?)
  - Allgemeinkrankheiten (Tumorose, Entzündung)
  - medikamentös (Östrogen, Chloramphenicol, Phenylbutazon, Zytostatika)
  - toxisch (Blei, Kadmium)
- hypoplastisch, aplastisch:
  - Knochenmarkhypoplasie: idiopathische aplastische Anämie
  - immunogene aplastische Anämie (Knochenmarkaplasie, Panmyelophthise = Panzytopenie = aplastisches Syndrom)

Normochrome makrozytäre Anämie

11

Laborbefund: Hämatokrit, Erythrozytenzahl, Hämoglobingehalt vermindert, MCHC unverändert, MCH, MCV erhöht

Vorkommen:
- FeLV-Infektion
- Vitamin-B_{12}-Mangel
- Folsäuremangel

Hypochrome mikrozytäre Anämie

Laborbefund: Hämatokrit, Erythrozytenzahl, Hämoglobingehalt vermindert, MCHC, MCV, MCH vermindert

Vorkommen:
- Eisenmangel
- (Kupfermangel)
- (Kobaltmangel)

In den Algorithmen 1 (**Abb. 11.81**) und 2 (**Abb. 11.82**) ist das diagnostische Prozedere bei regenerativer und hypo- bzw. nichtregenerativer Anämie aus labordiagnostischer Sicht dargestellt.

Hämokonzentration – Polyzythämie

Man unterscheidet absolute von relativen Polyzthämien (Syn.: Polyglobulien; griech. poly = viel; lat. globulus = Kügelchen). Synonym wird auch der Begriff **Erythrozytose** gebraucht.

> Der **absoluten Polyzythämie** liegt eine Vermehrung der Erythrozyten zugrunde.
> Die **relative Polyzythämie** beruht auf einer Verminderung des Plasmavolumens.

Wie der **Abbildung 11.83** zu entnehmen ist, lässt sich die relative Polyzythämie leicht durch die klinische Untersuchung (Dehydratation) in Verbindung mit dem Vorbericht (Volumenverlust) erkennen. Unter der Voraussetzung, dass nicht gleichzeitig eine Anämie und/oder Hypoproteinämie vorliegt, sind labordiagnostisch erhöhte Werte für Hämoglobin, Hämatokrit, Erythrozytenzahl sowie Plasma-(Serum-)Protein nachzuweisen.
Eine **absolute Polyzythämie** kann einerseits durch verstärkte Sekretion von Erythropoietin, die durch eine Hypoxie oder andere

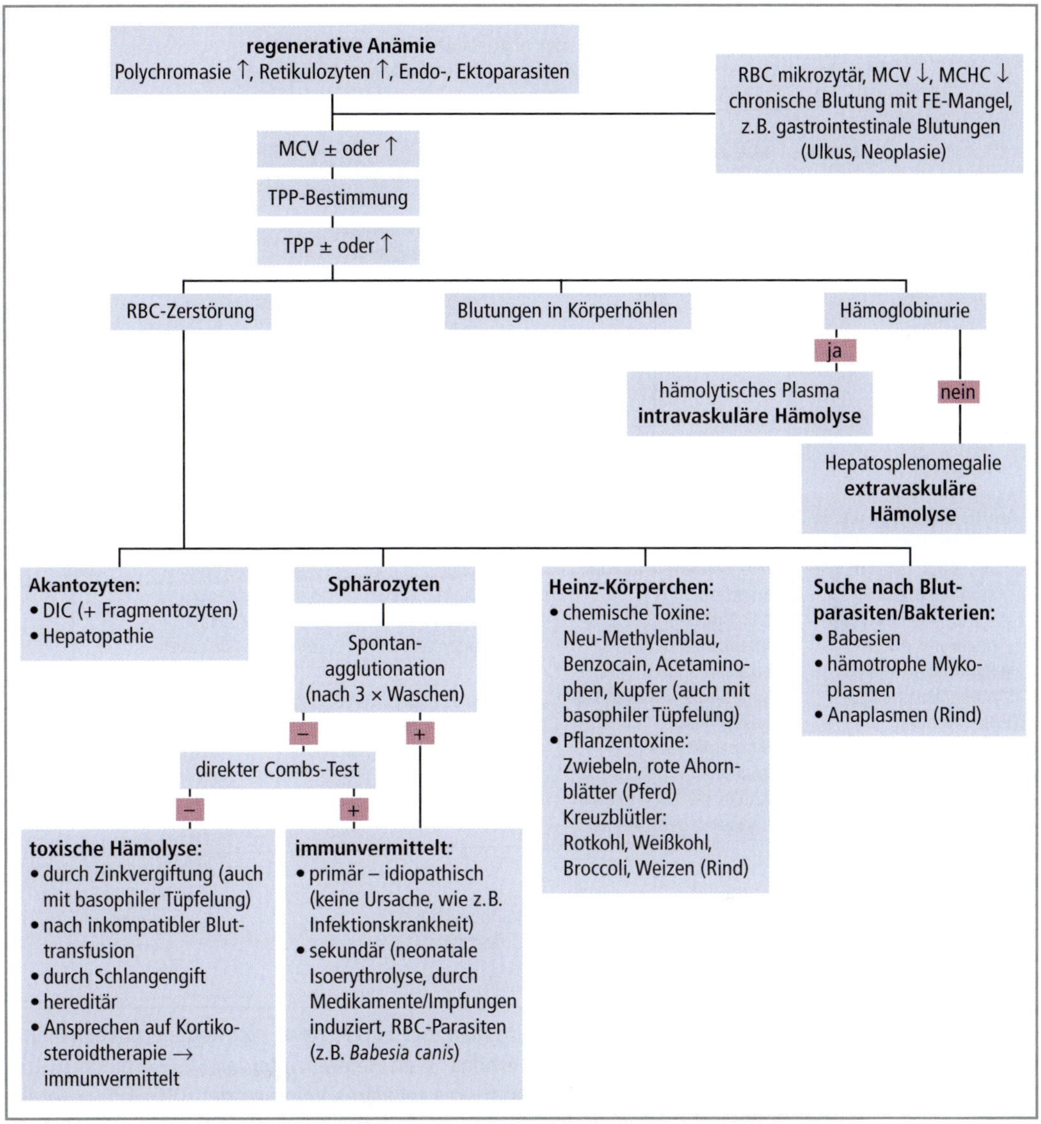

Abb. 11.81 Algorithmus 1 zum diagnostischen Vorgehen bei regenerativer Anämie (übersetzt und modifiziert nach Harvey 2012); ↑ = erhöht, ± im Referenzintervall, ↓ = erniedrigt, RBC = red blood cell count = Erythrozytenzahl, MCV = mittleres zelluläres Volumen der RBC, TPP = Totales Plasmaprotein (Gesamteiweiß)

Faktoren ausgelöst wird, andererseits durch eine idiopathische (tumoröse) Proliferation des roten Knochenmarks (Polycythaemia vera) verursacht werden. Als Ursachen für eine Hypoxie kommen – neben dem bei Haustieren seltenen längeren Aufenthalt in großen Höhen – hauptsächlich Lungen- und Herzkrankheiten infrage. Im Blut lassen sich eine erhöhte Erythropoietinkonzentration und ein verminderter arterieller Sauerstoff-

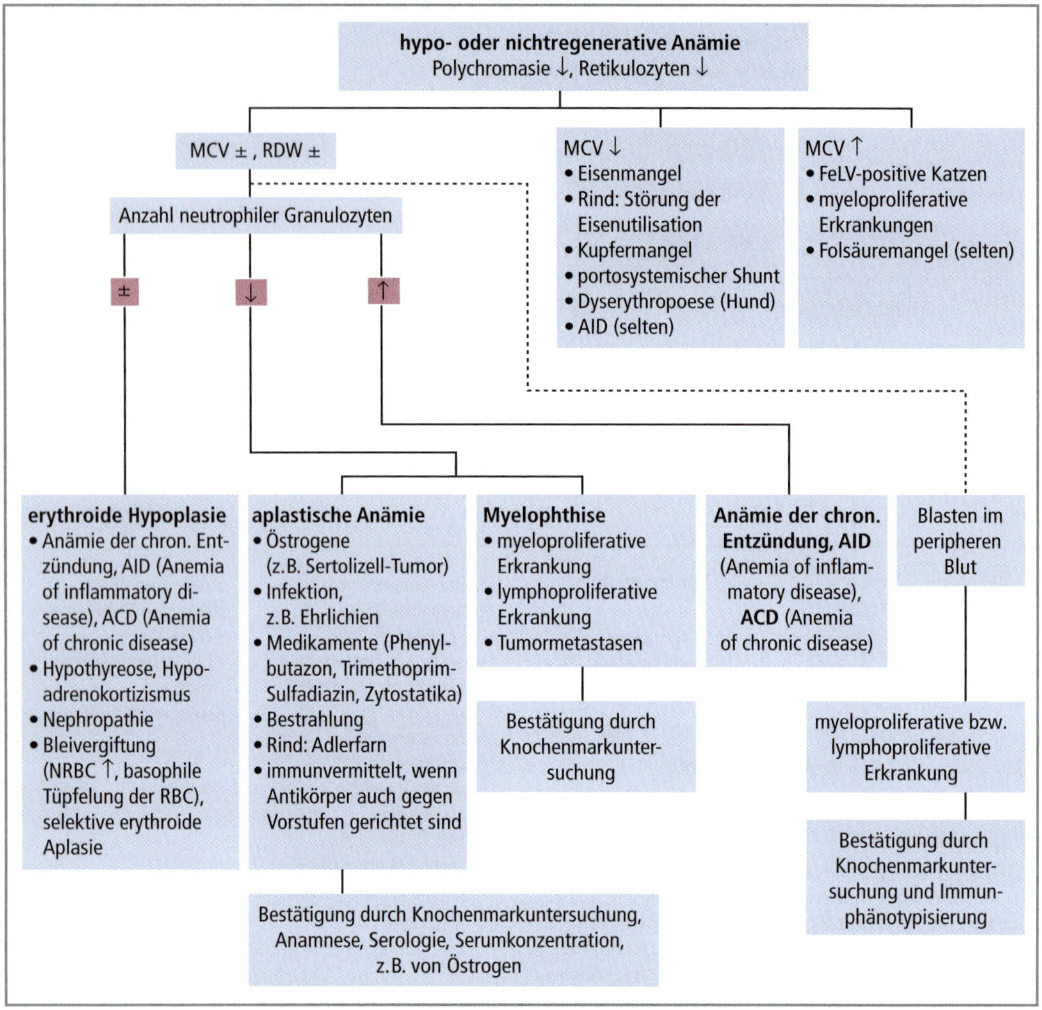

Abb. 11.82 Algorithmus 2 zum diagnostischen Vorgehen bei hypo- bzw. nichtregenerativer Anämie (übersetzt und modifiziert nach Harvey 2012); ↑ = erhöht, ± im Referenzintervall, ↓ = erniedrigt; RBC = red blood cell count = Erythrozytenzahl, MCV = mittleres zelluläres Volumen der RBC, TPP = Totales Plasmaprotein (Gesamteiweiß), AID = anemia of inflammatory diseases, ACD = Anemia of chronic disease, NRBC = nucleated RBC = kernhaltige Erythrozyten, FeLV = felines Leukämie-Virus

11

partialdruck nachweisen. Eine gesteigerte Erythropoietinkonzentration bei unverändertem pO_2-Druck findet sich bei bestimmten Nierenkrankheiten: Nierenkarzinome, -lymphome, -fibrosarkome, -adenome, selten Zysten, Pyelitis.

Leukogramm

Bewertung der Gesamtleukozytenzahl

Die Gesamtleukozytenzahl ist hoch variabel und kann sich in kurzer Zeit ändern. Daher sollte die Untersuchung bei schweren Krankheitsverläufen engmaschig wie-

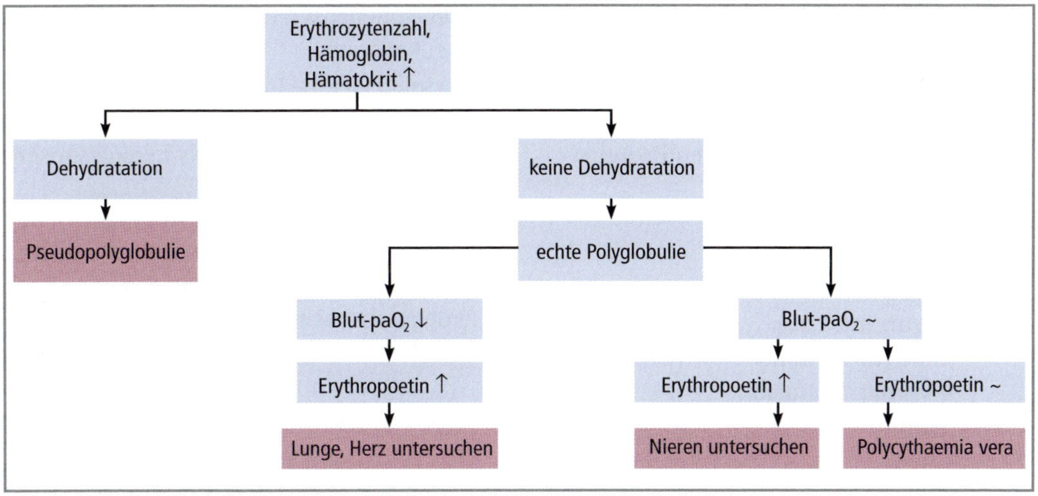

Abb. 11.83 Differenzialdiagnose der Polyzythämie (Polyglobulie)

derholt werden (alle 24 Stunden; bei Verschlechterung des Krankheitsbildes auch öfter). Generell sind Leukopenien prognostisch vorsichtiger zu beurteilen als reifzellige Leukozytosen. Ein plötzliches Absinken der Leukozytenzahl ohne Verbesserung des klinischen Befundes ist ebenfalls als prognostisch ungünstig zu bewerten.

Das Fehlen einer Leukozytose, insbesondere bei deutlicher klinischer Symptomatik, muss gewertet werden, da dies ein Hinweis auf einen hochakuten Prozess sein kann, bei dem Leukozyten massiv verbraucht werden. Oder es kann eine Nebennierenunterfunktion vorliegen und aufgrund des Mangels an Nebennierenrindenhormonen eine physiologische Stressreaktion ausbleiben!

Bewertung

▶ Gesamtleukozytenzahl ↑ = Leukozytose

Physiologische Leukozytose

Steigerung des Blutdrucks durch:

- Aufregung, Furcht (fremde Umgebung, Behandlung durch fremde Personen, schlechte Erfahrung durch frühere Behandlung) – dadurch kommt es zur Mobilisierung des marginalen Pools in den zirkulierenden Pool
- Erwartungshaltung
- körperliche Belastung
- Tachykardie
- Geburt

Pathologische Leukozytose

- prinzipiell reversibel
  - Entzündungen
  - Infektionskrankheiten, systemisch oder lokal mit Allgemeinwirkung durch Bakterien, Pilze, Protozoen, Rickettsien
  - endogene Intoxikationen
    - Urämie
    - Diabetes mellitus, besonders Ketoazidose
    - Darmtoxine
  - exogene Intoxikationen (nicht regelmäßig)
    - Blei

    - Thallium
    - Quecksilber
    - Natriumchlorat
    - Phenacetin
  - Resorption körpereigenen Proteins
    - Hämatome
    - Muskelkrankheiten
    - Tumoren
  - Applikation körperfremden Proteins
    - Seruminjektion
    - Bluttransfusion
    - Plasmatransfusion
    - (Impfung)
  - endokrin
    - Hyperadrenokortizismus (Cushing-Syndrom)
    - Hyperthyreose
    - Anwendung von
      - Kortikosteroiden
      - ACTH
      - Thyroxin
      - Trijodthyronin
      - TSH
      - Adrenalin
  - Krankheiten des ZNS
    - Tumoren
    - Blutungen
    - Traumen
    - Enzephalitiden
    - Krampfzustände inkl. epileptische Anfälle
  - Schock
  - Überempfindlichkeitsreaktionen
- prinzipiell irreversibel
  - Leukämien (mit leukämischem Blutbild)
  - bovine Leukozyten-Adhäsions-Defizienz (BLAD) bei bestimmten Linien von DSB-(HF-)Rindern oder die canine Leukozyten-Adhäsions-Defizienz (CLAD) beim Irish-Setter

11

▶ Gesamtleukozytenzahl ↓ = Leukozytopenie (Leukopenie)

Prinzipiell ist eine Leukopenie bei Vorliegen schwerer klinischer Symptome wesentlich gefährlicher einzustufen als Leukozytosen.

Besonders gefährlich ist ein Absturz der Leukozytenkonzentration auf subnormale Werte, wenn die klinischen Erscheinungen keine Besserung aufweisen – dies kann ein Hinweis auf einen beginnenden septischen Schock sein.

- virale Infektionskrankheiten (besonders Parvovirosen, Schweinepest)
- Schock, Kreislaufinsuffizienz
- Blutdruckabfall
- erhöhter Leukozytenverbrauch (häufig jedoch gleichzeitig auch Ausdruck eines Schocks):
  - perakute Peritonitis
  - perakute Pleuritis
  - Endometritis
  - Salmonellose (Pferd)
- verminderte Bildung:
  - Östrogene (Hund)
  - Zellgifte
    - Zytostatika (Chlorambucil, Vincristin, Cyclophosphamid, Busulfan u. a.)
    - Benzol
    - Phenylbutazon
    - Metimazol
    - Chloramphenicol (Katze)
- zyklische Neutropenie der silbergrauen Collies
- Myelosklerose
- Panmyelophthise
- Knochenmarkatrophie

In den Algorithmen 3 (**Abb. 11.84**) und 4 (**Abb. 11.85**) ist das diagnostische Prozedere bei Leukozytose und Leukopenie aus labordiagnostischer Sicht dargestellt.

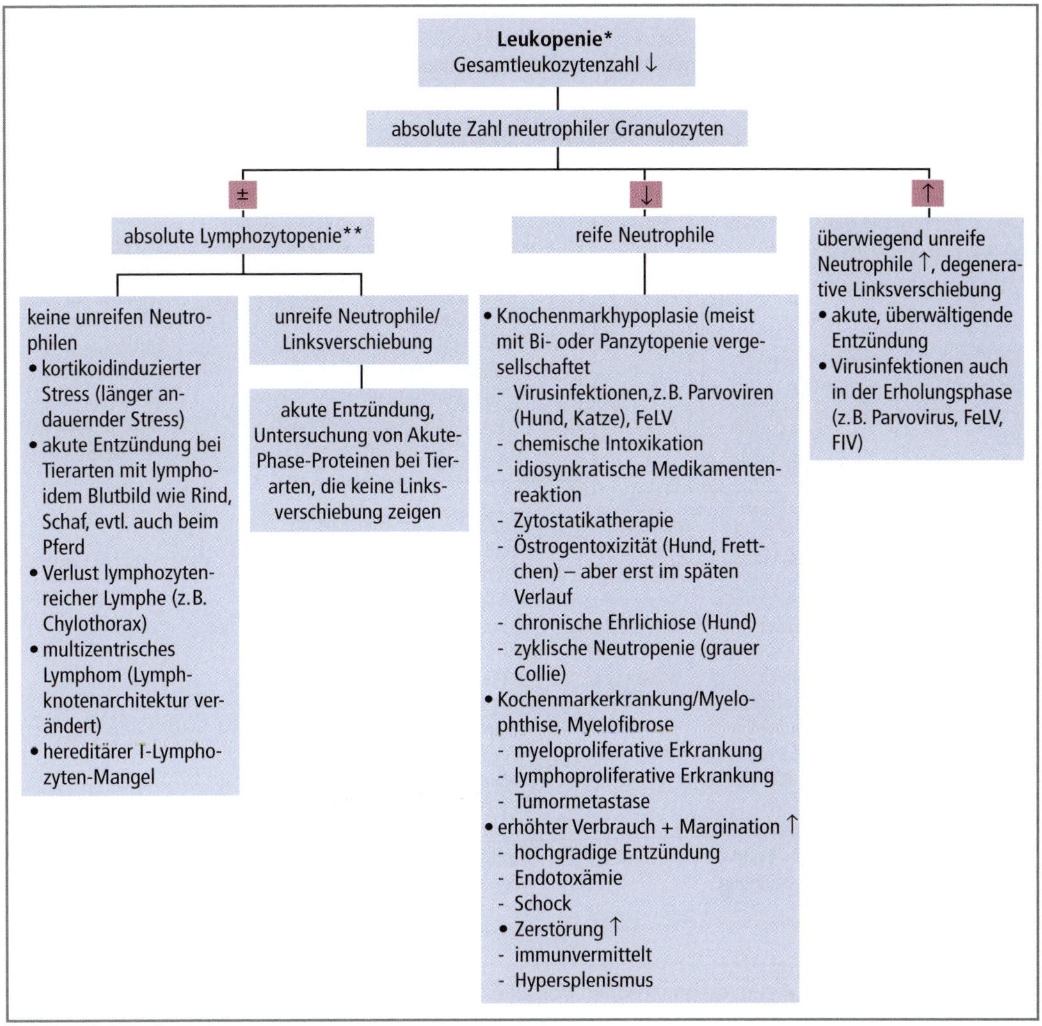

Abb. 11.84 Algorithmus 3 zum diagnostischen Vorgehen bei Leukozytose (übersetzt und modifiziert nach Harvey 2012); * persistierende Leukopenie durch Knochenmarkuntersuchung bestätigen, ** tritt bei Tieren mit lymphozytärem Blutbild auf (Wiederkäuer, gelegentlich Pferd), ↑ = erhöht, ± = im Referenzintervall, ↓ = erniedrigt, fehlt, FeLV = felines Leukämie-Virus, FIV = felines Immundefizienz-Virus

Tierartliche Besonderheiten

Hund

Der Hund weist ein **neutrophiles Blutbild** auf. Es reagiert außerordentlich empfindlich auf innere und äußere Einflüsse. So können schon geringe Noxen – beispielsweise Aufregung durch Warten im Wartezimmer, bei der Untersuchung oder Blutentnahme – zu einer erheblichen Leukozytose mit Neutrophilie führen. Ebenso rasch kann sich eine aufregungsbedingte Neutrophilie zurückbilden. Dies wird auf eine starke Variabilität des marginalen Leukozytenpools zurückgeführt. Auch akute Entzündungen ziehen sehr rasch eine erhebliche Leukozytose nach

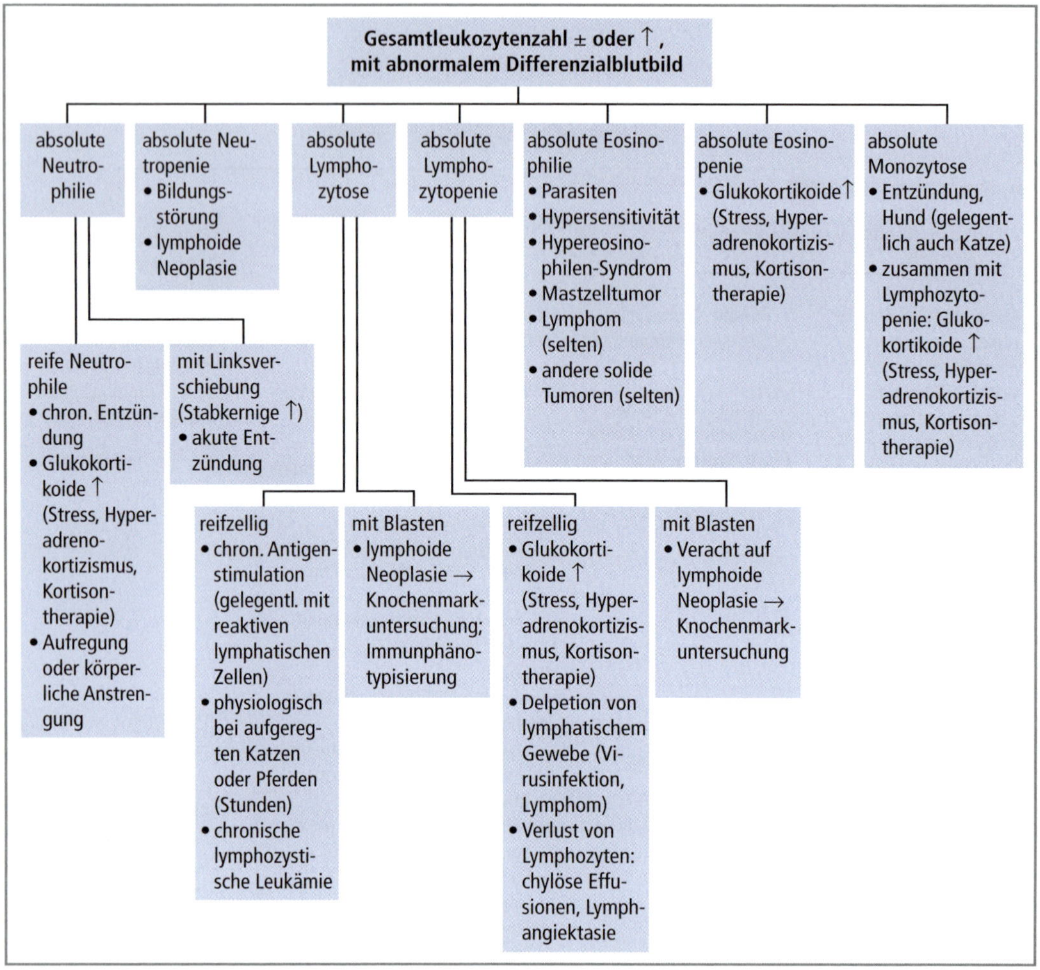

Abb. 11.85 Algorithmus 4 zum diagnostischen Vorgehen bei Leukopenie (übersetzt und modifiziert nach Harvey 2012); ↑ = erhöht, ± = im Referenzintervall, ↓ = erniedrigt/fehlt

11

sich. Dadurch ist die verlässliche Ermittlung eines Referenzbereichs außerordentlich erschwert. Diese Besonderheiten müssen bei der Interpretation des Blutbildes bei dieser Tierart berücksichtigt werden.

In der Literatur werden verschiedentlich Hinweise gegeben, dass die **Gesamtleukozytenzahl bei Welpen** höher sei als bei Erwachsenen. So wird eine Zahl von 7000/µl bei einem Welpen schon als geringgradige Leukopenie betrachtet. Allerdings wurden die meisten Untersuchungen ausschließlich an Beagles durchgeführt, was keine allgemeinen Rückschlüsse auf »den Hund« erlaubt. Auch die Haltung spielt eine Rolle: im Freien gehaltene Hunde weisen eine höhere Leukozytenzahl auf als in Gebäuden gehaltene. Es ist bekannt, dass junge Hunde eine Tendenz zur Lymphozytose aufweisen.

Eosinophile Granulozyten zeigen unterschiedlich große, graurosafarbene Granula, wobei bisweilen blaue Granula eingelagert sein können. **Basophile Granulozyten** sind selten. Sie weisen meist nur wenige dunkelviolette Granula auf.

Katze

Noch schwieriger als beim Hund ist der Referenzbereich bei der Katze zu ermitteln. Katzen reagieren sehr stark auf äußere Beeinflussungen, besonders mit Aufregung bei der Blutentnahme. Dies zeigen Vergleiche zwischen sedierten und nichtsedierten Tieren (W. Kraft, eigene Untersuchungen). Es ist daher wichtig, zu berücksichtigen, ob die Katze bei der Blutentnahme erregt war oder nicht. Möglicherweise ist hierauf auch zumindest ein Teil der höheren Leukozytenzahlen bei Jungtieren zurückzuführen.
Die **eosinophilen Granulozyten** zeigen längliche bis stäbchenförmige, hellrosa Granula. Basophile Granulozyten sind selten; ihre blassbläulichen Granula können bei nicht absolut optimaler Färbung mit denen der Eosinophilen verwechselt werden.
Neutrophile Granulozyten mit sehr großen Granula und gleichzeitig auftretenden Gerinnungsstörungen (gestörte Thrombozytenfunktion) kommen beim autosomal rezessiv erblichen Chediak-Higashi-Syndrom vor.

Pferd

Eventuell bestehende Unterschiede zwischen den Rassen und Geschlechtern sind nicht so ausgeprägt, dass sie von diagnostischer Bedeutung werden könnten. Gleiches gilt für Altersunterschiede. Dagegen zeigen Vollblüter eine Tendenz zu einem höheren Anteil an Lymphozyten als an neutrophilen Granulozyten.
Die Leukozyten reagieren bei Pferden wesentlich träger und weniger deutlich als beim Hund und der Katze. So ist eine absolut geringe Erhöhung, etwa der Neutrophilen, diagnostisch ernster zu nehmen als bei den Karnivoren.
Die **eosinophilen Granulozyten** weisen große, blasenförmige, deutlich rötlich gefärbte Granula auf. Die **basophilen Granulozyten** können nahezu regelmäßig im peripheren Blut nachgewiesen werden und erscheinen angefüllt mit zahlreichen tiefblauschwarzen Granula.

Rind

Bereits Rinderfeten besitzen wie die erwachsenen Tiere ein **lymphozytäres Blutbild**. Zum Zeitpunkt der Geburt besteht jedoch zwischen den Neutrophilen und Lymphozyten ein ausgeglichenes Verhältnis. Post natum steigt die Leukozytenzahl an und liegt in den ersten drei Lebensjahren höher als bei den adulten Rindern. Altersabhängig nimmt die Zahl der Monozyten ab, die der Eosinophilen steigt deutlich an. Laktierende Kühe weisen eine geringere Leukozytenzahl auf als nicht laktierende. Der Einfluss von Trächtigkeit, Rasse, Geschlecht sowie Höhenlage ist gering. Dagegen spiegelt das Leukogramm während des Partus für ca. 24 Stunden den Stresseinfluss mit Leukozytose und zum Teil eine Linksverschiebung wider.
Morphologisch sind die Eosinophilen und die Basophilen gegenüber denen des Pferdes etwas kleiner, die Neutrophilen und die Lymphozyten etwas größer. Die Granulierung, besonders die der Eosinophilen, ist wesentlich feiner.

Schaf

Es liegen ähnliche Verhältnisse wie beim Rind vor. Auch das Schaf weist also ein **lymphozytäres Blutbild** auf.

Ziege

Wie Rind und Schaf zeigt auch die Ziege ein **lymphozytäres Blutbild.** In den ersten

Lebenstagen steigen die absolute Leukozytenzahl und die Lymphozytenzahl an.

Schwein

Die **Leukozytenzahl** ist beim Schwein höher als bei den übrigen Haussäugetieren – vermutlich durch den entnahmebedingten Stress. Das Verhältnis von Lymphozyten zu neutrophilen Granulozyten kann beim erwachsenen Schwein zugunsten der Lymphozyten verschoben sein. Bei der Geburt hat das Ferkel dagegen wie das Rind ein ausgesprochen neutrophiles Blutbild, das sich jedoch bereits in den ersten Lebenstagen dem des erwachsenen Schweines angleicht.

Material

EDTA-, Heparin-, Zitratblut, Nativblut

Prinzip

Für das Differenzialblutbild wird ein Ausstrich angefertigt und nach den oben beschriebenen Methoden gefärbt. Die besten Ergebnisse lassen sich auch hier mit der panoptischen Färbemethode nach Pappenheim erzielen. Manche der anderen Färbemethoden ergeben unterschiedliche Anfärbungen der Leukozyten, sodass man sich in jede Färbung einarbeiten muss, was allerdings rasch möglich ist.

Technik

Für die Bestimmung des Differenzialblutbildes mit Geräten gilt das im Abschnitt »Automatisierte Blutzellzählung« gesagte.

Ausstrichtechnik und Färbung

Durchführen wie bei den Erythrozyten beschrieben.

Differenzierung

- Präparat mäanderförmig durchmustern und dabei alle Leukozyten differenzieren
- Ergebnis in einer Strichliste oder mittels eines manuellen Zählgerätes erfassen, bis 300 Zellen differenziert sind (in praxi werden oft nur 100 Zellen differenziert, was den statistischen Fehler erheblich vergrößert)
- anschließend die Relativ-(Prozent-)Zahlen ermitteln und unter Zugrundelegung der Gesamtleukozytenzahl die absoluten Zahlen errechnen

Referenzbereiche

siehe Übersicht S. 149 unten
Die Referenzbereiche für die Gesamtleukozytenzahl sind in **Tabelle 11.14** und **11.15** angegeben.
Zur Differenzierung der Granulozyten sowie zur Beurteilung der Normozyten ist ein Blutausstrich unumgänglich.

Kinetik der neutrophilen Granulozyten

Das primäre Aktionsgebiet der Granulozyten (Myelopoese der neutrophilen Granulozyten, Abb. 11.86) wie auch der anderen Leukozyten ist nicht das periphere Blut, sondern das Gewebe, wo sie einige Minuten bis Tage überleben und ihre Funktion bei der Abtötung und Phagozytose (Granulozyt = Mikrophage) von Mikroorganismen ausüben (**Tab. 11.16**). Im Blut (einer Durchgangsstation) befinden sich die neutrophilen Granulozyten für einige Stunden (Halbwertszeit beim Hund: 6,7 Stunden), wobei sie entweder zirkulieren (zirkulierender bzw. zentraler oder axialer Granulozytenpool, dieser wird durch Leukozytenzählung erfasst) oder aber an den Gefäßendothelien je nach Aktivierungszustand entlangrollen (»rolling«)

Tab. 11.14 Referenzbereiche für das Differenzialblutbild: relative Zahlen (in Prozent)

Differenzialblutbild	Hund	Katze	Pferd	Rind	Schaf	Ziege	Schwein
neutrophile Stabkernige	0–4	0–4	0–6	0–3	0–2	0–2	0–7
neutrophile Segmentkernige	55–75	60–78	45–70	25–45	20–45	30–48	10–39
Lymphozyten	13–30	15–38	20–45	45–65	40–65	50–70	49–85
Monozyten	0–4	0–4	0–5	2–6	2–6	0–4	0–5
Eosinophile	0–6	0–6	0–4	1–10	1–10	1–8	0–6
Basophile	selten (bis 1)	selten (bis 1)	0–2	0–2	0–3	0–1	0–2

Tab. 11.15 Referenzbereiche für das Differenzialblutbild: absolute Zahlen (konventionell: /µl; SI: $\times 10^6$/l))

Differenzialblutbild	Hund	Katze	Pferd	Rind	Schaf	Ziege	Schwein
neutrophile Stabkernige	0–500[1]	0–600[1]	0–600	0–200	0–200	0–200	0–1500
neutrophile Segmentkernige	3000–9000	3000–11 000	3000–7000	1000–3500	700–4000	1200–6200	1000–8200
Lymphozyten	1000–3600	1000–4000	1500–4000	2500–5500	2000–4000	2000–8000	6000–16 000
Monozyten	40–500	40–500	40–400	0–330	0–700	0–400	0–1000
Eosinophile	40–600	40–600	40–350	300–1500	100–1000	50–600	0–1300
Basophile	0–100	0–100	0–150	0–100	0–300	0–120	0–50

1 Bei Hund und Katze kann durch Aufregung besonders die Zahl der neutrophilen Granulozyten erhöht sein.

bzw. angeheftet sind (Adhäsion; marginaler Granulozytenpool, durch Leukozytenzählung nicht erfasst). Beide Pools sind untereinander austauschbar, d.h., Granulozyten vom marginalen Pool können zum zirkulierenden Pool überwechseln und umgekehrt. Dieser Austausch findet besonders bei Aufregung bzw. körperlicher Anstrengung statt. Durch die Blutflussbeschleunigung werden die Neutrophilen vom marginalen in den axialen Pool geschwemmt, was dann zu einer Leukozytose mit Neutrophilie führt. Einmal ins Gewebe eingedrungen, können normale Granulozyten nicht mehr ins Blut zurückkehren. Übersteigt der Bedarf in der Peripherie die Kapazität des zirkulierenden und marginalen Granulozytenpools (= intravasales Kompartiment), so wird auf die sich teilweise überlappenden Kompartimente im Knochenmark zurückgegriffen: auf den Vorratsspeicher (= Reservepool mit Stab- und Segmentkernigen), welcher rund 8-mal größer ist als das gesamte intravasale Kompartiment und den Granulozytenbedarf von 3–4 Tagen deckt, und schließlich auf den Reifungspool (Promyelozyt bis Metamyelozyt) sowie den Teilungspool (Proliferationspool: Myeloblast bis Myelozyt; **Abb. 11.86** und **11.87**).

Die **Abbildungen 11.88–11.94** verdeutlichen die Kinetik der neutrophilen Granulozyten bei Aufregung, Stress, akuter sowie überwältigender Entzündung mit Linksverschiebung und chronischer Entzündung.

Bewertung

▶ Neutrophilie

ohne Linksverschiebung; vielfach gleiche Ursachen wie Leukozytose (s. dort)

- **physiologisch** (besonders bei Hund und Katze):
  - Steigerung des Blutdrucks durch
    - Aufregung, Furcht (fremde Umgebung, Behandlung durch fremde Personen, schlechte Erfahrung durch frühere Behandlung)
    - Erwartungshaltung
    - körperliche Belastung
    - Tachykardie
    - Geburt
- **pathologisch:**
  - mit Linksverschiebung
    - akute Entzündungsreaktion
    - Infektionskrankheiten: bakteriell, Protozoen, Mykosen
    - Resorption körpereigenen oder körperfremden Proteins
    - Intoxikationen, endogen oder exogen
    - Tumoren
    - endokrin (Hyperkortisolismus, Hyperthyreose, Östrogenvergiftung [anfangs], Trächtigkeit, Anabolika)
    - ZNS-Krankheiten
    - Überempfindlichkeitsreaktionen
    - posthämorrhagisch
    - hämolytische Anämie
    - systemischer Lupus erythematodes
    - myeloische Leukämie
    - lymphatische Leukämie mit Neutrophilie (Hund, Katze)

Tab. 11.16 Durchschnittliche Überlebenszeit weißer Blutzellen

Zellart	Blut	Gewebe
Mastzellen		Wochen bis Monate
Basophile	6–12 Stunden	10–14 Tage
Neutrophile	6–12 Stunden	2–4 Tage
Eosinophile	Minuten bis 4 Stunden	8–14 Tage
Monozyten	6–12 Stunden	Wochen bis Monate (Makrophagen)
Thrombozyten	5–9 Tage	
B-Lymphozyten	ca. 0,5 Stunden	wenige Tage (wenige überleben länger)
T-Lymphozyten	ca. 0,5 Stunden	bis Monate (wenige überleben länger)

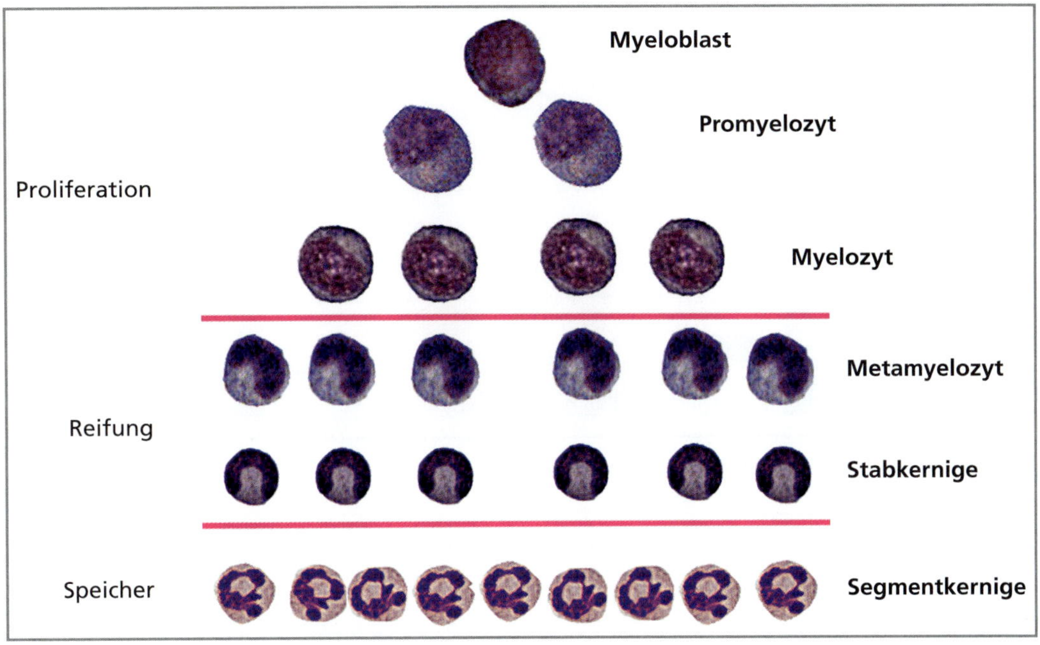

Abb. 11.86 Myelopoese der neutrophilen Granulozyten

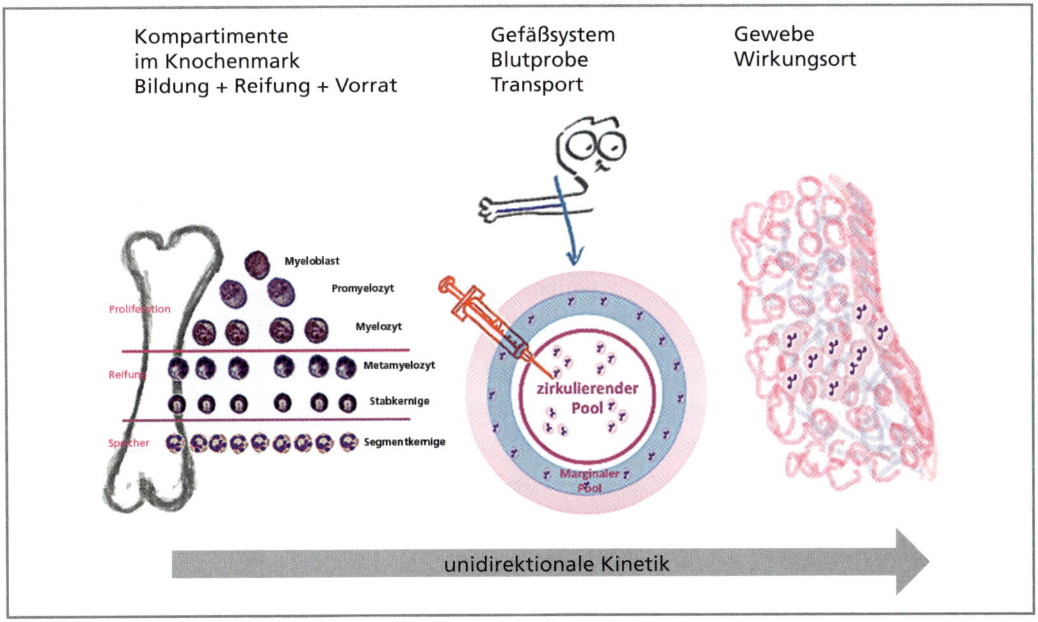

Abb. 11.87 Neutrophilenkompartimente (Schema 1)

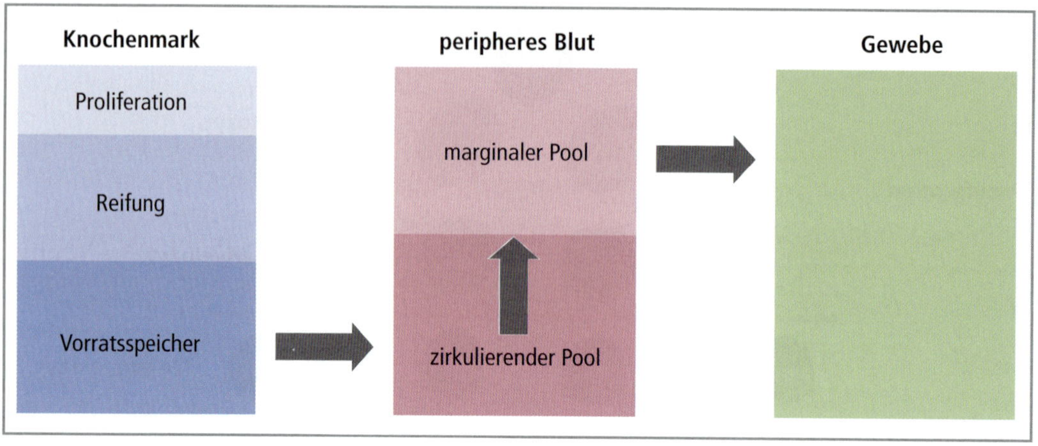

Abb. 11.88 Neutrophilenkompartimente (Schema 2)

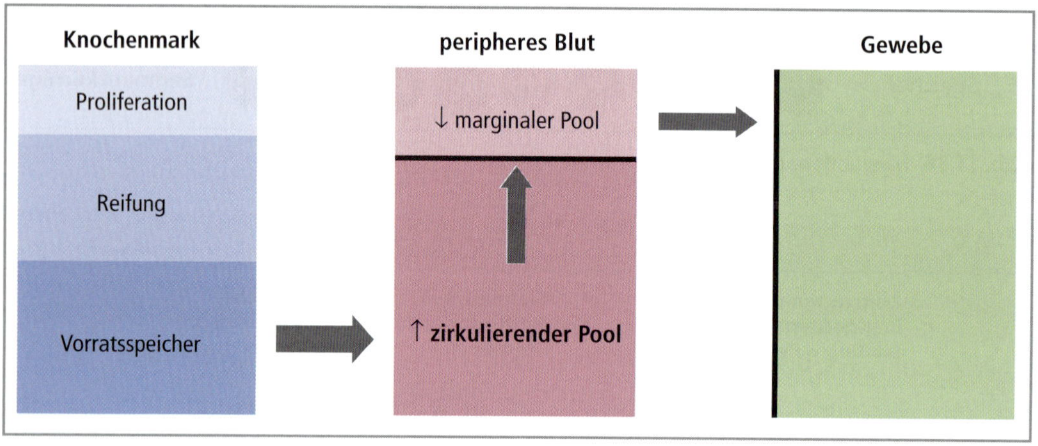

Abb. 11.89 Physiologische Neutrophilie bei Aufregung (Adrenalin-Effekt)

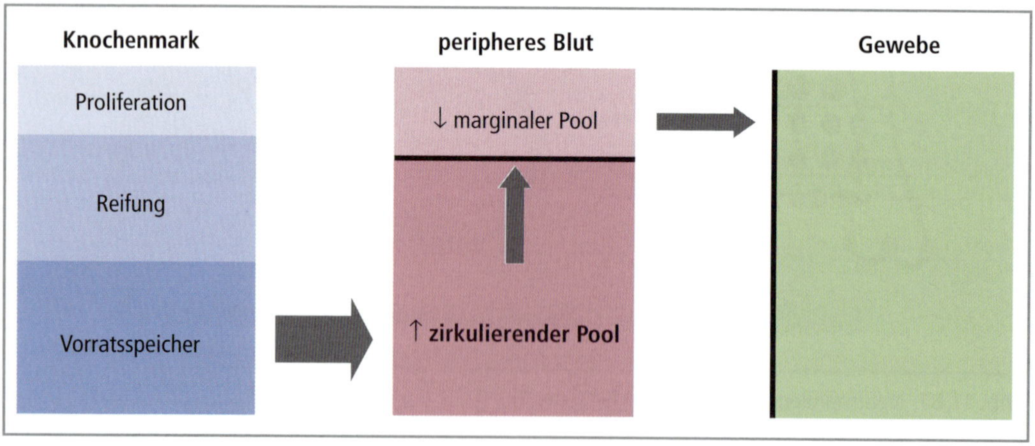

Abb. 11.90 Neutrophilie bei Stress (Kortisol-Effekt)

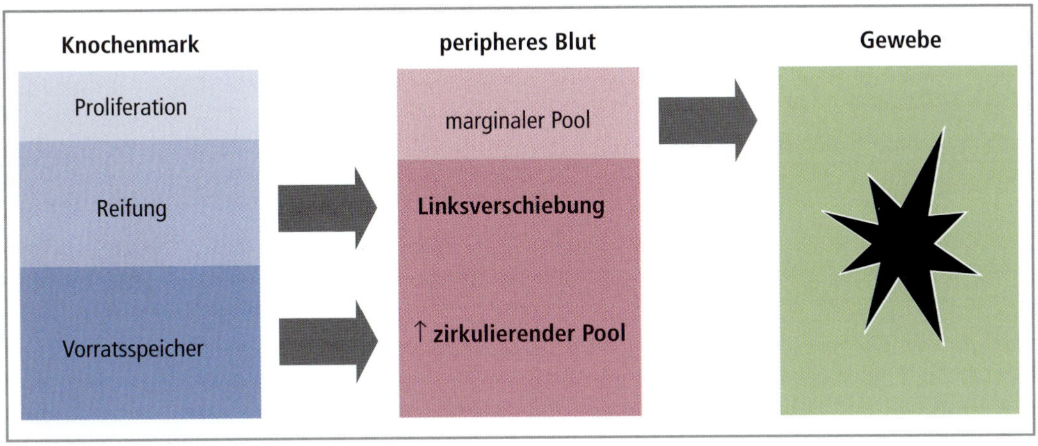

Abb. 11.91 Akute Entzündungsreaktion bei regenerativer Linksverschiebung

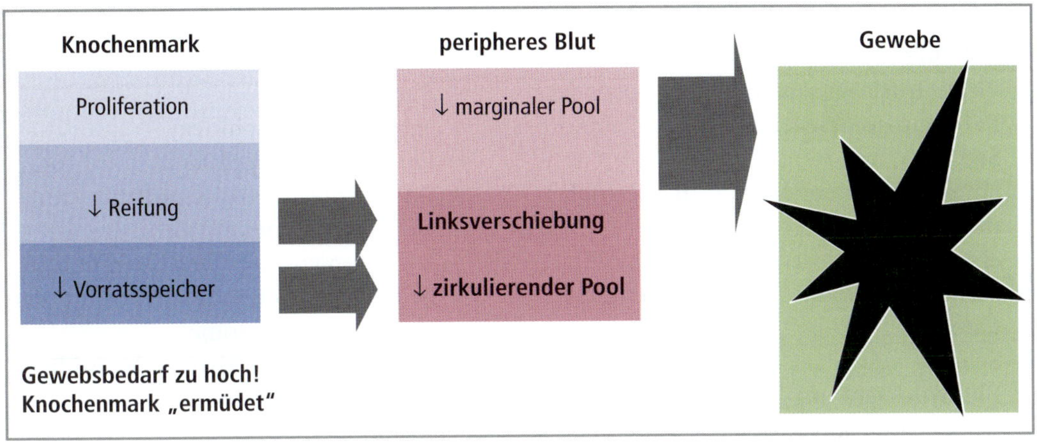

Abb. 11.92 Akute Entzündungsreaktion bei degenerativer Linksverschiebung

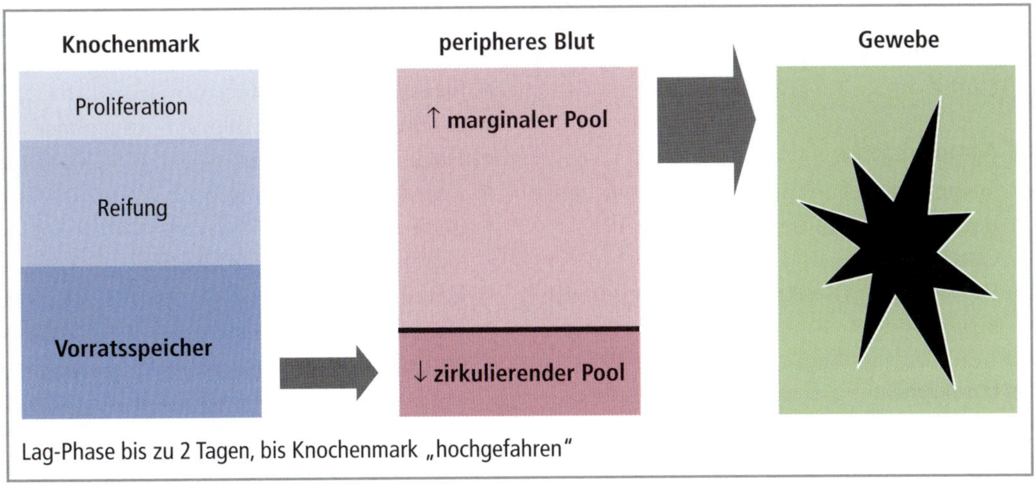

Abb. 11.93 Leukopenie bei hochakuter Entzündung

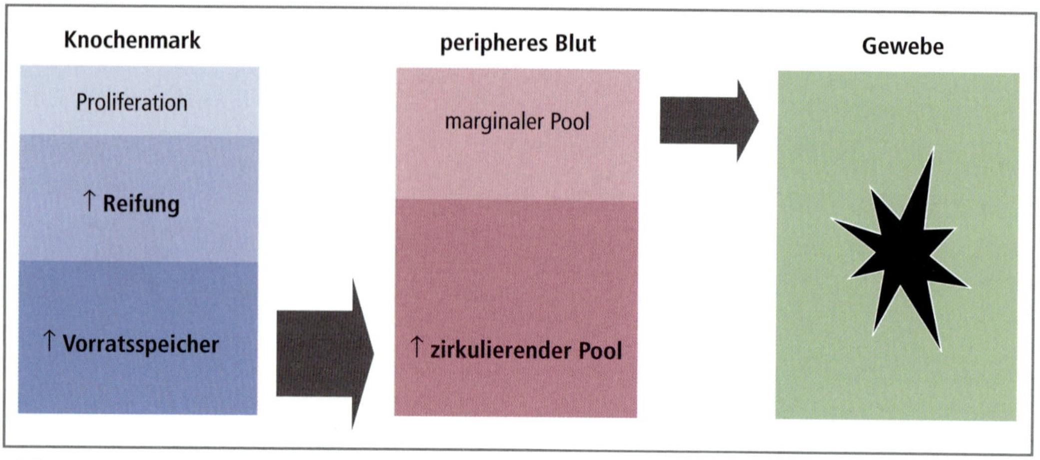

Abb. 11.94 Chronische Entzündungsreaktion

▶ Neutropenie

- virale Infektionskrankheiten, besonders Parvovirose, Schweinepest
- Sepsis
- einige Protozoonosen (z. B. Toxoplasmose)
- einige Rickettsiosen (v. a. Ehrlichiose)
- bisweilen systemischer Lupus erythematodes
- Schock
- Blutdrucksenkung
- Knochenmarkhypoplasie
- Knochenmarkfibrose
- Knochenmarksklerose
- toxische Schädigung des Knochenmarks
- zyklische Neutropenie beim silbergrauen Collie

▶ Agranulozytose

- besonders bei feliner (weniger bei caniner) Panleukopenie (Parvovirose)
- Östrogene
- Pyrazolon (als Arzneimittelnebenwirkung)

▶ Eosinophilie

- Infektionskrankheiten in der Heilphase
- Eosinophilie post partum
  - Hypersensitivität
  - Parasitosen
  - Myositis eosinophilica
  - Panostitis eosinophilica
  - Gastroenteritis eosinophilica
  - eosinophile Pneumonie
  - z. T. beim eosinophilen Granulom
  - beim Deutschen Schäferhund oft ohne Krankheitssymptome
  - Hypoadrenokortizismus (M. Addison)
  - Läufigkeit der Hündin
  - eosinophile Leukämie
  - eosinophile leukämoide Reaktion (Katze)

▶ Eosinopenie

- Stresssituationen
- Infektionskrankheiten, Anfangsphase
- Hyperkortisolismus
- Kortikosteroidtherapie
- nach ACTH-Test
- akute Infektionskrankheiten
- Entzündungen
- Urämie
- akute Hämolysen

▶ Basophilie

bei der Katze häufig gemeinsam mit Eosinophilien

- Hyperlipidämie
- bisweilen bei Dirofilariose
- bisweilen bei Hypersensitivitätsreaktionen
- bisweilen bei purulenten Entzündungen
- speziesspezifisch bei jungen Basenjis
- Basophilenleukämie

▶ Lymphozytose

- physiologisch bei jungen Hunden, Katzen und Fohlen
- besonders bei Katzen unter akutem Stress (adrenalininduzierte Kontraktion der Lymphgefäße
- Infektionskrankheiten in der Heilphase
- chronische Infektionskrankheiten
- virale Infektionskrankheiten (relative Lymphozytose)
- Hypoadrenokortizismus
- lymphatische Leukämie

▶ Lymphozytopenie

- akute Stresssituationen
- akute Infektionskrankheiten
- immunsuppressive Therapie
- Zytostatika
- Bestrahlungstherapie
- angeborene oder erworbene Immundefizienz
- chronische Niereninsuffizienz/Urämie
- Immunsuppression
- Hyperkortisolismus
- Kortikosteroidtherapie
- ACTH-Therapie

▶ Monozytose

- akute Stresssituationen (Hund)
- akute Infektionskrankheiten (Heilphase)
- chronische (Infektions-)Krankheiten
- häufig bei Neutropenie (relative Monozytose)
- Hyperkortisolismus
- Kortikosteroidtherapie
- ACTH-Therapie
- Monozytenleukämie
- Immunopathien
- hämolytische Anämie
- exsudative Peritonitis, Pleuritis

Linksverschiebung

Als **Linksverschiebung** wird die Zunahme der Granulozyten (Neutrophilen) mit nichtsegmentiertem Kern bezeichnet.

Eine Linksverschiebung tritt besonders bei akuten bakteriellen Infektionskrankheiten und purulenten Entzündungen in den Körperhöhlen auf. Unterschieden werden:

regenerative Linksverschiebung: keine Schädigung der Einzelzelle, in der Regel Leukozytose (etwa posthämorrhagisch)

degenerative Linksverschiebung: Schädigung der Einzelzelle feststellbar, Leukozytenzahl im Referenzbereich oder vermindert (schwere Infektionskrankheit, Sepsis, toxisch)

- **Toxische Schädigung:** diffuse Bläulichfärbung des Zytoplasmas der Neutrophilen (exakte Färbung!)
- **Toxische Granulation:** Neutrophile mit bläulichen oder rötlichen Granula (Pferd)
- **Döhle-Körper:** bläuliche Verfärbung eines Zytoplasmateils in meist zu großen Neutrophilen

Die **biologische Leukozytenkurve** (nach Schilling) ist in **Abbildung 11.95** dargestellt. Auf (bakteriell) infektiöse und toxische Schädigung reagiert der Organismus in charakteristischer Weise:

- Nach initialer Leukozytendepression entsteht eine Neutrophilie mit Linksverschiebung, absoluter Eosinopenie, relati-

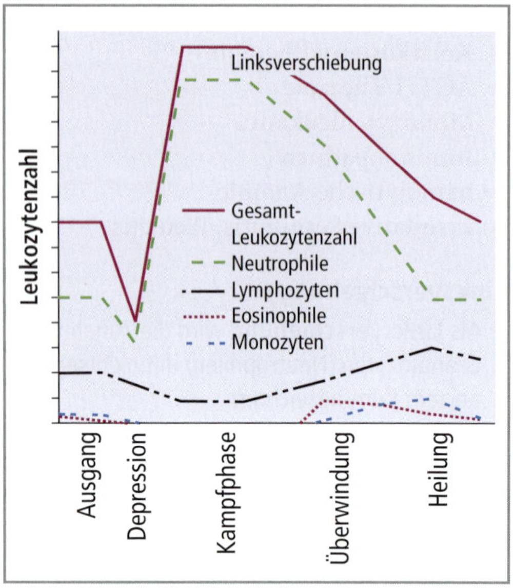

Abb. 11.95 Leukozytenkurve bei Infektionskrankheiten nach Schilling

ver bis absoluter Lymphozyto- und Monozytopenie.

- Es folgt die monozytäre Abwehr- oder Überwindungsphase mit Monozytose.
- Den Abschluss bildet die lymphozytär-eosinophile Heilphase mit Lymphozytose und Eosinophilie, Rückkehr der Neutrophilen zur Norm.

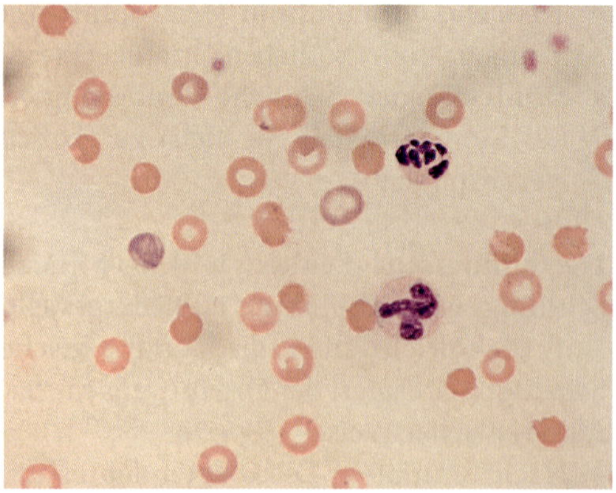

Abb. 11.96 Hypersegmentierter neutrophiler Granulozyt (Hund, MGG, × 1000)

Abweichungen treten auf: bei zunehmender Chronizität unter Allergisierung (Eosinophilie, Lymphozytose); bei viralen Infektionskrankheiten mit starker Hemmung der Lymphozyten- und Granulozytenproliferation (besonders Parvoviren); bei Leukämien; im Schock; bei überhöhtem Leukozytenverbrauch.

Rechtsverschiebung

Als **Rechtsverschiebung** bezeichnet man das Auftreten von Neutrophilen mit sechs oder mehr Kernsegmenten (Hypersegmentierung) (**Abb. 11.96**).

Die Rechtsverschiebung wird unter Kortikosteroidbehandlung oder bei perniziöser Anämie beobachtet. Bei Pferden sind hypersegmentierte neutrophile Granulozyten sehr häufig zu finden, dies hat jedoch keine diagnostische Bedeutung.
Davon zu unterscheiden sind die toxisch veränderten Neutrophilen mit z. B. geschwollenem Zellkern, unscharf begrenzter Kernmembran oder degeneriertem Kern (s. Abb. 11.38–11.42).

Literatur

Bauer NB, Nakagawa J, Dunker C, Failing K, Moritz A. Evaluation of the impedance analyzer PocH-100iV Diff for analysis of canine and feline blood. Vet Clin Pathol 2012; 41(2): 194–206.

Bauer N, Nakagawa J, Dunker C, Failing K, Moritz A. Evaluation of the automated hematology analyzer Sysmex XT-2000iV™ compared to the ADVIA® 2120 for its use in dogs, cats, and horses. Part II: Accuracy of leukocyte differential and reticulocyte count, impact of anticoagulant and sample aging. J Vet Diagn Invest 2012; 24(1): 74–89.

11

Bauer N, Nakagawa J, Dunker C, Failing K, Moritz A. Evaluation of the automated hematology analyzer Sysmex XT-2000iV™ compared to the ADVIA® 2120 for its use in dogs, cats, and horses: Part I – precision, linearity, and accuracy of complete blood cell count. J Vet Diagn Invest 2011; 23(6): 1168–80.

Becker M, Moritz A, Giger U. Comparative clinical study of canine and feline total blood cell count results with seven in-clinic and two commercial laboratory hematology analyzers. Vet Clin Pathol 2008; 37(4): 373–84.

Becker M. A comparative study of seven inhouse and two laboratory hematology instruments. Gießen: Dissertation, Fakultät Veterinärmedizin, Justus-Liebig Universität Gießen 2007.

Boes K. Validation of the ProCyte Dx Hematology Analyzer for Canine Complete Blood Counts. CPB 69700 Research Seminar 2010.

Braun JP, Gaál T, Godeau JM, Knottenbelt CM, Larkin HA, Lubas G, Moritz A, Papasouliotis K, Sankari SM. Teaching veterinary clinical pathology to undergraduate students: an integrated European project. Vet Clin Pathol 2007; 36(4): 336–40.

Christian M, Komarek V, de Arespacochaga AG, Schwendenwein I. Evaluation of the impedance counter MS-45 (TM) (Melet Schloesing Laboratoires, France) in dogs, cats and horses. Wien Tierarztl Monatsschr 2007; 94(7–8): 197–205.

Cooper C, Sears W, Bienzle D. Reticulocyte changes after experimental anemia and erythropoietin treatment of horses. J Appl Physiol 2005; 99(3): 915–21.

Cowell RL, Tyler RD, Meinkot JH, DeNicola DB. DiagnosticCytology and Hematology of the Dog and Cat. 3rd ed. St. Louis: Mosby Elsevier 2008.

de Arespacochaga AG, Schwendenwein I. Automatisierte Differenzialblutbilder mit einem Impedanz-Haematologiesystem (ABACUS Junior VET, Diatron) Evaluierung zweier unterschiedlicher Softwareversionen bei Hunden, Katzen und Pferden. Tierärztl Prax (K) 2005; 33: 446–57.

de Arespacochaga AG, Schwendenwein I, Weissenböck H. Retrospective study of 82 cases of canine lymphoma in Austria based on the working formulation and immunophenotyping. J Comp Pathol 2007; 136(2–3): 186–92.

Dunker C. Evaluation der Hämatologiesysteme Sysmex pocH-100iV Diff und XT-2000iV für die Tierart Hund. Gießen: Dissertation, Fakultät Veterinärmedizin, Justus-Liebig Universität Gießen 2010.

Eder H, Fritsche H. Automatisation in der hämatologischen Diagnostik: Entwicklungsstand der Geräte zum Zählen und Differenzieren von Blutzellen. Tierärztl Prax 1986; 14: 417–29.

Fernandez FR, Grindem CB. Reticulocyte response. In: Feldman BF, Zinkl J G, Jain NC, eds. Schalm's Veterinary Hematology. 5th ed. Iowa: Blackwell 2000; 110–6.

Fortagne M. Das Verhalten hämatologischer und ausgewählter klinisch-chemischer Parameter bei gesunden nichtgraviden, graviden und laktierenden Ziegen. Leipzig: Dissertation, Veterinärmedizinische Fakultät der Universität Leipzig 1986.

Fry MM, Kirk CA. Reticulocyte indices in a canine model of nutritional iron deficiency. Vet Clin Pathol 2006; 35(2): 172–81.

Furlanello T, Tasca S, Caldin M, Carli E, Patron C, Tranquillo M, Lubas G, Solano-Gallego L. Artifactual changes in canine blood following storage, detected using the ADVIA 120 hematology analyzer. Vet Clin Pathol 2006; 35(1): 42–6.

Fürll M, Garlt Ch, Lippmann R. Klinische Labordiagnostik. Leipzig: Hirzel 1980.

Galler A, Ruetgen BC, Saalmueller A, Hirt RA, Gerner W, Schwendenwein I, Thalhammer JG, Luckschander N. Flow cytometrical analysis of peripheral blood mononuclear cells in dogs with inflammatory bowel disease. J Vet Intern Med 2012; 26(3): 769.

Goldmann F, Bauer N, Moritz A. Verification of canine and feline hemograms performed by the IDEXX ProCyteDxTM analyzer using the dotplot reports. Tierärztl Prax 2011; 39: A4.

Goldmann F, Bauer N, Moritz A. Comparison of the ProCyte Dx analyzer with the ADVIA 2120 and the manual differential for validation of equine and bovine hemograms. Comp Clin Pathol (in press).

Haarer M, Grünbaum EG. Zur Blutgruppendiagnostik bei der Katze. Tierärztl Prax 1993; 21: 339–43.

Harvey JW. Veterinary Hematology: A Diagnostic Guide and Color Atlas. München: Elsevier 2012.

Jain NC. Comparative hematology of common domestic animals. In: Jain NC, ed. Essential of Veterinary Hematology. 1st ed. Philadelphia: Lea & Febiger 1993; 19–53.

Klenner S, Richartz J, Bauer N, Moritz A. Myeloperoxidase deficiency in dogs observed with the ADVIA (R) 120 A retrospective study. Tierärztl Prax (K) 2010; 38: 3139–46.

Kraft W. Geriatrie bei Hund und Katze. 3. Aufl. Stuttgart: Parey 2003.

Kraft W. Hämatologie. In: Kraft W, Dürr UM. eds. Klinische Laboratoriumsdiagnostik in der Veterinärmedizin. 6th ed. Stuttgart: Schattauer 2005; 49–92.

Lilliehook I, Tvedten H. Errors in basophil enumeration with 3 veterinary hematology systems and observations on occurrence of basophils in dogs. Vet Clin Pathol 2011; 40(4): 450–8.

Lilliehook I, Tvedten H. Validation of the Sysmex XT-2000iV hematology system for dogs, cats, and horses. I. Erythrocytes, platelets, and total leukocyte counts. Vet Clin Pathol 2009; 38(2): 163–74.

Lilliehook I, Tvedten H. Validation of the Sysmex XT-2000iV hematology system for dogs, cats, and horses. II. Differential leukocyte counts. Vet Clin Pathol 2009; 38(2): 175–82.

McClure Blackmer J, Parish SM. Diseases caused by allogeneic incompatibilities. In: Smith BP, ed. Large Animal Internal Medicine. 3rd ed. St. Louis: Mosby Year Book 2002; 1604–11.

Mischke R. Praktische Hämatology bei Hund und Katze. Hannover: Schlütersche 2003.

Moritz A, Fickenscher Y, Meyer K, Failing K, Weiss DJ. Canine and feline hematology reference values for the ADVIA 120 hematology system. Vet Clin Pathol 2004; 33(1): 32–38.

Nakagawa J. Evaluation der Hämatologiesysteme Sysmex pocH-100iV Diff und XT-2000iV für die Tierart Katze. Gießen: Dissertation, Fachbereich Tiermedizin, Justus-Liebig Universität Gießen 2010.

Neuerer FF. Evaluation des vollautomatischen Hämatologiegerätes CELL-DYN 3500 im klinischen Einsatz bei Hund und Katze. München: Dissertation. LMU München 2005.

Prins M, van Leeuwen MW, Teske E. Stability and reproducibility of ADVIA 120-measured red blood cell and platelet parameters in dogs, cats, and horses, and the use of reticulocyte haemoglobin content (CH(R)) in the diagnosis of iron deficiency. Tijdschr Diergeneeskd 2009; 134(7): 272–8.

Ruetgen BC, de Arespacochaga, AG, Wolfesberger B, Gerner W, Hammer SE, Willmann M, Schwendenwein I, Saalmueller A. Staging and diagnosis of non-Hodgkin's lymphoma in dogs – a comparative model for translational lymphoma research. Wien Klin Wochenschr 2008; 120(Suppl): 185–6.

Schwarz BC, van den Hoven R, Schwendenwein I. Diagnostic value of the neutrophil myeloperoxidase index in horses with systemic inflammation: Vet J 2012; 191(1): 72–8.

Schwens Ch, Thom N, Moritz A. Reaktive und neoplastische histiozytäre Erkrankungen beim Hund. Tierärztl Prax (K) 2011; 39(3): 176–90.

Steinberg JD, Olver CS. Hematologic and biochemical abnormalities indicating iron deficiency are associated with decreased reticulocyte hemoglobin content (CHr) and reticulocyte volume (rMCV) in dogs. Vet Clin Pathol 2005; 34(1): 23–7.

Stockham S, Scott M. Fundamentals of Veterinary Clinical Pathology. 2. Aufl. Berlin: Blackwell 2008.

Thrall MA. Veterinary Hematology and Clinical Chemistry. Philadelphia: Lippincott Williams & Wilkins 2004.

Tvedten H, Moritz A. Reticulocyte count and Heinz body enumeration. In: Weiss DJ, Wardrop KJ, eds. Schalm's Veterinary Hematology. 6th ed. Iowa: Wiley-Blackwell 2010; 1067–73.

Tvedten HW. Morphologic classification of anemia. Vet Clin Pathol 1999; 28(3): 80–2.

Wartrup KJ. Clinical Blood Typing and Crossmatching. In: Weiss, DJ, Wardrop KJ. Schalm's Veterinary Haematology. Chapter 139. 6th ed. Iowa: Wiley-Blackwell 2010.

Weiss DJ, Moritz A. Equine immune-mediated hemolytic anemia associated with Clostridium perfringens infection. Vet Clin Pathol 2003; 32(1): 22–6.

Weiss DJ, Wardrop KJ, eds. Schalm's Veterinary Hematology. 6th ed. Iowa: Wiley-Blackwell 2010.

Weissert D, Becker M, Moritz A. Anämieklassifikation bei Hunden mittels automatisierter durchflusszytometrischer Retikulozytenanalyse. Tierärztl Prax (K) 2008; 36: A11.

Willard MD, Tvedten H, Turnwald GH. Small Animal Clinical Diagnosis by Laboratory Methods. 5th ed. Philadelphia: Saunders 2012.

12 Knochenmarkuntersuchung

Andreas Moritz und Natali Bauer

12.1 Einleitung

Zur Abklärung diagnostischer, prognostischer und therapeutischer Fragestellungen im Zusammenhang mit hämatopoetischen Neoplasien sowie Hypo- oder Aplasien des blutbildenden Systems hat die Knochenmarkzytologie in der Kleintiermedizin ihren festen Stellenwert erreicht. Aufgrund minimaler Beeinträchtigung des Patienten haben sich die **Knochenmarkpunktion** und die **Knochenmarkbiopsie** mittels Nadeln gegenüber chirurgischen Interventionen durchgesetzt.

12.2 Knochenmarkpunktion

Indikationen

Eine Knochenmarkpunktion ist angezeigt bei:

- Verdacht auf lymphoproliferative oder myeloproliferative Erkrankung (Leukämie), myelodysplastische Syndrome (MDS) oder Metastasierung hämatopoetischer Neoplasien (Hämoblastosen)
- länger bestehender Leukozytose, Thrombozytose, morphologischen Zellatypien im peripheren Blut
- Zytopenien: Sie können alle (Panzytopenie), einzelne (nichtregenerative Anämie, persistierende Leukopenie oder Thrombopenie) oder Kombinationen verschiedener Zellreihen betreffen.
- Verdacht auf Blutparasiten: insbesondere Leishmanien, Ehrlichien, Anaplasmen, Filarien, Trypanosomen, Babesien
- rezidivierendem oder ständigem Fieber unbekannten Ursprungs
- ungeklärter Hyperkalzämie (paraneoplastisches Syndrom)
- Hyperproteinämie: Sie kann mit einer mono- oder polyklonalen Gammopathie einhergehen, wie z. B. beim multiplen Myelom, unter Umständen bei Lymphomen, bei Leishmaniose, Ehrlichiose oder bei systemischen Mykosen.

Kontraindikationen

Als Kontraindikation gilt eine hämorrhagische Diathese.

Eine Ausnahme besteht bei abnormer Blutungsneigung durch eine Thrombopenie. Hier liegt eine klare Indikation vor.

Die Punktion erfordert in diesem Fall besondere Vorsicht (nicht bei akuten Blutungen)!

Die wichtigste Kontraindikation ist jedoch eine unnötige Knochenmarkpunktion. Diese kann vermieden werden, wenn vor einer Knochenmarkuntersuchung ein aktueller Blutausstrich beurteilt und der Patient gründlich aufgearbeitet wird.

12.3 Gewinnung von Knochenmark

Für die Entnahme von Knochenmark stehen zwei unterschiedliche Verfahren zur Verfügung:
- Knochenmarkpunktion
- Knochenmarkbiopsie

Bei der **Knochenmarkpunktion** mit Aspiration werden Zellen aus ihrem natürlichen Verband herausgerissen und auf einem Objektträger ausgestrichen. Das rote Mark ist zytologisch homogen über den Körper verteilt, sodass eine Entnahme durch Aspiration an einer Stelle repräsentativ für den gesamten Organismus ist. Im Ausstrich lässt sich die Morphologie der Einzelzelle optimal beurteilen. Die Knochenmarkpunktion ist deshalb bei Leukämien, Reifungsstörungen, Dysplasien, Hypo- oder Hyperplasien indiziert, da hier das Mark in uniformer Weise betroffen ist.
Bei einer **Knochenmarkbiopsie** wird ein Gewebestück in toto entfernt. In Feinschnitten des formalinfixierten Bioptats lässt sich die Beziehung der Zellen zueinander und im Verband mit den Stromazellen beurteilen.
Die Knochenmarkbiopsie wird durchgeführt, wenn
- eine Knochenmarkpunktion (-aspiration) nicht gelingt (Punctio sicca),
- eine Knochenmarkzytologie nicht zur Diagnose führt, wie im Fall von Hypoplasien,
- fokale Veränderungen vorliegen, wie z. B. bei einer Myelofibrose, bei granulomatösen Entzündungen, beim Lymphosarkom/Lymphom, beim Myelom, bei Knochenmarknekrosen oder metastasierenden Karzinomen.

Knochenmark wird dabei – soweit möglich – aus den betroffenen Stellen (z. B. bei röntgenologisch erkennbaren Herden) entnommen.

Technik

Die Entnahme von Knochenmark am lebenden Tier wurde am Tuber sacrale, Humerus, Sternum, Femur und an der Rippe beschrieben. Vergleichende Untersuchungen haben gezeigt, dass bei Hund und Katze das Tuber sacrale (Crista iliaca) und der proximale Humerus, beim Schwein und bei jungen Pferden der Tuber coxae die Punktionsstellen der Wahl sind. Bei älteren Pferden werden Sternalwirbel bzw. Rippe bevorzugt.

Knochenmarkpunktion mit Aspiration

Hund und Katze

- Hund: Am stehenden Tier (für Punktion am Tuber sacrale) werden die Haare über dem rechten Kreuzbeinhöcker geschoren und die Haut desinfiziert.
- Katze: Die Punktion erfolgt in der Regel in Vollnarkose. Das Tier befindet sich für die Punktion am Tuber sacrale in Bauchlage, wobei darauf zu achten ist, dass sich die Hintergliedmaßen unter dem Bauch befinden und der Patient nicht verkippt ist.
- Im Bereich der Spina iliaca dorsalis cranialis (entspricht dem kaudalen Pol des Tuber sacrale) (**Abb. 12.1**) anästhesiert man die Haut, die Unterhaut und vor allem das schmerzempfindliche Periost (z. B. mit Lidocain 1 %) (**Abb. 12.2**).
- Da das Knochenmark selbst nie völlig schmerzfrei ist, sollten besonders widersetzliche oder sehr empfindliche Tiere vorher leicht sediert werden. Eine Vollnarkose ist beim Hund in der Regel jedoch nicht erforderlich.

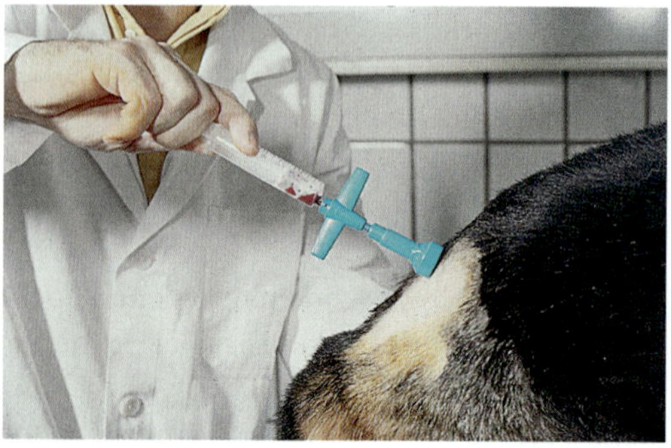

Abb. 12.1 Knochenmarkaspiration am Tuber sacrale beim Hund

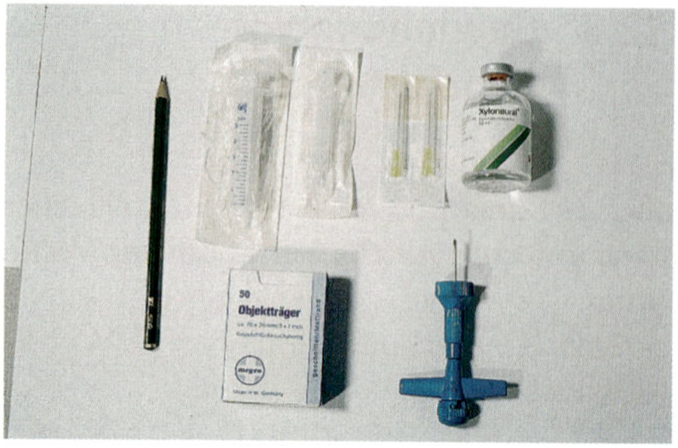

Abb. 12.2 Material für die Knochenmarkaspiration

- Mit einer speziellen Kanüle (z. B. mehrfach verwendbare Punktionskanülen nach Klima-Rosegger [16–18 G × 2,5 cm] oder Silvermann) werden Haut, Unterhaut und Kortikalis in einem Winkel von ca. 45° zur Längsachse des Tieres und in Längsrichtung zum Tuber sacrale mit leicht drehenden Bewegungen durchdrungen.
- Das Erreichen des Markraums löst eine Schmerzreaktion aus, die bei fest sitzender Kanüle die korrekte Lage bestätigt.
- Nach Entfernung des Mandrins können etwa 0,5 ml Knochenmark mit einer 10-ml-Spritze aspiriert werden. Längeres und stärkeres Ansaugen führt zur Verdünnung mit Knochenmarkblut.
- Gerinnungshemmende Stoffe können Spezialfärbungen beeinträchtigen. Wird darauf verzichtet, muss das aspirierte Material unverzüglich dünn auf 10–12 vorbereitete Objektträger ausgestrichen werden. Hierzu erfasst man einen kleinen Tropfen des aspirierten Knochenmarks mit der schmalen Seite eines Objektträgers und schiebt diesen dann locker über einen anderen, flach liegenden Objektträger (wie zur Erstellung eines Blutausstrichs).
- Die Präparate sind dann an der Luft zu trocknen.
- Neben der zytologischen Auswertung finden zunehmend auch durchflusszytometrische Verfahren Anwendung. Hierfür wird das Aspirat direkt nach der Aspiration in EDTA-Röhrchen überführt (über Kopf schwenken). Alternativ gibt man vor der Aspiration EDTA zur Antikoagulation in die Spritze.

Pferd und Schwein

- Die Knochenmarkpunktion erfolgt in gleicher Weise am Hüfthöcker.
- Das Sternum und die proximalen Rippen werden bei älteren Pferden bevorzugt, jedoch ist das Sternum schlecht erreichbar und bei Punktion der Rippen besteht die Gefahr eines Pneumothorax.
- Zur Punktion wird eine 15 G × 5 cm Jamshidi-Nadel verwendet.

Rind

- Beim Rind erfolgt die Knochenmarkpunktion bevorzugt am Sternum (3.–4. Sternebra) bei stehendem Patienten.
- Der dorsale Anteil der Rippen kann ebenfalls punktiert werden, jedoch ist dies mit der Gefahr eines Pneumothorax verbunden.
- Bei Kälbern kann zudem der proximale Humerus punktiert werden, wobei sich das Kalb in Seitenlage befindet und die

gleiche Technik wie bei Hund und Katze angewendet wird.
- Bei Rindern wird eine Sedation mit Xylazin empfohlen.

Labortiere

- Bei Labortieren wird, insbesondere im Rahmen toxikologischer Untersuchungen, Knochenmark für zytologische und durchflusszytometrische Untersuchungen gewonnen.
- Die Probenentnahme erfolgt in der Regel postmortal.
  - Nager: Ein Femur wird entfernt und vom Muskelgewebe befreit. Anschließend werden der Femurkopf und die distale Epiphyse mit einer kleinen Säge entfernt.
  - Hund und Affe: Die 5. Rippe wird bei der Sektion entfernt, wobei vom knorpelnahen Ende ein 1 cm langes Stück längs entfernt wird.
- Das Knochenmarkgewebe wird 5 × mit 2 ml gepufferter Salzlösung (PBS), die 50 % fetales Kälberserum enthält, gespült, wobei eine Spritze mit aufgesetzter Nadel verwendet wird.
- Die Knochenmarkzellsuspension wird gewaschen und in eisgekühltem PBS mit 5 % Kälberserum resuspendiert.
- Anschließend können aus dem Material mit einem Hämatologiegerät die Zellen gezählt werden, eine durchflusszytometrische Untersuchung durchgeführt sowie Zytozentrifugenpräparate angefertigt werden. Alternativ kann zur Herstellung von zytologischen Präparaten auch die sog. Push-Smear-Technik verwendet werden (Bolliger 2004, Moritz 2010):
  - 1 Tropfen bovines Serumalbumin wird auf einige 4 × 4 cm große Stücke Parafilm verbracht.
  - Bei Nagern wird das Femur längsgeschnitten und mit einem Pinsel der Stärke 0–1 so viel Knochenmark wie möglich aufgenommen. Dieser wird neben den Tropfen bovines Serumalbumin auf den Parafilm verbracht.
  - Mit dem Pinsel wird anschließend das Serumalbumin zusammen mit dem Knochenmark zu einer homogenen Lösung vermischt.
  - Jeweils ein Tropfen von dem in dem bovinen Serumalbumin gelösten Knochenmark wird auf einen Objektträger aufgebracht.
  - Mit einem 2. Objektträger wird das Material ausgestrichen und anschließend an der Luft getrocknet.

Knochenmarkbiopsie

- Die Biopsie erfolgt an den gleichen Stellen wie die Feinnadelaspiration: Haut, Unterhaut und vor allem das schmerzempfindliche Periost werden anästhesiert (z. B. mit Lidocain 1 %).
- Da die Knochenmarkbiopsie etwas länger dauert, sollte das Tier sediert werden, zum Teil ist bei Kleintieren eine Vollnarkose erforderlich.
- Mit einer speziellen Kanüle (z. B. Jamshidi-Nadel, Biopsieinstrument nach Archer oder Goldenberg-Snarecoil™-Biopsienadel; **Abb. 12.3**) durchdringt man mit eingeführtem Mandrin Haut (ggf. vorher kleine Inzision setzen) und Unterhaut.
- Nach Entfernung des Mandrins wird die Nadel in den Knochen (Kortikalis und Mark) eingedreht und ein Stück Knochenmark herausgestanzt. Um das distale Ende des Bioptats zu lösen, wird die Kanüle vor dem Herausziehen mehrfach leicht seitwärts bewegt.
- Zur Entfernung des Bioptats aus der Nadel dient ein mitgelieferter stumpfer Draht. Der Probenversand erfolgt in ei-

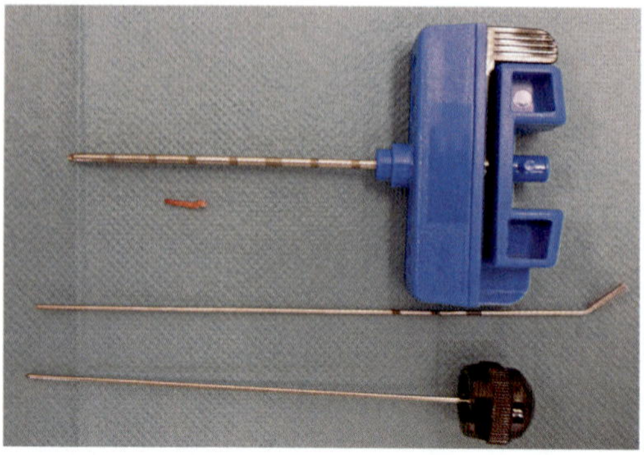

Abb. 12.3 Beispiel für eine Biopsienadel (Snarecoil™) mit entnommenem Material

nem Gefäß, das zur Fixation des Bioptats gepuffertes Formalin oder besser B-5-Fixativ enthält.

- Für den Fall, dass keine Aspiration durchgeführt wurde, kann das Bioptat vor der Fixierung auch auf einem Objektträger abgerollt und das Präparat nach Lufttrocknung und Färbung zytologisch untersucht werden. Bei dieser Methode wird ein histologisches Präparat gewonnen, das eine Aussage über den echten Zellgehalt im Knochenmark ermöglicht. Die Einzelheiten der Zellen sind jedoch nicht so gut zu erkennen wie bei der Knochenmarkaspiration. Beide Methoden ergänzen sich gegenseitig.

12.4 Zelldifferenzierung

12

Färbemethoden

Die Differenzierung aller Zellen des hämatopoetischen Systems kann am besten nach einer **panoptischen Färbung**, wie sie bei der Erstellung eines Differenzialblutbildes üblich ist, durchgeführt werden. Am weitesten verbreitet sind die **Pappenheim-Färbung (May-Grünwald-Giemsa-Färbung)** und die **Wright-Färbung**. Bei beiden Methoden werden saure (Eosin u. a.) und basische (Methylenblau u. a.) Farbstoffe eingesetzt.

Da vor allem der Zellkern und das Zytoplasmas von tumorös entarteten Zellen des blutbildenden Systems unterschiedlich stark anfärbbar sind, reichen die üblichen morphologischen Kriterien im Rahmen einer panoptischen Färbung zur Zelldifferenzierung im Knochenmark oft nicht aus. Die Zuordnung zu bestimmten Zellreihen gelingt dann nur durch **Spezialfärbungen** zellreihenspezifischer Enzyme (zytochemische Färbungen) (**Abb. 12.4** und **12.5**). Wenn undifferenzierte Stammzellen entartet sind, fehlt jedoch die Ausprägung dieser

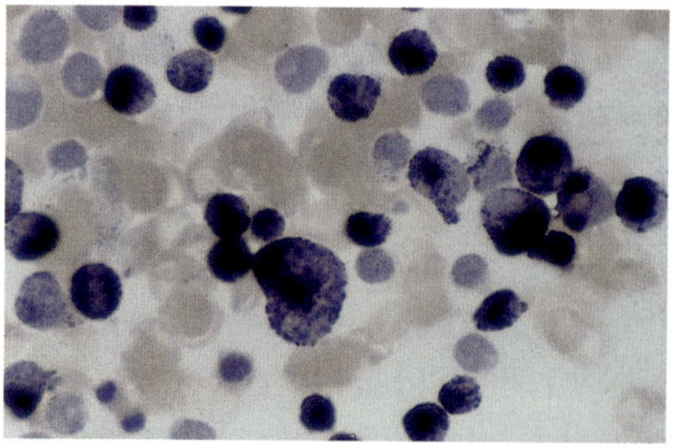

Abb. 12.4 Knochenmarkausstrich, akute myeloische Leukämie (Hund, Peroxidase[POX]-Färbung, × 1000)

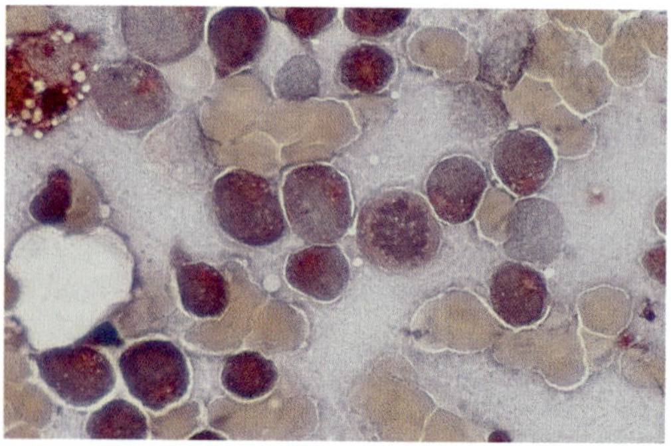

Abb. 12.5 Knochenmarkausstrich, akute myeloische Leukämie (M5) (Hund, α-Naphthylazetat-Esterase[ANAE]-Färbung, × 1000)

spezifischen Enzyme. Eine Zelldifferenzierung ist in diesem Fall durch den Nachweis einer Bindung spezifischer Antikörper möglich. Diese Methoden werden zunehmend auch in der Veterinärmedizin angeboten. Die wichtigsten zytochemischen Reaktionsmuster von Blut- und Knochenmarkzellen bei klinisch gesunden Hunden und Katzen sind in **Tabelle 12.1** zusammengestellt.

Zellen im Knochenmarkausstrich

Thrombozytäre Reihe

Die **Megakaryoblasten** stellen die ersten lichtmikroskopisch zu identifizierenden Zellen dieser Reihe dar. Sie sind ca. 10–65 µm groß (in Ausstrichen 20–160 µm), haben ein tiefblaues und somit basophiles, nichtgra-

Tab. 12.1 Färbemethoden und zytochemische Reaktionsmuster von Blut- und Knochenmarkzellen bei Hund und Katze (nach Keller 1986)

Färbemethode	Zytochemisches Reaktionsmuster	
Peroxidase (POX)	Neutrophile	positive Granula ab Promyelozyt
	Eosinophile	Hund positive, Katze negative Granula
	Basophile	Hund wenige positive, Katze negative Granula
	Monozyten	• Hund – 40–50 % negativ – 40–50 % schwach bis mäßig positiv – 0–10 % stark positiv • Katze: negativ
α-Naphthylazetat-Esterase	Monozyten, Makrophagen, Thrombozyten	positives Zytoplasma
	Megakaryozyten	entsprechend dem Gehalt an reifen Thrombozyten positiv
	Lymphozyten	z. T. mit 1–3 positiven kleinen Fleckchen
Glykogen (PAS)	Neutrophile	deutlich positiv ab Metamyelozyt
	Thrombozyten, reife Megakaryozyten	positiv
	Basophile (Hund)	positive Granula
	Eosinophile, Monozyten	meist negativ, evtl. schwach positives Zytoplasma
Toluidinblau (TOL)	Basophile (Hund)	stark leuchtende positive Granula
	toxische Granula, Neutrophile (Hund)	schwach metachromatisch

Die Durchführung zytochemischer Färbemethoden lässt sich durch die Verwendung vorgefertigter lyophilisierter Reagenzien in Färbesets (z. B. LeucoGnost® der Fa. Merck-Chemicals, Darmstadt) erheblich vereinfachen [Zeile und Mocikat 1986].

nuliertes Zytoplasma. Der Zellkern, der den größten Teil der Zelle ausfüllt, ist rund und enthält feingranuliertes Chromatin sowie einen oder mehrere Nukleoli.

In der weiteren Entwicklung zum **Promegakaryozyten** (ab vier erkennbaren Kernen) teilt sich der Zellkern, nicht aber das Zytoplasma. Es entsteht eine polyploide Zelle mit zuerst 4n dann 8n, 16n, 32n und manchmal bis zu 64n Chromosomensätzen. Die Zelle nimmt währenddessen rasch an Größe zu. Die Kerne sind meist nicht vollständig voneinander getrennt (stark stimulierte Thrombopoese), sondern erscheinen als ein vielgelappter Kern (im Unterschied zu Osteoklasten, hier sind die Kerne einzeln erkennbar). In der weiteren Reifung wird das Zytoplasma weniger basophil und granuliert.

Im Zytoplasma des **Megakaryozyten** sind die Thrombozyten mikroskopisch zu erkennen. Sie schnüren sich vom Zytoplasma ab und werden in den sinusoidalen Blutstrom entlassen (**Abb. 12.6**).

Für die **Megakaryopoese** existiert kein Speicherkompartiment wie für die Myelopoese, sondern nur ein Proliferations- und ein Reifungskompartiment. Die Zahl der peripheren Thrombozyten hängt somit direkt von der Zahl der Megakaryozyten im Knochenmark ab.

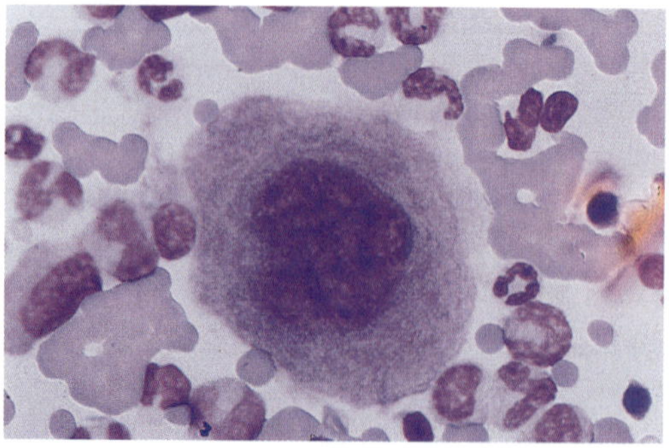

Abb. 12.6 Megakaryozyt (Hund, MGG, × 1000)

12

Erythrozytäre Reihe

Die erste lichtmikroskopisch identifizierbare und damit in einem zytologischen Knochenmarkausstrich erkennbare Vorstufe der Erythrozyten ist der **Pronormoblast** (Syn.: Proerythroblast, Rubriblast). Diese größte Zelle (10–15–20 µm) der Erythropoese hat gegenüber anderen Blasten einen gröber strukturierten Kern mit einem oder zwei Nukleoli. Das Zytoplasma ist nicht granuliert und von tiefblauer Farbe. Die peri- bzw. paranukleäre Aufhellung weist auf einen sehr aktiven Golgi-Apparat hin.

Im Verlauf der Reifung entsteht der **Normoblast**. Die Größe des Kerns nimmt ab, seine Struktur wird grobscholliger, die Nukleoli sind, wenn überhaupt, nur noch als Schatten zu erkennen. Das Zytoplasma ist zunächst basophil (**basophiler Normoblast**, Syn.: Prorubrizyt). Die Kondensation des Kerns schreitet fort, im Kern sind Klumpen von angefärbtem Chromatin zu erkennen. Die Farbe des Zytoplasmas wechselt von blau über polychromatisch **(polychromatischer Normoblast)** zu eosinophil (entspricht oxyphil). Der nun nicht mehr teilungsfähige, aber sauerstoffbindende Normoblast, **oxyphiler Normoblast**, enthält einen kleinen, strukturlosen und damit homogen blau gefärbten Kern. Das Zytoplasma ist blau-rosa (**Abb. 12.7**).

Nun wird der Kern ausgestoßen und es entsteht der **Retikulozyt**. Diese erste kernlose Form des Erythrozyten enthält noch viele Zellorganellen: Ribosomen, Polyribosomen, Mitochondrien, insgesamt als Substantia granulofilamentosa bezeichnet, die in einer Supravitalfärbung (z. B. mit Brillantkresylblau oder Neu-Methylenblau) als Netzstruktur zu erkennen ist. Die Zellgröße nimmt im Laufe der Reifung zum fertigen Erythrozyten immer weiter ab. Während der normalen Regeneration der roten Blutkörperchen verlassen nur kernlose Zellen den Markraum.

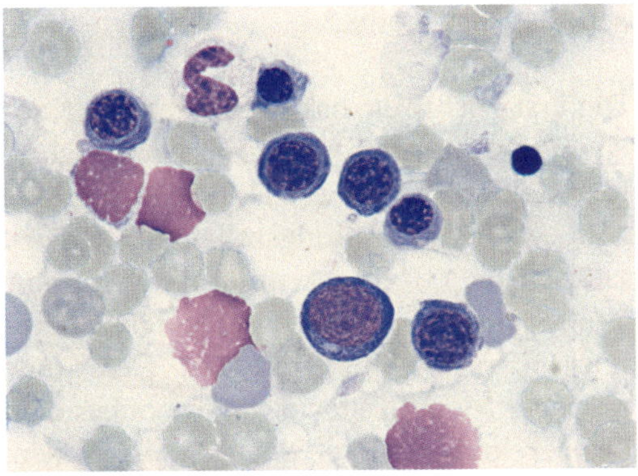

Abb. 12.7 Normoblasten verschiedener Reifungsstadien (Hund, MGG, × 1000)

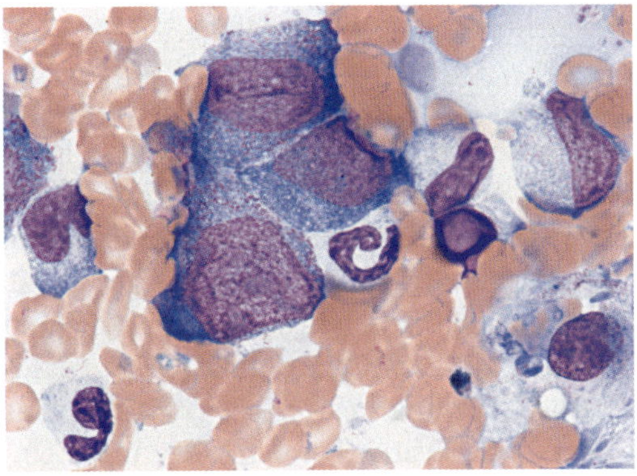

Abb. 12.8 Promyelozyten mit azurophilen Primärgranula (Bildmitte) (Hund, MGG × 1000)

Granulozytäre Reihe

Die erste lichtmikroskopisch und damit auch im zytologischen Ausstrich zu identifizierende Zelle der Myelopoese ist der **Myeloblast**. Er ist 15–20 µm groß, enthält einen runden Kern mit knäuelartig angeordnetem, feinmaschigem Chromatin und mehreren Nukleoli. Das Zytoplasma ist nicht granuliert und basophil, die Verteilung asymmetrisch.

In der Entwicklungsreihe folgt als nächste Zelle der **Promyelozyt**. Er ist deutlich größer als der Myeloblast. Sein basophiles Zytoplasma enthält multiple feine, azurophile Granula (Primärgranula), und im fein strukturierten Kern erkennt man nur wenige Nukleoli (**Abb. 12.8**).

Beim Übergang zum **Myelozyten** verschwinden die Basophilie des Zytoplasmas und die primäre Granulation allmählich, die spezifische Granulation der drei Zellreihen (neutrophil, eosinophil und basophil) wird deutlich. Der Kern des Myelozyten ist weiterhin rundlich, grob strukturiert, aber ohne Nukleoli.

Beim **Metamyelozyten** buchtet sich der Kern leicht nierenförmig ein, das Chromatin verklumpt teilweise und die spezifischen Granula sind im Zytoplasma deutlich zu erkennen.

Der schmale, längliche Kern des **stabkernigen Granulozyten** liegt in U- oder S-Form. Das Zytoplasma ist angefüllt von spezifischen neutrophilen, eosinophilen oder basophilen Granula. Durch Abschnürungen des Kerns reift die Zelle weiter zum **segmentkernigen Granulozyten**.

Neutrophile Granulozyten

Die neutrophilen Granulozyten stellen den Hauptanteil der Myelopoese. Der **Promyelozyt** ist durch die Ausbildung charakteristischer azurophiler Primärgranula gekennzeichnet. Diese sind relativ einheitlich, ca. 0,4 µm groß, sehr dicht und rund. Sie entstehen durch die Verschmelzung kleinerer Vesikel, die der Golgi-Apparat bildet, und sind Peroxidase-positiv. Der Myelozyt und alle folgenden Zellen enthalten die sekundären spezifischen »neutrophilen« Granula. Diese sind ca. 0,3 µm groß, weniger dicht und werden unabhängig von den primären Granula auch durch den Golgi-Apparat gebildet.

Eosinophile Granulozyten

Bei dieser Zellreihe kommt es ebenfalls auf der Stufe der Promyelozyten zur Ausbildung primärer Granula. Diese homogene Form geht dann direkt in die sekundären, spezifischen kristallinen Granula über. Sie sind unterschiedlich groß, azurophil (= eosinophil) und damit in der May-Grünwald-Giemsa-Färbung kräftig rot gefärbt, sowie Peroxidase-positiv (bei der Katze und beim Frettchen Peroxidase-negativ) (**Abb. 12.9**).

Basophile Granulozyten

Die Zellen dieser Reihe kommen nur in sehr geringer Zahl vor. Ihre relativ großen Granula sind kräftig rotviolett gefärbt. Sie enthalten unter anderem große Mengen Histamin (und Heparin), was bei allergischen Erkrankungen von besonderer Bedeutung ist. Ihre Entwicklung hängt eng mit derjenigen der Eosinophilen zusammen. Die Funktion der basophilen Granulozyten ist noch nicht eindeutig geklärt. Die Abstammung der im Gewebe zu findenden **Gewebsmastzellen** von Vorläuferzellen im Knochenmark ist bisher nicht bewiesen.

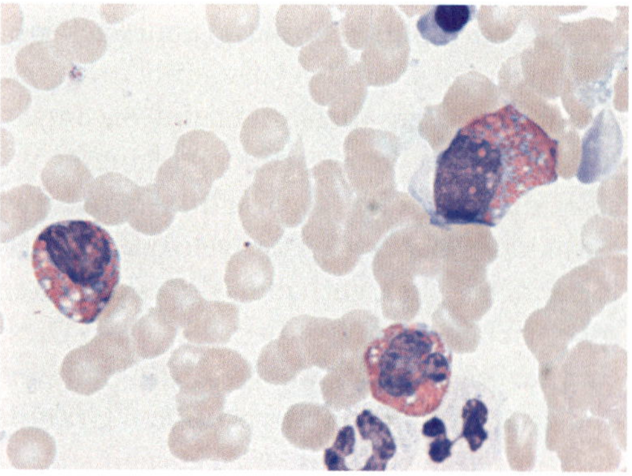

Abb. 12.9 Eosinophilie (Hund, MGG × 1000)

Monozytäre Reihe

Die erste lichtmikroskopisch und im Knochenmarkausstrich erkennbare Progenitorzelle der Monopoese ist der **Monoblast**. Mit wenigen Teilungsschritten (Maus: 2, Mensch: 3) findet innerhalb von nur 5–50 Stunden die Reifung über den Promonozyten zum Monozyten statt. Der runde Kern des Monoblasten zeigt gegenüber dem des Myeloblasten eine deutlich basophilere (violette) Färbung sowie ein gröber strukturiertes Chromatin. Das Zytoplasma ist basophil (stärker als beim Myeloblasten), jedoch weniger blau als beim Proerythroblasten. Es enthält oft Vakuolen und eine perinukleäre Aufhellung.
Die Morphologie der **Promonozyten** und **Monozyten** ist nicht einheitlich. Man unterscheidet nach der Kernform rund-/ovalkernige Formen, Intermediärformen und Zellen mit ausgeprägter Kernlappung. Die Intensität der Zytoplasmafarbe nimmt im Laufe der Reifung ab, bei der reifen Zelle ist sie graublau. Das Zytoplasma enthält neben einigen Vakuolen feine azurophile Granula. Ähnlich wie für alle myeloischen Zellen stellt das Blut nur das Durchgangskompartiment dar, Hauptwirkungsort der Monozyten ist das Gewebe. Hier nehmen sie als **Makrophagen** in der zellvermittelten Abwehr eine zentrale Stellung ein.

Lymphozytäre Reihe

Die Entwicklung der Lymphozyten ist gegenüber den anderen Zellreihen komplizierter, weil sie in morphologisch nahezu nicht differenzierbaren verschiedenen Subtypen vorkommen und in mehreren Organen (im Knochenmark, in den lymphatischen Organen Thymus, Lymphknoten und Milz sowie in den assoziierten Organen wie Peyer'sche Platten und Tonsillen) gebildet werden. Man unterscheidet, hauptsächlich nach ihren immunologisch charakterisierten Oberflächenantigenen, **B-Zell-**, **T-Zell-** und **Null-Zell-Lymphozyten**. Im Knochenmark kommen Vorläuferzellen aller Formen vor. Die Zahl der B- und T-Lymphozyten in den lymphatischen Organen variiert, im Allgemeinen dominieren die T-Zellen im Thymus, Lymphknoten, Ductus thoracicus und peripheren Blut, während im Knochenmark und in der Milz am häufigsten B-Zellen zu finden sind. Im Blut liegt die Verteilung (tierartlich unterschiedlich) bei ca. 70 % T-Zellen, 20 % B-Zellen und 10 % Null-Zellen.

In der Entwicklungsreihe der Lymphozyten steht lichtmikroskopisch der **Lymphoblast** an erster Stelle. Der Kern dieser Zelle ist rund, gelegentlich leicht eingebuchtet, enthält fein strukturiertes Chromatin und ein bis zwei Nukleoli. Lymphoblasten und transformierte Lymphozyten lassen sich nur bei lymphoproliferativen Erkrankungen differenzieren.

Der **Prolymphozyt** stellt die Zwischenstufe zwischen Lymphoblast und Lymphozyt dar. Der Kern ist kompakter als bei den Lymphoblasten, jedoch noch nicht so dicht wie der Nukleus reifer Zellen. Er kann noch Nukleolenschatten aufweisen.

Beim eigentlichen **Lymphozyten** unterscheidet man den großen und den kleinen Lymphozyten. Beide Zellen sind rund und enthalten einen am Rand der Zelle liegenden runden Kern mit grobscholligem Chromatinmuster. Der schmale Zytoplasmasaum ist blasshellblau gefärbt mit gelegentlich auftretenden einzelnen azurophilen Granula.

Aus den B-Lymphozyten entwickeln sich die **Plasmazellen**. Diese ovalen, leicht langgestreckten, spiegeleiförmigen Zellen enthalten einen exzentrisch liegenden Kern mit besonderem Chromatinmuster, der sog. Radspeichenstruktur. Perinukleär ist eine durch den Golgi-Komplex verursachte Aufhellungszone zu erkennen. Das blau gefärbte Zytoplasma enthält gelegentlich runde Einschlusskörperchen, die Russell-Körperchen (Immunglobulin).

Weitere Zellen

Die Knochensubstanz phagozytierenden **Osteoklasten** sind nahezu so groß wie Megakaryozyten, unterscheiden sich aber von diesen durch die Kerne. Während Megakaryozyten einen polyploiden, mehrfach gelappten Kern besitzen, liegen die Kerne der Osteoklasten einzeln innerhalb der Zelle. Die Osteoklasten werden deshalb auch **Polykaryozyten** oder **Knochenmarkriesenzellen** genannt. Das Kernchromatin liegt locker, vereinzelt kommen Nukleoli vor, das Zytoplasma ist leicht basophil (**Abb. 12.10**).

Die **Osteoblasten** sind im Gewebe fixierte und damit immer im Knochenmark vorhandene Zellen. Im Knochenmarkausstrich lassen sie sich jedoch im Gegensatz zu Schnitten von Knochenmarkbiopsien selten nachweisen. Sie besitzen Ähnlichkeit mit den Plasmazellen, sind aber größer und haben einen durch netzartig angeordnetes Chromatin lockerer strukturierten Kern.

Die **Fettzellen** erscheinen im Ausstrich meist als optisch leere Vakuolen mit manch-

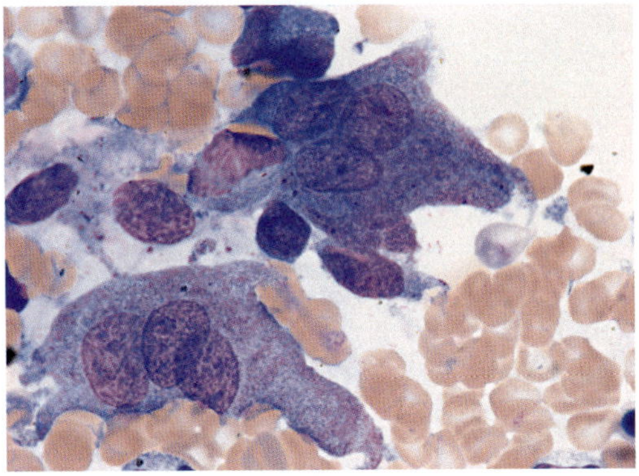

Abb. 12.10 Osteoklasten (Hund, MGG × 1000)

mal sichtbarem, randständig platt gedrücktem Kern, sodass sie auch als Siegelringzellen bezeichnet werden.
Durch eine Aspiration von Knochenmark können kleine Blutgefäße zerrissen werden, deren **Endothelzellen** dann als aneinanderhängende, stark ausgezogene Zellen mit basophilem, spindelförmigem Kern zu erkennen sind (**Abb. 12.11**).
Makrophagen, die ausdifferenzierten Zellen der monopoetischen Reihe, kommen wie in allen Geweben auch im Knochenmark, dort aber physiologischerweise in nur geringer Zahl vor. Es sind große polymorphe Zellen mit rundem bis ovalem Kern. Das Zytoplasma enthält Vakuolen und phagozytiertes Material, das aus Kerndetritus von zerstörten Zellen, Hämosiderin, seltener Erythrozyten und Leukozyten besteht (**Abb. 12.12**).
In **Tabelle 12.2** sind die Knochenmarkdurchlaufzeiten und die Überlebenszeiten der einzelnen Blutzellen aufgeführt.

Tab. 12.2 Knochenmarkdurchlaufzeit und Lebensdauer der einzelnen Blutzellen (nach Deubelbeiss et al. 1975, Keller 1986)

Zellart	Knochenmarkdurchlaufzeit	Reifung	Lebensdauer
Erythrozyten	Stammzelle bis Kernausstoßung 2,5–3 Tage	2,5–3 Tage	ca. 100 Tage HWZ: 25 Tage
Granulozyten	82,1 Stunden		HWZ: 6,7 Stunden
Monozyten	5–50 Stunden		
Thrombozyten	3 Tage	3 Tage	5–9 Tage HWZ: 2,5 Tage

HWZ: Halbwertszeit

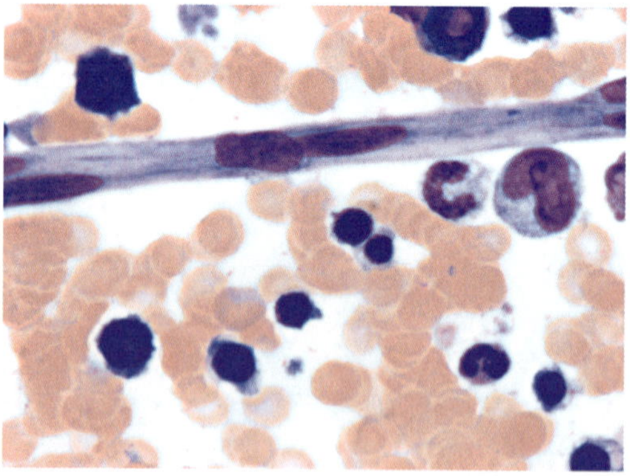

Abb. 12.11 Endothel im Knochenmark (Hund, MGG × 1000)

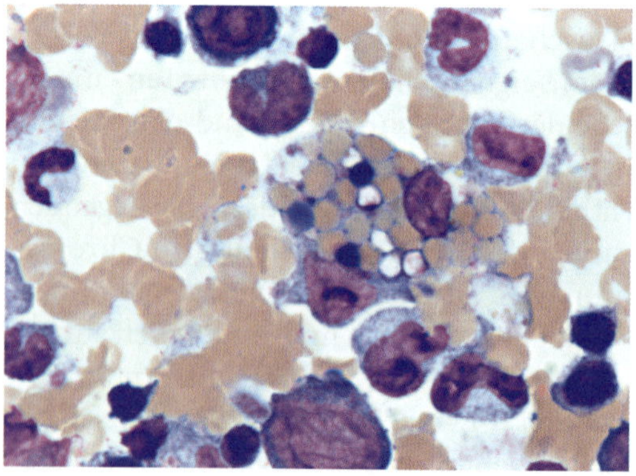

Abb. 12.12 Makrophage mit ausgeprägter Erythrophagie und Zytophagie und somit Hinweis auf eine immunvermittelte Zerstörung dieser Zellreihen (Hund, MGG × 1000)

12

12.5 Beurteilung von Knochenmarkausstrichen

Die Regenerationsfähigkeit und die Zellularität von Knochenmarkzellen lassen sich in einer zytologischen Untersuchung nur qualitativ und nicht absolut quantitativ beurteilen, da es bisher keine reproduzierbare Methode zur differenzierten Zählung kernhaltiger Knochenmarkzellen gibt. Die Ergebnisse können also nur relativ zueinander angegeben werden. Die Zellularität kann nur anhand der Beurteilung von Knochenmarkbröckeln abgeschätzt werden.

Kriterien für die Beurteilung von Knochenmarkausstrichen

- Abschätzung der Zellularität
- Beurteilung der Knochenmarkeisenspeicher (außer bei Katzen, bei denen sich das Eisen nicht anfärbt)
- Beurteilung der Megakaryopoese
- Verhältnis myeloische zu erythroische Zellen (M/E-Index, siehe unten)
- Zellreifung aller Zellreihen (Megakaryopoese, Erythropoese und Granulopoese)
- Vorhandensein dysplastischer Veränderungen
- Beurteilung sonstiger Zellen: Lymphozyten, Makrophagen, Plasmazellen, Mastzellen, Osteoklasten, Osteoblasten)
- Vorkommen neoplastischer Zellen (Leukämiediagnostik, FAB-Klassifikation, s. S. 191) oder Parasiten (**Abb. 12.13–12.15**)

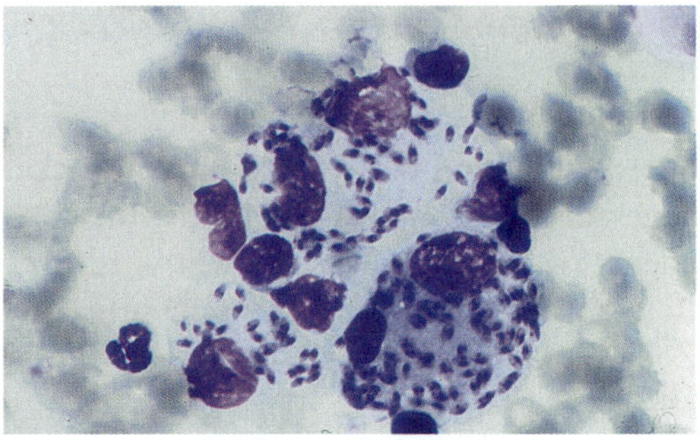

Abb. 12.13 Makrophagen, *Leishmania donovani* (Hund, MGG, × 1000)

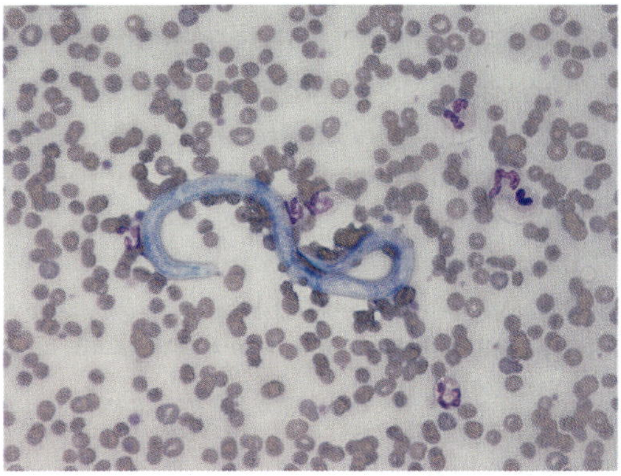

Abb. 12.14 Mikrofilarie von *Dirofilaria immitis* (Hund, MGG, × 1000)

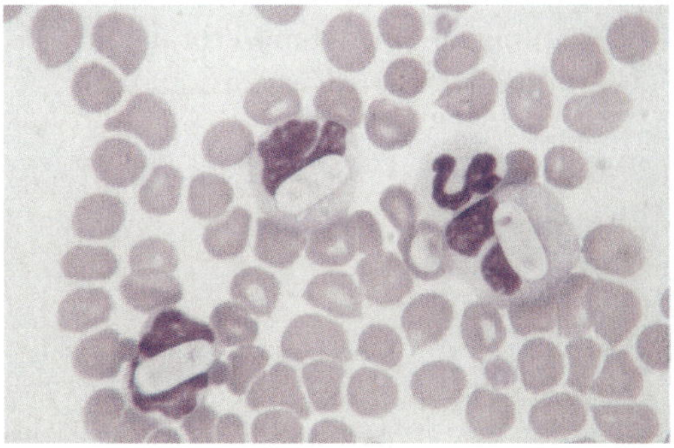

Abb. 12.15 *Hepatozoon canis* (Hund, MGG, × 1000)

Die Beurteilung der Knochenmarkausstriche erfolgt zunächst in der 100-fachen Vergrößerung (Ausstrichqualität, Zellularität, Knochenmarkeisenspeicher, Megakaryopoese und Auswahl eines guten Bereiches zur Beurteilung in der 1000-fachen Vergrößerung) und dann in der 1000-fachen Vergrößerung (M/E-Index, Zellmorphologie und Durchreifung der Zellen).

100er-Vergrößerung

Zellularität

Sie wird anhand der Knochenmarkbröckel abgeschätzt, indem das Verhältnis von Knochenmarkfett zu Zellen beurteilt wird. Der Referenzbereich liegt zwischen 25 und 75 % Zellen (Harvey 2001). Er ist jedoch altersabhängig:

- junge, wachsende Tiere: 75 %
- junge adulte Tiere; ca. 50 %
- ältere Tiere: 25 %

▶ Physiologische Zellularität (Abb. 12.16)

- physiologisches Knochenmark
- Steigerung einer Zellreihe bei gleichzeitiger Verminderung anderer Zellpopulationen
- Infektionserkrankungen (z. B. Leishmaniose, Ehrlichiose, FeLV)
- myelodysplastisches Syndrom (häufiger hyperzellulär)
- Tumormetastasen mit nur wenigen neoplastischen Zellen

▶ Zellularität ↑ (Abb. 12.17)

- Regeneration einer oder mehrerer Zellreihen infolge vermehrten Verbrauchs
  - immunbedingte Zerstörung
  - Blutung (besonders Erythrozyten)
  - Verbrauch in der Peripherie (besonders Leukozyten)
- myelodysplastisches Syndrom
- Neoplasien
  - Leukämien
  - Tumormetastasen

▶ Zellularität ↓ (Abb. 12.18)

- Infektionserkrankungen
  - Hund: z. B. Ehrlichiose (eine bis alle Zellreihen betroffen)
  - Katze: z. B. FeLV (eine bis alle Zellreihen betroffen)
- chronische Nierenerkrankung (nur Erythropoese betroffen)
- Chemotherapeutika, zytotoxische Medikamente oder Bestrahlung (eine bis alle Zellreihen betroffen)
- Myelofibrose (Knochenmarkbröckel können durch Bindegewebe hyperzellulär aussehen)
- Knochenmarknekrose
- aplastische Anämie (Pure red cell aplasia; nur Erythropoese betroffen)

Knochenmarkeisenspeicher

Die Zahl der Hämosiderophagen in den Knochenmarkbröckeln ist ein Hinweis auf

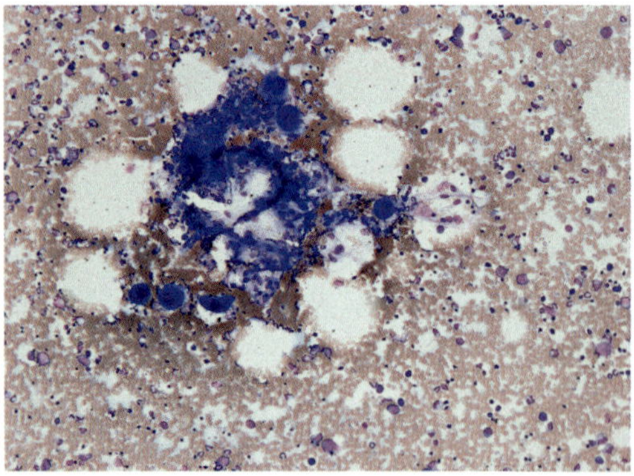

Abb. 12.16 Knochenmarkbröckel von physiologischem Zellgehalt und physiologischen Eisenspeichern (Hund, MGG, × 100)

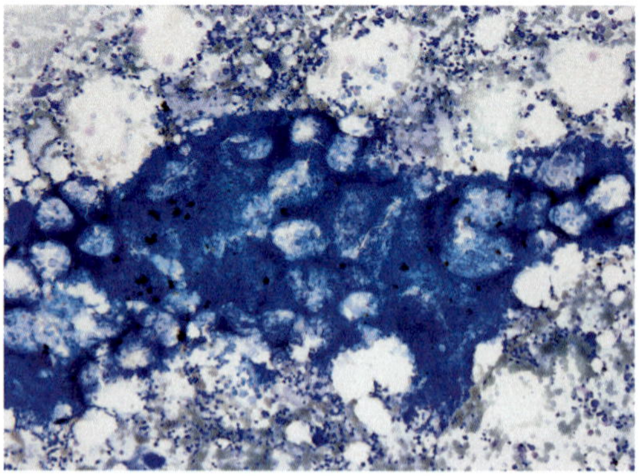

Abb. 12.17: Knochenmarkbröckel von gesteigertem Zellgehalt und physiologischen Eisenspeichern (Hund, MGG, × 100)

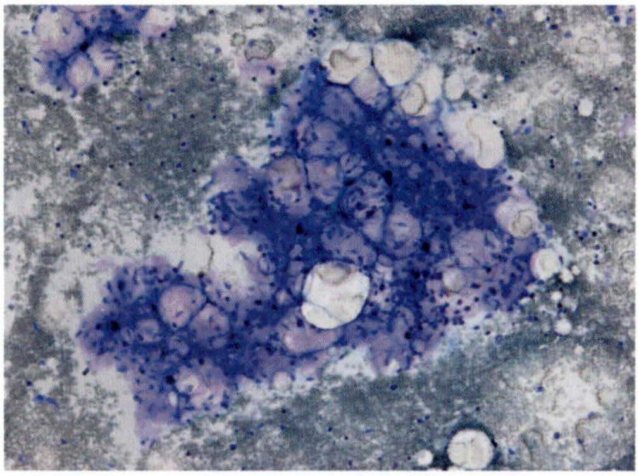

Abb. 12.18 Knochenmarkbröckel von hochgradig vermindertem Zellgehalt und fehlenden Eisenspeichern bei einem Kalb mit boviner neonataler Panzytopenie (MGG, × 100).

die Menge an gespeichertem Eisen (s. Abb. 12.16 und 12.17, physiologische Knochenmarkeisenspeicher)

▶ Knochenmarkeisenspeicher ↑ (Abb. 12.19)
- chronische Entzündung (häufig in Zusammenhang mit verminderter Erythropoese)
- Hämolyse (häufig zusammen mit gesteigerter Erythropoese)
- wiederholte Bluttransfusionen
- alte Tiere
- therapeutische Gabe von Eisen

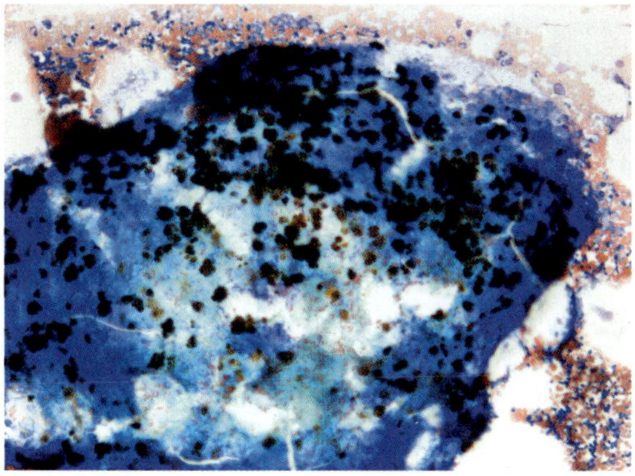

Abb. 12.19 Knochenmarkbröckel mit gesteigertem Zellgehalt und hochgradig vermehrt gefüllten Eisenspeicher (Hund, MGG, × 100).

▶ Knochenmarkeisenspeicher ↓ (s. Abb. 12.18)
- Eisenmangel
- Neonaten oder junge Tiere

Megakaryopoese (s. S. 176)

Screening auf große atypische Zellen und Zellverbände (Neoplasien)

1000er-Vergrößerung

In der 1000er-Vergrößerung (Ölimmersion) werden Erythropoese und Myelopoese beurteilt. **Quantität** und **Durchreifung** der Zellreihen werden untersucht sowie das Verhältnis der Erythrozyten zu den Myelozyten (M/E-Index, s. S. 176).
Zudem werden auch andere Zellpopulationen (Lymphopoese, Plasmazellen, Makrophagen, Tumorzellen) beurteilt sowie ein Screening auf das Vorliegen von Parasiten durchgeführt.
In der Routineuntersuchung werden die Zellreihen und der M/E-Index häufig nur semiquantitativ abgeschätzt.
Die Erstellung eines Differentialzellbildes **(Myelogramm)** ist insbesondere bei wissenschaftlichen Fragestellungen angezeigt oder wenn ein geringer Anstieg der im Knochenmark vorhandenen Blasten festgestellt werden soll, um Myelodysplasien oder chronische myeloische Leukämien von benignen Zuständen zu unterscheiden.
Für die Erstellung eines Myelogramms werden bei 1000-facher Vergrößerung 200 oder besser 500 (1000) Zellen ausgezählt.

Referenzbereiche

Eine Übersicht über die Referenzbereiche der Zellen eines Knochenmarkausstriches liefert **Tabelle 12.3**.

Tab. 12.3 Myelogramme klinisch gesunder, erwachsener Hunde, Katzen und Pferde

Parameter	Zellart	Referenzbereiche (Angaben in Prozent)					
		Hund		Katze		Pferd	
		Keller und Freudiger 1983	Jain 1986	Penny 1974	Jain 1986	Jain 1986	Tschudi 1990
Myelopoese	Myeloblasten	0–5,1	0	1,65 ± 0,82	0,08 ± 0,16	0,3–1,5	2,2 ± 0,8
	Promyelozyten	0–5,8	1,3	0,84 ± 5	1,74 ± 1,04	1–1,5	1,3 ± 0,7
	neutrophile Myelozyten	0–15	9	9,59 ± 2,7	4,31 ± 2,49	1,9–3,2	3,3 ± 1,0
	neutrophile Metamyelozyten	0–24,4	7,5	7,17 ± 2,55	10,06 ± 3,2	2,1–7,3	7,9 ± 1,4
	neutrophile Stabkernige	6,8–62,9	13,6	25,26 ± 5,45	14,4 ± 1,3	6,8–14,7	–
	neutrophile Segmentkernige	0–44,2	18,4	9,09 ± 4,95	12,86 ± 4,85	9,6–21,0	20,4 ± 4,6
	eosinophile Myelozyten	0–4,2	0	1,52 ± 0,89	0,6 ± 0,42	0,2–0,8	–
	eosinophile Metamyelozyten	0,4–3,7	2,4	1,52 ± 0,78	0,54 ± 0,39	0,2–1,8	–
	eosinophile Stabkernige	0,9–2,4	0,9	–	0,49 ± 0,4	0,6–1,2	–
	eosinophile Segmentkernige	0–6,8	0,3	0,86 ± 0,63	0,6 ± 0,2	1,8–3,0	0,3 ± 0,2
	Basophile	0–1,3	0	0,001	0	0–1,4	0,2 ± 0,2
Myelopoese gesamt		–	**53,4**	**57,56 ± 7,47**	**45,86 ± 3,78**	**28,1–48,4**	**34,6**
Lymphopoese	Lymphozyten	0–15,1	0,2	7,40 ± 3,64	16,13 ± 2,92	1,8–6,7	3,8 ± 1,3
	Plasmazellen	0–3,4	–	1,56 ± 0,89	0,80 ± 0,6	0,2–1,8	0,7 ± 0,5
Monopoese	Monozyten	0–0,4	0	–	0,77 ± 0,51	0,0–1,0	0,8 ± 0,4
	Histiozyten	0–2,1	–	0,11 ± 0,14	0,06 ± 0,1	–	–
Erythropoese	Proerythroblasten	0–3,4	0,2	1,72 ± 0,62	0,17 ± 0,29	0,6–1,1	2,2 ± 0,8
	basophile Normoblasten	0,4–11,6	3,9	3,92 ± 1,34	4,02 ± 1,56	4,5–11,1	5,8 ± 1,8
	polychromatische Normoblasten	3,5–27	27	9,2 ± 3,53	17,57 ± 4,48	14,7–26	16,2 ± 3,3
Erythropoese	oxyphile Normoblasten	0–25,8	15,3	11,90 ± 3,13	5,54 ± 3,15	10,7–15,4	34,9 ± 4,8

Tab. 12.3 (Fortsetzung)

Parameter	Zellart	Referenzbereiche (Angaben in Prozent)					
		Hund		Katze		Pferd	
		Keller und Freudiger 1983	Jain 1986	Penny 1974	Jain 1986	Jain 1986	Tschudi 1990
Erythropoese gesamt		**–**	**46,4**	**26,76 ± 7,13**	28,74 ± 4,64	33,2–56,2	59,1
Megakaryopoese	Megakaryozyten	0–1,4	–	–	–	–	–
Mitosen		–	–	0,63 ± 0,31	0,20 ± 0,26	0–0,2	1,2 ± 0,4
Unklassifizierte		0–15,7	0	6,90 ± 6,58	0,49 ± 0,28	0,52–1,45	0,6 ± 0,1
M/E-Index		0,40–4,92	1,15	2,36 ± 0,92	1,63 ± 0,35	0,52–1,45	0,6 ± 0,1
I/M-Index		–	–	0,33 ± 0,12	–	–	–

M/E-Index (= Myelopoesequotient): Verhältnis myeloische zu erythroische Zellen
I/M-Index (= Reifungsindex): Verhältnis unreife Zellen der Myelopoese zu reife Zellen der Myelopoese

Kriterien zur Beurteilung der Megakaryopoese und Thrombopoese

Wegen der geringen absoluten Zahl und der ungleichmäßigen Verteilung (aufgrund der Größe) der Megakaryozyten auf einem Ausstrich kann zur Beurteilung der Megakaryopoese ein **Megakaryozyten-Screening** (**Tab. 12.4**) durchgeführt werden. Hierbei werden auf dem Knochenmarkausstrich bei ca. 150-facher Vergrößerung auf drei Ausstrichen je 70 Gesichtsfelder unter Einbeziehung aller Randgebiete ausgezählt. Die mittlere Anzahl pro Gesichtsfeld wird bei Auszählung von 1000 kernhaltigen Knochenmarkzellen auf 100 bezogen.
Neuere Untersuchungen haben jedoch gezeigt, dass die Anzahl der Megakaryozyten auf dem Ausstrich stark von der Ausstrichtechnik abhängt (Mylonakis 2005), sodass die Zahl der Megakaryozyten häufig nur semiquantitativ abgeschätzt wird.

Knochenmarkbröckel sollten einige Megakaryozyten enthalten (Grindem 2008) und mehr als 70 % der Megakaryozyten reif sein (Harvey 2001).

Ein Anteil von >50 % Promegakaryozyten weist auf eine akute Regeneration oder eine Reifungsstörung hin (Grindem 2008).

Insbesondere bei einer gesteigerten Megakaryopoese kann auch eine **Emperipolesis,** d. h. ein Durchwandern von hämatopoetischen Zellen durch Megakaryozyten beobachtet werden.

Referenzbereiche

Die Referenzbereiche für das Megakaryozyten-Screening sind in **Tabelle 12.4** angegeben.

Tab. 12.4 Megakaryozyten-Screening modifiziert nach Keller (1985)

Abschätzung des Gehalts an Megakaryozyten im Knochenmark		**Bedeutung für die Versorgung der Peripherie mit Thrombozyten**
Megakaryozyten/ Gesichtsfeld (Vergrößerung: × 150)	**Beurteilung**	
0 bis <0,1	ungenügende Megakaryopoese	Thrombozytenabfall infolge ungenügender Bildung
0,15 bis <0,2	Megakaryopoese ausreichend, zumindest für beschränkte Dauer	keine unmittelbaren Auswirkungen auf periphere Thrombozytenwerte
0,2 bis <1	adäquate Megakaryopoese (»normal«)	Thrombopenien sind peripher bedingt
1–3 (>3)	Megakaryopoese (leicht) gesteigert	Thrombopenien sind peripher bedingt (»kompensatorische Hyperplasie«) (<3:Verdacht auf immunvermittelte Thrombopenie)

Kriterien zur Beurteilung der Erythropoese und Myelopoese

Das Verhältnis von myeloischen zu erythroischen Zellen wird durch den **M/E-Index** (Myelopoesequotient) wiedergegeben. Dieses Verhältnis kann beim Durchmustern der Ausstriche semiquantitativ abgeschätzt oder durch Auszählung von 500 Zellen (insbesondere bei wissenschaftlichen Fragestellungen) genau quantifiziert werden.
Hierzu wird die Zahl aller myeloischen Zellen durch die der kernhaltigen erythroischen Zellen geteilt:

$$\text{M/E-Index} = \frac{\text{myeloische Zellen}}{\text{erythroische Zellen}} = \frac{\begin{array}{c}\text{Myeloblasten + Promyelozyten + neutr. Myelozyten}\\ \text{+ neutr. Metamyelozyten + neutr. Stabkernige}\\ \text{+ neutr. Segmentkernige + eos. Myelozyten}\\ \text{+ eos. Metamyelozyten + eos. Stabkernige}\\ \text{+ eos. Segmentkernige + Basophile}\end{array}}{\begin{array}{c}\text{Pronormoblasten + basophile Normoblasten}\\ \text{+ polychromatische Normoblasten}\\ \text{+ oxyphile Normoblasten}\end{array}}$$

Referenzbereiche

Hund
- 1 : 1 bis 2 : 1
- 0,6 : 1 bis 4,4 : 1 (Hoff et al. 1985)
- 0,4 : 1 bis 4,92 : 1 (Keller und Freudiger 1983)

Katze
1,2–2,2 (Jain 1993)

Pferd
0,5–1,5 (Jain 1993)

Rind
0,3–1,8 (Jain 1993)

Bewertung des M/E-Index

Der M/E-Index muss immer in Bezug zur peripheren Zahl an Leukozyten und Erythrozyten gesehen werden.

▶ M/E-Index im Referenzbereich (ca. 1 : 1)
- beide Zellreihen physiologisch
- beide Zellreihen vermindert (Gesamtzellularität des Knochenmarks $\downarrow$)
- beide Zellreihen gesteigert (Gesamtzellularität des Knochenmarks $\uparrow$)

▶ M/E-Index $\downarrow$ (< 1 : 3) (Abb. 12.20)
- Myelopoese $\downarrow$, Erythropoese physiologisch oder $\uparrow$)
- Myelopoese physiologisch, Erythropoese $\uparrow$

▶ M/E-Index $\uparrow$ (> 3 : 1) (Abb. 12.21)
- Myelopoese $\uparrow$, Erythropoese physiologisch oder $\downarrow$)
- Myelopoese physiologisch, Erythropoese $\downarrow$

Bewertung der Reifung

In physiologischem Knochenmark sollte eine pyramidenförmige Durchreifung von Erythropoese und Myelopoese vorliegen (**Abb. 12.22**).

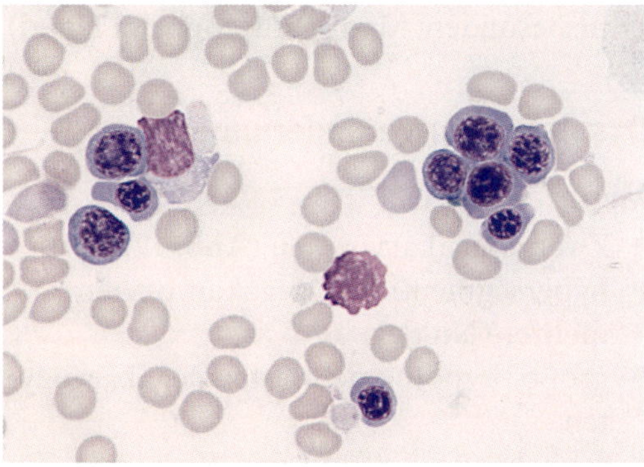

Abb. 12.20 Erniedigter M/E-Index infolge erythroider Hyperplasie; polychromatische Normoblasten (Katze, Wright-Färbung, × 1000)

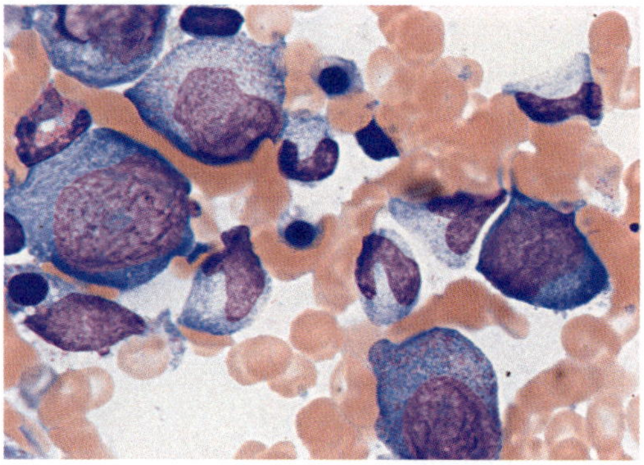

Abb. 12.21 erhöhter M/E.Index infolge hochgradig gesteigerter Granulopoese mit Linksverschiebung (Hund, MGG, × 1000)

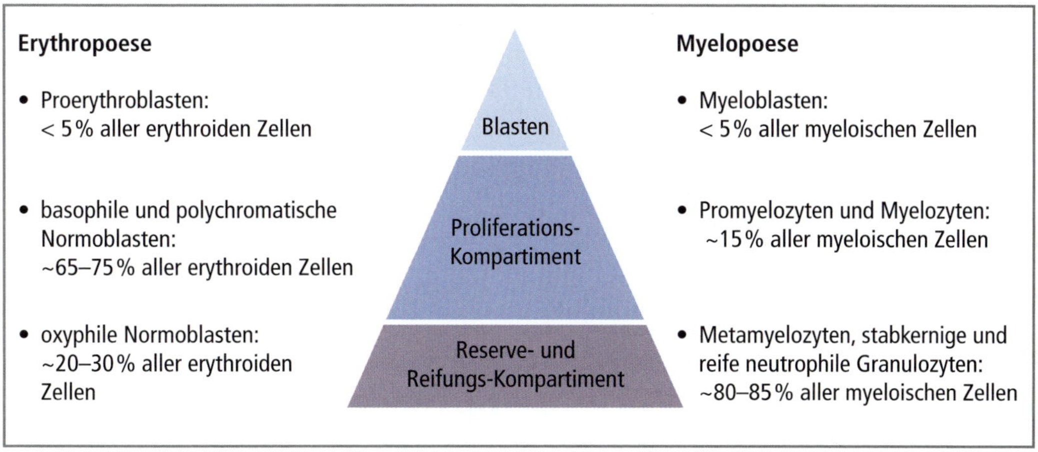

Abb. 12.22 Pyramidenförmige Durchreifung von Erythropoese und Granulopoese (nach Grindem 2008)

Folgende Reifungsmuster können unterschieden werden:

Regelrecht: Die Reifung erfolgt pyramidenförmig.
- gesunde Tiere
- Hyperplasie der Zellreihe

Linksverschiebung: Überrepräsentation junger Reifungsstadien, ansonsten regelrecht (s. Abb. 12.21)
- Anfangsstadium der Hyperplasie der Zellreihe
- chronische myeloische Leukämie

Rechtsverschiebung: Überrepräsentation reifer Zellen, ansonsten regelrecht
- Anfangsstadium der Hypoplasie einer Zellreihe
- spätes Stadium der Hyperplasie einer Zellreihe

Reifungsstopp: Fast alle Zellen sind Blasten oder im Proliferationspool.
- akute Regeneration der Zellreihe
- immunbedingte Zerstörung reiferer Stadien
- myeloproliferative Erkrankungen

Dysplasie/Dyskrasie: atypische Zellen oder unangemessen hoher Blastenanteil
- myelodysplastisches Syndrom
- myeloproliferative Erkrankungen
- Leukämien
- Toxine oder Chemotherapie

Neoplastisch: Blastenanteil mehr als 30 % (20 % nach WHO) oder ortsfremde Tumorzellen
- Leukämie
- Metastasen (z. B. Lymphom Stadium V, disseminiertes histiozytäres Sarkom (**Abb. 12.23**), Mastzelltumor, Karzinom, insbesondere Mammatumor beim Hund)

Dysplastische Veränderungen

Megakaryopoese
- Zwergmegakaryozyten (**Abb. 12.24**)
- hypersegmentierte Megakaryozyten
- mehrere Nuklei
- große, hyposegmentierte Megakaryozyten
- asynchrone Reifung von Kern und Zytoplasma

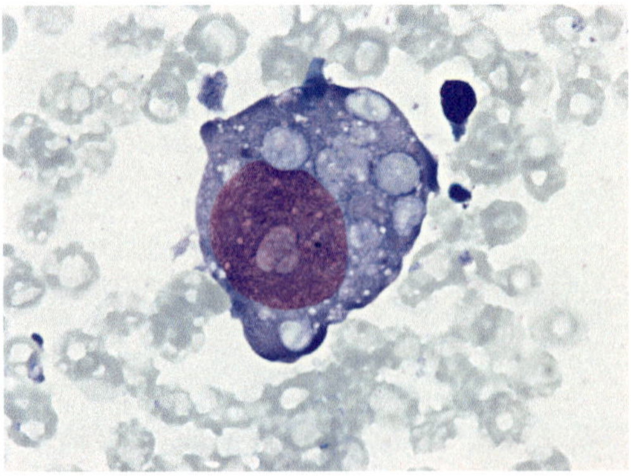

Abb. 12.23 Histozytäre Riesenzellen bei einem Berner Sennenhund mit disseminiertem histiozytären Sarkom (MGG, × 1000)

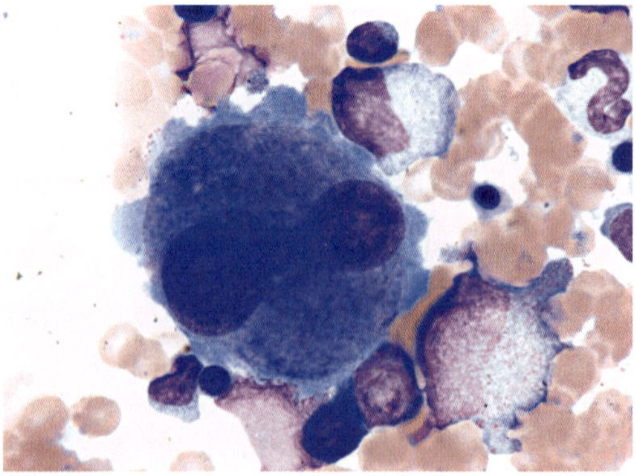

Abb. 12.24 Dysmegakaryopoese, Zwergmegakaryozyt (Hund, MGG, × 1000)

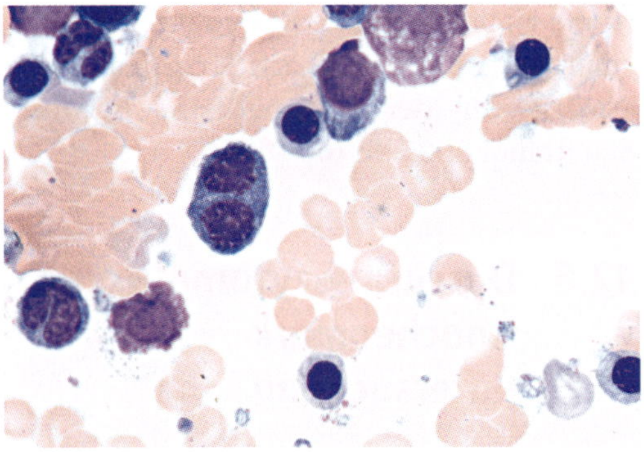

Abb. 12.25 Dyserytrhopoese, doppelkerniger basophiler Normoblast (Hund, MGG, × 1000)

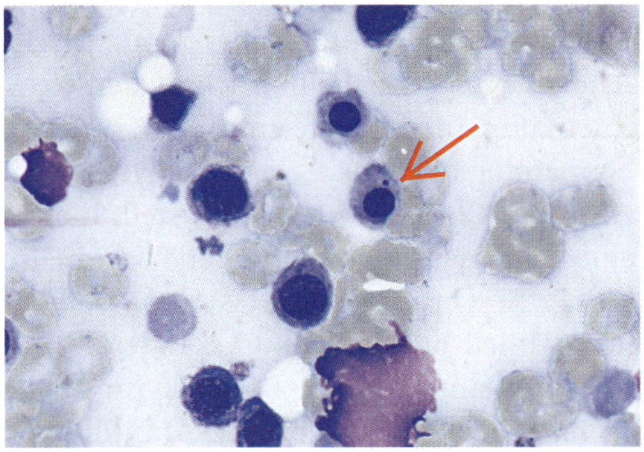

Abb. 12.26 Dyserytrhopoese, Kernfragmentation (Hund, MGG, × 1000)

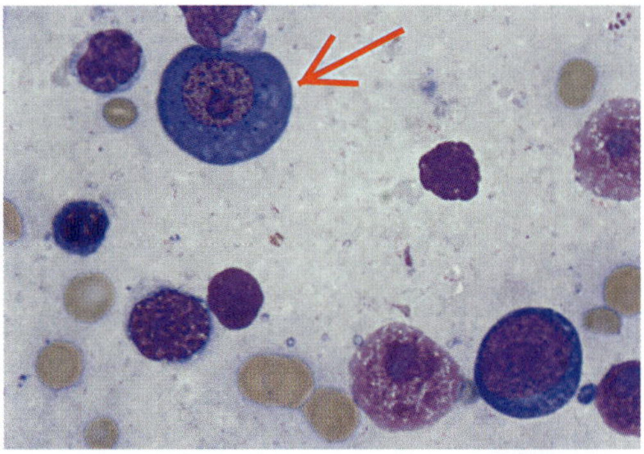

Abb. 12.27 Dyserytrhopoese, Megaloblast (Katze, MGG, × 1000)

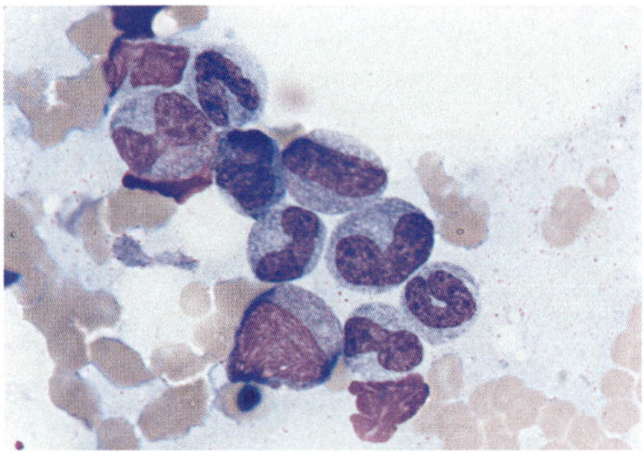

Abb. 12.28 Dysmyelopoese, makrozytäre Metamyelozyten und stabkernige neutrophile Granulozyten (Katze, myelodysplastisches Syndrom, MGG, × 1000)

Erythropoese

- doppel- oder dreikernige Normoblasten (**Abb. 12.25**)
- Kernfragmentation (**Abb. 12.26**)
- Brückenbildung von internukleärem Chromatin (»nuclear bridging«)
- atypische Form des Nukleus (z. B. lobuliert)
- Megaloblasten (erythroide Vorläuferzellen mit folgenden Charakteristika: Makrozytose, atypisch hoher Zytoplasmaanteil, retikuläre Chromatinstruktur und deutliches Parachromatin, häufig verfrühte Hämoglobinsynthese verglichen mit dem Reifegrad des Nukleus) (**Abb. 12.27**)
- Ringsideroblasten (Normoblasten mit intrazytoplastisch angefärbten Eisengranula bei Preußischblau-Färbung)
- asynchrone Reifung von Nukleus und Zytoplasma

Myelopoese

- mikrozytäre Myeloblasten und Promyelozyten
- makrozytäre Metamyleozyten und stabkernige neutrophile Granulozyten (**Abb. 12.28**)
- Ringformen der Nuklei (physiologisch bei Ratten)(**Abb. 12.29**)

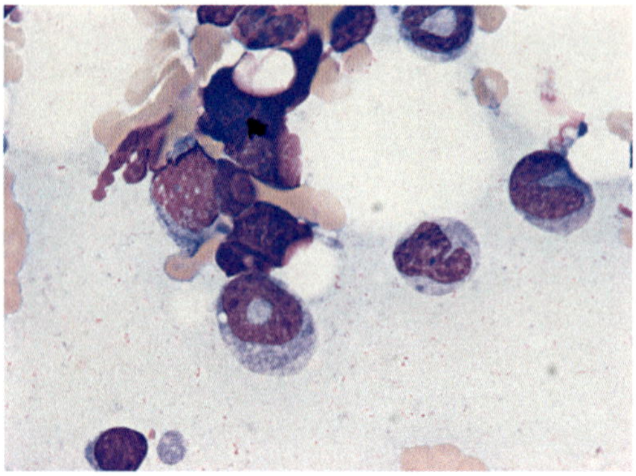

Abb. 12.29 Dysmyelopoese, neutrophiler Granulozyt mit ringförmigem Nukleus, (Katze, myelodysplastisches Syndrom, MGG, × 1000)

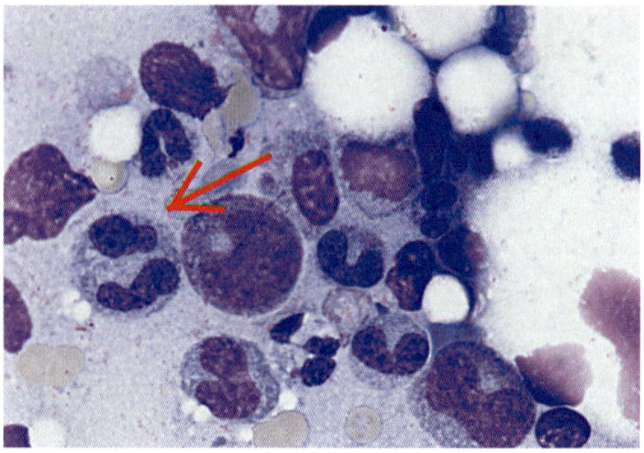

Abb. 12.30 Neutrophiler Granulozyt mit hyposegmentiertem Nukleus, Pelger-Huët-ähnlich (Katze, myelodysplastisches Syndrom, MGG, × 1000)

- hyposegmentierte Nuklei (Pelger-Huët-ähnlich) (**Abb. 12.30**)
- hypersegmentierte Nuklei
- asynchrone Reifung von Kern und Zytoplasma

12

Reifungsindizes

- Reifungsindex (I/M)
- Reifungsindizes der Erythropoese (I/Me)
- Reifungsindizes der Granulopoese (I/Mg)
- Reifungsindizes nach Hoff et al. (1985)
- EMI (= erythroid maturation index)
- MMI (= myeloid maturation index)

(siehe auch Moritz A. Knochenmarkuntersuchung. In: Dürr, Kraft, Hrsg. Labordiagnostik in der Tiermedizin. 6. Aufl. Schattauer 2005; S. 100–101)

12.6 Durchflusszytometrische Knochenmarkuntersuchung

Neben der zytologischen Untersuchung von Knochenmarkaspiraten sind durchflusszytometrische Verfahren bereits etabliert. Die automatisierte durchflusszytometrische Analyse von Knochenmark mit dem routinemäßig in der veterinärmedizinischen Hämatologie eingesetzten Analysesystem ADVIA® 120/2120 (s. Kap. 11) stellt hierbei eine wichtige Screeningmethode dar: Zellularität, Erythropoese und Myelopoese können schnell beurteilt und veränderte Zellreihen erkannt werden. Beispiele für unterschiedliche Befunde geben die **Abbildungen 12.31–12.36**. Da bei diesem Messverfahren zytochemische Eigenschaften (Peroxidasegehalt) der Zellen sowie ihre Größe und Kernsegmentierung zur Differenzierung herangezogen werden, können insbesondere lympho- und myeloproliferative Knochenmarkerkrankungen anhand typischer Veränderungen der Zytogramme sicher erkannt werden (Bauer und Moritz 2002). Dieses Verfahren kann auch zur Vorselektion eingesetzt werden, um die nachfolgend beschriebenen Antikörper für die Immuntypisierung fallorientiert zu selektieren und damit Kosten zu senken. Weiterhin werden durchflusszytometrische Analysen zur morphologischen Differenzierung der Zellen (Größe, Forward Scatter = FSC; Granularität, Sideward Scatter = SSC) und Immunophänotypisierung mittels Antikörpermarkierung angewendet (**Abb. 12.37** u. **12.38**).

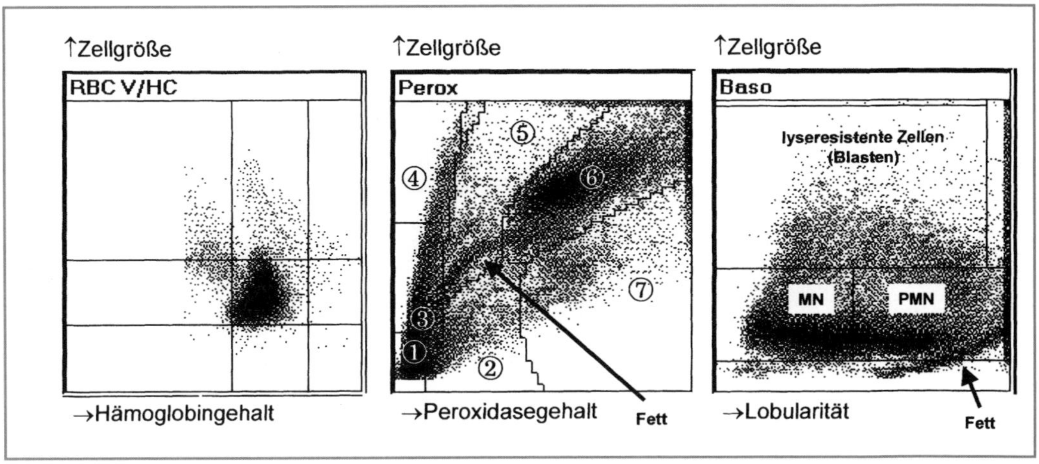

Abb. 12.31 Durchflusszytometrische Analyse eines Knochenmarkaspirates, gesunder Hund mit normalem Knochenmark (Anzahl kernhaltiger Zellen: 78,2 × 10^9/l). Erythrogramm, Leukogramm (Perox) und Nukleogramm (Baso) des Peroxidase- bzw. Basophilendiffererizierungskanals. Die Bezeichnungen der Punktwolken wurden von den Angaben für peripheres Blut übernommen. 1 = Rauschen (Zelltrümmer, Schmutz), 2 = Thrombozytenagglutinate, 3 = Lymphozyten und basophile Granulozyten, 4 = LUC (large unstained cells = große ungefärbte Zellen), 5 = Monozyten, 6 = neutrophile Granulozyten, 7 = eosinophile Granulozyten, MN = mononukleäre Leukozyten (Monozyten- und Lymphozytenkerne), PMN = polymorphnukleäre Leukozyten (neutrophile und eosinophile Granulozytenkerne)

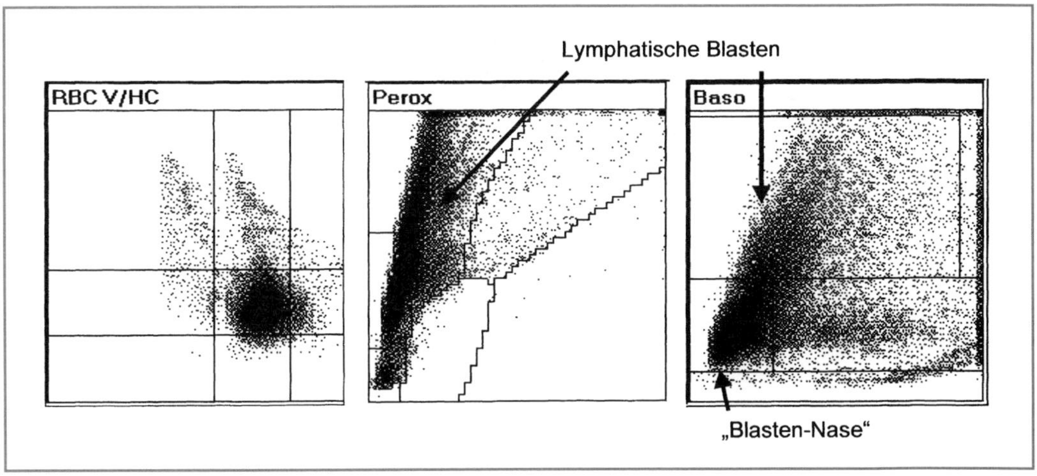

Abb. 12.32 Durchflusszytometrische Analyse eines Knochenmarkaspirates, Hund mit akuter lymphatischer Leukämie (ALL) (Anzahl kernhaltiger Zellen: 271,5 × 10^9/l)

Neuerdings wird eine Immunphänotypisierung mittels Antikörpermarkung auch kommerziell angeboten und steht somit für die Patientenaufarbeitung zur Verfügung (Kontaktadresse hierzu: S. Comazzi, Università di Milano, Italien, oder J. Archer, University of Cambridge, UK). Bei Patienten mit lymphatischer Leukämie oder einem

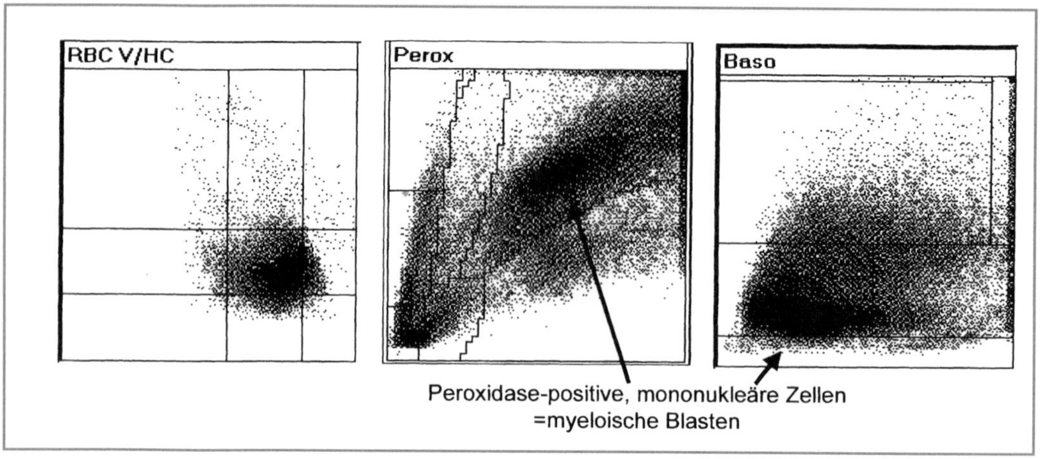

Abb. 12.33 Durchflusszytometrische Analyse eines Knochenmarkaspirates, Hund mit akuter myeloischer Leukämie (Anzahl kernhaltiger Zellen: 224,4 × 10^9/l)

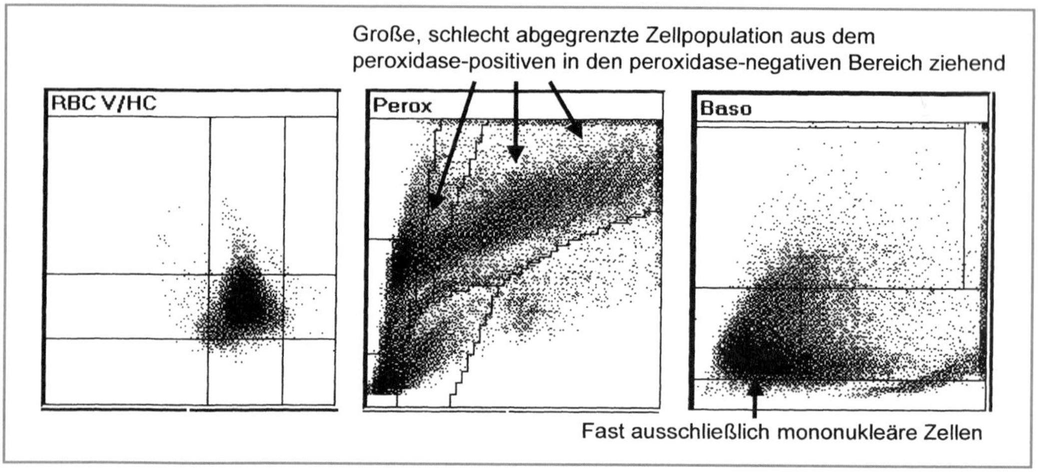

Abb. 12.34 Durchflusszytometrische Analyse eines Knochenmarkaspirates, Hund mit akuter myelomonozytärer Leukämie (Anzahl kernhaltiger Zellen: 88,8 × 10^9/l)

Lymphom kann, insbesondere bei unklarem durchflusszytometrischem Befund oder zur Feststellung eines Rezidivs, die Klonalität mittels Polymerasekettenreaktion (PCR) bestimmt werden. Die klonale Proliferation von Zellen ist ein Charakteristikum von Tumoren, sodass die Feststellung der Klonalität einer Lymphozytenpopulation im Gewebe (Lymphknoten-Feinnadelaspirate, Knochenmark, Liquor etc.) die Diagnose einer lymphatischen Neoplasie oder die frühzeitige Feststellung eines Rezidivs während der Therapie untermauern kann. Dabei werden die Änderungen (rearrangements) der variablen Region des Gens für schwere Ketten von Immunglobulinen (IgH) und der des Gens für den T-Zell-Rezeptor γ (TCR γ) zur Diagnose eines B- bzw. T-Zell-Lymphoms herangezogen (PCR auf antigen receptor rearrangement; PARR) (Burnett et al. 2003,

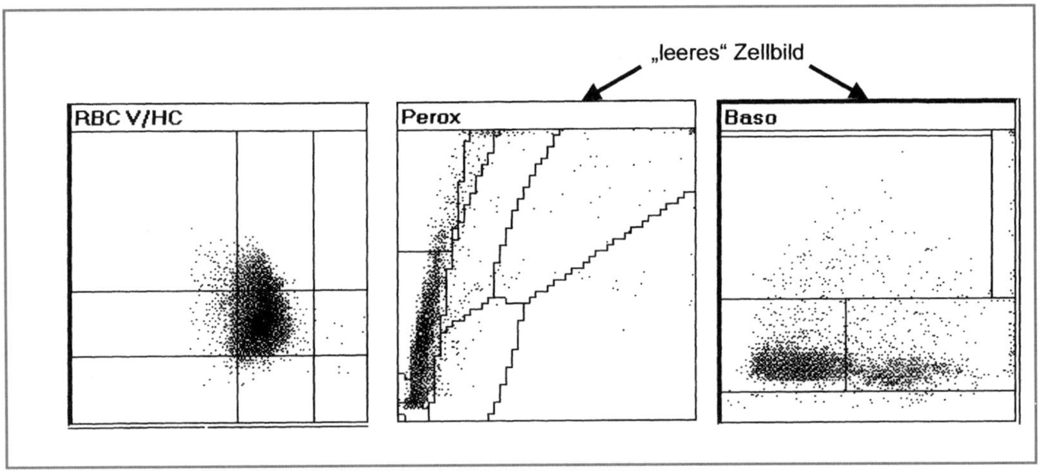

Abb. 12.35 Durchflusszytometrische Analyse eines Knochenmarkaspirates, Hund mit Knochenmarkaplasie infolge einer chronischen Ehrlichiose (*E. canis*) (Anzahl kernhaltiger Zellen: 3,6 × 10^9/l)

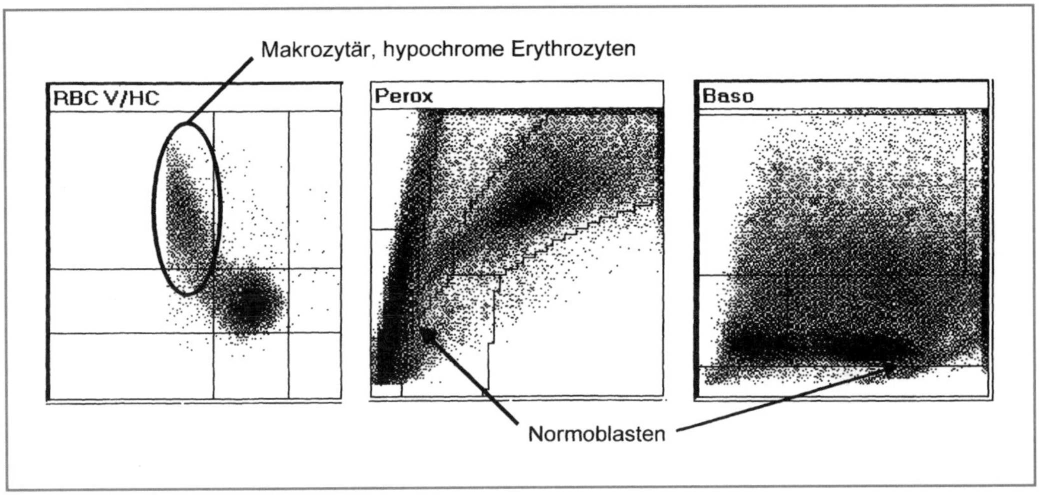

Abb. 12.36 Durchflusszytometrische Analyse eines Knochenmarkaspirates, Hund mit erythroider Hyperplasie ohne »Linksverschiebung« (Anzahl kernhaltiger Zellen: 458 × 10^9/l)

Lana et al. 2006, Rütgen et al. 2011, Langner et al. 2011). Die Methode wird ebenfalls kommerziell angeboten (Kontaktadresse: Zentrallabor, Veterinärmedizinische Universität Wien). Aktuelle Untersuchungen haben gezeigt, dass die Sensitivität der Methode noch durch Realtime-PCR erhöht werden kann (Langner et al. 2011; momentan nicht kommerziell verfügbar).

Nach Weiss (2002a) eignen sich bei Hund und Katze die in **Tabelle 12.5** bzw. **12.6** angegebenen Antikörper zur durchflusszytometrischen Knochenmarkuntersuchung.

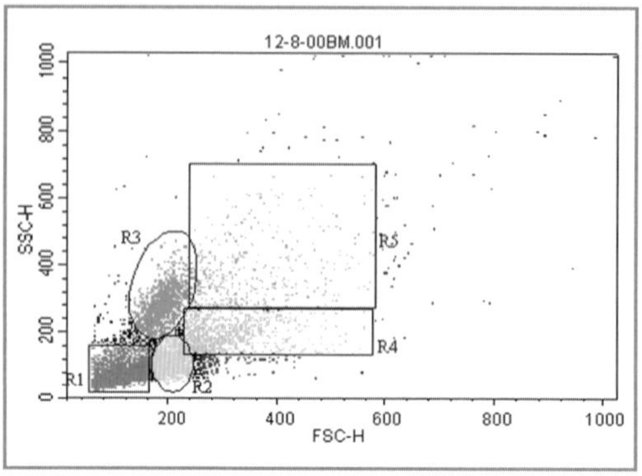

Abb. 12.37 Durchflusszytometrische Knochenmarkanalyse (FACS-Scalibur), gesunder Hund. R1 = reife erythroide Vorläuferzellen, R2 = unreife erythroide Vorläuferzellen und Lymphozyten, R3 = stabkernige und segmentkernige Granulozyten, R4 = unreife myeloide Vorläuferzellen, R5 = Metamyelozyten (Template = Voreinstellung nach D. J. Weiss)

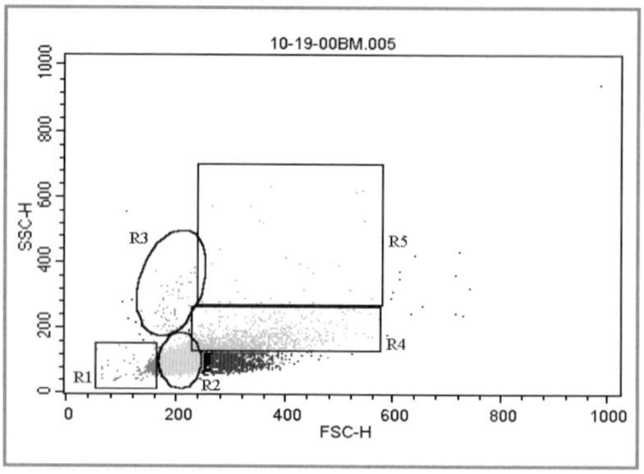

Abb. 12.38 Durchflusszytometrische Knochenmarkanalyse (FACS-Scalibur), Hund mit akuter lymphoblastischer Leukämie (ALL). R1 = reife erythroide Vorläuferzellen, R2 = unreife erythroide Vorläuferzellen und Lymphozyten, R3 = stabkernige und segmentkernige Granulozyten, R4 = unreife myeloide Vorläuferzellen, R5 = Metamyelozyten (Template = Voreinstellung nach D. J. Weiss)

Tab. 12.5 Beispiele für monoklonale Antikörper zur Differenzierung (Immunophänotypisierung) caniner Blut- und Knochenmarkzellen (nach Weiss 2002a)

Marker	Klon	Zellspezifität	Bezugsquelle[1]
CD3	CD3	alle T-Zellen	P. Moore
	CA17.2A12		Serotec
CD4	CA13.1E4 CAT30A	T-Helfer-Zellen	P. Moore, VMRD
	YKIX302.9		Serotec
CD5	YKIX322.3	alle T-Zellen	Serotec
	DH3B		VMRD
CD8	CA9.JD3	NK-T-Zellen	P. Moore
	YCATE55.9		Serotec
CD11/CD18	YKIX490.6.4	alle Leukozyten	Serotec
CD14	TUK4 CAM36A	Monozyten, Makrophagen	Serotec, VMRD

12

Tab. 12.5 (Fortsetzung)

Marker	Klon	Zellspezifität	Bezugsquelle[1]
CD18	MHM23 BAQ30A CA1.4E9	alle Leukozyten	Dako, VMRD, Serotec
CD21	CD2.1D6	B-Zellen	P. Moore
	F46A		VMRD
CD25	ACT-1	B- und T-Zellen, Monozyten	Dako
CD34	1H6	hämatopoetische Vorläuferzellen	BD Phar-Mingen
CD41	DOG20.4	Thrombozyten Megakaryozyten	Serotec
CD41/CD61	CO.35E4 CaCDw41	Thrombozyten, Megakaryozyten	Serotec, VMRD
CD45	YKIX716.13 CA12.10C12	alle Leukozyten	Serotec, P. Moore
CD45RA	CA4.1D3	B-Zellen, T-Zell-Subsets	P. Moore
CD62	MD3 MD6	aktivierte Thrombozyten	C.W. Smith
MHC class II[2]	TAL1BR CA2.1C12 TH14B	Monozyten, Makrophagen, die meisten Lymphozyten	Dako, P. Moore, VMRD
	CVS20		Serotec
Thy-1	CA1.4G8DH24a	Makrophagen, die meisten Lymphozyten	P. Moore, VMRD
Mb-1	HM.57	B-Zellen	P. Moore
TCR	CA15.8G7	T-Zellen	P. Moore
	CA20.8H1	T-Zellen	P. Moore
Platelets	CL2A	Thrombozyten	VMRD
Monocytes/Macrophages	MAC387	Monozyten, Makrophagen	Serotec

1 P. Moore, University of California, Davis, CA, USA; Serotec Ltd, Oxford, UK; VMRD Inc, Pullman, WA, USA; Dako Inc, Glostrup, Denmark; BD Phar-Mingen Co, Pleasanton, CA, USA; C.W. Smith, Baylor University, Houston, TX, USA
2 MHC = major histocompatibility complex

Tab. 12.6 Beispiele für monoklonale Antikörper zur Differenzierung (Immunophänotypisierung) feliner Blut- und Knochenmarkzellen (nach Weiss 2002a)

Marker	Klon	Zellspezifität	Bezugsquelle[1]
CD3	CF54A	alle T-Zellen	VMRD
CD4	vpg34 CAT30A	T-Helfer-Zellen	Serotec, VMRD
CD5	FEL.1B11	alle T-Zellen	Serotec
CD8	vpg9 25–2A	NK-T-Zellen	Serotec, VMRD
CD11b	CA16.3E10	Granulozyten	Serotec
CD18	CA1.4E9 H20A	alle Leukozyten	Serotec, VMRD
Makrophagen, die meisten Lymphozyten CD21-like	F46A	B-Zellen	VMRD
CD41/CD61	CO.35E4	Thrombozyten, Megakaryozyten	Serotec
CD45	WC45a	alle Leukozyten	Serotec
MHC-Klasse I[2]	VPM19		Serotec
MHC-Klasse II	CAG5–3D1	Makrophagen, die meisten Lymphozyten	Serotec
Thrombozyten	CL2A	Thrombozyten, Megakaryozyten	VMRD
Lymphozyten	CF255A	T-Zellen	VMRD
	CF26A	B-Zellen, T-Zellen	VMRD
myeloische Zellen	FeMy	reife Granulozyten und Monozyten, reife myeloische Vorläuferzellen (88 %), unreife myeloische Vorläuferzellen (30 %)	E. A. Hoover
erythroische Zellen	FeEr1, FeEr2	unreife erythroische Vorläuferzellen (60 %), reife erythroische Vorläuferzellen (90 %)	E. A. Hoover
K-1, Q-3		unreife erythroische Vorläuferzellen	N. Gengozian
K-7		unreife erythroische Vorläuferzellen	N. Gengozian

1 VMRD Inc, Pullman, WA, USA; Serotec Ltd, Oxford, UK; E. A. Hoover, Colorado State University, Fort Collins, CO, USA; N. Gengozian, University of Tennessee, Knoxville, TN, USA
2 MHC = major histocompatibility complex

12

12.7 Diagnostik hämatopoetischer Neoplasien

Bei Tumoren des blutbildenden Systems handelt es sich um eine neoplastische Proliferation von Blutzellen oder deren Vorstufen. Unterschieden werden:

- nach der Verlaufsform und dem Differenzierungsgrad der Zellen **akut** und **chronisch (Abb. 12.39 u. 12.40)**
- nach der ins periphere Blut ausgeschwemmten Zahl an Tumorzellen **leukämisch** bzw. **subleukämisch**
- und nach dem Zelltyp **lymphatisch** (**Abb. 12.41**) oder **myeloisch** (**Abb. 12.42**).

Tumoren der hämatopoetischen Zellen zählen zu den häufigsten Tumoren bei Hund und Katze.

Zu den **lymphoproliferativen Erkrankungen (Tab. 12.7)** gehört die häufigste Form: das **maligne Lymphom** (Syn.: Lymphosarkom, Lymphosarkomatose, Non-Hodgkin-Lymphom). Hier steht die Ausbildung solider lymphatischer Tumoren im Vordergrund. Je nach ihrer Lokalisation unterscheidet man die in Tabelle 12.7 angegebenen Erkrankungen.

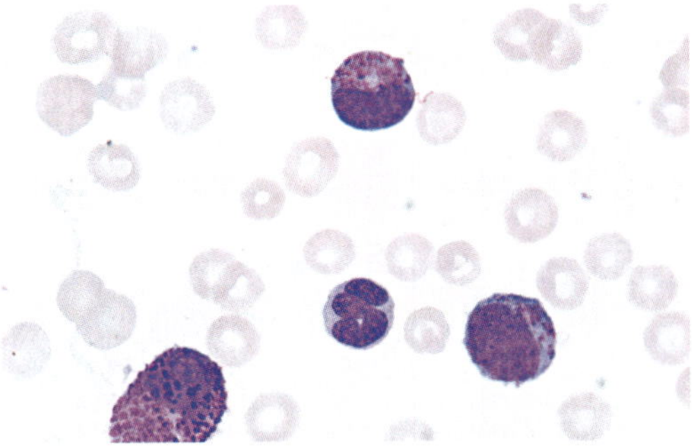

Abb. 12.39 Akute lymphoblastische Leukämie großer granulierter Lymphoblasten (ALL-LGL) (Katze, MGG, × 1000)

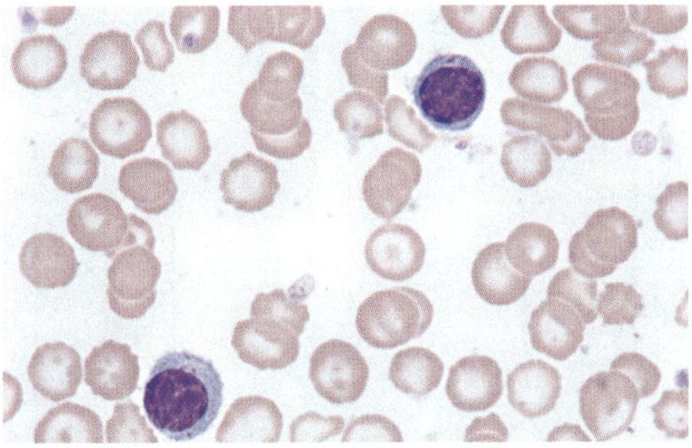

Abb. 12.40 Chronische lymphozytäre Leukämie großer granulierter Lymphoblasten (CLL-LGL) (Hund, MGG, × 1000)

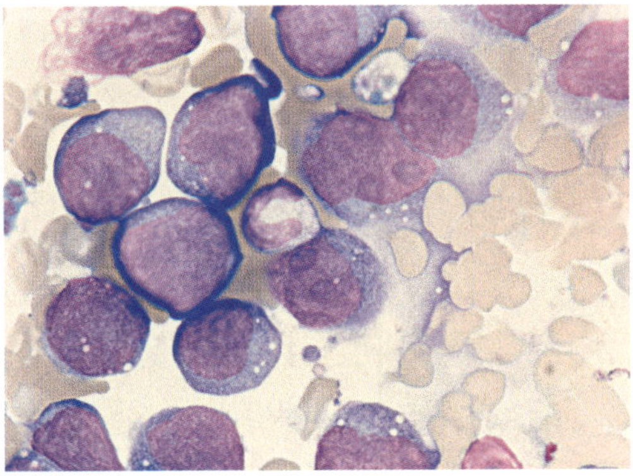

Abb. 12.41 Akute lymphoblastische Leukämie (ALL) (Hund, MGG, × 1000)

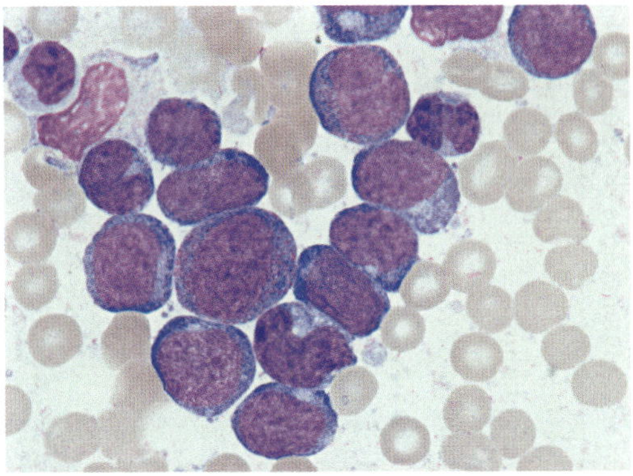

Abb. 12.42 Akute myeloische Leukämie (Promyelozyten-Leukämie, AML M3), (Hund, MGG, × 1000)

12

Tab. 12.7 Hämatopoetische Neoplasien

Lokalisation der Erkrankungen	Einteilung der Tumoren	Unterformen	Varianten der Unterformen
lymphoproliferativ	Leukämien	akute lymphoblastische Leukämie (ALL)	• B-Zell-ALL • T-Zell-ALL • große granulierte Lymphozyten (LGL)
		chronische lymphatische Leukämie (CLL)	• B-Zell-CLL • T-Zell-CLL • große granulierte Lymphozyten (LGL)
	Lymphom (Lymhosarkom)		
	Plasmazellleukämie		
	Plasmazelltumoren	multiples Myelom	
		Plasmozytome (solitär, extramedullär)	
	primäre Makroglobinämie (M. Waldenström)		
myeloproliferativ	Leukämien	akute	akute myeloische Leukämie (AUL, M1–M7)
		chronische	• chronische myeloische Leukämie (CML) • chronische myeloische Leukämie (CML im engeren Sinn, Neutrophile) • eosinophile chronische myeloische Leukämie • basophile chronische myeloische Leukämie • chronische monozytäre Leukämie (CMoL) • chronische myelomonozytäre Leukämie (CMMoL) • Polycythaemia (rubra) vera

Tab. 12.7 (Fortsetzung)

Lokalisation der Erkrankungen	Einteilung der Tumoren	Unterformen	Varianten der Unterformen
myeloproliferativ	Leukämien	chronische	• primäre (essenzielle) Thrombozytämie • myelodysplastische Syndrome (MDS)
histiozytär	• kutanes (benignes) Histiozytom • systemische Histiozytose • kutane Histiozytose • disseminiertes histiozytäres Sarkom (maligne Histiozytose) • malignes fibröses Histiozytom (lokalisiertes histiozytäres Sarkom) • hämophagozytäres Syndrom (primär)		

Leukämien gehen vom Knochenmark aus und werden nach ihrem Ursprung in lymphatische und myeloische Leukämien unterteilt. Letztere kommen im Verhältnis zu den lymphoproliferativen Erkrankungen beim Tier relativ selten vor. Im Einzelnen erfolgt eine Einteilung nach den in Tabelle 12.7 dargestellten Formen.

Beim **Lymphom** unterscheidet man folgende Formen:

- multizentrische Form: generalisiert (alle tastbaren) Lymphknoten (ca. 80 %)
- gastrointenstinale (alimentäre) Form: Magen-Darm-Trakt, Milz, Leber (ca. 2–7 %)
- Thymusform, mediastinale Form (ca. 2–5 %)
- Hautform (ca. 1 %)
- andere Formen: Nieren, ZNS, Herz, Auge, Hoden (< 10 %)

Die **Diagnose des Lymphoms (Lymphosarkom, -sarkomatose)** wird durch das klinische Bild, am sichersten durch eine zytologische (z. B. Feinnadelaspiration aus Lymphknoten) oder histologische Untersuchung betroffener Organe (z. B. Lymphknoten-, Darm-, Nieren-, Hautbiopsie usw.) gestellt. Das periphere Blut und das Knochenmark sind bei dieser Form zunächst frei von Tumorzellen. Erst bei einer Metastasierung treten hier pathologische Zellformen auf, die im Knochenmark diffus oder herdförmig verteilt vorliegen. Insofern ist die zytologische Knochenmarkuntersuchung zur Frühdiagnostik unsicher und deshalb ungeeignet.

Insgesamt erfasst die Knochenmarkzytologie in der Diagnostik des Lymphoms 30–50 % der Fälle. Ihre Bedeutung liegt hier in der Einteilung des Erkrankungsstadiums (Staging) und somit in der prognostischen Einschätzung, denn das Auffinden von Tumorzellen im Knochenmark bedeutet eine Metastasierung und damit eine schlechtere Prognose.

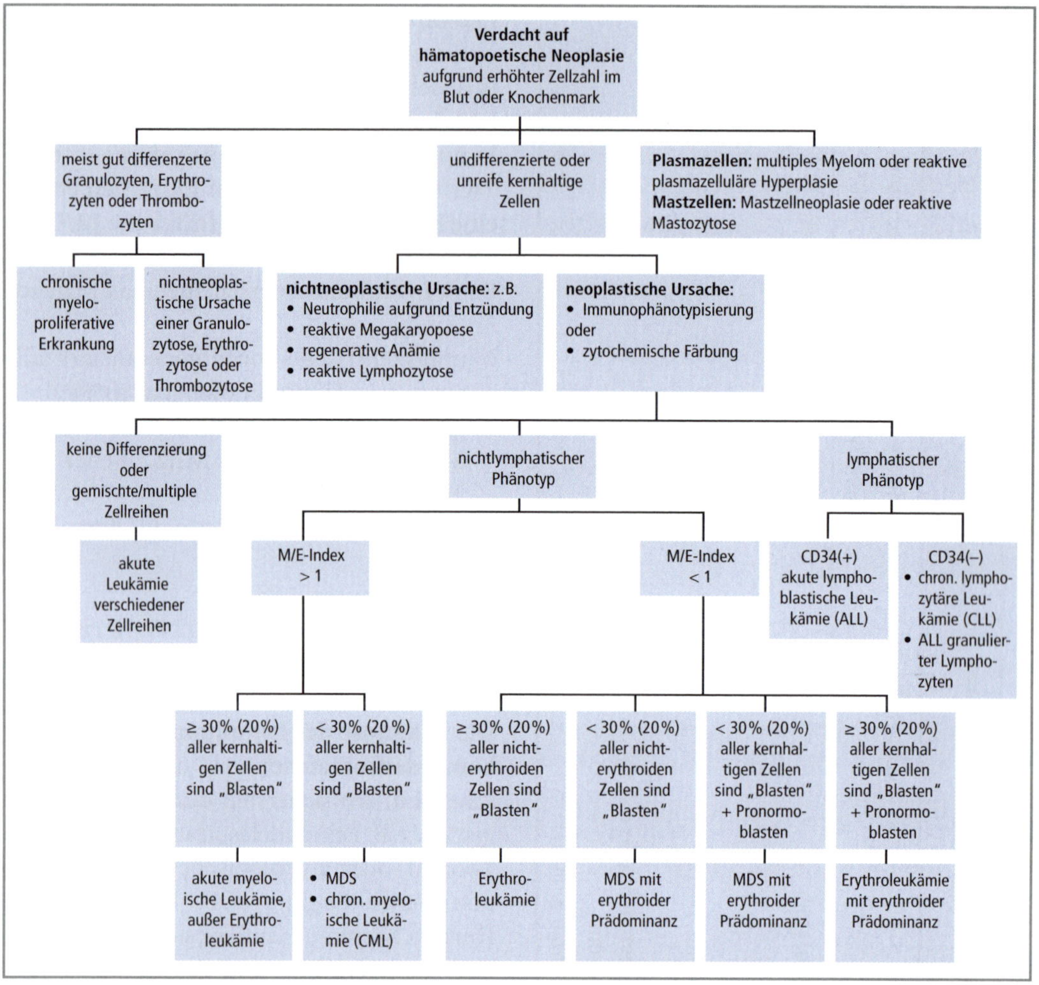

Abb. 12.43 Flussdiagramm zur Klassifizierung hämatopoetischer Neoplasien (modifziert nach Stockham und Scott 2008); »Blasten« = Myeloblasten, Megakaryoblasten, Monoblasten, atypische Promyelozyten; »alle kernhaltigen Zellen«: Zellen aller Zellreihen, außer Monozyten, Makrophagen, Mastzellen, Plasmazellen

12

Demgegenüber ist die Knochenmarkpunktion mit zytologischer Untersuchung bei der **akuten lymphoblastischen Leukämie** mit ihren diagnostischen Schwierigkeiten und vor allem bei myeloproliferativen Erkrankungen die diagnostische Methode der Wahl (**Abb. 12.43**).

Klassifizierung der akuten myeloischen Leukämien und der myelodysplastischen Syndrome

Die Abgrenzung dieser Erkrankungen von rein reaktiven bis hin zu leukämoiden Reaktionen gestaltet sich schwierig und gelingt oft erst im Krankheitsverlauf. Sie werden nach der Französisch-Amerikanisch-Britischen (FAB) Klassifikation der akuten myeloischen Leukämien bei Hund und Katze (**Tab. 12.8**) und des myelodysplastischen Syndroms eingeteilt (**Tab. 12.9**).

Tab. 12.8 FAB-Klassifikation der akuten myeloischen Leukämien

Leukämie		Befunde im Knochenmark und peripheren Blut
AUL	akute undifferenzierte Leukämie	nur Blasten, keine identifizierbaren morphologischen, zytochemischen oder immunzytologischen Marker
M0	myeloische Leukämie ohne Reifung	nur Myeloblasten
MI	myeloische Leukämie mit minimaler Reifung	Etwa 90 % aller kernhaltigen Zellen im Knochenmark sind Myeloblasten, < 10 % reifende Granulozyten oder Monozyten.
M2	myeloische Leukämie mit Reifung	(20 %) 30–90 % aller kernhaltigen Zellen im Knochenmark sind Myeloblasten, > 10 % reifende Granulozyten, < 20 % Monoblasten oder Monozyten.
M3	Promyelozyten-Leukämie	(> 20 %) > 30 % aller kernhaltigen Zellen im Knochenmark sind atypische Promyelozyten, > 10 % reifende Granulozyten.
M4	myelomonozytäre Leukämie	(> 20 %) > 30 % aller kernhaltigen Zellen im Knochenmark sind Myeloblasten und Monoblasten, > 20 % reifende Granulozyten, > 20 % Monoblasten und reifende Monozyten.
M5a	Monoblastische Leukämie	> 80 % aller kernhaltigen Zellen im Knochenmark sind Monoblasten, < 20 % Myeloblasten und reifende Granulozyten.
M5b	Monozyten-Leukämie	(20 %) 30–80 % aller kernhaltigen Zellen im Knochenmark sind Monoblasten mit einer Prädominanz differenzierter monozytärer Zellen, < 20 % Myeloblasten und reifende Granulozyten.
M6	Erythroleukämie	> 50 % aller kernhaltigen Zellen im Knochenmark sind erythrozytäre Zellen, < 30 % Myeloblasten und Monoblasten im peripheren Blut, aber > 30 % im Knochenmark.
M6-Er	Erythroleukämie mit erythrozytärer Dominanz	> 50 % aller kernhaltigen Zellen im Knochenmark sind erythrozytäre Zellen, > 30 % davon Erythroblasten (Rubriblasten).
M7	megakaryozytäre Leukämie	(> 20 %) > 30 % aller kernhaltigen Zellen im Knochenmark sind Megakaryoblasten. Myelofibrose (Knochenmarkbiopsie) und abnorme Megakaryoblasten im peripheren Blut können vorkommen.

Tab. 12.9 Klassifikationen der primären myelodysplastischen Syndrome (MDS) (nach Weiss 2003)

FAB[1]	WHO[2]	Klassifikation Hund[3]
• refraktäre Anämie • refraktäre Anämie mit Ringsideroblasten • refraktäre Anämie mit Blastenexzess • refraktäre Anämie mit Blastenexzess in Transformation • chronische myeloische Leukämie	• refraktäre Anämie • refraktäre Anämie mit Ringsideroblasten • refraktäre Anämie mit Blastenexzess I (5–10 % Blasten) • refraktäre Anämie mit Blastenexzess II (10–20 % Blasten) • MDS unklassifiziert	• MDS mit refraktärer Zytopenie: MDS-RC • MDS mit sideroblastischer Differenzierung • MDS mit erythroider Prädominanz: MDS-ER • MDS mit Blastenexzess: MDS-EB

1 Französisch-Amerikanisch-Britische (FAB) Klassifikation
2 World Health Organization
3 Raskin 1996
MDS: myelodysplastische Syndrome

Akute myeloische Leukämien

Beurteilungskriterien der **Französisch-Amerikanisch-Britischen (FAB) Klassifikation der akuten myeloischen Leukämien bei Hund und Katze** sind Zahl und Morphologie von Blasten (May-Grünwald-Giemsa-Färbung, Wright-Färbung):

- eine oder mehrere Zellreihen betroffen
- Reifungsgrad:
  - M1, M2, unterscheiden sich hauptsächlich im Reifungsgrad der granulozytären Zellen,
  - M4 zeigt eine granulozytäre und monozytäre Differenzierung,
  - M5 hauptsächlich eine monozytäre Differenzierung und
  - M6 zeigt eine erythroblastische Differenzierung.
- prozentuale Berechnung der Blasten erfolgt in Beziehung zu:
  - ANC = all nucleated cells (Lymphozyten, Makrophagen, Mastzellen und Plasmazellen sind von der Berechnung der ANC ausgenommen)
  - NEC = nonerythroid cells (Erythrozytenvorstufen sind von der Berechnung der NEC ausgenommen)
- Definition von Knochenmarkzellen:
  - **Myeloblast Typ I:** große Zellen mit rundem bis ovalem Zellkern, Kernchromatin glatt oder fein gepunktet, ein oder mehrere Nukleoli, schmales, mäßig blaues Zytoplasma, z. T. mit kleinen Vakuolen, Zellkern im Allgemeinen zentral liegend, Kernrand leicht unregelmäßig, Kern-Zytoplasma-Verhältnis hoch (> 1,5), Zellgröße 1,5- bis 3-mal Erythrozytendurchmesser
  - **Myeloblast Typ II:** sehr ähnlich dem Typ I, kleine azurophile Granula im Zytoplasma, Kern kann exzentrisch liegen
  - **Promyelozyt:** Zelle mit glattem oder fein gepunktetem Kernchromatin, Kern kann einen Nukleolus enthalten (vor allem in Zellen mit starker Granulation), viele kleine azurophile Granula im hellblauen bis mäßig blauem Zytoplasma; Kern zentral oder exzentrisch, klare Golgi-Zone (perinukleäre Aufhellung) kann vorhanden sein
  - **Monoblast:** große Zelle mit rundem, unregelmäßigem oder gelapptem Kern, feines, netzförmiges Kernchromatin,

12

ein oder mehrere deutliche Nukleoli, mäßig bis tiefblaues, nichtgranuliertes Zytoplasma, oft deutliche Golgi-Zone im Bereich der Kerneinbuchtung

- **Promonozyt:** große Zelle, »gehirnförmiger« Kern mit deutlichen Einkerbungen, lockeres Kernchromatin, keine deutlichen Nukleoli, mehr Zytoplasma, weniger basophil als das des Monoblasten
- **Lymphoblast:** kleine bis große Zelle mit rundem oder ovalem Zellkern, fein gepunktetes bis scholliges Kernchromatin, ein oder mehrere Nukleoli, schmaler, schwachblauer Zytoplasmasaum ohne azurophile Granula, Kerngrenze z. T. unscharf oder unregelmäßig, Kern-Zytoplasma-Verhältnis größer als bei Myeloblasten, Unterschied zu Myeloblast: Zytoplasma weniger granulär, gröberes Kernchromatin, weniger Zytoplasma, keine azurophilen Granula; selten können T-Lymphoblasten wenige feine bis größere azurophile Granula enthalten (large granular lymphocytes), Unterscheidung zu Myeloblasten schwierig
- **Rubriblast (Syn.: Pronormoblast, Proerythroblast):** große Zelle mit rundem Kern, scholliges Kernchromatin, einzelne Nukleoli, kräftig bis tiefblaues Zytoplasma ohne azurophile Granula, hohes Kern-Zytoplasma-Verhältnis
- **Prorubrizyt (Syn.: basophiler Normoblast):** wie Rubriblast, ohne Nukleoli

Myelodysplastische Syndrome

Myelodysplastische Syndrome (MDS, primär, sekundär) stellen eine heterogene Gruppe erworbener hämatopoetischer Erkrankungen dar, die durch ineffektive Hämatopoese mit Zelltod im Knochenmark (bei normaler bzw. gesteigerter Knochenmarkzellularität), peripheren Zytopenien und deutlich dysplastischen Zellen verbunden sind. Bei Katzen sind MDS typischerweise mit einer Retrovirusinfektion (insbesondere FeLV) assoziiert, und die Inzidenz liegt deutlich höher als beim Hund.

Beim Menschen wurde bisher eine Anzahl von 30 % Blasten als Grenze zur Unterscheidung zwischen **myelodysplastischem Syndrom** (MDS, < 30 % Blasten) und **akuten myeloischen Leukämien** (> 30 % Blasten) herangezogen. In der neuen WHO-Klassifikation werden dagegen 20 % Blasten als Grenze definiert.

Die Kriterien für das **primäre myelodysplastische Syndrom (MDS)** des Hundes sind bisher nicht eindeutig definiert (Raskin 1996). Tabelle 12.9 gibt einen Überblick über die verschiedenen Klassifikationen der primären myelodysplastischen Syndrome.

MDS-RC und MDS-ER sind durch eine selektive nichtregenerative Anämie im peripheren Blut und weniger als 5 % Myeloblasten im Knochenmark charakterisiert. Dysplastische Zeichen der Zellen (zwei- bis dreikernige Normoblasten, Megaloblasten, Kernfragmentierung, asynchrone Reifung von Kern und Zytoplasma) sind in erythropoetischen Zellen am stärksten ausgeprägt und häufig auch nur dort zu finden. Die Anzahl der Normoblasten (Syn.: Rubriblasten) zeigt sich bei MDR-ER erhöht, im Fall eines MDS-RC nicht. MDS mit sideroblastischer Differenzierung kommt sehr selten vor. Im Unterschied zur MDR-ER und MDS-RC liegen hier eine Mikrozytose, eine Hypochromasie und eine erhöhte Anzahl von Sideroblasten vor. MDS-EB zeichnet sich durch multiple Zytopenien und Dysplasien (Dyserythropoese, Dysmyelopoese, Dysmegakaryopoese) in mehreren bis allen Zellreihen im Knochenmark sowie eine Anzahl von 5–20 % Myeloblasten im Knochenmark aus.

Das **sekundäre myelodysplastische Syndrom** wird durch die Verbindung von Medikamenten (z. B. viele Chemotherapeutika und Phenobarbital) oder einer Toxinexposition mit dem Auftreten von dysplastischen Zeichen der hämatopoetischen Zellen diagnostiziert. Die bisher beschriebenen Fälle mit sekundärem MDS wiesen eine Anzahl von < 5 % Myeloblasten im Knochenmark auf.

Da sich primäres und sekundäres MDS nicht sicher differenzieren lassen, sollte immer nach auslösenden Ursachen (immunbedingte Erkrankungen, Neoplasien, Medikamente, Toxine, FeLV-Infektion) gesucht werden.

Abbildung 12.44 zeigt ein Flussdiagramm zur diagnostischen Aufarbeitung von myelodysplastischen Syndromen.

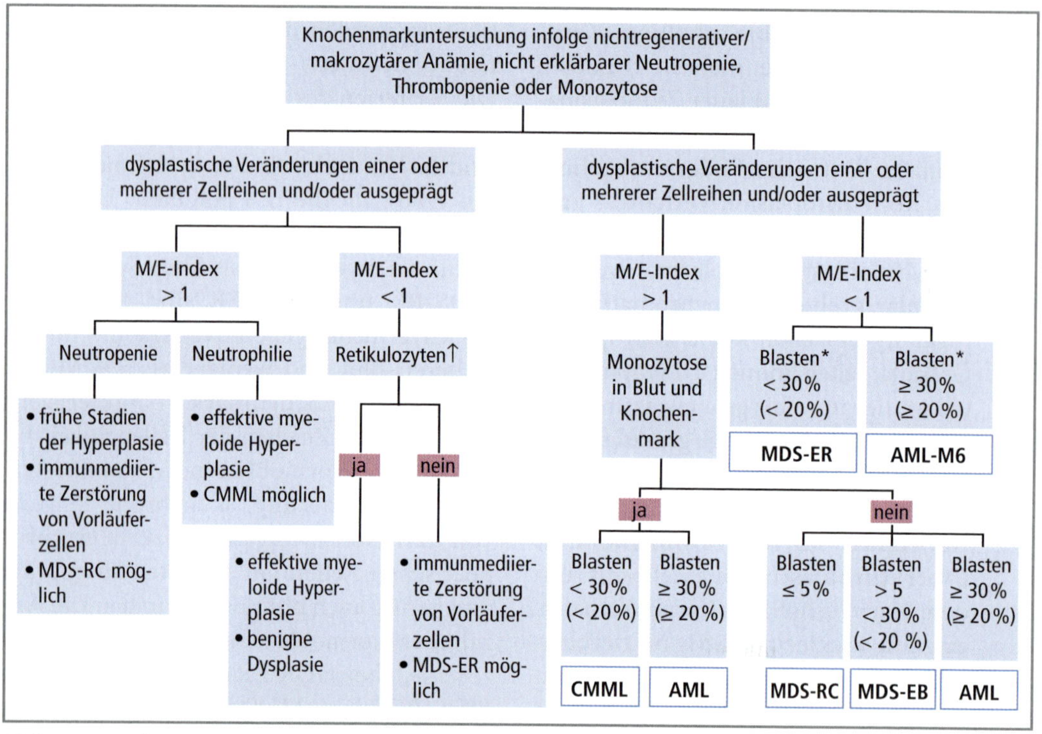

Abb. 12.44 Flussdiagramm zur diagnostischen Aufarbeitung von myelodysplastischen Syndromen (modifiziert nach Blue 2000); »Blasten«= Myeloblasten, Megakaryoblasten, Monoblasten, atypische Promyelozyten. In die Zählung werden erythroide und granulozytäre Vorläuferzellen einbezogen (außer eosinophile und basophile Granulozyten sowie Megakaryozyten und Monozyten, Makrophagen, Mastzellen, Plasmazellen)

* + Pronormoblasten
CMML = chronische myelomonozytäre Leukämie, AML = akute myeloische Leukämie, MDS-RC = myelodysplastisches Syndrom mit refraktärer Zytopenie, MDS-ER = myelodysplastisches Syndrom mit erythroider Prädominanz, MDS-EB = myelodysplastisches Syndrom mit Blastenexzess

Literatur

Affolter VK, Moore PF. Localized and disseminated histiocytic sarcoma of dendritic cell origin in dogs. Vet Pathol 2002; 39(1): 74–83.

Antognoni MT, Mangili V, Spaterna A, Fruganti G. Acute myeloid leukaemia in five dogs: clinical findings and cytochemical characterization. Vet Res Commun 2003; 27(Suppl 1): 367–71.

Bienzle D, Reggeti F, Clark ME, Chow C. Immunophenotype and functional properties of feline dendritic cells derived from blood and bone marrow. Vet Immunol Immunopathol 2003; 96(1–2): 19–30.

Bauer N, Moritz A. Durchflusszytometrische Knochenmarkuntersuchung mit dem Hämatologiesystem ADVIA® 120. Tierärztl Prax (K) 2002; 30: 472–6.

Bolliger AP. Cytologic evaluation of bone marrow in rats: indications, methods, and normal morphology. Vet Clin Pathol 2004; 33(2): 58–67.

Blue JT. Myelodysplastic syndromes and myelofibrosis. In: Schalm's Veterinary hematology. 5th ed. Philadelphia: Lippincott Williams & Wilkins 2000; 682–88.

Burnett RC, Vernau W, Modiano JF, Olver CS, Moore PF, Avery AC. Diagnosis of canine lymphoid neoplasia using clonal rearrangements of antigen receptor genes. Vet Pathol 2003; 40(1): 32–41.

Coles EH. Veterinary Clinical Pathology. 4th ed. Philadelphia: Saunders 1986.

Deubeleiss KA, Dancey JT, Harker LA, Cheney B, Finch CA.Marrow erythroid and neutrophil cellularity in the dog. J Clin Invest 1975; 55(4): 825–32.

Faldyna M, Sinkora J, Knotigova P, Rehakova Z, Moravkova A, Toman M. Flow cytometric analysis of bone marrow leukocytes in neonatal dogs. Vet Immunol Immunopathol 2003; 95(3–4): 165–76.

Grindem, CB, Tyler, RD, and Cowell, RL. The Bone Marrow. In: Diagnostic cytology and hematology of the dog and cat. 2nd ed. St. Louis: Mosby 2008; 422–57.

Harvey, JW. Atlas of Veterinary Hematology. 1rst ed. Philadelphia: Saunders 2001.

Heitmann HH. Die altersabhängige Veränderung der zellulären Zusammensetzung des Knochenmarkes beim Rind von der Geburt bis zum Alter von 6 Monaten. Gießen: Dissertation, Fachbereich Tiermedizin, Justus-Liebig Universität Gießen 1967.

Helmin D, Saar C. Morphologische Untersuchungen am Monozyten des Hundes. Berl Münch Tierärztl Wschr 1984; 97: 13–8.

Hoff B, Lumsden JH, Valli VEO. An appraisal of bone marrow biopsy in assessment of sick dogs. Can J Comp Med 1985; 49(1): 34–42.

Jain, NC. Examination of the blood and bone marrow. In: Essentials of veterinary hematology. Philadelphia: Lea & Febiger 1993; 1–18.

Johnson CM, Gengozian N, Mergia A. Hematopoiesis in the feline fetal liver: an assessment by flow cytometry. Vet Immunol Immunopathol 2004; 99(1–2): 53–62.

Keller P, Freudiger U. Atlas zur Hämatologie von Hund und Katze. Berlin, Hamburg: Parey 1983.

Keller P. Die Beurteilung der Megakaryopoese und des thrombozytären Systems beim Hund: Möglichkeiten zur Objektivierung von klinischen Befunden und der Diagnosestellung in der Praxis. Kleintierprax 1985; 30: 403–18.

Keller P. Die Beurteilung hämatologischer Befunde bei Hund und Katze: Möglichkeiten zur Objektivierung und Interpretation von Laborresultaten im Hinblick auf Diagnose, Prognose und Therapie. Schweiz Archiv Tierheilk 1986; 128: 121–39.

Lana SE, Jackson TL, Burnett RC, Morley PS, Avery AC. Utility of polymerase chain reaction for analysis of antigen receptor rearrangement in staging and predicting prognosis in dogs with lymphoma. J Vet Intern Med 2006; 20(2): 329–34.

Langner KFA, Joetzke AE, Schuberth H-J, Eberle N, Nolte I, Simon D. SYBRGreen® real time polymerase chain reaction as a highly sensitive tool for detection of clonality in

lymphocytes of canine lymphoma patients. Abstract Tierärztl Prax (KT) 2011; 1A: 16.
Moritz A. Knochenmarkuntersuchung. In: Klinische Labordiagnostik in der Tiermedizin, 6. Aufl. Kraft W, Dürr UM, Hrsg. Stuttgart: Schattauer 2005; 93–114.
Moritz A, Bauer NB, Weiss DJ, Pietersma A, Saad A. Evaluation of bone marrow. In: In: Weiss, DJ, Wardrop KJ. Schalm's Veterinary Haematology. 6th ed. Iowa: Wiley-Blackwell 2010; 1039–47.
Mylonakis ME, Day MJ, Leontides LS, Saridomichelakis MN, Koutinas AF, Polizopoulou Z, Petanides T, Farmaki R, Athanasiou L. Type of smear may influence thrombopoietic cell counts in the bone marrow of clinically healthy dogs. Vet Clin Pathol 2005; 34(4): 358–61.
Penny RHC. The bone marrow of the dog and cat. J Small Anim Pract 1974; 15(9): 553–62.
Raskin RE. Myelopoiesis and myeloproliferative disorders. Vet Clin North Am Small Anim Pract 1996; 26(5): 1023–42.
Rütgen BC, Saalmüller A, Schwendenwein I, Hammer S. Antigen receptor rearrangement PCR (PARR) as an adjunct tool for diagnosis and sub-staging of canine haematopoietic malignancies. Tierärztl Prax (KT) 2011; 1A: 16.
Schwens Ch. Thom N, Moritz A. Reaktive und neoplastische histiozytäre Erkrankungen beim Hund. Tierärztl Prax (KT) 2011; 39(3): 176–90.
Spurling NW. The hematology of the dog. In: Archer RK, Jeffcott LB, eds. Comparative Clinical Haematology. Oxford, London, Edinburgh, Melbourne: Blackwell 1977.
Stockham SL, Scott MA. Fundamentals of Veterinary Clinical Pathology. 2. Aufl. Ames: Blackwell 2008.
Tschudi P. Die Knochenmarkuntersuchung beim Pferd. Tierärztl Prax 1990; 18: 619–22.
Weiss DJ. Determination of differential cell counts in feline bone marrow by use of flow cytometry. Am J Vet Res 2001a; 62(4): 474–8.
Weiss DJ. Evaluation of proliferative disorders in canine bone marrow by use of flow cytometric scatter plots and monoclonal antibodies. Vet Pathol 2001b; 38(5): 512–8.
Weiss DJ. Flow cytometric and immunophenotypic evaluation of acute lymphocytic leukemia in dog bone marrow. J Vet Intern Med 2001c; 15(6): 589–94.
Weiss DJ. Use of monoclonal antibodies to refine flow cytometric differential cell counting of canine bone marrow cells. Am J Vet Res 2001d; 62(8): 1273–8.
Weiss DJ. Application of flow cytometric techniques to veterinary clinical hematology. Vet Clin Pathol 2002a; 31(2): 72–82.
Weiss DJ. Flow cytometric evaluation of hemophagocytic disorders in canine. Vet Clin Pathol 2002b; 31(1): 36–41.
Weiss DJ. New insights into the physiology and treatment of acquired myelodysplastic syndromes and aplastic pancytopenia. Vet Clin North Am Small Anim Pract 2003; 33(6): 1317–34.
Weiss DJ. Flow cytometric evaluation of canine bone marrow based on intracytoplasmic complexity and CD45 expression. Vet Clin Pathol 2004; 33(2): 96–101.

13 Hämostase

Reinhard Mischke

13.1 Physiologie der Hämostase

Die Aufgabe des komplexen Hämostasesystems ist es, bei einer Schädigung der Gefäßwand schnellstmöglich für eine lokalisierte Abdichtung zu sorgen, um den potenziell lebensbedrohlichen Blutverlust zu minimieren. Unter physiologischen Bedingungen, d. h. im intakten Gefäßsystem, gewährleistet das Hämostasesystem hingegen durch Hemmung der Blutgerinnung einen kontinuierlichen Blutfluss.

An dem **Prozess der Hämostase** sind die Gefäßwand, die Thrombozyten, das Blutgerinnungssystem und das Fibrinolysesystem beteiligt. Für das »Flüssighalten des Blutes« sind Eigenschaften des intakten Endothels (Nichtbenetzbarkeit), ein Nichtaggregieren der Thrombozyten (z. B. durch Prostazyklin) und das Vorliegen der Gerinnungsfaktoren als inaktive Vorstufen verantwortlich. Große Bedeutung hat auch die Tatsache, dass sich die Aktivatoren physiologischerweise außerhalb des Blutgefäßsystems befinden. Für die auf den Ort des Bedarfs beschränkte, physiologischerweise rasche Blutstillung sorgen mehrere Faktoren:

- Kontraktion der Arteriolen- und Arterienwände
- Adhäsion und Aktivierung der Thrombozyten nach Kontakt mit freiliegendem subendothelialem Kollagen, lokale Anreicherung über elektrisches Signal und gegenseitige Aktivierung
- Konzentrierung der Gerinnung auf die Oberflächen der Plättchen- und Zellmembranen
- gegenregulatorische Maßnahmen aufgrund einer Inaktivierung von aktivierten Gerinnungsfaktoren durch physiologische Inhibitoren
- eine langsam im Bereich des Gerinnsels einsetzende Fibrinolyse

Im Folgenden wird die Funktion der einzelnen Komponenten weitestgehend isoliert dargestellt, d. h. mit Separation der primären Hämostase (Plättchenfunktion) und sekundären Hämostase (Blutgerinnung). Letztere wird anhand des klassischen Kaskadenmodells erläutert. Auf dieser Grundlage ist das Verständnis der Relevanz der diagnostischen Tests ausreichend möglich, eigentlich sogar besser als anhand der modernen Modelle. Das moderne Verständnis von der Physiologie der Gerinnung akzentuiert die Verknüpfung zwischen Gerinnungsproteinen und Zelloberflächen der zwei verschiedenen Zelltypen: gewebefaktortragende Zellen und Plättchen in den verschiedenen Phasen Initiation (Auslösung der Gerinnung), Amplifikation (Verstärkung) und Propagation (Aufrechterhaltung). Eine Übersicht hierzu findet sich bei Smith (2009).

Gefäßwand

Zu den zahlreichen **thrombophoben Eigenschaften** des intakten Endothels gehören:

- die fehlende Benetzbarkeit der Endotheloberfläche,
- die Bildung und Freisetzung von Prostazyklin als Inhibitor der Thrombozytenaggregation,
- das zellmembranassoziierte Vorhandensein oder die Bildung und Freisetzung von Gerinnungsinhibitoren (Heparanen, Thrombomodulin: Kofaktor von Thrombin zur Aktivierung von Protein C),
- die Freisetzung des gewebeständigen Plasminogenaktivators (Tissue-Plasminogenaktivator, t-PA), der die Fibrinolyse aktiviert.

Nur im Falle einer Verletzung gelangt subendothelial gelegenes Kollagen mit Thrombozyten in Kontakt. Dabei kommt es in Verbindung mit dem aus den Endothelzellen freigesetzten Von-Willebrand-Faktor zur Anhaftung und Aggregation von Blutplättchen. Der auf der Oberfläche der umgebenden Gewebezellen (Makrophagen, Fibroblasten, Muskelzellen) exprimierte Gewebefaktor (Gewebethromboplastin, Protein-Phopholipid-Komplex) initiiert die **plasmatische Gerinnung**.
Darüber hinaus unterstützt die Gefäßwand den Blutstillungsprozess durch Kontraktion der glatten Muskulatur der kleinen Arterien und Arteriolen in der Zuflussregion. Dadurch werden der Blutfluss und -verlust reduziert.

Thrombozyten

Im intakten Gefäßsystem zirkulieren die Thrombozyten einzeln als scheibenförmige Zellen endothelnah am Rand des Blutstroms. Nach Verletzungen des Endothels heften sich Thrombozyten unverzüglich an das freigelegte subendotheliale Kollagen an **(Adhäsion)**. Anschließend kommt es zur Aneinanderlagerung und Verklebung mit weiteren Thrombozyten **(Aggregation)**. Der plättchenreiche Thrombus wächst schnell, da sich die Thrombozyten über ein elektrisches Signal im Bereich der Läsion anreichern und über einen positiven Feedbackmechanismus durch Freisetzung von Granulainhaltsstoffen nach dem Schneeballprinzip gegenseitig aktivieren. Dies bewirkt einen sehr raschen, wenn auch labilen Verschluss der Läsion durch einen primären Thrombozytenpfropf (**»primäre Hämostase«**).
Neben dem Kontakt der Thrombozyten mit dem subendothelialen Kollagen führt **Thrombin** zur Thrombozytenaktivierung. Thrombin wird nach Aktivierung des Gerinnungssystems gebildet und aus aktivierten Thrombozyten freigesetzt. Aktivierte Thrombozyten exprimieren Rezeptoren für die Aggregation, setzen Granulainhaltsstoffe frei und unterliegen einer Formumwandlung mit Ausbildung von Pseudopodien und einer veränderten Membranzusammensetzung. Die prokoagulatorisch veränderten Thrombozytenmembranen repräsentieren die essenzielle »Matrix«, an der Gerinnungsfaktoren binden und sich lokal, im Bereich der Gewebeverletzung, anreichern – eine wesentliche Voraussetzung für den ungestörten Ablauf der Gerinnung. Unter den von aktivierten Thrombozyten freigesetzten Substanzen befinden sich **Plättchenagonisten** wie Thromboxan A_2 (Arachidonsäurestoffwechsel), Adenosindiphosphat (ADP) und plättchenaktivierender Faktor. Zu den freigesetzten Substanzen gehört auch **Serotonin**, das mit Thromboxan A_2 eine Gefäßkontraktion hervorruft. Nach Aktivierung der Prostaglandinsynthese und Freisetzung von gefäß-, thrombozyten- und gerinnungsaktiven Substanzen entstehen unter visköser Metamorphose aus den zunächst reversiblen Thrombozytenaggregaten irreversible Zusammenballungen.

Die Adhäsion der Thrombozyten an subendotheliales Kollagen sowie die Verbindung zwischen den aggregierenden Plättchen wird neben **Fibrinogen** bei hohen Scherkräften über den **Von-Willebrand-Faktor** vermittelt. Dieser bindet an den Plättchenrezeptor Glykoprotein IIb/IIIa, aber auch über Glykoprotein Ib/IX und ist essenziell, damit die primäre Hämostase funktioniert.

Gerinnungssystem

Die Blutgerinnung mündet in die Bildung eines **Fibrin**netzes, das den primären Thrombozytenpfropf stabilisiert. Über die Retraktion des Fibrins in Verbindung mit der Kontraktion Aktomyosin-ähnlicher Proteine (Thrombosthenin) der Thrombozyten verringert sich die Größe des Thrombus und damit das Ausmaß der Blutflussbehinderung. Der Thrombus verklebt die Wundflächen so lange, bis es über eine Einsprossung von jungen Bindegewebszellen (Fibroblasten) zur dauerhaften Abdeckung der Gefäßverletzung kommt.

In die Aktivierung des Gerinnungssystems bis zur Fibrinbildung sind verschiedene enzymatische, proteolytische Prozesse involviert (**Abb. 13.1**).

Nach dem klassischen Modell wird das Gerinnungssystem als Kaskadensystem beschrieben, wobei die Aktivierung eines Enzyms (Serinprotease) aus seinem Proenzym durch Abspaltung von Bruchstücken zur Aktivierung eines weiteren Proenzyms führt. In den Gerinnungsprozess bis zur Thrombinbildung sind einige Komplexe eingeschaltet, in denen Katalysatoren (sog. Akzeleratoren) eine wichtige Rolle spielen. Hierbei handelt es sich um die **Faktoren V** und **VIII** ohne eigene enzymatische Aktivität, die jeweils durch Thrombin in einem positiven Feedbackmechanismus zu Faktor Va (a = aktiviert) bzw. Faktor VIIIa aktiviert werden. Sie beschleunigen jeweils die Aktivierung der nächsten Serinproteasen um einen Faktor von mehreren Zehnerpotenzen. Faktor V unterstützt den Faktor Xa bei der Aktivierung von Prothrombin und Faktor VIII (Antihämophiliefaktor) katalysiert die Faktor-X-Aktivierung durch Faktor IXa. Weitere wichtige Komponenten sind **Phospholipidmembranen** aus aktivierten Thrombozyten (s. oben) oder andere Zellmembranen (bzw. in vitro hinzugegebene Phospolipide), an deren Oberfläche sich die Proenzyme und Katalysatoren anreichern und damit der enzymatischen Reaktion leichter zugänglich sind. **Ca^{2+}-Ionen** ermöglichen die Bindung der Gerinnungsfaktoren an die Phospholipidmembranen. Dieses Prinzip liefert die Grundlage für den Einsatz von kalziumbindenden Substanzen (Natriumzitrat, EDTA) als Antikoagulanzi-

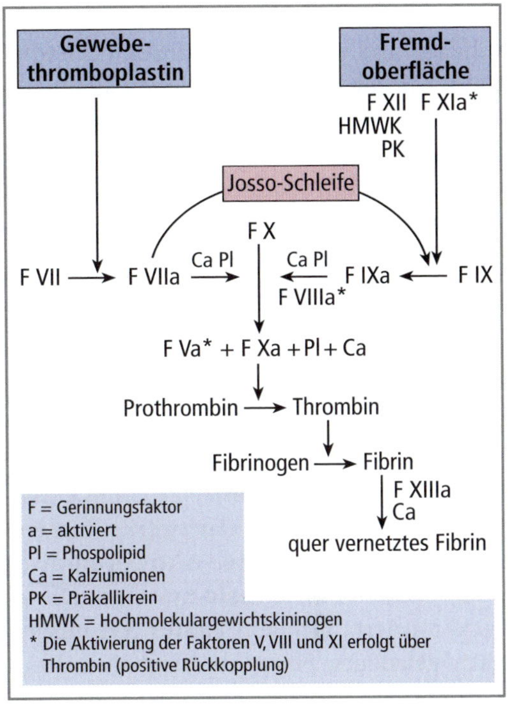

Abb. 13.1 Schematische Darstellung des Blutgerinnungssystems

en. Durch die verschiedenen Aktivierungsschritte und positiven Feedbackmechanismen kommt es zur erheblichen Potenzierung des initialen Signals.
Als wesentlicher initialer Mechanismus der Blutgerinnung wird heute die Präsentation des in vielen Gewebe- und Blutzellen enthaltenen Gewebefaktors **(Gewebethromboplastin)** angesehen. Dieser stellt einen Protein-Phospholipid-Komplex dar, der bei einer Gewebetraumatisierung oder Blutzellschädigung in Kontakt mit Blut gerät. Durch Bindung an Faktor VII wird dieser aktiviert und fungiert als potenter Aktivator von **Faktor X (Extrinsic-System)**. Nach dem klassischen Modell existiert ein zweiter, hiervon weitestgehend getrennter Aktivierungsweg von Faktor X **(Intrinsic-System)**. Dieser wird initiiert, nachdem **Faktor XII** mit negativ geladenen Fremdoberflächen in Kontakt kommt, adsorbiert und aktiviert wird. Als solche fungieren vor allem in vitro und in extrakorporalen Kreisläufen Glas, Kaolin, Sulfatide und in geringerem Ausmaß Plastik und Stahl. In vivo finden sich diese Bedingungen gegebenenfalls nach Endotheldefekten oder bei pathologisch verändertem Endothel (z. B. Hämangiosarkom). Faktor XIIa aktiviert Präkallikrein zu **Kallikrein**, das seinerseits zu der weiteren Aktivierung von Faktor-XII-Molekülen beiträgt. **Hochmolekulargewichtskininogen** ist als Kofaktor in der Aktivierung von **Faktor XI** zu Faktor XIa durch Faktor XIIa beteiligt. Faktor XIa seinerseits bewirkt die Aktivierung von Faktor IX zu IXa, der unter katalysatorischer Wirkung von Faktor VIIIa den Faktor X zu Faktor Xa aktiviert.

13

Das **klassische Schema der Blutgerinnung** mit der Trennung von Extrinsic- und Intrinsic-System wird im Zusammenhang mit der Diagnostik der Hämostase aus didaktischen Gründen in diesem Buch beibehalten. Auch beim Menschen wird es nach wie vor insbesondere dazu verwendet, um den Reaktionsverlauf der Gruppentests bei der Gerinnungsdiagnostik (Thromboplastinzeit [Prothrombinzeit, Quick-Test], aktivierte partielle Thromboplastinzeit) zu beschreiben, wofür es immer noch seine Gültigkeit hat. In vivo existiert es in dieser Form nicht. Auf der einen Seite hat es sich gezeigt, dass vor allem das Phänomen der Kontaktaktivierung von Faktor XII für die Aktivierung der Gerinnung eine allenfalls geringe Rolle spielt. Weder beim Menschen noch bei Tieren mit hereditärem Faktor-XII-, Präkallikrein- oder Hochmolekulargewichtskininogen-Mangel besteht ein deutlich gesteigertes Blutungsrisiko. Der einzige Kontaktfaktor, der offensichtlich eine Bedeutung für die In-vivo-Gerinnung besitzt, ist der Faktor XI, der einerseits direkt durch Oberflächenkontakt und andererseits – im Rahmen einer positiven Rückkopplung – wie die Faktoren V und VIII durch Thrombin aktiviert wird. Auf der anderen Seite besteht mit der sogenannten Josso-Schleife ein wesentlicher Berührungspunkt (Abb. 13.1). Sie beschreibt, dass Faktor VIIa ebenfalls in der Lage ist, Faktor IX zu Faktor IXa zu aktivieren, wodurch mit Unterstützung des Faktors VIIIa potent weiterer Faktor X aktiviert wird.
Der aktivierte Faktor X **(Faktor Xa)** aktiviert Prothrombin zu Thrombin, unter katalytischer Wirkung von Faktor Va als Kofaktor. **Thrombin** spaltet von dem in der Zirkulation befindlichen löslichen **Fibrinogen** die Fibrinopeptide A und B ab, woraus Fibrinmonomere (lösliches Fibrin) entstehen. Fibrinmonomere polymerisieren spontan zu Fibrinsträngen und schließlich zu einem Netz. Diese entscheidende Endreaktion der Blutgerinnung ist an einer Überführung des Blutes von einem Sol- in einen Gelzustand ablesbar. Die durch Thrombin und Ca^{2+}-Ionen aktivierte Transglutaminase **Faktor XIII** sorgt für eine kovalente

Quervernetzung zwischen Lysin und Glutaminsäureresten verschiedener Fibrinfäden, sodass ein stabiles Fibrinnetz entsteht, das durch die Fibrinolyse schwer angreifbar ist. Physiologische **Inhibitoren** regulieren den Ablauf der Blutgerinnung und sorgen für eine Limitierung auf den Ort des Bedarfs. Hierzu gehören:

- Antithrombin (früher: Antithrombin III)
- Protein C und S (Proteolyse der Faktoren Va und VIIIa)
- α_2-Makroglobulin
- Tissue Factor Pathway Inhibitor (TFPI)

Antithrombin hemmt die Serinproteasen Thrombin und Faktor Xa und in geringerem Umfang die Faktoren IXa, XIa, XIIa, Kallikrein und Plasmin durch Bildung irreversibler 1 : 1-Komplexe. Diese bilden sich langsam und in Gegenwart von Heparin innerhalb von Sekunden. Aktiviertes Protein C proteolysiert nach seiner Aktivierung vor allem die Faktoren Va und VIIIa und aktiviert die Fibrinolyse.

Fibrinolytisches System

Als Gegenspieler der Blutgerinnung sorgt die Fibrinolyse für die Wiederauflösung von Fibringerinnseln sowie von Thromben, die auch Blutzellen enthalten (Thrombolyse). Das zentrale Enzym der Fibrinolyse, das **Plasmin**, spaltet Fibrin zu löslichen Spaltprodukten. Analog zur Phospholipidoberfläche bei der Gerinnung liefert hier Fibrin die Matrix für den Ablauf der enzymatischen Prozesse. Der aus dem Endothel freigesetzte t-PA aktiviert Plasminogen zu Plasmin. Auch das fibrinolytische System wird durch entsprechende Inhibitoren reguliert (Plasmininhibitor, Plasminogenaktivatorinhibitor [PAI-1]).

13.2 Wesentliche Hämostasestörungen

Störungen der Hämostase können sich einerseits in einer »Störung des Gleichgewichts« in die Richtung einer Hyperkoagulabilität und Thrombose (Thrombophilie) äußern. Bedeutsamer für die Tiermedizin ist eine Verschiebung des Gleichgewichts zur entgegengesetzten Seite mit einer verstärkten Blutungsneigung (**hämorrhagische Diathese**). Diese wird ausgelöst durch

- eine verminderte Aktivität einzelner (z. B. Hämophilie A und B) oder
- Kombinationen von Gerinnungsfaktoren (z. B. Cumarinvergiftung, schwere Lebererkrankung),
- eine verminderte Thrombozytenzahl (Thrombopenie) oder
- eine gestörte Thrombozytenfunktion (Thrombopathie, Von-Willebrand-Syndrom).

Eine Kombination dieser Ursachen liegt bei der **disseminierten intravasalen Gerinnung** (DIC, Verbrauchskoagulopathie) vor. Hier kommt es nach (systemischer) Aktivierung der Hämostase über verschiedene Mechanismen (z. B. Gewebefaktorkontakt bei Verletzung oder Tumor) zu einer Gerinnung im Bereich der Kapillaren. Diese kann durch einen großflächigen Verbrauch von hämostatischen Komponenten zu einer Hypokoagulabilität führen. Die Blutungsneigung wird durch die sekundäre Hyperfibrinolyse verstärkt. Letztere löst auch an Stellen des Bedarfs, d. h. einer Gefäßverletzung, gebildete Thromben auf und hemmt durch die bei der Fibrinolyse entstehenden Spaltprodukte von Fibrin und Fibrinogen die weitere Fibrinbildung. Verbrauchskoagulopathien sind zusammen mit der Thromboyztopenie die häufigsten Hämostasestörungen bei

Tieren. Eine **primäre Hyperfibrinolyse** als Ursache für eine hämorrhagische Diathese findet sich hingegen nur selten.
Die hämorrhagischen Diathesen sind selten **angeboren** und betreffen dann nur bestimmte Teile des Hämostasesystems (z. B. Hämophilie A und B, Von-Willebrand-Syndrom). Viel häufiger sind sie **erworben** (z. B. Cumarinvergiftung, hepatogen induzierte Koagulopathie, DIC, immunvermittelte Thrombopenie) und können dann verschiedene Hämostasekomponenten betreffen. So schädigt das im Rahmen einer Sepsis mit gramnegativen Bakterien in die Zirkulation gelangende Endotoxin zunächst die Gefäßendothelien. Hierdurch kommt es sekundär zum Verbrauch von Thrombozyten und Gerinnungsfaktoren, der durch die endotoxininduzierte Expression von Gewebefaktor unter anderem durch Leukozyten und Gefäßendothel verstärkt wird.
Eine detaillierte **Krankengeschichte** und eine exakte **klinische Untersuchung** können bereits Hinweise auf eine mögliche zugrunde liegende Hämostasestörung und deren Art liefern. So weist das Blutungsmuster auf die Ursache. Petechien und/oder Ekchymosen sind charakteristische Befunde von Erkrankungen der primären Hämostase (Thrombopenie, Thrombopathie). Blutgerinnungsstörungen wie Hämophilie sind mit großflächigeren Blutungen assoziiert, z. B. subkutane und intramuskuläre Hämatome sowie Blutungen in Körperhöhlen und Gelenke. Blutungen von Schleimhautoberflächen (z. B. Epistaxis, Mundhöhle, Hämatemesis, Hämaturie, Hämatochezia und Meläna) können sowohl bei Störungen der primären als auch der sekundären Hämostase auftreten.

13.3 Hämostasediagnostik, Indikationen

Obgleich aus Vorbericht und klinischen Befunden bereits Hinweise auf ein Vorliegen und ggf. die Art einer Hämostasestörung gewonnen werden können, sind Labortests notwendig, um diese zu verifizieren und die Grundlage für eine gezielte Behandlung zu liefern. Die vaskuläre Komponente kann in Ermangelung standardisierter Tests in der Veterinärmedizin nicht eindeutig diagnostiziert werden. Hingegen stehen für die Erfassung von quantitativen und qualitativen Plättchendefekten oder Blutgerinnungsstörungen zahlreiche Tests zur Verfügung.
Globaltests und/oder ein hämostaseologisches Grundprogramm mit Screeningtests können bereits im Praxislabor durchgeführt werden. Spezifische Tests, die oft ergänzend zur Diagnosestellung erforderlich sind (z. B. Einzelfaktoranalysen, Plättchenfunktionsanlysen), sind hingegen gewöhnlich spezialisierten veterinärmedizinischen Diagnostiklabors vorbehalten.
In der tierärztlichen Praxis werden in erster Linie eine heftige **Blutung** oder ein Hämatom den Anlass für die Überprüfung des Blutstillungssystems liefern (**Tab. 13.1**). Der Ausschluss von Hämostasestörungen (z. B. bei auffälliger Blutung aus einer Operationswunde) ist vielfach hilfreich, um eine systemische Ursache auszuschließen und den Fokus auf die Suche nach einer lokalen Ursache legen zu können (z. B. operative Nachversorgung). Auch bei einem **Körperhöhlenerguss** unklarer Genese sollte – besonders bei gleichzeitiger Anämie – zumindest vor einer Punktion eine Gerinnungsdiagnostik durchgeführt werden.
Der Verdacht auf eine **systemische Hämostasestörung** liegt insbesondere dann vor, wenn Blutungen an mehreren Lokalisa-

Tab. 13.1 Indikationen für die Untersuchung des Hämostasesystems bei Tieren

Hämatom/Umfangsvermehrung oder Blutung unklarer Genese (bzw. nach inadäquatem Trauma)
Körperhöhlenerguss unklarer Genese
Verlaufskontrolle bekannter Hämostasestörungen
Erkrankungen, die häufig mit Hämostasestörungen einhergehen (z. B. Lebererkrankungen)
Screening vor Operation oder Biopsie
Überwachung einer Antikoagulanzien- und Fibrinolysetherapie
Zuchthygieneprogramme (Bescheinigung der Hämophiliefreiheit für Export)
Thrombose (Thrombophiliediagnostik)
Wundheilungsstörungen
tierexperimentelle Fragestellungen

tionen bestehen, kein Trauma bekannt ist, dieses in keinem Verhältnis zu dem Ausmaß der Blutungen steht oder es nach Venenpunktion zu stärkeren oder anhaltenden Nachblutungen kommt. Bei hereditären, aber auch lang anhaltenden erworbenen Hämostasestörungen kann bereits der Vorbericht Hinweise liefern. So äußert sich z. B. bei vielen Hunden mit Hämophilie A oder B die reduzierte Blutstillungskapazität bereits beim Zahnwechsel in Form von Blutungen über mehrere Tage.

Weitere Indikationen für die Hämostasediagnostik bestehen auch ohne aktuelle oder vorberichtlich erwähnte Blutung. So bei Erkrankungen, die häufig erworbene, teilweise subklinisch verlaufende Hämostasestörungen verursachen. Hierzu zählen **Erkrankungen der Leber** und solche, die mit einer Verbrauchskoagulopathie assoziiert sind wie **Polytrauma, hämolytische Anämie** und **Septikämie**. Darüber hinaus wird die Hämostasediagnostik im Rahmen des **Laborchecks vor Operationen** (insbesondere bei jungen Rüden von der Hämophilie betroffener Hunderassen) und Punktionen innerer Organe und für die Überwachung einer **Therapie mit Antikoagulanzien** (Heparin) und Fibrinolytika benötigt. Wegen der o. a. engen Verknüpfung der Gerinnung mit der Wundheilung (Fibroblasten nutzen das Fibrinnetz zur Aussprossung), kann man auch bei **rezidivierenden Wundheilungsstörungen** an die Untersuchung des Hämostasesystems denken.

Zuchthygieneprogramme für die Hämophilie und das Von-Willebrand-Syndrom bei bestimmten Hunderassen existieren bislang vor allem in Skandinavien und den USA, sodass entsprechende Untersuchungen bei Tieren nachgefragt werden, die für den Export vorgesehen sind.

Von untergeordneter Bedeutung aufgrund der geringeren Inzidenz von Thrombosen ist hingegen die **Thrombophiliediagnostik**, d. h. die Ermittlung hereditärer prädisponierender Faktoren (z. B. Antithrombin-, Protein-C-Mangel).

13.4 Entnahme und Aufbereitung von Probenmaterial

Aussagekräftige Analysenresultate bei Tests der Hämostasediagnostik stellen wesentlich höhere Anforderungen an die Technik der Blutentnahme als die meisten anderen Laboruntersuchungen. Eine unsachgemäße Technik der Blutentnahme und die Wahl ungeeigneter Probengefäße sind die häufigsten Ursachen für eine Aktivierung des Gerinnungssystems bereits im Probengefäß, die zu falschen Analysenergebnissen führt.
Für die Bestimmung der Thrombozytenzahl wird mit Ethylendiamintetraessigsäure antikoaguliertes Blut (»**EDTA-Blut**«) benötigt. Allerdings kann es selten zu einer EDTA-induzierten Pseudothrombopenie kommen. Diese lässt sich bei entsprechendem Verdacht (niedriger automatisch gemessener Wert, Thrombozytenaggregate im Blutausstrich) nachweisen, wenn die Thrombozytenbestimmung in einer mit Zitrat antikoagulierten Blutprobe eine normale Thrombozytenzahl ergibt. Wegen der Aggregationsneigung der Katzenthrombozyten bietet hier die generelle Thrombozytenzählung im Zitratblut Vorteile (Moritz und Hoffmann 1997). Aus Zitratblut gemessene Plättchenzahlen müssen mit dem Faktor 1,11 multipliziert werden, um den Verdünnungseffekt der Zitratlösung auszugleichen.
Die Screeningtests des Gerinnungssystems werden wie die Aktivität einzelner Gerinnungsfaktoren und Einzelkomponenten des Fibrinolysesystems und Inhibitoren in (plättchenarmem) Zitratplasma gemessen. Bestimmte Tests (Thrombelastogramm, Thrombozytenfunktionsanalyse) erfolgen mit Zitratblut. Für die Thrombozytenaggregation mit der fotometrischen Methode wird plättchenreiches Zitratplasma benötigt (s. dort), während für die Vollblutaggregometrie mit der Impedanzmethode bevorzugt Blut mit dem Gerinnungshemmer Hirudin verwendet wird (Kalbantner et al. 2010).

Probengefäße

Zur **Gewinnung von Zitratblut** (als Ausgangsmaterial für Zitratplasma) stehen von verschiedenen Herstellern vorgefertigte Röhrchen zur Verfügung. Kunststoffröhrchen sollten gegenüber silikonisierten Glasröhrchen bevorzugt werden. Die Röhrchen sind mit einer Natriumzitratlösung von 0,11 mol/l (bzw. Zitratpufferlösung) beschickt und so ausgelegt, dass letztlich das Mischungsverhältnis 1 Teil Zitratlösung zu 9 Teilen Blut besteht. Um das Mischungsverhältnis zu gewährleisten, muss das vorgegebene Gesamtvolumen der Probe (z. B. 1,3 oder 2 ml), das durch eine Graduierung markiert ist, exakt eingehalten werden. Alternativ zu kommerziellen Röhrchen kann 1 Teil 0,11 mol/l Natriumzitratlösung in konventionelle Spritzen aufgezogen und dann das 9-fache Volumen an Blut hinzugefügt werden.
Bestehen beim Mischungsverhältnis von Blut und Zitratlösung deutliche Abweichungen, führen die abweichende Verdünnung der Gerinnungsfaktoren und eine unterschiedliche Zitratkonzentration (Kalziumbindung!) zu falschen Testergebnissen. Weniger als das Mischungsverhältnis von Zitrat und Blut ist hierfür das Verhältnis von Zitrat und Plasma bedeutsam. Bei Patienten mit extrem vermindertem oder erhöhtem Hämatokrit empfiehlt sich daher eine gezielte Unter- oder Überfüllung des Röhrchens mit Blut (z. B. Hämatokrit 10 %: 5 Teile Blut auf 1 Teil Zitrat [60 % Füllung]; Hämatokrit 70 %: 15 Teile Blut zu 1 Teil Zitrat [150 % Füllung], um das angestrebte Mischungsverhältnis zwischen Plasmaanteil und Zitratlösung zu erzielen.

Blutentnahme

Die Blutentnahme sollte möglichst ohne oder nach **vorsichtigem**, kurzzeitigem (< 30 Sekunden) **Stauen** erfolgen, da es durch eine Stase im Blutgefäßsystem zur Aktivierung des Hämostasesystems einschließlich der Fibrinolyse kommt. Für eine möglichst schonende Punktion ist eine **scharf angeschliffene Einmalkanüle** mit möglichst großem Durchmesser zu verwenden (z. B. Hund: 1,1 × 30 mm). Die ersten Blutstropfen (ca. 0,5–1 ml) sind zu verwerfen oder in andere Probengefäße (Lithiumheparinat, Serum) für sonstige Zwecke zu entnehmen. Hierdurch wird eine Kontamination der Zitratblutprobe durch Gewebefaktor weitestgehend vermieden, welcher gegebenenfalls mit subendothelialen Zellen in die Blutprobe gelangen und durch Aktivierung von Gerinnungsfaktoren ebenfalls zu artifiziellen Ergebnissen führen kann. Eine Wiederholung des Stauvorgangs oder der Punktion an derselben Vene zur Abnahme einer Blutprobe sollte frühestens nach 30 Minuten erfolgen. Bei der Verwendung von Röhrchen sollten diese so gehalten werden, dass das Blut an der Röhrchenwand in das Probengefäß laufen kann. Wird Zitratblut mit einer Spritze gewonnen, muss das Ansaugen des Blutes vorsichtig geschehen, da ein starker Unterdruck auch zur Aktivierung des Gerinnungssystems führen kann.

Bei der Gewinnung von Zitratblut muss auf eine rasche und intensive Durchmischung des Blutes mit Natriumzitrat geachtet werden, um ein Angerinnen der Probe zu vermeiden.

Bei Verwendung von Röhrchen empfiehlt es sich, diese bereits nach Eintritt eines Teils des Blutes das erste Mal zu schwenken. Unverzüglich nach Erreichen der markierten Füllhöhe werden die Röhrchen mit einem Deckel versehen und (wie andere Probengefäße) mehrfach vorsichtig gekippt oder gedreht.

Gewinnung von Zitratplasma

Ein **Zentrifugieren** der Probe und das unmittelbar anschließende Abpipettieren des Überstands an plättchenarmem Zitratplasma (PAP) sollten möglichst rasch, spätestens innerhalb von 2 Stunden nach der Blutentnahme erfolgen. Unmittelbar vor dem Zentrifugieren für 10 Minuten bei 1500–2000 × g (entspricht in einer mittelgroßen Laborzentrifuge etwa 3000 Umdrehungen/min) ist die Probe auf eventuell vorhandene Gerinnsel zu prüfen.

Angeronnene Proben sind zu verwerfen!

Zur Gewinnung von plättchenreichem Zitratplasma siehe unter Thrombozytenaggregation (S. 221).

Lagerungsstabilität, Probenversand

Das Zitratplasma zur Gerinnungsdiagnostik sowie das EDTA-Blut zur Thrombozytenzählung werden bei Raumtemperatur gelagert. Nach neueren Erkenntnissen wurde die Lagerungslabilität der Gerinnungsfaktoren bei Mensch und Tier früher teilweise überschätzt. Die Forderung nach Abschluss der Untersuchung innerhalb von 4 Stunden nach der Blutentnahme ist zumindest für die Routinetests nicht mehr aufrechtzuerhalten. Routinegerinnungstests (Thromboplastinzeit, aktivierte partielle Thromboplastinzeit) zeigen nur geringfügige Veränderungen, wenn Zitratplasma bei Raumtemperatur bis zu 48 Stunden lang gelagert wird (Furlanello et al. 2006). Auch der Von-Willebrand-Faktor ist im Plasma (Lagerung bei 4 °C oder 22 °C) und sogar im bei Raumtemperatur gelagerten Vollblut für bis zu 48 Stunden

relativ stabil (Johnstone et al. 1991). Daher kann für diese Tests auch ein Versand (über Nacht) von ungefrorenem und ungekühltem Zitratplasma erfolgen.
Von entscheidendem Vorteil ist allerdings eine Untersuchung in der eigenen Praxis (oder im nahe gelegenen Krankenhauslabor), weil die Ergebnisse dann rasch verfügbar sind, denn bei bestehender Indikation zur Blutgerinnungsuntersuchung wird das Ergebnis in der Regel rasch benötigt.
Werden in einer Praxis selten Proben für Gerinnungsanalysen gewonnen und diese dann in einem externen Labor untersucht, ist es empfehlenswert, neben dem Zitratplasma auch eine nicht zentrifugierte Zitratblutprobe des Patienten beizufügen. Dies erlaubt dem Untersucher, bis zu einem gewissen Grad, die Qualität des Probenmaterials (Mischungsverhältnis, Anwesenheit von Gerinnseln, Wahl eines geeigneten Probengefäßes und Antikoagulans) zu beurteilen, was insbesondere bei deutlich pathologischen Messergebnissen hilfreich ist. Erfolgen Analysen im Humanlabor, ist zur Vermeidung von Fehlinterpretationen mindestens ein Kontrollblut von einem gesunden Tier der selben Spezies beizufügen (siehe Abschnitt Gruppentests des Gerinnungssystems, Standardisierung des Messergebnisses). Zitratplasma kann – z. B. für gegebenenfalls später anzuschließende Spezialuntersuchungen (Einzelfaktormessungen) – auch über Monate tiefgefroren gelagert werden.

13.5 Screeningprofil, Befundinterpretation

13

Auch in der Hämostasediagnostik empfiehlt sich ein systematisches Vorgehen. Bei Tieren, bei denen der Verdacht auf eine Hämostasestörung besteht, wird zweckmäßigerweise ein **Grundprogramm** durchgeführt. Dieses besteht aus:

- Thrombozytenzahl
- Thromboplastinzeit (Prothrombinzeit, Quick-Test)
- aktivierter partieller Thromboplastinzeit (aPTT)

Bei Verlängerung von Thromboplastinzeit und aPTT sollte das Grundprogramm um die Messung der Thrombinzeit (und/oder der Fibrinogenkonzentration) erweitert werden, um festzustellen, ob die Endphase der Blutgerinnung (Thrombin-Fibrinogen-Interaktion, Fibrinbildung) betroffen ist. Bei Verdacht auf Vorliegen eines Von-Willebrand-Syndroms oder einer Thrombozytenfunktionsstörung (z. B. Blutungsneigung bei normaler Thrombozytenzahl, Thromboplastinzeit, aPTT) ist die ergänzende Messung der kapillären Blutungszeit angezeigt.
Bereits dieses Grundprogramm führt nicht selten zur Diagnose der Hämostasestörung oder erlaubt zumindest eine Verdachtsdiagnose. Im letzteren Fall wird durch den gezielten Einsatz ergänzender Tests (z. B. Einzelfaktoranalysen) eine rationelle weiterführende Diagnostik bis zur definitiven Diagnosestellung ermöglicht.
In Anlehnung an eine entsprechende Interpretationshilfe für den Menschen (Barthels und von Depka 2011) sind in **Tabelle 13.2** Befundinterpretationen für verschiedene Kombinationen von Testergebnissen zusammengestellt. Detailliertere Erläuterungen zu den verschiedenen Befundkombinationen für das Kleintier finden sich bei Mischke (2000, 2003a).
Sollte eine differenzierte Hämostasediagnostik in der Praxis nicht durchführbar sein, kann ein Screening mit **Globaltests** (s. u.) erfolgen, die aber unempfindlicher sind und weniger Rückschlüsse auf die Art der Hämostasestörung zulassen.

Tab. 13.2 Differenzialdiagnosen bei verschiedenen Befundkombinationen eines hämostaseologischen Screeningprogramms: Angabe empfohlener Tests zur weiteren Abklärung der Hämostasestörung.

Befundkombination*						Differenzialdiagnose*	Weiterführende Tests*
Nr.	Thrombozytenzahl	kapillare Blutungszeit	Thromboplastinzeit	aPTT	Thrombinzeit		
1	↓	↑→	→	→	→	• **Thrombopenie** • Verbrauchskoagulopathie • Thrombopenie + Thrombopathie • Von-Willebrand-Syndrom	• **»ätiologische Diagnostik«**[1] • Aktivierungsmarker[2] • Plättchenfunktionstests • Von-Willebrand-Faktor
2	↓→	↑→	↑→	↑→	→	• **Verbrauchskoagulopathie** • **Verbrauch in größeren Körperregionen** • Blutverlust, Verdünnung	• Fibrinogen • Aktivierungsmarker[2]
3	↓	↑	↑	↑	↑	• **Verbrauchskoagulopathie + Hyperfibrionolyse** • **Verbrauchskoagulopathie + Heparintherapie**	• thrombinähnliche Enzyme • Aktivierungsmarker[2] • Antithrombin • Einzelfaktoren
4	→↓	→	↑	↑	→	• **Prothrombinkomplex-Synthesestörung (Cumarinvergiftung)** • **Leberfunktionsstörung** • Verbrauch, Verlust, Verdünnung • hereditärer Mangel Faktor II, V, X • Inhibitoren (Faktor V, Lupusantikoagulans)	• Einzelfaktoren • Aktivierungsmarker[2] • Inhibitortests
5	→	→	↑	→	→	• **beginnende Prothrombinkomplex-Synthesestörung** • **hereditärer Faktor-VII-Mangel**	• **Faktor VII**
6	→	→	→	↑	→	• **hereditärer Mangel an Faktor VIII, IX,** XI, XII, Präkallikrein, Hochmolekulargewichtskininogen • **gesunder Welpe** • Inhibitoren (Lupusantikoagulans) • hoher Hämatokrit, Unterfüllung des Probengefäßes	• **Einzelfaktoren** (besonders Faktor VIII) • Inhibitortests

Tab. 13.2 (Fortsetzung)

Befundkombination*						**Differenzialdiagnose***	**Weiterführende Tests***
Nr.	**Thrombozytenzahl**	**kapillare Blutungszeit**	**Thromboplastinzeit**	**aPTT**	**Thrombinzeit**		
7[3]	→	↑	→	↑	→	**Von-Willebrand-Syndrom**	• **Von-Willebrand-Faktor** • Faktor VIII
8	→	↑	→	→	→	• **Plättchenfunktionsstörung (erworben**/angeboren) • **Von-Willebrand-Syndrom**	• **Plättchenfunktionstests** • **Von-Willebrand-Faktor**
9	→↓	→↑	→↑	↑→	↑	• **Hyperfibrinolyse** • Dysfibrinogenämie • **Heparineffekt** • heparininduzierte Thrombopenie • Serum/geronnene Probe • Thrombininhibitor	• Fibrinogen • Aktivierungsmarker[2] • Einzelfaktoren • Gerinnungstests mit thrombinähnlichen Enzymen • Inhibitortests
10	→	→	→	→	→	• **lokale Blutungsursache** • Faktor-XIII-Mangel • Plasmininhibitormangel	• Faktor XIII • Plasmininhibitor

* Aus Gründen der Übersichtlichkeit wurden mögliche reaktive (überschießende/überkompensatorische) Veränderungen (z. B. erhöhte Thrombozytenzahl, verkürzte Thrombinzeit) hier nicht berücksichtigt. Dicke Pfeile kennzeichnen den typischen Befund, dünne Pfeile einen in selteneren Fällen alternativ vorliegenden Befund. Auch bei den Differenzialdiagnosen und weiterführenden Tests werden die wesentlichen Punkte fett hervorgehoben (aus Mischke 2000).

↑: verlängert, ↓: vermindert, →: normal, [grau hinterlegt] Messung fakultativ

1 zytologische Knochenmarkuntersuchung, thrombozytenassoziierte Antikörper, *Ehrlichia-canis*, *Anaplasma phagocytophilum*

2 lösliches Fibrin, Fibrinspaltprodukte (D-Dimere)

3 v. a. Mensch, untypisch beim Hund mit Von-Willebrand-Syndrom

13.6 Globaltests

Im klinischen Alltag werden die Begriffe Globaltest und Gruppentest (s. S. 224 f.) meist synonym verwendet.

> **Globaltests** im eigentlichen Sinn sind Untersuchungsverfahren, deren Ergebnis »global« über das Funktionieren des Hämostasesystems, einschließlich des Wechselspiels der thrombozytären (u. a. Phospholipidmembranen) und plasmatischen Komponenten der Hämostase, informiert.

Bei diesen klassischen simplen Suchtests wie **Vollblutgerinnungszeit nach Lee-White**, **Rekalzifizierungszeit** und »**Activated clotting time**« **(ACT)** zeigt eine Verlängerung der Gerinnungszeit zwar einen Defekt der Hämostase auf, ohne allerdings – im Gegensatz zu der bereits angeführten Testkombination (Screeningprofil) – einen Hinweis auf dessen Lokalisation zu liefern.

Im erweiterten Sinn werden automatische **viskoelastische** »**Point-of-care**«-**Hämostasetests (Thrombelastografie)** zu den Globaltests gerechnet, die den gesamten Gerinnungsablauf, einschließlich einer eventuellen Hyperfibrinolyse, in Form einer Kurve aufzeichnen und somit zumindest Hinweise auf bestimmte Hämostasestörungen geben.

Aktivierte Koagulationszeit (Activated Coagulation Time, ACT)

Die ACT liefert ein schnelles Ergebnis und wird als einfacher Test (»Bedside-Test«) oft in der tierärztlichen Praxis durchgeführt.

Material

frisches Nativblut, Teströhrchen

Prinzip

Die ACT beschreibt die Zeit bis zur Gerinnung, nachdem Nativblut in ein Probengefäß mit einem Kontaktaktivator gegeben wurde.

Technik

Aus einer punktierten Vene lässt man 2 ml Blut in kommerziell erhältliche, mit Kontaktaktivator beschichtete und auf 37 °C vorgewärmte Röhrchen (Fa. Becton-Dickinson, Oxford, UK) laufen. Eine sorgfältige Venenpunktion und Verwerfen der ersten Blutstropfen (Auffangen in Spritze oder Leerröhrchen) ist hier entscheidend, um eine Kontamination mit Gewebefaktor zu vermeiden. Um den Startzeitpunkt relativ genau bestimmen zu können, ist auch auf einen guten Blutfluss (großer Kanülendurchmesser, ggf. Punktion der V. jugularis) zu achten. Alternativ wird das Blut in eine leere Spritze entnommen und anschließend in das Testgefäß überführt. Die Gerinnungszeit startet mit dem Eintritt des Blutes in das ACT-Röhrchen. Das Röhrchen wird einige Male geschwenkt. Um eine bessere Standardisierung zu erzielen, verbringt man das Röhrchen mit der Probe in einen Heizblock oder in ein Wasserbad (jeweils auf 37 °C temperiert) oder hält es in der Hand, bis sich das Gerinnsel gebildet hat. Beginnend ab 45 Sekunden wird das Röhrchen in Zeitintervallen von 10 Sekunden vorsichtig seitwärts geneigt und dabei das entlang der Probengefäßwand fließende Blut beobachtet, bis sich das erste eindeutige Gerinnsel bildet. Alternativ steht ein Gerät zur Messung der ACT zur Verfügung (z. B. HEMOCHRON® ACT).

Referenzbereiche

Die Angaben zu den Referenzbereichen schwanken deutlich zwischen verschiedenen Untersuchern und sind erheblich von der verwendeten Methode abhängig. Die im Folgenden angeführten Referenzbereiche **(Tab. 13.3)** beziehen sich auf eine Messung bei 37 °C.

Bewertung

Wie bei den anderen oben genannten globalen Tests kann sich hinter einer verlängerten ACT ein deutlicher Mangel mindestens eines der folgenden Gerinnungsfaktoren des Intrinsic-Systems und gemeinsamen Gerinnungsweges verbergen: Hochmolekulargewichtskininogen, Präkallikrein, Faktoren XII, XI, IX, VIII, X, V, II und Fibrinogen.

Tab. 13.3 Tierartspezifische Referenzbereiche für die ACT-Bewertung

Tierart	ACT
Hund	65–95 s[1]; 90–120 s[2]
Katze	55–165 s[3]
Pferd	130–200 s[4]

1 Gerber et al. 1999 **2** Glaus et al. 1996 **3** Bay et al. 2000 **4** Rawlings et al. 1975

Der ACT-Test ist hierbei weniger empfindlich gegenüber einer Verminderung eines Einzelfaktors als die aPTT. Gleichfalls wirken sich schwere Thrombopenien oder die Gegenwart von Inhibitoren, Heparin oder anderen Antikoagulanzien verlängernd aus (Bateman et al. 1999). Wie beim Menschen wird die ACT teilweise zum Monitoring der Heparinbehandlung eingesetzt.

Viskoelastische Testung, Thrombelastografie

Die Thrombelastografie (Rotationsthrombelastometrie) erfährt seit einigen Jahren eine Renaissance als einfacher Bedside-Test zum globalen Screening und zur **Verlaufskontrolle,** besonders **von schweren komplexen Hämostasestörungen** (disseminierte intravasale Gerinnung, DIC), und Erfassung einer **Hyperkoagulabilität** (Wiinberg et al. 2008). Bei der DIC informieren die Kurven rasch und zusammenfassend über Veränderungen des plasmatischen und thrombozytären Hämostasepotenzials und deren Beeinflussung durch Fibrin(ogen)spaltprodukte und therapeutisch angewandte Antikoagulanzien. Im Gegensatz zu allen Gerinnungstests liefern diese Verfahren Informationen über die Qualität des sich bildenden Gerinnsels.

Material

Gerät: Die derzeit führenden Geräte sind der **Thrombelastograph** (TEG®) und die **Rotationsthrombelastometrie** (ROTEM®); Zitratblut, $CaCl_2$-Lösung zur Rekalzifizierung und Aktivierungsreagenzien der Gerätehersteller.

13

Prinzip

Die Methode überprüft die viskoelastischen Eigenschaften von geronnenem Zitratblut, einschließlich einer möglichen Fibrinolyse, bei niedriger Scherkraft. Sie gibt eine Übersicht über die Gesamtfunktion der Hämostase, d. h. über den Einfluss zellulärer (v. a. Blutplättchen) und plasmatischer Elemente auf die Gerinnselbildung.

Technik

Zitratblut (eventuell auch Nativblut) wird in eine auf 37 °C temperierte Küvette gegeben und rekalzifiziert, ggf. unter Zusatz von Gewebefaktor oder Kaolin aktiviert. Zeitgleich wird die Registrierung gestartet und die Testküvette angehoben, sodass sich der Sensorstempel im Testansatz befindet. Der Sensorstempel ist mit einem Detektorsystem verbunden (ein Torsionsdraht beim TEG- und ein optischer Detektor beim ROTEM-Gerät). Die Küvette und der Stempel werden gegeneinander im Winkel von 4° 45 Minuten oszilliert. Die Bewegung geht dabei von der Küvette (TEG) oder dem Stempel aus (ROTEM). Das sich bildende Fibrin sorgt für eine Verbindung zwischen Küvette und Stempel, sodass die Drehbewegung der Küvette auf den Stempel übertragen (TEG) oder der erhöhte Widerstand der Stempelrotation am Stempel registriert wird (ROTEM). Die verschiedenen Abschnitte der spindelförmigen Kurve entsprechen verschiedenen Phasen des Hämostaseprozesses (Gerinnungszeit, Kinetik der Fibrinbildung, Festigkeit des Gerinnsels, Fibrinolyse) (Abb. 13.2a). Die Nomenklatur unterscheidet sich geringfügig zwischen TEG und ROTEM.

▶ Auswertung

Die Auswertung erfolgt automatisch anhand verschiedener Messgrößen, die im TEG und ROTEM etwas unterschiedlich bezeichnet werden (**Abb. 13.2a**).

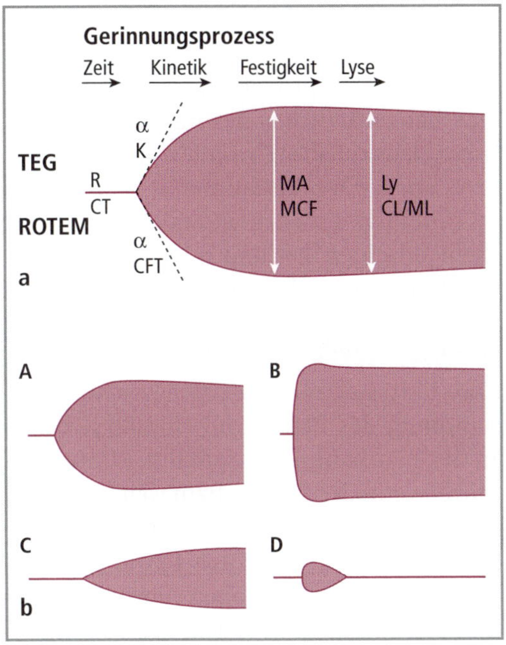

Abb. 13.2 TEG/ROTEM Kurven schematisch
a) Messgrößen: (1) Reaktionszeit (R)/Gerinnungszeit (clotting time, CT), (2) Gerinnselbildungszeit (clot formation time, K/CFT), (3) Alphawinkel (α), (4) Maximale Amplitude (MA)/maximale Gerinnselstabilität (maximum clot firmness, MCF) und (5) Lyse (Ly)/Gerinnsellyse (clot lysis, CL)
b) charakteristische Kurven: A) Normalbefund, B) Hyperkoagulabilität, C) Hypokoagulabilität (z. B. Thrombopenie/-pathie), D) Primäre Hyperfibrinolyse

Referenzbereiche

Aufgrund deutlicher Unterschiede in Abhängigkeit von dem Probenmaterial, der Probenlagerungszeit, dem Testansatz und dem verwendeten Gerät, muss für die jeweils angewendete Methode selbst ein Referenzbereich erstellt werden.

Bewertung

Die **Gerinnungszeit (Reaktionszeit)** ([1] in Abb. 13.2a) erfasst die Gerinnungsaktivierung. Eine verlängerte Gerinnungszeit deutet auf einen Faktorenmangel oder Antikoagulanzien (Heparin) hin.

Die Gerinnselbildungszeit (2), der **Alphawinkel** (α) (3) und die **Gerinnselfestigkeit/maximale Amplitude** (4) sind Messgrößen der Fibrinbildung und Festigkeit des Gerinnsels, d. h. sie hängen neben der Thrombingenerierung vorwiegend von der Fibrinogen- und Faktor-XIII-Konzentration (Faktor XIIIa bewirkt die stabilisierende Quervernetzung der Fibrinfäden) sowie der Plättchenzahl ab.

Die maximale Lyse/Gerinnsellyse (5) zeigt – bei einer signifikanten Abnahme innerhalb einer Stunde – eine erhöhte Fibrinolyse.

In der klinischen Anwendung treten die einzelnen Kenngrößen und damit die Bedeutung der Referenzbereiche zugunsten einer Beurteilung des Gesamteindrucks in den Hintergrund. Verschiedene Hämostasestörungen werden durch charakteristische Verlaufskurven angezeigt (**Abb. 13.2b**).
Wie andere Globaltests ist die viskoelastische Messung mit dem Nachteil einer teilweise geringen Sensitivität zur Erkennung des Mangels einer einzelnen Komponente (Thrombozyten, Gerinnungsfaktoren) behaftet. Ein normaler Kurvenverlauf schließt daher eine milde bis moderate Hämostasestörung nicht aus, sodass das Verfahren vor allem als ergänzender Test zum Basisprofil zu sehen ist. Die Von-Willebrand-Erkrankung und Plättchenaggregationshemmer werden grundsätzlich nicht erfasst. Hingegen liefert die Methode – anders als Gerinnungstests – Informationen zur Festigkeit des Gerinnsels und zu einer möglichen Hyperfibrinolyse.

13.7 Thrombozytenzahl

Material

frisches EDTA-Blut, Blutausstrich, Testkombination zur manuellen Thrombozytenzählung, Neubauer-Zählkammer und Mikroskop oder automatischer Blutzellcounter

Prinzip

Indirektes Verfahren (Schätzung im Blutausstrich)

Anhand eines gefärbten Blutausstrichs kann ein geübter Untersucher die Zahl der Blutplättchen grob einschätzen (**Abb. 13.3 u. 13.4**). Hierdurch lässt sich z. B. ein mit einem Counter gemessener pathologischer Wert verifizieren. Zudem kann eine Beurteilung der Plättchenmorphologie (Größe, Aktivierungsstatus, Aggregate) erfolgen. Thrombozyten stellen sich im gefärbten Blutausstrich als runde bis ovale kernlose Zellen (Durchmesser ca. 1–5 µm, d. h. ein Viertel bis zur Hälfte eines Erythrozyten) dar, mit leicht basophilem, zart rötlich granuliertem Zytoplasma. Aktiviert besitzen sie unregelmäßig gezackte Ränder und spießartige Fortsätze. Durch Ermittlung des Verhältnisses von Thrombozyten zu Erythrozyten durch Auszählung der Thrombozyten pro 1000 Erythrozyten lässt sich bei zusätzlicher Bestimmung der Erythrozytenzahl die Thrombozytenzahl auch errechnen. Das Verfahren ist jedoch sehr störanfällig. Es wird deshalb heute nicht mehr durchgeführt und soll daher im Weiteren nicht näher besprochen werden.

Direkte visuelle Zählung

Die Thrombozyten werden nach Vorbehandlung des Blutes und Hämolyse direkt in der Zählkammer ausgezählt. Dieses Verfahren ist in der Tiermedizin weit verbreitet, da es – im Gegensatz zur automatischen Zählung – auch bei Tierarten mit kleinen Erythrozyten und großen Thrombozyten und/oder Aggregationsneigung (v. a. Katze) eine verlässliche Thrombozytenzählung erlaubt.

Automatische Zählverfahren

Thrombozytenzählungen in automatischen Geräten mit integrierter Veterinärsoftware werden nach dem Widerstandsmessprinzip, dem zentrigualen System oder lasergestützt (durchflusszytometrisch) durchgeführt.

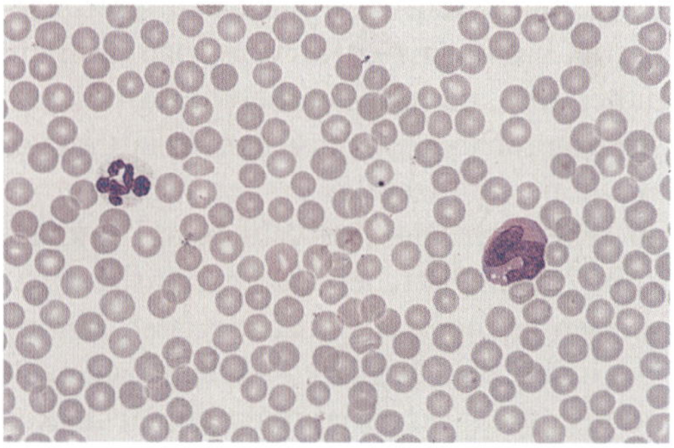

Abb. 13.3 Mikroskopisches Bild des Blutausstrichs eines Hundes mit hochgradiger Thrombopenie (Thrombozytenzahl: 17 000/µl; Pappenheim-Färbung, × 1000). Vergleiche mit normaler Kontrolle in Abbildung 13.4.

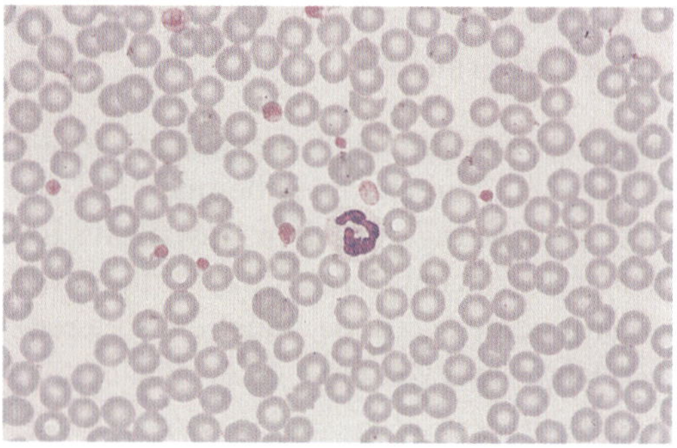

Abb. 13.4 Mikroskopisches Bild des Blutausstrichs eines gesunden Hundes mit physiologischer Thrombozytenzahl (300 000/µl; Pappenheim-Färbung, × 1000)

Technik

Indirektes Verfahren (Schätzung im Blutausstrich)

Ein Blutausstrich von EDTA-antikoaguliertem Blut wird mit einer hämatologischen (Pappenheim) oder Schnellfärbung (Diff-Quik®, RapiDiff®) gefärbt und bei niedriger Vergrößerung auf Plättchenklumpen untersucht, die sich vor allem im Bereich der Ausstrichfahne und an den Seiten des Ausstrichs finden lassen. Plättchenaggregate bedeuten aber nicht unbedingt, dass die Plättchenzahl adäquat ist. Eine detaillierte Untersuchung der Zahl und Form der Thrombozyten sollte dann in dem Bereich erfolgen, der sich an die Ausstrichfahne anschließt, da dort in qualitativ guten Ausstrichen die Zellen einschichtig, d. h. gut ausgebreitet nebeneinander vorliegen. Hier entspricht jedes Plättchen in einem Gesichtsfeld bei Ölimmersion etwa 15 000 Plättchen/µl (15 G/l), sodass bei durchschnittlich über zehn Plättchen im Ölimmersionsfeld, z. B. beim Hund, eine adäquate Plättchenzahl vorliegt.

Direkte manuelle Zählung

Die manuelle direkte Thrombozytenzählung mit einer Zählkammer ist recht einfach durchführbar, weist aber auch bei erfahrenen Untersuchern eine hohe Ungenauigkeit von 20–25 % auf. Die Verwendung kommerzieller Testsets, z. B. Thromboplus®, Fa. Sarstedt, Nümbrecht; Unopette Microcollection System for WBC/Platelet Determination, Becton-Dickinson, Oxford, UK) erleichtert die Durchführung, die für das erstgenannte Testset nachfolgend beschrieben wird (**Abb. 13.5–13.8**):

- Vene scharf punktieren und die ersten Blutstropfen abfließen lassen
- Blut in einer mitgelieferten 20-µl-Kunststoffkapillare, die EDTA enthält, aufsaugen
- Kapillare von außen reinigen und 2 min liegen lassen
- Kapillare in mitgeliefertes Gefäß mit 2 ml Transformationslösung geben und
- durch vorsichtiges Schwenken Inhalt der Kapillare in die Transformationslösung entleeren (Abb. 13.6).
- Alternativ: zunächst Blut in EDTA-haltigem Kunststoffgefäß auffangen und hieraus im Labor die Kapillare füllen oder 20 µl EDTA-Blut in das Gefäß mit der Transformationslösung pipettieren
- Vorbereitete Zählkammer nach Neubauer (s. Kap. 11) mithilfe der am Stopfen des Röhrchens befestigten Einfüllvorrichtung unter Ausnutzen des Kapillareffektes beschicken, ohne sie zu überfüllen (Abb. 13.7)
- Sedimentation der Thrombozyten in der Zählkammer abwarten. Hierzu die Zählkammer für ca. 10–15 min in eine durch ein feuchtes Tuch befeuchtete Kammer (z. B. Petrischale mit einer Lage feuchten Filterpapiers) legen.
- Bei 400-facher Vergrößerung mit Phasenkontrast oder weitgehend geschlossener Kondensorblende mikroskopieren: Die Thrombozyten erscheinen bei vorsichtiger Bewegung der Mikrometerschraube als kleine helle Körperchen mit dunklerem Randsaum (Abb. 13.8).
- Jeweils 5 Erythrozytengruppenquadranten (bei zu langsamem Zählen können die Thrombozyten von einem Feld ins nächste wandern!) auf beiden Seiten der Zählkammer auszählen
- Berechnung: Addition der Thrombozyten in jeweils fünf Gruppenquadranten/Seite der Zählkammer und Bildung des Mittelwertes der beiden Seiten
- Multiplikation mit 5000 = Thrombozyten/µl
  Multiplikation mit 5 = Thrombozyten in G/l

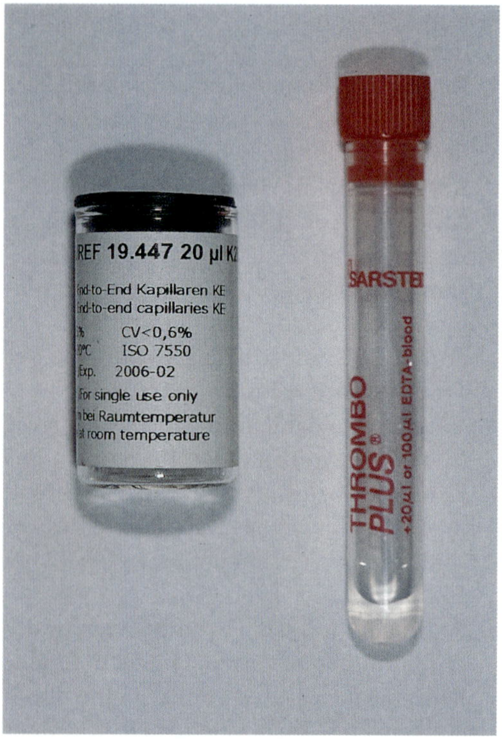

Abb. 13.5 Kommerzielles Testset zur Messung der Thrombozytenzahl bestehend aus mit EDTA beschichteten Kapillaren (links) und Gefäßen mit Transformationslösung

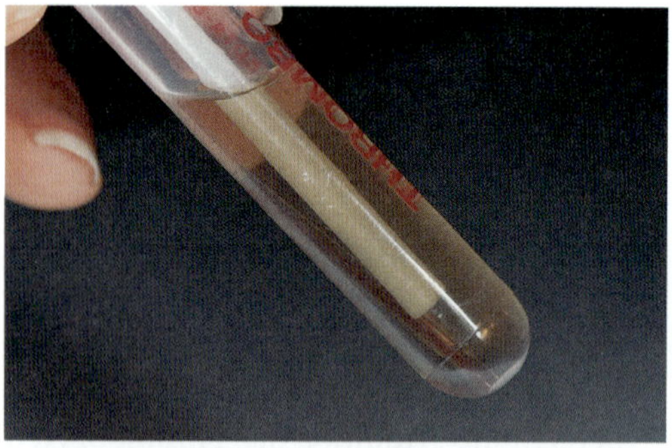

Abb. 13.6 Vorbereitung der visuellen Thrombozytenzählung: Entleeren des Blutes aus der zuvor in die Transformationslösung gegebenen Kapillare und homogene Durchmischung von Blut und Transformationslösung durch Schwenken des Röhrchens

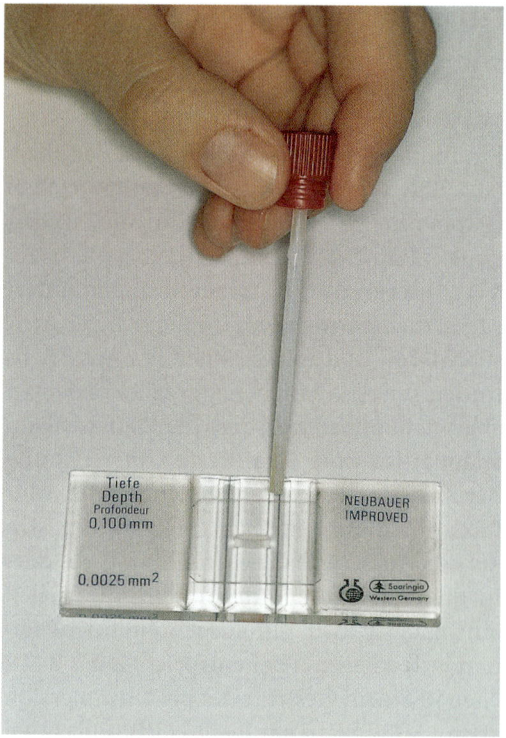

Abb. 13.7 Beschicken der Zählkammer zur Thrombozytenzählung mittels der am Stopfen des Röhrchens befestigten Einfüllvorrichtung

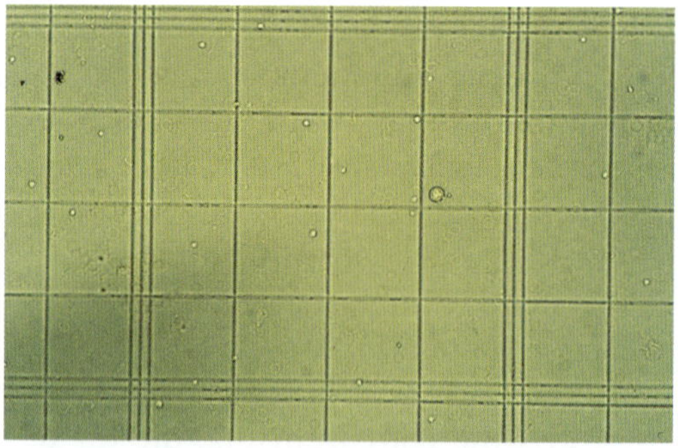

Abb. 13.8 Mikroskopisches Bild bei Zählung der Thrombozyten in der Neubauer-Zählkammer. Die Thrombozyten sind als helle Körperchen mit mehr oder weniger deutlich ausgeprägtem Randsaum bei 400-facher Vergrößerung gut von den viel größeren Leukozyten zu unterscheiden.

Die Erfassung der exakten Thrombozytenzahl bei Tieren mit **Thrombopenie** macht unter Umständen eine Modifizierung der beschriebenen Methodik notwendig. Hierfür ist eine geringere Verdünnung empfehlenswert, z.B. durch Zugabe von 100 µl EDTA-Blut zur Transformationslösung. Die in den fünf Quadranten sichtbaren Thrombozyten entsprechen dann der Thrombozytenzahl in G/l bzw. nach Multiplikation mit 1000 der Thrombozytenzahl/µl.

Automatische Zählverfahren

Automatische Zählgeräte mit Veterinärsoftware, die ordnungsgemäß eingestellt sind, liefern für die meisten Tierarten, wie z.B. Hund, Pferd, Rind und Schaf, zuverlässige Ergebnisse, die auch präziser sind als manuelle Messungen, da sie auf der Messung vieler Tausend Zellen beruhen. Bei der Katze können dic Ergebnisse dagegen nur orientierend verwendet werden, da sich infolge der geringen Erythrozytengröße die Volumenverteilungskurven von Thrombozyten und Erythrozyten teilweise überschneiden und Katzenthrombozyten stark zu einer Spontanaggregation neigen (Mischke et al. 1995; s. Darstellung im Kapitel 11, Hämatologie).

Referenzbereiche

Die Referenzbereiche für die Thrombozytenzahl sind in **Tabelle 13.4** angegeben.

Umrechnungsfaktoren

- SI-Einheit: × 0,001 (G/l)
- konventionelle Einheit: × 1000 (Zellen/µl)

Tab. 13.4 Tierartspezifische Referenzbereiche für die Thrombozytenzahl

Tierart	Thrombozytenzahl	
	Zellen/µl	G/l
Hund	150 000–500 000	150–500
Katze	180 000–550 000	180–550
Pferd	90 000–500 000	90–500
Rind	300 000–800 000	300–800
Schaf	150 000–900 000	150–900
Ziege	350 000–650 000	350–650
Schwein	220 000–620 000	220–620

Bewertung

Thrombozytenzahl

Eine in der Regel erworben verminderte oder erhöhte Thrombozytenzahl kann viele Ursachen haben:

▶ Thrombozytenzahl ↑ = Thrombozytose (reaktive Thrombozytenvermehrung)

- nach Operation
- nach Blutverlust
- nach Splenektomie
- glukokortikoidinduziert (iatrogen, Cushing-Syndrom)

▶ Thrombozytenzahl ↑ = Thrombozythämie (hochgradige, bleibende Vermehrung der Blutplättchen)

- v.a. bei myeloproliferativen Syndromen:
  - essenzielle Thrombozythämie
  - Polycythaemia vera
  - chronische myeloische Leukämie
  - Megakaryozytenleukämie

▶ Thrombozytenzahl ↓ = Thrombopenie

- Bildungsstörungen
  - Knochenmarkhypoplasie, -aplasie, Panmyelopathie:
    - toxisch (Medikamente: Östrogene, Zytostatika [Chlorambucil, Cyclophosphamid, Busulfan, Vincristin, Vinblastin u. a.])
    - Vitaminmangel (z. B. Vitamin B_{12})
    - ionisierende Strahlung
    - infektiös (Sepsis, feline Panleukopenie)
  - Knochenmarkverdrängung (Leukämie, Karzinommetastasen, Myelofibrose)
- Umsatzsteigerung
  - immunologisch: idiopathische thrombopenische Purpura (ITP)
  - disseminierte intravasale Gerinnung (Verbrauchsthrombopenie)
  - mechanisch (extrakorporale Kreisläufe)
- Verlust (Trauma, andere Hämostasestörungen)
- Verteilungsstörungen (Herzinsuffizienz, Splenomegalie)

Eine **Thrombopenie** korreliert nur mäßig eng mit der klinischen Symptomatik. Grundsätzlich ist erst unter 60 000/µl mit einer signifikant gesteigerten Blutungsneigung und unter 30 000/µl mit dem Auftreten von lebensbedrohlichen Blutungen zu rechnen. Unter 10 000/µl besteht die Gefahr von spontanen Blutungen, u. a. in das ZNS. Thrombopenien beim Cavalier King Charles Spaniel, die klinisch in der Regel ohne Relevanz sind, werden bei automatischer Messung oft durch einen methodischen Fehler verstärkt, da die großen Plättchen nicht als Thrombozyten gezählt werden.

Eine **erhöhte Thrombozytenzahl** ist als Kriterium einer Thromboseneigung anzusehen.

Thrombozytengröße

Große Plättchen (Megathrombozyten) können oft als Zeichen einer regenerativen Plättchenantwort gewertet werden, mit der Ausnahme einer primären immunvermittelten Thrombopenie (Dircks et al. 2009). Sie können auch bei infiltrativen Erkrankungen des Knochenmarkes auftreten und sind eine häufige Abnormalität beim Cavalier King Charles Spaniel. Kleine Thrombozyten (Mikrothrombozyten) können bei einer Eisenmangelanämie auftreten.

13.8 Thrombozytenfunktionstests

Thrombozytenfunktionstests sind vor allem angezeigt, wenn trotz normaler Thrombozytenzahl und Gruppentests ein Hämostasedefekt vermutet wird. Im Fall der kapillären Blutungszeit und des Plättchenfunktionsanalysegerätes sind sie ebenfalls als Screeningtest auf das Vorliegen des Von-Willebrand-Syndroms geeignet.

Eine **Störung der Thrombozytenfunktion**, d. h. der Aggregation, Ausbreitung und/oder Adhäsion, kann selten angeboren (z. B. Thrombasthenie Glanzmann) oder erworben (Begleiterscheinung von Erkrankungen, u. a. der Leber und Syndromen wie der Paraproteinämie) sein oder aber temporär iatrogen induziert nach Applikation von Thrombozytenaggregationshemmern oder anderen Medikamenten auftreten.

Kapilläre Blutungszeit

Die kapilläre Blutungszeit besitzt als einziges In-vivo-Untersuchungsverfahren des hämostatischen Potenzials der Thrombozyten wesentliche klinische Aussagekraft. Sie wird allerdings bislang nahezu ausschließlich beim Hund angewendet. Ihr kommt besondere

Bedeutung als sensitiver und praktikabelster Screeningtest zur Erfassung des Von-Willebrand-Syndroms und von Plättchenfunktionsstörungen zu. Sie ist z.B. bei Patienten mit Blutungsneigung angezeigt, bei denen Plättchenzahl und Gerinnungstests normal sind oder als präoperativer Screeningtest für Störungen der primären Hämostase. Beim Hund hat sich die Messung am Zehenballen der Vorderzehe mit dem von Nolte und Mitarbeitern (1997) beschriebenen Verfahren bewährt. Im Vergleich mit der weit verbreiteten Schleimhautblutungszeit besitzt das Verfahren Vorteile hinsichtlich Durchführbarkeit, Standardisierung und Sicherheit (d.h. Möglichkeit zur Blutstillung mittels Druckverband bei anhaltender Blutung).

Material

Messung am Zehenballen

Schermaschine, Stoppuhr, hyperämisierende Salbe (Finalgon®), Blutdruckmanschette für Kinder mit Messgerät, Einmalblutlanzette (bzw. 1 Stechhilfe, z.B. CoaguChek® Softclix®), Mulltupfer oder Filterpapier

Schleimhautblutungszeit (»Buccal mucosal bleeding time«)

Stoppuhr, Gazebinde, Punktionshilfe für die Schleimhautblutungszeit (z.B. Simplate II, Fa. Organon Teknika, Cambridge, Großbritannien; Surgicutt, Fa. Ortho Diagnostic Systems, High Wycombe, Großbritannien), Mulltupfer

Prinzip

Nach einer stichförmigen Gewebeverletzung hängt die Zeit bis zur Blutstillung im Wesentlichen von der Bildungsgeschwindigkeit und Festigkeit des primären Plättchenpfropfes ab. Damit ist die kapilläre Blutungszeit ein Maßstab für die Thrombozytenzahl und -funktion, einschließlich des Von-Willebrand-Faktors.

Technik

Eine gewisse Erfahrung mit der Methode ist Voraussetzung, um aussagekräftige und reproduzierbare Ergebnisse zu erzielen.

Messung am Zehenballen

- unsedierten Hund von einer Hilfsperson in Seitenlage halten lassen, möglichst ohne größere Zwangsmaßnahmen, ggf. in leichter Sedierung (**Abb. 13.9**)
- Haare an der oben liegenden Vorderzehe seitlich am Übergang zum Ballenhorn scheren
- (Kinder)Blutdruckmanschette am Unterarm anlegen
- hyperämisierende Salbe auf den geschorenen Bereich auftragen (**Abb. 13.10**)
- nach einer Minute Salbenreste mit Mulltupfer entfernen
- Blutdruckmanschette bis zu einem Druck von 70 mmHg aufblasen (sorgt in Verbindung mit der hyperämisierenden Salbe für eine besser standardisierte Durchblutung im Punktionsgebiet)
- nach einer weiteren Minute im geschorenen Bereich parallel zum Ballenhorn im Abstand von 0,5 cm zweimal mit der Lanzette punktieren und gleichzeitig die Stoppuhr starten (**Abb. 13.11**)
- unter Konstanthalten des Druckes von 70 mmHg Blutstropfen alle 10–15 s mit einem Mulltupfer oder Filterpapier von der Seite vorsichtig abtupfen, ohne dabei direkt die Inzision zu berühren, was zu einer Störung der Hämostase führen kann (**Abb. 13.12**)
- Mittelwert bilden aus den Zeiten bis zum Stillstand der Blutung (bzw. bis sich kein nennenswertes Blut am Tupfer befindet) bei beiden Stichinzisionen

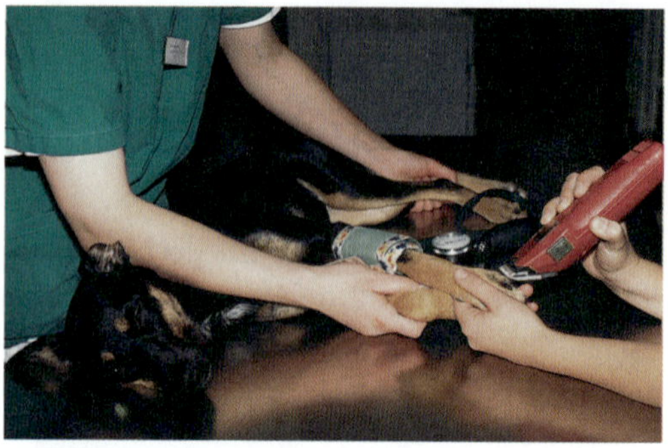

Abb. 13.9 Fixierung eines nicht anästhesierten Hundes in Seitenlage zur Messung der kapillären Blutungszeit. Anlegen einer Blutdruckmanschette am oben liegenden Unterarm.

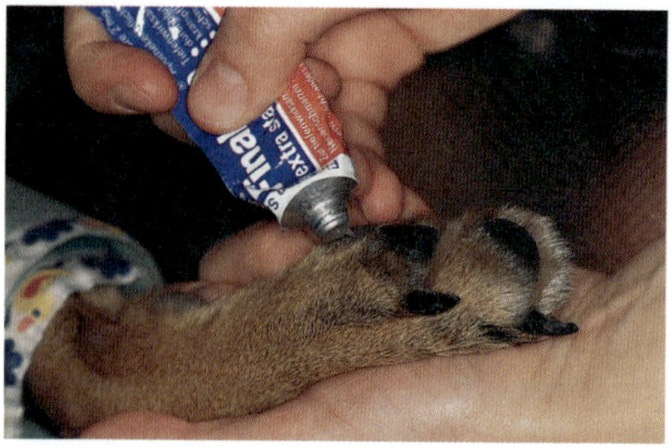

Abb. 13.10 Auftragen einer hyperämisierenden Salbe auf die Haut der zuvor geschorenen seitlichen Ballenwand zur Messung der kapillären Blutungszeit beim Hund

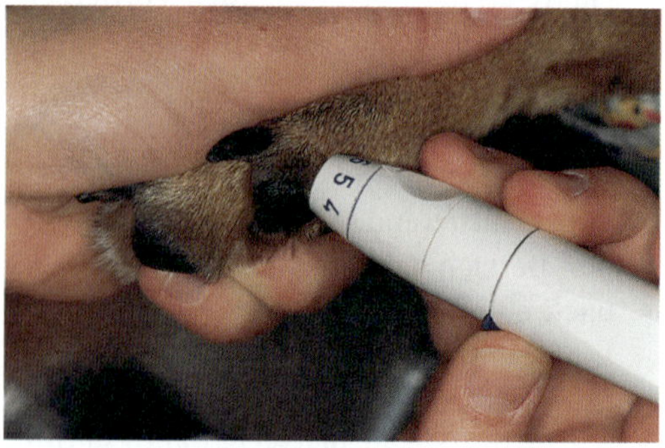

Abb. 13.11 Erzeugung einer kapillären Blutung durch zweimalige Punktion des Kapillargebiets im Bereich des seitlichen Ballens beim Hund mit einer automatischen Blutlanzette

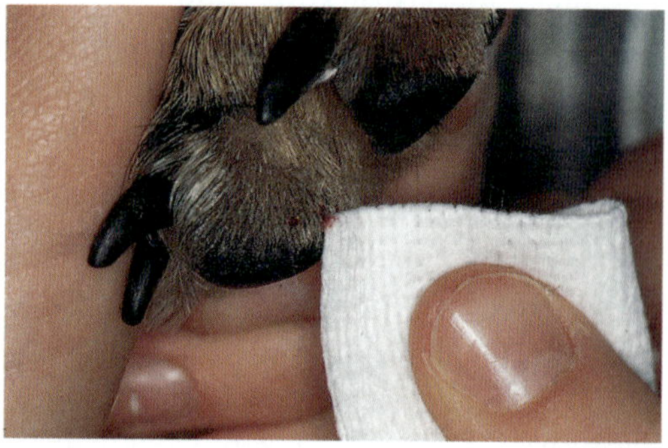

Abb. 13.12 Vorsichtiges Abtupfen der aus der Stichinzision austretenden Blutstropfen im 10- oder 15-s-Intervall bis zum Sistieren der Blutung (zur Messung der kapillären Blutungszeit beim Hund)

Schleimhautblutungszeit (»Buccal mucosal bleeding time«)

Auch für die Schleimhautblutungszeit wird das Tier in Seitenlage verbracht. Die Oberlippe wird nach hinten gefaltet und mit einer Gazebandage über den Oberkiefer fixiert. Dies muss fest genug erfolgen, um eine Stauung des venösen Rückflusses aus der Lippe zu erzielen. Es wird eine Inzision in einem nichtvaskularisierten Gebiet der Mukosa durchgeführt. Dazu verwendet man ein Gerät, bei dem Messerchen über einen Federmechanismus in die Schleimhaut eindringen (z. B. Simplate II, Surgicutt). Wie oben angegeben wird mit der Ecke eines Filterpapiers/Tupfers das Blut aufgesogen und die Zeit bis zum Sisitieren der Blutung gestoppt. Diese Methode birgt bei Tieren mit gestörter primärer Hämostase die Gefahr, dass unkontrollierbare Blutungen induziert werden.

Referenzbereiche

Die Referenzwerte hängen von der Technik (u. a. auch von dem zur Schnitt-/Stichinzision verwendeten Gerät) ab, sodass Referenzwerte vorteilhaft klinikintern überprüft werden sollten.

Messung am Zehenballen

mit automatischer Stichlanzette (Softclix) beim Hund: 1–2,5 min

Schleimhautblutungszeit (»Buccal mucosal bleeding time«)

Hund: 1,7–4,2 min (Jergens et al. 1987)
Katze: 1,0–2,4 min (Parker et al. 1988)

Bewertung

▶ Kapilläre Blutungszeit ↑

- (hochgradige) **Thrombopenie**
- Thrombopathie
  - angeboren (Thrombasthenie Glanzmann, Chédiak-Higashi-Syndrom u. a.)
  - erworben (Begleitsymptom verschiedener Grunderkrankungen, z. B. Lebererkrankung, Urämie, essenzielle Thrombozythämie; Thrombozytenaggregationshemmer wie Acetylsalicylsäure; andere Medikamente: Penicillin, Dextran u. a.)
- Von-Willebrand-Syndrom
- schwere Hypofibrinogenämie
- hohe Heparinkonzentration

Bei normaler Plättchenzahl spricht eine verlängerte kapilläre Blutungszeit für Plättchenfunktionsstörungen oder eine Von-Willebrand-Erkrankung. Eine schwere Von-Willebrand-Erkrankung kann zu einer extrem verlängerten Blutungszeit führen bis hin zur Notwendigkeit eines Druckverbands.

Plättchenfunktionsanalysegerät

Das automatisierte Plättchenfunktionsanalysegerät PFA-100® (Fa. Siemens Healthcare Diagnostics GmbH, Marburg) erlaubt eine standardisierte Überprüfung der Gesamtfunktion der primären Hämostase. Es handelt sich um ein mikroprozessorgestütztes Gerät, in das Messzellen als Verbrauchsmaterial eingesetzt werden. Für verschiedene Tierarten (Hund, Pferd, Schwein) wurde die Methode evaluiert.

Material

Gepuffertes Zitratblut (empfohlen wird die Abnahme in speziellen Monovetten [Fa. Sarstedt, Nümbrecht], die 1 Teil Zitronensäure/Natriumzitrat-Puffer 0,129 mol/l für 9 Teile Blut enthalten), Plättchenfunktionsanalysegerät, spezielle Messzellen (Kollagen/ADP; Kollagen/Epinephrin).

Prinzip

Das mikroprozessorgesteuerte Plättchenfunktionsanalysegerät ahmt die Verhältnisse einer kapillären Blutung nach. Die Einwegmesszellen enthalten eine Kapillare, an deren Ende sich eine speziell beschichtete Membran befindet. Während des Messvorgangs wird das Blutvolumen durch ein konstantes Vakuum aus dem Reservoir der Küvette durch die Kapillare gesogen, an deren Ende sich eine biologisch aktive Membran mit einer kleinen Öffnung befindet. Je nach Messzellentyp ist die Membran mit Kollagen und ADP oder Kollagen und Epinephrin beschichtet (**Abb. 13.13**). Die Gegenwart dieser biochemischen Stimuli und die hohen Scherraten, die sich unter definierten Flussbedingungen entwickeln, bewirken, dass die Thrombozyten sich anlagern, aktiviert werden, aggregieren und – analog zu der kapillären Blutung in vivo – einen Plättchenpfropf bilden. Dadurch wird die Öffnung in der Membran verschlossen. Ausgegeben wird die Verschlusszeit und optional das Volumen des Blutes, das vom Testbeginn bis zu deren Verschluss durch die Kapillare fließt.

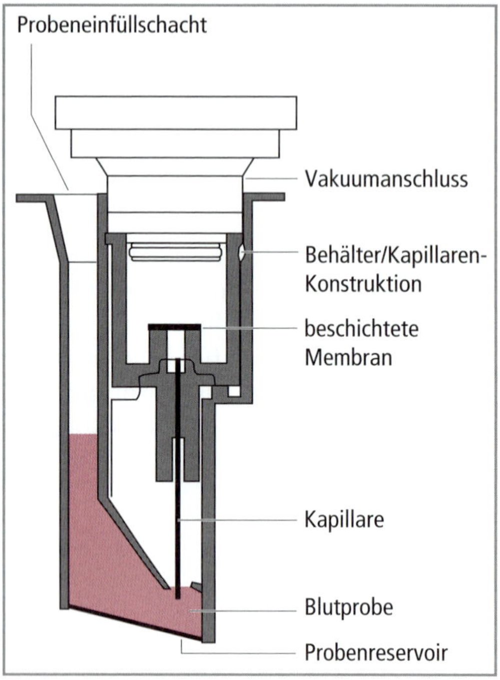

Abb. 13.13 Schematische Darstellung des Aufbaus einer Messzelle des Plättchenfunktionsanalysengeräts im Querschnitt

Technik

Das Verfahren läuft automatisiert ab. Die Messzellen, die im Kühlschrank aufbewahrt werden, sind mindestens 15 Minuten bei Raumtemperatur zu temperieren, bevor sie zur Messung in das Gerät eingesetzt werden. Blut sollte nicht unmittelbar nach der Abnahme, sondern etwa ab 30 Minuten (bis 2 Stunden) später untersucht werden. Es werden 1000 µl mit Zitratpuffer versetzten Blutes in den Probeneinfüllschacht der Messzelle gegeben und der Messvorgang gestartet. Es sollte immer nur ein Kanal des Gerätes (z. B. Kanal A) verwendet werden, da es bei zeitgleicher Beladung beider Kanäle bis zur Messung der zweiten Probe zu einer Spontansedimentation und damit veränderten Fließverhältnissen kommen kann.

Die Kollagen/Epinephrin-Messzelle ist für die Diagnostik am Einzeltier nur bedingt geeignet, da bei verschiedenen Tierarten (Hund, Pferd und Schwein) der Referenzbereich die obere Messbereichsgrenze (300 s) übersteigt (Mischke und Keidel 2003, Segura et al. 2005).

Referenzbereiche

(Collagen/ADP-Messzelle)

- Hund: 53–98 s (Mischke und Keidel 2003); 52–86 s (Callan und Giger 2001)
- Pferd: 60–116 s (Segura et al. 2005)

Bewertung

Bei normaler Thrombozytenzahl spricht eine Verlängerung der Verschlusszeit für eine gestörte Thrombozytenfunktion oder ein Von-Willebrand-Syndrom (s. Bewertung der »kapillären Blutungszeit«). Eine wesentliche Einschränkung erfährt die Methode dadurch, dass auch eine Thrombopenie und ein subnormaler Hämatokrit zu deutlich längeren Verschlusszeiten führen (Callan und Giger 2001; Mischke und Keidel 2003).

Thrombozytenaggregation

Die Messung der Agonist-induzierten Thrombozytenaggregation ist eines der wichtigsten Verfahren zur Überprüfung der Plättchenfunktion. Zwei verschiedene Prinzipien finden Anwendung: das fotometrische/turbidimetrische Verfahren nach Born (1962) und die Impedanzmessung im Vollblut (Dyszkiewicz-Korpanty et al. 2005). Das fotometrische Verfahren hat den Vorteil, dass die Plättchenzahl auf einen bestimmten Wert eingestellt werden kann. Allerdings erfordert die Herstellung des plättchenreichen Plasmas zusätzliches Equipment und ist zeit-, personal- und probenvolumenintensiv.

Die Herstellung des Probenmaterials kann zudem die Qualität der Probe verändern, da es zu einem selektiven Verlust großer Plättchen mit verminderter oder erhöhter Reaktivität kommen kann. Daneben können veränderte, z. B. lipämische, Plasmen die fotometrische Messung stören. Schließlich wird angeführt, dass die Impedanzmethode besser die In-vivo-Situation abbildet, da die Thrombozyten mit anderen Blutzellen interagieren können. Die Elektroden bilden hierbei eine artifizielle Oberfläche und imitieren damit besser die In-vivo-Aggregation, die auf verletzten oder entzündeten Gefäßoberflächen abläuft, während die Plättchen bei der fotometrischen Methode in der flüssigen Phase aggregieren.

Material

plättchenreiches Zitratplasma (PRP) und plättchenfreies Zitratplasma (PFP) (fotometrische Methode) oder Hirudin-antikoaguliertes Blut (Impedanzmethode), Aggregometer, Aggregationsagonisten (ADP, Kollagen, Epinephrin, Arachidonsäure, Thrombin, Thrombinrezeptor-aktivierende Peptide)

Prinzip

Fotometrische Methode

Das Verfahren beruht auf der fotometrischen Erfassung der Trübungsabnahme im PRP nach Zusatz von Substanzen (Agonisten) wie ADP, Kollagen und Thrombin, die bei funktionell intakten Thrombozyten eine Aggregation auslösen. Das PRP wird hierbei konstant auf 37 °C erwärmt und durch einen Magnetrührer in Bewegung gehalten. Die Transmissionsänderung wird automatisch als Kurve aufgezeichnet.

Impedanzmethode

Die Vollblutaggregometrie misst die Zunahme des elektrischen Widerstandes durch Anlagerung von Plättchen an die in die Messzelle ragenden Elektroden.

Technik

Fotometrische Methode

- Zur Messung der Plättchenaggregation ist die Präparation von PRP erforderlich. Dies kann durch niedertouriges Zentrifugieren (z. B. Hund: 150 × g; Katze 80 × g) oder Isolierung der Thrombozyten über Dichtegradientenzentrifugation und Resuspendieren in PFP erfolgen.
- Thrombozytenzahl auf einen konstanten Wert (z. B. 200 000 Thrombozyten/µl) durch Verdünnen mit PFP einstellen
- Gerät mit PFP auf 100 % und mit PRP auf 0 % Transmission eichen
- Messvorgang starten
- nach einer definierten Inkubationszeit bei 37 °C 10 (oder 20) µl des gelösten Agonisten (siehe unten) zu 200 µl PRP geben
- Die Auswertung der Aggregationskurve erfolgt automatisch mit Angabe der Charakteristika Aggregationsmaximum und maximaler Aggregationsgradient.

Impedanzmethode

Das neue Impedanzaggregometer Multiplate® (Fa. Roche Diagnostics GmbH, Mannheim), das 5 Kanäle besitzt und Einwegmesszellen verwendet, wurde bereits bei verschiedenen Tierarten wie Hund, Schaf, Schwein und Nagern erfolgreich evaluiert (Kalbantner et al. 2010). Der Test kann nach Herstelleranleitung durchgeführt werden (300 µl NaCl-Lösung, 300 µl Hirudin-antikoaguliertes Blut, 3 min Inkubation bei 37 °C, Zugabe von 20 µl Agonistenlösung), allerdings sind tierartspezifisch Agonisten in optimierten Konzentrationen einzusetzen. Der Test wird automatisch ausgewertet mit Angabe der Fläche unter der Aggregationskurve (Area under the curve, AUC), des Aggregationsmaximums und maximalen Aggregationsgradienten.

Agonisten

Die Verwendbarkeit, d.h. Funktionalität, einzelner Agonisten ist tierartlich unterschiedlich (z.B. lässt sich die Thrombozytenaggregation beim Hund und bei der Katze durch Zugabe von Epinephrin und Ristocetin nicht auslösen). Im Hinblick auf die optimale Sensitivität sollten die niedrigstmöglichen Agonistenkonzentrationen gewählt werden, die bei gesunden Tieren konstant hohe Aggregationswerte auslösen (»Schwellenkonzentration«). Die Empfindlichkeit der Plättchen gegenüber verschiedenen stimulierenden Substanzen weist ebenfalls deutliche tierartspezifische Unterschiede auf, z.B. liegt die Schwellenkonzentration der Katzenthrombozyten beim Aggregationsinduktor Kollagen etwa 10-fach niedriger als beim Hund (Hart und Nolte 1991). Beim Hund sind Endkonzentrationen von ≥25 µmol/l ADP, 10 µg/ml Kollagen und 1 IU/ml Thrombin gut für das turbidimetrische Verfahren geeignet (Mischke und Schulze 2004).
Für den Multiplate-Analyser wurden für den Hund folgende optimale Konzentrationen für die vom Hersteller (Fa. Roche Diagnostics GmbH, Mannheim) gelieferten Agonisten bestimmt: 10 µmol/l ADP, 5 µg/ml Kollagen und 1 mmol/l Arachidonsäure (Kalbantner et al. 2010).

13

Referenzbereiche

Die sensible Methodik und insbesondere die erheblichen Qualitätsunterschiede bei den Agonistenreagenzien erfordern Reagenz-, Gerät- und damit laborspezifische Referenzwerte und das Mitführen einer Kontrolle. Beim gesunden Hund werden mit den oben angegebenen Konzentrationen für ADP und Kollagen beim turbidimetrischen Verfahren meistens Aggregationsmaxima von >80 % erzielt. Orientierende Referenzwerte für Messungen beim Hund mit dem Multiplate-Analyser: siehe Kalbantner et al. (2010).

Bewertung

Die Agonisten-induzierte Plättchenaggregation ist vor allem zum Nachweis einer verminderten Plättchenfunktion geeignet, d.h. dem Nachweis von Thrombopathien. Der Nachweis des Von-Willebrand-Syndroms über eine verminderte Ristocetin-induzierte Aggregation ist nur sehr unempfindlich oder gar nicht möglich (Hund, Katze). Eine verminderte Plättchenzahl führt zu niedrigeren Messsignalen, besonders bei der Impedanzmethode.

13.9 Untersuchung des Gerinnungssystems

Grundprinzip

Zur Messung der Aktivität einzelner Gerinnungsfaktoren und der Gruppentests Thromboplastinzeit (Prothrombinzeit, Quick-Test), aktivierte partielle Thromboplastinzeit und Thrombinzeit werden überwiegend **klassische Gerinnungsmethoden** angewendet. Nach Zugabe spezifischer Aktivatoren und – abgesehen von der Thrombinzeit und Tests mit thrombinähnlichen Enzymen – von Ca^{2+}-Ionen zum Zitratplasma wird die Gerinnungszeit gemessen. Diese steht in Beziehung zur Aktivität der Gerinnungsfaktoren, wird gegebenenfalls aber auch durch Stör-

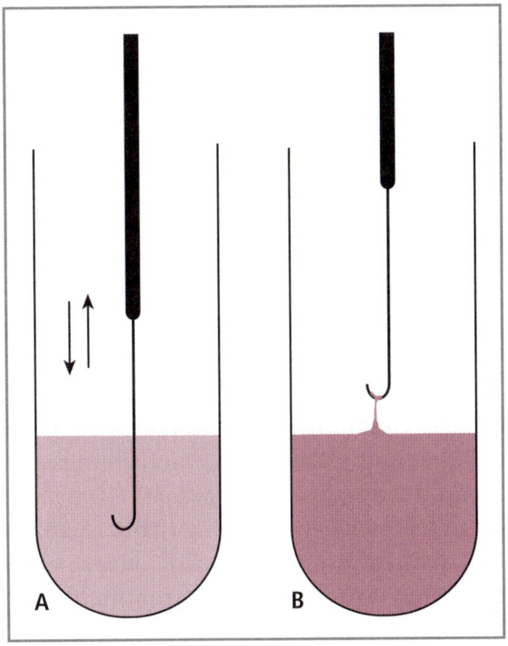

Abb. 13.14 Schematische Darstellung des Funktionsprinzips der Häkchenmethode nach Koller. Ein zuvor ausgeglühter Platinhaken wird in kurzen Zeitabständen durch den Testansatz geführt (A). Der Zeitpunkt der ersten Anheftung des Gerinnsels an dem Haken definiert den Endpunkt der Gerinnungszeit (B).

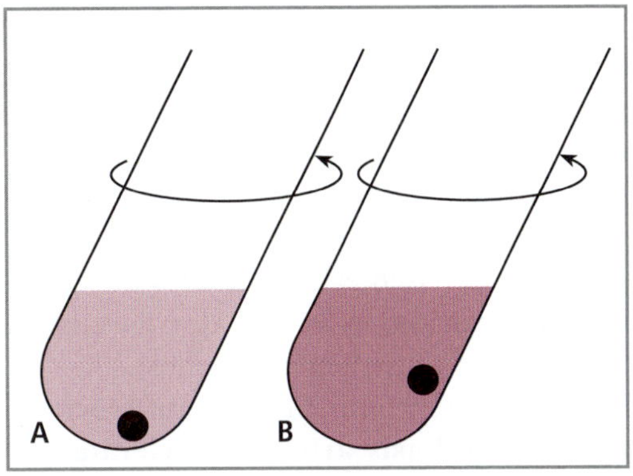

Abb. 13.15 Schematische Darstellung des Funktionsprinzips eines Kugelkoagulometers: In einem schräg gelagerten Röhrchen mit dem Testansatz, das langsam um seine Längsachse bewegt wird, befindet sich ein Metallkügelchen. Mit dem Zeitpunkt der Gerinnung im Testansatz ändert sich die Lage des Metallkügelchens und löst in einem magnetischen Sensor einen Impuls aus, der als Ende der Gerinnungszeit registriert wird.

größen beeinflusst. Das Messsignal bildet hier das Auftreten des ersten Fibringerinnsels. Dieses kann mit manuellen Techniken (Häkchenmethode nach Koller, Kippmethode) oder mithilfe von Koagulometern oder Gerinnungsautomaten detektiert werden, die auf verschiedenen Messtechniken beruhen.

Bei der **Häkchenmethode nach Koller** wird ein ausgeglühter Platinhaken in regelmäßigen Abständen durch den im Wasserbad bei 37 °C temperierten Testansatz geführt und die Zeit gemessen, bis das erste Gerinnsel am Häkchen hängt (**Abb. 13.14**). Bei der **Kippmethode** wird das Röhrchen mit dem Plasma-Reagenz-Gemisch rhythmisch geneigt, bis der Testansatz von der Sol- in die Gelphase übergegangen ist.

Von den **Koagulometermethoden** hat sich die Messung im Koagulometer nach Schnitger und Gross am besten bewährt, die die Häkchenmethode automatisiert. Das Gerät wird allerdings nicht mehr gebaut, kann aber noch gebraucht beschafft werden. Im Kugelkoagulometer wird das Gerinnsel über einen magnetischen Sensor erfasst, der die gerinnselbildungsabhängige Lageänderung einer im Testansatz befindlichen Kugel registriert (**Abb. 13.15**). Weitere Koagulometertypen basieren auf Messungen der Viskositätsänderung oder einem optischen Grundprinzip, wobei im letzteren Fall die im Zuge der Gerinnung auftretende Veränderung der optischen Dichte erfasst und eine definierte Trübungsintensität als Endpunkt verwendet wird.

Seit einigen Jahren steht mit den **chromogenen Substraten** eine alternative Möglichkeit zur Aktivitätsmessung verschiedener Gerinnungsfaktoren, von Inhibitoren der Gerinnung, aber auch zur Durchführung von Gruppentests zur Verfügung. Hierbei sind synthetische Peptide, die eine für bestimmte Gerinnungsproteasen spezifische Aminosäurensequenz aufweisen, mit einem Farbindikator gekoppelt. Die Menge des abgespaltenen Farbindikators (p-Nitroanilin) wird fotometrisch erfasst, sodass die Farbreaktion mit der Aktivität der jeweils zu messenden Komponente korreliert.

Nach eigener Erfahrung sind auf **trockenchemischer Basis arbeitende Geräte** zur Gerinnungsdiagnostik zumindest für das Kleintier eher weniger geeignet. Bei diesen Geräten wird die Blutprobe auf die zuvor in das Gerät eingeführte Testkartusche aufgetragen. Der Vorteil der einfachen Handhabung wird mit den Nachteilen der geringeren Empfindlichkeit, des limitierten Messbereichs und des eingeschränkten Methodenspektrums erkauft.

Gruppentests des Gerinnungssystems

Die folgenden Gruppentests sind Screeningmethoden, die jeweils einen Bereich des plasmatischen Gerinnungssystems überprüfen:

- **Thromboplastinzeit** (Extrinsic-System)
- **aktivierte partielle Thromboplastinzeit (aPTT)** (Intrinsic-System)
- **Thrombinzeit** (Thrombin-Fibrinogen-Interaktion, Fibrinpolymerisation)

In ihrer Gesamtheit erfassen diese drei Tests das gesamte plasmatische Gerinnungssystem mit Ausnahme der Faktor-XIII-abhängigen Fibrinquervernetzung **(Abb. 13.16).** Bei pathologischem Ausfall eines oder mehrerer Gruppentests kann anhand der Befundkombination unter zusätzlicher Berücksichtigung von Thrombozytenzahl und gegebenenfalls kapillärer Blutungszeit

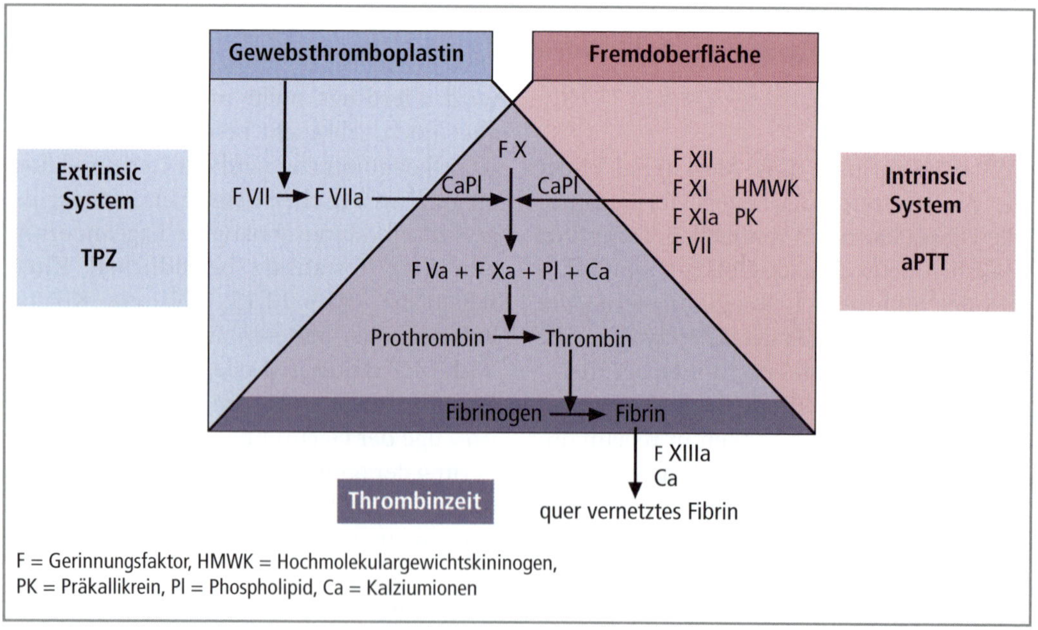

Abb. 13.16 Schematische Darstellung der Erfassung des Reaktionsverlaufs des Gerinnungssystems durch die drei Gruppentests Thromboplastinzeit (TPZ), aktivierte partielle Thromboplastinzeit (aPTT) und Thrombinzeit

bereits eine Verdachtsdiagnose gestellt und durch gezielte Einzelfaktoraktivitätsbestimmungen oder andere weiterführende Tests abgesichert werden (s. S. 206 ff.).

Standardisierung des Messergebnisses

Bei klassischen Gerinnungstests erhält man das Messergebnis zunächst in Form einer Gerinnungszeit. Diese wird durch die zur Detektion des Fibringerinnsels angewendete Methode, das gewählte Reagenz und reagenzabhängig zum Teil auch durch die Reagenzcharge beeinflusst. Trotzdem ist die **Gerinnungszeit** die gebräuchlichste Form der Ergebnisdarstellung bei den Gruppentests Thromboplastinzeit, aPTT und Thrombinzeit in der Tiermedizin und für die aPTT und Thrombinzeit auch beim Menschen. Dies erfordert die Ermittlung methodenabhängiger (Gerät, Reagenz), d. h. in der Regel laborinterner, speziesspezifischer Referenzbereiche, basierend auf einer ausreichenden Zahl (mindestens 40) gesunder Individuen. Falls dies in einer Notfallsituation (z. B. Messung im Humanlabor) nicht gewährleistet ist, sollten gesunde Kontrollen mitgemessen werden. Hingegen weisen kommerzielle Reagenzien meist eine geringe Variabilität zwischen verschiedenen Reagenzchargen auf, sodass das Anfertigen chargenspezifischer Referenzwerte nicht notwendig erscheint.

Wegen seiner erheblichen Bedeutung, vor allem für die Überwachung der Therapie mit oralen Antikoagulanzien, ist die Standardisierung der Thromboplastinzeit beim Menschen am weitesten fortgeschritten und könnte auch Eingang in die Veterinärmedizin finden. Eine **Kalibrierung der Thromboplastinzeit** (Prothrombinzeit) ist auf verschiedene Weise möglich:

1. *Erstellen einer Bezugskurve* durch Messung der Gerinnungszeit verschiedener Verdünnungsstufen (z. B. 1 : 1 [100 % Gerinnungsaktivität], 1 : 2 [50 %], 1 : 4 [25 %] und 1 : 10 [10 %]) eines tierartspezifischen Poolplasmas und Angabe des Ergebnisses in »Prozent der Norm« (% der Norm). Tierartspezifische Standardplasmen werden im Gegensatz zu humanen nicht kommerziell angeboten und müssen daher durch Poolen des Plasmas von mindestens 10 (besser über 20) gesunden Individuen der entsprechenden Art selbst angefertigt werden. Unter dem Gesichtspunkt der besseren Ablesbarkeit ist eine Darstellung der Bezugskurve bei linearer Skalierung zu empfehlen, obgleich im doppeltlogarithmischen System ein annähernd linearer Verlauf erzielt werden kann (**Abb. 13.17**).
2. *Prothrombin-Ratio:* Bildung des Quotienten aus den Gerinnungszeiten des Patienten- und eines »Normalplasmas«, d. h. tierartspezifischen Poolplasmas (oder des Mittelwertes der Ergebnisse gesunder Kontrollen). Im Gegensatz zur Referenzkurve bleibt bei dieser Vorgehensweise allerdings die Sensitivität des Reagenzes entsprechend der Neigung der Referenzkurve unberücksichtigt.
3. *International normalised ratio, INR* = $[\text{PTR (Messwert/Referenzwert)}]^{\text{ISI}}$. Diese ist eine beim Menschen etablierte standardisierte Angabe des Ergebnisses der Prothrombinzeit. Durch die Einbeziehung eines Internationalen Sensitivitätsindex (ISI) wird die individuelle Empfindlichkeit des Reagenzes und der Messmethode berücksichtigt, sodass mit verschiedenen Reagenzien gemessene Ergebnisse besser vergleichbar sind. Die Anwendbarkeit für Tiere ist limitiert, da ISI-Werte aufwendig tierart- und methodenspezifisch ermittelt werden müssten und das Verfahren ohnehin nur für ein ausgewähltes Probenmaterial wie stabil mit oralen Antikoagulanzien behandelte Patienten anwendbar ist (Mischke 2011).

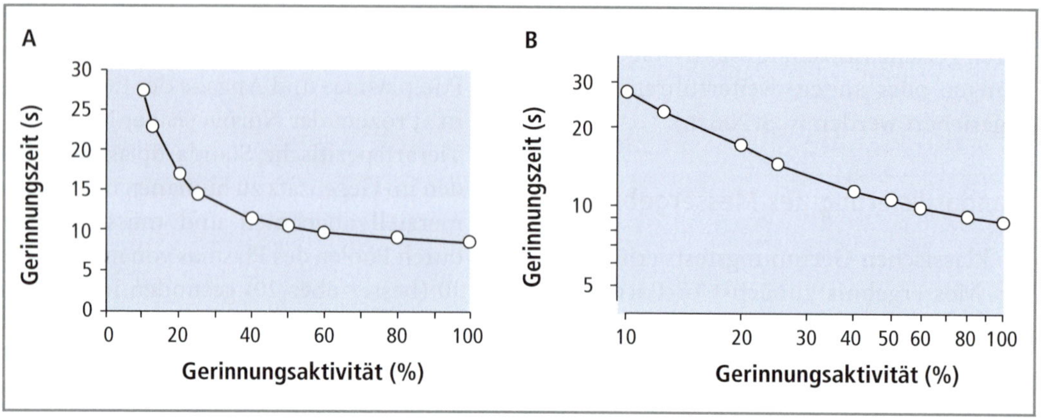

Abb. 13.17 Bezugskurven für die Thromboplastinzeit am Beispiel der Katze. A. Lineares System; B. doppeltlogarithmische Darstellung

Thromboplastinzeit (Prothrombinzeit, Quick-Test)

Aufgrund ihrer vielfältigen **Indikationen** ist die Thromboplastinzeit eine der am häufigsten durchgeführten Gerinnungsuntersuchungen. Sie wird verwendet

- als globaler Screeningtest des Extrinsic-Systems und gemeinsamen Aktivierungsweges,
- als Verlaufskontrolle einer durch Vitamin-K-Mangel induzierten Koagulopathie (v. a. Intoxikation mit Cumarinderivaten speziell beim Hund, orale Antikoagulanzientherapie),
- bei hepatogen bedingten Gerinnungsstörungen,
- als Zusatzuntersuchung zur Verlaufskontrolle von komplexen Hämostasestörungen wie der Verbrauchskoagulopathie.

Material

plättchenarmes Zitratplasma (PAP), Ca-Thromboplastin-Reagenz, Koagulometer

Prinzip

Durch die Zugabe von Gewebethromboplastin und Ca^{2+}-Ionen zum PAP wird die Gerinnung über den extrinsischen (Faktor VII) und gemeinsamen Weg aktiviert und die Fibrinbildung induziert. Die Thromboplastinzeit wird besonders sensitiv durch drei der vier Faktoren des Prothrombinkomplexes (Prothrombin und die Faktoren VII und X), weniger deutlich durch den Faktor V sowie die Fibrinogenkonzentration beeinflusst (s. Abb. 13.16).

Technik

Standardtest (Herstelleranleitung)

- 100 µl PAP 1 min bei 37 °C inkubieren
- 200 µl Ca-Thromboplastin[1] (mindestens 15 min auf 37 °C erwärmt) hinzupipettieren
- Zeit bis zur Fibrinbildung messen

Modifizierter Test

Bei Tierarten mit einer hohen Aktivität exogener Gerinnungsfaktoren (v. a. Hund, ggf. Katze) empfiehlt sich in spezialisierten Labors die Messung einer vorverdünnten Probe (z. B. 1 : 20) unter Zusatz einer Fibrinogenlösung (Humanfibrinogen [Fa. Haemochrom, Essen] 2 g/l in isotoner NaCl-Lösung), um eine ausreichende Fibrinbil-

13

Tab. 13.5 Referenzbereiche für die Thromboplastinzeit

Tierart	Thromboplastinzeit (s)	% der Norm	PTR (Prothrombin-Ratio)
Hund	6–8	75–130*	0,84–1,15*
Katze	9–11,5	60–150*	0,86–1,14*
Pferd	12,5–15,5	80–130	0,92–1,14
Rind			0,80–1,20
Schaf	12–20		

* modifizierter Test

dung zu gewährleisten (Mischke und Nolte 1997).

- 100 µl 1 : 20 mit Gerinnungspuffer verdünntes PAP und 100 µl Fibrinogenlösung (2 g/l) für 2 min bei 37 °C erwärmen
- 100 µl Ca-Thromboplastin[1] (mindestens 15 min auf 37 °C erwärmt) hinzupipettieren
- Zeit bis zur Fibrinbildung messen

Alternativ zu der angeführten Testmodifikation sind auch kommerzielle Testvarianten wie Hepato Quick und Normotest gut als Screeningtest des Extrinsic-Systems bei Tierspezies wie Hund und Katze einsetzbar. Das Messergebnis in Sekunden kann über eine Referenzkurve kalibriert und als Prozent der Norm (Quick-Wert) ausgedrückt oder in eine Prothrombin-Ratio (PTR) umgerechnet werden (siehe oben).

Referenzbereiche

Die in **Tabelle 13.5** angeführten Referenzbereiche beruhen auf Verwendung des Reagenzes Thromborel® S (Fa. Siemens Healthcare Diagnostics, Marburg). Sie beziehen sich für Hund und Katze auf die Messung mit dem oben beschriebenen modifizierten Test. Für andere Reagenzien und abweichende Testansätze sind auch die standardisierten Ergebnisangaben (% der Norm, PTR) allenfalls orientierend zu verwenden.

Bewertung

Zur Beurteilung siehe auch Abschnitt: »Screeningprofil, Befundinterpretation«.

▶ Verlängerte Thromboplastinzeit (erniedrigter Quick-Wert, erhöhte PTR)

- Verminderung der Faktoren des Prothrombinkomplexes (Fatoren II, VII und X) bei Vitamin-K-Mangel oder -Antagonismus (Cumarinvergiftung)[2]
- Verminderung des Faktors V (angeboren, Synthesestörung bei hochgradiger Hepatopathie, erhöhter Umsatz durch intravasale Gerinnung, Hyperfibrinolyse, Verlust)[2]

1 Generell sind konventionelle Thromboplastine, die auf Organextrakten beruhen, zuverlässigere Aktivatoren bei Tieren als synthetische oder rekombinante humane Thromboplastine.

2 Bei Durchführung des Tests nach Herstelleranleitung werden auch deutliche Faktorenmängel (< 30 %) bei Hund und Katze nicht zuverlässig angezeigt.

- Faktor-VII-Mangel (hereditär, initialer Vitamin K-Mangel)[2]
- deutlicher Fibrinogenmangel oder Dysfibrinogenämie (s. S. 232)[3]
- Gerinnungshemmer, z. B. extrem hohe Konzentration der Heparin- und Fibrin(ogen)spaltprodukte[3]
- Inhibitoren, Lupusinhibitoren
- physiologisch beim Jungtier

Aktivierte partielle Thromboplastinzeit (aPTT)

Die aPTT wird eingesetzt
- als Screeningtest des Intrinsic-Systems und gemeinsamen Aktivierungsweges bei hämorrhagischen Diathesen[4],
- als präoperative Kontrolle[4],
- zur Überwachung der Heparintherapie,
- als Screeningtest auf das Vorliegen von Hemmkörpern,
- zur unspezifischen Erfassung einer Hyperkoagulabilität (insensitiv).

Material

plättchenarmes Zitratplasma (PAP), aPTT-Reagenz, 25 mmol/l $CaCl_2$-Lösung, Koagulometer

Prinzip

Die Zitratplasmaprobe wird mit aPTT-Reagenz, einem Gemisch aus Oberflächenaktivator (z. B. Kaolin, Celit, Ellagsäure) und partiellen Thromboplastinen (gerinnungsaktive Phospholipide aus verschiedenen Geweben oder pflanzlichen Ursprungs [z. B. Sojabohnen]) gemischt und inkubiert. Hierdurch wird die Kontaktaktivierung der Faktoren XII und XI ausgelöst und somit das Intrinsic-System der Gerinnung aktiviert. Durch den Phospholipidzusatz ist das System zudem, im Gegensatz zur Rekalzifizierungszeit, unabhängig von der Thrombozytenzahl. Die nachfolgende Zugabe der Ca^{2+}-Ionen ermöglicht schließlich die weitere Aktivierung der Gerinnungskaskade bis zur Fibrinbildung.
Die aPTT ist damit in erster Linie abhängig von der Aktivität der Vorphasenfaktoren XII, XI, IX und VIII. Daneben werden, wie auch von der Prothrombinzeit, die Faktoren X und V erfasst (**Abb. 13.16**).
Wenig empfindlich reagiert der Test gegenüber Veränderungen der Prothrombinaktivität und Fibrinogenkonzentration.

Technik

- 100 µl Zitratplasma mit 100 µl aPTT-Reagenz mischen und bei 37 °C inkubieren. Die exakt einzuhaltende Inkubationszeit richtet sich nach dem Reagenz und ist jeweils der beigefügten Arbeitsvorschrift zu entnehmen.
- Nach dem Hinzupipettieren von 100 µl 25 mmol/l $CaCl_2$-Lösung Fibrinbildungszeit messen.

Referenzbereiche

Auf die Problematik der Angabe von Referenzbereichen für diesen Test wurde bereits eingegangen (s. S. 225). Die aufgeführten Werte (**Tab. 13.6**) sind Richtwerte für die angegebenen Reagenzien.

Bewertung

siehe auch Abschnitt »Screeningprofil, Befundinterpretation«

13

3 Entfällt bei Verwendung eines modifizierten Tests mit vorverdünnter Probe und Fibrinogenzusatz.
4 Vornehmlich als Suchtest bei Verdacht auf das Vorliegen einer Hämophilie A (hereditärer Faktor-VIII-Mangel) oder B (angeborener Faktor-IX-Mangel)

Tab. 13.6 Referenzbereiche für die aktivierte partielle Thromboplastinzeit (aPTT)

Tierart	C. K. PREST® 2[1]	Actin FS[2]
Hund	10–13 s	10–14,5 s
Katze	10,5–13,5 s	–
Pferd	36–44 s	39–52 s
Schaf	22–62 s	30–65 s
Schwein	11–15 s	–

1 (frühere Bezeichnung PTT-Reagenz) Fa. Diagnostica Stago S. A. S., Asnière sur Seine, Frankreich
2 Fa. Siemens Healthcare Diagnostics GmbH, Marburg

▶ aPTT ↑: verlängerte aPTT und Thromboplastinzeit im Referenzbereich

- Verminderung eines Vorphasenfaktors (Faktoren VIII, IX, XI, XII)[5]:
  Bei isolierter Verminderung eines Vorphasenfaktors (z. B. Faktor VIII bei Hämophilie A) entspricht eine Verlängerung auf das Doppelte des Referenzbereiches einer Aktivitätsverminderung auf Werte von < 10 %.
- Heparin in therapeutischer Konzentration (0,3–0,7 IU/ml): erhebliche Variation des Ausmaßes der aPTT-Verlängerung in Abhängigkeit vom aPTT-Reagenz! (Mischke 2003b)
- Hemmkörper gegen einen Vorphasenfaktor

▶ aPTT ↑: verlängerte aPTT und Thromboplastinzeit verlängert (erniedrigter Quick-Wert, erhöhte PTR)

- Verminderung der Faktoren II, V und/oder X[5] (evtl. in Verbindung mit anderen Faktoren)
- deutlich erniedrigte Fibrinogenkonzentration
- Hemmung der Fibrinpolymerisation (Fibrin[ogen]spaltprodukte)
- Lupusinhibitoren
- physiologisch während der ersten Lebenswochen

▶ aPTT ↓: verkürzte aPTT

- Anzeichen einer nicht vorschriftsmäßigen, verzögerten Blutentnahme (s. S. 205)
- Indikator einer Hyperkoagulabilität, z. B. postoperativ oder entzündungsbedingt
- im akuten Stadium einer venösen Thromboembolie

Thrombinzeit

Die Bestimmung der Thrombinzeit ist indiziert

- als Suchtest bei Verdacht auf schwere Fibrinogenmangelzustände oder
- bei anderen Fibrinbildungsstörungen.

Da die entsprechende Region des Gerinnungssystems durch die beiden anderen Gruppentests Thromboplastinzeit und aPTT mit abgedeckt wird, ist die Messung der Thrombinzeit vor allem dann angezeigt, wenn Thromboplastinzeit und aPTT ein pathologisches Ergebnis zeigen.
Daneben ist die Thrombinzeit der

- Standardtest zur Überwachung der Fibrinolysetherapie und findet
- alternativ zur aPTT zur Verlaufskontrolle einer Heparintherapie Anwendung.

Material

- plättchenarmes Zitratplasma (PAP)
- Thrombin-Reagenz
- ggf. Pufferlösung
- Koagulometer

5 Bei Wahl eines empfindlichen kommerziellen aPTT-Reagenzes werden deutliche Einzelfaktorenmängel bei Tieren zuverlässig angezeigt.

Prinzip
Zu PAP wird Thrombin gegeben, das die Bildung von Fibrin aus Fibrinogen bewirkt, und die Fibrinbildungszeit gemessen. Diese wird neben der Konzentration und Funktionsfähigkeit des Fibrinogens in erster Linie durch Störgrößen der Thrombin-Fibrinogen-Interaktion (z. B. Heparin) bzw. der Fibrinpolymerisation (z. B. Fibrin[ogen]-spaltprodukte [FSP]) beeinflusst. Die Faktor-XIIIa-abhängige Quervernetzung des Fibrins lässt sich mit diesem Test dagegen nicht erfassen.

Technik
In Abhängigkeit vom Reagenzhersteller werden verschiedene Testansätze verwendet.
- 200 µl Plasma (100 µl Plasma und 100 µl Puffer) 2 min (1 min) bei 37 °C inkubieren
- 200 (100) µl Thrombin-Reagenz zugeben und Fibrinbildungszeit registrieren

Die Routinediagnostik wird nach Testvorschriften des Herstellers durchgeführt, wobei das Thrombin-Reagenz so eingestellt werden muss, dass im Testansatz eine Endaktivität von ca. 1 IU/ml vorliegt. Bei der Überwachung einer hochdosierten Heparintherapie sind höhere Thrombinaktivitäten (Lösen des Reagenzes in einem reduzierten Volumen) vorzuziehen.

Referenzbereiche
Das Ergebnis der Thrombinzeit wird als Gerinnungszeit angegeben und damit in nicht standardisierter Form. Der Referenzbereich der Thrombinzeit wird somit unter anderem von der im Testansatz vorhandenen Plasmakonzentration, der Ionenstärke (d. h. dem Puffer) und vor allem der Thrombinaktivität beeinflusst. Letztere wird vom verwendeten Reagenz, von dem für die Rekonstitution gewählten Flüssigkeitsvolumen, eventuell auch durch die Reagenzcharge bestimmt. Dies macht die Ermittlung laborinterner Referenzbereiche erforderlich.

Bewertung
siehe auch Abschnitt »Screeningprofil, Befundinterpretation«

▶ Thrombinzeit ↑ = verlängert
- Hemmung der Fibrinpolymerisation (FSP in hoher Konzentration: > 0,25 g/l, Thrombolysetherapie: 3- bis 4-facher Ausgangswert)
- Hemmung der Thrombin-Fibrinogen-Interaktion (Heparintherapie: therapeutische Spiegel führen zur 2- bis 3-fachen Verlängerung)
- schwerer Fibrinogenmangel
- Dysfibrinogenämie

Testmodifikation zur Differenzierung zwischen der Heparinwirkung und Fibrinbildungsstörung bei Verwendung des Tests zur Verlaufskontrolle einer Heparintherapie: Parallel zum herkömmlichen Test wird die Fibrinbildungszeit nach einer modifizierten Testanleitung gemessen, d. h. unter Verwendung eines thrombinähnlichen, heparinunabhängigen Enzyms (z. B. Reptilase/Batroxobin) anstelle des Thrombins oder eines Puffers mit heparinneutralisierender Aktivität.

Fibrinogenkonzentration

Fibrinogen wird beim Tier in erster Linie in einem erweiterten Gerinnungsprofil gemessen, um eine Verbrauchskoagulopathie mit ausgeprägter sekundärer Hyperfibrinolyse oder primärer Hyperfibrinolyse zu diagnostizieren oder deren Verlauf zu kontrollieren. Daneben ist Fibrinogen als Akute-Phase-Protein ein unspezifischer Marker von Entzündungsvorgängen.

Material

- plättchenarmes Zitratplasma (PAP)
- **Methode nach Clauss:** kommerzielle Testkombination, Koagulometer
- **Gravimetrie:** Thrombinlösung, isotone NaCl-Lösung, Glas- oder Kunststoffstäbchen, Trockenschrank, Exsikkator, Analysenwaage

Prinzip

Grundsätzlich lassen sich die Fibrinogenbestimmungsmethoden zwei Gruppen zuordnen.
Erfasst wird entweder

- der gerinnbare und damit auch in vivo hämostatisch wirksame Teil des Proteins (z. B. Methode nach Clauss, Trübungszunahme [»derived fibrinogen«] bei der automatischen Thromboplastinzeitbestimmung, fotometrische kinetische Fibrinogenbestimmung mit Batroxobin, Gravimetrie) oder aber
- das Fibrinogenmolekül unabhängig von seiner Funktion (z. B. immunologischer Nachweis, Hitzepräzipitation nach Schulz).

Die parallele Messung mit beiden methodischen Prinzipien erlaubt daher in Sonderfällen die gezielte diagnostische Erfassung von zwar vorhandenem, aber funktionsuntüchtigem Fibrinogen (Dysfibrinogenämie). In der klinischen Anwendung ist vor allem die Methode nach Clauss etabliert.

Die funktionelle **Fibrinogenbestimmung nach Clauss** stellt eine Variation der Thrombinzeit dar (s. S. 229), wobei die Fibrinogenkonzentration der Probe in einen Bereich verdünnt wird, in dem bei standardisierter Thrombinmenge die Fibrinbildungsgeschwindigkeit der Fibrinogenkonzentration proportional ist. Bei der Umrechnung der Gerinnungszeit in die Fibrinogenkonzentration wird meist auf die vom Reagenzienhersteller mitgelieferte, für Humanfibrinogen erstellte Wertetabelle oder Standardkurve oder auch kommerziell erhältliche Humanfibrinogenstandards zurückgegriffen. Für Hund und Katze liefern diese annähernd richtige Werte.

Allerdings kann die Kinetik der Abspaltung der Fibrinopeptide A und B durch bovines Thrombin, das Messprinzip der Methode nach Clauss, bei Fibrinogenmolekülen unterschiedlicher Spezies variieren. Dies erklärt zum Teil die tierartabhängig teilweise deutlichen Differenzen der mit verschiedenen Methoden ermittelten Referenzbereiche und Messergebnisse (u. a. bei Lutze und Kutschmann 1989).

Ein tierartspezifisches Standardplasma mit definierter Fibrinogenkonzentration lässt sich z. B. dadurch anfertigen, dass man dessen Fibrinogenkonzentration **gravimetrisch** bestimmt. Hierbei wird durch Thrombinzusatz zur verdünnten Probe das Fibrinogen vollständig in Fibrin umgewandelt, das dann durch Aufwickeln auf ein Stäbchen gesammelt und nach dem Trocknen gewogen wird.

Technik

Methode nach Clauss

- 200 µl 1 : 10 verdünntes PAP 1 min bei 37 °C inkubieren
- 200 µl Fibrinogen-Reagenz (Thrombinlösung, Raumtemperatur) zugeben und Gerinnungszeit stoppen
- Fibrinogenkonzentration aus der beigefügten Tabelle oder besser aus einer selbst mit einem tierartspezifischen Standard (siehe oben) erstellten Eichkurve ablesen.

Gravimetrie

- 1000 µl PAP mit 5000 µl isotoner NaCl-Lösung verdünnen
- 200 µl Thrombinlösung (100 IU/ml) zugeben und vorsichtig schwenken
- bei 37 °C 30 min inkubieren
- Gerinnsel auf einen angerauten Glasstab aufwickeln und in destilliertem H_2O zweimal waschen
- Gerinnsel 2 Stunden bei 100 °C trocknen
- nach Abkühlung (im Exsikkator) wiegen

Steht keine Analysenwaage zur Verfügung, kann die Fibrinogenkonzentration auch über eine fotometrische Bestimmung des getrockneten und anschließend hydrolysierten Fibringerinnsels, z. B. mit der Biuret-Methode, quantifiziert werden. Die Hydrolyse wird nach Zusatz von 1 ml 1 mol/l NaOH-Lösung durch Stehenlassen für 12 Stunden oder kurzes Aufkochen erreicht.

Referenzbereiche

siehe **Tabelle 13.7**

Tab. 13.7 Referenzbereiche für die Fibrinogenkonzentration

Tierart	Clauss-Methode (g/l) (Humanstandard)	Gravimetrie (g/l)
Hund	1,2–2,9	1,1–2,9
Katze	1,0–3,0	1,3–4,2
Pferd	1,5–3,3	1,8–5,0
Rind	1,6–5,6	2,4–7,5
Schaf	–	1,8–7,2
Ziege	–	3,0–6,0
Schwein	1,6–3,9	3,2–7,2

13

Bewertung

siehe auch Abschnitt »Screeningprofil, Befundinterpretation«

▶ Fibrinogenkonzentration ↓: Fibrinogenmangel

- erhöhter Verbrauch
  - Verbrauchskoagulopathie (DIC, v. a. bei ausgeprägter Hyperfibrinolyse)
  - Hyperfibrinolyse
  - Fibrinolysetherapie
- Verlust (starker Blut- oder Plasmaverlust durch Blutung, großflächige Wunden, Körperhöhlenerguss): selten!
- Synthesestörung (hochgradige Leberparenchymschädigung): selten!

▶ Fibrinogenkonzentration ↑: Hyperfibrinogenämie

Fibrinogen gehört zu den Akute-Phase-Proteinen, sodass seine Konzentration oft reaktiv, z. B. bei Entzündungen, postoperativ und bei Urämie, teilweise deutlich erhöht sein kann (auch bei Tieren mit DIC!). Eine erhöhte Fibrinogenkonzentration steigert die Blutviskosität und trägt zu einer Hyperkoagulabilität bei.

Koagulometrische Bestimmung der Aktivität der Gerinnungsfaktoren II–XII

Die Messung der Einzelfaktoren ist angezeigt, um die Ursache eines pathologischen Ergebnisses der Gruppentests Thromboplastinzeit und/oder aktivierte partielle Thromboplastinzeit (aPTT) abzuklären (s. auch Abschnitt »Screeningprofil, Befundinterpretation«) und zur Verlaufskontrolle. In der Regel erfolgt sie als koagulometrische Aktivitätsmessung, selten mit chromogenen Substraten und bei besonderen wissenschaftlichen Fragestellungen ggfs. zusätzlich als Konzentrationsmessung mit ELISA (human oder tierartspezifisch) (Lutze et al. 2007).

Die Einzelfaktoraktivitätsmessung ermöglicht

- die **Diagnose von angeborenen Gerinnungsfaktormängeln**, in erster Linie der Hämophilie A (Faktor-VIII-Mangel, z. B. bei Hund, Katze, Pferd und Rind) und Hämophilie B (Faktor-IX-Mangel), aber auch anderer hereditärer Faktordefizite (z. B. Faktor-VII-Mangel bei Beagles, Faktor-XII-Mangel bei der Katze);
- die **Differenzierung erworbener Koagulopathien**, z. B. die vor allem beim Kleintier wesentliche Differenzierung zwischen einer Prothrombinkomplex-Synthesestörung (häufig durch Cumarinintoxikation initiiert) und einer Umsatzsteigerung;
- die **Verlaufskontrolle**, z. B. bei Verbrauchskoagulopathie (Faktoren II und V), hepatogener Koagulopathie (Faktor V) oder als Überwachung einer Substitutionstherapie bei Hämophilie A (Faktor VIII) und B (Faktor IX).

Material

- plättchenarmes Zitratplasma (PAP)
- Mangelplasma: in der Regel kommerziell, lyophilisiert, human (immunadsorbiert, hereditär) oder von Tieren mit einem hochgradigen, hereditären Mangel des entsprechenden Faktors
- Aktivatorreagenz (aPTT-Reagenz, $CaCl_2$-Lösung oder Ca-Thromboplastin)
- Koagulometer

Prinzip

Die Aktivität einzelner Gerinnungsfaktoren kann koagulometrisch durch Modifikation der Testanleitung von Thromboplastinzeit (Faktoren II, V, VII und X) und aPTT (Faktoren VIII, IX, XI und XII) gemessen werden. Anstelle der Probe wird in den Test eine vorverdünnte Probe in Kombination mit einem Mangelplasma eingesetzt. Bei kommerziellem Mangelplasma ist der zu bestimmende Faktor auf eine Aktivität von < 1 % reduziert, alle übrigen Faktoren liegen im Referenzbereich des Menschen vor. Damit hängt die Gerinnungszeit des Testansatzes nur von der Aktivität des zu messenden Faktors in der Probe ab, da alle übrigen Faktoren mit dem Mangelplasma im Überschuss vorliegen.

Technik

Aktivität der Faktoren II, V, VII und X

- 100 (50) µl Mangelplasma mit 100 (50) µl vorverdünnter Probe bei 37 °C für 2 (1) min inkubieren
- Gerinnung auslösen durch Zugabe von 200 µl einer auf 37 °C temperierten Ca-Thromboplastinlösung

Aktivität der Faktoren VIII, IX, XI und XII

- 100 (50) µl Mangelplasma, 100 (50) µl vorverdünnte Probe mit 100 µl aPTT-Reagenz 3 min inkubieren
- Gerinnungsvorgang starten durch Zugabe von 100 µl 25 mmol/l $CaCl_2$-Lösung

Da bei verschiedenen Tierarten die Aktivität einzelner Gerinnungsfaktoren (insbesondere Faktoren V und VIII) um ein Vielfaches höher liegt als beim Menschen (vgl. Referenzbereiche), muss bei Einzelfaktormessungen unter Verwendung von kommerziellem humanem Mangelplasma häufig mit höheren Probenvorverdünnungen (z. B. 1 : 40) gearbeitet werden, um

- den Einfluss der im Vergleich zum humanen Mangelplasma deutlich erhöhten Einzelfaktoraktivitäten auf das Messergebnis anderer Gerinnungsfaktoraktivitäten zu

eliminieren (z. B. käme in einem Testansatz zur Messung der Faktor-IX-Aktivität bei der Katze bei einer 1 : 10-Probenverdünnung der größte Anteil der Aktivität des Faktors VIII aus der vorverdünnten Probe und nicht aus dem Mangelplasma, sodass die Gerinnungszeit auch von Schwankungen der Faktor-VIII-Aktivität in der Probe beeinflusst würde) (Mischke 2001),
- den diagnostisch wichtigen subnormalen Bereich in einem empfindlichen Bereich der Referenzkurve mit guter Ablesegenauigkeit messen zu können.

Eine **Referenzkurve** muss wegen der deutlichen Speziesunterschiede und dem nichtparallelen Verlauf der Eichkurven von Menschen- und Tierreferenzplasmen tierartspezifisch erstellt werden. Hierzu werden verschiedene Verdünnungsstufen eines tierartspezifischen Poolplasmas (z. B. bei 1 : 40-Verdünnung der Probe: 1 : 40 = 100 %, 1 : 80 = 50 %, 1 : 160 = 25 %, 1 : 400 = 10 %, 1 : 4000 = 1 %) anstelle der Probenverdünnung in den Test eingesetzt. Hierdurch lässt sich analog zur Thromboplastinzeit (s. S. 225 f.) das Ergebnis der Gerinnungszeitmessung in standardisierter Form als »Prozent-Aktivität der Norm« ausdrücken.

Referenzbereiche

Die in **Tabelle 13.8** angegebenen Werte der Einzelfaktoraktivitäten sind angegeben als Prozent der Norm. Sie können in Abhängigkeit von der verwendeten Methode leicht variieren.

13

Bewertung

▶ Einzelfaktoraktivität ↓
- Synthesestörung:
  - hereditärer Mangel (z. B. Hämophilie A [Faktor VIII])
  - erworbener Mangel:
    - Prothrombinkomplex-Synthesestörung (isolierte Verminderung der Vitamin-K-abhängigen Faktoren II, VII, IX und X; Faktor VII ist der sensitivste Indikator, da kürzeste Halbwertszeit): Vitamin-K-Mangel (Therapie oder Intoxikation mit Cumarinderivaten, Cholestase), hepatogen
    - Synthesestörung durch Leberschaden (Prothrombinkomplex, Faktor V)
    - physiologisch bei Jungtieren
    - Asparaginasetherapie (Faktoren II und X)
- erhöhter Umsatz/Verbrauch:
  - Verbrauchskoagulopathie (besonders sensitiv z. B. Faktor II und V)
  - Verlustkoagulopathie (massiver Blutverlust)
  - Verdünnungseffekt bei lagerungsempfindlichen Einzelfaktoren durch Transfusion größerer Volumina gelagerten Konservenblutes (v. a. Mensch)
  - Hyperfibrinolyse (Faktoren V und VIII)
- Inhibitoren

Gewöhnlich sind erst Einzelfaktorverminderungen unter 30 % mit einem deutlich gesteigerten Blutungsrisiko assoziiert. Bei einigen Gerinnungsfaktoren wie dem für die Blutgerinnung essenziellen Faktor VII ist die Sicherheitsmarge offensichtlich noch wesentlich größer, sodass auch bei einer Aktivität um 10 % allenfalls eine geringgradige klinische Symptomatik auftritt. Hämophile

Tab. 13.8 Referenzbereiche für die Gerinnungsfaktoren

Aktivitäten der Gerinnungsfaktoren (in Prozent der Norm)[2]							
Faktor	**Hund**	**Katze**	**Pferd**	**Rind**	**Schaf**	**Ziege**	**Schwein**
II	80–125	75–125	70–155	70–150	70–150	–	–
II[1]	110	95	110	40	–	–	–
V	75–160	40–185	60–165	70–140	55–150	–	–
V[1]	770	500	500	550	–	–	–
VII	55–180	55–150	65–185	50–155	50–190	–	–
VII[1]	370	125	600	5	–	–	–
VIII	70–135	70–125	55–130	50–145	60–130	–	–
VIII[1]	800	1300	110	500	–	–	–
IX	75–140	80–130	55–125	70–125	60–155	–	–
IX[1]	100	90	150	–	–	–	–
X	70–130	65–145	70–185	55–145	60–160	–	–
X[1]	120	60	40	30	–	–	–
XI	75–125	70–135	45–165	–	45–200	–	–
XI[1]	270	170	80	–	–	–	–
XII	75–125	50–140	65–120	–	75–130	–	–
XII[1]	100	135	105	–	–	–	–

1 mittlere Aktivität in Bezug auf Humanpoolplasma
2 abweichende Einheiten: Die Prozentwerte sind ebenfalls für die »modifizierte SI-Einheit« IE/dl gültig und müssen für die »SI-Einheit« IE/ml durch 100 dividiert werden.

Patienten haben gewöhnlich eine Faktor-VIII- oder Faktor-IX-Aktivität unter 10 %.

▶ Einzelfaktoraktivität ↑
- postoperativ
- Entzündungen (Faktoren V, VII und VIII)
- Protein-C-Mangel (z. B. bei Therapie mit oralen Antikoagulanzien: Faktoren V und VIII)

13.10 Von-Willebrand-Faktor

Das Von-Willebrand-Syndrom (quantitativer oder qualitativer Defekt des Von-Willebrand-Faktors) tritt vor allem beim Hund auf, vereinzelte Fälle wurden aber auch bei Katze, Pferd, Rind und Schwein beobachtet. In der Regel lässt sich die Erkrankung mit den Gruppentests nicht erfassen. Da der Von-Willebrand-Faktor neben seiner Funktion bei der Plättchenadhäsion und -aggregation den Gerinnungsfaktor VIII stabilisiert, kann dessen Aktivität beim Menschen mit Von-Willebrand-Syndrom reduziert und damit die aPTT leicht verlängert sein. Dieser Aspekt spielt beim Hund keine Rolle. Als Screeningtest eignet sich die Blutungszeit oder die Verschlusszeit des Thrombozytenfunktionsanalysengerätes (siehe oben), die dann – bei normaler Thrombozytenzahl – verlängert sind. Zur definitiven Diagnose muss der Von-Willebrand-Faktor mit spezifischen Tests im Speziallabor gemessen werden. Dafür wird generell Zitratplasma verwendet.

Die Messung des Von-Willebrand-Faktors ist angezeigt bei einer verlängerten Blutungszeit, die nicht anderweitig (v. a. Thrombopenie) erklärt werden kann, und bei Patienten mit Verdacht auf eine hämorraghische Diathese, die sich nicht mittels Plättchenzahl und Gerinnungstests erfassen lässt. Meistens ist es ausreichend, die Konzentration des Von-Willebrand-Faktors zu messen. Spezifische Tests, mit denen man einen selektiven Verlust der funktionell aktiven großen Multimere erfassen kann (Kollagenbindungstest, elektrophoretische Multimeranalyse), um verschiedene **Typen des Von-Willebrand-Syndroms** zu differenzieren, sind limitiert verfügbar. Der Von-Willebrand-Faktor liegt im Blut als sehr großes, adhäsives Glykoprotein in Form unterschiedlich großer Multimere vor. Vor allem die großmolekularen Multimere sorgen für die wichtige Verbindung zwischen Subendothel und dem Glykoprotein-Ib-Rezeptor an der Thrombozytenoberfläche. Der häufigste Typ des Syndroms ist der Typ 1 mit einer niedrigen Konzentration und gleichmäßiger Verminderung aller Formen der Multimere (z. B. Dobermann, Deutscher Schäferhund, Golden Retriever). Beim Typ 2 fehlen isoliert die hochmolekularen Multimere (z. B. Deutsch Kurzhaar). Beim Typ 3 fehlt der Von-Willebrand-Faktor komplett (z. B. Scottish Terrier). Der Von-Willebrand-Faktor verschiedener Tierspezies unterscheidet sich vom humanen Faktor im Hinblick auf Antigenität und Funktionalität, sodass die Tests für die Verwendung in einer definierten Spezies validiert sein müssen.

Quantitative Messungen

Mit verschiedenen immunologischen Methoden kann der Von-Willebrand-Faktor quantitativ erfasst werden. Am häufigsten werden beim Tier kommerzielle Tests zur Messung des humanen Von-Willebrand-Faktors angewendet, die auf der **ELISA-Technik** und **Immunturbidometrie** basieren und eine Kreuzreaktivität zu verschiedenen Tierspezies (u. a. Hund, Katze) zeigen. Das kommerzielle Reagenz zur immunturbidometrischen Messung (STA Liatest VWF:Ag; Fa. Diagnostica Stago S. A. S., Asnière sur Seine, Frankreich) besteht aus Latexpartikeln, die mit Antikörpern gegen den Von-Willebrand-Faktor beschichtet sind und mit dem Von-Willebrand-Faktor der Probe Komplexe bilden. Die quantitative Trübungsmessung von Agglutinationskomplexen im Fotometer kann vollautomatisch in Analysenautomaten durchgeführt werden und ist qualitativ gleichwertig zu den ELISA-Tests.

Die Ergebnisse werden wie Einzelfaktoren der Gerinnung in Prozent der Norm im Vergleich zum tierartspezifischen Poolplasma (normales Standardplasma = 100 %) angegeben. Teilweise finden Einheiten des SI-Systems (1 IE/ml = 100 %) oder eine »modifizierte SI-Einheit« (100 IE/dl = 100 %) Anwendung. Referenzbereiche sind für die individuelle Methode und Spezies zu erstellen. Orientierend kann für den Hund ein Bereich von 50–180 % angenommen werden. Durch die Funktion als Akute-Phase-Protein kann eine erhöhte Konzentration auch bei erheblicher Belastung, höherem Alter, Azotämie, Lebererkrankungen und Geburt auftreten. Nach Verabreichung des Vasopressinanalogs 1-Desamino-8-D-Arginin-Vasopressin (DDAVP) liegen etwa 1,5-fach erhöhte Spiegel vor.

Funktionstests (Kofaktoraktivität)

Funktionsanalysen des Von-Willebrand-Faktors werden mit so genannten Kofaktor-Assays durchgeführt und erfassen den Typ 2 des Von-Willebrand-Syndroms. Sie basieren auf der Fähigkeit des Von-Willebrand-Faktors in Gegenwart von Substanzen wie **Botrocetin** oder (beim Menschen) **Ristocetin** an den Glykoprotein-1b-Rezeptor des Thrombozyten zu binden und eine Thrombozytenagglutination auszulösen (Botrocetin-/Ristocetin-Kofaktoraktivität). Bei einer bestimmten Konzentration von Botrocetin und Ristocetin (und des Von-Willebrand-Faktors) ist die Agglutination der (Botrocetin-/Ristocetin-Kofaktor-)Aktivität des Von-Willebrand-Faktors proportional.

Durch Messung von verschiedenen Verdünnungen des Patientenplasmas gegen eine Eichreihe mit unterschiedlichen Verdünnungen eines Poolplasmas lässt sich die Kofaktoraktivität einschätzen. Die Messung kann **semiquantitativ** als Agglutinationstest auf Testplatten oder **quantitativ** (fotometrisch) im Koagulometer durchgeführt werden. Die Messung ist schwierig (v. a. die Standardisierung). Das Testergebnis besitzt nur in Verbindung mit der quantitativen Messung des Von-Willebrand-Faktors Aussagekraft. Ein Quotient Kofaktoraktivität/Von-Willebrand-Faktor-Antigenkonzentration von < 0,7 spricht für das Vorliegen eines Von-Willebrand-Syndroms vom Typ 2. Das Ergebnis ist gegebenenfalls durch eine Multimeranalyse zu bestätigen.

Kollagenbindungsaktivität

Ein neuerer Test ist die Messung der Kollagenbindungsaktivität. Er prüft die Eigenschaft des Von-Willebrand-Faktors, sich an Kollagen zu binden. Verwendet werden kommerzielle oder selbst hergestellte ELISA-Platten, die mit Kollagen beschichtet sind. Der Nachweis der gebundenen Von-Willebrand-Faktor-Moleküle erfolgt mit polyklonalen, peroxidasemarkierten Von-Willebrand-Faktor-Antikörpern. Der Test wurde beim Hund bislang vor allem experimentell eingesetzt.

Multimeranalyse

Bei der sogenannten Multimeranalyse werden die Multimere des Von-Willebrand-Faktors in Gegenwart von SDS elektrophoretisch ihrer Größe nach in Agarosegelen aufgetrennt. Der Nachweis erfolgt anschließend mittels Immunoblottechnik. Die Verteilung der Molekulargewichte der Multimere (qualitative und quantitative Änderungen) wird für die Differenzierung der verschiedenen Typen des Von-Willebrand-Syndroms benötigt (siehe oben).

13.11 Antithrombin

Klinische Bedeutung besitzt in erster Linie der **erworbene Antithrombinmangel** im Rahmen der disseminierten intravasalen Gerinnung (DIC) und als Prädisposition für thromboembolische Erkrankungen, besonders beim Pferd. Die Messung der Antithrombinaktivität ist begleitend zur Heparintherapie, insbesondere bei DIC, empfehlenswert, um eine ausreichende Wirksamkeit zu gewährleisten, zumal Heparin selbst den Antithrombinverbrauch verstärkt.

Material

plättchenarmes Zitratplasma (PAP), Testkombination zur Bestimmung von Antithrombin basierend auf einem Thrombin- oder Faktor-Xa-abhängigen chromogenen Substrat, Fotometer

Prinzip

Die Antithrombinaktivität wird am häufigsten mittels chromogener Substrate und nur sehr selten koagulometrisch bestimmt. Dagegen wird der immunologische Nachweis beim Tier nicht eingesetzt. Die funktionellen Tests machen sich als Messprinzip zunutze, dass Heparin mit Antithrombin einen Komplex bildet und seine wesentlichste antikoagulatorische Wirkung durch Katalyse von dessen Inaktivierungsreaktion aktivierter Gerinnungsfaktoren wie Thrombin und Faktor Xa ausübt.
Das Reagenz (thrombinabhängiges oder Faktor-Xa-abhängiges chromogenes Substrat) enthält neben Heparin eine definierte Menge Thrombin (oder Faktor Xa) im Überschuss. Das Antithrombin der Probe geht mit Thrombin (oder Faktor Xa) einen inaktiven Komplex ein. Das nicht gehemmte Thrombin (oder der Faktor Xa) setzt aus dem chromogenen Substrat p-Nitroanilin frei, das als Extinktionszunahme bei 405 nm erfasst werden kann. Aus der Thrombin-(Faktor-Xa-)Restaktivität des Reagenzes (Farbsignal) ergibt sich der umgekehrt proportional verlaufende Antithrombingehalt der Probe.

13

Technik

Die Messung erfolgt gemäß Herstelleranleitung manuell fotometrisch oder am Analysenautomaten. Bei vielen Spezies (u. a. Hund, Katze) kann man den Test wie vom Hersteller für Humanplasma angegeben durchführen. Bei einigen Spezies (besonders Pferd) muss wegen der deutlich höheren Antithrombinaktivität im Vergleich zum Menschen das jeweils verwendete Testkit im Hinblick auf die Breite des Messbereichs (Linearität des Signals) evaluiert werden. Gegebenenfalls muss mit einem reduzierten Probenvolumen (oder einer Probenvorverdünnung) gearbeitet werden.
Zur Kalibrierung (und Überprüfung der Linearität des Messbereichs) des Testsystems sollte stets ein tierartspezifisches Poolplasma (Antithrombinaktivität = 100 %) verwendet werden. Die Aktivität wird dann in der Regel in Prozent der Norm ausgedrückt.

Referenzbereiche

Tabelle 13.9 listet die Referenzbereiche für die Antithrombinaktivität auf.

Bewertung

▶ Antithrombinaktivität ↓

- Verbrauchskoagulopathie
- postoperativ
- akute und chronische Leberschäden (Umsatzstörung und ggf. Synthesestörung)
- Heparintherapie
- nephrotisches Syndrom
- evtl. Proteinverlustenteropathie
- physiologisch während der ersten Lebenswochen
- hereditär?

Beim Menschen wird für die Gewährleistung einer ausreichenden Heparinwirkung eine Antithrombin-Mindestaktivität von 70 % angesehen.

▶ Antithrombinaktivität ↑

selten!

Tab. 13.9 Referenzbereiche für die Antithrombinaktivität

Tierart	Antithrombinaktivität (% der Norm)	Mittlere Aktivität im Vergleich zum Menschen
Hund	82–116	121
Katze	72–128	106
Pferd	84–120	170
Rind	80–120	130
Schaf	70–116	–
Ziege	–	–
Schwein	80–120	110

13.12 Aktivierungsmarker, D-Dimere

Zum Nachweis einer Aktivierung des Hämostasesystems werden Aktivierungsmarker benötigt. Hierzu zählen neben dem am häufigsten eingesetzten Marker D-Dimere auch lösliches Fibrin, Fibrinopeptid A und der Thrombin-Antithrombin-Komplex. D-Dimere entsprechen Spaltprodukten des quer vernetzten Fibrins, weshalb zu ihrer Bildung Plasmin und Thrombin anwesend sein müssen. Sie sind daher als ein Marker einer intravasalen Gerinnung anzusehen. Ihre Messung ist v. a. bei der Diagnostik einer Thrombose und disseminierten intravasalen Gerinnung von Bedeutung.

Prinzip

Auf dem Markt befindliche semiquantitative und quantitative Testsysteme für die Messung von D-Dimeren beim Menschen kreuzreagieren teilweise mit D-Dimeren verschiedener Tierspezies (z. B. Hund, Katze, Pferd). Labortests basieren auf der Latexagglutinationsreaktion (immunturbidometrischer Fotometertest Tina-quant D-Dimer, Roche Diagnostics, Mannheim) oder auf der ELISA-Technik. »Point-of-care«-Tests verwenden u. a. das Immunfiltrationsprinzip (z. B. Nycocard D-Dimer; Axis-Shield, Heidelberg) oder in einem semiquantitativen Test für Vollblut das Erythrozytenagglutinationsprinzip. Evaluierungen dieser Tests liegen vor allem für den Hund und das Pferd vor (Boutet et al. 2009, Rossmeisl 2003, Tentoni et al. 2010).

Material

plättchenarmes Zitratplasma (oder Zitratblut), Testkombination zur Messung von D-Dimeren

Technik

Die Technik variiert in Abhängigkeit vom Verfahren. Die Tests werden nach Herstelleranleitung durchgeführt.

Referenzbereiche (D-Dimere)

Tabelle 13.10 gibt die Referenzbereiche für die Zitratplasmakonzentration der D-Dimere an.

Tab. 13.10 Referenzbereiche für D-Dimere

Tierart	D-Dimere (ng/ml)
Hund	≤300[1]
Katze Pferd	≤650 ≤900[2]

1 enzymatischer Immunassay bzw. Immunturbidometrie: Zusammenfassung verschiedener Literaturangaben aus Rossmeisl 2003
2 enzymatischer Immunassay; Monreal et al. 2000

Bewertung

▶ D-Dimer-Konzentration ↑ (= Anzeichen einer Hyperfibrinolyse):

- Indikator und Verlaufskontrolle einer Verbrauchsreaktion
- thromboembolische Erkrankung

Ein normaler D-Dimer-Wert schließt mit recht hoher Wahrscheinlichkeit das Vorliegen einer Thrombose aus.
Da D-Dimere auch die Anwesenheit von Thrombin erfordern, sind bei den sehr seltenen primären Hyperfibrinolysen – im Gegensatz zu den klassischen Fibrin(ogen) spaltprodukten – keine erhöhten Konzentrationen zu erwarten.

Literatur

Barthels M, von Depka M. Das Gerinnungskompendium. Schnellorientierung, Befundinterpretation, klinische Konsequenzen. 14. Aufl. Stuttgart, New York: Thieme 2011.

Bateman SW, Mathews KA, Abrams-Ogg ACG, Lumsden JH, Johnstone IB, Hillers TK. Evaluation of point-of-care tests for diagnosis of disseminated intravascular coagulation in dogs admitted to an intensive care unit. J Am Vet Med Assoc 1999; 215(6): 805–10.

Bay JD, Scott MA, Hans JE. Reference values for activated coagulation time in cats. Am J Vet Res 2000; 61(7): 750–3.

Born GVR. Aggregation of blood platelets by adenosine diphosphate and its reversal. Nature 1962; 194: 927–9.

Boutet P, Heath F, Archer J, Villiers E. Comparison of quantitative immunoturbidimetric and semiquantitative latex-agglutination assays for D-dimer measurement in canine plasma. Vet Clin Pathol 2009; 38(1): 78–82.

Brugmans F, Venner M, Menzel D, Mischke R. Messung der Fibrinogenkonzentration beim Pferd mit den Hitze-Präzipitationsmethoden nach SCHALM und MILLAR. Dtsch Tierärztl Wochenschr 1998; 105(2): 58–61.

Caldin M, Furlanello T, Lubas G. Validation of a turbidimetric D-dimer assay in canine citrated plasma. Vet Clin Pathol 2000; 29(2): 51–4.

Callan MB, Giger U. Assessment of a point-of-care instrument for identification of primary hemostatic disorders in dogs. Am J Vet Res 2001; 62(5): 652–8.

Dircks BH, Schuberth HJ, Mischke R. Underlying diseases and clinicopathologic variables of thrombocytopenic dogs with and without platelet-bound antibodies detected by use of a flow cytometric assay: 83 cases (2004–2006). J Am Vet Med Assoc 2009; 235(8): 960–6.

Dyszkiewicz-Korpanty AM, Frenkel EP, Sarode R. Approach to the assessment of platelet function: Comparison between optical-based platelet-rich plasma and impedance-based whole blood platelet aggregation methods. Clin Appl Thromb Hemost 2005; 11(1): 25–35.

Feldman BF. Diagnostic approaches to coagulation and fibrinolytic disorders. Semin Vet Med Surg (Small Anim) 1992; 7(4): 315–22.

Furlanello T, Cladin M, Stocco A, Tudone E, Tranquillo V, Lubas G, Solano-Gallego L. Stability of stored canine plasma for hemostasis testing. Vet Clin Pathol 2006; 35(2): 204–7.

Gerber B, Taboada J, Lothrop Jr CD, Busato A, Hosgood G, Goodman SA, Gaschen FP. Determination of normal values using an automated coagulation timer for activated coagulation time and its application in dogs with hemophilia. J Vet Intern Med 1999; 13(5): 433–6.

Glaus T, Hudak-Glaus D, Hoeptner C, Arnold P, Lutz H. [The activated coagulation time (ACT): two simple screening tests for evaluating coagulation disorders in dogs]. Schweiz Arch Tierheilkd 1996; 138(11): 532–6.

Hart S, Nolte I. Zur Thrombozytenaggregation bei der Katze. Tierärztl Prax 1991; 19(4): 413–8.

Jergens AE, Turrentine MA, Kraus KH, Johnson GS. Buccal mucosal bleeding time of healthy dogs and of dogs in various pathological states, including thrombocytopenia, uremia and von Willebrand's disease. Am J Vet Res 1987; 48(9): 1337–42.

Johnstone IB, Keen J, Halbert A, Crane S. Stability of factor VIII and von Willebrand factor in canine blood samples during storage. Can Vet J 1991; 32(3): 173–5.

Kalbantner K, Baumgarten A, Mischke R. Measurement of platelet function in dogs using a novel impedance aggregometer. Vet J 2010; 185(2): 144–51.

Karges, HE, Funk KA, Ronneberger H. Activity of coagulation and fibrinolytic parameters in animals. Arzneimittelforschung 1994; 44(6): 793–7.

Lutze G, Kutschmann K. Zur Problematik der Fibrinogenbestimmung bei Rind, Schwein und Hund. Mh Vet Med 1989; 44(1): 28–30.

Lutze G, Lutze Jr. G, Kutschmann K, Wiens L. Plasmatische Blutgerinnung bei Säugetieren (Haus- und Zootiere): Erfahrungen mit Globaltesten und Aktivitätsbestimmungen von Einzelfaktoren. Hämostaseologie 2007; 27(3): 201–10.

Middleton DJ, Watson ADJ. Activated coagulation times of whole blood in normal dogs and dogs with coagulopathies. J Small Anim Pract 1978; 19(7): 417–22.

Mischke R. Hämostasediagnostik beim Hund: 3. Ergebnisinterpretation und Differentialdiagnose. Prakt Tierarzt 2000; 81(1): 25–32.

Mischke R. Optimization of coagulometric tests that incorporate human plasma for determination of coagulation factor activities in canine plasma. Am J Vet Res 2001; 62(4): 625–9.

Mischke R. Praktische Hämatologie bei Hund und Katze. Hannover: Schlütersche 2003a.

Mischke R. Heparin in vitro sensitivity of the activated partial thromboplastin time in canine plasma depends on reagent. J Vet Diagn Invest 2003b; 15(6): 588–91.

Mischke R. Prothrombin time standardisation in canine samples with regard to inter-batch and inter-reagent variability. Vet J 2011; 188(3): 301–6.

Mischke R, Keidel A. Influence of platelet count, acetylsalicylic acid, von Willebrand's disease, coagulopathies, and haematocrit on results obtained using a platelet function analyser in dogs. Vet J 2003; 165(1): 43–52.

Mischke R, Nolte I. Optimization of the prothrombin time-measurements in canine plasma. Am J Vet Res 1997; 58(3): 236–41.

Mischke R, Denis A, Weiss J. Untersuchung zur automatischen Zellzählung aus Katzenblut. Dtsch Tierärztl Wochenschr 1995; 102(11): 435–40.

Monreal L, Anglés A, Espada Y, Monasterio J, Monreal M. Hypercoagulation and hypofibrinolysis in horses with colic and DIC. Equine Vet J 2000; Suppl 32: 19–25.

Moritz A, Hoffmann C. Thrombozytenzählung bei der Katze. Tierärztl Prax 1997; 25(6S): 695–700.

Nolte I, Niemand C, Bowry K, Failing K, Müller-Berghaus G. A method for measuring capillary bleeding time in non-anaesthetized dogs: Prolongation of the bleeding time by acetylsalicylic acid. J Vet Med A 1997; 44(9–10): 625–8.

Osbaldiston GW, Stowe EC, Griffith PR. Blood coagulation: Comparative studies in dogs, cats, horses and cattle. Br Vet J 1970; 126(10): 512–21.

Parker MT, Collier LL, Kier AB, Johnson GS. Oral mucosal bleeding times of normal cats and cats with Chediak-Higashi syndrome or Hageman trait (factor XII deficiency). Vet Clin Pathol 1988; 17(1): 9–12.

Rawlings CA, Byars TD, Van Noy MK, Bisgard GE. Activated coagulation test in normal and heparinized ponies and horses. Am J Vet Res 1975; 36(5): 711–3.

Rossmeisl JH. Current principles and applications of D-dimer analysis in small-animal practice. Vet Med 2003; 98(3): 224–34.

Segura D, Monreal L, Espada Y, Pastor J, Mayós I, Homedes J. Assessment of a platelet function analyser in horses: Reference range and influence of a platelet aggregation inhibitor. Vet J 2005; 170(1): 108–12.

Smith SA. The cell-based model of coagulation. J Vet Emerg Crit Care (San Antonio) 2009; 19(1): 3–10.

Stokol T, Brooks MB, Erb HN, Mauldin GE. D-dimer concentrations in healthy dogs and dogs with disseminated intravascular coagulation. Am J Vet Res 2000; 61(4): 393–8.

Stokol T, Brooks MB, Erb H, Mauldin GE. Evaluation of kits for the detection of fibrin(ogen) degradation products in dogs. J Vet Intern Med 1999; 13(5): 478–84.

Tentoni J, Polini NN, Casanave EB. Comparative vertebrate fibrinolysis. Comp Clin Pathol 2010; 19(3): 225–34

Wiinberg B, Jensen AL, Johansson PI, Rozanski E, Tranholm M, Kristensen AT. Thrombelastographic evaluation of hemostatatic function in dogs with disseminated intravascular coagulation. J Vet Int Med 2008; 22(2): 357–65.

14 Kardiale Biomarker

Matthias Schneider und Esther Haßdenteufel

14.1 Allgemeines zu kardialen Biomarkern

Biomarker sind definiert als messbare Substrate, die einen physiologischen bzw. pathologischen Prozess oder die Reaktion auf eine therapeutische Intervention nachweisen können (Atkinson et al. 2001).

Idealerweise sollte ein Biomarker folgende drei Kriterien erfüllen (Morrow et al. 2007):

- fehlerfreie und wiederholbare Messung in kurzer Zeit und zu einem annehmbaren Preis
- Lieferung von Informationen, die mittels kompletter klinischer Untersuchung nicht generiert werden können
- Kenntnis des Messwertes sollte zur medizinischen Entscheidungsfindung beitragen

Die Biomarker im Zusammenhang mit der Herzinsuffizienz werden nach ihren Eigenschaften in Gruppen eingeteilt (Braunwald 2008):

- Biomarker für Entzündungsreaktionen
- Biomarker für oxidativen Stress
- Biomarker für extrazelluläres Matrix-Remodeling
- Neurohormone
- Biomarker für den Nachweis der Zerstörung von Myozyten
- Biomarker für Myozyten-Stress
- neue Biomarker

Klinisch werden die Biomarker für verschiedene Fragestellungen genutzt, wobei die Grenzwerte der Biomarker je nach Fragestellung unterschiedlich sind:

- diagnostische Trennung von kardialer bzw. nichtkardialer Symptomatik (z. B. Dyspnoe)
- Identifizierung von Patienten im asymptomatischen Stadium der Herzerkrankung
- Einteilung der Herzerkrankung in verschiedene Schweregrade
- Prognoseeinschätzung
- Therapiekontrolle

Die größte Verbreitung in der klinischen Tiermedizin haben bisher die kardialen Troponine und die natriuretischen Peptide erlangt.

14.2 Kardiale Troponine

Die kardialen Troponine sind myofibrilläre Proteine, welche die Kontraktion und Relaxation regulieren und bei Zellschädigung in der Blutbahn nachgewiesen werden können. Sie sind wesentlicher Bestandteil der nichtinvasiven Diagnostik der myokardialen Ischämie des Menschen, aber auch bei nichtischämischer Schädigung: Inflammation, oxidativer Stress, neurohumorale Aktivierung, Wandstress oder Trauma erhöhen die Plasmaspiegel. Letzteres macht ihren Einsatz beim Tier sinnvoll.

Folgende Merkmale der kardialen Troponine und deren Messung sind bekannt:
- Troponin I und Troponin T besitzen eine kardiale Isoform, welche eine spezifische Analyse ermöglicht (cTnI bzw. cTnT)
- starke Strukturhomologie zum Menschen, daher können humane Testkits benutzt werden (dies gilt nicht mehr für die 5. Generation des cTnT-Testes [Serra et al. 2010])
- für cTnI gibt es zahlreiche verschiedene Testkits, für cTnT nur einen Anbieter
- aktuell werden ultrasensitive Testkits geprüft
- größter Teil (> 90 %) der kardialen Troponine liegt gebunden vor
- biphasische Serumspiegel nach akuter Myokardschädigung
- Serum-Halbwertzeit von 6 (cTnI) bzw. 2 (cTnT) Stunden beim Labortier
- bei Myokardschaden erste Erhöhung nach 5–7 Stunden, Maximum nach 1–2 Tagen und Normalisierung nach 1–2 Wochen
- cTnI steigt etwas früher an und ist häufiger erhöht als cTnT
- Bedside-Test verfügbar: Biosite Triage für Hund und Katze (Trop I); Cardiac reader für Hund (Trop T)

Material

Zur Probengewinnung und Aufarbeitung ist Folgendes festzuhalten:
- Serum oder Plasma aus venöser Blutprobe (Serum mitunter etwas höhere Werte)
- Stabilität (90 %) beschränkt auf ca. 2 Tage bei Raumtemperatur (20 °C) und weniger als 10 Stunden bei 25 °C. Gefroren bei 0 °C sind die Proben mehr als 10 Jahre stabil (90 %) (Price et al. 2000).

Referenzwerte

Die Referenzwerte sind testspezifisch (Adin et al. 2006). Sie liegen bei den meisten aktuellen Studien nahe dem Detektionslimit der Tests:
- für **TnI** bei etwa:
  - Hund < 0,05–0,10 ng/ml
  - Katze < 0,15 ng/ml

Bei ultrasensitiven Troponin I-Tests liegen die Grenzwerte bei etwa der Hälfte oder knapp darunter.
- für **TnT** bei etwa:
  - Hund < 0,01–0,05 ng/ml
  - Katze < 0,02 ng/ml

Bewertung

Humanmedizinisch gelten erhöhte cTnI-Werte auf das Doppelte des oberen Referenzintervalls als Hinweis auf eine akute Myokardnekrose (Alpert et al. 2000).
Eine diagnostische Erhöhung der Troponine ist bisher bei folgenden Zuständen beschrieben:

Hund

- Alter (> 10 Jahre)
- azotämische Niereninsuffizienz
- experimentelle Ligatur der Koronararterien
- tachykardes Pacing
- positiv inotrope Therapie: Dobutamin, PDE_4-Inhibitor
- Doxorubicin-Toxizität
- kardiales Trauma
- Infektionen: Babesiose, Leishmaniose, Ehrlichiose, Dirofilariose
- klinisch manifeste dilatative Kardiomyopathie
- arrhythmogene rechtsventrikuläre Kardiomyopathie
- degenerative Mitralklappenerkrankung

- Bradykardie
- Perikarderguss (insbesondere bei Hämangiosarkom)
- kongenitale Erkrankungen: Subaortenstenose, persistierender Ductus arteriosus
- systemische nichtkardiale Erkrankungen (Anämie, Pankreatitis, Pyometra, Magendilatation, -drehung, Lymphom, Tumorose, Hyper- und Hypoadrenokortizismus)
- respiratorische Erkrankungen
- prä- und postkapilläre pulmonale Hypertension

Katze

- Alter (> 10 Jahre)
- azotämische Niereninsuffizienz
- Hyperthyreose
- hypertrophe Kardiomyopathie
- systemische nichtkardiale Erkrankungen (Anämie, Tumorose)
- respiratorische Erkrankungen

Eine Unterscheidung mittels cTnI zwischen kardial und nichtkardial bedingter Dyspnoe war beim Hund nicht möglich (Prosek et al. 2007), dagegen aber bei der Katze (Connolly et al. 2009a, Herndon et al. 2008). Erhöhte cTnI-Werte (> 0,2 ng/ml) hatten eine negative prognostische Bedeutung für Hunde mit dilatativer Kardiomyopathie (Oyama et al. 2004). In einer nichtselektierten Population zeigten Hunde mit Werten über 0,15 ng/ml eine verkürzte Lebenszeit. Persistierende Troponin-I-Werte über 1 ng/ml zeigten zusätzlich eine schlechtere Prognose (Fonfara et al. 2010). Eine Abnahme von erhöhten cTnI-Spiegeln während der Therapie ist sowohl für die Katze (Hyperthyreose mittels Radiojodtherapie) als auch für den Hund (Bradykardie mittels Herzschrittmacher) beschrieben (Trafny et al. 2010).

14.3 Kardiale natriuretische Peptide

Die beiden kardialen natriuretischen Peptide (atriales natriuretisches Peptid: ANP, brain-natriuretisches Peptid: BNP) spielen bei der neurohumoralen Kreislaufregulation eine Rolle. Sie bewirken über spezielle Rezeptoren u. a. eine Vasodilatation und eine Natriurese. Sie sind damit Gegenspieler der aktivierenden Mechanismen wie Sympathikus und Renin-Angiotensin-Aldosteron-System.

Folgende Merkmale der kardialen NP und deren Messung sind bekannt:

- Beide Peptide liegen intramyokardial in einer Pro-NP-Form vor und werden bei oder nach ihrer Zellausschleusung zu gleichen Teilen in die aktive Form ANP bzw. BNP und in einen inaktiven Rest NtPro-ANP bzw. NtPro-BNP gespalten.
- Induktoren für die Freisetzung der NP sind erhöhte Wandspannung (Druck- oder Volumenbelastung) und indirekte Faktoren wie Katecholamine, Endothelin 1 und Angiotensin II.
- ANP wird aus Granula in der Vorhofwand rasch freigesetzt.
- BNP wird dominierend im Ventrikelmyokard neu synthetisiert, es reagiert dadurch träger als ANP.
- ANP und NtPro-ANP können mit humanen Testkits gemessen werden.
- BNP und NtPro-BNP brauchen speziesspezifische Testkits.
- Die Halbwertzeit der aktiven Form (ANP bzw. BNP) ist kürzer als die der Pro-Fragmente.
- Aktuell sind noch keine geprüften Bedside-Tests verfügbar.

Material

Zur Probengewinnung und Aufarbeitung ist Folgendes festzuhalten:

- EDTA-Probe aus venöser Blutentnahme, Separation innerhalb von 30 Minuten
- Stabilität durch Serumpeptidasen beschränkt, beim Hund bei 4 °C für 24 Stunden stabil (nicht bei der Katze), daher gefrorener Transport oder spezielle Stabilisatorröhrchen empfohlen
- Niereninsuffizienz führt durch verminderte Ausscheidung zur milden bis moderaten NtPro-BNP-Erhöhung, daher sollte Kreatinin gleichzeitig gemessen werden.

Vergleichsstudien belegen beim Hund (Boswood et al. 2008) und bei der Katze (Connolly et al. 2009b) eine etwas bessere diagnostische Wertigkeit von NtPro-BNP gegenüber NtPro-ANP, daher wird im Folgenden nur über NtPro-BNP gesprochen.

Prinzip

Während initial mit aufwendigen Radioimmunoassays für BNP gearbeitet wurde, stehen seit etwa 2005 hunde- bzw. katzenspezifische ELISA-Messverfahren für NtPro-BNP zur Verfügung. Diese wurden initial von der Firma Guildhay, Guildford, UK, und dann von Biomedica, Wien, Österreich, vertrieben (VETSIGN™ Canine bzw. Feline Cardio-SCREEN Nt-proBNP). Ein amerikanisches Großlabor bot den Test unter anderem Namen (Canine bzw. Feline CardioCare NT-proBNP) an. Seit 2010 wird der Test unter dem Namen Cardiopet proBNP von der Firma IDEXX, Westbrook, Maine, USA, gefertigt und angeboten.

Referenzwerte

Die Referenzwerte für gesunde Probanden liegen in verschiedenen Studien etwa bei:

- Hund < 500 pmol/l
- Katze < 50(100) pmol/l

Bewertung

In der folgenden Graduierung findet sich der derzeitige Kenntnisstand zu NtPro-BNP bei verschiedenen Erkrankungen und deren Schweregraden. Wichtig für die Studieninterpretation ist, dass es beim Hund im Produktionszeitraum von Mitte 2008 bis Anfang 2010 zu höheren Messwerten kam. Seit Anfang 2010 ist die Sensitivität des Tests zwar wieder genauso wie ursprünglich. Durch die neu eingeführten Stabilisatorröhrchen und die Messung von EDTA-Plasma können die Messwerte jedoch minimal höher liegen, weshalb die Richtwerte beim Hund vermutlich etwas nach oben korrigiert werden müssen. Es ändert sich jedoch nichts an der prinzipiellen Einteilung in fehlende, mäßige bzw. schwere kardiale Belastung und den darin enthaltenen Patientengruppen.

Hund

▶ Niedrige Werte (< 500 pmol/l)

- gesunde Hunde
- respiratorische Erkrankungen ohne pulmonale Hypertension
- Perikardergüsse
- asymptomatische Hunde mit milden angeborenen oder erworbenen Herzerkrankungen ohne Ventrikelbelastung (insbesondere degenerative Mitralklappenerkrankung)

14

▶ Leichte Erhöhung (500–900 pmol/l)

- asymptomatische Hunde mit angeborenen oder erworbenen Herzerkrankungen und milder Ventrikelbelastung
- respiratorische Erkrankungen mit milder pulmonaler Hypertension
- Niereninsuffizienz

▶ Massive Erhöhung (> 900 pmol/l)

- kongestive Herzinsuffizienz (angeborene oder erworbene Erkrankungen)
- kompensierte Herzerkrankung (asymptomatisch) durch schwere angeborene oder erworbene Herzdefekte
- schwere pulmonale Hypertension
- Lungenembolie
- Niereninsuffizienz

Katze

▶ Niedrige Werte (< 50[100] pmol/l)

- gesunde Katzen
- asymptomatische Maine-Coon-Katzen mit moderater bis schwerer Hypertrophie

▶ Leichte Erhöhung (50[100]–250 pmol/l)

- asymptomatische Katzen mit verschiedenen Kardiomyopathien
- asymptomatische Maine-Coon-Katzen mit moderater bis schwerer Hypertrophie
- Dyspnoe durch respiratorische Erkrankung
- schwere Niereninsuffizienz ohne Hypertension
- Hyperthyreose

▶ Massive Erhöhung (> 250 pmol/l)

- Dyspnoe durch kongestive Herzinsuffizienz
- kompensierte Herzerkrankung (asymptomatisch) durch schwere angeborene oder erworbene Herzdefekte
- arterielle Hypertension (> 170 mmHg) bei Niereninsuffizienz

Zur Screeninguntersuchung beim asymptomatischen Dobermann zeigte ein Grenzwert von 315 bzw. 400 pmol/l eine 79 bzw. 81%ige Sensitivität (Morris et al. 2009, Wess et al. 2011). Bei Maine-Coon-Katzen scheint NtPro-BNP nicht in der Lage zu sein, eine hypertrophe Kardiomyopathie im asymptomatischen Stadium sicher zu erkennen (Hsu et al. 2009). Eine Unterscheidung mittels NtPro-BNP zwischen kardial und nichtkardial bedingter Dyspnoe war beim Hund (Grenzwert: 963 pmol/l, Sensitivität: 90 %; Oyama et al. 2009) und bei der Katze (Grenzwert: 220 pmol/l, Sensitivität: 94 %, Connolly et al. 2009b; bzw. Grenzwert: 265 pmol/l, Sensitivität: 90 %, Fox et al. 2009) möglich. Die Höhe der NtPro-BNP-Werte hat bei Hunden mit degenerativer Mitralklappeninsuffizienz sowohl bei symptomatischen (Serres et al. 2009) als auch bei asymptomatischen (Chetboul et al. 2009) Hunden eine prognostische Bedeutung.
Eine Abnahme von erhöhten NtPro-BNP-Spiegeln während einer Therapie ist aktuell sowohl für den Hund (pulmonale Hypertension durch Mitralklappeninsuffizienz mit Pimobendan, Mitralklappeninsuffizienz nach Klappenersatz, PDA nach ätiologischer Therapie) als auch für die Katze (arterielle Hypertonie mit Vasodilatatoren) (Lalor et al. 2009) beschrieben.

Literatur

Adin DB, Oyama MA, Sleeper MM, Milner RJ. Comparison of canine cardiac troponin I concentrations as determined by 3 analyzers. J Vet Intern Med 2006; 20(5): 1136–42.

Alpert JS, Antman E, Apple F, Armstrong PW, Bassand JP, de Luna AB, Beller G, Breithardt G, Chaitman BR, Clemmensen P, Falk E, Fishbein MC, Galvani M, Garson A, Grines C, Hamm C, Hoppe U, Jaffe A, Katus H, Kjekshus J, Klein W, Klootwijk P, Lenfant C,

Levy D, Levy RI, Luepker R, Marcus F, Naslund U, Ohman M, Pahlm O, Poole-Wilson P, Popp R, Pyorala K, Ravkilde J, Rehnquist N, Roberts W, Roberts R, Roelandt J, Ryden L, Sans S, Simoons ML, Thygesen K, Tunstall-Pedoe H, Underwood R, Uretsky BF, de Werf FV, Voipio-Pulkki LM, Wagner G, Wallentin L, Wijns W und Wood D. Myocardial infarction redefined – A consensus document of the Joint European Society of Cardiology/American College of Cardiology Committee for the Redefinition of Myocardial Infarction. Eur Heart J 2000; 21(18): 1502–13.

Atkinson AJ, Colburn WA, DeGruttola VG, Demets DL, Downing GJ, Hoth DF, Oates JA, Peck CC, Schooley RT, Spilker BA, Woodcock J, Zeger SL. Biomarkers and surrogate endpoints: Preferred definitions and conceptual framework. Clin Pharmacol Ther 2001; 69(3): 89–95.

Boswood A, Dukes-McEwan J, Loureiro J, James RA, Martin M, Stafford-Johnson M, Smith P, Little C, Attree S.The diagnostic accuracy of different natriuretic peptides in the investigation of canine cardiac disease. J Small Anim Pract 2008; 49(1): 26–32.

Braunwald E. Biomarkers in heart failure. N Engl J Med 2008; 358(20): 2148–59.

Chetboul V, Serres F, Tissier R, Lefebvre HP, Sampedrano CC, Gouni V, Poujol L, Hawa G und Pouchelon JL. Association of plasma N-terminal pro-B-type natriuretic peptide concentration with mitral regurgitation severity and outcome in dogs with asymptomatic degenerative mitral valve disease. J Vet Intern Med 2009; 23(5): 984–94.

Connolly DJ, Brodbelt DC, Copeland H, Collins S, Fuentes VL. Assessment of the diagnostic accuracy of circulating cardiac troponin I concentration to distinguish between cats with cardiac and non-cardiac causes of respiratory distress. J Vet Cardiol 2009a; 11(2): 71–8.

Connolly DJ, Soares Magalhaes RJ, Fuentes VL, Boswood A, Cole G, Boag A, Syme HM. Assessment of the diagnostic accuracy of circulating natriuretic peptide concentrations to distinguish between cats with cardiac and non-cardiac causes of respiratory distress. J Vet Cardiol 2009b; 11(Suppl 1): S41–S50.

Fonfara S, Loureiro J, Swift S, James R, Cripps P, Dukes-McEwan J. Cardiac troponin I as a marker for severity and prognosis of cardiac disease in dogs. Vet J 2010; 184(3): 334–9.

Fox PR, Oyama MA, Reynolds C, Rush JE, DeFrancesco TC, Keene BW, Atkins CE, Macdonald KA, Schober KE, Bonagura JD, Stepien RL, Kellihan HB,Nguyenba TP, Lehmkuhl LB, Lefbom BK, Moise NS, Hogan DF. Utility of plasma N-terminal pro-brain natriuretic peptide (NT-proBNP) to distinguish between congestive heart failure and non-cardiac causes of acute dyspnea in cats. J Vet Cardiol 2009; 11(Suppl 1): S51–S61.

Herndon WE, Rishniw M, Schrope D, Sammarco CD, Boddy KN, Sleeper MM. Assessment of plasma cardiac troponin I concentration as a means to differentiate cardiac and non-cardiac causes of dyspnea in cats. J Am Vet Med Assoc 2008; 233(8): 1261–4.

Hsu A, Kittleson MD, Paling A. Investigation into the use of plasma NT-proBNP concentration to screen for feline hypertrophic cardiomyopathy. J Vet Cardiol 2009; 11(Suppl 1): S63–S70.

Lalor SM, Connolly, DJ, Elliott J. Syme HM. Plasma concentrations of natriuretic peptides in normal cats and normotensive and hypertensive cats with chronic kidney disease. J Vet Cardiol 2009; 11(Suppl 1): S71–S79.

Morris N, Oyama MA, O'Sullivan ML, Singletary GE, Gordon SG. Utility of NTproBNP assay to detect occult dilated cardiomyopathy in doberman pinschers. J Vet Intern Med 2009; 23(3): 686.

Morrow DA, de Lemos JA. Benchmarks for the assessment of novel cardiovascular biomarkers. Circulation 2007; 115(8): 949–52.

Oyama MA, Rush JE, Rozanski EA, Fox PR, Reynolds CA, Gordon SG, Bulmer BJ, Lefbom BK, Brown BA Lehmkuhl LB, Prosek R, Lesser MB, Kraus MS, Bossbaly MJ,

Rapoport GS, Boileau JS. Assessment of serum N-terminal pro-B-type natriuretic peptide concentration for differentiation of congestive heart failure from primary respiratory tract disease as the cause of respiratory signs in dogs. J Am Vet Med Assoc 2009; 235(11): 1319–25.

Oyama MA, Sisson DD. Cardiac troponin-I concentration in dogs with cardiac disease. J Vet Intern Med 2004; 18(6): 831–9.

Price A, Burgin C, Cruise M. Stability of cardiac troponins and CK-MB mass isoenzyme. Clin Chem Lab Med 2000; 38(11): 1159–60.

Prosek R, Sisson DD, Oyama MA, Solter PF. Distinguishing cardiac and noncardiac dyspnea in 48 dogs using plasma atrial natriuretic factor, B-type natriuretic factor, endothelin, and cardiac troponin-I. J Vet Intern Med 2007; 21(2): 238–42.

Serra M, Papakonstantinou S, Adamcova M, O'Brien PJ. Veterinary and toxicological applications for the detection of cardiac injury using cardiac troponin. Vet J 2010; 185(1): 50–7.

Serres F, Pouchelon JL, Poujol L, Lefebvre HP, Trumel C, Daste T, Sampedrano CC, Gouni V, Tissier R, Hawa G, Chetboul V. Plasma N-terminal pro-B-type natriuretic peptide concentration helps to predict survival in dogs with symptomatic degenerative mitral valve disease regardless of and in combination with the initial clinical status at admission. J Vet Cardiol 2009; 11(2): 103–21.

Trafny DJ, Oyama MA, Wormser C, Reynolds CA, Singletary GE, Peddle GD. Cardiac troponin-I concentrations in dogs with bradyarrhythmias before and after artificial pacing. J Vet Cardiol 2010; 12(3): 183–90.

Wess G, Butz V, Mahling M, Hartmann K. Evaluation of N-terminal pro-B-type natriuretic peptide as a diagnostic marker of various stages of cardiomyopathy in Doberman Pinschers. Am J Vet Res 2011; 72(5): 642–9.

15 Leber

Stephan Neumann

15.1 Einleitung

»… Darauf wandte sich Zeus mit seiner Rache an Prometheus. Er übergab den Verbrecher dem Hephaisthos (…) Dieser musste ihn in die skythischen Einöden schleppen und hier über einem schauderhaften Abgrund an eine Felswand des Berges Kaukasus mit unauflöslichen Ketten schmieden. (…) er sandte dem Gefesselten einen Adler, der als täglicher Gast an seiner Leber zehren durfte, die sich, abgeweidet, immer wieder erneuerte…« (Sagen des klassischen Altertums, Prometheus). Bereits in der griechischen Mythologie wird die besondere Leistungsfähigkeit der Leber beschrieben. Sie stellt, verbunden mit ihren vielfältigen Stoffwechselaktivitäten, dieses Organ ins Zentrum des Körperstoffwechsels.

Die zahlreichen physiologischen und biochemischen Aufgaben der Leber sollen im Folgenden anhand der verschiedenen Stoffwechsel erläutert und Hinweise auf pathophysiologische Veränderungen, die als Grundlage der labordiagnostischen Diagnostik anzusehen sind, gegeben werden.

15.2 Physiologische Stoffwechselfunktionen der Leber

Als Zentralorgan des Stoffwechsels greift die Leber in nahezu alle metabolischen Abläufe des Organismus ein.

Kohlenhydratstoffwechsel

Im Dünndarm werden Kohlenhydrate aus der Nahrung zu Monosacchariden abgebaut. Diese werden entweder aktiv (Glukose und Galaktose) oder passiv (Fruktose, Sorbit und auch Glukose und Galaktose) resorbiert und via Portalvenen der Leber zugeführt. Die wichtigste Stoffwechselleistung der Leber im Zusammenhang mit dem Kohlenhydratstoffwechsel ist die **Glykolyse**. Zentrales Molekül ist die »aktivierte Glukose« (Glukose-6-phosphat), sie wird über den Zitronensäurezyklus zu ATP, dem Hauptenergiespeicher des Körpers, abgebaut. Glukose-6-phosphat kann auch aus anderen Zuckern, wie Fruktose oder Galaktose gebildet werden.

Neben der Glykolyse kann in der Leber Glukose aus anderen Molekülen synthetisiert **(Glukoneogenese)** oder als polymeres Glykogen gespeichert werden (**Tab. 15.1**). Die Regulation des Kohlenhydratstoffwechsels erfolgt über Hormone. **Insulin** fördert die Glukoseaufnahme in die Zellen und deren

Tab. 15.1 Aufgaben der Leber im Kohlenhydratstoffwechsel

Glykolyse
Glukoneogense
Glykogensynthese
Glykogenolyse
Fruktoseabbau
Galaktoseabbau

Stoffwechsel. **Glukagon** führt zu einer Erhöhung der Blutglukose durch einen verminderten Glukoseabbau sowie eine vermehrte Glukoneogenese und Glykogenolyse. Weiterhin greifen Adrenalin und Kortison in den Kohlenhydratstoffwechsel der Leber ein. Ersteres fördert, als Hormon der Notfälle, zunächst die Glukosesynthese und anschließend deren Abbau mit der Bildung von ATP. Letzteres führt als peripherer Insulinantagonist zu einem Anstieg der Blutglukosekonzentration.

Eiweißstoffwechsel

In der Leber findet der Auf- und Abbau von Proteinen, die Synthese neuer Aminosäuren oder deren Abbau zu Fetten und Kohlenhydraten statt.

Durch den Prozess der **Transaminierung** entstehen neue Aminosäuren. Das ist klinisch bedeutsam, da die Enzyme der Transaminierung (AST: Aspartataminotransferase, oft auch GOT: Glutamat-Oxalazetat-Transaminase; ALT: Alaninaminotransferase, oft auch GPT: Glutamat-Pyruvat-Transaminase) wichtige Indikatoren für Lebererkrankungen darstellen. Bei der Transaminierung entstehen neben einer Aminosäure eine Karbonsäure und Ammoniak. Letzterer wird über den Harnstoffzyklus zu Harnstoff umgebaut und damit entgiftet. Die Karbonsäuren können über Zwischenstufen zu Glukose und Fettsäuren umgebaut werden. Produkte der Proteinbiosynthese in der Leber sind Plasmaproteine, die mit Ausnahme von Albumin als Glykoproteine vorkommen. Neben Albumin, das zu 100 % in der Leber synthetisiert wird, entstehen in der Leber α-Globuline (80 %), Fibrinogen (100 %) und Prothrombin (100 %). γ-Globuline dagegen werden nicht in der Leber gebildet (**Tab. 15.2**).

Tab. 15.2 Aufgaben der Leber im Eiweißstoffwechsel

Proteinsynthese
Proteinabbau
Aminosäurestoffwechsel
Transaminierung
Harnstoffsynthese

Fettstoffwechsel

Die Aufgaben der Leber im Fettstoffwechsel beginnen mit der Verdauung und der Resorption von Fetten unter dem Einfluss der Galle. In der Leber entstehen aus den resorbierten Fetten Lipoproteinkomplexe (very low density lipoproteins, VLDL), über die Fette in extrahepatische Gewebe (Muskulatur, Fettgewebe) transportiert werden. Fettsäuren werden in der Leber zu Azetyl-CoA abgebaut. Dieses dient der Energiegewinnung im Zitronensäurezyklus oder der Ketonkörpersynthese. Schließlich findet der Cholesterinstoffwechsel als Grundlage für die Synthese der Steroide und der Membrancholesterine in der Leber statt (s. Kap. 20) (**Tab. 15.3**).

Tab. 15.3 Aufgaben der Leber im Fettstoffwechsel

Digestion
Resorption
Lipoproteinsynthese
Fettsäureabbau
Cholesterinstoffwechsel
Ketonkörpersynthese

Biotransformation

Die entgiftende Funktion der Leber bezieht sich auf endogene und exogene Substanzen. Über Oxidation, Reduktion und Hydrolyse sowie anschließende Glukuronidierung und Sulfatierung werden vornehmlich hydrophobe, zytotoxische Moleküle in hydrophile Substanzen umgebaut, die anschließend über die Galle oder die Nieren ausgeschieden werden können (**Tab. 15.4**).

Tab. 15.4 Aufgaben der Leber im Rahmen der Biotransformation

Entgiftung endogener Substanzen
Entgiftung exogener Substanzen
Ausscheidung über die Galle

15.3 Pathophysiologie

Obwohl die ätiologischen Faktoren bei Hepatopathien different sind, führen sie doch in der Leber zu den gleichen Konsequenzen wie Leberzellnekrose, metabolischer Insuffizienz, Cholestase oder Fibrose (**Abb. 15.1**). Die **Leberzellnekrose** stellt ein terminales Stadium zunächst reversibler, später irreversibler Zellalteration dar. Diverse Insulte führen in den Hepatozyten zunächst zu reversiblen Alterationen, bedingt durch Störungen im Energiestoffwechsel. Die reduzierte ATP-Synthese verursacht Transportstörungen an der Hepatozytenmembran. Folgen einer gestörten Wasserverteilung beispielsweise verursachen die mikroskopisch erkennbare hydropische Schwellung als ein Zeichen einer Hepatozytendegeneration. In dieser Phase kann es zur Schwellung des ER (endoplasmatisches Retikulum), der Mitochondrien sowie zur Chromatinverklumpung kommen. »Blebs« (siehe unten) führen zu einem Austritt von Zellbestandteilen und Enzymen, die in einer erhöhten Serumaktivität zytoplasmatischer Enzyme (z. B. ALT) resultieren. In dieser Phase ist der Prozess reversibel und eine »restitutio ad integrum« möglich. Hält der Einfluss des Insultes vor,

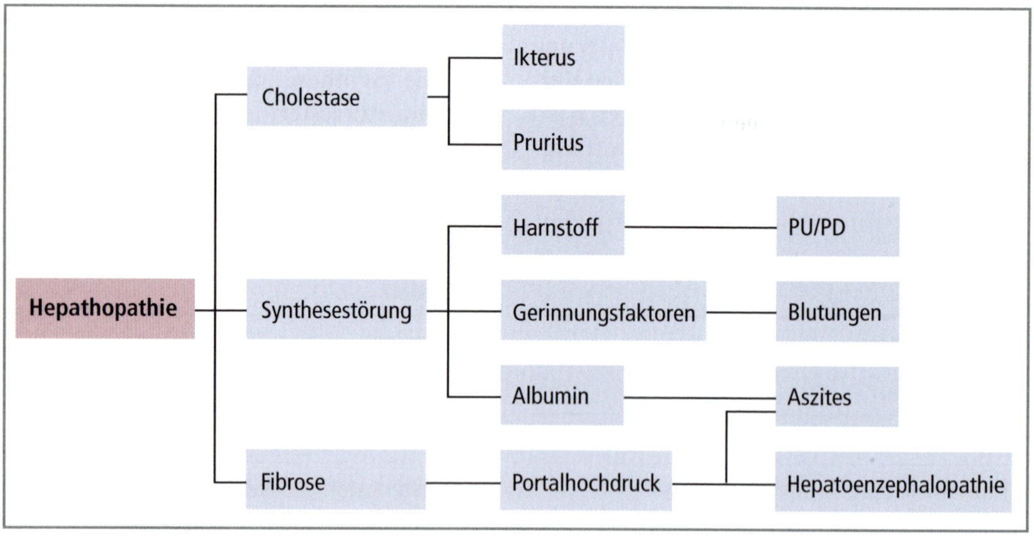

Abb. 15.1 Übersicht über einige pathophysiologischen Konsequenzen bei Hepatopathien (PU/PD = Polyurie/Polydipsie)

kommt es zur Hepatozytennekrose. Ein wesentlicher Faktor ist dabei die Freisetzung lysosomaler Enzyme.
Obwohl die Regenerationsfähigkeit der Leber sprichwörtlich ist, entwickelt sich bei fortgeschrittener Nekrose eine **Leberinsuffizienz**, bei der die synthetische und metabolische Kapazität der Leber verloren geht. Dies ist eine wesentliche Grundlage für eine Vielzahl klinischer Symptome bei Hepatopathien wie Polyurie/Polydipsie, Blutungen und Aszites.
Eine weitere Folge einer Hepatopathie ist die **Cholestase**.

Die **Cholestase** ist definiert als Rückstau gallepflichtiger Substanzen, bedingt durch eine Störung des Galleflusses.

Ein wesentlicher Motor des Galleflusses ist der aktive Transport von Gallensäuren über die Hepatozytenmembran in die Gallekanälchen. Wasser folgt dabei passiv dem osmotischen Gradienten. Ist der transmembranöse Gallensäuretransport gestört oder sind die Gallekanälchen aufgrund anatomischer Umbauprozesse in der erkrankten Leber verlegt, entwickelt sich eine Retention gallepflichtiger Substanzen. Diese besitzen zum Teil zytotoxische Eigenschaften und induzieren Membranstörungen und Apoptose. Chronische Hepatopathien führen schließlich, unabhängig von ihrer Genese, zu Umbauprozessen mit Zerstörung der Parenchymarchitektur. Der zunächst noch reversible Prozess der **Fibrose** geht dabei in das Finalstadium der Zirrhose über. Zu Beginn dieses Prozesses steht die Aktivierung des mononukleären Phagozytensystems (MPS). In der Folge kommt es, ausgelöst durch die Zytokinwirkung aktivierter Makrophagen, zu einer Metamorphose von fettspeichernden Itozellen im subsinusoidalen Raum des Leberläppchens. Dabei entwickeln sich aus den Itozellen zunächst Myofibroblasten und schließlich Fibroblasten. Letztere produzieren Bindegewebe der extrazellulären Matrix, das letztlich zu einem Umbau des Leberläppchens führt. Folge sind Störungen an der Hepatozytenmembran sowie eine veränderte Vaskularisierung des Organs.
Labordiagnostische Untersuchungen sind wesentlicher Bestandteil der Diagnostik von Lebererkrankungen und geben Hinweise bezüglich Zellintegrität, Organfunktion und Krankheitsverlauf, doch sind sie meist nicht geeignet, die ätiologische Diagnose zu stellen (**Tab. 15.5**). Hierfür sind weitergehende Untersuchungen wie Ultraschall, Zytologie oder Histologie notwendig. Die World Small Animal Veterinary Association hat 2006 Richtlinien zur Diagnostik von Lebererkrankungen bei Hund und Katze herausgegeben. Ziel war es, die uneinheitlich geführte Nomenklatur von Hepatopathien bei diesen Spezies zu vereinheitlichen. Entsprechend dieser Richtlinien werden die Hepatopathien in vaskuläre (z. B. portosystemische Kollateralbildung), parenchymatöse (z. B. Hepatitiden, Lebertumoren) und biliäre Erkrankungen (z. B. Gallengangsentzündungen und -tumoren, Gallenblasenerkrankungen) eingeteilt. Dabei werden vaskuläre Erkrankungen am ehesten durch die Ultraschalluntersuchung, parenchymatöse Erkrankungen durch Zytologie oder Histologie und biliäre Erkrankungen durch

Tab. 15.5 Aufgaben der Labordiagnostik zur Diagnose von Lebererkrankungen

Erkennen einer Lebererkrankung (Screening)
Vorkommen und Grad der Zellzerstörung
Vorkommen und Grad der Funktionsstörung
Verlaufskontrolle der Erkrankung
Prognose

Ultraschall und/oder Zytologie und Histologie diagnostiziert.

15.4 Labordiagnostik

Um die oben angegebenen Aufgaben der Labordiagnostik (s. Tab. 15.5) bei der Diagnose von Lebererkrankungen zu erfüllen, empfiehlt sich die Untersuchung verschiedener Parameter. Diese können zu unterschiedlichen Markern zusammengefasst werden (**Tab.15.6**).

Parameter der Zellintegrität

Als Parameter der Zellintegrität werden allgemein die sog. **Leberenzyme** verstanden. Diese sind intrazellulär lokalisiert und können bei Zellmembranschädigungen freigesetzt werden. Bei leichter Hepatozytenschädigung gelangen zunächst die zytosolischen Enzyme ALT und AST ins Serum bzw. Plasma. Bei schwerer Hepatozytenschädigung, z.B. bei einer Nekrose, zusätzlich auch Enzyme intrazellulärer Organellen wie Glutamatdehydrogenase (GLDH). Zur Freisetzung der Enzyme kann es durch einen Verlust der Membranintegrität kommen, häufiger allerdings werden die Enzyme über sog. **Blebs** freigesetzt. Es handelt sich um Evaginationen der Plasmamembran infolge Konformitätsänderung des Zytoskeletts der Hepatozyten. Letztere ist Folge eines ATP-Mangels, der bei zahlreichen Hepatopathien innerhalb der Leberzellen auftritt. In den Blebs sind neben zytosolischen Enzymen weitere Zellbestandteile enthalten, die auf diese Weise ins Serum gelangen.

Tab. 15.6 Labordiagnostische Marker zur Überprüfung der Leber

Leberfunktion	Marker
Leberzellintegrität	ALT, AST, GLDH
Cholestase	AP, γ-GT, Bilirubin
Synthese	Albumin, Gerinnungsproteine, Gallensäuren
Exkretion	Gallensäuren, Bilirubin, Ammoniak

Alaninaminotransferase (ALT) [EC 2.6.1.2]

Die ALT ist überwiegend im Zytosol lokalisiert. Sie kommt bei Hund und Katze in hoher Konzentration in der Leber vor. In wesentlich geringeren Konzentrationen findet sich die ALT auch in Herz-, Nieren- und Muskelgewebe. Bei Pferden, Rindern und Schweinen ist die Leberkonzentration der ALT wesentlich geringer, sodass deren Nutzen in der Diagnostik von Hepatopathien bei diesen Spezies keine Rolle spielt.
Zu den biochemischen Aufgaben der ALT gehört die Übertragung der Aminogruppe von Alanin auf 2-Ketoglutarat. Dieser Schritt der Transaminierung ist Bestandteil des Ammoniakstoffwechsels. Als Syntheseprodukt dieser Reaktion entsteht aus α-Ketoglutarat Glutamat, das unter dem Einfluss der GLDH desaminiert wird. Bei dieser Reaktion entsteht Ammoniak, der zu Harnstoff umgebaut wird. ALT wird durch Pyridoxal-5′-phosphat als Kofaktor aktiviert.

Indikationen (Hund und Katze)

- Leberscreening
- Vorkommen und Grad der Leberzellzerstörung
- Verlaufskontrolle der Hepatopathie
- Differenzierung der Genese erhöhter AST-Aktivität

Material

ALT kann im Serum und Plasma gemessen werden. Die Aktivität wird durch einen Übernachttransport ins Labor nicht beeinflusst. Längere Lagerung (> 5 Tage) sowie vermehrtes Einfrieren und Auftauen von Serum sollte vermieden werden, da hierbei ein Aktivitätsverlust auftreten kann. Hämolyse und Lipämie führen zu leichter Aktivitätserhöhung und sollte deshalb vermieden werden.

Prinzip

Das Testprinzip zur Bestimmung der ALT-Aktivität beruht auf den Empfehlungen der International Federation of Clinical Chemistry (IFCC) und besteht aus der ALT-katalysierten Reaktion von α-Ketoglutarat und L-Alanin zu L-Glutamat und Pyruvat. Dieses wird durch die Malatdehydrogenase (MDH) weiter zu Malat abgebaut, dabei wird NADH zu NAD^+ oxidiert. Die NADH-Abnahme wird fotometrisch gemessen.

$$\alpha\text{-Ketoglutarat} + \text{L-Alanin} \xleftrightarrow{\text{ALT}} \text{L-Glutamat} + \text{Pyruvat}$$

$$\text{Pyruvat} + \text{NADH} + H^+ \xleftrightarrow{\text{MDH}} \text{L-Malat} + NAD^+$$

Technik

Der Nachweis von ALT gelingt in Analysesystemen, die sowohl mit Trocken- als auch mit Nasschemie arbeiten.

Referenzbereiche

siehe Tabelle 15.7

Umrechnungsfaktoren

- SI-Einheit: × 16,67 (nkat/l)
- konventionelle Einheit: × 0,05999 (IU/l)

Bewertung

▶ ALT ↑ (Hund und Katze)

- akute Hepatitis
- chronische Hepatitis
- Lebernekrose
- Leberdegeneration
- Lebertumor
- Leberabszess
- Endokrinopathien (Diabetes mellitus, Hyper- und Hypothyreose, Hyperadrenokortizismus)
- schwere Myopathien

Als Ursache für eine erhöhte Serumaktivität der ALT sind Leberzellschädigungen und Enzyminduktionen anzusehen. Aufgrund der Lokalisation im Zytosol kommt es bereits bei leichten Leberzellschädigungen zu einer erhöhten Aktivität der ALT im Serum. Die Serumhalbwertszeit beim Hund beträgt wenige Tage (1–2 Tage). Bei der Katze werden Halbwertszeiten von unter einem Tag gemessen. Ein bis zu dreifacher Anstieg der Serumaktivität wird als geringgradig eingestuft und tritt meist bei leichten, chronischen oder sekundären Leberzellschädigungen auf. Hohe Serumaktivitäten dagegen treten bei schweren Leberzellnekrosen oder akuten Hepatitiden auf. Chronisch degenerative Hepatopathien, wie z. B. die Zirrhose, führen aufgrund fehlender Zellzerstörung meist zu leichten Aktivitätserhöhungen der ALT. Bezüglich der Ätiologie der Lebererkrankung lässt die erhöhte ALT-Serumaktivität keine Aussage zu. Ein Anstieg der ALT-Aktivität nach Kortisongaben oder bei einem Hyperadrenokortizismus beruht auf einer steroidinduzierten Hepatopathie und auf einer direkten Enzyminduktion durch Kortikoide. Aktivitätserhöhungen bei anderen Endokrinopathien gehen ebenfalls auf Störungen der Hepatozytenfunktion zurück. Bei sehr schweren Muskelerkrankungen, die mit einer hochgradigen Zerstörung von Muskelzellen einhergehen, kann es aufgrund der in den Muskelzellen in niedriger Aktivität vorhandenen ALT auch zu erhöhten Serumkonzentrationen kommen.

Aspartataminotransferase (AST) [EC 2.6.1.1]

AST kommt in zwei Isoenzymen im Zytosol und in den Mitochondrien der Hepatozyten vor. Allerdings findet man auch in Zellen der Herz – und Skelettmuskulatur, der Nieren, des Gehirns und in den Erythrozyten eine AST-Aktivität. Die biochemische Funktion der AST liegt wie die der ALT im Bereich der Transaminierungsreaktion. Unter der Katalyse der AST entsteht aus Aspartat Glutamat. Wie die ALT so wird auch die AST durch Pyridoxal-5′-phosphat als Kofaktor aktiviert. Die hohe Aktivität dieses Enzyms in den Hepatozyten von Pferd, Rind und Schwein machen es zu einem klassischen »Leberwert« bei diesen Spezies.

Indikationen (Hund, Katze, Pferd, Wiederkäuer, Schwein)

- Leberscreening
- Vorkommen und Grad der Leberzellzerstörung
- Verlaufskontrolle der Hepatopathie
- Myopathien

Material

AST kann im Serum und Plasma gemessen werden. Ihre Aktivität wird durch einen Übernachttransport nicht beeinflusst, wohl aber durch Hämolyse oder Lipämie, welche zu falsch erhöhter Aktivität führen.

Prinzip

AST wird nach Empfehlungen der IFCC bestimmt. Das Prinzip besteht in der Umwandlung von α-Ketoglutarat und L-Aspartat unter der Katalyse der AST zu L-Glutamat und Oxalazetat. Bei dem Abbau von Oxalazetat zu L-Malat durch die MDH wird NADH zu NAD^+ oxidiert, dieser Schritt wird fotometrisch gemessen.

$$\alpha\text{-Ketoglutarat} + \text{L-Aspartat} \xleftrightarrow{\text{AST}} \text{L-Glutamat} + \text{Oxalazetat}$$

$$\text{Oxalazetat} + \text{NADH} + H^+ \xleftrightarrow{\text{MDH}} \text{L-Malat} + NAD^+$$

Technik

Der Nachweis von AST gelingt sowohl in trocken- als auch in nasschemischen Analyseautomaten.

Referenzbereiche

siehe Tabelle 15.7

Umrechnungsfaktoren

- SI-Einheit: × 16,67 (nkat/l)
- konventionelle Einheit: × 0,05999 (IU/l)

Bewertung

▶ AST ↑ (Hund, Katze, Pferd, Wiederkäuer, Schwein)

- akute Hepatitis
- chronische Hepatitis
- Lebernekrose
- Leberdegeneration
- Lebertumor
- Leberabszess
- Myopathien unterschiedlicher Genese

Die AST ist, wegen ihres ubiquitären Vorkommens, als Screening – und Bezugsenzym (z. B. CK/AST- oder ALT/AST-Quotient) geeignet. Obwohl die AST nicht leberspezifisch ist, eignet sie sich im Suchprogramm für Hepatopathien, wenn Muskelerkrankungen ausgeschlossen werden können. Beweisend für eine Leberschädigung ist eine Veränderung der AST-Aktivität nur in Zusammenhang mit gleichzeitig veränderter ALT-Aktivität. Dabei ist zu berücksichtigen, dass die AST-Aktivität im Vergleich zur ALT-Aktivität schon in einem früheren Krankheitsstadium ansteigt bzw. wieder abfällt. Die Halbwertszeit im Serum liegt beim Hund unter einem Tag und bei der Katze bei wenigen Stunden. Beim Pferd dagegen liegt die Halbwertszeit zwischen einigen Tagen und einer Woche. Auch bei der AST gelten Aktivitätserhöhungen bis zum 3-fachen oberen Referenzwert als geringgradig. Höchste Aktivitäten werden bei Leberzellnekrosen und akuten Hepatitiden gemessen. Zur Differenzierung einer Belastungsmyopathie von einer Hepatopathie beim Schwein kann der CK/AST-Quotient gebildet werden. Ein Quotient <20 spricht für eine Hepatopathie, ein Quotient >20 spricht für eine Belastungsmyopathie.

Glutamatdehydrogenase (GLDH) [EC 1.1.1.27]

Die GLDH katalysiert die Desaminierung von Glutamat und stellt dadurch Ammoniak für den Harnstoffzyklus bereit. Die GLDH gilt als leberspezifisch und zeigt ihre höchste Aktivität im Bereich der zentrolobulären Hepatozyten. Da in diesem Bereich der partielle Sauerstoffdruck besonders niedrig ist, wirkt sich eine Hypoxie besonders negativ auf diese Hepatozyten aus, mit der Folge eines Aktivitätsanstiegs der GLDH im Serum. Innerhalb der Hepatozyten findet sich die höchste Aktivität der GLDH in den Mitochondrien. Dies hat zur Folge, dass eine besonders schwerwiegende irreversible Zerstörung von Hepatozyten zu einer ansteigenden GLDH-Aktivität führt.

Indikationen (Hund, Katze, Pferd, Wiederkäuer, Schwein)

- Vorkommen und Grad der Leberzellzerstörung
- Verlaufskontrolle der Hepatopathie

Material

GLDH kann im Serum und Plasma gemessen werden. Die Aktivität wird durch einen Übernachttransport nicht beeinflusst. Hämolyse wirkt sich im Gegensatz zu den Transaminasen nur geringgradig auf die GLDH-Aktivität aus.

Prinzip

Die Bestimmung der GLDH geht auf Empfehlungen der Deutschen Gesellschaft für Klinische Chemie zurück und beruht auf dem Abbau von α-Ketoglutarat zu Glutamat unter der Katalyse der GLDH. Bei dieser Reaktion wird NADH zu NAD^+ oxidiert und fotometrisch bestimmt.

$$\alpha\text{-Ketoglutarat} + NADH + H^+ \xleftrightarrow{GLDH} \text{Glutamat} + NAD^+ + H_2O$$

Technik

Der Nachweis von GLDH gelingt in Analyseautomaten ausgestattet mit Nasschemie.

Referenzbereiche

Prinzipiell sollte man bei allen Parametern immer einen gerätespezifischen Referenzbereich mit 50 gesunden Probanden erarbeiten. Als Orientierung für die Leberenzyme können die in **Tabelle 15.7** und für andere Leberparameter in den Folgetabellen angegebenen Referenzbereiche dienen (Willard et al. 1999, Kraft und Dürr 2005, Kanecko et al. 2009).

Umrechnungsfaktoren

- SI-Einheit: × 16,67 (nkat/l)
- konventionelle Einheit: × 0,05999 (IU/l)

Tab. 15.7 Referenzbereiche für einige Leberenzyme (nach Kraft und Dürr 2005, Kanecko et al. 2009)

Leberenzym	Hund	Katze	Pferd	Rind	Schaf	Ziege	Schwein
ALT (IU/l)	bis 55	bis 70	bis 23	bis 50	bis 14	bis 19	bis 68
AST (IU/l)	bis 44	bis 30	bis 250	bis 80	bis 75	bis 65	bis 35
GLDH (IU/l)	bis 6	bis 6	bis 8	bis 30	bis 7	bis 12	bis 4

Bewertung

▶ GLDH ↑ (Hund, Katze, Pferd, Wiederkäuer, Schwein)

- akute Hepatitis
- chronische Hepatitis
- Lebernekrose
- Leberdegeneration
- Lebertumor
- Leberabszess
- Hypoxie im zentrolobulären Bereich

Aufgrund der Lokalisation der GLDH in den Mitochondrien führen nur schwerwiegende Leberzellschäden, von denen auch die Mitochondrienmembran betroffen ist, zu einem deutlichen (über den dreifachen oberen Referenzwert) Anstieg der Serumaktivität. Die Halbwertszeit der GLDH wird beim Hund mit 18 Stunden angegeben.

Quotient aus ALT + AST/GLDH

Die Einzelbestimmung der unterschiedlichen Enzyme gibt Hinweise auf aktuelle Leberzellschädigungen. Um den diagnostischen Nutzen der Enzymmessungen zu erhöhen wurden in der Humanmedizin Quotienten aus AST/ALT (DeRitis-Quotient) und aus ALT + AST/GLDH errechnet. Das Ziel ist es, aufgrund unterschiedlicher Verteilung der einzelnen Enzyme in den Zellkompartimenten sowie einer unterschiedlichen Serumhalbwertszeit eine verbesserte Aussage über Art und Umfang der Leberzellschädigung zu bekommen. Beim Hund besteht ebenfalls die Möglichkeit durch Berechnung des Quotienten aus ALT + AST/GLDH eine Aussage über den Grad der Leberveränderung bei Hepatitiden zu bekommen. Ein Quotient von 5–12 spricht für eine hochgradige Schädigung, einer von 13–20 für eine mittelgradige Schädigung und ein Quotient von über 20 für eine geringgradige Schädigung oder gesunde Hunde (Neumann 2007).

Artspezifische Leberenzyme

Bei den unterschiedlichen Haustierarten können nicht alle oben beschriebenen Leberenzyme gleichermaßen diagnostisch genutzt werden. ALT ist für Hund und Katze geeignet. AST kann bei allen Spezies genutzt werden (Hund, Katze, Pferd, Rind, Schaf, Ziege, Schwein), ebenfalls GLDH (**Tab. 15.8**).

Verlaufskontrolle der Lebererkrankung mittels Enzymaktivität

Neben der Zellzerstörung ist die Halbwertszeit des Enzyms im Blutplasma für dessen Aktivität verantwortlich. Aufgrund des Aktivitätsverlaufes, kann der Krankheitsverlauf beurteilt werden (**Abb. 15.2**).

Tab. 15.8 Tierartspezifische Leberparameter

Parameter	Tierartspezifische Ausprägung						
	Hund	Katze	Pferd	Rind	Schaf	Ziege	Schwein
ALT	+	+					
AST	+	+	+	+	+	+	+
GLDH	+	+	+	+	+	+	
AP	+	+	+				
γ-GT			+	+			
Albumin	+	+	+	+			
Gerinnung	+	+	+				
Serum-Bilirubin	+	+	+	+			
Serum-Gallensäuren	+	+					
Serum-Ammoniak	+	+	+	+			

+ = als Leberparameter geeignet

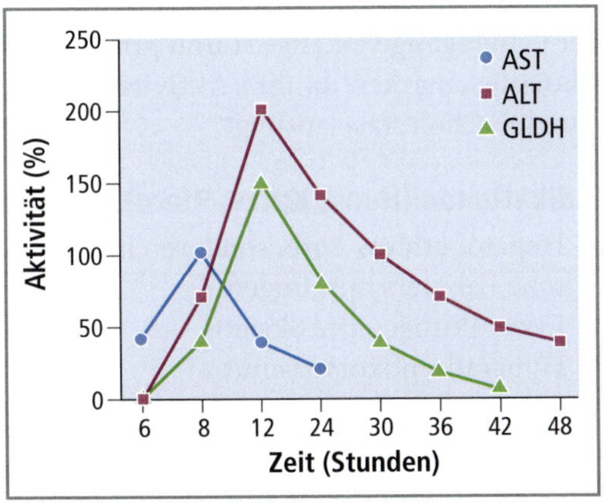

Abb. 15.2 Schematischer Verlauf der Enzymaktivitäten bei akuter Hepatitis des Hundes. AST steigt als erstes Enzym an, mit leichter zeitlicher Verzögerung von etwa 2 Stunden folgen ALT und GLDH. Die Halbwertszeit von AST beträgt beim Hund weniger als ein Tag. ALT und GLDH dagegen haben eine Halbwertszeit von 1–2 Tagen.

Enzymaktivitäten bei unterschiedlichen Leberkrankheiten

Obwohl die Enzymaktivitäten nicht diagnostisch sind für bestimmte Lebererkrankungen, so geben sie doch Hinweise aufgrund der Höhe ihrer Serumaktivität. Besonders Hepatitiden gehen mit hohen Aktivitäten aller drei Enzyme einher. Tumoren haben häufig höhere Aktivitäten als Degenerationen. Da alle Krankheitskomplexe dynamisch sind, kommt es zu Überschneidungen, die den diagnostischen Nutzen reduzieren (**Abb.15.3**).

Enzymatische Cholestasemarker

Cholestase ist eine wesentliche pathophysiologische Alteration in der Leber. Definiert als Störung im Gallefluss, führt sie zur Retention gallepflichtiger Substanzen (Gallensäuren, Bilirubin, Xenobiotika). Durch Li-

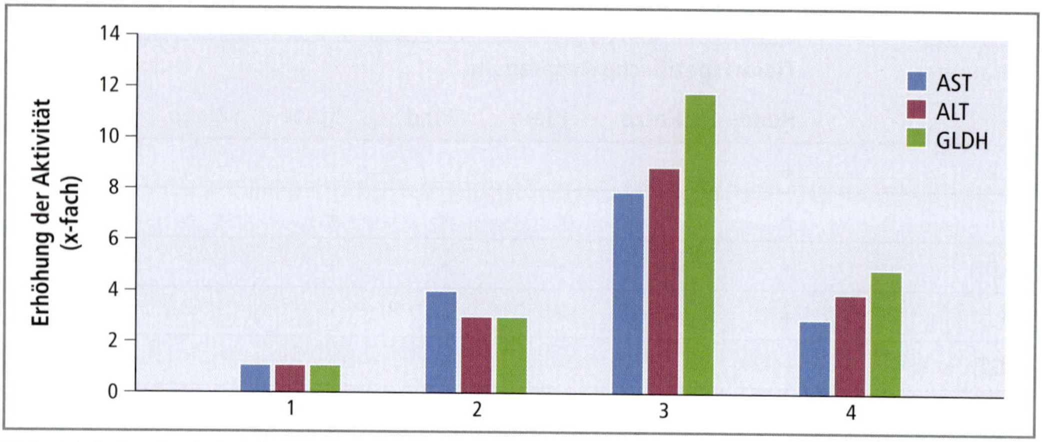

Abb. 15.3 Durchschnittliche Enzymaktivitäten von AST, ALT und GLDH bei unterschiedlichen Lebererkrankungen. (1) Referenzbereich; (2) Leberdegeneration; (3) Hepatitis; (4) Lebertumoren (Neumann 2007). Angegeben ist die x-fache Erhöhung im Vergleich zur Referenz.

pidperoxidation führen diese zu Permeabilitätsstörungen der Zellmembran und in der Folge zur Apoptose. Als Cholestasemarker dienen zum einen Metabolite, die über die Gallenwege abtransportiert werden und deren Blutkonzentration bei einer Cholestase ansteigt (Bilirubin, Gallensäuren, Cholesterin) und zum anderen zwei Enzyme, deren erhöhte Serumaktivität ebenfalls einen Hinweis auf eine Cholestase gibt (AP, γ-GT).

Alkalische Phosphatase (AP) [EC 3.1.3.1]

Die AP ist ein membrangebundenes Enzym, dessen enzymatische Aufgabe die Hydrolyse von Phosphaten ist. Sie kommt in zahlreichen Geweben des Körpers wie Leber, Knochen, Niere, Darmmukosa und Plazenta vor. Die genaue Funktion der AP ist nicht gänzlich bekannt. Im Knochen hydrolysiert sie Pyrophosphat, einen Inhibitor der Knochenmineralisation. Die AP kommt in Form verschiedener Isoenzyme vor, von denen einige nur eine kurze, wenige Minuten anhaltende, Halbwertszeit im Plasma besitzen (z. B. das Isoenzym der Darmmukosa). Die Isoenzyme der Leber und der Knochen sowie die steroidinduzierte Form der AP haben aufgrund ihrer längeren Halbwertszeit von bis zu einigen Tagen eine klinische Bedeutung. Die AP ist auch in den Epithelien der Gallengänge lokalisiert und gilt als sog. Cholestasemarker, da ihre Aktivität im Serum bei Cholestase ansteigt.

Indikationen (Hund, Katze, Pferd)

- Hepatopathien, insbesondere cholestatische Lebererkrankungen
- Erkrankungen des Skeletts
- Hyperadrenokortizismus

Material

Die AP kann im Serum und Plasma gemessen werden. Ihre Aktivität wird durch einen Übernachttransport nicht beeinflusst. Die Messung der AP erfolgt fotometrisch. Die AP katalysiert den Abbau von Nitrophenylphosphat zu Nitrophenol, welches gemessen wird.

Prinzip

Die Aktivität der AP wird gemessen, indem p-Nitrophenylphosphat unter der Katalyse der AP zu p-Nitrophenol abgebaut wird.

$$\text{p-Nitrophenylphosphat} + H_2O \xleftrightarrow{AP} \text{p-Nitrophenol} + \text{Phosphat}$$

Technik

Der Nachweis von AP gelingt in Analyseautomaten, die mit Trocken- oder Nasschemie arbeiten.

Referenzbereiche

siehe Tabelle 15.9

Umrechnungsfaktoren

- SI-Einheit: × 16,67 (nkat/l)
- konventionelle Einheit: × 0,05999 (IU/l)

Bewertung

▶ AP ↑ (Hund, Katze, Pferd)

- intra- und posthepatische Cholestase unterschiedlicher Genese
- Lebertumoren
- Gallengangstumoren
- Pankreatitis
- Pankreastumoren
- exogene Kortisonzufuhr
- Hyperadrenokortizismus
- erhöhte Osteoblastenaktivität (Wachstum, Knochentumor, Fraktur)
- Hyperthyreose (Katze)

Sowohl akute als auch chronische Lebererkrankungen unterschiedlicher Genese können zu einem Anstieg der AP-Aktivität führen. Insbesondere Krankheiten, bei denen die Gallengänge betroffen sind, wie Cholangitis oder Gallengangsobstruktionen führen zu hohen AP-Aktivitäten im Blut. Als Ursache für den Aktivitätsanstieg der AP im Blut infolge einer Cholestase wird eine vermehrte Enzyminduktion unter dem Einfluss cholestatischer Toxine vermutet.

Bei einer erhöhten Kortisonkonzentration im Serum kommt es zur vermehrten Bildung des steroidinduzierten Isoenzyms der AP. Diese Form der AP wird unter dem Einfluss endogener und exogener Kortikoide gebildet. Vom leberspezifischen Isoenzym unterscheidet sich die steroidinduzierte Form in erster Linie durch ihre Temperaturstabilität bei 65 °C. Um eine Erhöhung der AP im Serum in ihrer Genese näher zu bestimmen (hepatogen oder steroidinduziert), ist es sinnvoll, das Serum auf 65 °C zu erhitzen und die Messung zu wiederholen. Ein deutlicher Aktivitätsverlust ist ein Hinweis auf ein hepatogenes Isoenzym, während ein gleichbleibender oder nur geringgradiger Aktivitätsverlust für die steroidinduzierte Form spricht.

Aufgrund der hohen AP-Konzentration in Osteoblasten haben wachsende Tiere hohe AP-Aktivitäten im Serum. Eine Unterscheidung vom Leberisoenzym ist nicht möglich, hierzu müssten andere Leberwerte untersucht werden, z. B. die Transaminasen. Bei einem erwachsenen Hund können destruktive Knochenveränderungen, Frakturen oder Tumoren zu einer Erhöhung dieses Isoenzyms führen.

γ-Glutamyltransferase (γ-GT) [EC 2.3.2.2]

Die γ-GT ist ein membrangebundenes mikrosomales Enzym. Die Funktionen der γ-GT liegen im transmembranösen Aminosäuretransport und dem Glutathionmetabolismus. Die γ-GT kommt in zahlreichen Organen wie Niere, Pankreas, Darm und Gesäuge vor. Obwohl in der Leber nicht in höchster Aktivität vorkommend, gilt sie doch als Cholestasemarker bei einigen Spezies (Pferd, Rind). Innerhalb der Leber findet man die γ-GT in Gallengangsepithelien und Hepatozyten.

Indikationen

- Hepatopathien, insbesondere mit Cholestase
- Differenzierung einer erhöhten AP-Aktivität

Material

Die Bestimmung der γ-GT ist im Serum und Plasma möglich. Ein Übernachttransport hat keinen Einfluss auf die Stabilität.

Prinzip

Die Aktivität der γ-GT wird gemessen nachdem unter der Katalyse des Enzyms aus Glutamyl-3-carboxy-4-nitroanilid Glyzylglyzin gebildet wird. Dabei freiwerdendes 5-Amino-2-nitrobenzoat wird fotometrisch gemessen.

Technik

Der Nachweis von γ-GT gelingt sowohl in trocken- als auch in nasschemischen Analyseautomaten.

Referenzbereiche

siehe Tabelle 15.9

Umrechnungsfaktoren

SI-Einheit: × 16,67 (nkat/l)
konventionelle Einheit: × 0,05999 (IU/l)

Bewertung

▶ γ-GT ↑

- intra- und extrahepatische Cholestase
- akute und chronische Hepatitiden
- Lebertumoren
- Pankreatitis
- Pankreastumoren

Die Aktivität der γ-GT ist erhöht bei intra- und extrahepatischen Cholestasen, hepatotoxischen Prozessen, Fibrose, Zirrhose mit Cholestase und Pankreatitiden mit Leberbeteiligung.
Den Verlauf der Cholestasemarker AP und γ-GT am Beispiel einer Lebernekrose des Hundes zeigt die **Abbildung 15.4**.

Artspezifische Cholestasemarker

Die AP wird als Cholestasemarker bei Hund, Katze und Pferd untersucht (**Tab. 15.8**). Wobei Bilirubin bei Pferd und Katze der sensitivere Cholestasemarker ist. Die γ-GT wird bei allen Spezies genutzt. Bei Neugeborenen steigt die γ-GT-Aktivität nach der Aufnahme von Kolostrum. Bei Kälbern ist eine direkte Beziehung zwischen der Höhe der γ-GT-Aktivität und der Immunglobulinkonzentration im Blut nachgewiesen. Deshalb kann bei dieser Spezies die Versorgung mit Kolostrum mittels Messung der γ-GT überprüft werden.

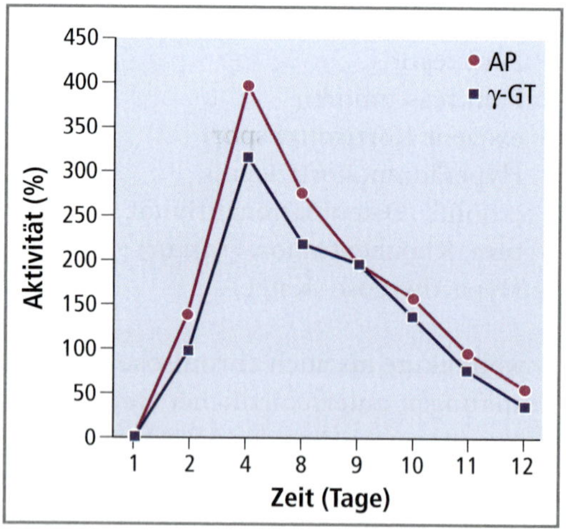

Abb. 15.4 Verlauf der Cholestasemarker AP und γ-GT beim Hund mit Lebernekrose

Referenzbereiche

Die Referenzbereiche der Cholestasemarker AP und γ-GT sind für die einzelnen Tierspezies in **Tab.15.9** zusammengefasst.

Synthesemarker

Um die Leberfunktion zu überprüfen, werden einige Syntheseprodukte der Hepatozyten untersucht. Grundsätzlich führen Insuffizienzen aufgrund akuter Lebernekrosen oder Hepatitiden sowie chronisch destruktive Prozesse wie Tumoren oder Zirrhosen zu einer deutlichen Reduktion der Synthesefunktion der Leber. Die hohe Reservekapazität des Organs führt allerdings dazu, dass viele Synthesemarker nur eine geringe Sensitivität bezüglich der Diagnostik von Hepatopathien besitzen.

Harnstoff

Die Leber ist das zentrale Organ des Harnstoffzyklus. Damit ist Harnstoff ein echtes Syntheseprodukt der Leber. Seine Synthese geht mit hohem Energieverbrauch einher. Die Ausgangsmoleküle sind Ammoniumionen, Aspartat und Hydrogenkarbonat. Harnstoff ist wasserlöslich und damit leicht über das Blut abzutransportieren und über die Nieren auszuscheiden. Der Umstand, dass der Organismus bereit ist, Harnstoff als Ausscheidungsprodukt unter Einsatz von viel Energie zu bilden, unterstreicht die Notwendigkeit einer effizienten Ammoniumentgiftung. Unter physiologischen Bedingungen erreicht der Harnstoffzyklus nur etwa 60 % seiner Gesamtkapazität. Die hohe Reservekapazität ist erschöpft, wenn mehr als 60 % des Lebergewebes funktionslos sind. Erkrankungen der Leber, die mit einem Verlust an funktionsfähigem Parenchym einhergehen (Zirrhose, Neoplasie), oder vaskuläre Erkrankungen, bei denen das Leberparenchym umgangen wird (portosystemischer Shunt), können zu einer erniedrigten Harnstoffsynthese führen. Die Sensitivität der Harnstoffmessung in Bezug auf Lebererkrankungen ist allerdings niedrig. Grund dafür ist zum einen die hohe Reservekapazität der Leber; zum anderen wird die Harnstoffkonzentration durch zahlreiche weitere Prozesse beeinflusst wie Veränderungen des Hydratationsstatus, der Diurese, der Proteinaufnahme mit der Nahrung sowie gastrointestinale Blutungen (weitere Informationen: s. Kap. 25).

Proteinstoffwechsel

Durch Synthese und Abbau von Körperproteinen kommt der Leber im Proteinmetabolismus eine zentrale Aufgabe zu. In Bezug auf die Leberdiagnostik hat von den Plasmaproteinen **Albumin** die größte Bedeutung. Es wird ausschließlich in der Leber synthetisiert. Seine Syntheserate wird durch Hormone (Kortisol und Thyroxin) sowie den onkotischen Druck gesteuert. Die Plasmakonzentration von Albumin wird durch Synthese, Abbau und Verlust beeinflusst. Störungen der Leberfunktion können sich

Tab. 15.9 Referenzbereiche für die Cholestasemarker AP und γ-GT (nach Kraft und Dürr 2005, Kanecko et al. 2009)

Cholestasemarker	Hund	Katze	Pferd	Rind	Schaf	Ziege	Schwein
AP (IU/l)	bis 108	bis 140	bis 250	bis 300	bis 100	bis 340	bis 170
γ-GT (IU/l)	bis 5	bis 5	bis 25	bis 50	bis 32	bis 23	bis 45

15

bei einem Verlust an funktionsfähigem Parenchym von 50–80 % erkennbar auf die Albuminkonzentration auswirken. Die Folgen einer Hypoalbuminämie sind in erster Linie an den Veränderungen des onkotischen Druckes zu erkennen, bei finalen Lebererkrankungen führt dies zur Bildung von Ödemen oder Aszites. Die Genese der Aszitesbildung bei Lebererkrankungen im Finalstadium lässt sich allerdings nicht ausschließlich über den verminderten onkotischen Druck infolge der Hypoalbuminämie erklären. Ein weiterer wichtiger pathophysiologischer Mechanismus ist die häufig parallel vorhandene portale Hypertension. Dabei kommt es zu einem Anstieg des Portalvenendruckes und dem Übertritt von Plasma in die Bauchhöhle. Ebenfalls klinisch bedeutend ist der Einfluss der Leber auf die Hämostase. Die zentrale Funktion der Leber in Bezug auf die Hämostase ergibt sich aus der Synthese aller **Gerinnungsfaktoren**, mit Ausnahme des Faktors VIII und Kalziums. Darüber hinaus werden auch zahlreiche Faktoren des fibrinolytischen Systems, wie Plasminogen, Antithrombin III und α_2-Makroglobulin in der Leber gebildet. Ein weiterer Einfluss der Leber auf die Blutgerinnung ergibt sich aus der Tatsache, dass die Faktoren II, VII, IX und X durch eine Vitamin-K-abhängige Carboxylierungsreaktion aktiviert werden. Vitamin K wiederum wird abhängig von den Gallensäuren im Dünndarm resorbiert. Dieser Mechanismus kann bei Lebererkrankungen gestört sein. Als Folge der beschriebenen Einflüsse der Leber auf die Blutgerinnung, gehört die Beurteilung der Gerinnungsfähigkeit zu den Leberfunktionstests. Da die Leber fast alle Gerinnungsfaktoren synthetisiert, kann es bei einer Lebererkrankung zu einer Störung beider Systeme, dem intrinsischen und dem extrinsischen, kommen. Da der Faktor VII mit etwa 6 Stunden die kürzeste Halbwertszeit von allen Gerinnungsfaktoren hat, gilt die Bestimmung der Prothrombinzeit (PT) als klinischer Parameter der Leberfunktion. Der Einfluss der Leber auf die Blutgerinnung macht es notwendig, vor der Entnahme von Biopsien die Blutgerinnung zu überprüfen (**Tab. 15.10**). Weitere Einzelheiten über die Bestimmung und Interpretation von Proteinen und Gerinnungsfaktoren: s. Kap. 13 und 18.

Tab. 15.10 Parameter zur Beurteilung der Blutungsgefahr bei Leberbiopsien und Bereiche für ein erhöhtes Blutungsrisiko beim Hund

Parameter	Blutungsrisiko erhöht
Thrombozytenzahl	< 50 000/µl
PT*	zweifacher oberer Referenzwert
aPTT**	zweifacher oberer Referenzwert
Fibrinogen	< 1 g/l (2–4 g/l)

* PT: Prothrombinzeit
** aPTT: aktivierte partielle Thromboplastinzeit

Ein weiteres Syntheseprodukt der Leber, welches bei Hepatopathien reduziert im Serum gemessen werden kann, ist der **Insulin-like-Growth-Faktor I** (IGF I). IGF I wird unter dem Einfluss von Wachstumshormon in der Leber synthetisiert. In der Peripherie geht ein Teil der anabolen Wirkung von Wachstumshormon auf IGF I zurück. Unterschiedliche Hepatopathien wie portosystemische Shunts, Lebertumoren oder Hepatitiden wirken sich nach unterschiedlichen Studien auf die IGF-I-Serumkonzentration aus (Neumann et al. 2007a).

Aminosäurestoffwechsel

Der Aminosäurepool im Körper setzt sich aus den enteral resorbierten und beim Abbau von Körperproteinen anfallenden Aminosäuren zusammen. Resorbierte Aminosäuren müssen die Leber passieren, dabei unterliegen sie zahlreichen Stoffwechselvorgängen. Der Abbau von Körperprotein findet ebenfalls zum Teil in der Leber statt. Aus beiden Gründen kann ein Einfluss der Leber auf den Aminosäurepool im Körper angenommen werden. Aus klinischer Sicht besonders interessant ist der Stoffwechsel der essenziellen Aminosäuren. Diese Aminosäuren, zu denen die verzweigtkettigen Aminosäuren Valin, Leucin und Isoleucin sowie die aromatischen Aminosäuren Phenylalanin und Tyrosin gehören, synthetisiert der Körper nicht selbst. Der Aminosäurepool dieser Aminosäuren kann nur über eine enterale Resorption aufgefüllt werden. Danach passieren diese zwangsläufig die Leber. Während die verzweigtkettigen Aminosäuren in der Leber kaum Veränderungen erfahren, werden die aromatischen Aminosäuren in der Leber zum Teil abgebaut. Lebererkrankungen führen in der Regel in der insuffizienten Phase zu erkennbaren Veränderungen im Aminosäurepool. Meist können in der insuffizienten Leber die aromatischen Aminosäuren nicht adäquat abgebaut werden, wodurch deren Konzentration im Blut im Vergleich zu den verzweigtkettigen Aminosäuren ansteigt. Das Verhältnis kann von etwa 4 : 1 (verzweigtkettig : aromatisch) auf Werte unter 1 : 1 fallen. Die alleinige Messung von Phenylalanin bietet einen ausreichenden Hinweis auf die Leberfunktion, sodass dieser Parameter in praxi stellvertretend für die Aminosäuren gemessen werden kann. Phenylalanin ist auch deshalb interessant, weil es ein Vorläufer von Phenylethanolamin ist, welches eine pathogenetische Bedeutung beim hepatoenzephalen Syndrom besitzt.

Indikationen, Phenylalanin

- Hepatopathien mit Funktionsinsuffizienz (chronische Hepatitiden, Zirrhose, Lebertumoren)
- Bewertung des hepatoenzephalen Syndroms

Material, Prinzip und Technik

Phenylalanin kann im Serum bestimmt werden. Ein Transport zum Labor wirkt sich nicht auf die Serumkonzentration aus. Die Messung des Phenylalanins erfolgt mittels Chromatografie.

Referenzbereich, Hund

Der Referenzbereich für Phenylalanin im Serum des Hundes liegt zwischen 30 und 87 µmol/l (Neumann et al. 2007b).

Bewertung

Lebererkrankungen unterschiedlicher Genese können zu erhöhten Phenylalaninkonzentrationen im Serum führen. Die Sensitivität beträgt in einer Studie beim Hund 75 % für Hepatitiden und 80 % für Lebertumoren, Die Spezifität liegt bei 90 % (Neumann et al. 2007b).

Exkretionsmarker

Die Funktion der Leber als Ausscheidungsorgan beruht auf der Bildung von Galle. Zahlreiche endogene und exogene Substanzen (Xenobiotika) werden in den Hepatozyten biotransformiert und anschließend über die Galle ausgeschieden. Die Vorläufer der Exkretionsprodukte werden von den Hepatozyten an der sinusoidalen Membran aus dem Blut aufgenommen. In den Hepatozyten findet die Biotransformation statt, bei der die meist hydrophoben Ausgangsmoleküle in zwei Phasen zu hydrophilen Molekülen umgebaut werden. Die Phase I beinhaltet die Aktivierung der Ausgangsmoleküle durch

Oxidations- oder Reduktionsreaktionen. In der Phase II findet die Bindung an hydrophile Moleküle wie Glukuron- oder Schwefelsäure statt. Anschließend werden die Moleküle an der kanalikulären Hepatozytenmembran über verschiedene Transportproteine (z. B. MDR, multi drug resistent) in die Gallekanälchen abgegeben. Neben solchen Ausscheidungsprodukten setzt sich die Galle überwiegend aus Wasser, Bilirubinen, Gallensäuren und Cholesterinen zusammen. Dementsprechend werden Gallensäuren und Bilirubine als Exkretionsmarker genutzt.

Bilirubin

Bilirubin ist ein Abbauprodukt des Hämoglobins. Seine Synthese ist ein Schritt beim Abbau des Porphyrinringes (Häm). Zunächst wird bei diesem Abbau, der unter natürlichen Bedingungen im Rahmen der Zellmauserung im mononukleären Phagozytensystem (MPS) stattfindet, Biliverdin gebildet. Unter der Katalyse der Biliverdinreduktase wird Biliverdin zu Bilirubin (I) reduziert. Dieses wird, da hydrophob, an Albumin gebunden vom Ort seiner Entstehung zur Leber transportiert. Dort findet durch Glukuronidierung die Konjugation von wasserunlöslichem zu wasserlöslichem Bilirubin (II) statt. Letzteres gelangt über das Gallengangsystem in den Darm, wo es weiter zu Sterkobilin reduziert und ausgeschieden wird (**Abb. 15.5**). Ein geringer Teil gelangt über den enterohepatischen Kreislauf zurück zur Leber. Der überwiegende Teil des in der Leber gebildeten Bilirubins entstammt dem Hämoglobinabbau, andere Quellen sind Zytochrome.

Eine Erhöhung der Bilirubinkonzentration im Blutserum kann durch Hepatopathien oder Hämolysen verursacht sein. Prinzipiell wird bei einer durch Hämolyse bedingten Erhöhung der Bilirubinserumkonzentration (Hyperbilirubinämie) in erster Linie hydrophobes Bilirubin (I) und bei leberbedingter Hyperbilirubinämie eher hydrophiles Bilirubin (II) im Blut nachzuweisen sein. Allerdings ist die klare Differenzierung schwierig, da die Übergänge fließend sind. Aufgrund seiner Farbe erzeugt Bilirubin bei einer erhöhten Blutkonzentration einen »Ikterus«. Ab einer Serumkonzentration von etwa 2 mg/dl (34 µmol/l) ist dieser klinisch an der Gelbfärbung der Skleren erkennbar. Je nach Lokalisation der Entstehung wird ein prähepatischer, hämolytischer Ikterus vom intrahepatischen und dieser vom posthepatischen, cholestatischen Ikterus unterschieden. Der Ikterus ist in erster Linie ein Symptom, kann aber auch Folgeerkrankungen erzeugen. Unter dem Einfluss einer erhöhten Bilirubinkonzentration können sich in den Gallengängen Pigmentkristalle oder sogar

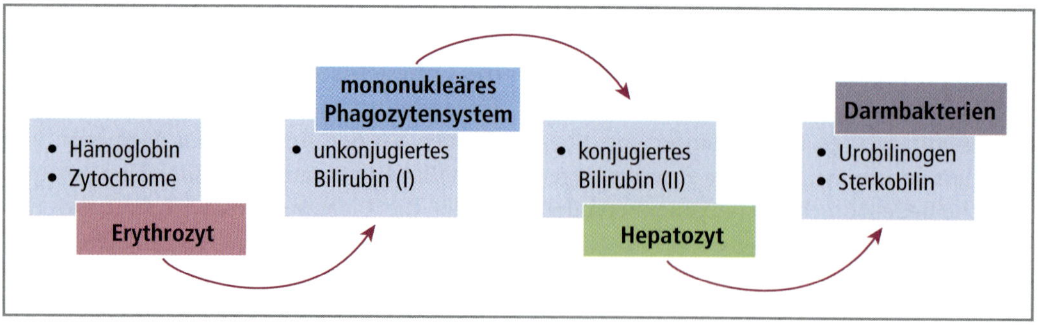

Abb. 15.5 Bilirubinstoffwechsel

Pigmentgallensteine bilden. Schließlich zeigt hydrophobes Bilirubin toxische Eigenschaften durch Hemmung der RNA- und Proteinsynthese, sowie der ATPasen.

Indikationen

- Lebererkrankungen
- Ikterus
- Anämie

Material und Prinzip

Die Bestimmung ist in Serum und Plasma möglich. Ein Übernachttransport zur Messung ist möglich. Die Messung kann mittels der Dichlorphenyldiazonium-Methode oder der Methode nach Jendrassik-Grof durchgeführt werden. Bestimmt wird in der Regel Gesamtbilirubin und konjugiertes Bilirubin (II), während unkonjugiertes Bilirubin (I) berechnet wird.

Technik

Bilirubin kann sowohl nass- als auch trockenchemisch gemessen werden. Dabei werden Gesamtbilirubin und Bilirubin (II) gemessen und Bilirubin (I) errechnet.

Referenzbereiche

Die Referenzbereiche sind in **Tabelle 15.11** zusammengefasst. Der sehr große Referenzbereich für Gesamtbilirubin beim Pferd ergibt sich aus großen Rasseunterschieden. Diese folgen dem Prinzip: Je »höher das Pferd im Blut steht«, desto höher ist der Referenzbereich.

Umrechnungsfaktoren

- SI-Einheit: × 17,104 (µmol/l)
- konventionelle Einheit: × 0,0585 (mg/dl)

Bewertung, erhöhte Blutkonzentration

▶ Gesamtbilirubin ↑
- Hepatopathie
- Hämolyse
- Cholestase

▶ unkonjugiertes Bilirubin (I) ↑
- prähepatischer Ikterus
- Hungerzustände (Pferd, Rind)

▶ konjugiertes Bilirubin (II) ↑
- hepatischer Ikterus
- posthepatischer Ikterus

Prinzipiell kann die Bestimmung von Gesamtbilirubin, unkonjugiertem (I) sowie konjugiertem (II) Bilirubin genutzt werden, um unterschiedliche Krankheiten zu differenzieren. Es muss aber klar gesagt werden, dass die Übergänge fließend sind und meist die Bestimmung der Bilirubine allein nicht ausreicht.

Gallensäuren

Die Gallensäuren gehören zur Gruppe der Steroide und werden aus Cholesterin synthetisiert. In den Hepatozyten werden zunächst die sog. **primären Gallensäuren** gebildet. Diese werden über die Galle in den Darm ausgeschieden. Dort werden unter dem Ein-

Tab. 15.11 Referenzbereiche für Gesamtbilirubin (nach Kraft und Dürr 2005, Kanecko et al. 2009)

Gesamtbilirubin	Hund	Katze	Pferd	Rind	Schaf	Ziege	Schwein
mg/dl	bis 0,2	bis 0,2	0,5–3,5	bis 0,3	bis 0,4	bis 0,4	bis 0,25
µmol/l	bis 3,4	bis 3,4	8,6–59,9	bis 5,0	bis 6,8	bis 6,8	bis 4,3

fluss bakterieller Enzyme Hydroxylgruppen abgespalten, welche zur Bildung der sog. **sekundären Gallensäuren** führen.

Im Darm übernehmen die Gallensäuren eine wichtige Funktion bei der Verdauung von Lipiden und fettlöslichen Vitaminen. Die Gallensäuren sind an der Bildung von Mizellen beteiligt, die die Resorption der Lipide ermöglichen. Der Gallensäurenpool wird ständig durch Neusynthese von Gallensäuren aufgefüllt. Trotzdem verhält sich der Organismus in Bezug auf die Gallensäuren konservativ und versucht, den enteralen Verlust zu minimieren. Dies geschieht, indem die Gallensäuren zu 90–95 % über den enterohepatischen Kreislauf wieder der Leber zugeführt werden (**Abb. 15.6**). Die im Portalblut enthaltenen Gallensäuren werden in der Leber überwiegend von den Hepatozyten auf der sinusoidalen Membran durch aktiven Transport aufgenommen und an der Basalmembran in die Gallenkanälchen ebenfalls über aktive Transportmechanismen sezerniert. Prozesse in der Leber, die zu einer verminderten Durchblutung des Organs führen, wie z. B. portosystemische Umgehungskreisläufe, stören den Gallensäurenkreislauf und führen zu einer erhöhten Serumkonzentration der Gallensäuren. Weiterhin bewirken auch Hepatopathien durch Transportstörungen an der Hepatozytenmembran eine Erhöhung der Serumkonzentration. Die Bestimmung der Serum-Gallensäuren hat sich als Leberfunktionstest in den letzten Jahren manifestiert.

Indikationen

- Hepatopathien unterschiedlicher Genese
- portosystemische Shunts
- intra- und extrahepatische Cholestasen

Material

Serum

Ein Übernachttransport zum Labor wirkt sich nicht auf die Gallensäurenkonzentration aus.

Prinzip

Gallensäuren werden im Serum als Gesamtgallensäuren gemessen. Bestimmt werden Gallensäuren 12 Stunden nach einer Mahlzeit oder Gallensäuren postprandial, 2 Stunden nach einer Mahlzeit. Letztere Bestimmung ist zu favorisieren, da durch Nahrungsaufnahme die Galleentleerung stimuliert wird und damit die Gallensäurenkonzentration besser eingeschätzt werden kann (**Tab.15.12**). Bei inappetenten Hunden können die Gallensäuren nach Ceruletidgabe gemessen werden. Ceruletid ist ein Cholezystokinin-Analogon, welches die Gallenblasenentleerung stimuliert.

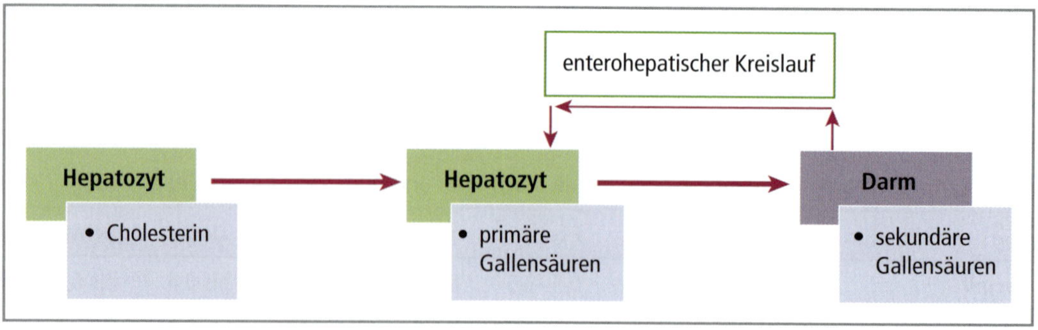

Abb. 15.6 Gallensäurenstoffwechsel

Tab. 15.12 Vorgehen zur Bestimmung postprandialer Gallensäuren beim Hund

Zeit	Vorgehen
0	1. Probenentnahme, Fütterung (100–300 g Rinderhack + 1–3 Teelöffel Olivenöl + 1 Eigelb)
2 Stunden	2. Probenentnahme

Die Methodik der Gallensäurenbestimmung ist eine enzymatische, bei der NAD^+ zu NADH umgesetzt wird. Letzteres reagiert mit Nitrotetrazoliumblau zu Formazon, welches fotometrisch bestimmt wird.

Technik

Die Untersuchungstechnik ist entsprechend den Herstellerangaben durchzuführen. Derzeit können Gallensäuren nur nasschemisch gemessen werden.

Referenzbereiche

Die Referenzbereiche für die Gallensäuren (nüchtern und postprandial) gehen aus der **Tabelle 15.13** hervor.

Bewertung

▶ Blutkonzentration der Gallensäuren ↑
- portosystemische Shunts (kongenital oder erworben)
- Lebertumoren
- Leberzirrhose
- Hepatitiden
- Cholestase

Die Gallensäuren stellen einen zuverlässigen Parameter zur Überprüfung der Leberfunktion dar. Höchste Konzentrationserhöhungen sind bei schwerwiegenden Parenchymveränderungen zu erwarten, die die Hepatozytenfunktion beeinträchtigen und bereits vaskuläre Veränderungen im Organ verursacht haben (z. B. Zirrhose). Gleichermaßen hohe Konzentration findet man bei portosystemischen Kollateralverbindungen. Die genaue Ursache der Hepatopathie lässt sich allerdings auch nicht durch die Bestimmung der Gallensäuren ermitteln.
Verschiedene Einflussfaktoren müssen bei der Interpretation der Gallensäuren berücksichtigt werden. Störungen der intestinalen Passage sowie Resorptionsstörungen im distalen Ileum stören die enterohepatische Zirkulation der Gallensäuren und können zu falsch erniedrigten Werten führen. Neuere Studien zeigen, dass die Messung der Gallensäuren im Urin ebenfalls zum Nachweis hepatobiliärer Krankheiten beim Hund genutzt werden kann. Bisher zeigt die Uringallensäurenmessung allerdings keinen klaren Vorteil gegenüber der Serummessung (Balkman et al. 2003).

Tab. 15.13 Referenzbereiche der Gallensäuren (nach Willard et al. 1999, Kraft und Dürr 2005, Kanecko et al. 2009)

Gallensäuren	Hund	Katze	Pferd	Rind	Schaf	Ziege	Schwein
nüchtern (µmol/l)	bis 20	bis 18	bis 12	10–25	–	–	bis 22
postprandial (µmol/l)	bis 25	bis 25	–	–	–	–	–

Ammoniak

Der Harnstoffzyklus dient dem Abbau von giftigem Ammoniak zu ungiftigem Harnstoff. Die Leber als Zentrum des Harnstoffzyklus bekommt dabei Ammoniak aus den Körperressourcen, besonders aber aus dem Darm, zugeführt. Letzterer, sog. exogener Ammoniak, entsteht beim Abbau von Eiweiß durch Mukosa- oder mikrobielle Enzyme. Ammoniak gilt als gefährliches Zellgift. Einen Großteil seiner Zytotoxizität entwickelt Ammoniak im Gehirn. Unter dem Einfluss von Ammoniak werden der Aminosäuretransport durch die Blut-Hirn-Schranke sowie die Na-K-ATPase gestört. Weiterhin stört Ammoniak den zerebralen Energiestoffwechsel. Darüber hinaus kommt es zur Schwellung der Astrogliazellen, bedingt durch eine gesteigerte Glutaminsynthese und -speicherung.
Der erhöhten Ammoniakkonzentration in Blut und Gehirn wird eine Funktion bei der Pathophysiologie des hepatoenzephalen Syndroms zugeschrieben.

> Das **hepatoenzephale Syndrom** ist eine reversible Funktionsstörung im Zentralnervensystem, bei gleichzeitig bestehender Leberfunktionsstörung.

Ursächlich kommen schwere Leberfunktionsstörungen, z. B. infolge zirrhotischer oder neoplastischer Umbauprozesse, mit Verlust von funktionsfähigem Parenchym infrage. Häufiger, insbesondere beim Hund, sind ursächlich vaskuläre Lebererkrankungen im Sinne portosystemischer Umgehungskreisläufe der Leber zu sehen. In diesen Fällen wird die entgiftende Leberfunktion teilweise umgangen und Portalblut gelangt »ungefiltert« in den systemischen Kreislauf. Dabei steigt die Konzentration bestimmter Zellgifte, unter anderem Ammoniak, im Blut an.

Neben Ammoniak sind an der Genese des hepatoenzephalen Syndroms noch weitere Moleküle beteiligt. Beschrieben sind unter anderem γ-Aminobuttersäure (GABA), kurzkettige Fettsäuren (z. B. Oktansäure), Phenole und Merkaptane.

Indikationen

- Verhaltensänderungen
- Minderwuchs
- Konvulsionen und Krampfanfälle
- hepatoenzephales Syndrom
- portosystemischer Shunt
- Hepatopathien unterschiedlicher Genese

Material

Ammoniak sollte unmittelbar nach der Blutentnahme bestimmt werden. Bis zur Messung, die vornehmlich im Plasma durchgeführt werden sollte, muss die Probe auf Eis gekühlt werden, damit falsch erhöhte Ammoniakkonzentrationen ausgeschlossen werden können. Zur Bestimmung stehen einige Testsysteme für die Praxis zur Verfügung.

Prinzip

Das Prinzip der Messung ist die Reaktion von α-Ketoglutarat mit Ammoniumionen unter Beteiligung von NADPH. Die Abnahme der NADPH-Konzentration ist zur Ammoniumkonzentration proportional und kann fotometrisch bestimmt werden.

$$\alpha\text{-Ketoglutarat} + \text{NADPH} + NH_4^+ \xleftrightarrow{\text{GLDH}} \text{L-Glutamat} + \text{NADP}^+ + H_2O$$

Technik

Zur Technik sind die Vorgaben der Hersteller zu beachten.

Referenzbereiche

Die Referenzbereiche sind in **Tabelle 15.14** zusammengefasst.

15

Tab. 15.14 Referenzbereiche von Ammoniak (nach Kraft und Dürr 2005, Kanecko et al. 2009)

Ammoniak	Hund	Katze	Pferd	Rind	Schaf	Ziege	Schwein
μmol/l	bis 59	bis 59	bis 41	bis 41	–	–	bis 80

Umrechnungsfaktoren

- SI-Einheit: × 0,5872 (μmol/l)
- konventionelle Einheit: × 1,703 (μg/dl)

Bewertung

▶ Ammoniak ↑

- portosystemischer Shunt
- Hepatopathien mit vaskulärer Insuffizienz (z. B. Leberzirrhose)
- Enzymdefekt im Harnstoffzyklus (selten beim Hund)

Bei *unklaren Ammoniakkonzentrationen* kann ein **Ammoniumtoleranztest** durchgeführt werden (**Tab. 15.15**). Das Testprinzip beruht auf der Gabe von Ammoniumsalzen und dem Nachweis von Ammoniak 30 Minuten nach der Gabe. Die Ammoniumlösung kann oral oder tief rektal verabreicht werden. Die rektale Verabreichung hat den Vorteil, dass die Hunde die Lösung nicht erbrechen können. Der Ammoniak wird nach Gabe im Darm resorbiert und der Leber zugeführt. Eine gesunde Leber baut den zugeführten Ammoniak fast vollständig ab, sodass bei einer Messung nach 30 Minuten kein oder nur ein geringer Unterschied zur Ammoniakkonzentration vor der Gabe besteht. Bei einer insuffizienten Leber oder einem portosystemischen Shunt sind die Ammoniakkonzentrationen nach 30 Minuten deutlich erhöht (mindestens der doppelte Basalwert).

Tab. 15.15 Ammoniumtoleranztest

Zeit	Vorgehen
0	1. Probenentnahme, 2 ml/kg 5 % NH_4Cl Lösung, per os (Magensonde) oder tief rektal
30 Minuten	2. Probenentnahme

Hämatologie

Rotes Blutbild

Erkrankungen der Leber wirken sich unspezifisch auf das rote Blutbild aus. Eine nichtregenerative Anämie aufgrund chronischer Krankheitsprozesse ist das häufigste Erscheinungsbild. Hinsichtlich der morphologischen Beurteilung der Erythrozyten werden bei Lebertumoren mitunter Schistozyten (fragmentierten Erythrozyten) im Ausstrich gefunden. Targetzellen (Erythrozyten mit zentraler Verdichtung, »Schießscheibenzellen«) können Folge von Störungen im hepatischen Lipoproteinmetabolismus sein. Durch Störungen in der Hämoglobinsynthese bei Hyperammoniämie entwickelt sich eine Mikrozytose, die somit kennzeichnend sein kann für einen portosystemischen Shunt. Bei der Katze findet man im Zusammenhang mit dem portosystemischen Shunt eine Poikilozytose.

Weißes Blutbild

Noch unspezifischer als das Rote Blutbild stellt sich das weiße Blutbild bei Veränderungen der Leber dar. Hauptsächlich findet man bei Entzündungen der Leber eine periphere Leukozytose mit Kern-Linksverschiebung.

15

Harnuntersuchung

Die für die Leberdiagnostik relevanten Parameter bei der Harnuntersuchung sind die Bestimmung von Bilirubin und Urobilinogen und die Untersuchung des Harnsedimentes auf Kristalle.
Schon makroskopisch lässt sich ein erhöhter Bilirubingehalt durch eine stärkere Harnfärbung erkennen (Pigmenturie). Eine verstärkte Färbung kann aber auch durch andere Farbstoffe wie Urobilin, Urochromogen, Urochrom und Uroerythrin bedingt sein. Die Färbung des Harns ist auch abhängig vom spezifischen Gewicht. Das konjugierte Bilirubin (II) und das Urobilinogen können über verschiedene Schnelltestverfahren bestimmt werden. Die Nierenschwelle für konjugiertes Bilirubin (II) ist beim Hund sehr niedrig. Da zusätzlich Nierentubuluszellen Bilirubin produzieren können, ist der Nachweis geringer Mengen Bilirubin beim Hund kein sicherer Hinweis auf eine Hyperbilirubinämie. Ein negativer Bilirubinnachweis im normal konzentrierten Harn spricht jedoch zuverlässig für einen normalen Serumbilirubinspiegel. Urobilinogen entsteht bei der Oxidation von Bilirubin durch Darmbakterien und wird zu ca. 20 % im Dünndarm rückresorbiert. Ein Großteil des resorbierten Urobilinogens wird über den enterohepatischen Kreislauf zur Leber transportiert und wieder über die Galle ausgeschieden, der Rest wird über die Nieren ausgeschieden. Urobilinogen wird nur im frischen Harn von Hunden gefunden. Steht der Harn zu lange oder wird er Lichteinstrahlung ausgesetzt, findet eine Umwandlung von Urobilinogen zu Urobilin statt, was durch die üblichen Teststreifen nicht nachgewiesen wird. Der Urobilinogennachweis im Harn spricht gegen das Vorliegen eines Gallengangsverschlusses, denn beim vollständigen Gallengangsverschluss fehlt Urobilinogen im Harn.

Im konzentrierten Harn gesunder Hunde können vereinzelt Bilirubinkristalle auftreten. Uratkristalle sind ein normaler Befund beim Dalmatiner, da bei dieser Rasse die Umwandlung von Harnsäure zu Allantoin in der Leber und die Rückresorption von Uraten in der Niere vermindert sind. Ammoniumbiuratkristalle und amorphe Uratkristalle (Natrium-, Kalium-, Kalzium- und Magnesiumurate, die im sauren Urin amorph präzipitieren) können vereinzelt auch bei gesunden Hunden beobachtet werden, treten aber gehäuft bei Hunden mit portosystemischen Shunts auf. Sie sind von gelber bis gelb-brauner Farbe (Natriumkristalle auch farblos). Ammoniumkristalle haben ein stechapfelförmiges Aussehen.

15.5 Dynamische Funktionstests

Der **Vorteil** dynamischer Funktionstests ist, dass sie Funktionsstörungen meist zeitnah darstellen können. Für den Menschen sind einige Funktionstests beschrieben, beim Tier ist deren Zahl deutlich reduziert. Historisch hatten der Bromsulphthalein und der Indozyangrün-Test eine gewisse Bedeutung als dynamische Funktionstests beim Hund. Diese Tests sind heute nicht mehr im klinischen Einsatz.
Neben den Gallensäuren postprandial und dem Ammoniumtoleranztest (s. S. 271) gibt es derzeit einige Ansätze für dynamische Funktionstests beim Hund wie den Aminopyrintest, den Galaktose-Atemtest und den MEGX-Test. Prinzip der beiden ersten Tests ist die Verabreichung eines radioaktiv markierten Moleküls, welches in der Leber abgebaut wird. Dabei wird $^{14}CO_2$ freigesetzt, welches in der Atemluft gemessen werden kann. Entsprechend der Theorie, wäre bei Hepatopathien durch eine eingeschränkte

Organfunktion die $^{14}CO_2$-Konzentration in der Atemluft reduziert. Für den Aminopyrintest gibt es Angaben zu gesunden Hunden und zum Handling der Proben sowie eine Übersichtsarbeit zu klinisch kranken Hunden (Chiaramonte et al. 2003). Der Galaktose-Atemtest wurde in einer Studie vergleichend zwischen gesunden Hunden und Hunden mit Hepatopathien untersucht. Leider konnten in dieser Studie keine signifikanten Unterschiede zwischen beiden Gruppen beobachtet werden. Der MEGX-Test untersucht schließlich den Abbau von Lidocain in der Leber. MEGX (Monoäthylglyzinxylidid) ist ein Abbauprodukt von Lidocain in der Leber. Maßgeblich für diesen Abbau ist Cytochrom P450. Bei Menschen mit Lebererkrankungen ist die MEGX-Synthese reduziert. Bei Hunden gibt es bisher eine Untersuchung, die die MEGX-Formation bei gesunden Hunden untersuchte und einen orientierenden Referenzbereich festgelegt hat (Neumann et al. 2011). Zusammenfassend kann gesagt werden, dass derzeit keine neuen dynamischen Funktionstests für die diversen Haustierspezies etabliert sind.

Häufige Hepatopathien mit diagnostischen Hinweisen

Bei unterschiedlichen Krankheiten ergeben sich differente Veränderungen der untersuchten Parameter. Da Krankheiten aber dynamische Prozesse sind, unterliegen die Veränderungen gewissen Variationen. In der **Tabelle 15.16** sind einige häufige Hepatopathien dargestellt mit Veränderungen einiger Untersuchungsparameter. Die gezeigten

Tab. 15.16 Veränderungen der gebräuchlichsten Leberparameter bei unterschiedlichen Lebererkrankungen

Krankheit	Leberenzyme	Cholestasemarker	Gallensäuren	Albumin	Diagnose
akutes Leberversagen	+++	+	++	o. B.	Zyto/Histo
akute Hepatitis	+++	+	+	o. B.	Zyto/Histo
chronische Hepatitis	+/++	++	++	–	Zyto/Histo
Leberdegeneration	+/++	+	o. B.	o. B.	Zyto/Histo
Zirrhose	+	++	+	–	Zyto/Histo
primärer Lebertumor	++	++	+/++	o. B.	Zyto/Histo
Lymphom	++	+	+	o. B.	Zyto/Histo
portosystemischer Shunt	+	+	+++	–	Ultraschall

+ = geringgradig erhöht, ++ = mittelgradig erhöht, +++ = hochgradig erhöht, – = erniedrigt, o. B.= unverändert, Zyto/Histo = Zytologie, Histologie

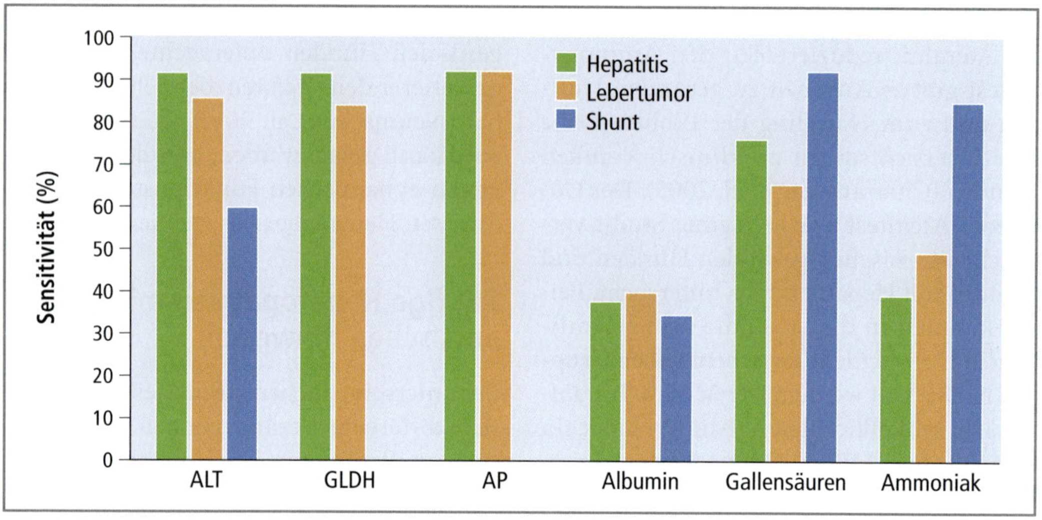

Abb. 15.7 Sensitivität einiger Leberparameter bei unterschiedlichen Hepatopathien des Hundes (Center 1996, Neumann 2005, Ruland et al. 2010)

Veränderungen sind nicht statisch zu sehen, sondern sollen eine Orientierungshilfe darstellen. Entsprechend sind die Sensitivitäten einiger Leberparameter exemplarisch für den Hund in der **Abbildung 15.7** dargestellt. Häufig kann die endgültige Diagnose erst durch eine zytologische oder histologische Untersuchung gestellt werden. Einzig der portosystemische Shunt lässt sich mit größerer Wahrscheinlichkeit per Ultraschall diagnostizieren.

Literatur

Balkman CE, Center SA, Randolph JF, Trainor D, Warner KL, Crawford MA, Adachi K, Erb HN. Evaluation of urine sulfated and nonsulfated bile acids as a diagnostic test for liver disease in dogs. J Am Vet Med Assoc 2003; 222(10): 1368–75.

Bickhardt K. Kompendium der allgemeinen Inneren Medizin und Pathophysiologie für Tierärzte. Pareys Studientexte 69. Berlin, Hamburg: Parey 1992; 109–114.

Bridger N, Glanemann B, Neiger R. Comparison of postprandial and ceruletide serum bile acid stimulation in dogs. J Vet Intern Med 2008; 22(4): 873–8.

Bush BM. Interpretation of laboratory results for small animal clinicans. Oxford, Boston, St. Louis, Mo: Blackwell Scientific Publications 1991; 238–347.

Chiaramonte D, Steiner JM, Broussard JD, Baer K, Gumminger S, Moeller EM, Williams DA, Shumway R. Use of a 13C-aminopyrine blood test: first clinical impressions. Can J Vet Res 2003; 67(3): 183–8.

Center SA. Diagnostic procedures for evaluation of hepatic disease. In Strombecks Small Animal Gastroenterology. Philadelphia, London, Toronto: Saunders 1996; 130–188.

Cunningham JG, Klein BG. Veterinary physiology. St. Louis: Saunders Elsevier, 2007; 389–407.

Gerritzen-Bruning MJ, van den Ingh, TSGAM, Rothuizen J. Diagnostic value of fasting plasma ammonia and bile acid concentrations in the identification of portosystemic shunting in dogs. J Vet Intern Med 2006; 20(1): 13–9.

Kanecko JJ, Harvey JW, Bruss ML. Clinical biochemistry of domestic animals. San Diego, CA: Academic Press 2009; 351–412.

Kraft W, Dürr UM. Klinische Labordiagnostik in der Tiermedizin. Stuttgart, New York: Schattauer 2005; 145–69.

Neumann S. Epidemiologische, klinische und labordiagnostische Befunde bei Hunden mit Hepatopathien. Kleintierpraxis 2005; 50(11): 695–707.

Neumann S. Möglichkeiten zur Beurteilung des histologischen Grades entzündlicher Lebererkrankungen beim Hund mit dem Quotienten aus ALT+AST/GLDH. Wien Tierärztl Mschr 2007; 94: 158–168.

Neumann S, Welling H, Thuere S. Insulin-like Growth Factor I concentration in dogs with inflammatory and neoplastic liver diseases. J Vet Med Series A 2007a; 54(10): 612–617.

Neumann S, Welling H, Thuere S. Evaluation of serum L-phenylalanine concentration as indicator of liver disease in dogs: a pilot study. J Am Anim Hosp Assoc 2007b; 43(4): 193–200.

Neumann S, Frenz M, Streit F, Oellerich M. MEGX formation in clinical healthy dogs. Can J Vet Res 2011; 75(4): 317–20.

Ruland K, Fischer A, Hartmann K. Sensitivity and specificity of fasting ammonia and serum bile acids in the diagnosis of portosystemic shunts in dogs and cats. Vet Clin Path 2010; 39(1): 57–64.

Stockham SL, Scott MA. Fundamentals of veterinary clinical pathology. Ames: Iowa State Press, 2002; 435–86.

Willard MD, Tvedten H, Turnwald GH. Small animal clinical diagnosis by laboratory methods. Philadelphia: Saunders 1999; 172–207.

WSAVA (World small animal veterinary association) liver standardization group. Standards for clinical and histological diagnosis of canine and feline liver diseases. Edinburgh: Saunders Elsevier 2006; 1–130.

16 Exokrines Pankreas

Reto Neiger

16.1 Einleitung

Das exokrine Pankreas produziert lebenswichtige Verdauungsenzyme sowie Flüssigkeit, um den Magensaft zu neutralisieren. Fast alle Verdauungsenzyme wie Trypsinogen, Proelastase oder Procarboxypeptidase werden als inaktive Zymogene gespeichert und erst im Darmtrakt in die aktiven Enzyme gespalten. Die wichtigsten Erkrankungen des Pankreas sind somit eine Unterfunktion (exokrine Pankreasinsuffizienz) und eine abnormale Sekretion bei Entzündung (Pankreatitis). Letzteres kann akut oder chronisch auftreten. Seltene Probleme wie ein Pankreastumor, eine Pankreasnekrose oder ein Pankreasabszess gehen mit den gleichen Symptomen wie eine Pankreatitis einher und sind labordiagnostisch nicht davon zu unterscheiden.

Sehr oft wird eine Pankreatitis nur als Verdachtsdiagnose gestellt und vermutlich werden die meisten Fälle bei Hunden und Katzen nicht diagnostiziert. Als hauptsächliche Ursache hierfür sind die sehr unspezifischen klinischen Symptome und unspezifische Tests zu nennen sowie eine oft fokale Erkrankung, die mittels bildgebender Verfahren nur schwer oder nicht darzustellen sind. Demgegenüber ist eine exokrine Pankreasinsuffizienz (EPI) mit den heute zur Verfügung stehenden labordiagnostischen Mitteln mit sehr guter Präzision zu diagnostizieren.

16.2 Klassische labordiagnostische Untersuchungen auf EPI und Pankreatitis

Lipase

Die Lipase wird vom Pankreas in aktiver Form gebildet und in den Darmtrakt sezerniert, wo sie bei der Verdauung von Fetten hilft. Zusätzlich wird Lipase von anderen gastrointestinalen Organen produziert wie Darmtrakt oder Magen und ist somit nicht pankreasspezifisch (Simpson et al. 1991).

Material

Serum oder Plasma

Prinzip

meist durch enzymatische Spaltung von Triloein in Monoglyzerid und Ölsäure durch Lipase mit fotometrischer Messung der entstehenden Trübungsabnahme

Referenzbereiche

je nach Labor und Testverfahren

Bewertung

Da Lipase nicht pankreasspezifisch ist, wird der Wert bei einer EPI nicht erniedrigt sein. Zur Diagnose einer Pankreatitis wird meist erst ein Wert größer des zwei- bis fünffachen des oberen Referenzwertes herangezogen.

Nebst einer Pankreaserkrankung (Entzündung, Nekrose, Tumor) führen folgende Erkrankungen zu einer Erhöhung von Lipase:

- Niereninsuffizienz
- Glomerulosklerose
- Leberzellnekrose
- Lebertumor (hepatozelluläres Karzinom, Gallengangskarzinom, Lymphom)
- Hämangiosarkom des Herzens
- Adenokarzinom des Darmes
- Amyloidose
- Verabreichung von Glukokortikoiden (z. B. Dexamethason, Prednisolon)
- Läufigkeit

Bei Katzen kommt es nicht zu einer Erhöhung der Lipase bei Pankreatitis oder zu einer Erniedrigung bei EPI. Daher sollte bei Katzen Lipase nicht bestimmt werden.

Sensitivität und Spezifität

In **Tabelle 16.1** ist die statistische Aussagekraft (Sensitivität und Spezifität) der Lipasebestimmung zur Diagnosestellung einer EPI oder Pankreatitis bei Hund und Katze angegeben.

Tab. 16.1 Bestimmung der Lipase: statistische Aussagekraft zur Diagnosestellung einer EPI oder Pankreatitis bei Hund und Katze

	Hund	Katze
Sensitivität	39–73 %	0 %
Spezifität	55–89 %[1]	? %

1 McCord et al. 2012

Amylase

Amylase ist ein Verdauungsenzym für Kohlenhydrate, das im Pankreas produziert wird. Wie Lipase ist aber auch Amylase nicht pankreasspezifisch und wird auch bei pankreatektomierten Hunden in gleicher Konzentration wie bei gesunden Hunden im Serum gemessen. Bei Katzen mit experimenteller Pankreatitis sank Serumamylase (Kitchell et al. 1986).

Material

Serum oder Plasma

Prinzip

Kalorimetrischer Test, bei dem ein Substrat durch Amylase enzymatisch gepalten wird und die Geschwindigkeit der Farbveränderung sich proportional zur Amylaseaktivität in der Probe verhält.

Referenzbereiche

je nach Labor und Testverfahren

Bewertung

Nur Werte > des Zwei- bis Dreifachen des oberen Referenzwertes sind auf eine Pankreatitis hinweisend. Während die Verabreichung von Glukokortikoiden zu einer Abnahme von Amylase führte (Parent et al. 1982), sind nebst einer Pankreatitis etliche Erkrankungen bekannt, die auch zu einer Erhöhung von Amylase führen wie eine Nierenerkrankung oder eine Hepatopathie. Eine EPI führt nicht zu einer Abnahme von Amylase.
Bei Katzen mit Pankreatitis ist die Amylaseaktivität nicht unterschiedlich zu gesunden Katzen oder solchen mit anderen Erkrankungen (Parent et al. 1995) und somit sollte Amylase bei Katzen nicht gemessen werden.

16

Sensitivität und Spezifität

In **Tabelle 16.2** ist die statistische Aussagekraft (Sensitivität und Spezifität) der Amylasebestimmung zur Diagnosestellung einer EPI oder Pankreatitis bei Hund und Katze angegeben.

Trypsin-ähnliche Immunoreaktivität (TLI)

Trypsinogen wird vom Pankreas als Zymogen produziert und im Darm durch Enteropeptidasen und Autokatalyse zu Trypsin gespalten, ein Enzym, das bei der Verdauung von Proteinen hilft. Bei gesunden Tieren geht ein kleiner Teil des Trypsinogens ins Gefäßsystem, während praktisch kein Trypsin im Serum vorhanden ist. Der TLI-Test misst in erster Linie Trypsinogen, bestimmt aber auch freies und an Proteinaseinhibitoren gebundenes Trypsin. Der Test ist pankreasspezifisch (Simpson et al. 1991). Sowohl für Hunde (cTLI) wie für Katzen (fTLI) sind speziesspezifische Tests entwickelt worden (Williams et al. 1983, Steiner et al. 2000a).

Material

Serum oder Plasma
Trypsinogen und Trypsin sind bei normalen Bedingungen sehr stabil (Tage bis Wochen), sodass die Probe ohne Kühlung verschickt werden kann.

Tab. 16.2 Bestimmung der Amylase: statistische Aussagekraft zur Diagnosestellung einer EPI oder Pankreatitis bei Hund und Katze

	Hund	Katze
Sensitivität	30–78 %	0 %
Spezifität	57–77 %	? %

Prinzip

Sowohl ein Radioimmunoassay (RIA) als auch ein Enzyme-linked Immunosorbent Assay (ELISA) sind erhältlich.

Referenzbereiche

Siehe **Tabelle 16.3**

> Die Referenzbereiche sind zusätzlich abhängig vom Labor und der durchgeführten Bestimmungsmethode.

Bewertung

Der TLI-Test ist der Goldstandard zur Diagnose einer EPI bei Hund und Katze. Werte < 2,5 µg/l beim Hund und < 8 µg/l bei der Katze in Zusammenhang mit der typischen Klinik sind diagnostisch für eine EPI. Werte > 50 µg/l beim Hund und > 100 µg/l bei der Katze in Abwesenheit einer Azotämie sind verdächtig für eine Pankreatitis. Werte im Graubereich (Hund: 2,5–5 µg/l; Katze: 8–12 µg/l) können auf eine subklinische EPI und eine partielle Pankreasazinusatrophie hinweisen (Wiberg et al. 1999) und müssen nachkontrolliert werden. Da eine Fütterung zu einer geringen Erhöhung von TLI führen kann, ist es wichtig, bei Verdacht auf eine EPI nur gefastete (8–12 Stunden) Tiere zu untersuchen (Reidelberger et al. 1984). Die orale Gabe von Pankreasenzymen hat keinen Einfluss auf TLI-Werte.

Tab. 16.3 Referenzbereich für Trypsin-like Immunoreaktivität (TLI) bei Hund und Katze

Hund	Katze
5–35 µg/l	12–82 µg/l

Nebst der einfachen Messung von TLI wurde auch ein TLI-Stimulationstest getestet. Die Gabe von Sekretin oder Cholezystokinin bewirkt hier eine vermehrte Sekretion von TLI. Obschon der Stimulationstest einen signifikanten Unterschied zwischen gesunden und pankreatektomierten Hunden zeigte (Spillmann 1995), ist der Test kaum je nötig aufgrund der sehr guten Genauigkeit der Basalbestimmung.
Eine Pankreatitis kann zu einem erhöhten TLI-Wert führen, der Test ist aber für diese Erkrankung aufgrund der kurzen Halbwertszeit (HWZ) der TLI im Blut nur ungenügend geeignet. Trypsinogen wird über die Nieren ausgeschieden, somit führt eine Azotämie auch zu einem erhöhten TLI-Wert. Zudem kann der Wert bei unterernährten Tieren, bei nodulärer Pankreashyperplasie und bei Erkrankungen des Dünndarms erhöht sein. Durch die bereits erwähnte sehr kurze HWZ ist die TLI bei einer subakuten Pankreatitis falsch negativ.

Sensitivität und Spezifität

In **Tabelle 16.4** ist die statistische Aussagekraft (Sensitivität und Spezifität) des TLI-Testes zur Diagnosestellung einer EPI oder Pankreatitis bei Hund und Katze angegeben.

Pankreatische Lipase-Immunreaktivität (Pancreatic Lipase Immunoreactivity, PLI)

Während Lipase in vielen Organen vorkommt und somit zur Gesamtlipase im Serum beiträgt, konnte kürzlich eine pankreasspezifische Lipase mittels Immunoassay nachgewiesen werden. Immunhistochemische Untersuchungen aus 32 unterschiedlichen Gewebeproben konnten PLI nur in Pankreasazinuszellen nachweisen. Sowohl für Hunde (cPLI) wie für Katzen (fPLI) sind speziesspezifische Tests entwickelt worden (Steiner et al. 2000b, Wilson et al. 2002).

Material

Serum oder Plasma
PLI ist bis zu 21 Tage bei Temperaturen zwischen −80 °C und 25 °C stabil.

Prinzip

Sowohl ein RIA als auch ein ELISA und ein Snap-Test sind erhältlich.

Referenzbereiche

Die Referenzbereiche bei Hund und Katze sind in **Tabelle 16.5** gelistet.

Tab. 16.4 TLI-Test: statistische Aussagekraft zur Diagnosestellung einer EPI oder Pankreatitis bei Hund und Katze

	Hund		Katze	
	EPI	Pankreatitis	EPI	Pankreatitis
Sensitivität	100 %	33 %	85–100 %	33–86 %
Spezifität	100 %	65 %	?	83–90 %

16

Tab. 16.5 Referenzbereich für die pankreatische Lipase (PLI) bei Hund und Katze

Hund	Katze
< 200 µg/l	< 12,9 µg/l

Die Referenzbereiche sind zusätzlich abhängig vom Labor und der durchgeführten Bestimmungsmethode.

Werte > 400 µg/l beim Hund und > 18,1 µg/l bei der Katze sind hochverdächtig für eine Pankreatitis.

Bewertung

Während die cPLI bei einer EPI meist erniedrigt ist, gibt es eine gewisse Überlappung mit gesunden Hunden, weshalb der TLI-Test besser zur Diagnose der EPI geeignet ist. Bei Katzen gibt es keine entsprechenden Untersuchungen.
Für die Pankreatitis ist der PLI-Test zurzeit bei Hund und Katze der genaueste singuläre Test. Nur einer von 25 Hunden mit histologisch nachgewiesener Gastritis war falsch positiv. Eigene Untersuchungen ergaben eine Sensitivität von 71 % und eine Spezifität von 74 % gegenüber einem klinischen Index für Pankreatitis, bestehend aus klinischen, anderen labordiagnostischen und bildgebenden Befunden (Fink und Neiger 2008). Da nicht die Lipaseaktivität, sondern die Immunoreaktivität pankreatischer Lipase gemessen wird, hat die glomeruläre Filtrationsrate keinen Einfluss. Auch Tiere mit einer Azotämie haben einen normalen PLI-Wert. Steroide (endogene und exogene) haben keinen Einfluss auf den PLI-Wert.

Sensitivität und Spezifität

In **Tabelle 16.6** ist die statistische Aussagekraft (Sensitivität und Spezifität) der PLI zur Diagnosestellung einer EPI oder Pankreatitis bei Hund und Katze nachzulesen.

Fäkale Elastaseaktivität im Kot

Elastase im Kot ist pankreasspezifisch. Da sie durch proteolytische Enzyme während der Darmpassage nicht abgebaut wird, ist sie stabil.

Prinzip

ein speziesspezifischer ELISA aus Kot

Referenzbereich

Hund: > 10 µg/g (Spillmann et al. 2001)

Bewertung

Ein Resultat < 10 µg/g in Zusammenhang mit typischen Symptomen ist hochverdäch-

Tab. 16.6 Bestimmung der PLI: statistische Aussagekraft zur Diagnosestellung einer EPI oder Pankreatitis bei Hund und Katze

	Hund		Katze	
	EPI	Pankreatitis	EPI	Pankreatitis
Sensitivität	?	ca. 50 %	?	67 %
Spezifität	99–100 %	ca. 75 %	?	91 %

tig für eine EPI. Da niedrige Elastasewerte öfters auch im Kot von Hunden ohne EPI gemessen werden können, ist der Test v. a. zum Ausschluss einer EPI geeignet, wenn das Resultat > 20 µg/g ist.

16.3 Labordiagnostische Tests ohne klinische Relevanz

Fäkale proteolytische Aktivität

Proteolytische Aktivtäten im Kot können mittels Azacasein, Azoalbumin oder auf gelatinebasierenden Methoden gemessen werden. Kot von mindestens drei Sammelproben muss sofort gefroren und in gefrorenem Zustand (z. B. auf Trockeneis) ins Labor gebracht werden, um einen Verlust der proteolytischen Aktivität im Kot zu vermeiden. Falsch positive Resultate sind trotzdem recht häufig, da auch gesunde Hunde teilweise Kot mit erniedrigter proteolytischer Aktivität ausscheiden. Das Verfüttern roher Sojabohnen und die Untersuchung von Sammelproben aus diesem Kot (Sojabohnen-Stimulationstest) können die Resultate verbessern. Aufgrund der schwierigen Praktikabilität wird dieser Test jedoch kaum noch durchgeführt.

Trypsinogenaktivierungspeptid (Trypsinogen activation peptide, TAP)

Bei der Spaltung von Trypsinogen zu Trypsin wird ein kleines Peptid, das Trypsinogenaktivierungspeptid (TAP), abgespalten. Unter normalen Bedingungen findet dies nur im Duodenum statt, bei einer Pankreatitis wird jedoch Trypsinogen auch in den Azinuszellen aktiviert und TAP ins Gefäßsystem abgegeben. Eine Untersuchung von TAP bei Hunden im Plasma und im Urin (TAP/Kreatinin-Verhältnis) ergab, dass die Bestimmung der TAP-Konzentration nicht genau genug ist, um eine Pankreatitis diagnostizieren zu können (Mansfield et al. 2000). Bei Katzen sind noch nicht genügend Daten vorhanden (Allen et al. 2003), um eine Aussage treffen zu können. TAP ist recht instabil und teuer zu messen, sodass sich diese Untersuchung in der Tiermedizin bisher nicht etablieren konnte.

Tabelle 16.7 gibt einen Überblick über die statistische Aussagekraft der TAP-Bestimmung bei Hund und Katze.

Mikroskopische Kotuntersuchung

Eine EPI führt zu einer verminderten Verdauung von Eiweißen, Kohlenhydraten und Fetten. Infolgedessen setzt das Tier voluminösen fettigen Stuhl ab. Frühere Untersuchungen von Kot auf unverdaute Muskelfasern, vermehrte Stärke (Lugolfärbung) oder

Tab. 16.7 TAP-Bestimmung: statistische Aussagekraft bei Hund und Katze

	Hund		Katze	
	Im Plasma	Im Urin	Im Plasma	Im Urin
Sensitivität	53 %	26 %	100 %	63 %
Spezifität	76 %	100 %	82 %	91 %

16

Fett (Sudan-III-Färbung) sind unspezifisch und weisen lediglich auf eine abnormale gastrointestinale Verdauung hin. Diese Kotuntersuchungen sind zur Diagnose einer EPI obsolet.

Canine pankreatische Elastase 1

Pankreatische Elastase 1 ist pankreasspezifisch und hydrolysiert Elastin und Casein. Ein hundespezifischer monoklonaler Antikörper wurde hergestellt, mit dem Elastase 1 sowohl im **Kot** als auch im **Serum** mittels ELISA nachgewiesen werden kann.
Da sich die Werte von gesunden Hunden mit denen der Tiere mit einer Pankreatitis stark überschneiden, ist der Test alleine kaum aussagekräftig (Korrell 2004), weshalb er auch nicht angewendet wird.
Neuere Untersuchungen zeigen, dass pankreatische Elastase 1 im **Plasma** bei einem Cut-off von 17,2 ng/ml eine Sensitivität von 61 % und eine Spezifität von 95 % zur Diagnose einer akuten Pankreatitis hat (Mansfield et al. 2011).

Paraaminobenzoesäuretest (PABA-Test)

Der PABA-Test wird heute nicht mehr verwendet (für genauere Angaben siehe 6. Auflage des vorliegenden Werkes: Kraft und Dürr 2005, S. 172–3).

Literatur

Allen H, Broussard J, Steiner JM, Mansfield CM, Williams DA. Comparison of clinical utility of different serum and urinary markers for feline pancreatitis. J Vet Intern Med 2003; 17: 453.

Fink T, Neiger R. Sensitivität und Spezifität von pankreatischer Lipase-Immunoreaktivität (cPLI) bei Hunden zur Diagnose einer Pankreatitis. Kleintierpraxis 2008; 53: 580–1.

Kitchell BE, Strombeck DR, Cullen J, Harrold D. Clinical and pathologic changes in experimentally induced acute pancreatitis in cats. Am J Vet Res 1986; 47(5): 1170–3.

Korrell J. Diagnostische und prognostische Relevanz von Laborparametern bei der akuten Pankreatitis des Hundes. Gießen: Dissertation, Fachbereich Veterinärmedizin, Justus-Liebig-Universität Gießen 2004.

Kraft W, Dürr UM, Hrsg. Klinische Labordiagnostik in der Tiermedizin. 6. Aufl. Stuttgart: Schattauer 2005; 172–3.

McCord K, Morely PS, Armstrong J, et al. A multi-institutional study evaluating the diagnostic utility of Spec cPL™ and SNAP® cPL™ in clinical acute pancreatitis in 84 dogs. J Vet Intern Med 2012; 26: 888–96.

Mansfield CS, Jones BR. Trypsinogen activation peptide in the diagnosis of canine pancreatitis (abstract). J Vet Intern Med 2000; 14: 346.

Mansfield CS, Watson PD, Jones BR. Specificity and sensitivity of serum canine pancreatic elastase-1 concentration in the diagnosis of pancreatitis. J Vet Diagn Invest 2011; 23(4): 691–7.

Parent J. Effects of dexamethasone on pancreatic tissue and on serum amylase and lipase activities in dogs. J Am Vet Med Assoc 1982; 180(7): 743–6.

Parent C, et al. Serum trypsin-like immunoreactivity, amylase and lipase in the diagnosis of feline acute pancreatitis. J Vet Intern Med 1995; 9: 194.

Reidelberger RD, O'Rourke M, Durie PR, Geokas MC, Largman C. Effects of food intake and cholecystokinin on plasma trypsinogen levels in dogs. Am J Physiol 1984; 246 (5 Pt 1): G543–9.

Simpson KW, Simpson JW, Lake S, Morton DB, Batt RM. Effect of pancreatectomy on plasma activities of amylase, isoamylase, lipase and trypsin-like-immunoreactivity in dogs. Res Vet Sci 1991; 51(1): 78–82.

Spillmann T, Wiberg ME, Teigelkamp S, Failing K, Chaudry YS, Kirsch A, Eifler R, Westermarck E, Eigenbrodt E, Sziegoleit A. Canine faecal pancreatic elastase (cE1) in dogs with clinical exocrine pancreatic insufficiency, normal dogs and dogs with chronic enteropathies. Eur J Comp Gastroenterol 2001; 5(2): 5–10.

Spillmann T. Zur Diagnostik der exokrinen Pankreasinsuffizienz beim Hund. Gießen: Dissertation, Fachbereich Veterinärmedizin, Justus-Liebig-Universität Gießen 1995.

Steiner JM, Williams DA, Moeller EM, Melgarejo T. Development and validation of an enzyme-linked immunosorbent assay for feline trypsin-like immunoreactivity. Am J Vet Res 2000a; 61(6): 620–3.

Steiner JM, Williams DA. Serum feline trypsin-like immunoreactivity in cats with exocrine pancreatic insufficiency. J Vet Intern Med 2000b; 14(6): 627–9.

Wiberg ME, Nurmi AK, Westermarck E. Serum trypsinlike immunoreactivity measurement for the diagnosis of subclinical exocrine pancreatic insufficiency. J Vet Intern Med 1999; 13(5): 426–32.

Williams DA, Batt RM. Diagnosis of canine exocrine pancreatic insufficiency by the assay of serum trypsin-like immunoreactivity. J Small Anim Pract 1983; 24(9): 583–88.

Wilson BG, Steiner JM, Williams DA. Development and validation of a radioimmunoassay for the measurement of feline pancreatic lipase immunoreactivity (fPLI) in serum (abstract). J Vet Intern Med 2002; 16(4): 384.

17 Magen-Darm-Trakt

Reto Neiger

17.1 Einleitung

Symptome wie Durchfall, Erbrechen, Anorexie oder Schmerzen im Abdomen können durch eine Vielzahl von Problemen im Gastrointestinaltrakt bedingt sein. Diese klinischen Anzeichen werden aber auch durch extraintestinale Ursachen (z. B. metabolische, endokrine oder neurologische Erkrankungen) hervorgerufen. Somit ist es wichtig, mit möglichst geringem Aufwand eine ätiopathogenetische Diagnose zu stellen. Leider helfen labordiagnostische Tests nur bedingt die Diagnose zu finden, denn entweder sind die Tests zu arbeitsaufwendig oder Sensitivität und Spezifität zur Diagnose einer eindeutigen Ursache sind viel zu gering.

Hinweise auf gastrointestinale Erkrankungen in der Hämatologie wie eine mikrozytäre, hypochrome Anämie durch Eisenmangel bei chronischem Blutverlust oder eine Hypoalbuminämie und Hypoglobulinämie im Chemieprofil bei einer Proteinverlustenteropathie sind oft genauso wichtig wie klassische, die Funktion des Gastrointestinaltraktes evaluierende Laboruntersuchungen. Im Rahmen der Blutuntersuchung hilft am einfachsten der Hämatokritwert zur Einschätzung einer Dehydratation (Hämokonzentration) oder Anämie mit nachfolgender entsprechender Behandlung (Infusion, Transfusion). Die Leukozytenzahl und das Differenzialblutbild ermöglichen die Bewertung einer Entzündung und der Immunkompetenz als Hinweis auf weitere therapeutische Maßnahmen (Antiparasitika, Antibiotika). Blutchemische Untersuchungen erfassen neben Anzeichen einer Dehydratation (Serumalbumin erhöht) die Nieren-, Leber- und Stoffwechselparameter, einschließlich der Elektrolyte. Letztere müssen gegebenenfalls substituiert werden. Gelegentlich wird bei akuten Durchfällen auch eine leicht- bis mittelgradige Erhöhung von Leberenzymen wie ALT, AP, GGT oder GLDH, Serumgallensäuren und eventuell von Serumbilirubin begleitend beobachtet. Bildgebende Verfahren, allen voran eine Ultraschalluntersuchung des Abdomens und eine Endoskopie mit Biopsieentnahme zur histologischen Untersuchung, sind meist weitaus spezifischer als spezielle Labortests.

17.2 Klassische labordiagnostische Untersuchungen bei Erkrankungen des Magen-Darm-Traktes

Kotuntersuchung

Infektiöse Erkrankungen gehören zu den häufigsten Ursachen gastrointestinaler Krankheiten (Durchfall, Erbrechen), weshalb eine koprologische Untersuchung unabdingbar ist. Folgende koprologische Testverfahren für Infektionserkrankungen werden häufig durchgeführt:

- parasitologische Untersuchung
  - Direktausstrich mit Anfärbung

  - Flotation und Sedimentation, Zinksulfatzentrifugation
  - ELISA (z. B. *Giardia* spp.)
  - PCR (z. B. *Tritrichomonas foetus*)
- bakteriologische/mykologische Untersuchung
  - Direktausstrich
  - bakteriologische oder mykologische Kulturverfahren
  - Nachweis von Bakterientoxinen (*Clostridien* spp.)
- virologische Untersuchung
  - Elektronenmikroskopie
  - PCR
  - Antigentests (z. B. Parvovirus)

Bewertung

Frischpräparate für Parasiteneier oder Proglottiden sind oft negativ, da Parasiten meist in nur sehr geringer Anzahl im Kot auftreten und teilweise nicht täglich ausgeschieden werden. Es empfiehlt sich somit, Anreicherungsverfahren durchzuführen und diese zudem an aufeinanderfolgenden Tagen zu wiederholen. Die Genauigkeit von Koproantigentests für Giardien ist im Vergleich zu aufwendigeren Methoden des Zystennachweises im Kot praktisch gleich und kann gut empfohlen werden (Rishniw et al. 2010). Das gleiche gilt für PCR-Methoden zum Nachweis von *Tritrichomonas fetus* (Frey et al. 2009).
Ein Direktausstrich von Kot zum Nachweis von Bakterien oder Sporen (z. B. Clostridien) kann nicht empfohlen werden, da Bakterien im Kot normalerweise in riesiger Zahl vorkommen und Sporen auch keinen Hinweis auf eine Infektion mit pathogenen Bakterien geben. Der Nutzen einer Kotbakteriologie wird in letzter Zeit stark bezweifelt, da einerseits bei vielen gesunden Hunden und Katzen dieselbe Prävalenz von enteropathogenen Bakterien im Kot nachgewiesen werden kann wie bei kranken Tieren und andererseits die Genauigkeit der Bakteriologie nicht gut genug ist, um einen positiven Befund auch sicher als positiv zu werten (Cave et al. 2002, Marks et al. 2011). Der Nachweis von fäkalen Endotoxinen mittels Immunoassays ist zwar möglich, doch sind noch keine Untersuchungen beim Kleintier vorhanden, um deren Genauigkeit nachzuweisen und zudem können auch bei gesunden Hunden *Clostridum-perfringens*-Enterotoxine gefunden werden (Marks et al. 2011).

Folsäure

Mit der Nahrung aufgenommene Folsäure wird durch Folsäuredekonjugase, ein Bürstensaumenzym des proximalen Dünndarms, in ein entsprechendes Monoglutamat gespalten. Die Absorption erfolgt durch spezifische Folsäuretransporter in Enterozyten des oberen Dünndarms. Entsprechende Transporter sind nur im proximalen Abschnitt des Dünndarms vorhanden.

Material

Serum

Prinzip

Elektro-Chemilumineszenz-Immunoassay

Referenzbereich

Referenzwerte sind laborabhängig, für Hunde gibt es z. B. Werte von 4–12,5 ng/ml und für Katzen von 9,7–21,6 ng/ml.

Bewertung

Eine erniedrigte Folsäurekonzentration wird v. a. bei Erkrankungen, die die proximale Dünndarmmukosa betrifft, gefunden,

z. T. im Rahmen einer diffusen Enteropathie (z. B. IBD = Inflammatory bowel disease, Lymphom). Eine erhöhte Folsäurekonzentration kann bei einer bakteriellen Überwucherung gefunden werden, da viele Bakterienarten selber Folsäure synthetisieren und in den Darm abgeben können. Da Erythrozyten eine bis zu 10-fach höhere Folsäurekonzentration aufweisen als das Serum, kommt es bei einer Hämolyse zu falsch erhöhten Folsäurewerten. Während eine erniedrigte Folsäurekonzentration Hinweise gibt, dass Folsäure therapeutisch substituiert werden sollte, ist eine erhöhte Konzentration meist nicht sehr aussagekräftig.

Cobalamin (Vitamin B_{12})

Cobalamin kann von Säugetieren nicht produziert werden und muss somit mit der Nahrung aufgenommen werden. Die Absorption ist ein komplizierter, rezeptorabhängiger Mechanismus. In der Nahrung vorliegendes Cobalamin wird durch Pepsin und Magensäure im Magen abgespalten und anschließend sofort an R-Protein aus Speichel und Magensaft gebunden. Dieser Cobalamin-R-Protein-Komplex wird in den Darm transportiert und dort durch eine aus dem Pankreas stammende Proteinase gespalten. Das erneut freie Cobalamin wird an den Intrinsic-Factor gekoppelt, der bei der Katze ausschließlich und beim Hund hauptsächlich aus dem exokrinen Pankreas stammt. Die Absorption von Cobalamin findet schlussendlich ausschließlich im Ileum statt, wo die Enterozyten spezielle Rezeptoren für den Cobalamin-Intrinsic-Factor-Komplex präsentieren. Nicht an Intrinsic-Factor gebundenes Cobalamin wird kaum absorbiert, auch wenn sehr hohe Dosen in der Fütterung verabreicht werden.

Material

Serum

Prinzip

Nebst einem Bioassay werden heute v. a. Radioimmunoassays sowie Elektro-Chemilumineszenz-Immunoassays verwendet. Inaktive Cobalaminanaloga können falsch hohe Werte liefern. Deshalb sollte eine Kochphase die nichtspezifischen Cobalaminbindungen zerstören.

Referenzbereich

Referenzwerte sind laborabhängig, z. T. wird für Hunde ein Wert von 300–800 ng/ml und für Katzen von 290–1500 ng/ml angegeben.

Bewertung

Vererbte Cobalaminabsorptionsstörungen sind beim Riesenschnauzer und beim Border Collie beschrieben. Da bei Hund und Katze der Intrinsic-Factor größtenteils oder ausschließlich aus dem Pankreas stammt, führt auch eine exokrine Pankreasinsuffizienz zu erniedrigten Cobalaminwerten. Weitere Ursachen einer Hypocobalaminämie sind eine Erkrankung des Ileums (z. B. im Rahmen einer diffusen Enteropathie bei der IBD oder beim Lymphom) oder eine erhöhte Anzahl bestimmter Darmbakterien (z. B. *Clostridium* oder *Bacteroides*), die selbst an Intrinsic-Factor gebundenes Cobalamin aufnehmen und verwerten. Nach einer kompletten Resektion des Ileums sollte Cobalamin regelmäßig gemessen werden, obschon ein daraus resultierender Cobalaminmangel nicht sicher nachgewiesen ist. Zudem kann die Rückresorption von Cobalamin aufgrund eines eingeschränkten enterohepatischen Kreislaufes bei Tieren mit gastrointestinalen Problemen stark verkürzt sein, was zu einer dramatischen Verkürzung der Halbwertszeit führen kann – dies ist besonders bei Katzen nachgewiesen (Schwierk und Steiner 2010). Falsch niedrige Werte sind möglich, wenn das Serum starker Lichtstrahlung ausgesetzt wird.

Gastrin

Material

Plasma

> Da Gastrin sehr labil ist, muss das Plasma nach der Blutentnahme sofort getrennt, eingefroren und in gefrorenem Zustand ins Labor geschickt werden.

Prinzip

Gastrin ist zwischen den Spezies sehr gut konserviert, daher können humane Testkits auch für Hund und Katze verwendet werden. Nebst dem Basalwert kann auch ein Sekretin-Stimulationstest durchgeführt werden. Nach 24-stündigem Fasten werden 2 IE/kg Sekretin i.v. injiziert und Blut zur Bestimmung von Gastrin nach 0, 2, 5, 10, 15 und 20 Minuten entnommen.

Referenzbereich

Ein Gastrinwert, der nach einer 24-stündigen Fastenzeit über dem 10-Fachen des oberen Referenzwertes (Referenzwert Hund: 10–40 ng/l) liegt, ist hochverdächtig für ein Gastrinom.
Ein Gastrinanstieg >200 ng/l oder ein Anstieg über das 2-Fache des Basalwertes in irgendeiner Probe im Sekretin-Stimulatationstest ist diagnostisch für ein Gastrinom.

Bewertung

Differenzialdiagnosen, die auch zu einem erhöhten Gastrinwert führen können, sind eine chronische Niereninsuffizienz, Magenentleerungsstörungen, Dünndarmresektion, Magendilatation/-torsion sowie die Gabe von Protonenpumpeninhibitoren.

17.3 Labordiagnostische Tests mit geringer klinischer Relevanz

Permeabilitätstests

Permeabilitätsstörungen im Darmtrakt sind v.a. zu beobachten bei einer akuten viralen Gastroenteritis, einer chronischen Darmentzündung (IBD), einer glutensensitiven Enteropathie, gastrointestinalen Tumoren (v.a. Lymphom), Lymphangiektasien oder bestimmten Toxinen (NSAID, Clostridium-Toxine, zytotoxische Medikamente). Permeabilitätsstörungen durch nichtgastrointestinale Erkrankungen sind ebenfalls möglich, z.B. durch Hypovolämie, Urämie, Pankreatitis, systemische Entzündungen oder kongestives Herzversagen. Das Prinzip eines Permeabilitätstestes beruht darauf, dass ein oral verabreichtes Substrat im Darmtrakt aufgenommen wird und entweder im Blut oder Harn nachgewiesen werden kann. Es stehen einige Substrate zur Verfügung, z.B. Zuckermoleküle, Iohexol oder ^{51}Chrom EDTA. Zusätzlich wird auch ein Permeabilitätstest mit zwei verschieden großen Zuckermolekülen (z.B. Laktulose und Rhamnose) beschrieben. Das kleine Molekül Rhamnose wird transzellulär aufgenommen, indem es durch kleine Poren der Epithelzellen gelangt, während das große Zuckermolekül Laktulose in viel geringerer

Quantität im Bereich der Tight junctions aufgenommen wird. Beide Moleküle werden im Urin ausgeschieden, dort gemessen und anschließend der Laktulose-Rhamnose-Quotient berechnet. Beim ^{51}Cr-EDTA-Test wird oral ca. 50 µCi radioaktiver Marker nach 12 Stunden Fasten via Magentubus verabreicht und nach einigen Stunden (2, 3, 4, 5, 6) oder im 24-Stunden-Harn gemessen. Kürzlich wurde eine Methode entwickelt, ^{51}Cr-EDTA nach oraler Gabe aus dem Serum zu bestimmen (Frias et al. 2004).

Bestimmung

Im Urin wird das Substrat (Zuckermoleküle wie Laktulose und Rhamnose, Iohexol) mittels HPLC (High-pressure liquid chromatography) gemessen. Neuere Untersuchungen konnten die Zuckermoleküle oder Iohexol auch im Serum bestimmen (Rodriguez et al. 2009, Klenner et al. 2009). Beim ^{51}Cr-EDTA-Test wird die Radioaktivität mittels Gammacounter im Harn und in einem Aliquot des verabreichten Markers gemessen. Die prozentuale Ausscheidung von ^{51}Cr-EDTA im Harn wird berechnet und ist bei gesunden Hunden nach 24 Stunden < 17 %.

Bewertung

Erkrankungen des Darmtraktes mit veränderter Permeabilität gehen meist mit einer verminderten Epithelfläche und somit weniger transzellulären Poren, jedoch mit einer vermehrten Durchlässigkeit der Tight junctions einher. Dies resultiert in einem erhöhten Laktulose-Rhamnose-Quotienten. Auch beim Permeabilitätstest mit Iohexol wird die Aufnahme im Darm beurteilt – zudem kann gleichzeitig die Motilität und Transitzeit von Ingesta im Darm mittels Bildgebung beurteilt werden.

Eine vermehrte Ausscheidung von ^{51}Cr-EDTA im Harn spricht für eine veränderte Darmpermeabilität. Nachteile wie sicheres Arbeiten mit Radioaktivität, Messen mittels Gammacounter, Sammeln von 24-Stunden-Harn (metabolischer Käfig), Kontaminationsgefahr durch radioaktiven Kot und die Aufnahme von ^{51}Cr-EDTA im Kolon und somit eine Bestimmung nicht nur der Dünndarm-, sondern auch der Dickdarmpermeabilität, machen diesen Test nur für die Forschung interessant.
Aufgrund der Kompliziertheit der meisten Testprotokolle (Sammlung des gesamten Harns nach ca. 6 Stunden, Versenden im gefrorenen Zustand) und der geringen Aussagekraft sind Permeabilitätstests zurzeit praktisch nur für Forschungszwecke interessant.

α_1-Proteaseinhibitoren

Bei einer Proteinverlustenteropathie (PLE) kommt es zu einem starken Verlust von Albumin in den Darmtrakt. Der α_1-Proteinaseinhibitor ist ein natürliches endogenes Serumprotein mit fast derselben Größe wie Albumin, wird jedoch im Darm nicht durch Bakterien abgebaut.

Bestimmung

Drei frische Kotproben (*nicht* manuell aus dem Rektum entnommen) werden in vorgewogenen Behältnissen in gefrorenem Zustand ins Labor geschickt und mittels ELISA gemessen.

Bewertung

Eine erhöhte α_1-Proteinaseinhibitor-Konzentration spricht für eine PLE. Die Bestimmung wird zurzeit nur im GI-Lab in Texas durchgeführt und steht somit aufgrund der

Transportprobleme für Europa nicht zur Verfügung.

Magensaftanalyse

Es ist zwar möglich, über eine nasogastrische Sonde oder durch ein Endoskop Magensaft zu gewinnen, die Untersuchung des pH-Wertes, der Magensäure oder von Pepsin – entweder als Basalwert oder nach Stimulation mit Pepsin oder Histamin – ist aber in der Kleintiermedizin aufgrund des technischen Aufwandes und des Fehlens standardisierter Techniken nicht von Bedeutung.

Bestimmung der Magenentleerungszeit

Magenentleerungsstörungen werden meist mittels bildgebender Verfahren diagnostiziert – der Goldstandard dazu ist die Szintigrafie. Zusätzlich stehen ^{13}C-Atemtests zur Verfügung, bei denen Futter vermischt mit einer markierten (^{13}C) Substanz wie Natriumazetat oder Oktansäure verfüttert wird (Schmitz und Neiger 2010). Die Substanz wird im Dünndarm metabolisiert, der Marker an Sauerstoff gekoppelt und als $^{13}CO_2$ ausgeatmet. Dort kann der Marker als Verhältnis zu ^{12}C gemessen werden. Das Sammeln von Atemproben über mindestens 6 Stunden und die Bestimmung der $^{12}C/^{13}C$-Quotienten sowie das Fehlen eines absoluten Standards machen Atemtests zurzeit vor allem für die Forschung interessant.

Hydrogen-Atemtest

Nur Bakterien, nicht aber Säugetiere können Wasserstoff (Hydrogen) produzieren. Deshalb kann gemessenes Hydrogen ausschließlich auf Bakterien zurückgeführt werden. Nach Verabreichung von Kohlenhydraten – entweder in Form von Futter oder als reine Zuckerlösung (z. B. Xylose oder Laktulose) – metabolisieren die Darmbakterien die Kohlenhydrate zu Wasserstoff, sodass dieser seriell in der Ausatmungsluft bestimmt werden kann. Die Höhe und Form der sich aus den Messwerten ergebenden Kurve kann Hinweise auf eine bakterielle Überwucherung oder die Darmpassagezeit geben. Obschon wenige Studien den Hydrogen-Atemtest bei Hunden und Katzen beschrieben haben, ist der Test noch ungenügend validiert und kann für Routineuntersuchungen nicht empfohlen werden.

Unkonjugierte Gallensäuren

Gallensalze werden durch Darmbakterien dekonjugiert. Eine erhöhte Menge an unkonjugierten Gallensäuren kann auf eine bakterielle Überwucherung hinweisen. Durch den enterohepatischen Kreislauf werden Gallensäuren rezykliert und können somit im Serum nachgewiesen werden. Leider ist die Bestimmung unkonjugierter Gallensäuren mittels Gaschromatografie oder Massenspektroskopie sehr aufwendig und nicht kommerziell erhältlich.

Okkultes Blut im Kot

Geringe Blutverluste im Magen-Darm-Trakt, z. B. bedingt durch blutende Tumoren oder Erosionen, führen nicht immer zu sichtbarer Meläna. In diesen Fällen kann okkultes Blut im Kot nachgewiesen werden. Kommerzielle Stuhlbluttests basieren auf zwei Testprinzipien: Guajakonsäure wird durch Hämoglobin oxidiert und bildet blaues Chinon; o-Toluidin-basierte Tests enthalten Tetramethylbenzidin, das nach Oxidation mit Hämogloblin ebenfalls eine Blaufärbung bedingt. Leider führt nicht nur Blut, sondern auch Fleischkonsum oder bestimmte peroxidasereiche Futtermittel zu einem positiven Resultat. Das Tier muss daher vor der Kotgewinnung mindestens 3 Tage komplett fleischlos ernährt werden (Tuffli et al. 2001). Aufgrund der niedrigen Spezifität ist eine mikrozytäre, hypochrome Anämie praktisch genauso gut, um gastrointestinalen Blutverlust zu diagnostizieren.

Perinukleäre antineutrophile zytoplasmatische Antikörper (Perinuclear antineutrophilic cytoplasmic antibodies, pANCA)

Serumspiegel für pANCA werden mittels indirekter Immunfluoreszenz gegen Granulozyten bestimmt, d. h. pANCA-positive Proben zeigen ein charakteristisches Muster. Untersuchungen bei Hunden mit spezifischer Erkrankung, wie z. B. einer IBD oder einer Proteinverlustenteropathie und -nephropathie beim Soft Coated Wheaten Terrier, haben eine Spezifität dieses Tests von ca. 80 % nachweisen können. Leider kann der pANCA-Test nicht zwischen unterschiedlichen chronischen Darmerkrankungen unterscheiden, doch ist er ein gutes Mittel, um den Therapieverlauf zu untersuchen. Dies, sowie das kommerzielle Fehlen des Testes, haben zur Folge, dass pANCA zurzeit ausschließlich für Forschungszwecke angewendet werden.

Diagnose einer *Helicobacter*-Infektion

Die Pathogenese spiralförmiger Bakterien (*Helicobacter* spp.) im Magen von Hunden und Katzen ist bis heute stark umstritten: Man muss davon ausgehen, dass diese Bakterien bei praktisch allen Hunden und Katzen vorkommen, aber nicht für klinischen Symptome verantwortlich sind (Neiger und Simpson 2000). Verschiedene invasive und nichtinvasive Tests stehen zur Verfügung. Nichtinvasiv können Antikörper gegen *Helicobacter pylori* im Serum nachgewiesen werden. Da Tiere andere *Helicobacter*-Spezies beherbergen als *Helicobacter pylori*, sind kommerzielle Antikörpertests für Hunde und Katzen nutzlos. Der Nachweis für andere *Helicobacter*-Spezies ist nicht spezifisch genug. Alternativ kann der ^{13}C-Harnstoff-Atem- bzw. Bluttest die durch *Helicobacter* produzierte Urease nachweisen. Dieser Test ist nicht kommerziell erhältlich und weist auch Urease anderer gastrischer Bakterien nach. Ein PCR-Nachweis von *Helicobacter*-spezifischen Nukleinsäuren im Kot kann ebenfalls nicht empfohlen werden, da nicht nur gastrische *Helicobacter* spp. im Kot vorkommen. Als minimalinvasiver Test kann der Urease-Schnelltest einfach erfolgen, indem ein Magenbioptat (meist endoskopisch entnommen) in eine Lösung mit Harnstoff und pH-Indikatorlösung gegeben wird. Bei Vorhandensein gastrischer *Helicobacter* spp., welche Urease produzieren, kommt es durch die Metabolisierung des Harnstoffs in Ammoniak zu einem pH-Umschlag und somit zu einer Farbänderung. Der Test ist einfach, schnell und sehr genau. Weitere minimalinvasive Tests beruhen auf dem mikroskopischen Nachweis der spiralförmigen Bakterien auf einem Ausstrich eines Bioptates oder in einer histopathologischen Untersuchung nach Spezialfärbung (Warthin-Starry-Silber- bzw. modifizierte Steiner-Färbung). In der Forschung werden zudem spezielle PCR-Untersuchungen aus Magenbiopsien oder Magensaft durchgeführt, womit je nach Primer einzelne *Helicobacter*-Spezies zu identifizieren sind. Der kulturelle Nachweis ist diagnostisch nur sehr begrenzt von Bedeutung, da die meisten *Helicobacter*-Spezies nur schwer oder nicht zu kultivieren sind (Neiger 1999).

Literatur

Cave NJ, Marks SL, Kass PH, Melli AC, Brophy MA. Evaluation of a routine diagnostic fecal panel for dogs with diarrhea. J Am Vet Med Assoc 2002; 221(1): 52–9.

Frey CF, Schild M, Hemphill A, Stünzi P, Müller N, Gottstein B, Burgener IA. Intestinal *Tritrichomonas fetus* infection in cats in Switzerland detected by in vitro cultivation and PCR. Parasitol Res 2009; 104(4): 783–8.

Frias R, Sankari S, Westermarck E. ^{51}Cr-EDTA absorption blood test: an easy method for assessing small intestinal permeability in dogs. J Vet Intern Med 2004; 18(2): 156–9.

Klenner S, Frias R, Coenen M, Failing K, Hewicker-Trautwein M, Ternes W, Verspohl J, Spillmann T. Estimation of intestinal permeability in healthy dogs using the contrast medium iohexol. Vet Clin Pathol 2009; 38(3): 353–60.

Marks SL, Rankin SC, Byrne BA, Weese JS. Enteropathogenic Bacteria in Dogs and Cats: Diagnosis, Epidemiology, Treatment, and Control. J Vet Intern Med 2011; 25(6): 1195–1206.

Neiger N, Simpson KW. *Helicobacter* infection in dogs and cats: facts and fiction. J Vet Intern Med 2000; 14(2): 125–33.

Neiger R. Diagnosis and identification of gastric *helicobacter* species by polymerase chain reaction in dogs. Microbial Ecol Health Dis 1999; 11: 234–40.

Rishniw M, Liotta J, Bellosa M, Bowman D, Simpson KW. Comparison of 4 Giardia diagnostic tests in diagnosis of naturally acquired canine chronic subclinical giardiasis. J Vet Intern Med 2010; 24(2): 293–7.

Rodriguez H, Suchodolsky JS, Berghoff N, Steiner JM. Development and analytical validation of a gas chromatography-mass spectrometry method for the measurement of sugar probes in canine serum. Am J Vet Res 2009; 70(3): 320–9.

Tuffli SP, Gaschen F, Neiger R. Effect of dietary factors on the detection of fecal occult blood in cats. J Vet Diagn Invest 2001; 13(2): 177–9.

Schmitz S, Failing K, Neiger R. Messung der Magenentleerung von Festpartikeln beim Hund mittels 13C-Natriumacetat-Atemtest und Szintigraphie. Tierärztl Prax (K) 2010; 38: 211–6.

Schwierk VM, Steiner JM. Vitamin-B-12 Mangel als Komplikation chronischer Gastrointestinalerkrankungen bei Hund und Katze. Kleintierprax 2010; 55(1): 25–36.

18 Serumproteine – Plasmaproteine

Ilse Schwendenwein

18.1 Allgemeines

Proteine sind Polypeptidketten, die sich aus verschiedenen Aminosäuren zusammensetzen. Sie können als reine Proteine, aber auch als Lipo- oder Glykoproteine an Lipide bzw. Kohlenhydrate gebunden vorkommen. Auch Plasma enthält Proteine, hauptsächlich Albumin und Globulin, sowie Gerinnungsfaktoren, wie z. B. Fibrinogen. Serumproteine sind ein sehr heterogenes Gemisch aus mehr als 1000 verschiedenen Proteinen. Sie werden mit Ausnahme der Immunglobuline, die von B-Lymphozyten und Plasmazellen gebildet werden, hauptsächlich in der Leber synthetisiert.

Der Serumproteingehalt ist etwas niedriger als der Plasmaproteingehalt, da bei der Serumgewinnung Fibrinogen präzipitiert. Außerdem tritt während des Gerinnungsvorganges Wasser aus den Erythrozyten aus, sodass ein zusätzlicher geringfügiger Verdünnungseffekt eintritt.

Man unterscheidet hauptsächlich zwischen niedermolekularem Albumin und den größeren Globulinen. Die einzelnen Proteinfraktionen lassen sich mithilfe einer Serumproteinelektrophorese gemäß ihrer Wanderungseigenschaften in einem elektrischen Feld auftrennen und quantifizieren. Im klinischen Alltag werden vorwiegend die Totalprotein- und Albuminkonzentration routinemäßig bestimmt. Die Globulinkonzentration wird ermittelt, indem die Albuminkonzentration von der Totalproteinkonzentration subtrahiert wird. Neben den vielen spezifischen Funktionen der einzelnen Proteine sind sie in ihrer Gesamtheit für den kolloidosmotischen Druck des Plasmas verantwortlich. Sie stellen das onkotische Skelett des Blutes dar. Daneben besitzen sie auch Transport- und Pufferfunktionen, weshalb z. B. die Serumgesamtkalzium- oder Fruktosaminkonzentrationen immer unter Berücksichtigung der Totalproteinkonzentration beurteilt werden müssen. Arzneimittel werden zum Teil an Transportproteine gebunden, sodass eine erniedrigte Serumproteinkonzentration bei der Dosierung verschiedener Arzneimittel berücksichtigt werden muss.

18.2 Pathophysiologie

Unter einer **Dysproteinämie** versteht man sowohl Veränderungen der Totalproteinkonzentration als auch der Konzentration einzelner Fraktionen, ebenso strukturelle Veränderungen eines oder mehrerer Proteine. Letzteres wird auch als **Proteindyskrasie** bezeichnet.

Bei einer **nichtselektiven Hyperproteinämie (Panhyperproteinämie)** ist die Totalproteinkonzentration erhöht, weil alle Proteinfraktionen gleichmäßig erhöht sind. Oft verursacht eine Dehydratation des Patienten eine nichtselektive Hyperproteinämie, da der Wasserverlust zu einer gleichmäßigen Erhöhung der Konzentration aller Proteinfraktionen führt.

Bei einer **selektiven Hyperproteinämie** ist die Totalproteinkonzentration entweder erhöht, weil eine einzelne oder auch mehrere Globulinfraktionen erhöht sind. Eine solitäre Erhöhung der Albuminkonzentration kommt nicht vor. Selektive Hyperproteinämien werden daher entweder im Zusammenhang mit einer Entzündungsreaktion oder einer B-Zellneoplasie beobachtet. Bei Entzündungen sind selten nur eine, meist mehrere Proteinfraktionen durch die vermehrte Bildung der Akute-Phase-Proteine (s. Kap. 19) erhöht, die Fraktionen der sog. negativen Akute-Phase-Proteine (Albumin, Transferrin) sind vermindert. Bei B-Zellneoplasien wird häufig eine monoklonale Gammopathie beobachtet. Das heißt, dass die malignen Zellen eine einzelne Proteinfraktion, z. B. IgM oder IgA, in sehr hohen Konzentrationen synthetisieren.
Bei einer **nichtselektiven Hypoproteinämie (Panhypoproteinämie)** sind alle Proteinfraktionen proportional vermindert. Ursachen dafür sind entweder Verluste aller Fraktionen (z. B. Blutung) oder eine Hyperhydratation durch Infusionstherapien, seltener durch eine proportionale Verminderung der Synthese (z. B. bei schwerer Mangelernährung, Marasmus, bei Jungtieren).
Selektive Hypoproteinämien entstehen durch eine unproportionale Verminderung einer einzigen oder mehrerer Proteinfraktionen, z. B. durch renale Albuminverluste im Zuge glomerulärer Erkrankungen.
Zur Unterscheidung, ob es sich um selektive oder nichtselektive Veränderungen des Proteinhaushaltes handelt, wird eine **Serumproteinelektrophorese** durchgeführt. Häufig gibt aber auch schon die oben beschriebene Bestimmung der Totalproteinkonzentration sowie der beiden Hauptfraktionen Albumine und Globuline ausreichende diagnostische Hinweise.

Eine Dysproteinämie wird am häufigsten durch Veränderungen der Proteinkonzentrationen im Zuge **entzündlicher Erkrankungen** hervorgerufen. Bei Entzündungen verändern sich drei Proteinfraktionen:

- Die Konzentration der positiven Akute-Phase-Proteine steigt an,
- die Konzentration der negativen Akute-Phase-Proteine sinkt ab,
- die Konzentration der Langsam reagierenden entzündlichen Proteine wie Gammaglobuline und Komplement nimmt zu.

Die Reaktionsmuster sind je nach Tierart, aber auch nach Art des auslösenden Reizes sehr verschieden. Bei der Interpretation ist der zeitliche Verlauf zu berücksichtigen. Dies ist in der Praxis aber oft nur schwer möglich, da der Beginn der Erkrankung, ausgelöst durch einen Entzündungsreiz, meist nicht exakt bestimmt werden kann. Entzündungsreaktionen können durch verschiedene Faktoren wie Traumata, Infektionen, Immunreaktionen, Ischämien, Nekrosen, Bestrahlung, Tumoren, Toxine und Medikamente ausgelöst werden. Diese Auslöser stimulieren die lokale Freisetzung von **Entzündungsmediatoren** wie Interleukine (IL), vornehmlich von IL-1 und IL-6, sowie Tumornekrosefaktor α (TNF-α). Diese wiederum lösen eine systemische Reaktion durch Induktion der Synthese von Akute-Phase-Proteinen in der Leber aus.
Die **positiven Akute-Phase-Proteine** steigen unmittelbar nach Einwirkung der entzündlichen Noxe sehr rasch und teilweise sehr hoch an. Sie haben eine sehr kurze Latenzzeit und sind daher ein sehr empfindlicher Suchparameter, der häufig schon erhöht ist, bevor klinische Symptome beobachtet werden. Sie sind daher besonders gut zur Verlaufskontrolle im Rahmen von Studien geeignet. In der klinischen Diagnostik zeichnet sie zwar eine hohe Sensitivität aus,

da es sich aber um eine unspezifische Reaktion handelt, ist es häufig aufwendig und schwierig, die auslösende Ursache aufzufinden. Es kann nämlich vorkommen, dass die akute Entzündungsreaktion die auslösende Ursache erfolgreich beseitigt, sodass gar keine klinischen Symptome auftreten. Auch hier ist der klinische Status für die Beurteilung entscheidend. IL-1 und IL-6 drosseln die Synthese der **negativen Akute-Phase-Proteine** wie Albumin und Transferrin. Die verminderte Albuminkonzentration soll einen konstanten kolloidosmotischen Druck gewährleisten. Die verringerte Transferrinkonzentration führt dazu, dass Eisen für Mikroorganismen nicht mehr verfügbar ist, sodass sich deren Wachstumsbedingungen verschlechtern. Zu den **langsam reagierenden entzündlichen Proteinen** zählen Immunglobuline und Komplement. B-Lymphozyten und Plasmazellen synthetisieren Immunglobuline. Je nach Beschaffenheit ihrer schweren Ketten unterscheidet man IgA, IgM, IgE oder IgG, wobei diese auch noch in weitere Subklassen unterteilt werden können. Komplement, hier hauptsächlich C3, ist Teil der unspezifischen Immunantwort und steigt stark an, wenn die Entzündungsreaktionen sehr lang andauern.

18.3 Bestimmung der Serum- bzw. Plasmaproteine

Wie aus obigen Ausführungen hervorgeht, sind der Totalproteingehalt sowie die Albumin- und Globulinkonzentration zwar zum Teil recht empfindliche Messwerte zur Abklärung von Krankheitsprozessen, sie sind aber meist unspezifisch. Totalprotein-, Albumin- sowie die errechnete Globulinkonzentration und manchmal auch der Albumin-Globulin-Quotient sind fixe Bestandteile verschiedener Suchprofile. Besonders wichtig ist die Bestimmung des Totalproteins sowie des Anteils der Albumin- und Globulinfraktionen bei Symptomen, die mit Störungen des Wasser- und Proteinhaushaltes einhergehen wie gastrointestinale Erkrankungen (Erbrechen, Durchfall), Polyurie/Polydipsie, Ödeme, Ergüsse in große Körperhöhlen (Effusionen), Proteinurie, Gewichtsverlust, Fehl- oder Mangelernährung. Der Totalproteingehalt ist aber auch zur Abklärung von Anämien und für die Interpretation veränderter Gesamtkalzium- und Fruktosaminkonzentrationen bedeutend.

Indikationen für die Bestimmung von Totalprotein/Proteinfraktionen

Indikationen sind:

- Symptome/Erkrankungen, die eine *verminderte Synthese* vermuten lassen:
  - verminderte Futteraufnahme
  - Gewichtsverlust/Abmagerung
    - Exokarenz (Diätfehler)
    - Endokarenz (Störungen der Futteraufnahme)
    - Enterokarenz (Störungen der Proteinresorption)
    - marantische Kachexie
  - Wundheilungsstörungen
  - Ödeme
  - Effusionen
  - Hepatopathien (Störung der Proteinsynthese)
- Symptome/Erkrankungen, die zu *erhöhten Verlusten* führen können:
  - Nephropathien/Proteinurien
  - Enteritis
  - Blutungen/Anämie
    - okkult
    - klinisch manifest
  - exsudative Dermatitis, Verbrennungen

- Symptome/Erkrankungen, die zu *relativen Veränderungen* der Proteinkonzentration durch Wasserverlust führen:
  - Dehydratation
  - Durchfall
  - Erbrechen
  - Polyurie/Polydipsie
- Symptome/Erkrankungen, die zu einer *erhöhten Proteinsynthese* durch die Bildung von Akute-Phase-Proteinen führen:
  - Fieber
  - Entzündungen
  - Effusionen
  - Tumorerkrankungen
- zur besseren *Interpretation anderer Analyseparameter*
  - Hämatokrit
  - Kalzium
  - Fruktosamin

Material

Als Untersuchungsmaterial für die Totalproteinbestimmung eignen sich sowohl Serum als auch Plasma.

> Die Serumproteinkonzentration ist aufgrund des Fehlens von Fibrinogen stets etwas niedriger als die des Plasmas.

Der Totalproteingehalt wird auch in anderen Körperflüssigkeiten wie Effusionen, Synovia, ZNS-Liquor und im Harn bestimmt. In den Punktaten großer Körperhöhlen und der Synovia kann die Eiweißkonzentration mit den gleichen Methoden wie im Serum oder Plasma bestimmt werden. Zur genauen quantitativen Bestimmung der Proteinkonzentration im Harn oder Liquor müssen empfindlichere Methoden verwendet werden, da in diesen Medien die Eiweißkonzentrationen wesentlich geringer als im Blut sind.

Prinzip/Technik

Die Totalproteinbestimmung mittels **Refraktometer** stellt eine einfache, kostengünstige und für klinische Belange meist ausreichend genaue Methode zur Bestimmung des Totalproteingehaltes in Plasma, Serum und Effusionen dar. Diese Methode beruht auf dem Prinzip, dass gelöste Stoffe den Brechungsindex einer Flüssigkeit verändern. Da Proteine den Hauptanteil gelöster Substanzen im Plasma/Serum darstellen, kann der Brechungsindex zu ihrer Messung herangezogen werden. Störend, da falsch hohe Werte angezeigt werden, sind sehr hohe Konzentrationen anderer gelöster Stoffe, wie z. B. Glukose (> 700 mg/dl) oder Harnstoff (> 300 mg/dl). Auch Lipide und hohe Bilirubinkonzentrationen verändern den Brechungsindex und führen so zu Ungenauigkeiten.
Beim *Vogel* ist wegen der hohen Blutglukosekonzentration die refraktometrische Proteinbestimmung in Plasma oder Serum sehr ungenau. Freies Hämoglobin im hämolytischen Plasma/Serum erschwert zwar die Ablesbarkeit, ergibt jedoch keine falschen Erhöhungen. Gelegentlich sind auch Abweichungen zwischen refraktometrischen und kolorimetrischen Methoden feststellbar, die sich auf keine der interferierenden Substanzen zurückführen lassen.
Nass- (s. Kap. 6) und **trochenchemische Methoden** (s. Kap. 5) bestimmen den Totalproteingehalt mithilfe der Farbreaktion nach Biuret. In alkalischer Lösung bilden Proteine mit Kupferionen, die sich an die Peptidbindungen anlagern einen Farbkomplex, dessen Intensität der Proteinkonzentration proportional ist und fotometrisch bestimmt werden kann.
Da es sich bei den Serum-/Plasmaproteinen um ein Gemisch handelt und nicht jedes Serumprotein gleich intensiv mit dem Farb-

18

stoff reagiert, ist die Messgenauigkeit der Methode etwas limitiert.
Die Methode nach Biuret ist zur Quantifizierung des Proteingehaltes in Harn oder Liquor aufgrund ihrer verhältnismäßig geringen Empfindlichkeit nicht geeignet. Zur Untersuchung von Harn oder Liquor müssen empfindlichere turbidimetrische Methoden (Trübungsmessung), wie jene mit Trichlorazetessigsäure oder Benzethoniumchlorid, oder kolorimetrische Methoden, z. B. Coomassie-Brillantblau-Färbung, verwendet werden.
Fällungsreaktionen, wie jene mit Sulfosalizylsäure im Harn oder dem Pandy-Reagenz im Liquor, erlauben lediglich eine semiquantitative Auswertung. Diese Verfahren sind in der Praxis einfach durchzuführen und können diejenigen Patienten herausfiltern, die weitere aufwendigere Untersuchungen benötigen.
Die **Albuminkonzentration** wird ebenfalls mithilfe einer Farbreaktion bestimmt. In der Veterinärmedizin sollte nur *Bromkresolgrün* verwendet werden. Albumin bildet mit Bromkresolgrün einen Farbkomplex, der wiederum fotometrisch bestimmt werden kann. Allerdings ist die Reaktion mitunter recht unspezifisch. Wenn nämlich die Albuminkonzentration zugunsten einer Hyperglobulinämie erniedrigt ist, lagert sich der Farbstoff auch an Globuline, vorzugsweise an Akute-Phase-Proteine an, sodass falsch hohe Konzentrationen gemessen werden. Eine Verkürzung der Reaktionszeit kann hier die analytische Spezifität der Messung verbessern. Trotzdem ist die Methode nicht für alle Tierarten geeignet, z. B. können bei Kaninchen keine verwertbaren Resultate erzielt werden. Die Albuminkonzentration mittels Bromkresolgrün korreliert zwar mit der Albuminkonzentration, die mithilfe Serumelektrophorese berechnet wird, eine Übereinstimmung bzw. unmittelbare Vergleichbarkeit kann jedoch nicht erzielt werden. *Bromkresolrot*, das im Humanbereich zur Albuminbestimmung verwendet wird, ist für den Einsatz in der Veterinärmedizin nicht geeignet.
Die **Globulinkonzentration** wird üblicherweise durch Subtraktion der Albuminkonzentration von der Totalproteinkonzentration bestimmt. Naturgemäß wird die Genauigkeit dieser Methode sehr stark von den analytischen Fehlern der beiden anderen Methoden beeinflusst. Der Globulingehalt kann ebenfalls aus den Ergebnissen der Proteinelektrophorese und dem Totalproteingehalt berechnet werden – auch hier besteht eine methodisch bedingte Diskrepanz zwischen der Subtraktionsmethode und der Elektrophorese.
Bei der **Serumproteinelektrophorese** werden die Proteine nach ihren Wanderungseigenschaften in einem elektrischen Feld aufgetrennt. Dazu wird Serum auf ein Trägermedium, entweder Azetatfolie, Agarose- oder Polyacrylamidgel aufgebracht, das mit einem alkalischen Puffer getränkt ist. Dann wird eine elektrische Spannung (200 oder 250 mV) für etwa 20 Minuten angelegt, in der die Proteine zur Anode (positiven Pol) wandern. Wie weit die einzelnen Proteine wandern bzw. wo sie im Elektropherogramm zu lokalisieren sind, bestimmt ihre elektrische Ladung, ihr Molekulargewicht und ihre Konfiguration. Albumin hat ein niedriges Molekulargewicht und ist stark negativ geladen, daher wandert es am weitesten zur Anode. Proteine, die kleiner als Albumin sind, sind weniger stark negativ geladen und wandern daher nicht so weit. Globuline wandern aufgrund ihres hohen Molekulargewichtes noch langsamer. Allerdings sind einige von ihnen, wie z. B. α_1-Makroglobulin, zwar sehr groß, wandern aber aufgrund ihrer starken negativen Ladung sehr rasch und weit in Richtung Ano-

de bis in die α_1-Fraktion. Es entstehen *Banden*, die zumeist nicht ein einzelnes Protein repräsentieren, sondern Proteingruppen, die identische Migrationseigenschaften im elektrischen Feld aufweisen. Diese Banden lassen sich anfärben und ihre Absorption mithilfe eines Densiometers messen. Als Ergebnis erhält man eine grafische Kurve, ein sog. *Elektropherogramm*. Der relative Anteil der Flächen unter den einzelnen Kurvenabschnitten kann berechnet werden. Unter Einbeziehung der Totalproteinkonzentration kann daraus die Konzentration der einzelnen Proteinfraktionen bestimmt werden. Trägermedium, pH-Werte, Puffer, Feldstärke und Wanderungszeit können variieren und zu sehr unterschiedlichen Ergebnissen führen. Daher ist auf eine genaue Spezifizierung der Methode zu achten, insbesondere wenn Vergleiche angestellt werden sollen.

Als *Trägermedien* werden entweder Azetatfolien oder Agarosegele verwendet. In der Veterinärmedizin ist die Azetatfolienelektrophorese am gebräuchlichsten. Die untere Nachweisgrenze dieser Methode beträgt etwa 0,1 g/dl, das heißt, Proteine in geringerer Konzentration können nicht in einer eigenen Bande dargestellt werden. Hunde, Katzen und Pferde weisen in diesem System meist fünf Globulinfraktionen auf: α_1-, α_2-, β_1-, β_2- und γ-Globuline. Rinderserum ergibt meist nur drei Globulinfraktionen, nämlich α-, β- und γ-Globuline.

Agarosegele ergeben eine höhere Auflösung, das heißt, es lassen sind deutlich mehr Banden (10–15) als mit der Azetatfolie (5–9) darstellen, was aber nicht notwendigerweise zu einer besseren diagnostischen Aussage führt. In der **Tabelle 18.1** sind die wichtigsten Komponenten der einzelnen Globulinfraktionen und ihre Funktionen angeführt.

Die **radiale Immundiffusion** wird zur Quantifizierung von Immunglobulinen herangezogen. Ein Gel wird mit einem spezifischen Antikörper gegen das Immunglobulin, dessen Konzentration bestimmt werden soll, versetzt. Eine bestimmte Menge Probandenserum wird in ein Stanzloch eingebracht und diffundiert anschließend in das Gel. Das gesuchte Immunglobulin bildet einen Präzipitathof, dessen Fläche der Immunglobulinkonzentration proportional ist. Der Nachteil dieses Verfahrens ist, dass es zeitaufwendig und nicht so genau wie andere immunologische Verfahren ist, wie z. B. ELISA-Tests.

Bewertung

Veränderungen einzelner Proteinfraktionen (selektive Dysproteinämien) müssen nicht unbedingt zu einer Veränderung der Totalproteinkonzentration führen. Daher sollte die Totalproteinkonzentration stets gemeinsam mit einer Albuminbestimmung und der daraus berechneten Globulinkonzentration beurteilt werden.

Bei der Interpretation ist auch zu berücksichtigen, dass die Serumproteinkonzentration altersabhängig ist. Jungtiere haben niedrigere Serumproteinkonzentrationen, die hauptsächlich durch noch niedrige Globulinkonzentrationen bedingt sind.

Die Interpretation der Befunde wird häufig durch das gleichzeitige Vorhandensein verschiedener Krankheitsmechanismen erschwert, wenn z. B. zeitgleich mit einer Entzündung erhöhte Proteinverluste auftreten oder bei einer Verbrauchskoagulopathie die Fibrinogenkonzentration absinkt.

18

Tab. 18.1 Übersicht über die Lokalisation von Proteinen im Elektropherogramm, einschließlich ihrer Funktionen

Fraktion	Protein	Molekulargewicht (in kDa)	Funktion
Albumin	Albumin	69	• Hauptkomponente des onkotischen Druckes • Transportprotein, z. B. von Fettsäuren, Thyroxin, unkonjugiertem Bilirubin, Arzneimitteln und vielen anderen Substanzen • Bindung von Ionen: Ca^{++}, Mg
α_1-Globuline	α_1-Lipoprotein	180–350	Lipidtransport, v. a. Cholesterol (HDL)
	α_1-Antitrypsin	50	inaktiviert Proteasen → antiinflammatorisch
	α_1-Antichymotrypsin	68	inaktiviert Proteasen → antiinflammatorisch
α_2-Globuline	α_2-Makroglobulin	820	inaktiviert Proteasen → antiinflammatorisch
β_1-Globuline	Haptoglobin	80–160	bindet und transportiert freies Hämoglobin
	Transferrin	176	bindet und transportiert Eisen
β_2-Globuline	β-Lipoprotein	2400	transportiert Cholesterol und Triglyzeride (LDL)
	Komplement	180	proinflammatorisch, chemotaktisch
	IgM	160	bindet an spezifische Antigene, bei Gesunden im Elektropherogramm nicht detektierbar
	IgA	900	bindet an spezifische Antigene, bei Gesunden im Elektropherogramm nicht detektierbar
γ-Globuline	IgG	110	bindet an spezifische Antigene, viele verschiedene Isotypen ergeben meist eine breite undifferenzierte γ-Region
	C-reaktives Protein (s. Kap. 19)	110	positives Akute-Phase-Protein, üblicherweise nicht durch Serumelektrophorese detektierbar

18.4 Hyperproteinämie

Nichtselektive Hyperproteinämie (Panhyperproteinämie)

Eine nichtselektive Hyperproteinämie (Panhyperproteinämie) wird am häufigsten durch Wasserverluste, also Dehydratation, hervorgerufen. Erbrechen, Durchfall, Funktionseinschränkungen der Nieren, erhöhte Verluste über Atmung oder Wasserverluste aufgrund erhöhter Gefäßpermeabilität kommen ursächlich infrage. Gleichzeitig werden auch Azotämien (prärenal), erhöhte Hämatokritwerte und – wenn die Nierenfunktion intakt ist – eine Hypersthenurie beobachtet. Werte, die für adulte Tiere im Referenzbereich liegen, können bei **Jungtieren** bereits auf eine massive Dehydratation hinweisen. Der Hämatokritwert ist bei Letzteren ebenfalls unzuverlässig, da er wachstumsbedingt großen individuellen Schwankungen unterworfen ist und in Phasen starken Körperwachstums deutlich unter den Werten für adulte Tiere liegt. Ebenfalls eingeschränkt ist bei Jungtieren die Fähigkeit der Nieren, konzentrierten Harn zu produzieren – und zwar in den ersten acht Lebenswochen. Deshalb kann das spezifische Gewicht des Harns nur unzuverlässig beurteilt werden. Da Jungtiere aufgrund ihrer noch geringen Muskelmasse oft nur sehr niedrige Serumkreatininkonzentrationen aufweisen, ist auch der Grad einer Azotämie schwer zu beurteilen. Daher muss bei Jungtieren ganz besonders auf die klinische Symptomatik geachtet werden. Flüssigkeitsverluste beim Jungtier können gut durch Gewichtskontrollen überwacht werden.

Selektive Hyperproteinämie

Eine selektive Hyperproteinämie wird durch eine erhöhte Syntheserate einzelner Proteinfraktionen verursacht, meist die der Globulinfraktion. Verantwortlich hierfür sind entzündliche Erkrankungen, die infektiös (Viren, Bakterien, Pilze, Parasiten) oder nichtinfektiös (immunmediierte Prozesse, Ischämien, Traumata, Tumoren) bedingt sein können. Extrem erhöhte Globulinkonzentrationen sind meist durch **Plasma- oder B-Zell-assoziierte** Tumoren wie Lymphome, Plasmazytome oder multiple Myelome bedingt (**Abb. 18.1**).

Gammopathie

Entzündungen rufen, wie bereits erwähnt, charakteristische Veränderungen im Proteinprofil hervor. Jedoch nicht jeder Anstieg eines Akute-Phase-Proteins führt zu einer messbaren Erhöhung der Totalproteinkonzentration. Deshalb werden in der Diagnostik immer mehr spezifische Tests zur Quantifizierung einzelner Akute-Phase Proteine eingesetzt.
In den ersten 2–7 Tagen einer akuten Entzündung werden meist milde Hyperproteinämien, vornehmlich durch einen Anstieg der α-Globulinfraktionen und des Fibrinogens, hervorgerufen. Gelegentlich ist auch schon eine milde Hypalbuminämie zu beobachten. Dauert die Entzündung länger als 7 Tage, ist eine ausgeprägtere Hypalbuminämie zu beobachten. Auch die bestehende Hyperproteinämie wird durch einen Anstieg der Immunglobulin- und Komplementkonzentration noch weiter verstärkt. Die Auswertung der Elektrophorese ergibt dann eine **polyklonale Gammopathie**, bei der sich die γ-Globulinfraktion als breiter Gipfel darstellt. Bei bestimmten Infektionskrankheiten, z. B. bei einer caninen Ehrlichiose,

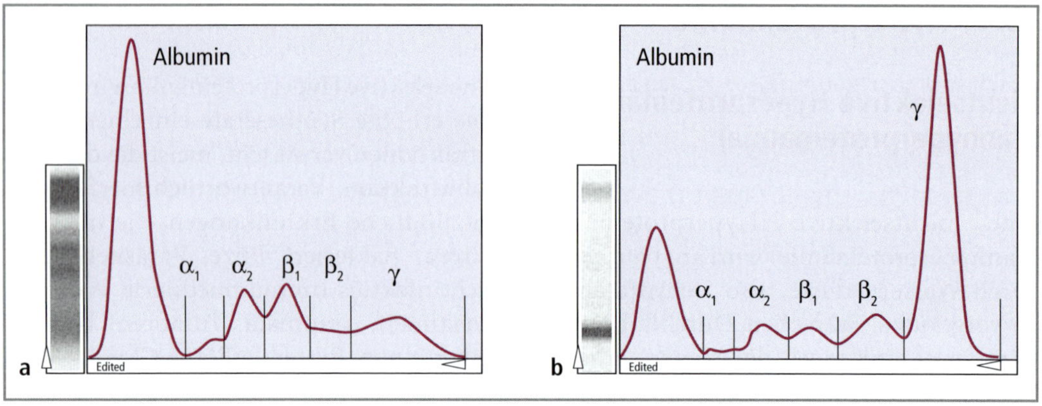

Abb. 18.1 Serumproteinelektrophorese: Auf dem Streifen links sind die gefärbten Proteinbanden des Trägermediums dargestellt. In dem Diagramm daneben sind die densitometrisch ausgewerteten Proteinfraktionen als Elektropherogramm dargestellt.
a) Gesundes Pferd
b) Pferd mit monoklonaler Hypergammaglobulinämie (multiples Myelom)

kann sich eine polyklonale Gammopathie mit restriktiven Migrationseigenschaften entwickeln, die im Elektropherogramm als sehr steile Zacke im Gammabereich sichtbar wird. Dieses Ergebnis kann sehr leicht fälschlich als monoklonale Gammopathie interpretiert werden.

Bei einer Entzündungsreaktion verändert sich der Blutstatus ebenfalls vielgestaltig, sodass oft erst anhand einer Verlaufsuntersuchung eine diagnostische Beurteilung möglich ist.

Neoplastisch entartete B-Zellen können strukturell einheitliche Immunglobuline produzieren, die idente elektrophoretische Eigenschaften aufweisen und daher eine steile Zacke im Elektropherogramm erzeugen. Dies wird als **monoklonale Gammopathie** bezeichnet. Die von neoplastischen Zellen produzierten Globuline heißen auch Paraproteine. Handelt es sich bei den Paraproteinen um IgA oder IgM, ist der Gipfel der monoklonalen Gammopathie in der β- oder im Übergang von der β- zur γ-Fraktion zu finden. IgG ist nur in der γ-Fraktion nachweisbar. Manchmal sind aber auch atypische Elektrophoresemuster zu beobachten, z. B. aufgrund von Proteinabbau, Komplexbildung oder Produktion inkompletter Antikörper. In diesen Fällen müssen weiterführende Untersuchungen wie Immunelektrophorese, radiale Immundiffusion oder Immunofixation herangezogen werden, um das Vorliegen einer monoklonalen Gammopathie zu bestätigen. Allerdings sind für diese Techniken spezifische Antiseren gegen IgG, IgM, IgA und freie κ- oder λ-Ketten notwendig, die möglicherweise auch speziesspezifisch sein müssen.

Hohe Globulinkonzentrationen können auch ein **Hyperviskositätssyndrom** verursachen. Durch die schlechten Fließeigenschaften (Hyperviskosität) des Plasmas kommt es zu Perfusionsstörungen, die zur Gewebshypoxie führen. Davon sind hauptsächlich Gehirn, Augen und Nieren betroffen. Bei der Blutentnahme fällt eine honigartig-zähflüssige Konsistenz des Blutes auf. Auch Thrombozytenfunktionsstörungen, die sich z. B. als Epistaxis manifestieren, werden im Rahmen von monoklonalen Gammopathien beobachtet. Bei diesen Erkrankungen treten häufig auch *Bence-Jones-Proteine* im Harn auf, die sich durch besondere thermische Präzipitationseigenschaften auszeichnen.

Hypoproteinämie

Ursachen

Ursachen für eine Hypoproteinämie können erhöhte Proteinverluste aus dem Gefäßsystem, verminderte Syntheseraten oder eine Sequestration in den dritten Raum sein.

Erhöhte Proteinverluste

Eine nichtselektive Hypoproteinämie wird durch akute oder chronische **Blutungen** hervorgerufen. Allerdings sinkt hier die Serumproteinkonzentration erst dann ab, wenn das verlorene Flüssigkeitsvolumen durch Gewebewasser ersetzt worden ist, die Proteinverluste nicht durch erhöhte Syntheseleistung kompensiert werden können. Die blutungsbedingte Hypoproteinämie ist von einer **Anämie** begleitet. Die Art der Anämie hängt von Dauer und Ausmaß der Verluste ab. Zunächst beobachtet man eine regenerative Anämie, die sich dann bei anhaltenden externen Blutverlusten zu einer hypochromen, mikrozytären Anämie, der klassischen Eisenmangelanämie, entwickelt. Die Hauptursache für unbemerkte externe Blutverluste sind Blutungen im vorderen Gastrointestinaltrakt, deren klassisches Symptom, nämlich eine Meläna, d. h. ein durch verdautes Blut teerartiger Kot, gelegentlich übersehen wird. Hochgradige Parasitosen, die ebenfalls zu externen enteralen Blutverlusten führen können, sind differenzialdiagnostisch zu berücksichtigen. Interne Blutungen in große Körperhöhlen führen, sofern sie überhaupt chronisch sind, kaum zu deutlich ausgeprägten Hypoproteinämien, da die Proteine gut rückresorbiert werden können. **Kutane Eiweißverluste** durch großflächige Verbrennungen oder Dermatitiden sind leicht zu diagnostizierende Ursachen für Hypoproteinämien. **Renale Proteinverluste** sind eine weitere häufige Ursache für Hypoproteinämien, wobei hier zunächst hauptsächlich die Albuminfraktion bei vorhandener Normoglobulinämie absinkt. Bei der Harnuntersuchung fällt der Proteinnachweis positiv aus. Durch die Bestimmung des Harnprotein/Harnkreatinin-Quotienten können die renalen Eiweißverluste quantifiziert werden. Ursache renaler Proteinverluste sind Schädigungen der Glomerula, entweder durch Entzündungen (Glomerulonephritis) oder durch Amyloidosen. Dennoch sind selbst schwere Proteinurien erst dann von Azotämien begleitet, wenn mehr als 75 % der Nephrone zerstört sind. Schwere renale Proteinverluste verursachen das nephrotische Syndrom, das sich in generalisierten Ödemen manifestiert. Zusätzlich zur Hypoproteinämie wird in diesen Fällen auch eine Hypercholesterolämie beobachtet. Diese Lipidstoffwechselstörung entsteht unter anderem durch den Verlust von Apolipoproteinen über den Harn. **Enterale Proteinverluste** können ebenfalls Hypoproteinämien mit konsekutiver Ödem- oder Transsudatbildung bedingen. Bei schweren Entzündungen des vorderen Dünndarms kann Eiweiß nicht aus dem Chymus resorbiert werden und geht über den Kot verloren. Überschreiten die Proteinverluste die Synthesekapazität von Leber und Lymphozyten entwickelt sich eine Hypoproteinämie. Die Eiweißverluste können durch Exsudatbildung im Darm noch verstärkt werden. IBD (inflammatory bowel disease = lymphoplasmazelluläre eosinophile Enteritis), intestinale Lymphome und/oder Lymphangiektasien führen häufig zu Proteinverlustenteropathien. Beim *Pferd* gehen akute Enteritiden meist mit schweren Proteinverlusten einher, bei denen sowohl Albumine als auch Globuline verlorengehen.

Plasmaverluste durch Sequestration (Proteinverluste in den dritten Raum) können ebenfalls eine Hypoproteinämie verursachen. Im Zuge einer sich rasch entwickelnden Pleuritis, Peritonitis oder generalisierten Vaskulitis findet eine Extravasation proteinreicher Flüssigkeiten statt. Der Einstrom von Gewebewasser zur Aufrechterhaltung des Blutvolumens führt zur Hypoproteinämie. Im akuten Fall bildet sich eine Panhypoproteinämie aus, bei länger andauerndem Krankheitsverlauf entwickelt sich eine entzündliche Dysproteinämie.

Verminderte Syntheseraten und/oder erhöhter Proteinkatabolismus

Eine hochgradige Verminderung des funktionellen Lebergewebes führt zu einem Absinken der Proteinsynthese, sodass im Spätstadium einer Hepathopathie auch eine Hypoproteinämie entstehen kann, wenn der reguläre Proteinkatabolismus nicht mehr kompensiert werden kann. Eine Leberzirrhose, chronische Entzündungen mit Nekrosen, eine Leberatrophie aufgrund eines portokavalen Shunts oder die Verdrängung des Lebergewebes durch Tumorzellen können zu einer hepatisch bedingten Hypoproteinämie führen. Primär entwickelt sich eine Hypalbuminämie. Die Globulinkonzentration kann hingegen stark variieren, also sowohl im Referenzbereich liegen als auch erhöht oder erniedrigt sein. Auch das Elektropherogramm ist variabel. Häufig kommt es zu einem Anstieg der β2-Fraktion sowie zu einem unspezifischen Anstieg der γ-Globuline. Eine gestörte Leberfunktion führt zu einer vermehrten Einschwemmung von Antigenen in den Körperkreislauf, was wiederum die Synthese von Immunglobulinen stimuliert. Häufig lassen sich in diesen Fällen die β- und γ-Fraktion in der Elektrophorese nicht mehr gut auftrennen. Man spricht dann von einer Brückenbildung. Im Zusammenhang mit einem Leberversagen können auch eine erhöhte Gallensäure- und Ammoniakkonzentration, eine verminderte Harnstoffkonzentration sowie veränderte Leberenzymaktivitäten beobachtet werden.

Maldigestionssyndrome, wie z. B. eine exokrine Pankreasinsuffizienz, sind weitere Ursachen für Hypoproteinämien. Im Vordergrund steht auch hier eine Hypalbuminämie bei variabler Gammaglobulinkonzentration. Auch **Fehlernährung** und **Hungerzustände** können Hypoproteinämien verursachen. **Kachektische Zustände** wie bei schweren Tumorerkrankungen oder hochgradige chronische Infektionskrankheiten, bei denen katabole Prozesse die anabolen weit übertreffen, führen ebenfalls zu Hypoproteinämien. **Lymphozytäre Hypoplasien** führen selten zu Verminderungen der Totalproteinkonzentration. Meist liegt nur eine selektive Hypogammaglobulinämie vor, die durch Erhöhung der anderen Globulinfraktionen kompensiert wird. **Kombinierte Immundefizienzsyndrome** sind bei Araber- und Appaloosa-Pferden sowie bei einigen Hunderassen wie Basset Hound, Cardigan Welsh Corgi und Jack-Russel-Terriern beschrieben. Bei Neonaten führt **fehlender Passivtransfer** von Immunglobulinen über das Kolostrum zu einer Hypoproteinämie aufgrund einer Hypogammaglobulinämie.

Schließlich kann auch noch die zu hohe Menge oder zu schnelle Verabreichung **wässriger Infusionslösungen** durch eine Verdünnung der Plasmaproteine zu einer Hypoproteinämie führen.

Literatur

Abate O, Zanatta R, Malisano T, Dotta U. Canine serum protein patterns using high resolution electrophoresis (HRE). Vet J 2000; 159(2): 154–60.

Bienzle D, Silverstein DC, Chaffin K. Multiple myeloma in cats: Variable presentation with different immunoglobulin isotypes in two cats. Vet Pathol 2000; 37(4): 83–9.

Giraudel JM, Pages JP, Fuel OF. Monoclonal gammopathies in the dog: A restrospective study of 18 cases (1986–1999) and literature review. J Am Anim Hosp Assoc 2002; 38(2): 135–47.

Kent JE, Roberts CA. Serum protein changes in four horses with monoclonal gammopathy. Equine Vet J 1990; 22(5): 373–76.

Fayos M, Guillermo Couto C, Iazbik MC, Wellman ML. Serum protein electrophoresis in retired racing Greyhounds. Vet Clin Path 2005; 34(4): 397–400.

Stokol T, Tarrant JM, Scarlett JM. Overestimation of canine albumin concentration with the bromcresol green method in heparinized plasma samples. Vet Clin Path 2001; 30(4): 170–6.

19 Akute-Phase-Proteine

Stefanie Klenner

19

19.1 Einleitung

Bei der Akuten-Phase-Reaktion handelt es sich um einen Bestandteil des körpereigenen angeborenen Immunsystems. Sie gilt als **unspezifische Schutzreaktion** des Körpers gegen eine Vielzahl pathologischer Einflüsse. Eine Akute-Phase-Reaktion ist bei systemischen Entzündungen, z. B. im Rahmen von Infektionen, Traumata oder Neoplasien, zu erwarten. Dabei führt der auf den Körper einwirkende Insult zu einer Produktion von Zytokinen (vor allem Interleukin [IL-] 1, IL-6 und Tumornekrosefaktor α [TNF-α]), welche dominierend in der Leber die Synthese unterschiedlichster Akute-Phase-Proteine (APP) anregen. Der Anstieg der APP erfolgt je nach Protein innerhalb weniger Stunden. Aufgrund dessen handelt es sich um einen sehr **sensitiven, aber unspezifischen Indikator für eine akute, systemische Entzündung**. Akute-Phase-Proteine können schon vor der Ausbildung von klinischen Symptomen ansteigen und eignen sich daher zur Detektion subklinischer Entzündungen. Persistiert eine Erkrankung, kann es zu einer länger andauernden Erhöhung der APP im Rahmen eines chronischen Geschehens kommen.

Je nach Höhe des Anstiegs einzelner APP werden diese in major APP, moderate APP und negative APP eingeteilt. Dabei sind **major APP** um das 10- bis 100-Fache des Normalbereiches und **moderate APP** um das 2- bis 10-Fache erhöht. Im Gegensatz dazu sinken **negative APP** während einer Akute-Phase-Reaktion. Major und moderate APP zeigen weiterhin einen unterschiedlichen zeitlichen Verlauf. Major APP steigen innerhalb kurzer Zeit (ca. 12–24 Stunden) stark an und fallen nach wenigen Tagen wieder ab. Die moderaten APP steigen im Unterschied dazu langsamer an und bilden ein längeres Plateau aus, bevor ihre Konzentration wieder abfällt. Während Albumin als negatives APP reagiert, weisen zahlreiche Spezies unterschiedliche major und moderate APP aus. Eine Zusammenstellung der APP bei verschiedenen Tierarten ist in **Tabelle 19.1** dargestellt.

19.2 C-reaktives Protein (CRP)

Als eines der ersten Akute-Phase Proteine wurde das C-reaktive Protein entdeckt. Es wurde nach seiner Eigenschaft benannt, das C-Polysaccharid von *Pneumococcus pneumoniae* zu binden. Zu den biologischen Funktionen des CRP gehören zahlreiche Mechanismen, welche den Körper vor Infektionen schützen und/oder diese eindämmen. An Bakterien gebundenes CRP bindet Komplementfaktoren und erleichtert damit die Phagozytose von Bakterien. Weiterhin induziert CRP die Zytokinproduktion von Makrophagen und Monozyten, bindet freigesetzte bakterielle und körpereigene DNS und verhindert die Adhäsion neutrophiler Granulozyten an Endothelzellen und damit die Migration der Leukozyten in das periphere Gewebe.

Tab. 19.1 Anstieg der Akute-Phase-Proteine C-reaktives Protein (CRP), Serum-Amyloid A (SAA), Haptoglobin und Alpha-1-Acid-Glykoprotein bei verschiedenen Spezies

Spezies	CRP	SAA	Haptoglobin	Alpha-1-Acid-Glykoprotein
Hund	***	***	#	#
Katze	–	***	#	***
Rind	–	#	***	#
Schwein	***	***	***	–
Pferd	#	***	#	#

*** major APP, # moderate APP, – kein Anstieg

Indikationen

Da CRP nur bei Hunden und Schweinen als major APP reagiert, ist eine Untersuchung nur in diesen Spezies sinnvoll. Indikationen für die Bestimmung des CRP beinhalten:

- Detektion subklinischer Erkrankungen (systemische Entzündungen, Gewebstraumata)
- Kontrolle des Therapieerfolges bei entzündlichen Erkrankungen (sistiert der Entzündungsprozess so sinkt die Konzentration der major APP innerhalb von ca. 24 Stunden)
- Überwachung des postoperativen Heilungsverlaufes
- Monitoring des Schweregrades einer Entzündung

Material

Blutserum

Prinzip

Immunoturbidimetrie, ELISA

Technik

Durchführung nach Anleitung des Herstellers. Immunoturbidimetrische Inhouse-Geräte zur Bestimmung des CRP sind kommerziell erhältlich und ermöglichen einen zeitnahen Ausschluss einer Entzündungsreaktion. Gängig ist weiterhin die Applikation der immunoturbidimetrischen Tests auf klinisch-chemischen Großgeräten in Speziallabors. Wird canines CRP mit einem humanspezifischen Reagenz detektiert, sollte auf eine Kalibration des Tests mittels aufgereinigtem Hunde-CRP geachtet werden. Nur so ermöglicht diese Applikation die Detektion von caninem CRP. Bei Verwendung von Humanreagenzien mit Humankalibration sind die detektierten CRP-Werte niedriger als bei Verwendung der Hundekalibration. Weiterhin sind zeitaufwendige, speziesspezifische ELISA-Tests für Hund und Schwein kommerziell erhältlich.

Referenzbereiche

Da es sich bei APP um relativ neue labordiagnostische Parameter handelt und zahlreiche, zum Teil Speziallaboren vorbehaltene Messmethoden existieren, sind noch keine weithin akzeptierten Referenzintervalle vorhanden. Die bisherigen Literaturangaben differieren zum Teil deutlich! Richtwerte können der **Tabelle 19.2** entnommen werden, sollten jedoch immer mit laboreigenen Referenzwerten verglichen werden.

Bewertung

▶ CRP ↑

- Infektionserkrankungen:
  - *Actinobacillus-pleuropneumoniae*-Infektion (Schwein)
  - Babesiose (Hund)
  - Leishmaniose (Hund)
  - Parvovirose (Hund)
  - Leptospirose (Hund)
  - Ehrlichiose (Hund)
  - *Bordetella-bronchiseptica*-Infektion (Hund)
  - *Escherichia-coli*-Infektion (Hund)
  - Trypanosomiasis (Hund)
- immunbedingte Erkrankungen:
  - immunhämolytische Anämie (Hund)
  - nichterosive Polyarthritis (Hund)
  - canine rheumatoide Arthritis (Hund)
  - Steroid-responsive Meningitis-Arteriitis (Hund)
- Neoplasien:
  - Lymphom (Hund)
  - Mammatumor (Hund)
  - Mastzelltumor (Hund)
  - Sarkom (Hund)
- entzündliche Erkrankungen:
  - Arthritis (Pferd)
  - bei Wundheilungsstörungen (Hund)
  - Enteritis (Pferd)
  - Hepatitis (Hund)
  - Pankreatitis, Pankreasnekrose (Hund)
  - Pneumonie (Hund, Pferd)
  - postoperativ (Hund, Pferd, Schwein)
  - Pyometra (Hund)

CRP scheint keine Rolle beim Entzündungsgeschehen der Katze und des Rindes zu spielen.

19.3 Serum-Amyloid A (SAA)

Bei dem APP SAA handelt es sich um ein Apolipoprotein, welches am Lipidmetabolismus und -transport im Körper beteiligt ist. Es handelt sich um einen Vorläufer des α-Amyloids und könnte damit bei der Pathogenese der Amyloidose eine Rolle spie-

Tab. 19.2 Referenzwerte für die Akute Phase Protein C-reaktives Protein (CRP), Serum-Amyloid A (SAA) und Haptoglobin bei verschiedenen Spezies. Diese Referenzwerte sind als Anhaltspunkte zu sehen, allgemein sollten test- und laborspezifische Referenzwerte verwendet werden.

Spezies	CRP [mg/L]	SAA [mg/L]	Haptoglobin [g/L]	Referenz
Hund	< 16	< 2,19	3	Otabe et al. 1998, Martinez-Subiela et al. 2004
Katze	–	10,21 ± 8,32	< 3,8	Giordano et al. 2004
Rind	–	< 8,8	< 0,35	Jones et al. 2007
Schwein	k. A.	k. A.	k. A.	
Pferd	k. A.	0,5–20	2–10	Crisman et al. 2008

k. A. = keine Angaben, – kein Anstieg

len. Weiterhin ist es an der chemotaktischen Anziehung von Entzündungszellen in das Entzündungsgebiet beteiligt, hemmt jedoch andererseits die Entzündung, indem es die Proliferation von Lymphozyten unterdrückt. Neben dem in der Leber produzierten SAA sind vor allem beim Pferd und beim Rind extrahepatische Isoformen aus der Synovia und dem Mammagewebe bekannt.

Indikationen

siehe Indikationen zur Bestimmung von CRP

Material

Blutserum, Milch

Prinzip

Immunoturbidimetrie, ELISA

Technik

Durchführung nach Anleitung des Herstellers. Immunoturbidimetrische Inhouse-Tests sind für Katzen und Pferde erhältlich. Eine neue Generation eines speziesübergreifenden immunoturbidimetrischen Reagenz erlaubt weiterhin den Einsatz eines Tests für Hunde, Katzen und Pferde. Speziesspezifische ELISA sind für Hund, Katze, Pferd, Schwein, Rind und Maus erhältlich.

Referenzbereiche

siehe Referenzbereiche CRP

Bewertung

▶ SAA ↑

- Infektionserkrankungen:
  - *Actinobacillus-pleuropneumoniae*-Infektion (Schwein)
  - *Bordetella-bronchiseptica*-Infektion (Hund)
  - equine Influenza (Pferd)
  - feline infektiöse Peritonitis (Katze)
  - Infektionen, diverse (Katze, Pferd, Rind)
  - Leishmaniose (Hund)
  - Parvovirose (Hund)
  - *Pasteurella-multocida*-Infektion (Rind)
  - *Rhodococcus-equi*-Pneumonie (Pferd)
  - virale Erkrankungen des Respirationstraktes (Rind)
- entzündliche Erkrankungen:
  - Amyloidose (Katze)
  - Arthritis [infektiös] (Pferd)
  - abdominaler Abszess (Pferd)
  - Kolitis, Enteritis, Diarrhö (Pferd)
  - Mastitis (Rind)
  - neonatale Septikämie (Pferd)
  - Omphalophlebitis (Pferd)
  - Pankreatitis (Katze)
  - Peritonitis (Pferd)
  - Pneumonie (Pferd)
  - postoperativ (Katze, Pferd)
  - Tendovaginitis (Pferd)
- Neoplasien:
  - diverse (Katze)
- andere Erkrankungen:
  - Diabetes mellitus (Katze)
  - Erkrankungen des harnableitenden Wege (Katze)
  - Ketose (Rind)
  - Lebererkrankungen (Katze)
  - Nierenerkrankungen (Katze)

19.4 Haptoglobin (Hp)

Hp bindet freies Hämoglobin und führt dieses der Wiederverwertung in der Leber zu. Damit verhindert es den Verlust von Eisen aus dem Körper. Diese Eigenschaft führt außerdem zu einem bakteriostatischen Effekt, da Bakterien im Körper das zum Wachstum notwendige Eisen entzogen wird. Hp weist eine antiinflammatorische Wirkung auf, indem es die Chemotaxis und Phagozytose von Entzündungszellen hemmt.

Indikationen

siehe Indikationen zur Bestimmung von CRP und SAA

Material

Blutserum

Prinzip

Spektrofotometrie, Immunoturbidimetrie

Technik

Durchführung nach Anleitung des Herstellers. Die Spektrofotometrie basiert darauf, dass Hp Hämoglobin bindet und einen Komplex mit diesem bildet. Das gebundene Hämoglobin weist eine konstante Peroxidaseaktivität bei saurem pH auf, welche spektrofotometrisch detektiert werden kann. Die Peroxidaseaktivität ist direkt proportional zur Hp-Konzentration in der Probe.

Referenzbereiche

siehe Referenzbereiche CRP

Bewertung

▶ Hp ↑

- Infektionserkrankungen:
  - feline infektiöse Peritonitis (Katze)
  - Leishmaniose (Hund)
  - Trypanosomiasis (Hund)
  - infektiöse Erkrankungen des oberen Respirationstraktes (Katze)
  - Infektionen, diverse (Katze)
  - *Actinobacillus-pleuropneumoniae*-Infektion (Schwein)
  - *Mycoplasma-hyorhinis*-Infektion (Schwein)
  - *Toxoplasma-gondii*-Infektion (Schwein)
  - Infektion mit porzinem reproduktivem Virus und Respirations-Syndrom-Virus (Schwein)
  - Infektionen mit bovinem Diarrhö-Virus 1 + *Pasteurella haemolytica* (Rind)
  - Infektionen mit bovinem Herpes-Virus 1 + *Pasteurella haemolytica* (Rind)
  - Maul- und Klauenseuche [Aphtovirusinfektion] (Rind)
- entzündliche Erkrankungen:
  - Abszesse (Katze)
  - Arthritis, nichtinfektiös (Pferd)
  - Endokarditis (Rind)
  - Enteritis (Rind)
  - Mastitis (Rind)
  - Metritis (Rind)
  - Pneumonie (Rind)
  - postoperativ (Katze, Pferd, Rind)
- andere Erkrankungen:
  - hepatische Lipidose (Rind)
  - kohlenhydratinduzierte Lahmheit (Pferd)
  - Diabetes mellitus, diabetische Ketoazidose (Hund)
  - endogene Glukokortikoidproduktion (Hyperadrenokortizismus) (Hund)
  - Autoimmunhämolytische Anämie (Hund)
  - Leukämie (Hund)
  - mesenchymale und epitheliale Neoplasien (Hund)
- Sonstiges:
  - Glukokortikoidtherapie (Hund)
  - Transport über 2 Tage (Rind)

▶ Hp ↓

nach Hämolyse (Katze, Pferd)

19.5 Sonstige APP

Zahlreiche weitere APP existieren **(Tab. 19.3)** und geben wertvolle Hinweise bei der Suche nach oder dem Monitoring von Entzündungsreaktionen. Die diagnostische Relevanz einiger APP ist dabei etabliert, bei anderen jedoch noch im experimentellen Stadium. Als weitere wichtige APP sind das **Fibrinogen** bei Hund, Pferd und Rind, das **Alpha-1-Acid-Glykoprotein** bei der Katze und das **Ceruloplasmin** zu nennen. Auch den negativen APP **Albumin** und **Transferrin** kommt eine Bedeutung bei der Akute-Phase-Reaktion zu. Weitere Informationen zu diesen APP sollten der speziellen Literatur entnommen werden.

Tab. 19.3 Zusammenstellung einiger Akute-Phase-Proteine unter Berücksichtigung ihrer Funktion

Akute-Phase-Protein	Funktion
Bestandteile der Blutgerinnung	
Faktor VIII	Gerinnungsfaktor
Von-Willebrand-Faktor	Gerinnungsfaktor
Prothrombin	Bildung des Blutgerinnsels
Fibrinogen	Fibrinbildung
Fibronektin	Bildung des Fibringerinnsels
Plasminogen	Fibrinolyse
Plasminogen Activator Inhibitor 1	Proteaseinhibitor
α_2-Antiplasmin	Regulierung der Gerinnungskaskade
Antithrombin 3	Regulierung der Gerinnungskaskade
Bestandteile der Komplementkaskade	
Faktor B	Komplementfaktor
C1-Inhibitor	Negative Kontrolle der Komplementkaskade
C2	Bestandteil des Komplementsystem
C4	Bestandteil des Komplementsystem
C4	Bestandteil des Komplementsystem
C4-Binding-Protein	Bestandteil des Komplementsystems
C5	Bestandteil des Komplementsystem
C9	Bestandteil des Komplementsystem

Tab. 19.3 (Fortsetzung)

Akute-Phase-Protein	Funktion
Transportproteine	
Albumin	• Transport hydrophober Moleküle im Blut • Aufrechterhaltung des onkotischen Druckes
Ferritin	Eisentransportprotein
Transferrin	Eisentransportprotein
Hemopexin	Häm-Bindung und -Transport
Serum-Amyloid-A	Cholesterin- und HDL-Bindung
Ceruloplasmin	Kupfertransportprotein
Sonstige	
Heparin Kofaktor 2	Proteinaseinhibitor
α_1-Antichymotrypsinogen	Proteinaseinhibitor
α_1-Antitrypsin	Proteinaseinhibitor
α_2-Makroglobulin	Proteinaseinhibitor
α_1-Acid-Glykoprotein	• Interaktion mit Kollagen • Anregung des Fibroblastenwachstums • Bindung einiger Steroide
C-reaktives Protein	• Komplementaktivierung, Opsonizierung • Induktion der Zytokinproduktion • Bindung bakterieller/körpereigener DNS
LPS-Binding-Protein	Makrophagenaktivierung
Kallikreine	Erhöhung der Gefäßpermeabilität, Gefäßdilatation
Hämoxygenase	Häm-Abbau
Haptoglobin	Hämoglobinbindung
Mangansuperoxiddismutase	• Kupfer- und Zinkbindung • Bildung von freien Sauerstoffradikalen
Mannose-Binding-Protein	Lektin (Bindung von Kohlenhydraten auf Mikroorganismen)
Serum-Amyloid P	Bildung von IgG-Immunkomplexen
Interleukin-1-Rezeptor-Antagonist	IL-1-Rezeptor-Antagonist

HDL: High Density Lipoprotein, DNS: Desoxyribonukleinsäure, IgG: Immunoglobulin G, IL-1: Interleukin 1

Literatur

Bathen-Noethen A, Carlson R, Menzel D, Mischke R, Tipold A. Concentrations of Acute-Phase Proteins in Dogs with Steroid Responsive Meningitis-Arteritis. J Vet Intern Med 2008; 22(5): 1149–1156.

Chase D, McLauchlan G, Eckersall PD, Pratschke J, Parkin T, Pratschke K. Acute phase protein levels in dogs with mast cell tumours and sarcomas. Vet Rec 2012; 170(25): 648.

Christensen M, Jacobsen S, Ichiyanagi T, Kjelgaard-Hansen M. Evaluation of an automated assay based on monoclonal anti-human serum amyloid A (SAA) antibodies for measurement of canine, feline, and equine SAA. Vet J 2012; 194(3): 332–7.

Cerón JJ, Eckersall PD, Martínez-Subiela S. Acute phase proteins in dogs and cats: current knowledge and future perspectives. Vet Clin Pathol 2005; 34(2): 85–99.

Crisman MV, Scarratt WK, Zimmerman KL. Blood proteins and inflammation in the horse. Vet Clin North Am Equine Pract 2008; 24(2): 285–97.

Eckersall PD, Duthie S, Safi S, Moffatt D, Horadagoda NUDoyle S, Parton R, Bennett D, Fitzpatrick JL. An automated biochemical assay for haptoglobin: prevention of interference from albumin. Comp Haematol Int 1999; 9(3): 117–24.

Giordano A, Spagnolo V, Colombo A, Paltrinieri S.Changes in some acute phase protein and immunoglobulin concentrations in cats affected by feline infectious peritonitis or exposed to feline coronavirus infection. Vet J 2004; 167(1): 38–44.

Jones ML, Allison RW. Evaluation of the ruminant complete blood cell count. Vet Clin North Am Food Anim Pract 2007; 23(3): 377–402.

Kjelgaard-Hansen M, Kristensen AT, Jensen AL. Evaluation of a commercially available enzyme-linked immunosorbent assay (ELISA) for the determination of C-reactive protein in canine serum. J Vet Med A Physiol Pathol Clin Med 2003; 50(3): 164–8.

Martinez-Subiela S, Ginel P J, Cerón JJ. Effects of different glucocorticoid treatments on serum acute phase proteins in dogs. Vet Rec 2004; 154(26): 814–7.

Tecles F, Spiranelli E, Bonfanti U, Cerón JJ, Paltrinieri S. Preliminary studies of serum acute-phase protein concentrations in hematologic and neoplastic diseases of the dog. J Vet Intern Med 2005; 19(6): 865–70.

Otabe K, Sugimoto T, Jinbo T, Honda M, Kitao S, Hayashi S, Shimizu M, Yamamoto S. Physiological levels of C-reactive protein in normal canine sera. Vet Res Commun 1998; 22(2): 77–85.

Paltrinieri S. The feline acute phase reaction. Vet J 2008; 177(1): 26–35.

Petersen HH, Nielsen JP, Heegard PMH. Application of acute phase protein measurements in veterinary clinical chemistry. Vet Res 2004; 35(2): 163–87.

Tamamoto T, Ohno K, Ohmi A, Seki I, Tsujimoto H. Time-course monitoring of serum amyloid A in a cat with pancreatitis. Vet Clin Pathol. 2009; 38(1): 83–6.

20 Serumlipide

Stephan Neumann

20.1 Einleitung

Unter dem Begriff **Lipide** werden biochemisch die Substanzklassen

- freie Fettsäuren,
- Triglyzeride,
- Phospholipide,
- Cholesterin und
- Lipoproteine (Chylomikronen, VLDL [Very-low-Density-Lipoproteine], LDL [Low-Density-Lipoproteine], HDL [High-Density-Lipoproteine])

20

zusammengefasst. Labordiagnostisch werden derzeit überwiegend Triglyzeride und Cholesterin untersucht, weshalb diese im Fokus dieses Kapitels stehen. Zu den wesentlichen Aufgaben der Lipide gehören:

- Energiespeicher (Triglyzeride),
- Membranbestandteil (Phospholipide, Cholesterin),
- Ausgangsprodukt für Steroidhormone, Vitamin D und Gallensäuren (Cholesterin),
- Lipidtransport (Lipoproteine).

Lipide werden aus der Nahrung oder durch körpereigene Synthese dem Stoffwechsel zugeführt. Mit der Nahrung aufgenommene Lipide werden im Dünndarm durch Gallensäuren emulgiert, durch pankreatische und intestinale Lipasen hydrolysiert und nach Mizellenbildung von den Darmmukosazellen (Enterozyten) im Jejunum resorbiert. Die Resorption findet nach Anlagerung der Mizellen an die apikale Membran der Enterozyten statt. Resorbiert werden überwiegend freie Fettsäuren, Monoglyzeride sowie Cholesterin. Die **Resorption** findet über Transportproteine (freie Fettsäuren) oder durch freie Diffusion (Monoglyzeride und Cholesterin) statt. In den Enterozyten werden Triglyzeride und Phospholipide synthetisiert und Cholesterin teilweise verestert. Der **Transport** der Fette über das Lymphsystem zum Blutgefäßsystem erfolgt als Chylomikronen.

Am weiteren Lipidstoffwechsel ist die Leber wesentlich beteiligt. Während der Resorptionsphase synthetisieren die Hepatozyten VLDL. Diese dienen dem Triglyzeridtransport in das Fettgewebe. In der postresorptiven Phase werden Trigylzeride in der Leber zur Energiegewinnung abgebaut (β-Oxidation). Cholesterin kann in der Leber synthetisiert oder aus den Chylomikronen freigesetzt werden.

20.2 Labordiagnostik der Lipide

Während die **Lipämie** oder **Hyperlipämie** des Serums von der Triglyzeridkonzentration abhängt und allgemein die Trübung des Serums beschreibt, versteht man unter dem Begriff **Hyperlipidämie** eine Erhöhung von Triglyzeriden und Cholesterin. Mitunter werden aber auch beide Begriffe synonym für die erhöhte Konzentration von Triglyzeriden und Cholesterin verwendet.

20.3 Serumtrübung

Bereits das für die klinisch-chemische Untersuchung gewonnene Serum gibt erste Hinweise auf die Triglyzeridkonzentration. Serum mit einer Triglyzeridkonzentration von 2,2–3,4 mmol/l (200–300 mg/dl) erscheint getrübt. Serum mit einer Triglyzeridkonzentration über 11 mmol/l (1000 mg/dl) erscheint milchig. Die Cholesterinkonzentration wirkt sich nicht auf die Serumtrübung aus.

20.4 Chylomikronentest

Eine Form der Lipoproteine sind die Chylomikronen, sie bestehen zu 80–90 % aus Triglyzeriden, die restlichen beteiligten Moleküle sind Cholesterin und Phospholipide. Chylomikronen setzen sich als weiße Schicht auf dem Serum ab, wenn dieses über 12 Stunden bei Kühlschranktemperatur aufbewahrt wird. Je ausgeprägter diese Schicht ist, desto höher ist die Chylomikronenkonzentration.

20.5 Triglyzeride

Chemisch sind die Triglyzeride Ester aus Glyzerin und drei Fettsäuren. Sie werden überwiegend in den Dünndarmenterozyten, der Leber und dem Fettgewebe synthetisiert. Reguliert wird die Synthese durch das Nahrungsangebot (Enterozyten) und hormonelle Einflüsse (Leber, Fettgewebe). Der Transport von Triglyzeriden findet über Lipoproteine statt. Enteral synthetisierte Triglyzeride werden überwiegend in Chylomikronen transportiert, wohingegen parenchymal synthetisierte Triglyzeride häufig in VLDL transportiert werden. Abgebaut werden Triglyzeride durch verschiedene Lipasen. Diese kommen im Pankreas, der Leber und als hormonsensitive Lipase im Fettgewebe vor. Lipoproteinlipasen werden in den Endothelzellen fast aller Gewebe synthetisiert.
Der Triglyzeridstoffwechsel, wie auch der Cholesterinstoffwechsel, wird durch Hormone wie Insulin, Glukagon, Steroide, Schilddrüsenhormone und Katecholamine beeinflusst. Dieser Einfluss erklärt, weshalb gerade Endokrinopathien mit Störungen im Lipidstoffwechsel einhergehen.

Indikationen

- hyperlipämische Trübung des Serums
- Verdacht auf Maldigestion
- periphere Neuropathien
- Krampfanfälle
- Stoffwechselstörungen bei Hypothyreose, Diabetes mellitus, Hyperadrenokortizismus, Hepatopathien, Cholestase, nephrotischem Syndrom
- Pankreatitis

Material

Triglyzeride werden als Gesamt-Triglyzeride in Serum und Plasma bestimmt. Der Serumbestimmung ist der Vorzug zu geben. Im Serum sind die Triglyzeride bei 4 °C 5–7 Tage, bei −20 °C 3 Monate und bei −70 °C über ein Jahr stabil. Auftauen und erneutes Einfrieren sollte vermieden werden.

Prinzip

Prinzipiell wird die Triglyzeridkonzentration fotometrisch gemessen, dazu wird Glyzerin mittels einer Lipase freigesetzt und über mehrere Reaktionsschritte abgebaut. Dabei wird NADH verbraucht, welches fotometrisch bestimmt werden kann.
Eine Hyperlipämie beeinflusst die Analysen von diversen anderen Parametern. Je nach

Laborgerät und verwendeter Analysenmethode können z. B.

- falsch erhöhte Werte entstehen bei:
  - Alanin-Transaminase (ALT)
  - Aspartat-Transaminase (AST)
  - Lipase
  - Phosphor
  - Gesamt-Bilirubin
  - Gesamt-Protein
- falsch erniedrigte Werte erwartet werden bei:
  - Bikarbonat
  - Cholesterin
  - Harnstoff
  - Kreatinin

Technik

Zur Messung stehen kommerzielle Testpackungen zur Verfügung.

Referenzbereiche

Ein Referenzbereich sollte immer gerätespezifisch festgelegt werden. Dazu sind Untersuchungen einer größeren Anzahl gesunder Tiere (ca. 50) notwendig. Als orientierender Referenzbereich gilt der in **Tabelle 20.1** dargestellte.

Umrechnungsfaktoren

- SI-Einheit: × 0,0114 (mmol/l)
- konventionelle Einheit: × 87,5 (mg/dl)

Bewertung

▶ Triglyzeride ↑ = Hypertriglyzeridämie

- Nahrungsaufnahme
- Endokrinopathien (Diabetes mellitus, Hyperadrenokortizismus, Hypothyreose)
- Pankreatitis
- Cholestase
- nephrotisches Syndrom
- idiopathisch
- Fettmobilisierung (Pferd, Rind)
- Ponyhyperlipämie (s. Kap. 33)

Im Folgenden sollen zur Verbesserung des Verständnisses die Mechanismen vorgestellt werden, die als Ursache für die Lipiderhöhung diskutiert werden. In vielen Fällen sind die genauen Mechanismen allerdings nicht vollständig geklärt (Xenoulis und Steiner 2010, Elliott und Schenk 2010).

- Innerhalb von 12 Stunden nach einer Mahlzeit kann eine Hypertriglyzeridämie vorliegen. Deshalb sollten Blutentnahmen grundsätzlich nach 12-stündigem Fasten durchgeführt werden.
- Endokrinopathien wirken sich auf die Triglyzerid- und Cholesterinkonzentration im Blut aus. Eine Abgrenzung der Endokrinopathien aufgrund der Triglyzerid- oder Cholesterinkonzentration ist allerdings nicht möglich. Nach erfolgreicher Therapie der Grundkrankheit sind die Veränderungen des Lipidstoffwechsels in der Regel reversibel.
- Diabetes mellitus ist verbunden mit einer erhöhten Mobilisierung von Fettsäuren

Tab. 20.1 Referenzbereiche der Triglyzeride bei einzelnen Spezies (nach Kraft und Dürr 2005)

Triglyzerid-konzentration	Hund	Katze	Pferd	Rind	Schaf	Ziege	Schwein
mg/dl	25–340	50–100	100–500	15–45	5–30	–	bis 44
mmol/l	0,29–3,88	0,57–1,14	1,14–5,70	0,17–0,51	0,06–0,34	–	bis 0,5

aus dem Fettgewebe, was auf eine gesteigerte Aktivität der hormonsensitiven Lipase aufgrund des Insulinmangels zurückzuführen ist. Die Fettsäuren werden in den Hepatozyten zu Azetyl-CoA abgebaut, welches zur erneuten Triglyzeridsynthese sowie zur Synthese von Cholesterin und Ketonen verwendet wird. Die Triglyzeride induzieren die vermehrte Bildung von VLDL. Diabetes mellitus bei Hund und Katze ist in erster Linie mit einer Hypertriglyzeridämie verbunden. Eine Hypercholesterinämie tritt gelegentlich auf.

- Ein Hyperadrenokortizismus führt häufiger zu einer Hypercholesterinämie als zu einer Hypertriglyzeridämie. Die Erhöhung der Lipide im Serum geht auf eine vermehrte Bildung von VLDL in der Leber unter dem Einfluss von Glukokortikoiden zurück. Ursächlich wird auch hier eine gesteigerte Aktivität der hormonsensitiven Lipase vermutet, die die Freisetzung von Fettsäuren aus dem Fettgewebe induziert.
- Hypothyreose ist ebenfalls häufiger mit einer Hypercholesterinämie als einer Hypertriglyzeridämie verbunden. Im Falle eines Mangels an Schilddrüsenhormonen werden LDL in der Leber reduziert abgebaut, da die Aktivität der hepatischen Lipase reduziert ist.
- Eine Hypertriglyzeridämie mit oder ohne Hypercholesterinämie wird im Zusammenhang mit einer Pankreatitis beim Hund beobachtet. Ob Folge oder Ursache ist noch Gegenstand von Untersuchungen und nicht vollständig geklärt. Als möglicher Mechanismus für eine erhöhte Lipidkonzentration wird eine zytokininduzierte VLDL-Synthese in der Leber als Folge der Pankreatitis diskutiert.
- Die Entstehung einer bei Hund und Katze im Zusammenhang mit einer Cholestase zu beobachtenden milden Hypertriglyzeridämie und Hypercholesterinämie ist ebenfalls nicht vollständig geklärt. Eine verringerte Aufnahme von LDL durch funktionsgestörte Hepatozyten bzw. eine gestörte Ausscheidung von Cholesterin über die Galle werden als Mechanismen diskutiert.
- Das nephrotisches Syndrom führt bei Hund und Katze zur Hypertriglyzeridämie, weitaus häufiger allerdings zu einer Hypercholesterinämie. Als Ursache wird der glomeruläre Proteinverlust diskutiert. In dessen Folge können sich Dysproteinämien entwickeln, bei denen Proteine verlorengehen, die die Bindung der Lipoproteine an die Zellmembran ermöglichen. Ist diese Bindung gestört, reduziert sich der Lipoproteinabbau. Weiterhin wird infolge des glomerulären Proteinverlustes die hepatische Proteinsynthese stimuliert und damit auch die Lipoproteinsynthese gesteigert, was zu einer Hypercholesterinämie führt.
- Als idiopathische Hypertriglyzeridämie oder auch primäre Hypertriglyzeridämie werden abnormal erhöhte Triglyzeridkonzentrationen bei nüchternen Tieren beschrieben. Dieses Phänomen tritt rassespezifisch auf, was eine genetische Ursache wahrscheinlich macht. Beschrieben ist dieses Phänomen bei Zwergschnauzern (Hypertriglyzeridämie), Briard und Collie (Hypercholesterinämie). Bei der Katze ist eine vererbbare Hyperchylomikronämie beschrieben.
- Im Zusammenhang mit metabolischen Erkrankungen oder Trächtigkeit und Laktation ist bei Pferden und Rindern eine metabolische Imbalanz, bei der vermehrt Triglyzeride ins Blut abgegeben werden, das Fettmobilisierungssyndrom, beschrieben. Ursächlich liegt vermutlich eine vermehrte Mobilisierung von Fett-

säuren aus dem Fettgewebe vor, die in der Leber die vermehrte Bildung von VLDL induziert.
- Ponyhyperlipämie ist eine beim Pony beschriebene Hypertriglyzeridämie, verbunden mit einer Hypercholesterinämie. Ursächlich liegen auch hier Stoffwechselstörungen oder eine Trächtigkeit vor, welche zu einer vermehrten Mobilisierung von im Fettgewebe gespeicherten Lipiden führen (vgl. Kap. 33).

▶ Triglyzeride ↓ = Hypotriglyzeridämie

Ursachen für eine erniedrigte Triglyzeridkonzentrationen im Blut werden nicht beschrieben, ganz im Gegensatz zum Cholesterin.

20.6 Cholesterin

Der Cholesterinstoffwechsel wird überwiegend durch die Leber reguliert. In den Hepatozyten kann enteral resorbiertes Cholesterin oder aus Azetyl-CoA neu gebildetes Cholesterin zur Synthese, beispielsweise der Gallensäuren, oder zum weiteren Transport in die Peripherie mittels Lipoproteinen (VLDL, LDL, HDL) verwendet werden. Die De-novo-Synthese von Cholesterin in der Leber unterliegt hormonellen Einflüssen. Dabei wird ein Enzym des Syntheseweges (HMG-CoA-Reduktase [HMG: Hydroxymethylglutaryl]) durch Hormone beeinflusst. Insulin beispielsweise reduziert intrazelluläres cAMP (Second Messenger) und darüber auch die HMG-CoA-Reduktase und somit die Cholesterinsynthese. Schilddrüsenhormone erhöhen die HMG-CoA-Reduktase-Aktivität, vermutlich allerdings nicht über cAMP als Second Messenger. Glukokortikoide beeinflussen die Cholesterinkonzentration über eine vermehrte Lipolyse. Cholesterin ist ein Zellmembranbestandteil sowie Ausgangsprodukt für die Synthese von Gallensäuren, Steroidhormonen und Vitamin D_3. Cholesterin wird hauptsächlich über die Galle ausgeschieden.

Indikationen

- Cholestase
- nephrotisches Syndrom
- akute Nephritis
- Hypothyreose
- Hyperadrenokortizismus
- Diabetes mellitus
- Hepatopathie

Material und Methodik

Cholesterin wird im Serum oder Plasma bestimmt, wobei das Serum bevorzugt wird. Gemessen wird die Gesamtkonzentration von Cholesterin. Bezüglich Lagerung verhält sich Cholesterin wie Triglyzeride.

Prinzip

Das Prinzip der Messung von Cholesterin besteht in einer enzymatischen Farbreaktion, bei der Cholesterin oxidiert und H_2O_2 als reaktives Molekül gemessen wird.

Technik

Zur Messung stehen kommerzielle Testpackungen zur Verfügung.

Referenzbereiche

Die Festlegung eines gerätespezifischen Referenzbereiches ist zu empfehlen. Zur Orientierung dienen die in **Tabelle 20.2** angegebenen Referenzbereiche.

Tab. 20.2 Referenzbereiche des Cholesterin bei einzelnen Spezies (nach Kraft und Dürr 2005)

Cholesterinkonzentration	Hund	Katze	Pferd	Rind	Schaf	Ziege	Schwein
mg/dl	120–390	70–150	90–170	> 75	45–75	77–130	77–128
mmol/l	3,1–10,1	1,8–3,9	2,3–4,4	> 2,0	1,2–1,9	2,0–3,4	2,0–3,3

Umrechnungsfaktoren

- SI-Einheit: × 0,0259 (mmol/l)
- konventionelle Einheit: × 38,664 (mg/dl)

Bewertung

▶ Cholesterin ↑ = Hypercholesterinämie

- Nahrungsaufnahme
- Endokrinopathien (Diabetes mellitus, Hyperadrenokortizismus, Hypothyreose)
- Pankreatitis
- Cholestase
- nephrotisches Syndrom
- idiopathisch
- Ponyhyperlipidämie (s. Kap. 33)

Die Mechanismen für die Veränderungen entsprechen weitgehend denen bei den Triglyzeriden und sind dort besprochen worden.

▶ Cholesterin ↓ = Hypocholesterinämie

- Anorexie
- Hepatopathie
- Malabsorption (Pankreasinsuffizienz, Enteritis)
- Hyperthyreose
- Hypoadrenokortizismus

Die Cholesterinsynthese in der Leber kann durch unterschiedliche Hepatopathien gestört sein und somit die Cholesterinserumkonzentration absenken.

Im Rahmen der Malabsorption wirkt sich die reduzierte Cholesterinaufnahme durch die Enterozyten auf die Cholesterinkonzentration aus.

Eine unter dem Einfluss von Schilddrüsenhormonen zunehmende Cholesterinausscheidung kann zu erniedrigten Blutkonzentrationen bei der Hyperthyreose führen. Vermutlich ist die reduzierte Cholesterinkonzentration im Blut beim Hypoadrenokortizismus auf die erniedrigte Glukokortikoidkonzentration zurückzuführen. Glukokortikoide stimulieren die Lipolyse und führen zu erhöhten Cholesterinkonzentrationen im Blut.

Die Messung von Triglyzeriden und Cholesterin ist geeignet, Chylus von Pseudochylus zu differenzieren. Dazu werden beide Metabolite zeitgleich im Punktat und vergleichend im Blut gemessen. Bei einem Chylus liegt eine deutlich höhere Konzentration von Triglyzeriden als im Blut vor. Im Vergleich dazu ist die Cholesterinkonzentration vergleichbar mit dessen Blutkonzentration. Dementsprechend wäre das Verhältnis von Cholesterin zu Triglyzeriden im Punktat sehr niedrig (< 1). Im Gegensatz dazu ist die Cholesterinkonzentration im Pseudochylus deutlich höher als im Blut, die Konzentration der Triglyzeride ist vergleichbar mit deren Blutkonzentration, sodass daraus ein Cholesterin/Triglyzerid-Verhältnis im Punktat von > 1 resultiert.

Literatur

Bickhardt K. Kompendium der allgemeinen Inneren Medizin und Pathophysiologie für Tierärzte. Pareys Studientexte 69. Berlin, Hamburg: Parey 1992.

Bush BM. Interpretation of laboratory results for small animal clinicans. London, Edinburgh, Boston, Melbourne, Paris, Berlin, Vienna: Blackwell 1991; 267–76.

Cunningham JG, Klein BG. Veterinary physiology. St. Louis: Saunders Elsevier 2007; 327–409.

Elliott DA, Schenk PA. Dietary and medical consideraton in hyperlipidemia. In: Ettinger S, Feldman EC, ed. Textbook of veterinary internal medicine. St. Louis: Saunders Elsevier 2010; 2035.

Kanecko JJ, Harvey JW, Bruss ML. Clinical biochemistry of domestic animals. San Diego, London, Boston, New York, Sydney, Tokyo, Toronto: Academic Press 2009; 55–7, 430–2.

Kraft W, Dürr UM. Klinische Labordiagnostik in der Tiermedizin. Stuttgart, New York: Schattauer 2005; 293–5.

Stockham SL, Scott MA. Fundamentals of veterinary clinical pathology. Ames: Iowa State Press 2002; 521–38.

Willard MD, Tvedten H, Turnwald GH. Small animal clinical diagnosis by laboratory methods. Philadelphia: Saunders 1999; 150–2.

Xenoulis PG, Steiner JM. Lipid metabolism and hyperlipidemia in dogs. Vet J 2010; 183(1): 12–21.

21 Skelettmuskulatur, Knochen, Kalzium-, Phosphor-, Magnesiumstoffwechsel

Natali Bauer und Stephan Neumann

21.1 Skelettmuskulatur

Symptome seitens der Muskulatur, die labordiagnostische Untersuchungen erfordern, sind häufig unspezifisch: Schwäche, Lahmheit und Schmerzhaftigkeit, insbesondere bei der Palpation. Eine Reihe von Enzymen eignet sich zur Untersuchung der Muskelzellintegrität. »Muskelspezifisch«, also nur bei Muskelerkrankungen erhöht, ist lediglich die **Kreatinkinase** (CK, früher CPK). Sie findet sich nicht nur im Skelettmuskel, sondern auch im Herzmuskel und im Gehirn (die Gehirn-CK tritt nicht in das Blut über, deshalb ist die CK ein ausschließlich muskelspezifisches Enzym). Die meisten Enzyme sind jedoch »unspezifisch«, das heißt, sie kommen nicht nur im Muskel (und Herzmuskel), sondern auch in anderen Organen und Geweben vor. Daraus zu schließen, sie seien nicht zur Diagnose von Erkrankungen der Muskulatur (oder der Herzmuskulatur) geeignet, wäre jedoch falsch. Durch die unterschiedlichen Halbwertszeiten der einzelnen Enzyme lassen sich dennoch relevante Aussagen erzielen. **3-Methylhistidin**, ein für den Abbau von Muskelprotein spezifischer Marker, der nicht von anderen metabolischen Prozessen beeinflusst wird, wurde in ersten klinischen Fragestellungen für den Hund verwendet (Neumann 2008), allerdings ist eine Bestimmung im Routinelabor derzeit noch nicht möglich.

Kreatinkinase (CK), EC 2.7.3.2

Die menschliche Kreatinkinase kann in vier **Isoenzyme** unterteilt werden:
- CK aus dem Skelettmuskel (CK-MM),
- CK aus dem Herzmuskel (CK-MB),
- CK aus dem Gehirn (CK-BB),
- CK aus den Mitochondrien (CK-Mt).

Die Isoenzyme entstehen durch unterschiedliche Kombinationen der Untereinheiten M (muscle) und B (brain). Sie lassen sich auch beim Tier nachweisen, jedoch ist ihre Aktivität hier anders verteilt als beim Menschen. Da die nicht muskelspezifischen Isoenzyme nur eine kurze Halbwertszeit besitzen, ist eine Auftrennung der Isoenzyme klinisch nicht relevant.
Bei einem Verdacht auf primäre oder sekundäre Muskelerkrankungen als Folge anderweitiger Grundkrankheiten bestimmt man daher die CK-Gesamtaktivität.

Indikationen

- Verdacht auf Muskelkrankheiten
- Muskelschwäche, Lahmheit ohne andere Ursache
- Palpationsschmerz
- früher: Kardiomyopathien (CK ist allerdings unspezifisch, sodass sie durch die Messung von Troponin I als Marker für einen myokardialen Schaden abgelöst wurde)

Material

Serum, Plasma, auch vorher eingefroren

Prinzip

Der CK-Bestimmung liegen folgende Reaktionen zugrunde:

$$\text{Kreatinphosphat} + \text{ADP} \xleftrightarrow{\text{CK}} \text{Kreatin} + \text{ATP}$$

$$\text{ATP} + \text{Glukose} \xleftrightarrow{\text{HK}} \text{Glukose-6-phosphat} + \text{ADP}$$

$$\text{Glukose-6-phosphat} + \text{NADP}^+ \xleftrightarrow{\text{G6P-DH}} \text{Glukonat-6-phosphat} + \text{NADPH} + \text{H}^+$$

Gemessen wird die Extinktionszunahme durch die Entstehung von NADPH, das der Aktivität der CK im Serum proportional ist. Heute wird nur noch die reaktivierte CK bestimmt. Die Reaktivierung mit N-Azetylcystein (NAC) hat den Vorteil, dass das Enzym dann wesentlich höhere Aktivitäten aufweist und viel länger haltbar ist, sodass das Enzym selbst nach Tagen und Wochen noch untersucht werden kann, während das nicht aktivierte Enzym sofort untersucht werden muss.

Technik

Testkombinationen sind kommerziell erhältlich und werden nach der Arbeitsanleitung des Herstellers durchgeführt.

Referenzbereiche

Tabelle 21.1 gibt eine Übersicht über die Referenzbereiche der CK-Aktivität für verschiedene Tierspezies.

Tab. 21.1 Referenzbereiche der CK-Aktivität für verschiedene Tierspezies

Spezies	Aktivität IU/l	Aktivität µkat/l
Hund	bis 90[1]	bis 1,5
Katze	bis 130[2]	bis 2,2[2]
Pferd	bis 130[2]	bis 2,2[2]
Rind	bis 100[3]	bis 1,7
Schaf	bis 25[4]	bis 0,4[4]
Ziege	bis 65[4]	bis 1,1[4]
Schwein	bis 2000[5]	bis 33[5]

1 bei Hunden bis zu 1/4 Jahr bis 250 IU/l
2 vereinzelt bis 190 IU/l (3,2 µkat/l), bei Katzen bis zu 1/4 Jahr bis 200 IU/l
3 1 Woche post partum <200 IU/l
4 unter der Geburt leicht erhöht (bis 150 IU/l = 2,5 µkat/l)
5 stark abhängig von Alter, Rasse und Belastung (kleine Hunderassen haben höhere CK-Werte)

Umrechnungsfaktoren

- SI-Einheit: × 16,67 (nkat/l) oder × 0,01667 (µkat/l)
- konventionelle Einheit: × 0,05999 (nkat/l → IU/l) oder × 59,99 (µkat/l → IU/l)

Die Referenzbereiche der CK hängen stark von dem jeweiligen Labor ab, weshalb man die laborspezifischen Referenzbereiche zugrunde legen muss.

Bewertung

Allgemein

▶ CK ↑

- Muskeldystrophie (insbesondere Golden Retriever)
- hyperkaliämische periodische Paralyse (HYPP; Quarter Horse, Appaloosa, Paint)

- Muskeltraumata:
  - Ruptur, Prellung, chirurgisches Trauma, intramuskuläre Injektion, epileptische Anfälle, Tetanus, ungewohnte körperliche Belastung
  - Belastungsmyopathie (Myalgie, Rückenmuskelnekrose)
  - atypische Weidemyopathie (Pferd)
  - paralytische Myopathie (Lumbago, Tying-up, Myopathie der Windhunde)
  - sekundäre Myopathie (infolge internistischer Erkrankungen; Hund, Katze)
- ernährungsbedingte Mangelzustände:
  - Mangelmyopathie (oder nutritive Muskeldystrophie, NMD: Vitamin-E-/Selenmangel; besonders Jungrinder, auch Fohlen und Lamm)
- entzündliche Prozesse:
  - Myositiden (Myositis eosinophilica)
  - Toxoplasmose, Neosporose
  - Endometritis (Rind)
- degenerative Prozesse:
  - Harnröhrenobstruktion (Harnblasen-CK) (Katze)
  - Muskelnekrose nach Aortenthrombose (Katze)
  - Dislocatio abomasi (Rind)
  - Kreislaufschock (Stoffwechselstörung der Muskulatur)
- neoplastische Prozesse:
  - Tumormetastasen

Mithilfe von CK-Messungen lässt sich indirekt zwischen einer Hämoglobin- und Myoglobinurie unterscheiden. Während bei einer **Myoglobinurie** die CK-Aktivität im Serum meist stark erhöht ist, tritt eine solche Erhöhung bei einer **Hämoglobinurie** nicht auf oder nur verspätet als Folge von Durchblutungsstörungen der Muskulatur.

Tierartspezifisch

Hund

Geringgradige Aktivitätsanstiege, die aber immerhin einige hundert IU/l erreichen können, werden schon nach **intramuskulären Injektionen** gemessen. Bei einer **Abszessbildung** in der Muskulatur können über 1000 IU/l auftreten. Sehr hohe Werte werden bei – dem recht seltenen – **Tetanus** (extreme Anstiege auf mehrere 10 000 IU/l möglich) sowie bei **Muskelentzündungen** festgestellt (Toxoplasmose, Neosporose). Auch epileptische Anfälle rufen oft eine, wenn auch nur kurzzeitige, erhebliche Aktivitätssteigerung der CK hervor. Die **paralytische Myopathie** bei Windhunden geht ebenfalls mit zum Teil sehr hohen CK-Werten einher (Wodecki und Heinrich 1993). Bei Hunden (und Katzen) ist eine sekundäre Myopathie infolge internistischer Erkrankungen, wie z. B. endokrinen Erkrankungen, Niereninsuffizienz und Gastroenteritis, beschrieben, die mit einer mittelgradigen Erhöhung der CK assoziiert ist (bis ca. 6000 U/l; Neumann 2008).

Katze

Bei der Katze lassen sich – wenn auch insgesamt seltener – erhöhte CK-Aktivitäten aus ähnlichen Gründen wie beim Hund feststellen. Sehr hohe Werte (mehrere 10 000 IU/l) können bei Katzen mit Muskelnekrosen infolge einer Aortenthrombose festgestellt werden. Hinzu kommt die bei der Katze häufiger vorkommende Obstruktion der Harnröhre mit Harnkonkrementen. Dabei bedingt die in der Harnblasenwand vorliegende Kreatinkinase die CK-Aktivitätssteigerung im Blut.

Pferd

Bei **Myopathien** des Pferdes **(equine Rhabdomyolyse)** steigt die CK-Aktivität in schweren Fällen frühzeitig hochgradig an (extreme Anstiege auf mehrere 10 000 IU/l möglich).

Kürzlich wurde eine nicht belastungsabhängige Rhabdomyolyse unbekannter Ätiologie bei Weidepferden **(atypische Weidemyoglobinurie)** beschrieben, die bei kalter Jahreszeit auftritt (Gehlen 2005). Die **hyperkaliämische periodische Paralyse (HYPP)** beim Westernpferd beruht auf der Mutation einer Base im Gen, das für den Natriumkanal codiert. Das Gen wird autosomal dominant vererbt. Die Symptome einer HYPP sind periodische Schwäche, Kollaps oder Muskelkrämpfe.

Rind

Die Bestimmung der CK-Aktivität dient bei Rindern in erster Linie dem Ausschluss von Muskelzerrungen, -rupturen, -nekrosen oder Myositiden bei Festliegern und als Screening für Endometritiden. Die CK-Aktivität steigt proportional mit dem Grad von Gebärmutterentzündungen, die dann klinisch zu kontrollieren sind. CK-Aktivitätssteigerungen findet man auch regelmäßig vor Labmagenverlagerungen sowie bei nutritiven Myopathien durch Selen- und Kupfermangel. Bei gesunden Kühen steigt die CK-Aktivität zunächst bis 3 Tage post partum bis maximal 250 IU/l an und sinkt innerhalb von 7 Tagen post partum auf < 200 IU/l. Nach der ersten Woche post partum fällt die CK-Aktivität weiter ab auf < 100 IU/l.

Schwein

Sehr ausgeprägte erhöhte CK-Aktivitäten werden vor allem bei stressanfälligen Schweinen gemessen (siehe auch unten: CK/AST-Quotient).

Andere Muskelenzyme

Zur Klärung einer Myopathie können auch die **Aspartataminotransferase (AST)** und die **Laktatdehydrogenase (LDH)** beitragen. Die LDH ist nicht muskelspezifisch und kann auch bei Hepatopathien und Hämolyse erhöht sein. Die in der Hauptsache auf Muskulatur und Leber beschränkte AST ist vor allem bei Muskelkrankheiten des Pferdes öfter untersucht (s. S. 713).

Beim **Schwein** kann der Quotient zwischen den beiden Enzymen CK und AST **(CK/AST-Quotient)** zur Unterscheidung einer Belastungsmyopathie von ernährungsbedingten Myopathien einerseits und Muskelrissen oder Leberzelldegenerationen andererseits herangezogen werden. Beide Muskelfasertypen – die roten und die weißen Muskelfasern – enthalten das Enzym CK in etwa gleicher Menge. Die Konzentration der AST hingegen ist in den roten Muskelfasern wesentlich höher als in den weißen. Dies bedeutet, dass bei einem Quotienten von < 50 vor allem mit einer Schädigung der roten Muskelfasern zu rechnen ist, während ein Quotient von > 100 auf eine Schädigung der weißen Muskelfasern hinweist. Bei Leberzelldegenerationen liegt der CK/AST-Quotient meist < 20 (Bickhardt 1988).

Laktat (Milchsäure)

Bei Krankheiten des Muskelstoffwechsels kann es durch Anstieg der Laktatkonzentration zu einer erheblichen metabolischen Azidose kommen. Die Analyse von Laktat muss so schnell wie möglich nach der Blutentnahme erfolgen, da Erythrozyten L-Laktat produzieren und somit falsch erhöhte Werte bedingen können. Eine Kühlung der Probe oder die Verwendung von Natriumfluorid als Antikoagulans kann diesen Prozess verzögern.

Zur Bedeutung der Laktatbestimmung beim Pferd siehe S. 713 f.

Indikationen

- Verdacht auf metabolische Myopathien
- Verdacht auf Laktatazidose

Material

Natriumfluorid oder Heparinplasma

Prinzip/Technik

siehe S. 713
Zum Nachweis metabolischer Myopathien wird ein **Belastungstest** durchgeführt:

- Blut entnehmen zur Bestimmung des Laktat-Ruhewertes
- Hund 10–15 min durch rasches Gehen belasten
- Blut entnehmen zur Bestimmung des Laktat-Belastungswertes

Referenzbereiche (methodenabhängig)

- **Hund:** 1,0–2,9 mmol/l
- **Pferd:** siehe S. 713

Umrechnungsfaktoren

- SI-Einheit: × 0,111 (mmol/l)
- konventionelle Einheit: × 9,01 (mg/dl)

Bewertung

▶ Laktat ↑

- metabolische Azidose bei Muskelstoffwechselstörungen (Labrador Retriever)
- Myasthenia gravis
- anstrengende körperliche Belastung
- andere Ursachen für Hypoxie/Hypoxämie (Schock, Thrombosen, respiratorische Erkrankungen, Anämie)

Antikörper gegen Azetylcholinrezeptoren

Bei Myasthenia gravis werden die Azetylcholinrezeptoren der Nervenendplatten durch zirkulierende Autoantikörper geschädigt. Die primäre Diagnose wird durch eine intravenöse Injektion von Edrophonium (Tensilon®) gestellt. In der Mehrzahl der Fälle lassen sich die Autoantikörper im Blut nachweisen. Die Reaktion kann wie bei allen Antikörperuntersuchungen durch immunsuppressive Wirkstoffe (Zytostatika, Immunsuppressiva, z. B. Kortikosteroide) gestört werden.

Indikation

Untersuchung auf Myasthenia gravis

Material

Serum

Prinzip/Technik

RIA (derzeitiger „Goldstandard“)

> Test muss für Hund und Katze validiert sein!

Referenzbereich

- **Hund:** < 0,6 nmol/l
- **Katze:** < 0,3 nmol/l

Bewertung

▶ Azetylcholinrezeptor-Antikörper ↑

Myasthenia gravis

21.2 Knochen, Kalzium-, Phosphatstoffwechsel

Über das Skelett lassen sich labordiagnostisch – außer durch Untersuchung eines Knochenbioptates – nur indirekt Aussagen treffen. Sie erstrecken sich im Wesentlichen auf die Auswirkungen einer Funktionsstörung der Parathyreoidea (s. auch Kap. 25).

In den Epithelkörperchen werden die Hormone Parathormon und Kalzitonin gebildet. Sie sind für die **Regulation der Kalziumhomöostase** verantwortlich. Aber auch andere Hormone (Geschlechtshormone, Kortikosteroide, Thyroxin, Somatotropin und Glukagon) greifen in den Kalziumstoffwechsel ein. Obwohl der weitaus größte Teil des Kalziums wie des Phosphats im Skelett gebunden ist, spielen die im Blut vorhandenen geringen Mengen eine sehr große physiologische Rolle. Zwischen Skelett und extrazellulärem Raum besteht ein Fließgleichgewicht, das von den Hormonen gesteuert wird. Eine wesentliche Aufgabe kommt Vitamin D in seiner aktiven Form als 1,25-Dihydroxycholecalciferol und Parathormon zu. Kalzium und Phosphat sollten immer gemeinsam interpretiert werden.

Parathormon

Das in der Parathyreoidea sezernierte Parathormon (PTH) hält die Kalziumhomöostase im Blut aufrecht. Die **Sekretion** kann sofort bei Bedarf erfolgen, während die **Synthese** etwas langsamer abläuft. Das Parathormon hat drei Zielorte und damit auch Funktionen:

- Dünndarmschleimhaut: Steigerung der Kalziumresorption
- Skelett: Mobilisation von Kalzium (und Phosphat)
- Niere: Steigerung der tubulären Kalziumrückresorption, Steigerung der tubulären Phosphatausscheidung

Indikationen

- Diagnose eines primären Hyperparathyreoidismus
- Diagnose eines Hypoparathyreoidismus
- Hyperkalzämie
- Hypokalzämie

Material

Serum

Nach Gewinnung durch Zentrifugation (am besten in der Kühlzentrifuge) in gefrorenem Zustand ans Untersuchungslabor senden oder bei Raumtemperatur unter Verwendung von PTH-Stabilisatorröhrchen (Absprache mit dem Einsendelabor; enthalten z. B. Aprotinin).

Prinzip/Technik

RIA

Referenzbereiche

- **Hund:** 2–13 pmol/l (Refsal 2001)
  - bei gleichzeitiger Hyperkalzämie:
    - Graubereich 5–7 pmol/l
    - >7 pmol/l: diagnostisch für primären Hyperparathyreoidismus (Refsal 2001)
  - bei gleichzeitiger Hypokalzämie:
    - <4 pmol/l: diagnostisch für Hypoparathyreoidismus (Refsal 2001)
- **Katze:** 0–4 pmol/l (Refsal 2001)
- **Pferd:** 0,25–2 pmol/l (Barton 2004)

Bewertung

▶ PTH ↑

- primärer Hyperparathyreoidismus (Parathyreoideatumor [Karzinom, Adenom])
- sekundärer Hyperparathyreoidismus (Hypokalzämie, chronische Nierenerkrankung)

▶ PTH ↓

primärer Hypoparathyreoidismus
Eine niedrige Konzentration an ionisiertem Kalzium im Blut führt zu einer gesteigerten Sekretion von Parathormon; der Phosphatspiegel hat auf die Parathormonsekretion

dagegen keinen Einfluss. PTH-Messung und Interpretation müssen zusammen mit ionisiertem Kalzium erfolgen. Eine PTH-Konzentration von < 4 pmol/l bei gleichzeitiger Hypokalzämie wird als diagnostisch für primären Hypoparathyreoidismus angesehen (Refsal 2001).

Parathormon-related Peptid

Das Parathormon-related Peptid (PTH-related Protein, PTHrP) reguliert den Kalziumstoffwechsel im Fetus. PTHrP wird auch in vielen Geweben von adulten Tieren produziert, jedoch sind die Plasmaspiegel bei gesunden adulten Lebewesen sehr gering.

Indikation

Hyperkalzämie (Verdacht auf Neoplasie)

Material

Serum oder EDTA
Nach Gewinnung durch Zentrifugation in gefrorenem Zustand an das Untersuchungslabor senden oder bei Raumtemperatur unter Verwendung von PTH-Stabilisatorröhrchen (Absprache mit dem Einsendelabor; enthalten z. B. Aprotinin).

Prinzip/Technik

IMRA (Immunoradiometric assay); RIA (Radioimmunoassay); Humantests validiert für Hund (1 Test auch für Katze, Bolliger 2002).

Die Tests sind für Pferde ungeeignet.

Referenzbereiche

- **Hund:** < 1 pmol/l
- **Katze:** < 1,5 pmol/l

Bewertung

▶ PTHrp ↑

Neoplasien (insbesondere Lymphom, Analbeutelkarzinom)

Kalzitonin

Dieses rasch wirksame Hormon wird in den parafollikulären Zellen der Schilddrüse gebildet und ist in gewisser Weise als Antagonist zu Parathormon anzusehen. Ein hoher Kalziumspiegel im Blut sorgt für eine gesteigerte Sekretion von Kalzitonin mit der Folge einer gesteigerten Einlagerung von Kalzium in den Skelettknochen bei verminderter Freisetzung von Kalzium und Phosphat. Eine Wirkung auf die Nieren ist nicht eindeutig nachgewiesen. Die Resorption von Kalzium im Darm wird nicht beeinflusst. Durch das Zusammenspiel mit Parathormon wird die Kalziumhomöostase sehr fein reguliert.
Kalzitonin kann, außer beim Hund, noch nicht routinemäßig bestimmt werden. Man ist daher zur Beurteilung des Kalzium-Phosphat-Stoffwechsels auf die Messung von Gesamtkalzium, ionisiertem Kalzium und Phosphat angewiesen, die indirekte Rückschlüsse auf die Drüsentätigkeit zulassen, insbesondere auf das dritte, den Kalziumspiegel beeinflussende Hormon, das 1,25-Dihydroxycholecalciferol.

1,25-Dihydroxycholecalciferol

Das mit der Nahrung zugeführte Vitamin D_3 (Cholecalciferol) gelangt nach Resorption im Darm in die Leber und wird hier zu 25-Hydroxycholecalciferol hydroxyliert. Sowohl Vitamin D_3 als auch 25-Hydroxycholecalciferol gelten als Prohormone, sie sind also selbst nicht hormonell wirksam. Erst die weitere Hydroxylierung zu 1,25-Dihydroxycholecalciferol (1,25-DHCH) in der Niere bringt ein sehr wirksames Hormon hervor. Es wirkt als Synergist des Parathormons und aktiviert die Kalziumresorption im Darm sowie die Freisetzung von Kalzium (und damit auch von Phosphat) aus dem Knochen.

Indikationen

- Hyperkalzämie bei gleichzeitiger Hyperphosphatämie
- Verdacht auf Intoxikation

Material

Serum

Prinzip/Technik

21

RIA

Referenzbereich

siehe **Tabelle 21.2**

Bewertung

▶ 1,25-DHCH ↑

- Vitamin-D-Intoxikation (insbesondere nach Aufnahme von Rodentiziden)
- primärer Hyperparathyreoidismus (PTH fördert DHCH-Synthese)
- granulomatöse Entzündung z. B. Systemmykosen, *Angiostrongylus vasorum* (Produktion von Makrophagen)
- Lymphom (Produktion bei Tumorzellen oder Förderung der Synthese durch PTHrP)

▶ 1,25-DHCH ↓

- Niereninsuffizienz und Proteinverlust-Nephropathie
- Proteinverlust-Enteropathie
- PTH ↓ oder verminderte PTH-Wirkung (z. B. durch Hypomagnesiämie)

Tab. 21.2 Referenzbereiche für 1,25-Dihydroxycholecalciferol (nach Schenck 2012)

Spezies	1,25-DHCH-Konzentration (nmol/l)
Hund	60–165
Katze	65–170
Pferd	11–24
Rind	50–65

Störungen des Kalzium-Phosphat-Stoffwechsels

Diese Störungen können auf zahlreichen Ebenen eintreten:

- Parathyreoideatumoren führen zum **primären Hyperparathyreoidismus** und damit zu einer Freisetzung von Kalzium und Phosphat aus dem Skelett. Die Folgen sind Hyperkalzämie (vermehrte Freisetzung, verminderte renale Ausscheidung) und Hypophosphatämie (vermehrte renale Ausscheidung) sowie Osteomalazie.
- Verminderte Kalziumzufuhr oder ein unausgewogenes Kalzium-Phosphat-Verhältnis in der Nahrung führt zu absolutem Kalziummangel und damit zur Aktivierung des Parathormons (sogenannter **nutritiver** oder **alimentärer sekundärer Hyperparathyreoidismus**). Dies bewirkt eine Freisetzung von Kalzium aus dem Skelett.
- Dünndarmkrankheiten vermindern die Resorption von Kalzium **(enteraler sekundärer Hyperparathyreoidismus).**
- Durch chronische Nierenkrankheiten wird die Hydroxylierung von 25-Hydroxycholecalciferol zu 1,25-Dihydroxy-

cholecalciferol nicht mehr möglich. Die Folge ist eine verminderte Resorption von Kalzium im Dünndarm mit sinkender Konzentration des Serumkalziums. Damit wird verstärkt Parathormon sezerniert **(renaler sekundärer Hyperparathyreoidismus).** Dies führt zu einer Freisetzung von Kalzium und Phosphat aus dem Skelett, das dadurch entkalkt wird (Osteofibrose). Durch die verminderte Ausscheidung von Phosphat über die erkrankte Niere kommt es zu einem erheblichen Anstieg der Phosphatkonzentration im Serum.

- **Pseudohyperparathyreoidismus,** eine Krankheit, die bisher nur bei Hund und Katze beobachtet wurde, wird bei Neoplasien (insbesondere bei einem Lymphom und bei Analbeutelkarzinomen) diagnostiziert. Die Symptome – Knochenentkalkung, Hyperkalzämie, Hypophosphatämie – entsprechen denen des primären Hyperparathyreoidismus. Die Epithelkörperchen sind im Gegensatz zum primären Hyperparathyreoidismus allerdings atrophisch.
- Durch nicht ausreichend behandelten oder behandelbaren sekundären Hyperparathyreoidismus kann sich eine Autonomie der Parathyreoidea entwickeln. Es entsteht der sogenannte **tertiäre Hyperparathyreoidismus** mit ähnlichen Befunden wie beim primären Hyperparathyreoidismus.
- **Hypervitaminose D** (1,25-Dihydroxycholecalciferol)
  - Verschiedene Pflanzen synthetisieren 1,25-Dihydroxycholecalciferol. Hierzu gehört der in Mitteleuropa besonders im Mittelgebirge und den unteren bis mittleren Lagen der Hochgebirge vorkommende Goldhafer (*Trisetum flavescens*). Die Folge der Fütterung an Pflanzenfresser ist eine Kalkablagerung in zahlreichen Organen und Geweben, die häufig schwere Krankheitssymptome hervorruft **(Kalzinose)**.
  - 1,25-Dihydroxycholecalciferol wird als Rattengift in Kombination mit Kumarin eingesetzt und kann nach Aufnahme zu einer Hyperkalzämie und Hyperphosphatämie führen.

Eine **übermäßige Kalziummobilisation aus dem Skelett,** gleich welcher Ursache, kann durch Ablagerung von Kalzium in verschiedenen Geweben und Organen, durch Osteofibrose, aber auch durch die zum Teil erhebliche Hyperphosphatämie zu schweren Krankheitsbildern führen.

Kalzium

Kalzium kommt im Serum zu 55 % als ionisiertes Kalzium (Ca^{2+}), zu 40 % an Protein und zu 5 % an organische Säuren gebunden vor. Der biologisch wirksame Anteil ist das ionisierte Kalzium. Sein Anteil hängt vom pH-Wert des Blutes ab; er steigt bei sinkendem pH-Wert. Da die Konzentration des ionisierten Kalziums das Stellglied der Homöostase darstellt, verringert sich der Spiegel des Gesamtkalziums bei Azidosen. Für eine differenzierte Beurteilung des Kalziumstoffwechsels ist die Messung des ionisierten Kalziums notwendig. Seine Konzentration sowie sein Anteil am Gesamtkalzium liefern die besten diagnostischen Aussagen.

Die in älterer Literatur publizierten Formeln zur Umrechnung von Gesamtkalzium in ionisiertes Kalzium unter Berücksichtigung der Albuminkonzentration können nicht empfohlen werden, da sie kein akkurates Ergebnis liefern (Schenck 2005).

Indikationen

- allgemeine Schwächesymptome, Apathie, Anorexie, Erbrechen, Obstipation
- Polydipsie, Polyurie (PD/PU)
- Muskeltremor, faszikuläre Muskelzuckungen, Tetanie
- Azotämie, Niereninsuffizienz
- EKG-Veränderungen wie ventrikuläre Extrasystolen, verlängertes QT-Intervall
- Diagnose des primären (und tertiären) Hyperparathyreoidismus
- Diagnose des Hypoparathyreoidismus
- Knochenkrankheiten
- Tumorkrankheiten, insbesondere Analbeutelkarzinomtumoren und Lymphom
- Malabsorption (Durchfall)
- Diagnose der Gebärparese

Material

- Plasma (Heparin)
- Serum
- Vollblut (für ionisiertes Kalzium)

Prinzip

Kalzium wird flammenemissionsfotometrisch, komplexometrisch oder absorptionsfotometrisch nachgewiesen.
Die Bestimmung des ionisierten Kalziums erfolgt mit ionensensitiven Elektroden unter Berücksichtigung des Blut-pH-Wertes. Eine aerobe Messung unter Verwendung von Plasma führt zu signifikant niedrigen Resultaten von ionisiertem Kalzium (Unterer 2004, 2005).

Technik

Es sind verschiedene Testkombinationen im Handel. Die Durchführung erfolgt nach Arbeitsanleitung des Herstellers.

Von verschiedenen Firmen werden Schnelltests zur semiquantitativen Bestimmung des Kalziumblutspiegels angeboten. Sie sind vor allem für die ambulante Rinderpraxis konzipiert, basieren auf der Rolle der Kalziumionen bei der Blutgerinnung und werden mit Vollblut durchgeführt. Die Angaben zur Empfindlichkeit, bezogen auf die mit Referenzmethoden festgestellte Hypokalzämie, bewegen sich zwischen 0,75 und 0,95, diejenigen zur Spezifität zwischen 0,63 und 1 (Übersicht bei Iraki 1992).

Referenzbereiche (methodenabhängig)

Tabelle 21.3 liefert eine Übersicht über die Referenzbereiche von Gesamtkalzium und ionisiertem Kalzium für verschiedene Tierspezies.

Tab. 21.3 Referenzbereiche für die Konzentrationen von Gesamtkalzium und ionisiertem Kalzium für verschiedene Tierspezies

Tierart	Gesamtkalzium (mmol/l)	Ionisiertes Kalzium (mmol/l)
Hund	2,3–3,0	1,23–1,43*
Katze	2,3–3,0	1,19–1,43*
Pferd	2,5–3,4	1,51–1,74*
Rind	2,3–2,8[1]	0,99–1,3*
Schaf	2,1–2,7	–
Ziege	2,2–2,8	–
Schwein	2,4–3,5	–

1 Im Zeitraum 1 Tag ante bis 2 Tage post partum Absenkung der Konzentration des Gesamtkalziums bis nahezu 2 mmol/l (»physiologische Hypokalzämie«), des ionisierten Kalziums bis 1 mmol/l

* für Nova CRP8 (Resultate für Heparin Vollblut, aerobe Probe)

Bewertung

▶ Kalzium ↑ (= Hyperkalzämie)

- Jungtiere (physiologisch)
- primärer oder tertiärer Hyperparathyreoidismus
- Pseudohyperparathyreoidismus (infolge Neoplasien)
- Vitamin-D-Hypervitaminose:
  - exogen
    - Rodentizide, die Vitamin D enthalten
    - übermäßige Supplementierung
    - Aufnahme von Pflanzen, die Vitamin D_3 enthalten (*Trisetum, Solanum*)
  - endogen
    - granulomatöse Entzündung
    - Neoplasien (z. B. Lymphom)
- Hypoadrenokortizismus
- verminderte renale Ausscheidung
- akute und chronische Niereninsuffizienz (Pferd: häufig, Hund/Katze: selten)
- Thiaziddiuretika
- idiopathische Hyperkalzämie (Katze)
- erhöhte Gesamtkalziumkonzentration: Hyperglobulinämie, Hämokonzentration

▶ Kalzium ↓ (= Hypokalzämie)

- verminderte PTH-Aktivität:
  - primärer Hypoparathyreoidismus
  - sekundärer Hyperparathyreoidismus (Tendenz zur Hypokalzämie)
  - infolge Hypomagnesiämie (vermindertes Ansprechen der PTH-Rezeptoren)
- verminderter Kalziummobilisation (Knochen) oder Absorption (Darm):
  - Tetanie
  - Hypovitaminose D (chronische Niereninsuffizienz, Proteinverlust-Enteropathie, alimentärer Vitamin-D-Mangel)
  - exokrine Pankreasinsuffizienz
  - Hyperkalzitonismus (C-Zell-Tumor)
- vermehrte renale Ausscheidung:
  - Ethylenglykolvergiftung
  - Furosemidbehandlung
- verminderte Aufnahme (alimentärer Mangel, unabhängig von der Gravidität; Schaf)
- Eklampsie (nicht regelmäßig)
- Myopathien (Rhabdomyolyse, maligne Hyperthermie)
- phosphathaltige Klysmen (Katze; Komplexbildung mit Phosphat)
- akute Pankreatitis (Hund, Katze)

Phosphat

Indikationen

- allgemeine Schwächesymptome, Apathie, Anorexie, Erbrechen, Obstipation
- Polydipsie, Polyurie
- Muskeltremor, faszikuläre Muskelzuckungen
- Azotämie, Niereninsuffizienz
- EKG-Veränderungen wie ventrikuläre Extrasystolen, verlängertes QT-Intervall
- Diagnose des primären, sekundären Hyperparathyreoidismus (und tertiären) Hyperparathyreoidismus
- Diagnose des Hypoparathyreoidismus
- Knochenkrankheiten
- Tumorkrankheiten, insbesondere bei Analbeutelkarzinom und Lymphom
- Malabsorption (Durchfall)
- erhöhte Aktivität der alkalischen Phosphatase
- Diagnose der Kalzinose (Pferd, Rind, Schaf)

Im Blut kommt Phosphor als anorganisches Phosphat (P_i), organischer Ester und als Phospholipid vor. Diagnostisch wichtig ist das anorganische Serumphosphat.

In den Erythrozyten befinden sich ebenfalls größere Phosphatmengen. Sie können bei Hämolyse, vor allem bei längerem Stehenlassen des Blutes, besonders aber bei unsachgemäßer Gewinnung und Aufbewahrung ins Serum übertreten. Aus diesem Grund muss die Blutprobe vorsichtig behandelt und möglichst bald zentrifugiert werden.

Material

Blutplasma (Blutserum)

Prinzip

Phosphat bildet mit Ammoniummolybdat das Ammoniumphosphomolybdat, das durch Reduktionsmittel zu Molybdänblau reduziert wird. Die Intensität der blauen Farbe ist proportional der Phosphatkonzentration. Sie wird bei 405 nm fotometrisch gemessen.

Technik

Testkombinationen sind im Handel erhältlich. Sie werden nach der Arbeitsanleitung des Herstellers durchgeführt.

Referenzbereiche

Referenzbereiche für Phosphat sind in **Tabelle 21.4** angegeben.

Umrechnungsfaktoren

- SI-Einheit: × 0,323 (mmol/l)
- konventionelle Einheit: × 3,0974 (mg/dl)

Es bestehen erhebliche **Altersabhängigkeiten**, die, ähnlich wie bei der alkalischen Phosphatase, durch das Knochenwachstum bedingt sind (**Tab. 21.5**).

Tab. 21.4 Referenzbereiche für die Konzentrationen von Phosphat für verschiedene Tierspezies

Tierart	Phosphatkonzentration	
	mg/dl	mmol/l
Hund	2,1–5,0	0,7–1,6
Katze	2,4–6,0	0,8–1,9
Pferd	2,2–4,5	0,7–1,5
Rind	5,0–7,1	1,6–2,3[1]
Schaf	4,0–6,0	1,3–1,9
Ziege	4,5–7,0	1,4–2,3
Schwein	6,5–10,2	2,1–3,3

1 Im Zeitraum 1 Tag ante bis 2 Tage post partum Absenkung der Phosphatkonzentration bis nahezu 1,25 mmol/l

Bewertung

▶ Phosphat ↑ (= Hyperphosphatämie)

- Jungtiere (physiologisch)
- Knochenheilung
- Fluss vom Intra- in den Extrazellulärraum:
  - Myopathien (Rhabdomyolyse, maligne Hyperthermie)
  - vermehrte intestinale Aufnahme
  - phosphathaltige Klysmen (Katze)
  - Hypervitaminose D
  - Nahrung mit niedrigem Kalzium/Phosphat-Verhältnis
- verminderte renale Ausscheidung:
  - verminderte GFR (prärenale, renale, postrenale Niereninsuffizienz)
  - Blasenruptur
  - Hypoparathyreoidismus

Tab. 21.5 Referenzbereiche für Phosphat in Abhängigkeit vom Alter der Tiere

Tierart	Altersspanne	Phosphatkonzentration (mg/dl)
Hund (Dereser 1989)		
	bis 3 Monate	6,4–11,3
	3–6 Monate	7,2–9,3
	> 6–12 Monate	5,6–9,6
	> 12–24 Monate	2,7–5,4
	> 2–8 Jahre	2,1–5,0
	> 8–10 Jahre	2,1–5,2
	> 10 Jahre	2,1–5,2
Katze (Hartmann 1990)		
	bis 3 Monate	6,5–10,0
	> 3–6 Monate	6,1–10,4
	> 6–12 Monate	4,4–8,6
	> 1–2 Jahre	2,9–7,3
	> 2–3 Jahre	2,8–6,6
	> 3–5 Jahre	2,4–5,6
	> 5–7 Jahre	2,8–6,0
	> 7–10 Jahre	2,7–5,7
	> 10 Jahre	2,7–5,5
Pferd (Hacklechner 1993)		
	1–2 Jahre	4,1–7,6
	> 2–3 Jahre	3,0–5,3
	4–15 Jahre	2,2–4,5
	> 15 Jahre	2,0–4,2
Rind		
	bis 2 Monate	2,6–3,5
	2–6 Monate	2,5–3,1
	6–12 Monate	2,4–2,9
	12–18 Monate	1,6–2,3

▶ Phosphat ↓ (= Hypophosphatämie)

- Fluss vom Extra- in den Intrazellulärraum:
  - Behandlung mit Insulin oder Insulinom
- verminderte Phosphatabsorption:
  - chronische Anorexie
  - Malabsorption
  - Behandlung mit Phosphatbindern
  - Hypovitaminose D (selten)
- vermehrte Phosphatausscheidung:
  - chronisch gesteigerte Diurese
  - PTH oder PTHrP ↑
  - Fanconi-Syndrom (Hund)
- verminderte Phosphatmobilisation aus dem Knochen:
  - Eklampsie
  - Gebärparese

Anhand der Knochenparameter sowie der Parameter für den Kalzium- und Phosphatstoffwechsel kann zwischen verschiedenen Erkrankungen differenziert werden (**Tab. 21.6**).

Alkalische Phosphatase

s. Kap. 15

Magnesium

Das zweiwertige Kation gehört zu den Erdalkalimetallen und kommt in allen Geweben vor, zu drei Vierteln findet es sich jedoch im Skelett. Serum- oder Plasmamagnesium verteilt sich in drei größere Fraktionen (Stockham 2008):

- 55 % ist **freies Magnesium**,
- 30 % sind an negativ geladene Oberflächen von Proteinen gebunden und
- 15 % an Anionen wie Zitrat und Phosphat.

Magnesium wirkt als Enzymaktivator, vor allem derjenigen Enzyme, die in den ATP-

Tab. 21.6 Differenzierung verschiedener Erkrankungen anhand der Kalzium-, Phosphat- und Vitamin-D-Konzentration (Blut oder Serum)

Erkrankung	**Serum, Blut**				
	tCa	**P**	**PTH**	**PTHrP**	**1,25-DCHC**
primärer Hyperparathyreoidismus	↑	↓/~	↑↑	~	~
sekundärer/tertiärer renaler Hyperparathyreoidismus	↓/~	↑	↑	~	↓/~
sekundärer/tertiärer intestinaler Hyperparathyreoidismus	↓/~	↓/~		↑	~
Niereninsuffizienz (hyperkalzämisch, Pferd)	↑	↓/~	↓/~	~	~
Pseudohyperparathyreoidismus	↑	↓/~	↓↓	↑	~
1,25-DHCH ↑	↑	↑/~	↓/~	~	↑
primärer Hypoparathyreoidismus	↓/~	↑/~	↓/~	~	~
Gebärparese	~	↓	↑/~	~	↑/~
Hypoalbuminämie	↓	~	~	~	~
chronische Anorexie	~	↓	~	~	~

↓↓: stark erniedrigt, ↓: erniedrigt, ↓/~: erniedrigt bis normal, ~: normal, ↑/~: erniedrigt bis erhöht, ↑: erhöht, ↑↑: stark erhöht

tCa: Gesamtkalzium, P: Phosphat, PTH: Parathormon, PTHrP: Parathormon-related Peptid, 1,25-DCHC: 1,25-Dihydroxycholecalciferol

Energiestoffwechsel eingreifen. Im Extrazellulärraum beeinflusst Magnesium den Überträgerstoff Azetylcholin. Eine Verminderung des Serum-Magnesiumgehaltes **(Hypomagnesiämie)** führt daher zu tetanischen Krämpfen, eine Erhöhung **(Hypermagnesiämie)** zu schlaffer Lähmung.

Folgende Faktoren beeinflussen die Gesamtmagnesiumkonzentration im Plasma:

- Hypoproteinämie (Verminderung des gebundenen Magnesiums)
- Absorption im Magen-Darm-Trakt
- Exkretion
  - renal
    - freies Magnesium wird glomerulär filtriert (Anstieg bei verminderter glomerulärer Filtrationsrate [GFR])
    - tubuläre Exkretion falls Mg^{2+}-Konzentration im proximalen Tubulus die Resorptionskapazität übersteigt (gesteigerte Exkretion durch Schleifendiuretika und osmotische Diurese)
  - enteral (über den Fäzes)
  - Milchdrüse (Laktation)
  - hormonell
    - Parathormon (PTH) ↑: enterale Absorption und Resorption (Niere, Knochen)
    - 1,25-Dihydroxycholecalziferol ↓: wahrscheinlich infolge verminderter PTH-Aktivität
    - Thyroxin und Aldosteron ↓: infolge gesteigerter Mg^{2+}-Exkretion in Urin und Fäzes

Indikationen

- Erkrankungen des Gastrointestinaltraktes
- Niereninsuffizienz
- erhöhte Diurese (Diuretika, Diabetes mellitus)
- Hyperthyreose
- primärer (und sekundärer) Hyperparathyreoidismus
- Hyperkalzämie
- Hypokaliämie
- tetanische Krämpfe
- schlaffe Lähmung
- Gebärparese

Material

Serum

Prinzip

Atomabsorptionsfotometrie, Spektrofotometrie (Gesamtmagnesium); ionensensitive Elektroden (ionisiertes Magnesium)

Technik

Durchführung nach Anleitung des Herstellers

Referenzbereiche

Die Referenzbereiche für Magnesium bei verschiedenen Tierarten sind in **Tabelle 21.7** dargestellt.

Umrechnungsfaktoren

- SI-Einheit: × 0,4113 (mmol/l)
- konventionelle Einheit: × 2,4312 (mg/dl)

Tab. 21.7 Referenzbereiche für Magnesium – tierartspezifisch

Tierart	Magnesiumkonzentration	
	mg/dl	mmol/l
Hund	1,4–3,2	0,6–1,3
Katze	1,4–3,2	0,6–1,3
Pferd	1,2–2,2	0,5–0,9
Rind	1,9–3,2	0,8–1,3
Schaf	1,9–2,8	0,8–1,2
Ziege	2,5–3,0	1,0–1,2
Schwein	1,2–3,2	0,5–1,3

Bewertung

▶ Hypermagnesiämie (Gesamtmagnesium ↑)

- verminderte renale Exkretion:
  - Niereninsuffizienz
  - verminderte GFR, z. B. Exsikkose
- PTH ↑: Gebärparese
- iatrogene Überdosierung (Mg^{2+}-Infusionen, Verabreichung von Mg-haltigen Antazida; Rind)
- Fluss vom Intra- in den Extrazellulärraum (Hämolyse, außer Rind)

▶ Hypomagnesiämie (Gesamtmagnesium ↓)

- langsam entstehend:
  - Hypoproteinämie
  - unzureichende enterale Resorption
    - chronische Darmerkrankungen (Malabsorption)
    - magnesiumarme Diät (Kälber mit reiner Milchfütterung, Weidetetanie)
    - chronische Anorexie oder Inappetenz
  - gesteigerte renale Exkretion
    - osmotische Diurese
    - Diuretika

21

- - Ketonurie (Komplexbildung mit Ketonkörpern)
- hormonell
  - - Hyperthyreose
  - - primärer Hyperparathyreoidismus
- rasch entstehend:
  - Tetanie (Rind, Schaf)
    Das klinische Krankheitsbild der Tetanie kann abrupt auftreten und perakut verlaufen, auch wenn die Hypomagnesiämie sich langsam entwickelt und über längere Zeit bestanden hat. Vor dem Weideauftrieb kann die Magnesiumversorgungslage und damit das Risiko einer Weidetetanie durch Blut- und/oder Harnuntersuchung gut eingeschätzt werden. Entsprechend dem Resultat können Prophylaxemaßnahmen veranlasst werden.

Literatur

Barton M, Sharma P, LeRoy BE, Horwerth EW. Hypercalcemia and high serum parathyreoid-hormone related protein concentration in a horse with multiple myeloma. J Am Vet Med Assoc 2004; 255(3): 409–13.

Behrens H, Ganter M, Hiepe T. Störungen des Calciumstoffwechsels. In: Ganter M, Hrsg. Lehrbuch der Schafkrankheiten. Stuttgart: Parey 2009.

Bickhardt K. Laborwerte beim Schwein. In: Plonait H, Bickhardt K, Hrsg. Lehrbuch der Schweinekrankheiten. Berlin, Hamburg: Parey 1988.

Bolliger AP, Graham PA, Richard V, Rosol T, Nachreiner RF, Refsal KR. Detection of parathyroid hormone-related protein in cats with humoral hypercalcemia of malignancy. Vet Clin Pathol 2002; 31(1): 3–8.

Dereser R. Blutchemische Referenzbereiche in der Labordiagnostik des Hundes. München: Dissertation 1989.

Fürll M, Schäfer M, Dabbagh MN. Auswirkungen dreiwöchiger Buttersäurebelastungen auf den Mineralstoffwechsel und das Skelettsystem bei Rindern. Berl Münch Tierärztl Wochenschr 1993; 106(11): 370–7.

Gehlen H, Gröters S, Gruber AD, Coenen M, Deege E, Ohnesorge B. Zur aktuellen Problematik der Weidemyopathie beim Pferd. Prakt Tierarzt 2005; 86(3): 178–83.

Hacklechner B. Referenzbereiche in der Labordiagnostik beim Pferd. München: Dissertation 1993.

Hartmann K. Referenzbereiche in der Labordiagnostik der Katze. München: Dissertation 1990.

Hörügel U, Fürll M. Untersuchungen zur Früherkennung der Gebärparesegefährdung bei Kühen. Prakt Tierarzt Coll Vet 1998; 28: 86–92.

Iraki M. Untersuchungen über den Einfluß des Hämatokrits auf den Ausfall der Ergebnisse einer Modifikation des koagulometrischen Tests zur semiquantitativen Kalziumbestimmung im Blut nach Sandholm und Mitarbeitern (1979). Hannover: Dissertation 1992.

Kixmöller M. Labordiagnostische Referenzbereiche bei unterschiedlichen Schweinerassen sowie histopathologische und immunhistochemische Untersuchungen von Gehirnen älterer Sauen und Eber auf transmissible spongiforme Enzephalopathie im Rahmen der TSE-Studie. München: Dissertation 2004.

Neuman S. Serum Creatininkinase activity in dogs and cats with metabolic diseases. Dtsch Tierärztl Wochenschr 2005; 112(9): 343–7.

Neumann S, Welling H, Bilzer T, Thüre S. Myopathy and alterations in serum 3-methylhistidine in dogs with liver diseases. Res Vet Sci 2008: 84(2): 178–84.

Refsal KR, Provencher-Bolliger AL, Graham P, Nachreiner RF. Update on the diagnosis and treatment of disorders of calcium regulation. Vet Clin North Am Small Anim Pract 2001; 31(5): 1043–62.

Rossow N, Jakobi U, Slanina B, Furcht G, Schäfer M. Stoffwechselüberwachung. In: Rossow N, Horvath Z (Hrsg). Innere Krankheiten der Haustiere. Bd. 2. Jena: Fischer 1988.

Schenck P, Nachreiner RF, Refsal KR, Mazaki-Tovi M, Sist M. Endocrinology reference ranges. Diagnostic Center for Population & Animal Health, Michigan State University (2012). http://www.dcpah.msu.edu/sections/endocrinology/WEBCD.ENDO.REF.004.pdf.

Schenk PA, Chew DJ. Prediction of serum ionized calcium concentration by use of serum total calcium concentration in dogs. Am J Vet Res 2005; 66(8): 1330–6.

Schumacher M. Zum Eliminationsverhalten der Creatin-Kinase (CK), Aspartat-Amino-Transferase (AST), Glutamat-Dehydrogenase (GLDH), Sorbit-Dehydrogenase (SDH) und der Gamma-Glutamyl-Transferase (G-GT) im Blutplasma von Rindern unterschiedlichen Alters. Hannover: Dissertation 1992.

Seidel H, Gürtel H, Ehrentraud W. Weidetetanie. Jena: Fischer 1970.

Shelton GD. Myasthenia gravis and disorders of neuromuscular transmission. Vet Clin North Am Small Anim Pract 2002; 32(1): 189–206.

Stockham SL, Scott MA. Calcium, Phosphorus, Magnesium and regulatory hormones. In: Stockham SL, Scott MA, Hrsg. Fundamentals of Veterinary Clinical Pathology. Oxford: Blackwell 2008.

Stockham SL, Scott MA. Enzymes. In: Stockham SL, Scott MA, Hrsg. Fundamentals of Veterinary Clinical Pathology. Oxford: Blackwell 2008.

Unterer S, Lutz H, Gerber B, Glaus T, Hässig M, Reusch CE. Evaluation of an electrolyte analyzer for measurement of ionized calcium and magnesium concentrations in blood, plasma, and serum of dogs. Am J Ves Res 65(2): 183–7.

Unterer S, Gerber B, Glaus T, Hässig M, Reusch CE. Evaluation of an electrolyte analyzer for measurement of ionized calcium and magnesium concentrations in blood, plasma, and serum of cats. Vet Res Commun 2005: 29(8): 647–59.

Wodecki JJ, Heinrich C. Paralytische Myoglobinurie beim Greyhound. Tierärztl Prax 1993; 21: 355–9.

22 Elektrolyte

Elke Huisinga

22.1 Allgemeine Aspekte

Unter **Elektrolyten** werden chemische Verbindungen zusammengefasst, die in wässrigen Lösungen zu Ionen zerfallen. Unterschieden werden positiv (Kationen) und negativ (Anionen) geladene Elektrolyte.

Störungen des Elektrolyt- und Wasserhaushaltes sind eng miteinander verbunden. Dies macht eine gemeinsame Betrachtung, insbesondere der Natrium- und Chloridkonzentrationen sowie des Wasserhaushaltes, notwendig.

Der **Gesamtwassergehalt des Organismus** beträgt beim adulten Tier etwa 60 % des Gesamtkörpergewichts. Alter, Geschlecht und Körperkonstitution beeinflussen diese Zusammensetzung: Adipöse oder weibliche Tiere haben einen prozentual geringeren Anteil an Wasser, bei sehr jungen Tieren ist der relative Wasseranteil erhöht.

Der größte Anteil des Gesamtkörperwassers ist mit ca. zwei Dritteln intrazellulär (IZR) lokalisiert. Der extrazelluläre Raum (EZR) umfasst demnach ca. ein Drittel des Gesamtkörperwassers. Dieser teilt sich in ein intravasales und ein interstitielles Kompartiment. In den Gefäßen befindet sich ca. 25 % der extrazellulären Flüssigkeit (**Abb. 22.1**).

Die osmotische Aktivität des EZR wird ganz wesentlich von der Natrium-, die des IZR von der Kaliumkonzentration bestimmt. Zur Aufrechterhaltung der isoelektrischen Neutralität steht der hohen extrazellulären Na^+-Konzentration eine hohe extrazelluläre Cl^-- und Bikarbonatkonzentration gegenüber.

Die intrazellulären Anionen werden durch polyvalente, impermeable Makromoleküle (Proteine und organische Phosphate) repräsentiert. Die Elektrolytverteilung der diffusiblen Ionen des Intra- und Extrazellularraumes wird durch eine ständig aktive Na^+/K^+-ATPase-Pumpe aufrechterhalten, die in einem Verhältnis von 3 : 2 Na^+ aus der Zelle hinaus und K^+ in die Zelle hineintransportiert.

> Intrazellularraum
> - hohe Konzentration an Kalium, Phosphat, Magnesium
> - geringere Konzentration an Chloriden und Natrium

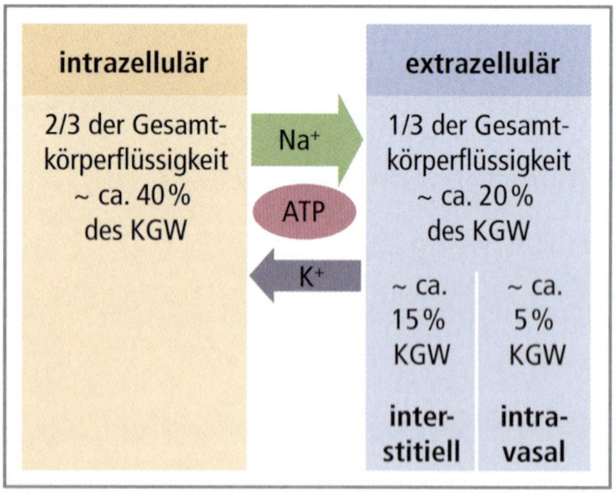

Abb. 22.1 Verteilung der Körperflüssigkeiten (KGW = Körpergewicht)

Extrazellularraum
- hohe Konzentration an Natrium, Chloriden und Bikarbonat
- geringere Konzentration an Kalium, Phosphat, Magnesium

22.2 Natrium

Natrium ist das Kation höchster Konzentration im EZR, d.h. es bestimmt maßgeblich den osmotischen Druck des EZR, während Kalium den osmotischen Druck im IZR bestimmt. Durch die semipermeable Zellmembran sind diese beiden Kompartimente voneinander getrennt. Kalium ist frei diffusibel, Natrium hingegen nicht. Beide Flüssigkeitsräume befinden sich in einem osmotischen Gleichgewicht. Somit bedeuten Änderungen der Natriumkonzentration immer Flüssigkeitsverschiebungen vom niedrigeren in den höher konzentrierten Raum, bis das osmotische Gleichgewicht wieder erreicht ist.
Die Zusammensetzung der Extrazellularflüssigkeit ist streng reguliert und garantiert ein konstantes Milieu, das für das Überleben der Zellen notwendig ist. Die Regulation der Na^+-Konzentration als wichtigstes Kation des EZR trägt wesentlich zur Aufrechterhaltung einer ausgeglichenen Flüssigkeitsverteilung bei.
Der Wasser- und Natriumhaushalt wird vorrangig in der Niere reguliert.

Volumenregulation

Der Füllungszustand der Gefäße wird über Rezeptoren erfasst, die auf Druck und Dehnung reagieren. Diese sind im Aortenbogen, in der Niere und im Herzen zu finden. Veränderungen des Füllungszustandes der Gefäße induzieren Veränderungen der Renin-Angiotensin-Aldosteron-Aktivität oder Ausschüttung von natriuretischen Peptiden. Dies führt zu einer veränderten renalen Natriumexkretion. Verminderte oder vermehrte renale Natriumexkretion bedeutet gleichzeitig auch immer vermehrte oder verminderte Wasserausscheidung, sodass die Natriumkonzentration im Plasma oder Serum konstant bleibt. Ein vermindertes Plasmavolumen führt neben der Freisetzung von Renin zusätzlich zu einer vermehrten Ausschüttung von Antidiuretischem Hormon (ADH) aus dem Hypophysenhinterlappen, sodass auch über diesen Mechanismus vermehrt Wasser in der Niere rückresorbiert wird.

Osmoregulation

Hypothalamische Osmorezeptoren registrieren Veränderungen der Plasmaosmolalität und führen zu einer vermehrten oder verminderten Freisetzung von ADH, sodass mehr oder weniger Wasser in der Niere rückresorbiert werden kann. Gleichzeitig wird der Durst stimuliert oder unterdrückt. Die Regulation der Osmolalität und des Wasserhaushaltes greifen eng ineinander. Auch konkurrierende Situationen kommen vor. Bei großem Volumenverlust wird gleichzeitig immer die ADH/AVP-Sekretion (AVP: Arginin-Vasopressin) stimuliert, unabhängig von der aktuellen Plasmaosmolalität. Eine dadurch mögliche Hypoosmolalität wird in Kauf genommen, da eine massive Hypovolämie potenziell lebensbedrohend ist. Für das Überleben ist die schnelle Normalisierung des Wasserhaushaltes entscheidender als die Aufrechterhaltung der Isoosmolalität.
Die gemessene Plasma-Natriumkonzentration reflektiert die Menge an Natrium relativ zur Menge an Wasser im EZR und lässt keine Rückschlüsse auf den Gesamtnatriumbestand zu. Patienten mit Hyper- oder Hyponatriämie können, abhängig von der Grundursa-

che, einen ausgeglichenen, defizitären oder im Plus befindlichen Natriumgesamthaushalt aufweisen. Beispielsweise wird der Patient mit einer osmotischen Diarrhö (hypotoner Flüssigkeitsverlust) einen verminderten Gesamtnatriumbestand haben. Aber die Natriumkonzentration im Plasma wird aufgrund des Flüssigkeitsverlustes, solange dieser nicht kompensiert ist, erhöht sein. Werden jetzt die Wasserverluste wieder ausgeglichen, wird derselbe Patient später eine Hyponatriämie entwickeln, da die noch vorhandenen Na^{+}-Ionen im EZR verdünnt werden.

Indikationen

- jede Erkrankung, die mit einer Veränderung des Wasserhaushaltes einhergehen kann
- Erkrankungen der Organe, die an der Natriumhomöostase beteiligt sind (Nieren, Nebennieren)
- Patienten, die infundiert werden
- Patienten mit zentralnervösen Symptomen
- Gabe von Medikamenten, die die Natriumhömostase beeinflusssen (Diuretika)

Material

- Serum, EDTA-, Lithiumheparinat-, Plasma
- einige Inhouse-Methoden: zusätzlich Lithiumheparinat-Vollblut

Prinzip

Flammenemissionsfotometrie

Die Messung des Natriums mittels Flammenemissionsfotometrie ist heute durch die Bestimmung mit ionenselektiven Elektroden oder durch trockenchemische Methoden ersetzt worden.

Ionenselektive Methode

Natriumselektive Elektrode

Die elektrochemisch arbeitende Elektrode ermittelt die Natriumkonzentration in einem Flüssigkeitsvolumen mittels ionenselektiver Elektrode.

> **Ionenselektive Elektroden (ISE)** sind galvanische Halbzellen, die auf ein bestimmtes Ion selektiv ansprechen. Das Funktionsprinzip der ISE beruht auf der selektiven Durchlässigkeit einer Membran für eine bestimmte Ionenart.

Es wird die Spannungsdifferenz zwischen zwei Elektroden (Indikator- und Referenzelektrode) während der Titration gemessen. Zwischen der Spannungsänderung und der Konzentration des zu messenden Elektrolyts in der Probe besteht eine logarithmische Beziehung.

Point-of-Care-Geräte (Beispiele)

Patentierte fluoreszenzoptische Methode (IDEXX VetStat®, IDEXX Catalyst®)

- Der **IDEXX VetStat**® ist ein mikroprozessorgesteuertes Elektrolyt- und Blutgasanalysegerät, welches mit Einmalkassetten arbeitet und mittels patentierter fluoreszenzoptischer Methode die Elektrolyte bestimmt. Die Elektrolyte binden selektiv an fluoreszierende Sensormoleküle. Diese Sensormoleküle werden angeregt und beim Rückfallen auf ihr ursprüngliches Energieniveau wird Licht emittiert. Die optische Fluoreszenz wird von diskreten Sensoren, den sog. optischen Elektroden (Optoden), gemessen. Die Intensität der Fluoreszenz ist abhängig von der Elektrolytkonzentration des zu untersuchenden Materials. Die verwendeten Einmalkassetten enthalten alle

Bestandteile und Informationen, die zur Kalibrierung, Probenmessung und Abfallsicherung notwendig sind.

- Die Elektrolytbestimmung beim **Catalyst Dx®** erfolgt ebenfalls mittels patentierter fluoreszenzoptischer Methode.

Ionenselektive Methode

- Der **i-STAT®** arbeitet mit Einmalkartuschen, die aus einem Chip bestehen, auf den Messsensoren in Form von Dünnfilmelektroden aufgebracht sind. Die Elektroden sind mit chemisch empfindlichen Folien beschichtet, sodass die Elektrolyte mittels direkter ionenselektiver Potenziometrie bestimmt werden.
- Das **IDEXX VetLyte® Elektrolytanalysegerät** bestimmt Natrium, Kalium und Chlorid mittels ionenselektiver Elektroden. Die Kalibrierung und Probenaspiration erfolgt automatisch.
- Der **Fuji DRI-CHEM** hat Testplättchen zur potenziometrischen Bestimmung der Elektrolyte Kalium, Natrium und Chlorid.

Enzymatische Bestimmung

Der VetScan bestimmt die Elektrolyte Natrium, Kalium und Chlorid mittels enzymatischer Reaktion und spektrofotometrisch.

Referenzbereiche

Referenzbereiche können abhängig von der verwendeten Methode und dem jeweiligen Labor geringgradig variieren. Die in **Tabelle 22.1** angegebenen Referenzbereiche gelten für die Bestimmung aus dem Serum.

Tab. 22.1 Referenzbereiche* für die Natriumkonzentration bei einzelnen Spezies

Spezies	Natriumkonzentration (mmol/l)
Hund	142–151
Katze	146–156
Pferd	134–141
Rind	134–145
Alpaka	146–155
Ziege	140–154
Schwein	–

* Referenzbereiche ermittelt aus dem Serum mittels ionenselektiver Elektrode (Roche ISE) am Modular-P (http://ahdc.vet.cornell.edu/clinpath/reference/chem.asp)

Bewertung

Hypernatriämie

Eine Hypernatriämie ist eine viel seltenere Störung als eine Hyponatriämie, weil das auftretende Durstgefühl und die daraus resultierende Wasseraufnahme normalerweise ihre Entstehung verhindert. Doch wenn Wasser nicht ausreichend zur Verfügung steht oder neurologische Störungen die Entwicklung des Durstgefühls oder die Wasseraufnahme verhindern, kann eine Hypernatriämie entstehen. Natrium ist die wichtigste osmotisch aktive Substanz des EZR und nur bedingt permeabel. Dadurch ist eine Hypernatriämie immer, unabhängig von der zugrunde liegenden Ursache, mit einer Hyperosmolarität (Definition s. S. 351 f.) und Hypertonizität des Plasmas vergesellschaftet, die zu einer Wasserverschiebung vom Intra- in den Extrazellularraum führt.

Hypotoner Flüssigkeitsverlust, Verlust von freiem Wasser (elektrolytfreie Flüssigkeit)

22

oder **exzessive Salzaufnahme** (oral oder parenteral) führen zu einer Hypernatriämie, wenn der Patient kompensatorisch nicht ausreichend Wasser aufnehmen kann.
Die Evaluierung des Hydratations- und Gefäßfüllungszustandes (klinische Allgemeinuntersuchung, Hkt, Albumin) des Patienten hilft bei der Eingrenzung der Ursachen.

Hypervolämische Hypernatriämie

Durch **hohe Kochsalzaufnahme oder die Infusion hypertoner Natriumlösungen** steigt die extrazelluläre/intravasale Kochsalzkonzentration. Durch den erhöhten osmotischen Druck kommt es zum Wasserausstrom aus dem IZR in den EZR und damit zur Hypervolämie. Gleichzeitig steigt die intrazelluläre Salzkonzentration.

Isovolämische Hypernatriämie

Durch **Verlust von freiem Wasser oder nicht möglicher Wasseraufnahme** kommt es zu einem gleich hohen Wasserverlust des Intra- wie des Extrazellularraumes. Dadurch zeigen diese Tiere initial keine Anzeichen einer Hypovolämie oder Dehydratation.

Hypovolämische Hypernatriämie

Der **Verlust von hypotoner Flüssigkeit** (höherer Wasser- als Natriumverlust) ist der häufigste Grund einer Hypernatriämie in der Veterinärmedizin. Zu hypotonen Flüssigkeitsverlusten kommt es über die Nieren, über den Gastrointestinaltrakt, durch Dritte-Raum-Verluste oder über die Haut bei großflächigen Verbrennungen.

Ursachen für eine Hypernatriämie[1]

- **Hypervolämische Hypernatriämie**
  - exzessive Aufnahme oder Retention:
    - erhöhte Kochsalzaufnahme
    - Infusion hypertoner Kochsalzlösung, Natriumbikarbonatlösung, parenterale Ernährung
    - Verabreichung einer nicht adäquaten Erhaltungslösung (z. B. Vollelektrolytlösungen) bei länger andauernder Infusionstherapie
    - Applikation natriumhaltiger Klysmen
    - Hyperaldosteronismus
    - Hyperadrenokortizismus (nur geringe Erhöhung der Natriumkonzentration zu erwarten)
- **Isovolämische Hypernatriämie (Defizit an freiem Wasser)**
  - verminderte oder zu geringe (inadäquate) Wasseraufnahme:
    - Dursten
    - Patient kann kein Wasser aufnehmen
    - primäre Hypodipsie (z. B. Zwergschnauzer)
  - Verlust von freiem Wasser:
    - zentraler Diabetes insipidus (keine oder ungenügende ADH/AVP-Freisetzung)
    - nephrogener Diabetes insipidus (mangelnde Bindung von ADH/AVP am renalen Rezeptor oder fehlerhafte Interaktion zwischen Rezeptor und Tubuluszelle)
    - Hitzschlag/Fieber/Hecheln
- **Hypovolämische Hypernatriämie**
  - renal bedingte hypotone Flüssigkeitsverluste:
    - osmotische Diurese (Mannitol, Hyperglykämie)
    - chemische Diurese (Schleifendiuretika)
    - chronische Nierenerkrankung
    - akute Nierenerkrankung wenn nicht an- oder oligurisch
    - postobstruktive Diurese

1 Modifiziert nach DiBartola SP (2012a).

22

- extrarenal bedingte hypotone Flüssigkeitsverluste:
  - Erbrechen
  - osmotische Diarrhö
  - Dünndarmobstruktion
  - Dritter-Raum-Verlust: Pankreatitis, Peritonitis
  - Verbrennungen der Haut

Hyponatriämie

Während eine Hypernatriämie ausnahmslos mit einem hyperosmolaren Plasma einhergeht, ist eine Hyponatriämie nicht immer mit einem hypoosmolaren Plasma vergesellschaftet.

Hypertonische und isotonische Hyponatriämien entstehen, wenn die Anzahl von anderen osmotisch aktiven Molekülen im Plasma erhöht ist. Dies führt zu einer Wasserverschiebung vom IZR in den EZR und damit auch in den Intravasalraum. Die dort befindlichen Natriumionen werden verdünnt. Diese Situation ist beim Diabetes mellitus (Hyperglykämie), bei einer Ethylenglykol-Intoxikation oder einer Gabe von Mannitol-Infusionen anzutreffen.

Pseudohyponatriämien können bei der Bestimmung der Natriumkonzentration mittels Flammenfotometrie oder indirekter ionenselektiver Messung (indirekte Potenziometrie) bei stark lipämischen Proben oder Hyperproteinämien auftreten. Hierbei handelt es sich um einen messtechnisch bedingte artifizielle Hyponatriämie (Hyponatriämie bei isoosmolarem Plasma).

Können Pseudohyponatriämie sowie Hyponatriämie infolge eines hyperosmolaren Plasmas ausgeschlossen werden, ist es zur weiteren Eingrenzung der Ursachen einer hypoosmolaren Hyponatriämie hilfreich, den vaskulären Volumenstatus des Patienten zu bestimmen.

Ursachen einer Hyponatriämie[2] bei hypoosmolarem Plasma

- **Hyponatriämie mit Hypovolämie** (Na^+-Verluste > H_2O-Verluste)
  - extrarenale Verluste:
    - Diarrhö
    - Erbrechen
    - Blutverlust
    - Dritte-Raum-Verluste → Peritonitis, Pankreatitis, Thoraxerguss, Aszites , Ruptur der harnableitenden Wege, Verluste über die Haut (Verbrennungen)
  - renale Verluste:
    - Hypoadrenokortizismus
    - Diuretika-Gabe
- **Hyponatriämie mit Hypervolämie (Verdünnungshyponatriämie)**
  - kongestive Herzinsuffizienz
  - portaler Hochdruck
  - An- oder oligurische Nierenerkrankung
  - nephrotisches Syndrom
  - Trächtigkeit
- **Hyponatriämie mit Normovolämie (Überschuss an freiem Wasser)**
  - Gabe von hypotonen Flüssigkeiten:
    - inadäquate Infusionstherapie (z. B. 5 %ige Glukoselösung)
  - primäre Polydipsie
  - Syndrom der inadäquaten ADH-Freisetzung (SIADH); bei Hund und Katze sind nur wenige Fälle beschrieben (Neoplasien, ZNS-Erkrankungen, Hydrozephalus)
  - Myxödem-Koma
  - Medikamente:
    - Thiazid-Diuretika
    - antidiuretisch wirksame Medikamente (z. B. NSAIDs)

---

2 Modifiziert nach DiBartola SP (2012a).

Die differenzialdiagnostische Betrachtung der Dysnatriämien kann sehr verwirrend sein. Hypotone Flüssigkeitsverluste (z. B. osmotische Diarrhö) können sowohl eine Hypernatriämie als auch eine Hyponatriämie verursachen. Ob das eine oder andere auftritt, hängt vor allem davon ab, zu welchem Zeitpunkt der Patient vorgestellt wird. Konnte er nicht ausreichend Wasser aufnehmen, sehen wir eine Hypernatriämie. Ist bereits ein Teil des Flüssigkeitsdefizites kompensiert, werden die noch vorhandenen Natriumionen verdünnt und wir sehen ggf. eine Hyponatriämie.

22.3 Kalium

Das Gesamtkörperkalium befindet sich zu etwa 95–98 % in der Zelle, das meiste davon in Muskelzellen. Kalium ist maßgeblich an der Aufrechterhaltung des intrazellulären osmotischen Druckes beteiligt. Außerhalb der Zellen, in der Extrazellularflüssigkeit und damit auch im Plasma ist die Kaliumkonzentration sehr niedrig und wird innerhalb sehr enger Grenzen, etwa 3,5–5,5 mmol/l, konstant gehalten.

Kalium ist zwischen den Kompartimenten frei diffusibel und hat aufgrund des Konzentrationsunterschiedes zwischen dem IZR und EZR das Bestreben, in den EZR zu diffundieren. Die Zellmembran ist nicht durchlässig für die intrazellulären Anionen, sodass Kalium die Zelle ohne ein begleitendes Anion verlässt. Dies führt zu einem negativ geladenen Zellinneren und zu einer positiven Ladung außerhalb der Zelle. Gleichzeitig ist die Zellmembran für Natrium in viel geringerem Ausmaß permeabel. Natrium diffundiert nur sehr langsam in die Zelle, sodass die Translokation von Natrium von extra- nach intrazellulär den Spannungsgradienten nicht aufheben kann. Die Differenz zwischen der intra- und extrazellulären Kaliumkonzentration ist von entscheidender Bedeutung für die Aufrechterhaltung des Ruhepotenzials erregbarer Zellen. Das lebensnotwendige Verhältnis von Natrium zu Kalium wird durch die ständig aktive Na^+/K^+-ATPase der Zellmembran gewährleistet, die Natrium aus der Zelle heraus- und Kalium in die Zelle aktiv hineintransportiert. Das Verhältnis der intra- zur extrazellulären Kaliumkonzentration bestimmt das Ruhepotenzial. Bei verändertem intra- und extrazellulären Kaliumkonzentrationsgradienten sind aus diesem Grund neuromuskuläre Überleitungsstörungen zu erwarten. Kalium ist darüber hinaus wichtig für die Funktion einiger intrazellulärer Enzyme.

Kaliumhomöostase

Aufnahme

Kalium wird mit der Nahrung aufgenommen und im Gastrointestinaltrakt unreguliert resorbiert. Normalerweise übersteigt die tägliche Aufnahme den täglichen Bedarf.

Verteilung

Die Verteilung des Kaliums zwischen dem IZR und EZR wird von vielen Faktoren, insbesondere von Insulin, β_2-Adrenergika und dem Säure-Basen-Haushalt (s. Kap. 23) beeinflusst.

Insulin und β_2-Adrenergika steigern die Aktivität der Na^+/K^+-Pumpe. Dies gewährleistet eine schnelle Umverteilung des extrazellulären Kaliumüberschusses nach Aufnahme von Nahrung oder körperlicher Anstrengung. Die akute extrazelluläre Kaliumüberbelastung wird so durch die Translokation von Kalium in den IZR schnell reguliert. Mehrere Stunden nach der Mahlzeit wird Kalium sukzessive wieder an

das Plasma abgegeben und über die Nieren eliminiert.
Der Säure-Basen-Haushalt hat ebenfalls einen Einfluss auf die Kaliumverteilung. In einer azidotischen Stoffwechselsituation kommt es zum Übertritt von H^+-Ionen in die Zelle, K^+-Ionen diffundieren zum Ausgleich hinaus (metabolische Azidose: Shift von K^+ vom IZR in den EZR).
Diese vereinfachte Betrachtungsweise trifft vermutlich nur auf akute nichtorganische Azidosen zu. Bei einer organischen Azidose (vergrößerter Anionen-Gap), die z. B. durch Laktat oder Ketonkörper verursacht wurde, transloziert das H^+-Ion prinzipiell zusammen mit dem organischen Anion, deshalb besteht für Kalium keine Notwendigkeit in den EZR überzutreten.
Eine metabolische oder chronisch respiratorische Alkalose führt zu einer Translokation von Kalium in die Zelle.
Eine Hyperosmolarität des Plasmas (z. B. durch Glukose, Natrium oder Mannitol) hat ebenfalls einen Einfluss auf die Verteilung des Kaliums zwischen den Kompartimenten. Die Anwesenheit von osmotisch aktiven Substanzen führt zu einem osmotisch bedingten Wasserausstrom aus der Zelle, Kalium tritt dabei gemeinsam mit dem Wasser aus der Zelle heraus.
Anders als bei Natrium ist der Kaliumbestand des Körpers zwischen IZR und EZR frei austauschbar. Bei Kaliumverlusten, z. B. infolge von Durchfall oder einer chronischen Niereninsuffizienz, kann der Kaliumgehalt des Plasmas mithilfe der Speicher des IZR kurzzeitig schnell ausgeglichen werden.
Ein chronischer Kaliummangel verursacht bei Ratten eine metabolische Alkalose, bei Hunden und Katzen hingegen führt er in den meisten Fällen zu einer metabolischen Azidose. Liegt bei Hund oder Katze eine Hypokaliämie gleichzeitig mit einer metabolischen Alkalose vor, ist es sehr wahrscheinlich, dass diese durch Erbrechen infolge einer Pylorusobstruktion, also Erbrechen nur von Mageninhalt, oder einer Gabe von Diuretika hervorgerufen wurde. Die in diesem Zusammenhang gleichzeitig auftretende Hypochlorämie verursacht die metabolische Alkalose.
Da die Kaliumkonzentration nur im Serum oder Plasma, also in einem extrazellulären Kompartiment bestimmt wird, ist die Gefahr gegeben, dass ein Kaliummangel in den Zellen aufgrund eines über längere Zeit im Referenzbereich liegenden Serumkaliumspiegels nicht erkannt wird. Insbesondere bei Patienten mit diabetischer Ketoazidose kann im Plasma oft eine Iso- oder sogar Hyperkaliämie beobachtet werden, obwohl der Gesamtkörper-Kaliumbestand bereits deutlich erniedrigt ist.

Ausscheidung

Die Nieren (distale Tubuli und Sammelrohre) sind das wichtigste Organ zur Aufrechterhaltung der Kaliumhomöostase. Kalium wird glomerulär filtriert, tubulär resorbiert und sezerniert.
Überschüssiges Kalium wird vor allem über die Nieren eliminiert. Die renale tubuläre Kaliumsekretion wird beeinflusst von der renalen intrazellulären tubulären Kaliumkonzentration, der Aldosteronkonzentration, der tubulären Fließgeschwindigkeit im distalen Nephron und der natriumabhängigen tubulärtransepithelialen Potenzialdifferenz.
Hohe intrazelluläre Kaliumkonzentrationen der Nierentubuluszellen fördern, niedrige unterdrücken die renale Kaliumsekretion.
Aldosteron spielt die wichtigste Rolle bei der Regulation der renalen Kaliumausscheidung. Wird Aldosteron freigesetzt, wird vermehrt Kalium renal eliminiert bei gleichzeitiger Rückresorption von Natrium im Sammelrohr.

Die Kaliumausscheidung ist darüber hinaus auch diureseabhängig. Bei gesteigertem tubulärem Durchfluss kommt es zu einer vermehrten renalen Kaliumausscheidung. Man vermutet, dass dieser Vorgang keine echte regulatorische Funktion hat, aber er erlaubt Aldosteron und ADH, den Natrium- und Wasserhaushalt zu regulieren, ohne zu sehr mit dem Kaliumhaushalt zu interferieren.

Eine Natriumrückresorption im distalen Nephron führt zu einer lumenseitigen negativen transepithelialen Potenzialdifferenz, sodass die Kaliumausscheidung forciert wird.

Ein geringer Anteil des Kaliums kann auch über das Kolon sezerniert werden, was bei Nierenfunktionsstörungen von Bedeutung ist.

Kaliumverluste über die Haut in Form von Schwitzen sind beim Menschen und beim Pferd relevant, nicht aber bei Hund und Katze.

Auswirkungen einer Hypo- oder Hyperkaliämie

Die klinischen Symptome der Hypo- und Hyperkaliämie erklären sich durch die Bedeutung des Kaliumkonzentrationsgradienten für das Membranpotenzial der Muskelzellen. Das Ruhepotenzial entsteht durch den Quotienten von intrazellulärem zu extrazellulärem Kalium.

Bei einer **Hypokaliämie** steigt dieser Quotient, das Ruhepotenzial wird größer (negativer) und die Differenz zwischen Ruhe- und Schwellenpotenzial nimmt zu. Gleichzeitig nimmt die Erregbarkeit der Muskelzellen ab. Eine Hypokaliämie führt zu einer Schwäche der Skelettmuskulatur, die sich als generalisierte Muskelschwäche, Ventroflexion des Kopfes (Katze) oder Hypermetrie der Vordergliedmaßen (Katze) manifestieren kann. Diese hypokaliämische Myopathie kommt bei der Katze häufiger vor und maifestiert sich klinisch früher als beim Hund. Große körperliche Anstrengung kann zu einer Rhabdomyolyse führen, da durch die Hypokaliämie eine adäqute lokale Vasodilatation verhindert wird.

Des Weiteren verringert sich die Kontraktilität des Myokards. Im Elektrokardiogramm fällt eine ST-Strecken-Senkung und eine geringere Amplitude oder Inversion der T-Welle auf. Mit weiter fortschreitender Hypokaliämie werden weitere EKG-Veränderungen bis hin zu ventrikulären und supraventrikulären Arrhythmien erkennbar. Hypokaliämische Patienten sind sehr viel anfälliger gegenüber Digitalis-induzierten Intoxikationen.

Eine Hypokaliämie kann eine Nephropathie verursachen oder die Progredienz einer chronischen Niereninsuffizienz beschleunigen. Die Pathogenese der hypokaliämischen Nephropathie ist komplex und nicht vollständig geklärt. Ferner vermindert eine Hypokaliämie die Ansprechbarkeit des Sammelrohrs für ADH, sodass der Urin weniger konzentriert wird. Auch scheint sie die Na^{+} und Cl^{-}-Resorption im aufsteigenden Schenkel der Henle'schen Schleife zu beeinflussen. Die Folge ist eine Abnahme des Konzentrationsgradienten des Nierenmarks.

Bei einer **Hyperkaliämie** nimmt der Quotient von intra- zu extrazellulärem Kalium ab, das Ruhepotenzial nähert sich dem Schwellenpotenzial und die Zelle wird leichter erregbar. Dadurch kommt es zu einer Störung der Repolarisation und der darauffolgenden Zellerregung sowie zu Überleitungsstörungen.

Von der Hyperkaliämie ist insbesondere der Herzmuskel betroffen. Abhängig vom Ausmaß und von der Schnelligkeit des Kaliumanstiegs werden eine Bradykardie, eine zeltförmige T-Welle, ein verlängertes P-R-Intervall und ein AV-Block bis hin zu le-

bensbedrohlichen Herzrhythmusstörungen beobachtet.
Störungen der kardialen Erregungsleitung sind ab Kaliumkonzentrationen >7 mmol/l zu erwarten.

Indikationen

- Anorexie
- gastrointestinale Erkrankungen
- Polyurie, Oligurie, Anurie
- akute/chronische Niereninsuffizienz
- Ruptur oder Obstruktion der harnableitenden Wege
- Herzarrhythmien
- allgemeine Muskelschwäche
- Erkrankungen, bei denen eine Störung des Säure-Basen- und/oder Elektrolyt-Haushaltes zu erwarten ist
- Behandlung mit Diuretika
- Behandlung mit ACE-Hemmern

Material

- Serum oder Lithiumheparin-Plasma
- einige Inhouse-Methoden: zusätzlich Lithiumheparin-Vollblut

Prinzip

siehe Natrium

Referenzbereiche

Referenzbereiche können abhängig von der verwendeten Methode und dem jeweiligen Labor geringgradig variieren. Die Kaliumkonzentration im Serum ist prinzipiell etwas höher als im Plasma. Durch den Gerinnungsprozess kommt es zu einer Translokation von Kalium vom IZR in den EZR. Die in **Tabelle 22.2** genannten Referenzbereiche gelten für die Bestimmung aus dem Serum.

Tab. 22.2 Referenzbereiche* für die Kaliumkonzentration bei einzelnen Spezies

Spezies	Kaliumkonzentration (mmol/l)
Hund	3,9–5,3
Katze	3,8–5,6
Pferd	2,3–4,5
Rind	3,9–5,3
Alpaka	4,0–5,7
Ziege	4,0–5,8

* Referenzbereiche ermittelt aus dem Serum mittels ionenselektiver Elektrode (Roche ISE) am Modular-P (http://ahdc.vet.cornell.edu/clinpath/reference/chem.asp)

Bewertung

Hyperkaliämie

- Eine Hyperkaliämie entsteht entweder, wenn die renale Ausscheidung von Kalium gestört ist oder wenn es zu einer Translokation von Kalium vom IZR in den EZR kommt. Eine Hyperkaliämie infolge einer vermehrten oralen Kaliumaufnahme ist bei intakter Nierenfunktion sehr unwahrscheinlich.

> Eine **Pseudohyperkaliämie** liegt vor, wenn es durch eine massive Thrombozytose (Thrombozyten >1 000 000/μl) oder Leukozytose (Leukozyten >100 000/μl) zu einem Shift von intrazellulärem Kalium in den EZR kommt.

- Kalium in den Erythrozyten ist bei den meisten Spezies deutlich höher als im Serum, sodass eine Hämolyse ebenfalls zu einer Pseudohyperkaliämie führt. Dies trifft allerdings nicht für Katzen und die meisten Hunderassen zu. Nur einige Hunderassen (z. B. Akita Inu, Shiba Inu, Engl. Springer Spaniels mit Phosphofruk-

22

tokinase-Defizienz, Shar Pei) verfügen über eine erythrozytäre Na^+/K^+-ATPase-Aktivität, sodass diese Rassen einen erythrozytären Kaliumgehalt haben, der deutlich über dem des Plasmas liegt.

Ebenso enthalten Retikulozyten, auch bei Hund und Katze, hohe Kaliumkonzentrationen, sodass eine Retikulozytose ebenfalls eine in vitro Pseudohyperkaliämie mit sich bringen kann.

Ursachen einer Hyperkaliämie[3]

- **vermehrte Kaliumaufnahme**
iatrogen durch intravenöse Supplementation mit KCl
- **Translokation von Kalium aus dem IZR in den EZR**
  - Pseudohyperkaliämie (Übertritt von Kalium in das Plasma nach der Blutentnahme):
    - massive Thrombozytose
    - massive Leukozytose
    - Hämolyse (Kaliumgehalt der Erythrozyten speziesspezifisch unterschiedlich)
  - massiver Gewebeschaden:
    - Reperfusionsschäden
    - schwere Traumata mit massiver Weichteilschädigung
    - Tumor-Lysis-Syndrom
    - Rhabdomyolyse
    - Hitzschlag
  - akute metabolische anorganische Azidose (ohne vergrößerten Anionen-Gap)
  - Insulinmangel oder Hyperosmolalität des Plasmas anderer Ursache
  - starke körperliche Anstrengung
  - hyperkaliämische periodische Paralyse
  - Infusion von Argenin oder Lysin im Rahmen der totalen parenteralen Ernährung
  - Medikamente:
    - β-Blocker
    - Digitalisintoxikation (iatrogen oder Oleanderintoxikation)
    - ACE-Hemmer
    - kaliumsparende Diuretika
- **verringerte Kaliumausscheidung über den Harn** (am bedeutsamsten)
  - oligurisches/anurisches Nierenversagen
  - Obstruktion oder Ruptur der harnableitenden Wege
  - primärer Hypoadrenokortizismus:
  - verschiedene gastrointestinale Erkrankungen
    - Trichuriasis, Ankylostomiose, Salmonellose (Pseudohypoadrenokortizismus), perforiertes Duodenalulkus
  - wiederholte Punktion eines Chylothorax
  - späte Trächtigkeitsphase bei Greyhounds
  - Medikamente (zusammen mit anderen Faktoren, wie z. B. herabgesetzte Nierenfunktion):
    - kaliumsparende Diuretika, ACE-Hemmer Trimethoprim, Heparin, NSAIDs, ACE-Blocker, Cyclosporin
- **artifiziell**
  - Verunreinigung mit K-EDTA

3 Modifiziert nach DiBartola (2012c).

Hypokaliämie

Eine Hypokaliämie ist ein häufiges Symptom bei Patienten, die inappetent sind und zugleich mit Infusionslösungen, die keine ausreichende Kaliumkonzentration aufweisen, infundiert werden. Prinzipiell wird eine Hypokaliämie verursacht durch eine **verminderte orale Aufnahme** infolge von Inappetenz, durch vermehrten **Verlust über**

die Nieren oder den Gastrointestinaltrakt sowie durch **Translokation** des extrazellulären Kaliums in die Zelle. Besonders Katzen sind sehr empfindlich gegenüber einer Hypokaliämie.
Generalisierte Muskelschwäche und Polyurie sind bei Kaliumkonzentrationen < 3 mmol/l zu erwarten, Rhabdomyolyse und Beeinträchtigung der respiratorischen Funktion infolge der Muskelparalyse können bei Kaliumkonzentrationen < 2 mmol/l auftreten.

Ursachen einer Hypokaliämie[4]

- **Verminderte Aufnahme**
  Eine Hypokaliämie infolge verringerter Kaliumaufnahme über die Nahrung ist erst nach längerer Zeit oder bei gleichzeitigen Kaliumverlusten zu erwarten.
  - Anorexie
  - iatrogen durch Infusion K^+-armer (z. B. Ringer-Laktat-Lösung als Erhaltungslösung) oder K^+-freier Infusionslösungen über mehrere Tage
  - Aufnahme von Bentonit (z. B. Katzenstreu)
- **Translokation von Kalium aus dem Extra- in den Intrazellularraum**
  - Insulingabe
  - Glukose-Infusion (führt zur Insulinausschüttung)
  - Katecholaminfreisetzung oder -gabe
  - Alkalose
  - Refeeding-Syndrom
  - Hypothermie
  - hypokaliämische periodische Paralyse der Burmakatze
  - Albutarol-Überdosierung
- **Vermehrte Kaliumausscheidung über die Niere**
  - chronische Nierenerkrankung, polyurisches Stadium bei Katzen
  - nutritiv bedingte hypokaliämische Nephropathie (Katze)
  - postobstruktive Diurese
  - Hyperadrenokortizismus
  - primärer Hyperaldosteronismus
  - distale (Typ 1) renale tubuläre Azidose
  - proximale (Typ 2) renale tubuläre Azidose nach Bikarbonat-Gabe
  - vermehrte renale Ausscheidung von Anionen (Ketonkörper, Laktat, Bikarbonat)
  - Dialyse
  - Medikamente:
    - Schleifendiuretika, Thiaziddiuretika
    - Penicillinderivate
    - Amphotericin B
- **Hypomagnesiämie (Mechanismus nicht geklärt)**
- **Vermehrte Kaliumverluste über den Gastrointestinaltrakt**
  - Erbrechen von Mageninhalt
  - Diarrhö
  - starkes Speicheln

Zur Hypokaliämie trägt bei diesen Patienten sehr wahrscheinlich auch ein renaler K^+-Verlust sowie die Entstehung einer metabolischen Alkalose bei.

22.4 Natrium/Kalium-Quotient

Sowohl die Natrium- als auch die Kaliumkonzentration verändern sich bei vielen pathologischen Prozessen.
Hyponatriämie und/oder Hyperkaliämie sind Elektrolytveränderungen, die man bei etwa 95 % der Hunde und Katzen mit primärem Hypoadrenokortizismus beobachtet. Durch die verminderte Freisetzung von Mineralokortikoiden kommt es zu einer reduzierten renalen Natriumrückresorption bei gleichzeitig gesteigerter renaler Kaliumausscheidung. Die Folge ist ein redu-

4 Modifiziert nach DiBartola (2012c).

zierter Natrium/Kalium-Quotient (< 27), der klassisch für die Verdachtsdiagnose Hypoadrenokortizismus herangezogen wird.
Doch auch viele andere Erkrankungen, insbesondere der Nieren und des Gastrointestinaltraktes, führen zu einem erniedrigten Na^+/K^+-Quotienten.

Ursachen

Erniedrigter Na^+/K^+-Quotient

- endokrine Erkrankungen:
  - primärer Hypoadrenokortizismus
  - diabetische Ketoazidose
- Erkrankungen des Gastrointestinalsystems:
  - chronische Lebererkrankungen
  - Inflammatory Bowel Desease (IBD)
  - Trichuriasis, Ankylostomiose, Salmonellose (Pseudohypoadrenokortizismus)
  - Antibiotika-responsive Diarrhö
- Erkrankungen der Niere und harnableitenden Wege:
  - chronische und akute Niereninsuffizienz
  - Protein-loosing-Nephropathie
  - Obstruktionen
- Dritter-Raum-Verlust:
  - abdominale, thorakale oder perikardiale Ergüsse
- kardiorespiratorische Erkrankungen:
  - kongestive Herzinsuffizienz
  - Aortenthrombose
  - Bronchopneumonie

22.5 Chlorid

Das Chloridion (Cl^-) ist das wichtigste anorganische Anion des EZR. Chlorid wird mit der Nahrung zugeführt und im Dünndarm und distalen Kolon resorbiert. Ausgeschieden wird es vorwiegend über die Niere, wobei es im Wesentlichen den Natriumionen folgt. Die Chloridhämostase wird vorrangig über die Nieren aufrechterhalten, das gastrointestinale System spielt nur eine untergeordnete Rolle.
Abhängig von Verschiebungen von freiem Wasser zwischen dem intra- und extrazellulären Kompartiment verändern sich Chlorid- und Natriumkonzentration des Plasmas, die sich dann gleichsinnig verhalten **(artifizielle Chloridveränderung)**. Doch auch isolierte Chloridveränderungen **(echte Chloridveränderungen)**, also stärkere Veränderungen der Chlorid- als der Natriumkonzentration kommen vor.
Die Ursache einer Änderung der Chloridkonzentration ist deshalb nur im Zusammenhang mit der Natriumkonzentration einschätzbar.
Chlorid ist – aufgrund seiner Wechselbeziehung mit der renalen Natrium- und Bikarbonatresorption – sehr wichtig zur Aufrechterhaltung des Säure-Basen-Gleichgewichtes des EZR.
Die Chloridkonzentration verhält sich zumeist gegenläufig zur Bikarbonatkonzentration. Eine Hyperchlorämie ist häufig mit einer metabolischen Azidose, eine Hypochlorämie mit einer metabolischen Alkalose vergesellschaftet.
Der Verlust von Bikarbonat, eine häufige Ursache einer metabolischen Azidose, muss zu einem korrespondierenden Chloridanstieg führen, um die Elektroneutralität zu wahren. Diese Situation wird als **hyperchlorämische metabolische Azidose** bezeichnet. Der Anionen-Gap ist hierbei unverändert.
Ist die metabolische Azidose nicht durch einen Verlust von Bikarbonat, sondern durch eine Anreicherung von organischen Säuren (Laktat, Salizylat, Ketonkörper etc.) verursacht (vergrößerter Anionen-Gap), ist keine Hyperchlorämie nachweisbar.

Indikationen

- Erkrankungen des Gastrointestinaltraktes
- Polyurie/Polydipsie (PU/PD)
- Störungen des Wasser- oder Elektrolythaushaltes
- Störungen des Säure-Basen-Haushaltes

Material

- Serum, Plasma
- einige Inhouse-Methoden: Lithiumheparin-Vollblut

Prinzip

Ionenselektive Methode

chloridselektive Elektrode (Arbeitsweise siehe Natrium)

Coulometrische Bestimmung

In saurem Puffer werden aus metallischem Silber Ionen durch Elektrolyse freigesetzt. Mit den Chloridionen aus der Probe fällt Silberchlorid aus. Nach Verbrauch aller Chloridionen treten freie Silberkationen auf und es kommt zu einem Stromfluss zwischen zwei Indikatorelektroden. Durch diesen Stromfluss wird die Messung gestoppt. Die Zeit, die benötigt wird, die Chloridionen bis zum Endpunkt zu titrieren, ist proportional der Chloridmenge in der Probe.

Fotometrische Bestimmung (mit Quecksilberchloranilat oder Quecksilberthiozyanat)

Chloridionen setzen rotviolette Chloranilsäure frei, die fotometrisch gemessen wird.

Mercurimetrische Titration

Wird nur noch für spezielle Fragestellungen eingesetzt.

Point-of-Care-Geräte

- patentierte Fluoreszenz optische Methode (IDEXX VetStat®, IDEXX Catalyst Dx®), siehe Natriumbestimmung
- Biosensor Chip (Fuji Drychem, i-STAT®), siehe Natriumbestimmung
- enzymatische Methode (VetScan), siehe Natriumbestimmung

Fehlermöglichkeiten

Bromide und Jodide stören die Chloridbestimmung. Die coulometrische Bestimmung erfasst Chlorid, Bromid und Jodidionen gleichermaßen entsprechend ihrer molaren Konzentration (additiver Effekt). Bei potenziometrischer und fotometrischer Messung werden die Halogene sogar überproportional erfasst und haben damit einen multiplikativen Effekt auf die Chloridmessung. Bei Patienten unter einer Bromidtherapie ist deswegen mit einer messtechnisch bedingten Pseudohyperchlorämie zu rechnen.

Referenzbereiche

Referenzbereiche können abhängig von der verwendeten Methode, dem eingesetzten Material und dem jeweiligen Labor variieren. Die in **Tabelle 22.3** angegebenen Referenzbereiche gelten für die Bestimmung aus dem Serum.

Tab. 22.3 Referenzbereiche* für die Chloridkonzentration bei einzelnen Spezies

Spezies	Chloridkonzentration (mmol/l)
Hund	107–117
Katze	112–123
Pferd	95–106
Rind	94–105
Alpaka	106–116
Ziege	102–116

* Referenzbereiche ermittelt aus dem Serum mittels ionenselektiver Elektrode (Roche ISE) am Modular-P (http://ahdc.vet.cornell.edu/clinpath/reference/chem.asp)

Bewertung

Artifizielle Veränderungen der Chloridkonzentration

22

Verschiebungen von freiem Wasser zwischen den Kompartimenten führen zu parallelen Veränderungen der Natrium- wie der Chloridkonzentration. Ursachen siehe Hypo- und Hypernatriämie.

Tatsächlich veränderte Chloridkonzentration (echte Chloridveränderung)

Eine tatsächlich veränderte Chloridkonzentration liegt vor, wenn sich die Chloridkonzentration stärker verändert als die Natriumkonzentration.
Folgende Formel kann für die Berechnung der korrigierten Chloridkonzentration herangezogen werden.

Hund: Cl^- (korrigiert) = Cl^- (gemessen) × 146*/Na^+ (gemessen)

Katze: Cl^- (korrigiert) = Cl^- (gemessen) × 156*/Na^+ (gemessen)

Referenzbereich[5] der korrigierten Chloridkonzentration

- Hund: 107–113 mEq/l
- Katze: 117–123 mEq/l

Diese Werte beziehen sich auf den Mittelwert des jeweils verwendeten Referenzbereiches für Na^+ im Serum.

Echte (korrigierte) Hyperchlorämie

Ursachen[5]

- **Pseudohyperchlorämie** (messtechnisch bedingt durch Interferenz mit der Testmethode)
  - Kalium-Bromid-Therapie
  - lipämische Proben bei Bestimmung mittels colorimetrischer Methode
- **Relativ höhere Natrium- als Chloridverluste**
  - Dünndarmdiarrhö
    - Verlust von natriumhydrogenkarbonatreicher und chloridarmer Flüssigkeit. Natriumverluste sind größer als Chloridverluste. Die Folge ist eine hyperchlorämische metabolische Azidose.
- **Relativ höhere Chlorid- als Natriumaufnahme**
  - totale parenterale Ernährung
  - inadäquate Infusionstherapie (isotone oder hypertone NaCl-Lösung, KCl-Lösung, Ringer-Laktat-Lösung)
  - Kochsalzvergiftung
- **Renale Chloridretention**
  - Hypoadrenokortizismus (Katze)
  - Diabetes mellitus
  - Nierenversagen
  - Medikamente (Spironolacton, Carboanhydrase-Hemmer)
  - chronisch respiratorische Alkalose

5 Modifiziert nach Di Bartola (2012b).

  - renale tubuläre Azidose
- Andere Ursachen:
  - bewegungsabhängig (z. B. bei langandauernder Belastung bei Schlittenhunden)

Echte (korrigierte) Hypochlorämie

Pseudohypochlorämie

Bei Messung einer protein- oder lipidreichen Probe wird der elektrolytfreie Raum größer, was zu einer messtechnisch bedingten falsch erniedrigten Chloridkonzentration führt. Nur bei der direkten potenziometrischen Messung tritt dieses Phänomen nicht auf.

Ursachen einer echten Hypochlorämie[6]

- **Relativ höhere Chlorid- als Natriumverluste**
  - Erbrechen, vorrangig von Mageninhalt (»oberes Erbrechen«)
  - verschiedene andere gastrointestinale Erkrankungen:
    - z. B. Trichuriasis, Salmonellose, perforiertes Duodenalulcus
  - Medikamente:
    - Schleifendiuretika, Thiazide
    - Na-enthaltene Antibiotika
  - chronisch respiratorische Azidose
  - Hyperadrenokortizismus
  - Glukokortikoidgabe
- **Infusionstherapie mit Lösungen, die mehr Natrium als Chlorid enthalten (z. B. Natriumbikarbonat)**
- **Andere Ursachen**
  - starke sportliche Belastung bei Windhunden im Rennen

Hyperchlorämien verursachen in der Regel keine spezifischen klinischen Symptome. Auftretende Symptome sind eher durch die meistens begleitende metabolische Azidose oder durch die Grunderkrankung ausgelöst. Hypochlorämien hingegen sind prinzipiell klinisch relevant. Speziell Patienten, die parallel eine Hypovolämie aufweisen, sind prädisponiert, eine schwere metabolische Alkalose zu entwickeln. Eine Hypovolämie führt über eine gesteigerte Freisetzung von Aldosteron zu einer vermehrten Na^+-Rückresorption in der Niere. Um Elektroneutralität zu wahren, wird ein Anion zusammen mit Na^+ rückresorbiert. Dies ist normalerweise Cl^-. Da jedoch bei einer Hypochlorämie nicht ausreichend Chlorid zur Verfügung steht, wird statt Chlorid Bikarbonat rückresorbiert. Die Folge ist eine hypochlorämische Alkalose.

22.6 Kalzium, Magnesium, Phosphat

siehe in Kapitel 21: Skelettmuskulatur, Knochen, Kalzium-, Phosphor-, Magnesiumstoffwechsel, S. 327 ff.

22.7 Osmolalität

> Die **Osmolalität** beschreibt die Anzahl der Teilchen, die in einem Kilogramm Flüssigkeit (hier Körperflüssigkeit: Serum, Plasma oder Urin) gelöst sind. Sie ist damit eine quantitative Größe (mosm/kg). Dagegen beschreibt die **Osmolarität** die Menge gelöster Teilchen in einem Liter Wasser.

Die Osmolalität der Intra- wie Extrazellularflüssigkeit wird vor allem von Natrium und Kalium bestimmt. Glukose und Harnstoff-Stickstoff tragen ebenfalls zur Osmolalität bei.

6 Modifiziert nach Di Bartola (2012b).

Die Osmolalität kann nach folgender Formel berechnet werden:

$$mosm/kg = 1{,}86 \times ([Na^+ \text{ mmol/l}] + [K^+ \text{ mmol/l}]) + [\text{Glukose mmol/l}] + [\text{Harnstoff-Stickstoff mmol/l}]$$

Von der Osmolalität kann nicht automatisch auf die Tonizität einer Lösung geschlossen werden.
Die Tonizität wird nur von den osmotisch aktiven Teilchen determiniert, also denjenigen gelösten Stoffen, die eine semipermeable Membran nicht passieren können. Harnstoff ist frei diffusibel und wird deswegen keine Netto-Wasserverschiebungen zwischen den Kompartimenten induzieren. Die Natrium-Plasmakonzentration ist der Schlüsselfaktor für die Tonizität des Plasmas und der daraus resultierenden Netto-Wasserverschiebungen.
Die Osmolalität einer Lösung wird üblicherweise durch die Gefrierpunktserniedrigung ermittelt, indem der Gefrierpunkt mit dem einer Standardlösung verglichen wird.
Üblicherweise ist die so ermittelte Osmolalität höher als die errechnete. Dies liegt daran, dass durch die oben angeführte Gleichung nicht alle osmotisch aktiven Teilchen erfasst werden. Die Differenz zwischen errechnetem und gemessenem Wert wird **osmolale Lücke** genannt. Physiologischerweise ist diese osmolale Lücke bei Hunden nicht größer als 10 mosm/kg, für Katzen sind keine Referenzwerte bekannt.

22

Indikationen

- Prüfung des Konzentrationsvermögens der Nieren bei Polydipsie/Polyurie (Bestimmung der Osmolalität des Urins)
- Differenzierung der Ursachen einer Hypo- oder Hypernatriämie
- Erkennung einer Ethylenglykol-, Methanol-, Ethanolintoxikation

Material

Serum, Heparin-Plasma, Urin

Prinzip

Osmometrie: Kryoskopie, d.h. Messung der Gefrierpunktserniedrigung

Technik

Die Untersuchung erfolgt mit einem Osmometer. Das Untersuchungsmaterial wird unterkühlt und durch einen Vibrator kristallisiert. Während der Kristallisation wird Wärme frei, wobei eine Temperatur unterhalb des Gefrierpunktes entsteht. Diese Temperatur wird mit derjenigen bekannter Standardlösungen verglichen, wobei das Osmometer die Osmolalität direkt anzeigt.

Referenzbereiche

Die Referenzbereiche für die Osmolalität sind in **Tabelle 22.4** angegeben.

Bewertung

- **Hyperosmolalität des Plasmas**
  - Hypernatriämie
  - Hyperglykämie
  - Azotämie
  - Intoxikationen (Ethylenglykol, Ethanol, Methanol)
  - Mannitol-Infusion
- **Hyposmolalität des Plasmas**
  - Hyponatriämie

Veränderungen der Plasma-Osmolalität gehen häufig mit einer gleichsinnigen Veränderung der Natriumkonzentration einher.

Tab. 22.4 Referenzbereiche für die Osmolalität bei Hund und Katze

Spezies	Osmolalität (mosm/kg)
Hund	290–310
Katze	308–335

- **Vergrößerte osmolale Lücke**

Eine osmolale Lücke, die größer als 15 mosm/kg ist, ist durch die Anwesenheit einer (oder mehrerer) osmotisch wirksamer Substanz im Blut bedingt, die in die Berechnung der Osmolalität nicht miteingegangen sind. Dies ist beim Tier häufig Ethylenglykol oder Mannitol, beim Menschen spielen Ethanol und Methanol zusätzlich eine wichtige ursächliche Rolle.

Auch eine Pseudohyponatriämie (Hyponatriämie mit normaler oder erhöhter Plasmaosmolalität), die durch Messartefakte bei Hyperproteinämie und Hyperlipidämie bei einigen Messverfahren hervorgerufen wird, geht mit einer vergrößerten osmolalen Lücke einher.

Literatur

Abaxis. http://www.abaxis.com/pdf/methods_of_performance_0.pdf (zuletzt abgerufen am 04.12.2012).

Bell R, Mellor DJ, Ramsey I, Knottenbelt C. Decreased sodium: potassium ratios in cats: 49 cases Vet Clin Pathol 2005; 34(2): 110–4.

Biondo AW, de Morais HA. Chloride: a quick reference. Vet Clin North Am Small Anim Pract 2008; 38(3): 459–67.

Boag A. Sodium and potassium homeostasis: New Orleans: 13th International Veterinary Emergency & Critical Care Symposium 2007.

De Morais HA, DiBartola SP. Hypernatremia: a quick reference. Vet Clin North Am Small Anim Pract 2008; 38(3): 485–91.

DiBartola, SP. Hyponatremia. Vet Clin North Am Small Anim Pract 1998; 28(3): 515–33.

DiBartola, SP. Disorders of sodium and water: hypernatremia and hyponatremia. In: Di Bartola SP, ed. Fluid, Electrolyte and Acid-Base Disorders in Small Animal Practice. St. Louis: Saunders 2012a; 45–79.

DiBartola SP. Disorders of chloride: hyperchloremia and hypochloremia. In DiBartola SP, ed. Fluid, Electrolyte and Acid-Base Disorders in Small Animal Practice. St. Louis: Saunders 2012b; 80–92.

DiBartola SP. Disorders of potassium: hypokalemia and hyperkalemie. In DiBartola SP, ed. Fluid, Electrolyte and Acid-Base Disorders in Small Animal Practice. St. Louis: Saunders 2012c; 92–120.

DiBartola SP, Greco DS. The distribution of body water and general approach to the patient. Vet Clin North Am Small Anim Pract 1998; 28(3): 473–82.

Gunn-Moore DA, Reed N, Simpson KE, Milne EM. Effect of sample type, and timing of assay, on feline blood potassium concentration. J Feline Med Surg 2006; 8(3): 192–6.

Kintzer PP. Differential diagnosis of hyperkalemia and hyponatremia in dogs and cats. In: Bonagura JD, ed. Kirk's Current Veterinary Therapy XIII Small Animal Practice. St. Louis: Saunders 2000.

Kley S, Tschudi P, Busato A, Gaschen F. Establishing canine clinical chemistry reference values for the Hitachi 912 using the International Federation of Clinical Chemistry (IFCC) recommendations. Comp Clin Path 2003; 12: 106–12.

Kogika MM, de Morais HA. Hyperkalemia: a quick reference. Vet Clin North Am Small Anim Pract 2008; 38(3): 477–80, viii.

Kogika MM, de Morais HA. Hypokalemia: a quick reference. Vet Clin North Am Small Anim Pract 2008; 38(3): 481–, ix.

Lantinga E, Kooistra HS, van Nes JJ. [Periodic muscle weakness and cervical ventroflexion caused by hypokalemia in a Burmese cat]. Tijdschr Diergeneeskd 1998; 123(14–15): 435–7.

Marks SL, Taboada J. Hypernatremia and hypertonic syndromes. Vet Clin North Am Small Anim Pract 1998; 28(3): 533–45.

Manning AM. Electrolyte disorders: Vet Clin North Am Small Anim Pract 2001; 31(6): 1289–321, vii–viii.

Matburger C, Henke J Hirschberger J, Matburger S, Erhardt W. Evaluation des tragbaren i-STAT-Blutanalysegerätes im klinischen Einsatz beim Hund. Tierärztl Prax 2000; 28(K): 132–7.

Nielsen L, Bell R., Zoia A Mellor DJ, Neiger R, Ramsey I. Low ratios of sodium to potassium in the serum of 238 dogs. Vet Rec 2008; 162(14): 431–35.

Phillips SL, Polzin DJ. Clinical disorders of potassium homeostasis. Hyperkalemia and hypokalemia. Vet Clin North Am Small Anim Pract 1998; 28(3): 545–65.

Reimann KA, Knowlen GG, Twedten HW. Factitious hyperkalemia in dogs with thrombocytosis. The effect of platelets on serum potassium concentration. J Vet Intern Med 1989 3(1): 47–52.

Roscher K, Failing K, Moritz A. Eignung des portablen Blutgasanalysegrätes OPTI® CCA zur Untersuchung arterieller Blutproben des Pferdes. Tierärztl Prax 2007; 35(G): 126–31.

Roth L, Tyler RD. Evaluation of low sodium: potassium ratios in dogs. J Vet Diagn Invest 1999; 11(1): 60–4.

Scil animal care company. http://www.scilvet.com (zuletzt abgerufen am 04.12.2012).

Shiel RE, Pinilla M, Mooney CT. Syndrom of inappropriate antidiuretic hormone secretion associated with congenital hydrocephalus in a dog. J Am Anim Hosp Assoc 2009; 45(5): 249–52.

Thompson MD, and Carr AP. Hyponatremia and hyperkalemia associated with chylous pleural and peritoneal effusion in a cat. Can Vet J 2002; 43(8): 610–3.

23 Säure-Basen-Haushalt

Esther Haßdenteufel und Matthias Schneider

23.1 Physiologische Grundlagen

Einleitung

Der pH-Wert (negativer Logarithmus der Wasserstoffionenkonzentration) des Blutes wird in engen Grenzen reguliert, vor allem da die Funktion wichtiger Enzymsysteme, die Sauerstoffbindung sowie die Herz-Kreislauf-Funktion (kardiale Kontraktilität und Gefäßtonus) von Verschiebungen des pH-Wertes beeinflusst werden (DiBartola 2006a).

Puffersysteme

Puffer sind organische oder anorganische Verbindungen, die in der Lage sind, H^+-Ionen aufzunehmen und damit zu neutralisieren. Die Kapazität und die Reaktionsgeschwindigkeit der einzelnen Puffersysteme unterscheiden sich:

- Bikarbonat (HCO_3^-)
- Proteine (besonders Albumin und Hämoglobin)
- Phosphate (organisch und anorganisch)
- Ammoniak (NH_3)
- Kalziumkarbonat

Bikarbonat (HCO_3^-) puffert durch die Aufnahme von H^+-Ionen und die Umwandlung zu Kohlensäure (H_2CO_3), welche zu Wasser und Kohlendioxid (CO_2) umgewandelt wird. Da Kohlendioxid abgeatmet wird, ist dieses Puffersystem bei erhaltener Lungenfunktion unbegrenzt. Weitere wichtige Merkmale sind die rasche Reaktionszeit (Sekunden) und die große Kapazität infolge hoher Plasmakonzentration. Viele **Proteine** sind bei einem pH-Wert von 7,4 negativ geladen und können an ihren Seitenketten (insbesondere dem Imidazolring von Histidin) H^+-Ionen binden. Wichtige Proteinpuffer sind extrazellulär Albumin und intrazellulär Hämoglobin. **Phosphate** sind von Bedeutung, da sie einen wesentlichen Bestandteil des intrazellulären Puffers ausmachen und andererseits an der renalen Säureelimination beteiligt sind. **Ammoniak** wird in der Niere gebildet, bindet H^+-Ionen und wird als Ammoniumion im Urin ausgeschieden. Vor allem bei chronischen Azidosen wird aus **Kalziumkarbonat** des Knochens Karbonat freigesetzt, welches dann 2 H^+-Ionen binden kann, und letztlich über die Lunge als CO_2 ausgeschieden wird.

> Die wichtigsten Organe bei der pH-Regulation sind die Lunge und die Niere.

Die Lunge sorgt über die CO_2-Abgabe für eine Anhebung des pH. Diese respiratorische Kompensation setzt innerhalb von Minuten ein und erreicht ein Maximum nach 24 Stunden. Die Niere kann im Rahmen der pH-Regulation folgende Funktionen steuern: H^+-Ionen-Ausscheidung, gebunden an Phosphate und Ammoniak, sowie Bikarbonatrückresorption (vor allem im proximalen Tubulus) und Bikarbonatproduktion. Diese metabolische Kompensation setzt jedoch oft erst nach Stunden ein und ist nach 2–5 Tagen voll ausgeprägt (de Morais et al. 2006, DiBartola 2006a, DiBartola 2006b, Johnson et al. 2006).

23.2 Messung

Parameter

Folgende Parameter sind die Basis für die Auswertung (DiBartola 2006a, Stockham et al. 2008):

- pH-Wert
- pCO_2 = Kohlenstoffdioxid-Partialdruck [mmHg]
- pO_2 = Sauerstoff-Partialdruck [mmHg]

Die Messung von pH, pCO_2 und pO_2 erfolgt über Elektroden, die mit einer selektiv durchlässigen Membran bedeckt sind, sodass nur H^+-Ionen, CO_2 oder O_2 diese Membran passieren können.

Berechnete Parameter

23

- aktuelles Bikarbonat (HCO_3^- act): wird aus dem gemessenen pH und pCO_2 mittels einer Gleichung (Henderson-Hasselbalch) errechnet und bezieht sich auf die aktuell im Patienten vorhandenen Bedingungen (Temperatur und pCO_2)
- Standardbikarbonat (HCO_3^- std): ist die Bikarbonatkonzentration im Plasma unter standardisierten Bedingungen (Temperatur von 37 °C und pCO_2 von 40 mmHg).
- Basenabweichung/Base excess (BE): Die Basenabweichung definiert die Menge an Säure, die zugefügt oder entzogen (gepuffert) werden muss, um 1 Liter Blut auf einen pH von 7,4 bei einem konstanten pCO_2 von 40 mmHg zu bringen. Neben dem Bikarbonat geht hier die Pufferkapazität von Hämoglobin ein.

Aktuelles Bikarbonat ist beeinflusst durch respiratorische und metabolische Komponenten, wohingegen Standardbikarbonat und Basenabweichung nur die metabolische Komponente analysiert.
Die Indikation zur Blutgasanalyse ist somit die Überprüfung des Säure-Base-Status (pH, pCO_2, HCO_3^-) und der Oxygenierung (pO_2).

Probengewinnung und -handhabung

- Messort:
  - periphervenös (keine pO_2-Auswertung, da stark von lokaler Durchblutung abhängig)
  - zentralvenös
  - gemischtvenös (aus Pulmonalarterienkatheter)
  - arteriell
- Probenart: heparinisiertes Vollblut
- Luftkontamination vermeiden, da diese zum Anstieg von pO_2 und Abfall von pCO_2 führen kann (Madiedo et al. 1980)
  - geschlossenes Entnahmesystem (Blutgasspritzen mit Heparin)
  - Luftblasen verhindern
- sofortige Messung erforderlich, um Gasdiffusion bzw. Einfluss durch Zellmetabolismus (Verbrauch von O_2 und Glukose; Produktion von CO_2, Laktat) gering zu halten
  - neben Laborgroßgeräten neuerdings tragbare Geräte (Grosenbaugh et al. 1998, Verwaerde et al. 2002) eingesetzt
  - venöse Proben bei Lagerung auf Eiswasser stabil für 4 Stunden (Rezende et al. 2007)

23.3 Referenzbereiche

Die Referenzbereiche der genannten Parameter am Beispiel Hund sind in **Tabel-**

le 23.1, diejenigen für die venöse Blutgasanalyse bei verschiedenen Tierarten in **Tabelle 23.2** angegeben.

Generelles zum Vergleich zwischen venösem und arteriellem Blut:

- physiologisch: pH venös etwas niedriger, pCO_2 und HCO_3^- venös geringgradig höher
- pathologisch: bei Erkrankungen mit Minderperfusion, wie z.B. bei Reanimation (Weil et al. 1986), Perikarderguss (Mathias et al. 1988), Hypovolämie (Halmagyi et al. 1970, van Sluijs et al. 1983)
  - gleichartige, aber viel stärker ausgeprägte Differenzen. Hier ist alleinig die zentralvenöse Blutgasanalyse aussagekräftig.

Ergänzende Hinweise

Kaninchen und Meerschweinchen: Eine aktuelle Dissertation (Tausch 2011) zur Blutgasanalyse in venösem Blut (Point-of-Care-Analyzer) zeigte, dass der pH-Wert im Mittel geringgradig niedriger und der pCO_2 geringgradig höher ist als bei Hund und Katze, wobei diese Verschiebungen beim Meerschweinchen ausgeprägter sind als beim Kaninchen.

Tab. 23.1 Referenzbereiche* für die Parameter des Säure-Basen-Haushaltes an verschiedenen Entnahmeorten beispielhaft für den Hund (nach Ilkiw et al. 1991)

Parameter	Arteriell (A. carotis)	Gemischtvenös (A. pulmonalis)	Zentralvenös (V. jugularis)	Peripehervenös (V. cephalica)
pH	7,34–7,45	7,32–7,40	7,31–7,40	7,32–7,40
pO_2 (mmHg)	88,8–115,4	33,7–72,5	36,2–73,8	
pCO_2 (mmHg)	31,5–42,1	36,0–50,2	33,5–50,7	36,7–49,3
HCO_3^- act (mmol/l)	18,3–24,5	19,9–26,1	18,2–26,0	20,3–25,7

* Wertebereiche errechnet aus Mittelwert ± 1,96 × Standardabweichung

Tab. 23.2 Referenzbereiche* für die venöse Blutgasanalyse bei verschiedenen Tierarten

	Hund (Ilkiw et al. 1991), V. jugularis	Katze (Middleton et al. 1981), V. jugularis	Pferd (Nappert et al. 2001), V. jugularis	Rind (Peiro et al. 2010), V. jugularis
pH-Wert	7,31–7,40	7,21–7,39	7,38–7,54	7,32–7,48
pCO^2 (mmHg)	33,5–50,7	32,9–50,7	31,2–53,7	37,6–56,4
HCO_3^- act (mmol/l)	18,2–26,0	15,5–23,3	23,6–36,6	24,2–32,3
Base excess (mmol/l)	–5,4 bis 1,2	–10,2 bis –1,2	–0,1 bis 10,6	–1,2 bis 6,8
HCO_3^- std (mmol/l)	19,7–24,7	15,6–22,4	k. A.	k. A.

* Wertebereiche errechnet aus Mittelwert ± 1,96 × Standardabweichung
k. A. = keine Angaben

23

23.4 Säure-Basen-Verschiebungen

Verschiebungen des pH-Wertes werden wie folgt eingeteilt (DiBartola 2006b, Johnson et al. 2006):

- **Azidämie:** pH-Wert liegt unterhalb des Referenzbereiches, die zugrunde liegenden Erkrankungen werden als Azidosen bezeichnet.
- **Alkalämie:** pH-Wert liegt oberhalb des Referenzbereiches, die zugrunde liegenden Erkrankungen werden als Alkalosen bezeichnet.
- **primär respiratorische oder metabolische Störungen:** Diese werden anhand des CO_2-Partialdruckes bzw. der HCO_3^--Konzentration klassifiziert (Stockham et al. 2008) (**Abb. 23.1**).

Physiologischerweise erfolgt eine initiale Kompensation über die andere Seite des Blutgasgleichgewichtes (z. B. eine metabolische Azidose [HCO_3^--Erniedrigung] wird kompensiert durch eine verstärkte Respiration [pCO_2-Abfall]), allerdings führt dies i. d. R. nicht zu einer Normalisierung des pH-Wertes.

23

Metabolische Azidose

Kennzeichen

- pH ↓
- HCO_3^- ↓ (Ursache)
- pCO_2 ↓ (Kompensation)

Grunderkrankung

- exogene Zufuhr von Säuren (z. B. Ethylenglykol-Intoxikation, Gabe von Ammoniumchlorid)
- endogene Produktion von Säuren (z. B. diabetische Ketoazidose, Laktatazidose)
- Verlust von Bikarbonat (z. B. Diarrhö, proximale Tubulusazidose)
- verminderte Säureelimination und Bikarbonatproduktion (z. B. Urämie, distale Tubulusazidose)

Die Grunderkrankungen können nach ihrer Anionenlücke (-Gap) weiter eingeteilt werden (siehe unten).

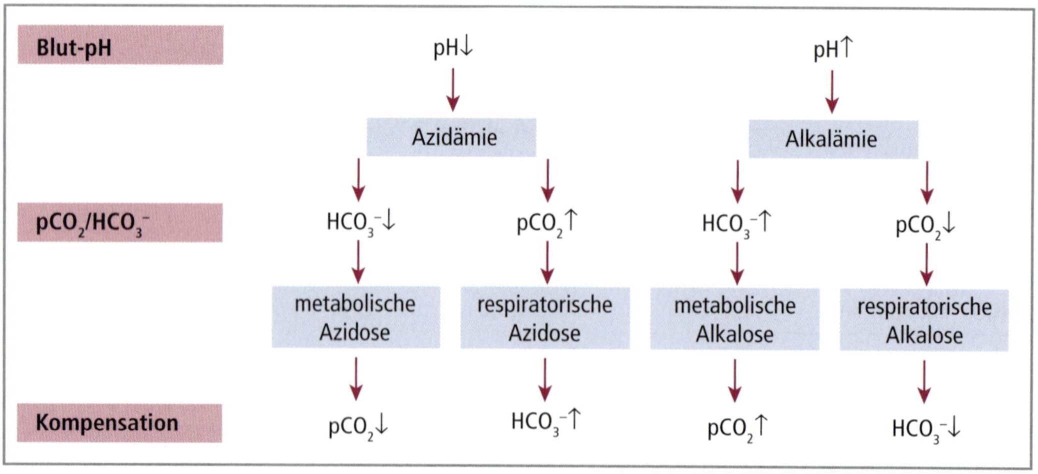

Abb. 23.1 Auswertung einfacher Säure-Base-Störungen (modifiziert nach Stockham et al. 2008)

Kompensation

- initial: gesteigerte alveoläre Ventilation, damit Abfall des pCO_2
- chronisch: gesteigerte H^+ Ausscheidung an der Niere

Therapie

- Behandlung der Grunderkrankung
- in schweren Fällen (pH < 7,2 bzw. HCO_3^- < 12 mmol/l): Substitution von Natriumbikarbonat ($NaHCO_3$) notwendig:
  - benötigte Menge $NaHCO_3$ [mmol] (= ml einer 8,4%igen Lösung) = 0,3 × kg Körpergewicht × [HCO_3^- (Soll) – HCO_3^- (Ist)]
  - als HCO_3^- (Soll) wird i. d. R. der Mittelwert der gesunden Tiere angenommen
  - Infusionsgeschwindigkeit
    - bei akuter Azidose: ½ Dosis in 10 Minuten, Rest in 1–2 Stunden
    - bei chronischer Azidose: ½ Dosis in 3–6 Stunden, dann Reevaluation
  - Probleme:
    - Hypernatriämie
    - möglicherweise inverse Hirnazidose (bei zu schneller Gabe)

Metabolische Alkalose

Kennzeichen

- pH ↑
- HCO_3^- ↑(Ursache)
- pCO_2 ↑(Kompensation)

Grunderkrankung

- Verlust von Chloridionen und damit eine gesteigerte Bikarbonatproduktion und -rückresorption (z. B. bei Erbrechen von Mageninhalt, forcierter Diurese mit Schleifendiuretika)
- verstärkte renale H^+-Elimination mit folgender Bikarbonatproduktion und Natriumrückresorption (z. B. Hyperadrenokortizismus, Hyperaldosteronismus)
- Gabe von alkalischen Substanzen (z. B. von $NaHCO_3^-$, gepufferte Infusionslösungen, Zitrat)

Kompensation

Hypoventilation, damit Anstieg des pCO_2

Therapie

- Behandlung der Grunderkrankung
- Flüssigkeitstherapie ohne zusätzliche Puffersubstanzen (z. B. Ringer-Lösung, NaCl-Lösung 0,9 %)
- Chloridsubstitution bei Hypochlorämie (z. B. NaCl-Lösung 0,9 %, Kaliumsubstitution mit Kaliumchlorid)

Respiratorische Azidose

Kennzeichen

- pH ↓
- pCO_2 ↑ (Ursache)
- HCO_3^- ↑ (Kompensation)

Grunderkrankung

Alle Erkrankungen mit Hypoventilation:

- zentrale Atemdämpfung (z. B. Narkose oder Sedation, Schädel-Hirn-Trauma)
- Störung der Atemmechanik
  - Obstruktion der oberen Atemwege (z. B. Larynxparalyse, Trachealkollaps)
  - Einschränkung der Atembewegung (z. B. Polyradikuloneuritis, Rippenfrakturen)
  - Raumforderungen im Bereich der Pleura (z. B. Pneumothorax, Pleuraerguss)

- schwere Gasaustauschstörung (z. B. hochgradiges Lungenödem, akute Lungenembolie)

Kompensation

- initial (< 24 Stunden): intrazelluläre Pufferung
- chronisch (> 48 Stunden): renale H^+-Elimination und HCO_3^--Rückresorption

Therapie

- Behandlung der Grunderkrankung
- in leichteren Fällen: Sauerstoffsubstitution sinnvoll, da gleichzeitig auch Hypoxämie vorliegt
  - Gefahr der Reduktion der Atemstimulation bei chronischen respiratorischen Azidosen, da bei diesen Patienten die Hypoxämie allein für die Atemstimulation verantwortlich ist
- in schweren Fällen: Ventilation herstellen, ggf. Intubation und Beatmung

Respiratorische Alkalose

Kennzeichen

- pH ↑
- pCO_2 ↓ (Ursache)
- HCO_3^- ↓ (Kompensation)

Grunderkrankungen

- zentrale Atemstimulation
  - Hirnerkrankung: Tumor, Trauma, Entzündung
  - Systemerkrankung: Hyperkortisolismus, Sepsis, Leberinsuffizienz
- periphere Atemstimulation
  - arterielle Hypoxämie (z. B. niedriger inspiratorischer Sauerstoffgehalt, Diffusionseinschränkung, Ventilations-Perfusions-Missverhältnis, Rechts-Links-Shunt)
  - Gewebehypoxie (z. B. Anämie, Methämoglobinämie, Minderperfusion)
  - Lungenparenchymerkrankungen mit Aktivierung der Dehnungsrezeptoren (z. B. Lungenödem, Pneumonie, interstitielle Lungenerkrankungen)

Kompensation

- initial (< 24 Stunden): intrazelluläre Pufferung
- chronisch (> 48 Stunden): renale HCO_3^--Ausscheidung

Therapie

- Behandlung der Grunderkrankung
- weitere Therapie nicht erforderlich, da durch die effektive körpereigene Kompensation der pH-Wert i. d. R. nur gering verändert ist

Auswertung gemischter Säure-Basen-Störungen

Der Körper reagiert auf eine Säure-Basen-Verschiebung mit verschiedenen Kompensationsmechanismen (siehe oben). Das Ausmaß der Kompensation hängt von der Art der Verschiebung und ihrer Dauer ab und ist auch zwischen den Tierarten unterschiedlich.
Richtwerte für die zu erwartende Kompensation bei Hund und Katze sind in **Tabelle 23.3** aufgeführt (de Morais et al. 1991, de Morais et al. 2006).

> Eine Abweichung zwischen der errechneten und der tatsächlichen Kompensation spricht für das Vorliegen einer gemischten Störung.

Tab. 23.3 Richtwerte für die zu erwartende Kompensation bei Hund und Katze

Störung	Primäre Veränderung	Erwartete Kompensation	
		Hund	Katze
metabolische Azidose	HCO_3^- ↓	1 mmol HCO_3^- ↓ ⇒ 0,7 mmHg pCO_2 ↓	1 mmol HCO_3^- ↓ ⇒ keine Änderung pCO_2
metabolische Alkalose	HCO_3^- ↑	1 mmol HCO_3^- ↑ ⇒ 0,7 mmHg pCO_2 ↑	1 mmol HCO_3^- ↑ ⇒ 0,7 mmHg pCO_2 ↑
akute respiratorische Azidose < 24 Std.	pCO_2 ↑	1 mmHg pCO_2 ↑ ⇒ 0,15 mmol HCO_3^- ↑	1 mmHg pCO_2 ↑ ⇒ 0,15 mmol HCO_3^- ↑
chronische respiratorische Azidose > 48 Std.	pCO_2 ↑	1 mmHg pCO_2 ↑ ⇒ 0,35 mmol HCO_3^- ↑	Kompensation unbekannt
anhaltende respiratorische Azidose > 30 Tage	pCO_2 ↑	1 mmHg pCO_2 ↑ ⇒ 0,55 mmol HCO_3^- ↑	Kompensation unbekannt
akute respiratorische Alkalose < 24 Std.	pCO_2 ↓	1 mmHg pCO_2 ↓ ⇒ 0,25 mmol HCO_3^- ↓	1 mmHg pCO_2 ↓ ⇒ 0,25 mmol HCO_3^- ↓
chronische respiratorische Alkalose > 48 Std.	pCO_2 ↓	1 mmHg pCO_2 ↓ ⇒ 0,55 mmol HCO_3^- ↓	ähnlich wie Hund

Beispiel:

- Mischling: hypovolämischer Schock infolge Hämoabdomen
- Blutgasanalyse periphervenös:
  - pH = 6,90 (Referenzbereich: 7,32–7,40)
  - HCO_3^- = 9,6 mmol/l (Referenzbereich: 20,3–25,7, Mittelwert 23)
  - PCO_2 = 52,1 mmHg (Referenzbereich: 36,7–49,3, Mittelwert 43)
- erste Interpretation: schwere metabolische Azidose mit mäßiger respiratorischer Azidose
- erwartete Kompensationsberechnung (s. Tab. 23.3):
  - erwarteter pCO_2-Abfall = HCO_3^--Defizit (13,4) × 0,7 = 9,4 mmHg → erwarteter pCO_2 ca. 33,6 mmHg
- Interpretation: schwere metabolische Azidose mit schwerer respiratorischer Azidose
  - Ursache metabolische Azidose: Minderperfusion mit Laktatazidose
  - Ursache respiratorische Azidose: Hypoperfusion der Lunge aufgrund der Hypovolämie, Hypoventilation aufgrund des Hämoabdomens

Anionen-Gap (Anionenlücke)

Im Plasma herrscht stets ein Gleichgewicht zwischen Kationen und Anionen. Gemessen werden nur die wichtigsten Kationen (Na^+ + K^+) und Anionen (Cl^- + HCO_3^-). Da andere Anionen (meist Serumproteine, insbesondere Albumin) nicht gemessen werden, ergibt sich physiologischerweise ein leichter Überhang der gemessenen Kationen (= Anionenlücke) (DiBartola 2006a).

Anionen-Gap = $(Na^+ + K^+) - (Cl^- + HCO_3^-)$

Referenzbereiche

Die Referenzbereiche für Hund und Katze sind in **Tabelle 23.4** angegeben.
Patienten mit einer Hypalbuminämie/Hypoproteinämie weisen einen niedrigeren Anionen-Gap auf (Abfall von Albumin um 10 g/l erniedrigt den physiologischen Anionen-Gap um 2,4–3 mmol/l).
Die Berechnung des Anionen-Gap dient der weiteren Einteilung der metabolischen Azidosen in normochlorämische Azidose (= Anionen-Gap-Azidose) und hyperchlorämische Azidose.

Normochlorämische Azidose (= Anionen-Gap-Azidose)

Wird eine Säure exogen zugeführt (z. B. Ethylenglykol, Metaldehyd, Azetylsalizylsäure, Phosphat-Klistier bei der Katze) oder endogen produziert (z. B. Ketonkörper, Laktat, Sulfat und Phosphat [akute Urämie]), besteht diese aus H^+-Ionen und Anionen. Dadurch erhöhen sich die ungemessenen Anionen bei gleichzeitigem Bikarbonat-Abfall. Da der Chloridspiegel gleich bleibt, steigt der Anionen-Gap an.

23

Hyperchlorämische Azidose

Entsteht die Azidose als Folge eines Verlustes von Bikarbonat (z. B. Diarrhö, proximale Tubulusazidose) oder einer fehlenden Bikarbonatrückresorption oder -produktion (z. B. distale Tubulusazidose), steigt die Konzentration der Chloridionen kompensatorisch an, um die Elektroneutralität zu wahren, der Anionen-Gap bleibt bei dieser Form der Azidose normal.

23.5 Bedeutung der Säure-Basen-Analyse

Viele physiologische Abläufe sind abhängig vom pH-Wert.
Bei schwer kranken Patienten kommt es häufig zu pH-Verschiebungen durch metabolische oder respiratorische Störungen.
Der Säure-Basen-Haushalt sollte im zentralvenösen Blut beurteilt werden.
Azidosen zeigen i. d. R. größere klinische Auswirkungen als Alkalosen.
Metabolische Azidosen sind gekennzeichnet durch eine Erniedrigung der HCO_3^--Konzentration. Eine der häufigsten Ursachen ist die Laktatazidose durch Hypovolämie, hier ist der Volumenausgleich die effektivste Therapie. Bei starker Azidose und bei der Behandlung refraktärer Fälle ist eine Therapie mit Natriumbikarbonat indiziert.

Tab. 23.4 Referenzbereiche für die Anionenlücke bei Hund und Katze

Spezies	Anionen-Gap (mmol/l)	
	Referenzbereich	Mittelwert
Hund[1]	13,1–24,5	18,8 mmol/l
Katze[2]	17,2–31,0	24,1 mmol/l

1 Constable et al. 2005
2 McCullough et al. 2003

Respiratorische Azidosen sind durch einen Anstieg des pCO_2 gekennzeichnet: Die Therapie besteht in der Verbesserung der Ventilation (in schweren Fällen Intubation und Beatmung).

Literatur

Constable PD, Stämpfli HR. Experimental determination of net protein charge and A(tot) and K(a) of nonvolatile buffers in canine plasma. J Vet Intern Med 2005; 19(4): 507–14.

de Morais HA, DiBartola SP. Ventilatory and metabolic compensation in dogs with acid-base disturbances. J Vet Emerg Crit Care 1991; 1(2): 39–49.

de Morais HA, Leisewitz AL. Mixed acid-base disorders. In: DiBartola SP. Fluid, electrolyte, and acid-base disorders in small animal practice. St. Louis: Elsevier Saunders 2006.

DiBartola SP. Introduction to acid-base disorders. In: DiBartola SP. Fluid, electrolyte, and acid-base disorders in small animal practice. St. Louis: Elsevier Saunders 2006a.

DiBartola SP. Metabolic acid-base disorders. In: DiBartola SP. Fluid, electrolyte, and acid-base disorders in small animal practice. St. Louis: Elsevier Saunders 2006b.

Grosenbaugh DA, Gadawski JE, Muir WW. Evaluation of a portable clinical analyzer in a veterinary hospital setting. J Am Vet Med Assoc 1998; 213(5): 691–4.

Halmagyi DF, Kennedy M, Varga D. Hidden hypercapnia in hemorrhagic hypotension. Anesthesiology 1970; 33(6): 594–601.

Ilkiw JE, Rose RJ, Martin IC. A comparison of simultaneously collected arterial, mixed venous, jugular venous and cephalic venous blood samples in the assessment of blood-gas and acid-base status in the dog. J Vet Intern Med 1991; 5(5): 294–8.

Johnson RA,de Morais HA. Respiratory acid-base disorders. In: DiBartola SP. Fluid, electrolyte, and acid-base disorders in small animal practice. St. Louis: Elsevier Saunders 2006a.

Madiedo G, Sciacca R, Hause L. Air bubbles and temperature effect on blood gas analysis. J Clin Pathol 1980; 33(9): 864–7.

Mathias DW, Clifford PS, Klopfenstein HS. Mixed venous blood gases are superior to arterial blood gases in assessing acid-base status and oxygenation during acute cardiac tamponade in dogs. J Clin Invest 1988; 82(3): 833–8.

McCullough SM, Constable PD.Calculation of the total plasma concentration of nonvolatile weak acids and the effective dissociation constant of nonvolatile buffers in plasma for use in the strong ion approach to acid-base balance in cats. Am J Vet Res 2003; 64(8): 1047–51.

Middleton DJ, Ilkiw JE, Watson AD. Arterial and venous blood gas tensions in clinically healthy cats. Am J Vet Res 1981; 42(9): 1609–11.

Nappert G, Johnson PJ. Determination of the acid-base status in 50 horses admitted with colic between December 1998 and May 1999. Can Vet J 2001; 42(9): 703–7.

Peiró JR, Borges AS, Gonçalves RC, Mendes LC. Evaluation of a portable clinical analyzer for the determination of blood gas partial pressures, electrolyte concentrations, and hematocrit in venous blood samples collected from cattle, horses, and sheep. Am J Vet Res 2010; 71(5): 515–21.

Rezende ML, Haskins SC, Hopper K. The effects of ice-water storage on blood gas and acid-base measurements. J Vet Emerg Crit Care 2007; 17: 67–71.

Stockham SL, Scott MA. Blood gases, blood pH, and strong ion difference. In: Stockham SL, Scott MA. Fundamentals of veterinary clinical pathology. Ames, Iowa: Blackwell 2008.

Tausch KA. Untersuchungen über den Einsatz des i-STAT®-Blutanalysegerätes zur Blutgasanalyse und Bestimmung weiterer labordiagnostischer Parameter bei Kaninchen und Meerschweinchen. München: Dissertation.

Tierärztliche Fakultät der Ludwig-Maximilians-Universität München 2011.
van Sluijs FJ, de Vries HW, De Bruijne JJ, van den Brom WE. Capillary and venous blood compared with arterial blood in the measurement of acid-base and blood gas status of dogs. Am J Vet Res 1983; 44(3): 459–62.
Verwaerde P, Malet C, Lagente M, de la Farge F, Braun JP. The accuracy of the i-STAT portable analyser for measuring blood gases and pH in whole-blood samples from dogs. Res Vet Sci 2002; 73(1): 71–5.
Weil MH, Rackow EC, Trevino R, Grundler W, Falk JL, Griffel MI. Difference in acid-base state between venous and arterial blood during cardiopulmonary resuscitation. N Engl J Med 1986; 315(3): 153–6.

24 Klinische Endokrinologie

Christine Griebsch und Reto Neiger

24.1 Einleitung

Dem Tierarzt stehen in der Veterinärmedizin immer mehr diagnostische Möglichkeiten zur Verfügung. Gerade in der Endokrinologie gibt es zwischen den verschiedenen Institutionen oft unterschiedliche Vorgehensweisen und Protokolle zur Abklärung einer endokrinologischen Erkrankung. Viele Veterinärlabore erstellen keine eigenen Referenzwerte, sondern nutzen Werte aus der Literatur – aufgrund der sehr unterschiedlichen Testverfahren ist die Interpretation der meisten Tests dann schwierig. Die in diesem Kapitel genannten Referenzwerte sollen daher nur als Anhaltspunkte dienen und – wo möglich – auf Referenzwerten basieren, die das Labor selber erarbeitet hat.

Der positive prädiktive Wert eines diagnostischen Tests ist am höchsten, wenn die Prävalenz der Erkrankung in der getesteten Population hoch ist. Bevor ein endokrinologischer Test durchgeführt wird, sollte daher eine entsprechende Patientenselektion erfolgen, d. h., der Tierarzt sollte aufgrund der Anamnese, des klinischen Erscheinungsbildes und der bereits erhobenen Befunde einen begründeten Verdacht auf die zu untersuchende endokrinologische Erkrankung haben, bevor ein entsprechender Test durchgeführt wird.

Dieses Kapitel ist fokussiert auf Hund und Katze. Bezüglich endokrinologischer Erkrankungen anderer Tierarten sei auf die entsprechenden Spezialkapitel in diesem Buch verwiesen.

24.2 Schilddrüse

Die Schilddrüse produziert die Hormone **Thyroxin (T_4)**, **Triiodthyronin (T_3)** und Calcitonin (s. Kap. 21). Die Schilddrüsenzellen (Thyreozyten) bilden die äußere Schicht runder Follikel, in deren Lumen sich Kolloid (eine gelatineartige Substanz) befindet. Jodid wird aktiv gegen ein Konzentrationsgefälle aus der Blutbahn in die Thyreozyten transportiert, dort oxidiert und anschließend ins Follikellumen abgegeben. Im endoplasmatischen Retikulum der Schilddrüsenzellen wird aus Tyrosinmolekülen **Thyreoglobulin (Tg)** gebildet, welches am Golgi-Apparat glykolysiert und anschließend über Exozytose ins Follikellumen abgegeben wird. Beim Übertritt ins Follikellumen werden die Tyrosinanteile des Tg durch die Thyroidperoxidase jodiert, es entstehen die Zwischenprodukte Mono- und Dijodtyrosin und schließlich T_3 und T_4, die gebunden an das nun fertige Tg im Follikel gespeichert werden. Durch Pinozytose gelangt Tg wieder in die Thyreozyten, wo durch Hydrolyse T_3, T_4, Mono- und Dijodtyrosin freigesetzt werden. Nach Stimulation durch Thyreoidea-stimulierendes Hormon **(TSH)** aus dem Hypophysenvorderlappen werden T_3 und T_4 ins Blut freigesetzt, wo sie zu einem großen Teil an Plasma gebunden in einem Verhältnis $T_4 : T_3$ von 50 : 1 vorliegen. T_3 ist biologisch deutlich wirksamer als T_4 und entsteht zum größten Teil durch die Dejodinierung von T_4 in peripheren Körperzellen. Nicht an Plasmaproteine gebundene

Schilddrüsenhormone im Blut werden als freies T_4 (fT_4) und freies T_3 (fT_3) bezeichnet. Reverses T_3 (rT_3) ist ein weiteres Produkt der Dejodinierung, welches hormonell unwirksam ist und vor allem bei schwerer Allgemeinkrankheit anstelle von T_3 gebildet wird. Die Regulation der Schilddrüsenhormonkonzentration erfolgt über das in der Adenohypophyse pulsatil freigesetzte TSH, dessen Freisetzung wiederum über das im Hypothalamus gebildete Thyroxin-Releasing-Hormon **(TRH)** stimuliert wird. Hohe Konzentrationen von T_3 und T_4 im Blut führen über einen negativen Feedbackmechanismus zu einer verminderten TSH-Sekretion aus der Hypophyse und TRH-Sekretion aus dem Hypothalamus.

Hyperthyreose

Eine **Hyperthyreose** entsteht bei übermäßiger Synthese und Sekretion von Schilddrüsenhormonen.

Die Hyperthyreose ist die mittlerweile häufigste endokrine Erkrankung bei der alten Katze. In den meisten Fällen ist die Ursache eine adenomatöse Hyperplasie der Schilddrüse, ein Karzinom kommt nur selten vor. Die häufigsten *klinischen Symptome* sind Gewichtsverlust, Polyphagie, Polyurie/Polydipsie (PU/PD), Verhaltensänderungen (Hyperaktivität, Aggressivität, vermehrter Stressanfälligkeit), Erbrechen, Durchfall, Fellveränderungen und Hecheln/Dyspnoe. Oft ist die Schilddrüse palpabel. Viele Katzen zeigen Hinweise auf eine Herzerkrankung. Typische *Laborwertveränderungen* sind vor allem eine Erhöhung der Leberenzyme ALT und AP (Knochen-Isoenzym). Auch eine Erythrozytose, ein Stressblutbild (Aufregung: Neutrophilie, Lymphozyten im Referenzbereich oder Lymphozytose; Stress/Kortisoleffekt: Neutrophilie, Lymphozytopenie, Eosinopenie) sowie eine Eosinophilie sind beschrieben. Weiterhin können eine Hyperphosphatämie (Knochenumbau, gleichzeitige Nierenerkrankung) ohne Azotämie sowie Erhöhungen von Harnstoff und Kreatinin (gleichzeitige Nierenerkrankung) vorkommen. Beim Hund kommt eine Hyperthyreose nur selten vor und tritt dann häufig im Zusammenhang mit einem Schilddrüsenkarzinom auf. In letzter Zeit sind Fälle von iatrogener Hyperthyreose beim Hund durch Verfütterung von rohem schilddrüsenhaltigem Schlund (Barfen) bekannt geworden.

Diagnostisches Vorgehen bei Verdacht auf Hyperthyreose:

- T_4
- falls T_4 normal:
  - fT_4
  - TSH
  - TSH-Stimulationstest
  - T_3-Suppressionstest
  - Szintigrafie

Hypothyreose

Zu einer **Hypothyreose** kommt es bei verminderter Synthese und Sekretion von Schilddrüsenhormonen.

Diese Erkrankung kommt häufig beim Hund und spontan nur sehr selten bei der Katze vor. Ursache ist meist eine lymphozytäre Thyreoiditis oder eine idiopathische Follikelatrophie. Bilaterale Neoplasien der Schilddrüse oder eine Infiltration der Schilddrüse mit Metastasen sind seltene Ursachen einer Hypothyreose. Eine sekundäre Hypothyreose entsteht durch eine verminderte Synthese und Freisetzung von TSH. Auch eine kongenitale Hypothyreose kommt nur selten vor und führt zu disproportioniertem Zwergwuchs. Iatrogene Ursachen einer Hypothyreose sind die Radiojodtherapie, das

Verabreichen von Thyreostatika und die Thyroidektomie. Typische *klinische Symptome* einer Hypothyreose sind Lethargie, Schwäche, Gewichtszunahme und Fellveränderungen (Alopezie, Seborrhö, Pyodermie). Typische *Laborwertveränderungen* sind eine Erhöhung von Cholesterin und Triglyzeriden und eine milde normozytäre, normochrome nichtregenerative Anämie.

Diagnostisches Vorgehen bei Verdacht auf Hypothyreose:

- T_4/TSH oder fT_4/TSH
- TSH-Stimulationstest
- Szintigrafie

Thyroxin (T_4)

Indikationen

- Verdacht auf Hypothyreose
- Verdacht auf Hyperthyreose
- Verlaufskontrolle von Hyper- oder Hypothyreose während der Therapie
- im Rahmen von Schilddrüsenfunktionstests

Material

Serum, Plasma

Die Schilddrüsenhormone sind im Serum und Plasma relativ stabil und können (außer im Sommer) ungekühlt verschickt werden.

Prinzip

Im Blutserum wird das Gesamtthyroxin (T_4 = TT_4), also das an Transportproteine gebundene plus das freie Thyroxin (fT_4), bestimmt. Hierfür stehen zahlreiche Methoden zur Verfügung, von denen heute nur noch Immunoassays, in der Tiermedizin hauptsächlich RIA, ELISA und CLIA eingesetzt werden.

Radioimmunoassay (RIA)

Natürliches und radioaktives T_4 wirken als Antigen und konkurrieren um die Bindungsorte eines T_4-Antikörpers. Das radioaktive T_4 (T_4^*) wird der Probe zugesetzt. Je höher die Konzentration des natürlichen Hormons im Serum ist, umso mehr kann von dem nichtradioaktiven T_4 an den Antikörper binden und umso weniger radioaktives Hormon kann die freien Bindungsorte besetzen. Das nicht gebundene T_4^* (und auch der Rest des nicht aktiven T_4) wird an einen sekundären Bindungsort (in der Regel ein weiterer Antikörper gegen den Komplex oder aber ein Adsorbens) gebunden. Die Radioaktivität dieses an den sekundären Bindungsort fixierten T_4^* wird gemessen. Anhand einer Eichkurve, die aus bekannten T_4-Konzentrationen hergestellt wurde, lässt sich die T_4-Konzentration im Serum ermitteln.

Enzyme-linked Immunosorbentassay (ELISA)

Im Prinzip gleicht der Test dem RIA mit dem Unterschied, dass kein radioaktives, sondern enzymmarkiertes Hormon zugegeben und eine Farbreaktion gemessen wird. Um T_4 (also fT_4 und proteingebundenes T_4) bestimmen zu können, wird das proteingebundene Thyroxin aus seiner Bindung befreit. Das natürliche Thyroxin aus der Probe und zugefügtes Peroxidase-markiertes Thyroxin (POD-T_4) konkurrieren um die Thyroxinantikörper, die an das Reagenzgefäß fixiert sind. Die eingesetzte Menge an POD-T_4 ist bekannt. Je mehr T_4 in der Probe enthalten ist, umso weniger POD-T_4 wird gebunden und umgekehrt. Das nicht gebundene Hormon wird ausgewaschen. Das gebundene reagiert nach Zugabe von H_2O_2 und Chromogen mit der Bildung eines Farbstoffs, dessen Intensität fotometrisch gemessen wird. Die Bestimmung der T_4-Konzentration erfolgt anhand einer Eichkurve.

Chemilumineszenzimmunoassay (CLIA)

Der CLIA unterscheidet sich vom ELISA nur im letzten Reaktionsschritt, in dem eine Chemolumineszenz-Substratlösung anstatt eines Chromogens hinzugefügt wird. Relative light units (RLU) können anschließend mit einem Luminometer abgelesen werden. Die Intensität des emittierten Lichtes ist proportional zur vorliegenden Enzymmenge und somit umgekehrt proportional zur Konzentration des Gesamtthyroxins in der Serumprobe. Die meisten veterinärmedizinischen Labore führen heute die T_4-Bestimmung mit dieser Methode durch.

Technik

Durchführung nach Arbeitsanleitung des Herstellers (siehe oben)

Zur Therapiekontrolle

Hund (unter Thyroxinsubstitution): In der Literatur wird eine Überprüfung der T_4-Konzentration 4–6 Stunden nach Tablettengabe empfohlen. Evidenzbasierte Studien hierzu existieren jedoch nicht. Erste Kontrolluntersuchung 2–3 Wochen nach Therapiebeginn.

Katze (unter oraler Therapie mit Methimazol/Carbimazol oder nach Radiojodtherapie): Zeitpunkt der Blutentnahme ist nicht relevant. Erste Kontrollmessung ca. 2 Wochen nach Therapiebeginn.

Referenzbereiche

siehe **Tabelle 24.1**

Umrechnungsfaktoren

- SI-Einheit: × 12,871 (nmol/l)
- konventionelle Einheit: × 0,078 (µg/dl)

Tab. 24.1 Referenzbereiche* für Thyroxin bei Hund und Katze

Spezies	Thyroxin (nmol/l)
Hund	19–51
Katze	13–51

* Referenzwerte sind labor- und methodenabhängig und sollen hier nur als Anhaltspunkte dienen.

Bewertung

Hund

Die statistische Aussagekraft (Sensitivität und Spezifität) der T_4-Konzentration alleine oder zusammen mit TSH hinsichtlich der Diagnosestellung einer Hypothyreose ist in **Tabelle 24.2** angegeben.

Die Bewertung der T_4-Konzentration beim Hund ist in **Tabelle 24.3** beschrieben.

Eine T_4-Konzentration im Referenzbereich schließt eine Hypothyreose praktisch aus. Eine erniedrigte T_4-Konzentration ist jedoch nicht spezifisch für das Vorliegen einer Hypothyreose. Bei euthyreoten Tieren mit *nichtthyroidalen Erkrankungen* kann es aufgrund von Veränderungen der Bindung an Transportproteine, verändertem Hormonmetabolismus, Hemmung der TSH-Synthese und/oder verminderter Schilddrüsenhormonsynthese zu einer Erniedrigung der zirkulierenden T_4-Konzentration kommen, wobei die Höhe der Suppression

Tab. 24.2 Statistische Aussagekraft von $T_4 \pm$ TSH zur Diagnosestellung einer Hypothyreose beim Hund (nach Scott-Moncrieff 2010a)

Parameter	Sensitivität	Spezifität
$T_4 \downarrow$	89–100 %	75–82 %
$T_4 \downarrow$ und TSH $\uparrow$	63–67 %	98–100 %

Tab. 24.3 Bewertung der T_4-Konzentration beim Hund

T_4-Konzentration	Bewertung
T_4 ↓	• Hypothyreose • normal (tägliche Schwankungen; Windhunde haben niedrigere Referenzwerte) • Euthyroid-Sick-Syndrom • sekundär nach Medikamentengabe (Glukokortikoide, Phenobarbital, Sulfonamide, Acetylsalicylsäure, trizyklische Antidepressiva [Clomipramin], Anästhetika u. a.)
T_4 normal	• euthyreot • Hypothyreose (T_4 falsch normal durch Messung von T_4-Autoantikörpern [selten])
T_4 ↑	• Hypothyreose (T_4 falsch erhöht durch T_4-Autoantikörper [selten]) • Thyroxinüberdosierung • Welpen zwischen der 3.–12. Lebenswoche (2- bis 5-fach über Referenzbereich) • Diöstrus/Trächtigkeit • Adipositas (geringgradige Erhöhung) • Schilddrüsenadenom/-karzinom (selten) • Verfütterung von schilddrüsenhaltigem Schlund (Barfen)

von der Schwere der Erkrankung abhängt (*Euthyroid-Sick-Syndrom*).
Auch Medikamente können die Konzentration der Schilddrüsenhormone beeinflussen. Deshalb sollte die Diagnose Hypothyreose nie allein aufgrund einer erniedrigten T_4-Konzentration gestellt werden. Kombiniert man die Bestimmung von T_4 und TSH, erreicht man eine deutlich höhere Spezifität für die Diagnosestellung einer Hypothyreose, d.h. ein Hund mit niedrigem T_4 bei gleichzeitiger TSH-Erhöhung hat ziemlich sicher eine Hypothyreose (wenn der Einfluss von Medikamenten [Phenobarbital, Sulfonamide] ausgeschlossen ist). Ist auch dieser Test nicht diagnostisch, sollte im Anschluss weitere Diagnostik (z.B. Bestimmung von fT_4ED [freiem Thyroxin mit Equilibrium-Dialyse] oder TSH-Stimulationstest) durchgeführt werden.
Therapiekontrolle (bei Thyroxinsubstitution): T_4-Konzentration 4–6 Stunden nach Tablettengabe am oberen Referenzbereich oder leicht darüber. Zusätzlich kann die T_4-Konzentration auch direkt vor der Tablettengabe bestimmt werden und sollte sich dann im Referenzbereich befinden.

Katze

Die statistische Aussagekraft (Sensitivität und Spezifität) der Bestimmung von T_4 zur Diagnosestellung einer felinen Hyperthyreose ist in **Tabelle 24.4** angegeben.
Falsch hohe Werte sind selten, d.h. eine Erhöhung der T_4-Konzentration ist praktisch diagnostisch für das Vorliegen einer

Tab. 24.4 Statistische Aussagekraft der Bestimmung von T_4 zur Diagnosestellung einer Hyperthyreose bei der Katze (nach Peterson et al. 2001)

Parameter	Sensitivität	Spezifität
T4 ↑	90 %	95–100 %

Hyperthyreose bei einer älteren Katze. Jedoch haben bis zu 10 % aller hyperthyreoten Katzen und bis zu 40 % aller Katzen mit einer milden Hyperthyreose eine T_4-Konzentration im Referenzbereich (vor allem im mittleren und hohen Referenzbereich) (Peterson et al. 2001). Dies lässt sich zum einen durch *Fluktuationen der T_4-Konzentration* erklären, was bei Katzen mit einer milden Hyperthyreose dazu führen kann, dass Werte im Referenzbereich gemessen werden. Zum anderen können *nichtthyroidale Erkrankungen* zu einer Erniedrigung der zirkulierenden T_4-Konzentration führen, wobei die Höhe der Suppression von der Schwere der Erkrankung abhängt. Bei Katzen mit einer milden Hyperthyreose und gleichzeitiger nichtthyroidaler Erkrankung kann hierdurch eine T_4-Konzentration im Referenzbereich gemessen werden.

24

Bei Katzen mit Verdacht auf eine Hyperthyreose sollte die Diagnose Hyperthyreose also nicht aufgrund einer einzigen T_4-Konzentration im Referenzbereich ausgeschlossen werden. Zur weiteren Abklärung empfiehlt sich der Ausschluss nichtthyroidaler Erkrankungen und die erneute T_4-Bestimmung 1–2 Wochen später, eine Bestimmung von fT_4ED, TSH, eine Szintigrafie, ein TSH-Stimulationstest oder ein T_3-Suppressionstest.

Therapiekontrolle (bei Einnahme von Methimazol/Carbimazol oder nach einer Radiojodtherapie): T_4 am unteren Referenzbereich.

Freies Thyroxin (fT_4)

Indikationen

Verdacht auf Hypo- oder Hyperthyreose bei T_4-Werten im Referenz- oder fraglichen Bereich

Material

Serum oder Plasma

Prinzip

Es gibt zwei Methoden zum Messen von fT_4, einerseits mittels Equilibrium-Dialyse (fT_4ED) und andererseits eine Nicht-Dialyse-Methode, auch analoge Methode genannt. Verlässliche Werte lieferte bisher nur eine Bestimmung der fT_4-Konzentration mittels **Equilibrium-Dialyse (ED)**. Bei dieser Methode wird fT_4 von Serumproteinen und gebundenem T_4 mit einer semipermeablen Membran getrennt und anschließend ein kompetitiver RIA mit dem proteinfreien Dialysat durchgeführt, in welchem radioaktiv markiertes T_4 mit dem T_4 aus dem Serum um spezifische Bindungsstellen konkurriert. Die anschließend gemessene Radioaktivität verhält sich umgekehrt proportional zur fT_4-Konzentration. Diese Methode wird nicht durch das Vorhandensein von T_4-Antikörpern beeinflusst. Werte, die nicht mittels ED gemessen wurden, haben keine bessere Aussagekraft als Gesamt-T_4, da Werte öfter falsch niedrig sind (Schachter et al. 2004). Es besteht somit keine Notwendigkeit, fT_4 zu messen, ohne dass eine ED verwendet wird. Eine neuere Studie konnte nun zeigen, dass eine Messung von fT_4 mittels spezieller analoger Methode (CLIA) vergleichbare Werte liefert wie eine Bestimmung mittels ED und somit eine mögliche Alternative zur ED darstellt (Peterson et al. 2011).

Technik

Die ED ist relativ aufwändig und teuer. Durchführung nach Anleitung des Herstellers.

Referenzbereiche

siehe **Tabelle 24.5**

Umrechnungsfaktoren

- SI-Einheit: × 12,82 (pmol/l)
- konventionelle Einheit: × 0,078 (ng/dl)

Bewertung

Hund

Die statistische Aussagekraft (Sensitivität und Spezifität) der fT_4-Bestimmung zur Diagnosestellung einer Hypothyreose beim Hund ist in **Tabelle 24.6** angegeben.
Die Bewertung der fT_4-Konzentration beim Hund ist in **Tabelle 24.7** zu finden.
Wie die T_4-Konzentration so wird auch die fT_4ED-Konzentration durch externe Faktoren beeinflusst, jedoch in geringerem Ausmaß. Dies führt zu einer höheren Spezifität für fT_4ED als für T_4. Eine kombinierte Bestimmung von fT_4ED und TSH erreicht eine deutlich höhere Spezifität für die Diagnosestellung einer Hypothyreose als eine alleini-

Tab. 24.5 Referenzbereiche* für freies Thyroxin (fT_4) bei Hund und Katze

Spezies	fT_4 (pmol/l)
Hund	10,3–27
Katze	10,3–27

* Referenzwerte sind labor- und methodenabhängig und sollen hier nur als Anhaltspunkte dienen.

Tab. 24.6 Statistische Aussagekraft der fT_4-Bestimmung zur Diagnosestellung einer Hypothyreose beim Hund (Scott-Moncrieff 2010a)

Parameter	Sensitivität	Spezifität
fT_4 ↓	80–98 %	93–94 %
fT_4 ↓ und TSH ↑	74 %	98 %

Tab. 24.7 Bewertung der fT_4-Konzentration beim Hund

fT_4-Konzentration	Bewertung
fT_4 ↓	• Hypothyreose • normal (tägliche Schwankungen, Windhunde haben niedrigere Referenzwerte) • schwere nichtthyroidale Erkrankung (Euthyroid-Sick-Syndrom) • sekundär zu Medikamentengabe (Glukokortikoide, Phenobarbital, Sulfonamide, trizyklische Antidepressiva [Clomipramin])
fT_4 normal	• Euthyreose • Hypothyreose im frühen Stadium
fT_4 ↑	• Thyroxinüberdosierung • Schilddrüsenadenom/-karzinom (selten) • Verfütterung von schilddrüsenhaltigem Schlund (Barfen)

ge fT_4ED-Bestimmung, d.h., ein Hund mit niedrigem fT_4ED bei gleichzeitig erhöhtem TSH ist mit großer Wahrscheinlichkeit an einer Hypothyreose erkrankt. Ist auch dieser Test nicht diagnostisch, sollte im Anschluss ein TSH-Stimulationstest oder eine Schilddrüsenszintigrafie durchgeführt werden.

Katze

Eine erhöhte fT_4-Konzentration dient als Hinweis auf eine Hyperthyreose bei der Katze (**Tabelle 24.8**).

fT_4ED ist zur Diagnosestellung einer Hyperthyreose sensitiver als T_4. In einer Studie zeigten 91 % der hyperthyreoten Katzen eine erhöhte T_4-Konzentration und 98,5 % eine erhöhte fT_4ED-Konzentration. Im Gegensatz zum Gesamt-T_4 bleibt die fT_4-Konzentration bei hyperthyreoten Katzen mit nichtthyroidalen Erkrankungen erhöht. Jedoch ist die Bestimmung von fT_4ED weniger spezifisch als die von T_4. Bei 25 von 319 euthyreoten Katzen mit nichtthyroidalen Erkrankungen lagen die fT_4-Werte oberhalb des Referenzbereiches.

Die fT_4-Konzentration sollte also nicht alleine, sondern zusammen mit dem klinischen Befund oder der T_4-Konzentration zur Diagnosestellung einer Hyperthyreose beurteilt werden (**Tab. 24.9**)

Tab. 24.8 Statistische Aussagekraft der fT_4-Bestimmung zur Diagnosestellung einer Hyperthyreose bei der Katze (nach Peterson et al. 2001)

Parameter	Sensitivität	Spezifität
fT_4 ↑	98,5 %	93,5 %

Tab. 24.9 Differenzialdiagnose Hyperthyreose – nichtthyroidale Erkrankung bei der Katze

Parameter	Erkrankung
Gesamt-T_4 im mittleren bis oberen Referenzbereich **und** fT_4 ↑	Hyperthyreose
Gesamt-T_4 ↓ **und** fT_4 ↑	nichtthyroidale Erkrankung

Felines TSH

Indikationen

Verdacht auf Hyperthyreose

Material

Serum, Plasma

Prinzip

CLIA mittels eines für die Katze evaluierten humanen Testkits (Puille et al. 2000). Canine Testkits sind aufgrund der fehlenden Sensitivität ungeeignet.

Bei Katzen mit Hyperthyreose führt die autonome Sekretion von Schilddrüsenhormonen durch einen negativen Feedbackmechanismus zu einer Suppression der TSH-Konzentration.

Technik

Die Durchführung ist an spezielle Laboreinrichtungen gebunden. Anweisung des Herstellers beachten.

Referenzbereich

siehe **Tabelle 24.10**

Tab. 24.10 Referenzbereich für felines TSH (nach Mathes 2011)

Parameter	Referenzbereich
TSH	≤0,03 mU/l

Bewertung

In einer Studie mit 422 Katzen, von denen etwa ein Drittel nachweislich an einer Hyperthyreose erkrankt war, konnte folgende statistische Aussagekraft der TSH-Bestimmung ermittelt werden (**Tab. 24.11**):

Tab. 24.11 Statistische Aussagekraft der TSH-Bestimmung zur Diagnosestellung einer Hyperthyreose bei der Katze (nach Marsilio et al. 2013)

TSH (mU/l)	Sensitivität	Spezifität
≤0,03	96 %	89 %
≤0,06	99 %	68 %

Tabelle 24.12 gibt an, wie die gemessenen TSH-Konzentrationen bei der Katze zu beurteilen sind.
Bei grenzwertigen T_4-Ergebnissen und/oder bei Verdacht auf eine Schilddrüsenüberfunktion mit normalen T_4-Werten kann die TSH-Bestimmung zur weiteren Diagnostik herangezogen werden. Normale TSH-Werte (≥0,06 mU/l) schließen eine Hyperthyreose so gut wie sicher aus. Sehr hohe TSH-Werte können zudem einen Hinweis auf eine sekundäre Hyperthyreose geben.

Tab. 24.12 Bewertung der TSH-Konzentration bei der Katze

TSH (mU/l)	Bewertung
≤0,03	Hyperthyreose
0,03–0,06	»Graubereich«
≥0,06	Euthyreose

Canines TSH

Indikationen

Verdacht auf Hypothyreose, in Verbindung mit der Messung von T_4 und/oder fT_4ED

Material

Serum, Plasma

Prinzip

- immunradiometrischer Test (IRMA)
- ELISA
- CLIA (wird heute von den meisten veterinärmedizinischen Laboren durchgeführt)

Technik

Durchführung nach Anleitung des Herstellers

Referenzbereich

siehe **Tabelle 24.13**

Umrechnungsfaktoren

- SI-Einheit: × 11,212 (mU/l)
- konventionelle Einheit: × 0,089 (ng/ml)

Bewertung

Tabelle 24.14 gibt einen Überblick über die statistische Aussagekraft (Sensitivität und Spezifität) der Bestimmung von TSH, TSH

Tab. 24.13 Referenzbereich* für canines TSH

Parameter	Referenzbereich
TSH	<0,30 ng/ml

* Referenzwerte sind labor- und methodenabhängig und sollen hier nur als Anhaltspunkte dienen.

Tab. 24.14 Statistische Aussagekraft der Bestimmung von TSH, TSH und T_4 sowie TSH und fT_4ED zur Diagnosestellung einer Hypothyreose beim Hund (nach Ferguson 2007)

Parameter	Sensitivität	Spezifität
TSH	63–87 %	82–93 %
TSH und T_4	67–87 %	92–98 %
TSH und fT_4ED	74–80 %	97–98 %

und T_4 sowie TSH und fT_4ED zur Diagnosestellung einer Hypothyreose.

TSH sollte immer mit T_4 und/oder fT_4ED in Kombination gemessen werden. Eine erhöhte TSH-Konzentration in Kombination mit einer erniedrigten T_4- oder fT_4ED-Konzentration bedeutet, dass höchstwahrscheinlich eine Hypothyreose vorliegt (wenn der Einfluss von Medikamenten ausgeschlossen wurde). Bei 7–18 % der euthyreoten Hunde kann TSH jedoch über den Referenzbereich ansteigen. Gründe hierfür sind eine frühe (subklinische Hypothyreose), normale Schwankungen der pulsatilen TSH-Sekretion, eine überstandene nichtthyroidale Erkrankung oder der Effekt von Medikamenten. Ungefähr ein Drittel aller Hunde mit Hypothyreose haben eine TSH-Konzentration im Referenzbereich (**Tab. 24.15**).

TSH-Stimulationstest

Indikationen

- Verdacht auf Hypothyreose des Hundes (gilt i. d. R. als Goldstandard)
- Verdacht auf Hyperthyreose der Katze bei T_4-Konzentration im Referenzbereich/fraglichen Bereich

Material

Serum, Plasma

Tab. 24.15 Bewertung von Schilddrüsenparametern beim Hund

TSH	T_4	fT_4ED	Interpretation	Weiteres Vorgehen
normal	normal	normal	Euthyreose	–
↑	normal	normal	• Euthyreose • subklinische Hypothyreose	evtl. Kontrolle der Werte nach einigen Monaten (je nach Symptomen)
↑	↓	↓	• Hypothyreose • Euthyroid-Sick-Syndrom • medikamenteninduziert: – Phenobarbital – Sulfonamide	• Therapie • weitere Abklärung (z. B. mittels TSH-Stimulationstest) nur nötig, wenn ein Euthyroid-Sick-Syndrom vorliegen könnte
normal	↓	↓	• Euthyroid-Sick-Syndrom • medikamenteninduziert: – Glukokortikoide • Hypothyreose	Da ein Drittel der hypothyreoten Hunde eine normale TSH-Konzentration aufweist, ist bei begründetem Verdacht eine weitere Abklärung (z. B. TSH-Stimulationstest oder Szintigrafie) nötig.

Prinzip

Bei euthyreoten Hunden sollte die Schilddrüsenhormonkonzentration nach Stimulierung der Schilddrüse durch TSH ansteigen, bei hypothyreoten Tieren bleibt dieser Anstieg aus.
Bei Katzen mit Hyperthyreose werden autonom große Mengen an Schilddrüsenhormonen gebildet. Die Gabe von TSH sollte zu keinem oder einem nur geringen weiteren Anstieg der Schilddrüsenhormonkonzentration führen. Bei euthyreoten Tieren steigt die Konzentration der Schilddrüsenhormone an.

Technik

Zur Durchführung des Testes sollte rekombinantes humanes TSH (rhTSH) (Thyrogen®, Fa. Genzyme Europe, Naarden, Niederlande) eingesetzt werden. Das früher verwendete bovine TSH steht in reiner Formulierung nicht mehr zu Verfügung, während das chemische Produkt zu unerwünschten Nebenwirkungen (Todesfälle) führen kann und daher nicht verwendet werden darf.
rhTSH ist teuer, es kann jedoch aliquotiert und bei −80 °C bis zu einem Jahr aufbewahrt werden. Da in einer Ampulle 1,1 mg enthalten sind, können bis zu 14 Hunde bzw. 44 Katzen mit einer Ampulle getestet werden.

Hund

- Serum entnehmen zur T_4-Bestimmung (Basalwert)
- Gabe von 75–150 µg (0,075–0,150 mg) rhTSH i. v. (pro Hund)
- Entnahme von Serum zur T_4-Bestimmung 6 Stunden später (Stimulationswert)

Boretti et al. (2009) empfehlen eine Dosis von 150 µg/Hund bei Vorliegen von nichtthyroidalen Erkrankungen oder der Gabe von Medikamenten, da man unter Verwendung der höheren Dosis bei diesen Hunden ein normales Testergebnis erzielen kann, während die Tiere bei Verwendung der niedrigeren Dosis als hypothyreot eingestuft würden.

Katze

- Serum entnehmen zur T_4-Bestimmung (Basalwert)
- Gabe von 25 µg (0,025 mg) rhTSH i. v. (pro Katze)
- Entnahme von Serum zur T_4-Bestimmung 6 Stunden später (Stimulationswert)

Bewertung

Hund

Wie bei allen anderen Schilddrüsenparametern, so kann auch der TSH-Stimulationstest durch nichtthyroidale Erkrankungen und die Gabe bestimmter Medikamente beeinflusst werden.
Der rhTSH-Stimulationstest bei Hunden mit Hypothyreose wurde 2006 evaluiert (Boretti et al. 2006). T_4 wurde mittels RIA gemessen, der Referenzbereich lag bei 1,5–3,5 µg/dl. Die Bewertung der Untersuchungsergebnisse erfolgte nach dem in **Tabelle 24.16** angegebenen Schema.

Katze

In einer Studie mit bovinem TSH zeigten hyperthyreote Katzen mit einer fraglichen T_4-Konzentration einen Anstieg der T_4-Konzentration, der nicht zu unterscheiden war von dem gesunder Katzen (Mooney et al. 1996). In einer kürzlich durchgeführten Studie wurde die Eignung des TSH-Stimu-

Tab. 24.16 Bewertung des TSH-Stimulationstestes beim Hund (nach Boretti et al. 2006)

T_4-Poststimulation mittels rhTSH	Bewertung	Erklärungsversuche
> 2,5 µg/dl und > 1,5-facher Anstieg von T_4	Euthyreose	
1,6–2,5 µg/dl oder > 2,5 µg/dl, aber Anstieg < 1,5-fach	»Graubereich«	• Euthyroid-Sick-Syndrom? • Einfluss von Medikamenten?
< 1,6 µg/dl und < 1,5-facher Anstieg	Hypothyreose	Euthyroid-Sick-Syndrom? (schwere klinische Erkrankung)

lationstestes mit rhTSH zur Diagnose der felinen Hyperthyreose untersucht: Es konnten signifikante Unterschiede in einer Gruppe hyperthyreoter Katzen im Vergleich zu gesunden gefunden werden (Müller 2011). Zur Bewertung des TSH-Stimulationstestes siehe **Tabelle 24.17**.

T_3-Suppressionstest

Der T_3-Suppressionstest beruht auf der Fähigkeit von exogen verabreichtem T_3 über den negativen Feedbackmechanismus die T_4-Produktion der Schilddrüse zu senken. Bei hyperthyreoter Stoffwechsellage sollte bereits eine Supprimierung der TSH-Sekretion vorliegen, sodass ein weiteres negatives Feedback nach T_3-Applikation nicht stattfindet und die T_4-Konzentration im Serum unverändert bleibt.

24

Tab. 24.17 Bewertung des TSH-Stimulationstestes bei der Katze (nach Müller 2011)

T_4-Postimulation mittels rhTSH	Bewertung
< 70 % Anstieg vom Basalwert	Hyperthyreose (97,7 % Spezifität)
> 70 % Anstieg vom Basalwert	Euthyreose (90 % Sensitivität)

Indikationen

Ausschluss einer Hyperthyreose der Katze

Material

Serum, Plasma

Technik

- Bestimmung der basalen Konzentrationen von T_3 und T_4
- Verabreichung von 25 µg T_3 (Liothyronin) alle 8 Stunden p. o. ab dem folgenden Morgen (insgesamt 7 Dosen)
- an Tag 3 Bestimmung von T_3 und T_4 2–4 Stunden nach der letzten Dosis

Bewertung

siehe **Tabelle 24.18**

Parameter ohne klinische Relevanz

T_3

Die T_3-Konzentration zeigt bei euthyreoten Hunden größere Fluktuationen als die T_4-Konzentration, weshalb die Messung von T_3 zur Diagnosestellung einer Hypothyreose nicht geeignet ist. Auch zur Diagnosestellung der Hyperthyreose bei der Katze

Tab. 24.18 Bewertung des T_3-Suppressionstestes* bei der Katze

Parameter	Bewertung
Absinken von T_4 (≥ 50 %)	Euthyreose
• T_4 unverändert zum Basalwert (≤ 35 %) • T_3 höher als Basalwert	Hyperthyreose
• T_4 unverändert zum Basalwert • T_3 wie Basalwert	T_3 wurde nicht zuverlässig eingegeben, der Test ist nicht aussagekräftig

* Die Bestimmung von T_3 dient lediglich der Überprüfung der korrekten Tabletteneingabe.

hat sich die Bestimmung von T_3 als nicht hilfreich erwiesen. Zirka ein Drittel aller Katzen mit Hyperthyreose weisen eine T_3-Konzentration im Referenzbereich auf. Die einzige Indikation zur T_3-Bestimmung ist im Rahmen des T_3-Suppressionstestes die Überprüfung der korrekten Tabletteneingabe (Bestimmung aus Serum oder Plasma mittels ELISA, RIA oder CLIA).

fT_3

Bisher wurde weder beim Hund noch bei der Katze der Nutzen einer fT_3-Bestimmung (möglich mittels RIA) demonstriert.

Reverse T_3 (rT_3)

rT_3 wird bei schweren Krankheitszuständen aus T_4 gebildet und ist biologisch inaktiv. Theoretisch sollten bei hypothyreoten Hunden T_4, T_3 und rT_3 erniedrigt sein, während bei Hunden mit einem Euthyroid-Sick-Syndrom erniedrigte T_4- und T_3-, jedoch normale bis erhöhte rT_3-Konzentrationen vorliegen. Tatsächlich gibt es jedoch große Überlappungen der rT_3-Konzentration zwischen hypothyreoten, euthyreoten und Hunden mit Euthyroid-Sick-Syndrom. Es liegt bisher keine Studie vor, die den klinischen Nutzen der Messung von rT_3 demonstrieren konnte.

TRH-Stimulationstest

Hund

Der TRH-Stimulationstest wird manchmal anstelle des TSH-Stimulationstestes benutzt, um die Schilddrüsenfunktion eines Hundes mit Verdacht auf Hypothyreose zu evaluieren.

- Entnahme von Serum zur Bestimmung von T_4 und TSH (Basalwert)
- Gabe von 200 µg TRH/Hund i. v.
- Blutentnahme nach 30 Minuten (TSH) und 4 Stunden (T_4)

Bewertung

siehe **Tabelle 24.19**

Die i. v.-Injektion von TRH hat viele Nebenwirkungen und zudem sprechen einige eu-

Tab. 24.19 Bewertung des TRH-Stimulationstestes beim Hund

Werte nach TRH-Gabe	Bewertung
T_4 > 2 µg/dl oder T_4-Anstieg > 0,5 µg/dl über Basalwert TSH-Anstieg > 100 %	Euthyreose
T_4 < 1,5 µg/dl und T_4-Anstieg < 0,5 µg/dl über Basalwert	Hypothyreose

thyreote Hunde nicht auf eine TRH-Gabe an, sodass der TSH-Test verlässlicher ist. Weiterhin ist der TSH-Anstieg bei hypothyreoten Hunden nicht so ausgeprägt wie bei euthyreoten Hunden, sodass auch eine Unterscheidung zwischen einer primären und sekundären Hypothyreose mittels TRH-Test kaum möglich ist.

Katze

Bei gesunden Katzen führt die Verabreichung von TRH zu einem Anstieg von TSH und nachfolgend der Schilddrüsenhormonsekretion. Aufgrund der chronischen Suppression der TSH-Sekretion durch die autonome Produktion von Schilddrüsenhormonen steigt bei hyperthyreoten Katzen die Konzentration der Schilddrüsenhormone nach Gabe von TRH geringer an als bei gesunden Katzen. Die Durchführung des Testes erfolgt wie beim Hund, jedoch mit 100 µg TRH/Katze.

Bewertung

siehe **Tabelle 24.20**

Nebenwirkungen kurz nach TRH-Gabe sind häufig, es treten Erbrechen, Salivation, Tachypnoe und Defäkation auf. Normalerweise verschwinden diese innerhalb weniger Stunden.

Tab. 24.20 Bewertung des TRH-Stimulationstestes bei der Katze

Anstieg von T_4	Bewertung
< 50 %	• Hyperthyreose • euthyreote Katzen mit nichtthyroidaler Erkrankung
50–60 %	»Graubereich«
> 60 %	Euthyreose

Dieser Test kann nicht zwischen hyperthyreoten und euthyreoten Katzen mit nichtthyroidalen Erkrankungen unterscheiden und ist somit nur von begrenztem klinischen Nutzen (Tomsa et al. 2001).

Thyreoglobulin-Autoantikörper

Thyreoglobulin-Antikörper werden bei 36–50 % der hypothyreoten sowie bei 0–20 % der euthyreoten Hunde gefunden. In einer prospektiven Studie entwickelten 20 % von 171 Hunden mit positiven Thyreoglobulin-Autoantikörpern und normalem fT_4 und TSH innerhalb eines Jahres Veränderungen von fT_4 und TSH im Sinne einer Hypothyreose, 15 % wurden Thyreoglobulin-Antikörper-negativ ohne Veränderungen von fT_4 und TSH und 65 % blieben Thyreoglobulin-Autoantikörper-positiv oder hatten 1 Jahr später ein inkonklusives Ergebnis ohne Veränderungen von fT_4 und TSH (Graham et al. 2001). Die Bestimmung der Thyreoglobulin-Antikörper erfolgt aus Serum mittels ELISA. Sind Antiköper gegen Thyreoglobulin vorhanden, spricht dies für das Vorhandensein einer Schilddrüsenpathologie, liefert jedoch keine Information über die Schilddrüsenfunktion. Eine subklinische Thyroiditis kann lange Zeit vorhanden sein, bevor sie zu einer klinischen Hypothyreose führt. Zudem gibt es viele Hunde, welche trotz Thyreoglobulin-Autoantikörper nie eine Hypothyreose entwickeln. Sind keine Antikörper vorhanden, schließt das zudem eine Hypothyreose nicht aus. Deshalb liefert die Bestimmung von Thyreoglobulin-Autoantikörpern kaum Resultate von klinischer Relevanz.

T_4- und T_3-Autoantikörper

Antikörper gegen T_4 und T_3 können bei Hunden mit Thyroiditis entstehen. Es sind Antikörper gegen die T_3- und T_4-enthaltenen Epitope von Thyreoglobulin. Diese Antikörper sind weniger prävalent als Thyreoglobulin-Antikörper und auch hier gilt, dass ihr Vorhandensein keine zusätzliche klinisch relevante Information liefert. In seltenen Fällen können diese Antikörper mit den Immunoassays zur T_4- und T_3-Bestimmung interferieren und so zu falsch höheren oder niedrigeren Werten führen. Dies führt jedoch nur sehr selten zu einer Überschreitung des Referenzbereiches. Die Equilibrium-Dialyse zur Bestimmung von fT_4 wird durch die Antikörper nicht beeinflusst.

24.3 Nebenniere

In der Nebennierenrinde werden verschiedene Kortikosteroide aus Cholesterin synthetisiert. Sie werden in drei Gruppen eingeteilt:

- Glukokortikoide
- Mineralokortikoide
- Sexualhormone

Das Nebennierenmark produziert Katecholamine aus der Aminosäure Tyrosin und wird durch das sympathische Nervensystem kontrolliert.
Tabelle 24.21 gibt einen Überblick über die Hormone, die in der Nebennierenrinde produziert werden.

Erkrankungen der Nebennierenrinde

Die Bestimmung von Steroidhormonen als Funktionstest oder als Basalwert ist indiziert beim Verdacht auf eine Über- (Hyperkortisolismus) oder Unterfunktion (Hypoadrenokortizismus) der Nebennierenrinde.

Hyperkortisolismus

Beim Hyperkortisolismus, der zu 80–85 % hypophysär und zu 15–20 % adrenal (durch ein Adenom oder Adenokarzinom der Nebenniere) bedingt ist, kommt es zur ver-

Tab. 24.21 Übersicht über die in der Nebenniere gebildeten Hormone

Hormongruppe	Wichtigste Vertreter	Ort der Synthese	Hauptsächlich reguliert durch
Mineralokortikoide	Aldosteron	Zona glomerulosa (äußere Schicht)	• Angiotensin II • Kaliumkonzentration • (ACTH)
Glukokortikoide	• Kortisol • (17-OH-Progesteron)	Zona fasciculata (mittlere Schicht)	ACTH
Sexualhormone	Androgene	Zona reticularis (innere Schicht)	(ACTH)
Katecholamine	• Adrenalin • Noradrenalin	Nebennierenmark	sympathisches Nervensystem

mehrten Ausschüttung von Glukokortikoiden (Kortisol oder Vorstufen). Oft wird diese Erkrankung synonym auch als Hyperadrenokortizismus oder Morbus Cushing bezeichnet, beide Ausdrücke sind jedoch veraltet. Während der endogene Hyperkortisolismus beim Hund eine relativ häufige endokrine Erkrankung darstellt, wird er bei der Katze eher selten diagnostiziert. Zudem können – v. a. beim Hund – durch iatrogene Gabe von Glukokortikoiden klinische Symptome und Laborveränderungen eines Hyperkortisolismus auftreten.

Typische *klinische Symptome* eines Hyperkortisolismus sind Polyurie/Polydipsie (PU/PD), Polyphagie, Stammfettsucht, Hepatomegalie, Hautveränderungen (Alopezie, Hyperpigmentation, Hautatrophie, Calcinosis cutis), Lethargie, Muskelschwäche, Muskelatrophie und Hecheln. Typische *Laborwertveränderungen* sind eine Erhöhung der AP, der ALT, Hyperlipidämie, Hypercholesterinämie, Hyperglykämie, eine erniedrigte Harnstoffkonzentration, Hyposthenurie/Isosthenurie, Proteinurie, Glukosurie (< 10 %), eine Harnweginfektion, ein »Stressleukogramm« (Neutrophilie, Monozytose, Lymphopenie, Eosinopenie), eine geringgradige Erythrozytose, Thrombozytose und eine erniedrigte T_4-Konzentration (siehe T_4).

Diagnostisches Vorgehen bei Verdacht auf Hyperkortisolismus:

- ACTH-Stimulationstest (± 17-OH-Progesteron-Bestimmung)
- Urin-Kortikoid-Kreatinin-Quotient (UKKQ) (engl. Urinary Corticoid Creatinine Ratio = UCCR)
- niedrigdosierter Dexamethason-Suppressionstest (engl. Low-Dose Dexamethasone Suppression Test = LDDST)
- (oraler LDDST)

Diagnostisches Vorgehen zur Differenzierung eines hypophysären Hyperkortisolismus von einem adrenalen Hyperkortisolismus:

- hochdosierter Dexamethason-Suppressionstest (engl. High-Dose Dexamethasone Suppression Test = HDDST)
- Messung von endogenem ACTH
- (Bildgebung, u. a. Ultraschall, Schnittbildverfahren)

Das diagnostische Vorgehen und die Reihenfolge der möglichen Tests sind international und zwischen einzelnen Institutionen recht unterschiedlich. Kein Test hat eine Genauigkeit > 90 % und kann sowohl falsch positive oder falsch negative Ergebnisse liefern. Die Durchführung der oben genannten Tests sollte daher immer nur in Verbindung mit einem begründeten klinischen Verdacht erfolgen, da sonst der positiv-prädiktive Wert zu tief liegt. Liefert ein Test ein negatives Ergebnis bei einem Hund, der hochverdächtig ist für das Vorliegen eines Hyperkortisolismus, so sollten weitere diagnostische Tests herangezogen werden. Umgekehrt müssen aber positive Werte bei kranken Tieren mit nur wenigen oder nicht spezifischen Symptomen für einen Hyperkortisolismus unbedingt hinterfragt und evtl. mit einem zweiten Test bestätigt werden.

Hypoadrenokortizismus (Addison-Erkrankung)

Ein Hypoadrenokortizismus entsteht, wenn die Nebennierenrinde nicht ausreichende Mengen an Glukokortikoiden (v. a. Kortisol) und Mineralkortikoiden (v. a. Aldosteron) produziert. Ist nur die Glukokortikoidproduktion betroffen, so spricht man von einem **»atypischen« Hypoadrenokortizismus**, bei dem die klassischen Elektrolytveränderungen (Hyperkaliämie und/oder Hyponatriämie) fehlen. Ein **sekundärer Hypoadrenokortizismus** entsteht aufgrund einer verminderten hypophysären ACTH-Sekretion und führt vor allem zu einem Glukokortikoidmangel. Bei der Katze sind bisher erst wenige Fälle von Hypoadrenokortizismus beschrieben.

Die *Symptome* eines Hypoadrenokortizismus sind zu Beginn der Erkrankung oft recht unspezifisch – Schwäche/Apathie, gastrointestinale Symptome (Anorexie, Vomitus, Gewichtsverlust, Abdominalschmerzen) und Polyurie/Polydipsie (PU/PD). Wird der Hypoadrenokortizismus in dieser Phase nicht erkannt, kann es zu einem hypovolämischen Schock mit schwerer Bradykardie (aufgrund der Hyperkaliämie) kommen (oft als Addisonkrise bezeichnet).

Typische *Laborwertveränderungen* beim Hypoadrenokortizismus sind eine Hyponatriämie und/oder Hyperkaliämie mit einem erniedrigten Na^+-K^+-Quotienten (Referenzbereich: > 27), eine Hypochlorämie, Azotämie (prärenal), Hyperphosphatämie, Hyperkalzämie, Hypoglykämie, eine metabolische Azidose, ein erniedrigtes spezifisches Harngewicht (< 1,030), ein »negatives Stressleukogramm« bei einem gestressten Tier (Lymphozytose, Eosinophilie) und eine nichtregenerative Anämie (oft maskiert durch Dehydratation).

Diagnostisches Vorgehen bei Verdacht auf Hypoadrenokortizismus:

- basale Kortisolmessung
- **ACTH-Stimulationstest** = Goldstandard (± Messung von Aldosteron)
- Messung von endogenem ACTH
- Bestimmung des Aldosteronkonzentration/Reninaktivität-Quotienten

Kortisol

Kortisol im Blut

Indikationen

- Verdacht auf Hyperkortisolismus (in Verbindung mit dem ACTH-Stimulationstest oder dem Low-Dose-Dexamethason-Suppressionstest [LDDST])
- Verdacht auf Hypoadrenokortizismus (basal und in Verbindung mit dem ACTH-Stimulationstest)
- Unterscheidung eines adrenergen von einem hypophysären Hyperkortisolismus (in Verbindung mit dem High-Dose-Dexamethason-Suppressionstest [HDDST])

Material

Serum, Heparin- oder EDTA-Plasma

Kortisol wird innerhalb von 72 Stunden bei ≥ 20 °C abgebaut, weshalb Proben per Express oder gekühlt verschickt werden sollten.

Häufiges Einfrieren und Auftauen sollte vermieden werden.

Prinzip

RIA, ELISA, CLIA

Technik

Durchführung nach Anleitung des Herstellers

Referenzbereiche

Die Referenzbereiche für Kortisol sind in **Tabelle 24.22** angegeben.

▶ Umrechnungsfaktoren

- SI-Einheit: × 27,59 (nmol/l)
- konventionelle Einheit: × 0,03625 (µg/dl)

24

Tab. 24.22 Referenzbereiche* für basales Kortisol bei Hund und Katze

Spezies	Kortisol (nmol/l)
Hund	14–166
Katze	14–138

* Referenzwerte sind labor- und methodenabhängig und sollen hier nur als Anhaltspunkte dienen.

Bewertung

Eine basale Kortisolkonzentration (**Tab. 24.23**) allein kann bestimmt werden, um einen **Hypoadrenokortizismus** auszuschließen (Lennon et al. 2007). Ist die basale Kortisolkonzentration erniedrigt, so muss zur Bestätigung eines Hypoadrenokortizismus zusätzlich ein ACTH-Stimulationstest durchgeführt werden, da auch gesunde Hunde eine erniedrigte basale Kortisolkonzentration aufweisen können, jedoch eine normale Antwort der Nebennierenrinde auf die Verabreichung von ACTH zeigen. Für eine schnelle Diagnosestellung bei einem kritisch kranken Patienten sollte daher ein ACTH-Stimulationstest anstatt einer alleinigen Bestimmung von basalem Kortisol erfolgen.

24

Zum Ausschluss eines **Hyperkortisolismus** ist die Bestimmung der basalen Kortisolkonzentration nicht aussagekräftig, da auch Werte im Referenzbereich vorkommen.

Tab. 24.23 Statistische Aussagekraft der basalen Kortisolkonzentration zur Diagnosestellung eines Hypoadrenokortizismus (nach Lennon et al. 2007)

Basale Kortisol-konzentration	Sensitivität	Spezifität
≤1 µg/dl	100 %	98,2 %
≤2 µg/dl	100 %	78,2 %

Kortisol im Speichel

Kortisol liegt ungebunden im Speichel vor. Die Kortisolkonzentration im Speichel beträgt ca. 12 % der Konzentration im Plasma. Ein Ausgleich der Kortisolkonzentration zwischen Plasma und Speichel erfolgt innerhalb von 5 Minuten, wobei eine hohe Korrelation zwischen der Kortisolkonzentration im Speichel und Plasma besteht.
Eine Bestimmung von Kortisol im Speichel wurde bisher vor allem zur Evaluierung von Stress bei Hunden durchgeführt. Wie die basale Kortisolkonzentration im Plasma, so kann die Kortisolkonzentration im Speichel bei Hunden mit einem Hyperkortisolismus im Referenzbereich liegen.
Schwierigkeiten bestehen vor allem in der Gewinnung der erforderlichen Speichelproben bei wehrhaften Tieren. Zum jetzigen Zeitpunkt wird die Kortisolbestimmung im Speichel nicht routinemäßig durchgeführt.

Kortisol im Kot

Kortisol wird bei der Katze zu ca. 80 %, beim Hund zu ca. 20 % mit dem Kot ausgeschieden. Auch Kortisolmessungen im Kot (mittels RIA und EIA) wurden zur Evaluierung von Stress bei Hund und Katze durchgeführt. Es zeigte sich, dass die Kortisolkonzentration im Kot nach Verabreichung von ACTH deutlich anstieg, nach Verabreichung von Dexamethason deutlich abfiel (Schatz und Palme 2001).
Zum jetzigen Zeitpunkt wird die Bestimmung von Kortisol im Kot nicht routinemäßig durchgeführt.

ACTH-Stimulationstest

Der ACTH-Stimulationstest misst die Antwort der Nebennieren auf eine maximale ACTH-Gabe.

Indikationen

- Verdacht auf Hypoadrenokortizismus (Goldstandard)
- Verdacht auf Hyperkortisolismus
- Verdacht auf »atypischen« Hyperkortisolismus (Messung von 17-OH-Progesteron [siehe dort])
- Therapiekontrolle des Hyperkortisolismus unter Trilostan oder Mitotan

Technik

Hund

- Entnahme von Blut und Bestimmung von Kortisol (Basalwert)
- Injektion von ACTH (z. B. Synacthen®) 250 µg bei Tier > 15 kg resp. 125 µg bei Tier < 15 kg oder 5 µg/kg i. v. oder i. m.
- 1 Stunde nach Verabreichung von ACTH erneute Blutentnahme und Bestimmung von Kortisol (Stimulationswert)

Katze

- Entnahme von Blut und Bestimmung von Kortisol (Basalwert)
- Injektion von ACTH (z. B. Synacthen®) 125 µg (Gesamtdosis) oder 5 µg/kg i. v. oder i. m.
- (30), 60 (und 90) Minuten nach Verabreichung von ACTH erneute Blutentnahme und Bestimmung von Kortisol (Stimulationswert)

Studien haben gezeigt, dass eine maximale Stimulation der Nebennieren beim Hund bereits bei einer Dosis von 5 µg/kg ACTH erreicht wird (Kerl et al. 1999). Auch zur Diagnose eines Hypoadrenokortizismus ist diese Dosis geeignet (Lathan et al. 2008). Synthetisches ACTH kann in Plastikspritzen bis zu 6 Monaten bei –20 °C aufbewahrt werden.

Bewertung

Hund

Zur Bewertung des ACTH-Stimulationstestes siehe **Tabelle 24.24**
Die Interpretation der Testergebnisse kann nicht nach einem starren Schema erfolgen, sondern sollte immer auch abhängig sein vom klinischen Erscheinungsbild des Pati-

Tab. 24.24 Bewertung der Ergebnisse des ACTH-Stimulationstestes beim Hund

Kortisol-Basalwert	Kortisol post-ACTH	Interpretation	Weiteres Vorgehen
< 2 µg/dl < 55,2 nmol/l	< 2 µg/dl < 55,2 nmol/l	• Hypoadrenokortizismus • iatrogener Hyperkortisolismus	Therapie des Hypoadrenokortizismus oder Absetzen der Medikamente
< 2 µg/dl < 55,2 nmol/l	2–6 µg/dl 55,2–165,5 nmol/l	»Graubereich« für Hypoadrenokortizismus	Testwiederholung in 4–8 Wochen
0,5–6 µg/dl	6–17 µg/dl 165,5–470 nmol/l	Normalwert, Hypoadrenokortizismus ausgeschlossen	bei begründetem Verdacht auf Hyperkortisolismus: LDDST
0,5–6 µg/dl	17–22 µg/dl 470–607 nmol/l	»Graubereich«	LDDST
0,5–6 µg/dl	≥ 22 µg/dl > 607 nmol/l	wahrscheinlich Hyperkortisolismus	Therapie oder LDDST

enten. So reicht bei einem Hund mit einem starken Verdacht auf einen Hyperkortisolismus ein positiver ACTH-Stimulationstest zur Diagnosestellung durchaus aus. Ein negativer ACTH-Stimulationstest sollte bei einem solchen Hund jedoch nicht zu einem Ausschluss eines Hyperkortisolismus führen. Insbesondere Hunde mit adrenergem Hyperkortisolismus haben nur in ca. 50 % ein positives Testresultat. Beim Vorliegen typischer Symptome eines Hyperkortisolismus, aber den Resultaten eines Hypoadrenokortizismus sind sehr wahrscheinlich exogen Glukokortikoide verabreicht worden. Bei einem Hund mit begründetem Verdacht auf einen Hypoadrenokortizismus und einem niedrigen basalen Kortisolwert sollte die Diagnose Hypoadrenokortizismus auch bei einem Stimulationswert von 2–3 µg/dl nicht ausgeschlossen werden.

Katze

Bei der Katze gelten – laborabhängig – andere Referenzwerte als beim Hund. Ein Hypoadrenokortizismus kommt bei der Katze nur sehr selten vor.

Tabelle 24.25 gibt eine Übersicht über die statistische Aussagekraft des ACTH-Stimulationstests zur Diagnosestellung eines Hyperkortisolismus bei Hund und Katze.

Tab. 24.25 Statistische Aussagekraft des ACTH-Stimulationstestes zur Diagnosestellung eines Hyperkortisolismus bei Hund und Katze (Behrend und Kemppainen 2001, Duesberg und Peterson 1997)

Spezies	Sensitivität	Spezifität
Hund (hypophysär)	80–95 %	82–91 %
Katze (hypophysär oder adrenerg)	51–81 %	–

ACTH-Stimulationstest zur Therapiekontrolle

Hyperkortisolismus

Während einer Therapie mit Trilostan sollte ein ACTH-Stimulationstest 1–2, 3–4, 6–8 und 12 Wochen nach Therapiebeginn, danach alle 3–6 Monate durchgeführt werden. Der ACTH-Stimulationstest muss 2–3 Stunden nach Medikamentengabe erfolgen, um aussagekräftige Resultate zu erhalten (Griebsch et al. 2013).

Die Anpassung der Therapie mit Trilostan erfolgt abhängig von den Post-ACTH-Kortisolwerten und dem klinischen Zustand des Hundes (**Abb. 24.1**).

Während einer Therapie mit Mitotan sollte ein ACTH-Stimulationstest maximal 10 Tage nach Beginn der Induktionstherapie, bei normalisierten klinischen Parametern wie PU/PD oder Polyphagie sowie nach Beginn der Erhaltungstherapie alle 3–6 Monate durchgeführt werden.

Zielstimulationswert bei beiden Therapien: $> 1{,}5 \le 5{,}6$ µg/dl ($> 40 \le 150$ nmol/l) (kann zwischen verschiedenen Laboren variieren)

Hypoadrenokortizismus

Ein ACTH-Stimulationstest muss nach erfolgter Diagnose nicht wiederholt werden. Eine Aldosteronmessung kann evtl. indiziert sein (siehe dort).

Urin-Kortikoid-Kreatinin-Quotient (UKKQ; engl. Urinary Corticoid Creatinine Ratio, UCCR)

Indikationen

zum Ausschluss eines Hyperkortisolismus

Material

Urin

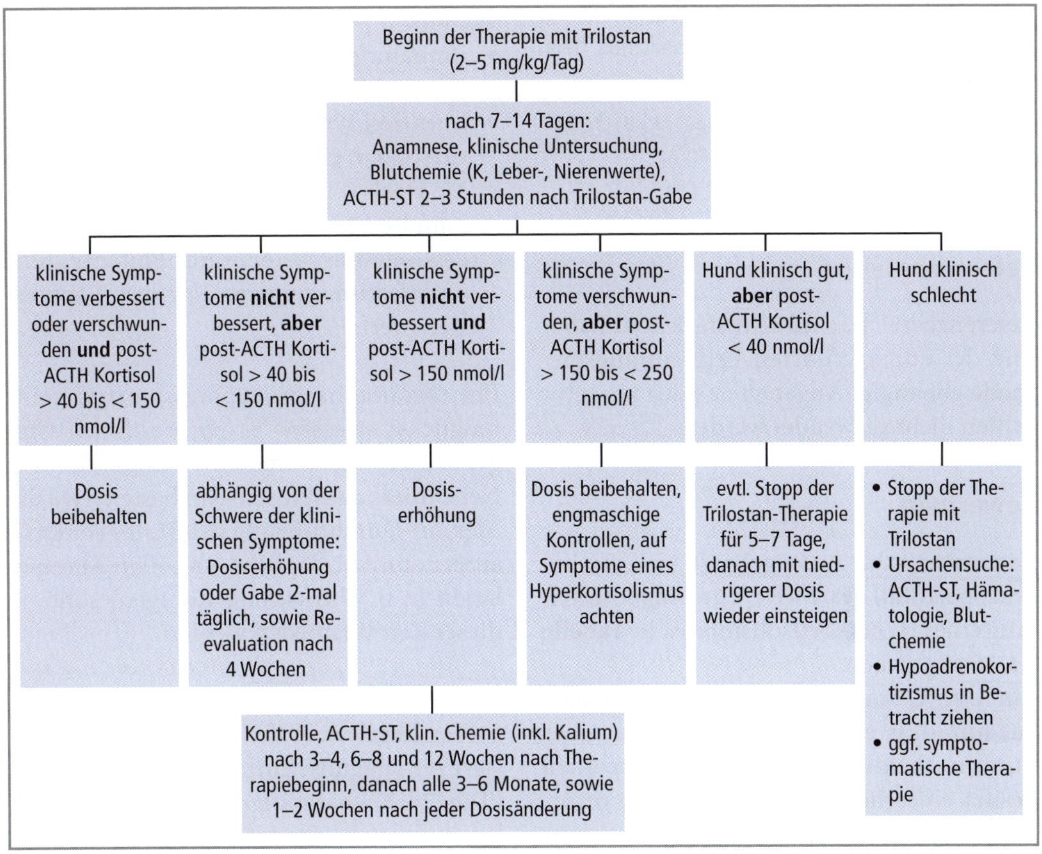

Abb. 24.1 Empfehlungen des Vetoryl® Consensus Meetings zur Kontrolle und Dosisanpassung unter der Therapie mit Trilostan; ECVIM-Kongress Amsterdam 2006

Prinzip

RIA

Technik

Bisher wurde empfohlen, möglichst Morgenurin in einer stressfreien Umgebung (am besten zuhause **vor** oder einige Tage **nach** einem Tierarztbesuch) aufzufangen. Eine neuere Studie konnte jedoch zeigen, dass es keinen signifikanten Unterschied des UKKQ zwischen Morgen- und Abendurin bei gesunden Hunden gab (Zeugswetter et al. 2010). Die Untersuchung von Urin erlaubt das Messen der Kortikoidkonzentration über einige Stunden und ist somit unabhängiger von einer Fluktuation der Kortisolkonzentration. Die Kortikoidkonzentration im Harn wird als Quotient zur Kreatininkonzentration im Harn berechnet, ist also unabhängig vom spezifischen Harngewicht.

$$\text{UKKQ} = \frac{\text{Kortikoid}_{\text{Urin}}(\text{nmol}/\text{l})}{(\text{Kreatinin}_{\text{Urin}}[\mu\text{mol}/\text{l}] \times 1000)}$$

oder

$$\text{UKKQ} = \frac{\text{Kortikoid}_{\text{Urin}}(\mu\text{mol}/\text{l})}{\text{Kreatinin}_{\text{Urin}}(\mu\text{mol}/\text{l})}$$

Tab. 24.26 Statistische Aussagekraft des UKKQ zur Diagnosestellung eines Hyperkortisolismus beim Hund

Spezies	Sensitivität	Spezifität
Hund	75–100 %	24–77 %

Referenzbereiche

Referenzbereiche sind sehr stark vom Labor und der durchgeführten Bestimmungsmethode abhängig. Angaben aus der Literatur sollten nicht verwendet werden.

Bewertung

Die statistische Aussagekraft (Sensitivität und Spezifität) des UKKQ zur Diagnosestellung eines Hyperkortisolismus ist in **Tabelle 24.26** angegeben.
Ein UKKQ im Referenzbereich weist darauf hin, dass ein Hyperkortisolismus eher unwahrscheinlich ist. Im Gegensatz dazu besitzt ein erhöhter UKKQ eine zu geringe Spezifität, um einen Hyperkortisolismus klar zu diagnostizieren, weshalb im positiven Fall weitere Tests (ACTH-Stimulationstest, LDDST) nötig sind. Bei einem mittels CLIA gemessenen Wert über dem Referenzwert $> 161 \times 10^6$ kann jedoch eine Spezifität von > 99 % erreicht werden (Zeugswetter et al 2010).

Dexamethason-Suppressionstests

Niedrigdosierter Dexamethason-Suppressionstest (Low-Dose Dexamethasone Suppression Test [LDDST])

Indikationen

Verdacht auf Hyperkortisolismus

Technik

- Entnahme von Blut und Bestimmung von Kortisol (Basalwert)
- Injektion von 0,01–0,02 mg/kg Dexamethason i. v. (Hund), bei der Katze beträgt die Dosis 0,1–0,15 mg/kg
- 4 und 8 Stunden nach der Injektion von Dexamethason erneute Blutentnahme und Bestimmung von Kortisol (Suppressionswerte)

Ein Dexamethason-Suppressionstest sollte möglichst stressfrei in einer ruhigen Umgebung erfolgen, um keine Stimulation der Nebenniere auszulösen. Am besten wird das Tier zur Durchführung des Testes stationär aufgenommen. Jegliche unnötige Manipulation (z. B. Ultraschall, Röntgen) sollte in dieser Zeit vermieden werden.

Bewertung

In der Regel wird der 8-Stunden-Kortisolwert zur Diagnose eines Hyperkortisolismus (**Tab. 24.27**) herangezogen, in seltenen Fällen muss auch der 4-Stunden-Kortisolwert mit interpretiert werden (Müller et al. 2006). Zur Unterscheidung zwischen adrenergem und hypophysärem Hyperkortisolismus kann der 4-Stunden-Kortisolwert herangezogen werden. Die niedrige Dexamethasondosis hemmt bei ca. 50 % der Hunde mit

Tab. 24.27 Bewertung des 8-Stunden-Kortisolwertes

8-Stunden-Kortisolwert	Bewertung
< 1 µg/dl < 28 nmol/l	kein Hyperkortisolismus
1–1,4 µg/dl 28–40 nmol/l	»Graubereich«
≥ 1,4 µg/dl ≥ 40 nmol/l	Hyperkortisolismus

hypophysärem Hyperkortisolismus über den negativen Feedback die ACTH-Sekretion, sodass es erst (4-Stunden-Wert) zu einem Absinken der Kortisolkonzentration kommt, diese aber nach 8 Stunden wieder erhöht ist. Bei den meisten Hunden mit einem adrenergen Hyperkortisolismus und ca. 25 % der Hunde mit einem hypophysären Hyperkortisolismus bleibt diese 4-Stunden-Suppression aus (**Abb. 24.2**). Ein »inverses Resultat« mit leichter Suppression nach 4 Stunden und starker Suppression nach 8 Stunden ist ebenfalls beschrieben (Müller et al. 2006).

Die statistische Aussagekraft (Sensitivität und Spezifität) des LDDST zur Diagnosestellung eines Hyperkortisolismus ist in **Tabelle 24.28** angegeben.

Das bedeutet, dass ein negativer LDDST einen Hyperkortisolismus ziemlich sicher ausschließt. Ein positiver LDDST sollte jedoch immer im Zusammenhang mit den klinischen Symptomen und weiteren Testergebnissen interpretiert werden.

Tab. 24.28 Statistische Aussagekraft des LDDST zur Diagnosestellung eines Hyperkortisolismus bei Hund und Katze (Gunn-Moore 2007)

Spezies	Sensitivität	Spezifität
Hund	85–99 %	44–73 %
Katze	80–95 %	85–90 %

Oraler LDDST

Vorteil dieses Testes ist es, dass er zuhause in einer stressfreien Umgebung durchgeführt werden kann. Nachteil ist die Unsicherheit über die korrekte Testdurchführung durch den Besitzer.

Indikationen

Verdacht auf Hyperkortisolismus

Technik

Hund

- Urin an zwei aufeinanderfolgenden Tagen um 8:00 Uhr morgens durch den Besitzer

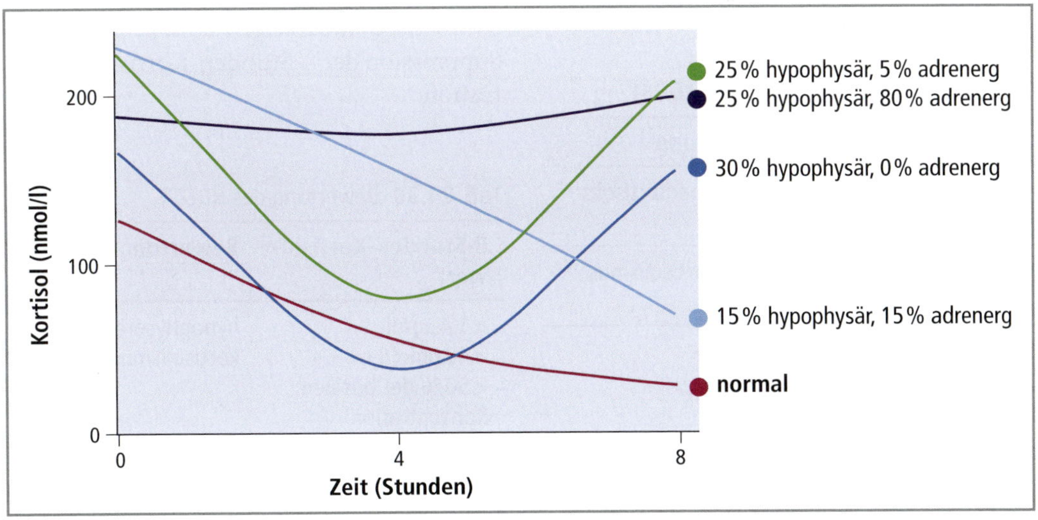

Abb. 24.2 Low-Dose-Dexamethason-Suppressionstest bei Hunden mit hypophysärem und adrenalem Hyperkortisolismus

24

auffangen zur Bestimmung des basalen UKKQ
- nach Auffangen der 2. Harnprobe Verabreichung von 0,01 mg/kg Dexamethason p. o. (muss für den Hund oft durch einen Apotheker abgefüllt werden)
- den Hund gegen 12:00 Uhr und 14:00 Uhr ausführen zum Entleeren der Blase
- Urin um 16:00 Uhr (8 Stunden nach Gabe von Dexamethason) auffangen zur Bestimmung des supprimierten UKKQ

Katze
- Urin an zwei aufeinanderfolgenden Tagen um 8:00 Uhr morgens durch den Besitzer auffangen lassen zur Bestimmung des basalen UKKQ
- nach Auffangen der 2. Harnprobe Verabreichung von 0,1 mg/kg Dexamethason p. o. (durch Apotheker in Kapsel abfüllen lassen) alle 8 Stunden für 2–3 Tage
- Urin zur Bestimmung des supprimierten UKKQ 8 Stunden nach der letzten Gabe von Dexamethason auffangen lassen

Bewertung
siehe **Tabelle 24.29**

Tab. 24.29 Bewertung des oralen LDDST

8-Stunden-UKKQ	Bewertung
≥ 50 % Suppression des basalen UKKQ	kein Hyperkortisolismus
< 50 % Suppression des basalen UKKQ	Hyperkortisolismus

Hochdosierter Dexamethason-Suppressionstest (High-Dose Dexamethasone Suppression Test [HDDST])

Indikationen
Differenzierung zwischen hypophysärem und adrenergem Hyperkortisolismus

Technik
- Entnahme von Blut und Bestimmung von Kortisol (Basalwert)
- Injektion von 0,1 mg/kg Dexamethason i. v. (Hund), bei der Katze beträgt die Dosis 1 mg/kg
- 8 Stunden nach der Injektion von Dexamethason erneute Blutentnahme und Bestimmung von Kortisol (Suppressionswert)

Wie der LDDST sollte auch der HDDST möglichst stressfrei in einer ruhigen Umgebung erfolgen.

Bewertung
Der 8-Stunden-Kortisolwert wird wie in **Tabelle 24.30** angegeben bewertet.
Zirka 50 % der Tiere mit hypophysärem Hyperkortisolismus zeigen eine ungenügende Suppression der 8-Stunden-Kortisolkonzentration.

Tab. 24.30 Bewertung des HDDST

8-Stunden-Kortisolwert	Bewertung
< 1,4 µg/dl < 40 nmol/l < 50 % der basalen Konzentration	hypophysärer Hyperkortisolismus
ungenügende Suppression	keine Differenzierung möglich

Oraler HDDST

Vorteil ist, dass der Test zuhause in einer stressfreien Umgebung durchgeführt werden kann. Nachteil ist die Unsicherheit über die korrekte Testdurchführung durch den Besitzer.

Indikationen

Differenzierung zwischen hypophysärem und adrenergem Hyperkortisolismus

Technik

Hund

- Urin an zwei aufeinanderfolgenden Tagen um 8:00 Uhr morgens durch den Besitzer auffangen lassen zur Bestimmung des basalen UKKQ, gebildet aus dem Mittelwert der beiden Proben
- nach Auffangen der 2. Harnprobe Verabreichung von drei Dosen 0,1 mg/kg Dexamethason p. o. (muss von Apotheker in Kapseln abgefüllt werden) alle 8 Stunden
- den Hund mehrmals ausführen zum Entleeren der Blase, das letzte Mal um 14:00 Uhr (6 Stunden nach der letzten Gabe von Dexamethason)
- Urin um 16:00 Uhr (8 Stunden nach der letzten Gabe von Dexamethason) auffangen lassen zur Bestimmung des supprimierten UKKQ

Bewertung

Der 8-Stunden-UKKQ wird wie in **Tabelle 24.31** angegeben bewertet.

Tab. 24.31 Bewertung des oralen HDDST

8-Stunden-UKKQ	Bewertung
≥ 50 % Suppression des basalen UKKQ	hypophysärer Hyperkortisolismus
< 50 % Suppression des basalen UKKQ	keine Differenzierung möglich

Endogenes ACTH

Indikationen

- Differenzierung zwischen hypophysärem und adrenergem Hyperkortisolismus
- Differenzierung zwischen primärem und sekundärem Hypoadrenokortizismus

Material

Heparin- oder EDTA-Plasma

ACTH ist ein labiles Protein und bindet an Glasoberflächen. Proben für die ACTH-Bestimmung sollten in plastik- oder silikonbeschichtete Probengefäße mit Heparin oder EDTA als Antikoagulans abgenommen werden. Die Proben sollten sofort gekühlt zentrifugiert werden, und das gewonnene Plasma muss separiert und bis zur Bestimmung eingefroren werden (Verschicken in gefrorenem Zustand). Wurde alternativ ein Proteaseinhibitor (z. B. Aprotinin) zugegeben, kann die Versendung auch gekühlt auf Eispacks erfolgen, ein Einfrieren ist nicht nötig. Eine Studie konnte jedoch zeigen, dass nach Zugabe von Aprotinin die mittels eines CLIA gemessene ACTH-Konzentration niedriger war als die Konzentration in den Proben ohne Zusatz von Aprotinin (Scott-Moncrieff et al. 2003). Soll endogenes ACTH bestimmt werde, so ist es sinnvoll, sich bezüglich der optimalen Bearbeitung und Verschickung der Probe mit dem entsprechenden Labor in Verbindung zu setzen.

Prinzip

RIA, Immunoradiometrischer Assay (IRMA), CLIA

Technik

- Durchführung nach Anleitung des Herstellers
- Probenhandling siehe oben

Referenzbereiche

siehe **Tabelle 24.32**

Umrechnungsfaktoren

- SI-Einheit: × 0,2202 (pmol/l)
- konventionelle Einheit: × 4,5410 (pg/ml)

Bewertung

Hund

Zur Bewertung der endogenen ACTH-Konzentrationen beim Hund siehe **Tabelle 24.33**. Die statistische Aussagekraft (Sensitivität und Spezifität) des Testes ist in **Tabelle 24.34** dargestellt.

24

Katze

Bezüglich der Katze gibt es nur wenige Berichte in der Literatur. Alle Katzen mit einem adrenergen Hyperkortisolismus hatten eine niedrige ACTH-Konzentration und ca. 95 % der Katzen mit einem hypophysären Hyperkortisolismus eine hohe ACTH-Konzentration (Feldman und Nelson 2004).

Tab. 24.32 Referenzbereiche* für endogenes ACTH bei Hund und Katze

Spezies	Endogenes ACTH	
	pg/ml	pmol/l
Hund	10–70	2,2–15,4
Katze	10–60	2,2–13,2

* Referenzwerte sind labor- und methodenabhängig und sollen hier nur als Anhaltspunkte dienen.

Tab. 24.33 Bewertung von endogenem ACTH zur Differenzierung zwischen einem adrenergen und hypophysären Hyperkortisolismus beim Hund

Endogenes ACTH	Bewertung
> 20 pg/ml > 9,9 pmol/l	hypophysärer Hyperkortisolismus
5–20 pg/ml 1,1–9,9 pmol/l	»Graubereich«
< 5 pg/ml < 1,1 pmol/l	• adrenerger Hyperkortisolismus • iatrogener Hyperkortisolismus

Tab. 24.34 Statistische Aussagekraft der Bestimmung von endogenem ACTH (nach Gould et al. 2001, Rodríguez Piñeiro et al. 2009), bei einem Cut-off-Wert von 5 pg/ml

Spezies	Sensitivität	Spezifität
Hund	100 %	95–100 %

Differenzierung zwischen einem primären und sekundären Hypoadrenokortizismus

Diese Untersuchung ist sinnvoll bei **Hunden** mit einem mittels ACTH-Stimulationstest bestätigten Hypoadrenokortizismus und normalen Elektrolytkonzentrationen (**Tab. 24.35**). Hunde mit einem primären Hypoadrenokortizismus (aufgrund einer Zerstörung der Nebennierenrinde) könnten im Verlauf der Erkrankung auch einen Mineralkortikoidmangel entwickeln und sollten daher eine engmaschigere Elektrolytkontrolle erhalten. Da die Regulation der Mineralkortikoidproduktion vor allem durch die Kaliumkonzentration und das Renin-Angiotensin-System erfolgt und von der ACTH-Konzentration nur wenig abhängt, entwickeln Hunde mit einem sekundären Hypoadrenokortizismus (mangelnde ACTH-Ausschüttung aus der Hypophyse) in der Regel keinen Mineralkortikoidmangel. Bei der **Katze** ist ein spontaner sekundärer Hypoadrenokortizismus bisher nicht beschrieben.

Aldosteron

Indikationen

- Verdacht auf Hyperaldosteronismus
- zur Differenzierung zwischen einem primären und sekundären Hypoadrenokortizismus

Ein primärer **Hyperaldosteronismus** wird ausgelöst durch ein Adenom oder Adenokarzinom der Nebennierenrinde. Bei der Katze ist auch der idiopathische primäre Hyperaldosteronismus aufgrund einer bilateralen adrenokortikalen Hyperplasie beschrieben. Ein Hyperaldosteronismus führt zur Natriumretention und vermehrten Kaliumausscheidung. Aufgrund der verminderten Natriumausscheidung kommt es zu einer Erhöhung der extrazellulären Flüssigkeitsmenge mit nachfolgender Hypertonie. Die Hypokaliämie kann zu einer Polymyopathie führen. Ein Hyperaldosteronismus kommt bei der Katze deutlich häufiger vor als beim Hund. Typische *klinische Symptome* bei der Katze sind Schwäche, insbesondere eine Ventroflexion des Nackens (»Schwanenhals«), bedingt durch eine Hypokaliämie, und Netzhautablösung aufgrund von Hypertonie. Hunde zeigen vor allem Polyurie und Polydipsie.

Tab. 24.35 Differenzierung von primärem und sekundärem Hypoadrenokortizismus beim Hund (nach Peterson et al. 1996)

Form des Hypoadrenokortizismus	ACTH-Konzentration* (pmol/l)
primär (n = 35)	44–1254
sekundär (n = 5)	1–2

* Referenzwerte sind labor- und methodenabhängig und sollen hier nur als Anhaltspunkte dienen.

Material

Serum, Heparin- oder EDTA-Plasma

Prinzip

RIA

Technik

Zur Abklärung eines Hyperaldosteronimus reicht die einmalige Bestimmung von Aldosteron bei Vorliegen einer ausgeprägten Hypokaliämie. Für die Differenzierung eines primären von einem sekundären Hypoadrenokortizismus wird Blut im Rahmen eines ACTH-Stimulationstestes entnommen, wie oben beschrieben.
Durchführung nach Angaben des Herstellers.

Referenzbereiche

siehe **Tabelle 24.36**

Bewertung

Tiere mit einem **Hyperaldosteronismus** aufgrund eines adrenokortikalen Tumors weisen in der Regel eine stark erhöhte Aldosteronkonzentration auf. Bei Katzen mit idiopathischem Hyperaldosteronismus ist die Aldos-

Tab. 24.36 Referenzbereiche* für Aldosteron bei Hund (nach Javadi et al. 2006) und Katze (nach Javadi et al. 2004)

Spezies	Aldosteronkonzentration	
	pmol/l	pg/ml
Hund	25–280	9–101
Katze	110–540	40–195

* Referenzwerte sind labor- und methodenabhängig und sollen hier nur als Anhaltspunkte dienen.

teronkonzentration nur geringgradig erhöht oder im oberen Referenzbereich. Die Aldosteronkonzentration sollte immer im Zusammenhang mit der Kaliumkonzentration zum Zeitpunkt der Messung beurteilt werden. Eine Aldosteronkonzentration im oberen Referenzbereich bei einem Tier mit Hypokaliämie ist bereits als zu hoch zu bewerten.
Bei den meisten Hunden mit primärem **Hypoadrenokortizismus** ist die Aldosteronkonzentration prä- und post-ACTH erniedrigt. Theoretisch sollte die basale Aldosteronkonzentration bei Hunden mit einem sekundären Hypoadrenokortizismus normal sein und nach Gabe von ACTH weiter ansteigen. Bisher gibt es keine klare Grenze bezüglich der Aldosteronkonzentration zwischen diesen beiden Gruppen, weshalb weitere Studien nötig sind.

Reninaktivität

Die Reninaktivität wird immer im Zusammenhang mit der Aldosteronkonzentration gemessen und zu ihr ins Verhältnis gesetzt.

Indikationen

- Verdacht auf Hypoadrenokortizismus (Hypoaldosteronismus)
- Verdacht auf Hyperaldosteronismus

Material

EDTA-Plasma
Das Plasma sollte in gefrorene EDTA-Röhrchen abgenommen und sofort in einer Kühlzentrifuge abzentrifugiert werden. Das so gewonnene Plasma muss bis zur Analyse in Plastikröhrchen eingefroren werden und gefroren ins Labor transportiert werden (siehe auch endogenes ACTH).

Prinzip

RIA

Technik

Durchführung nach Angaben des Herstellers

Referenzbereiche

Die Referenzbereiche für die Reninaktivität und deren Verhältnis zur Aldosteronkonzentration sind in **Tabelle 24.37** angegeben.

Bewertung

siehe **Tabelle 24.38**
Bei 22 Hunden mit Hypoadrenokortizismus konnte gezeigt werden, dass es eine Überlappung der basalen Hormonkonzentration zwischen gesunden Hunden und Hunden mit einem Hypoadrenokortizismus gab. Wurde jedoch der Aldosteronkonzentration/Reninaktivität-Quotient gebildet, so konnten beide Gruppen klar unterschieden werden (Javadi et al. 2006).

17-Hydroxyprogesteron (17-OH-Progesteron)

17-OH-Progesteron ist eines der Vorläuferhormone von Kortisol. Bei Hunden mit ei-

Tab. 24.37 Referenzbereiche* für die Reninaktivität und deren Verhältnis zur Aldosteronkonzentration bei Hund (nach Javadi et al. 2006) und Katze (nach Javadi et al. 2004)

Spezies	Aldosteronkonzentration	Reninaktivität	Aldosteronkonzentration/Reninaktivität-Quotient
Hund	25–280 pmol/l 9–101 pg/ml	65–547 fmol/l/s 0,3–2,6 ng/ml/h	0,1–1,5
Katze	110–540 pmol/l 40–195 pg/ml	60–630 fmol/l/s 0,3–3 ng/ml/h	0,3–3,8

* Referenzwerte sind labor- und methodenabhängig und sollen hier nur als Anhaltspunkte dienen.

Tab. 24.38 Beurteilung der Reninaktivität

	Aldosteronkonzentration	Reninaktivität	Aldosteronkonzentration/Reninaktivität-Quotient
Hypoaldosteronismus	↓	↑	↓
Hyperaldosteronismus	↑	↓	↑

nem »atypischen« Hyperkortisolismus wird angenommen, dass es durch eine Störung der Steroidhormonsynthese zu einer abnormalen Erhöhung von Vorläuferhormonen bei einer normalen Konzentration des Endprodukts Kortisol kommt. Die Ergebnisse von ACTH-Stimulationstest und LDDST sind bei diesen Hunden normal, zeigen jedoch eine Erhöhung der 17-OH-Progesteron-Konzentration nach Verabreichung von ACTH.

Indikationen

Verdacht auf Hyperkortisolismus bei normalem ACTH-Simulationstest und LDDST

Material

- Serum
- Heparinplasma
- EDTA-Plasma

Prinzip

RIA

Technik

- Durchführung eines ACTH-Stimulationstestes, wie oben beschrieben.
- Messung nach Anleitung des Herstellers

Referenzbereiche

siehe **Tabelle 24.39**
Zu beachten ist, dass die Referenzwerte für unkastrierte Hündinnen höher liegen. Weiterhin hat eine neuere Studie gezeigt, dass die 17-OH-Progesteron-Konzentration bei gesunden unkastrierten Hündinnen während Östrus, Diöstrus und Trächtigkeit erhöht ist – und zwar höher als die 17-OH-Progesteron-Konzentration bei kastrierten Hündinnen mit Hyperkortisolismus (Brömel et al. 2010). Inwiefern dies die Ergeb-

Tab. 24.39 Referenzbereiche* für 17-OH-Progesteron (nach Benitah et al. 2005)

	17-OH-Progesteron-Konzentration (ng/ml, [nmol/l]) nach Stimulation mit ACTH		
	Referenzintervall	**»Graubereich«**	**Abnormale Resultate**
unkastrierte Hündin (Anöstrus) (n = 10)	<7,7 [23,3]	7,7–8,0 [23,3–24,2]	>8,0 [24,2]
kastrierte Hündin (n = 15)	<2,0 [6,1]	2,0–2,4 [6,1–7,3]	>2,4 [7,3]
unkastrierte Rüden (n = 12)	<3,2 [9,7]	3,2–3,4 [9,7–10,3]	>3,4 [10,3]
kastrierte Rüden (n = 16)	<3,4 [10,3]	3,4–3,5 [10,3–10,6]	>3,5 [10,6]

* Referenzwerte sind labor- und methodenabhängig und sollen hier nur als Anhaltspunkte dienen.

nisse eines ACTH-Stimulationstests beeinflusst, wurde bisher noch nicht untersucht.

Bewertung

Ein deutlicher Anstieg der 17-OH-Progesteron-Konzentration nach Gabe von ACTH spricht für das Vorliegen eines »atypischen« Hyperkortisolismus. Jedoch muss beachtet werden, dass es auch hier zu falsch positiven und falsch negativen Ergebnissen kommen kann. Eine Studie konnte bei einem Cut-off-Wert der 17-OH-Progesteron-Konzentration von 8,5 nmol/l post-ACTH eine Sensitivität und Spezifität von je 71 % ermitteln, sodass die Bestimmung von 17-OH-Progesteron die Bestimmung von Kortisol beim »typischen« Hyperkortisolismus nicht ersetzt (Chapman et al. 2003). Bei sieben Hunden mit »atypischem« Hyperkortisolismus zeigten jedoch alle einen Anstieg von 17-OH-Progesteron >4,6 nmol/l post-ACTH (Ristic et al. 2002). In einer weiteren Studie waren fünf Hunde verdächtig für das Vorliegen eines »atypischen« Hyperkortisolismus, nur zwei zeigten jedoch eine abnormale 17-OH-Progesteron-Konzentration post-ACTH und nur bei einem der Hunde konnte die Diagnose »atypischer« Hyperkortisolismus bestätigt werden (Benitah et al. 2005). Weiterhin konnte gezeigt werden, dass die 17-OH-Progesteron-Konzentration post-ACTH bei Hunden mit nichtadrenaler Neoplasie und keinem Hinweis auf einen Hyperkortisolismus erhöht sein kann (Behrend et al. 2005). Dies verdeutlicht noch einmal, wie wichtig die Interpretation von Testergebnissen im Zusammenhang mit den typischen klinischen Symptomen ist.

Katecholamine

Die Bestimmung von Katecholaminen wird durchgeführt, wenn Verdacht auf **Phäochromozytom** besteht.

> Ein **Phäochromozytom** ist ein oft maligner Katecholamin-produzierender Tumor der chromaffinen Zellen des Nebennierenmarks.

Katecholamine werden aus der Aminosäure Tyrosin synthetisiert. Das Enzym Tyrosinhydroxylase ist das limitierende Enzym der Katecholaminsynthese und erfährt einen negativen Feedbackmechanismus durch Noradrenalin. Bei Vorliegen eines Phäochromozytoms fehlt dieser Feedbackmechanismus. Adrenalin ist das prädominierend gebildete Katecholamin (ca. 80 %). Die hepatischen Enzyme Catecholamin-O-Methyltransferase (COMT) und Monoaminoxidase (MAO) bauen Katecholamine zu Normethanephrin (NM), Metanephrin (M) und Vanillinmandelsäure (VMS) ab. Katecholamine und ihre Metaboliten werden mit dem Harn ausgeschieden und können dort gemessen werden.

$$\begin{array}{lcl} \text{Noradrenalin} & \xrightarrow{\text{COMT}} & \text{NM} \\ \quad\downarrow \text{MAO} & & \\ \text{Dihydroxymandelsäure} & \xrightarrow{\text{COMT}} & \text{VMS} \\ \quad\uparrow \text{MAO} & & \\ \text{Adrenalin} & \xrightarrow{\text{COMT}} & \text{M} \end{array}$$

Katabolismus der Katecholamine

Da Katecholamine nicht kontinuierlich, sondern episodisch ausgeschieden werden, sind auch die klinischen Anzeichen oft paroxysmal und häufig während der klinischen Untersuchung nicht vorhanden.
Klinische Symptome eines Phäochromozytoms sind Kollaps/Schwäche, Hecheln, Tachykardie/Arrhythmie, Unruhe, Anfälle sowie Anzeichen einer schweren systemischen Hypertonie wie plötzliches Erblinden (Retinaablösung) oder Epistaxis.

Katecholamin/Kreatinin-Quotient (speziell Normetanephrin/Kreatinin-Quotient)

Indikationen

Verdacht auf Phäochromozytom

Material

Urin

Prinzip

Hochdruckflüssigkeitschromatografie (HPLC)

Technik

Der Urin kann in der Praxis/Klinik aufgefangen werden. Dabei kann es sich auch um Spontanurin handeln.
Der Urin sollte mit HCl auf einen pH von ≤2 angesäuert werden. Ferner sollte er vor Licht geschützt aufbewahrt werden (Alufolie um Röhrchen). Nach der Entnahme muss der Urin gekühlt (4 °C) aufbewahrt und innerhalb von 2 Tagen untersucht oder bis zur Untersuchung bei –20 °C eingefroren werden.
Vor der Einsendung sollte das untersuchende Labor kontaktiert werden, um das Handling der Harnprobe zu besprechen. Durchführung nach Anleitung des Herstellers.

Referenzbereiche

Hund

siehe **Tabelle 24.40**

Bewertung

zur Bewertung der Katecholamine siehe **Tabelle 24.41**
Es zeigte sich, dass ein hoher Normethanephrin/Kreatinin-Quotient stark verdäch-

Tab. 24.40 Referenzbereich* für Normetanephrin/Kreatinin-Quotienten

Parameter	Referenzbereich
Normetanephrin/ Kreatinin-Quotient	Median 59 (Range: 14–91)

* Referenzwerte sind labor- und methodenabhängig und sollen hier nur als Anhaltspunkte dienen.

Tab. 24.41 Bewertung der Katecholamine beim Hund: Spanne und Median des im Urin gemessenen Adrenalin, Noradrenalin, Metanephrin und Normetanephrin zu Kreatinin-Quotienten bei gesunden Hunden, Hunden mit Hyperkortisolismus (HAC) und Hunden mit Phäochromozytom (PHEO) (nach Quante et al. 2010)

Individuum	Adrenalin/Kreatinin-Quotient	Noradrenalin/Kreatinin-Quotient	Metanephrin/Kreatinin-Quotient	Normetanephrin/Kreatinin-Quotient
gesunde Hunde (n=10)	1–8 (3,5)	4–19 (8)	46–255 (105,5)	14–91 (59,5)
Hunde mit HAC (n=14)	2–73 (11,5)	6–95 (15)	26–227 (73)	53–323 (117,5)
Hunde mit PHEO (n=7)	4–31 (8)	11–40 (28)	21–375 (102)	157–925 (414)

tig ist für das Vorliegen eines Phäochromozytoms.

Messung von freiem Metanephrin und Normetanephrin im Plasma

In einer neueren prospektiven Studie wurden bei Hunden mit Phäochromozytom (n = 8), Nebennierentumoren (n = 11), nichtadrenalen Erkrankungen (n = 15) und 11 gesunden Hunden freies Metanephrin und Normetanephrin aus EDTA-Plasma mittels Flüssigchromatografie/Tandem-Massenspektrometrie gemessen. Es konnte gezeigt werden, dass die freie Normetanephrinkonzentration bei Hunden mit Phäochromozytom signifikant höher war als bei den Hunden der anderen Gruppen, wohingegen die freie Metanephrinkonzentration nicht geeignet war, Hunde mit Phäochromozytom von Hunden mit nichtadrenalen Erkrankungen zu unterscheiden (Gostelow et al. 2013).

Tabelle 24.42 zeigt die statistische Aussagekraft der Bestimmung von freiem Normetanephrin zur Diagnosestellung eines Phäochromozytoms.

Zurzeit bietet kein Labor die Bestimmung von freiem Normetanephrin im Plasma beim Hund routinemäßig an.

24

Parameter ohne klinische Relevanz

Steroidhormonvorläufer

Die Messung anderer Steroidhormonvorläufer, außer 17-OH-Progesteron, wie **17α-Hydroxypregnenolon, 21-Deoxycortisol** und **11-Deoxycortisol** vor und nach Gabe von ACTH hat sich als nicht nützlich zur Diagnosestellung eines Hyperkortisolismus erwiesen, da zwischen gesunden Hunden, Hunden mit Hyperkortisolismus und Hunden mit anderen Erkrankungen zu große Überschneidungen der gemessenen Werte existieren (Sieber-Ruckstuhl et al. 2008).

Tab. 24.42 Statistische Aussagekraft der Bestimmung von freiem Normetanephrin beim Hund zur Diagnosestellung eines Phäochromozytoms bei einem Cut-off-Wert von 5,52 nmol/l (nach Gostelow et al. 2013)

Cut-off-Wert	Sensitivität	Spezifität
5,52 nmol/l	100 %	97,6 %

24.4 Endokrines Pankreas

In den Langerhans-Inseln des Pankreas werden die in **Tabelle 24.43** beschriebenen Hormone produziert.

Diabetes mellitus

Eine verminderte Insulinproduktion oder -wirkung führt zum Diabetes mellitus.
Eine verminderte Produktion oder Ausschüttung anderer Hormone des Pankreas sind beim Kleintier nicht beschrieben.

Formen des Diabetes mellitus:

- Typ 1: absoluter Insulinmangel
- Typ 2: relativer Insulinmangel (Insulinresistenz, d. h. eine verminderte Insulinwirkung in Leber, Muskel und Fettgewebe mit anschließender β-Zell-Dysfunktion)
- andere Form eines Diabetes mellitus: infolge einer Grunderkrankung, z. B. sekundär zu Störungen des exokrinen Pankreas (Pankreatitis), Endokrinopathien (z. B. Hyperkortisolismus, Akromegalie, Phäochromozytom), nach Gabe von Insulin-antagonistischen Medikamenten (z. B. Glukokortikoide, Progesteron) oder im Diöstrus

Tab. 24.43 Endokrine Funktion der Langerhans-Inseln

Zelltyp	Hormon	Freisetzung infolge von	Wirkung
α-Zelle	Glukagon	• Glukose ↓ • Aminosäuren ↑ • Fettsäuren ↓	• Insulinantagonist • Glykogenolyse ↑ • Glukoneogenese ↑ • Lipolyse ↑
β-Zelle	Insulin	• Glukose ↑ • Aminosäuren ↑ • Fettsäuren ↑ • Glukagon ↑	• Glukoseaufnahme in Zellen ↑ • Glykogensynthese ↑ • Glukoneogenese ↓ • Proteinsynthese ↑ • Proteinabbau ↓ • Lipidsynthese ↑ • Lipolyse ↓
δ-Zelle	Somatostatin	• intraluminale Aminosäuren ↑ • Fettsäuren ↑ • Glukose ↑	• Sekretion von Pankreas- und Magenenzymen- und -hormonen ↓ (u. a. Insulin ↓, Glukagon ↓) • Motilität des GIT ↓ • Resorption von Glukose + Aminosäuren ↓
PP-Zellen	pankreatisches Polypeptid	intraluminale Proteine ↑	Sekretion von Pankreasenzymen ↓

↑: erhöht, ↓: erniedrigt GIT = Gastrointestinaltrakt PP = pankreatisches Polypeptid

Katzen leiden häufig an Typ-2-ähnlichem Diabetes (ca. 80 %), d. h. dass noch eine β-Zell-Funktion vorhanden und der Diabetes bei frühzeitiger Behandlung potenziell reversibel ist. Ein sekundärer Diabetes liegt bei ca. 10–20 % der Katzen vor.
Dahingegen ist der Typ-1-ähnliche Diabetes mellitus beim Hund die weitaus häufigste Form, d. h. ein Diabetes mellitus ist in der Regel beim Hund nicht reversibel. Ausnahme ist der läufigkeitsabhängige Diabetes des Hundes oder das Vorliegen weiterer Insulin-antagonistischer Störungen (Hyperkortisolismus, Gabe von Glukokortikoiden), die behoben werden können. Es gilt jedoch: Je länger eine Hyperglykämie bestehen bleibt (Glukotoxizität), umso mehr β-Zellen verlieren ihre Funktion und umso unwahrscheinlich ist es, dass der Diabetes reversibel ist.
Die typischen *klinischen Symptome* eines Diabetes sind Polyurie/Polydipise (PU/PD), Polyphagie und Gewichtsverlust.
Die **Diagnosestellung** erfolgt anhand persistierender Hyperglykämie, Glukosurie und – falls unklar – einer Erhöhung der Serum-Fruktosaminkonzentration.

Insulinom

24

Ein **Insulinom** ist ein Insulin-produzierender, in den meisten Fällen maligner Tumor der β-Zellen des Pankreas, der zu einer Hypoglykämie führt.

Bei der Katze kommt ein Insulinom sehr selten vor. Typische *klinische Symptome* eines Insulinoms sind: Anfälle, Kollaps, Schwäche, Zittern, Ataxie, Leistungsintoleranz, Desorientiertheit, Polyphagie, PU/PD und Gewichtszunahme.
Die **Diagnosestellung** erfolgt anhand einer erhöhten Insulinkonzentration bei erniedrigtem Blutglukosespiegel.

Andere Hormon-produzierende Tumoren

Neben dem Insulinom sind auch andere Hormon-produzierende Tumoren des Pankreas beschrieben, die alle zusammengefasst als APUDome (APUD = Amine-Precursor-Uptake and Decarboxylation) bezeichnet werden – diese sind ein **Glukagonom**, ein **Somatostatinom** und ein **VIPom**.

Glukose

Glukose im Blut

Indikationen

- PU/PD, Polyphagie, Schwäche, Krämpfe, Zittern, Gewichtsverlust oder -zunahme
- Glukosurie
- Verdacht auf Leberfunktionsstörung, Hypoadrenokortizismus, Sepsis, Pankreastumor
- Kontrolle einer Insulinbehandlung (Glukosetagesprofil)

Die Bestimmung von Glukose ist in den meisten Routinechemieprofilen mit enthalten.

Material

- Vollblut (Heparin, Zitrat, EDTA): sofortige Untersuchung notwendig! Wenn nicht sofort untersucht werden kann, muss Natriumfluorid als Gerinnungshemmer eingesetzt werden, um den enzymatischen Abbau im Blut zu verhindern. Fertige Testgefäße befinden sich im Handel.
- Serum, Plasma (auch hier kommt es innerhalb von 24–48 Stunden zu einem Abbau der Glukose)

Prinzip

Bestimmung mittels Teststreifen (»Glukometer«)

Diese Methode ist schnell, einfach und sofort verfügbar und wird vor allem zur Erstellung eines Glukosetagesprofils verwendet. Neuere Geräte benötigen nur sehr wenig Blut und stellen sicher, nur dann zu messen, wenn genügend Blut in den Teststreifen aufgenommen wurde. Glukometer liefern häufig eine niedrigere Glukosekonzentration als die mittels Standardlabormethoden im Serum (Plasma) gemessene, da sie oft (gerade bei höheren Hämatokritwerten) hämatokritabhängig sind. Die Resultate sind aber praktisch immer vom klinischen Standpunkt aus genau genug.

Bestimmung mittels Standardlabormethoden

Die enzymatischen Methoden haben die älteren Reduktionsverfahren abgelöst. Es sind zahlreiche quantitative und halbquantitative, nass- und trockenchemische Tests in Gebrauch.
Verwendet werden heute in der Regel entweder die Glukoseoxidase-Peroxidase- oder die Hexokinasemethode.

▶ Glukoseoxidase-(GOD-)Peroxidase-(POD-) Methode

$$\text{Glukose} + O_2 + H_2O \xrightarrow{\text{GOD}} \text{Glukonat} + H_2O_2$$

$$H_2O_2 + \text{Wasserstoffdonator} \xrightarrow{\text{POD}} \text{Farbstoff} + H_2O$$

Die Farbintensität wird fotometrisch im Allgemeinen bei 436 nm gemessen.

▶ Hexokinase-(HK-)Methode

$$\text{Glukose} + \text{ATP} \xrightarrow{\text{HK}} \text{Glukose-6-phosphat} + \text{ADP}$$

$$\text{Glukose-6-phosphat} + \text{NADP} \xrightarrow{\text{G6P-DH}} \text{Glukonat-6-phosphat} + \text{NADPH} + H^+$$

Gemessen wird die Reduktion von NADP zu NADPH bei 340 (334, 365) nm.

Technik

Es stehen zahlreiche kommerziell erhältliche Testkombinationen der Trocken- und Nasschemie zur Verfügung. Durchführung nach Arbeitsanleitung des Herstellers.

Referenzbereiche

Vollblut

Referenzwerte für Glukose im Vollblut sind in **Tabelle 24.44** gelistet.

Serum oder Plasma

Referenzwerte für Glukose im Serum oder Plasma sind in **Tabelle 24.45** angegeben.

Umrechnungsfaktoren

- SI-Einheit: × 0,0555 (mmol/l)
- konventionelle Einheit: × 18,016 (mg/dl)

Bewertung

Die Ursachen für eine Hypo- bzw. Hyperglykämie sind in **Tabelle 24.46** gelistet.

Tab. 24.44 Referenzbereiche für die Glukosekonzentration im Vollblut (nach Kraft und Dürr 2005)

Spezies	Glukosekonzentration	
	mg/dl	mmol/l
Hund	55–120	3,1–6,7
Katze	55–125[1]	3,1–6,9[1]

1 bei Aufregung o. a. Stresszuständen erheblich höher (bis weit über 200 mg/dl oder 11 mmol/l)

24

Tab. 24.45 Referenzbereiche für die Glukosekonzentration im Serum oder Plasma (nach Kraft und Dürr 2005)

Spezies	Glukosekonzentration	
	mg/dl	mmol/l
Hund	70–120	3,9–6,7
Katze	55–150[1]	3,9–8,3[1]

1 bei Aufregung o. a. Stresszuständen erheblich höher (bis weit über 200 mg/dl oder 11 mmol/l)

Wird eine Hypoglykämie gemessen (vor allem mit dem Glukometer), so sollte dieser Wert immer noch einmal durch Standardlabormethoden überprüft werden, wenn das Tier keine entsprechenden klinischen Symptome aufweist.

Glukose im Harn

siehe hierzu Kapitel 25, Harnapparat (S. 420 ff.)

Ketonkörper

Unter physiologischen Bedingungen wird Glukose in der Leber über den Zitronensäurezyklus zu ATP, dem Hauptenergielieferanten des Körpers, abgebaut. Stehen dem Körper keine Kohlenhydrate als Energiequelle zur Verfügung (aufgrund von Insulinmangel, längerem Hungern/Fasten, einer kohlenhydratarmen Diät, länger andauerndem Fieber oder persistierender Hypoglykämie), gewinnt der Organismus Energie aus einem gesteigerten Fettmetabolismus. Freie Fettsäuren werden in großen Mengen

Tab. 24.46 Beurteilung der Glukosekonzentrationen

Hypoglykämie	Hyperglykämie
• Insulinom • Insulin-Überdosierung bei einer Diabetesbehandlung • paraneoplastisches Syndrom: – extrapankreatische Neoplasie (v. a. hepatozelluläres Karzinom, Leiomyosarkom, Leiomyom) • verminderte Glukoseproduktion: – Hypoadrenokortizismus – Leberfunktionsstörung (portosystemischer Shunt, schwere akute Lebererkrankung, Zirrhose) – Glykogenspeicherkrankheit – neonatale Hypoglykämie – Hypoglykämie bei Toy-Rassen • erhöhter Glukoseverbrauch: – Sepsis – »Jagdhund-Hypoglykämie« • Medikamenten-/Toxin-assoziiert: – Insulin – Xylitol (Süßstoff, u. a. in Kaugummis) • Artefakte: – Glukometer (siehe oben) – längeres Lagern – Polyzythämie, massive Leukozytose und Thrombozytose	• postprandial • Stress • Insulinmangel/Insulinresistenz: – Diabetes mellitus – Pankreatitis, Neoplasie des exokrinen Pankreas • Insulinresistenz: – Hyperkortisolismus (+ gesteigerte hepatische Glukoneogenese) – Phäochromozytom (+ gesteigerte hepatische Glukoneogenese) – Hyperthyreose (Katze) – Akromegalie (Katze) – Diöstrus (Hündin) • iatrogen: – glukosehaltige Infusionslösung – parenterale Ernährung – Verabreichung diabetogener Medikamente (Glukokortikoide, Progesteron [Hund] Megoestrolacetat [Katze])

24

aus dem Fettgewebe freigesetzt, in die Leber transportiert und dort zu Azetyl-CoA abgebaut. Da Azetyl-CoA in weitaus größeren Mengen anfällt, als durch den Zitronensäurezyklus oxidiert werden kann, wird ein Großteil weiter zu Azetoazetyl-CoA und schließlich zu Ketonkörpern **(Azetoazetat, β-Hydroxybutyrat, Azeton)** abgebaut. β-Hydroxybutyrat ist der Haupt-Ketonkörper bei Hund und Katze.

Indikationen

Diabetes mellitus, Verdacht auf diabetische Ketose/Ketoazidose

Material

- Urin
- Plasma, Serum

Prinzip

In der Regel erfolgt die Ketonkörperbestimmung im Harn über Natriumnitroprussid, welches mit Ketonkörpern eine violette Farbe ergibt. Es ist als Teststreifen im Handel erhältlich. Gleiche Teststreifen können auch für die Bestimmung im Plasma oder Serum herangezogen werden.
Zu beachten ist, dass Natriumnitroprussid **nicht** mit β-Hydroxybutyrat (dem wichtigsten Ketonkörper bei Hund und Katze) reagiert.
β-Hydroxybutyrat kann mittels enzymatischer Methoden und anschließender spektrofotometrischer Messung bestimmt werden:

$$\text{D-3-Hydroxybutyrat} + NAD^{+} \xrightarrow{\text{3-OH-Dehydrogenase}} \text{Azetoazetat} + H^{+} + NADH$$

Die Messung erfolgt bei 366, 340 oder 334 nm.
Kürzlich wurde eine einfachere und schneller verfügbare Methode in Form eines portablen Messgerätes zur Bestimmung von β-Hydroxybutyrat bei Katzen evaluiert und mit den Ergebnissen einer spektrofotometrischen Messung (Referenzmethode) verglichen. Es zeigte sich, dass das portable Gerät für den Messbereich <4 mmol/l für die quantitative Messung verwendet werden konnte, oberhalb dieses Bereiches jedoch Abweichungen von bis zu 5,5 mmol/l zur Referenzmethode auftraten (Weingart et al. 2010). Weitere Studien sind nötig, um die Anwendbarkeit dieses Gerätes zu untersuchen.

Technik

Durchführung nach Anleitung des Herstellers

Referenzbereiche

Physiologischerweise sollten keine Ketonkörper im Serum/Plasma oder Harn nachzuweisen sein.

Bewertung

- diabetische Ketose/Ketoazidose (Diagnose »Keto**azidose**« kann erst nach Bestimmen des Blut-pH-Wertes gestellt werden)
- längeres Hungern oder Fasten
- Glykogenspeicherkrankheit (selten)
- Diät: kohlenhydratarm und fettreich
- persistierende Hypoglykämie

Ketonkörper im Harn bei gleichzeitiger Glukosurie spricht für das Vorliegen eines Diabetes mellitus und sollte weiterführende Untersuchungen (Bestimmung der Blutglukosekonzentration, Blutgasanalyse, Bestimmung von Elektrolyten [Na^+, K^+, Phosphor]) nach sich ziehen, damit eine adäquate Therapie rasch begonnen werden kann.

Fruktosamin

Fruktosamine entstehen durch eine irreversible Bindung von Glukose an Serumproteine (Glykosylierung) und spiegeln die Höhe der durchschnittlichen Blutglukosekonzentration der letzten 2–3 Wochen wider. Die Höhe der Fruktosaminkonzentration wird daher durch kurzzeitige Schwankungen der Glukosekonzentration, wie sie beispielsweise bei der Stresshyperglykämie der Katze auftritt, nicht beeinflusst.

Indikationen

- Verdacht auf Diabetes mellitus
- Abklärung eines erhöhten Blutglukosespiegels, vor allem bei Katzen (Unterscheidung Stresshyperglykämie versus Diabetes mellitus)
- Monitoring einer Insulintherapie
- Verdacht auf Insulinom

24

Material

Serum
Das Serum sollte bis zur Untersuchung eingefroren werden.

Prinzip

automatisierte kolorimetrische Verfahren unter Verwendung der Nitroblau-Tetrazolium-Chloridreduktion

Technik

Durchführung nach Anleitung des Herstellers

Referenzbereiche

Die Referenzwerte für Fruktosamin sind in **Tabelle 24.47** angegeben.

Bewertung

Bei der Beurteilung der Fruktosaminkonzentration (**Tab. 24.48**) sollten folgende Faktoren bedacht werden:

- Sowohl Höhe als auch die Dauer der Hyperglykämie haben einen direkten Einfluss auf die Höhe der Fruktosaminkonzentration. Neu erkrankte Tiere und Tiere mit einem milden Diabetes mellitus können anfänglich noch einen Fruktosaminkonzentration im Referenzbereich haben.
- Die Fruktosaminkonzentration ist abhängig vom Proteinmetabolismus. Tiere mit einer Hypoproteinämie (vor allem einer Hypoalbuminämie) oder einem erhöhten Proteinmetabolismus wie bei der felinen Hyperthyreose haben eine niedrigere Fruktosaminkonzentration.
- Durch eine Hyperlipidämie und Azotämie kann es beim Hund zu einer geringgradigen Erniedrigung der Fruktosaminkonzentration kommen.

Tab. 24.47 Referenzbereiche* für die Fruktosaminkonzentration (nach Feldman und Nelson 2004)

Spezies	Fruktosaminkonzentration (µmol/l)
Hund	225–365
Katze	190–365

* Referenzwerte sind labor- und methodenabhängig und sollen hier nur als Anhaltspunkte dienen.

Tab. 24.48 Beurteilung der Fruktosaminkonzentration bei der Katze*

Fruktosaminkonzentration	Interpretation
< 360 µmol/l	Phasen von Hypoglykämie? Remission?
360–450 µmol/l	gute Einstellung des Diabetes
450–550 µmol/l	moderate Einstellung des Diabetes
> 550 µmol/l	schlechte Einstellung des Diabetes

* Ähnliche Werte gelten beim Hund.

- Eine Erniedrigung findet sich auch durch Lagerung der Probe bei Raumtemperatur.

Oftmals gibt es Schwierigkeiten bei der Durchführung und Interpretation von Glukosetagesprofilen in der Klinik, da die Tiere häufig gestresst sind und nicht ihr normales Fressverhalten zeigen. Die Fruktosaminkonzentration wird durch diese Umstände *nicht* beeinflusst und ist daher bei Hund und Katze ein guter Marker, um den Therapieverlauf eines Diabetes zu überwachen.
Eine erniedrigte Fruktosaminkonzentration kann bei Hunden mit Blutglukosewerten im Referenzbereich die Verdachtsdiagnose Insulinom erhärten. In einer retrospektiven Studie mit 23 Hunden mit Insulinom wurde die Fruktosaminkonzentration bei mehr als einem Drittel der Hunde gemessen und lag bei allen Hunden unterhalb des Referenzbereiches (Pieters et al. 2010).

Insulin

Indikationen

Verdacht auf Insulinom

Material

Serum, EDTA-/Heparin-Plasma
Die Probe sollte abzentrifugiert und bis zur Analyse eingefroren werden.

Prinzip

RIA oder IRMA

Technik

Die Insulinbestimmung zur Diagnose eines Insulinoms sollte nur dann durchgeführt werden, wenn das Tier hypoglykämisch ist (Glukose < 60 mg/dl, < 3,3 mmol/l).

Ein euglykämisches Tier mit Verdacht auf ein Insulinom wird unter strenger Beobachtung gefastet und die Glukosekonzentration alle 1–2 Stunden gemessen, bis sie in den entsprechenden Messbereich abfällt. Falls die Glukosemessung mit einem Glukometer durchgeführt wird, ist sicherzustellen, dass der gemessene Wert zuverlässig interpretiert werden kann, da Glukometer vor allem im niedrigen Bereich oft falsch niedrige Werte messen. Gegebenenfalls sollte der Wert mittels Standardlabormethode überprüft werden (siehe dort).
Durchführung nach Anleitung des Herstellers.

Referenzbereiche

siehe **Tabelle 24.49**

Tab. 24.49 Referenzbereiche* für Insulin

Spezies	Insulin (µU/ml)
Hund	5–25
Katze	4–14

* Referenzwerte sind labor- und methodenabhängig und sollen hier nur als Anhaltspunkte dienen.

Umrechnungsfaktoren

- SI-Einheit: × 7,175 (pmol/l)
- konventionelle Einheit: × 0,14 (μU/ml)

Bewertung

Eine Bewertung der Insulinkonzentration muss im Zusammenhang mit der Glukosekonzentration zum Zeitpunkt der Blutprobenentnahme für die Insulinmessung erfolgen. Eine erhöhte oder sich im oberen Referenzbereich befindliche Insulinkonzentration bei gleichzeitiger Hypoglykämie spricht für das Vorliegen eines Insulinoms. Werte im unteren Referenzbereich liegen im »Graubereich« und sind nicht diagnostisch. Eine Insulinkonzentration unterhalb des Referenzbereiches bei einem hypoglykämischen Tier ist als physiologisch zu werten, ein Insulinom ist unwahrscheinlich.
Die Messung von Insulin beim Diabetes mellitus (basal oder nach Gabe von sekretionsfördernden Medikamenten) zur Beurteilung der β-Zell-Funktion hat sich als *nicht* hilfreich erwiesen.

Gastrin

Gastrin wird in den G-Zellen des Antrums (Pylorusregion) und Duodenums nach Nahrungsaufnahme von Proteinen und einer Dehnung des Magens freigesetzt. Seine Hauptaufgabe ist die Stimulation der Magensäuresekretion aus den Parietalzellen des Magens. Weiterhin stimuliert Gastrin die Pepsinogen- und Pankreasenzymsekretion, die Durchblutung der Magenmukosa, wirkt trophisch auf Magenschleimhaut, Pankreas und Duodenum und fördert die Motorik des Antrums.
Gastrinome sind seltene Pankreastumoren, die zu einer vermehrten Magensäuresekretion mit nachfolgender gastrointestinaler Entzündung, Ulzeration, Maldigestion und Hypertrophie der Magenwand führen. Häufigste *klinische Symptome* sind chronisches Erbrechen, Gewichtsverlust, Anorexie und intermittierender Durchfall. Im weiteren Verlauf der Erkrankung kann es zu Meläna, Abdominalschmerzen, Hämatemesis bis hin zur Perforation von gastrointestinalen Ulzera mit nachfolgender Schocksymptomatik kommen.

Indikationen

Vorliegen der oben beschriebenen Symptome, wenn häufiger vorkommende Erkrankungen ausgeschlossen wurden

Material

Serum
Bis zur Untersuchung sollte das Serum eingefroren werden.

Prinzip

RIA

Technik

Durchführung nach Anleitung des Herstellers

Referenzbereiche

siehe **Tabelle 24.50**

Umrechnungsfaktoren

- SI-Einheit: × 1 (ng/l)
- konventionelle Einheit: × 1 (pg/ml)

Tab. 24.50 Referenzbereiche* für Gastrin

Spezies	Gastrin (pg/ml)
Hund	20–100
Katze	28–135

* Referenzwerte sind labor- und methodenabhängig und sollen hier nur als Anhaltspunkte dienen.

Bewertung

Bei Hunden und Katzen mit einem Gastrinom war die basale Gastrinkonzentration mehr als 3-fach erhöht. Aufgrund der wenigen Fälle existiert keine basale Serumkonzentration, die diagnostisch für das Vorliegen eines Gastrinoms ist.
Differenzialdiagnosen für eine Erhöhung der Gastrinkonzentration sind Fütterung, chronische Nierenerkrankungen, Magenausflussstörungen, eine chronische Gastritis, Lebererkrankungen sowie der Einfluss von Medikamenten (Antazida, H_2-Rezeptorantagonisten, Protonenpumpeninhibitoren, Glukokortikoide).

Klinisch nicht relevante Parameter

Glukosetoleranztest und Glukagonstimulationstest

Das Prinzip dieser Tests beruht in der intravenösen Gabe von Glukose bzw. Glukagon mit anschließender Messung der Glukose- und Insulinkonzentration über 120 bzw. 60 Minuten. Bei gesunden Individuen sollte die Insulinkonzentration nach Gabe von Glukose oder Glukagon deutlich ansteigen und die Glukosekonzentration innerhalb von 60 Minuten in den Referenzbereich abfallen. Man versprach sich durch diesen Test, eine Aussage bezüglich der noch vorhandenen β-Zell-Funktion bei diabetischen Tieren treffen zu können und eine Kohlenhydratintoleranz bei Tieren mit Verdacht auf einen präklinischen Diabetes mellitus zu erkennen. Studien zeigten jedoch, dass die Messung von Insulin bei diabetischen Katzen (basal oder nach Gabe von sekretionsfördernden Medikamenten) zur Beurteilung der β-Zell-Funktion keine aussagekräftigen Wert bezüglich des weiteren klinischen Verlaufes eines Diabetes mellitus besitzt (Nelson et al. 1999). Zudem sind die Tests aufwendig durchzuführen, die Bestimmung der Parameter teuer und der diagnostische Nutzen fraglich.

Glykosyliertes Hämoglobin

Glykosyliertes Hämoglobin wird durch eine irreversible Bindung von Glukose an Hämoglobin in Erythrozyten gebildet. Wie die Fruktosaminkonzentration ist auch die Konzentration an glykosyliertem Hämoglobin unabhängig von kurzfristigen Blutzuckerschwankungen. Sie spiegelt die durchschnittliche Glukosekonzentration der letzten 2–3 Monate (Lebensdauer der Erythrozyten ca. 70 Tage bei der Katze, ca. 120 Tage beim Hund) wider. Die Konzentration an glykosyliertem Hämoglobin wird von der Hämoglobinkonzentration beeinflusst und kann bei Patienten mit Polyzythämie oder Anämie falsch erhöht resp. erniedrigt sein. Die Messung der Fruktosaminkonzentration (die die durchschnittliche Glukosekonzentration der letzten 2–3 Wochen widerspiegelt) hat sich als deutlich effektiver für die Diagnose von Diabetes mellitus und die Therapieeinstellung erwiesen.

C-Peptid

Im endoplasmatischen Retikulum wird Präproinsulin gebildet, welches nach Abspaltung eines kleinen Peptidfragmentes zu Proinsulin wird. Das C-Peptid (connecting peptide) wird im Golgi-Apparat von Proinsulin abgespalten und mit Insulin in sekretorischen Granula zu gleichen Anteilen gespeichert und via Exozytose ins Plasma freigesetzt. Theoretisch kann die Konzentration von C-Peptid im Plasma also als ein Indikator der β-Zell-Funktion angesehen werden. Eine Bestimmung von C-Peptid wird momentan vor allem in der Humanmedizin und zu Forschungszwecken durchgeführt.

Glukagon

Glukagon wird in den α-Zellen des Pankreas synthetisiert. Ein **Glukagonom** ist ein sehr seltener Tumor der α-Zellen des Pankreas. *Klinische Symptome* sind eine nekrotisierende Dermatitis (necrolytic migratory erythema [NME]), eine Glukoseintoleranz oder ein Diabetes mellitus. In der Humanmedizin gilt eine Glukagonkonzentrationen > 1000 ng/l als diagnostisch für das Vorhandensein eines Glukagonoms. Bei sieben der neun Hunde mit Glukagonom war die Glukagonkonzentration 1,6- bis 10,1-fach erhöht im Vergleich zum Referenzwert. Weitere Erkrankungen, die zu einer Erhöhung der Glukagonkonzentration führen können, sind eine akute Pankreatitis, ein Hyperkortisolismus, Nierenerkrankungen oder Leberfunktionsstörungen.

PP (pankreatisches Polypeptid, Pancreatic polypeptide)

PP führt zu einer verminderten Bikarbonatsekretion des Pankreas und einer geringgradig erhöhten Magensäuresekretion. PP wird häufig mittels immunhistochemischen Untersuchungen bei humanen oder caninen Pankreastumoren gefunden, jedoch wurde bisher nur in wenigen Fällen eine Erhöhung der Plasma-PP-Konzentration in der Humanmedizin dokumentiert. Bisher wurde ein pankreatisches Polypeptidom mit einer Erhöhung der Plasma-PP-Konzentration beim Hund beschrieben (Zerbe et al. 1989).

Sekretin- und Kalziumstimulationstest zur Diagnose eines Gastrinoms

In der Humanmedizin dienen der Sekretin- und Kalziumstimulationstest zur Diagnose eines Gastrinoms. Sekretin und Kalzium stimulieren bei Patienten mit Gastrinom die Magensäuresekretion, nicht jedoch bei gesunden Individuen. Ein über 2-facher Anstieg der Gastrinkonzentration nach Gabe von Sekretin oder Kalzium ist in der Humanmedizin diagnostisch für ein Gastrinom.

Bisher wurden drei Hunde mit Gastrinom mittels Sekretinstimulationstest untersucht, wobei zwei Hunde einen über 2-fachen und ein Hund einen 1,4-fachen Anstieg der Gastrinkonzentration zeigte. Von den zwei bisher mittels Kalziumstimulationstest untersuchten Hunden war bei beiden ein zweifacher Anstieg der Gastrinkonzentration zu verzeichnen.

24.5 Zentral (Hypothalamus, Hypophyse)

Vasopressin/ADH

Arginin-Vasopressin, **AVP**, oder Synonym antidiuretisches Hormon, **ADH,** wird vom Hypophysenhinterlappen/Neurohypophyse als Antwort auf eine Stimulation der Osmorezeptoren im Hypothalamus bei Erhöhung der Plasma-Osmolalität (s. Kap. 22, S. 351 f.) oder Verminderung des Plasmavolumens freigesetzt. Seine Hauptaufgabe ist die Regulierung des Flüssigkeitshaushaltes, indem es die Wasserrückresorption im distalen Tubulus und Sammelrohr der Nieren beeinflusst. Dies geschieht durch Bindung von ADH an V_2-Rezeptoren und nachfolgendem transienten Einbau von Wasserkanälen (hauptsächlich Aquaporin-2). Wird zu wenig ADH gebildet **(zentraler Diabetes insipidus)** oder kann ADH an den Rezeptoren in der Niere nicht adäquat wirken **(renaler Diabetes insipidus)**, kann nicht genügend Wasser rückresorbiert werden, sodass große Mengen unkonzentrierten Harns (niedriges spezifisches Gewicht, geringe Harnosmolalität) entstehen. *Klinisches Symptom* eines Diabetes insipidus ist eine massive Polyurie/Polydipise (PU/PD).

Man unterscheidet folgende Formen eines Diabetes insipidus:

- **kompletter zentraler Diabetes insipidus:** absoluter ADH-Mangel, kein oder nur minimaler Anstieg der Urinosmolalität bei steigender Plasmaosmolalität
- **partieller zentraler Diabetes insipidus:** relativer ADH-Mangel
- **primärer nephrogener Diabetes insipidus:** ADH ist ausreichend vorhanden. Die Nephrone sprechen nicht oder nur ungenügend auf ADH an. Dies ist eine sehr seltene kongenitale Erkrankung, die bisher nur bei wenigen Hunden und nicht bei der Katze beschrieben wurde.
- **sekundärer nephrogener Diabetes insipidus:** entsteht sekundär aufgrund verschiedener Erkrankungen (z. B. Hyperkortisolismus, Pyometra, Prostatitis, Akromegalie, Hyperkalzämie, Hypokaliämie, Polyzythämie) oder nach Verabreichung verschiedener Medikamente (Glukokortikoide, Antikonvulsiva), die die Wirkung von ADH am Nephron hemmen.

Ein **zentraler Diabetes insipidus** kann aufgrund von Tumoren der Hypophyse, metastatischen, entzündlichen oder parasitären Läsionen, einem schweren Kopftrauma, nach chirurgischen Eingriffen im Bereich der Hypophyse oder idiopathisch entstehen.

> Ein zentraler Diabetes insipidus ist eine seltene Erkrankung und sollte erst nach Ausschluss aller anderen Erkrankungen für eine PU/PD in Betracht gezogen werden.

Diagnostisches Vorgehen bei Verdacht auf Diabetes insipidus:

- Bestimmung des **spezifischen Harngewichtes**: Typisch ist eine Hyposthenurie (spez. Gewicht < 1,008).
- Ausschluss aller anderen Ursachen von PU/PD
- Die Durchführung eines **Durstversuches** zur Abgrenzung eines zentralen Diabetes insipidus von einer **psychogenen Polydipsie** (vermehrtes Trinken, Verhaltensauffälligkeit, v. a. bei jungen Hunden) ist umstritten, es wird oft ein Therapieversuch mit ADH unternommen.

Zwischen den einzelnen Instituten gibt es unterschiedliche Protokolle und Vorgehensweisen zur Abklärung eines Diabetes insipidus. Einige sind im Folgenden aufgeführt.

Wiederholte Messung des spezifischen Harngewichtes (+ Verabreichung von ADH)

Indikationen

Differenzierung zwischen zentralem Diabetes insipidus, nephrogenem Diabetes insipidus und psychogener Polydipsie

Material

Urin

Tab. 24.51 Beurteilung der Befundergebnisse der wiederholten Messung des spezifischen Harngewichtes (USG)

Befunde	Beurteilung	Weitere Abklärung
große Schwankungen des USG USG > 1030	psychogene Polydipsie	keine weiteren Tests nötig
USG kontinuierlich erniedrigt	zentraler oder nephrogener Diabetes insipidus	Gabe von ADH

Prinzip

Für die Konzentrationsfähigkeit der Niere siehe spezifisches Harngewicht (s. Kap. 25, S. 436)

Bei Hunden mit psychogener Polydipsie kann die aufgenommene Wassermenge und somit auch das spezifische Harngewicht (USG) über den Tag verteilt schwanken. Bleibt das USG niedrig, so kann ADH verabreicht und USG erneut gemessen werden.

Technik

- Wasser ad libitum
- Harn alle 2 Stunden auffangen, nachts alle 4 Stunden für 24 Stunden (durch den Besitzer zuhause, insgesamt 11 Proben)
- Bestimmung des USG

(Rijnberk und Kooistra 2010)

24

- + Gabe von ADH:
  - Desmopressin (DDAVP) 1 Tropfen in den Konjunktivalsack 3 × täglich für 4 Tage
  - am 4. Tag Wiederholung der Messung wie oben beschrieben

Referenzbereiche

siehe spezifisches Harngewicht (s. Kap. 25, S. 436)

Bewertung

Vor Gabe von ADH (Tab. 24.51)

Nach Gabe von ADH (Tab. 24.52)

Modifizierter Durstversuch

Der Test darf auf keinen Fall bei Tieren mit Azotämie, Dehydratation oder gestörtem Allgemeinbefinden durchgeführt werden und der Patient muss stets streng überwacht werden. Bei Gewichtsverlust > 5 % oder einer Verschlechterung des Allgemeinbefindens muss der Test umgehend abgebrochen werden, da es ansonsten aufgrund von Dehydratation und Elektrolytverschiebungen zu lebensbedrohlichen Komplikationen kommen kann.

Indikationen

Differenzierung zwischen zentralem Diabetes insipidus, nephrogenem Diabetes insipidus und psychogener Polydipsie

Material

Harn

Prinzip

Durch Durstenlassen steigt die Plasmaosmolalität und nachfolgend die ADH-Sekre-

Tab. 24.52 Beurteilung der Befundergebnisse der wiederholten Messung des spezifischen Harngewichtes (USG) + Zugabe von ADH

Befunde	Beurteilung
USG > 1030	zentraler Diabetes insipidus
USG < 1030	nephrogener Diabetes insipidus

tion, wodurch das spezifische Gewicht des Harns steigt.

Technik

- Wasseraufnahme über mehrere Tage messen und durchschnittliche Menge berechnen. Zwei Tage vor Durstversuch noch 90 % und ein Tag vorher noch 80 % der Wassermenge über den Tag anbieten, damit der Konzentrationsgradient im Niereninterstitium möglichst vorhanden ist. Tier 12 Stunden fasten lassen.
- kein Wasser mehr anbieten
- Blase entleeren (spontaner Harnabsatz oder Katheterisieren)
- USG sowie Körpergewicht genau messen. Alle 2 Stunden Tier Harn absetzen lassen und davon USG messen sowie Körpergewicht des Tieres (nach Blasenentleerung) bestimmen
- falls USG > 1030 → Wasserdurstversuch stoppen, Hund hat psychogene Polydipsie
- bei Gewichtsverlust > 5 % 2–4 µg/Hund i. v. oder 5–20 µg/Hund DDAVP in den Konjunktivalsack verabreichen
- Durstversuch 2 Stunden unter strenger Überwachung weiterführen
- 1 und 2 Stunden nach DDAVP-Gabe USG messen
- langsam Wasser anbieten

Bewertung

siehe **Tabelle 24.53**

Wachstumshormon (engl. Growth hormone, GH)

Die Freisetzung von **Growth hormone (GH)** aus dem Hypophysenvorderlappen wird reguliert durch das Growth hormone releasing hormone (GHRH) und Somatostatin aus dem Hypothalamus. Wie GHRH, so wird auch GH pulsatil freigesetzt. GH hat eine insulinantagonistische Wirkung (katabole Wirkung). Weiterhin stimuliert es Proteinsynthese, Chondrogenese und Wachstum (anabole Wirkung). Diese anabole Wirkung wird hauptsächlich durch **Insulin-like growth Factors (IGFs)** reguliert, die vor allem in der Leber gebildet werden. Da IGFs im Plasma an Proteine gebunden werden, haben sie eine längere Halbwertszeit als GH. Beim Hund wird GH unter Progesteroneinfluss (Diöstrus, Gabe von Progestinen) zusätzlich aus Mammagewebe freigesetzt. Das Progesteron-induzierte Plasma-GH wird *nicht* pulsatil freigesetzt und unterliegt *nicht* der Kontrolle durch GHRH und Somatostatin.

Eine **Akromegalie** entsteht aufgrund einer erhöhten GH-Sekretion und ist gekennzeichnet durch ein vermehrtes Wachstum von Knochen- und Weichteilgewebe sowie Insulinresistenz. Bei der Katze entsteht eine Akromegalie durch exzessive GH-Sekretion eines Hypophysenadenoms. Beim Hund hingegen ist ein erhöhter Progesteroneinfluss (Diöst-

24

Tab. 24.53 Beurteilung der Befundergebnisse des modifizierten Durstversuches

Beurteilung	Befund
psychogene Polydipsie	USG > 1030 vor DDAVP-Gabe
zentraler Diabetes insipidus	USG > 1025 nach DDAVP-Gabe
partieller zentraler Diabetes insipidus	USG 1015–1025 nach DDAVP-Gabe
nephrogener Diabetes insipidus	kein oder nur geringgradiger Anstieg des USG nach DDAVP-Gabe

rus oder Gabe von Progestinen zur Unterdrückung der Läufigkeit) die häufigste Ursache einer Akromegalie, ein GH-produzierender Hypophysentumor kommt nur selten vor.

Typische *klinische Anzeichen* beim Hund sind ein Anschwellen von Weichteilgewebe (Zunge, Gingiva, Pharynx, Abdomen, verdickte Hautfalten), Prognathismus, weite Interdentalspalten und Polyurie. *Labordiagnostische Auffälligkeiten* sind oft eine Hyperglykämie und eine Erhöhung der AP. Aufgrund der Insulinresistenz kann sich ein Diabetes mellitus entwickeln. Bei der Katze ist der häufigste Vorstellungsgrund ein insulinresistenter Diabetes mellitus (> 1,5 U/kg pro Injektion), der Kopf erscheint häufig »markant«. Ein inspiratorischer Stridor kann aufgrund der Weichteilschwellung im Pharynxbereich entstehen. Weiterhin kann sich eine hypertrophe Kardiomyopathie entwickeln. Neurologische Symptome können aufgrund des Wachstums des hypophysären Adenoms entstehen.

Diagnosestellung einer Akromegalie bei der Katze:

- therapieresistenter Diabetes mellitus ± typisches äußeres Erscheinungsbild
- Gewichtszunahme trotz schlecht eingestelltem Diabetes mellitus
- erhöhte IGF-1-Konzentration (erhöhte GH-Konzentration)
- hypophysäre Masse (CT/MRT)

Diagnosestellung einer Akromegalie beim Hund:

- typische klinische Symptome
- + Diöstrus bei einer älteren Hündin

oder

- + vorberichtlich Verabreichung von Progestinen
- (Erhöhung von IGF-1, GH)

Ein **hypophysärer Zwergwuchs (Hyposomatotropismus)** entsteht aufgrund eines kongenitalen GH-Mangels und ist sowohl beim Hund als auch bei der Katze beschrieben. Er kommt vor allem beim Deutschen Schäferhund als autosomal rezessive Erkrankung vor und ist oft vergesellschaftet mit einem Mangel an TSH, Prolaktin und einer verminderten Freisetzung von Gonadotropinen. Typische *klinische Anzeichen* sind Zwergwuchs, Fellveränderungen, Alopezie und Hyperpigmentation. Ein proportionierter Zwergwuchs tritt in Fällen isolierten GH-Mangels auf, liegen weitere Hormonmangel vor (v. a. TSH), so kann es zu einem disproportionierten Zwergwuchs kommen.

Diagnosestellung eines hypophysären Zwergwuchses:

- typisches klinisches Erscheinungsbild (meist beim Jungtier)
- Ausschluss anderer Differenzialdiagnosen für vermindertes Wachstum (u. a. Hypothyreose, Hypoadrenokortizismus, Diabetes mellitus, gastrointestinale Erkrankung, Leberfunktionsstörung, Nierenerkrankung, kardiovaskuläre Erkrankung)
- erniedrigte IGF-1-Konzentration
- GH-Stimulationstest (der Patient sollte hierfür an entsprechende Institutionen überwiesen werden, Test bei der Katze bisher nicht beschrieben)

IGF-1

Indikationen

- Verdacht auf Akromegalie bei der Katze
- Verdacht auf hypophysären Zwergwuchs

Material

Serum/Plasma

IGF-1 ist bei Raumtemperatur über 48 Stunden stabil.

Prinzip
RIA, CLIA

Technik
nach Anleitung des Herstellers

Referenzbereiche
siehe **Tabelle 24.54**

Umrechnungsfaktoren
- SI-Einheit: × 1,0 (µg/l)
- konventionelle Einheit: × 1,0 (ng/ml)

Bewertung

Katze (Akromegalie)
siehe **Tabelle 24.55**
Falsch negative Befunde bei Katzen mit unbehandeltem Diabetes mellitus und falsch positive Befunde bei Katzen mit insulinresistentem Diabetes mellitus sind beschrieben. Daher sollte eine erhöhte IGF-1-Konzentration mittels bildgebender Verfahren (CT/MRT) weiter abgeklärt werden.

Tab. 24.54 Referenzbereiche* für IGF-1-Konzentration bei Hund und Katze

Spezies	IGF-1 (ng/ml)
erwachsener Hund	30–300
erwachsene Katze	200–800

* Referenzwerte sind labor- und methodenabhängig und sollen hier nur als Anhaltspunkte dienen.

Hund (hypophysärer Zwergwuchs)
siehe **Tabelle 24.56**

Klinisch nicht relevante Parameter

ADH, AVP

Die Messung von ADH/AVP kann helfen, zwischen zentralem und renalem Diabetes insipidus und einer primären Polydipsie zu differenzieren. Das gefastete Tier wird über 2 Stunden mit einer 20%igen NaCl-Lösung, die über die Jugularvene verabreicht wird, in einer Geschwindigkeit von 0,03 ml/kg/min infundiert. Alle 20 Minuten wird Blut für die Bestimmung der Plasmaosmolalität und Plasma-Vasopressinkonzentration entnommen.

> Da die Gefahr besteht, dass es zu einer kritischen Hypertonizität kommt, muss die Plasmaosmolalität sofort nach Entnahme bestimmt und die Infusion sofort bei Erreichen einer Plasmaosmolalität von 350 mOsmol/kg gestoppt werden.

Die Gefahr dieser lebensbedrohlichen Komplikation, die Erfordernis der direkten Bestimmung der Plasmaosmolalität und die Tatsache, dass Vasopressin ein sehr labiles Hormon ist, das sehr schnell proteolytisch abgebaut wird, machen diesen Test in der Praxis nicht praktikabel (Rijnberk und Kooistra 2010).

Tab. 24.55 Bewertung der IGF-1-Konzentration bei der Katze

IGF-1-Konzentration	Bewertung	Weiteres Vorgehen
> 1000 µg/l	Akromegalie wahrscheinlich	weitere Diagnostik anschließen: CT/MRT
800–1000 µg/l	»Graubereich«	Messung nach 3–6 Monaten wiederholen oder weitere Diagnostik anschließen

Tab. 24.56 Bewertung der IGF-1-Konzentration beim Hund (nach Eigenmann et al. 1984)

IGF-1-Konzentration	Bewertung
280 ± 23 ng/ml	normale Adulte
345 ± 50 ng/ml	normale Nichtadulte
11,2 ± 2 ng/ml	hypophysärer Zwergwuchs

Wachstumshormon (engl. Growth hormone, GH)

Indikationen

- Verdacht auf hypophysären Zwergwuchs
- Verdacht auf Akromegalie

Material

Serum

Das Hormon ist bis zu 24 Stunden im Serum stabil (Niessen et al. 2007b).

Prinzip

RIA

Ein oviner RIA zur Bestimmung von felinem GH wurde validiert (Niessen et al. 2007b).

24

Technik

Da die basale GH-Konzentration sowohl bei gesunden wie auch bei Tieren mit hypophysärem Zwergwuchs normal sein kann, muss ein **Stimulationstest** durchgeführt werden:

- Bestimmung der GH-Konzentration
- Verabreichung von GHRH (1 µg/kg), Clonidin (10 µg/kg), Xylazin (100 µg/kg) oder Ghrelin (2 µg/kg) i. v.
- Bestimmung der GH-Konzentration nach 20–30 Minuten

Referenzbereiche

Tabelle 24.57 liefert eine Übersicht über die Referenzwerte für die GH-Konzentration.

Umrechnungsfaktoren

- SI-Einheit: × 1 (µg/l)
- konventionelle Einheit: × 1 (ng/ml)

Bewertung

Akromegalie

Die statistische Aussagekraft (Sensitivität und Spezifität) der Bestimmung von GH als Indikator für eine Akromegalie ist in **Tabelle 24.58** nachzulesen.

Eine einzeln gemessene GH-Konzentration ist schwierig zu beurteilen, da gesunde Tiere GH pulsatil freisetzen. Daher sollten mehrere Werte im Abstand von 10 Minuten gemessen werden.

Tab. 24.57 Referenzbereiche für GH bei Hund (nach Niessen et al. 2007) und Katze (nach Eigenmann 1983)

Spezies	GH (µg/l)
Katze	1,87–6,33
Hund	1,5 ± 1,2 bis 4,3 ± 1,1

Tab. 24.58 Statistische Aussagekraft der gemessenen GH-Konzentration als Indikator für eine Akromegalie (nach Niessen et al. 2007)

Spezies	Sensitivität	Spezifität
Katze (bei Cut-off > 10 µg/l [Basalwert])	84 %	95 %

Hypophysärer Zwergwuchs (Hund)

- Nach Stimulation mit GHRH, Clonidin oder Xylazin (**Tab. 24.59**)

Individuum	Bewertung
gesunder Hund	2- bis 4-facher Anstieg der GH-Konzentration
Hund mit hypophysärem Zwergwuchs	kein Anstieg der GH-Konzentration

Tab. 24.59 Bewertung der GH-Konzentration beim Hund nach Stimulation mit GHRH, Clonidin oder Xylazin

- Nach Stimulation mit Ghrelin (**Tab. 24.60**)

Individuum	Bewertung
gesunder Hund	GH-Konzentration >5 µg/l
Hund mit hypophysärem Zwergwuchs	kein Anstieg der GH-Konzentration

Tab. 24.60 Bewertung der GH-Konzentration beim Hund nach Stimulation mit Ghrelin

Nach Wissen der Autoren bestimmt momentan kein Labor in Deutschland GH routinemäßig, sodass dieser Test momentan nicht praxisrelevant ist.

24.6 Nebenschilddrüse

siehe Kapitel 21

24.7 Niere

Erythropoetin (EPO)

Erythropoetin wird vor allem in den peritubulären interstitiellen Zellen der Niere als Antwort auf einen verminderten Sauerstoffpartialdruck im Nierengewebe gebildet. Dieser kann sowohl systemische (z. B. Anämie, geringer atmosphärischer Sauerstoffdruck bei Aufenthalt in großen Höhen, Lungenerkrankung) als auch lokale (verminderte renale Durchblutung) Ursachen haben. Aufgabe des Erythropoetins ist die Stimulierung der Erythropoese im Knochenmark. Wird »zu viel« EPO gebildet, so kommt es zu einer absoluten Polyzytämie (Erythrozytose). Davon abzugrenzen ist die relative Erythrozytose, verursacht durch Dehydratation.

Primäre Polyzythämie/Polycythaemia vera: Die EPO-Konzentration ist niedrig. Ursache der Polyzythämie ist eine abnormale klonale Proliferation von Erythrozyten-Vorläuferzellen. Sie ist eine seltene myeloproliferative Erkrankung, bei der sich alle Zellen im Blut übermäßig vermehren. Bei der Polycythaemia vera sind vor allem die Erythrozyten betroffen, aber auch in geringerem Maße die Thrombozyten und Granulozyten.

Sekundäre Polyzythämie: Entsteht durch eine übermäßige Bildung von EPO. Unterschieden werden muss eine sekundäre angemessene Polyzythämie (aufgrund von systemischer Hypoxie, z. B. durch Rechts-links-Shunt) von einer sekundären, nicht angemessenen Polyzythämie (aufgrund renaler Neoplasien oder als paraneoplastisches Syndrom).

Anämie bei chronischer Nierenerkrankung: Bei der chronischen Nierenerkrankung ist nicht mehr genügend Nierengewebe für die EPO-Synthese vorhanden, sodass eine nichtregenerative Anämie entsteht.

Indikation

Unterscheidung zwischen primärer und sekundärer Polyzythämie

EPO sollte nicht bei Tieren mit chronischer Nierenerkrankung gemessen werden, da es die Entscheidung über den Beginn einer EPO-Therapie nicht beeinflusst. Hunde mit einer chronischen Nierenerkrankung können eine über den Normbereich erhöhte EPO-Konzentration aufweisen, jedoch relativ zu wenig für die Schwere der Anämie. Die EPO-Konzentrationen von Katzen liegen häufig im Referenzbereich.

Material

Serum, Plasma

Prinzip

ELISA (Einige veterinärmedizinische Labore bieten für Hund und Katze evaluierte ELISA an.)

Referenzbereiche

Die Referenzwerte für EPO sind in **Tabelle 24.61** angegeben.

Tab. 24.61 Referenzbereiche* für EPO-Konzentration bei Hund und Katze (nach Cook et al. 1994)

Spezies	EPO-Konzentration (mU/ml)
Hund	7–37
Katze	9–38

* Referenzwerte sind labor- und methodenabhängig und sollen hier nur als Anhaltspunkte dienen.

Bewertung

Bewertung der Ergebnisse der EPO-Messung als Indikator zur Unterscheidung zwischen primärer und sekundärer Polyzythämie siehe **Tabelle 24.62**

Die Bestimmung der EPO-Konzentration bei einem Patienten mit Polyzythämie ist nur bei einer erhöhten EPO-Konzentration diagnostisch für das Vorliegen einer sekundären Polyzythämie. Bei normaler EPO-Konzentration ist diese nicht ausgeschlossen. Eine gründliche Aufarbeitung eines Patienten mit Polyzythämie ist deshalb essenziell.

24.8 Ausblick in die Zukunft

Leptin

Neuere Untersuchungen zeigen, dass das Fettgewebe nicht nur ein Energiespeicher, sondern ein komplexes endokrines Organ darstellt. Das Fettgewebe setzt eine Reihe von sog. **Adipokinen** frei, die an der Regulation von Energiestoffwechsel, kardiovaskulären Funktionen, des Reproduktionsstatus und immunologischen Funktionen beteiligt sind. Adipokine werden zunehmend als potenzielle Biomarker für das Auftreten über-

Tab. 24.62 Bewertung der EPO-Konzentration zur Differenzierung zwischen primärer und sekundärer Polyzythämie

EPO-Konzentration	Bewertung
EPO ↑	sekundäre Polyzythämie
EPO normal oder EPO ↓	• primäre Polyzythämie • sekundäre Polyzythämie nicht ausgeschlossen

gewichtsassoziierter Komplikationen in der Humanmedizin bestimmt.
Hauptfunktion von Leptin ist die Regulierung metabolischer Funktionen: Es bindet an Rezeptoren im Sättigungszentrum des Hypothalamus, unterdrückt den Appetit, erhöht die Thermogenese und moduliert die Insulinsensitivität.
Adipositas führt zu einer Hyperleptinämie und partiellen Leptinresistenz, die jedoch nur die metabolischen Funktionen von Leptin betrifft. Somit kann es aufgrund einer Hyperaktivität des sympathischen Nervensystems, einer verminderten Bildung von Stickoxiden (NO) und einer erhöhten Endothelinproduktion zu den bei Adipositas beschriebenen sekundären kardiovaskulären und renalen Komplikationen kommen. Weiterhin ist Leptin ein Wachstumsfaktor, der Angiogenese und Mitose stimuliert, sowie die Apoptose von Zellen unterdrückt, weshalb seine Rolle in der Kanzerogenese diskutiert wird.
Studien bei Hund und Katze konnten zeigen, dass die Leptinkonzentration positiv mit dem Body Condition Score (BCS) korreliert. Leptin kann sowohl aus Serum wie auch aus Heparin- oder EDTA-Plasma mittels für Hund und Katze evaluierter RIA und ELISA bestimmt werden.
Zu beachten ist, dass sich die Leptinkonzentration beim Hund postprandial innerhalb von 5–8 Stunden um den Faktor 2–3 erhöhen kann, während dieser Einfluss bei der Katze nicht so stark ausgeprägt ist. Weitere mögliche Einflussfaktoren auf die Leptinkonzentration sind Geschlecht und Zyklusstadium, wobei verschiedene Studien hier unterschiedliche Ergebnisse liefern. Glukokortikoide haben – je nach verabreichtem Präparat – ebenfalls einen Einfluss auf die Leptinkonzentration. So führt die Gabe von Dexamethason beim Hund zu einer Erhöhung der Leptinkonzentration, die Gabe von oralem Prednisolon hat keinen Einfluss und die Wirkung von Methylprednisolon ist dosisabhängig. Auch die Rasse scheint eine Rolle zu spielen, so wurden erhöhte Leptinkonzentrationen beim Shetland Sheepdog im Vergleich zu anderen Rassen gefunden. Weiterhin konnte gezeigt werden, dass insulinresistente Katzen – unabhängig vom BCS – erhöhte Leptinkonzentrationen aufwiesen. In einer weiteren Studie (Radin et al. 2009) konnte gezeigt werden, dass Hunde mit Diabetes mellitus unabhängig von ihrem BCS erhöhte Leptinkonzentrationen aufwiesen, sodass Leptin bei diabetischen Tieren durch andere Faktoren als Adipositas beeinflusst zu sein scheint. Auch hypothyreote Hunde hatten höhere Leptinkonzentrationen als gesunde Hunde mit dem gleichen BCS.
Nach Wissen der Autoren gibt es zum jetzigen Zeitpunkt kein veterinärmedizinisches Labor, welches Leptin routinemäßig bestimmt. In Zukunft könnte die Bestimmung von Leptin jedoch hilfreich sein bei der Überwachung von Komorbiditäten bei adipösen Tieren.

Literatur

Ash RA, Harvey AM, Tasker ST. Primary hyperaldosteronism in the cat: a series of 13 cases. J Feline Med Surg 2005; 7(3): 173–82.

Behrend EN, Kemppainen RJ. Adrenocortical Disease. In: August JR, Hrsg. Consultations in Feline Internal Medicine. 4th Edition. Philadelphia: Saunders 2001; 159–68.

Behrend EN, Kemppainen RJ, Boozer AL, Whitley EM, Smith AN, Busch KA. Serum 17-α-hydroxyprogesterone and corticosterone concentrations in dogs with nonadrenal neoplasia and dogs with suspected hyperadrenocorticism. J Am Vet Med Assoc 2005; 227(11): 1762–7.

Behrend EN, Kemppainen RJ, Bruyette DS, Busch KA, Lee HP. Intramuscular administration of low dose ACTH for ACTH stimulation testing in dogs. J Am Vet Med Assoc 2006; 229(4): 528–30.

Benitah N, Feldman EC, Kass PH, Nelson RW. Evaluation of serum 17-hydroxyprogesterone concentration after administration of ACTH in dogs with hyperadrenocorticism. J Am Vet Med Assoc 2005; 227(7): 1095–101.

Boretti FS, Sieber-Ruckstuhl NS, Favrot C, Lutz H, Hofmann-Lehmann R, Reusch CE. Evaluation of recombinant human thyroid-stimulating hormone to test thyroid function in dogs suspected of havin hypothyroidism. Am J Vet Res 2006; 67(12): 2012–6.

Boretti FS, Sieber-Ruckstuhl NS, Wenger-Riggenbach B, Gerber B, Lutz H, Hofmann-Lehmann R, Reusch CE. Comparison of 2 doses of recombinant human thyrotropin for thyroid function testing in healthy and suspected hypothyroid dogs. J Vet Intern Med 2009; 23(4): 856–61.

Brömel C, Feldman EC, Davidson AP, Nelson RW, Kass P, Vico AE, Labelle P, Munro CJ, Conley AJ. Serum 17α-hydroxyprogesterone concentrations during the reproductive cycle in healthy dogs and dogs with hyperadrenocorticism. J Am Vet Med Assoc 2010; 236(11): 1208–14.

Chapman PS, Mooney CT, Ede J, Evans H, O'Connor J, Pfeiffer DU, Neiger R. Evaluation of the basal and post-adrenocorticotrophic hormone serum concentrations of 17-hydroxyprogesterone for the diagnosis of hyperadrenocorticism in dogs. Vet Rec 2003; 153(25): 771–5.

Cook S, Lathrop C. Serum erythropoietin concentrations measured by radioimmunoassay in normal, polycythemic and anemic dogs and cats. J Vet Intern Med 1994; 8(1): 18–25.

DeClue AE, Martin LG, Behrend EN, Cohn LA, Dismukes DI, Lee HP. Cortisol and aldosterone response to various doses of cosyntropin in healthy cats. J Am Vet Med Assoc 2011; 238(2): 176–82.

Duesberg C, Peterson ME. Adrenal disorders in cats. Vet Clin North Am Small Anim Pract 1997; 27(2): 321–47.

Eigenmann JE. Diagnosis and treatment of pituitary dwarfism in dogs. Columbud, Ohio: Proceedings of the Sixth Kal Kan Symposium 1983; 107.

Farca AM, Cavana P, Badino P, Barbero R, Odore R, Pollicino P. Measurement of faecal corticoid metabolites in domestic dogs. Schweiz Arch Tierheilkd 2006; 148(12): 649–55.

Feldman EC. Polyuria and Polydypsia. In: Ettinger SJ, Feldman EC, Hrsg. Textbook of Veterinary Internal Medicine. 7th Edition. St. Louis: Saunders 2010; 156–9.

Feldman EC, Nelson RW. Disorders of growth hormone. In: Feldman E, Nelson R, Hrsg. Canine and feline endocrinology and reproduction. 3rd Edition. St. Louis: Saunders 2004; 45–84.

Feldman EC, Nelson RW. Hyperadrenocorticism in cats (cushing's syndrome). In: Feldman E, Nelson R, Hrsg. Canine and feline endocrinology and reproduction. 3rd Edition. St. Louis: Saunders 2004; 358–93.

Ferguson DC. Testing for hypothyroidism in dogs. Vet Clin North Am Small Anim Pract 2007; 37(4): 647–69, v.

Galac S, Kooistra HS, Teske E, Rijnberk A. Urinary corticoid/creatinine ratios in the differentiation between pituitary-dependent hyperadrenocorticism and hyperadrenocorticism due to adrenocortical tumor in the dog. Vet Q 1997; 19(1): 17–20.

Gostelow R, Bridger N, Syme HM. Plasma-free metanephrine and free normetanephrine measurement for the diagnosis of pheochromocytoma in dogs. J Vet Intern Med 2013; 27(1): 83–90.

Gunn-Moore D. Feline endocrinopathies. Vet Clin North Am Small Anim Pract 2005; 35(1): 171–210, vii.

Graham PA, Lundquist RB, Refsal KR, Nachreiner RF, Provencher AL. A 12-month prospective studay of 234 thyreoglobulin antibody positive dogs which had no laboratory evidence of thyroid dysfunction [abstract]. J Vet Intern Med 2001; 15: 298.

Griebsch C, Lehnert C, Williams GJ, Failing K, Neiger R. 24 hour hormone and serum electrolyte concentrations in dogs with pituitary-dependent hyperadrenocorticism treated with trilostane. J Vet Intern Med 2013 (in press).

Javadi S, Slingerland LI, Van de Beek MG, Boer P, Boer WH, Mol JA, Rijnberk A, Kooistra HS. Plasma renin activity and plasma concentrations of aldosterone, cortisol, adrenocorticotropic hormone, and alpha-melanocyte-stimulating hormone in healthy cats. J Vet Intern Med 2004; 18(5): 625–31.

Javadi S, Galac S, Boer P, Robben JH, Teske E, Kooistra HS. Aldosterone-to-renin and cortisol-to-adrenocorticotropic hormone ratios in healthy dogs and dogs with primary hypoadrenocorticism. J Vet Intern Med 2006; 20(3): 556–61.

Kerl ME, Peterson ME, Wallace MS, Melián C, Kemppainen RJ. Evaluation of low dose synthetic ACTH (Cortrosyn) stimulation testing in normal dogs and dogs with spontaneous hyperadrenocorticism. J Am Vet Med Assoc 1999; 214(10): 1497–501.

Kraft W. Klinische Endokrinologie. In: Kraft W, Dürr UM, Hrsg. Klinische Labordiagnostik in der Tiermedizin. Stuttgart: Schattauer 2005.

Lathan P, Moore GE, Zambon S, Scott-Moncrieff JC. Use of a low-dose ACTH stimulation test for diagnosis of hypoadrenocorticism in dogs. J Vet Intern Med 2008; 22(4): 1070–3.

Lennon EM, Boyle TE, Hutchins RG, Friedenthal A, Correa MT, Bisset SA, Moses LS, Papich MG, Birkenheuer AJ. Use of basal serum or plasma cortisol concentrations to rule out a diagnosis of hypoadrenocorticism in dogs: 123 cases (2000–2005). J Am Vet Med Assoc 2007; 231(3): 413–6.

Mathes AM. Wertigkeit von TSH und Schilddrüsenszintigraphie in der Diagnostik der felinen Hyperthyreose. Dissertation. Justus-Liebig-Universität Gießen 2011.

Melián C, Perez-Alenza MD, Peteron ME. Hyperadrenocorticism in dogs. In: Ettinger SJ, Feldman EC, Hrsg. Textbook of Veterinary Internal Medicine. 7th Edition. St. Louis: Saunders 2010a; 1816–40.

Mooney CT, Thoday KL, Doxey DL. Serum thyroxine and triiodthyronine responses of hyperthyroid cats to thyrotropin. Am J Vet Res 1996; 57(7): 987–91.

Müller C, Sieber-Ruckstuhl N, Wenger M, Kaser-Hotz B, Reusch CE. Low-dose dexamethason test with »inverse« results: a possible new pattern of cortisol response. Vet Rec 2006; 159(15): 489–91.

Müller JLA. TSH stimulation test with recombinant human TSH (rhTSH) for the diagnosis of feline hyperthyroidism. J Vet Intern Med 2011; 25:1490.

Nelson RW, Griffey SM, Feldman EC, Ford SL. Transient clinical diabetes mellitus in cats: 10 cases (1989–1991). J Vet Intern Med 1999; 13(1): 28–35.

Niessen SJM, Khalid M, Petrie G, Church DB. Validation and application of an ovine radioimmunoassay for the diagnosis of feline acromegaly. Vet Rec 2007a; 160(26): 902–7.

Niessen SJM, Petrie G, Gaudiano F, Khalid M, Smyth JB, Church DB. Feline acromegaly: an underdiagnosed endocrinopathy? J Vet Intern Med 2007b; 21(5): 899–905.

Niessen SJ. Feline acromegaly. An essential differential diagnosis for the difficult diabetes. J Feline Med Surg 2010; 12(1): 15–23.

Peterson ME, Kintzer PP, Kass PH. Pretreatment clinical and laboratory findings in dogs with hypoadrenocorticism: 225 cases (1979–1993). J Am Vet Med Assoc 1996; 208(1): 85–91.

Peterson ME, Melián CM, Nichols R. Measurement of serum concentrations of free thyroxine, total thyroxine, and total triiodthyronine in cats with hyperthyroidism and cats with nonthyroidal illness. J Am Vet Med Assoc 2001; 218(4): 529–36.

Peterson ME, Broome MR, Robertson JE. Accuracy of serum free thyroxine concentrations determined by a new veterinary chemiluminescent immunoassay in euthyroid and hyperthyroid cats. Proceedings 21st ECVIM-CA Congress Seville 2011, Poster No. EN-P-3.

Pieters E, Vanhaesebrouck A, Daminet S, Saunders JH, Peremans K, Van Ham L. Insulinoma in the dog part 2: a retrospective study of 23 cases (2002–2008). Vlaams Diergeneeskundig Tjidschrift 2010; 79(2): 91–8.

Puille M, Auch D, Spillmann T, Birke L, Bauer R. Bestimmung von TSH und freien Schilddrüsenhormonen in der Hyperthyreosediagnostik der Katze. Tierärztl Prax 2000; 28 (K): 289–94.

Quante S, Boretti FS, Kook PH, Mueller C, Schellenberg S, Zini E, Sieber-Ruckstuhl N, Reusch CE. Urinary catecholamine and metanephrine to creatinine ratios in dogs with hyperadrenocorticism or pheochromocytoma, and in healthy dogs. J Vet Intern Med 2010; 24(5):1093–1097.

Radin MJ, Sharkey LC, Holycross BJ. Adipokines: a review of biological and analytical principles and an update in dogs, cats, and horses. Vet Clin Pathol 2009; 38(2): 136–56.

Ramsey I, Neiger R. Canine Hyperadrenocorticism. In: Bonagura JD, Twedt DC, Hrsg. Kirk's Current Veterinary Therapy XIV. St. Louis: Saunders 2009; 224–7.

Reusch C. Feline Diabetes Mellitus. In: Ettinger SJ, Feldman EC, Hrsg. Textbook of Veterinary Internal Medicine. 7th Edition. St. Louis: Saunders 2010; 1796–816.

Rijnberk A, Kooistra HS, eds. Clinical Endocrinology of Dogs and Cats. Hannover: Schlütersche 2010.

Ristic JME, Ramsey IK, Heath FM, Evans HJ, Herrtage ME. The use of 17-hydroxyprogesterone in the diagnosis of canine hyperadrenocorticism. J Vet Intern Med 2002; 16(4): 433–9.

Rodríguez Piñeiro MI, Benchekroun G, de Fornel-Thibaud P, Maurey-Guenec C, Garnier F, Rosenberg D. Accuracy of an adrenocorticotropic hormone (ACTH) immunoluminometric assay for differentiating ACTH-dependent from ACTH-independent hyperadrenocorticism in dogs.J Vet Intern Med 2009; 23(4): 850–5.

Schatz S, Palme R. Measurement of faecal cortisol metabolites in cats and dogs: a non-invasive method for evaluating adrenocortical function.Vet Res Commun 2001; 25(4): 271–87.

Schlachter S, Nelson RW, Scott-Moncrieff C, Ferguson DC, Montgomery T, Feldman EC, Neal L, Kass PH. Comparison of serum-free thyroxine concentrations determined by standard equilibrium dialysis, modified equilibrium dialysis, and 5 radioimmunoassays in dogs. J Vet Intern Med 2004; 18(3): 59–64.

Scott-Moncrieff JC, Koshko MA, Brown JA, Hill K, Refsal KR. Validation of a chemiluminescent enzyme immunometric assay for plasma adrenocorticotropic hormone in the dog. Vet Clin Pathol 2003; 32(4): 180–7.

Scott-Moncrieff JCR. Hypothyroidism. In: Ettinger SJ, Feldman EC, Hrsg. Textbook of Veterinary Internal Medicine. 7th Edition. St. Louis: Saunders 2010a: 1751–61.

Scott-Moncrieff JCR. Hypoadrenocorticism. In: Ettinger SJ, Feldman EC, Hrsg. Textbook of Veterinary Internal Medicine. 7th Edition. St. Louis: Saunders 2010b; 1847–57.

Sieber-Ruckstuhl NS, Boretti FS, Wenger M, Maser-Gluth C, Reusch CE. Evaluation of cortisol precursors for the diagnosis of pituitary dependent hypercortisolism in dogs. Vet Rec 2008; 162(21): 673–8.

Tomsa K, Glaus TM, Kacl GM, Pospischil A, Reusch CE. Thyrotropin-releasing hormone stimulation test to asses thyroid function in severely sick cats. J Vet Intern Med 2001; 15(2): 89–93.

Vaessen MM, Kooistra HS, Mol JA, Rijnberk A. Urinary corticoid: creatinine ratios in healthy pet dogs after oral low-dose dexamethasone suppression tests. Vet Rec 2004; 155(17): 518–21.

Vincent IC, Michell AR. Comparison of cortisol concentrations in saliva and plasma of dogs. Res Vet Sci 1992; 53(3): 342–5.

Ward CR. Gastrointestinal Endocrine Disease. In: Ettinger SJ, Feldman EC, Hrsg. Textbook of Veterinary Internal Medicine. 7th Edition. St. Louis: Saunders 2010; 1857–65.

Weingart C, Arndt G, Kohn B. Bestimmung von β-Hydroxybutyrat mit einem portablen Messgerät bei Katzen mit Diabetes mellitus, diabetischer Ketose und diabetischer Ketoazidose. Tierärztl Prax 2010; 1 (K): Abstracts A9.

Wenger-Riggenbach B, Boretti FS, Quante S, Schellenberg S, Reusch CE, Sieber-Ruckstuhl NS. Salivary cortisol concentrations in healthy dogs and dogs with hypercortisolism. J Vet Intern Med 2010; 24(3): 551–6

Zerbe CA, Boosinger TR, Grabau JH, Pletcher JM, O'Dorisio TM. Pancreatic polypeptide and insulin-secreting tumor in a dog with duodenal ulcers and hypertrophic gastritis. J Vet Intern Med 1989; 3(3): 178–82.

Zeugswetter F, Bydzovsky N, Kampner D, Schwendenwein I. Tailored reference limits for urine corticoid:creatinine ratio in dogs to answer distinct clinical questions. Vet Rec 2010; 167(26): 997–1001.

25 Harnapparat

Andreas Moritz, Ilse Schwendenwein und Wilfried Kraft

25.1 Einleitung

Die Nierenfunktion umfasst nicht nur die Exkretion harnpflichtiger Substanzen, die hauptsächlich aus dem Protein- und Muskelstoffwechsel anfallen, sondern auch die Regulation des Wasser-, Elektrolyt- und Säure-Basen-Haushaltes (s. Kap. 22 u. 23) sowie die Synthese von Vitamin D, Erythropoetin und Renin (s. Kap. 11, 21, 24).

Nierenperfusion und Anzahl der funktionsfähigen Glomerula sind die determinierenden Größen der Nierenfunktion. Die Niere ist sehr gut durchblutet und erhält 20–25 % des Herzminutenvolumens. Davon entfallen 90 % auf die Nierenrinde und 10 % auf die Medulla. Die hohe Konzentration an gelösten Stoffen sowie die verhältnismäßig geringe Durchblutung behindern in dieser Zone zahlreiche immunologische Funktionen, sodass dieser Bereich besonders anfällig für Infekte ist.

Die Niere vermag auf eine Vielzahl von Noxen nur mit einem begrenzten Spektrum struktureller, pathomorphologisch fassbarer Veränderungen, die zusammenfassend als **Nephropathien** bezeichnet werden, zu reagieren.

Die klinischen Erscheinungen sind je nach auslösender Noxe, deren primärem Angriffspunkt und Einwirkungszeit sowie der Kinetik des entstehenden Schadens und der daraus resultierenden Kompensationsmechanismen sehr unterschiedlich.

Für die reguläre Funktion eines Nephrons ist die Integrität aller Abschnitte erforderlich. Auch Störungen, die nur einen einzigen Abschnitt, also z. B. das Glomerulum betreffen, führen bereits zu einem Funktionsverlust des gesamten Nephrons.

Die **glomeruläre Filtrationsrate (GFR)** beschreibt die Flüssigkeitsbewegung durch die glomerulären Kapillarwände in den Bowman'schen Raum und ist durch die effektive Permeabilität und den jeweiligen hydrostatischen und kolloidosmotischen Druck im Kapillarlumen sowie im Bowman'schen Raum definiert. Der Nettofiltrationsdruck beträgt 6–14 mmHg.

Jeder Faktor, der einen der genannten Parameter verändert, beeinflusst die glomeruläre Filtrationsrate und damit die Nierenfunktion.

Volumenmangel oder Schockzustände, die zu einem Abfall des hydrostatischen Druckes in den Kapillaren führen, Erhöhungen des onkotischen Druckes im Kapillarbett bei schwerer Dehydratation, ein Anstieg des hydrostatischen Druckes in den Nierenkanälchen durch Verlegung der Ureteren oder Urethra sind Mechanismen, die allein oder in Kombination die glomeruläre Filtrationsrate senken. Die effektive Permeabilität der glomerulären Membran hängt von der Größe ihrer Oberfläche sowie den Eigenschaften der Poren ab. Die glomeruläre Oberfläche kann durch Kontraktion der Mesangumzellen unter Einfluss von Angiotensin II und ADH/AVP (antidiuretisches Hormon/Arginin-Vasopressin) variiert werden.

Das Primärfiltrat beträgt beim Hund 32–36 % und bei der Katze 33–41 % der Blutmenge, die die Glomerula durchströmt.

Die **Filtrationsfraktion** ist der Quotient aus GFR und renalem Blutfluss.

Die metabolischen Konsequenzen bei Funktionseinschränkungen, die durch verminderte Perfusion und konsekutiven Verlust funktionsfähiger Nephrone entstehen, sind ebenso wie die klinischen Erscheinungen weitreichend, sehr vielgestaltig und können häufig erst anhand von Laborresultaten richtig eingeordnet werden. Die verschiedenen klinischen Symptome werden zusammen mit den typischen Laborbefunden in renale Syndrome zusammengefasst (**Tab. 25.1**).

Aufgrund der hohen funktionellen Reservekapazität werden sowohl die klinischen als auch labordiagnostisch fassbaren Veränderungen erst sehr spät, nämlich wenn 60 % der Nephrone nicht mehr funktionsfähig sind, manifest.
Zunächst kommt es zu einer Einschränkung des Wasserkonservierungsvermögens, das sich klinisch in einer Polyurie mit konsekutiver Polydipsie (PU/PD) manifestiert. Dies erkennt der Besitzer in der Anfangsphase oft nicht, da in dieser die Abweichungen noch nicht so deutlich ausgeprägt sind. Nykturie und »Unsauberwerden« sind dann häufig die iatrotropen Probleme.
In dieser Phase fehlt zunächst noch der Anstieg der harnpflichtigen Substanzen im Blut (Azotämie). Bei diesen Patienten ist nach Ausschluss anderer Ursachen für das Auftreten von PU/PD die Bestimmung der renalen Clearance zur Diagnostik erforderlich. Zur Retention harnpflichtiger Substanzen wie Harnstoff und Kreatinin, also einer Azotämie, kommt es erst nach dem Verlust von 75 % des Nierenparenchyms.
Die **labordiagnostischen Untersuchungen** des Harnapparates können eingeteilt werden in:
- Urinuntersuchung
- Blut-, Serumuntersuchung
- Nierenfunktionstests

Besteht aufgrund der klinischen Untersuchung der Verdacht auf eine Nierenerkrankung, sollten folgende Fragen beantwortet werden:
1. Liegt wirklich eine primäre Nierenerkrankung vor oder sind die Symptome nur Begleiterscheinungen einer anderen Krankheit?
2. Ist die Störung prärenal, renal oder postrenal?

Tab. 25.1 Renale Syndrome

Bezeichnung	Pathophysiologie	Kardinalsymptome
akute Nierenerkrankung	plötzlicher Abfall der GFR	• renale Azotämie • Schwellung des Nierenparenchyms
chronische Nierenerkrankung	chronisch progredienter Abfall der GFR	• renale Azotämie • protrahierter Verlauf • Allgemeinsymptome
nephrotisches Syndrom	hochgradige renale Proteinurie	Ödeme, Proteinverlust
Tubulusschäden	Homöostasestörungen	metabolische Azidosen

3. Handelt es sich um eine akute oder chronische Nierenerkrankung?
4. Besteht eine Glomerulopathie?

Die Fragen (1) und (2) lassen sich im Falle einer Azotämie durch die klinische Untersuchung weitgehend beantworten. Bei akutem Nierenversagen ist die Urinmenge eingeschränkt; sie beträgt im oligurischen Stadium < 0,5 ml/kg Körpermasse (KM) und Stunde und kann im Fall einer Anurie noch deutlich darunter liegen. Im folgenden Stadium der Polyurie werden erheblich größere Urinmengen gebildet (> 2 ml/kg KM und Stunde).

Bei **prärenaler Azotämie**, deren Ursachen Hypovolämie (Dehydratation, akuter Blutverlust), Kreislaufschock anderer Ursache, Addison-Krankheit (Hypoadrenokortizismus) oder Herzinsuffizienz (vermindertes Herzzeitvolumen) sein können, werden folgende Befunde erhoben:

- Serum-Kreatinin-Wert ↑
- Serum-Harnstoff-Wert ↑
- Verhältnis Harnstoff [mg/dl] : Kreatinin [mg/dl] > 43
- Hämatokritwert und Proteinkonzentration bei Dehydratation meist erhöht (nicht jedoch bei vorausgegangener Anämie, Hypoproteinämie oder bei Welpen)
- eventuell hohes spezifisches Gewicht des Urins

Zu Beginn der prärenalen Azotämie ist der Serum-Harnstoff-Gehalt erhöht bei unverändertem Serum-Kreatinin-Wert (frühe prärenale Azotämie). Weitere Ursachen für »solitäre« Serum-Harnstoff-Erhöhung siehe Abschnitt »Harnstoff« (S. 467 ff.) und »Kreatinin« (S. 470 ff.).

Bei einer **renaler Azotämie, in Form einer akuten Nierenerkrankung**, welcher meist eine Nephritis (interstitiell, tubulär oder generalisiert) zugrunde liegt, können die nachstehenden Befunde erhoben werden:

- Serum-Kreatinin-Wert ↑
- Serum-Harnstoff-Wert ↑
- Verhältnis Harnstoff [mg/dl] : Kreatinin [mg/dl] ≤ 43
- Hyperphosphatämie
- Hyper-, Normo- oder Hypokaliämie
- metabolische Azidose
- spezifisches Gewicht des Urins: Hund < 1,030; Katze < 1,035; Pferd, Rind < 1,020; Tendenz zur Isosthenurie (1,008–1,012 [Katze 1,008–1,015])
- Proteinurie, Hämaturie, Pyurie, Glukosurie, Zylindurie

Bei **postrenaler Azotämie**, hervorgerufen durch Harnwegsobstruktion jeglicher Ursache, ergeben sich folgende Befunde:

- Serum-Kreatinin-Wert ↑
- Serum-Harnstoff-Wert ↑
- Verhältnis Harnstoff [mg/dl] : Kreatinin [mg/dl] ≤ 43
- spezifisches Gewicht des Urins unverändert (erst bei Schädigung von mehr als 2/3 der Nephrone erniedrigt, bei > 3/4 Isosthenurie)
- Hyperphosphatämie
- Hyperkaliämie

Ein **nephrotisches Syndrom wird durch Glomerulopathien hervorgerufen.** Diese werden entweder durch Glomerulonephritiden, Immunkomplexglomerulopathien (systemischer Lupus erythematodes, lymphozytäre Thyreoiditis; FeLV-Infektion) oder eine Nierenamyloidose verursacht. Glomerulonephritiden entstehen durch Infektionen, Immunkomplexglomerulopathien durch Antigen-Antikörper-Komplexe, die an der Basalmembran abgelagert werden und über Komplementaktivierung eine Schädigung der Basalmembran auslösen, oder es werden Antikörper gegen die Basalmembran selbst

gebildet. Die Nierenamyloidose ist häufig eine Folge chronischer Krankheiten (Infektionen oder Neoplasien, bei der Katze auch Vitamin-A-Hypervitaminose, Rasseprädisposition bei Abessinier und Shar Pei).
In diesen Fällen verändert sich die Konfiguration der Poren zwischen den Podozyten, sodass sie für größere Moleküle passierbar werden. Die Folge ist eine oft hochgradige Albuminurie mit gleichzeitiger Hypalbuminämie. Hieraus resultieren die Laborbefunde die typisch für ein nephrotisches Syndrom sind:

- Hypoproteinämie/Hypalbuminämie
- Normo- oder Hyperglobulinämie
- Azotämie (kann lange Zeit fehlen)
- vermindertes Albumin/Globulin-Verhältnis
- Hypercholesterinämie
- Hyperphosphatämie (bei Azotämie/Urämie)
- Hypokalzämie
- Hypernatriämie
- Hypochlorämie (unregelmäßig)
- Albuminurie (oft sehr hoch)
- Zylindurie (hyaline Zylinder)
- Hämaturie
- spezifisches Gewicht des Urins üblicherweise hoch, erst bei Fortschreiten der Nierenerkrankung Isosthenurie (kann jedoch bei hoher Urin-Protein-Konzentration falsch hoch sein)

Eine **chronische Nierenerkrankung, die ebenfalls eine renale Azotämie hervorruft,** zeigt folgende Laborbefunde (je nach IRIS[International Renal Interest Society]-Stadium):

- Serum-Kreatinin-Wert ↑
- Serum-Harnstoff-Wert ↑
- Verhältnis Harnstoff [mg/dl] : Kreatinin [mg/dl] wie beim gesunden Fleischfresser (≤43)
- spezifisches Gewicht des Urins (bei Funktionseinbußen von 2/3 der Nephrone) Hund < 1,030; Katze < 1,035; Pferd, Rind < 1,020; später (Schädigung von > 3/4 der Nephrone) Isosthenurie (1,008–1,012 [Katze 1,008–1,015])
- Hyperphosphatämie
- Hyper-, Normo- oder Hypokaliämie
- Hyper-, Normo- oder Hyponatriämie
- Normo- oder Hypochlorämie
- metabolische Azidose
- nichtregenerative Anämie

Zur Labordiagnostik von Nephropathien beim **Pferd** siehe S. 716 f.

25.2 Urinuntersuchung

Indikationen

- Allgemeinuntersuchung (bei Patienten mit anderen Krankheiten oder zur Vorsorge)
- PU/PD (z. B. Diabetes mellitus, Morbus Cushing ...)
- Dysurie
- verfärbter Harn (z. B. Hämoglobinurie, Bilirubinurie)
- Verdacht auf Nierenerkrankungen
- Hypo-, Hyper-, Dysproteinämie
- Ödeme
- Prostatakrankheiten
- Hepatopathien
- Anämie

Urinuntersuchungen können in folgende Gruppen eingeteilt werden:

- physikalische Untersuchungen
- chemische Untersuchungen
- Untersuchung des Sediments
- bakteriologische Untersuchung

Außer über die Harnorgane vermag die Urinuntersuchung wertvolle Hinweise auf Erkrankungen anderer Organe und Systeme zu geben, so z. B. durch den Nachweis von Glukose, Ketonkörpern oder Gallenfarbstoffen im Urin.

Bei stärkerer Verdünnung des Urins infolge einer Polyurie sind die Ergebnisse **quantitativer Bestimmungen** oft wenig verlässlich, insbesondere wenn nur eine zufällig gewonnene Harnprobe untersucht wird. Wünschenswert wäre daher für quantitative Untersuchungen das Sammeln von 24-Stunden-Harn. Dazu muss der Harn quantitativ aufgefangen, konserviert und im Kühlschrank aufbewahrt werden. Das Auffangen im Stoffwechselkäfig ist bei untrainierten Patienten wegen der damit verbundenen Unruhe und Aufregung kaum möglich. Daher hat man für quantitative Untersuchungen eine Bezugsgröße festgelegt, die weitgehend unabhängig von der Harnmenge ist. Als geeignet erwies sich die **Kreatininkonzentration im Harn**. Für Übersichtsuntersuchungen begnügt man sich jedoch im Allgemeinen mit **qualitativen** oder **semiquantitativen Untersuchungen**. Dazu wird in der Regel der erste oder zweite **Morgenurin** verwendet. Dabei ist jedoch Folgendes zu berücksichtigen:

- Spontanurin ist immer kontaminiert durch die Passage von Harnröhre, Präputium oder Scheide; er repräsentiert daher nie reinen Harnblasen- oder gar Nierenurin.
- Durch die Harngewinnung mittels Katheter erfolgt immer eine Kontamination der Harnblase und des Blasenurins.
- Das Ausmassieren der Harnblase führt sehr häufig zu einem Hochdrücken des Urins ins Nierenbecken mit der Gefahr einer Infektion. Bei geschädigter Harnblase kann eine Ruptur provoziert werden. Im Übrigen gilt das für die Gewinnung von Spontanurin Gesagte.
- Morgenurin hat den Vorteil, dass die Tubulusfunktion/Harnkonzentration gut beurteilt werden kann, da während der Nachtruhe der Einfluss von körperlicher Aktivität, Wasser- oder Futteraufnahme nur gering ist. Durch die längere Sammelphase ist auch die »Ausbeute« an Bakterien, Zellen und Zylindern höher. Saurer, konzentrierter Harn wirkt sich günstig auf die Haltbarkeit proteinhaltiger Strukturen aus.

Die Gewinnung von **Spontanurin** hat allerdings auch einige Vorteile:

- Die erste Portion ist besonders reich an Bestandteilen aus der Harnröhre, aus Scheide oder Präputium und den Geschlechtsorganen.
- Die zweite Portion ist repräsentativ für den Gesamtharn.
- Die Endportion zeigt sich besonders bei Blasenkrankheiten verändert.

Katheterurin darf nur mit sterilen (Einmal-)Kathetern entnommen werden. Präputium oder Scheide sind vorher zu reinigen. Das Katheterisieren muss so vorsichtig und so steril wie möglich geschehen, um Verletzungen und Infektionen zu vermeiden. **Indikationen** für das Katheterisieren können sein (wobei beim Kleintier im Einzelfall zu prüfen ist, ob nicht besser die unten beschriebene Harnblasenpunktion durchgeführt werden sollte):

- Gewinnung reinen Blasenurins (zur Differenzierung von Krankheiten der harnbereitenden Organe, der Harnblase und, im Vergleich mit Spontanurin, der Harnröhre)
- Unmöglichkeit, auf andere Weise Urin zu erhalten
- Ausscheidungskontrolle: Prüfung der Harnmenge (Verdacht auf Oligo-, Anurie, also quantitative Harngewinnung durch einen Dauerkatheter)

- Prüfung der Harnröhrendurchgängigkeit
- Blasenlähmung
- retrograde Kontrastmittelapplikation
- lokale Behandlung der Harnblase

Die schonendste Art, beim Kleintier Harn zu gewinnen, ist die **Zystozentese** (Blasenpunktion). Sie kann durch manuelle Fixation der Harnblase »blind« oder – besser – unter Ultraschallkontrolle durchgeführt werden. Die Punktionskanüle wird – je nach Füllung der Harnblase – in einem Winkel von 30–45° von ventral nach kaudodorsal in die Harnblase geschoben. Damit ist reiner Blasenurin ohne Kontamination zu gewinnen. **Indikationen** sind insbesondere:

- Gewinnung sterilen Urins zur bakteriologischen Untersuchung
- Gewinnung reinen Blasenurins zur Beurteilung des Harns ohne Kontamination durch Harnröhre oder Geschlechtsorgane
- rasche Entleerung einer übervollen Blase, besonders bei Hindernis in der Harnröhre

Vorsicht bei Katzen und Kaninchen: Die übervolle Blase kann rupturieren!

Nachteil der Harngewinnung durch Zystozentese ist die häufige Kontamination mit Erythrozyten. Ihr Auffinden im Zystozenteseharn darf deshalb nicht als »Hämaturie« interpretiert werden.

Haltbarkeit

Harn ist ein instabiles Untersuchungsmedium, besonders bei hoher Umgebungstemperatur und alkalischem pH-Wert treten rasch unvorhersehbare Veränderungen ein.
Daher sollte die Harnuntersuchung so rasch als möglich nach der Gewinnung durchgeführt werden.

Generell gilt: Harn sollte bei Zimmertemperatur maximal 30 Minuten gelagert werden!

Längeres Stehen bei Raumtemperatur führt zu einer Erhöhung des pH-Wertes durch Freisetzung von CO_2 in die Atmosphäre sowie durch eventuelle Proliferation ureaseaktiver Kontaminanten.
Sedimentbefund: Dissoziation von Zylindern, Präzipitation von Kristallen, osmotische Zellschädigung

Konservierungsmöglichkeiten

- Lichtschutz: verhindert Bilirubinabbau
- Kühlung: 2–8 °C (Kühlschrank) in *dicht verschlossenen Gefäßen*! Haltbarkeit einige Stunden evtl. über Nacht

Die gekühlten Harnproben müssen vor der Untersuchung auf Raumtemperatur erwärmt werden!

- enzymatische Tests (Teststreifen) sind temperaturabhängig!
- spezifisches Gewicht ist temperaturabhängig!
- Kältepräzipitate lösen sich wieder!

Durch Kühlung bleiben die Zellen weitgehend erhalten. Genaue Daten über die Stabilität von Zellen im Harnsediment liegen für Tiere nicht vor. Im menschlichen Harn sind Erythrozyten (RBC) im sauren Harn mehrere Tage lang stabil. Leukozyten (WBC) bleiben in alkalischem Harn 3 Tage, in gekühltem saurem Harn mehr als 10 Tage erhalten.

Einfrieren

- gut geeignet für alle chemischen Bestimmungen, da Bakterienwachstum wirkungsvoll verhindert wird

Auch hier sind dicht schließende Gefäße als Verdunstungsschutz wichtig!

- Ca, Na, K, Cl, Mg und Phosphat sind 10 Wochen stabil.
- Signifikante Verluste können bei ADH/AVP, Kreatinin, Epinephrin, Hydroxyprolin, Norepinephrin und Harnstoff auftreten.

Ungeeignet zur Zellpräservation!

Formaldehyd

- verhindert Bakterienwachstum und unterstützt die Haltbarkeit von Zylindern und Zellen
- Mischungsverhältnis: 1 Tropfen 40%ige Formalinlösung zu 30 ml Harn
- Formaldehyd interferiert mit Glukosebestimmungen mithilfe der Glukoseoxidasemethode.

Thymol

- verhindert Bakterienwachstum
- falsch positive Reaktionen mit Sulfosalizylsäure
- Mischungsverhältnis: 10 % Thymol in Isopropanol
- 5–10 ml/1000 ml Harn (24-Stunden-Harnvolumen eines mittelgroßen Hundes)

Borsäure

- verhindert Bakterienwachstum
- Mischungsverhältnis: 1 g Borsäure konserviert 1000 ml Harn

Chloroform

- verhindert Bakterienwachstum
- Mischungsverhältnis: 5 ml Chloroform für 1000 ml Harn

Harnvolumen

Der Primärharn wird im Glomerulum als proteinfreies Plasmafiltrat gebildet. Er hat einen pH-Wert von 7,4 und eine Osmolalität von etwa 285 mosm/kg, die der des Blutplasmas entspricht. Im Tubulusapparat wird der Harn je nach Bedarf zur Aufrechterhaltung der Homöostase konzentriert oder verdünnt. Üblicherweise wird der Harn auf etwa 800–1000 mosm/kg aufkonzentriert und der pH-Wert gesenkt. Eine Beimengung von Zellen findet ebenfalls im Verlauf der ableitenden Harnwege statt.

Die Bestimmung des Harnvolumens ist beim Tier, wie oben erwähnt, sehr unsicher und nur mit erheblichem Aufwand durchzuführen. Bei Verdacht auf Oligurie/Anurie kann dagegen mit einem verschließbaren Dauerkatheter und Auffangen des Katheterurins in einem Sammelgefäß (Harnbeutel) die Menge gut bestimmt werden.

Aus den genannten Gründen umgeht man häufig die direkte Messung der Harnmenge und untersucht eine im Harn bestimmbare Substanz in ihrem Verhältnis zum Urin-Kreatinin als Bezugsgröße.

Beispiel: Wenn die im Harn ausgeschiedene Gesamtproteinmenge geschätzt werden soll, werden Urin-Kreatinin und Urin-Protein gemessen; der Proteinwert wird dann zum Urin-Kreatinin-Wert in Beziehung gesetzt (siehe Urin-Protein/Kreatinin oder U-P/C).

Das **Harnvolumen** variiert beim gesunden Individuum erheblich. Daher sind »Normalwerte« besonders problematisch und Untersuchungsbefunde nur unter Berücksichtigung von Fütterungs- und Haltungsbedingungen sowie der Verwendung des Tieres zu interpretieren. Im Einzelnen wird das Volumen von folgenden Faktoren beeinflusst:

- Art der Fütterung
- Gelegenheit und Gewohnheit der Flüssigkeitsaufnahme (z. B. konditionierte Polydipsie bei Schlittenhunden)
- körperliche Bewegung
- Aufregung
- Lufttemperatur und -feuchtigkeit
- Körpertemperatur

Indikation

Ermittlung von Polyurie, Oligurie oder Anurie

Material

Urin

Prinzip

quantitatives Sammeln (24-Stunden-Sammelurin), bei Verdacht auf Oligurie/Anurie stündliches Sammeln von Urin mithilfe eines Dauerkatheters

Technik

- Stoffwechselkäfig (nur bei speziell trainierten Tieren möglich)
- Dauerkatheter
- Auffangen des Spontanurins
- Harnbeutel

Referenzbereiche

siehe **Tabelle 25.2**

Tab. 25.2 Referenzbereiche für das Harnvolumen bei verschiedenen Spezies

Spezies	Harnvolumen	
	ml/kg KM/d	ml/kg KM/h
Hund	24–50	1–2
Katze	18–25	0,5–1,2
Pferd	8–30	0,5–1,25
Rind	16–50[1]	0,5–2[1]
Schaf	10–40	0,5–1,5
Ziege	10–40	0,5–1,5
Schwein	20–80	0,8–3,3

1 Kalb je nach Trinkmenge; bei Ad-libitum-Tränke: 3,2–6,2 ml/kg KM/h
d: Tag, h: Stunde, KM: Körpermasse

Bewertung

▶ Harnvolumen ↑ = Polyurie: > 2 ml/kg KM/h

- vorübergehend:
  - physiologisch vermehrte Wasseraufnahme (scharfe oder eiweißreiche Nahrung, hohe Umgebungstemperatur etc.)
  - iatrogene Überwässerung
  - medikamentös (z. B.)
    - Diuretika
    - Kortikosteroide (iatrogen)
    - Spironolacton (Aldosteronantagonist)
    - Methoxyfluran
    - Amphotericin B
    - Kaliumbromid
- krankhaft:
  - chronische Nephropathie, polyurische Phase (»Zwangspolyurie«)
    - generalisierte Nephropathie
    - Tubulopathie
    - renale Amyloidose

- akute Nierenerkrankung, polyurische Phase
- renale Glukosurie
- Pyometra
- chronische Hepatopathie (Hyperaldosteronismus)
- Fanconi-Syndrom
- Diabetes insipidus
- Diabetes mellitus
- Hyperthyreose
- Hyperkortisolismus
- Hypoadrenokortizismus (M. Addison)
- Hyperöstrogenismus
- Hyperkalzämie
- Hypokaliämie
- Medullary Washout
- Gehirnkrankheiten mit Beteiligung von Thalamus, Hypothalamus
- psychogen: primäre Polydipsie

▶ Harnvolumen ↓ = Oligurie, Anurie: < 0,5 ml/kg KM/h

- längeres Dursten (physiologisch!)
- Dehydratation:
  - Erbrechen
  - Durchfall
  - Verbrennung
  - Fieber
  - Schock
- M. Addison (Hypoperfusion bzw. schockbedingte Oligurie)
- Herzinsuffizienz (Senkung des Herzzeitvolumens)
- prärenale akute Nierenerkrankung, anurische Phase (Beginn)
- renale akute Nierenerkrankung, Nierenversagen
- chronische Nierenerkrankung, oligurische/anurische Phase (Terminalstadium)
- Glomerulonephropathie
- Obstruktion der Harnwege (spontan oder iatrogen)

Farbe

Die Harnfarbe kann grobe Anhaltspunkte über die Urinkonzentration (besser: Urindichte) geben. Außerdem erhält man Hinweise auf krankhafte Beimengungen. Medikamente und Futtermittel können die Harnfarbe verändern.

Referenzbereiche

Die Farbe des physiologischen Urins weist große tierartliche Unterschiede auf (**Tab. 25.3**).

Bewertung

- sehr dunkle Verfärbung:
  Dehydratation (Erbrechen, Durchfall, Fieber, Verbrennung, Herz-Kreislauf-Insuffizienz, Dursten), längeres Stehen des Harns an der Luft
- sehr heller bis farbloser Urin:
  Polyurie (Polydipsie aus Gewohnheit (psychogene oder primäre Polydypsie) oder bei Diabetes insipidus, seltener Diabetes mellitus, Pyometra, Nierenerkrankung im polyurischen Stadium,

Tab. 25.3 Referenzbereiche für die Harnfarbe bei verschiedenen Spezies

Spezies	Farbe des Harns
Hund	blassgelb bis braungelb
Katze	gelb bis kräftig dunkelgelb
Pferd	lehm- bis ockerfarben, trüb
Rind	hellgelb bis dunkelbraungelb
Schaf	hellgelb bis dunkelbraungelb
Ziege	hellgelb bis dunkelbraungelb
Schwein	hellgelb bis dunkelgelb

Diuretika, Hyperkortisolismus, Kortikosteroidbehandlung)
- gelbbraun bis grünbraun: Gallefarbstoffe
- rot, braun, schwarz: Hämoglobin-, Myoglobinurie, Hämaturie
- rot: Azosulfonamide, Phenothiazin, Phenolphthalein
- braunrot: Porphyrinurie
- blau: Methylenblau
- grüngelb: Akridinfarbstoffe
- gelb-rahmig: Eiter

Die Differenzierung zwischen Hämaturie und Hämoglobinurie wird durch Zentrifugieren frischen Harns vorgenommen. Ist der Überstand nicht mehr rot verfärbt, so handelt es sich um eine Hämaturie – im Sediment sind die intakten Erythrozyten nachweisbar (**Abb. 25.1**).

Bei längerer Verweildauer der Erythrozyten, besonders in alkalischem und hypotonem Harn, kommt es sehr leicht zur intravesikalen Hämolyse!

Eine makroskopische Rotfärbung ist im Harn bei einer Konzentration von 0,5 ml Vollblut/Liter (2500 RBC/ml) sichtbar.

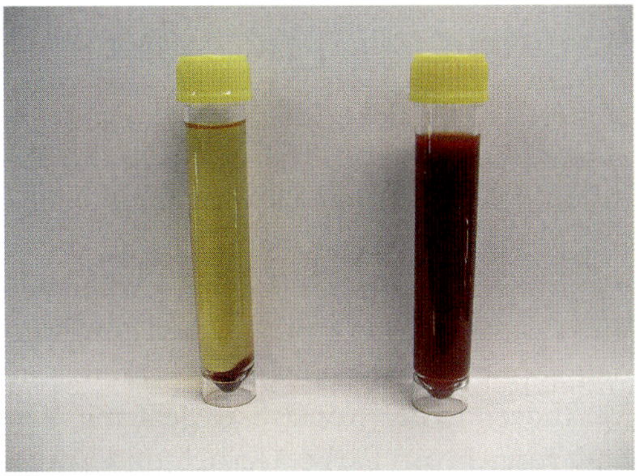

Abb. 25.1 Urin eines Hundes mit Hämaturie vor (rechts) und nach Zentrifugation (links)

Im Zuge fulminanter intravaskulärer Hämolysen kann die Bindungskapazität des Haptoglobins für Hämoglobin überschritten werden, sodass Hämoglobin glomerulär filtriert wird. Bei schweren Verlaufsformen werden häufig auch Erythrozytenmembranen ausgeschieden – eine schwere Chromoproteinnephrose, die zum Nierenversagen führen kann, ist mit diesem Symptomenkomplex verbunden. Im Zuge von Myoglobinurien ist das Plasma nicht verfärbt. Myoglobin und Hämoglobin können mithilfe eines Spektralfotometers und ihrer unterschiedlichen Absorptionsbanden differenziert werden. Eine alternative Methode stellt die Fällung von Hämoglobin mithilfe von Ammoniumsulfat dar: Porphyrine verursachen eine braunrote Verfärbung, die im UV-Licht (Wood'sche Lampe) fluoreszieren. Allerdings sind angeborene Porphyrinurien selten.

Um die Blutung lokalisieren zu können, ist es wichtig zu erheben, in welcher Miktionsphase der Harn verfärbt ist:
- **gesamter Harnstrahl verfärbt:** renale Hämaturie, durch das pulsierende Einströmen von Harn aus den Ureteren von kaudodorsal wird das Blut gleichmäßig mit dem Blaseninhalt vermischt. DD: Diffuse Blutungen aus der Blase führen auch zu einer vollständigen Durchmischung des Harns mit Blut (z. B. im Rahmen von Gerinnungsstörungen); schwere Prostatablutungen und Erkrankungen der proximalen Urethra können ebenfalls zu einer guten Durchmischung des Harns mit Blut führen.
- **Hämaturie am Ende der Miktion:** meist durch eine fokale Läsion im ventralen oder ventrolateralen Teil der Blase bedingt, z. B. durch eine Urolithiasis. Polypen können ebenfalls diese Form der Blutung auslösen.

- **Blutungen aus der Harnröhre** unabhängig vom Harnabsatz bzw. größte Blutungsintensität zu Beginn der Miktion sind auf Hämorrhagien aus Urethra, Vagina oder Uterus bei weiblichen bzw. Urethra oder Prostata bei männlichen Tieren zurückzuführen.

Transparenz

Mit Ausnahme des Pferdes (Meerschweinchen und Kaninchen auch!) ist der frisch abgesetzte Urin bei den Haussäugetieren klar; beim Pferd ist er infolge der Schleimbeimengungen und auch des hohen Gehalts an Kalziumkarbonatkristallen trüb. Nach längerem Stehenlassen, auch im Kühlschrank, wird besonders der konzentrierte Harn (v. a. bei der Katze) trüb durch Kristallausfällung, Bakterienwachstum oder durch Ausfällung von Protein bei hohem Eiweißgehalt.

Bewertung

Eine **pathologische Trübung** tritt auf durch Beimengung von:

- Schleim
- Eiter
- Blut
- Epithelien
- Bakterien

> Pferdeurin kann bei Azidose und saurem Harn-pH-Wert klar werden.

Geruch

Der Geruch soll nur an frischem Urin untersucht werden. Er wird als »**artspezifisch**« gekennzeichnet, wobei oft der Versuch einer Beschreibung unternommen wird (**Tab. 25.4**).

Referenzbereiche

Tab. 25.4 Referenzbereiche für den Geruch des Urins bei verschiedenen Spezies

Spezies	Geruch
Hund	»fleischbrüh- bis knoblauchartig«
Katze	»scharf«
Pferd	»aromatisch«
Rind	»aromatisch«
Schaf	indifferent bis »aromatisch«
Ziege	indifferent bis »aromatisch«
Schwein	»aromatisch-unangenehm«

Bewertung

- stechend, ammoniakalisch: Ammoniakbildung unter Einwirkung von Bakterienurease bei Harnblasenentzündung, Harnabsatzbeschwerden, langem Stehenlassen des Urins nach der Gewinnung
- süßlich, honigartig: Diabetes mellitus
- azeton-/obstartig bis stechend: Ketonurie
- Geruchsbeeinflussung durch Medikamente und Nahrungsbestandteile (»Spargelbrühe«)

Konsistenz

Mit Ausnahme des Pferdes hat der frisch abgesetzte Urin eine wässrige Konsistenz. Pferde- und Kaninchenharn weist einen schleimig-fadenziehenden Charakter auf, damit die großen Mengen an Kalziumkarbonaten und Oxalaten leichter ausgeschwemmt werden können. Eine grobsinnlich erkennbare Veränderung der Konsistenz geht mit Veränderungen von Farbe, Geruch und Transparenz einher.

Bewertung

fadenziehend-schleimig (außer Pferd, Kaninchen): Entzündungen der harnabführenden Wege

Wasserstoffionenkonzentration (pH-Wert)

Die »Reaktion« des Urins ist erheblich durch die Fütterung beeinflussbar. Erhöhter Umsatz von Proteinen, insbesondere solcher tierischer Herkunft, führt zu einem sauren pH-Wert, wenig proteinreiche, pflanzliche Nahrung zu einem alkalischen pH-Wert. Die Harnreaktion hängt neben dem Gehalt an Puffersubstanzen sehr stark von den mit der Nahrung aufgenommenen Kationen (Na^+, K^+, Ca^{++}, Mg^{++}) und Anionen (Cl^-, S^{2-}, HPO_4^{2-}) ab (sog. Futterbasenüberschuss nach Liebig). Der Harn von Neonaten, auch der Pflanzenfresser, weist einen sauren pH-Wert auf. Umgekehrt wird der Urin von Fleischfressern amphoter bis alkalisch, wenn sie mit einer pflanzlichen Diät versorgt werden.

Technik

pH-Meter, Indikatorpapier, Teststreifen, Teststäbchen

Referenzbereiche

Bei tierartspezifischer Fütterung und »normaler« körperlicher Aktivität werden bei den Haustieren die in **Tabelle 25.5** dargestellten »Reaktionen« festgestellt.

Tab. 25.5 Referenzbereiche für den pH-Wert des Urins bei verschiedenen Spezies

Spezies	pH-Wert
Hund	5,5–7,0
Katze	5,0–7,0
Pferd:	7,6–9,0
Rind:	7,0–8,4[1]
Schaf	7,5–8,5
Ziege	7,5–8,5
Schwein	5,5–8,0[1]

1 Stark von der Fütterung abhängig. Der Harn-pH-Wert hängt darüber hinaus von der Laktationsphase ab. Er sinkt gegen Ende der Trächtigkeit ab und schwankt bei Wiederkäuern in dieser Zeit zwischen 6,0 und 7,0.

Beurteilung

▶ pH ↓ = sauer

- Inappetenz
- physiologisch beim arttypisch ernährten Fleischfresser und beim Mastschwein
- Kreislaufschock
- Hypoxämie:
  - Durchfall
  - anhaltendes schweres Erbrechen von Dünndarminhalt
  - Azotämie, Urämie
  - Fieber
  - Proteinabbau
  - Hungerzustände
- Ethylenglykol-(Frostschutzmittel-)Vergiftung
- pH-senkende Medikamente (Ammoniumchlorid, Vitamin C, Methionin)
- proteinreiche oder andere säuernde Futtermittel
- »paradoxe Azidurie«

▶ pH ↑= alkalisch

- physiologisch beim arttypisch ernährten Pflanzenfresser
- proteinarmes Futter
- Erbrechen von Mageninhalt (z. B. bei Pylorusobturation)

- respiratorische Alkalose (Hyperventilation)
- bakterielle Zystitis
- Harnverhaltung
- zu lange ungekühlt aufbewahrter Urin
- medikamentöse Ursache (Bikarbonat, Laktat, Hydrochlorothiazid)

Der Harn-pH-Wert ist auch wichtig für die Beurteilung von Kristallurien:

- Kalziumphosphat, Magnesiumammoniumphosphat präzipitieren bei alkalischem Harn.
- Harnsäure und Cystin fallen in saurem Harn aus.
- Ammoniumurat kann sowohl im sauren als auch alkalischen Harn präzipitieren.
- Kalziumoxalat und Silikatsteine dürften kaum vom Harn pH-Wert beeinflusst werden.

Die Überprüfung des Harn-pH-Wertes eignet sich auch zur Kontrolle des therapeutischen Effektes kalkulolytischer Diäten.

Netto-Säure-Basen-Ausscheidung (NSBA)

Gemäß der Brönsted-Definition sind **Säuren** Verbindungen, die H^+-Ionen abgeben (Protonendonatoren) und **Basen** solche, die H^+-Ionen aufnehmen (Protonenakzeptoren).

25

Außerdem bestehen gelöste und dissoziierte Salze (Salzgemische) aus **Anionen** und **Kationen**. Das trifft auch für alle Körperflüssigkeiten zu (vgl. Pansensaft, Milch und Blut). Im Harn sind dies vor allem folgende durch Titration mit HCl bzw. NaOH summarisch erfassbaren Kationen sowie Anionen:

$Na^+ + K^+ + Ca^{2+} + Mg^{2+}$
= **Titrationsalkalität**
$Cl^- + SO_4^- + HPO_4^{2-}$ + organische Säurereste
= **Titrationsazidität**

Im Harn kommen neben den genannten Elektrolyten das NH_4^+-sowie das HCO_3^--Ion hinzu, die als Protonendonator sowie -akzeptor wirken und für die Regulation der H^+-Ionen-Exkretion durch die Nieren von besonderer Bedeutung sind. Demzufolge setzt sich die Gesamtheit der mit dem Harn ausgeschiedenen Basen und Säuren zusammen aus:

$Na^+ + K^+ + Ca^{2+} + Mg^{2+} + HCO_3^-$ = **Basen**
$Cl^- + SO_4^{2-} + HPO_4^{2-}$ + organische Säuren + NH_4^+ = **Säuren**
Bildet man die Differenz, so erhält man die Netto-Säure-Basen-Ausscheidung = Basen − Säuren (mmol/l).

Jeweils ein Teil der Protonenakzeptoren sowie -donatoren ist durch Puffersubstanzen gebunden und kann durch Titration bestimmt werden (= **Pufferkapazität**). Der verbleibende Teil repräsentiert die freien H^+-Ionen und wird durch den **pH-Wert** ausgewiesen.

Technik

Die NSBA kann mit einer Makro- oder Mikromethode (Siebtest) bestimmt werden.

Makromethode

- 10 ml Harn schütteln + 1 n HCl bis pH-Wert < 4
- 10 ml Formalin zugeben + 6 Tropfen Phenolrot
- mit 0,1n NaOH bis zum Farbumschlag titrieren (Magnetrührer)

Berechnung

NSBA (mmol/l) = 10 × (10 × ml 1 n HCl – 0,1 n NaOH)

Mikromethode

- 0,5 ml Harn + 0,2 ml HCl
- 5 min im Wasserbad erhitzen
- 0,5 ml Formalin-Phenolrot-Lösung
- schrittweise 0,05 ml 1 n NaOH bis zum Farbumschlag zugeben

Berechnung (Tab. 25.6)

Durch Formalin wird das NH_4^+ in Hexamethylentetramin als titrierbare Form überführt (Formoltitration). In der geschilderten Weise (Titration mit HCl/Rücktitration mit NaOH) wird die NSBA als Bilanzwert bestimmt. Notiert man dagegen die Menge Basen, Ammonium-Ionen wie auch Säuren einzeln, erhält man die »fraktionierte NSBA« und damit die Möglichkeit zu einer differenzierteren Bewertung. Außerdem können diese »Fraktionen« zueinander in Beziehung gesetzt werden:

$$\frac{\text{Basen (mmol/l)}}{\text{Säuren (mml/l)} + NH_4^+ \text{ (mmol/l)}}$$

= Basen-Säuren-Quotient (BSQ)

Tab. 25.6 Berechnung der NSBA

Zugegebene ml NaOH	NSBA (mmol/l)
0,050	>300
0,100	300–200
0,150	200–100
0,200	100–0

Dadurch lässt sich die Abhängigkeit von Diureseschwankungen, die als variierende Harnmenge die NSBA beeinflussen, weitgehend eliminieren.

Die NSBA reflektiert sensibel Fütterungseinflüsse, d.h. Veränderungen des »Futterbasenüberschusses« (Futter-BE). Davon abhängig bestehen eine gewisse Tageszeit- sowie eine deutliche Jahreszeitdynamik. Fleischfresser haben in der Regel eine negative (Überwiegen der Säurenausscheidung), Pflanzenfresser eine positive NSBA (Überwiegen der Basenausscheidung). Im Fastenzustand bzw. bei Anorexie sinkt die NSBA ebenso wie der pH-Wert systematisch ab (**Abb. 25.2**). Diese Veränderung wird zum Teil als »paradoxe Azidurie« bezeichnet. Sie ist fast ausschließlich durch die Abnahme der Kaliumausscheidung bedingt und somit gut erklärbar.

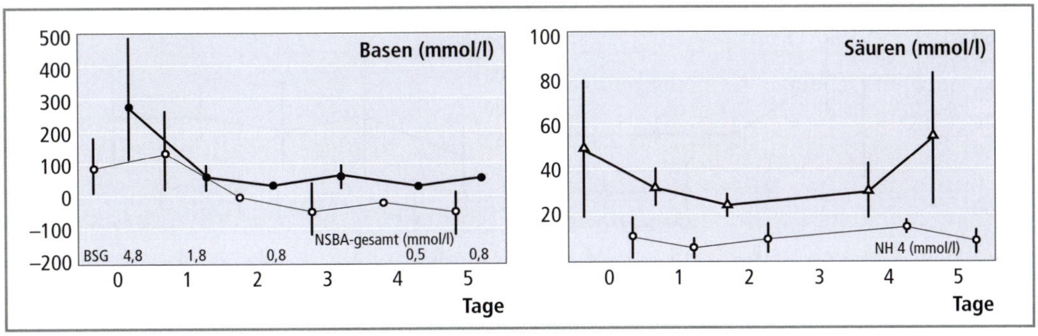

Abb. 25.2 Fraktionierte NSBA bei adulten Schafen während 5-tägigen Fastens (n = 5)

Referenzbereiche

siehe **Tabelle 25.7**

Bewertung

Abnahmen der NSBA und des BSQ zeigen sensibel azidotische, Zunahmen alkalotische Belastungen des Säure-Basen-Haushaltes an. Veränderungen der NSBA treten früher als solche des pH-Wertes ein, da dieser erst nach Erschöpfung des Puffervermögens reagiert, die NSBA aber bereits die Beanspruchung der Puffer anzeigt. Außerdem können Abweichungen im Harn als Ausdruck renaler Kompensation von Belastungen des Säure-Basen-Haushaltes auftreten, während im Blut (noch) keine Abweichungen festzustellen sind (**Abb. 25.3**). Deshalb ist die NSBA besonders zum Nachweis chronischer fütterungsbedingter Belastungen des Säure-Basen-Haushaltes geeignet.

Neben den Veränderungen der Gesamt-NSBA werden akute Azidosen mit exzessiver H^+-Ionen-Bildung, z. B. bei akuter Pansenazidose, besonders durch starke Anstiege der NH_4^+-Konzentration angezeigt (Abb. 25.3), chronische durch Verschiebungen des Basen-Säuren-Verhältnisses (BSQ) mit moderatem NH_4^+-Anstieg, z. B. beim Milchfettmangelsyndrom und bei der chronischen Pansenazidose (**Abb. 25.4**). Weitere Beispiele für Ursachen von NSBA-Abweichungen sind in **Tabelle 25.8** aufgeführt.

Dabei werden die metabolischen Azidosen jeder Form durch eine verminderte NSBA, die metabolischen, auf Addition beruhenden Alkalosen durch eine Zunahme der NSBA

Tab. 25.7 Referenzbereiche für die NSBA bei verschiedenen Tierspezies

Spezies	NSBA gesamt	Basen (mmol/l)	Säuren (mmol/l)	NH_4^+ (mmol/l)	BSQ
Pferd	–140 bis +200	10–270	30–170	5–25	0,20–3,3
Milchrind	80–220	150–250	50–100	<10	2,5–4,8
Milchrind[1]	0–60	20–250	20–120	<25	1,5–4,2
Jungrind	50–200	50–250	20–70	<20	2–4
Schaf	10–190	120–550	20–80	<20	2–5

1 Kraftfutterreich gefütterte Hochleistungskühe in der Frühlaktation

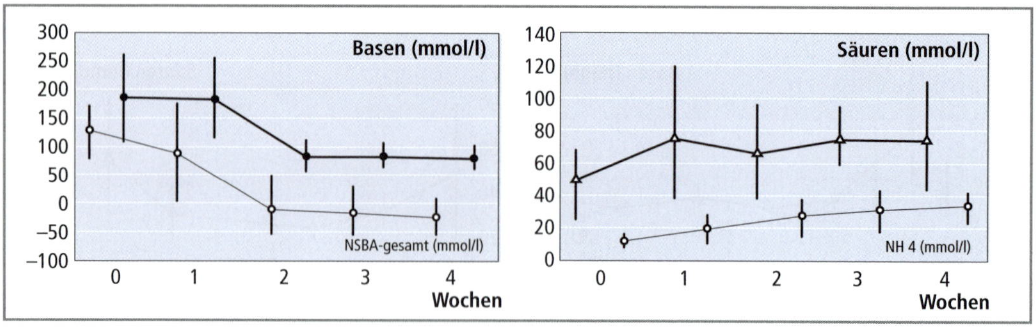

Abb. 25.3 Fraktionierte NSBA bei Jungrindern während chronischer azidotischer Belastung infolge systematischer Reduzierung des Rohfaseranteils im Futter

Tab. 25.8 Klinische Übersicht über Störungen des Säure-Basen-Haushaltes (nach Fürll 1993)

Störung		Addition	Retention	Subtraktion
metabolisch	akut ↓ **Azidose** chronisch	• leicht verdauliche Kohlenhydrate ↑ • Hyp-/Anoxie/Kreislaufinsuffizienz • Anorexie • Rohfasermangel • Futter-BE ↓ • mineralsäurestabilisiertes Futter	• tubuläre Niereninsuffizienz • K^+-Überversorgung mit H^+-Ionen-Retention	• Ileusformen mit ↑ Alkali-Flüssigkeitssequestration • Anorexie • Diarrhö mit ↑ Alkaliverlust
	akut ↓ **Alkalose** chronisch	• NPN-Verbindungen im Futter (Harnstoff) ↑ • HCO_3-Hyperinfusion • Futter-BE ↑ • Proteinüberschuss/Energiemangel • NaOH-behandeltes Stroh	• Leberinsuffizienz mit ↑ NH_3 • Pankreatitis mit HCO_3^- • Retention • Aldosteronismus mit Na^+-Retention	• Erbrechen (Hyperemesis) • Labmagenverlagerung • Glukokortikoidapplikation mit ↑ K^+-Ausscheidung • Hypokaliämie mit ↑ H^+-Ionen-Ausscheidung
respiratorisch	akut ↓ **Azidose** chronisch	CO_2 in Atemluft (Pendelatmung)	Hypoventilation, Diffusions- und Perfusionsstörungen bei verschiedenen Lungenkrankheiten	
	akut ↓ **Alkalose** chronisch			Hyperventilation u. a. bei körperlicher Belastung, Anämie

↑: erhöht, ↓: erniedrigt Futter-BE: Futterbasenüberschuss

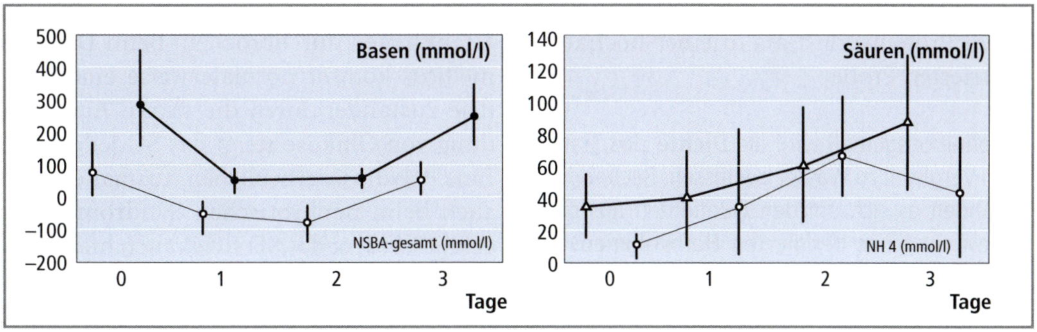

Abb. 25.4 Fraktionierte NSBA bei adulten Schafen während akuter Pansenazidose nach oraler Gabe von 10 g Glukose pro kg Körpermasse am Tag 0

angezeigt. Bei den übrigen Störungen ist der Einfluss der dabei in der Regel bestehenden Anorexie zu berücksichtigen. Pflanzenfresser nehmen mit Gräsern reichlich Kalium auf, sodass bei diesen Tieren auch die Kaliumausscheidung über den Harn dominiert und die NSBA eng mit Kalium korreliert.

Da die NSBA in enger Beziehung zum Futter-BE steht, ist sie über die Diagnostik von Störungen des Säure-Basen-Haushaltes hinaus zur Einschätzung unter anderem bei Kühen in der Hochträchtigkeit hinsichtlich Gebärparesegefährdung, bei Pferden hinsichtlich der Bedingungen für Ausdauerleistungen sowie zur Einschätzung des Urolithiasisrisikos geeignet.

Dichte, spezifisches Gewicht (SG)

In der Praxis wird das SG des Harns anstelle der Bestimmung der Osmolalität zur Schätzung der Anzahl gelöster Teile pro Volumeneinheit herangezogen.

Die Beurteilung des SG ermöglicht eine Überprüfung der Tubulusfunktion, nämlich ob der Primärharn verdünnt oder konzentriert wird. Das SG ist ein Schlüsselparameter zur Lokalisierung der Ursache einer Azotämie. Des Weiteren ist das SG für die Beurteilung halbquantitativer Harnbefunde von Bedeutung. Beispielsweise bedeutet eine geringgradige Proteinurie in einem wenig konzentrierten Harn einen wesentlich größeren Proteinverlust als in einer hochkonzentrierten Probe.

Definitionsgemäß wird die **Dichte des Harns** im Vergleich zu Wasser gemessen. Rechnerisch handelt es sich um den Quotienten aus dem Gewicht eines definierten Harnvolumens zu dem eines gleich großen Volumens Wasser, gemessen bei derselben Temperatur. Das SG von Wasser ist 1,000. Harn ist dichter als Wasser, da zahlreiche Stoffe darin gelöst sind.

Das SG ist nur ein indirekter Parameter zur Schätzung der Anzahl der gelösten Teilchen, da es auch von deren Molekulargewicht und Größe beeinflusst wird. Daher variiert das SG nicht nur mit der Zahl, sondern auch der Art der gelösten Teilchen, während die Osmolalität nur von der Anzahl der gelösten Teilchen bestimmt wird.

Die **Osmolalität des Harns** wird durch die Anzahl der gelösten Teilchen unabhängig von ihrer Größe und ihrem Molekulargewicht bestimmt (siehe unten).

Das SG oder die Dichte zeigt die **Konzentration löslicher Substanzen** im Urin an. Man erhält daraus einen Hinweis auf die Wasserrückresorptionsfähigkeit des Tubulussystems. Die Niere besitzt eine große Variationsbreite in ihrer Fähigkeit der Wasserrückresorption und damit der Konzentrationsfähigkeit. Dadurch kann das SG in weiten Grenzen je nach Nahrungs- und Wasseraufnahme, Wasserabgabe, körperlicher Belastung und Temperatur variieren.

Beim gesunden Individuum besteht eine **umgekehrte Proportionalität** zwischen Urinmenge und Konzentration (SG):

Geringe Urinmenge → hohes SG
Hohe Urinmenge → geringes SG

Diese Regel wird jedoch bei bestimmten Krankheiten durchbrochen: Beim Diabetes mellitus kommt normalerweise eine Polyurie zustande; durch die starke Ausscheidung von Glukose steigt das SG jedoch an. Eine Polydipsie erheblichen Ausmaßes kann auch beim nephrotischen Syndrom beobachtet werden; das SG steigt auch hier etwas an, weil große Mengen Protein (Albumin) im Harn auftreten.

Indikation

- Prüfung der Konzentrationsfähigkeit der Nieren, insbesondere bei Polyurie (sehr wichtiger Test!)
- Ankaufsuntersuchung
- Vorsorgeuntersuchung

Material

frischer Urin

Prinzip

Refraktometer (»Urometer«, **Abb. 25.5**)

Technik

Senkspindelmethode

Für die Senkspindelmethode sind größere Urinmengen nötig. Wichtig ist, dass der Urin vor der Messung zentrifugiert und die auf der Senkspindel angegebene Temperatur (20–25 °C) eingehalten wird. Es ist ferner darauf zu achten, dass die Senkspindel frei schwimmt und nicht an der Gefäßwand durch Adhäsion »festklebt«. Aus diesen Gründen ist die Senkspindelmethode heute überholt.

Refraktometrische Methode

Die Bestimmung des SG erfolgt am besten mithilfe eines Refraktometers (s. Abb. 25.5).

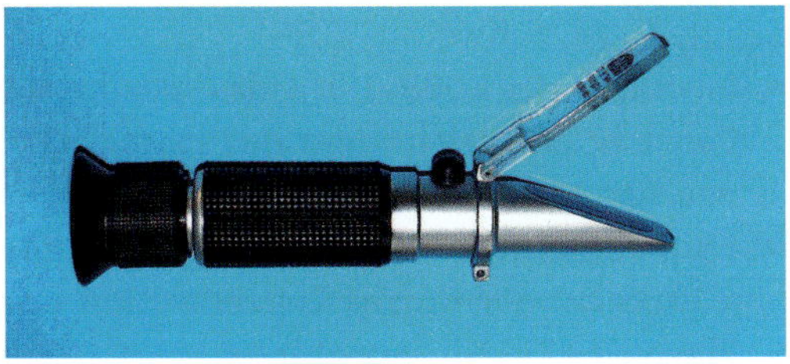

Abb. 25.5 Refraktometer

Man benötigt nur wenige Tropfen Urin. Diese werden direkt auf die Messplatte pipettiert und mit dem klappbaren Deckel abgedeckt. Der Wert wird gegen eine Lichtquelle abgelesen. Messprinzip: Fällt ein Lichtstrahl durch eine Lösung, so wird er je nach Zahl und Art der gelösten Stoffe gebrochen. Durch die Bestimmung des Brechungsindex (Vergleich mit der Lichtbrechung zu destilliertem Wasser kann das SG ermittelt werden.

Die Senkspindel- und die Refraktometerwerte stimmen nicht immer absolut überein!

Das SG ist temperaturabhängig. Die Dichte nimmt bei steigender Temperatur ab. Daher muss das Refraktometer entsprechend eingestellt sein (Kalibration mit Aqua dest. auf 1,000) und auch der Harn die gleiche Temperatur aufweisen (gekühlte Proben: Temperaturausgleich abwarten!).
Die Qualität der im Handel angebotenen Refraktometer ist sehr unterschiedlich. Eine Eichschraube, die einen Temperaturabgleich erlaubt, sollte unbedingt vorhanden sein.
Die meisten für medizinische Zwecke angebotenen Refraktometer haben neben einer Skalierung zur Bestimmung des spezifischen Harngewichtes (als UG markiert) eine weitere Skala zur Bestimmung des Serumproteingehalts auf. Auf einer dritten Eichskala kann der Brechungsindex abgelesen werden.

Referenzbereiche

Die Referenzbereiche sind je nach Wasseraufnahme und -abgabe (-verlust) großen physiologischen Schwankungen unterworfen. Das SG kann nach Aufnahme großer Wassermengen ohne krankhaften Prozess vorübergehend bis auf 1,001 absinken. Bei ständig sehr niedrigem SG muss deshalb bei gleichzeitig hoher Wasseraufnahme ein Konzentrationsversuch durchgeführt werden (s. S. 474 ff.), der tierartspezifisch unterschiedliche Mindestwerte ergibt. Das auffallend hohe SG bei der Katze von der aus wasserarmen Regionen abstammenden Falbkatze wird auf deren relativ große Tubuluslänge der marknahen Nephrone zurückgeführt, wodurch eine besonders intensive Wasserrückresorption bewirkt werden soll. Durch vorübergehendes Dursten und Aufnahme trockener Nahrung kann, insbesondere beim gesunden Hund und der gesunden Katze, eine wesentlich höhere Harnkonzentration erreicht werden (hier als »maximale Breite« bezeichnet), wie auch durch Aufnahme großer Wassermengen das SG erheblich niedriger sein kann. Das SG des Harns muss daher immer im Zusammenhang mit dem Hydratationszustand des Patienten beurteilt werden. Ein fixiertes SG im isosthenurischen Bereich beim azotämischen, dehydrierten Patienten ist hochverdächtig für eine renale Azotämie. Sobald die Konzentrationsfähigkeit der Niere irreversibel verloren ist, bringen serielle Bestimmungen des SG keine weiteren Aufschlüsse hinsichtlich des Krankheitsverlaufs.

Tab. 25.9 Referenzbereiche für das spezifische Gewicht bei verschiedenen Tierspezies

Spezies	Spezifisches Gewicht
Hund	1,030–1,045 (maximale Breite: 1,001–1,065)
Katze	1,035–1,060 (maximale Breite: 1,001–1,080)
Pferd	1,020–1,040
Rind[1]	1,020–1,040
Schaf	1,020–1,040
Ziege	1,020–1,040
Schwein	1,020–1,040

1 Der Harn von Kälbern ist physiologischerweise weniger konzentriert als der erwachsener Rinder. Sein SG liegt zwischen 1,005 und 1,012.

Serielle Bestimmungen des SG im frühen Verlauf von Niereninsuffizienzen und zur Überwachung der Rekonvaleszenzphase bei reversiblen Funktionsstörungen sind diagnostisch am wertvollsten. Die Ausscheidung hyposthenurischen Harns erfordert eine metabolische Leistung und somit ist eine entsprechende Anzahl funktionsfähiger Nephrone erforderlich. Eindeutig unter 1,008 verdünnter Harn ist daher ein Zeichen, dass mehr als 30 % des Nierenparenchyms noch funktionsfähig sind.

Hypersthenurie + Azotämie + Dehydratation → prärenale Azotämie
Isosthenurie + Azotämie + Dehydratation → renale Azotämie; DD: Hypoadrenokortizismus
Hyposthenurie + Dehydratation ohne Azotämie → Diabetes insipidus

Eine Übersicht über die Referenzwerte für das SG bei verschiedenen Tierarten liefert **Tabelle 25.9.**

Bewertung

Eine einmalige Untersuchung ist nur dann ausreichend, wenn das SG über den Werten liegt, die als tierartspezifische Mindestkonzentrationsfähigkeit (siehe Funktionsprüfungen) angenommen werden (Hund > 1,029; Katze > 1,034; Pferd > 1,019; Rind, Schaf, Ziege, Schwein > 1,019).

- Isosthenurie: 1,008–1,012; das spezifische Gewicht entspricht dem des Primärharnes, (proteinfreies Plasmafiltrat)
- Hypersthenurie: > 1,025 beim Hund; > 1,035 bei der Katze; Konzentration des Harns im Tubulusapparat

25

- Hyposthenurie: < 1,008; aktive Verdünnung des Primärfiltrates im Tubulusapparat

▶ SG ↑

- vorübergehend und dann physiologisch:
  - verminderte Wasseraufnahme
  - hohe Umgebungstemperatur
  - schwere Arbeit
  - Hecheln, Schwitzen
- krankhaft, ständig:
  - Dehydratation
  - Fieber
  - Proteinurie
  - Oligurie (akute Nephritis, akute Nierenerkrankung in der oligurischen Phase)

▶ SG ↓

- vorübergehend und dann physiologisch oder iatrogen:
  - vermehrte Wasseraufnahme
  - iatrogene Überwässerung
  - Glukokortikoid-, Primidon-, Diuretikabehandlung
- krankhaft:
  - chronische Nierenerkrankung, polyurische und auch oligurische Phase
  - akute Nierenerkrankung, polyurische und auch oligurische Phase
  - Diabetes insipidus (Hyposthenurie, Hund: 1,001–1,006, Katze: bis 1,009), primär, sekundär
  - Pyometra
  - chronische Hepatopathien
  - Hyperkortisolismus
  - Hyperkalzämie
  - Hypoadrenokortizismus
  - Hyperöstrogenismus
  - Hypokaliämie
  - Hypoparathyroidismus
  - Hyperthyreose
  - Mobilisierung von Ödemen (Diuretika, Kardiaka)
  - psychogene Polydipsie

Bei der **chronischen Nierenerkrankung** sinkt die Konzentrationsfähigkeit der Niere mehr und mehr. Es wird schließlich im Endstadium ein SG erreicht, das sich ständig zwischen 1,008 und 1,012 (Katze bis 1,015) bewegt und auch durch einen Konzentrationsversuch nicht ansteigt. Dieser Bereich wird als **Isosthenurie** bezeichnet. Bei einer Glukosurie (z. B. bei Diabetes mellitus) wird das SG »falsch« zu hoch gemessen.

Proteinurien und Glukosurien führen zu einer Erhöhung des spezifischen Gewichtes: 4 g Protein/l Harn erhöhen das spezifische Gewicht um 0,001! Glukose in einer Konzentration von 10 g/l erhöht das spezifische Gewicht um 0,004!

Osmolalität

Die Osmolalität des Harns wird durch die Anzahl der gelösten Teilchen unabhängig von ihrer Größe und ihrem Molekulargewicht bestimmt. Sie wird im Urin hauptsächlich durch Natrium (ca. 25 %) und Harnstoff (ca. 50 %) bestimmt. So hat ein Gramm Kochsalz eine weitaus größere osmotische Aktivität als ein Gramm Protein, weil die undissoziierten und dissoziierten Salzmoleküle wesentlich zahlreicher sind als die Moleküle von einem Gramm Protein. Die molare Konzentration der im Harn gelösten, osmotisch aktiven Stoffgruppen Natrium, Kalium, Chlorid, Glukose und Harnstoff korrelieren signifikant mit der osmotischen Wirksamkeit. Hierbei ist die Glukose überproportional osmotisch wirksam. Die Elektrolyte haben dagegen eine etwa proportionale osmotische Wirksamkeit zur molaren Konzentration und werden durch die Osmometrie nahezu stoffmengenäquivalent erfasst. Dasselbe gilt für den Harnstoff. Albumin jedoch wird trotz seiner hohen molaren Masse deutlich unterrepräsentiert und nicht stoffmengenäquivalent dargestellt. Die Osmometrie kann somit eine Wasserdiurese und die osmotische Diurese, angemessen durch die Erhöhung der Natriumkonzentration im Urin; unangemessen durch Auftreten von Glukose und Harnstoff, beweisen. Die Differenzierung der osmotischen Diuresen ist jedoch nicht möglich.

Die Anzahl der gelösten Stoffe beeinflusst neben dem osmotischen Druck auch den Gefrier-, Vakuumdruck- und Kochpunkt.

In der Medizin werden entweder Vakuumdruck-oder Gefrierosmometer verwendet. Da die Geräte relativ teuer sind, werden sie in der Routinepraxis kaum eingesetzt.

Protein

Die Filtrationsschranke im Glomerulum besteht aus dem Gefäßendothel, der Basalmembran und den zytoplasmatischen Fortsätzen der Podozyten. Hydrostatischer Druck, elektrische Ladung und Porengröße der Basalmembran bestimmen im Wesentlichen die Zusammensetzung des Primärharns, bei dem es sich um ein proteinarmes Plasmafiltrat handelt.

Proteine mit einem Molekulargewicht über 60 000 Dalton können aufgrund ihrer Größe die Membran nicht passieren. Albumine haben zwar ein Molekulargewicht von 45 000 Dalton, sind aber ebenso wie die Proteine der Filtrationsmembran negativ geladen und können daher aufgrund der elektrostatischen Abstoßung die Membran nicht passieren. Kleinere Proteine kommen in nur sehr geringer Konzentration im Plasma vor, sodass sie auch nur in sehr geringen Mengen glomerulär filtriert werden. Ein Großteil dieser Proteine unterliegt einer tubulären Rückresorption. In den Tubuluszellen werden sie in Aminosäuren zerlegt und als solche wieder ins Plasma freigesetzt.

Eine krankheitsbedingte Veränderung der elektrischen Ladung der glomerulären Barriere führt bereits zu einer Albuminurie und damit Proteinurie. Hämoglobin und Myoglobin haben zwar eine geringere Molekülgröße als Albumin, sind jedoch meist an Transportproteine gebunden, sodass sie nur bei Überschreiten der Bindungskapazität dieser Transportproteine in den Harn übertreten. Distale Tubuluszellen sezernieren kleine Mengen an Tamm-Horsfall-Protein, Mukoproteinen und vermutlich auch IgA.

Funktionelle oder präglomeruläre Proteinurie

Die Ursachen liegen außerhalb des Harntraktes:

- schwere körperliche Anstrengung
- Fieber
- extreme Hitze, extreme Kälte

Es handelt sich um eine milde transiente Albuminurie.

Mechanismus: veränderter glomerulärer Blutfluss, veränderte Barriereeigenschaften Die Veränderungen sind zumeist reversibel.

Glomeruläre Überlastungsproteinurie

Mechanismus: hochgradige Erhöhung des Plasmaproteingehaltes (> 90 g/l) führt zu einer Proteinurie. Experimentell wurde nachgewiesen, dass es dabei zu reversiblen morphologischen Veränderungen der Glomerula kommt. An diesen Mechanismus sollte bei Patienten mit schweren Hyperproteinämien (multiples Myelom, Ehrlichiose, Leishmaniose, feline infektiöse Peritonitis, Plasmatherapie) gedacht werden.

Glomeruläre Proteinurie

häufigste und auch schwerste Form der Proteinurie
Mechanismus: Krankheitsbedingte Veränderungen des glomerulären Kapillaren führen zu erhöhten Verlusten von Proteinen im Primärfiltrat. Die Veränderungen reichen vom Verlust der spezifischen elektrischen Ladung bis zu Veränderungen der Basalmembran durch die Anlagerung von Immunkomplexen mit konsekutiven Entzündungserscheinungen. Bei dieser Form der Proteinurie kommt es hauptsächlich zu Albuminverlusten, während die Mengen von höhermolekularen Proteinen (z. B. Immunglobulinen, prokoagulatorische Proteine) variieren.

Postglomeruläre Proteinurie

Mechanismus: Plasma oder Gewebsproteine gelangen erst nach dem Glomerulum in den Harn. Dies geschieht, wenn die Barrieren durch Entzündungen, Ruptur oder Neoplasie geschädigt sind. Postglomeruläre Proteinurien gehen daher häufig mit Leukozyturie, Bakteriurie und Hämaturie einher und können deshalb durch die Beurteilung des Harnsediments von den anderen Formen der Proteinurie differenziert werden.

Tubuläre Proteinurie

Mechanismus: Sie wird durch eine verminderte Rückresorptionskapazität der Tubulusepithelzellen für nierdermolekulare Proteine verursacht. Dabei handelt es sich um milde Proteinurien, die durch semiquantitativen Screeningmethoden meist nicht erfasst werden. Eine Abklärung erfolgt am besten mittels Harnelektrophorese.

Man unterscheidet erbliche Formen wie das Fanconi-Syndrom und erworbene Formen, z. B. im Zuge der Gentamycintoxizität.

Tubuläre Überlastungsproteinurie

Mechanismus: erhöhter Anfall von niedermolekularen Proteinen überschreitet die Rückresorptionskapazität des Tubulusapparates

Bence-Jones-Proteine

> **Bence-Jones-Proteine** sind Fragmente von Immunglobulinen.

- Indikation: monoklonale Gammopathie (z. B. bei multiplem Myelom)
- beste Nachweismethode: Harnelektrophorese
- Screeningmethode: Erhitzen auf 40–60 °C, wenn Präzipitation erfolgt, weiteres Erhitzen auf etwa 100 °C, wobei sich dann das Präzipitat wieder auflöst.

Dauernde Proteinerhöhungen sind als krankhaft einzustufen und müssen diagnostisch abgeklärt werden. Problematisch ist die quantitative Beurteilung. Man hat daher feste Bezugsgrößen gesucht und sie im Verhältnis Protein zu Kreatinin gefunden (siehe Urin-Protein/Kreatinin-Verhältnis).

Indikationen

- akute und chronische Nierenerkrankung
- Hyperthyreose
- Verdacht auf
  - Pyelonephritis
  - nephrotisches Syndrom
  - Tumoren der Nieren
  - Diabetes mellitus
  - systemischen Lupus erythematodes (SLE)

- Hyperkortisolismus
- multiples Myelom, Plasmazelltumoren

Material

frischer Urin

Prinzip

Qualitativer, semiquantitativer Nachweis durch unterschiedliche Methoden. Verbreitet ist die Tetrabromphenolblau-Methode (Teststreifen), weniger angewendet wird heute die Proteinfällung durch Sulfosalizylsäure (10–20 %ig).

Technik

Tetrabromphenolblau-Methode

Verschiedene Teststreifen und Kombinationen befinden sich im Handel. Durchführung nach Arbeitsanleitung des Herstellers.

Es ist zu beachten, dass stark alkalischer Urin (Pferd) bisweilen zu falsch positiven Resultaten führt. Der Urin von gesunden Hunden kann geringe Mengen an Albumin enthalten, sodass der Teststreifen eine Spur bzw. positive Reaktion aufweisen kann.

Sulfosalizylsäure-Methode

- Harn in Reagenzglas geben
- Sulfosalizylsäure tropfenweise hinzugeben
- Trübung mit unbehandelter Harnprobe vergleichen:
  - keine Trübung
  - (+) Opaleszenz: geringgradige Trübung vor dunklem Hintergrund gerade sichtbar
  - + Trübung vor hellem Hintergrund sichtbar
  - ++ deutliche Trübung
  - +++ milchige Trübung
  - ++++ starke Präzipitation

Referenzbereiche

Man geht heute davon aus, dass das Testergebnis mit den genannten Methoden bei allen Tierarten negativ sein muss (Ausnahmen siehe oben).

Bewertung

Die beiden Methoden erlauben keine oder nur eine sehr eingeschränkte quantitative Aussage, da die Urinmenge nicht berücksichtigt wird. Anhand klinischer und weiterer Laboruntersuchungen (U-P/C, SG, Blut, Hämoglobin, Myoglobin, Serum-Harnstoff, Serum-Kreatinin u. a.) muss die Herkunft des Proteins abgeklärt werden.

▶ Protein ↑

- **falsch positiv:** stark alkalischer Urin
- **renal:**
  - physiologisch (vorübergehend)
    - starke körperliche Belastung (Rennen, Jagd, Transport)
    - psychische Belastung (Transport) (?)
    - Unterkühlung (Wasserarbeit)
    - erste Lebenstage
  - pathologisch
    - Glomerulopathie
    - Tubulopathie
    - generalisierte Nephropathie
    - nephrotisches Syndrom
    - Nephritiden
    - Pyelonephritis
    - Nierentumoren(z. B. Lymphom)
- **postrenal:**
  - physiologisch
    - Östrus
  - pathologisch

  - – Entzündungen der harnabführenden Wege (Pyelitis, Ureteritis, Zystitis, Urethritis)
  - – Tumoren
  - – Verletzungen
  - – Konkremente
  - – Beimengungen aus den Geschlechtsorganen, besonders bei Endometritis, Vaginitis, Prostatitis, Balanoposthitis
- **prärenal:**
  - pathologisch
    - – Ischämie der Nieren (Kreislaufschock)
    - – Kongestion der Nieren (Rechtsherzinsuffizienz)
    - – Nephrotoxine
    - – Hämoglobinämie
    - – Myoglobinämie
    - – Plasmazelltumoren (Bence-Jones-Körper)
    - – Hyperthyreose
    - – Bluthochdruck

Quantitative Proteinbestimmung

Proteinbestimmung im 24-Stunden-Sammelharn

Material

Proteinbestimmung im Aliquot einer gut durchmischten Sammelharnprobe, die über 24 Stunden gesammelt wurde (Konservierung!)

Prinzip

- Proteine werden in alkalischer Lösung mit dem Reagens gefällt. Das Präzipitat ist stabil und die Trübung der Proteinkonzentration proportional.
- Meist wird Benzethoniumchlorid verwendet, das gegenüber der Coomassie-Blau-Methode den Vorteil bietet, auf alle Proteinarten gleichermaßen empfindlich zu sein.

Technik

- Entleerung der Blase vor Beginn der Harnsammelperiode, Harn verwerfen
- Entleerung der Blase am Ende der Harnsammelperiode, Harn hinzufügen
- genaue Bestimmung des Harnvolumens, das in 24 Stunden ausgeschieden wurde
- Danach kann die ausgeschiedene Proteinmenge berechnet werden.
- Die Proteinausscheidung wird pro ml Harn/kg KM/24 Std. angegeben.

Referenzbereiche

- 1,9–11,7 mg/kg (White et al. 1984)
- 0,6–5,1 mg/kg (Grauer et al. 1985)
- 0,2–7,7 mg/kg (Center et al. 1985)

Bewertung

erhöhte Proteinausscheidung = Proteinurie

Urin-Protein/Kreatinin-Verhältnis (U-P/C)

Die **Proteinausscheidung mit dem Urin** hängt wesentlich von der Verdünnung durch die Urinmenge ab. Damit ist die quantitative Bestimmung des Proteins, bezogen auf Urin als Bezugsgröße (pro ml, pro dl oder pro l), mit einem großen Unsicherheitsfaktor verknüpft. Sicherer wäre die Berechnung des innerhalb von 24 Stunden ausgeschiedenen Gesamtproteins. Sie ist jedoch nur durchführbar, wenn man den Gesamturin quantitativ erfasst, was beim spontan erkrankten Patienten nahezu unmöglich ist. Man hat daher als Bezugsgröße das mit dem Urin ausgeschiedene Kreatinin herangezogen und damit besser reproduzierbare Ergebnisse erzielt. Die hierzu notwendigen Messgrößen Urin-Protein und -Kreatinin lassen sich leicht bestimmen.

Indikationen

- Bestimmung der absoluten Proteinmenge im Urin als feste Bezugsgröße zu Kreatinin
- sicherere Verlaufskontrolle als mit der alleinigen qualitativen Albuminbestimmung im Urin

Material

Es sollte Zystozentese-Urin verwendet werden.

Technik

Siehe unten bei den beiden Parametern
Zur Ermittlung des Urin-Protein/Kreatinin-Verhältnisses wird der Quotient aus Protein- und Kreatinin-Konzentration gebildet.

Referenzbereiche

Die Referenzbereiche für das Urin-Protein/Kreatinin-Verhältnis sind in **Tabelle 25.10** angegeben.

Bewertung

Die Beurteilung des Urin-Protein/Kreatinin-Verhältnis (U-P/C) erfolgt nach IRIS 2009, Staging der chronischen Nierenerkrankung.

25

Tab. 25.10 Referenzbereiche für das Urin-Protein/Kreatinin-Verhältnis (U-P/C) bei Hund und Katze (nach IRIS 2009)

Spezies	U-P/C
Hund	bis 0,2
Katze	bis 0,2

▶ U-P/C ↑

- Hund: < 0,2; Katze: < 0,2 → nicht proteinurisch
- Hund: 0,2–0,5; Katze: 0,2–0,4: → »Graubereich« zur Proteinurie
- Hund: > 0,5; Katze > 0,4: Proteinurie

Protein (quantitativ)

Prinzip

Proteinbestimmung nach Biuret

Technik

- 1 ml Urin + 200 µl Trichloressigsäure 20 %ig mischen (Vibrator)
- 10 min stehen lassen
- 10 min bei 3 000 U/min zentrifugieren
- Überstand absaugen
- Präzipitat mit 1 ml Biuretreagenz versetzen und mischen
- 20 min bei Raumtemperatur stehen lassen
- fotometrisch messen bei 546 nm gegen Wasser
- Probe mit 50 µl KCN-Lösung, 10-molar, versetzen und mischen
- erneut messen

Als Standard wird Kontrollogen LP (Fa. Behring, Marburg), 62 mg Protein/dl, verwendet.

Auswertung

$$\text{Protein [mg/dl]} = (E_P - E_{1-P} - E_2) \times f$$

$$f = \frac{\text{Sollwert}_{St}\,[\text{mg/dl}]}{E_{St} - E_{1\text{-}St} - E_2}$$

E_P = Extinktion der Probe + Biuretreagenz
E_{1-P} = Extinktion der Probe nach Zugabe von Biuretreagenz
E_2 = Extinktion des Biuretreagenz
E_{St} = Extinktion des Standards

$E_{1\text{-St}}$ = Extinktion des Standards + Biuretreagenz nach Zugabe von KCN

Testreifenmethode

In der Evaluation der Urinteststreifen AUTION 10PA für Proteinurie und des AUTION 10EA (Arkray, Fa. Axon Lab, Baden) stellten Defontis et al. (2011) fest, dass der AUTION 10PA mit einem UPC-Cut-off von 0,2 (Katze) und 0,5 (Hund) als eine spezifische Methode zur Detektion einer Proteinurie genutzt werden kann.

Referenzbereiche

Die Referenzbereiche für die quantitative Proteinbestimmung sind in **Tabelle 25.11** gelistet.

Bewertung

▶ Protein (quantitativ) ↑

- mäßige Erhöhung:
  - Proteinurie bei interstitiellen und glomerulären Nephropathien
  - hohes Fieber
  - große Entzündungsherde
- starke Erhöhung:
  - Proteinurie bei Glomerulonephritis, nephrotischem Syndrom oder Amyloidose

Tab. 25.11 Referenzbereiche für quantitatives Protein bei Hund und Katze

Spezies	Protein, quantitativ (mg/dl)
Hund	6–53
Katze	2–63

Urin-Kreatinin

Prinzip

enzymatische Bestimmung oder Methode nach Jaffé (Im Harn wird die Kreatininbestimmung nach Jaffé wesentlich weniger stark von anderen chromogenen Substanzen beeinflusst als im Blut.)

Technik

- Harn 1 : 20 verdünnen
- Für die Bestimmung können die für Serum entwickelten Testbestecke verwendet werden.
- Durchführung nach Arbeitsanleitung des Herstellers

Referenzbereiche

siehe **Tabelle 25.12**

Bewertung

Die Urin-Kreatinin-Bestimmung wird als fixe Bezugsgröße für andere Harnmessgrößen herangezogen, z. B. zur Bestimmung des Urin-Protein/Kreatinin-Quotienten (U-P/C). Als eigene Messgröße ist der Wert wenig aussagekräftig.

Bence-Jones-Körper

Diese Eiweißkörper stellen niedermolekulare Ketten von Immunglobulinen dar, deren Molekulargewicht sich um 22000 Dalton (D) bewegt. Sie treten daher fast ungehindert in den Urin über und können hier durch elek-

Tab. 25.12 Referenzbereiche für Urin-Kreatinin bei Hund und Katze

Spezies	Urin-Kreatinin (mg/dl)
Hund	bis 106
Katze	bis 190

trophoretische Untersuchung (siehe unten) oder – weniger exakt – durch Erwärmung nachgewiesen werden.

Indikation

Untersuchung auf Plasmozytom, multiples Myelom

Material

Urin

Prinzip

Bence-Jones-Proteine fallen bei ca. 50 °C aus. Dabei entsteht eine Trübung.

Technik

- zentrifugierten, klaren, schwach sauren (ggf. durch einen Tropfen Essigsäure ansäuern) Harn auf 50 °C im Wasserbad erwärmen
- Beurteilung einer auftretenden Trübung:
  - Bence-Jones-Proteine sind vorhanden, wenn die Trübung bei weiterem Erwärmen verschwindet und bei Abkühlung auf 50 °C wieder sichtbar wird.
  - Bei Proteinurie/Albuminurie bleibt die Trübung bestehen. In diesen Fällen ist die Methode nicht anwendbar, es muss auf elektrophoretische Untersuchungsmethoden zurückgegriffen werden.

Referenzbereiche

bei allen Haustieren negativ

Bewertung

positiv in den meisten Fällen eines Plasmozytoms

Urin-Elektrophorese

Die Untersuchung der Urin-Proteinfraktionen gelingt mit SDS-Polyacrylamid-Gelelektrophorese (SDS-PAGE). Die Methode ist recht aufwendig und bleibt daher im Allgemeinen Speziallabors und Kliniken vorbehalten. Zur Technik wird auf die weiterführende Literatur verwiesen.
Bei gesunden Hunden und Katzen kann keine Proteinbande oder aber eine Albuminbande mit einem MG von ca. 68 000 D nachgewiesen werden; in seltenen Fällen findet sich eine Mikroproteinurie geringen Grades. Makro- (geringergradig und selten mikro-) molekulare Proteine treten bei **glomerulärer Nephropathie** auf. Mikromolekulare Proteine werden dagegen bei **interstitiell/tubulären Nephropathien** gefunden; bei weiterem Fortschreiten der Erkrankung lassen sich zunehmend Makroglobuline nachweisen.

Hämoglobin, Myoglobin

> Das Auftreten von roten Blutkörperchen im Urin wird als **Hämaturie** bezeichnet. Unter **Hämoglobinurie** bzw. **Myoglobinurie** versteht man die Ausscheidung von Blut- bzw. Muskelfarbstoff mit dem Harn.

Die Unterscheidung zwischen Hämaturie (Nachweis im Sediment, s. S. 453 ff.) und Hämoglobinurie hat große diagnostische Bedeutung: **Hämaturie** ist in den meisten Fällen auf eine Erkrankung des Harn-Geschlechts-Apparates zurückzuführen, während eine **Hämoglobinurie** das Symptom einer systemischen Krankheit zu sein pflegt. Allerdings kann durch Hämolyse im Harn eine Hämoglobinurie bei Hämaturie vorgetäuscht werden. In diesem Fall finden sich allerdings Erythrozytenschatten im Sediment.

Indikationen

- Verdacht auf intravasale Hämolyse
- Muskelkrankheiten

Material

frischer (!) Urin

Prinzip

In der Regel werden zum semiquantitativen Nachweis Teststreifen mit 2,5-Dimethylhexan-2,5-dihydroperoxid verwendet, das mit Blut, Hämoglobin oder Myoglobin eine blaue Farbreaktion ergibt.
Eine exakte Differenzierung von Hämoglobin und Myoglobin ist durch die Spektroskopie möglich. Hämaturie wird von Hämoglobinurie durch die Sedimentuntersuchung bzw. Zentrifugation differenziert.

Technik

Teststreifenmethode

Durchführung nach Arbeitsanleitung des Herstellers
Teststreifen nur kurz mit Harn benetzen – Harn an Röhrchenkante abstreifen; damit soll ein Ausschwemmen der Reagenzien verhindert werden!

Differenzierung

- Hämaturie: Probe auf »Hämoglobin« positiv, im Urinsediment intakte oder stechapfelförmige (geschrumpfte) Erythrozyten oder Eryhtrozytenmembranen (Ghost cells).
- Hämoglobinurie: Probe auf »Hämoglobin« positiv, Urinsediment ohne Erythrozyten, Aktivität der Serum-Kreatinkinase nicht oder nur geringgradig erhöht
- Myoglobinurie (indirekter Nachweis): Probe auf »Hämoglobin« positiv, Urinsediment ohne Erythrozyten, Aktivität der Serum-Kreatinkinase stark erhöht; sicherer Nachweis durch die Spektroskopie
- Myoglobin ist im Vergleich zu Hämoglobin ein Monomer mit niedrigerem Molekulargewicht und ist nicht an Protein gebunden. Daher wird es schnell filtriert und ausgeschieden, weshalb das Blutplasma in der Regel farblos bleibt (bei intravasaler Hämolyse rot verfärbt). Nur bei gleichzeitig bestehender Nierenerkrankung kann auch das Plasma bei Myoglobinfreisetzung rot verfärbt sein.

Spektroskopie

Zur Unterscheidung von Hämoglobin und Myoglobin: Reduziertes Hämoglobin hat eine einzige breite Absorptionsbande bei 556 nm, Myoglobin zwei Banden bei 581 und 543 nm. Durch Zugabe einiger Tropfen Ammoniumsulfid-Lösung wird Oxyhämoglobin reduziert.

Referenzbereiche

bei allen Haustieren negativ

Bewertung

▶ Hämaturie

siehe »Harnsediment«, S. 453 ff.

▶ Hämoglobinurie

- intravasale Hämolyse durch:
  - hämolytische Anämien, inkl. der Immunhämolysen
  - Schlangengifte
  - Babesiose
  - Hämobartonellose
  - bakterielle Infektionskrankheiten, besonders Leptospirose, bisweilen bei *Clostridium-haemolyticum*-Infektion
  - Transfusionszwischenfälle
  - »Wasserintoxikation«

- Kupfer-, Quecksilbervergiftung
- artifiziell bei Hämaturie durch Hämolyse der Erythrozyten im Urin (insbesondere durch langes Stehenlassen oder Einfrieren des Harns)

▶ Myoglobinurie
- Myositis
- Lumbago
- Myodegeneration
- Muskelverletzungen

Harnenzyme

Die Bestimmung von Enzymaktivitäten im Urin ist technisch aufwendig und daher Speziallabors von Instituten und großen Kliniken vorbehalten. Da die Serumkonzentration von Kreatinin zur Diagnose und Einteilung des Schweregrads einer akuten Nierenerkrankung eine geringe Sensitivität und Spezifität aufweist, sind in letzter Zeit vermehrt Studien zur Urinuntersuchung auf verschiedene Biomarker zur frühen Diagnose einer akuten Nierenerkrankung in der Humanmedizin durchgeführt worden. Hierbei zeigten sich auch einige unten genannte Enzyme von Interesse. Diesen Untersuchungen haben sich Studien aus der Tiermedizin angeschlossen, die vor allem an der Spezies Hund, aber auch an der Katze durchgeführt wurden. Deshalb sollte eine Weiterentwicklung der Untersuchungen im Auge behalten werden.

Als geeignet zur **Frühdiagnose von Nephropathien,** insbesondere als Komplikation anderer Organkrankheiten, erwiesen sich die Urinenzymaktivitäten von N-Azetyl-β-D-Glukosaminidase (U-NAG), α-Hydroxybutyrat-Dehydrogenase (U-α-HBDH), Alaninaminotransferase (U-ALT) und Aspartatdehydrogenase (U-AST). Bei Pferd und Rind wird am häufigsten die γ-Glutamyl-Transferase (U-GGT) diagnostisch verwendet.

Indikation

Frühdiagnose von Nephropathien

Referenzbereiche

Die Referenzbereiche für Harnenzyme bei Hund und Katze sind in **Tabelle 25.13** aufgeführt. Für Kühe gelten die in **Tabelle 25.14** genannten Werte.

Tab. 25.13 Harnenzyme bei Hund und Katze

Harnenzyme	Urin-Kreatinin (IU/g)	
	Hund	Katze
U-AAP[1]	< 14	< 4
U-NAG	< 10	< 10
U-α-HBDH	< 9	< 6
U-LDH	< 24	< 6
U-AP	< 55	< 248
U-GGT	< 38	< 22
U-ALT	< 6	< 1
U-AST	< 4	< 1

1 Urin-Alaninaminopeptidase, Reusch 1992

Tab. 25.14 Harnenzyme sowie Enzym/Kreatinin-Quotienten bei Kühen (nach Rummer und Fürll 1998)

Enzym	Enzymaktivität (IU/l)	Enzym/Kreatinin-Quotient (IU/mmol)
U-GGT	< 5	< 2
U-AST	< 7,5	< 2
U-ALT	< 10	< 2
U-Amylase	< 1,5	< 0,4
U-CK	< 1,8	–
U-AP	< 1,2	< 0

Bewertung

siehe **Tabelle 25.15**

Glukose

Im Harn gesunder Tiere findet sich keine Glukose. Eine **Glukosurie** tritt auf, wenn die »Nierenschwelle« für Glukose überschritten wird. Die Höhe dieser Nierenschwelle weist tierartliche und sogar individuelle Unterschiede auf: Beim Hund liegt sie bei einer Blutglukosekonzentration von 10–12 mmol/l (180–220 mg/dl), bei der Katze von 14–17 mmol/l (260–310 mg/dl) (Bartges 2011). Normalerweise wird die in den Glomerula ungehindert in den Primärharn ausgeschiedene Glukose in den Tubuli vollständig rückresorbiert. Sobald sich jedoch ihre Konzentration erheblich – permanent oder vorübergehend – über diese Schwelle erhöht, wird die Rückresorptionskapazität überschritten und Glukose erscheint im Urin.
Die zweite pathophysiologische Basis der Glukosurie ist die Verminderung der tubulären Rückresorptionskapazität, also eine Herabsetzung der »Nierenschwelle«. Dabei tritt auch bei physiologischen Blutglukosewerten Glukose in nachweisbaren Mengen im Harn auf.

Indikationen

Verdacht auf:

- Diabetes mellitus
- Tubulopathie des proximalen Tubulus
- Fanconi-Syndrom (Basenji, norwegischer Elchhund, Sheltie)
- iatrogene Glukosurie

Material

frischer (!) Urin

Prinzip

Zur Anwendung kommen die Hexokinase/Glukose-6-phosphat-Dehydrogenase- oder die Glukoseoxidase(GOD)-Peroxidase(POD)-Wasserstoffdonator(D)-Methode. Letztere liegt den meisten Teststreifen zugrunde.

$$\beta\text{-D-Glukose} + H_2O + O_2 \xleftrightarrow{POD} \text{Glukonsäure} + H_2O_2$$

$$H_2O_2 + DH_2 \xleftrightarrow{POD} 2\,H_2O + D$$

Der durch den Vorgang oxidierte Wasserstoffdonator ergibt eine Farbe, die entweder grobsinnlich mit einer Farbskala verglichen (semiquantitative Methode) oder fotometrisch gemessen wird (relativ quantitative Methode, absolute Werte aber abhängig von der Urinmenge).

Tab. 25.15 Bewertung der Harnenzyme bei Hund und Katze

Spezies	Beurteilung
Hund	• ↑↑ U-NAG, U-α-HBDH, U-LDH, U-ALT, U-AST: Glomerulonephritis • ↑/~ U-NAG, U-α-HBDH, U-ALT, U-AST: tubulointerstitielle Nephritis
Katze	↑ bis↑↑ U-LDH, U-α-HBDH, U-ALT, U-AST: tubulointerstitielle Nephritis

~: keine Veränderung, ↑: erhöht, ↑↑: stark erhöht

Technik

- semiquantitative Teststreifenmethoden
- Durchführung nach Arbeitsanleitung des Herstellers

Referenzbereiche

bei allen Haustieren negativ

Bewertung

▶ Glukosurie bei allen Steigerungen der Blutglukosekonzentration über die »Nierenschwelle«

- Diabetes mellitus
- Hyperkortisolismus, spontan oder iatrogen (Kortikosteroidbehandlung) mit Hyperglykämie
- Dextrose- oder Fruktoseapplikation (auch per os; Schokolade!)
- Gehirnerkrankungen (Erhöhung des intrakranialen Druckes)
- Hyperpituitarismus/Akromegalie
- emotionale Glukosurie (siehe auch »Blutglukose«)
- Enterotoxämie durch *Clostridium perfringens* (Schaf)

▶ Glukosurie durch Tubulusschaden/verminderte Rückresorption

- primäre renale Glukosurie (niedrige Nierenschwelle)
- sekundäre renale Glukosurie (bisweilen bei akuten oder chronischen Nephropathien mit Verminderung der tubulären Rückresorption, häufig bei Katzen nach Urethraobstruktionen)
- Tubulopathie des proximalen Tubulus
- Fanconi-Syndrom (Basenji, norwegischer Elchhund, Sheltie)

Ketonkörper bei Tieren mit einhöhligem Magen

Als **Ketonurie** bezeichnet man das Auftreten von Ketonkörpern im Urin. Zu den **Ketonkörpern** zählen β-Hydroxybuttersäure, Azetessigsäure und Azeton.

Wenn durch Insulinmangel oder seine Unwirksamkeit die Energiegewinnung durch Oxidation von Fettsäuren erfolgt, so werden diese nur bis zu den Ketonkörpern abgebaut. Auch schwere Traumen können eine Lipolyse hervorrufen, wodurch die Bildung von Ketonkörpern angeregt wird.

Indikationen

- Diabetes mellitus
- Diätfehler (Kohlenhydratmangel bei Fettüberschuss)
- Hypoglykämiesyndrom bei Hyperinsulinismus

Material

Urin

Prinzip

Der trockenchemische Nachweis der Ketonkörper im Harn mit Teststreifen oder -tabletten entspricht der Legal-Probe. Natriumnitroprussid als Chromogen reagiert mit Azetazetat sowie Azeton (nicht mit β-Hydroxybutyrat!) im alkalischen Milieu unter Bildung eines violetten Farbkomplexes. Die Nachweisgrenze für Azeton liegt bei 1,7 mmol/l.

Technik

Benetzen der Testtablette bzw. Eintauchen des Teststreifens in den Harn und Beurteilung der Farbentwicklung nach 60 Sekunden. Eine semiquantitative Beurteilung ist durch Einstufung in negativ (–), gering- (+), mittel- (++) oder hochgradige (+++) Farbveränderung möglich. Eine weitere Differenzierung kann durch Harnverdünnung vorgenommen werden. Die Farbveränderungen entsprechen im Mittel folgenden Ketonkörperkonzentrationen im Blut:

–	0,5 mmol/l
+	0,6 mmol/l
++	0,9 mmol/l
+++	1,6 mmol/l

Referenzbereiche

bei allen Haussäugetieren mit einhöhligem Magen negativ

Bewertung

▶ Positives Testergebnis

- Diabetes mellitus, ketotische Stoffwechsellage (Hund, Katze)
- Fieber, Hungerzustände (Welpen, besonders Zwergrassen)
- Hypoglykämiesyndrom (bei Hyperinsulinismus)
- Trauma
- Diätfehler (Kohlenhydratmangel bei Fettüberschuss)

Ketonkörper bei Wiederkäuern

Zwischen Monogastriern und Wiederkäuern bestehen im Stoffwechsel der Ketonkörper grundlegende Unterschiede. Während bei Monogastriern nur geringe Konzentrationsschwankungen vorkommen, können diese bei Wiederkäuern auf das 10- bis 20-Fache ansteigen. Die Ketonkörperkonzentration im Harn ist 3- bis 8-mal höher als im Blut. Sie kann sowohl durch alimentäre Aufnahme ketogener Substanzen (hauptsächlich Buttersäure) als auch durch Störungen des Energiestoffwechsels erheblich zunehmen. Auf Letztere reagieren besonders sensibel gut genährte Tiere während der Hochträchtigkeit (kleine Wiederkäuer) und in der Frühlaktation (Kühe) mit der Entwicklung einer Ketose. Den Hauptanteil bildet mit ca. 80 % das β-Hydroxybutyrat. Bei Energiestoffwechselstörungen steigt besonders der Anteil des Azetazetats durch hepatogene Ketogenese an. Bei Monogastriern sind die Konzentrationsveränderungen während der »Hungerketose« gering.

Indikationen

- Diagnose der Ketose
- gestörter Energiestoffwechsel

Material

Harn

Prinzip

siehe Angabe im Abschnitt »Ketonkörper bei Tieren mit einhöhligem Magen«

Technik

siehe Angabe im Abschnitt »Ketonkörper bei Tieren mit einhöhligem Magen«

Referenzbereiche

Negative Farbreaktion. Es kann jedoch physiologisch bei kleinen Wiederkäuern in der Hochträchtigkeit und bei Kühen in der Frühlaktation eine geringgradige Ketonurie (Reaktion +) bestehen. Als positiv sind deshalb nur eindeutige Farbreaktionen (++/+++) zu bewerten.

Bewertung

▶ Positive Testergebnisse

- alle Formen gestörten Energiestoffwechsels:
  - relativer oder absoluter Hunger
  - Fieber
  - Diabetes mellitus mit ketotischer Stoffwechsellage
  - Ketose bei Kühen (post partum) und kleinen Wiederkäuern (ante partum, »Trächtigkeitstoxikose«), ggf. infolge eines Fettmobilisationssyndroms
  - energetisch unausgewogene Fütterung bei Wiederkäuern mit Missverhältnis im Protein-Energie-Aufgebot
- alimentäre Ketogenese:
  - vermehrt ketogene Futterstoffe (hauptsächlich Buttersäure)
  - Kohlenhydratüberangebot (erhöhte Ketogenese im Pansen)

Bilirubin

Im Urin wird normalerweise allenfalls konjugiertes (an Glukuronsäure gebundenes), wasserlösliches Bilirubin gefunden. Lediglich bei Blutungen in die Niere kann in den Tubulusepithelien primäres Bilirubin aus Hämoglobin gebildet und direkt in den Urin ausgeschieden werden.

Indikationen

Verdacht auf Hepatopathien, Gallestau, Hämolyse

Material

frischer Urin

Prinzip

Konjugiertes Bilirubin bildet mit Diazoniumsalz in sulfosalizylsaurer Lösung einen blauen Farbstoff.

Technik

Teststreifen und Tabletten sind im Handel erhältlich. Durchführung nach Arbeitsanleitung des Herstellers.

Referenzbereiche

siehe **Tabelle 25.16**

Bewertung

Bei den Tierarten, die normalerweise eine negative Reaktion auf Bilirubin aufweisen, ist die blaue Verfärbung als Zeichen einer **Hyperbilirubinämie** zu werten und deutet auf einen **hepatischen** oder **posthepatischen Ikterus** hin. Auch bei massiver **Hämolyse** mit vermehrtem Anfall von primärem Bilirubin kann der Urintest positiv werden, wenn die Leber das primäre Bilirubin konjugiert und damit wasserlöslich (harnfähig) macht.

Tab. 25.16 Referenzbereiche für Bilirubin bei verschiedenen Tierspezies

Spezies	Reaktion
Hund	negative, einfach positive und vorübergehend zweifach positive Reaktion nicht aussagekräftig
Katze	negativ
Pferd	negativ
Rind	negativ
Schaf	negativ
Ziege	negativ
Schwein	negativ

Beim Hund (Rüde) werden geringere Mengen an Bilirubin auch bei gesunden Tieren gefunden, ohne dass dies Krankheitswert hat.

Urobilinogen

siehe Abschnitt in Kapitel 15, S. 266 ff.

Harnsediment

Indikationen

- Nierenerkrankungen
- Ankaufsuntersuchung
- Vorsorgeuntersuchung
- Krankheiten der Harnwege

Für die mikroskopische Harnuntersuchung eignet sich nur frischer (oder allenfalls mit Formalin versetzter) Urin.

Soll die Untersuchung speziell über die Verhältnisse in und proximal der Blase Aufschluss geben, ist Blasenurin am geeignetsten. Man gewinnt ihn am besten durch Zystozentese (wobei allerdings häufig Erythrozyten gefunden werden).
Sollen Harnröhre und Geschlechtsorgane untersucht werden, empfiehlt sich die Gewinnung von spontan abgesetztem Urin, am besten als »Dreigläserprobe«: Man gewinnt Anfangs-, Mittel- und Endportion getrennt (siehe Hämaturie).

Durch Vergleich des (als erstes gewonnenen) Spontanharns mit dem (nach dem Spontanharn gewonnenen) Zystozenteseharn lassen sich Aufschlüsse über den Sitz der Krankheit gewinnen.

Material

frischer Urin

Technik

- Harn gut mischen
- möglichst immer gleiche Harnmenge (ca. 10 ml) in Spitzzentrifugenglas geben und 5 min bei 400 g (z. B. 1500 rpm/15 cm Radius) zentrifugieren
- Überstand abgießen und Sediment aufschütteln
- einen Tropfen auf Objektträger aufbringen und mit Deckglas abdecken
- bei geschlossener Irisblende oder heruntergeklapptem Kondensor zur Verstärkung des Kontrastes bei 400 × Vergrößerung mikroskopieren

Eine quantitative Untersuchung kann mit der Pflaumer-Kammer durchgeführt werden (24-Stunden-Urin).

Sedimentfärbung

Simultandoppelfärbung nach Quensel (Chroma-Gesellschaft)
zelluläre Bestandteile blau, Fett gelbrot

Arbeitsanleitung des Herstellers beachten!

Neutralrot-Methylenblau-Färbung

(1) Neutralrot-Methylenblau-Lösung:

Phenol. liquefact.	0,5
+ Neutralrot	1,0
+ Aqua dest. ad	100,0

(2) konzentrierte alkalische Methylviolett-Lösung:

- Harn ansäuern
- 20 Tropfen Lösung (1) mit 20 Tropfen Lösung (2) mischen

- Sediment mit gleicher Menge des Gemischs versetzen und ca. 1 min einwirken lassen
- Objektträgerpräparat herstellen

Besonders für Zylinder geeignet

Sediment-Färbung nach Romanowski-Typ

Luftgetrocknete Urinsedimente können wie Blutausstriche mit Färbungen nach dem Romanowsky-Typ gefärbt werden. Geeignet sind z. B. Diff-Quick®, Hemacolor®, oder die May Grünwald-Giemsa-Färbung (s. Kap. 11). Gefärbte Urinsedimente sind ausschließlich zur Beurteilung der zellulären Anteile geeignet.

Zelluläre Bestandteile

Erythrozyten

Erythrozyten (**Abb. 25.6**) treten als kleine Scheibchen, bisweilen stechapfelförmig im Sediment auf. Ein Befund mit 0–1 Erythrozyten pro Gesichtsfeld bei 400-facher Vergrößerung ist als physiologisch anzusehen. Beim Katheterisieren oder durch Zystozentese können Mikroblutungen entstehen, die zu einer erhöhten Zahl an Erythrozyten (Hämaturie; **Abb. 25.7**) führen.

Bewertung

▶ Erythrozytenzahl ↑

- Erythrozyten vereinzelt:
  - chronische Nephropathien

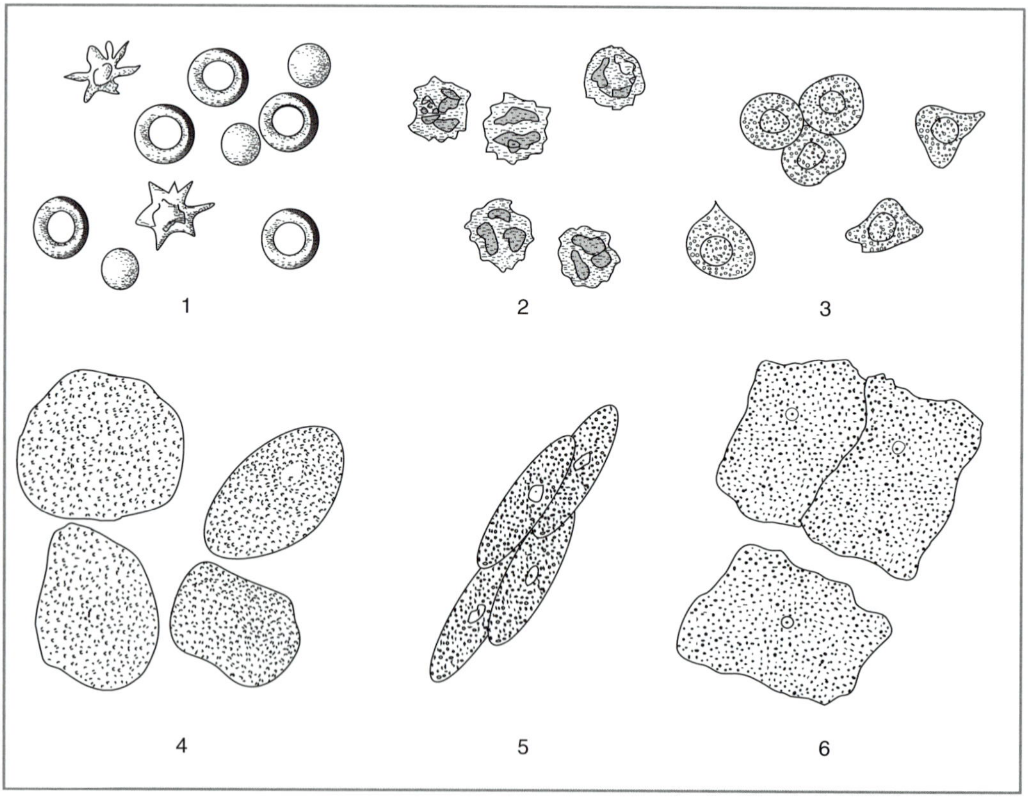

Abb. 25.6 Harnsediment (I): 1 = Erythrozyten, Stechapfelformen, Erythrozytenschatten; 2 = Leukozyten; 3= »Nierenepithelien«; 4 = Blasenepithelien; 5 = Epithel vom Blasenhals; 6 = Plattenepithel aus der Scheide

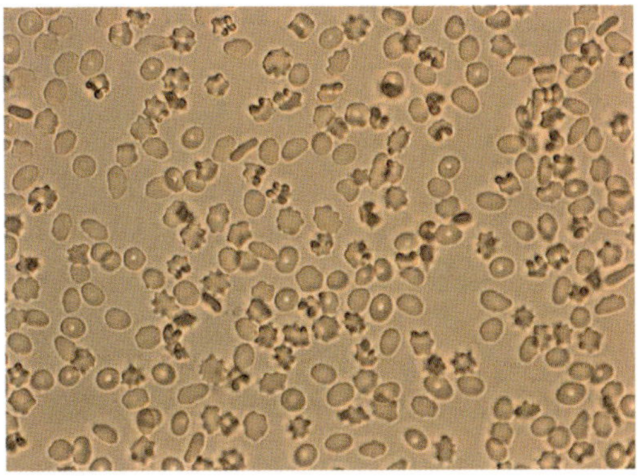

Abb. 25.7 Harnsediment: Hämaturie, viele Erythrozyten

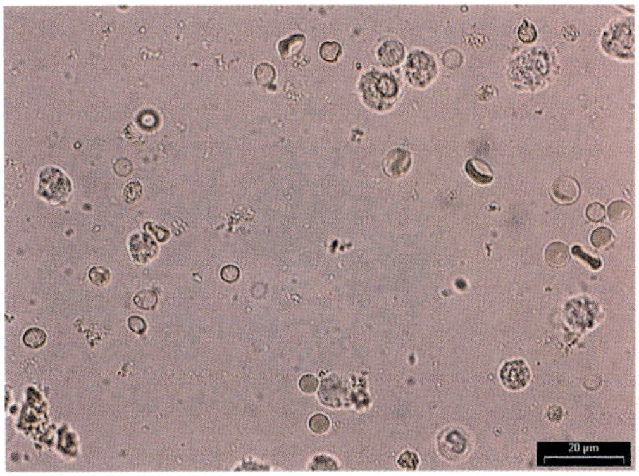

Abb. 25.8 Harnsediment: viele Leukozyten, ungefärbt

  - Pyelonephritis
  - iatrogen, evtl. durch Katheterisieren oder Zystozentese
- zahlreich bis massenhaft:
  - akute Nephritiden
  - Verletzungen der Harnwege durch Trauma oder Steine
  - Zystitis
  - Prostatitis
  - Tumoren
  - Hitze, Rolligkeit (Hund, Katze)

Leukozyten

Das vermehrte Auftreten von Leukozyten (**Abb. 25.8–25.10**) (Pyurie) gilt als Hauptsymptom von Entzündungen im Urogenitalbereich. Vereinzeltes Auftreten (1–4 Leukozyten pro Gesichtsfeld bei ca. 400-facher Vergrößerung) ist ohne Bedeutung.
Der Leukozytennachweis mittels Teststreifen ist bei Haustieren unzuverlässig – es kann sowohl zu falsch positiven wie auch falsch negativen Ergebnissen kommen!

Bewertung

▶ Leukozytenzahl ↑ = Leukozyturie, Pyurie

- Pyelonephritis
- Zystitis

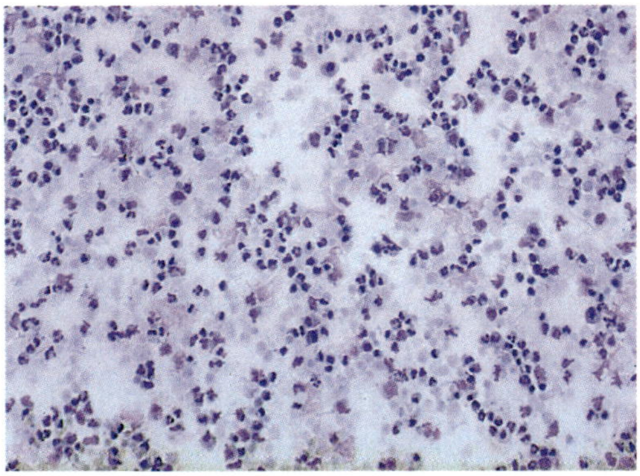

Abb. 25.9 Harnsediment: viele Leukozyten, nach Romanowsky (Hemacolor®) gefärbt

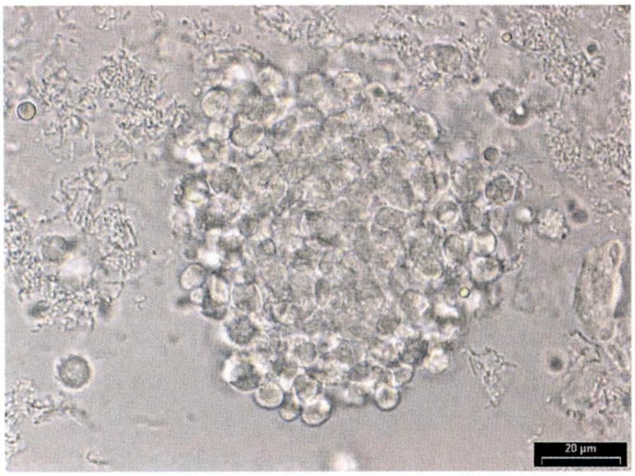

Abb. 25.10 Harnsediment: verklumpte Leukozyten, ungefärbt

- Prostatitis (Spontanurin; bei Zystozenteseurin i. A. negativ)
- Pyometra, Vaginitis, Balanoposthitis (Spontanurin; bei Zystozenteseurin i. A. negativ)

Fehlermöglichkeiten

- In alkalischem Urin kann die Leukozytenzahl vermindert sein.
- Bei starker Verdünnung infolge Polyurie bei Diabetes mellitus, Hyperthyreose oder Hyperkortisolismus werden bisweilen keine Leukozyten gefunden, obgleich häufig eine bakterielle Entzündung vorliegt.

Beim alten Rüden ist bei Verdacht auf eine Pyelonephritis die Abgrenzung einer **Prostatitis** wichtig. Dazu wird ein sogenanntes Exprimat gewonnen, indem ein Katheter nicht ganz bis in die Blase eingeführt und die Prostata vom Rektum aus kräftig massiert wird.
Stammen die Leukozyten aus den Nieren, finden sich meist auch Harnzylinder.

> Nach längerem Stehenlassen des Urins zerfallen die Leukozyten zu einem körnigen Detritus, der mit Phosphat verwechselt werden kann, aber unter Essigsäurezusatz im Gegensatz zu diesem nicht löslich ist.

Epithelien

Bei den Epithelien (s. Abb. 25.6) wird unterschieden zwischen tubulären Epithelzellen (sog. Nierenepithelien), Übergangsepithelien und Plattenepithelien (sog. Blasenepithelien).

Tubuläre Epithelzellen

Sie sind etwa genauso groß oder bis zu einem Drittel größer als Leukozyten. Die meist runden oder ovalen, seltener unregelmäßig dreieckigen oder kubischen Zellen enthalten Granula (fettige Degeneration). Der Kern ist relativ groß, rund, bisweilen wegen der Granula nicht klar sichtbar (**Abb. 25.11**).
Bei Hund, Katze, Pferd, Rind, Ziege, Schaf und Schwein ist das vereinzelte Vorkommen physiologisch (Zellmauserung).

Bewertung

▶ Tubuläre Epithelzellen ↑

Nephritiden, besonders akute

Übergangsepithelien

Sie sind ca. 2- bis 4-fach größer als Leukozyten. Die Zelle ist oval, länglich, birnenförmig, geschwänzt, der Kern relativ klein und rund. Die Übergangsepithelien stammen aus dem Nierenbecken und den abführenden Harnwegen (**Abb. 25.12**).
Bei Hund, Katze, Pferd, Rind, Ziege, Schaf und Schwein treten sie physiologischerweise ganz vereinzelt auf.

Bewertung

▶ Übergangsepithelien ↑

- Pyelitiden
- Zystitiden

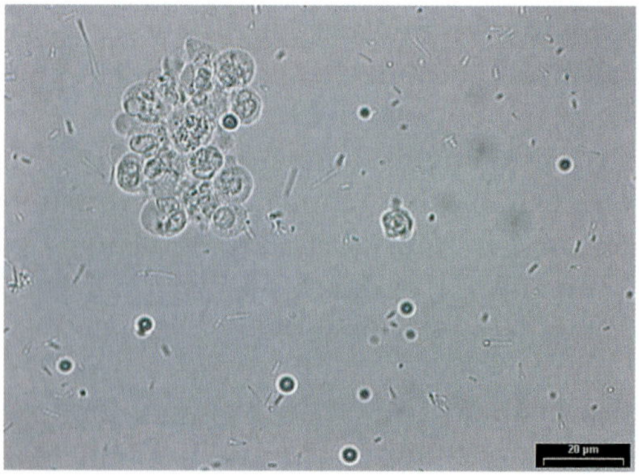

Abb. 25.11 Harnsediment: Tubulusepithelzellen, ungefärbt

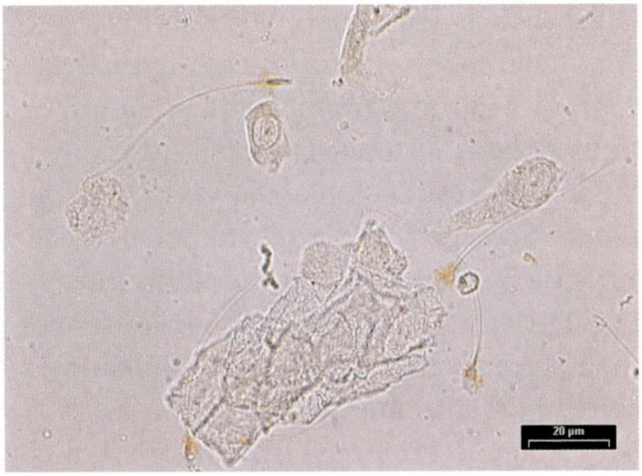

Abb. 25.12 Harnsediment: Übergangsepithel (geschwänzt), ungefärbt

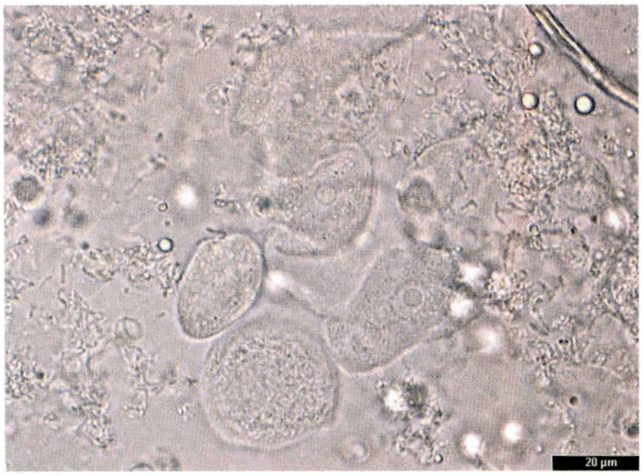

Abb. 25.13 Harnsediment: Plattenepithel, Spontanharn, ungefärbt

Plattenepithelien

Die großen polygonalen Zellen mit Granulation besitzen einen sehr kleinen Kern. Sie stammen aus der distalen Urethra, der Vagina oder dem Präputium und dürfen nicht mit Übergangsepithelien verwechselt werden (**Abb. 25.13**). Ihre diagnostische Bedeutung ist gering.

Tumorzellen

Tumoren der ableitenden Harnwege können in den Harn exfoliieren – die Zellen sind daher im Harnsediment nachweisbar. Zur Sicherung der Diagnose sollte aber immer ein gefärbter Ausstrich beurteilt werden. Dazu eignet sich möglichst frischer Harn, der auch nur kurz in der Blase verweilt hat, sodass die Zellen gut erhalten sind. Zur Konservierung der Zellen kann ein Tropfen Plasma dem Sediment zugefügt werden, damit die Zellen besser am Objektträger anhaften und beim Färbevorgang nicht abgespült werden. Eine Hitzefixierung des getrockneten Ausstrichs verhindert ebenfalls das Abschwemmen von Zellen beim Färben.
Traumatische Katheterisierungen bzw. Katheter oder Feinnadelaspirationen können ebenfalls zur Materialgewinnung bei lokalisierten Zubildungen verwendet werden.
Die Differenzierung entzündlich induzierter proliferativer Veränderungen von einem Tumorgeschehen ist auch in der Harnzytologie sehr schwierig und erfordert häufig Wiederholungsuntersuchungen oder die histologische Beurteilung von Biopsien.

Beurteilung zytologisch gefärbter Sedimentausstriche/Tumorzytologie

Gefärbter Sedimentausstrich – physiologisches Zellbild

Auch im gefärbten Ausstrich ist die Zellzahl eher gering. Vereinzelte rundliche bis ovale Urothelien mit einem schwach basophilen Zytoplasma, das aber auch schwach azidophil gefärbt sein kann und oft fein vakuolisiert ist, gehören zum physiologischen Zellbild. Die Kerne liegen zentral und weisen eine feingranulierte Chromatinstruktur auf. Vereinzelte Plattenepithelien gehören bei Spontanurin ebenfalls zum physiologischen Zellbild. Sie sind flach, polygonal und weisen ein azidophiles Zytoplasma auf. Der mittig gelegene Kern ist klein und dicht.
Einige wenige Erythrozyten und Neutrophile können ebenfalls vorkommen. Die

Neutrophilen sind bei frischem Harn kaum degeneriert.

Zystitis mit Hyperplasie und Metaplasie

Ein hoher Gehalt an neutrophilen Granulozyten, die mitunter auch schaumig vakuolisiert sein können sowie auch Degenerationserscheinungen des Kerns aufweisen, sind stets ein guter Hinweis auf einen inflammatorischen Prozess. Bakterien können sowohl intra- als auch extrazellulär lokalisiert sein Eine Hyperplasie des Urothels, die von einer Metaplasie des Plattenepithels begleitet sein kann, tritt häufig bei einer Zystitis auf. Hyperplastische Epithelzellen weisen eine größere Kern/Zytoplasma-Varianz, eine deutliche Basophilie des Zytoplasmas, grobscholliges Kernchromatin und vereinzelte Nukleoli auf. Malignitätskriterien von Urothelzellen im Zusammenhang mit entzündlichen Veränderungen müssen immer vorsichtig beurteilt werden. Papillome sind benigne Tumoren, deren Zellen sich von gewöhnlichen Urothel morphologisch nicht unterscheiden. Die Diagnose muss mittels bildgebender Verfahren und Histologie gestellt werden, da es keine zuverlässigen zytologischen Kriterien gibt.

Neoplasien

Karzinome des Urothels oder Übergangsepithels weisen entweder papilläres, nichtpapilläres oder invasives Wachstum auf. Am häufigsten sind sie im Trigonum vesicae lokalisiert. Die klinischen Erscheinungen variieren je nach Lokalisation. Das zytologische Bild präsentiert sich in großen Clustern pleomorpher Zellen, die klassische Malignitätskriterien, wie Kern/Zytoplasma-Varianz, grobscholliges Kernchromatin, Kernwandverdickung, multiple irreguläre Nukleoli, Kerndeformationen (molding) in dicht gepackten Arealen sowie sehr unterschiedlich gefärbtes Zytoplasma aufweisen. Gelegentlich sind auch Mitosen zu sehen. Die Zellgrenzen sind oft nicht deutlich ausgeprägt. Häufig werden auch Zellen mit extrem hohem Zytoplasmaanteil, also einem niedrigen Kern/Zytoplasma-Verhältnis, gesehen. Schwach tingierte Vakuolen weisen auf eine hydropische Degeneration hin.
Die Differenzierung zwischen Plattenepithelkarzinomen, Übergangsepithelkarzinomen (Transitional Cell Carcinoma, TCC) oder Adenokarzinomen ist zytologisch nicht möglich.

Harnzylinder

Unter Harnzylindern (**Abb. 25.14**) versteht man zylindrisch geformte Ausgüsse der Nierentubuli oder Sammelrohre. Sie entstehen durch vermehrte glomeruläre Ausscheidung und/oder verminderte tubuläre Reabsorption von Protein. Gefördert wird die Bildung durch einen verminderten Harnfluss, einen sauren pH-Wert, abnorme Ionen- und erhöhte Salzkonzentration. Als Matrix der Zylinder jeder Art liegt ein Mukoprotein, das Tamm-Horsfall-Protein, vor. Es wird in der Henle'schen Schleife, dem distalen Tubulus und dem Sammelrohr als »schützender Gleitfilm« sezerniert, wo es bei verlangsamtem Harnfluss ausfällt und die zylindrischen Ausgüsse bildet. Bei Wiedereinsetzen der Diurese werden durch den proximal entstehenden Druck die Harnzylinder ausgeschwemmt und erscheinen im Sediment. In alkalischem Milieu lösen sich die Zylinder auf, lassen sich also nicht im alkalischen Harn nachweisen. Ebenso werden sie durch zu starkes Zentrifugieren zerstört.

Hyaline Zylinder

Sie bestehen aus Protein und Mukopolysacchariden, sind sehr zart strukturiert, farblos und durchsichtig (**Abb. 25.15**) und werden daher leicht übersehen. Durch Abblendung

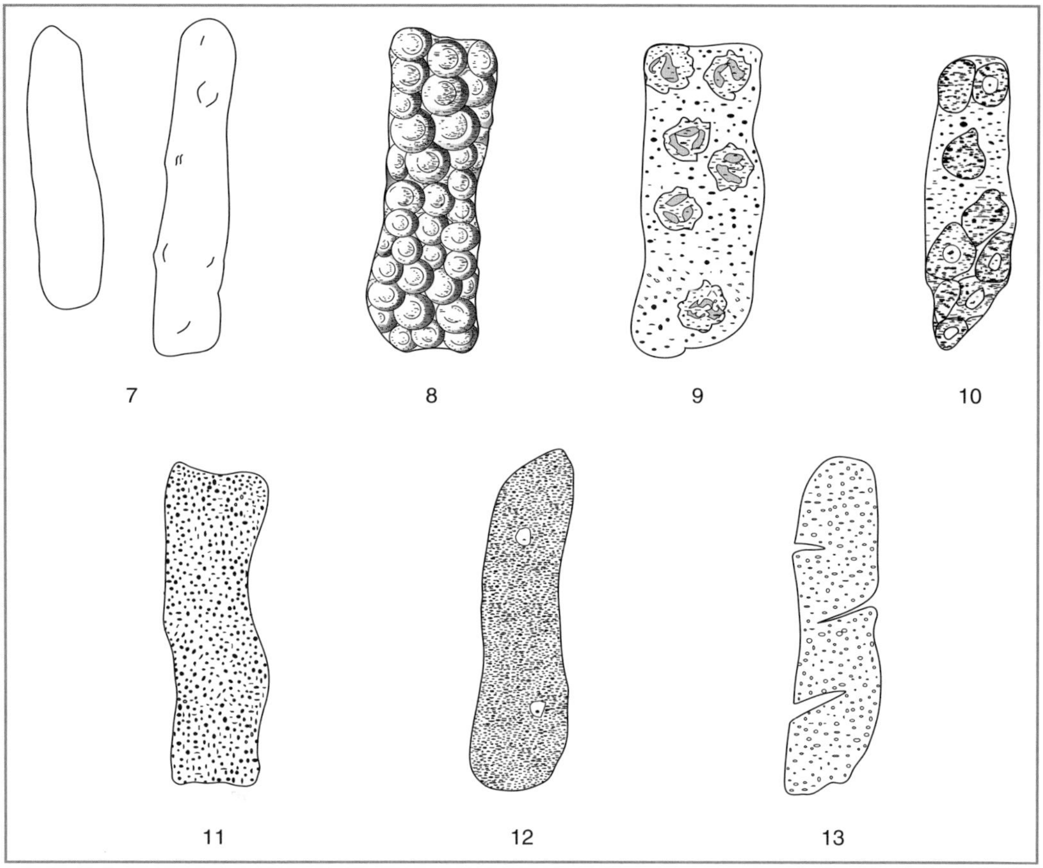

Abb. 25.14 Harnsediment (II): 7 = hyaline Zylinder; 8 = Erythrozytenzylinder; 9 = Leukozytenzylinder; 10 = Nierenepithelzylinder; 11 = granulierter Zylinder grob; 12 = granulierter Zylinder fein; 13 = Wachszylinder

oder Vorschaltung eines Grünfilters lassen sie sich besser darstellen. Noch deutlicher erkennt man sie im Phasenkontrastmikroskop.

Hyaline Zylinder treten vereinzelt beim gesunden Individuum auf. Häufig zeigen sie Auflagerungen von Salzen (Phosphat, Urat) oder Fetttröpfchen (Fetttröpfchenzylinder). In alkalischem Urin lösen sie sich rasch auf.

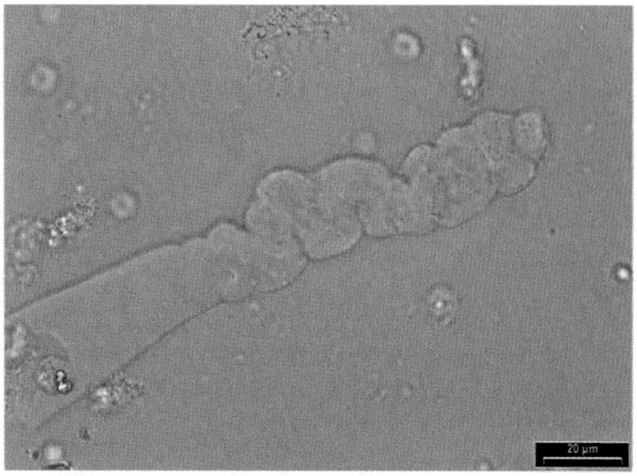

Abb. 25.15 Harnsediment: hyaliner Zylinder, ungefärbt

Bewertung

▶ Hyaline Zylinder ↑

renale Proteinurie (glomeruläre und tubuläre Nephritis, besonders bei akuter, weniger bei chronischer Nephritis)

Epithelzylinder

Sie enthalten geringe Anteile Proteinmatrix und mehr oder weniger desquamierte Epithelien der Tubuli. Die Zellen zerfallen oder degenerieren fettig oder körnig, es bilden sich granulierte Zylinder. Die Epithelien sind größer als die Leukozyten bei Leukozytenzylindern. Bei weiterer Degeneration der granulierten Zylinder können Wachszylinder entstehen.

Bewertung

▶ Epithelzylinder ↑

- tubuläre Nephropathie
- akute Nephritis, Pyelonephritis

Granulierte Zylinder

Sie entstehen durch Zelldegeneration (**Abb. 25.16a+b**).

Bewertung

▶ Granulierte Zylinder ↑

tubuläre Nephropathie (interstitielle Nephritis)

Wachszylinder

Sie sind farblos bis leicht gelblich und zeigen matten, wachsartigen Glanz. Wachszylinder sind scharf konturiert und oft gekerbt (**Abb. 25.17**).

Bewertung

▶ Wachszylinder ↑

- chronische diffuse Nephritiden
- Amyloidose

Fetttröpfchenzylinder

Die stark lichtbrechenden, unterschiedlich großen Fetttröpfchen werden auf Zylindern, besonders bei subakuten und chronischen nephritischen Erkrankungen, gefunden (**Abb. 25.18**, fettige Degeneration).

Bewertung

▶ Fetttröpfchenzylinder ↑

subakute bis chronische tubuläre Nephritiden (besonders bei der Katze)

Erythrozytenzylinder

Sie entstehen durch Zusammenballung von Erythrozyten in den Tubuli. Die Zellgrenzen sind deutlich, der Zylinder erscheint rötlich bis braun.

25

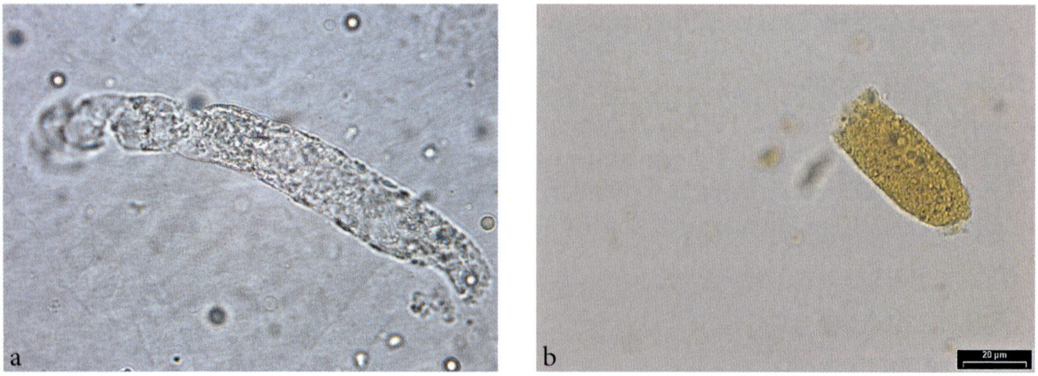

Abb. 25.16a+b Harnsediment: granulierter Zylinder, ungefärbt, im rechten Bild (b) färbt Bilirubin den Zylinder gelblich.

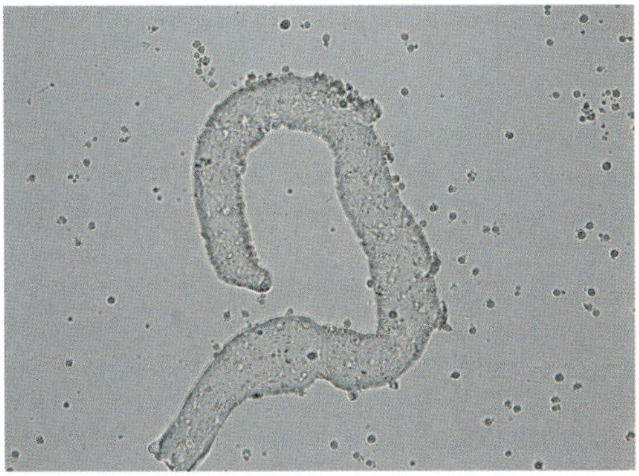

Abb. 25.17 Harnsediment: Wachs-Zylinder, ungefärbt

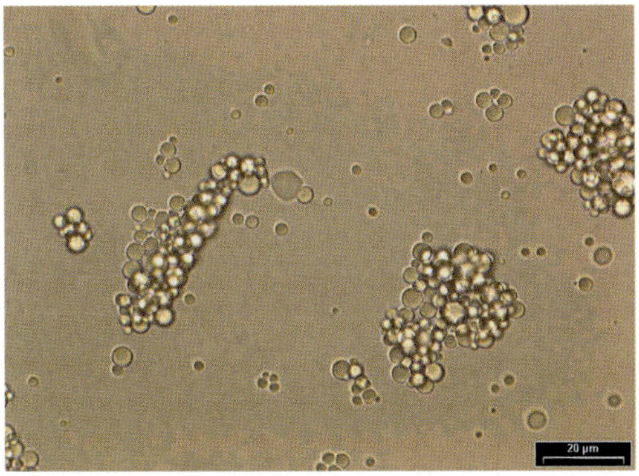

Abb. 25.18 Harnsediment: Fetttröpfchenzylinder, ungefärbt

Bewertung

▶ Erythrozytenzylinder ↑
- akute Nephritiden
- Nierenblutungen

Hämoglobinzylinder

Die Zylinder sind homogen gelblich, rötlich bis bräunlich. Zellgrenzen lassen sich nicht erkennen.

Bewertung

▶ Hämoglobinzylinder ↑
intravasale Hämolyse

Leukozytenzylinder

Die Grundsubstanz ist wieder Protein, in das Leukozyten »eingebacken« sind. Leukozytenzylinder sind oft schwer von granulierten bzw. Epithelzylindern zu unterscheiden (Kernform).

Bewertung

▶ Leukozytenzylinder ↑
- Pyelonephritis
- akute Nephritis

Gemischte Zylinder

Gleichzeitig hyaline, granulierte, zellige Anteile. Die Beurteilung entspricht den oben genannten Formen.

Pseudozylinder

Sie erscheinen als lange, bandartige, ausgefaserte zylindroide, Urat- oder Phosphatzylinder, die sich mit Essigsäure auflösen, und Bakterienzylinder.

Kristalline Bestandteile

Die Form der ausgeschiedenen Salze ist vom Säure-Basen-Haushalt, den kolloidalen Verhältnissen und der Temperatur abhängig (**Abb. 25.19–25.21**). Die Anzahl der im Urin gefundenen Kristalle lässt keine Aussage über die Höhe der Salzausscheidung zu.

Nicht jede Kristallurie ist behandlungswürdig!

Eine Übersicht über die Differenzierung von Harnkristallen gibt **Tabelle 25.17.**

Harnsteine

Voraussetzung für die optimale Behandlung eines Patienten mit **Urolithiasis** ist die Analyse des spontan abgegangenen oder chirurgisch entfernten Harnkonkrements.

Tab. 25.17 Differenzierung von Harnkristallen und -konkrementen

Salz	Urinreaktion	Form	Farbe	Chemische Eigenschaft	Vorkommen
Ammonium-Magnesium-Phosphat (Struvit, Tripelphosphat)	alkalisch, ammoniakalisch, (amphoter)	Sargdeckel	farblos	löslich in Essigsäure	Zystitis mit ammoniakalischer Gärung
Ammoniumbiurat	alkalisch	Kugeln, oft mit Stacheln	gelb bis bläulich	löslich in Essigsäure und Laugen	zusammen mit Tripelphosphat, bei Leberkrankheiten vermehrt
Cholesterin	unabhängig	rechteckige Tafeln mit scharfen Aussparungen	farblos	löslich in Äther und Chloroform, unlöslich in Säuren und Laugen	sehr selten
Cystin	sauer	sechseckig	farblos	löslich in Salzsäure, Laugen, Ammoniak, unlöslich in Essigsäure	Stoffwechselanomalie beim Hund
Dikalziumphosphat	alkalisch bis schwach sauer	keilförmige Kristalle	farblos	löslich in Essig- und Salzsäure, unlöslich in Laugen, Ammoniak und bei Wärme	
Harnsäure	sauer	rhombisch, Stäbe, Wetzstein, Faustkeil, Rosetten	gelb bis bräunlich	löslich in Laugen, unlöslich in Essig- und Salzsäure	Harnkonzentration, Fieber, vermehrt beim Dalmatiner
Kalziumkarbonat	alkalisch, amphoter	amorph, kleine Kugeln, Hanteln, Scheiben, Biskuitformen, Sternformen	farblos	löslich in Essigsäure unter Aufbrausen, löslich in Salzsäure	beim Pferd physiologisch in großen Mengen

Tab. 25.17 (Fortsetzung)

Salz	Urinreaktion	Form	Farbe	Chemische Eigenschaft	Vorkommen
Kalziumoxalat	schwach alkalisch bis sauer	Oktaeder, Briefkuvertform (oft sehr klein) u. v. a.	farblos	löslich in Salzsäure, unlöslich in Essigsäure, unlöslich in Äther, unlöslich bei Wärme	physiologisch beim Pferd, bei Hund und Katze nach pflanzlicher Nahrung, massenhaft bei Ethylenglykolvergiftung
Kalziumsulfat (Gips)	sauer	lange, an Enden schräg abgeschnittene Balken, Nadeln, Prismen	farblos	unlöslich in Essigsäure, kaum in Salzsäure, kaum in Ammoniak	selten beim Pferd
Leucin	sauer	am Rande aufgewölbte Scheiben und Kugeln	gelb bis bräunlich	löslich in Salzsäure, Laugen, Ammoniak, unlöslich in Essigsäure und Äther	Hepatopathien, Phosphorvergiftung
Tyrosin	sauer	sehr feine Nadeln, Sterne, Büschel	farblos bis gelblich	wie Leucin	wie Leucin
Bilirubin	sauer	amorph, tafelförmig, Nadeln	gelb	löslich in KOH	Ikterus
Hämoglobin	unabhängig	amorph, Körner, Schollen	gelbbräunlich		Hämoglobinurie, auch bei Hämaturie

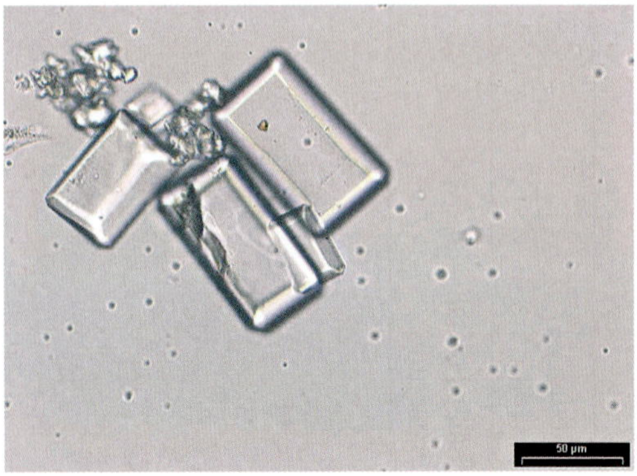

Abb. 25.19 Harnsediment: Struvit-Kristalle (Tripelphosphat), ungefärbt

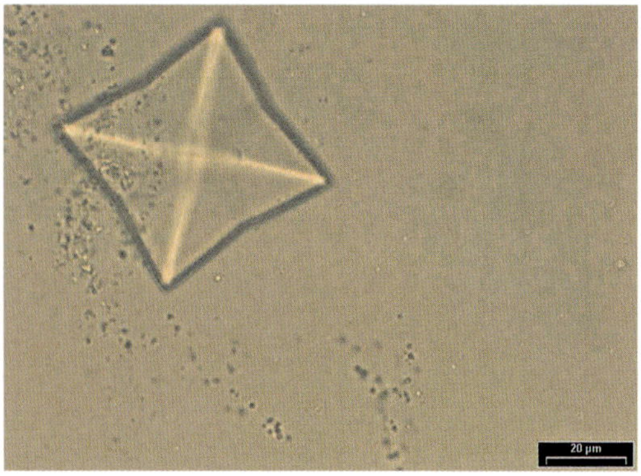

Abb. 25.20 Harnsediment: Kalziumoxalat-Bihydrat-Kristall, ungefärbt

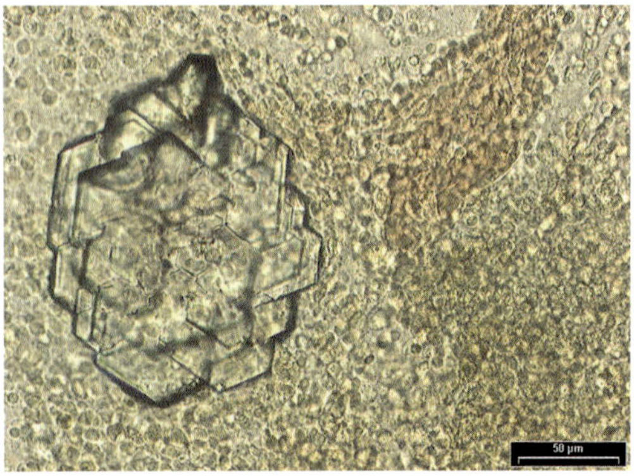

Abb. 25.21 Harnsediment: Cystin-Kristall, ungefärbt

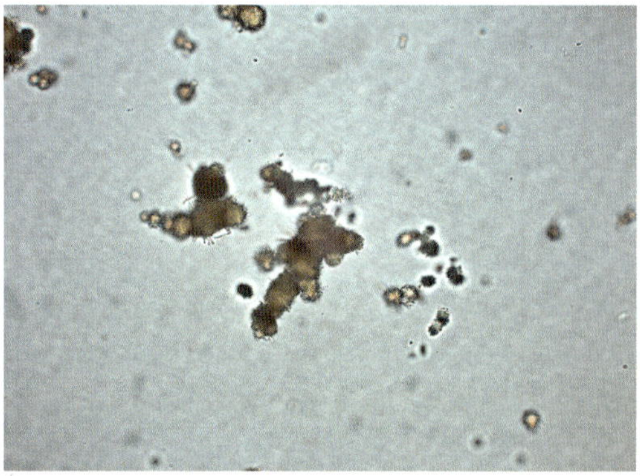

Abb. 25.22 Harnsediment: Ammoniumurat-Kristalle, ungefärbt

Beim Vorliegen von **Cystinsteinen** besteht gleichzeitig eine Cystinurie, sodass die röntgenologisch oft schwer erfassbaren Steine über eine Bestimmung von Cystin im Urin als solche erkannt werden können.

Material

Harnstein

Technik

Makroskopische Untersuchung

Beurteilt werden Farbe, Konsistenz und Oberflächenstruktur.

Physikalisch-chemische Untersuchung

Die Vorgehensweise ist in **Abbildung 25.23** veranschaulicht.
Häufig angewendet wird auch die **Murexid-Probe**: Stein verpulvern, in Salpetersäure lösen, eindampfen.

Beurteilung

siehe **Tabelle 25.18**

Bewertung

siehe **Tabelle 25.19**
Weitere Angaben sind der Tabelle 25.16 zu entnehmen.

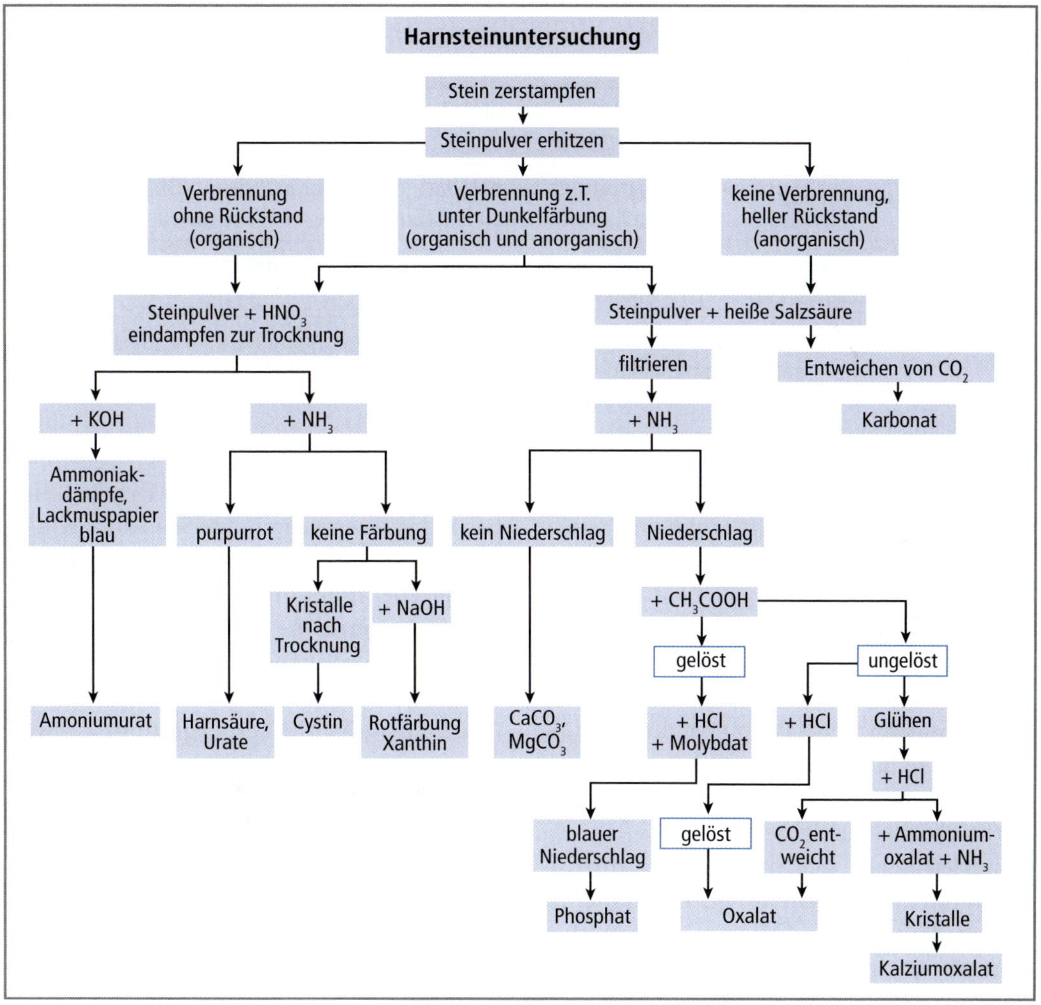

Abb. 25.23 Harnsteinuntersuchung

Tab. 25.18 Beurteilung der Murexid-Probe

Murexid-Probe	Beurteilung
+ Ammoniak	purpurrot: Harnsäure, Urat
+ Ammoniak + Kalilauge	farblos, rot: Xanthin
+ Ammoniak + Kalilauge	farblos, farblos, jedoch Lösung, bei Trocknen sechsseitige Tafeln: Cystin

Mikroorganismen

Die Untersuchung des Sediments auf Mikroorganismen kann eine Harnkultur keineswegs ersetzen!

Der Harn ist üblicherweise frei von Mikroorganismen. Bakterien findet man am häufigsten, Hefen und Pilze nur gelegentlich. Parasitäre Elemente können entweder durch Verunreinigung eingeschwemmt wer-

Tab. 25.19 Bewertung von Harnsteinen

Harnstein	Bewertung
Kalziumoxalat	hart, durch Blutfarbstoff bräunlich, sonst hell, kantig-scharf, höckrig; unlöslich in Essigsäure, löslich in Salzsäure
Urat	(aus Harnsäure und harnsauren Salzen), hart, gelb bis bräunlich-rot, Oberfläche feinkörnig; unlöslich in Essigsäure und Salzsäure, Murexid-Probe purpurrot
Phosphat	weich, kreidig, blätternd, Oberfläche grau; löslich in Salz- und Essigsäure, mit Molybdän-Reagenz Blaufärbung
Cystin	glatt, blassgelb, wachsartig, weich; verbrennt mit geringem Rückstand; keine Farbreaktion mit Kalilauge oder Ammoniak (Murexid-Probe)

den. Nur *Capillaria plica* (Blasenwurm bei Hund und Katze) und *Dioctophyma renale* (Nierenwurm) des Hundes parasitieren den Harntrakt.

Bakterien sind sehr klein und können nur bei großer Vergrößerung (mind. 400-fach) gesehen werden. Sie können entweder rund (Kokken), stäbchenförmig (Bacilli) oder filamentös sein. Normalerweise sind sie hoch lichtbrechend und bewegen sich – was ihre Auffindbarkeit erleichtert!

Bakterien lassen sich durch eine Zentrifugation des Harns nicht anreichern, daher ist die Sensitivität dieser Untersuchungsmethode relativ gering. Stäbchenförmige Bakterien sind etwas größer und somit leichter im Harnsediment zu erkennen – sie sind ab einer Anzahl von 10 000/ml mit einer gewissen Regelmäßigkeit im Sediment zu finden. Die kleineren und damit schwerer zu identifizierenden Kokken müssen in einer Anzahl von 100 000/ml vorhanden sein, um im Sediment regelmäßig nachweisbar zu sein.

Amorphe Phosphate oder Urate bewegen sich durch die Brown'sche Molekularbewegung ebenfalls, und können, wenn sie sehr klein sind, mit Bakterien verwechselt werden. Fragliche Befunde sollten die Beurteilung eins gefärbten Sedimentausstriches abgeklärt werden.

Bakteriurien zusammen mit Pyurien, insbesondere wenn die Bakterien intrazellulär liegen, sind ein deutlicher Hinweis auf eine bakterielle Infektion.

Eine Bakteriurie ohne Entzündungsreaktion kann entweder auf eine Kontamination bzw. Keimwachstum nach der Harngewinnung (während ungekühlter Lagerung) hinweisen – sie kommt aber auch bei Patienten, die über keine adäquaten Abwehrmechanismen verfügen (z. B. im Rahmend es Cushing-Syndroms oder bei Diabetes mellitus) vor!

Hefen können mit Erythrozyten oder Lipidtröpfchen verwechselt werden. Sie sind ovoid und haben doppelbrechende Zellwände manchmal kann man auch Sprossen erkennen, was ihnen eine erdnussartige Kontur verleiht. Sie lösen sich in Essigsäure nicht auf. Normalerweise handelt es sich um Kontaminanten, da Harnwegsinfektionen mit Hefen bei Hunden und Katzen selten sind. Pilzhyphen stellen einen seltenen Befund dar – gelegentlich sind sie im Rahmen systemischer Mykosen, die auch den Harntrakt befallen, zu finden. Bei der Beurteilung, ob es sich um eine Kontamination oder Infektion handelt, sind Art der Probenentnahme und Aufbewahrung sowie Untersuchungszeitpunkt zu berücksichtigen.

Bakteriologische Harnuntersuchung

Indikation

- Verdacht auf bakterielle Infektionen der Nieren oder/und Harnwege
- rezidivierende Harnwegsinfekte

Material

frischer Zystozentese-Urin (weniger gut: steril entnommener Katheterharn)

Prinzip

- mikroskopische Sedimentuntersuchung als Suchmethode
- Anzüchtung der Keime auf Nährböden
- Teststreifen
- Ausstrichverfahren

Technik

Keimzahlbestimmung

Objektträgerkultur- oder Eintauchobjektträgerverfahren

- mit Nähr- oder Selektivnährböden beschichteten Objektträger in Harn eintauchen oder Harn direkt auftropfen
- Objektträger 24 Stunden bei 37 °C bebrüten

Teststreifen mit kombinierten Trockennährböden

- Inkubationszeit: 12–18 Stunden
- Das Bakterienwachstum wird durch den Vergleich mit schematischen Musterbildern beurteilt.

1 000 Keime/ml	= Kontamination
10 000–100 000 Keime/ml	= zweifelhaft
> 100 000 Keime/ml	= Infektion

Nitrit-Teststreifen

Nachweis nitratreduzierender Bakterien (meist Enterobacteriaceae)

> Nur das positive Resultat ist aussagekräftig!

Gram-Färbung

- 1 Keim pro Gesichtsfeld (500-fache Vergrößerung) = positiv
- Vorteil: Die Auswertung kann umgehend erfolgen.

Keimidentifizierung und Resistenztest

siehe Kapitel 31

25.3 Harnpflichtige Substrate im Serum/Plasma

Hierunter fallen heterogene Stoffwechselprodukte des intermediären Metabolismus, denen die Herkunft – exogenes oder endogenes Protein – und der Bestandteil Stickstoff gemeinsam sind. Dies sind unter anderem Harnstoff, Kreatinin, Kreatin, Harnsäure, Aminosäuren, Ammonium und Ammoniak. Im Allgemeinen werden Harnstoff und Kreatinin im Serum untersucht, weil diese leicht zu bestimmen sind.

> Die Erhöhung der Konzentration an harnpflichtigen Stoffen im Blut wird als **Azotämie**, das mit der Azotämie verbundene klinische Syndrom als **Urämie** bezeichnet.

Harnstoff

Harnstoff wird im Harnstoffzyklus in der Leber aus Ammoniak synthetisiert. Er ist das ungiftige Endprodukt des Proteinstoffwechsels. Harnstoff entsteht sowohl beim endogenen Abbau von Protein als auch aus

dem mit der Nahrung zugeführten Eiweiß, so z. B. auch bei Magen-Darm-Blutungen. Die im Blut bestimmte Konzentration ist daher nahrungsabhängig. Beim Rind sind Konzentrationssteigerungen fast ausschließlich prärenal durch Kreislaufstörungen bedingt.
Harnstoff ist eine niedermolekulare Substanz und somit frei diffusibel. Die Ausscheidung von Harnstoff erfolgt fast ausschließlich über die Nieren. Die Ausscheidung über andere Körperflüssigkeiten ist bei gesunden Tieren zu vernachlässigen. Harnstoff wird im Darm bakteriell wieder zu Ammoniak abgebaut, der wiederum rückresorbiert und in der Leber zu Harnstoff synthetisiert wird (enterohepatischer Kreislauf!). Daher erfolgt keine Nettoausscheidung des Harnstoffs über den Darm. Harnstoff wird frei glomerulär filtriert. Im Normalfall werden bis zu 60 % des Harnstoffs aus dem Primärharn rückresorbiert. Die Flussrate des Harns beeinflusst die Rückresorptionsrate. Ein erhöhter Harnfluss führt zu vermehrter Harnstoffausscheidung. In Anwesenheit von ADH diffundiert Harnstoff aus dem Lumen der Sammelrohre ins Interstitium – Wasser folgt dem Konzentrationsgradienten und kann so konserviert werden.
Bei stark erhöhtem Gehalt im Blut infolge einer **Nierenerkrankung** wird Harnstoff auch über die Schleimhäute des Magen-Darm-Traktes ausgeschieden und durch Urease-bildende Bakterien wieder zu toxischem Ammoniak gespalten.

Harnstoffwerte werden – besonders im englischen Schrifttum – häufig als Harnstoff-Stickstoff-Werte (Harnstoff-N; englisch: **BUN** = blood urea nitrogen) angegeben. Die Empfehlungen lauten jedoch, dass Harnstoffkonzentrationen und nicht BUN angegeben werden soll. Da ein Mol Harnstoff (MG 60,06) zwei Atome Stickstoff (MG 28,02) enthält, ergibt sich folgende Umrechnungsformel:

Harnstoff-N (mg/dl) × 2,14 = Harnstoff (mg/dl)
Harnstoff (mg/dl) × 0,46 = Harnstoff-N (mg/dl)

Indikation

- Diagnose von Nierenfunktionsstörungen (prärenale, renale, postrenale Azotämie)
- Feststellung der Auswirkung anderer Organ- und Funktionsstörungen auf die Nieren
- Ankaufsuntersuchung
- Vorsorgeuntersuchung (präoperativ zur Detektion einer klinisch inapparenten Nierenfunktionsstörung)
- Therapieüberwachung
- Überprüfung der Leberfunktion!

Material

Serum, Plasma, für trockenchemische Methoden bisweilen Vollblut

Prinzip

In der Regel werden Urease-abhängige Verfahren durchgeführt. Harnstoff wird durch Urease zu Ammoniak und Kohlendioxid abgebaut. Ammoniak ergibt mit Phenol und Hypochlorid bei Anwesenheit von Natriumnitroprussid eine blaue Farbe, deren Intensität der Konzentration von Ammoniak und damit von Harnstoff proportional ist. Diese blaue Farbe wird semiquantitativ auf einem Teststreifen mit einer Vergleichsskala geprüft oder trocken- oder nasschemisch fotometrisch gemessen. Die Ureasemethode zeichnet sich durch eine hohe Spezifität aus. Der Ammoniakgehalt im Serum ist – auch bei Leberkranken – so gering, dass er für die Harnstoffbestimmung vernachlässigt werden kann.

Technik

Es stehen zahlreiche Testkombinationen für Nass- und Trockenchemie zur Verfügung. Durchführung nach Anleitung des Herstellers. Es hat sich gezeigt, dass Serum oder Plasma als Testmedium besser geeignet ist als Vollblut. Da Fluoride die Ureaseaktivität hemmen, sind Natriumfluorid-Röhrchen ungeeignet.

Referenzbereiche

siehe **Tabelle 25.20**

Umrechnungsfaktoren

Harnstoff

- SI-Einheit: × 0,1665 (mmol/l)
- konventionelle Einheit: × 6,006 (mg/dl)

Harnstoff-N

- SI-Einheit: × 0,3561 (mmol/l)
- konventionelle Einheit: × 2,808 (mg/dl)

Bewertung

▶ Harnstoff ↑

- physiologisch und vorübergehend:
  - wenige Stunden nach proteinreicher Nahrung
- pathologisch:
  - prärenal
    - Dehydratation, Elektrolytimbalance
    - Kreislaufinsuffizienz (Schock)
    - Herzinsuffizienz
    - lokale (renale) Kreislaufstörung
    - körperliche Belastung (Überlastung)
    - Fieber
    - Gewebsnekrosen
    - Gewebs- oder Körperhöhlenblutungen, besonders Magen-Darm-Blutungen
    - Hyperthyreose
    - Hypoadrenokortizismus (M. Addison)
    - katabole Medikamente (Kortikosteroide)
    - bisweilen nach Bluttransfusion
  - renal
    - akute generalisierte Nephritis
    - Glomerulonephritis
    - chronische erworbene Nephropathie
    - angeborene (erbliche) Nephropathie
    - beidseitiger Nierentumor einschl. Lymphom
    - Nierenamyloidose
    - diffuse Nierenkalzinose
    - chronische Pyelonephritis

Tab. 25.20 Referenzbereiche für Harnstoff bei verschiedenen Tierspezies

Spezies	Harnstoff		Harnstoff-N	
	mg/dl	mmol/l	mg/dl	mmol/l
Hund	20–50	3,3–8,3	9–23	3,2–8,2
Katze	30–68	5,0–11,3	14–32	5,0–11,4
Pferd	20–40	3,3–6,7	9–23	3,2–8,2
Rind	20–30	3,3–5,0	9–14	3,2–5,0
Schaf	20–30	3,3–5,0	12–23	4,3–8,2
Ziege	25–35	4,2–5,8	9–23	3,2–8,2
Schwein	20–50	3,3–8,3	9–23	3,2–8,2

– – beidseitiges Trauma
– – Nephrotoxine (auch medikamentöse)
– postrenal
– – Verlegung oder Ruptur der Harnwege (Nierenbecken bis Urethra)
– – – angeboren
– – – Konkremente (kristallin, organisch [FLUTD])
– – – Tumoren
– – – Herniation der Harnblase
– – – iatrogen (chirurgische Perforation oder Unterbindung)

▶ Harnstoff ↓

- fütterungsbedingt (proteinarme Ernährung)
- Hungerzustände (zum Teil)
- Hepatopathie, Leberzirrhose, Leberinsuffizienz
- portosystemischer Shunt
- Diabetes insipidus
- psychogene Polydipsie
- Anabolika

Die Harnstoffkonzentration steigt bei prärenaler Azotämie deutlich stärker an als die Kreatininkonzentration.

Kreatinin

25

Kreatinin ist ein Produkt des endogenen Muskelstoffwechsels und wird aus Kreatin und Phosphokreatin gebildet. Kreatinin tritt aus der Muskulatur aus und verteilt sich homogen in der wässrigen Phase. Die Serumkonzentration steht in Beziehung zur Muskelmasse des Individuums; dies gilt jedoch nur eingeschränkt in Bezug auf Rassebesonderheiten.
Gegenüber Harnstoff hat Kreatinin den Vorteil, dass es nicht nahrungsabhängig ist. Seine Konzentration ist daher bei Nahrungskarenz nicht scheinbar »normal« und kann durch diätetische Maßnahmen nicht erniedrigt werden. Deshalb erweist sich Kreatinin auch in Verlaufsuntersuchungen bei Tieren in Behandlung als zuverlässiger. Da es im Wesentlichen nur glomerulär filtriert wird, ermöglicht Kreatinin hauptsächlich Aussagen über das Glomerulumsystem. Kreatinin wird nur beim Rüden zu einem klinisch nicht relevanten Prozentsatz tubulär sezerniert. Intestinale Bakterien bauen zwar Kreatinin ab, die dabei entstehenden Metaboliten werden aber nicht mehr zu Kreatinin synthetisiert. Daher kommt es zu einer Nettoausscheidung von Kreatinin über den Darm.
Die Diffusionsgeschwindigkeit von Kreatinin ist aber geringer als die des Harnstoffs. Daher ist die Kreatininkonzentration im Bauchpunktat nach einer Blasenruptur deutlich höher im Vergleich zur Konzentration im Blut, während der Harnstoff schon nach kurzer Zeit äquilibriert.
Beim Menschen wird bei Nierenfunktionsstörungen eine Induktion der bakteriellen Enzyme des Kreatininabbaus beobachtet, sodass das Absinken der glomerulären Filtrationsrate nicht linear mit einem Anstieg von Kreatinin im Blut korreliert ist. Für Hunde und Katzen liegen keine einschlägigen Daten vor.
Kälber haben wie alle Neonaten bis zu drei Tage nach der Geburt einen auffallend hohen Kreatinin-Blutspiegel, der innerhalb von etwa vier Tagen in den für ältere Kälber üblichen Bereich absinkt.

Indikation

- Diagnose von Nierenfunktionsstörungen (prärenale, renale, postrenale Azotämie) sowie akuter und chronischer Nephropathien
- Bestimmung der Auswirkung anderer Organ- und Funktionsstörungen (z. B.

Erbrechen, Durchfall, Diabetes mellitus, Hyperthyreose, Hypoadrenokortizismus) auf die Nieren
- Ankaufsuntersuchung
- Vorsorgeuntersuchung

Material

Serum, Plasma

Prinzip

Die früher häufig angewandte Pikratmethode nach Enteiweißung des Serums/Plasmas wird wegen der Störmöglichkeiten im klinischen Bereich heute nicht mehr angewendet. Die enzymatische Methode ist wesentlich spezifischer, sodass »Pseudokreatinine« nicht mehr zu scheinbar erhöhten Werten führen können. Folgende Reaktionen liegen ihr zugrunde:

$$\text{Kreatinin} + H_2O \xrightleftharpoons{\text{Kreatininase}} \text{Kreatin}$$
$$\text{Kreatin} + H_2O \xrightleftharpoons{\text{Kreatinase}} \text{Sarkosin} + \text{Harnstoff}$$
$$\text{Sarkosin} + H_2O + O_2 \xrightleftharpoons{\text{Sarkosinoxidase}} \text{Glyzin} + HCHO + H_2O_2$$

$$H_2O_2 + \text{TBHB} + \text{4-Aminophenazon} \xrightleftharpoons{\text{POD}} \text{Farbstoff} + 2\,H_2O + HBr$$

TBHB = 2,4,6-Tribrom-3-hydroxybenzoesäure
POD = Peroxidase

Die Farbentstehung wird fotometrisch gemessen.

Technik

Es befinden sich mehrere Testkombinationen für Nass- und Trockenchemie im Handel. Durchführung nach Arbeitsanleitung des Herstellers.

Referenzbereiche

Die Wertebereiche für Kreatinin sind in **Tabelle 25.21** zusammengefasst.

Umrechnungsfaktoren

- SI-Einheit: × 88,402 (µmol/l)
- konventionelle Einheit: × 0,0113 (mg/dl)

Bewertung

▶ Kreatinin ↑
- prärenal:
  - Dehydratation
  - Kreislaufinsuffizienz (Schock)
  - Herzinsuffizienz
  - lokale (renale) Kreislaufstörung
  - Hypoadrenokortizismus (M. Addison)
- renal:
  - akute generalisierte Nephritis
  - Glomerulonephritis
  - chronische erworbene Nephropathie

Tab. 25.21 Referenzbereiche für Kreatinin bei verschiedenen Tierspezies

Spezies	Kreatinin	
	mg/dl	µmol/l
Hund	0,4–1,2[1]	35–106[1]
Katze	0–1,9[1]	0–168[1]
Pferd	0,8–1,8	71–159
Rind	1,0–2,0[2]	88–177[2]
Schaf	0,6–1,4	53–124
Ziege	0,5–1,2	44–106
Schwein	0,45–1,5	40–133

1 Bei Hunden und Katzen im Wachstumsalter wesentlich niedrigere Werte.
2 Kälber bei Geburt: 2,9 ± 1,2 mg/dl (256 ± 106 µmol/l); ältere Kälber: 1,2 ± 0,3 mg/dl (108 ± 28 µmol/l) (Klee 1985)

- angeborene (erbliche) Nephropathie
- beidseitiger Nierentumor, einschließlich Lymphom
- Nierenamyloidose
- diffuse Nierenkalzinose
- chronische Pyelonephritis
- beidseitiges Trauma
- Nephrotoxine (auch medikamentöse)
- postrenal:
  - Verlegung oder Ruptur der Harnwege (Nierenbecken bis Urethra)

Das Harnstoff-Kreatinin-Verhältnis im Blut (jeweils in mg/dl) gibt einen Hinweis auf die Natur einer **Azotämie**. Bei prärenaler Azotämie ist das Verhältnis erhöht, da hier der Konzentrationsanstieg von Kreatinin deutlich geringer ausfällt als der von Harnstoff. Bei einer renalen Azotämie ist das Verhältnis unverändert. Es beträgt beim Rind normalerweise 30–50, beim Fleischfresser ≤43.
Weitere Hinweise in Bezug auf die Differenzialdiagnose der Azotämie ergeben sich aus der Anamnese, den klinischen sowie labordiagnostischen Befunden (**Tab. 25.22 u. 25.23**).
Die Differenzialdiagnose akuter und chronischer Nephropathien ist in **Tabelle 25.23** und **25.24** dargestellt.
Bei einer Azotämie (erhöhte Serumkonzentration von Harnstoff und Kreatinin) sollten daher folgende Untersuchungen durchgeführt werden:

- Harnuntersuchung
- Blutgasanalyse
- Bestimmung des Serum-Kaliums
- Bestimmung des Serum-Kalziums
- Bestimmung des Serum-Phosphats (anorganisch)
- Blutbild, einschließlich Retikulozyten- und Thrombozytenzahl, evtl. Gerinnungsanalyse
- (Erythropoetin-, Parathormonbestimmung)

Tab. 25.22 Differenzialdiagnose (DD) prärenale, renale, postrenale Azotämie: Anamnese und klinische Befunde (auszugsweise aus Kraft 2003)

Anamnese, klinische Befunde	DD Azotämie		
	prärenal	**renal**	**postrenal**
Polydipsie, Polyurie	–	+ (chronisch) und bei akuter Niereninsuffizienz im Stadium 3	–/+ bei bakterieller Zystitis (Kolibakterien)
Oligurie, Anurie	+	–/+	+
Fieber	+	+ (bisweilen akut), sonst –	–
Nephrotoxinexposition	–	+	–
Palpation schmerzhaft	–	+ (bisweilen akut), sonst –	+/–
Blutdruck	normal oder erniedrigt	erhöht	alles möglich

–: nicht vorhanden, –/+: nicht vorhanden bis schwach ausgeprägt, +/–: schwach ausgeprägt bis nicht vorhanden, +: vorhanden

Tab. 25.23 Differenzialdiagnose (DD) prärenale, renale, postrenale Azotämie: Laborbefunde

Laborbefunde	DD Azotämie		
	prärenal	**renal**	**postrenal**
Serum-Kreatinin	erhöht	erhöht	erhöht
Serum-Harnstoff	erhöht	erhöht	erhöht
U-P/C	normal	erhöht	normal
Azotämie nach Volumensubstitution	rasche Normalisierung	ggf. Besserung (prärenaler Anteil ausgeglichen)	ggf. Besserung (prärenaler Anteil ausgeglichen)
Hämatokrit	normal	normal bis erniedrigt	normal
Serum-Phosphat	normal oder erhöht	erhöht	erhöht
Serum-Kalium	normal	normal, terminal erhöht	normal oder erhöht
Serum-Kalzium	normal	normal, anfangs bisweilen erhöht, bisweilen vermindert	normal, selten vermindert
Azidose	– (durch Grundkrankheit evtl. +)	+	terminal +
spezifisches Gewicht des Urins	• Hund: ≥ 1,030 • Katze: ≥ 1,035 • Pferd: ≥ 1,025 • Rind, Schaf, Ziege, Schwein: ≥ 1,020	• Hund: < 1,030 • Katze: < 1,035 • Pferd: < 1,025 • Rind, Schaf, Ziege, Schwein: < 1,020 • chronische Niereninsuffizien: 1,008–1,012 (1,015)	• Hund: bis 1,065 • Katze: bis 1,085 • Pferd: bis 1,040 • Rind, Schaf, Ziege, Schwein: bis 1,040
Proteinurie	–	– bis ++	+
»Nierenepithelien«	–	– bis ++	–
Harnzylinder	– bis +	+ bis ++	–
Histologie (Bioptat)	unverändert	verändert	unverändert

–: nicht vorhanden, –/+: nicht vorhanden bis schwach ausgeprägt, +/–: schwach ausgeprägt bis nicht vorhanden, +: vorhanden

Bei einer renalen Azotämie liegt das spezifische Gewicht des Harns im isosthenurischen Bereich, während bei einer prärenalen Azotämie höhere Werte bestimmt werden: Hund: ≥ 1,030; Katze: ≥ 1,035; Pferd, Rind, Schaf, Ziege, Schwein: ≥ 1,020.

Tab. 25.24 Differenzialdiagnose (DD) akute und chronische Nephropathie: Anamnese und klinische Befunde

Anamnese, klinische Befunde	DD Nephropathie	
	akut	chronisch
Polydipsie, Polyurie	–, später +	+
Oligurie, Anurie	+/–	terminal +
Hypothermie	–	+
Fieber	+/–	–
Nephrotoxinexposition	+	–
Palpation schmerzhaft	+/–	–
Blutdruck	normal oder erhöht	zunehmend erhöht
Sonografie	echodichter	zunehmend veränderte Form und Dichte
Röntgen/Kontrast (Kleintier)	keine oder verlängerte Ausscheidung	verlängerte Ausscheidung
Szintigrafie (Kleintier)	verminderte Aktivität	verminderte Aktivität

–: nicht vorhanden, –/+: nicht vorhanden bis schwach ausgeprägt, +/–: schwach ausgeprägt bis nicht vorhanden, +: vorhanden

25.4 Funktionsprüfungen

Konzentrationsprüfung

25

Wird einem Individuum Wasser vorenthalten, sezerniert die Hypophyse antidiuretisches Hormon (ADH/AVP). Dies führt zu einer vermehrten Rückresorption von Wasser im Tubulussystem. Das spezifische Gewicht (Dichte) des Harns steigt, seine Menge nimmt ab. Bei nicht ausreichender Tubulusfunktion (verminderter ADH-Sekretion bzw. verminderter Ansprechbarkeit der V_2-Rezeptoren) bleiben dann spezifisches Gewicht und Urinmenge mehr oder weniger unverändert, d.h. der Harn bleibt weniger konzentriert und die Menge wird nicht reduziert, um Wasser zu sparen. Die Konzentrationsfähigkeit ist früher eingeschränkt als die Diurese. Die Konzentrationsprüfung (Durstversuch) ist ein sehr empfindlicher Indikator für die Funktionsfähigkeit des Tubulussystems. **Kontraindikationen** bestehen bei:

- Azotämie, Urämie
- Dehydratation
- schlechtem Allgemeinzustand
- schweren Allgemeinerkrankungen

Indikationen

- unklare Polyurie
- Isosthenurie ohne Azotämie
- Hyposthenurie ohne Azotämie (zentrale oder renale ADH-Insuffizienz)

Tab. 25.25 Differenzialdiagnose (DD) akute und chronische Nephropathie: Laborbefunde

Laborbefunde	DD Nephropathie	
	akut	chronisch
Serum-Kreatinin	erhöht	erhöht
Serum-Harnstoff	erhöht	erhöht
Azotämie nach Beginn der Volumensubstitution	kaum verändert (prärenaler Anteil ausgeglichen)	kaum verändert (prärenaler Anteil ausgeglichen)
Hämatokrit	unverändert	zunehmend erniedrigt
Anämie	–	aregenerativ
Serum-Phosphat	erhöht	erhöht
Serum-Kalium	erhöht oder normal	vermindert oder normal, terminal erhöht
Serum-Kalzium	vermindert oder normal	anfangs bisweilen erhöht, sonst normal oder vermindert
Azidose	++ bis +++	+ bis ++ (bisweilen +++)
spezifisches Gewicht des Urins	• Hund: < 1,030 • Katze: < 1,035	• Hund: < 1,030, Katze: < 1,035, • Isosthenurie (1,008–1,012) (Katze bis 1,005)
Proteinurie	+ bis ++	– bis +
»Nierenepithelien«	– bis ++	– bis (+)
Harnzylinder	– bis ++	– bis (+)
Histologie (Bioptat)	verändert	verändert

–: nicht vorhanden, –/+: nicht vorhanden bis schwach ausgeprägt, +/–: schwach ausgeprägt bis nicht vorhanden, +: vorhanden, ++: stark ausgeprägt, +++: sehr stark ausgeprägt

Material

Urin

Prinzip

Durch Durstenlassen wird ADH/AVP sezerniert, wodurch das spezifische Gewicht steigt und die Harnmenge abnimmt.

Technik

- Urin gewinnen und spezifisches Gewicht bestimmen (Ausgangswert)
- trockene Nahrung (Pellets, Heu, Trockenfutter) füttern und während 24 Stunden Wasser entziehen

Das Körpergewicht muss alle 3 Stunden nach Entleerung der Blase bestimmt werden. Bei Abnahme um >5 % oder Verschlechterung des Allgemeinbefindens sofortiger Abbruch des Konzentrationsversuchs (Dehydratationsgefahr)!

- nach ca. 20 Stunden Harnblase entleeren
- nach weiteren 4 Stunden Urin quantitativ gewinnen (Entleerung der Blase)
- Urinmenge messen und spezifisches Gewicht bestimmen

Eine Erweiterung des Konzentrationsversuchs besteht in der Messung der Urinmenge und des spezifischen Gewichts alle 4 Stunden. Der Vorteil ist eine Beobachtung des Verlaufs der Parameter (**Abb. 25.24 u. 25.25**). Aufgrund des Aufwandes wird diese Variante in praxi jedoch kaum durchgeführt. Zum besseren Monitoring der Patienten können auch im Blut Hämatokrit, Totalprotein, Albumin, Natrium im Blut sowie die Osmolalität im Blut und Urin bestimmt werden.

Referenzbereiche

siehe **Tabelle 25.26**

Bewertung

Bei Werten unterhalb des Referenzbereichs besteht eine verminderte Konzentrationsfähigkeit des Tubulussystems (**Tab. 25.27**). Liegt das spezifische Gewicht (SG) zwischen 1,008 und 1,012 (bei der Katze bis 1,015)

Tab. 25.26 Referenzbereiche für spezifisches Gewicht und Konzentrationsprüfung bei verschiedenen Tierspezies

Spezies	Referenzbereich
Hund	≥1,030
Katze	≥1,035
Pferd	≥1,020
Rind	≥1,020
Schaf	≥1,020
Ziege	≥1,020
Schwein	≥1,020

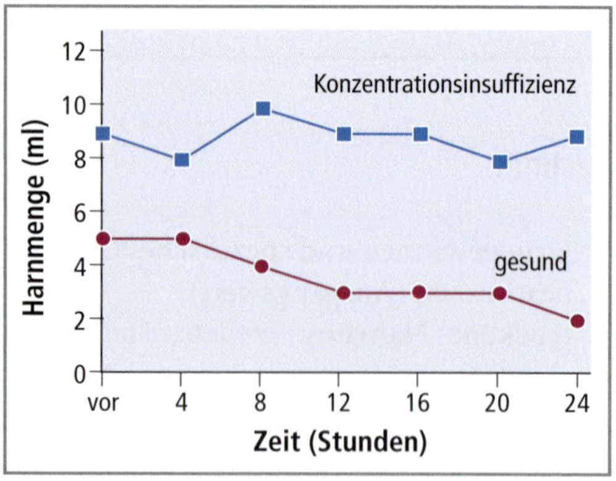

Abb. 25.24 Konzentrationsversuch: Harnmenge bei einer gesunden Katze und einer Katze mit Konzentrationsinsuffizienz (jeweils 3 kg KM)

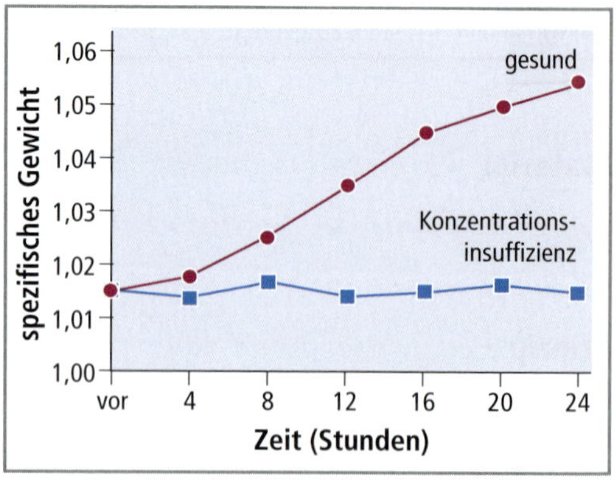

Abb. 25.25 Konzentrationsversuch: spezifisches Gewicht bei einer gesunden Katze und einer Katze mit Konzentrationsinsuffizienz (jeweils 3 kg KM)

Tab. 25.27 Spezifisches Gewicht (SG) des Urins (Dichte) bei Hund und Katze

Bewertung	SG	
	Hund	Katze
Breite bei gesunden Tieren	1,001–1,065	1,001–1,080
Mindestkonzentration nach Durstversuch	≥1,030	≥1,035
eingeschränkte Konzentrationsfähigkeit	<1,030	<1,035
Isosthenurie	1,008–1,012	1,008–1,015
Hyposthenurie	1,001–1,006	1,001–1,009

(Isosthenurie), besteht keinerlei Konzentrationsfähigkeit (das SG entspricht dem des Glomerulumfiltrats [Primärharn]). Sofern ein SG von 1,006, bei der Katze von 1,009 nicht überschritten wird (Hyposthenurie), ist ein zentraler oder renaler Diabetes insipidus sehr wahrscheinlich.

Graduelle Konzentrationsprüfung

Bei dem Verdacht auf ein »medullary washout« durch eine langanhaltende Polyurie ist die graduelle Konzentrationsprüfung indiziert. Hierfür wird die Wasseraufnahme und Urinausscheidung über zwei Tage oder mehr gemessen. Anschließend wird die verfügbare Wassermenge pro Tag um 10 % reduziert. Der Körper erhält so genügend Zeit, um die medulläre Hypertonizität wiederherzustellen. Der Patient muss genau wie bei der abrupten Konzentrationsprüfung engmaschig durch Gewichtskontrollen überwacht werden, um eine lebensbedrohliche Dehydratation zu vermeiden. Nachteilig ist der große Zeitaufwand, der Test kann sich unter Umständen über mehr als eine Woche hinziehen.

ADH-Test (Vasopressin-Test)

Hierbei wird die Ansprechbarkeit der Niere auf exogenes ADH/AVP überprüft, um einen partiellen oder kompletten ADH-Mangel (Diabetes insipidus) abzuklären.

Indikationen

- unklare Polyurie
- Isosthenurie ohne Azotämie
- Hyposthenurie ohne Azotämie (zentrale oder renale ADH-Insuffizienz)

Material

Urin

Prinzip

Durch Administration von ADH sollte die Wasserrückresorption in den Sammelrohren gesteigert werden, womit das SG steigt und die Harnmenge abnimmt.

Technik

- Urin gewinnen und SG bestimmen (Ausgangswert)
- Blase entleeren, damit der Urin, der nach Vasopressingabe gebildet wird, nicht verdünnt wird
- ad libitum Zugang zu Wasser gewährleisten
- Administration von Vasopressin (3–5 U i. m. oder 3–5 U Desmopresssin (DDAVP) in den Konjunktivalsack oder s. c.)
- nach 2 Stunden Urin gewinnen und spezifisches Gewicht bestimmen

Bewertung

zentraler Diabetes insipidus: negative Konzentrationsprüfung, positiver Vasopressin-Test

renaler Diabetes insipidus: negative Konzentrationsprüfung, negativer Vasopressin-Test

Eine Hyposthenurie kann außer bei einem Diabetes insipidus, z. B. auch aufgrund eines Hyperkortisolismus, einer Hyperkalzämie, einer Beeinträchtigung des V_2-Rezeptors durch bakterielle Toxine (z. B. E. *coli*), Pyometra, einer Hypokaliämie sowie einer Leberinsuffizienz mit ungenügender Harnstoffsynthese oder einem »medullary washout« auftreten. In diesen Fällen wäre auch der Vasopressin-Test negativ.

Modifizierte Konzentrationsprüfung

Dieser Test ist eine Kombination aus der Konzentrationsprüfung und dem ADH-Test.

Indikationen

- unklare Polyurie
- Hyposthenurie (zentrale oder renale ADH-Insuffizienz)
- negatives Ergebnis der abrupten/graduellen Konzentrationsprüfung

Material

Urin

Prinzip

Durch Durstenlassen und die Administration von ADH sollte die Wasserrückresorption in den Sammelrohren gesteigert werden, wodurch das spezifische Gewicht steigt und die Harnmenge abnimmt.

Technik

- Urin gewinnen und spezifisches Gewicht bestimmen (Ausgangswert)
- Wasser entziehen
- stündliche Messung der Urin-Osmolalität/spezifischem Gewicht, bis der Anstieg des spezifischen Gewichts der aufeinanderfolgenden Proben < 5 % beträgt
- Administration von Vasopressin
- 1 Stunde nach Administration von Vasopressin Urin gewinnen und spezifisches Gewicht bestimmen

Das Körpergewicht muss alle 3 Stunden nach Entleerung der Blase bestimmt werden. Bei Abnahme um >5 % oder Verschlechterung des Allgemeinbefindens sofortiger Abbruch des Konzentrationsversuchs wegen lebensbedrohlicher Dehydratationsgefahr.

Bewertung

gesunder Hund: Urin-Osmolalität nach Wasserentzug > 1000 mmol/kg, 0 % Anstieg der Osmolalität nach ADH-Administration

partieller zentraler und renaler Diabetes insipidus (inklusive Hyperkostisolismus): Urin-Osmolalität nach Wasserentzug < 600 mmol/kg, 20–50 % Anstieg nach ADH-Administration

zentraler Diabetes insipidus: Urin-Osmolalität nach Wasserentzug < 300 mmol/kg, > 100 % Anstieg nach ADH-Administration

primäre Polydipsie: bei medullärer Hypertonizität ähnlich wie bei gesunden Hunden, schlechtes Ansprechen bei »medullary washout«

Carter-Robbins-Test (Hickey-Hare-Test)

Indikation

Der Test dient der Feststellung der Konzentrationsfähigkeit und wird vorwiegend zur Diagnose eines Diabetes insipidus angewendet.

Prinzip

Die Infusion einer hyperosmolalen Lösung regt die Hypophyse zur Produktion von ADH an. Daraus resultieren eine verminderte Harnmenge und ein Anstieg des SG. Bei Fehlen von ADH (zentraler Diabetes insipidus) oder Nichtansprechbarkeit der Tubuli für ADH (renaler Diabetes insipidus) fällt die Urinproduktion nicht ab, sondern steigt möglicherweise sogar noch an, das SG bleibt niedrig (Hyposthenurie).

Technik

Der Test kann auf verschiedene Weise durchgeführt werden. Geeignet ist folgende Methode:

- orale Applikation von 20 ml Wasser/kg KM
- Messung der Urinmenge und des SG alle 15 min (Dauerkatheter)
- nach einer Stunde Infusion (DTI) von 0,25 ml einer 2,5 %igen NaCl-Lösung pro kg KM und min über 45 min
- fortlaufende Messung der Urinmenge und des SG alle 15 min
- falls kein Absinken der Urinmenge: 30 min nach Infusionsende 5 IE Pitressin (ADH) i. m.
- weitere Messungen der Harnmenge und des SG (zweimal nach jeweils 15 min)

Bewertung

Liegt kein Diabetes insipidus vor, sinkt nach Infusion der hyperosmolalen NaCl-Lösung die Harnmenge auf (annähernd) Null, das SG steigt deutlich an (bei Nierengesunden über die im Konzentrationsversuch genannten tierartspezifischen Mindestwerte) (**Abb. 25.26**). Bei Diabetes insipidus bleibt die Urinmenge unbeeinflusst. Sie kann während der NaCl-Infusion sogar noch ansteigen, das SG bleibt niedrig (< 1,006, bei der Katze: < 1,008) (**Abb. 25.27**).

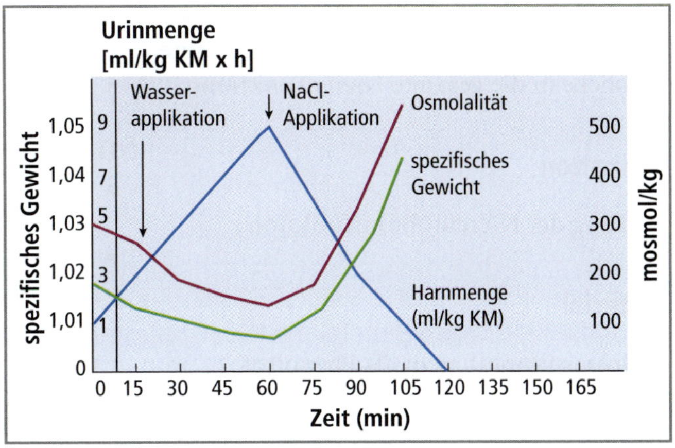

Abb. 25.26 Carter-Robbins-Test bei einem gesunden Hund

25

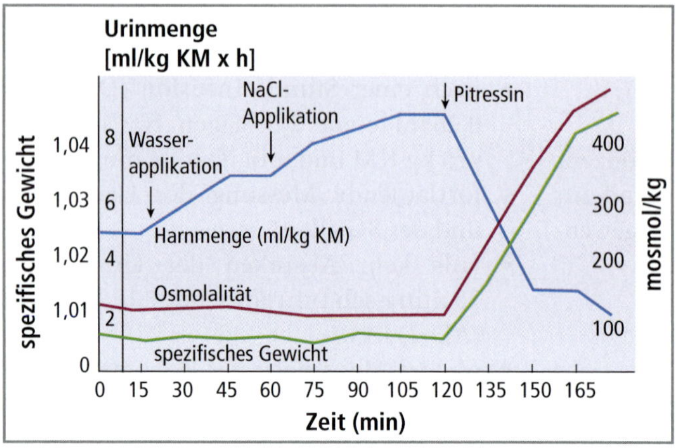

Abb. 25.27 Carter-Robbins-Test bei einem Hund mit zentralem Diabetes insipidus

Phenolsulfophthalein-Test (PSP-Test)

Die intravenöse Injektion von Phenolrot führt zur Bindung des Farbstoffs an Plasmaproteine. Der Farbstoff wird zu etwa 95 % über die Tubuli, zu weniger als 5 % über die Glomerula ausgeschieden. Die auch als Phenolrot-Test bekannte Untersuchung lässt daher Rückschlüsse auf die Tubulusfunktion zu. Allerdings müssen die Nierentubuli bereits schwer geschädigt sein, bevor der in der üblichen Form durchgeführte Test positiv ausfällt. Wohl deshalb wird er heute nur noch selten routinemäßig durchgeführt; allerdings gibt er beim Hund in Verbindung mit der Bestimmung des Serum-Kreatinins und/oder der endogenen Kreatinin-Clearance gute Einblicke in die gesamte Nierenfunktion.

25

Indikation

Prüfung der Nierentubulusfunktion

Material

- Bromsulfophthalein als Phenolrot
- PSP_{60}-Plasma-Clearance: Plasma (Heparin)
- Exkretionstest: Urin

Prinzip

intravenöse Applikation von Phenolrot, Durchführung des Testes entweder als Bestimmung der Plasma-Clearance (PSP_{60}) oder als Exkretionstest (Bestimmung des im Harn ausgeschiedenen PSP)

Technik

PSP_{60}-Plasma-Clearance

(Rind: PSP_{30}-Plasma-Clearance)

- 4 ml Heparin-Blut gewinnen, zentrifugieren (Probe I)
- 1 mg/kg KM (Rind: 0,4 mg/kg KM) PSP i. v. verabreichen
- Nach exakt 60 min (Rind: 30 min) 4 ml Heparin-Blut gewinnen, zentrifugieren (Probe II)

Durchführung und Analyse (Tab. 25.28)

- 60 Sekunden kräftig ausschütteln, stehen lassen oder – besser – zentrifugieren
- Überstand (Azetonphase) der Probe II bei 546 nm fotometrisch gegen Leerwert (= Probe I) messen

Tab. 25.28 PSP-Test: Probenvorbereitung für die Analyse

Material	Volumina (ml)	
	Probe I	Probe II
Plasma	1	1
Azeton	3	3
4 N NaOH	0,5	0,5

Herstellung einer Eichkurve

- Stammlösung: 12 mg PSP in 1 ml Wasser lösen und auf 200 ml auffüllen (= 6 000 µg/dl).
- Verdünnungsreihe (**Tab. 25.29**)

Die Lösungen sind ebenfalls bei 546 nm zu messen. Die Kurve wird als Eichkurve auf Millimeterpapier aufgezeichnet.

PSP-Exkretion

- Blase vollst. entleeren (katheterisieren)
- 6 mg PSP i. v. verabreichen (Zeit 0)
- exakt 20 min nach i. v.-Applikation gesamten Blasenurin mit Katheter gewinnen, anschließend Blase mehrmals mit 10 ml physiologischer Kochsalzlösung spülen
- aufgefangenen Urin auf 400 ml mit Aqua dest. auffüllen
- 12,5 ml 1 N Natronlauge zugeben

Tab. 25.29 Verdünnungsreihe zur Herstellung einer Eichkurve

Konzentration	Stamm-lösung	Aqua dest.
60 µg/dl	1 ml	ad 100 ml
120 µg/dl	2 ml	ad 100 ml
240 µg/dl	4 ml	ad 100 ml
360 µg/dl	6 ml	ad 100 ml

- Auffüllen auf 500 ml mit Aqua dest. (bei tiefdunkler Farbe auf 1 000 ml)
- schütteln
- bei Trübung filtrieren oder zentrifugieren
- bei 546 nm messen
- Bezugskurve (Eichkurve) erstellen wie oben beschrieben

Der Exkretionstest ist wesentlich ungenauer, die Durchführung aufwendiger und mit der Gefahr einer Blaseninfektion verbunden.

Referenzbereiche

siehe **Tabelle 25.30**

Bewertung

▶ PSP60-Clearance (Hund)

- > 80 < 120 µg/dl: verdächtig für Tubulusinsuffizienz
- > 120 µg/dl: Tubulusfunktionsstörung

▶ PSP30-Clearance (Rind)

> 100 µg/dl: Tubulusfunktionsstörung

Exkretionstest

▶ Exkretionstest ↓

- renale Minderdurchblutung
- Herzinsuffizienz
- Kreislaufinsuffizienz
- Hypadrenokortizismus
- Tubulusinsuffizienz

Tab. 25.30 Referenzbereiche für die PSP-Tests

PSP-Test	Referenzbereich
PSP_{60}-Clearance	Hund: < 80 µg/dl
PSP_{30}-Clearance	Rind: < 50 µg/dl
Exkretionstest	Ausscheidung von 21–66 % des Farbstoffs innerhalb 20 min

Renale Clearance

Unter der **renalen Clearance** versteht man die Plasmamenge, die in der Niere pro Zeiteinheit von einer bestimmten endogenen oder exogen zugeführten Substanz befreit wird.

Genauere Definition: Die Clearance ist der Durchsatz durch die Niere, bezogen auf die Plasmakonzentration der untersuchten Substanz.

Man unterscheidet weiterhin zwischen **direkter Clearance,** bei der Harnvolumen, Harn- und Plasmakonzentration einer bestimmten – endogenen oder exogenen – Substanz gemessen werden. Die Durchführung dieser Form ist bei Tieren als Patienten problematisch, da sie an die quantitative Gewinnung des Harns gebunden und somit fehleranfälliger ist als beim Menschen. Bei der **indirekten Clearance** erfolgt die Bestimmung des Substrates nur im Plasma ohne Harngewinnung; diese Methode eignet sich beim Tier wesentlich besser als die direkte.

Verschiedene endogene oder exogene Substanzen werden entweder im Glomerulum oder im Tubulus oder in beiden ausgeschieden. Damit lassen sich mit der Clearance gute Hinweise auf die Lokalisation eines Schadens in der Niere ermitteln. In praxi sind die Verhältnisse komplizierter: Wenn eine Substanz durch die Glomerula ausgeschieden und normalerweise durch die Tubulusepithelien rückresorbiert wird, bleibt ihre Konzentration im Serum erhalten. Sobald die Rückresorption nicht mehr vollständig möglich ist, nimmt die Konzentration der Substanz im Plasma ab, im Urin zu. Dies trifft bei Glukose zu. In diesem Fall erhöht sich die Clearance, wenn eine ungestörte glomeruläre Filtration vorliegt, die Rückresorption infolge einer tubulären Insuffizienz dagegen beeinträchtigt ist.

Endogene Kreatinin-Clearance

Kreatinin wird fast ausschließlich im Glomerulum filtriert. Die endogene Clearance ermöglicht eine zuverlässige Aussage über die glomeruläre Filtrationsrate (GFR) und damit über die glomeruläre Funktionsfähigkeit. Die endogene Kreatinin-Clearance lässt bereits in frühen Stadien die Diagnose einer **Glomerulopathie** zu, lange bevor die Serum-Harnstoff- oder -Kreatinin-Konzentration ansteigt.

Indikation

Diagnose geringer Grade der Niereninsuffizienz (Anfangsstadium) ohne Azotämie

Material

Serum (Plasma), Harn

Prinzip

Untersucht werden die Kreatininkonzentrationen in Harn und Blut sowie die Harnmenge, die pro Minute ausgeschieden wird.

Technik

- Harnblase vollständig entleeren (Katheter)
- Harnblase mehrfach mit physiologischer Kochsalzlösung spülen und vollständig entleeren, danach etwas Luft insufflieren
- 15–20 min Harn sammeln (Aspiration mit Spritze) und diesen mischen
- Urinmenge pro Minute (VHarn) bestimmen
- Kreatininkonzentration in Harn (UKr) und Blutserum (SKr) bestimmen

Berechnung der GFR nach der Formel:

$$\text{GFR} = \frac{\text{UKr (mg/dl)} \times \text{VHarn (ml/min)}}{\text{SKr (mg/dl)}} \text{(ml/min)}$$

Referenzbereiche
siehe **Tabelle 25.31**

Bewertung
Bei **Glomerulopathien** unterschreitet die Clearance die untere Grenze des Referenzbereiches. Normalverteilung vorausgesetzt, würde dies einem unteren Grenzwert von 1,06 ml/min und kg KM entsprechen.

Exogene, indirekte Kreatinin-Clearance

Indikation
Diagnose geringer Grade der Niereninsuffizienz (Anfangsstadium) ohne Azotämie

Material
Serum, Plasma

Prinzip
Untersucht wird die Konzentration des exogenen Kreatinins im Blut.

Technik
- Entnahme der 0. Blutprobe zur Bestimmung der endogenen Kreatininkonzentration im Serum (Ausgangswert)
- Bolusapplikation der 5%igen Kreatininlösung (50 mg/ml) in der Dosierung von 2 g/m² Körperoberfläche i. v. oder s. c.
- mindestens 3 Stunden warten, damit die vollständige Verteilung im Patientenorganismus erfolgen kann
- Entnahme von 1., 2. und 3. Blutprobe im Zeitfenster von 3–8 Stunden post applicationem mit exakter Zeitangabe in Minuten

Der Zeitabstand zwischen aufeinanderfolgenden Proben muss mindestens 1 Stunde betragen.
Berechnung der GFR nach der Formel:

$$GFR = \frac{\text{Dosis Kreatinin}}{\text{AUC}}$$

GFR: glomeruläre Filtrationsrate,
AUC: area under the curve

Tab. 25.31 Referenzbereiche endogene Kreatinin-Clearance für verschiedene Tierspezies

Spezies	Endogene Kreatinin-Clearance (ml/min/kg KM)
Hund	2,98 ± 0,96
Rind (Kuh)	1,16–2,20[1]
Kalb	1–1,4

1 Jaffé-Methode

Bewertung
Als Nachweis der sachgemäßen Durchführung wird bei jedem Funktionstest das Bestimmtheitsmaß (R^2) für die drei ermittelten Werte der exogenen Kreatininkonzentration im Serum herangezogen. Es gibt an, ob die exogenen Kreatininwerte ausreichend genau auf einer Geraden liegen. Der Wert sollte $R^2 \geq 0,98$ betragen. Die GFR wird in Prozent der Norm angegeben.

Fraktionierte Ausscheidung

Die Ausscheidung einer Substanz wird in Relation zur Kreatininausscheidung bestimmt. Wird die Substanz ausschließlich glomerulär filtriert und weder sezerniert noch rückresorbiert, ergibt sich ein Verhältnis von 1. Da viele Elektrolyte vor allem im proximalen Tubulus rückresorbiert werden, ist deren Ausscheidung bei einem tubulären Schaden erhöht.

Indikation
Abklärung der tubulären Funktion

Material

Urin und Serum

Prinzip

Untersucht werden die Konzentration der Substanz (v. a. Na^+, K^+, Cl^-, Ca^{2+} und PO_4^{3-}) sowie die Kreatininkonzentration im Serum und im Urin. Hierfür ist eine zeitgleiche Probengewinnung erforderlich.
Die FE einer Substanz X wird mit folgender Formel berechnet:

$$\frac{[X]_U}{[X]_S} \times \frac{[\text{Kreatinin}]_S}{[\text{Kreatinin}]_U}$$

Technik

Es ist zu beachten, dass manche Assays nicht für die Messung der Substanz im Urin geeignet sind.

So enthält der Urin von Pferden, Rindern und Katzen beispielsweise Inhibitoren, die mit der Bestimmung der Kaliumkonzentration mittels ionenselektiver Elektroden interferieren. Die fraktionierte Ausscheidung wird in der Tiermedizin nur selten bestimmt, problematisch sind daher fehlende Referenzintervalle für die verschiedenen Spezies, unterschiedliche Fütterungen und Assays.

Exogene, indirekte Inulin-Clearance (Bolus-Applikation)

Indikation

Diagnose geringer Grade der Niereninsuffizienz (Anfangsstadium) ohne Azotämie

Material

Serum, Plasma

Prinzip

Untersucht wird die Konzentration von exogenem Inulin im Serum/Plasma.
Für den enzymatischen Assay muss Inulin durch Hydrolyse in das Monomer D-Fruktose gespalten werden. Pro Probe werden 100 µl Serum oder Plasma benötigt.

Technik

- 12 Stunden Fasten vor Durchführung der Clearance
- Entnahme der Blutprobe zum Zeitpunkt 0
- intravenöse Injektion von 3000 mg/m² Körperoberfläche (siehe Formel unten)
- Entnahme von Blutproben zu den Zeitpunkten 3, 20, 40, 80, 120 min nach Injektion
- Berechnung der GFR über ein 2-Kompartimente-Modell (Inusoft®, Fa. Fresenius Kabi; Linz, Österreich)

$$\text{* Körperoberfläche } (m^2) = \frac{10.1 \times (\text{kg KGW})^{2/3}}{10^4}$$

Referenzbereiche

Die Referenzbereiche die exogene, indirekte Inulin-Clearance sind in **Tabelle 25.32** dargestellt.

Tab. 25.32 Referenzbereiche exogene, indirekte Inulin-Clearance für Hund (nach Haller et al. 1998) und Katze (nach Haller et al. 2003)

Spezies	Exogene, indirekte Inulin-Clearance	
	ml/min/m²	ml/min/kg KGW
Hund	83,5–44,3	2,73–6,56
Katze	35,9–58,5	2,07–3,69

25.5 Vielversprechende zukünftige Untersuchungen

Urinuntersuchung auf Biomarker für die akute/chronische Nierenerkrankung

In den letzten Jahren wurden zahlreiche Studien in Bezug auf Biomarker zur frühen Diagnose einer akuten Nierenerkrankung beim Menschen durchgeführt. Auch in der Tiermedizin wurden einige Studien im Hinblick auf Biomarker zur Diagnose von chronischen und akuten Nierenerkrankungen sowie zur Lokalisation des Schadens durchgeführt. Einige Marker erwiesen sich als vielversprechend, jedoch sind weitere Studien notwendig um diese in der routinemäßigen Diagnostik einsetzen zu können. Folgend eine Liste von Biomarkern, die in Studien mit der Spezies Hund und zum Teil bei der Katze untersucht wurden. Zur Diagnostik und Gradeinteilung einer Nierenerkrankung ist die Untersuchung auf verschiedene Marker sinnvoll, da diese zum Teil nur in bestimmten Phasen der Erkrankung erhöht sein können oder als Einzelparameter eine unzureichende diagnostische Aussagekraft haben.

Hochmolekulare Proteine

- Albumin: Glomerulum und proximaler Tubulus
- Immunglobuline (IgG, IgA): Glomerulum
- C-reaktives Protein: Glomerulum

Niedermolekulare Proteine

- Retinol-bindendes Protein (RBP): proximaler Tubulus
- β_2-Mikroglobulin (β_2m): proximaler Tubulus

Weitere, beim Menschen untersuchte niedermolekulare Proteine

- α_1-Mikroglobulin (α_1m): proximaler Tubulus
- Cystatin C (cysC): proximaler Tubulus

Tubuläre Enzyme

- N-Acetyl-β-D-Glucosamidase (NAG): proximaler Tubulus > distaler Tubulus
- γ-Glutamyl-Transferase (GGT): proximaler Tubulus (beim Pferd gebräuchlich)
- Alanin-Aminopeptidase (AAP): proximaler Tubulus
- alkalische Phosphatase (AP): proximaler > distaler Tubulus

Weitere, beim Menschen untersuchte tubuläre Enzyme

Gluthation-S-Transferase (GST): distaler Tubulus

Beim Menschen untersuchte tubuläre Proteine

- Kidney-Injury-Molekül 1 (KIM-1): proximaler Tubulus
- Na^+/H^+-Austauscher-Isoform 3 (NHE-3): proximaler Tubulus und absteigender Teil der Henle'schen Schleife

Beim Menschen untersuchte Entzündungsmarker

- neutrophiles Gelatinase-assoziiertes Lipokalin (NGAL): proximaler Tubulus
- Interleukin 18 (IL-18): proximaler Tubulus

Literatur

Bartges J. Disorders of renal tubules. In: Bartges J, Polzin D, Hrsg. Nephrology and Urology of Small Animal. Ames: Wiley Blackwell 2011; 555–68.

Braun JP, Lefebvre HP. Kidney Function and Damage. In: Kaneko JJ, Harvey JW, Bruss ML, Hrsg. Clinical Biochemistry in Domestic Animals. London: Academic Press 2011; 485 ff.

Center SA, Wilkinson E, Smith CA, Erb H, Lewis RM. 24-Hour urine protein/creatinine ratio in dogs with protein-losing nephropathies. J Am Vet Med Assoc 1985; 187(8): 820–4.

Chew D, DiBartola SP, Schenck PA. Canine and Feline Nephrology and Urology. 2nd Ed. St. Louis: Elsevier 2011.

Defontis M. Bauer N. Moritz A. Evaluation of the Aution Sticks 10PA for Proteinuria and 10EA Strips in the dog and cat. Proceedings, 13th Conference of the ESVCP/ECVCP, Dublin, 2011

DiBartola SP. Fluid, Electrolyte and Acid-Base Disorders. 4th ed. St. Louis: Elsevier 2012.

DiBartola SP. Section XIX – Urinary System. In: Ettinger JS, Feldmann EC. Textbook of Veterinary Internal Medicine. 7th ed, Vol. 2. 2011; 1755 ff.

Elliott J, Grauer GF, Hrsg. BSAVA Manual of Canine and Feline Nephrology and Urology. 2nd ed. Gloucester, UK: BSAVA 2007.

Finnah A, Höchel J, Hartmann H. Experimentelle Erprobung eines neuen renalen Funktionstests zur quantitativen Bestimmung der glomerulären Filtrationsrate (GFR) bei der Katze. Tierärztl Prax 2006; 34 (K):63–8.

Gazinski E. Die elektrische Leitfähigkeit als Maß für die Konzentriertheit des menschlichen Urins. Würzburg: Med. Dissertation 2004.

Grauer G. Erkrankungen der Harnwege. In: Nelson R, Couto C, Hrsg. Innere Medizin der Kleintiere. 3. Aufl. München: Urban & Fischer 2003; 607–702.

Grauer GF, Thomas CB, Eicker SW. Estimation of quantitative proteinuria in the dog, using the urine protein-to-creatinine ratio from a random, voided sample. Am J Vet Res 1985; 46(10): 2116–9.

Haller M, Müller W, Binder H, Estelberger W, Arnold P. Single-injection inulin clearance – a simple method for measuring glomerular filtration rate in dogs. Res Vet Sci 1998; 64(2): 151–6.

Haller M, Rohner K, Müller W, Reutter F, Binder H, Estelberger W, Arnold P. Single-injection inulin clearance for routine measurement of glomerular filtration rate in cats.J Feline Med Surg 2003; 5(3): 175–81.

Hartmann H, Thüre S, Finnah A, Höchel J. Praktischer Einsatz eines Funktionstests zur quantitativen Bestimmung der glomerulären Filtrationsrate (GFR) bei der Katze. Tierärztl Prax 2006; 34 (K): 127–31.

Hartmann H, Schmitz R, Reder S, Höchel J. Beziehung zwischen den Werten des endogenen Serumkreatinins und der glomerulären Filtrationsrate (GFR) bei nierengesunden sowie -kranken Hunden und Katzen. Tierärztl Prax 2008; 36 (K): 111–118.

IRIS, International Renal Interest Society, 2009.

Klee W. Untersuchungen über die Nierenfunktion bei gesunden und bei an akutem Durchfall erkrankten Kälbern. Habil.-Schrift, München 1985.

Kraft W. Krankheiten der Harnorgane. In: Kraft W, Dürr UM, Hartmann K, Hrsg. Katzenkrankheiten, 5. Aufl. Alfeld: Schaper 2003.

Kraft W, Dürr U. 16 Harnapparat, In: Kraft W, Dürr U, Hrsg. Klinische Labordiagnostik in der Tiermedizin. 6. Aufl. Stuttgart: Schattauer 2005; 186–217.

Maddens B, Meyer E, Paepe D, Smets P, Daminet S. Urinary Markers for Acute Kidney Injury in Dogs. ECVIM Congress 2010.

Reusch C. Untersuchung zur Aussagekraft von Proteinurie und Enzymurie für die Diagnose von Nierenerkrankungen unter besonderer Berücksichtigung der diabetischen Nephropathie. Habilitationsschrift, München 1992.

Rummer K, Fürll M. Nierenfunktionsuntersuchungen bei Kühen mit besonderer Berücksichtigung von Harnenzymen sowie der fraktionierten Elimination (FE) von Elektrolyten. In: Fürll M, Hrsg. Stoffwechselbelastung, -diagnostik und -stabilisierung beim Rind. Leipzig 1998.

Smets P, Meyer E, Maddens B, Duchateau L, Daminet S. Urinary markers in healthy young and aged dogs and dogs with chronic kidney disease. J Vet Intern Med 2010; 24(1): 65–72.

Stockham S, Scott M. Urinary System. In: Stockham S, Scott M. Fundamentals of Veterinary Clinical Pathology. 2. Aufl. 2008; 415–94.

Thomas L. Labor und Diagnose. Frankfurt/Main: TH-Books 1998; 5: 307–10.

White JV, Olivier NB, Reimann K, Johnson C. Use of protein-to-creatinine ratio in a single urine specimen for quantitative estimation of canine proteinuria. J Am Vet Med Assoc 1984; 185(8): 882–5.

26 Genitaltrakt

26.1 Untersuchungsmethoden bei weiblichen Kleintieren

Hartwig Bostedt und Axel Wehrend

Einleitung

Reproduktionsmedizinische Aberrationen und Störungen bei Hund und Katze, aber auch bei Heimtieren, sind in einer beachtlichen Fallzahl nicht allein durch eine Diagnose, die sich rein auf klinische Befunde aufbaut, zu klären. Vielfach erweist es sich gerade in der Kleintier-Reproduktionsmedizin als notwendig, zusätzlich Laborverfahren einzusetzen, um so die klinisch erhobenen Resultate zu präzisieren und damit die Befundlage zu erweitern. Dies hat nicht zuletzt bei der Wahl der als notwendig erachteten Therapieverfahren und für die Prognosestellung Bedeutung. Darüber hinaus dienen die labordiagnostisch erarbeiteten Ergebnisse im Rahmen von Verlaufskontrollen als Bewertungskriterium. Anwendung finden im Wesentlichen zytologische, mikrobiologische und hormonanalytische, aber auch klinisch-chemische Untersuchungsmethoden.

Zytologische Befunderhebung

Zytologische Untersuchungsverfahren (exfoliative Vaginalzytologie, Zervix-Uterus-Zytologie, Mammasekretzytologie) spielen auf folgenden Gebieten eine diagnosesichernde Rolle:

- Zyklusdetermination, insbesondere Bestimmung des Deck- und Ovulationstermins
- unterstützende diagnostische Befundung bei:
  - Zyklusstörungen
  - Verdacht auf Ovarialzystensyndrom
  - Verdacht auf verbliebenes Ovarrestgewebe nach Ovarektomie (Ovary Remnant Syndrome)
- Differenzierung von östrogensynthetisierenden Tumoren (Nebenniere bei Frettchen, Sertolizelltumor bei Rüden)
- Nachweis einer Kopulation mit Ejakulation (Darstellung von Spermien im Vaginalsekret)
- Erkennung von neoplastischen Zellen (Krebszellen) im Sekret der Mammakomplexe (beispielsweise Adenokarzinom) oder von Bakterien (Mastitis)
- Diagnostik des transmissiblen venerischen Tumors (TVT, Sticker-Sarkom) aus dem Vaginal- oder Präputialabstrich.
- Weiterhin lässt sich auch der zytologische Status im uterinen Sekret darstellen. Dieses Verfahren dient sowohl der Postpartalkontrolle als auch des Nachweises von uterinen Erkrankungen (Postpartalstörungen, Endometritis-Pyometra-Komplex).

Instrumente/Materialien

Für die Durchführung zytologischer Untersuchungen werden benötigt:

- Spreiz- oder Röhrenspekulum
- steriler Tupferträger oder Drahtöse

- Objektträger
- Reagenzien je nach Färbemethode

Technik

Exfoliative Vaginalzytologie

Für die exakte Lokalisation des Gebietes für die Probenentnahme wird nach Desinfektion des perivulvären Bereiches (Spitacid®, Fa. Ecolab, Düsseldorf) bei der Hündin und Kätzin entweder ein Spreizspekulum nach Kilian oder ein Röhrenvaginoskop (Wiener Modell) unter Beachtung der Scheidenkanalwinkelung in den kaudalen Abschnitt des Vestibulovaginalraumes geschoben. Damit unterbleibt sowohl eine Verfälschung des Präparates durch keratinisierte Zellen aus der *Vulva-Vestibulum*-Region als auch eine Kontamination mit Bakterien oder anderen Fremdzellen, die häufiger im *kaudalen* Abschnitt des Genitaltraktes zu finden sind. Während Hündinnen diese gynäkologische Untersuchung bei vorsichtiger Vorgehensweise weitgehend tolerieren, sind Kätzinnen nur im Östrus dahingehend manipulationsfähig. Außerhalb des Östrus ist eine Vaginoskopie bei ihnen nur nach Sedation möglich. Bei Frettchen und anderen Heimtieren ist eine Probenentnahme ohne vorausgehende Vaginoskopie üblich.

Mittels Tupferträger (Wattestäbchen) oder Drahtöse wird bei Hund und Katze aus dem *dorsalen* Vaginalabschnitt respektive aus dem Übergangsbereich zwischen Vestibulum und Hymenalring ein Abstrich entnommen. Ob der Watteträger feucht oder trocken eingeführt werden soll, ist nicht so relevant. Bei Benutzung eines feuchten Watteträgers (mit physiologischer NaCl-Lösung benetzt) ist die Zellmenge pro Gesichtsfeld zwar höher, nach Anfertigung des Präparates mittels trockenem Tupfer ist die Zellverteilung allerdings besser. Durch Ausrollen des Wattestäbchens oder Ausstreichen der Drahtöse ist das entnommene, oberflächliche Zellmaterial auf einen entfetteten Objektträger in drei Bahnen aufzubringen. Bei Nutzung eines trockenen Watteträgers kann der Ausstrich vereinzelt durch Wattefäden verunreinigt sein. Wird ein gebrauchsfertiger, farbbeschichteter Objektträger benutzt (Testsimplets, Waldeck, Münster-Roxel), erfolgt der Ausstrich auf das Deckgläschen, welches dann auf das Farbfeld des Objektträgers gelegt und mit einem Stift leicht angedrückt wird.

Bei nicht zu vaginoskopierenden Patientinnen wird nach Spreizung der Vulva ein Watteträger entlang der *dorsalen* Linie in die Vagina eingeführt.

Soll der Nachweis geführt werden, ob eine Bedeckung mit Ejakulation stattgefunden hat oder eine uterine Störung besteht, wird ein Röhrenspekulum, welches den vestibulovaginalen Verhältnissen größenmäßig entsprechen muss, um Schmerzen zu vermeiden, weit nach kranial eingeführt. So ist es möglich, vaginales Sekret (Spermiendarstellung) oder aus der Zervix abfließendes Sekret auf den Tupferträger zu bekommen und entsprechend weiterzuverarbeiten.

Die **Fixierung der Probe** geschieht durch:

- Lufttrocknung (Nachteil: mehr Bakterien auf dem Objektträger)
- Fixierspray (Fa. Merck, Darmstadt; Vorteil: gute Fixation der Zellanteile)
- Äther-Alkohol-Gemisch (gleiche Teile) sofort nach Herstellung des Präparates

Färbemethoden

Im Wesentlichen finden zwei Färbemethoden Anwendung: eine Schnellmethode (Diff-Quick®, Medion Diagnostics, Düdingen, Schweiz; Hemacolor®, Fa. Merck, Darmstadt) oder ein aufwendigeres Verfahren (Papanicolaou-Shorr). Welche von den beiden Färbemethoden gewählt wird, hängt von den Kriterien Färbequalität, Aufwand an Chemikalien, Zeitfaktor und Zelldifferenzierung ab.

Hemacolor®-Methode

▶ Durchführung

Die Arbeitsschritte einer Färbung nach der Hemacolor®-Methode (Fa. Merck, Darmstadt), eine Eosin-Thiazin-Färbung, sind in **Tabelle 26.1** aufgeführt.

Der Objektträger wird nach der Färbung getrocknet und, falls er versendet werden soll, mit Eindeckmittel (Entellan®, Fa. Merck, Darmstadt; Eukitt, Fa. Kindler, Freiburg) und Deckgläschen stabilisiert. Für die Sofortdiagnostik kann der angefärbte Objektträger ohne Eindeckelung mikroskopisch durchgemustert werden.

- Dauer des Färbevorganges: ca. 1–2 Minuten
- Anfärbung der Zellen: violett-rotviolett

Diff-Quick®-Färbung

▶ Durchführung

Zur Verfügung stehen vier Küvetten: Diff-Quick® Fix, Diff-Quick® I, Diff-Quick® II, Aqua dest. Der Ausstrich wird nach Lufttrocknung in der angegebenen Reihenfolge je 5 × 1 Sekunde in die verschiedenen Lösungen getaucht und dann vorsichtig trocken getupft.

- Dauer des Färbevorganges: ca. 0,5 min

Tab. 26.1 Färbung nach der Hemacolor®-Methode

Arbeitsschritte	Reagenz	Arbeitsvorgang
1	Fixierlösung	5 × 1 s tauchen
2	Farblösung I rot (Eosin)	10 × 1 s tauchen
3	Farblösung II blau (Thiazin)	10 × 1 s tauchen
4		Abspülen der Farblösungen

Färbung nach Papanicolaou

▶ Durchführung

- Färbeprotokoll:
  - Ausstrich in absteigender Alkoholreihe 80 %, 70 %, 50 % schwenken
  - Ausstrich in Aqua dest. tauchen
  - mit Hämatoxylinlösung (Lösung 1) 8 min färben (Kernfärbung)
  - Ausstrich zweimal mit Aqua dest. waschen
  - für 8 min in folgende Lösung tauchen: 3 ml Ammoniak-Lösung 0,91 % p. a. + 97 ml Alkohol 70 %
  - Ausstrich in aufsteigender Alkoholreihe schwenken 70 %, 80 %, 96 %
  - 6 min in Orange-G-Lösung (Lösung 2) färben
  - abspülen zweimalig mit 96%igem Alkohol
  - für 6 min in Lösung 3b (Polychromlösung EA 50®) färben
  - in zwei Gefäßen mit 96%igem Alkohol spülen
  - Ausstrich durch absoluten Alkohol mit Xylol ziehen
  - Ausstrich trocknen und fixieren (Entellan®, Fa. Merck, Darmstadt; Eukitt, Fa. Kindler Freiburg)
- Dauer der Präparateherstellung: 35–40 min
- Anfärbung der Zellen: Superfizialzellen rot, Basal-, Parabasal- und Intermediärzellen blau-blaugrün. Differenzierung der zyklusstandtypischen Zellen vom Farbbild und von der Kontur her beurteilbar.

Shorr-Färbung

Die Shorr-Färbung stellt eine Modifikation der Papanicolaou-Färbung dar. Durch den »Shorr'schen Farbstoff« kommt es, besonders bei den Superfizialzellen, zu deutlicheren Effekten. Die Zellen nehmen ein orangerot strahlendes Kolorit an und sind somit leicht zu differenzieren.

▶ Durchführung

- Färbeprotokoll (manuell):
  - mit Shorr-Lösung S III, 3–5 min färben
  - 10-mal in 70%igem Alkohol schwenken
  - 10-mal in 95%igem Alkohol schwenken
  - 10-mal in absolutem Alkohol schwenken
  - 0,5 min in Xylol tauchen
  - Fixation des Präparates nach Trocknung wie bei der Papanicolaou-Färbung
- vorgefertigte, farbbeschichtete Objektträger (Testsimplets®, Fa. Waldeck, Münster-Roxel):
  - Diese, mit einer Farbschicht (Neu-Methylen-Blau-N und Cresyl-Violett-Acetat) versehenen Objektträger eignen sich für die Vaginalzytologie ebenso wie für den Spermiennachweis. Eine Trocknung oder Fixation des Präparates entfällt.
- Anfärbedauer: 15 min
- Aufbewahrung:
  - bei Raumtemperatur 4 Stunden bewertbar
  - Lagerung im Kühlschrank nach 24 Stunden noch bewertbar
  - Anfärbung der Zellen: blau-violett

Auswertung

Die Zellanteile sind nach Größe und Kontur darstell- und beurteilbar (**Tab. 26.2**; **Abb. 26.1–Abb. 26.6**). Von dem vaginalzytologischen Befund kann auf das Zyklusstadium geschlossen werden (**Tab. 26.3**)

Interpretation

Interpretation der exfoliativen Vaginalzytologiebefunde bei Verdacht auf gynäkologische Aberrationen oder krankhafte Störungen:

- *verlängerte Proöstrusphase:* abnehmende Zahl an Erythrozyten, zunehmende Zahl an Superfizialzellen und Schollen
- *verlängerte Östrusphase:* zunehmende Zahl an Schollen und keratinisierter Zellen, Bakteriennachweis möglich

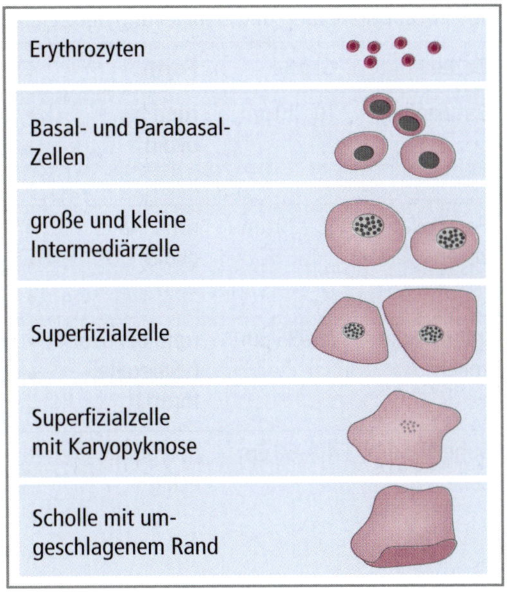

Abb. 26.1 Charakteristische Zellkonfiguration im Vaginalabstrich der Hündin in Abhängigkeit vom Zyklusstand

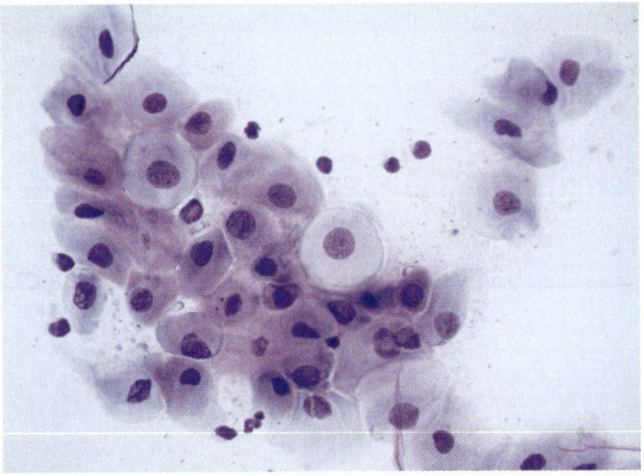

Abb. 26.2 Vaginalzytologisches Bild: Proöstrus

26

Tab. 26.2 Darstellung und Beurteilung der Zellbestandteile

Zellart	Größe	Form	Charakteristik
Basalzellen	10–20 µm	rund bis ovoid	• glatter Rand • schmaler Zytoplasmasaum • randständiger, kugelförmiger Kern
Parabasalzellen	15–30 µm	rund bis ovoid	• deutlich mittelständiger Kern • glatter Rand • ausgeprägter Zytoplasmasaum
Intermediärzellen	20–35 µm	rund bis oval (»Spiegeleiform«)	• glattrandig • deutlich erkennbarer Kern • reichlich Zytoplasma um den Kern
Superfizialzelle	40–60 µm	polygonal, eckig	• je nach Östrusstand mit aufgeworfenen Zellrändern (»Hutkrempenform«) • klares Zytoplasma • Kern zeigt bereits beginnende Auflösungserscheinungen (Karyopyknose-Vorgang)
Schollen			• entstehen aus Superfizialzellen • Kern in Auflösung (fortgeschrittene Karyopyknose) • Zellrand deutlich eingerollt – aufgeworfen • keratinisierte Zelle: – längliche Form ohne Zellkern, stark angefärbt – Nachweis weiterhin von: – – Erythrozyten – – Leukozyten (Granulozyten) – – Bakterien – – Spermien – – Zellen im Milch- oder Gesäugesekret

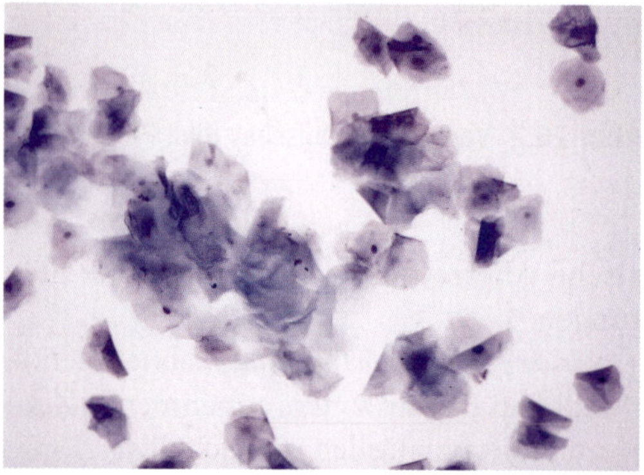

Abb. 26.3 Vaginalzytologisches Bild: Östrus

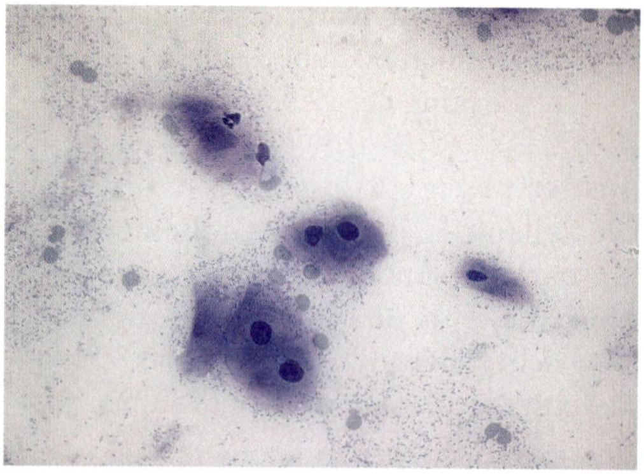

Abb. 26.4 Vaginalzytologisches Bild: verlängerter Proöstrus verbunden mit starker bakterieller Besiedlung der Vaginalschleimhaut

26

Tab. 26.3 Beziehungen zwischen Zyklusstadium und vaginalzytologischem Befund (nach Tammer et al. 1994)

Zyklusstadium	Vaginalzytologischer Befund
Proöstrus	• massenhaft Erythrozyten • zahlreiche kernhaltige Superfizialzellen, in geringem Maße Intermediär- und Parabasalzellen • vereinzelt Schollen
Östrus	• wenige bis keine Erythrozyten (individuell unterschiedlich) • viele verhornte Superfizialzellen und Superfizialzellen mit degeneriertem Kern (Karyopyknose) • Schollen in unterschiedlicher Menge
Metöstrus	• früher Metöstrus mit Superfizial-, Intermediär- und Parabasalzellen in unterschiedlichen Mengen, mit fortschreitendem Metöstrus zunehmender Anteil an Granulozyten, Intermediär- und Parabasalzellen
Anöstrus	• überwiegend Parabasal- und allenfalls kleine Intermediärzellen • neutrophile Granulozyten in geringer Menge • keine Superfizialzellen

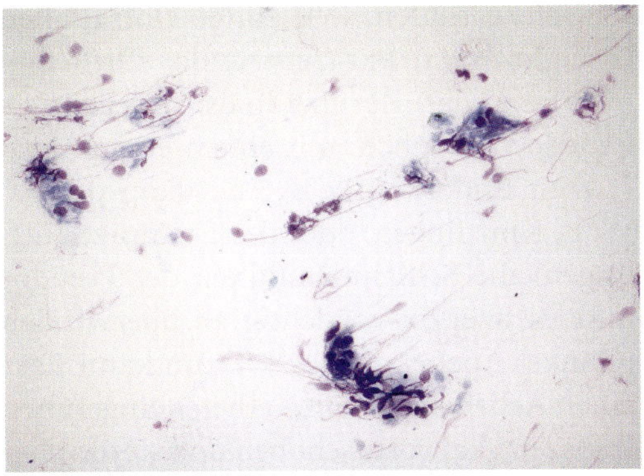

Abb. 26.5 Vaginalabstrich zum Nachweis einer Kohabitation: Spermien erkennbar

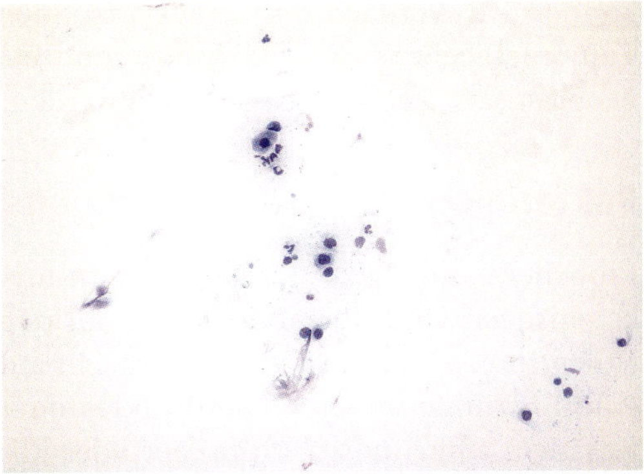

Abb. 26.6 Vaginalzytologisches Bild: Anöstrus

- *verlängerte Anoestriephase:* wenige basophile Basal- und Parabasalzellen
- *Vaginitis/Endometritis:* Nachweis von massenhaft neutrophilen Granulozyten. Eine exakte Entscheidung über das Vorliegen einer Vaginitis oder Endometritis kann nur in Zusammenhang mit den vaginoskopischen und sonografischen Befunden geschehen.
- *Ovarian-Remnant-Syndrom:* Bei Verdacht Anwendung der exfoliativen Vaginalzytologie bei pseudoöstrischen Erscheinungen. Nachweis von Superfizialzellen und Schollen
- *Ovarialzystensyndrom/Östrogensynthetisierende Tumoren:* Nachweis von Superfizialzellen und Schollen

26

- *Spermiennachweis:* kontrastreiche Anfärbung von Spermien; gut angefärbt werden Kopf- und Mittelteil
- *Uterussekret:* Darstellung von Uteruszellen bedingt möglich; das uterine Oberflächenepithel ist bei der Hündin einschichtig und besteht aus hochprismatischen Zellen; Nachweis von neutrophilen Granulozyten (Endometritis-Pyometra-Komplex) gelingt ausreichend.

Darstellung von Zellen oder Bakterien in Milch bzw. Mammarkomplexsekret

Entnahme s. S. 495
Es wird entweder ein Ausstrich auf einem Objektträger angefertigt und angefärbt oder ein vorgefertigter Objektträger benutzt. Zum einen dient die mikroskopische Inspektion der Darstellung von Bakterienkolonien (Mastitisdiagnostik). Zum anderen können im Verdachtsfall eines malignen Tumorgeschehens (Katze, Hund) entartete neoplastische Zellen nachgewiesen werden.

Bakteriologische Untersuchungen

Probenentnahmen zur bakteriologisch-mykologischen Untersuchung sind in all den Fällen indiziert, in denen der Verdacht auf eine Entzündung des Genitaltraktes oder Gesäuges aufgrund subklinischer oder klinischer Symptome bestehen.
An Instrumentarium/Gerätschaften werden benötigt:

- steriles Spreizspekulum oder Röhrenspekulum in verschiedenen Längen, je nach gewähltem Entnahmeort (vestibulovaginaler Bereich, kraniale Vagina, Zervixnähe)
- steriler Tupferträger mit entsprechend langem Stiel
- Gefäß mit Transportmedium (physiologische NaCl-Lösung, modifiziertes Amies-Medium u. a.) und Beschriftungsgerät
- Untersuchungsantrag

Probenentnahme aus dem Genitaltrakt

Die Gewinnung von Sekret aus dem Vaginalabschnitt geschieht auf die gleiche Weise, wie sie für die exfoliative Vaginalzytologie beschrieben worden ist. Die beiden Arbeitsvorgänge, Entnahme einer Probe für die Vaginalzytologie und eine für die mikroskopische Untersuchung, lassen sich dabei kombinieren.
Liegt eine offenstehende Zervix vor, aus der sich krankhaftes Sekret in den Vaginalraum ergießt (offenstehende Pyometra, Puerperalstörungen), dann gelingt es, zumindest aus dem Gebiet der Zervix (Katze, kleine Heimtiere) bzw. Pseudozervix/Parazervix, (Hund) Probenmaterial zu gewinnen.
Schwierig wird es, direkt aus dem Uterus eine Probe zu entnehmen. Ein direkter Zugang zur Zervix ist bei der Hündin nur schwer zu finden, weil einige Dorsalfalten (Pseudozervix, Parazervix) das *Orificium externum* des Zervixkanals verlegen. Es ist jedoch möglich, mit einem englumigen starren Endoskop (z. B. Endoskop der Fa. Wolf, Knittlingen, oder der Fa. Storz, Tuttlingen) die Schleimhautfalten der Pseudo- und Parazervix vorsichtig zu überwinden (Günzel-Apel et al. 1999). Dann kann über einen Arbeitskanal ein Katheter eingeführt, transzervikal vorgeschoben und sterile physiologische NaCl-Lösung instilliert werden. Nach kurzer Verweildauer ist die Rückgewinnung einer kleinen Menge der Spülflüssigkeit durch Ansaugen (sterile Spritze) möglich. Entweder wird ein Tupferträger damit angefeuchtet und zur mikrobiologischen Untersuchung versendet oder die rückgewonnene Flüssigkeit wird insgesamt für die Untersuchung zur Verfügung gestellt. Nicht übersehen werden darf, dass es bei dieser Prozedur zu einer (geringen) Kontamination mit Vaginalsekret kommen kann.

Probenentnahme aus den Mammarkomplexen

Mastitiden in subklinischer oder klinisch apparenter Ausprägung sind beim Hund häufiger, bei der Katze, dem Kaninchen etc. seltener. Analysenergebnisse von Milchproben stellen die Grundlage für eine zielgerichtete Therapie dar.

Instrumente

- Desinfektionsmittel/Säuberungstücher
- steriler Tupferträger
- steriles Probenröhrchen mit Transportmedium oder physiologischer NaCl-Lösung

Durchführung

Nach eingehender klinischer Untersuchung erfolgt entweder die Entnahme einer Einzelmilchprobe oder einer Sammelmilchprobe. Zuerst werden Zitzenkuppe und Zitzenkörper gründlich desinfiziert. Im Anschluss daran wird durch leichten Druck Milch oder Sekret abgepresst. Diese Tropfen werden verworfen. Es folgt ein erneutes Abpressen von einem Tropfen, der dann mittels zweier steriler Tupferträger aufgesogen wird. Der erste Tupferträger wird in einem keimfreien Röhrchen versendet, der zweite dient für die Herstellung eines Austrichpräparates (s. S. 489).

Praxisrelevante Hormonanalysen

Hormonanalysen lassen sich mit verschiedenen vorgefertigten Testbestecken auch in praxi durchführen. Sie eignen sich zumindest für die Erfassung der speziellen Hormonlage in der Übersicht. Zahlreiche Tests ermöglichen allerdings nur die Darstellung semiquantitativer Werte. Es gibt aber auch bereits praxistaugliche Messgeräte, die exakte quantitative Werte liefern. Folgende gynäkologische Zustände wären durch Hormonanalysen präziser zu diagnostizieren:

- Deckzeitpunktdetermination:
  - Bestimmung des Ovulationszeitpunktes (in Zusammenhang mit der Vaginalzytologie) mittels Progesteron (P_4) (Anstieg von < 1 ng auf 6–10 ng/ml Plasma)
  - LH-Messung (Nachweis eines Spitzenwertes am Übergang vom Proöstrus zu Östrus)
  - Zu empfehlen ist stets eine Kombination von Vaginalzytologie und Hormonanalysen.
- Kontrollmöglichkeit, ob endokrin aktives Ovarialgewebe nach unvollständiger Ovarektomie vorliegt:
  - LH-Bestimmung (hohe, dauerhaft über dem Basiswert liegende Konzentrationen weisen auf Ovarrestgewebe hin)
  - Auch in diesem Fall ist eine Kombination aus vaginalzytologischer und hormonanalytischer Befunderhebung vorteilhaft.
- Corpus-luteum-Insuffizienz (permanent unterhalb des Normbereiches liegende P_4-Werte)
- Graviditätsnachweis:
  - Relaxin-Nachweis (ab 25. Tag post cohabitationem)
- Bestimmung des Geburtszeitpunktes:
  - Progesteron-(P_4-)Abfall (die P_4-Werte sinken von > 4 auf < 1,5 ng/ml Plasma)

Progesteronbestimmung

Zur Verfügung stehen Testbestecke Hormonost® (Fa. Biolab, Unterschleißheim) und Target® (Bio Metallics, USA; Vertrieb: Fa. WDT, Garbsen)

Substrat: Blut, aufgefangen im EDTA- oder Li-Heparinat-Röhrchen; Zitrat oder Geltrennmittel verfälschen das Ergebnis; Zentrifugation (10 min bei 1000–2000 U/min).

Durchführung

Hormonost®-Messvorgang

- 6 Tropfen Plasma/Serumverdünner (Flasche 1) = 300 µl hinzufügen, 5 s schütteln
- 5 min ruhen lassen
- Zugabe von 2 Tropfen Enzym-markiertem P_4; exakt 5 s mischen
- 5 min stehen lassen
- Waschung mit Leitungswasser (6-maliger Vorgang)
- 10 Tropfen Substrat (500 µl) hinzugeben – Färbevorgang beginnt
- Beurteilung nach 5 min im Vergleich zum Standard oder mithilfe der Farbtabelle; Röhrchen kurz schütteln, Färbung von oben im senkrechten stehenden Röhrchen ablesen
- 2. Ablesung nach 10–20 min
- Ablesen anhand des Standards 1 und 2 oder anhand der Farbtabelle
- Dauer insgesamt 15–35 min

Beurteilung

Die Beurteilung erfolgt anhand der Farbtabelle oder der mitgeführten Standardlösung: $P_4 \leq 1$ ng/ml; zunehmende P_4-Konzentrationen.

TARGET®-Messvorgang (Canine ovulation timing Kit)

- 6 Tropfen der Probe mittels Pipette in Testbecher überführen
- Probenwaschlösung (4 Tropfen) dazugeben – Vorgang nach Versickern der Lösung wiederholen
- 3 Tropfen Enzymlösung ins Zentrum des Testbechers geben
- exakt 1 min warten
- Waschvorgang
- Substrat A + B (je eine Pipettenfüllung) in die leere Mischflasche geben – gut schütteln
- 3 Tropfen des soeben hergestellten Substrates in den Testbecher überführen
- Ablesevorgang nach der Reaktionszeit (9 min)
  - tiefblau: P_4-Wert < 1 ng/ml
  - weiß; P_4-Wert > 8 ng/ml
- *Dauer* des Tests: ca. 15–20 min

Analysegeräte

Es werden neuerdings auch Analysegeräte für die exakte Bestimmung der P_4-Konzentration angeboten (unter anderem Hormonost® Microlab, Fa. Biolab, Unterschleißheim).

LH-Bestimmung

- Witness LH® (Fa. Synbiotics Europe Lyon, Frankreich (Vertrieb: Pfizer, Berlin)
- FASTest® LH (Fa. MegaCor, Hörbranz, Österreich)
- *Substrat:* Serum ohne Hämolyseanteile

Durchführung

- steril verpackte Testplatte aus Umhüllung entfernen und horizontal auf eine Platte legen
- mit Pipette senkrecht Substrat (3 Tropfen) in die vorgefertigte Vertiefung geben
- Ruhezeit ca. 20 min für Komplexbildung mit Anfärbung

Beurteilung

Die Beurteilung erfolgt anhand der gebildeten 1–2 rosafarbenen Banden im Ablesefenster.

Relaxin-Nachweis

- Wittness® Relaxin (Fa. Synbiotics Europe Lyon, Frankreich (Vertrieb: Fa. Pfizer, Berlin)
- FASTest® Relaxin (Fa. MegaCor, Hörbanz, Österreich)
- *Substrat:* Serum oder Plasma

Durchführung

- Vorbereitung der Testkassette
- Serum/Plasma (2 Tropfen) in das Probenfenster geben
- Pufferlösung (2 Tropfen) hinzufügen
- Inkubationsdauer 10–30 min
- Ablesung des Resultates im Ergebnisfenster, nachdem sich im Kontrollfenster eine Kontrolllinie gebildet hat

Beurteilung

Eine violett-purpurfarbene Linie im Ergebnisfenster entspricht der Färbung im Kontrollfenster: positiver Relaxin-Nachweis = Anzeichen einer Gravidität bestehen. Eine Beurteilung, ob die Gravidität intakt ist oder nicht, lässt der Test nicht zu.

Literatur

Allen WE. Abnormal vaginal cytology in fertile bitch. J Small Anim Pract 1985; 26(6): 343–7.

Becker A, Wehrend A, Goericke-Pesch S. Luteale Insuffizienz bei der Hündin – Symptome, Diagnose, Folgen und Therapie. Tierärztl Prax 2010; 38 (K): 389–96.

Björnström L, Linde-Forsberg C. Longterm study of aerobic bacteria of the genital tract breeding bitches. Am J Vet Res 1992; 53(5): 665–9.

Bostedt H. Gesäugeerkrankungen bei Hund und Katze. In: Wendt K, Bostedt H, Mielke H, Fuchs HW. Euter- und Gesäugekrankheiten. Jena, Stuttgart: G Fischer 1994; 492–509.

Buijtels JJ, DeGier J, Kooistra HS, Naan EC, Oei CH, Okkens AC. The pituitary-ovarian axis in dogs with remnant ovarian tissue. Theriogenology 2011; 75(4): 742–51.

Bunck C. Froin HR, Günzel-Apel AR. Erfahrungen mit einem kommerziellen Relaxin-Assay zum Trächtigkeitsnachweis beim Hund. Kleintierprax 2002; 41: 5–10.

Christie DW, Bailey JB, Bell ET. Classification of cell types in vaginal smears during the canine oestrus cycle. Br Vet J 1972; 128(6): 301–210.

Concannon PW, McCann JP, Temple M. Biology and endocrinology of ovulation pregnancy and parturition in the dog. J Reprod Fertil 1989; 39: 3–25.

Günzel-Apel A-R, Sieme H, Hoppen O. Erfahrungen mit einem »schnellen« Progesterontest zur Bestimmung des Bedeckungs- oder Besamungszeitpunktes beim Hund. Kleintierprax 1990; 35: 301–8.

Günzel-Apel A-R, Lübke A, Rohde J. Vergleichende Untersuchung der vaginalen und uterinen Zytologie und Keimflora im Sexualzyklus und Puerperium von Beaglehündinnen. Tierärztl Prax 1999; 27 (K): 112–9.

Hoffmann B, Schneider S. Secretion and release of luteinizing hormone during luteal phase of the oestrus cycle in the dog. J Reprod Fert Suppl 1993; 47: 85–91.

Hospes R, Richter BR, Riesenbeck A, Bostedt H. Untersuchungen zur Zuverlässigkeit handelsüblicher Progesteron-Schnelltests in der gynäkologischen Diagnostik beim Hund. Tierärztl Prax 2004; 32 (K): 247–51.

Jung C, Wehrend A, König A, Bostedt H. Untersuchungen zum Vorkommen zu Differenzierung und Erregerspektrum caniner Mastitiden. Prak Tierarzt 2002; 83: 508–511.

Rieck GW, Kratzheller K. Zytologie des desquamierten Vaginalepithels der Hündin und ihre Anwendung für die Zytodiagnostik. Zbl Vet Med 1955; 2: 82–101.

Röttger K. Untersuchungen zur Durchführung der exfoliativen Vaginalzytologie bei der Hündin. Gießen: Dissertation, Justus-Liebig-Universität Gießen, Fachbereich Veterinärmedizin 2010.

Schöne J, Einspanier A, Kern A, Günzel-Apel AR. Untersuchungen zur Eignung des FASTest® Relaxin-Tests für den Trächtigkeitsnachweis beim Hund. Tierärztl Prax 2004; 32 (K): 118–23

Tammer I, Blendinger K, Sobiraj A, Bostedt H. Über den Einsatz der exfoliativen Vaginalzytologie im Rahmen gynäkologischer Befunderhebung bei der Hündin. Tierärztl Prax 1994; 22: 199–207.

26.2 Untersuchungsmethoden bei männlichen Kleintieren

Axel Wehrend und Hartwig Bostedt

Spermatologische Untersuchung

Indikationen

- Zuchttauglichkeitsuntersuchung
- Verdacht auf Fertilitätsstörungen
- Herstellung von Besamungsportionen
- Kontrolle von Besamungsportionen

Samengewinnung

Die Samengewinnung beim Rüden erfolgt in der Regel durch manuelle Stimulation ohne künstliche Vagina. Das Ejakulat wird in drei Fraktionen aufgefangen, die durch einen Farbumschlag zu erkennen sind (**Tab. 26.4**). Die Fraktionen werden getrennt mithilfe von durchsichtigen, graduierten Samenauffanggläser gewonnen, damit die makroskopische Untersuchung des Ejakulats in den Auffanggläsern stattfinden kann. Die Auffanggläser sind auf eine Temperatur von 38 °C anzuwärmen. Beim Kater wird das Ejakulat nach Training der Tiere mithilfe einer künstlichen Vagina oder mittels Elektroejakulation als Gesamtejakulat gewonnen. Die Einzelheiten der Ejakulatgewinnung sind den entsprechenden Fachpublikationen zu entnehmen.

Es ist darauf zu achten, dass durch Fehler in der Absamtechnik die Reflexkette unterbrochen werden kann, sodass ein Ejakulat gewonnen wird, welches nicht den Mindestanforderungen entspricht.

Weitere Einflussfaktoren auf die Ejakulatparameter sind:

- Alter, Rasse
- allgemeiner Gesundheitszustand
- Umstände der Absamung (z. B. Ruhe, Geschicklichkeit des Untersuchers)
- Stimulation (z. B. Anwesenheit einer läufigen Hündin, Rasse der Animierhündin)
- Deckerfahrung und Deck- bzw. Absamfrequenz
- Zustand der Oberflächen, mit denen das Ejakulat in Berührung kommt (z. B. Temperatur, Rückstände von Detergenzien)

Neben der Untersuchung von Nativejakulaten kann die Indikation bestehen, konfektioniertes Sperma zu untersuchen, um z. B. zu überprüfen, ob die Mindestanforderungen für die Besamungsportionen erfüllt sind. Einflüsse auf die Untersuchungsbefunde haben die Lagerungsdauer und -temperatur sowie die Auftaubedingungen bei Tiefgefrier-

Tab. 26.4 Ejakulatfraktionen beim Rüden

Fraktion	Eigenschaften	Bemerkungen
1	spermienfrei, klar, wässrig	stammt zum größten Teil aus der Prostata, in der Regel stark bakteriologisch belastet, da Spülfunktion der Harnröhre
2	spermienreich, entsprechend der Samenzelldichte molkig bis milchig	stammt zum größten Teil aus dem Nebenhoden
3	spermienfrei, klar, wässrig	stammt aus der Prostata

sperma. Wird Tiefgefriersperma hergestellt, sollte eine Paillette zur Qualitätskontrolle nach mindestens 24-stündiger Lagerung im flüssigen Stickstoff kontrolliert werden.

Makroskopische Untersuchung

Volumen

Material
gradierte Samenauffanggläser

Durchführung
Das Volumen wird durch Ablesen der Graduierung der Samenauffanggläser ermittelt. Beim Rüden erfolgt die Volumenbestimmung für jede Fraktion gesondert.

Beurteilung
siehe Befundbewertung

Ursachen
Ursachen für ein pathologisch vermindertes Volumen können sein:
- unzureichende Stimulation bzw. Abbruch der Paarungsreflexkette
- retrograde Ejakulation in die Harnblase
- Erkrankungen der Hoden, Nebenhoden oder der Prostata
- sexuelle Exhaustion, z. B. durch zu häufigen Deckeinsatz
- Medikamente (z. B. GnRH-Implantate, Gestagene)

Aussehen
Das Aussehen wird durch die Spermiendichte, das Seminalplasma (beim Rüden insbesondere durch das Prostatasekret) und durch Beimengungen bestimmt (Urin, Blut, Eiter). Bei Besamungsportionen nimmt der verwendete Verdünner Einfluss. Zur Beurteilung der Prostata sollte in erster Linie die 3. Ejakulatfraktion herangezogen werden.

Farbe

Durchführung
subjektive Beurteilung

Beurteilung
- siehe Tabelle 26.4 und Befundbewertung (s. S. 507)
- Blutbeimengungen in der 3. Fraktion weisen auf Prostataerkrankungen hin. Blutbeimengungen in allen drei Fraktionen können in einer Schwellkörperverletzung begründet sein.

Konsistenz

Durchführung
subjektive Beurteilung

Beurteilung
siehe Tabelle 26.4 und Befundbewertung (s. S. 507)

Die spermienreiche Fraktion des Rüden stellt sich molkig (grauweiß) bis milchig dar. Eine wässrige Konsistenz weist auf eine geringe Spermiendichte hin. Dieser Befund wird durch die Bestimmung der Spermiendichte verifiziert. Wird eine Trübung in der 1. und/oder 3. Fraktion festgestellt, so müssen pathologische Beimengungen (z. B. durch einen Präputialkatarrh) von einer ungenauen Trennung der Fraktionen abgegrenzt werden.

Geruch

Durchführung
subjektive Beurteilung

Beurteilung
Das Ejakulat ist physiologischerweise geruchsneutral. Abweichungen sind als pathologisch zu werten (z. B. Blut, Eiter, Urin).

Chemisch-physikalische Untersuchung

pH-Wert

Material

pH-Wert-Indikatorpapier (alternativ: pH-Meter)

Durchführung

Ein Tropfen jeder Fraktion wird direkt nach der Samengewinnung auf das Indikatorpapier gegeben und der pH-Wert anhand des Farbumschlages abgelesen.

Beurteilung

Der pH-Wert sollte beim Rüden zwischen 6,2 und 6,8 liegen. Bei einer Prostatitis befindet sich der pH-Wert oftmals innerhalb des Referenzbereiches, kann jedoch in Abhängigkeit vom Ausmaß der Erkrankung in der 3. Fraktion stark abweichen. In konfektionierten Besamungsportionen kann es in Abhängigkeit zum verwendeten Verdünner zu Veränderungen des pH-Wertes kommen. Nähere Informationen befinden sich in der entsprechenden Fachliteratur. Werden Verdünner selbst hergestellt, ist im Rahmen der Qualitätskontrolle der pH-Wert im konfektionierten Samen zu kontrollieren.

Osmolarität

Material

Osmometer

Durchführung

nach Angaben des Herstellers

Beurteilung

Die Osmolarität des Gesamtejakulates liegt im isotonen Bereich (280–300 mosm). In konfektionierten Besamungsportionen kann es in Abhängigkeit zum verwendeten Verdünner zu Veränderungen der Osmolarität kommen. Nähere Informationen finden sich in der entsprechenden Fachliteratur. Werden Verdünner selbst hergestellt, ist im Rahmen der Qualitätskontrolle die Osmolarität im konfektionierten Samen zu überprüfen.

Mikroskopische Untersuchung

Die mikroskopische Untersuchung kann subjektiv mittels eines Lichtmikroskopes oder automatisiert mithilfe von computergestützten Analysesystemen (CASA = computerassistierte Spermienanalyse) erfolgen. Da die CASA-Systeme in der Regel nur in spezialisierten Laboren zur Verfügung stehen, sollen hier die subjektiven Verfahren besprochen werden, die nach Einarbeitung des Untersuchenden und Standardisierung der Untersuchungsverfahren eine ausreichende Genauigkeit für die Routinediagnostik liefern.

Motilität

Einzelbewegung

Grundsätzlich wird zwischen orts-, vorwärts- und unbeweglichen Spermien unterschieden. Ortsbewegliche Spermien sind dadurch definiert, dass sie nur einen Geißelschlag ohne Vorwärtsbewegung zeigen bzw. Kreisbewegungen aufweisen, deren Radius unter der Spermienkopflänge liegt. Vorwärtsbewegliche Spermien zeigen eine raumgewinnende Bewegung, wobei nicht zwischen linearer und kreisförmiger Bewegungsbahn differenziert wird. Unbewegliche Spermien zeigen keinen eigenen Geißelschlag, sie können jedoch durch Flüssigkeitsströmungen und Kollision mit beweglichen Spermien fälschlich motil erscheinen. Für die Beurteilung eines Ejakulates oder einer Besamungsportion genügt die Erfassung des Anteiles der vorwärtsbeweglichen Spermien.

Material

- angewärmter, entfetteter Objektträger mit Deckglas
- Pipette
- Phasenkontrastmikroskop

Durchführung

- Vom unverdünnten Sperma werden drei Tropfen (ca. 2 µl) auf einen vorgewärmten Objektträger pipettiert und mit einem Deckglas abgedeckt. Die Flüssigkeit sollte sich gleichmäßig ohne die Bildung von Luftblasen im kapillaren Spalt zwischen Objektträger und Deckglas verteilen.
- Bei 200- bis 400-facher Vergrößerung wird in mehreren Gesichtsfeldern die Motilität geschätzt, wobei die Randbereiche des Deckglases ausgespart werden sollten.
- Die Beurteilung der Einzelbewegungen sollte zügig erfolgen, da sich durch Veränderungen des Mikromilieus im kapillaren Spalt die Werte schnell ändern.
- Im ersten Schritt wird abgeschätzt, ob mindestens 50 % der Spermien eine Vorwärtsbeweglichkeit zeigen. Zeigen über 50 % eine Vorwärtsbeweglichkeit, wird deren Anteil genauer geschätzt (z. B. 70 %, 80 % oder 90 %).

Beurteilung

siehe Befundbewertung (s. S. 507)

Spermienkonzentration (Dichte)

Grundsätzlich werden die Zählkammerverfahren von automatischen fotometrischen Methoden und der elektronischen Teilchenzählung (Coulter Counter) unterschieden. Die Bestimmung der Dichte kann in einer Besamungsportion oder den Fraktionen des Ejakulates erfolgen, welche nach der makroskopischen Beurteilung Spermien enthalten. Dies wird in der Regel die 2. Fraktion sein. Ist eine vollständige Trennung der spermienreichen Fraktion nicht gelungen, so sollte die Dichtebestimmung auch in der 1. und 3. Fraktion erfolgen, um die Gesamtspermiendichte des Ejakulates berechnen zu können.

Fotometrische Verfahren

Prinzip: Anhand der Trübung der Spermiensuspension wird auf die Samenzellkonzentration rückgeschlossen. Damit die Messung ausreichend genaue Werte ermittelt, ist eine tierartspezifische Eichung notwendig. Fremdbeimengungen und Agglutinationen führen zu Messfehlern.

Elektronische Teilchenzählung

Prinzip: Die Samenzellen wandern in einer Elektrolytlösung einzeln durch Kapillaren und werden dabei gezählt. Wie für die Trübungsmessung im Fotometer ist eine tierartspezifische Eichung und die Abwesenheit von Fremdbeimengungen und Agglutinationen notwendig.

Zählkammerverfahren

Prinzip: Die Spermien werden immobilisiert und in eine Zählkammer aus der Hämatologie (Hämozytometer) nach definierter Verdünnung überführt. Der Verdünnungsfaktor richtet sich nach der geschätzten Spermiendichte in der zu untersuchenden Probe. Die Samenzellen werden nach Sedimentation mikroskopisch in einer definierten Anzahl von Zählquadraten ausgezählt und anschließend auf die Dichte der zu untersuchten Probe rückgerechnet. Unterschiede in der Durchführung sind in der Regel auf unterschiedliche verwendete Zählkammern und Verdünnungsfaktoren zurückzuführen.

▶ Material

- Probenröhrchen mit runden Boden und Verschluss (Fassungsvermögen 10 ml)

- Pipette (Fassungsvermögen 10 ml)
- 10%ige Kochsalzlösung oder Aqua dest.
- Laborpipette (Bereich: 10–100 µl)
- Zählkammer nach »Thoma neu« mit Deckglas
- Phasenkontrastmikroskop

▶ Durchführung

- Das Probenröhren wird mit 10 ml 10%iger Kochsalzlösung oder Aqua dest. befüllt.
- Nach makroskopisch geschätzter Dichte werden 50 µl (Konsistenz milchig) oder 100 µl (Konsistenz molkig) der zu untersuchenden Probe in das Probenröhrchen pipettiert. Flüssigkeit, welche außen an der Pipette anheftet, wird abgetupft, um nur das definierte Volumen in der Pipettenspitze zu überführen. Vorher wird das Volumen, welches in das Probenröhrchen gegeben wird, entnommen und verworfen.
- Der Innenraum der Pipettenspitze wird durch dreimaligen Aufziehen und Ablassen von Flüssigkeit aus dem Probenröhrchen gespült, damit alle Samenzellen in das Probenröhrchen gelangen. Auf diese Weise ergibt sich ein Verdünnungsgrad von 1 : 200 (bei 50 µl überführter Spermiensuspension) bzw. von 1 : 100 bei 100 µl Spermiensuspension.
- Das Probenröhrchen wird verschlossen und der Inhalt durch Schwenken gemischt.
- Die Zählkammer nach »Thoma neu« wird vorbereitet, indem die beiden Kammerstege leicht angefeuchtet werden und das Deckglas aufgeschoben wird. Der richtige Sitz des Deckglases ist daran zu erkennen, dass Newton'sche Ringe an den Kammerstegen sichtbar werden. Es entsteht ein Spalt zwischen Unterseite des Deckglases und der Zählkammeroberfläche, der eine Tiefe von 0,1 mm aufweist (s. Kap. 11, S. 120 ff.).
- Aus dem Probenröhrchen wird nach nochmaligem Mischen eine Pipettenspitze (ca. 10 µl) mit der Spermienverdünnung an den Rand des Deckglases geführt und von dort durch die Kapillarkräfte unter das Deckglas gesogen. Es muss darauf geachtet werden, dass keine Flüssigkeit auf das Deckglas gelangt und keine Luftblasen entstehen. Weiterhin ist zu vermeiden, dass das Deckglas aufgeschwemmt wird.
- Die Kammer wird unter das Mikroskop gelegt, und 5 Minuten gewartet, bis die Spermien auf den Boden der Zählkammer abgesunken sind.
- Ausgezählt werden fünf Gruppenquadrate innerhalb eines großen Zählquadrates. Die fünf Gruppenquadrate sollen nicht direkt benachbart sein. Es werden alle Samenzellköpfe, die sich innerhalb eines Gruppenquadrates befinden, sowie die Köpfe, die sich auf zwei Begrenzungslinien befinden, gezählt (**Abb. 26.7**).

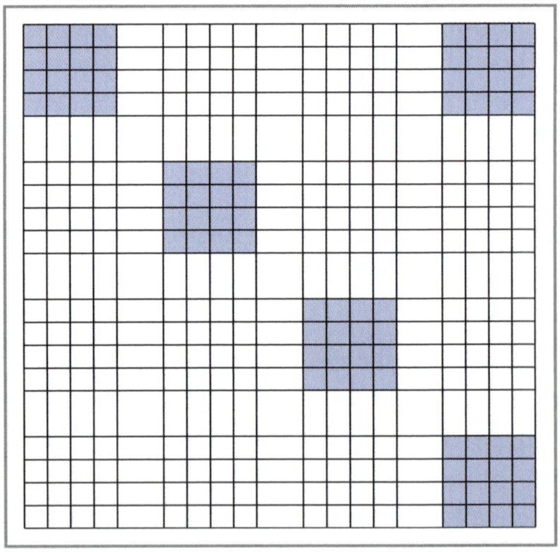

Abb. 26.7 Zählkammer »Thoma neu«: Kammertiefe: 0,1 mm, Kleinstquadrate: 0,0025 mm², Zählnetz mit fünf Großquadraten (Eckfelder nicht ausgeführt). Das mittlere Großquadrat ist unterteilt in 16 Gruppenquadrate, diese wiederum in 16 Kleinstquadrate.

- Anschließend wird das Mikroskop neu fokussiert, sodass die Spermienköpfe, welche sich im Bereich des Gruppenquadrates direkt unter dem Deckglas befinden, ebenfalls erfasst werden. Nach dem gleichen Verfahren werden fünf Gruppenquadrate in der zweiten Kammerhälfte gezählt. So ergibt eine Gesamtzahl von zehn ausgezählten Gruppenquadraten.
- Die *Konzentration der Spermien* pro mm^3 ergibt sich aus der Gesamtzahl der gezählten Spermienköpfe × 5000 (bei einer Verdünnung von 1 : 200) bzw. aus der Gesamtzahl der Spermienköpfe × 2500 (bei einer Verdünnung von 1 : 100). Liegt die Anzahl der gezählten Spermienköpfe unter 200, sollte die Zählung mit einem niedrigeren Verdünnungsgrad wiederholt werden, da bei geringer Spermienkopfzahl die Fehlerrate steigt. Wenn sich so viele Spermienköpfe in einem Gruppenquadrat befinden, dass eine exakte Zählung nicht möglich ist, sollte der Verdünnungsfaktor erhöht werden.

Wird eine andere Verdünnung gewählt, findet folgende Formel Einsatz:

$$\text{Dichte} = \frac{\text{Gesamtzahl ausgezählter Spermienköpfe}}{\text{Ausgezählte Fläche} \times \text{Kammerhöhe} \times \text{Verdünnungsgrad}}$$

Da die ausgezählte Fläche durch die Anzahl der Quadrate genauso wie die Kammerhöhe festgelegt ist, ergibt sich folgende Formel:

$$\text{Dichte} = \frac{\text{Gesamtzahl ausgezählter Spermienköpfe}}{10/25\ \text{mm}^2 \times 0{,}1\ \text{mm} \times \text{Verdünnungsgrad}}$$

In **Tabelle 26.5** sind die Faktoren wiedergegeben, die sich bei unterschiedlichen Verdünnungsgraden für die Multiplikation mit der Gesamtzahl ausgezählter Spermienköpfe ergeben.

Tab. 26.5 Multiplikationsfaktoren für die Berechnung der Spermiendichte bei 10 ausgezählten Gruppenquadraten mit der Zählkammer nach »Thoma neu«

Verdünnung	Faktor
keine	25
1 : 2	50
1 : 10	250
1 : 20	500
1 : 40	1000
1 : 50	1250
1 : 100	2500
1 : 200	5000
1 : 400	10 000
1 : 500	12 500
1 : 1000	25 000

Um die *Dichte in Millionen* pro ml zu erhalten, muss abschließend mit 1000 multipliziert werden.
Die *Spermiengesamtzahl* im Ejakulat wird durch Multiplikation der Dichte mit dem Volumen der untersuchten Probe errechnet. Wird die Spermiendichte in mehreren Ejakulatfraktionen bestimmt, ergibt sich die Dichte aus der Addition der Spermienanzahl pro Fraktion.

▶ Beurteilung

siehe Befundbewertung (s. S. 507)

Vitalität

Eosinfärbung (Lebend-Tot-Färbung)

Unter Praxisbedingungen hat sich die Eosinfärbung bewährt. Sie wird auch als Supravitalfärbung bezeichnet. Tote bzw. geschädigte Samenzellen nehmen den Farbstoff auf und können anhand ihrer rötlichen Färbung erkannt werden.

▶ Material

- zwei angewärmte, entfettete Objektträger
- Pipette
- Mikroskop
- 2%ige Eosin-Lösung
  - 2 g Eosin-G (Fa. Merck, Darmstadt)
  - 3 g Natriumzitrat (Fa. Merck, Darmstadt)
  - ad 100 ml Aqua dest.

▶ Durchführung

- Vom unverdünnten Sperma wird ein 10 µl großer Tropfen auf den Objektträger gegeben.
- Neben dem Sperma wird ein doppelt so großer Tropfen der Eosin-Färbelösung pipettiert.
- Die beiden Tropfen werden für 20 Sekunden miteinander vermischt und dann auf einem weiteren, ebenfalls angewärmten Objektträger in einem Zug ausgestrichen (s. Kap. 11, S. 90).
- Der Ausstrich wird luftgetrocknet.
- Die ungefärbten Samenzellen (weiße Köpfe) werden als lebend, die gefärbten (rote Köpfe) als tot bewertet.
- Es werden 200 Spermien bei 400-facher Vergrößerung im Hellfeld ausgezählt.
- Eine Modifikation der Eosin-Färbung stellt die *Eosin-Nigrosin-Färbung* dar, die den Kontrast zwischen Hintergrund und Spermienkopf verstärkt. Zudem wird die Lagerungsfähigkeit des Ausstriches erhöht. Nach einer Anfärbedauer der Spermien mit der 2%igen Eosin-Lösung von 10 Sekunden werden ein 10 µl großer Tropfen 10%ige Nigrosin-Lösung (Fa. Sigma, Taufkirchen) hinzugegeben. Nach 10 Sekunden langem Mischen wird der Tropfen ausgestrichen und, wie oben beschrieben, weiterverfahren. Dieses Färbeverfahren kann auch mithilfe einer kombinierten Eosin-Nigrosin-Lösung erfolgen.

26

▶ Beurteilung

siehe Befundbewertung (s. S. 507)

Hypoosmotischer Schwelltest

Zur Beurteilung der Spermienmembranintegrität kann der hypoosmotische Schwelltest eingesetzt werden. Unter hypoosmotischen Bedingungen kommt es zu einer Ausdehnung der Spermienmembran und infolgedessen zu einem Aufrollen der Geißel. Anhand des Grades der Aufrollung wird auf die Vitalität rückgeschlossen.

▶ Material

- angewärmter, entfetteter Objektträger und Deckglas
- Reaktionsgefäß (1 ml)
- Pipette
- Phasenkontrastmikroskop
- hypoosmotische Lösung (150 mosm)
  - 0,735 g Natriumzitrat (Fa. Sigma-Aldrich Chemie, Steinheim)
  - 1,351 g Fruktose (Fa. Sigma-Aldrich Chemie, Steinheim)
  - ad 100 ml Aqua dest.

Die Lösung wird in 1,2 ml Eppendorf-Gefäße zu je 100 µl portioniert und bis zur Verwendung bei 4 °C gelagert.

▶ Durchführung

- 10 µl Sperma werden zu 100 µl der hypoosmotischen Lösung in ein Reaktionsgefäß pipettiert.
- Es folgt eine Inkubation bei 37 °C für 30 Minuten.
- Es wird ein Deckglaspräparat wie für die Beurteilung der Einzelbewegung hergestellt.
- Es werden 200 Spermien bei 400-facher Vergrößerung beurteilt.

- Spermien, die keine Veränderungen im Schwanzbereich aufweisen und bei denen sich der Schwanz um den Kopf gerollt hat, werden als defekt bewertet.

▶ Beurteilung

Im nativen Rüden-Ejakulat sollten nicht mehr als 20 % defekte Spermien nachweisbar sein.

Agglutination, Beimengungen und Verschmutzungen

Unter **Agglutinationen** versteht man Zusammenlagerungen von Spermien miteinander und mit Fremdbeimengungen. In der Regel werden außer beim Eber keine Agglutinationen im nativen Ejakulat gefunden. **Fremdbeimengungen** sind Zellen (Epithelzellen, Erythrozyten, Leukozyten, Rundzellen) und azelluläre Partikel, die während der Ejakulation in den männlichen Geschlechtsorganen dem Ejakulat zugesetzt werden. Verschmutzungen gelangen nach der Ejakulation in das Ejakulat (z. B. Kot, Erde). Agglutination und Fremdbeimengungen werden in Zusammenhang mit der Beurteilung der Einzelbewegung erfasst. Sollen die somatischen Zellen genauer identifiziert werden, empfiehlt sich die Anfertigung eines Zellausstriches (s. Kap. 11, S. 90).

Beurteilung

Agglutinationen und Fremdbeimengungen sind unerwünscht. Sie wirken sich negativ auf die Spermienfunktion und die Überlebensdauer aus.

Spermienmorphologie

Zur Beurteilung der Spermienmorphologie steht eine Reihe von Färbungen zu Verfügung, die sich teilweise hinsichtlich ihrer Eignung für die verschiedenen Tierarten und der Darstellung bestimmter Strukturen unterscheiden.

Prinzip: Gefärbte fixierte Samenzellen werden mikroskopisch beurteilt.
An dieser Stelle soll nur auf zwei Färbungen näher eingegangen werden:

- Eosinfärbung
- Formolzitrat-Flüssigfixierung

Eosinfärbung

Die Eosinfärbung, welche zur Unterscheidung von lebenden und toten Samenzellen eingesetzt wird, kann auch zur Beurteilung der Morphologie herangezogen werden. Dazu werden 200 Samenzellen bei 1000-facher Vergrößerung mit Ölimmersion und eines Phasenkontrastmikroskopes ausgewertet.

Formolzitrat-Flüssigfixierung

Mithilfe dieser Färbung kann neben dem Vorliegen von allgemeinen morphologischen Veränderungen Formabweichungen des Akrosomes und Veränderungen im Bereich des apikalen Randes beurteilt werden. Durch das Formolzitrat werden die Spermien fixiert und durch die Zugabe von Rose Bengal gefärbt.

▶ Material

- Objektträger mit Deckglas
- Reaktionsgefäß
- Immersionsöl
- Pipette
- Phasenkontrastmikroskop
- Färbelösung
  - 2,9 g Tri-Natriumzitrat-Dihydrat in 100 ml Aqua dest. lösen
  - mit 4 ml 35%iger Formaldehydlösung mischen
  - Zugabe von 0,156 g Rose Bengal, welches gelöst wird

▶ Durchführung

- 10 µl Sperma werden mit 300 µl Färbelösung in einem Reaktionsgefäß gemischt.

- 10 µl der Spermiensuspension werden auf einen Objektträger verbracht und mit einem Deckglas versehen.
- Nach 30 Minuten (in dieser Zeit sedimentieren die Samenzellen im kapillaren Spalt zwischen Objektträger und Deckglas zu Boden) werden 200 Samenzellen bei 1000-facher Vergrößerung mit Ölimmersion im Phasenkontrast ausgewertet.

Während der Wartezeit darf die Samenzellsuspension nicht eintrocknen.

▶ Beurteilung

Von den 200 untersuchten Samenzellen wird dokumentiert, wie viele Samenzellen morphologische Abweichungen zeigen. Dabei ist auf Veränderungen im Kopfbereich, dem Verbindungsstück der Geißel und auf das Vorliegen von Doppel- und Mehrfachmissbildungen zu achten. Die differenzierende Nomenklatur der morphologischen Veränderungen von Samenzellen und deren Pathogenese ist der andrologischen Spezialliteratur zu entnehmen.

Befundbewertung der spermatologischen Untersuchung

Bisher liegen keine anerkannten Untersuchungen darüber vor, wie häufig eine Untersuchung des Ejakulats erfolgen sollte, um die Diagnose Sub- bzw. Infertilität zu treffen. Folgende Punkt sind zu beachten:

- Die Paarungsreflexkette sollte vollständig ablaufen, bevor eine endgültige Diagnose gestellt wird. Eine Ausnahme liegt dann vor, wenn die Störung des Ablaufes der Paarungsreflexkette durch eine krankhafte Veränderung bedingt ist.
- Der Rüde sollte vor der Samenuntersuchung zwei bis vier Wochen Deckpause einhalten.
- Bei Abweichungen von den Mindestanforderungen, insbesondere der Dichte, sollte eine zweite Samenentnahme im Abstand von zwei bis vier Wochen erfolgen. Dabei ist auf eine optimale Gestaltung der Umgebung bei der Samenentnahme zu achten.

Zur Bewertung der Ejakulatparameter werden Mindestanforderungen für Ejakulate herangezogen, die in der Literatur veröffentlicht sind (**Tab. 26.6** u. **26.7**).
Die Mindestanforderungen an flüssigkonserviertes Sperma und aufgetautes Tiefgefriersperma vom Rüden liegen bei 150–200 × 10^6 vorwärtsbewegliche Spermien pro Besamungsdosis, wobei eine Besamungsdosis aus Tiefgefriersperma in der Regel aus mehreren Pailletten besteht. Bei Hündinnen sehr kleiner Rassen kann die Spermiengesamtzahl um die Hälfte reduziert werden. Der Anteil von Samenzellen mit Akrosomenschäden soll unter 50 % liegen.
In **Tabelle 26.8** ist die Nomenklatur der Diagnose für die Samenuntersuchung aufgeführt.
Die Befunde der spermatologischen Untersuchung sollten immer im Zusammenhang mit den Umständen der Samengewinnung angegeben werden (z. B. manuelle Absamung an einer läufigen Beagle-Hündin).

Untersuchung des Seminalplasmas

Als Seminalplasma wird der flüssige, spermienfreie Teil des Ejakulates bezeichnet. Es stammt in erster Linie aus den akzessorischen Geschlechtsdrüsen und dem Nebenhoden. Eine abnorme biochemische Zusammensetzung des Seminalplasmas kann die Ursache für eine männliche Sub- und Infertilität sein. In diesem Zusammenhang ist die Bestimmung der Aktivität der alkalischen Phosphatase im Ejakulat bedeutend.

Tab. 26.6 Richtwerte für die Beurteilung caniner Ejakulate (nach Günzel-Apel et al. 1994)

Ejakulatparameter	Körpergewicht				
	bis 10 kg	10–20 kg	20–40 kg	40–60 kg	> 60 kg
Volumen gesamt mindestens	5–10 ml 5 ml	5–10 ml 5 ml	10–20 ml 5 ml	15–30 ml 10 ml	
Volumen, 2. Fraktion	0,5–1 ml	0,5–2 ml	1–2 ml	1–3 ml	
Spermiengesamtzahl mindestens	450×10^6 300×10^6	800×10^6 500×10^6	1200×10^6 800×10^6	1500×10^6 1000×10^6	
vorwärtsbewegliche Spermien mindestens	60–70 % 50 %				
eosingefärbte Spermien maximal	5–10 % 15 %				
morphologisch abweichende Spermien maximal	10–25 % 30 %				

Tab. 26.7 Vorläufige Richtwerte für feline Ejakulate (nach Zambelli und Cunto 2006)

Ejakulatparameter	Elektroejakulation	Gewinnung mit künstlicher Vagina
Volumen	30–738 µl	10–120 µl
Spermiengesamtzahl	$9–633 \times 10^6$)	$3–143 \times 10^6$
vorwärtsbewegliche Spermien	4–100 %	
morphologisch abweichende Spermien	< 40 %	

Das Enzym kommt in hoher Konzentration im Nebenhoden vor, sodass es als Marker einer Nebenhodenentleerung im Rahmen der Ejakulation herangezogen werden kann. Liegt eine Azoospermie vor, sollte deshalb die Aktivität der alkalischen Phosphatase bestimmt werden, um eine unvollständige Ejakulation abzugrenzen.

Durchführung

- Die Probe wird zentrifugiert, um Zellen zu entfernen (z. B. 2-mal für 10 min bei 1200 Umdrehungen).
- Die Messung erfolgt zunächst an der unverdünnten Probe. Wird hier ein zu hoher Wert erreicht, muss die Probe entsprechend verdünnt werden.

Tab. 26.8 Spermatologische Nomenklatur

Diagnose der Samenuntersuchung	Beschreibung
Normospermie	Parameter erfüllen die Mindestanforderungen
Oligospermie	vermindertes Ejakulatvolumen
Oligozoospermie	verminderte Spermienzahl
Asthenozoospermie	verminderte Spermienbeweglichkeit
Teratozoospermie	veränderte Spermienmorphologie
Azoospermie	keine Spermien im Ejakulat
Aspermie	kein Ejakulat
Akinozoospermie	keine beweglichen Spermien
Nekrozoospermie	nur tote Spermien im Ejakulat
Pyospermie	Eiterbeimengungen im Ejakulat
Hämospermie	Blutbeimengungen im Ejakulat
Urospermie	Harnbeimengungen im Ejakulat

Beurteilung

Die Aktivität im Gesamtejakulat sollte bei vollständiger Ejakulation über 5000 U/l liegen. In der spermienreichen Phase werden Werte über 10 000 U/l erreicht.

Histologische Untersuchung

Bei der andrologischen Untersuchung spielen folgende histologische Untersuchungen eine Rolle:

- Präputialzytologie
- Feinnadelbiopsie des Hodens
- Biopsietechniken am Hoden
- Biopsietechniken an der Prostata

An dieser Stelle soll nur die Präputialzytologie dargestellt werden. Die anderen Techniken sind in der entsprechenden Spezialliteratur beschrieben.

Präputialzytologie

Indikation

Verdacht auf Hyperöstrogenismus (z.B. durch einen östrogenproduzierenden Sertolizelltumor oder exogene Östrogenaufnahme)

Prinzip

Die erhöhten Östrogenkonzentrationen führen zu Veränderungen an den Zellen der Präputialschleimhaut. Die Zellen werden größer und zeigen eine Kernpygnose sowie eine Verhornung.
Entsprechend der Entnahme einer exfoliativen Zytologie aus der Vagina wird ein Abstrich mit einem Wattetupfer von der Präputialschleimhaut entnommen und gefärbt (s. S. 489)

Beurteilung

Zellen, die im Aussehen den Superfizialzellen und Schollen gleichen, sprechen für eine erhöhte Östrogenkonzentrationen.

Endokrinologische Untersuchung

Grundsätzlich ist zwischen unstimulierten Einzelproben und der Durchführung eines Stimulationstestes zu unterscheiden. Die Bestimmung der Hormonkonzentration in einer Einzelprobe ist nur für **Östradiol-17-β** sinnvoll, wenn der Verdacht auf einen Hyperöstrogenismus vorliegt (siehe Präputialzytologie). Konzentrationen über 10 pmol/l sprechen für das Vorliegen dieser Endokrinopathie. Laborspezifische Grenzwerte, die von diesen 10 pmol/l abweichen, sind zu beachten. Eine Aussage zur endokrinen Hodenfunktion ist durch die einmalige Bestimmung von **Testosteron** ohne vorherige Stimulation nicht sinnvoll, da die Testosteronfreisetzung deutlichen Schwankungen unterliegt. Sie kann zwischen 1 und 50 nmol/l betragen. Soll die endokrine Hodenfunktion überprüft werden, empfiehlt sich ein Stimulationstest.

Hodenstimulationstest

Indikationen

- Überprüfung der endokrinen Hodenfunktion
- Kryptorchismusdiagnostik

Prinzip

Durch die Applikation eines GnRH-Analogon (Stimulation der endogenen LH-Ausschüttung) oder von hCG (direkte Wirkung auf den Hoden) wird die testikuläre Testosteronsynthese angeregt. Grundsätzlich werden eine Nullprobe (vor hormoneller Stimulation) und mehrere Proben nach der Stimulation entnommen. Die verschiedenen Protokolle unterscheiden sich in der Dosierung und dem Applikationsweg der GnRH-Analoga oder von hCG sowie dem Zeitpunkt und der Anzahl der Probenentnahmen.

Liegt ein oder liegen zwei kryptorchide Hoden vor, so wird ihre Testosteronsynthese genauso angeregt wie bei einem im Skrotum liegenden Hoden.

Material

- GnRH-Analogon (z. B. Buserelin) oder hCG
- Braunüle für die wiederholte Blutentnahme
- Probenröhren
- Zentrifuge zur Serumherstellung

Durchführung

- Entnahme der ersten Blutprobe (Nullprobe) zur Bestimmung der Testosteronbasalkonzentration
- hormonelle Stimulation durch i. v.-Gabe von hCG (Rüde: 500 IE, Katze: 250 IE, z. B. Ovogest®, Fa. MSD Intervet, Unterschleißheim) oder Buserelin (5 µg/kg, z. B. Receptal® MSD Intervet, Unterschleißheim)
- Entnahme von weiteren Blutproben 30, 60 und 90 Minuten nach der Stimulation
- Herstellung von Serumproben
- Einsendung der Proben zur Testosteronkonzentrationsbestimmung

Bewertung

Liegt endokrin aktives Hodengewebe vor, kommt es im Vergleich zur ersten Probe zu einem signifikanten Anstieg der Testosteronkonzentration. Um Kosten zu sparen, können in einem ersten Durchgang nur die Nullprobe und die 60 Minutenprobe bestimmt werden. Zeigt sich kein klares Ergebnis, werden die weiteren Proben der Analyse zugeführt.

Mikrobiologische Untersuchung

Infektionserreger können direkt im Blut, Ejakulat oder im Präputialabstrich untersucht werden. Aus dem Blut kann zudem eine indirekte Infektionserregerdiagnostik durch den Nachweis von Antikörpern durchgeführt werden.

Brucella canis

Indikation

Verdacht auf Infektion mit *Brucella canis* beim Rüden

Prinzip

Aufgrund der langen Phase der Bakteriämie stellt die Blutkultur den Goldstandard in der Diagnostik dar. Brucellen sind nach einer Infektion bis zu fünf Jahren im Blut nachweisbar. Weiterhin ist im Verdachtsfall die Einsendung von Harn und Ejakulat zur Isolierung der Erreger sinnvoll. Sechs bis zwölf Wochen nach der Infektion sind Antikörper nachweisbar. Die Serumprobe sollte gekühlt innerhalb von 24 Stunden nach der Entnahme in der Untersuchungsstelle ankommen. Da in der Regel die Nachweisverfahren, die für die Diagnostik von Infektionen mit anderen Brucellenspezies eingesetzt werden, nicht geeignet sind, muss vorher geklärt werden, ob das Untersuchungslabor über spezifische Testverfahren für den Nachweis von Antikörpern gegen *Brucella canis* verfügt.

Ein Problem bereitet die relativ hohe Anzahl falsch positiver Testergebnisse, sodass bei einem positiven Resultat eine Verifizierung notwendig ist.

Präputialabstrich

Indikation

Präputialkatarrh

Durchführung

Die Präputialöffnung wird gereinigt und mit einem schleimhautverträglichen Desinfektionsmittel desinfiziert. Die Glans penis wird vorgelagert und im kaudalen Bereich ein Abstrich mit einem sterilen Tupfer entnommen. Der Tupfer wird in Transportmedium überführt und zur bakteriologischen Untersuchung weitergeleitet. Eine antibiotische Behandlung sollte nur nach einem Resistenztest erfolgen.

Spermauntersuchung

Indikationen

- Sub- und Infertilität
- Zuchttauglichkeitsuntersuchungen
- Prostatitis
- Verdacht auf Hoden- und Nebenhodenentzündung

Prinzip

Ejakulate sind immer mit Mikroorganismen belastet, da es bei der Ejakulation zu einer bakteriellen Kontamination in der Harnröhre kommt. Die höchste Bakteriendichte findet sich in der ersten Fraktion, die eine Spülfunktion ausübt. Die spermienreiche Fraktion gibt Auskunft über die bakteriologische Situation im Nebenhoden und Hoden, während die 3. Fraktion am ehesten die Erreger, welche sich in der Prostata befinden, wiederspiegelt. Bei Verdacht auf eine Prostataerkrankung sollte daher eine Probe aus der 3. Fraktion mikrobiologisch untersucht werden. Neben einer allgemeinen bakteriologischen Untersuchung kann es sinnvoll sein, einen Nachweis von Mykoplasmen einzuleiten.

Es herrscht Uneinigkeit darüber, welcher bakteriologische Befund in der spermienreichen Fraktion als pathologisch bei einem Rüden zu werten ist, der keine klinischen Auffälligkeiten und keine Abweichungen in den Ejakulatparametern zeigt. Suspekt ist der mittel- und hochgradige Nachweis von Bakterien, insbesondere in Monokultur.

Literatur

Axnér E. Updates on reproductive physiology, genital diseases and artificial insemination in the domestic cat. Reprod Domest Anim 2008; 43(Suppl 2): 144–9.

Dreier HK. Samenuntersuchung. In: Dreier HK. Klinik der Reproduktionsmedizin des Hundes. Hannover: Schlütersche 2010; 246–50.

Goericke-Pesch S, Weiss R, Wehrend A. Bacteriological findings in different fractions of canine ejaculates showing normospermia, teratospermia or azoospermia. Austr Vet J 2011; 89(8): 318–22.

Günzel-Apel AR. Künstliche Besamung beim Hund. In: Busch W, Waberski D, Hrsg. Künstliche Besamung bei Haus- und Nutztieren. Stuttgart: Schattauer 2007; 262–6.

Hoffmann B. Samengewinnung und Beurteilung. In: Hoffmann B, Hrsg. Andrologie, Physiologie, Pathologie und Biotechnologie der männlichen Fortpflanzung. Berlin: Lehmann 2003; 17–8.

Hollett RB. Canine brucellosis: outbreaks and compliance. Theriogenology 2006; 66(3): 575–87.

Johnston SD. Performing a complete canine semen evaluation in a small animal hospital. Vet Clin North Am Small Anim Pract 1991; 21(3): 545–51.

Pesch S, Schuler G, Wilhelm E, Hoffmann B. Samengewinnung, -konservierung und künstliche Besamung beim Hund. Tierärztl Prax 2007; 35 (K): 81–90.

Riesenbeck A, Völger D, Hoffmann B. Praxisnahe Bestimmung von Vitalitätsparametern zur Beurteilung von Rüdensperma. Tierärztl Prax 2001; 29: 116–20.

Weitze KF. Spermatologische Untersuchung. In: Busch W, Holzmann A, Hrsg. Veterinärmedizinische Andrologie, Physiologie und Pathologie der Fortpflanzung bei männlichen Tieren. 1. Aufl. Stuttgart: Schattauer 2001; 87–111.

Zambelli D, Cunto M. Semen collections in cats: techniques and analysis. Theriogenology 2006; 66(2): 159–65.

26.3 Untersuchungsmethoden bei weiblichen Großtieren

Hartwig Bostedt und Axel Wehrend

Das Gebiet der Reproduktionsmedizin nimmt im Nutztiersektor aus Gründen der Sicherung einwandfreier, von Tieren stammender Lebensmittel, gleichbedeutend aber auch aus zuchthygienischen und ökonomischen Überlegungen eine herausragende Stellung ein. Prophylaktische Maßnahmen zur Stabilisierung der Allgemein- und Genitalgesundheit haben dabei ebenso hohe Priorität wie die Früherkennung reproduktionsmindernder Zustände. Das in diesem Kontext angewandte Methodenspektrum hat sich in den vergangenen Jahrzehnten wesentlich verbessert und erweitert. Nicht zuletzt betrifft dies den Bereich der Labordiagnostik.

Laborgebundene Befunderhebungen bei Großtieren dienen innerhalb dieses Tätigkeitsfeldes zum einen der differenzierten Diagnostik im neonatalen, juvenilen oder adulten Individualfall, zum anderen aber, tierartenabhängig, der Erstellung herdenumfassender diagnostischer Profile. Letztere beruhen auf Stichprobenuntersuchungen, wobei der gezielten Kategorisierung der Probanden nach bestimmten Kriterien wie

Rasse, Alter, Leistungsklasse, jahreszeitlich bedingter Ernährungsgrundlage und Reproduktionsstadium ein hoher Stellenwert zukommt. Wahllos aus einer umgrenzten Nutztierpopulation entnommene Proben haben weniger Aussagekraft.
Laboruntersuchungen werden eingesetzt:

- auf dem Gebiet der allgemeinen und zuchthygienischen Gesundheitsüberwachung eines Einzeltieres, einer Gruppe oder des Bestandes,
- bei Vorliegen einer inapparenten oder apparenten Symptomatik im Zusammenhang mit Reproduktionsstörung, deren Ursachen nicht allein durch individuelle oder gruppenumfassende klinische Befunderhebung zu klären ist.

Kritisch ist jedoch anzumerken, dass trotz aller gegebener Möglichkeiten, mittels Laborparameter einen tieferen, differenzierten Einblick in die gesundheitsgefährdenden Prozesse zu erhalten, der Grundsatz bestehen bleibt, zuerst eine umfassende klinisch orientierte Befunderhebung unter Berücksichtigung der Anamnese sowie der Haltungs- und Ernährungsbedingungen durchzuführen, ehe das Instrument der Laboruntersuchung einzusetzen ist. Die korrekte Interpretation der Laborbefunde ist nur möglich, wenn die anamnestisch und klinisch erhobenen Kriterien entsprechend Beachtung finden. Eine ausschließlich auf Analysenresultate beruhende Einzel- oder Herdendiagnostik kann nicht zu den gewünscht präzisen Aussagen führen, da die Gefahr für Fehlinterpretationen infolge der Außerachtlassung der klinischen Ergebnisse hoch ist.

26

Es gibt ein stetig zunehmendes Angebot an Untersuchungsverfahren, die in einer Praxis, welche über eine Laboreinrichtung verfügt, selbst durchgeführt werden können. Eine beachtliche Reihe von Test-Kits oder Analysengeräten stehen für diesen Zweck zur Verfügung. Handelt es sich jedoch um weitergehende, kompliziertere mikrobiologische, parasitologische, hämatologische, hormonanalytische oder klinisch-chemische Fragestellungen, ist dafür eine Zusammenarbeit mit spezialisierten und zertifizierten Institutionen anzustreben, besonders dann, wenn es sich um eine umfassende Individualfall- oder Herdendiagnostik handelt.

Probenentnahme aus dem weiblichen Genitaltrakt

Die aus dem weiblichen Genitaltrakt zu gewinnenden Proben dienen zum einen der bakteriologischen Statuserhebung, zum anderen stehen sie für zytologische und histologische Untersuchungen zur Verfügung. Die Entnahmegeräte müssen den anatomischen Gegebenheiten bei der jeweiligen Tierart angepasst sein (Beachtung der Länge und des Querschschnittes des vaginozervikalen Bereiches, Durchmesser des Zervixlumens). Neben Tupferproben ist es mitunter angezeigt, eine Spülprobe aus dem Vaginal- oder Uteruslumen zu gewinnen. Weiterhin werden in speziellen Fällen Biopsieproben für die histologische Befunderhebung gewonnen.

Instrumente und sonstiges Zubehör

Für die Entnahme einer Probe aus dem Vestibulum, der Vagina, der Zervix oder des Uterus werden folgende Instrumente bzw. folgendes Zubehör benötigt:

- Säuberungstücher und für den genitalen Abschnitt ein reizloses Desinfektionsmittel
- Vaginoskop (steriles Spreiz- oder Röhrenspekulum), dessen Ausmaß genau den tierartlich anatomischen Verhältnissen entsprechen muss, um Schmerzen zu vermeiden. Darüber hinaus ist zu beachten,

dass für junge, nullipare Tiere (Maidenstuten, Färsen, Jungsauen) kleinkalibrigere Vaginoskope zur Verfügung stehen müssen als für tierartengleiche, ältere, primi- oder pluripare Individuen.
- Zervixfasszange für Stuten (Rind)
- Tupferentnahmegerät (steril), ebenfalls angepasst an die tierartlichen Größenverhältnisse im vaginozervikouterinen Abschnitt
- sterile Bioptatentnahmegerät (Kevorkian-Zange) für die Blindentnahme/flexibles Endoskop mit integrierter Biopsiezange für die exakte, lokalisierte Entnahme von Bioptaten aus dem Uterus
- sterile Spülflüssigkeit
- Stablampe
- sterile Pinzetten zur Entnahme der Tupferprobe/des Bioptates
- sterile Probenröhrchen (für mikrobiologisches Untersuchungsgut)
- Gefäß mit Fixationsflüssigkeit (mit Formalin für Bioptat)
- Objektträger für die Zytologiepräparate
- Färbeeinrichtung für die exfoliative Zytologie

Tupferentnahmegeräte

Bei den Tupferentnahmegeräten unterscheidet man drei verschiedene Systeme:
- offene,
- halboffene und
- geschlossene.

Offene Systeme haben keinen Verschluss der uterusgerichteten Spitze, wodurch die Kontamination mit Vaginal- und Zervikalsekret beim Transfer durch die Zervix in den Uterus gegeben ist. Angewandt werden Besamungspipetten mit Luer-Konus zum Aufsetzen von Spritzen oder einfache Pipetten mit einem Silikonverbindungsstück in Längen von 250–700 mm, um Sekret anzusaugen oder Spülproben zu entnehmen.

Halboffene Systeme besitzen einen herausschiebbaren Watteträger im Führungsrohr. Dieser wird erst nach korrekter Platzierung der Katheterspitze im Vaginal- oder Uteruslumen vorgeschoben, dann vor dem Zurückziehen des Katheters wieder in die Hülse gezogen. Hierbei ist eine Kontamination mit Zervikalsekret bei der Probenentnahme aus dem Uterus zwar teilweise, jedoch nicht vollends zu verhindern.

Geschlossene Systeme eignen sich besonders gut für die Probenentnahme aus dem Uterus beim Pferd, Rind und Schwein. Sie sind an der Spitze fest verschlossen, sodass der Tupferträgerteil beim Durchschieben des Gerätes durch den Zervikanal nicht in Berührung mit Sekret kommt. Der Kappenverschluss wird erst geöffnet, wenn sich die Katheterspitze im Uteruslumen befindet, sodass mit Sicherheit nur intrauterines Material gewonnen wird (**Abb. 26.8**).

Gewinnung einer Spülprobe

Dazu werden benötigt: ein weicher Gummikatheter, eine starre Pipette oder ein starres Spezialgerät (z. B. Besamungspipette für das Pferd; Besamungspipette oder Ute-

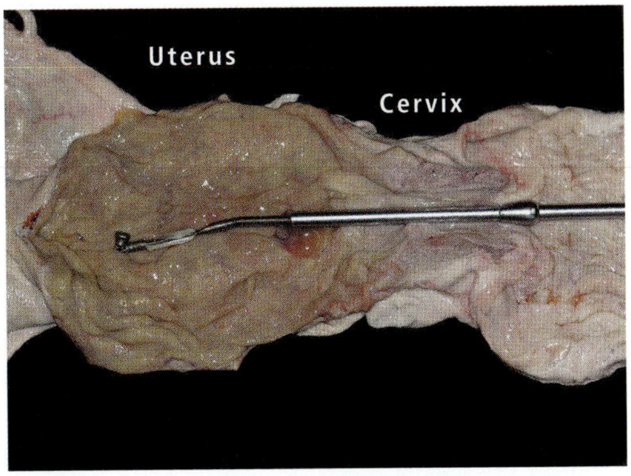

Abb. 26.8 Anlage eines offenen Knudsen-Katheter in den Uterus. Die Olive wird in die äußere Öffnung der Zervix platziert (aus: Walter et al. 2011).

ruskatheter nach Söderlund für das Rind; Besamungspipette oder Uteruskatheter nach Glock für das Schwein) mit angeschlossenem System zum Instillieren von Flüssigkeit und deren Wiedergewinnung.

Biopsieentnahme

Dafür werden spezielle Geräte angeboten (z. B. für die Blindentnahme eine Biopsiezange nach Kevorkian). Für die gezielte endoskopisch kontrollierte Biopsieentnahme ist ein flexibles Endoskop mit integrierter Biopsiezange zu empfehlen.

Probenentnahmegeräte für einzelne Tierarten

Auf dem Markt gibt es für die einzelnen Tierarten derzeit folgende Probenentnahmegeräte:

Pferd

EQUIVET Stutentupfer (Fa. WDT, Garbsen), Tupferprobengerät nach Merkt (Fa. H. Hauptner und R. Herberholz, Solingen), Cervinetten-Stutenkatheter (Fa. Albrecht, Aulendorf), Knudsen-Katheter (Sonderanfertigung unter anderem möglich bei Fa. Erich Reinke, Gießen), Uteruskulturtupfergerät mit Einführpipette für Cytology Brush (Fa. Minitüb, Tiefenbach).

Rind

Hier eignen sich verschiedene, in der equinen Gynäkologie verwandte Tupferentnahmegerät (Knudsen-Katheter, Cytobrush-Katheter), besonders aber der Vollmer-Nielsen-Katheter oder Uteruskatheter nach Söderlund. Bewährt hat sich auch die Verwendung einer Besamungspipette mit aufgesetzter Spritze. Die Katheter werden beim Rind allgemein unter manuell-rektaler Fixierung der Zervix in das Uteruslumen gelenkt.

Kleine Wiederkäuer

Eine Entnahme gestaltet sich aus anatomischen Gründen etwas schwierig. Geeignet sind tierartspezifische Besamungspipetten mit aufgesetzter Spritze oder halboffene Systeme.

Schwein

Für die Gewinnung von Probenmaterial aus der vaginalen, zervikalen und uterinen Region sind lange Gerätschaften (Besamungspipette, Knudsen-Katheter, Cytobrush-System) geeignet. Für die Spülprobe kann der Katheter nach Glock (Fa. H. Hauptner und R. Herberholz, Solingen) eingesetzt werden.

Probenentnahme aus der vestibulovaginalen Region

Vor der Probenentnahme muss die perivulväre Region sowie die Rima vulvae eingehend gesäubert und desinfiziert werden. Für die Materialgewinnung aus dem Vestibulum wird ein kurzer Stieltupfer benötigt. Dabei genügt es, wenn die Rima vulvae ausreichend gespreizt wird, um zentral den Tupferträger einzuführen. Die Probenentnahme aus dem vaginozervikalen Abschnitt steht immer in Verbindung mit einer vorausgehenden Vaginoskopie (Kolposkopie). Sowohl das Vaginoskop (Spreiz- oder Röhrenspekulum) als auch das Entnahmegerät müssen den anatomischen Verhältnissen, die bei der Stute, dem Rind, dem Schwein sowie bei den kleinen Wiederkäuern vorliegen, angepasst sein. Zu achten ist darauf, dass die Probenentnahme kurz nach der Lokalisation des Vaginoskopes geschieht, da der bakteriologische Befund durch die Luftinsufflation in den Vaginalraum verfälscht werden kann.

Probenentnahme aus dem Uterus

Eine Reihe subtiler Veränderungen des Endometriums lässt sich nicht allein durch eine vaginoskopische oder sonografische Beurteilung erfassen. Vielmehr ist es im Rahmen einer umfassenden zuchthygienischen Kontrolle oder im Krankheitsfall unerlässlich, Proben direkt aus dem Uterus zu gewinnen und diese der

- mikrobiologischen,
- zytologischen und gegebenenfalls
- histologischen

Untersuchung zu zuführen.

Es empfiehlt sich, zuerst den Abstrich bzw. die Spülprobe für die bakteriologisch-zytologische Befunderhebung aus dem Gebärmutterlumen zu nehmen und erst danach die weitergehende Diagnostik wie die Endoskopie durchzuführen bzw. ein Bioptat aus dem Endometrium auszustanzen.

Die **Entnahme eines Abstriches** oder einer Spülprobe aus dem kaudalen Abschnitt des Uterus ist beim Pferd, Rind und Schwein kaum mit Komplikationen verbunden, sofern darauf geachtet wird, dass sich das zu untersuchende Tier im Östrus befindet. Im Puerperium lässt sich in den ersten 48 Stunden post partum der Zervixkanal leicht (Pferd, Rind), später mit fortschreitender Regression der Zervix allerdings schwieriger passieren.

Bei der Stute wird die Tupferprobe aus dem Uterus unter Zuhilfenahme eines Vaginoskopes und, wenn nötig (zur Streckung des gewundenen Zervikalkanales), der Zervixfasszange nach Götze entnommen. Beim Rind wird der Tupferträger in der Regel unter digital-rektaler Kontrolle transzervikal intrauterin eingeführt, bei kleinen Wiederkäuern und beim Schwein geschieht dies ebenfalls unter vaginoskopischer Kontrolle. Wegen des geringen Zervikalkanallumens, vor allem des bei verschiedenen Schafrassen vorliegenden U-förmigen Verlaufes des Zervixkanals, kann die Probenentnahme bei kleinen Wiederkäuern auch im Östrus Schwierigkeiten mit sich bringen. Auch schließt sich bei diesen Tierarten die Zervix post partum relativ schnell (12–24 Stunden). Hilfreich kann sein, die Schafe und Ziegen an den Hinterextremitäten anzuheben, um dann in dieser Schräglage (Winkelung 45 Grad) unter vaginoskopischer Kontrolle das Tupferentnahmegerät einzuführen. Oft ist es jedoch bei Schaf und Ziege nur möglich, Untersuchungsgut aus dem inneren Zervikalbereich zu gewinnen.

Der Vaginalkanal ist beim Schwein sehr lang (25–30 cm). Die kaudale Zervixöffnung ist nicht deutlich markiert. Durch direktes Vorschieben eines langen Röhrenspekulums (Länge: 30–35 cm, Durchmesser: 2,5–2,6 cm) und eines ebenso dimensionierten Entnahmegeräts (Knudsen-Katheter, Cervinette, Besamungspipette) wird zumindest der uterusnahe Bereich erreicht, sodass aus ihm entweder über einen sterilen Tupfer, durch bloßes Ansaugen von Sekret oder mittels Spülprobe das Untersuchungsgut gewonnen werden kann. Bewährt hat sich für die Spülprobe auch der Uteruskatheter nach Glock mit Luer-Konus (Länge: 45 cm, Durchmesser: 5 mm).

Für Pferd und Rind steht zudem ein Gerät zur Entnahme von Zellmaterial zur Verfügung, an dessen Spitze sich eine kleine Bürste befindet. Mit ihr ist ausreichend Zellmaterial für das zytologische Präparat aus dem Uteruslumen zu gewinnen (Cytology Brush, Fa. Minitüb, Tiefenbach). Wenn der Abstrich unter sterilen Bedingungen vorgenommen wird, lässt sich das Ende des Entnahmegerätes (Bürste) abbrechen und für die bakteriologische Untersuchung verwenden.

Für die Herstellung eines zytologischen Präparates wird ansonsten das Sekret, welches am Endstück des Tupferentnahmegerätes nach der Entnahme des Tupfers für die mikrobiologische Untersuchung anheftet, auf einem Objektträger ausgerollt.

Spülproben sind dann angezeigt, wenn aus einem größeren luminalen Abschnitt Probenmaterial notwendigerweise zu gewinnen wäre. Dabei wird warme, sterile physiologische Kochsalzlösung mittels Katheters instilliert und dann im selben Arbeitsgang durch Ansaugen über den eingelegten Katheter (Besamungspipette) zurückgewonnen.

Durchführung

- Entnahme des Tupfers für die bakteriologische Untersuchung mittels steriler Pinzette und Überführung in ein Transportgerät
- Behandlung der Probe für zytologische Diagnostik:
  - das im Katheterlumen oder auf der Tupferträgerspirale resp. Tupferträgerendstück (Knudsen-Katheter, Cytology Brush, Besamungspipette) anheftende Sekret auf einen Objektträger ausstreichen (ausrollen) und lufttrocknen lassen
  - eventuell Fixierung (Merckofix®, Fa. Merck, Darmstadt) vornehmen
- Präparat mit den gleichen Methoden wie in der Kleintiergynäkologie (s. S. 490) färben:
  - Hemacolor® (Fa. Merck, Darmstadt)
  - vorgefertigte Objektträger/Test-Simplets (s. S. 491)

Bewertung

Bedeutsam ist die Darstellung von neutrophilen Granulozyten (polymorphkernige Neutrophile, PMN), die innerhalb des Zellkonglomerates eine bestimmte Konzentration aufweisen (**Abb. 26.9** u. **26.10**). Sie deuten auf Entzündungsprozesse hin (Barlund et al. 2008, Walter und Wehrend 2009, Walter et al. 2011).

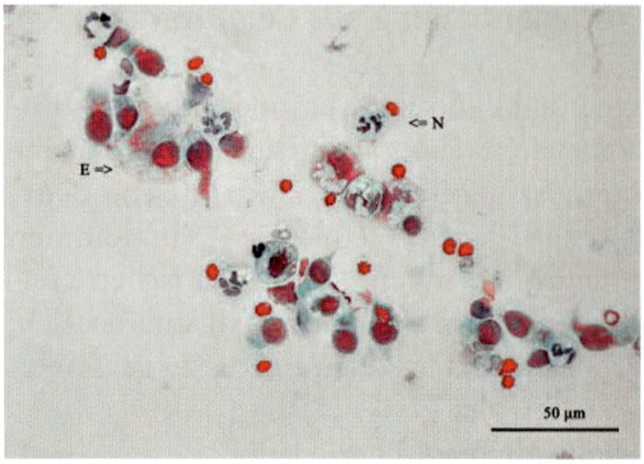

Abb. 26.9 Endometrium-Zytologie: Endometriumzellen (E) und neutrophile Granulozyten (N) (Papanicolaou-Shorr-Färbung, 400 ×) (aus: Walter et al. 2011)

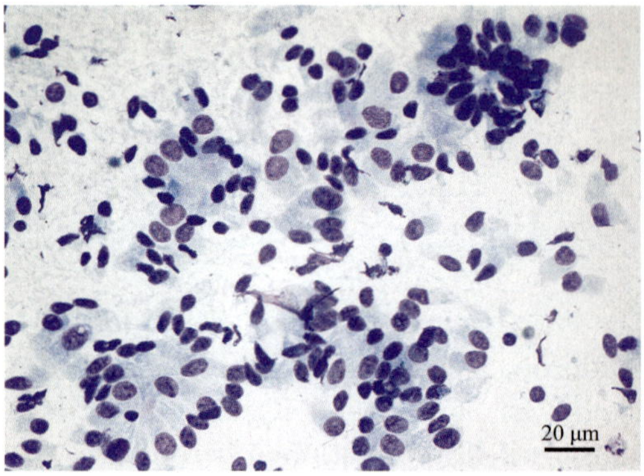

Abb. 26.10 Endometrium-Zytologie einer gesunden Stute: Endometriumzellen (Eosin-Thiazin-Färbung, 400 ×) (aus: Walter et al. 2011)

Pferd

▶ PMN

- Endometriumszellen 1 : 40: normal
- Beurteilungsscore (**Tab. 26.9**) pro mikroskopisches Gesichtsfeld: 1 PMN +; 2–10 PMN ++; 10–30 PMN +++; >30 PMN ++++

26

Tab. 26.9 Beurteilungsscore für Uterus-Zytologie-Präparate vom Pferd (nach Couto und Hughes 1985, Walter et al. 2011)

Score	PMN (%)
–	0–3
+	4–10
++	10–30
+++	31–50
++++	51–75
+++++	>75

PMN = polymorphkernige Neutrophile

Rind

▶ PMN

- je nach Autor (Barlund et al. 2008, Westermann et al. 2010): >5–8 %: normal
- Für die postpartale Periode werden folgende Richtzahlen (PMN-Anteil) angegeben (Barański et al. 2011):
  - ≤18 % (4. Woche post partum): normal
  - ≤10 % (ab der 6. Woche post partum): normal

Entnahme und Beurteilung von Milchproben

Die Entnahme einer Milchprobe dient der Beurteilung des Zellgehaltes und der Untersuchung hinsichtlich einer bakteriellen oder fungoiden Infektion.

Material

- Reinigungsmaterial (Zellstoff, zitzengeeignetes Desinfekionsmittel)
- sterile Röhrchen (vorher beschriften)

Technik

Probenentnahme

- Zitzenkuppe gründlich reinigen
- Milchejektion palpatorisch anregen, eventuell mittels Oxytocinapplikation bei ingraviden Tieren
- die ersten Tropfen respektive Strahlen verwerfen, dann den Milchstrahl in die Gefäßöffnung lenken

Zellzahlbestimmung

Zur **groben Schätzung** der Zellzahl dient in der Praxis ein semiquantitatives Schnellverfahren **(California-Mastitis-Test, CMT)**. Es eignet sich für die Zellzahlbestimmung in der Milch des Rindes, des Pferdes sowie des Schafes. Bei diesen Tierarten liegen unter normalen Verhältnissen geringe Zellzahlen vor. Dagegen kann der CMT bei der Ziege nur bedingt angewendet werden, da die Zellzahl in der Ziegenmilch im Vergleich zu anderen Tierarten extrem hoch ist (**Tab. 26.10**). Beim Schwein lassen sich erfahrungsgemäß nur sehr geringe Milchmengen ermelken, die eine Beurteilung auf diese Weise kaum ermöglichen. Die CMT-Flüs-

Tab. 26.10 Zellzahlen in der Milch verschiedener Tierarten

Tierart	Zellen/ml
Pferd	1000–65 000
Rind	20 000–100 000
Schaf	30 000–300 000
Ziege • Frühlaktation • mittlere Laktation[1]	 150 000–300 000 500 000–1 000 000
Schwein	1 000 000–3 000 000

1 Bei Ziegen befinden sich zytoplasmatische Partikel (CP) in der Milch, die die Bewertung der diagnosehinweisende Zellen erschweren.

sigkeit besteht aus anionischen Tensiden in wässriger Lösung. Diese bilden zusammen mit den milchgebundenen Zellen ein Gel, welches umso intensiver ausfällt, je höher die Zellzahl ist. Ähnlich aufgebaute Tests sind der Wisconsin-Test und der Brabanter Mastitis-Test.

Durchführung

Es wird in eine flache Schale (CMT-Schale) Milch nach Säuberung der Zitzenkuppe ermolken und im bestimmten Verhältnis die CMT-Flüssigkeit zugesetzt. Nach leicht drehender Bewegung wird die Intensität der Gelbildung beurteilt.
Für die **exakte Bestimmung der Zellzahl** in der Milch stehen quantitative, laborgebundene Verfahren zur Verfügung (z. B. Fossomatic®).

Hormonbestimmungen

Hormonanalysen sind wichtig für die Bestimmung des Zyklusstadiums, für die Diagnostik der Gravidität, aber auch bei Zyklusaberrationen. In praxi kann jedoch momentan nur die Progesteron-(P_4-)Konzentration bestimmt werden. Östrogen-, FSH- und Prolaktinmessungen sind kompliziert und daher nur in Speziallabors durchführbar.

Progesteron

Als semiquantitative Progesterontests für Großtiere stehen unter anderem zur Verfügung:

- Hormonost®-Test für die Stute (Fa. Biolab, Unterschleißheim)
- Hormonost®-Test für das weibliche Rind (Fa. Biolab, Unterschleißheim)

Material

Beim Pferd eignet sich als Substrat nur Serum oder Plasma, für das Rind stehen Testkombinationen für Serum, Plasma oder Milch zur Verfügung.

Prinzip

Beide Testverfahren beruhen auf dem ELISA-Prinzip und gestatten eine semiquantitative Erfassung des Progesterongehaltes. Dieser wird anhand eines Farbumschlags im Vergleich zu einer Standardfarbskala festgelegt. Das Verfahren selbst wird nach Gebrauchsanweisung durchgeführt. Zu beachten ist, dass das eingesetzte Substrat eine Raumtemperatur von 18–25 °C haben muss, um die Bestimmungsgenauigkeit zu erhöhen.

Bewertung

Für die **Zyklusdiagnostik** hat sich der semiquantitative P_4-Test bewährt. Ein Progesteronwert > 1 ng/ml Serum/Plasma spricht für aktiv sezernierendes Corpus-luteum-Gewebe (Diöstrus). Liegt die Konzentration unter der Nachweisgrenze von 1 ng/ml im Blutplasma (in der Milch je nach Methode und Substrat – entfettete Milch, Vollmilch – verschiedene Grenzwerte), weist dies bei einem zyklusstabilen Tier auf einen Östrus hin. Besondere Bedeutung hat diese Festlegung jedoch bei Probanden mit unklaren Östrusanzeichen (»stille Brunst«), da damit annähernd bestimmt werden kann, ob noch aktives Corpus-luteum-Gewebe vorliegt oder bereits der zykluskonforme, proöstrische respektive östrische Zustand erreicht worden ist. Ein Sonderfall stellt die klinisch vermutete Azyklizität anhand der Ovarkonfiguration und des sonografischen Befundes dar. Um diesen Zustand zu verifizieren, müssen mehrere Proben im Abstand von 3–4 Tagen untersucht werden. Bleibt der P_4-Gehalt über mehrere Tage < 1 ng/ml, ist von einer derzeit bestehenden progesteronnegativen Periode auszugehen. Dem gegenüber stehen dauerhaft (über eine Zykluslänge hinaus) hohe Progesteronwerte. Dies kann ein Anzeichen für eine Gravidität sein. Bei klinisch nachgewiesener Ingravidität, aber fehlenden Zyklusanzeichen, kann es sich um die Situation einer Corpus-luteum-Persistenz handeln (Blockade der Corpus-luteum-Regression). Die P_4-Werte liegen über die Dauer eines Zyklus hinaus bei > 1 ng/ml.

Zur **Gravidität im frühen Stadium** werden bei Pferd und Rind Proben in der Zeit zwischen dem 20. und 22. Tag nach der letzten Insemination bzw. Bedeckung gewonnen. Bei einem hohen P_4-Wert (> 1 ng/ml) ist davon auszugehen, dass ein P_4-sezernierendes Corpus luteum in dem Zyklusabschnitt vorhanden ist, in dem im Falle einer Ingravidität ein niedriger P_4-Wert vorhanden sein müsste (Proöstrus/Östrus). Dies gilt als Hinweis für das Bestehen eines Corpus luteum graviditatis. Der Test erlaubt jedoch keine Aussage darüber, ob eine intakte Gravidität existent ist, da ein embryonaler Tod, der erst nach dem 13./15. Tag post conceptionem eintritt, eine Blockade der Corpus-luteum-Regression bedingen kann (falsch positive Bewertung). Somit ist eine Abschätzung zwischen intakter Frühgravidität oder embryonalem Tod nicht möglich.

Bei den übrigen Tierarten (Schaf, Ziege, Schwein) ließe sich die semiquantitative P_4-Bestimmung zum Nachweis einer Frühgravidität zwar ebenfalls anwenden (Blutprobenentnahme: Schaf 17. Tag, Ziege 20. Tag, Schwein 20.–22. Tag post inseminationem/post cohabitationem), doch entsprechende Testkits fehlen. Die P_4-Messung muss deshalb quantitativ in einem Speziallabor erfolgen (RIA oder EIA).

Für die Praxis stehen auch Geräte zur Verfügung, die exakt, quantitativ die Progesteronkonzentration messen können (unter anderem Microlab mit Spezialprogramm »Hormonost Easy Milch® für das Rind« »Hormonost Microlab® Stute«; beide Geräte: Fa. Biolab, Unterschleißheim).

Östronsulfat

Die Plazenta bildet bei den meisten Tierarten ab einem bestimmten Zeitpunkt der Gravidität Östronsulfat. Die Synthese dieses Hormons geschieht nur bei einer intakten Fruchtanlage und weist damit auf eine vitale Frucht respektive Früchte (Pferd Schaf, Ziege) hin.

Die Konzentrationsmessung ist im Serum mittels Radioimmunoassay, also laborgebunden, möglich, oder in praxi mit einem Immunochromatografie-Test (Tridelta 21, Fa. Quinsboro Road Bray, Wicklow, Irland) durchführbar.

Östrogene werden beim Pferd zum größten Teil über den Harn ausgeschieden, sodass im Urin sehr hohe Konzentrationen im Falle einer Trächtigkeit nachweisbar sind. Für den Nachweis im Harn wird ein praxistauglicher Testkit vertrieben (Wee Foal 110, WEE-FOAL, Fa. Frans Halslaan, PJ Weert Niederlande), der zwischen dem 110. bis 300. Tag nach der Besamung bzw. Bedeckung eingesetzt werden kann. Der Hersteller gibt nicht an, welcher Östrogenmetabolit im Harn zur Graviditätsdiagnostik detektiert wird.

Durchführung

- Der Urin sollte möglichst schnell zur Messung verwendet werden. Laut Herstellerangaben ist eine Lagerung im Kühlschrank von maximal 4 Stunden und im Gefrierfach von maximal einem Monat vor der Messung möglich.
- Der Testkit wird bei einer Temperatur zwischen 4 und 8 °C gelagert. Vor der Analyse sind der Urin und die Testkitmaterialen auf Zimmertemperatur zu bringen.

- Die Durchführung der Messung erfolgt wie in der Anleitung des Herstellers angegeben.

Equines Choriongonadotropin

Equines Choriongonadotropin (eCG), auch als Pregnant Mare Serum Gonadotropin (PMSG) bezeichnet, wird zwischen dem 35. und 90. (120.) Tag in der Plazenta des Pferdes gebildet und dient dem indirekten Nachweis einer Gravidität. Ein Verfahren beruht auf der direkten Latexagglutination (DLA) und lässt sich in praxi mit einem Testkit durchführen. Ein anderes Verfahren ist ein sogenannter One-Step-Test, mit dem in 10–20 Minuten die PMSG-(eCG-) Konzentration im Serum oder Plasma gemessen werden kann (PMSG One-Step, Fa. MegaCor, Hörbranz, Österreich, oder Fa. BV European Veterinary Laboratory EVL, Woerden, Niederlande). Nicht einsetzbar ist hämolytisches oder lipämisches Serum respektive Plasma. Die eCG-Bestimmung erlaubt keine Aussage über die Intaktheit der Gravidität, da dieses Hormon auch nach dem Absterben der Frucht (embryonaler oder frühfetaler Tod) eine Zeit lang synthetisiert wird.

Zur Messung von eCG im Urin der Stute steht ein Schnelltest zur Verfügung (Wee Foal 38, WEE-FOAL, Fa. Frans Halslaan, PJ Weert, Niederlande), der vom 38. bis 120. Tag der vermuteten Trächtigkeit zur Graviditätsdiagnose eingesetzt werden kann. Die Durchführung erfolgt nach der Anleitung des Herstellers. Die Messbedingungen sind die gleichen, wie sie für den Testkit Wee Foal 110 angegeben sind.

Tabelle 26.11 gibt eine Übersicht über die Möglichkeiten des hormonellen Graviditätsnachweises bei Großtieren.

Tab. 26.11 Probenmaterial und Probenentnahmedatum post cohabitationem bzw. post inseminationem für Hormonanalysen zur Bestimmung eines Graviditätszustandes bei verschiedenen Tierarten

Tierart	Progesteron (P_4)	Östronsulfat	Equines Choriongonadotropin
Pferd	Serum/Plasma 21.–22. Tag	Serum[2] ab 70. Tag	Serum/Plasma[3] 45.–90. Tag
Rind	Serum/Plasma[1], Milch 19.–21. Tag	Serum[2] ab 90. d	–
Schaf	Serum/Plasma[2] 16.–18. Tag	Serum[2] ab 60. Tag	–
Ziege	Serum/Plasma[2] 19.–21. Tag	Serum[2] ab 60. Tag	–
Schwein	Serum/Plasma[2] 20.–21. Tag	Serum[2] 20.–30. Tag	–

1 Praxistest Hormonost®
2 Test laborgebunden: RIA, EIA
3 direkte Latexagglutination

26

Weitere, in praxi anwendbare Testverfahren

Test zur Feststellung der Gravidität beim Rind

Während der frühen Graviditätsphase werden beim Rind Glykoproteine gebildet (Pregnancy Associated Glycoproteins = $PGAG_3$), die mittels ELISA nachweisbar sind. Bereits um den 28. Tag post conceptionem sind sie im Blut zu finden. Keine Interferenz zur vorherigen Gravidität besteht ab dem 60. Tag post partum. Dieser Test kann im Tierarztlabor (IDEXX Bovine Pregnancy Test, Internet: http://www.idexx.de/html/de_de/livestock-poultry/ruminant/lpd-bovine-pregnancy-test.html) durchgeführt werden, wird aber auch von Servicelaboren und Untersuchungsämtern angeboten (unter anderem vom Institut für Tiergesundheit, LUFA Nord-West, Oldenburg). Angeboten wird neuerdings auch der Test für die Milch (Durchführung ab 35. Tag; Fa. IDEXX, Ludwigsburg)

Test zur Bestimmung der IgG-Konzentration im Blut von Fohlen, Kalb und Ferkel

Eine Überprüfung der IgG-Aufnahme über das Kolostrum hat in der neonatalogischen Überwachung des Fohlens einen besonderen Stellenwert. Anhand dieses Laborwertes ist vor allem zu definieren, ob das Fohlen schlecht, mittelmäßig oder ausreichend kolostrales IgG innerhalb der ersten 12 Stunden post natum (p. n.) aufgenommen hat und damit seine passive Immunitätsphase als gesichert angenommen werden kann.
Bei ausreichender Aufnahme eines qualitativ hochwertigen Kolostrums wird das Maximum an IgG im Blut zwischen der 14. und der 20. Stunde p. n. (Mittelwert: 18 Stunden p. n.) erreicht (Warko et al. 1989). In dieser Zeitspanne ist auch die Messung sinnvoll. Hierzu steht ein Testverfahren zur Verfügung, welches auf dem Prinzip eines Enzymimmunoassays beruht und eine semiquantitative Skalierung zulässt (SNAP® Fohlen IgG-Testkit, Fa. IDEXX, Ludwigsburg). Bestimmt werden kann die IgG-Konzentration aus Serum, Plasma oder Vollblut. EDTA oder Heparin stören die Reaktion nicht. Eine Einlagerung der Proben bei Temperaturen um 0 °C (+2°bis –7 °C) über mehrere Tage beeinflusst das Ergebnis ebenfalls nicht.
Anhand der Farbreaktion des Testfeldes im Vergleich zu den Kalibrierungsfeldern (400 und 800 mg/dl) auf der Reaktionsplatte lässt sich eine semiquantitative Klassifizierung der IgG-Konzentration in < 400 mg/dl; 400 mg/dl; 800 mg/dl sowie > 800 mg/dl vornehmen. Der Normbereich liegt, je nach Messverfahren, bei ≥ 800 mg/dl.
Für das neugeborene **Kalb** wird für eine semiquantitative Messung des IgG-Gehaltes u. a. eine Streifendiagnostik angeboten, die auf dem ELISA-Prinzip beruht (Quick-Test Calf IgG-Kit, Fa. Midland Bioproducts Inc., USA). Dieser Test dient der Bestimmung eines Schwellenwertes (IgG < oder > 10 mg/ml Plasma). Er soll ausreichend praxistauglich sein (Dawes et al. 2002). Allerdings erreichen nicht alle gesunden Kälber 24 Stunden p. n. eine IgG-Konzentration von > 10 ng/ml Plasma (Bender und Bostedt 2009). Auch für Ferkel liegt ein IgG-Testverfahren vor (Testkit von eBioscience/NatuTec, Frankfurt am Main, Fa. FarmulaOne®, Niederlande).

Test zur Erfassung von Diarrhö-Erregern bei neonatalen, juvenilen und adulten Rindern

Angeboten werden verschiedene Testverfahren, die die wichtigsten Diarrhö-Erreger bei

Kälbern in relativ kurzer Zeit (≥5 Minuten) erfassen. Für den qualitativen Nachweis von bovinem Koronavirus (BCV), Rotaviren, *E. coli* K 99 sowie *Cryptosporidium parvum* stehen Teststreifen (FASTest® D4T, Fa. MegaCor, Hörbranz, Österreich; Rota-Corona-Kyptosporidien E. coli-Test BioX, Vertrieb: Fa. WDT, Garbsen) zur Verfügung. Diese Kombinations-Strip-Technik ist auch als Einzeltest auf dem Markt erhältlich (FASTest® E. coli-K99 Strip, FASTest® CRYPTO Strip resp. Kälberdurchfalltest BioX Kryptosporidien, Vertrieb: Fa. WDT, Garbsen; Teststreifen zum Nachweis von *Cryptosporidim parvum,* Fa. Bio-X-Diagnostics s. p. r. l., Jemelle, Belgien).

Literatur

Barański W, Podhalicz-Dzięgielewska M, Łukaszewicz G, Janowski T. Cytological examination of the cow uterus-description of the method and the preliminary results of clinical application. Medyc Wet 2001; 67(1): 51–5.

Barlund CS, Carruthers TD. Waldner CL, Palmer CW. A comparison of diagnostic techniques for postpartum endometritis in dairy cattle. Theriogenology 2008; 69(6): 714–23.

Bender P, Bostedt H. Determination of IgG and IgM levels in sera of newborn calves until the 10th day life by ELISA and description of their correlation to total plasma protein concentration and GGT activity. Dtsch Tierärztl Wschr 2009; 116(2): 44–52.

Bostedt H, Hirschhäuser R, Blanco C, Toth T. Über den Einsatz eines neuen Latex-Testes zur indirekten Graviditätsdiagnose bei der Stute. Berl Munch Tierarztl Wochenschr 1983; 96(6): 192–5.

Bostedt H, Lehmann B. Überprüfung der Ovaraktivität bei Stuten mittels Progesteronprofilen. Dtsch Tierärztl Wschr 1994; 101(2): 43–6.

Couto MA, Hughes JP. Intrauterine inoculation of a bacteria-free filtrate of streptococcus zooepidemicus in clinically normal and infected mare. Equin Vet Sci 1985; 5(2): 81–6.

Erhard MH, Luft C, Remler HP, Stangassinger M. Assessment of colostral transfer and aystematic availability of immunglobulin G in new-born foals using a newly development enzym-linked immunsorbent assay (ELISA) system. J Anim Physiol Anim Nutr (Berl) 2001; 85(5–6): 164–73.

Gaustad-Aas AH, Ropstad E, Karlberg K, Hofmo PO, Dahl E. Oestrone sulphate measurements for the prediction of small or large litters in pigs. Acta Vet Scand 2002; 43(3): 157–64.

Janowski T, Zdunczyk S, Raś A, Mwaanga ES. Eignung der Oestronsulfatbestimmung im Blut von Ziegen zur Trächtigkeitsfeststellung und zur Voraussage der Fetenzahl. Tierarztl Prax Ausg G Grosstiere Nutztiere 1999; 27(2): 107–9.

Klein D, Kern A, Lapon G., Benetta V, Möstl K, Hassl A, Baumgartner W. Evaluation of rapid assay for the detection of bovine coronavirus rotavirus A and Cryptosporidium parvum in faecal samples of calves. Vet J 2009; 182(3): 484–6.

Leng X, Mosier DA, Oberst RD. Simplifeid method for recovery and PCR-detection of Cryptosporidium DNA from bovine faeces. Appl Environm Microbiol 1996; 62(2): 643–7.

Luginbühl A, Reiff K, Metzler A, Kollbrunner M, Corboz L. Deplazes Feldstudie zur Prevalenz und Diagnostik von Durchfallerregern beim neonatalen Kalb im Einzugsgebiet einer schweizerischen Nutztierpraxis. Schweiz Arch Tierheilkd 2005; 147(6): 245–52.

Moller-Nielson J. Endometritis in the mare: a diagnostic study comparison cultures from swab and biopsy. Theriogenology 2005; 64(3): 510–9.

Pausenberger A, Schuster K, Erhard MH. Untersuchungen zur postkolostralen Immunglobulin-G-Versorgung neugeborener

Saugferkel mittels unterschiedlicher ELISA-Nachweissysteme. Tierarztl Prax 2012; 40(2) (G): 77–84.
Perényi ZS, Szenci O, Sulon J, Drion PV, Bekkers JF. Comparison of the ability of three radioimmunoassay to detect pregnancy-associated glycoproteins in bovine plasma. Reprod Domest Anim 2002; 37(2): 100–4.
Serrano B, López-Gatius F, Santolaria P, Almería S, García-Ispierto I, Bech-Sabat G, Sulon J, de Sousa NM, Beckers JF, Yániz JL. Factors affecting plasma pregnancy-associated Glycoprotein 1 concentrations troughout gestation in high producing dairy cows. Reprod Dom Anim 2009; 44(4): 600–5.
Sist MD, Williams JF. Pregnancy diagnosis in the mare by immunoassay of estrone sulphate in serum and milk. J Equine Vet Sci 1997; 7: 20–3.
Walter J, Wehrend A. Exfoliative Endometriumszytologie bei der Zuchtstute – Probenentnahme und Befundinterpretation. Tierärztl Prax 2009; 37(G): 409–16.
Walter J, Klein C, Wehrend A. Comparison of eosin-thiazin and Papanicolaou-Shorr staining for endometrial cytologies of broodmares. Tierärztl Prax 2011; 39(G): 358–62.
Warko G, Bostedt H. Zur Entwicklung der IgG-Konzentration im Blutserum neugeborener Fohlen. Tierärztl Prax 1993; 21(6): 528–35.
Westermann S, Drillich M, Kaufmann TP, Madoz LV, Heuwieser W. A clinical approach to determine false positive findings of clinical endometritis by vaginoscopy by the use of uterine bacteriology and cytology in dairy cows. Theriogenology 2010; 74(7): 1248–55.
Zhang WC, Nakao T, Moriyoshi M, Nakada K, Ohtaki T, Ribadu AY, Tanaka Y. The relationship between plasma oestrus sulphate concentrations in pregnant dairy cattle and calf birth weight, calf viability, placental weight and placental expulsion. Anim Reprod Sci 1999; 54(3): 169–78.

26.4 Untersuchungsmethoden beim männlichen Großtier

Axel Wehrend und Hartwig Bostedt

Spermatologische Untersuchung

Die Indikationen zu einer spermatologischen Untersuchung beim Bulle, Eber, Bock und Hengst entsprechen denen beim Kleintier. Da die Technik der Samenentnahme stark von der Tierart abhängt und einer speziellen Ausbildung und Ausrüstung bedarf, muss auf die entsprechende Fachliteratur verwiesen werden. Der formale Ablauf der spermatologischen Untersuchung (makroskopische, chemisch-physikalische, mikroskopische Untersuchung) entspricht ebenfalls dem Vorgehen beim Kleintier. Die **Tabellen 26.12–26.18** geben die Mindestanforderungen für native Ejakulate und Besamungsportionen für die verschiedenen Tierarten wieder. Eine Besonderheit der spermatologischen Untersuchung von Wiederkäuerejakulaten ist die Erfassung der Massenbewegung als ein Motilitätsparameter.

Massenbewegung

Die Massenbewegung kann nur bei einer hohen Spermiendichte beurteilt werden.

Material

- angewärmter, entfetteter Objektträger
- Pipette
- Mikroskop

Durchführung

- Vom unverdünnten Sperma wird ein linsengroßer Tropfen auf den Objektträger gegeben.
- Bei 80- bis 100-facher Vergrößerung wird die Massenbewegung geschätzt.

Tab. 26.12 Mindestanforderungen an die Spermaqualität von Ebern gemäß der Gewährschaftsbestimmungen des Zentralverbandes der Deutschen Schweineproduktion e. V. (2005)

Parameter	Mindestanforderung
Farbe	grau-weiß, weiß, gelb-weiß
Konsistenz	molkig bis milchig
Volumen ohne Bulbourethraldrüsensekret	100 ml
Spermienkonzentration	Alter <9 Monate: $0{,}150 \times 10^6/\mu l$ Alter ≤ 9 Monate: $0{,}200 \times 10^6/\mu l$, wobei dieser Wert bei Ejakulaten mit einem Volumen >250 ml um bis zu 20 % unterschritten werden kann
motile Spermien	70 %
motile Spermien, bis 72 Stunden Konservierung	65 %
morphologisch abweichende Spermien, einschließlich Spermien mit Plasmatropfen	≤ 25 %
Spermien mit Plasmatropfen	≤ 15 %
Spermien mit Kopfveränderungen	≤ 5 %
Spermien mit Kopfkappenveränderungen	≤ 10 %
Spermien mit Schleifen	≤ 15 %
andere morphologische Abweichungen	≤ 15 %
Keimgehalt im ersten untersuchten Ejakulat	kein Nachweis von pathogenen Keimen, die für Mensch und Tier spezifisch sind

Tab. 26.13 Mindestanforderungen an die Ejakulatparameter von Warmbluthengsten

Parameter	Mindestanforderung
Farbe	milchig-weiß bis bläulich-grau
Konsistenz	molkig bis milchig
Volumen	40 ml
Spermienkonzentration	100×10^6/ml
Spermiengesamtzahl	5×10^9
Vorwärtsbewegliche Spermien	50 %
Morphologisch intakte Spermien	70 %
pH-Wert	6,8 bis 7,2
Spermien mit intakter Plasmamembran	80 %

Tab. 26.14 Mindestanforderungen an Besamungsdosen von Hengsten nach Vorgaben der World Breeding Federation for Sport Horses (WBFSH) – nationale Vorgaben können abweichen

Art des Samens	Mindestanforderungen
Frischsamen	mindestens 300 Mio. vorwärtsbewegliche Samenzellen
gekühlter Samen (Versandsperma)	mindestens 300 Mio. vorwärtsbewegliche Samenzellen zum Zeitpunkt der Herstellung, wenn die Versamung innerhalb von 12 Stunden nach Herstellung stattfindet, die Kühlkette aufrechterhalten wird und zum Zeitpunkt der Besamung eine Vorwärtsbeweglichkeit von mindestens 35 % vorliegt
	mindestens 600 Mio. vorwärtsbewegliche Samenzellen zum Zeitpunkt der Herstellung, wenn die Versamung innerhalb von 36 Stunden nach Herstellung stattfindet, die Kühlkette aufrechterhalten wird, das Besamungsvolumen nicht über 40 ml beträgt und zum Zeitpunkt der Besamung eine Vorwärtsbeweglichkeit von mindestens 35 % vorliegt
Tiefgefriersamen	800 Mio. vorwärtsbewegliche Samenzellen zum Zeitpunkt der Herstellung, nach dem Auftauen mindestens 35 % vorwärtsbewegliche Samenzellen

Tab. 26.15 Mindestanforderungen an die Ejakulatparameter von Zuchtbullen nach Empfehlungen der Arbeitsgemeinschaft Deutscher Rinderzüchter

Parameter	Mindestanforderung
Farbe	elfenbein bis weiß, weiß-gelblich
Konsistenz	rahmig bis milchig
Volumen	• bis 2 Jahre: 2 ml • >2 Jahre: 4 ml
Spermienkonzentration	0,6 $10^6/mm^3$
Massenbewegung	Grad 3
vorwärtsbewegliche Spermien	70 %
morphologisch nicht intakte Spermien	<20 %, davon ≤5 % Kopfveränderungen und ≤10 % Kopfkappenveränderungen
Beimengungen/Verschmutzungen	keine

Tab. 26.16 Mindestanforderungen an Besamungsdosen von Bullen nach Empfehlungen der Arbeitsgemeinschaft Deutscher Rinderzüchter

Art des Samens	Mindestanforderungen
flüssigkonservierter Samen	mindestens 3 Mio. vorwärtsbewegliche Samenzellen, mindestens 50 % Vorwärtsbeweglichkeit für einen Zeitraum bis zu 72 Stunden nach Herstellung bei sachgerechter Lagerung
Tiefgefriersamen	mindestens 6 Mio. vorwärtsbewegliche Samenzellen pro Besamungsportion, nach dem Auftauen mindestens 50 % vorwärtsbewegliche Samenzellen

Tab. 26.17 Mindestanforderungen an die Ejakulatparameter von Schaf- und Ziegenböcken

Parameter	Schaf	Ziege
Farbe	grau, weiß, elfenbeinfarben	elfenbeinfarben, gelblich
Konsistenz	milchig bis rahmig	wässrig bis milchig
Volumen	0,5–0,2 ml	0,3–1,5 ml
Spermienkonzentration	$1{,}5 \times 10^6/\mu l$	$0{,}8 \times 10^6/\mu l$
vorwärtsbewegliche Spermien	≥60 %	
morphologisch nichtintakte Spermien	<20 %	
Beimengungen/Verschmutzungen	keine	

Tab. 26.18 Mindestanforderungen an Besamungsdosen von Ziegen- und Schafbock

Art des Samens	Mindestanforderungen
flüssigkonservierter Samen	mindestens 80 Mio. vorwärtsbewegliche Spermien
Tiefgefriersamen	150–200 Mio. vorwärtsbewegliche Samenzellen pro Besamungsportion

Beurteilung

Die Massenbewegung wird wie in **Tabelle 26.19** angegeben beurteilt. Beurteilungskriterien liegen nur für unverdünnte Wiederkäuerejakulate vor. Sie sollten mindestens eine Massenbewegung von Grad 3 aufweisen.

Tab. 26.19 Beurteilung der Massenbewegung

Grad	Beschreibung
0	keine Massenbewegung
1	kaum Massenbewegung, träge Bewegung ohne Wellen
2	geringgradige Massenbewegung, träge, flache Wellen
3	gute Massenbewegung, lebhafte Wellen- und Schwarmbewegungen mit dunklen Verdichtungen
4	gute bis sehr gute Massenbewegung, ausgeprägte Schwarmbewegung mit Gegenströmen und zahlreichen Verdichtungen
5	sehr gute Massenbewegung, starke omegaförmige Turbulenzen mit abreißenden Gegenströmen

Endokrinologische Untersuchung

Die wichtigste Indikation für eine endokrinologische Untersuchung ist die Kryptorchismusdiagnostik, insbesondere beim Hengst. Die Durchführung entspricht derjenigen beim Kleintier (s. S. 509). Die Dosierungen von Buserelin und hCG zur Stimulation liegen jedoch höher: 20 µg Buserelin oder 10 000 IE hCG pro Pferd (**Abb. 26.11**).

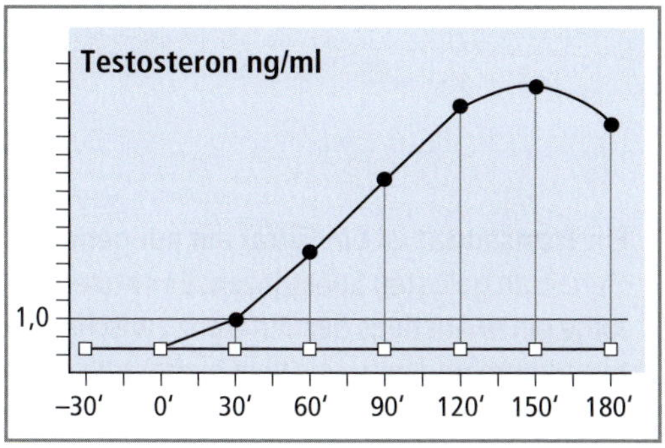

Abb. 26.11 Verlauf der Testosteronkonzentration nach hCG- oder GnRH-Stimulation (0′). □: kein Verdacht auf das Vorliegen von Testosteron-bildendem Germinativgewebe; •: mit hoher Wahrscheinlichkeit liegt Testosteron-bildendes Gewebe im Abdomen vor (Konzentration deutlich über der Grenze von 1 ng/ml)

Literatur

Bader H, Sieme H. Künstliche Besamung beim Pferd. In: Busch W, Waberski D, Hrsg. Künstlicher Besamung bei Haus- und Nutztieren. Stuttgart: Schattauer 2007; 224–61.

Busch W, Fischer P. Künstliche Besamung bei kleinen Wiederkäuern. In: Busch W, Waberski D, Hrsg. Künstlicher Besamung bei Haus- und Nutztieren. Stuttgart: Schattauer 2007; 282–298.

Sieme H. Instrumentelle Besamung in der Pferdezucht. In: Aurich C, Hrsg. Reproduktionsmedizin beim Pferd. 2. Aufl. Parey 2008; 299–330.

Waberski D, Sieme H. Andrologische und spermatologische Untersuchung (Zuchttauglichkeitsuntersuchung) beim Hengst. In: Aurich C, Hrsg. Reproduktionsmedizin beim Pferd. 2. Aufl. Parey 2008; 249–266.

Waberski D, Weitze KF. Künstliche Besamung beim Schwein. In: Busch W, Waberski D, Hrsg. Künstlicher Besamung bei Haus- und Nutztieren. Stuttgart: Schattauer 2007; 198–223.

Weitze KF. Spermatologische Untersuchung. In: Busch W, Holzmann A, Hrsg. Veterinärmedizinische Andrologie, Physiologie und Pathologie der Fortpflanzung bei männlichen Tieren. 1. Aufl. Stuttgart: Schattauer 2001; 87–111.

27 Körperhöhlenergüsse

Johannes Hirschberger

27.1 Einleitung

Körperhöhlenergüsse sind ein Symptom verschiedener Krankheiten. Die Untersuchung der Ergussflüssigkeit soll die Ursache der Flüssigkeitsansammlung klären und Komplikationen wie eine bakterielle Infektion oder eine Blutung aufdecken. Kaum ein Parameter allein ist beweisend für das Vorliegen einer bestimmten, den Körperhöhlenerguss hervorrufenden Krankheit. Die zu untersuchenden Parameter helfen differenzialdiagnostisch weiter und grenzen die möglichen Ursachen ein.

Die Punktion erfolgt nach antiseptischer Vorbereitung der Punktionsstelle möglichst unter sonografischer Kontrolle. Die **Thorakozentese** kann mit einer Spritze und aufgesetzter Kanüle an der rechten Brustwand sternumnah im 6. oder 7. Interkostalraum oder an der linken Brustwand im 2. Interkostalraum durchgeführt werden. Auch eine **Laparozentese** sollte nicht ohne sonografische Führung erfolgen. Es besteht die Gefahr, innere Organe zu verletzen.

Ein Teil der gewonnenen Flüssigkeit ist zur zytologischen Untersuchung in ein EDTA-Gefäß und zur bakteriologischen Untersuchung in eine Blutkulturflasche zu überführen. Das restliche Punktatmaterial wird bei 1500 × g 10 min zentrifugiert. Der Überstand wird zur Untersuchung verwendet.

Nach der klassischen ätiologischen **Einteilung von Flüssigkeitsansammlungen** im Körper unterscheidet man Transsudate und Exsudate.

Ein **Transsudat** ist ein Filtrat mit nur geringem Gehalt an gelösten Substanzen. Es entsteht infolge eines Anstiegs der Differenz zwischen intravasalem und extravasalem hydrostatischem Druck oder durch ein Absinken des intravasalen onkotischen Druckes.

Das **Exsudat** stellt das Ergebnis eines Prozesses dar, in dem lösliche Substanzen in der Körperhöhle oder im Gewebe auftreten und Flüssigkeit durch Steigerung des onkotischen Druckes nachziehen.

Diese Einteilung ist für das Verständnis der pathophysiologischen Zusammenhänge bei Flüssigkeitsansammlungen in Körperhöhlen und im Gewebe wichtig. Außer den Veränderungen des hydrostatischen und onkotischen Druckes sind aber auch andere Faktoren von Bedeutung, sodass diese klassische Einteilung einiger Spezifizierungen bedarf (**Tab. 27.1**).

Faktoren, die die **Zusammensetzung der Körperhöhlenflüssigkeit** beeinflussen, sind
- die Abschilferung von Mesothelzellen,
- deren Vermehrung im Erguss und
- die Zunahme von löslichen Substanzen infolge Zelltod und -stoffwechsel.

Eine eingeschränkte Lymphzirkulation, von Lymphknoten, Lymphgefäßen oder einem hohen Venendruck der Vena cava cranialis ausgehend, bedingt eine Ansammlung von Lymphflüssigkeit und der mitgeführten gelösten Substanzen. Eine Rechtsherzinsuffizienz und andere Ursachen einer Lebervenen-

Tab. 27.1 Einteilung von Körperhöhlenergüssen

Körperhöhlenerguss	Ursachen
Transsudat	• Hypoproteinämie – renal – enteral • Leberzirrhose • Herzinsuffizienz (Pleuraerguss) • Lymphknotentumoren
Transsudat modifiziert	• Herzinsuffizienz (Pleuraerguss) • Herzinsuffizienz (Aszites) • Lymphknotentumoren • Organtumoren
Exsudat serosanguinös	• Pleuritis und Peritonitis carcinomatosa • Gallenblasenruptur • Organtorsion • Zwerchfellhernie
Exsudat purulent	• Serositiden – bakteriell – mykotisch – aseptisch
Chylus	• Ruptur des Ductus thoracicus • Herzinsuffizienz
Harn	• Harnblasenruptur
Blutung	• Tumorruptur (Hämangioendotheliom) • Trauma • Koagulopathie

stauung lassen eine eiweißreiche Flüssigkeit aus der Leber austreten. Maligne Tumoren führen zu Körperhöhlenergüssen, indem sie die Lymph- oder Blutgefäßversorgung beeinträchtigen oder bei flächenhafter Ausbreitung durch Erhöhung der Kapillarpermeabilität Proteine aus den Gefäßen austreten lassen. Abgeschilferte Tumorzellen reichern den Erguss mit Stoffwechselprodukten und Zellbestandteilen an. Serositiden infolge von Infektionen oder Toxinen führen zu einem Austritt von Proteinen aus den Kapillaren und zu einer starken Einwanderung von Zellen in das Entzündungsgebiet. Spezielle Körperhöhlenergüsse entstehen infolge von Blutungen, einer Gallenblasen- oder Harnblasenruptur oder des Austritts von Chylus in den Thorax bei Herzinsuffizienz oder aufgrund einer Ruptur des Ductus thoracicus.

Zur Untersuchung eines Bauchhöhlenpunktats beim Pferd s. S. 707 ff.

27.2 Physikalische Untersuchung

Menge

Große Flüssigkeitsmengen finden sich insbesondere bei Herzinsuffizienz, Hypoproteinämie, Harnblasenruptur und Chylusansammlung.

Farbe und Transparenz

Nur reine Transsudate sind hell und klar. Bei den meisten Ergussursachen, dazu zählen auch eine Herzinsuffizienz und maligne Tumoren, enthält die Flüssigkeit eine gewisse Menge Blut. Eine halbe Million Erythrozyten pro Mikroliter Punktat bewirken eine starke Trübung der Flüssigkeit und täuschen einen wesentlich höheren Blutgehalt vor. Die Transparenz wird nach Zentrifugation der Probe erneut beurteilt.

Chylus und Pseudochylus weisen ein milchiges Aussehen auf. Ein putrides Aussehen zeigt der Erguss bei purulenter Entzündung und Ruptur nekrotischer Tumoren. Bernsteinfarbene, relativ klare Punktate kommen unter anderem bei der felinen infektiösen Peritonitis vor.

Konsistenz

Die Konsistenz eines Körperhöhlenergusses ist fast immer wässrig oder leicht viskös wie Blut. Zähflüssiges Punktat wird bei der felinen infektiösen Peritonitis sowie bei bakteriellen und aseptischen Serositiden gefunden.

Spezifisches Gewicht

Das spezifische Gewicht kann refraktometrisch bestimmt werden und hängt vom Eiweißgehalt der Probe ab. Es hat darüber hinaus keine Aussagekraft.

Gesamteiweiß, refraktometrisch

Der Gesamteiweißgehalt einer Probe lässt sich refraktometrisch abschätzen. Zur Beurteilung des Ergebnisses siehe unten (»Chemische Untersuchung, Gesamteiweiß«).

27.3 Chemische Untersuchung

Sudan-III-Färbung

Chylusverdächtiges Punktat wird wie Blut auf einem Objektträger ausgestrichen und mit Sudan III gefärbt. Die mit Sudan III gefärbten Fetttröpfchen des echten Chylus können lichtmikroskopisch nachgewiesen werden.

27

Rivalta-Probe

Ein Reagenzröhrchen wird mit Aqua dest. gefüllt und zur leichten Ansäuerung ein Tropfen Eisessig zugemischt. Bei einer positiven Rivalta-Probe erfährt der vorsichtig zupipettierte Punktattropfen eine rauchige Trübung. In stark positiven Proben behält der Tropfen seine kugelige Gestalt und hängt gestielt von der Oberfläche der verdünnten Eisessiglösung herab.
Die Probe ist bei Ergüssen der felinen infektiösen Peritonitis meistens positiv und kann auch bei Serositiden anderer Genese und bei malignen Tumoren positiv ausfallen. Beim Hund hat die Rivalta-Probe keine diagnostische Bedeutung.

Gesamteiweiß

Das Gesamteiweiß wird mittels Biuret-Methode (s. S. 295 f., 444) bestimmt. Je nach Ergussursache ergeben sich unterschiedliche Konzentrationen:

- < 1,0 g/dl: Hypoproteinämie, Leberzirrhose, Harnblasenruptur
- 1,0–2,5 g/dl: im Thoraxerguss: Herzinsuffizienz
- 3,0–6,0 g/dl: im Thoraxerguss: maligner Tumor, bakterielle Pleuritis u. a.
- > 4,5 g/dl: feline infektiöse Peritonitis (FIP)

Der Gesamteiweißgehalt der Aszitesflüssigkeit ist auch bei kardial bedingter Kongestion infolge der Eiweißausscheidung der gestauten Leber in den Erguss hinein hoch.

Albumin/Globulin-Verhältnis

Albumin und Globuline können elektrophoretisch getrennt werden. Die absolute Konzentration errechnet sich aus ihrem Anteil am Gesamteiweiß (s. Kap. 18). Das **Elektrophoresemuster der Punktateiweiße** gleicht sehr dem der Serumeiweiße.
Bei **chronisch entzündlichen Krankheiten** liegt der Globulingehalt des Punktats hoch, während der Albumingehalt oftmals sogar

niedrig ist. Dieser Prozess wird durch den Albumin/Globulin-Quotienten verdeutlicht. Katzen mit einem serösen oder serosanguinösen Punktat und einem Albumin/Globulin-Quotienten von < 0,6 leiden meist an der felinen infektiösen Peritonitis.

Bilirubin

Eine **Gallenblasenruptur** mit Austritt von Galle in die Bauchhöhle führt zu einer hochgradigen Peritonitis. Diese wird zum einen durch die toxische Wirkung der Galle selbst und höchstwahrscheinlich auch durch den Keimgehalt der Galle verursacht. Bei diesen Patienten ist in der Bauchhöhlenflüssigkeit ein hoher Bilirubingehalt festzustellen. Dieser kann chemisch (s. S. 266 ff.) oder mit einem Harnteststreifen nachgewiesen werden. Eine hämolytische Verfärbung des Punktats stört die Bilirubinbestimmung erheblich.

Kreatinin

Eine **Harnblasenruptur** bedingt einen postrenalen Anstieg von Kreatinin im Serum. Das Kreatinin wird aus der Bauchhöhlenflüssigkeit resorbiert. Daher ist der Kreatininspiegel im Punktat höher als im Serum. Die Kreatininbestimmung erfolgt enzymatisch (s. S. 470 ff.).

Triglyzeride

Der Triglyzeridgehalt eines **Chylothorax** kann sehr hoch sein und mitunter 10 000 mg/dl betragen. Anorektische Tiere führen jedoch nur wenig Triglyzeride in der Lymphe des Ductus thoracicus mit, sodass bei diesen Patienten kein hoher Triglyzeridgehalt im Punktat gemessen werden kann. Dennoch sollte bei einem Chylothorax der Triglyzeridgehalt im Punktat immer höher sein als im Serum. Der Triglyzeridquotient (Erguss/Serum) eines Chylothorax liegt in den meisten Fällen über 10. Ein höherer Triglyzeridgehalt des Punktats als des Serums kann allerdings nicht als Beweis für das Vorliegen eines Chylus herangezogen werden.
Die Triglyzeridkonzentration wird chemisch bestimmt (s. S. 313 ff.).

Amylase und Lipase

Bei **akuter Pankreatitis** können die Pankreasfermente Amylase und Lipase in die Bauchhöhle und auch in die Brusthöhle gelangen sowie zu einer sehr hohen Enzymaktivität im Erguss führen. Sie gelangen sekundär über Venen und Lymphgefäße in die Zirkulation. Die Amylase- und Lipaseaktivität soll bei Vorliegen einer akuten Pankreatitis im Punktat höher sein als im Serum. **Exsudative Peritonitiden** unterschiedlicher Genese weisen oft einen positiven Amylase- oder Lipasegradienten vom Punktat zum Serum auf. Der positive Gradient allein kann nicht zur Diagnose einer primären akuten Pankreatitis herangezogen werden. Ein FIP-Punktat weist meist eine Amylaseaktivität von mehr als 1100 IU/l auf. Die Bestimmung der Enzymaktivität von Amylase und Lipase im Punktat erfolgt mit der gleichen Methode wie im Serum (s. S. 276 ff.).

27.4 Zytologische Untersuchung

Gesamtleukozytenzahl

Die Gesamtleukozytenzahl lässt sich mit einer Zählkammer oder in einem Counter bestimmen (s. Kap. 11). Die Zellzahl variiert je nach Art des Ergusses:

reines Transsudat: < 1000 kernhaltige Zellen/µl (Pferd: < 5000)

modifiziertes Transsudat: < 5000 kernhaltige Zellen/µl (Pferd: < 10 000)

Exsudat: i. d. R. ≥ 5000 kernhaltige Zellen/µl (Pferd: ≥ 10 000)

bakteriell infizierter Erguss: 20 000–100 000 kernhaltige Zellen/µl

Erguss bei FIP: typischerweise 500–10 000 kernhaltige Zellen/µλ

Erythrozytenzahl

Die Erythroztenzahl im Punktat wird mit Methoden aus der Hämatologie bestimmt. Körperhöhlenergüsse enthalten immer eine mehr oder weniger große Menge Erythrozyten. Lediglich **Blutungen** sind an der Erythrozytenzahl, die einige Millionen Zellen pro Mikroliter betragen kann, zu diagnostizieren. Die Erythrozytenzahl liegt bei Blutungen nach Resorption von Flüssigkeit im Punktat mitunter sogar höher als im Blut.

Thrombozytenzahl

Die Bestimmung der Thrombozytenzahl erfolgt mit hämatologischen Methoden. Thrombozyten aggregieren und degranulieren in Körperhöhlenergüssen in kurzer Zeit. Sie sind daher nur bei **akuten Blutungen** zu finden und für diese diagnostisch sehr wertvoll.

27

Differenzialzellbild

Technik

- Punktat in ein EDTA-Gefäß geben und bei bis zu 1500 × g 10 min zentrifugieren
- Überstand vorsichtig abpipettieren
- das Sediment mit einer gleich großen Menge des verbliebenen Überstands aufrühren
- Zellsuspension wie eine Blutprobe ausstreichen (s. S. 90). Der Ausstrich soll faserig auslaufen (denn in diesem Ausstrichende befinden sich alle großen Zellen, Zellklumpen, Pilze und die meisten Tumorzellen) und nicht zu dick sein. Die Zellen dürfen sich berühren, aber nicht übereinanderliegen.

Bewertung

Beim **gesunden Tier** befinden sich in den Körperhöhlen nichtdegenerierte neutrophile Granulozyten, Lymphozyten, Makrophagen und Mesothelzellen.

Reine **Transsudate** und modifizierte Transsudate infolge einer Herzinsuffizienz zeigen im Prinzip das Zellbild, das bei gesunden Tieren vorliegt. Mit zunehmender Bestandsdauer des Ergusses werden mehr und mehr Mesothelzellen, zum Teil auch in kleinen Zellklumpen, abgeschilfert und vermehren sich im Erguss. Durch Stoffwechselprodukte und Zelltod werden phagozytierende Zellen, Makrophagen und neutrophile Granulozyten, angezogen und dominieren das Zellbild (**Tab. 27.2**).

Im hypotonen Milieu eines **hypoproteinämischen Ergusses** finden sich infolge eines frühzeitigen Zelltods viele Kernschatten.

Lymphozyten treten in Körperhöhlenergüssen als transitorische Zellen, vor allem bei **Lymphzirkulationsstörungen**, z. B. durch Lymphome, auf. Eine Dominanz im Punktat können Lymphozyten allein schon durch ihre im Vergleich zu neutrophilen Granulozyten relativ lange biologische Lebensdauer erhalten.

Bei **entzündlichen Krankheiten infektiöser und neoplastischer Genese** kommen neu-

Tab. 27.2 Bewertung bestimmter Zellpopulationen für die Differenzialdiagnose von Körperhöhlenergüssen (FIP: feline infektiöse Peritonitis)

Zellen	Bewertung	Ursachen
neutrophile Granulozyten	+	Hypoproteinämie, Leberzirrhose, Herzinsuffizienz, FIP, Blutungen
	++	Herzinsuffizienz, maligne Tumoren, FIP
	+++	Serositiden, Infektionen
Makrophagen	+	Hypoproteinämie, Leberzirrhose, Herzinsuffizienz
	++	Herzinsuffizienz, maligne Tumoren, bakterielle Infektionen, FIP
	+++	Mykosen, Mykobakterien
Lymphozyten	+	Hypoproteinämie, Leberzirrhose, Blutungen
	++	Herzinsuffizienz (Aszites), maligne Tumoren, bakterielle Infektionen
	+++	Herzinsuffizienz (Thorax), Chylothorax, Lymphom
eosinophile Granulozyten	+	ohne Bedeutung
	++	maligne Tumoren
	+++	Mastzelltumoren, Dirofilariose
Mesothelzellen	+	Hypoproteinämie, Leberzirrhose
	++	Herzinsuffizienz, maligne Tumoren, Blutungen
	+++	Herzinsuffizienz, septische und aseptische Entzündungen
Tumorzellen	+ bis +++	Karzinom, Lymphom, histiozytäre Tumoren, Mastzelltumor, selten Sarkome
Erythrozyten	+ bis ++	bei allen Körperhöhlenergüssen
	+++	Blutungen, Ruptur eines Tumors (zumeist Hämangioendotheliom)
Thrombozyten	+	ohne Bedeutung, geringe Blutkontamination
	++ bis +++	akute Blutungen, akute Ruptur eines Tumors (zumeist Hämangioendotheliom)

+: vorhanden, ++: leicht erhöht, +++ erhöht

trophile Granulozyten und Makrophagen zahlreich vor. Je nach Erregerart werden mehr neutrophile Granulozyten oder mehr Makrophagen gefunden. Bakterien rufen zumeist eine eitrige Entzündung mit einer Degeneration der neutrophilen Granulozyten hervor (**Abb. 27.1**). Das Ausmaß der Degeneration hängt von der Toxizität des Keims ab. Schwach toxische Erreger, Mykobakterien und Pilze, sowie Fremdkörper führen zu einer pyogranulomatösen oder granulomatösen Entzündung. Makrophagen stellen im Punktat in diesem Fall die größte Population dar (**Abb. 27.2**).

Bei bakteriellen Infektionen lassen sich Erreger intrazellulär nachweisen. Bakterien sind sicherer in neutrophilen Granulozyten als in Makrophagen zu erkennen, weil Letztere häufig phagozytierten Zelldetritus enthalten, der mit Bakterien verwechselt werden kann.

Die sichere Diagnose von Tumorzellen in der Punktatflüssigkeit ist ein entscheidender diagnostischer Schritt. **Karzinome** (**Abb. 27.3 u. 27.4**) und **Rundzelltumoren** (**Abb. 27.5 u. 27.6**) geben zu einem großen Teil

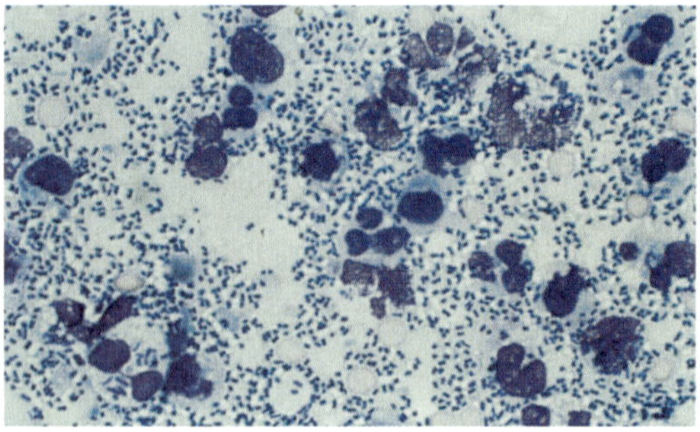

Abb. 27.1 Bakterielle Peritonitis einer Katze

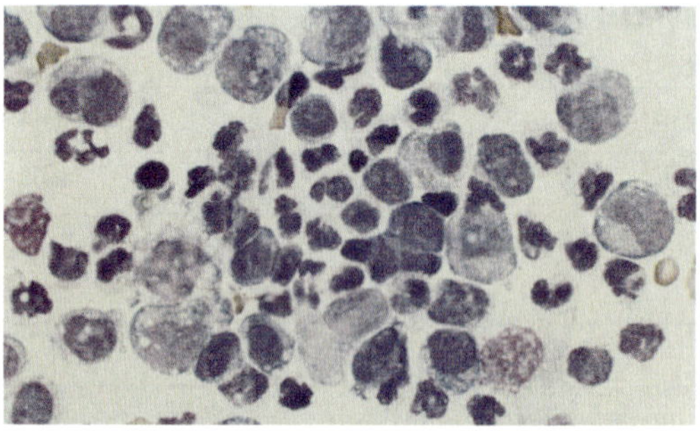

Abb. 27.2 Feline infektiöse Peritonitis

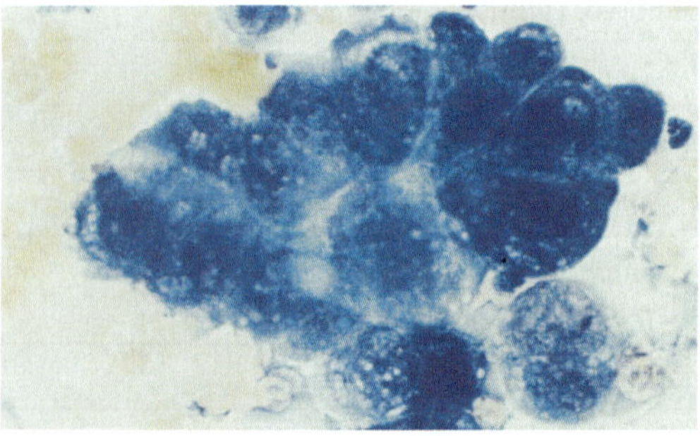

Abb. 27.3 Zellen eines bronchioloalveolären Karzinoms im Thoraxerguss eines Hundes

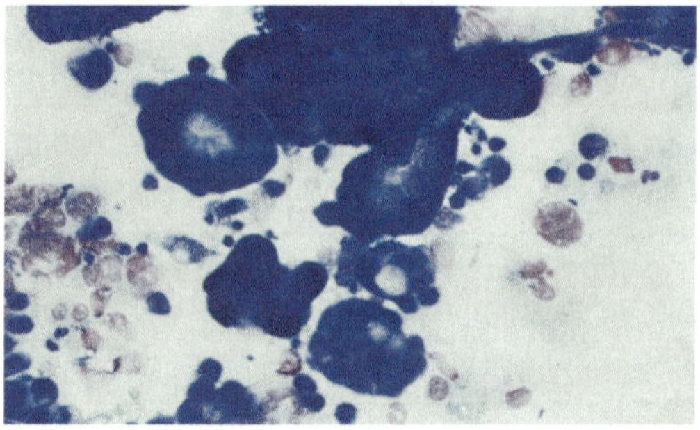

Abb. 27.4 Zellen eines Pankreaskarzinoms im Thoraxerguss eines Hundes

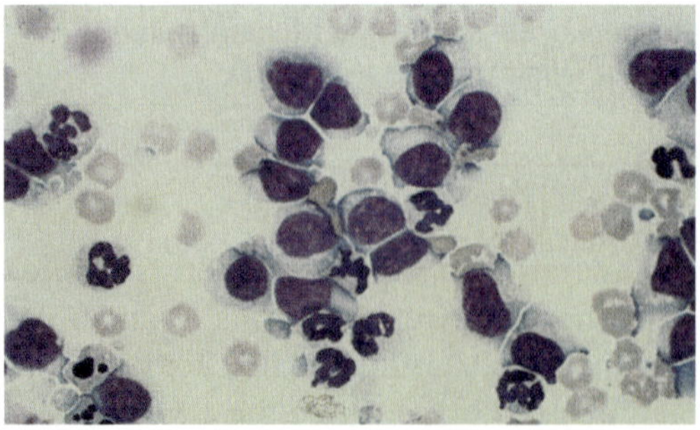

Abb. 27.5 Lymphoblasten im Aszites eines Hundes

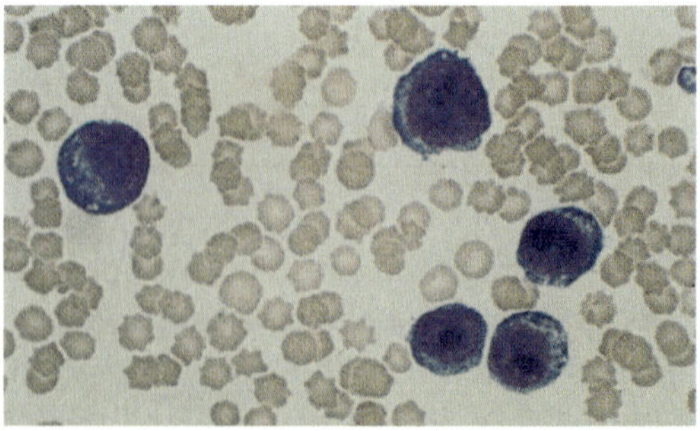

Abb. 27.6 Lymphoblasten im Aszites einer Katze

Zellen in die Körperhöhlenflüssigkeit ab, während dies bei **Sarkomen**, mit Ausnahme der Rundzelltumoren, extrem selten beobachtet wird. Karzinome und Rundzelltumoren sind in ca. zwei Drittel der Fälle, Sarkome fast nie zytologisch zu diagnostizieren. Ein großes Problem in der zytologischen Ergussbeurteilung, beim Tier mehr als beim Menschen, ist die große Variabilität der reaktiven Mesothelzellen (**Abb. 27.7**). Reaktive Mesothelzellen können ein blastenartiges Erscheinungsbild bekommen und viele Malignitätskriterien (**Tab. 27.3**) aufweisen, sodass sie von einem nicht versierten Untersucher unter Umständen fälschlicherweise als Malignomzellen eingestuft werden. Entzündliche Reaktionen verstärken diesen Effekt in so gravierender Weise, dass bei einem hohen Gehalt an neutrophilen Granulozyten und Makrophagen im Ausstrich die Diagnose eines malignen Tumors nur mit äußerster Vorsicht zu stellen ist (**Abb. 27.8**).

Tab. 27.3 Zytologische Malignitätskriterien von Körperhöhlenergüssen

Malignitätskriterien	Beschreibung
allgemein	• Ortsfremdheit von Zellen • riesige Zellen • Anisozytose • Zellaggregate • Pleomorphismus einer Zelllinie
Zellkern	• Anisokaryose • großes Kern-Plasma-Verhältnis • Mehrkernigkeit • Makrokaryose • raue Chromatinstruktur • abnormale Mitosen • Kerneindellungen durch Nachbarzellen • verdickte Kernmembran • irreguläre und große Nukleoli • vermehrt Nukleoli
Zellplasma	• Hyperchromasie • Vakuolen • Phagozytose und Zellkannibalismus

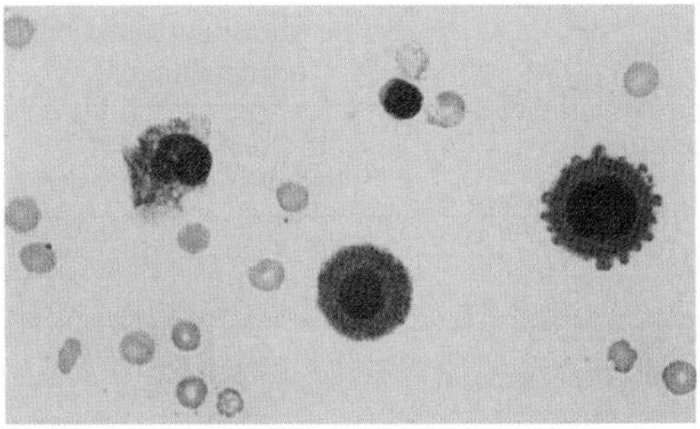

Abb. 27.7 Mesothelzellen im Aszites eines Hundes mit kongestiver Herzinsuffizienz

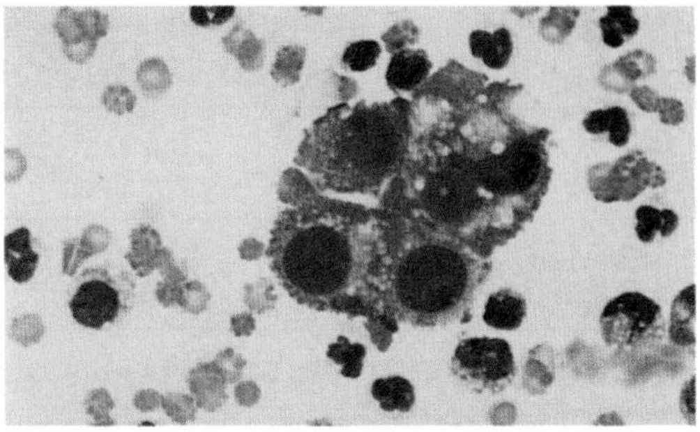

Abb. 27.8 Hämorrhagisch-eitrige Pleuritis und Bronchopneumonie bei einem Hund

27.5 Perikardergüsse

Perikardergüsse können in der gleichen Weise wie Pleura- und Peritonealergüsse untersucht werden. Die Analyse eines Perikardergusses führt jedoch selten zu einer ursächlichen Diagnose. Die häufigsten **Ursachen** der meist rein blutigen Ergüsse sind neoplastischer (Hämangioendotheliome, Herzbasistumoren) oder idiopathischer Art. Bei kongestiver Herzinsuffizienz mit Stauung in die großen Körperhöhlen treten Perikardergüsse mit serosanguinös-exsudativem Charakter auf. Auch bei einer malignen Genese des Ergusses werden nur in sehr seltenen Fällen Tumorzellen im Punktat nachgewiesen.

In **Tabelle 27.4** sind die Kernpunkte der Untersuchung von Körperhöhlenergüssen zusammengefasst.

Tab. 27.4 Kernpunkte der Untersuchung von Körperhöhlenergüssen (kernh. Z. = kernhaltige Zellen)

Parameter	Tierart	Körperhöhle	Testergebnis	Aussage
Gesamteiweiß	Hund Katze	Thorax	≤2,5 g/dl	Herzinsuffizienz
Leukozytenzahl	Haustiere (Pferd)	Thorax, Abdomen	< 1000 kernh. Z./µl (< 5000 kernh. Z./µl)	Transsudat
			< 5000 kernh. Z./µl (< 10 000 kernh. Z./µl)	modifiziertes Transsudat
			≥5000 kernh. Z./µl (≥10 000 kernh. Z./µl)	Exsudat (exkl. FIP)
Erythrozytenzahl	Haustiere	Thorax, Abdomen	wie im peripheren Blut	Blutung
Differenzialzellbild	Haustiere	Thorax, Abdomen	• Tumorzellen • degenerierte Zellen • intrazelluläre Mikroorganismen • eosinophile Granulozyten	• maligne Neoplasie, Serosametastasen • Verdacht auf bakterielle Infektion • bakterielle oder mykotische Infektion • parasitäre Infektion, Mastzelltumor
Rivalta-Probe	Katze	Thorax, Abdomen	positiv	FIP, purulente oder neoplastische Serositis
α-Amylase-Aktivität	Katze	Thorax, Abdomen	> 1100 IU/l	FIP
Albumin/Globulin-Quotient	Katze	Thorax, Abdomen	< 0,6	FIP, purulente Serositis

28 Liquor cerebrospinalis

Andrea Fischer und Andrea Tipold

28.1 Anatomie und Physiologie

Liquor ist eine wasserklare, protein- und zellarme Flüssigkeit in den Ventrikelräumen des Gehirns, im Zentralkanal des Rückenmarks und im Subarachnoidalraum an der Oberfläche von Gehirn und Rückenmark. Ein Großteil des Liquors wird von den Plexus chorioidei im dritten und vierten Ventrikel durch Sekretion und Filtration gebildet. Liquor wird aber auch direkt vom Gehirn transependymal oder über die Pia mater in die liquorführenden Räume sezerniert. Durch seitliche Öffnungen auf Höhe des vierten Ventrikels erreicht der Liquor den Subarachnoidalraum, verteilt sich von dort über der gesamten Gehirnoberfläche und fließt größtenteils von kranial nach kaudal im Subarachnoidalraum, der das Rückenmark umgibt. Auf mikroskopischer Ebene findet sich Liquor auch im Virchow-Robin'schen-Raum entlang von Blutgefäßen, die von der Oberfläche des Gehirns in das Gehirnparenchym eintreten.

Liquor wird mit konstanter Rate gebildet. Die Bildung von Liquor ist unabhängig vom intrakraniellen oder intravenösen Druck. Die Resorption des Liquors korreliert hingegen mit dem hydrostatischen Druck im Subarachnoidalraum. Liquor wird über die Gehirnoberfläche vorwiegend in den Arachnoidalzotten, die sich in die duralen Venensinus einstülpen, resorbiert, sowie auf Höhe des Rückenmarks in Venen und Lymphgefäßen der Leptomeninx im Bereich der spinalen Nervenwurzeln. Ein **Hydrozephalus** kann die Folge von Liquorabflussstörungen oder Störungen der Liquorresorption durch z.B. Entzündungen sein. Ein Schwund von Gehirnparenchym führt auch zu einer Erweiterung der liquorführenden Räume.

Anatomisch und funktionell werden eine **Hirn-Liquor-Schranke**, die vom Ependym bzw. der Pia mater und den darunterliegenden Astrozyten gebildet wird, eine **Blut-Liquor-Schranke** im Bereich des Plexus chorioideus und die **Blut-Hirn-Schranke** unterschieden. Die Blut-Hirn-Schranke besteht zwischen Kapillaren und dem Gehirnparenchym aus einer dichten Lage von Astrozytenfortsätzen, einer durchgehenden, nicht fenestrierten Basalmembran und Endothelzellen mit Tight junctions. Die Blut-Hirn-Schranke ist für niedermolekulare, lipophile Moleküle durchlässig (Harnstoff, CO_2, NH_3) bzw. konzentrationsabhängig durchlässig (Albumin) nicht jedoch für Moleküle, die ionisiert vorliegen (HCO_3^-, NH_3^+) oder ein hohes Molekulargewicht haben (Immunglobuline). Entzündungen führen zu einer vermehrten Durchlässigkeit der Blut-Hirn-Schranke und zu einer lokalen intrathekalen Immunglobulinproduktion. Da Albumin im Liquor vorwiegend aus dem Serum stammt und bei Schrankenstörungen zunächst vermehrt niedermolekulare Substanzen aus dem Blut in den Liquorraum übertreten, kann der **Albuminquotient (Liquor : Serum)** herangezogen werden, um die Funktion der Blut-Hirn-Schranke zu beschreiben.

28.2 Indikation

Veränderungen des Liquor cerebrospinalis reflektieren pathologische Vorgänge in Gehirn und Rückenmark. Die hauptsächliche **Indikation** für die Liquoruntersuchung ist der Nachweis von Entzündungen (Meningitis, Enzephalitis, Myelitis) des zentralen Nervensystems. Für den Nachweis von Tumoren und Missbildungen sind bildgebende Verfahren (Magnetresonanztomografie, ggf. auch Computertomografie) besser geeignet. Allerdings kann im Einzelfall bei unklarem bildgebendem Befund eine Liquoruntersuchung zur weiteren Charakterisierung erforderlich sein. Eine Liquoruntersuchung kann auch zum Ausschluss entzündlicher Erkrankungen von Gehirn und Rückenmark indiziert sein. Dies ist bei einigen klinischen Diagnosen, die nur durch Ausschlussdiagnostik festgestellt werden können, notwendig (Beispiele: idiopathische Epilepsie, degenerative Myelopathie).

28.3 Punktion

Liquor wird bei **Hund und Katze** bevorzugt **atlantookzipital** durch Punktion der Cisterna magna des Subarachnoidalraumes zwischen Okziput und erstem Halswirbel gewonnen (**Abb. 28.1–28.4**).
Hierfür sind eine Narkose und die Lagerung des Tieres auf der Seite erforderlich. Eine Intubation ist beim Kleintier zwingend notwendig, da es im Falle seltener Komplikationen zu einem Atemstillstand kommen kann. Der Kopf bzw. Nasenrücken wird im rechten Winkel zur Halswirbelsäule gelagert und von einer Hilfsperson gehalten. Eine übermäßige Beugung kann die Atemwege komprimieren. Wichtig für die Identifikation der Mittellinie ist die Streckung der Halswirbelsäule. Die Punktionsstelle

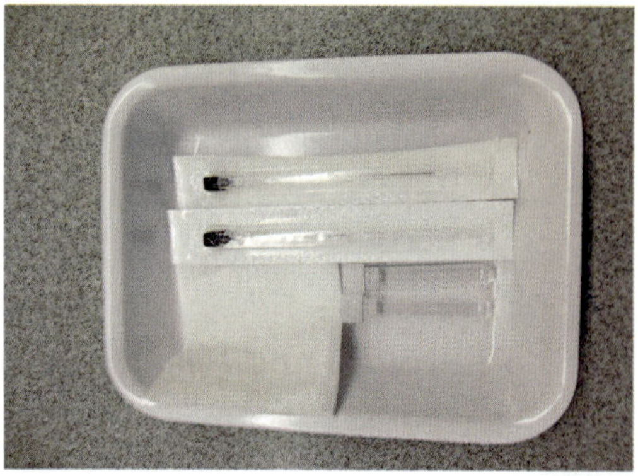

Abb. 28.1 Zur Punktion benötigt man Spinalkanülen mit Mandrin und sterile Röhrchen.

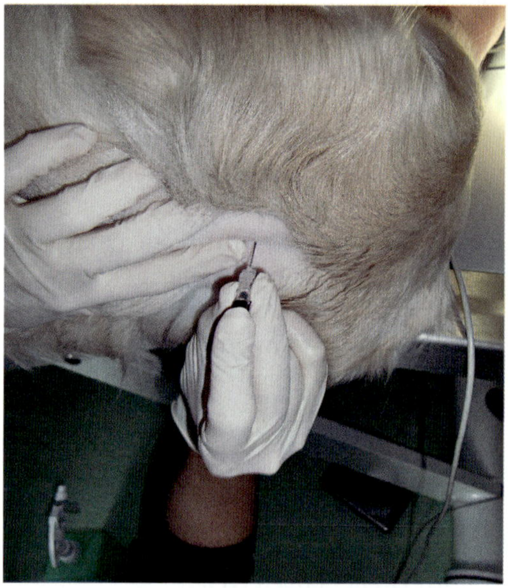

Abb. 28.2 Subokzipitale Liquorpunktion: Aufsuchen der Punktionsstelle in der Mitte eines Dreiecks, das den kranialen Rand der Atlasflügel mit der Protuberantia occipitalis verbindet. Punktion mit Spinalkanüle.

befindet sich in der Mitte eines Dreiecks, das den kranialen Rand der Atlasflügel mit der Protuberantia occipitalis verbindet. Bei großen Hunden sollte auf Höhe des kranialen Randes der Atlasflügel in der Mittellinie punktiert werden. Bei kleinen Hunden und

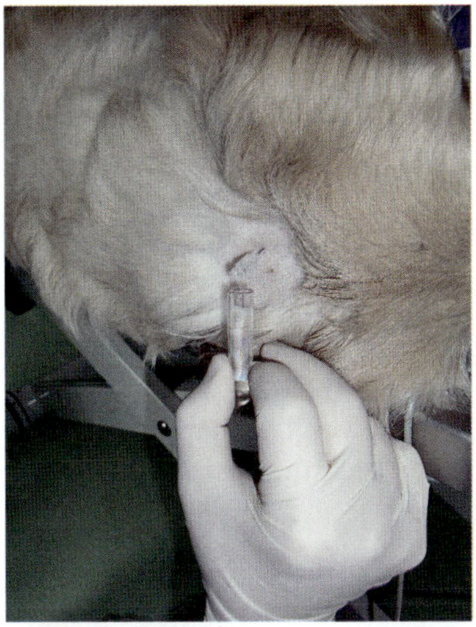

Abb. 28.3 Subokzipitale Liquorpunktion: Nach Herausziehen des Mandrins fließt wasserklarer Liquor cerebrospinalis ab.

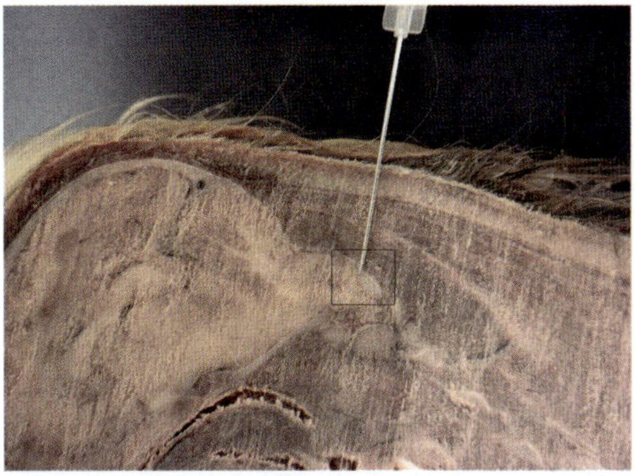

Abb. 28.4 Subokzipitale Liquorpunktion, Yorkshire Terrier, Längsschnitt. Position der Kanüle in der Zisterna magna (Kästchen)

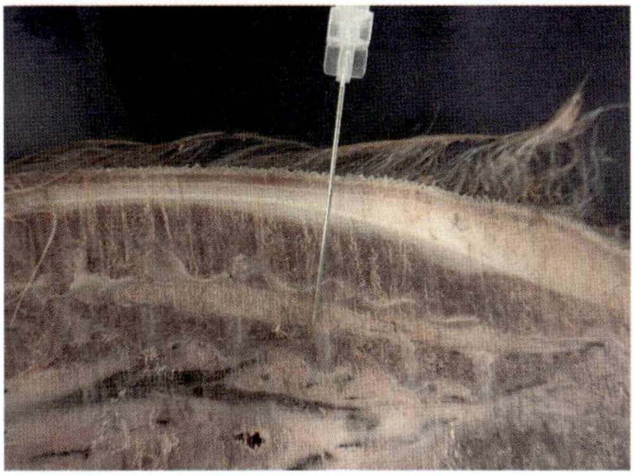

Abb. 28.5 Lumbale Liquorpunktion, Yorkshire Terrier, Längsschnitt. Position der Kanüle. Das Rückenmark wird durchstochen, Liquor würde aus der ventralen Liquorsäule abfließen.

schwach bemuskelten Katzen kann der Gelenkspalt oft auch direkt palpiert werden. Die Punktionsstelle wird geschoren und chirurgisch desinfiziert. Für die Punktion werden spezielle Liquorpunktionskanülen mit geschliffener Kanüle und Mandrin verwendet. Ein nachlassender Widerstand beim Eintritt in den Subarachnoidalraum bzw. ein leichter Widerstand beim Durchstechen der Meningen wird nicht immer wahrgenommen. Daher empfiehlt es sich, die Nadel mit aufgesetzter Hand ruhig zu halten, millimeterweise vorzuschieben und den Sitz durch Herausziehen des Mandrins zu überprüfen. Beim Eintritt in den liquorführenden Subarachnoidalraum fließt Liquor ab. Der Liquor wird in einem sterilen Gefäß tropfenweise aufgefangen. Gut geeignet ist hierfür auch eine sterile Einmalspritze, die allerdings nicht auf die Punktionskanüle aufgesetzt werden darf.

Liquor darf niemals aspiriert werden, da dies zu artifiziellen Blutungen führt.

Liquor kann auch durch eine **Lumbalpunktion** gewonnen werden (**Abb. 28.5**).
Von Nachteil ist allerdings, dass lumbaler Liquor häufiger blutkontaminiert und daher schlechter zu interpretieren ist als atlantookzipital gewonnener Liquor. Auch hat lumbaler Liquor einen höheren Zell- und Proteingehalt als atlantookzipitaler Liquor. Bei Hund und Katze erfolgt die Lumbalpunktion zwischen dem 5. und 6. Lendenwirbel. Die Nadel wird in kranioventraler

Richtung durch das Rückenmark bis zum Boden des Wirbelkanals vorgeschoben und dann zurückgezogen. Die korrekte Position der Nadel im ventralen Subarachnoidalraum wird durch den Fluss von Liquor angezeigt. Beim **Pferd** wird Liquor in der Regel ebenfalls aus der **Zisterne** (**Abb. 28.6–28.10**), oder beim stehenden Pferd in der Lumbosakralgegend (**Abb. 28.11**) entnommen.

Die Allgemeinnarkose ist bei Punktion der Zisterne unbedingt, bei Punktion im Lumbosakralraum nicht erforderlich.

Das Pferd wird in Seitenlage verbracht. Der Kopf wird auf eine saubere Unterlage gebettet, die Nase etwas unterlegt, damit eine gerade Kopflage entsteht. Der Kopf wird um 90° gewinkelt. Die Gegend zwischen Protuberantia occipitalis und Alae atlantis wird chirurgisch vorbereitet; Abdecken mit durchsichtigen (Kunststoff-)Abdecktüchern ist vorteilhaft. Die Punktionskanüle hat eine Länge von etwa 15 cm. Sie wird mit einem Mandrin an der vergleichbaren Stelle wie beim Hund in Richtung auf den Kehlkopf durch die Haut gestochen. Die Einstichtie-

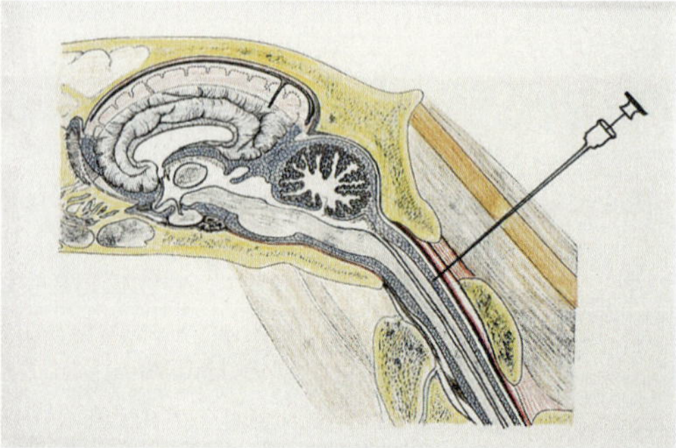

Abb. 28.6 Punktion im Spatium atlantookzipitale (schematische Darstellung; Pferd)

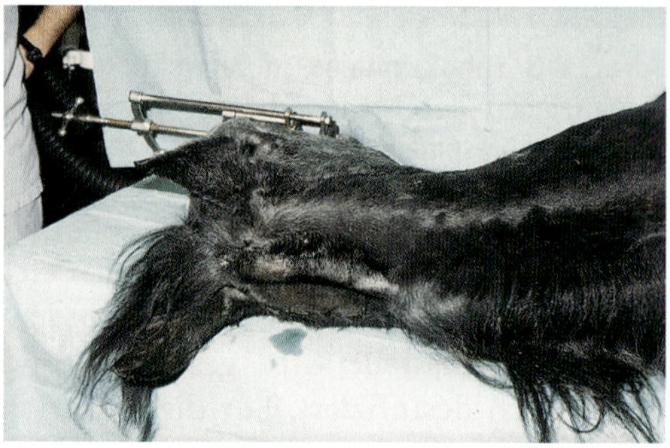

Abb. 28.7 Linke Seitenlage des Pferdes. Scheren, Rasieren und Desinfizieren eines Nackenfeldes von 10 × 5 cm. Rechtwinklige Beugung des Kopfes.

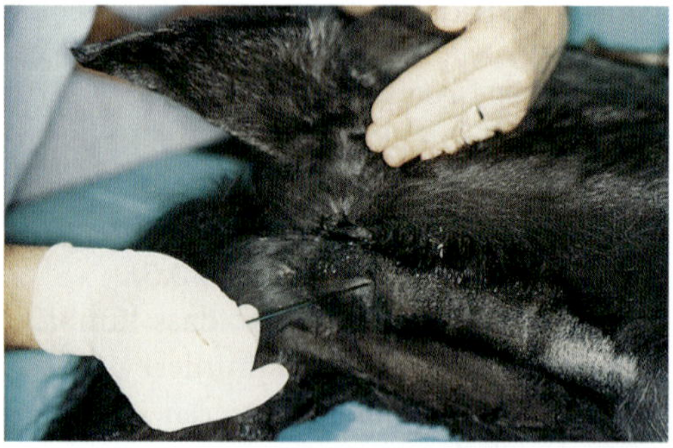

Abb. 28.8 Durchführung der Okzipitalpunktion: Aufsuchen der Punktionsstelle am Kreuzungspunkt zwischen medianer Nackenlinie in Fortsetzung der Protuberantia occipitalis und der Verbindungslinie beider Atlasflügel.

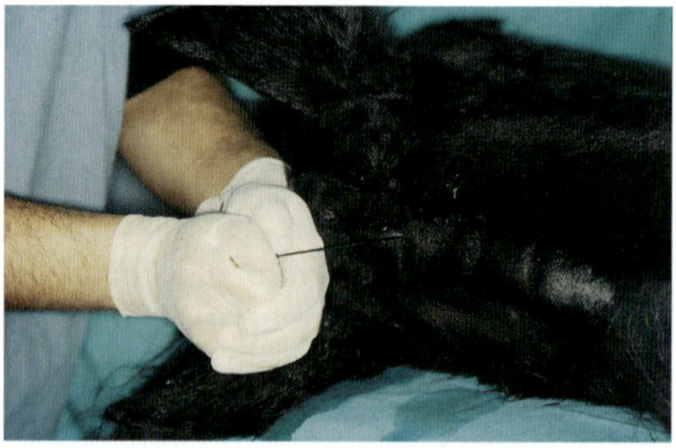

Abb. 28.9 Auflegen beider Hände in der Okzipitalregion zur Druckkontrolle. Eindringen unter vorsichtig dosiertem Druck; Durchstoßen des Nackenbandes; langsames Durchdringen der Dura mater (geringes Krepitationsgefühl). Eindringtiefe: große Pferde 5–8 cm; Ponys 3,5–5,5 cm; Fohlen 2–4 cm

fe beträgt beim erwachsenen Pferd 5–8 cm, beim Pony 3,5–5,5 cm und beim Fohlen 2–4 cm. Nach Entfernen des Mandrins fließt Liquor tropfenweise ab. Die Gewinnung des Liquors im **Lumbosakralraum** erfolgt wie bei der Rückenmarksanästhesie. Das Pferd wird am besten in einen Notstand gestellt und sediert. Eine örtliche Anästhesie ist zusätzlich erforderlich. Die Punktionsstelle befindet sich in der Mitte eines Dreiecks durch den sechsten Lendenwirbel und den kranialen Rand der Tubera sacralia. Beim Durchstechen der Meningen kommt es zu einer lokalen Muskelkontraktion und Abwehrbewegungen des Schwanzes, danach wird Liquor vorsichtig mit einer Sprite aspiriert.

Die Liquorentnahme beim **Rind** und **kleinen Wiederkäuer** erfolgt bevorzugt in Sedation durch **Lumbalpunktion** am stehenden oder in Brustlage gehaltenen Tier lumbosakral. Dieses wird in der Mittellinie, kaudal vom letzten Lendenwirbel sowie kaudal einer Verbindungslinie durch die beiden Tubera coxae als leichte Eindellung palpiert. Liquor kann auch wie bei Pferd und Hund **atlantookzipital** am anästhesierten und auf der Seite gelagerten Tier gewonnen werden. Die Subokzipitalpunktion ist beim kleinen Wiederkäuer jedoch durch die anatomische Konfiguration des Hinterhauptbeins erschwert.

Beim **Schwein** erfolgt die Punktion im **Lumbosakralbereich**. Das Tier wird narkotisiert und in Brust-Bauch-Lage gebracht. Die Hinterbeine werden weit unter den Leib gestreckt, sodass zwischen letztem Lendenwirbel und Kreuzbein eine möglichst starke Beugung entsteht und so ein besserer lumbosakraler Zugang gegeben ist. Der Operateur stellt sich hinter das Tier und sucht mit den Fingerspitzen die höchsten Punkte der beiden Darmbeinkämme auf. Die Verbindungslinie zwischen diesen beiden

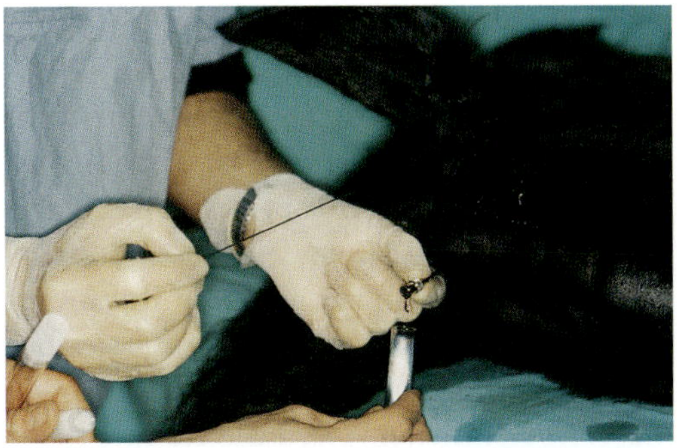

Abb. 28.10 Liquorgewinnung im Intrathekalraum. Ziehen des Mandrins. Liquor tropft oder fließt in dünnem Strahl aus der Kanüle (physiologische Situation); Liquor entströmt unter Druck: vorsichtige langsame Gewinnung, keine Aspiration mit Spritze (Gefahr der Kleinhirnhernie!)

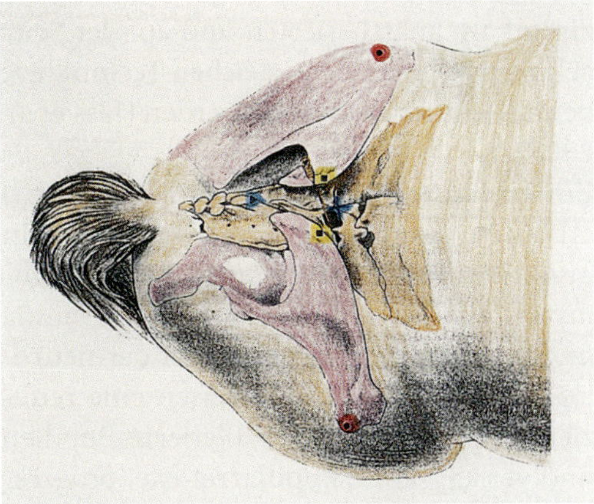

Abb. 28.11 Situs bei Lumbosakralpunktion beim stehenden, mit Nasenbremse fixierten Pferd. Chirurgische Vorbereitung des Punktionsfeldes; Palpation von Markierungspunkten (z. T. variabel): kaudolateraler Rand beider Hüfthöcker, dorsale Medianlinie zwischen L6 und S2, kranialer Rand jedes Tuber sacrale; lokale Anästhesie der Einstichstelle, kleine Hautinzision; vertikale Punktionsführung der Kanüle.

Punkten liegt in Höhe des letzten Lenden- und ersten Sakralwirbels. Die Einstichstelle liegt im Schnittpunkt der Medianen mit der Verbindungslinie zwischen den beiden oberen Punkten der Crista iliaca. An dieser Stelle wird eine 10 cm lange Kanüle in leicht kranioventraler Stichrichtung eingeführt. Beim Durchstechen des Ligamentum flavum (Lig. interarcuale) ist ein leichter Widerstand und meist ein Zucken des Patienten wahrzunehmen. Nach Durchdringen des Lig. flavum gelangt die Kanüle in das geräumige Spatium epidurale. Hier befinden sich fettreiches Bindegewebe sowie die Wirbelblutleiter. Wird die Kanüle tiefer eingeführt, durchstößt sie die Dura mater, die Neurothel- und Mesothelschicht der Arachnoidea und gelangt in das Cavum leptomeningicum s. subarachnoidale, wo der Liquor cerebrospinalis zirkuliert (Heinritzi und König 1988).

Beim **Kaninchen** kann Liquor **atlantookzipital** am anästhesierten und auf der Seite gelagerten Tier mit der gleichen Technik wie beim Kleintier gewonnen werden (Jass et al. 2008).

Ein erhöhtes **Punktionsrisiko** besteht bei erhöhtem intrakraniellem Druck. Nicht punktiert werden sollte auch bei Syringomyelie, Hydrozephalus, zervikalem Trauma und atlantaxialer Luxation. Bei der neurologischen Untersuchung weisen eine reduzierte Bewusstseinslage, dilatierte Pupillen und verlangsamte Pupillarreflexe, progressive Parese und Ataxie im Zusammenhang mit Bewusstseinstrübung auf einen möglicherweise erhöhten intrakraniellen Druck hin. Hinweisend kann auch eine langsame Herzfrequenz (< 60/Minute) sein. Der Druckabfall bei der Liquorpunktion kann zur Herniation des Gehirns und Apnoe durch Kompression der Atemzentren in der Medulla oblongata führen. Bei Verdacht auf einen raumfordernden Prozess mit intrakranieller Drucksteigerung oder Hydrozephalus wird eine MRT (oder CT) daher immer der Liquorpunktion vorgezogen. Erst nach der MRT erfolgt die Entscheidung, ob eine Liquorpunktion gefahrlos durchgeführt werden kann. Prinzipielle Vorsichtsmaßnahmen bei der Punktion von Risikopatienten sind eine schonende Einleitung der Narkose, Vermeidung von Kompression der Vena jugularis sowie Intubation und Beatmung. Anästhetika die den intrakraniellen Druck erhöhen wie Ketamin sollten vermieden werden.

28.4 Makroskopische Beurteilung

Druck

Die direkte Messung des Druckes nach Einbringen der Kanüle erfolgt nur sehr selten. Indirekt kann der Druck durch Beobachtung des Liquorabflusses beurteilt werden. Bei erhöhtem intrakraniellem Druck tropft der Liquor sehr schnell oder fließt im Strahl ab. In diesen Fällen sollte nur eine minimale Menge Liquor (0,5–1 ml) für die Untersuchung entnommen und die Punktion abgebrochen werden.

Transparenz und Konsistenz

Physiologischer Liquor ist **wasserklar** und **durchsichtig**. Gering- bis mittelgradige Veränderungen des Zell- und Proteingehaltes führen nicht zu einer makroskopischen Veränderung des Liquors. Bei sehr hohem Zell- (> 500/µl) und Proteingehalt werden Trübungen und erhöhte Viskosität beobachtet. Blutbeimengungen führen zu einer rötlichen Verfärbung.

Farbe

Rotverfärbungen weisen auf eine Blutbeimengung zum Liquor hin. In den meisten Fällen ist dies auf eine **Blutkontamination** bei der Punktion zurückzuführen. In diesen Fällen sedimentieren die Erythrozyten als roter Faden am Boden der Liquorpunktionskanüle und der Liquor wird während der Entnahme zunehmend klarer. Nach der Zentrifugation des Liquors liegt ein Erythrozytensediment vor und der Überstand ist wasserklar. Makroskopisch blutkontaminierter Liquor ist für die weitere Liquoruntersuchung nicht oder nur für die Diagnostik einer schwerwiegenden Pleozytose zu gebrauchen und sollte verworfen werden. Alternativ kann es sich um eine (seltene) frische **Blutung in den Subarachnoidalraum** handeln (z. B. Vaskulitis). In diesen Fällen ist der Liquor bei der Entnahme gleichmäßig rötlich verfärbt. Nach der Zentrifugation erscheint der Überstand rötlich oder gelblich, da die Erythrozyten nach wenigen Stunden im proteinarmen Liquor lysieren.

Gelbverfärbungen des Liquors werden als **Xanthochromie** bezeichnet. Häufige Ursache ist eine vorausgegangene Blutung in den Subarachnoidalraum. Subarachnoidalblutungen treten infolge von Trauma, Gerinnungsstörungen, Vaskulitis und bei schweren Entzündungen (z. B. FIP) auf. Beim Pferd ist eine leichte Gelbfärbung physiologisch.

28.5 Proteinbestimmung

Protein kommt im Liquor normalerweise nur in geringen Mengen vor. Es besteht vorwiegend aus Albumin, das aus dem Blut stammt.

Semiquantitativ – Pandy-Reaktion

Indikationen

schnelles Screening für erhöhten Proteingehalt des Liquors

Material

- Liquor
- Pandy-Reagenz (gesättigte Karbolsäurelösung)

Prinzip

Globuline ergeben mit Pandy-Reagenz eine Trübung, die konzentrationsabhängig stärker ausfällt.

Technik

- ca. 2 ml Pandy-Reagenz in ein Uhrgläschen geben
- auf dunklen Untergrund stellen
- wenige Tropfen Liquor von der Seite langsam zufließen lassen
- auf Trübung unterschiedlicher Intensität achten

Referenzbereiche

Liquor bleibt **klar**. Keine Globuline vorhanden. Für die Untersuchung beim Pferd nicht geeignet, da hier bei normalem Liquor bereits eine leichte Trübung auftreten kann.

Bewertung

- \+ Opaleszenz
- ++ leichte Trübung
- +++ starke Trübung
- ++++ Präzipitation

Bei geringgradig erhöhtem Liquorprotein (0,3–0,6 g/l) kann die Pandy-Reaktion auch negativ ausfallen. Die Pandy-Reaktion ersetzt daher nicht die quantitative Proteinbestimmung, liefert jedoch unter Praxisbedingungen wichtige Informationen.

Quantitativ

Indikation

Nachweis und Quantifizierung eines erhöhten Proteingehalts des Liquors

Material

- Liquor (Überstand nach Zentrifugation)
- Liquorkontrollen mit bekanntem Proteingehalt

Prinzip

Die Liquorproteinbestimmung erfordert die Verwendung spezieller Methoden, die an die niedrigen Proteinkonzentrationen im Liquor adaptiert sind. Prinzipiell wird Protein durch Bindung eines Farbstoffes oder durch eine Fällungsreaktion mit entsprechenden Geräten bestimmt.
Nephelometrie und Turbidometrie sind für Serienbestimmungen gut geeignet und erfassen Albumin und Globuline in gleichem Maße. Eine Linearität der Messungen ist auch bei hohem Proteingehalt gegeben.

Technik

Im Handel sind Testsets für die Liquorproteinmessung erhältlich. Durchführung nach Anleitung des Herstellers. Laboreigene Referenzwerte sollten erstellt werden.

Tab. 28.1 Referenzbereiche für Liquorprotein bei verschiedenen Tierspezies (okzipital entnommener Liquor)

Spezies	Liquorprotein (g/l)
Hund, Katze, Kaninchen	< 0,3
Pferd	< 0,8
Rind, Schwein, kleiner Wiederkäuer	< 0,4

28

Referenzbereiche

siehe **Tabelle 28.1**

Bewertung

▶ Liquorprotein ↑
- Tumor
- Entzündung
- Degeneration
- Vaskulär

Bei Entzündungen weist der Liquor meist auch einen erhöhten Zellgehalt auf.
Ein erhöhter Proteingehalt ohne gleichzeitige Erhöhung der Zellzahl wird als **albuminozytologische Dissoziation** bezeichnet. Dieser Befund ist häufig ausgeprägt bei Tumoren des ZNS, kann aber auch bei Vaskulitis, Blutung, viraler Entzündung, Radikulitis, Degeneration oder Kompression auftreten.

28.6 Zytologie

Zellzählung

Indikation

- Bestimmung der Leukozyten- und Erythrozytenzahl im Liquor
- Nachweis einer Blutkontamination

Material

- Liquor (nativ)
- Fuchs-Rosenthal-Zählkammer (**Abb. 28.12**)
- Eisessig
- Liquorfärbelösung, z. B. Kristallviolett oder Fuchsinlösung

Prinzip

Die Zellzählung sollte innerhalb von 30 Minuten nach der Liquorentnahme erfolgen, da Zellen, vor allem neutrophile Granulozyten, im proteinarmen Milieu des Liquors bei Raumtemperatur sehr schnell lysieren. Kann die Zellzählung erst später durchgeführt werden, sollte der Liquor gekühlt aufbewahrt werden.
Erythrozyten und Leukozyten werden im nativen, unverdünnten Liquor anhand ihrer unterschiedlichen Morphologie identifiziert. In mit Eisessig (100 % Essigsäure, wasserfrei) verdünntem Liquor lysieren Erythrozyten. Die verbleibenden Leukozyten werden gezählt.

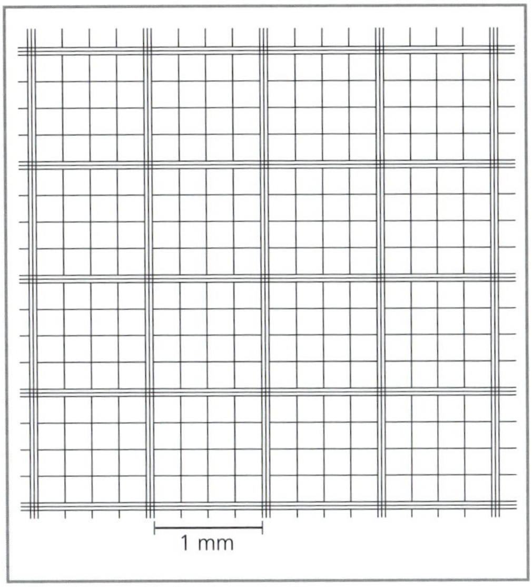

Abb. 28.12 Zählfeld der Fuchs-Rosenthal-Zählkammer

Methode

Unmittelbar vor der Zählung wird die Zählkammer mit Alkohol sorgfältig gereinigt und nach dem Aufbringen des Deckglases unter dem Mikroskop kontrolliert. Eine Seite der Fuchs-Rosenthal-Zählkammer wird dann mit nativem, unverdünntem, die andere Seite mit Eisessig verdünntem Liquor beschickt. Hierzu werden 90 µl Liquor mit 10 µl Eisessig pipettiert. Statt Eisessig können auch spezielle Liquorfärbelösungen verwendet werden. Liquorfärbelösungen sind im Handel erhältlich oder können selbst hergestellt werden, z. B. Eisessig 4,0, Methylviolett 0,2, Aqua dest. ad 100 oder Samson'sche Lösung; vor Gebrauch filtrieren.
Nach einigen Minuten Sedimentationszeit werden alle Zellen in den 16 Großquadraten auf einer Seite der Zählkammer gezählt. Leukozyten- und Erythrozytenzahl werden getrennt durch Zählung am unbehandelten, ungefärbten Liquor ermittelt. Die Leukozytenzahl des mit Eisessig verdünnten bzw. angefärbten Liquors wird zusätzlich bestimmt. Da das Volumen der Fuchs-Rosenthal-Zählkammer 3,2 µl beträgt, war es bisher im deutschsprachigen Raum üblich, die gezählte Zellzahl angenähert als Drittel Zellen (/3) pro µl Liquor anzugeben.

Referenzbereiche

siehe **Tabelle 28.2**

Tab. 28.2 Referenzbereiche für Leukozyten- und Erythrozytenzahl bei verschiedenen Tierspezies

Spezies	Leukozyten (Zellen/µl)	Erythrozyten
Hund, Katze	< 8/3 (= < 3)	normaler Liquor enthält keine oder nur vereinzelt Erythrozyten
alle anderen Tierarten	< 15/3 (= < 5)	

28

Bewertung

- Leukozytenzahl ↑ = Pleozytose
  - pathologisch
- Erythrozytenzahl ↑
  - **Blutkontamination** bei der Entnahme des Liquors

Hochgradig blutkontaminierter Liquor kann nicht zuverlässig ausgewertet werden. Von der Verwendung von Korrekturfaktoren, die für je 500–700 Erythrozyten pro µl Liquor 1 Leukozyt und 0,01 g/l Protein abziehen, wird allgemein abgeraten, da die Berechnung ungenau ist. Unter Praxisbedingungen und bei hochgradiger Pleozytose ist es jedoch hilfreich, die Zellzahl annähernd bestimmen zu können.

Differenzialzellbild

Indikation

Identifizierung des vorherrschenden Zelltyps im Liquor

Material

- Liquor (nativ)
- Objektträger
- Zytozentrifuge
- Färbelösungen

Prinzip

Im Liquor enthaltene Zellen werden durch schonende Zentrifugation direkt auf einen Objektträger zentrifugiert. Der Zellerhalt wird durch Zugabe von bovinem Albumin oder Serum gesteigert. Der Liquor sollte für die Zelldifferenzierung genauso wie für die Zellzählung innerhalb von 30 Minuten verarbeitet werden, um einem optimalen Zellerhalt zu gewährleisten. Ein direkter Ausstrich des Liquors auf einen Objektträger ist nur bei stark erhöhten Zellzahlen sinnvoll.

28

Methode

Den dünnlumigen Probenzylinder der Zytozentrifuge auf einen Objektträger spannen und bis zu 500 µl Liquor einbringen. Bei geringem Probenvolumen und hohem Zellgehalt des Liquors können 50–250 µl eingesetzt werden. Für einen besseren Zellerhalt bovines Serumalbumin oder Serum zugeben. Nach den Anleitungen des Herstellers Zellen mit niedriger Umdrehungszahl auf den Objektträger zentrifugieren, z. B. 3 Minuten bei 1500 U. Danach Überstand abpipettieren, Probengefäß abnehmen und ein gelochtes Filterpapier mit einem entsprechend weitlumigen Probenzylinder auf den Objektträger spannen. Für kurze Zeit bei hoher Umdrehungszahl trocken zentrifugieren, z. B. eine Minute bei 2500 U. Den Objektträger wie einen Blutausstrich mit Diff-Quick® oder nach Pappenheim färben.

Referenzbereiche

Normaler Liquor enthält meist nur Lymphozyten und einige wenige Monozyten.

Bewertung

Im Falle einer Entzündung und wenn die Tiere nicht mit entzündungshemmender Medikation vorbehandelt sind, reflektiert das Zellbild im Liquor in den meisten Fällen den histopathologisch vorherrschenden Entzündungstyp (**Abb. 28.13–28.17**). Tumorzellen können bei Lymphomen des ZNS auch im Liquor nachgewiesen werden (**Abb. 28.18**). Erythrophagozytose weist auf eine vorausgegangene Blutung in den Liquorraum hin.

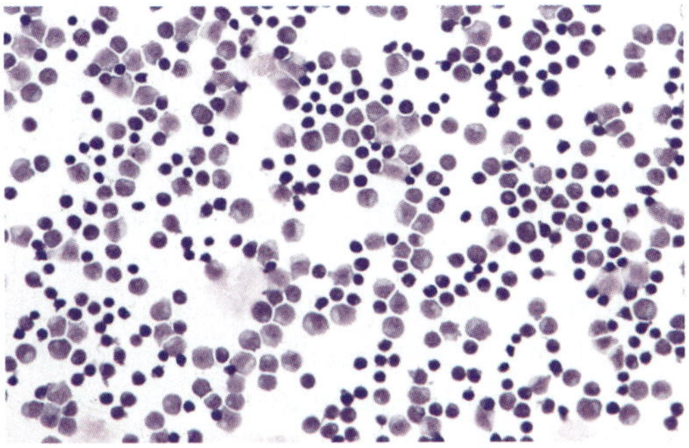

Abb. 28.13 Hochgradige lymphomonozytäre Pleozytose

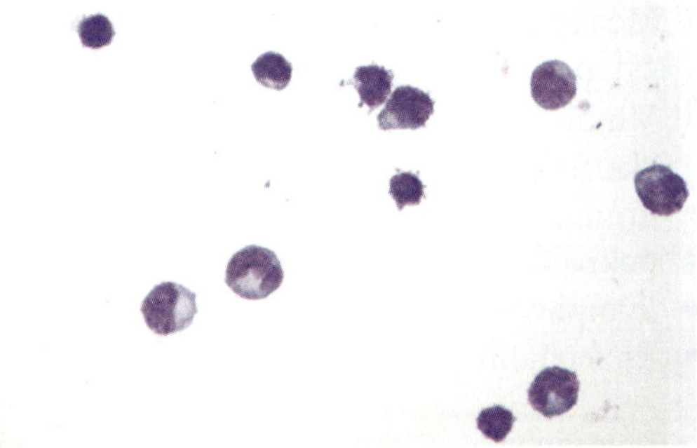

Abb. 28.14 Lymphomonozytäre Pleozytose bei viraler Enzephalitis (Hund)

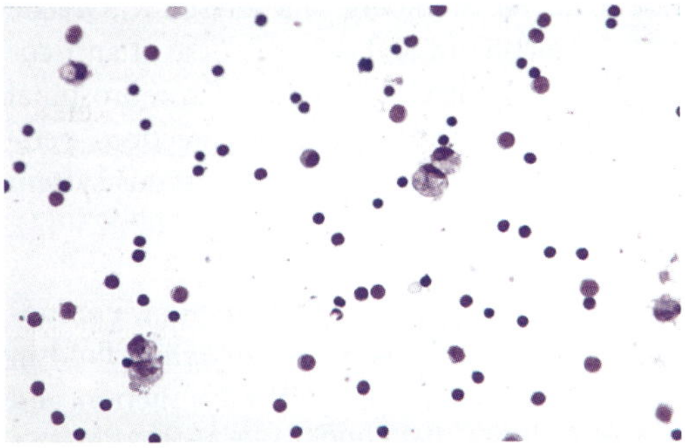

Abb. 28.15 Lymphozyten, Monozyten und aktivierte Makrophagen bei granulomatöser Meningoenzephalitis (Hund)

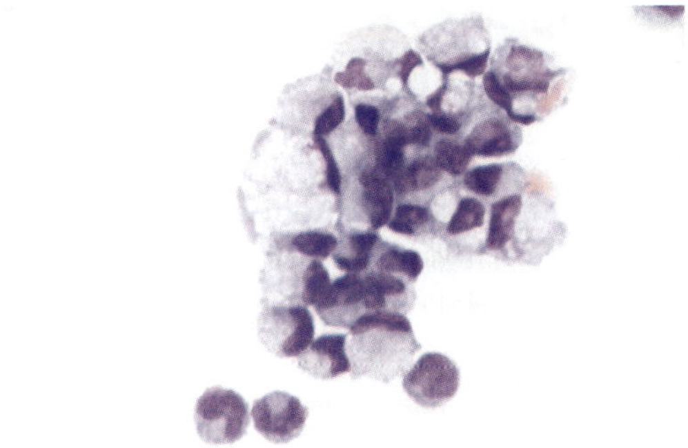

Abb. 28.16 Gitterzellen bei Malazie

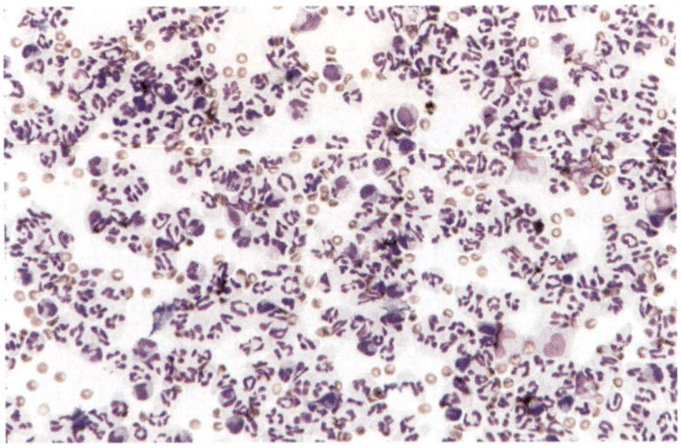

Abb. 28.17 Hochgradige neutrophile Pleozytose bei steroidresponsiver Meningitis-Arteriitis (Hund)

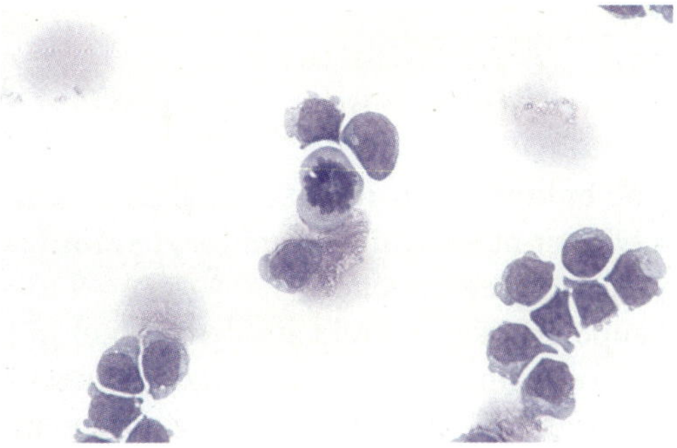

Abb. 28.18 Lymphom

▶ Mononukleär (Lymphozyten und Monozyten, evtl. Makrophagen)

- Viren (Staupe, Zentraleuropäische Zeckenenzephalitis, Tollwut)
- granulomatöse Meningoenzephalitis
- nekrotisierende Enzephalitis
- Lymphom
- Enzephalitozoonose (Kaninchen)

▶ Neutrophil

- bakteriell
- steroidresponsive Meningitis-Arteriitis

▶ Gemischtzellig

- Protozoen
- Pilze
- chronisch bakteriell
- feline infektiöse Peritonitis
- granulomatöse Meningoenzephalitis
- Nekrose, Malazie

▶ Eosinophil

- Parasiten
- Pilze
- Protozoen
- idiopathisch

28.7 Weiterführende Untersuchungen

Eine **bakterielle Kultur** ist indiziert, wenn vermehrt neutrophile Granulozyten im Liquor nachweisbar sind.

Staupevirus kann direkt aus dem Liquor mit PCR oder im ungefärbten Zytozentrifugenpräparat mit direkter Immunfluoreszenz nachgewiesen werden. Verschiedene andere Infektionserreger sind ebenfalls direkt mit PCR nachweisbar.

Bei der Bewertung von **Liquorantikörpern** muss der funktionelle Zustand der Blut-Hirn-Schranke und die Höhe des Antikörpertiters im Serum berücksichtigt werden. Nicht jeder positive Liquorantikörpertiter spricht für eine lokale Antikörperproduktion im ZNS. Antikörper können auch bei hohem Serumantikörpertiter aus dem Serum in den liquorführenden Raum übergetreten sein oder unspezifisch intrathekal produziert werden (Boettcher et al. 2007). Die alleinige Bestimmung von einzelnen Antikörpern wird daher kritisch gesehen.

Literatur

Boettcher IC, Steinberg T, Matiasek K, Greene CE, Hartmann K, Fischer A. Use of anti-coronavirus antibody testing of cerebrospinal fluid for diagnosis of feline infectious peritonitis involving the central nervous system in cats. J Am Vet Med Assoc 2007; 230(2): 199–205.

Di Terlizzi R, Platt SR. The function, composition and analysis of cerebrospinal fluid in companion animals: part I – function and composition. Vet J 2006; 172(3): 422–31.

Di Terlizzi R, Platt SR. The function, composition and analysis of cerebrospinal fluid in companion animals: part II – analysis. The Vet J 2009; 180(1): 15–32.

Heinritzi K, Schillinger S. [The cerebrospinal fluid from healthy pigs and pigs with central nervous system diseases.] Tierärztl Prax 1996; 24(4): 359–64.

Jass A, Matiasek K, Henke J, Küchenhoff H, Hartmann K, Fischer A. Analysis of cerebrospinal fluid in healthy rabbits and rabbits with clinically suspected encephalitozoonosis. Vet Rec 2008; 162(19): 618–22.

Lorenz MD, Kornegay JN. Handbook of Veterinary Neurology. 4th Ed. St. Louis: Elsevier Saunders 2004.

Petereit H, Sindern E, Wick M, Hrsg. Leitlinien der Liquordiagnostik und Methodenkatalog der Deutschen Gesellschaft für Liquordiagnostik und Klinische Neurochemie. Heidelberg: Springer 2007.

Tipold A. Entzündungen im Zentralnervensystem. Hund – Katze – Pferd. Stuttgart: Enke 1997.

Tipold A. Cerebrospinal fluid. In: Vite CH, Braund KG, Eds. Braund's Clinical Neurology in Small Animals: Localization, Diagnosis and Treatment. International Veterinary Information Service, Ithaca NY (www.ivis.org), 2003; A3233.0803. http://www.ivis.org/advances/Vite/tipold/chapter_frm.asp?LA=1 (Letztes Update 22.8.2003, Zugriff am 30.4.2010).

Vandevelde M, Jaggy A, Lang J. Veterinärmedizinische Neurologie. 2. Aufl. Berlin, Wien: Parey 2001.

Windsor RC, Sturges BK, Vernau KM, Vernau W. Cerebrospinal fluid eosinophilia in dogs. J Vet Intern Med 2009; 23(2): 275–81.

Danksagung

Die Abbildungen 28.13–28.18 wurden freundlicherweise von Dr. K. Matiasek, Institut für Allgemeine Pathologie und Neuropathologie der Ludwig-Maximilians-Universität München, überlassen.

29 Synovia

Arthur Grabner und Natali Bauer

29.1 Einleitung

Die Synovialflüssigkeit ist ein Plasmadialysat, das insbesondere durch Hyaluronsäure (Glukosaminoglykankomplexe) von den **B-Synovialzellen** (Fibroblasten) modifiziert wird.

Die **Funktionen der Synovia** umfassen die Ernährung des Gelenkknorpels, den mechanischen Schutz der Gelenkflächen (»Schmiermittel, Stoßdämpfer«) sowie immunologische Aufgaben (Phagozytoseaktivität durch **A-Synoviozyten,** d.h. Makrophagen ähnlich wie Kupffer-Zellen). Daneben werden Metaboliten, die bei natürlichen Umbauprozessen entstehen, durch die Synovia entfernt.

Die **labordiagnostische Untersuchung** der Synovia ist die Grundlage für die Differenzialdiagnose entzündlicher und degenerativer wie auch septischer und aseptischer Veränderungen der Strukturen (Gelenke, Sehnenscheiden, Schleimbeutel), die den Synovialraum begrenzen. Sie erstreckt sich auf:

- die physikalische Beschaffenheit,
- die chemischen Bestandteile,
- die zytologischen Merkmale und
- die mikrobiologische Diagnostik.

Die Diagnosestellung erfolgt aus der Kombination der erhobenen Einzelbefunde. Deshalb steht die Bewertung der Befunde im Anschluss an die aufgeführten Untersuchungsverfahren.

29.2 Probengewinnung (Arthrozentese)

Technik

- Zwangsmaßnahmen (Fixierung des Patienten, beim Pferd ggf. Oberlippenbremse)
- chirurgische Vorbereitung der Punktionsstelle
- ggf. Oberflächenanästhesie mit Äthylchloridspray
- geeignetes Punktionsinstrumentarium (Kanülendurchmesser der Tierart anpassen, Großtiere: 18–20 G, Kleintiere: 25–22 G)
- 1 Tropfen für Direktausstrich zur zytologischen Untersuchung; restliches Punktat in zwei Röhrchen auffangen (mit EDTA-Zusatz für die klinisch-chemische Untersuchung, Zellzählung und Herstellung von Sedimentpräparaten für zytologische Untersuchung, ohne EDTA-Zusatz für den Muzintest)

29.3 Physikalische Untersuchung

Referenzbereiche

siehe **Tab. 29.1**

Tab. 29.1 Referenzbereiche für die physikalische Untersuchung der Synovia

Kriterien	Referenzbereiche
Menge	abhängig von der anatomischen Struktur und ihrer Größe (beim Großtier mindestens 1 ml; beim Kleintier deutlich weniger)
Farbe	hell- bis strohgelb
Transparenz	klar, transparent
Geruch	geruchlos
Viskosität	fadenziehend (mindestens 2,5 cm lang), abhängig vom Hyaluronatgehalt (**Abb. 29.1**)

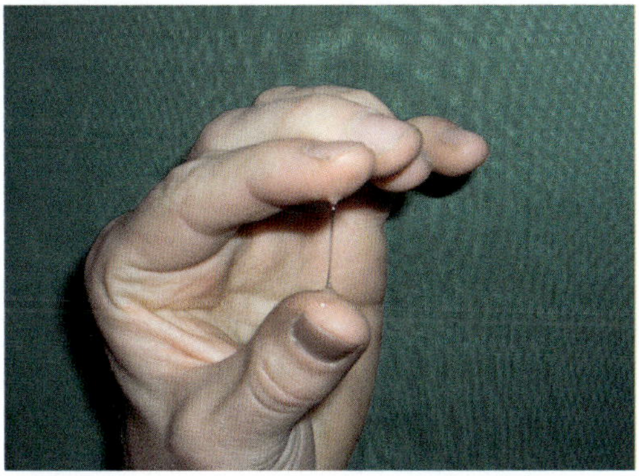

Abb. 29.1 Viskositätsprüfung der Synovia

29.4 Chemische Untersuchung

Referenzbereiche

siehe **Tab. 29.2**

29.5 Zytologische Untersuchung und Zellzählung

Wenn nur wenig Synovia gewonnen wurde, ist die zytologische Untersuchung eines Direktausstriches zur semiquantitativen Abschätzung von Zellularität, Differentialzellbild und Viskosität das wichtigste Verfahren!

Tab. 29.2 Referenzbereiche für die klinisch-chemische Untersuchung der Synovia

Parameter	Referenzbereiche
Gesamtprotein	bis 2 g/dl
Zusatzuntersuchungen	
Albumin/Globulin-Ratio	0,7–1,1 (evaluiert für Pferde)
Glukose	Konzentration maximal so hoch wie im Plasma
Laktat	Konzentration maximal so hoch wie im Plasma
Enzyme	LDH-, AP-, AST-Aktivität geringer als im Serum

Material

- für Direktausstrich: Synovia ohne EDTA-Zusatz
- Herstellung von Sediment/Zytozentrifugenpräparaten und Zellzählung: Synovia in EDTA. Zur Verringerung der Viskosität ist eine Vorinkubation von wenigen Minuten 1 : 1 mit Hyaluronidase-Lösung (150 U/ml) ratsam (bovine Hyaluronidase, Fa. Sigma-Aldrich, Taufkirchen; Ansetzen nach Anweisungen des Herstellers; Aliquots der angesetzten Lösung können bis zur Verwendung bei –20 °C eingefroren werden)

Technik

- Leukozytenzählung:
  - manuell: Zur besseren Darstellung der Leukozyten 1%ige Kristallviolettlösung (angesetzt mit physiologischer NaCl-Lösung) verwenden, Zellen in Fuchs-Rosenthal-Zählkammer (s. Kap. 28) auszählen.
  - automatisch: mit Hämatologiegeräten (nur nach Vorinkubation mit Hyaluronidase!)

Tab. 29.3 Referenzbereiche für die Leukozytenzahl* bei verschiedenen Tierspezies

Spezies	Referenzbereiche
Pferd	200–500/µl[1]
Rind	bis 725/µl[2]
Hund	bis 3000/µl[3]
Katze	bis 1000/µl[4]

* abhängigvon anatomischer Lokalisation
1 Mahaffey 2003
2 van Pelt 1963
3 Parry 1998
4 Barger 2010

- Aus einem Tropfen Synovia ohne Antikoagulans Direktausstrich für zytologische Untersuchung anfertigen (Ausstrich und Färbung wie für das Differenzialblutbild, s. S. 92).
- wenn mehr Material vorhanden: zusätzlich Sedimentpräparat/Zytozentrifugenpräparat anfertigen (Technik: wie für BAL, Kap. 30)

Referenzbereiche

Die Wertebereiche für die Leukozytenzahl sind in **Tabelle 29.3** angegeben, diejenigen für die Zellzählung in **Tabelle 29.4**.

29.6 Mikrobiologische Untersuchung

Die physiologische Synovia enthält keine Mikroorganismen. Die Anzüchtung von Bakterien ist bei akuten septischen Arthritiden üblich, gelingt jedoch kaum bei chronisch infizierten Gelenken. Häufig werden falsch negative Ergebnisse erzielt. In solchen Fällen lassen sich Erreger über eine Synovialisbiopsie nachweisen.

29.7 Bewertung

(zusammen mit den zytologischen Ergebnissen)

▶ Nichtpurulente Synovitis
- degenerativ (orthopädische Erkrankungen, **alle Tierarten**)
- akut/chronisch traumatisch (**alle Tierarten**, seltener mit purulentem Zellbild)
- chronischer Hämarthros (**alle Tierarten**)
- infektiös: Viren, Protozoen (**Katze**: Caliciviren; **Hund** Leishmaniose)

Tab. 29.4 Zytologisches Bild und Differenzialzellbild

Zellen	Referenzbereiche
polymorphkernige neutrophile Granulozyten	<8 %, Zellen in Reihenformation gelegen aufgrund hoher Viskosität
Lymphozyten, Monozyten, Makrophagen, Synoviazellen	>92 %, Zellen in Reihenformation gelegen aufgrund hoher Viskosität
Erythrozyten	fehlen, ggf. punktionsbedingt vorhanden
Thrombozyten	fehlen, ggf. vorhanden durch akute Einblutung (punktionsbedingt, Trauma)

- Neoplasien (**Hund**: insbesondere Sarkome; seltener mit purulentem Zellbild)
- lymphozytär (selten beim **Pferd** und **Hunden** mit Kreuzbandruptur)

▶ Purulente Synovitis

- infektiös
  - bakteriell (**alle Tierarten**, häufigste Ursache für purulente Synovitis beim Großtier)
- **nichtinfektiös/immunbedingt** (häufigste Ursache beim Hund, Pferd nicht bewiesen)
- **nichterosiv** (radiologisch kein Hinweis auf Knorpelerosionen)
  - idiopathische Polyarthritis Typ I–IV (**Hund, Katze**): **I:** unkompliziert, **II:** reaktiv, **III:** enteropathisch, **IV:** neoplasiebedingt
  - Polyarthritis-Meningitis Syndrom **(Hund, Katze)**
  - Polyarthritis-Polymyositis-Syndrom **(Hund, Katze)**
  - postvakzinale Arthritis (**Katze:** Calicivirusvakzine; **Hund:** polyvalente Vakzine)
  - medikamenteninduzierte Polyarthritis, z.B. durch Antibiotika **(Hund, Katze)**
  - systemischer Lupus erythematodes **(Hund, Katze)**
  - Synovitis-Amyloidose (**Hund:** Shar Pei)
  - juvenile Polyarthritis (**Hund:** Akita Inu)
- **erosiv** (radiologisch perichondrale/subchondrale Osteolyse)
  - rheumatoide Arthritis (**Hund**, seltener **Katze**)
  - progressive feline Polyarthritis **(Katze)**

Die Differenzierungskriterien sind in **Tabelle 29.5** enthalten. Die wichtigste Fragestellung ist die Differenzierung von wenig

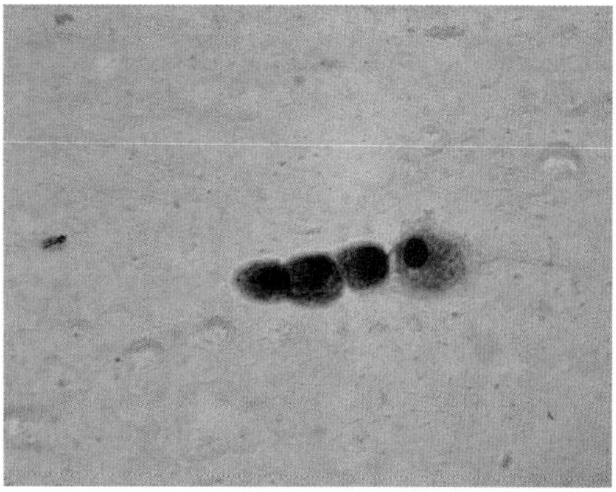

Abb. 29.2 Hund, Direktausstrich Synovia: degenerative Gelenkerkrankung, geringgradig erhöhter Zellgehalt, sonst physiologisches Bild, Synoviozyten/Makrophagen in typischer Reihenformation (Wright 600 ×)

bzw. nichtentzündlichen degenerativen Erkrankungen (**Abb. 29.2**) mit mononukleärem Bild von hochgradig entzündlichen purulenten Veränderungen (**Abb. 29.3**). Eine purulente Synovialitis ist beim Großtier in der Regel septisch (**Abb. 29.4**), beim Hund häufig immunbedingt (**Abb. 29.5**), insbesondere dann, wenn eine Polyarthritis vorliegt. Weiterhin kann ein Hämarthros, z. B. infolge eines Traumas oder einer Koagulopathie, abgegrenzt werden.

Bei **chronischem Hämarthros** treten Erythrophagen (Abb. 29.5), Hämosiderophagen und freie oder intrazelluläre Hämatoidinkristalle in der Synovia auf.

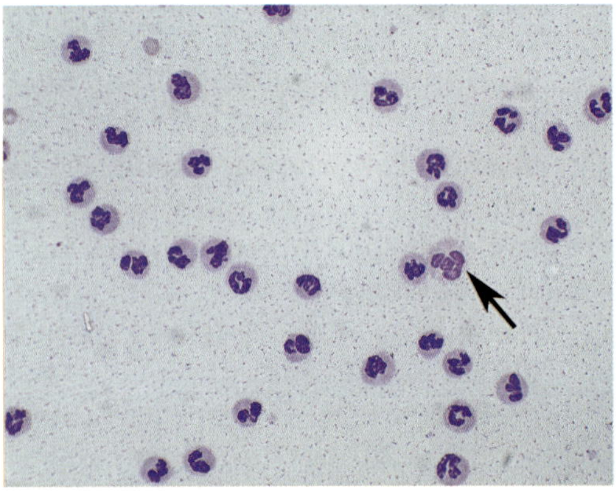

Abb. 29.3 Kalb, Direktausstrich Synovia: septische purulente Synovialitis, fehlende Reihenformation und Karyolyse neutrophiler Granulozyten (Pfeil) (Wright 600 ×)

29.8 Muzintest

Mit diesem Test lässt sich die Qualität des Muzinpräzipitats der Synovia ermitteln.

Material

Synovia ohne EDTA-Zusatz

Prinzip

Die viskoelastischen Eigenschaften der Synovia werden durch den Polymerisationsgrad der Hyaluronsäure bestimmt. Die Muzinausfällung dient hierzu als ein semiquantitativer Parameter. In der gesunden Synovia bildet sich im sauren Milieu ein dichtes, zähes Koagulum (kompakter Klumpen) in einer klaren Lösung. Bei ent-

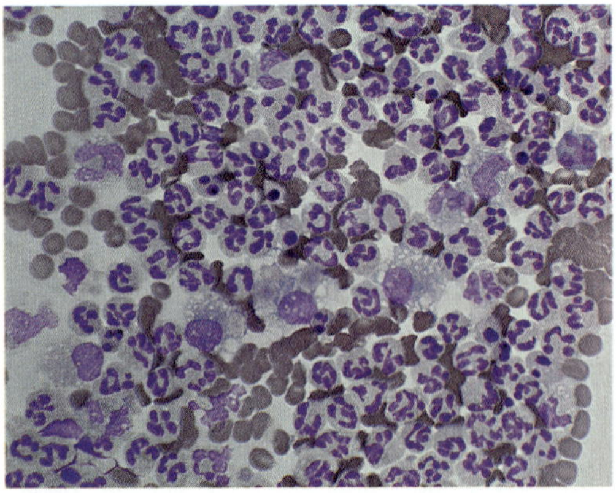

Abb. 29.4 Pferd, Zytozentrifugenpräparat: septische purulente Synovialitis. Einige Stäbchen und ein Knorpelfragment (rechter unterer Bildrand) (Wright 600 ×)

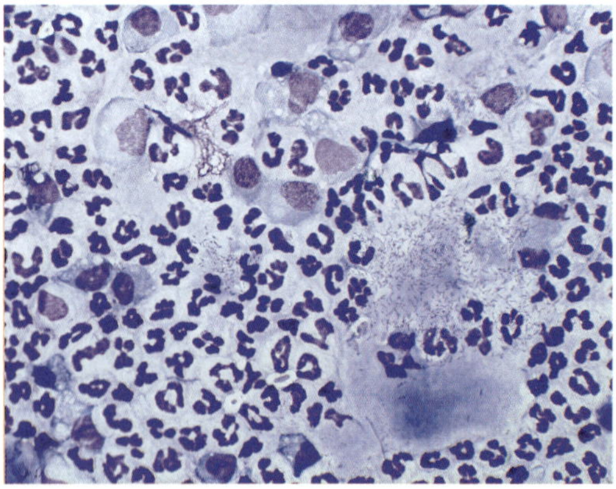

Abb. 29.5 Hund, Zytozentrifugenpräparat: immunbedingte purulente Polyarthritis mit chronischer Einblutung. Einige Makrophagen mit Erythrophagie (Bildmitte) (Wright 600 ×)

Tab. 29.5 Differenzierungskriterien synovialer Erkrankungen (A = akut, C = chronisch)

Kriterien	Degenerative Gelenkerkrankung	Trauma	Purulente Synovialitis (immunbedingt/septisch)
Volumen	• vermindert • Entstehung fibrotischer Synovialmembranen	• A: deutlich erhöht • C: erhöht	erhöht, abhängig vom Entzündungsstadium
Farbe, Aussehen	physiologisch oder dunkelgelb	• A: rötlich • C: blassorange	gelb bis orange mit Flocken und Zelldetritus
Geruch	geruchlos	geruchlos	geruchlos oder putride (falls septisch)
Gerinnung	+	+ bis ++	+++
Viskosität (Fadenlänge)	$<$2,5 cm	$<$2,5 cm	$<$2,5 cm
Muzintest	physiologisch bis hochgradig verändert	physiologisch bis hochgradig verändert	mittelgradig bis hochgradig verändert
Gesamtleukozytenzahl (tierartspezifisch)	physiologisch bis gering/ mittelgradig erhöht	gering- bis mittelgradig erhöht	mittel- bis hochgradig erhöht
Neutrophile	$<$10 %	• A: bis 75 % • C: 10–20 %	• $>>$50 % • septisch: selten Karyolyse!
mononukleäre Zellen	• Makrophagenzahl erhöht • ± Vakuolisierung	• Makrophagenzahl erhöht • ± Vakuolisierung	vermindert
Erythrozyten	keine	• A deutlich vermehrt • C: Erythrophagie	keine
Gesamtprotein	vermehrt ($<$4 g/dl)	vermehrt (blutungsabhängig)	deutlich vermehrt ($>$4 g/dl)
Albumin/Globulin-Ratio (Pferd)	geringgradig vermindert	gering- bis mittelgradig vermindert	hochgradig vermindert
Glukosegehalt (Pferd)	unverändert	• A: erhöht • C: unverändert	septisch: vermindert (bakterieller Metabolismus!)
Laktatgehalt (Pferd)	unverändert bis geringgradig erhöht	unverändert bis geringgradig erhöht	• $>$5,5 mmol/l verdächtig • $>$11,1 mmol/l septisch
LDH-, AP-, AST-Aktivität (Pferd)	erhöht	erhöht	erhöht
Bakterien	keine	keine	septisch: vorhanden

zündlichen Veränderungen vermindert sich die Klumpenbildung graduell.

Technik

- Synovia zentrifugieren
- 1 Teil des Überstands mit 4 Teilen 2,5%iger Eisessig-Lösung vorsichtig vermischen
- Probenröhrchen vorsichtig bewegen und Präzipitatbildung beobachten

Bewertung

Als Ergebnis des Muzintests können 4 Grade unterschieden werden (**Abb. 29.6**):
- kompakter Klumpen in einer klaren Lösung (physiologisch)
- Verklumpung mit leichter Trübung der Lösung (geringgradige Veränderung), z. B. bei degenerativer und akuter traumatischer Synovialitis
- Zerfall des Klumpens mit wolkiger Trübung (mittelgradige Veränderung), z. B. bei chronischer traumatischer Synovialitis
- flockiger Ausfall bei fehlender Klumpenbildung (hochgradige Veränderung), z. B. bei septischer Synovialitis

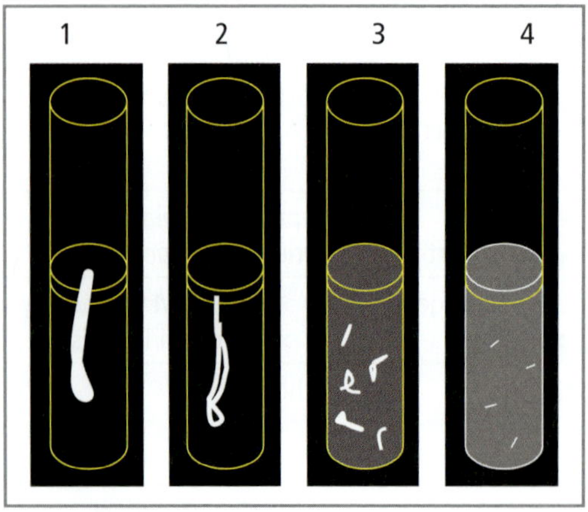

Abb. 29.6 Muzintest

Literatur

Barger AM. Musculoskeletal system. In: Raskin RE, Meyer DJ. Canine and feline cytology: a color atlas and interpretation guide 2nd ed. St. Louis: Saunders Elsevier 2010; 309–24.

Coffman J. Clinical chemistry and pathophysiology of horses: synovial fluid. Vet Med Small Anim Clin 1980; 75(9): 1403–6.

Dyson S. Synovial fluid and equine joint disease. Equine Vet J 1984; 16(3): 79–80.

Dyson S. Lameness associated with recurrent hemarthrosis in the horse. Equine Vet J 1986; 18(3): 224–6.

Mahaffey EA. Synovial fluid. In: Cowell RL, Tylor RD, eds. Diagnostic cytology and hematology of the Horse. 2nd ed. London: Mosby 2002; 163–70.

Marxen I, Schneider J. Biochemische Synoviaanalyse und Bestimmung des Synoviavolumens an distalen Gelenken der Vordergliedmaße von Pferden. Tierärztl Prax (G) 2002; 31(1): 52–6.

McIllwraith CW. Synovial fluid analysis in the diagnosis of equine joint disease. Equine Pract 1980; 2: 44–8.

Parry BW. Synovial fuid. In: Cowell RL, Tyler RD, Meinkoth JH, DeNicola DB. Diagnostic cytology and hematology of the dog and cat. 3rd ed. London: Mosby 2008; 193–209.

Sawyer DC. Synovial fluid analysis of canine joints. J Am Vet Med Assoc 1963; 143: 603–12.

Van Pelt RW. Properties of equine synovial fluid. J Am Vet Med Assoc 1962; 141: 1051–61.

Van Pelt RW. Interpretation of synovial findings in the horse. J Am Vet Med Assoc 1974; 165: 91–5.

Van Pelt RW, Conner GH. Synovial fluid from the normal bovine tarsus. I. Cellular constituents, gross appearance. Am J Vet Res 1963; 24: 112–21.

Zytologie, Mikrobiologie und Parasitologie

30 Zytologie

30.1 Zytologie von Tracheobronchialsekret bei Hund und Katze

Natali Bauer

Einleitung

Die zytologische Untersuchung von **Trachealsekret (TBS)** oder **Bronchioalveolarlavage (BAL)** ist eine einfache und kostengünstige Methode zur Feststellung der Ätiologie von respiratorischen Erkrankungen und sollte bei keiner endoskopischen Untersuchung des Respirationstraktes fehlen. Die Untersuchung ist jedoch limitiert bei Prozessen, die nicht mit der Trachea oder den Bronchien in Berührung kommen (Lungenfibrose oder fokale, hilusferne Neoplasien), da es hier unwahrscheinlich ist, dass Zellen in die zytologische Probe abschilfern.

Material

- körperwarme physiologische Kochsalzlösung (3–5 ml/kg/Körpergewicht)
- Objektträger mit Mattrand
- 20-ml-Spritzen, vorgeladen mit warmer Kochsalzlösung
- Filterpapier
- für Bronchoskopie: flexibles Endoskop mit einem Durchmesser von 6–9 mm
- für transtracheale Spülung: 16–19 G (gauge) zentraler Venenkatheter (16 G: Hunde > 25 kg; 18–19 G: Hunde > 10 kg < 25 kg; 19 G Hunde/Katzen < 10 kg)

Katzen sollten mit einem Bronchospasmolytikum (z. B. Theophyllin 5 mg/kg s. c. 30 Minuten vor der BAL) vorbehandelt werden, da sie zu Bronchospasmen neigen!

Prinzip

Mikroskopische Untersuchung von zytologischen Präparaten, die aus dem Respirationstrakt gewonnen wurden. Untersucht werden die Zellularität sowie das Vorhandensein von Gewebszellen, Entzündungszellen, atypischen Zellen (metaplastisch, dysplastisch, neoplastisch) sowie Beimengungen (Mukus, Erythrozyten, Bakterien, Parasiten, Parasiteneier- und Larven, Pilze, Pollen, sonstiges Fremdmaterial).

Technik

Probengewinnung

TBS

Eine TBS kann bei einer in Narkose durchgeführten Bronchoskopie als »Abklatsch« vom Endoskop gewonnen werden. Dazu eignet sich eine Zytologiebürste »**Zytobrush**«, die durch den Arbeitskanal eines flexiblen Endoskops eingeführt wird oder eine durch den Arbeitskanal des Endoskops entnommene Spülprobe.

Bei Patienten, die wegen hochgradiger Dyspnoe nicht narkosefähig sind, kann zudem eine **transtracheale Spülprobe** mittels eines zentralen Venenkatheters oder einer Ernährungssonde durchgeführt werden. Der Patient befindet sich in Brustlage mit von einer Hilfsperson leicht nach oben gestrecktem Kopf. Nach Scheren, Desinfektion und Lokalanästhesie wird die Kanüle in leicht schrägem Winkel zwischen zwei Trachealsprangen 1–3 cm unterhalb des Larynx eingestochen. Dann wird der Katheter nach Entfernung des Mandrins bis zur Carina (auf Höhe des 4. Interkostalraumes) eingeführt.

BAL

Mit einem Bronchoskop wird ein kleiner Bronchus abgedichtet, dann ein Aliquot von 20 ml warmer Kochsalzlösung durch den Arbeitskanal gespritzt und sofort danach wieder aspiriert. Dies gegebenenfalls wiederholen, bis eine leicht trübe Flüssigkeit mit deutlicher Schaumkrone wiedergewonnen wird.
Die Proben sollten an mehreren Stellen und an pathologisch veränderten Bereichen entnommen werden.

> **Coupage** während der BAL, d. h. beidseitiges Beklopfen des Thorax mit der flachen Hand durch eine Hilfsperson, erhöht den Austritt von schleimigem Sekret in die Probe!

Probenaufarbeitung

TBS

bei Abklatschpräparaten Herstellung von Ausstrichen als »Quetschpräparate«

> Nur mit Eigendruck des Objektträgers, s. Kap. 30.3 »Organzytologie«

BAL

1. Herstellung von Sedimentpräparaten mittels Zytozentrifuge mit speziellen Einsätzen (Zentrifugation bei 18 G über 3 Minuten, dann gründliches Absaugen des Überstandes und Trockenzentrifugieren bei 90 G über 1 Minute)
2. Falls keine Zytozentrifuge vorhanden ist:
   - 10-ml-Spritze in der Mitte zerschneiden
   - das Ende der Spritze mit den »Griffen« auf den Objektträger stellen, sodass sich die »Griffe« unten befinden
   - ein Filterpapier für Zytozentrifugen (oder mehrere Lagen Kaffeefilter, in die ein rundes Loch geschnitten wurde, das dem Lumen der Spritze entspricht) zwischen Spritze und Objektträger legen
   - »Griffe« und Filterpapier am Objektträger mit Krokodilklemme fixieren (**Abb. 30.1**)
   - ca. 200 µl der BAL in die Spritze geben
   - 1 Stunde sedimentieren lassen
   - Überstand gründlich mittels Spritze mit aufgesetzter Kanüle absaugen (es darf keine Flüssigkeit verbleiben, da sich die Zellen sonst aufkugeln)
   - Präparate nach Lufttrocknung mit panoptischer Färbung (May-Grünwald-Giemsa oder Diff-Quick®) anfärben
   - gefärbten Ausstrich zunächst bei 100-facher Vergrößerung durchmustern nach Zellularität, Menge und Struktur des Mukus sowie der Anwesenheit von Parasiten oder Fremdmaterial
   - anschließend bei 600- bis 1000-facher Vergrößerung (Ölimmersion) Zellen differenzieren und auf Besonderheiten untersuchen

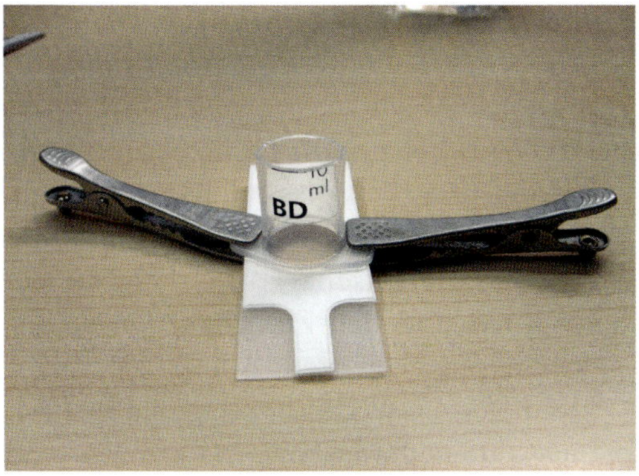

Abb. 30.1 Herstellung von Sedimentierkammern aus einer 10-ml-Spritze, Krokodilklemmen, Objektträger und Filterpapier

Referenzbereiche

Die Referenzbereiche für TBS und BAL bei Hund und Katze sind in **Tabelle 30.1** aufgeführt.

Bewertung

Epithelzellen

Flimmerepithelzellen (respiratorische Epithelzellen)

▶ Hochprismatisch

- hellbasophiles Zytoplasma, basal gelegener ovaler bis runder Nukleus mit feiner Chromatinstruktur, basalem Zytoplasmafortsatz (Ansatz an der Basalmembran) sowie apikalen Ziliensaum
- physiologisch in der Trachea und Bronchien

▶ Isoprismatisch

- zentral gelegener runder Nukleus mit feiner Chromatinstruktur und mittleren Mengen eines hellbasophilen Zytoplasmas (**Abb. 30.2**).
- physiologisch in den Bronchioli

Tab. 30.1 Referenzbereiche für TBS und BAL bei Hund und Katze nach verschiedenen Literaturstellen (Ballauf 2005, Burkhardt und Millward 2010)

	TBS		BAL	
	Hund	Katze	Hund	Katze
respiratorische Epithelzellen	bis 60 % hochprismatisches Flimmerepithel mit Zilien	bis 60 % hochprismatisches Flimmerepithel mit Zilien	bis 15 % hochprismatisches bis isoprismatisches Epithel mit oder ohne Zilien	bis 15 % hochprismatisches bis isoprismatisches Epithel mit oder ohne Zilien
Makrophagen	bis 30 %	bis 30 %	bis 70 %	bis 70 %
neutrophile Granulozyten	bis 5 %	bis 5 %	bis 5 %	bis 5 %
eosinophile Granulozyten	bis 5 %	bis 25 %	bis 5 %	bis 25 %
Lymphozyten, Mastzellen	vereinzelt	vereinzelt	bis 14 %	bis 5 %

Aufgrund des niedrigen Proteingehaltes in Spülproben sind respiratorische Epithelzellen häufig schlecht erhalten.

▶ Respiratorische Epithelzellen ↑

- degenerative Prozesse des respiratorischen Epithels:
  - Ablösung in großen Verbänden (Creola-Körperchen = im Verband abgestoßene Bronchialepithelzellverbände)
  - Wenn Flimmerepithelzellen vorherrschen, enthält die Probe wahrscheinlich TBS, d.h. die Zellen stammen nicht aus den Bronchioli.

▶ Respiratorische Epithelzellen ↓

- hochgradig entzündliche Prozesse:
  - relativer Anteil erscheint erniedrigt, da Entzündungszellen vorherrschen (nur im TBS; in der BAL sind ohnehin nur wenige Flimmerepithelzellen vorhanden)

Becherzellen (mukusproduzierende Epithelzellen)

▶ Hochprismatisch

- mit basal gelegenem Nukleus und hellbasophilem Zytoplasma, das multiple rötliche bis lila (seltener klare) Granula enthält, die unscharf umschrieben erscheinen und den Zellleib teilweise becherförmig ausweiten (**Abb. 30.3**)
- nicht oder nur ganz vereinzelt in BAL oder TBS nachweisbar

Becherzellen dürfen nicht mit Mastzellen verwechselt werden, die kleinere, scharf umschriebene Granula enthalten.

▶ Becherzellen ↑

Becherzellhyperplasie infolge einer chronischen Irritation des Respirationstraktes (Dyskrinie, Hyperkrinie)

Plattenepithelzellen

- große epitheliale Zellen mit großen Mengen eines hellbasophilen, eckigen Zyto-

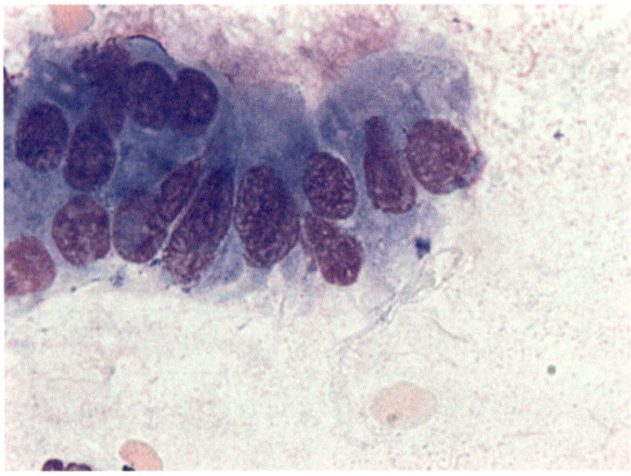

Abb. 30.2 Hochprismatische Flimmerepithelzellen mit basal gelegenen ovalen Nuklei und apikal gelegenem Ziliensaum (Hund, MGG 1000 ×)

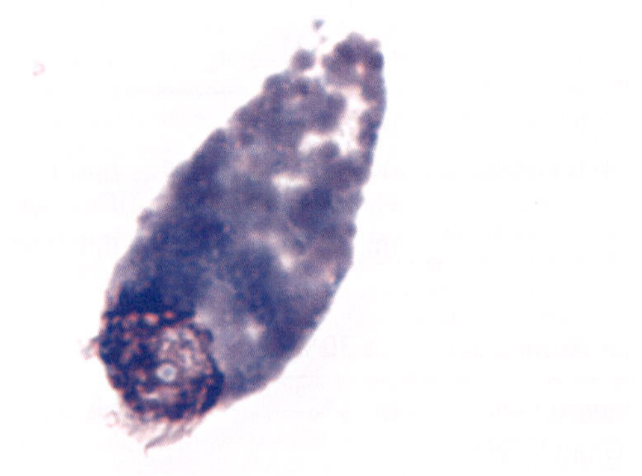

Abb. 30.3 Becherzelle mit basal gelegenem ovalem Nukleus und multiplen basophilen intrazytoplasmatischen Granula (Hund, MGG 1000 ×)

plasmas und kleinen Nuklei mit kondensiertem Chromatin (**Abb. 30.4**)
- nicht physiologisch in TBS oder BAL

▶ Plattenepithelzellen ↑
- oropharyngeale Kontamination (häufigste Ursache! Vorkommen mit Bakterien, insbesondere *Simonsiella* ssp.)
- Metaplasie
- Neoplasie (Plattenepithelkarzinom; hier atypisch mit Anzeichen einer Malignität)

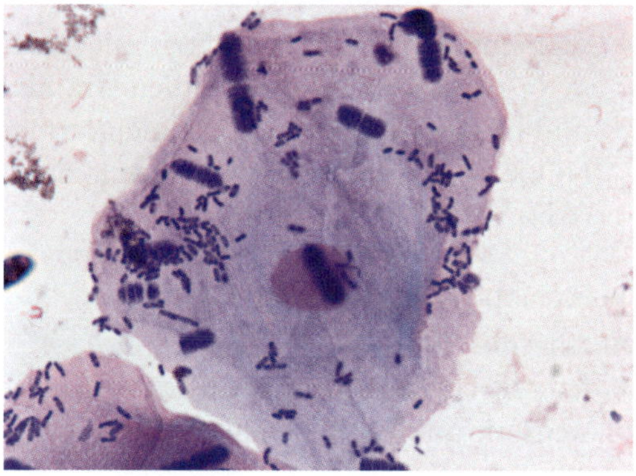

Abb. 30.4 Plattenepithelzelle mit *Simonsiella*-Bakterien (große längliche Strukturen mit »heerartig« angeordneten stäbchenartigen Bakterien), Kokken und Stäbchen (MGG 1000 ×)

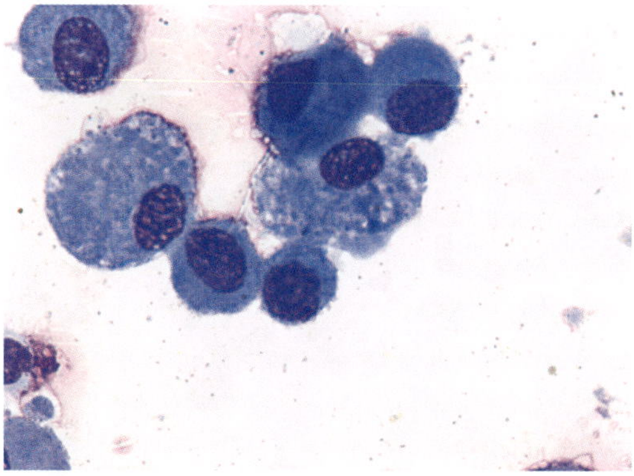

Abb. 30.5 Makrophagen verschiedener Aktivierungsgrade. Die Menge des Zytoplasmas und die Vakuolisierung steigen mit zunehmender Aktivierung (Hund, MGG 1000 ×)

Alveolarmakrophagen

- runde, mononukleäre Zellen mit exzentrisch gelegenem runden bis bohnenförmigen Nukleus. Die Zellen enthalten mittlere bis große Mengen eines basophilen bis hellbasophilen Zytoplasmas (**Abb. 30.5**).
- Werden Alveolarmakrophagen aktiviert, nimmt die Menge des Zytoplasmas zu und es wird zunehmend vakuolisiert (sog. **Schaumzellen**).
- Aktivierte Makrophagen können fusionieren und Riesenzellen mit zwei oder mehreren Nukleoli bilden. Man unterscheidet:
  - mehrkernige Makrophagen mit randständigen Nuklei: **Langhans'sche Riesenzellen** (**Abb. 30.6**)
  - mehrkernige Makrophagen mit zentral gelegenen Nuklei: **epitheloide Riesenzellen**

Bei Tieren aus Raucherhaushalten oder Großstädten mit Luftverschmutzung enthalten Makrophagen häufig phagozytiertes Material oder Rußpartikel.

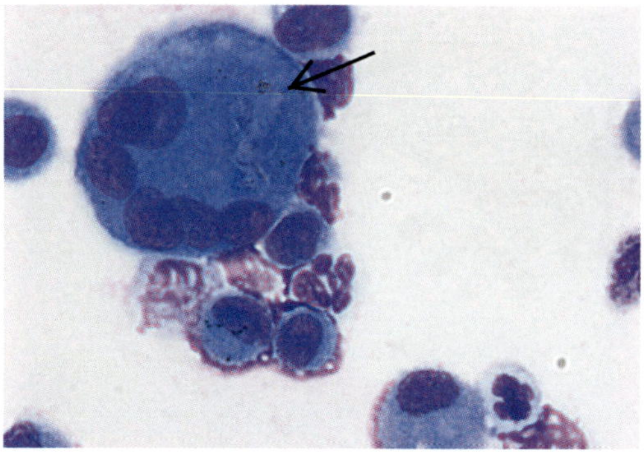

Abb. 30.6 Langhans'sche Riesenzelle mit multiplen randständigen Nuklei bei einem Hund mit granulomatöser Entzündung infolge Aspiration von länglichem kristallinem Fremdmaterial (Glaswolle, Pfeil) (MGG 1000 ×)

▶ Makrophagen ↑

- subakuten oder chronischen Lungenerkrankungen
- kongestivem Herzversagen
- granulomatöser Pneumonie
- Lipidpneumonie

▶ Doppel- oder mehrkernige Riesenzellen ↑

- chronische Lungenerkrankungen
- granulomatöse Pneumonie
- Lipidpneumonie

Granulozyten

Neutrophile Granulozyten

- Sie sehen genauso aus und besitzen auch die gleiche Funktion wie die neutrophilen Granulozyten des peripheren Blutes.
- Bei bakteriellen Infektionen kann es durch bakterielles Leukotoxin zur Karyolyse kommen, bei der die neutrophilen Granulozyten durch geschwollene, unscharf begrenzte Nuklei mit aufgelockertem »pinkfarbenen« Chromatin auffallen.
- Phagozytierte Bakterien können intrazellulär erkennbar sein (**Abb. 30.7**).

▶ Neutrophile Granulozyten ↑

- infektiöse Prozesse, ausgelöst durch:
  - Bakterien
  - Viren
  - Pilze
  - Protozoen (selten: Toxoplasmose)
- nichtinfektiösen Prozesse:
  - nach vorangegangener BAL
  - Inhalation reizender Substanzen (z. B. Rauch)
  - Neoplasien

Eosinophile Granulozyten

- segmentkernige Granulozyten mit intrazytoplasmatischen eosinophilen Granula und häufig weniger stark segmentiertem Nukleus als neutrophile Granulozyten (**Abb. 30.8**)

▶ Eosinophile Granulozyten ↑

- Allergie
- feliner chronisch-entzündlicher Atemwegserkrankung (ehemals: felines Asthma)
- Lungenwürmern
- Herzwürmern
- eosinophiler Bronchopneumopathie (früher: eosinophile Lungeninfiltrate)

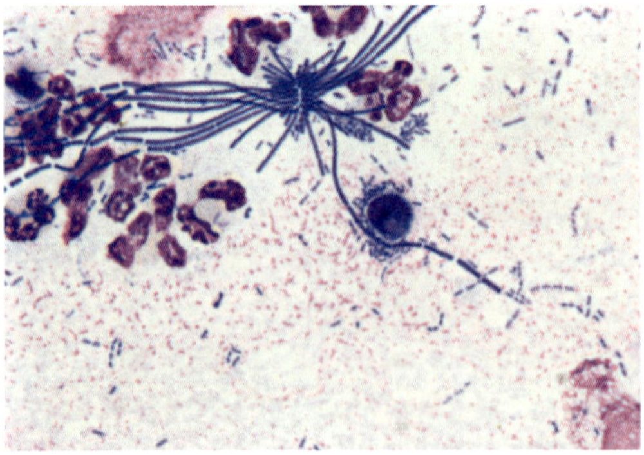

Abb. 30.7 Karyolytische neutrophile Granulozyten mit massenhaften intra- und extrazellulär gelegenen stäbchenförmigen Bakterien (Hund, MGG 1000 ×)

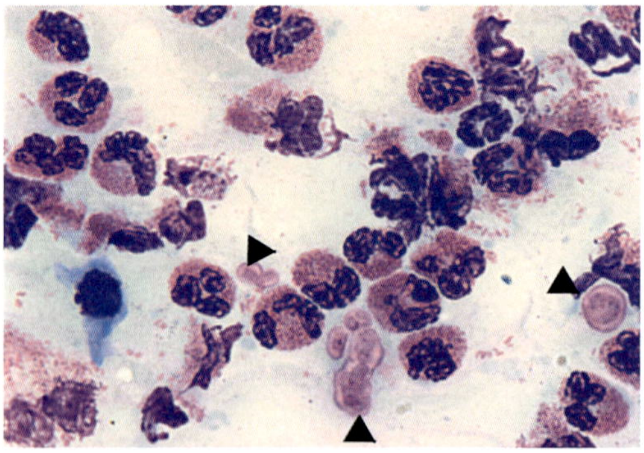

Abb. 30.8 Eosinophile Entzündung bei einer Katze mit felinem Asthma. Zusätzlich einige Kalkosphäritähnliche Kristalle (Pfeilspitzen) sichtbar (MGG 1000 ×)

Auch massenhafte freie eosinophile Granula sowie deren Kristallisationsprodukte **(Charcot-Leyden-Kristalle)** gelten als Eosinophilie.

Eosinophile Granulozyten sind in zytologischen Präparaten manchmal nur in schleimigem Sekret sichtbar, sodass alle Ausstriche gründlich durchgemustert werden sollten.

Lymphozyten/Plasmazellen

Ihr Aussehen entspricht der Morphologie der entsprechenden Zellen im Blutausstrich.

▶ Lymphozyten/Plasmazellen ↑
- virale Infektionen (besonders Katzen)
- chronische Infektionen
- Hyperreaktivität der Atemwege
- hochgradiger Anstieg zusammen mit lymphatischen Blasten: Lymphom

Mastzellen

mononukleäre Zellen mit exzentrisch gelegenem Nukleus und multiplen, feinen metachromatischen Granula, die den Zellkern häufig bedecken

▶ Mastzellen ↑
- Hyperreaktivität der Atemwege (seltener nachweisbar bei Hund und Katze)
- Mastzelltumoren

Beimengungen

Mukus

amorphes, hellbasophiles bis pinkfarbenes (pink bei Entzündung infolge eines erhöhten Proteingehaltes und Zytolyse), geringgradig granuliertes Material, häufig strangartig angeordnet.

▶ Mukus ↑
- Entzündung/Irritation der Atemwege (infolge Becherzellhyperplasie)

Curschmann-Spiralen

mukoide, spiralige unscharf umschriebene »Ausgüsse« von kleinen Bronchen oder Bronchioli (**Abb. 30.9**).
Ihr Vorkommen weist auf Bronchospasmen oder eine Bronchiolitis hin.

Erythrozyten

Erythrozyten können **extrazellulär** oder **intrazellulär** (z. B. in Makrophagen oder Hämosiderophagen) nachgewiesen werden. Ein **erhöhtes** Vorkommen von extrazellulären Erythrozyten ist in der Regel iatrogen durch die Probenentnahme bedingt.

▶ Intrazelluläre Erythrozyten ↑
- hämorrhagischer Diathese
- Neoplasie
- Lungenwürmern (insbesondere *Angiostrongylus vasorum*)
- Fremdkörpern
- Aspergillose (selten)
- Hämosiderophagen: »Herzfehlerzellen«, aber bei Katzen auch bei Rhinitis, Asthma, Neoplasien, Pneumonien (DeHeer und McManus2005)

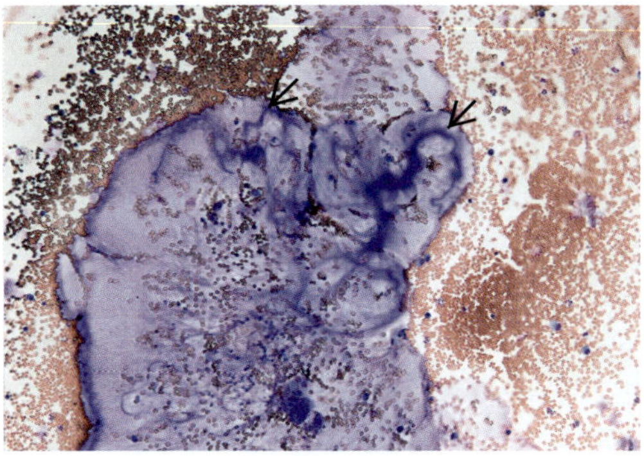

Abb. 30.9 Curschmann-Spiralen (Pfeil) in basophilem Mukus gelegen vor einem Hintergrund aus Erythrozyten (Hund, MGG 100 ×)

Bakterien

Der Respirationstrakt ist nicht steril. Bakterien können **intrazellulär** in Makrophagen oder in neutrophilen Granulozyten nachgewiesen werden (Infektion) oder **extrazellulär** (physiologisch, Infektion oder Kontamination):

- basophil gefärbte **Kokken** oder **Stäbchen**
- *Simonsiella*-**Bakterien:** stäbchenartige Bakterien mit Querstreifung, die mit ihrer Längsseite in Reihen angeordnet sind; Hinweis auf oropharyngeale Kontamination, da physiologische Mundhöhlenflora
- selten: nicht angefärbte schlanke Stäbchen (Mykobakterien)

Parasiten, Parasiteneier und -larven

Larven (**Abb. 30.10**), seltener Eier von folgenden Lungenwürmern können in der BAL nachweisbar sein:

- *Aelurostrongylus abstrusus* (Katze)
- *Angiostrongylus vasorum* (Hund)
- *Capillaria aerophila* (Hund und Katze)
- *Crenosoma vulpis* (Hund)
- *Filaroides hirthi* (Hund)
- *Oslerus osleri* (Hund)

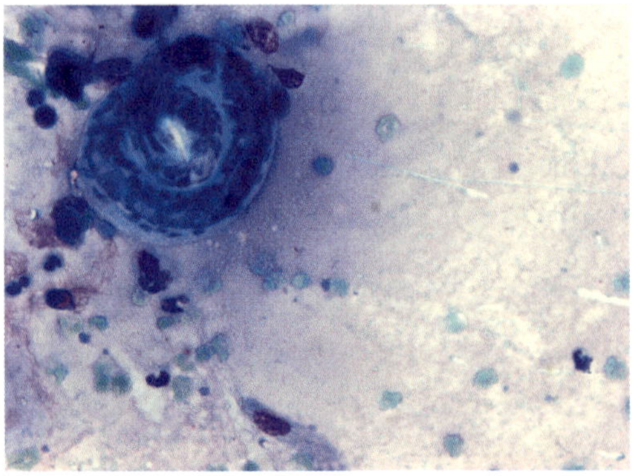

Abb. 30.10 Lungenwurmlarve vor einem Hintergrund aus Mukus und wenigen Erythrozyten (Hund, MGG 1000 ×)

Pilze

Pilzsporen oder Pilzhyphen lassen sich im zytologischen Präparat direkt nachweisen:

- selten bei Aspergillose
- USA: Kryptokokkose, Blastomykose, Kokzidiomykose, Histoplasmose

Pollen

Pflanzenpollen oder -zellen können gelegentlich nachgewiesen werden und sollten nicht mit Mikroorganismen verwechselt werden.

Stärkekörner

Stärkekörner (Handschuhpuder) sind gelegentlich zytologisch nachweisbar und sollten nicht mit Mikroorganismen verwechselt werden.
Typischerweise große, runde bis hexagonale Strukturen, die klar oder hellblau gefärbt sind und eine zentrale Fissur besitzen.

Sonstiges

Kalkosphärit-ähnliche Kristalle

Sie sind rund mit konzentrischen Kreisen und kommen nur sehr selten vor: bei Menschen mit chronischer Pneumonie (unter anderem Tuberkulose) und beim Hund (Bauer et al. 2004) mit Tuberkulose.

Atypische Zellen

Diese können bei Metaplasie, Dysplasie oder Neoplasien nachgewiesen werden.

► Metaplasie

Ersatz von respiratorischem Epithel mit Plattenepithel infolge chronischer Irritation.

Metaplastisches Epithel sieht aus wie reifendes Plattenepithel und sollte nicht mit einer Neoplasie verwechselt werden.

▶ Dysplasie

Reifungsstörung des Epithels infolge hochgradiger Entzündung/Irritation.

Beim Menschen sind starkes Rauchen oder allergische Prozesse als Ursache beschrieben.

Zytologische Kennzeichen: Zellgröße- und -form variieren, vermehrte Basophilie, erhöhtes und variables Kern/Plasma-Verhältnis (**Abb. 30.11**).

▶ Neoplastische Zellen

Sie kommen nur selten in BAL oder TBS vor, da sie nur nachweisbar sind, wenn der Tumor die Trachea oder die Bronchien invadiert hat.

Findet man Tumorzellen, dann stammen sie meistens von Karzinomen oder Lymphomen.

Karzinomzellen sind große epitheliale Zellen (einzeln oder in Zellverbänden gelegen), die basophiles, teilweise vakuoliges Zytoplasma zeigen sowie ausgeprägte Anzeichen einer Malignität (Anisozytose, Anisokaroyse, Variation im Kern/Plasma-Verhältnis, Makrozytose, Makrokaryose, Nukleoli, Anisonukleoliose etc.; **Abb. 30.12**).

Literatur

Ballauf B. Tracheobronchialsekret-Zytologie bei Hund und Katze. In: Kraft W, Dürr UM, Hrsg. Klinische Laboratoriumsdiagnostik in der Tiermedizin. Stuttgart: Schattauer 2005; 322–4.

Bauer NB, O'Neill E, Sheahan BJ, Cassidy J, McAllister H. Calcospherite-like bodies and caseous necrosis in tracheal mucus from a dog with tuberculosis. Vet Clin Pathol 2004; 33(3): 168–72.

Burkhardt MJ, Millward LM. Respiratory tract. In: Raskin RE, Meyer DJ, Hrsg. Canine and feline cytology – A color atlas and interpretation guide. St. Louis, Missouri, USA: Saunders Elsevier 2010; 123–70.

DeHeer HL, McManus P. Frequency and severity of tracheal wash hemosiderosis and association with underlying disease in 96 cats: 2002–2003. Vet Clin Pathol 2005; 34(1): 17–22.

DeMay R. Respiratory Cytology. In: DeMay R, Hrsg. The art and science of cytopathology. Chicago: ASCP Press 1995; 207–56.

English K, Cowell RL, Tyler RD, Meinkoth JH. Transtracheal and bronchoalveolar washes. In: Cowell RL, Tyler RD, Meinkoth JH, deNicola D, Hrsg. Diagnostic cytology and hematology of the dog and cat. St. Louis, Missouri, USA: Mosby Elsevier 2008; 256–77.

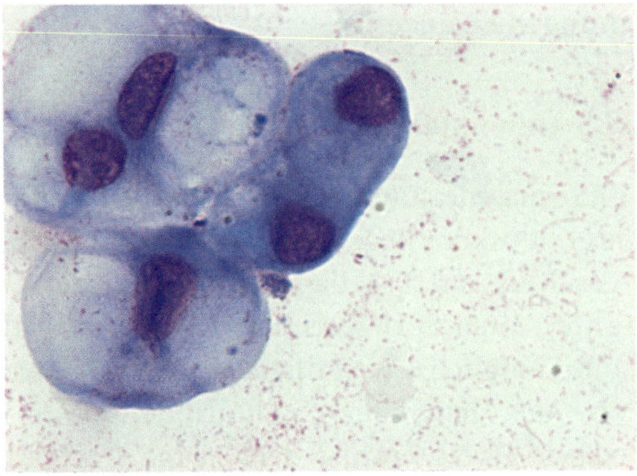

Abb. 30.11 Epitheliale Metaplasie und Dysplasie bei einem Hund mit hochgradigem Trachealkollaps (Hund, MGG 1000 ×)

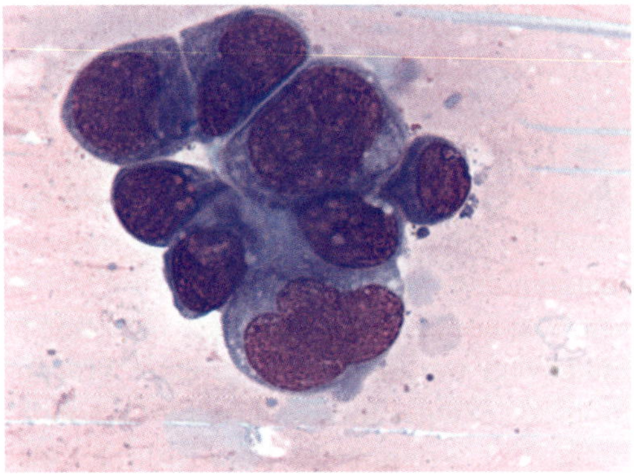

Abb. 30.12 Karzinom: epitheliale Zellen mit hochgradigen Anzeichen der Malignität (Hund, MGG 1000 ×)

30

30.2 Zytologie von Tracheobronchialsekret (TBS) und bronchoalveolärer Lavageflüssigkeit (BALF) beim Pferd

Kerstin Fey und Arthur Grabner

Einleitung

Während die Zytologie des Tracheobronchialsekretes (TBS) eine semiquantitative Einschätzung der vorhandenen Entzündungszellen sowie einen Eindruck vom Verhältnis der Zellen zu Mukusanteilen bietet, stellt die zytologische Untersuchung von bronchoalveolärer Lavageflüssigkeit (BALF) die Methode der Wahl zur genaueren Charakterisierung diffuser chronischer Lungenkrankheiten dar. Aufgrund der exakten Differenzierbarkeit der BALF-Zellen ist deren prozentuale Bestimmung möglich. Für den Klinker von Bedeutung ist die bronchoalveoläre Lavage (BAL), wenn

- die klinische Symptomatik nicht eindeutig ist,
- kein oder nur wenig TBS zu gewinnen ist und
- die luminalen Zellen der Bronchioli sowie Alveolen von Interesse sind.

Zur Diagnose der Inflammatory Airway Disease (IAD) wird eine BALF-Zytologie benötigt. Auch der Nachweis der seltenen *Pneumocystis* spp. erfordert eine BAL. Dagegen ist bei Vorliegen sonstiger Infektionen die Lavage wegen der Gefahr einer Einspülung der Erreger in alveoläre Bezirke nicht indiziert, da damit der Entwicklung einer Pneumonie Vorschub geleistet werden könnte. Für den Nachweis bakterieller Erreger bleibt die methodisch wesentlich weniger aufwendige TBS-Entnahme Methode der Wahl.

Einen Überblick über den Informationswert von TBS und BALF gibt **Tabelle 30.2.**

Tracheobronchialsekret (TBS)

Zytologische Untersuchungen des Atemwegssekrets werden beim adulten Pferd vor allem bei chronischen Erkrankungen der Atemwege (COB = chronisch obstruktive Bronchitis bzw. RAO = recurrent airway obstruction) durchgeführt. Insbesondere bei Fohlen und jungen Pferden kann der intrazytoplasmatische Nachweis von Bakterien einen Hinweis auf eine bakteriell bedingte Bronchopneumonie geben.

Bakteriologische Untersuchungen des Tracheobronchialsekrets sind zur ätiologischen Abklärung fieberhafter respiratorischer Erkrankungen hilfreich. Es ist allerdings zu beachten, dass das TBS häufig einen gering- bis mittelgradigen, aber unspezifischen Keimgehalt enthält, dem keine ätiologische Bedeutung zukommt.

PCR-Analysen zum Erregernachweis im TBS sind für Rhodokokken beschrieben und können kulturell-bakteriologische Untersuchungen ergänzen.

TBS-Gewinnung

TBS wird meist über einen im Arbeitskanal des Endoskops liegenden Katheter mit Luer-Anschluss (z.B. Mila-Katheter, Burgdorf) mittels einer Spritze aspiriert. Das Material sollte möglichst weit distal aus der Trachea bzw. aus dem häufig aufzufindenden Sekretsee etwas kranial der Carina tracheae gewonnen werden. So wird das Risiko minimiert, mit Speichel oder aspiriertem Material kontaminierte Proben zu erhalten.

Tab. 30.2 Informationswert der zytologischen Untersuchung von TBS bzw. BALF

Pneumopathie	TBS	BALF*	Bemerkung
chronisch obstruktive Bronchitis	++	+++	PMN > 5 % bei bis ca. 5-jährigen bzw. > 10 % bei älteren Pferden im BALF
Inflammatory Airway Disease	+	+++	Mastzellen > 2 % bzw. Eosinophile > 0,1 % und/oder Neutrophile > 20 % im BALF
belastungsinduziertes Lungenbluten	+	+++	Erythrozyten bzw. Hämosiderin in > 5 % der Makrophagen
parasitäre Bronchiolitis/ eosinophile Pneumopathie	++	+++	Eosinophile >> 0,1 %
interstitielle Pneumopathie	+	+++	Makrophagenanteil erhöht
Bronchopneumonie	+++[1]	–	kontraindiziert außer bei Verdacht auf Pneumozystis
herdförmige Pneumonie	+++[1]	?	nur sinnvoll bei gezielter Spülung des Herdbereichs

* enthält regelmäßig bis zu etwa 40 % Lymphozyten, die weiter differenziert werden könnten
1 intrazelluläre Bakterien beweisend für relevante Infektion; bakteriologische Untersuchung einleiten
PMN: polymorphkernige neutrophile Granulozyten
–: nicht vorhanden, +: gering, ++: mittel, +++: hoch, ?: fraglich

Soll das TBS bakteriologisch untersucht werden, so gilt die sterile transtracheale Aspiration als optimal (siehe Lehrbücher zu Untersuchungstechniken). Bei endoskopischer Gewinnung kulturell-bakteriologisch zu untersuchenden Sekrets ist zu empfehlen, in die vordersten 1–2 cm des autoklavierten Katheters steriles Gel aus einem BU-Röhrchen zu aspirieren. Vor der TBS-Aspiration wird der Gelpfropf über eine mit Luft gefüllte Spritze in die Luftröhre befördert, bevor eine nun nicht mehr mit Material aus den oberen Atemwegen kontaminierte Probe gewonnen wird. Aussagefähige kulturell-bakteriologische Ergebnisse sind oft aber auch zu erhalten, wenn die Vorsichtsmaßnahme des sterilen Gelpfropfes im Katheter entfällt. Bei sehr wenig und/oder stark viskösem Sekret ist es notwendig, ca. 10 ml steriler 0,9%iger Kochsalzlösung etwa in der Halsmitte der Trachea zu instillieren und die Flüssigkeit distal wieder aufzunehmen. Eine solche **tracheale Spülprobe** muss vor der zytologischen Analytik allerdings konzentriert werden (siehe unten).

Es ist darauf zu achten, dass die Katheterspitze nicht zu dicht über die Mukosa geführt wird, da dann die zytologische Auswertung durch eine hohe Anzahl an Epithelzellen erschwert oder verunmöglicht wird (**Abb. 30.13**).

TBS-Aufbereitung

Das im Katheter enthaltene TBS sollte innerhalb von 30 Minuten auf mehreren Objektträgern (Mattrand, Beschriftung mit Bleistift, da Graphit bei üblichen Färbungen nicht gelöst wird) wie für ein Differenzialblutbild ausgestrichen werden. Bei hoher Viskosität ist das Material zu quetschen

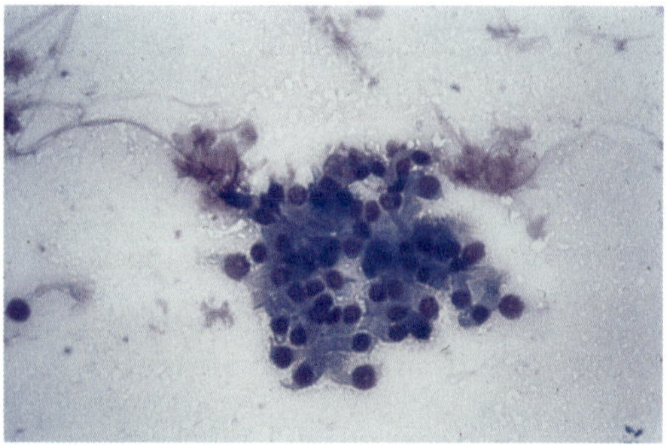

Abb. 30.13 Epithelzellhaufen nach entnahmebedingter Schleimhautalteration (TBS, Pappenheim-Färbung, × 400)

(s. Abb. 30.29, S. 583). Tracheobronchiale Spülproben erfordern eine Anreicherung durch Zentrifugation (5–10 min bei 500–800 g) und Ausstrich des Sediments. Besser auswertbare Präparate sind nach Zytozentrifugation (s. BAL) zu erwarten. Die Präparate sind mindestens 30 Minuten an der Luft zu trocknen; mithilfe eines Föns oder Wärmeschrankes kann die Trockendauer verkürzt und die Auswertbarkeit verbessert werden.
Routinemäßig wird die May-Grünwald-Giemsa-Färbung (MGG; nach Pappenheim) durchgeführt, da diese eine gute Unterscheidung mononukleärer (Makrophagen, Mastzellen, Epithelzellen, Lymphozyten) und polymorphkerniger Leukozyten (PMN, eosinophile Granulozyten) ermöglicht. Mittels Diff-Quick®-Färbung lassen sich Mastzellen nicht von anderen mononukleären Zellen unterscheiden, daher ist diese Schnellfärbung hier weniger geeignet.
Spezialfärbungen, z. B. Preußischblau für den Nachweis freien Eisens bzw. mit Toluidinblau, das Mastzellen hervorhebt, können durchgeführt werden, um spezielle Fragestellungen (Lungenbluten bzw. IAD) abzuklären, sind aber in der Routinediagnostik unüblich.

Auswertung des TBS

Mindestens zwei gefärbte Ausstriche sollten zunächst bei 200-facher Vergrößerung semiquantitativ auf Zelldichte sowie Menge und Struktur der mukösen Grundmasse untersucht werden. Die relativ großen Plattenepithelien und Creola-Körperchen lassen sich bereits gut detektieren. Die weiteren Zellpopulationen werden mittels mäanderförmiger Durchmusterung des Objektträgers semiquantitativ eingeschätzt. Dabei ist auf die Anwesenheit nichtzellulärer Bestandteile (Curschmann-Spiralen, Pflanzenpollen, Pilzsporen) zu achten. Die mäanderförmige Durchmusterung erhöht die Aussagekraft, da sich besonders bei zellreichen Sekreten sehr unterschiedliche Verteilungsquoten der Zellpopulationen pro Gesichtsfeld ergeben. In vielen Präparaten liegt zudem ein hoher Anteil an zellulärem Detritus vor, der die angestrebte Differenzierung aller im Blickfeld erscheinenden Zellen unmöglich macht. Dies ist besonders dann der Fall, wenn der Patient vor Probenahme nicht körperlich belastet wurde und sich aufgrund einer gestörten mukoziliären Clearance das gewonnene Material schon seit Langem in der Trachea befindet.
Bei Ölimmersion (500- bis 1000-fache Vergrößerung) werden zudem einzelne Zellen auf ihren Funktionszustand (Granula, Kerndegeneration bzw. Pyknose) und auf Besonderheiten (z. B. phagozytiertes Material, intrazelluläre Bakterien) untersucht.

Bedeutung der TBS-Zytologie

Der Vorteil des TBS besteht darin, dass das Probenmaterial einfach zu gewinnen und aufzubereiten ist. Die leicht erreichbare Mischung der Sekrete aus allen Bronchien und der Lunge ist insbesondere für bakteriologische Untersuchungen von Vorteil, da das in der Luftröhre vorhandene Material aus allen Lungenbereichen stammt und somit auch lokal begrenzte Infektionen identifizierbar sein können. Bei der Interpretation bakteriologischer Befunde erweist sich die TBS-Zytologie als hilfreich: Finden sich Plattenepithelien, so stammen die Bakterien mit hoher Wahrscheinlichkeit aus dem Rachenraum bzw. den oberen Atemwegen und nicht aus der Lunge. Werden dagegen intrazellulär (am häufigsten in neutrophilen Granulozyten) Bakterien nachgewiesen, so weist diese Phagozytose auf infektiöse Prozesse in den tiefen Atemwegen oder der Lunge hin.

Das TBS bzw. die tracheale Spülprobe eines lungengesunden Pferdes ist zell- und schleimarm. Es liegen nur wenige gut erhaltene, zilienbesetzte Epithelzellen und einzelne Makrophagen sowie meist dünn-fadenartig ausgezogene Mukusbestandteile vor. Nur vereinzelt treten neutrophile Granulozyten auf. Lymphozyten und Mastzellen sind im TBS nur ganz vereinzelt vorhanden und ohne diagnostische Relevanz.

Bei den unterschiedlichsten Veränderungen bestimmen **polymorphkernige neutrophile Granulozyten** (PMN) das zelluläre Bild (**Abb. 30.14**). Insbesondere bei der (nichtinfektiös bedingten!) Exazerbation der COB dominiert diese Zellart. Auch bei mittel- und hochgradiger COB überwiegen die PMN, die oft einen stark segmentierten und vereinzelt pyknotischen Zellkern aufweisen. Bei geringem bis mittlerem PMN-Gehalt lässt sich nicht entscheiden, ob das Pferd eine physiologische Reaktion auf inhalierte Partikel zeigt oder schon unter einer Bronchitis leidet. Auch bei bakteriell bedingter Bronchopneumonie, akuter Bronchitis oder Pneumonie bilden PMN den überwiegenden Anteil des TBS. Dann finden sich meist zumindest vereinzelt auch Neutrophile mit toxischen Granula im Zytoplasma und die Zellkerne sind nicht so stark segmentiert.

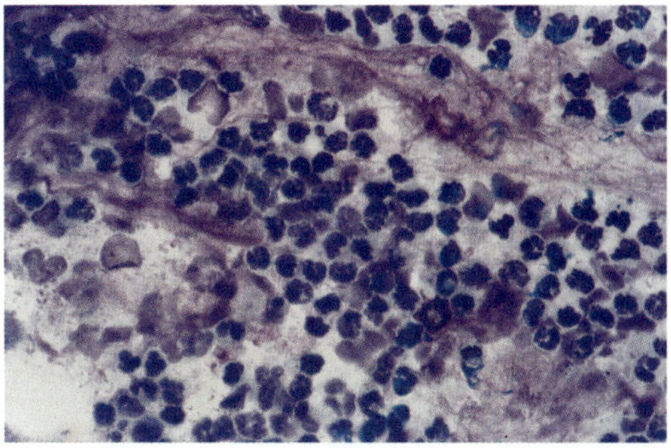

Abb. 30.14 Zahlreiche neutrophile Granulozyten und Zelldetritus bei hochgradiger COB (TBS, Pappenheim-Färbung, × 1000)

Intrazelluläre Bakterien (bei entsprechender klinischer Symptomatik) sollten Anlass zur bakteriologischen Untersuchung des TBS geben bzw. bei Fohlen zu prompter Einleitung einer Antibiose führen. Intrazelluläre Rhodo- und Streptokokken lassen sich allerdings zytologisch nicht unterscheiden.

Als nichtzelluläre Bestandteile seien **Curschmann-Spiralen** erwähnt. Dabei handelt es sich um längliche Mukusansammlungen, die wie Fäden spiralisiert erscheinen (**Abb. 30.15**). Sie werden als Ausgüsse der kleinen Atemwege interpretiert, die bei einer wieder verbesserten Clearance vom Flimmerepithel nach rostral transportiert und dabei gezwirbelt werden.

Bronchoalveoläre Lavage (BAL)

Mittels der Lavage können aus diagnostisch ansonsten kaum zugänglichen Bereichen der Lunge wie den Bronchioli und Alveolen, Zellen und Substanzen gewonnen werden, die qualitative und quantitative Aussagen über lokale Entzündungsprozesse erlauben. Die Probe repräsentiert ausschließlich den gespülten Bereich. Aufgrund der wenig segmentierten Lunge und den relativ häufigen diffusen chronischen Erkrankungen adulter Pferde gelingt es bei dieser Spezies gleich-

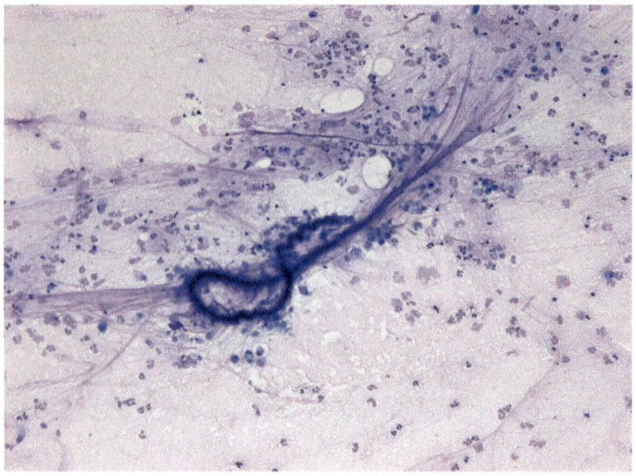

Abb. 30.15 Curschmann-Spirale vor zahlreichen degenerierten Neutrophilen, einigen Makrophagen und Epithelzellen (TBS, Pappenheim-Färbung, × 200)

wohl häufig, eine für die Lungenerkrankung repräsentative bronchoalveoläre Lavageflüssigkeit (BALF) zu gewinnen.

BALF-Gewinnung

Vorbereitungen

Um instillierte Spüllösung zurückgewinnen zu können, muss der instrumentierte Atemweg nach kranial abgedichtet sein: entweder wird ein Endoskop so weit vorgeschoben, bis es im Bronchus eingekeilt ist, oder es kommt ein Ballonkatheter zum Einsatz, der blind eingeführt wird und durch Füllen des Ballons mit Luft im Bronchus fixiert wird. Kann auf die optische Befundung der oberen und tiefen Atemwege verzichtet werden, so liegt der Vorteil der »blinden« BALF-Entnahme in der einfachen Anwendung und dem geringen apparativen Aufwand. Meist wird dann ein Bereich der rechten dorsalen Lunge gespült. Hierfür hat sich ein Silikonkatheter mit 240 cm Länge und terminalem Dichtungsballon (z. B. bei Cook Deutschland GmbH, Mönchengladbach oder www.milainternational.com) bewährt.

Bei Verwendung eines Bronchoskopes sollte dies mindestens 220 cm, besser 240 cm lang sein. Der Außendurchmesser darf 13 mm nicht überschreiten (optimal 11 mm und weniger), damit der Endoskopkopf bis in einen Bronchus der 4. oder 5. Generation vorzuschieben ist. Je weiter das Endoskop eingeführt werden kann, desto größer ist der Anteil an Material aus kleinen Atemwegen und Alveolen in der BALF.

Als Spülflüssigkeit wird meist 0,9%ige NaCl-Lösung verwendet. Sie sollte körperwarm sein, da es bei kühlerer Lösung zu einem Bronchospasmus und geringeren Rückgewinnraten kommt. Das zu instillierende Volumen hängt vom Außendurchmesser des verwendeten Instruments ab, da hiervon das Volumen des zu lavagierenden Lungenareals bestimmt wird. Routinemäßig sollten bei Nutzung des dünneren Ballonkatheters 30–40 ml/100 kg Körpergewicht (KG), bei Verwendung eines Endoskops mit 11 mm Dicke 50–60 ml/100 kg KG und mit 13 mm Außendurchmesser 60–80 ml/100 kg KG instilliert werden.

Durchführung am Patienten

Eine Sedation mit α_2-Agonisten ist zu empfehlen. Das Endoskop bzw. der Katheter wird über den Kehlkopf, die Trachea und den Hauptbronchus bis zum Erreichen eines elastischen Widerstands vorgeschoben. Spätestens bei Berührung des Hauptbronchus ist mit heftigem Hustenreiz zu rechnen. Gleichwohl muss das Instrument zügig, aber vorsichtig vorgeführt werden. Eine in der Humanmedizin empfohlene Lokalanästhesie der Bifurkationen ist nach eigenen Erfahrungen nicht genügend zielgerichtet vorzunehmen und die ganze Prozedur wird bei anhaltendem Husten verzögert. Bei den meisten Pferden sistiert der Husten mit Feststecken des Endoskopkopfes bzw. bei Beginn der Instillation der körperwarmen Spülflüssigkeit. Wird ein Ballonkatheter verwendet, ist der Dichtungsballon vor der Instillation mit Luft zu befüllen.

Die vorbereitete körperwarme, isotone Lösung wird als Bolus so schnell wie möglich instilliert. Danach soll die Aspiration langsam erfolgen, um die Zellmorphologie möglichst gut zu erhalten. Bei endoskopischer BAL ist die Verwendung eines sterilen Katheters mit Luer-Anschluss empfehlenswert, um den Arbeitskanal zu schonen. Des Weiteren kann der Katheter beim Spritzenwechsel während der Aspiration abgeknickt werden, sodass die Flüssigkeitssäule nicht abreißt. Um die potenziell wiederverwendbaren Katheter zu schonen, kann ein Drei-Wege-Hahn zwischengeschaltet werden. Wenn mehr als die Hälfte der instillierten Flüssigkeit zurückgewonnen ist oder mehr Schaum als Flüssigkeit aspiriert wird, ist meist genügend Probematerial vorhanden. Die zurückbleibende Flüssigkeit wird in den nächsten Stunden resorbiert. Als Reaktion auf die Lavage findet ein Neutrophileninflux in die Atemwege statt, sodass einige Tage vor einer erneuten BAL vergehen oder – bei früher notwendiger Wiederholung – das Endoskop bewusst in den anderen Lungenflügel eingeführt werden sollte. Nach der Lavage ist dem Pferd ein Tag mit nur leichter Bewegung zu gönnen.

BALF-Aufbereitung

Die aspirierte Spülflüssigkeit wird vor der weiteren Aufbereitung in einem autoklavierten Kunststoff-Messbecher gepoolt und ihr Volumen bestimmt. Um optimale Zytopräparate zu erhalten, ist die Filtration durch eine zweilagige Gaze zu empfehlen, die über der Öffnung des Messbechers befestigt wurde. Die Gaze hält eventuell vorhandene grobe Mukusbestandteile zurück, ohne die prozentualen Zellanteile zu verändern. Kann die Probe nicht sofort aufbereitet werden, so sollte der Messbecher mit Kühlpacks umgeben werden.

Eine Lagerung der BALF bei 4 °C über 24 Stunden vermindert die Qualität der Differenzialzellbilder nur gering. Die Aufbewahrung bei Raumtemperatur führt dagegen bereits nach 8 Stunden zu einer Verminderung der Gesamtzellzahl um ca. 30 % und einer überproportionalen Abnahme der neutrophilen Granulozyten im Differenzialzellbild. Fixative wie 40%iges Ethanol oder 20%iges phosphatgepuffertes Formalin erschweren die Differenzierung erheblich (Wenisch et al. 2001).

Wer den Aufwand einer BAL betreibt, sollte die Probe unverzüglich selbst aufbereiten können. Bis dahin ist eine Kühlung erforderlich. Muss die BALF in ein Labor gesendet werden, so ist eine Kühlung bei 4 °C und minimale Transportdauer unumgänglich, um aussagekräftige Ergebnisse zu erhalten.

Absolute Zellzahl

Da der Faktor, mit dem die Lavageflüssigkeit die ursprünglich in der Lunge enthaltenen Substanzen und Zellen verdünnt, bislang nicht hinreichend genau bestimmbar ist, spielt die absolute Zellzahlbestimmung eine untergeordnete Rolle. Sie lässt sich mithilfe der Neubauer-Zählkammer manuell bestimmen. Automatisierte Zellzählgeräte müssten speziell angepasst werden, da sich die BALF Zellen in Größe und sonstiger Morphologie deutlich von Blutzellen unterscheiden.

Erstellung von BALF-Präparaten

Mithilfe einer Zytozentrifuge erhält man optimale Zellbilder. Sehr gut auswertbare Präparate können auch mittels des HETTICH-ZYTO-Systems (www.hettichlab.com) gewonnen werden. Durch eine Haltekonstruktion erlaubt es dieses System, die Zellen als Monolayer direkt auf einen Objektträger zu zentrifugieren. Bei Verwendung von Zytokammern mit einer Fläche von 240 mm^2 (Durchmesser 17,5 mm) genügt erfahrungs-

gemäß 1 ml BALF, um eine gut auswertbare Zelldichte zu erhalten. Die Zentrifugation erfolgt in einer Becherzentrifuge (10 min bei 600–800 g). Der Überstand wird abpipettiert und die Präparate werden luftgetrocknet. In sauberer Umgebungsluft führt die Verwendung eines Föns zu besseren Präparaten.
Steht nur eine Stabzentrifuge zur Verfügung, so kann ein Sedimentausstrich angefertigt werden. In einem Plastikröhrchen sind 10 ml BALF für 10 min bei 600–800 g zu zentrifugieren. Der Überstand wird verworfen und das Sediment in möglichst wenig 0,9%iger NaCl-Lösung vorsichtig resuspendiert, ähnlich wie ein Blutausstrich auf Objektträgern ausgestrichen und luftgetrocknet. Ausstrichpräparate enthalten viele zerstörte Zellen und Zellfragmente, was die Aussagekraft der Analytik einschränkt.
Die Präparate sollten routinemäßig mit May-Grünwald-Giemsa-Lösung (nach Pappenheim) gefärbt werden. Die Diff-Quick®-Färbung hat den Nachteil, dass sich Mastzellgranula nicht anfärben und die mononukleären Mastzellen zwischen den Makrophagen nicht auffallen. Spezialfärbungen, z. B. mit Toluidinblau zur verbesserten Erkennbarkeit von Mastzellen oder Preußischblau, um Eisen in Makrophagen nachzuweisen, sind je nach Fragestellung anzufertigen.

Auswertung der BALF

Bei 1000-facher Vergrößerung mit Öl-Immersion sind mindestens 400 Zellen zu differenzieren. Bei qualitativ hochwertigen Präparaten liegt der Anteil der Zellen, die morphologisch nicht zugeordnet werden können, unter 3 %. Dies wird bei Ausstrichen von Sedimenten oft erheblich überschritten.

Physiologisches BALF-Differenzialzellbild

Empirisch wird ein BALF-Differenzialzellbild als physiologisch angesehen, wenn es

- < 5 % neutrophile Granulozyten,
- < 2 % Mastzellen und
- < 0,1 % eosinophile Granulozyten aufweist sowie
- ca. 60 % Makrophagen,
- ca. 35 % Lymphozyten und
- wenig bis keine Epithelzellen

enthält (Couëtil et al. 2007).

In **Tabelle 30.3** sind die als physiologisch anzusehenden Bereiche zusammengefasst, die bei vorberichtlich, klinisch **und** endoskopisch als lungengesund beurteilten Pferden ermittelt wurden. Aufgrund der Seltenheit solcher Pferde sind nur wenige Angaben zu physiologischen Werten zu finden. Im Vergleich zu anderen Spezies ist der hohe Anteil an Lymphozyten bei vergleichsweise niedrigen Prozentsätzen der Makrophagen auffällig.

Pathologische Befunde

Die **Gesamtzellzahl** beträgt bei klinisch unauffälligen Pferden < 500 Zellen/µl. Bei Entzündungen der kleinen Atemwege und der Lunge ist ein deutlicher Zellanstieg festzustellen. Die absolute Zellzahl hängt allerdings erheblich von der Verdünnung der ursprünglich aus der Lunge stammenden Substanzen durch die Lavageflüssigkeit, von der Dicke des verwendeten Endoskops und damit dem Anteil des bronchiolären Bereichs, der gespült wurde, sowie von den Lagerungsbedingungen ab.
Erhöhte Prozentsätze der neutrophilen Granulozyten, Mastzellen und/oder eosinophilen Granulozyten weisen auf entzündliche Prozesse in den kleinen Atemwegen hin. Das Krankheitsbild der IAD ist – neben dem Fehlen von klinischen Anzeichen einer Atemwegsobstruktion in Ruhe – durch

Tab. 30.3 Vergleich der BALF-Daten klinisch und endoskopisch unauffälliger Kontrollpferde

Autoren	Fey (2004), n = 10[1]	Dixon et al. (1995c), n = 30[1]	Derksen et al. (1989), n = 10[2]
Alter [Jahre]	8 (5–20)	6 (3–10)	6,9 ± 2,1
PMN [%]	2,8 (0,68–7,4)	2 (0–5)	8,9 ± 3,8 (1–17)
Makrophagen [%]	33,8 (15,3–49,3)	55 (36–84)	45 ± 8,9 (28–63)
Lymphozyten [%]	60,6 (44,1–77,8)	37 (6–52,5)	43 ± 8,5 (25–61)
Mastzellen [%]	1,75 (1,18–3,5)	5,3 (0,7–13)	1,2 ± 0,95 (0–3,2)
Eosinophile [%]	0 (0–0,24)	0,2 (0–0,3)	< 1
Epithelzellen [%]	0,63 (0–5,5)	Keine Angabe	3,5 ± 2,2

1 Median (Minimum – Maximum)
2 Mittelwert ± Standardabweichung (Minimum – Maximum)
PMN: polymorphkernige neutrophile Granulozyten

eine erhöhte Anzahl der relativen Entzündungszellen **über die** o. a. Bereiche hinaus in der BALF charakterisiert (Couëtil et al. 2007). Der Mastzellanteil korreliert mit der Reaktivität der Atemwege auf Histaminprovokation. Des Weiteren ist die Exazerbation der COB u. a. **über einen Anteil von** > 25 % neutrophiler Granulozyten am BALF-Differenzialzellbild definiert (Robinson 2001). Seltene Erkrankungen, wie die idiopathische eosinophile Pneumonie, eosinophile Pneumopathie im Rahmen einer Multisystemic eosinophilic epitheliotropic disease (MEED) oder interstitielle Pneumonie (Erhöhung der Makrophagen und PMN) sind ebenfalls mittels BALF-Zytologie detektierbar und quantifizierbar. Die Zysten des Schlauchpilzes Pneumocystis carinii bzw. jirovecii **können mittels Spezialfärbungen** (Giemsa, Methenamin-Silber) in der BALF ebenfalls nachweisbar sein.

Bedeutung der BALF-Zytologie

BALF-Differenzialzellbilder sind erforderlich, um die Diagnose der IAD oder der COB-Exazerbation stellen zu können. Entzündliche Veränderungen in den kleinen Atemwegen lassen sich besser charakterisieren und quantifizieren als im TBS. Dies prädestiniert die BALF-Zytologie für Verlaufsuntersuchungen bzw. Therapiekontrollen. Differenzierende Untersuchungen der Lymphozyten sowie die Analytik der nichtzellulären Bestandteile bleiben zurzeit wissenschaftlichen Fragestellungen vorbehalten.

Differenzierbare Zellen und nichtzelluläre Bestandteile in TBS und BALF

Epithelzellen

Epithelzellen aus unterschiedlichen Schichten sind als Hinweis auf chronisch-entzündliche Prozesse mit epithelialer Meta- bzw. Hyperplasie zu werten. Epithelzellhaufen, die sich abgekugelt haben, kommen häufig bei deutlichem Hustenreiz vor und werden als Creola-Körperchen bezeichnet. Dagegen sind Flimmerepithelverbände meist als Artefakt zu werten, wenn der Katheter zu dicht über die Mukosa geführt wurde.

Plattenepithelzellen

Plattenepithelzellen sind sehr große polymorphe Zellen mit zentral liegendem kleinen Kern und homogen basophilem Zytoplasma. Sie kommen physiologischerweise in den **oberen Atemwegen** vor und häufig haften **Bakterien** an ihrer Oberfläche (**Abb. 30.16**). Bei Schwierigkeiten, das Endoskop in die Trachea einzuführen, oder nach Speichelaspiration kontaminieren die aus dem Rachenraum stammenden Bakterien das TBS. Physiologischerweise sind keine Plattenepithelien im TBS oder der BALF nachweisbar. Im TBS sind sie meist als Kontamination aus den oberen Atemwegen zu bewerten. Allerdings können sie auch infolge chronischer Umbauprozesse des respiratorischen Epithels (Plattenepithelmetaplasie) auftreten.

Flimmerepithelzellen

Es handelt sich um zylindrisch erscheinende Zellen mit rundem, polar liegendem Kern. Der diesem gegenüberliegende typische Zilienbesatz zeigt sich auf den je nach Ursprungsort hochzylindrischen (Trachea) bzw. eher kubischen (bronchiolär) Flimmerepithelien. Physiologischerweise finden sich nur sehr wenige Epithelzellen im TBS und keine in der BALF. Bei mangelhafter Entnahmetechnik sind intakt erscheinende Verbände von Flimmerepithelzellen zu beobachten. Bei akuten Virusinfektionen können vermehrt irreguläre Einzelzellformen, zilienlose Epithelzellreste und abgestoßene zilierte Zellanteile (Ciliocytophthoria) beobachtet werden (**Abb. 30.17**). Bei degenerativen chronischen Reparationsstörungen treten dagegen vermehrt eher zilienarme bis zilienlose prismatische Zellformen auf. Zusammenhängende, abgerundete abgestoßene Bronchialepithelien im TBS (Creola-Körperchen) weisen auf Hustenreiz und Epithelzellmetaplasie, also einen länger anhaltenden Krankheitsprozess hin. Creola-Körperchen sind im Gegensatz zu entnahmebedingt vorliegenden Epithelzellverbänden vermehrt begleitet von nicht zilierten Epithelzellen aus tieferen Schichten.

Becherzellen

Becherzellen sind mukussezernierende Epithelzellen mit vergrößertem, länglich-birnenförmigen Zellleib, deutlich vakuo-

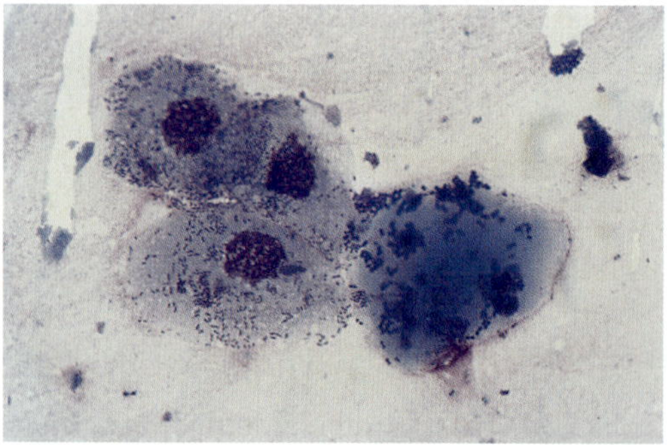

Abb. 30.16 Plattenepithelzellen mit anhaftenden Bakterien (TBS, Pappenheim-Färbung, × 1000)

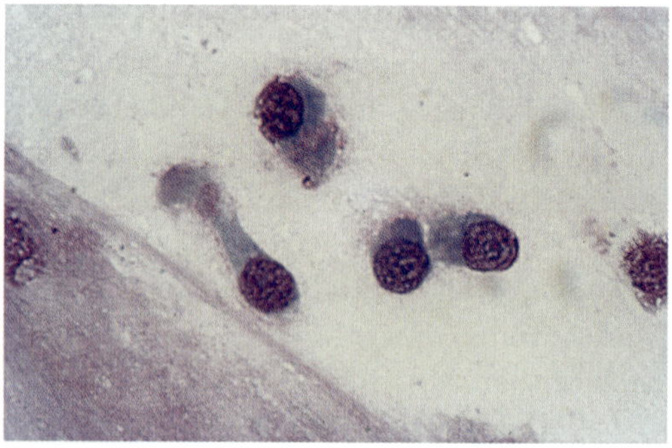

Abb. 30.17 Ciliocytophthoria – akutes Degenerationsstadium der Flimmerepithelien (TBS, Pappenheim-Färbung, × 1000)

lisiertem Zytoplasma und basal liegendem rundem Kern (**Abb. 30.18**). Jugendliche sekretproduzierende Zellen unterscheiden sich von reifen Becherzellen durch ihre stark basophil gefärbten zytoplasmatischen Vakuolen und zahlreiche Nukleoli. Bei reifen Becherzellen erscheinen die intrazytoplasmatischen Granula in der May-Grünwald-Giemsa-Färbung azurophil. Sie sind physiologischerweise weder im TBS noch in der BALF nachweisbar.
Pathologische Vermehrung findet sich bei chronisch obstruktiver Bronchitis mit Hyperkrinie und Dyskrinie (Becherzellhyperplasie) im TBS. Oftmals finden sich dann auch frei liegende eosinophile Granula unterschiedlicher Größe, die von Makrophagen phagozytiert sein können.

Basalzellen

Diese Zellen sind kleine, rundliche und häufig im Verband auftretende Epithelzellen mit tief basophil gefärbtem, oft etwas oval geformtem Kern. Sie werden als Vorratszellen für eine spätere Differenzierung zu Flimmerepithelien betrachtet. Physiologischerweise sind sie weder im TBS noch in der BALF nachweisbar. Bei chronischer Schädigung des respiratorischen Epithels können sie ein Hinweis auf eine Basalzellhyperplasie und Metaplasie des Bronchialepithels sein.

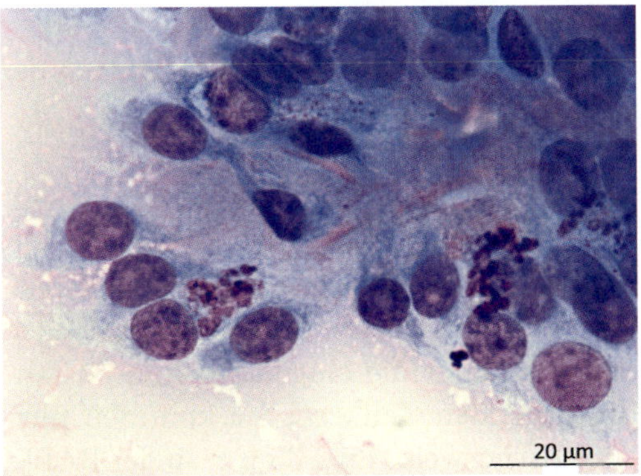

Abb. 30.18 Zwei Becherzellen mit azurophilen Granula im Epithelzellverband (TBS, Pappenheim-Färbung, × 1000)

Leukozyten

Neutrophile Granulozyten

Die polymorphkernigen neutrophilen Granulozyten (PMN oder kurz Neutrophile) gleichen in Aussehen und Funktion den im Blut vorhandenen. Geringe Gehalte im TBS sowie < 5 % bei Pferden unter 5–6 Jahren und < 10 % bei älteren Pferden in der BALF sind bei fehlender klinischer Symptomatik als physiologisch anzusehen.
Erhöhte PMN-Anteile finden sich sowohl bei akuten als auch bei den meisten chronischen, nichtinfektiös bedingten Lungenerkrankungen des Pferdes. Absolute und relative Erhöhungen der PMN (über 25 % in der BALF) finden sich ab 6 Stunden nach inhalativer Provokation mit Heustaub bei entsprechend empfindlichen Pferden.
Morphologische Besonderheiten zeigen sich bei absterbenden PMN durch Hypersegmentation des Kerns oder Pyknose. Das vermehrte Auftreten solcher Zellformen weist auf eine sehr langsame Elimination des Sekretes aus dem Bronchiallumen hin.
Bei bakterieller Bronchopneumonie (insbesondere bei Fohlen) sind z. T. toxische Granula im Zytoplasma vorhanden. Die Zellkerne wirken dann oft nicht so stark segmentiert wie bei chronischen Atemwegserkrankungen. Intrazytoplasmatische, rundliche Bakterien erweisen sich kulturell-bakteriologisch meist als Rhodo- oder Streptokokken (**Abb. 30.19**).

Eosinophile Granulozyten

Sie zeigen die für das Pferd typische, himbeerähnliche Granulation des Zytoplasmas. Die Zellen sind sehr fragil. Neben Zellfragmenten treten auch freie eosinophile Gra-

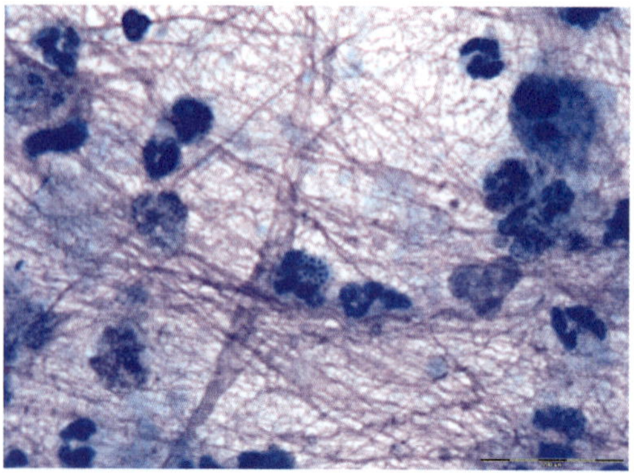

Abb. 30.19 Neutrophiler Granulozyt mit zahlreichen intrazytoplasmatischen Bakterien bei einem Fohlen mit Rhodokokkose (TBS, Pappenheim-Färbung, × 1000)

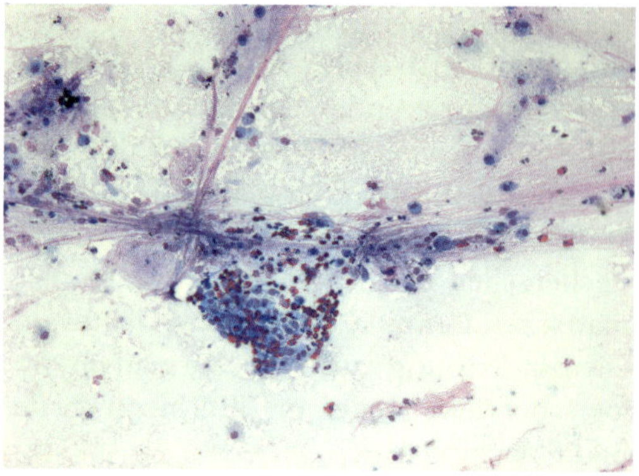

Abb. 30.20 Fokale Häufung eosinophiler Granulozyten (TBS, Pappenheim-Färbung, × 200)

nula auf, die schwer von freien Becherzellgranula unterscheidbar sein können: hier hilft die Identifikation des vermehrt im TBS auffindbaren jeweiligen Zelltyps.

Physiologischerweise sind die Eosinophilen nur ganz vereinzelt im TBS nachweisbar. Treten sie vermehrt auf, so finden sie sich oftmals fokal gehäuft (**Abb. 30.20**). In der BALF gelten lediglich 1–2 eosinophile Granulozyten pro 400 differenzierter Zellen (< 0,5 %) als physiologisch. Erhöhte Eosinophilen-Zahlen beobachtet man bei parasitären Infektionen (*Dictyocaulus arnfieldi, Parascaris equorum*) bzw. in Abheilungsphasen nach anderen Infektionen. Bei persistierender (> 6 Wochen) Erhöhung trotz Anthelminthikagabe ist von einer idiopathischen eosinophilen Pneumopathie auszugehen. Sind weitere Organsysteme (insbesondere Haut) verändert, so sollte eine multisystemische eosinophile epitheliotrope Erkrankung (MEED) differenzialdiagnostisch erwogen werden.

Mastzellen

Mastzellen sind große, rundliche Zellen mit rundlichem, tief basophil gefärbtem, zentral gelegenen Kern und typischen metachromatischen Granula im Zytoplasma (**Abb. 30.21**). Diese sind mit einer modifizierten Giemsa- (z. B. Hansel-Färbung) oder Toluidinblau-Färbung besser zu erkennen. Mastzellen kommen physiologischerweise im TBS nur ganz vereinzelt vor. Ihr Prozentsatz in der BALF soll < 2 % betragen. Steigen sie im Rahmen einer chronischen Erkrankung auf über 2 % der BALF-Zellen an, so ist ein entzündliches Geschehen im Sinne einer IAD nachgewiesen, solange klinisch keine relevante Obstruktion der Atemwege auffällt. Die Mastzellen werden häufig als Zeichen einer Hyperreagibilität der Atemwege gewertet. Liegt eine Obstruktion vor, so ist ihre Erhöhung als begleitendes Zeichen der COB zu werten.

Makrophagen

Typischerweise erscheinen Makrophagen als große, rund-ovale, mononukleäre Zellen mit bohnenförmig eingekerbten, randständig liegenden Zellkern. Sie kommen physiologischerweise im TBS vor. In der BALF-Zytologie von gesunden Pferden machen sie zwischen 30 und 60 % der zu differenzierenden Zellen aus. Erhöht sich die Phago-

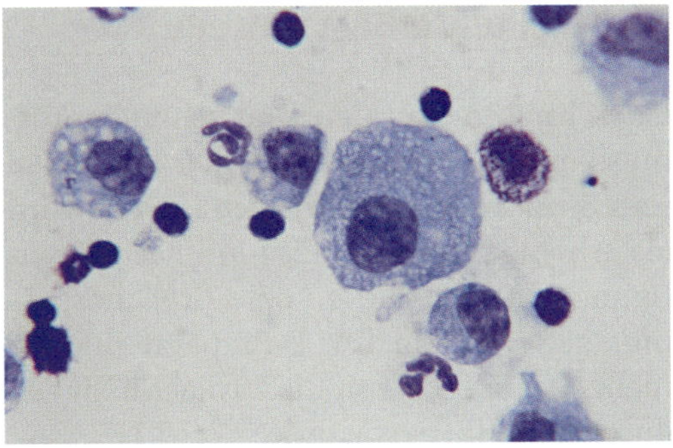

Abb. 30.21 Mastzelle rechts neben größtem Makrophagen. Zudem Lymphozyten und 2 hypersegmentierte Neutrophile (BALF, Pappenheim-Färbung, × 1000)

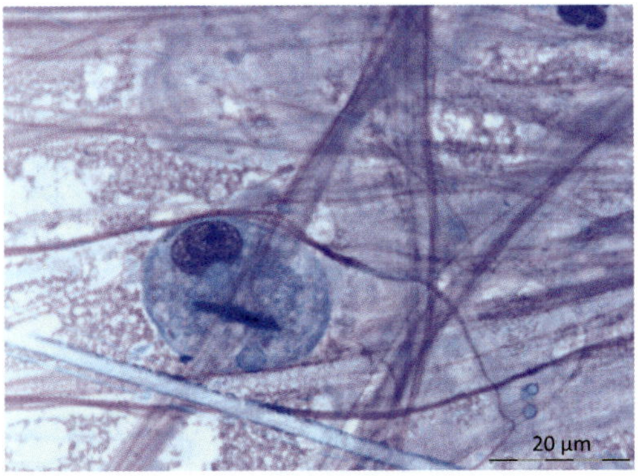

Abb. 30.22 Makrophage mit phagozytierter Pilzhyphe (TBS, Pappenheim-Färbung, × 1000)

zytoseaktivität wird der Zytoplasma-Anteil größer und der Kern chromatinreicher. Nicht selten enthalten diese Zellen auch phagozytierte Pilzsporen und Pflanzenpartikel (**Abb. 30.22**). Durch Phagozytose von Surfactant bilden sich nicht anfärbbare Vakuolen und die Makrophagen erhalten ein schaumiges Aussehen. Ein vermehrtes Auftreten **schaumiger Makrophagen** im TBS wird als verbesserte mukoziliäre Clearance nach vorangegangener Obstruktion gewertet. Bei höheren Graden der COB nimmt der Anteil der Makrophagen relativ zu den PMN ab. Große, mehrkernige (meist doppelkernige) Makrophagen mit homogenem basophilem Zytoplasma werden als **Riesenzellen** bezeichnet (**Abb. 30.23**). Sie sind vereinzelt physiologischerweise zu finden. Ihr vermehrtes Auftreten kann ein Hinweis auf granulomatöse Entzündungsprozesse sein. Der Anteil an Makrophagen erhöht sich bei interstitieller Pneumopathie.

Das Zytoplasma von Makrophagen, die Hämosiderin enthalten **(Hämosiderophagen),** zeigt in der May-Grünwald-Färbung bräunliche Einschlüsse, die im Nativpräparat deutlicher hervortreten können (**Abb. 30.24**). Hämosiderin entsteht durch Abbau phagozytierter Erythrozyten

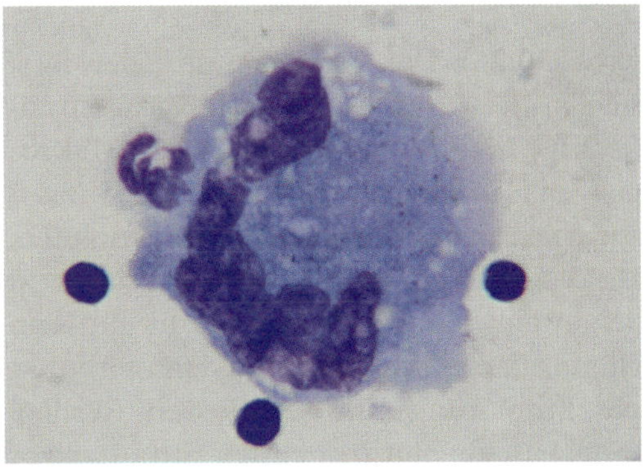

Abb. 30.23 Mehrkernige Riesenzelle mit 3 Lymphozyten und Kern eines Neutrophilen (BALF, Pappenheim-Färbung, × 1000)

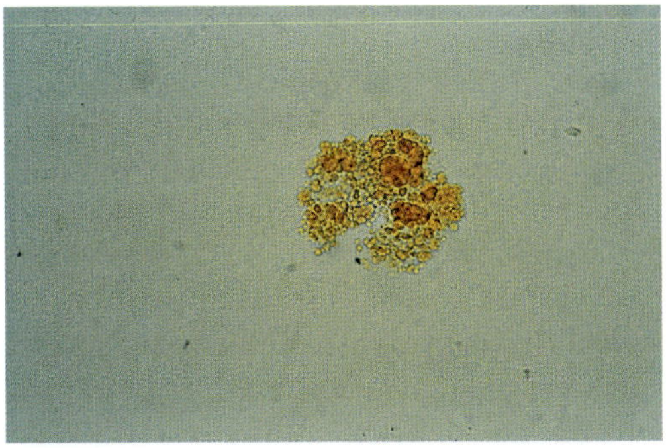

Abb. 30.24 Hämosiderophage (Nativausstrich, × 1000)

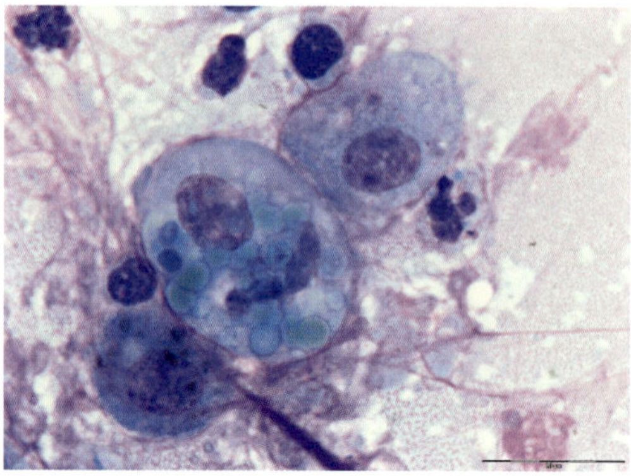

Abb. 30.25 Makrophage mit phagozytierten Erythrozyten, links unten kleinerer Makrophage mit Hämosiderin (TBS, Pappenheim-Färbung, × 1000)

(**Abb. 30.25**). Das verbleibende Eisen lässt sich mittels Preußischblau-Färbung spezifisch nachweisen. Enthalten viele Makrophagen Hämosiderin, so ist dies ein Hinweis auf (belastungsinduziertes) Lungenbluten. Da die Makrophagen Monate bis Jahre in den Atemwegen überleben, kann aus dem Hämosideringehalt nicht auf den Zeitpunkt der Einblutung rückgeschlossen werden. Eine frische Blutung einige Stunden vor Probennahme ist durch Erythrophagozytose gekennzeichnet. Liegen ausschließlich freie Erythrozyten im Präparat vor, so wird dies entnahmebedingt sein.

Lymphozyten

In der BALF-Zytologie stellen die Lymphozyten physiologischerweise neben den Makrophagen den Hauptanteil. Ihre deutlich geringeren Anteile im TBS werden mit ihrer Fähigkeit erklärt, aus den Atemwegen aktiv wieder in das Lymph- und Blutgefäßsystem zurückzugelangen. Kleine Lymphozyten (wie im Blutausstrich) und sehr selten Plasmazellen sind im TBS bei COB regelmäßig, aber nur in sehr geringer Anzahl nachweisbar.

Nichtzelluläre Bestandteile

Curschmann-Spiralen sind schraubenförmige, mukoide Ausgüsse kleiner Bronchien und Bronchioli. Ihr Auftreten im TBS wird als erhöhte Sekretmobilisation nach Beseitigung von Obstruktion bzw. Bronchospasmus gewertet. Im BALF-Präparat sind sie nicht zu finden, wenn die Lavageflüssigkeit durch Gaze filtriert wurde.
Gering- bis mittelgradige **Keimgehalte** unterschiedlicher Bakterienspezies bzw. von Bakterien fraglicher Pathogenität sind regelmäßig im TBS nachweisbar und häufig mit Plattenepithelien assoziiert. Klinisch relevant sind insbesondere intrazelluläre Bakterien, die dann meist in neutrophilen Granulozyten vorkommen. Eine Gram-Färbung und eine bakteriologische Untersuchung des TBS sind dann zu empfehlen. Dagegen sollten bakteriologische Untersuchungen der stark verdünnten und aus den tieferen Atemwegen bzw. Alveolen stammenden BALF negativ verlaufen. Mittel der Wahl zum Nachweis der beim Pferd selten relevanten Schlauchpilze (*Pneumocystis jirovecii* bzw. *carinii*) ist die BALF-Zytologie. Bei May-Grünwald-Giemsa-Färbung können die Zysten leicht übersehen werden. In der aufwendigen Silberfärbungen (nach Grocott) sind sie besser zu detektieren. Dagegen lassen sich **Pilzsporen** oder Pflanzenpollen häufig nachweisen. Im TBS sind sie regelmäßig frei und manchmal mukusassoziiert aufzufinden. Sowohl im TBS als auch in der BALF kommen Pilzsporen auch im Zytoplasma der Makrophagen vor. Dies weist auf eine inhalative Belastung hin, ohne dass dem Nachweis der Pilzsporen eine infektiöse Bedeutung zukommt. Die Diagnose einer Lungenmykose erfordert den Nachweis entsprechender Hyphen im Gewebe.

Literatur

Couëtil LL, Hoffmann AM, Hodgson J, Buechner-Maxwell V, Viel L, Wood JLN, Lavoie JP. Inflammatory airway disease of horses. J Vet Intern Med 2007; 21(2): 356–61.

Dieckmann M, Deegen E. Klinische Bedeutung der Tracheobronchialsekret-Zytologie. Pferdeheilk1990; 6(3): 101–10.

Derksen FJ, Brown CM, Sonea I, Darien BJ, Robinson NE. Comparison of transtracheal aspirate and bronchoalveolar lavage cytology in 50 horses with chronic lung disease. Equine Vet J 1989; 21(1): 23–26.

Dixon PM, Railton DI, McGorum BC. Equine pulmonary disease: a case control study of 300 referred cases. Part 3: Ancillary diagnostic findings. Equine Vet J 1995; 27(6): 428–435.

Fernandez NJ, Hecker KG, Gilroy CV, Warren AL, Léguillette R. Reliability of 400-cell and 5-field leukocyte differential counts for equine bronchoalveolar lavage fluid. Vet Clin Pathol 2013; 42(1): 92–8.

Fey K. Der klinische Nutzen zytologischer Untersuchungen von bronchoalveolärer Lavageflüssigkeit bei der Differenzierung chronischer Bronchitiden des Pferdes. Gießen, Habilitationsschrift 2004. http://geb.uni-giessen.de/geb/volltexte/2005/2431/pdf/FeyKerstin-2005-07-XX.pdf.

Robinson NE. International workshop on equine chronic airway disease. Equine Vet J 2001; 33(1): 5–19.

Wehrli M, Feige K, Franchini M, Kästner S, Geissbühler U. Untersuchung zur Technik und Aussagekraft einer bronchoalveolären Lavage (BAL) durchgeführt mit Hilfe eines flexiblen Silikonkatheters ohne endoskopische Kontrolle. Pferdeheilk 2000; 16(4): 373–8.

Wenisch T, Fey K, Sasse H. Zum Einfluss der Präparateerstellung und Lagerung auf die absolute Zellzahl und das Differenzialzellbild der bronchoalveolären Lavageflüssigkeit (BALF) beim Pferd. Tierärztl Prax 2001; 29(5): 249–55.

30.3 Organzytologie

Johannes Hirschberger

Die zytologische Untersuchung von Organen und Tumoren ist eine wichtige Domäne der klinisch tätigen Tierärzte. Die Gewinnung, Verarbeitung und Beurteilung zytologischer Proben kann sehr schnell geschehen und dem Diagnostiker somit in kurzer Zeit wertvolle Informationen bringen. Feinnadelaspirationen, die lediglich eine stichförmige Läsion darstellen, sind wesentlich weniger traumatisch als Probennahmen für histologische Untersuchungen und bedeuten damit auch ein geringeres Risiko. Dem schnellen Informationsgewinn steht ein geringerer diagnostischer Wert der zytologischen im Vergleich zur histologischen Untersuchung gegenüber. In Ersterer werden Populationen von Einzelzellen beurteilt, während die histologische Untersuchung zusätzlich die Beurteilung der Gewebsstruktur erlaubt.
Der praktizierende Tierarzt, der Differenzialblutbilder, Trachealspülproben und Vaginalabstriche begutachtet, sollte sich auch mit weiteren Bereichen der Zytologie befassen.

Anfertigen zytologischer Präparate

Die Darstellung des zu punktierenden Objekts erfolgt zumeist palpatorisch, in sehr vielen Fällen aber auch mittels Sonografie und Röntgen. Das Objekt wird manuell fixiert oder sonografisch anvisiert. **Abbildung 30.26** zeigt das notwendige Arbeitsmaterial.

Arbeitsmaterial zur Feinnadelaspiration

- 5- oder 10-ml-Spritzen
- 30- und 60-mm-Kanülen, ∅ 0,6–0,9 mm
- Objektträger mit Mattrand
- Bleistift zum Beschriften (weil alkoholfest)
- Aspirationshilfe für 10-ml-Spritzen

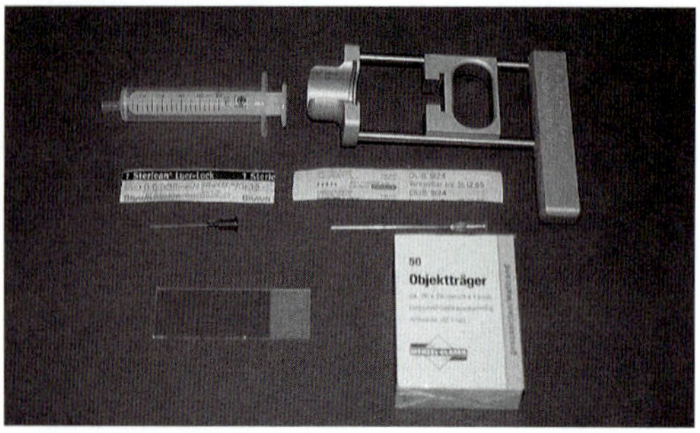

Abb. 30.26 Arbeitsmaterial für die zytologische Untersuchung

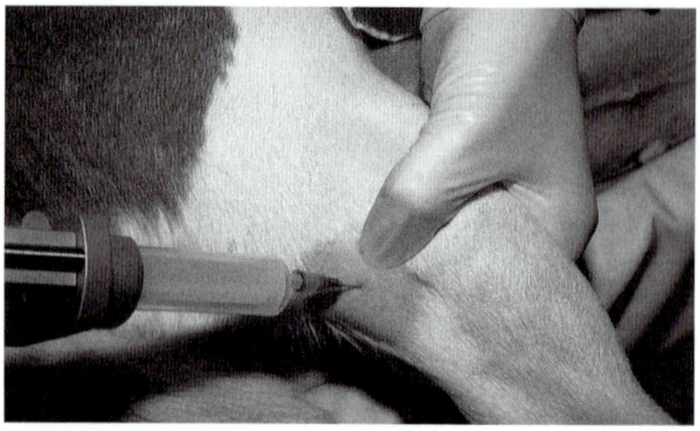

Abb. 30.27 Aspiration von Zellmaterial aus dem Ln. popliteus bei einem Beagle

- hämatologische Färbelösungen (Wright, Diff-Quick®)
- Mikroskop mit 4-, 10- und 100-fach-Ölimmersionsobjektiv

Das Gewebe ist mit einer feinen Kanüle (Ø 0,7 mm) zu **punktieren** (**Abb. 30.27**). Proben aus derbem Gewebe (z. B. Fibrosarkome) sollten mit einer größeren Kanüle (Ø 0,9 mm) aspiriert werden. Die Aspiration darf nicht länger als eine Sekunde andauern. Während dieser kurzen Zeit ist die Kanüle im Objekt eine kurze Strecke vorzuschieben. Auf diese Weise können sehr zellreiche und blutarme Punktate gewonnen werden. Nach dem Entlasten der Spritze wird die Kanüle aus dem Objekt herausgezogen und von der Spritze abgesetzt. Erst dann wird Luft in die Spritze aufgezogen und der Inhalt der Kanüle auf einen oder mehrere Objektträger aufgespritzt. Die aspirierte Menge sollte immer so gering sein, dass kein Material im Spritzenkonus zu sehen ist. Bei ergiebigen Punktaten liegt meist eine Kontamination mit Blut oder nekrotischem Material vor, was die mikroskopische Untersuchung behindert. Dies sollte vermieden werden.

Korrekte Punktion und sachgemäßer Ausstrich sind die Voraussetzung für die zytologische Diagnose. Auch ein Experte kann keine schlechten Präparate auswerten.

Das auf den Objektträger aufgebrachte Material sollte wie bei einem Blutausstrich **ausgestrichen** werden. Ein zweiter Objektträger wird schräg auf den Materialtropfen aufgesetzt. Mit einer zügigen Handbewegung wird der anhängende Tropfen über den unten liegenden Objektträger ausgestrichen (**Abb. 30.28**). Zähes Material kann mit einem zweiten Objektträger verstrichen werden (**Abb. 30.29**). Punktate, die lediglich aus einem Mikrotropfen bestehen, werden mit der Kanülenspitze auseinandergezogen (**Abb. 30.30**).

Exstirpierte Proben und kutane Veränderungen können auch mit einem Skalpell abgeschabt werden (**Abb. 30.31**). Das Material wird auf einen Objektträger aufgestrichen. **Kutane Veränderungen** weisen auf ihrer Oberfläche zumeist eine sekundäre Entzündung auf. Die oberste Schicht ist daher zu verwerfen. Erst die darunterliegenden Zellen sind diagnostisch zu verwenden. Schabepräparate weisen viele intakte Zellen auf. Chirurgische Proben können auch auf einen Objektträger aufgetupft werden **(Tupfpräparate)** (**Abb. 30.32**).

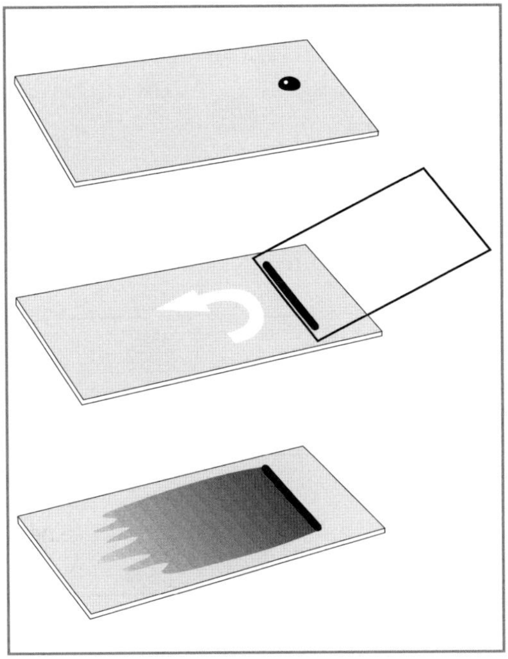

Abb. 30.28 Ausstreichen von flüssigem Punktat (entspricht Blutausstrichtechnik)

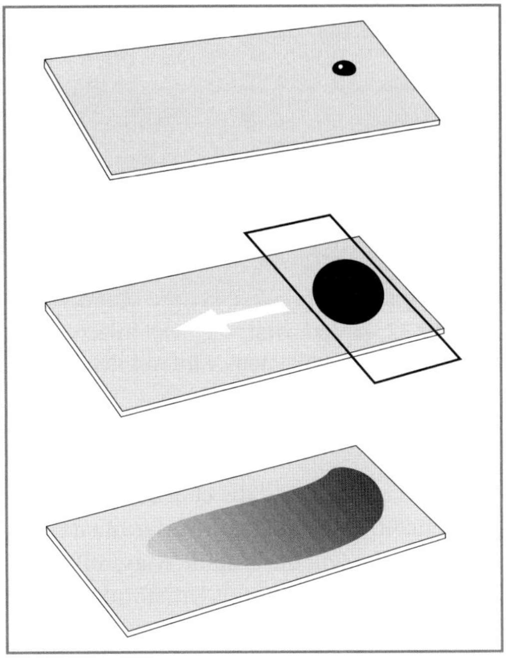

Abb. 30.29 Ausstreichen von zähem Punktat

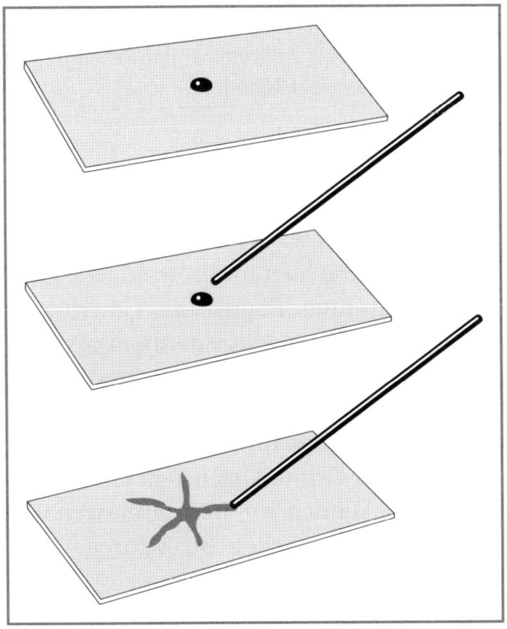

Abb. 30.30 Strahlenförmiges Verziehen einer geringen Punktatmenge

Abb. 30.31 Schabetechnik; die Schnittfläche eines exstirpierten Lymphknotens wird zur Anfertigung eines zytologischen Ausstriches abgeschabt.

Die Präparate werden mit einfachen hämatologischen Methoden (Wright-Färbung, Diff-Quick®) **gefärbt**, die in der Praxis gebräuchlich sind. Erfahrungen aus der Beurteilung von Blutbildern fließen somit in die Zytologie ein. Diese Färbungen stellen sowohl Zellkern- und Zytoplasmastrukturen als auch Mikroorganismen dar. In der Diff-

30

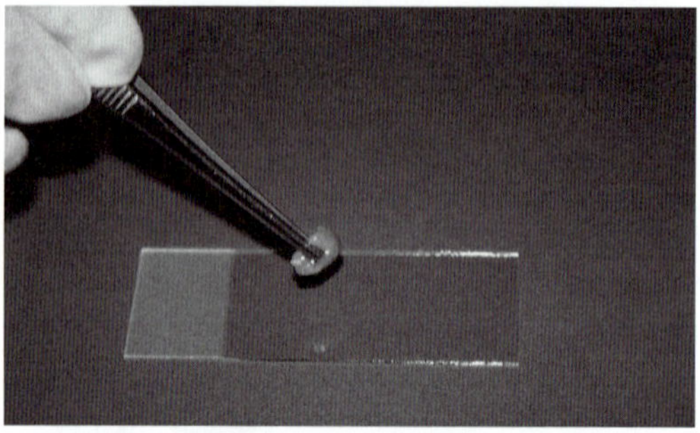

Abb. 30.32 Tupfpräparat; die Schnittfläche eines exstirpierten Lymphknotens wird auf den Objektträger aufgetupft.

Quick®-Färbung sind die charakteristischen metachromatischen Granula der Mastzellen gelegentlich nicht dargestellt. Mastzelltumoren werden daher unter Umständen nicht erkannt.

Mikroskopie

Mit etwas Erfahrung kann man die qualitativ guten Ausstriche mit bloßem Auge erkennen und diese zuerst zur mikroskopischen Untersuchung heranziehen. Mit dem 4-fach vergrößernden Objektiv wird der Ausstrich nach geeigneten Bereichen zur detaillierten Betrachtung angesehen. Im Bereich der Probenauftragung sind die Zellen von relativ viel Flüssigkeit umgeben, haben eine kugelige Gestalt und trocknen in dieser Form auf dem Objektträger an. Im mittleren Bereich des Präparates werden die Zellen flach ausgestrichen und das Zytoplasma breitet sich auf dem Glas aus. Am Ende des Ausstrichs liegen die mechanisch zerstörten Zellen und Zellfragmente, die diagnostisch nicht verwertbar sind. Der mittlere Bereich wird daher zur Auswertung herangezogen. Zellkern und Zytoplasma sind großflächig ausgestrichen, bildlich wie ein Spiegelei, und gut zu beurteilen (**Abb. 30.33**).

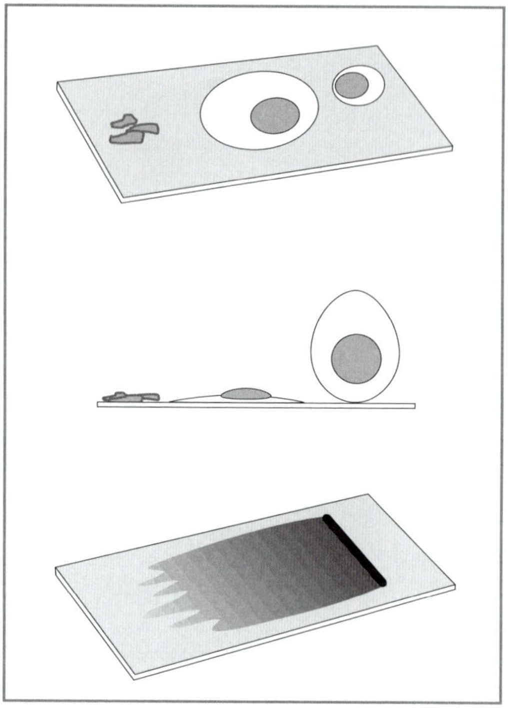

Abb. 30.33 Zellformen im Ausstrich: angetrocknete kugelige Zellen am Auftragungspunkt (»gekochtes Ei«), in der Mitte flach ausgestrichene Zellen (»Spiegelei«), Zelltrümmer und Zellaggregate zum Ausstrichende (»Rührei«)

Mit dem 20-fach-Objektiv kann der Untersucher das Zellbild in einem großen Gesichtsfeld betrachten und sowohl jede Zelle einer bestimmten Population, Gewebszelle oder Entzündungszelle, zuordnen als auch Zellkern- und Zellleibgröße bemessen. Die Diagnostik wird weitgehend mit dieser Vergrößerung durchgeführt.
Das 100-fach-Ölimmersionsobjektiv ermöglicht das Erkennen von intranukleären und intrazytoplasmatischen Strukturen sowie von Mikroorganismen.

Auswertung zytologischer Präparate

Die erste Frage, die der Untersucher bei der zytologischen Beurteilung einer Gewebsalteration zu beantworten hat, bezieht sich auf die Zuordnung der Zelle zur Gruppe der Gewebezellen oder Entzündungszellen (**Abb. 30.34**). Im zweiten Schritt werden Gewebe- und Entzündungszellen spezifiziert.

Differenzierung von Inflammationen

Entzündungsprozesse werden durch drei Kriterien beschrieben: Dauer, Entzündungstyp und Intensität. Die **Dauer** eines Entzündungsprozesses ist dem zytologischen Bild meist nicht anzusehen, jedoch anamnestisch oder klinisch zu bestimmen. Sie wird bezeichnet als akut, subakut oder chronisch. Die vorherrschenden Zelltypen, neutrophile Granulozyten oder Makrophagen, bestimmen den **Entzündungstyp**. Charakteristisch kann auch ein zahlreiches Auftreten von eosinophilen Granulozyten, Plasmazellen und Lymphozyten sein. Inflammationen, die fast ausschließlich aus neutrophilen Granulozyten bestehen, gehen zumeist mit einem akuten Krankheitsgeschehen einher. Das Vorherrschen von Makrophagen und das Auftreten von epitheloiden Zellen werden bei chronischen Prozessen beobachtet. Die **Intensität** des Entzündungsprozesses kann zytologisch nur eingeschränkt, besser histologisch oder klinisch bestimmt werden.

Die Bestimmung des Entzündungstyps steht daher zytologisch im Vordergrund. Dominieren neutrophile Granulozyten das Zellbild (> 80 %), wird von einer neutrophilen (»purulenten«) Entzündung gesprochen (Abb. 30.34). Die Ursache neutrophiler Inflammation sind zumeist bakterielle Infektionen oder Toxine. Die neutrophilen Granulozyten können intakt (**Abb. 30.35**), morphologisch wie im peripheren Blut, oder degeneriert sein (**Abb. 30.36**). Das Maß der Degeneration hängt von der Stärke der einwirkenden Toxine ab.

Merkmale der Degeneration von neutrophilen Granulozyten sind:
- Karyolyse
- Pyknose
- Karyorrhexis
- Basophilie des Zytoplasmas
- Vakuolisierung des Zytoplasmas

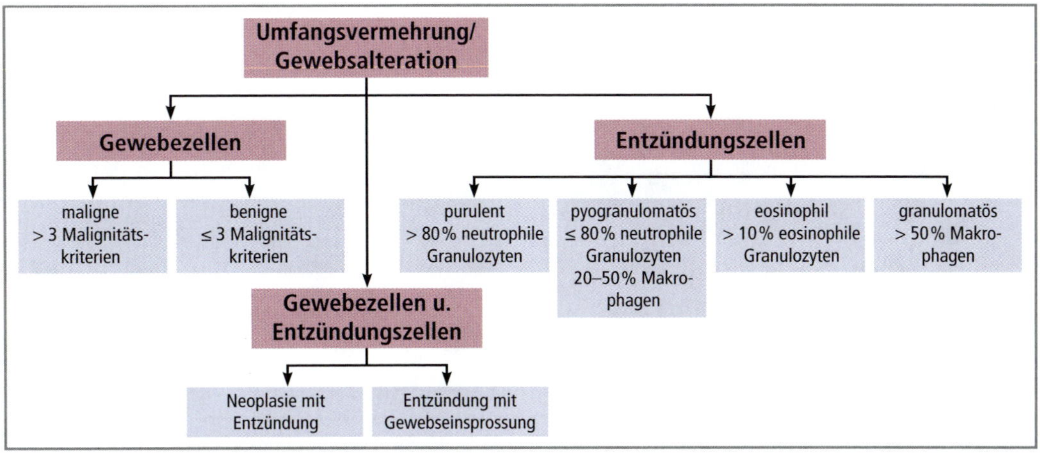

Abb. 30.34 Wege der zytologischen Beurteilung

Die meisten bakteriellen Infektionen gehen mit einer ausgeprägten Degeneration der neutrophilen Granulozyten einher. Mykotische Infektionen und Fremdkörper bedingen nur geringgradige degenerative Veränderungen und bewirken das Bild einer makrophagozytären (»granulomatösen«) Entzündung (**Abb. 30.37**). Makrophagen und epitheloide Zellen haben einen Anteil von mindestens 50 %. Mischformen (20–50 % Makrophagen) werden als neutrophil-makrophagozytäre (»pyogranulomatöse«) Entzündungen bezeichnet. Beispiele für neutrophil-makrophagozytäre Prozesse sind Entzündungen infolge einer Infektion mit Nocardien oder dem FIP-Virus (**Abb. 30.38** u. **30.39**).

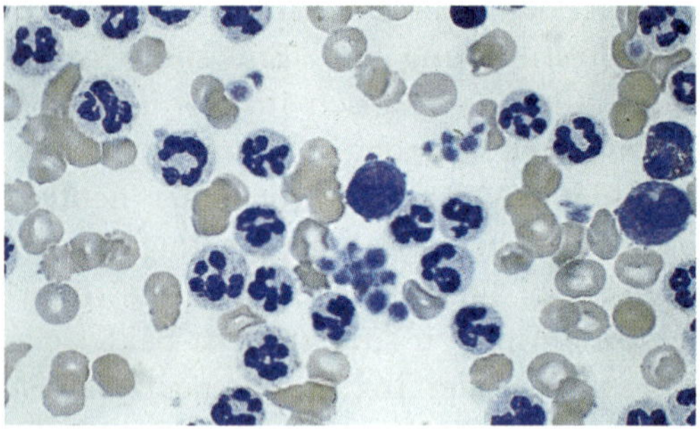

Abb. 30.35 Nichtdegenerierte neutrophile Granulozyten im Thoraxerguss eines Berner Sennhundes infolge einer urämischen Serositis

Bestimmung der Malignität

Liegt eine Gewebsneubildung vor, geben sog. **Malignitätskriterien** einen Hinweis auf eine irreguläre, überschießende Zellvermehrung.

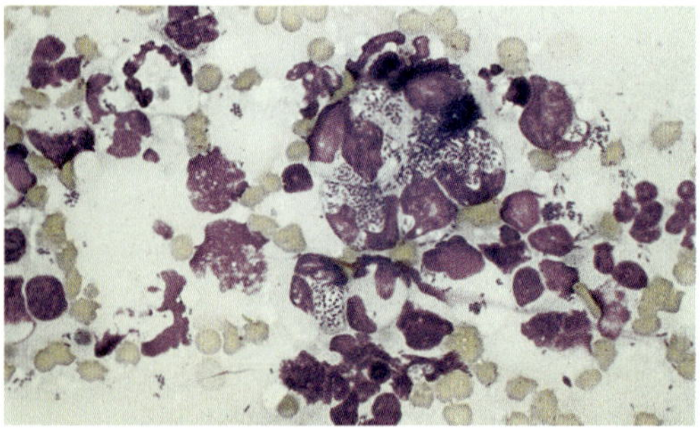

Abb. 30.36 Degenerierte karyolytische neutrophile Granulozyten bei einer bakteriellen Pneumonie einer Katze

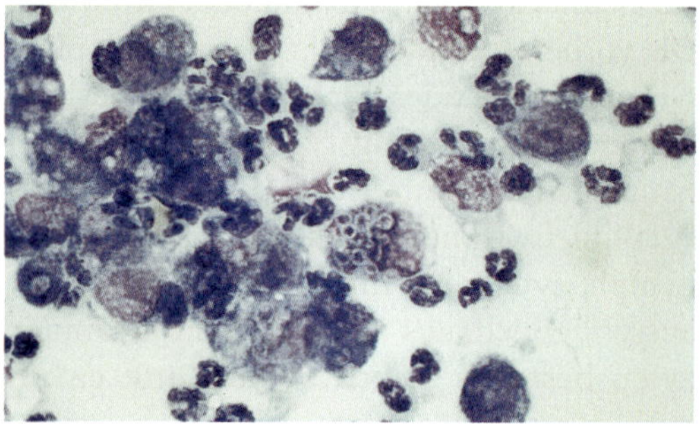

Abb. 30.37 Granulomatöse Pleuritis mit Bildung eine Thoraxergusses bei einem Hund infolge einer Histoplasmose

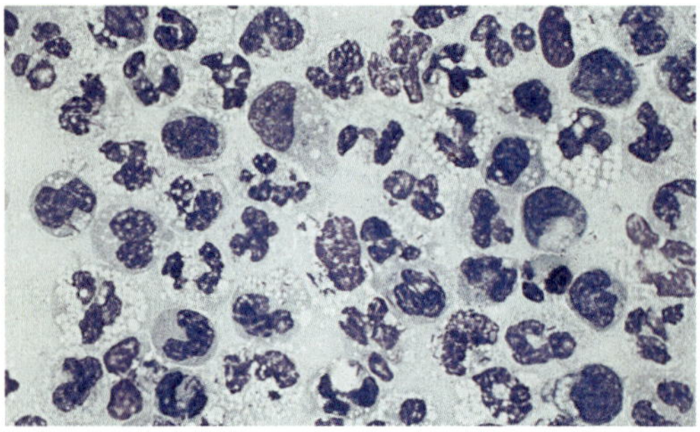

Abb. 30.38 Pyogranulomatöse Pleuritis einer Katze bei Nokardiose

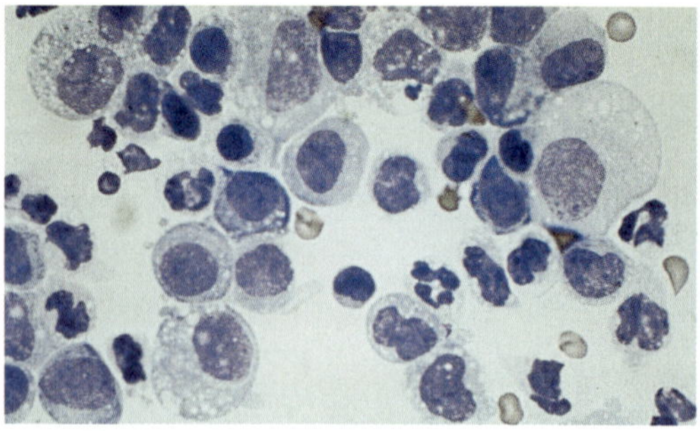

Abb. 30.39 Pyogranulomatöse Entzündung bei der felinen infektiösen Peritonitis

Werden mehr als drei Malignitätskriterien in einer Zellpopulation festgestellt, kann diese als maligne angesprochen werden. Die Bewertung betrifft immer die ganze Population einer Zellart, nie Einzelzellen. Das Fehlen von Malignitätskriterien ist nicht in jedem Fall ein Beweis für ein benignes Verhalten des Gewebes. Gewebe unbekannter Herkunft kann keinesfalls, Proben bestimmter Organe können lediglich mit Einschränkung als benigne bezeichnet werden. Allgemeine Malignitätskriterien werden von speziellen Malignitätskriterien des Zellkerns und solchen des Zytoplasmas unterschieden. Die Malignitätskriterien sind detailliert in den **Abbildungen 30.40–30.59** dargestellt.

Allgemeine Malignitätskriterien

Pleomorphie – Abb. 30.41
Zellen eindeutig zur selben Population gehörig, aber vielgestaltig (exkl. lymphatisches Gewebe)

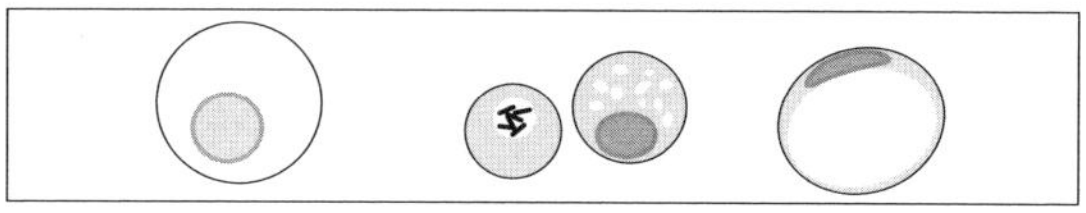

Makrozytose – Abb. 30.42
übergroße Zellen, Erythrozyten zum Vergleich ca. 7 µm

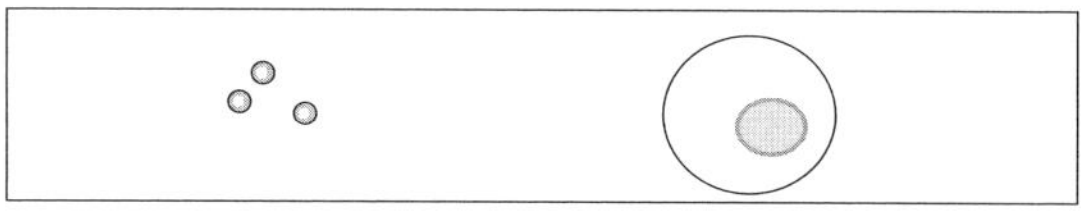

Anisozytose – Abb. 30.43
starke Ungleichheit der Zellgröße einer Population

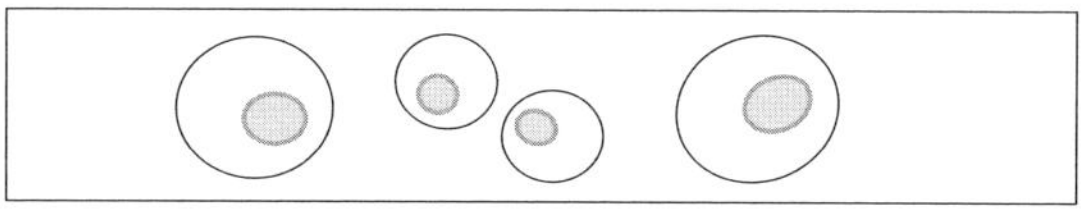

Zellreichtum des Präparats – Abb. 30.44
maligne Zellen exfolieren leichter als normale Zellen

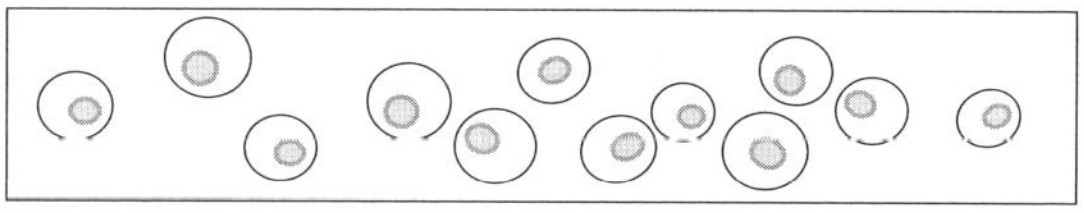

Malignitätskriterien des Zellkerns

Makrokaryose – Abb. 30.45
Zellkerne mit einer Größe von mehr als 10 µm, Erythrozyten zum Vergleich ca. 7 µm

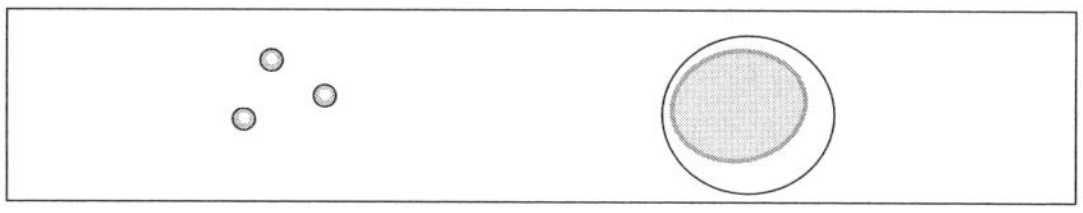

Kern-Zytoplasma-Verhältnis – Abb. 30.46
großes (> 1:2) ungleiches Verhältnis der Kern- zur Zellleibgröße (exkl. lymphatische Zellen)

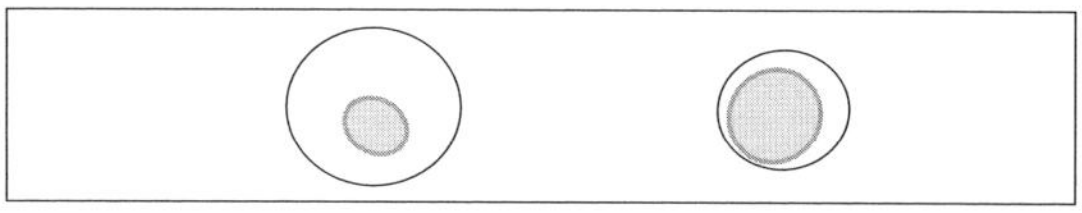

Anisokaryose – Abb. 30.47
unverhältnismäßig große Variation der Zellkerngröße insbesondere bei mehrkernigen Zellen

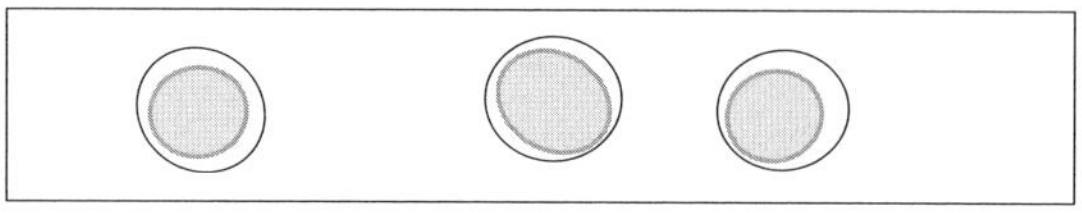

Mehrkernigkeit – Abb. 30.48
Mehrkernigkeit bei manchen Zellen physiologisch (z. B. Osteoklasten). Auf Gleichmäßigkeit der Zellkerngröße achten!

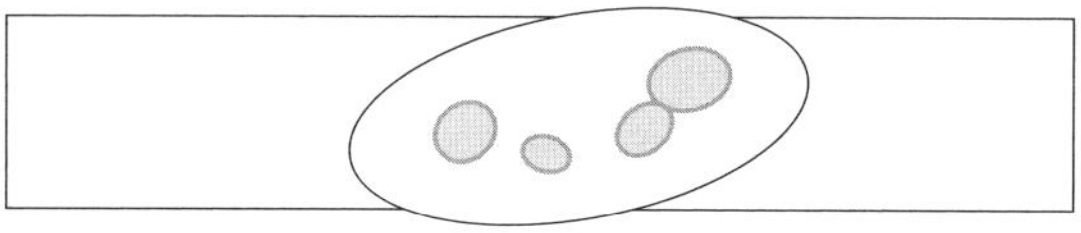

Abb. 30.40 Malignitätskriterien

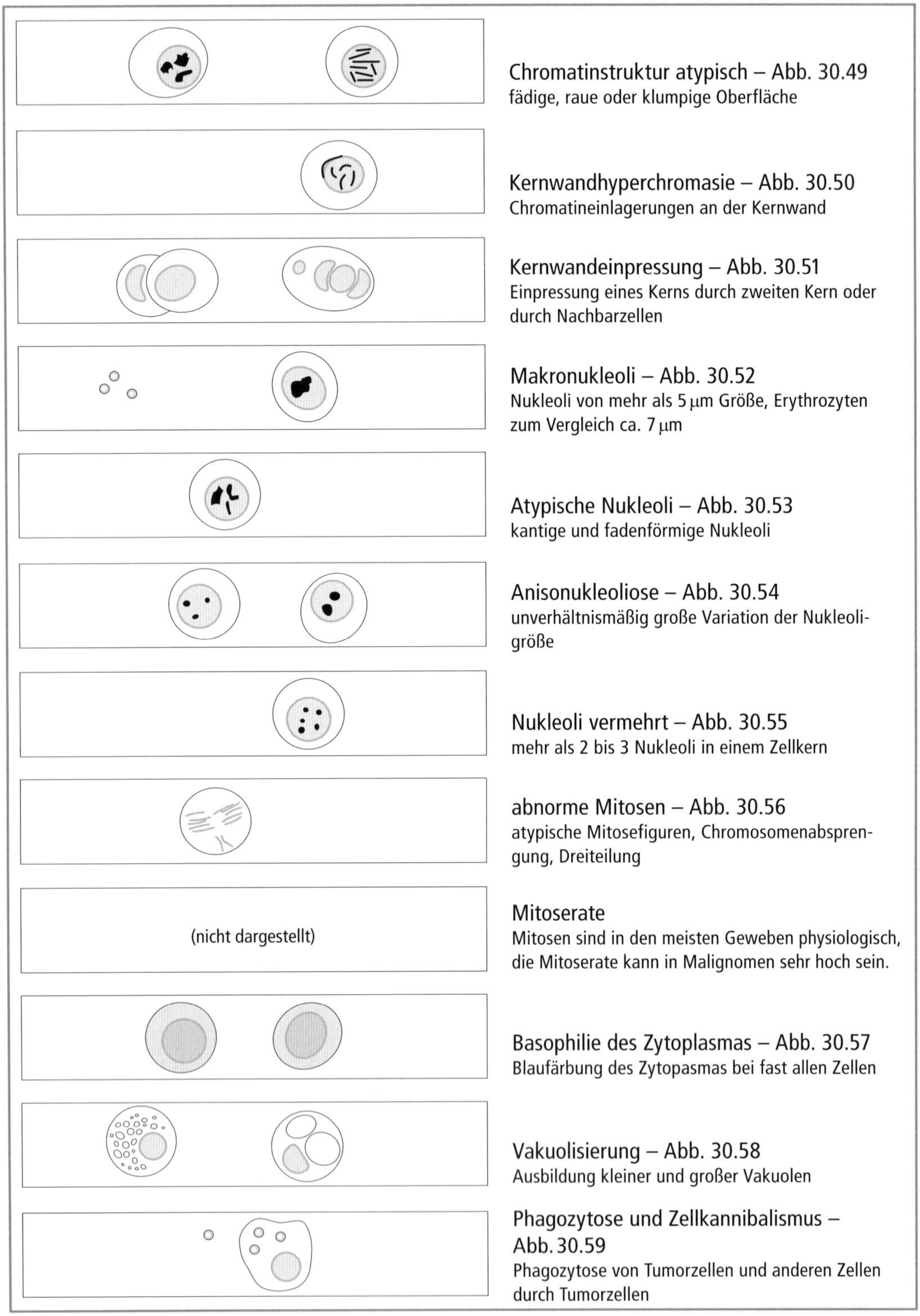

Abb. 30.40 Malignitätskriterien (Fortsetzung)

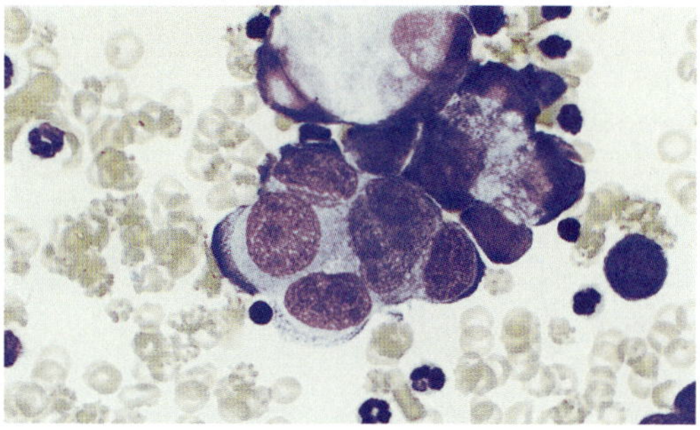

Abb. 30.41 Population pleomorpher Zellen, Zellen eines Mammakarzinoms im Thoraxerguss eines Yorkshire-Terriers

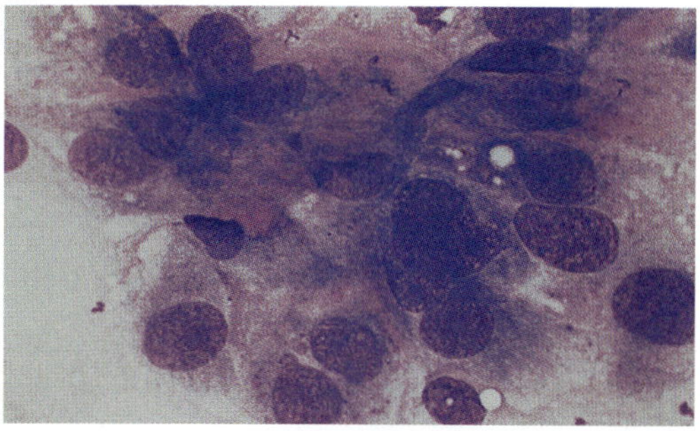

Abb. 30.42 Makrozytose bei einem felinen Fibrosarkom

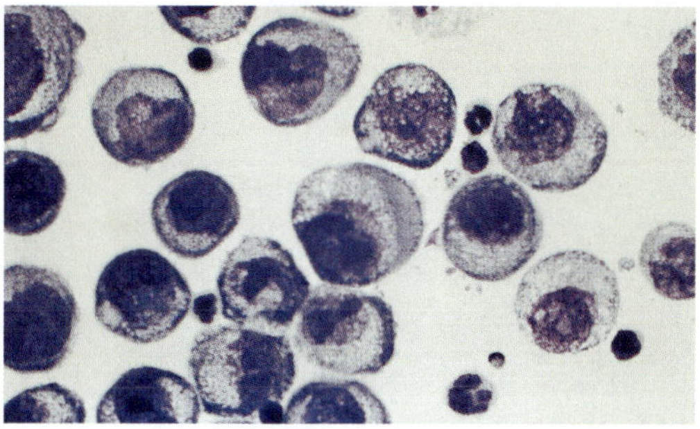

Abb. 30.43 Ausgeprägte Anisozytose in einem bronchioloalveolären Karzinom bei einer Katze

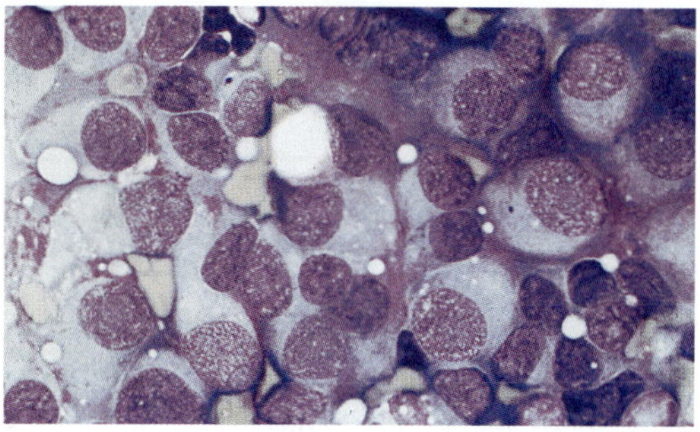

Abb. 30.44 Hohe Zellularität eines zytologischen Präparates bei einem wenig differenzierten Sarkom in der Haut eines Pudels

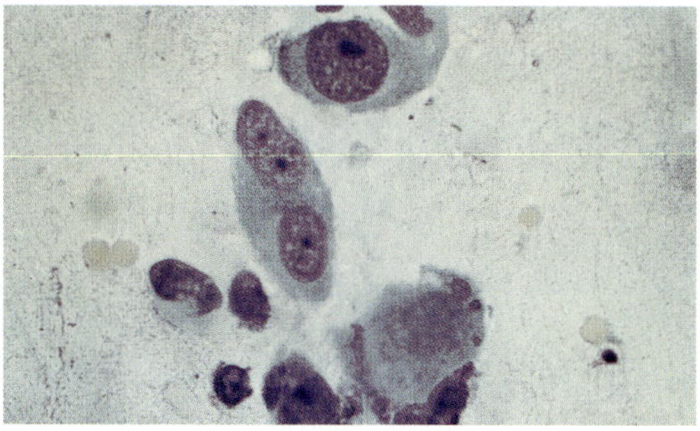

Abb. 30.45 Makrokaryose, riesige Zellkerne bei einem kutanen Sarkom einer Katze

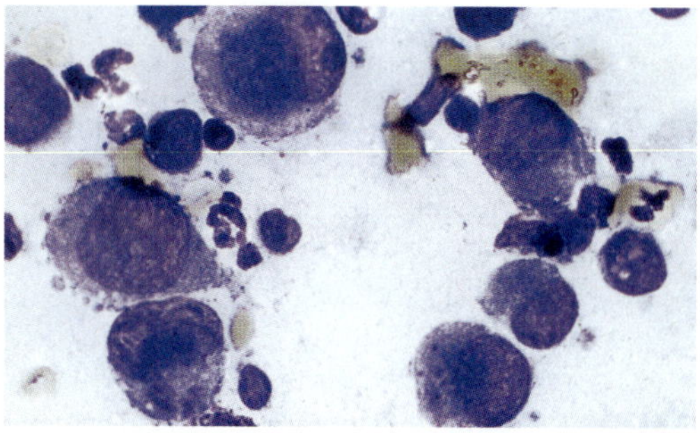

Abb. 30.46 Großes Kern/Zytoplasma-Verhältnis der Zellen eines anaplastischen Karzinoms am Zahnfleisch eines Rauhaardackels

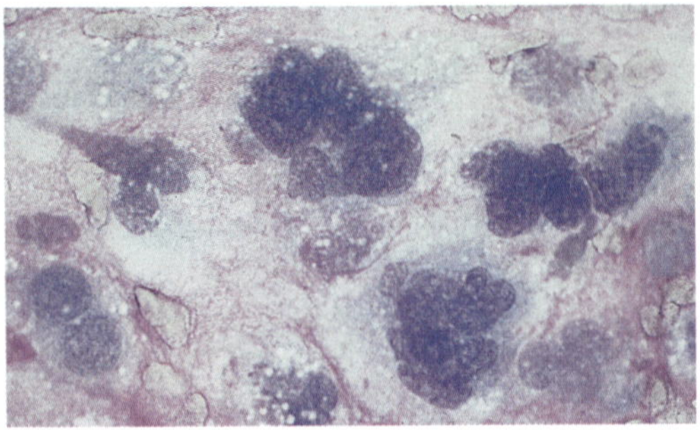

Abb. 30.47 Anisokaryose multinukleärer Zellen bei einem Riesenzellsarkom eines Hundes

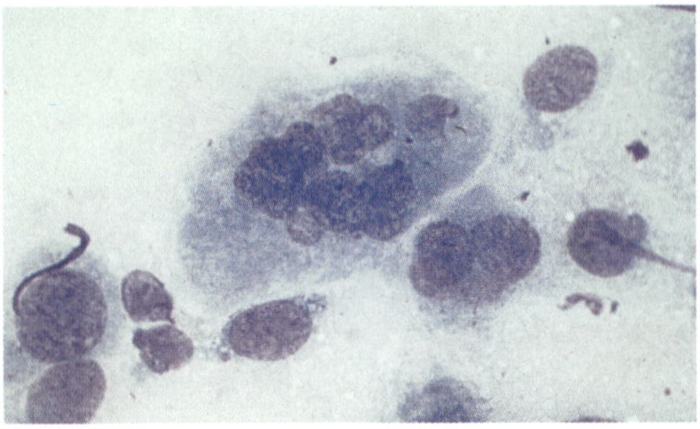

Abb. 30.48 Mehrkernigkeit der Zellen eines felinen Fibrosarkoms mit verschiedener Zellgröße

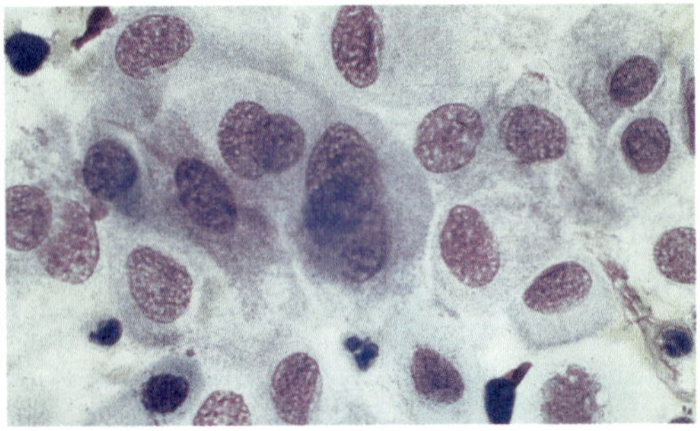

Abb. 30.49 Raue Chromatinstruktur bei einem Plattenepithelkarzinom beim Hund

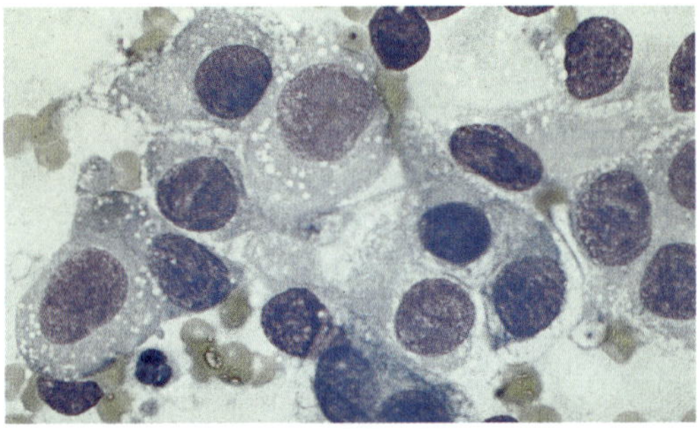

Abb. 30.50 Kernwandhyperchromasie in Zellen einer Lungenmetastase eines Pankreaskarzinoms bei einem Mischlingshund

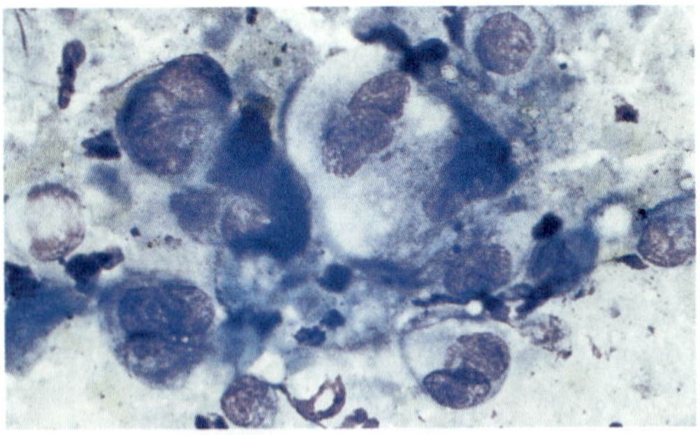

Abb. 30.51 Kernwandeinpressung bei Zellen eines Prostatakarzinoms eines Schnauzers

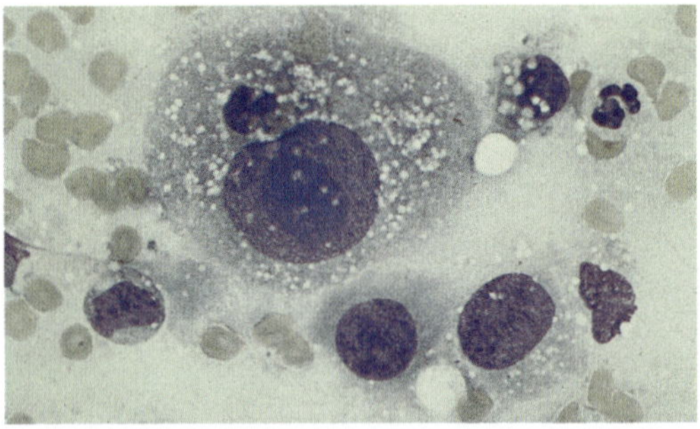

Abb. 30.52 Makronukleoliose bei einem kaninen Pankreaskarzinom

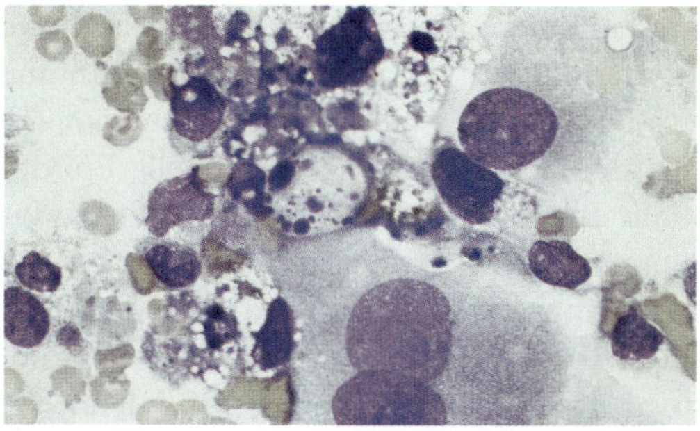

Abb. 30.53 Atypische Nukleoli bei der Lungenmetastase eines Osteosarkoms bei einem Rottweiler

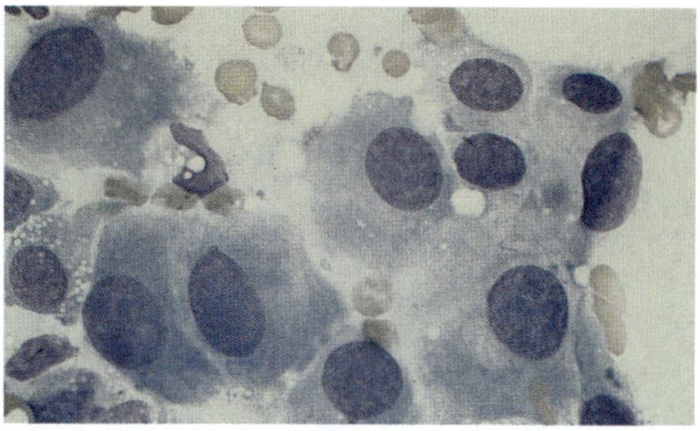

Abb. 30.54 Anisonukleoliose bei der Lungenmetastase eines Osteosarkoms bei einem Rottweiler

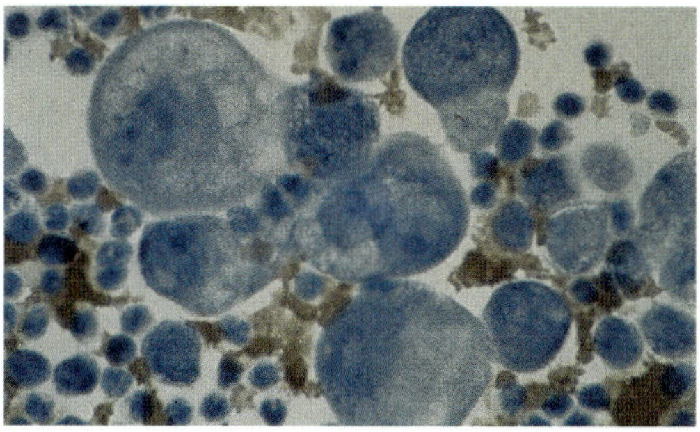

Abb. 30.55 Vermehrter Gehalt an Nukleoli in Karzinomzellen eines felinen Pleuraergusses

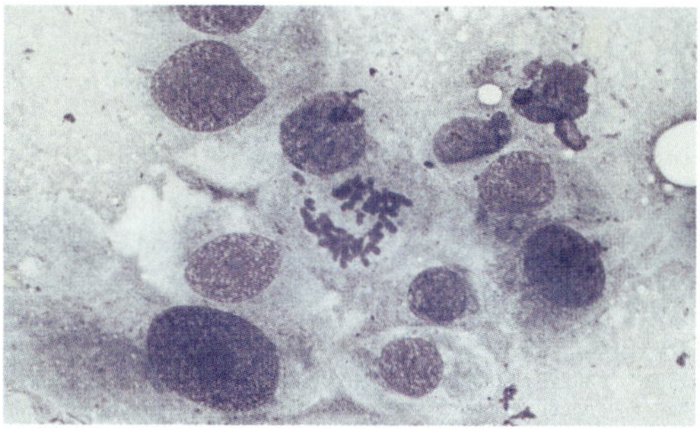

Abb. 30.56 Abnormale Mitose bei einem felinen Fibrosarkom

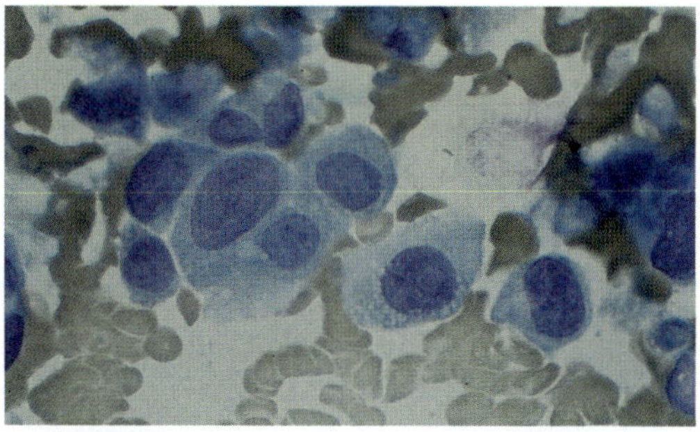

Abb. 30.57 Ausgeprägte Basophilie des Zytoplasmas bei einem Prostatakarzinom eines Collies

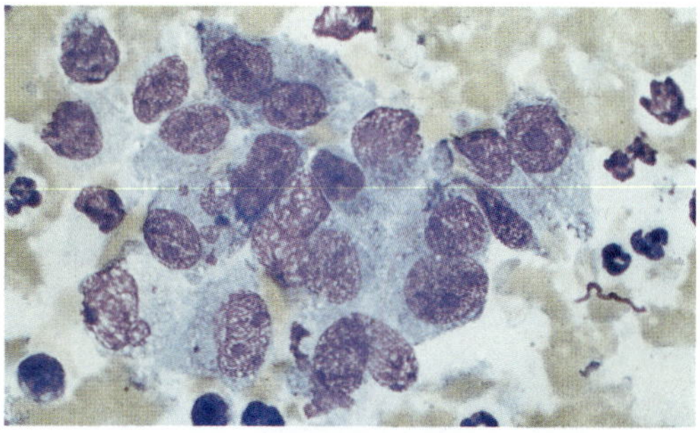

Abb. 30.58 Vakuolisierung der Zellen eines Hämangioendothelioms bei einem Deutschen Schäferhund

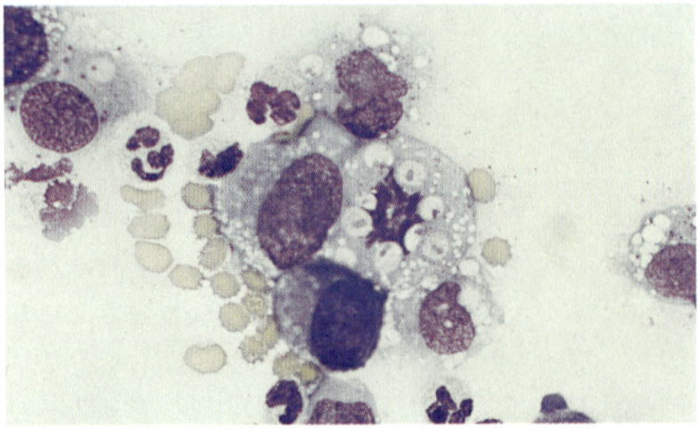

Abb. 30.59 Phagozytose von Erythrozyten durch eine mitotische Karzinomzelle im Thoraxerguss eines Hundes

Karzinome und Sarkome

Mithilfe der zytologischen Untersuchung lässt sich eine maligne Gewebszubildung als solche erkennen und diese Diagnose in wenigen Minuten stellen. Eine exakte Spezifizierung des Tumors ist meist nicht sicher möglich, aber aus klinischer Sicht auch nicht unabdingbar. Mit einiger Übung gelingt die Klassifikation von Tumoren in Karzinome und Sarkome. Die Unterscheidungsmerkmale sind in **Abb. 30.60** dargestellt. Epitheliale Tumorzellen, **Karzinomzellen**, exfolieren leicht und finden sich daher zahlreich im Präparat. Die Zellen sind recht groß und liegen oft im Zellverband. Sie können rund, oval und auch kantig sein. Bei Adenomen und Adenokarzinomen kommen gelegentlich azinäre Strukturen vor (**Abb. 30.61**). Zellen mesenchymaler Tumoren, **Sarkomzellen**, sind meist klein bis mittelgroß, spindelförmig und exfolieren weniger leicht als Karzinomzellen. Die Präparate sind mit Ausnahme wenig differenzierter Sarkome zellarm. Zellverbände treten kaum auf. Fibroblasten eines Granulationsgewebes können mit Sarkomzellen verwechselt werden (**Abb. 30.62**). Das Auftreten von Entzündungszellen zwingt zu einer zurückhalten-

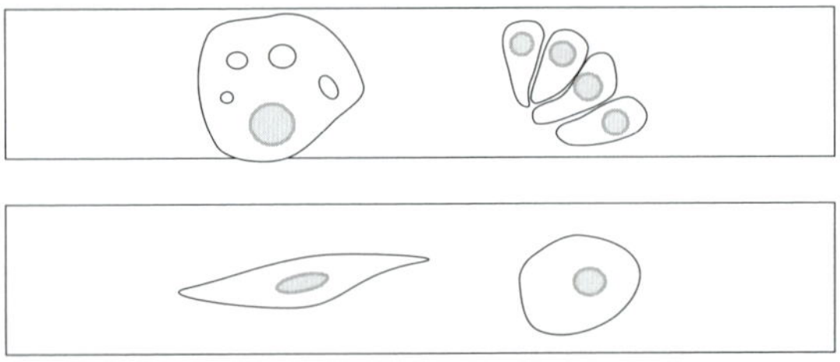

Karzinome – Abb. 30.61
große rundliche oder auch kantige Zellen,
oft Zellgruppen, z. T. azinäre Struktur, zahlreich

Sarkome – Abb. 30.62
kleine bis mittelgroße z. T. spindelförmige Zellen
kleine Zellgruppen, zellarm, längsovale Kerne

Abb. 30.60 Klassifikation von Malignomen in Karzinome und Sarkome

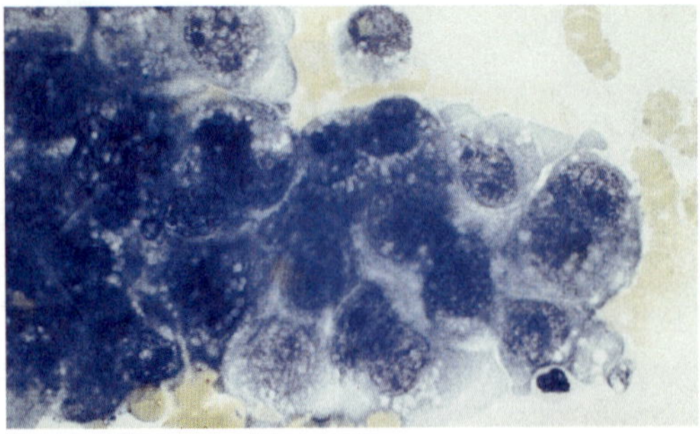

Abb. 30.61 Große Tumorzellen und Zellgruppen bei einem bronchioalveolären Karzinom eines Hundes

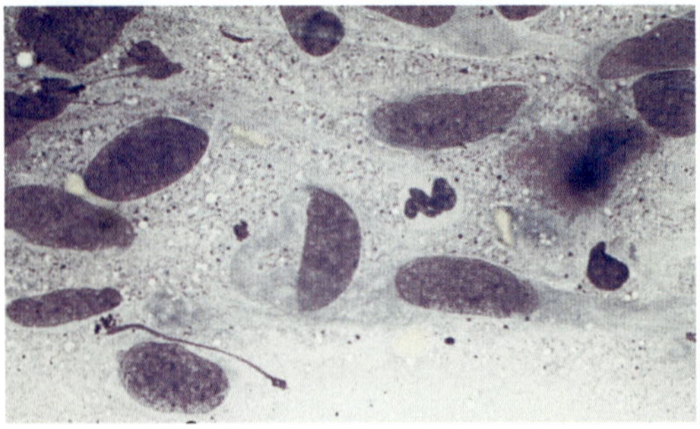

Abb. 30.62 Spindelförmige Zellen mit längsovalem Kern eines Fibrosarkoms der Katze

den Entscheidung. Im Zweifelsfall sollte immer eine histologische Untersuchung angeschlossen werden.

Rundzelltumoren

Charakteristisch sind einzeln liegende Zellen mit runder Gestalt. Lymphome, Mastzelltumoren, histiozytäre Tumoren und der übertragbare venerische Tumor (transmissible venereal tumor, TVT, Stickersarkom) werden als Rundzelltumoren bezeichnet. Vom Phänotyp her können auch maligne Melanome und manchmal Basalzelltumoren in diese Gruppe eingeschlossen werden und sind differenzialdiagnostisch zu berücksichtigen. Rundzellen lassen sich als spezielle Einheit zytologisch besser als histologisch differenzieren (**Abb. 30.63–30.68**). Das großflächig ausgebreitete Zytoplasma kann im Ausstrich besser beurteilt werden als im Schnittpräparat. Mastzell- und Melaningranula sind bei sehr geringer Konzentration dieser Granula auch in wenig differenzierten Tumoren noch zu erkennen.

Lymphom – Abb. 30.64
Rundzelle mit rundlichem Kern, gelegentliche Einziehungen, Kerne nach Reifestadium und Differenzierung kompakt und dunkel oder hell, kleiner, schmaler Zytoplasmasaum bis zu umfangreichem Zytoplasma

Mastzelltumor – Abb. 30.65
Rundzelle mit rundlichem Kern, gelegentliche Einziehungen, Zytoplasma hell, je nach Differenzierungsgrad dicht voll metachromatischer Granula, die den Kern verdecken, oder nur spärlich eingestreute Granula

Histiozytom – Abb. 30.66
Rundzellen mit rundlichem Kern z. T. bohnenförmig, graues umfangreiches Zytoplasma mit Vakuolen

Transmissible Venereal Tumor (TVT), Sticker-Sarkom – Abb. 30.67
Rundzellen mit rundlichem Kern, hellem, mittelgradig umfangreichem Zytoplasma mit Vakuolen

Melanom – Abb. 30.68
Rundzellen mit rundlichem Kern, umfangreichem hellem Zytoplasma mit feinen schwarzen Granula, nach Differenzierungsgrad dicht angehäuft oder ascheartig eingestreut

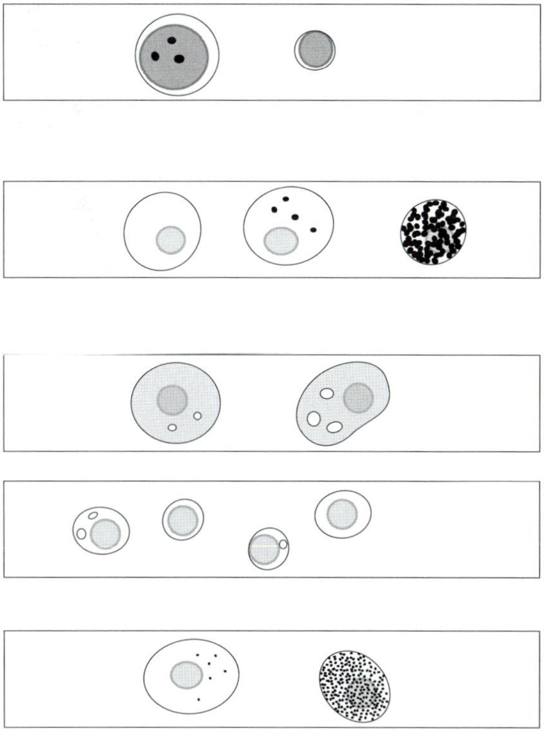

Abb. 30.63 Differenzierung von Rundzelltumoren (Lymphom, Mastzelltumor, histiozytärer Tumor, transmissibler venerischer Tumor [TVT]) und malignen Melanomen

30

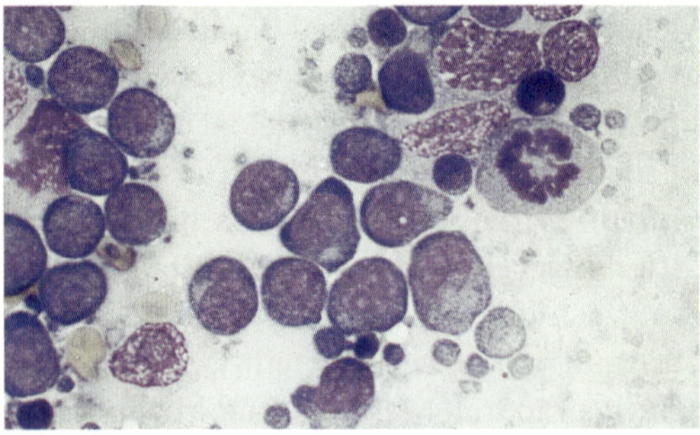

Abb. 30.64 Zellen eines malignen Lymphoms, Lymphoblasten im Lymphknoten eines Deutschen Schäferhundes

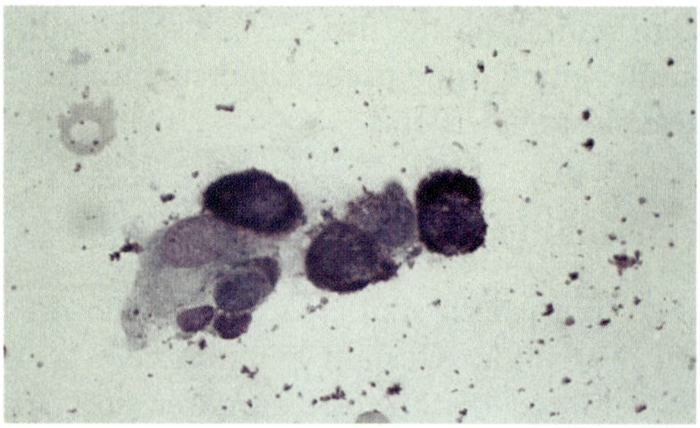

Abb. 30.65 Granulareiche und granulaarme Zellen eines malignen Mastzelltumors an der Zehe eines Hundes

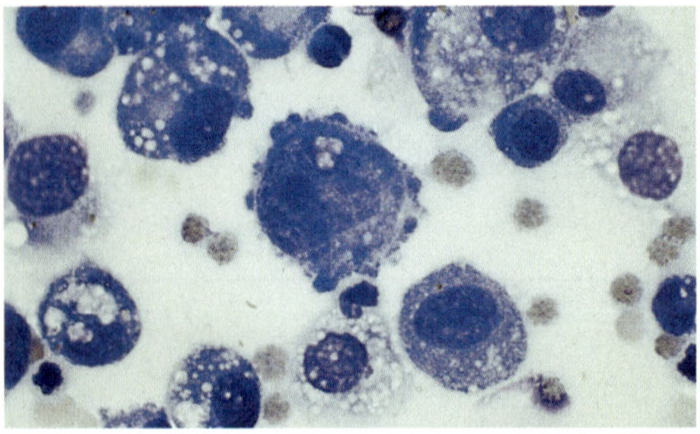

Abb. 30.66 Zellen eines malignen Histiozytoms im Thoraxerguss eines Airedale-Terriers

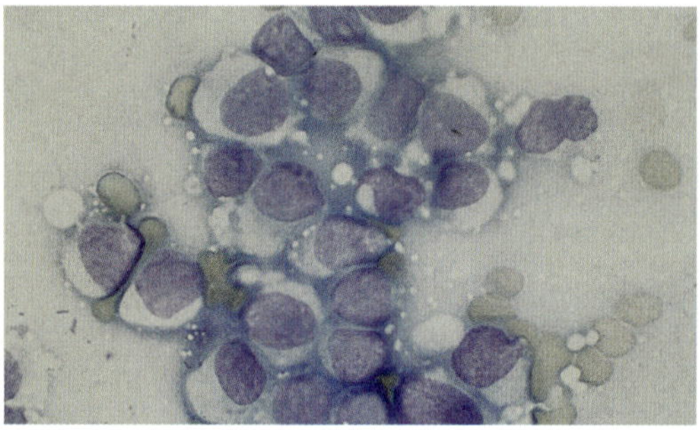

Abb. 30.67 Sticker-Sarkom-Zellen aus der Zunge eines Pudels

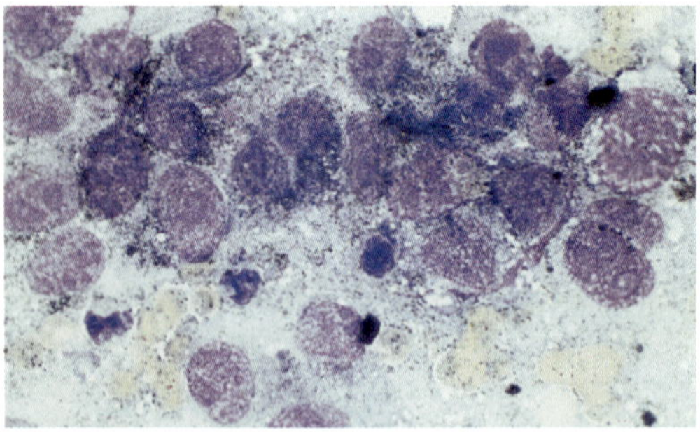

Abb. 30.68 Zellen eines malignen Melanoms mit recht geringem Melaningehalt aus dem Ln. mandibularis eines Deutschen Schäferhundes

31 Klinische Mikrobiologie

Elisabeth Müller

31.1 Einführung

Mikrobiologische Untersuchungen umfassen virologische, bakteriologische und mykologische Untersuchungen. Generell unterscheidet man Direktnachweise (über kulturelle Anzucht, immunologisch über Enzymimmunoassay oder über Polymerasekettenreaktion = PCR) von indirekten Nachweisen (Antikörpernachweise in Form verschiedener Testvarianten wie Enzymimmunoassay, Neutralisationstest, Agglutinationstest, Immunfluoreszenztest etc.).

Ziele mikrobiologischer Untersuchungen sind aus klinischer Sicht:

1. Ausschluss einer Keimbesiedlung (z. B. Zystozenteseharn, Milch, Körperhöhlenflüssigkeiten)
2. Ausschluss/Nachweis spezifisch pathogener Keime oder Pilze (z. B. Salmonellen, Yersinien, *Campylobacter*) oder Viren (z. B. Parvo-, Staupe-, felines Leukämievirus) mit den Zielen: spezifische antibiotische Behandlung, geeignete Therapie- und Hygienemaßnahmen, geeignete Isolierungsmaßnahmen
3. Bewertung einer Keimzahl in Kombination mit klinischer Bewertung der nachgewiesenen Keimart (z. B. in Harn, Milch) mit dem Ziel einer geeigneten antibiotischen Behandlung
4. klinische Bewertung der nachgewiesenen Keimart unter Berücksichtigung der physiologischen Flora des untersuchten Organs, in der Regel mit dem Ziel einer nachgeschalteten geeigneten Antibiose

Der **Direktnachweis** ist häufig zeitaufwendiger als der indirekte. Er ist auf die richtige Auswahl des Probenmaterials angewiesen, auf den korrekten Zeitpunkt der Probenentnahme (z. B. virämische Phase bei Blut) sowie – in den meisten Fällen – auf Einhaltung korrekter Transportbedingungen, um bei einer positiven Probe auch ein positives Ergebnis zu erzielen. Der Vorteil des Direktnachweises liegt darin, dass ein positives Resultat in der Regel klar mit einem klinischen Erkrankungsbild korreliert. Ausnahme: Die Impfung mit attenuierten Lebendimpfstoffen kann über einen kurzen Zeitraum zur Ausscheidung und damit zu einem Virusnachweis führen, ohne dass eine Erkrankung vorliegt (z. B. Parvovirus), Bewertung von Keimisolaten, die zur physiologischen Flora gehören aber auch krankheitsverursachend sein können (z. B. *Staphylococcus pseudintermedius*).

Der **indirekte Nachweis** über Antikörper hat den Vorteil, weitgehend stabil gegenüber Zeit- und Transportumständen zu sein. Darüber hinaus lässt er sich in der Regel in einer einfach und schnell zu gewinnenden Serum- oder Plasmaprobe ausführen. Ein wesentlicher Nachteil des Antikörpernachweises ist, dass er lediglich die Auseinandersetzung des Körpers mit dem betreffenden Antigen mehr als 2 Wochen vor Probenentnahme widerspiegelt und keine Aussage über den zum Zeitpunkt der Untersuchung vorliegenden Infektionsstatus zulässt. Eine Ausnahme stellt z. B. die Leptospiren-Serologie dar, bei der der Antikörpernachweis mit verschiedenen Serovaren, einschließlich der Impfserovare, durchgeführt wird, sodass Titermaxima, die nicht die Impfserovare betreffen, auch bei Einzelproben in Abhängigkeit von der Höhe der verschiedenen Titer deutlich hinweisend für eine Infektion sein können.

Interpretation der serologischen Ergebnisse

Jeder Antikörpernachweis trifft nur limitiert eine Aussage über den Zeitpunkt der Infektion. Hohe Antikörperspiegel, z. B. gegen Parvovirus, beim ungeimpften Jungtier weisen deutlich auf eine frische Infektion hin, bei älteren Tieren können diese hohen Spiegel auch noch lange nach der Impfung vorliegen. Interpretationshilfen können sein:

- Darstellung eines Antikörperanstiegs bei frischer Infektion: Als signifikant wird ein Anstieg um mindestens zwei Titerstufen (= Anstieg auf die vierfache Konzentration) innerhalb von 3–4 Wochen angesehen. Für die Praxis ist der Zeitabstand von 4 Wochen bis zur endgültigen Diagnose in der Regel aber nicht befriedigend.
- Parallele Bestimmung von IgG- und IgM-Titern: Theoretisch kommen signifikante Konzentrationen an IgM-Antikörpern nur zu Beginn einer frischen Infektion vor. Hohe IgG-Titer bei fehlenden IgM-Titern sprechen für einen bereits länger zurückliegenden Infektionszeitpunkt. Für Borrelien beispielsweise zeigen allerdings neuere Studien, dass auch IgM-Titer im Verlauf des Krankheitsgeschehens schwanken können.

31.2 Immunologische Nachweismethoden

Nachfolgend werden die gängigsten immunologischen Methoden beschrieben, die in der klinischen Mikrobiologie Anwendung finden. Viele werden gleichermaßen in der Bakteriologie und der Virologie, für Antigen- und Antikörpernachweise verwendet.

Antigennachweise

Immunfluoreszenztest (IFT)

Zu testendes Untersuchungsmaterial wird auf einen Objektträger gegeben (in der Regel werden entnommene Tupfer abgerollt) und mit einem Antikörper gegen das zu detektierende mikrobielle Agens überschichtet. Bei positiven Proben findet eine spezifische Bindung des Antikörpers statt. Beim direkten IFT ist an den Antikörper ein Fluoreszenzfarbstoff gekoppelt. Nach einem Waschschritt kann die Probe direkt unter dem Fluoreszenzmikroskop bewertet werden. Beim indirekten IFT folgt auf die Bindung des spezifischen Antikörpers nach dem ersten Waschschritt die Bindung eines gegen den Detektionsantikörper gerichteten zweiten Antikörpers, der mit dem Fluoreszenzfarbstoff gekoppelt ist. Als Farbstoff wird in der Regel Fluoresceinisothiocyanat (FITC) verwendet. **Abbildung 31.1** zeigt die beiden Methoden im Vergleich.
Der indirekte IFT ist sensitiver als der direkte, die Qualität beider Nachweise ist extrem abhängig von der Qualität der verwendeten Antikörper wie auch von der Antigenmenge in der Probe. Die Methode ist fast vollständig durch sensitivere (z. B. ELISA, PCR) ersetzt. Gerätebedarf und Komplexität des Ablaufs machen die Methode nicht praktikabel für das Praxislabor.

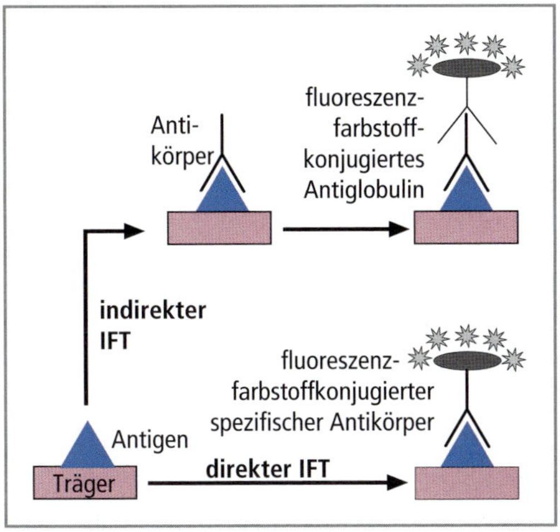

Abb. 31.1 Schema des direkten und des indirekten Immunfluoreszenztests

Analog kann Antigen in Gewebeschnitten nachgewiesen werden. Bei Kopplung mit einem Fluoreszenzfarbstoff werden Kryostatschnitte verwendet. Soll in fixiertem Material Antigen nachgewiesen werden, so wird statt des Fluoreszenzfarbstoffs ein Enzym und nachfolgend ein Substrat eingesetzt, das sich bei Vorhandensein des Enzyms verfärbt.

Anwendungsbeispiele:

- Staupevirus
- Herpesvirus
- *Chlamydophila* spp.

Enzyme-linked Immunosorbentassay (ELISA)

Antikörper gegen das nachzuweisende mikrobielle Agens liegen auf einer Plastikoberfläche (z. B. Vertiefung einer Mikrotiterplatte) oder an einer Membran gebunden vor. Das zu testende Untersuchungsmaterial (z. B. Kotaufschwemmung, Serum oder Plasma) wird zugegeben. Im positiven Fall entsteht eine Bindung zwischen Antikörper und Antigen aus der zu untersuchenden Probe. Überschüssiges Material wird über einen Waschschritt entfernt. Nachfolgend wird ein zweiter enzymmarkierter Antikörper zugegeben, der bei Vorliegen eines Antigen-Antikörper-Komplexes gebunden werden kann. Proben ohne das gesuchte Antigenmaterial können keinen enzymmarkierten Antikörper binden. Ein weiterer Waschschritt entfernt ungebundenes Enzym. Das zuletzt zugefügte Substrat wird bei Vorhandensein des mit Enzym gekoppelten Antikörpers vom Enzym in eine gefärbte Flüssigkeit umgewandelt. Die Farbintensität entspricht dem Gehalt des gebundenen Antigens. Jeder Testlauf wird komplettiert durch eine positive und eine negative Kontrolle. Bei ELISAs in Mikrotiterplattensystemen müssen zwei Ansätze zusätzlich zur Anzahl der Proben für die positive und die negative Kontrolle bereitgestellt werden. **Abbildung 31.2** zeigt den Testablauf schematisch.

Immunchromatografie

Diese Methode stellt eine Weiterentwicklung des ELISA dar. Bei den in der Praxis gebräuchlichen Tests handelt es sich um in Kunststoffgehäuse eingebettete Streifen aus Spezialpapier, in denen die zu prüfende Flüs-

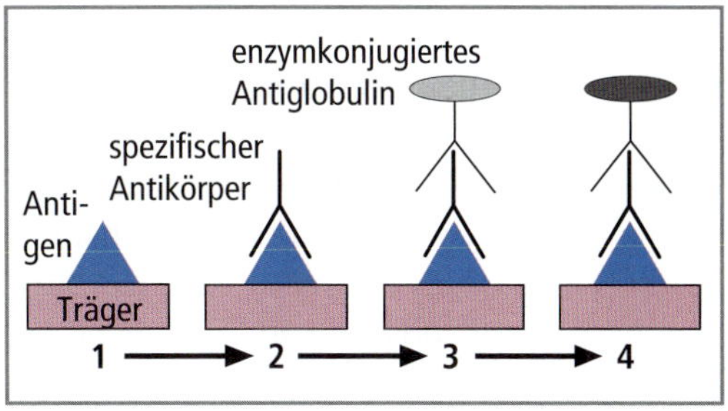

Abb. 31.2 Schema des Enzymimmunoassays. 1 = Bindung von Antigen, 2 = Bindung des spezifischen Antikörpers, 3 = Bindung des enzymgekoppelten Antiglobulins, 4 = Farbumschlag nach Substratzugabe.

sigkeit aufgrund der Saugwirkung des Papiers von einem Ende zum anderen wandert. Dabei spült die Flüssigkeit kleinste, mit dem Antikörper beschichtete Latex- oder Goldkügelchen mit. Vorhandenes Antigen in der Flüssigkeit führt zur Bindung der Kügelchen an einer Stelle auf dem Papierstreifen, an der ebenfalls der nachzuweisende Antikörper aufgebracht ist. Diese Tests sind sehr empfindlich, schnell und ohne apparativen Aufwand durchführbar. Eine positive und eine negative Kontrolle sind in den Test eingearbeitet.

Anwendungsbeispiele:

- felines Leukämievirus (FeLV)
- Parvovirus
- Rotavirus

Polymerasekettenreaktion (PCR-Technik)

Der Nachweis basiert auf der Vervielfältigung einer bekannten Aminosäuresequenz (= DNA) des Erregers, die für ihn spezifisch ist. Dazu wird DNA im Probenmaterial in Einzelstränge aufgebrochen. Nach Zugabe von bekannten Anfangs- und Endsequenzen (= Primer) erfolgt der Doppelstrangaufbau in Anwesenheit von DNA-Polymerase und einer ausreichenden Zahl an Nukleotiden. Dieser Vorgang wird 30- bis 40-mal wiederholt bis zur detektierbaren Menge an produzierter DNA. Die Bewertung erfolgt in der Regel qualitativ als Ja/Nein-Aussage nach Färbung des PCR-Produkts in einem Gel. RNA-Nachweise werden mit entsprechender Modifikation des Tests analog durchgeführt. Mindestens eine positive und eine negative Kontrolle sowie Inhibitionskontrollen komplettieren jeden Testlauf.

Vorteil der Methode ist die extreme Sensitivität (theoretisch reicht das Vorliegen eines einzelnen DNA-Strangs im Probenmaterial für einen positiven Nachweis aus) bei extremer Spezifität und relativ hoher Nachweisgeschwindigkeit. Gerade Virus- und Parasitennachweise werden daher zunehmend mittels PCR durchgeführt.

Die hohe Spezifität kann zum Nachteil werden: Je nach Auswahl der Primer werden unterschiedliche Antigenvarianten unter Umständen nicht erkannt. Aufgrund der hohen Sensitivität besteht in großem Maße die Gefahr einer Fehlinterpretation eines positiven Ergebnisses. Kontamination, z. B. bei der Probenentnahme, oder der Nachweis kleinster Mengen an Erregermaterial, das für das vorliegende Krankheitsgeschehen nicht relevant ist, führt zum qualitativ positiven PCR-Ergebnis, das unter Berücksichtigung der Klinik kritisch interpretiert werden muss.

Die **Realtime-PCR** stellt eine Weiterentwicklung dar, bei der fluoreszenzmarkierte Sonden spezifisch am zu amplifizierenden DNA-Strang binden und im Verlauf der Amplifikation das Fluoreszenzsignal freisetzen. Diese Technik erlaubt sowohl einen schnelleren als auch einen bei Bedarf quantitativen Nachweis. Theoretisch denkbare unspezifische PCR-Produkte werden durch die Detektion über Bindung von Sonden ausgeschlossen.

> Gerätebedarf und Komplexität des Ablaufs machen die Methode nicht praktikabel für das Praxislabor.

Anwendungsbeispiele:

- Staupevirus (Reverse-Transkriptase-PCR)
- Herpesvirus
- felines Coronavirus (Frage nach Ausscheidung)
- *Mycoplasma* spp.

Antikörpernachweise

Immunfluoreszenztest (IFT)

Der Test wird in der Regel zum Nachweis von Antikörpern in Serum oder Plasma als indirekter Immunfluoreszenztest durchgeführt.

Das jeweilige mikrobielle Agens liegt an Objektträger gebunden vor und wird mit Serumverdünnungen der zu untersuchenden Probe überschichtet. Ungebundene Antikörper werden in einem Waschschritt entfernt. Eine weitere Bindung erfolgt mit einem gegen ein speziespezifisches Epitop gerichteten Antikörper, der mit Fluoreszenzfarbstoff markiert ist. Überschüssige Antikörper werden in einem zweiten Waschschritt entfernt. Die Auswertung erfolgt mittels eines Fluoreszenzmikroskops. Mitgeführte positive und negative Serumkontrollen dienen der Validierung des Testlaufs. Die Qualität des IFT ist extrem abhängig von der Qualität des verwendeten Antigens und des zweiten Antikörpers sowie mit dem Nachteil subjektiver Bewertung behaftet.

Gerätebedarf und Komplexität des Ablaufs machen die Methode nicht praktikabel für das Praxislabor. Die Tests werden zunehmend durch ELISAs oder Immunchromatografien ersetzt.

Anwendungsbeispiele:

- felines Coronavirus
- Staupe
- Herpes
- Parvovirus
- *Bartonella henselae*
- *Anaplasma*

Enzyme-linked Immunosorbentassay (ELISA)

Das jeweilige mikrobielle Agens liegt auf einer Plastikoberfläche (z. B. Vertiefung einer Mikrotiterplatte) oder an eine Membran gebunden vor. Das zu testende Untersuchungsmaterial (z. B. Serum oder Plasma) wird zugegeben. Im positiven Fall entsteht eine Bindung zwischen Antigen und Antikörper aus der zu untersuchenden Probe. Überschüssiges Material wird über einen Waschschritt entfernt. Nachfolgend wird ein enzymmarkierter Antikörper zugegeben, der bei Vorliegen eines Antigen-Antikörper-Komplexes gebunden werden kann. Proben ohne gebundenen Antikörper können keinen enzymmarkierten zweiten Antikörper binden. Ein zweiter Waschschritt entfernt ungebundenes Konjugat. Das zuletzt zugefügte Substrat wird bei Vorhandensein des mit Enzym gekoppelten Antikörpers vom Enzym in eine gefärbte Flüssigkeit umgewandelt. Die Farbintensität entspricht dem Gehalt des Antikörpers. Jeder Testlauf wird komplettiert durch eine positive und eine negative Kontrolle.

Bei ELISAs in Mikrotiterplattensystemen müssen zwei Ansätze zusätzlich zur Anzahl der Proben für eine positive und eine negative Kontrolle bereitgestellt werden. Bei Tests mit **Immunchromatografie-Technik** sind die Kontrollen in das Testsystem mit eingearbeitet.

> Jeder Test darf nur ausgewertet werden, wenn die positive Kontrolle eine positive Reaktion aufzeigt, die bei der negativen Kontrolle fehlt.

Anwendungsbeispiele:

- felines Immundefizienzvirus (FIV)
- felines Coronavirus (FCoV)

Hämagglutinationshemmungstest (HAH)

Viren mit hämagglutinierenden Eigenschaften agglutinieren Erythrozyten bestimmter Spezies. Wird der Mischung von Erythrozyten und Virusantigen eine Serumverdünnung zugesetzt, bleibt die Agglutination der Erythrozyten so lange aus, wie im Serum enthaltene Antikörper mit dem Virus einen Komplex bilden können. Fehlen spezifische Antikörper im Serum, kommt es zur Agglutination.

Der Test ist materialaufwendig und nicht für die Durchführung in der Praxis geeignet.

Bei der Parvovirusinfektion des Hundes bietet er jedoch die beste Vorhersage in Bezug auf einen Infektionsschutz. Für den Nachweis der caninen Parvovirose ist ein semiquantitativer ELISA im Handel (z. B. Fa. agrolabo, Turin, Italien), dessen Ergebnis relativ gut mit dem HAH korreliert.

Virusneutralisationstest (VNT)

Verdünnte Serumproben mit dadurch abfallender Antikörperkonzentration werden infizierten Zellkulturen zugesetzt. Das Wachstum der Zellen wird beobachtet. Wachstum intakter Zellen korreliert mit dem Vorliegen von Antikörpern gegen das Virus, mit dem die Zellkultur infiziert wurde.
Die Tests haben den Nachteil, extrem zeit- und materialaufwändig zu sein und den Vorteil, dass sie die protektive Komponente der Antikörper gut widerspiegeln.

Für die Durchführung in der Praxis sind die Tests nicht geeignet.

Anwendungsbeispiel:
Influenzavirus (Pferd)

31.3 Virologie

Probengewinnung

Die Wahl des Probenmaterials hängt von Virusart, Erkrankungsstadium, verwendetem Test und anderen Faktoren ab.
Für **direkte Nachweise** sollten folgende Punkte berücksichtigt werden:

- Virusanzucht: Viele Viren – besonders behüllte – sind labil und werden durch Hitze oder Austrocknung beim Transport leicht inaktiviert. → Transportmedium für Viren nutzen, Proben kühlen und gekühlt verschicken, mit möglichst wenig bakterieller Kontamination gewinnen.
- Virusnachweis generell: Tupfer oder Sekrete ohne Zusätze oder mit Transportmedium für Viren verschicken
- Virusnachweis generell: keine Transportmedien für die Bakteriologie verwenden, da die Materialien Viruspartikel absorbieren

Für **Antikörpernachweise** sollten generell Serumproben gewonnen werden. Um zu verhindern, dass Hämolyse das Testergebnis verfälscht, sollte das Serum in der Praxis abgetrennt werden.

Virusanzucht

Vorteil der Virusanzucht ist, dass auch neue Viren oder Varianten isoliert werden können. Dem steht der Nachteil gegenüber, dass die Methode lebendes Virusmaterial nach Transport zum Labor voraussetzt. Darüber hinaus handelt es sich um eine in der Regel langwierige sowie arbeitszeit- und kostenintensive Nachweismethode. Entsprechend dem Virusverdacht müssen spezifische Zelllinien vorgehalten werden. Nach Beimpfen mit dem fraglichen Untersuchungsmaterial wird das Wachstum der Zellen beobachtet und auf zytopathogene Effekte bzw. Einschlusskörper hin untersucht. In der Routinediagnostik haben ELISA-, Immunchromatografie- und PCR-Nachweise die Virusanzucht weitgehend verdrängt.

Elektronenmikroskopie

Steht das Gerät einmal zur Verfügung, lässt sich der Nachweis von Viren über die Elektronenmikroskopie schnell und kostengünstig durchführen. Im Gegensatz zur Virusanzucht ist der Probentransport nicht kritisch (kein vermehrungsfähiges Virus notwendig) und im Gegensatz zur Anzucht wie auch zur PCR kann global nach Viren gesucht werden (Beispiel: Untersuchung einer Kotprobe kann in einem Untersuchungsgang verschiedene Virusnachweise erbringen). Nachteilig wirkt sich dagegen aus, dass die Methode relativ unsensibel ist und hohe Partikelkonzentrationen für ein positives Ergebnis benötigt.

Nachweis der häufigsten Virusinfektionen

Nachfolgend wird eine Auswahl von häufig in der tierärztlichen Praxis vorkommenden Virusinfektionen mit Schwergewicht auf in der Praxis durchführbare Nachweisverfahren aufgelistet. Testanbieter sind in der Regel nur aufgeführt, wenn nicht schon eine Vielzahl an Tests auf dem Markt ist.

Parvovirus (Hund, Katze)

Direkter Nachweis in der Praxis

Es sind verschiedene Antigennachweise, die auf dem Prinzip von ELISA oder Immunchromatografie beruhen, für den Nachweis aus Kotproben im Handel, die sich einfach durchführen lassen. Es wird freies Antigen nachgewiesen, das nur wenige Tage nach Auftreten der klinischen Symptome vorliegt und durch antikörpergebundenes Virus abgelöst wird (Problem negativer Ergebnisse im fortgeschrittenen Krankheitsverlauf).

> Aleutenkrankheit der Frettchen wird durch Parvovirus-ähnlichen Erreger verursacht, der mit den gängigen Parvovirus-Nachweisen nicht erfasst wird.

Direkter Nachweis im Labor

Zusätzlich zum ELISA und einer Immunchromatografie können Elektronenmikroskopie oder PCR eingesetzt werden. Die Elektronenmikroskopie stellt eine relativ schnelle Methode mit der Gefahr falsch negativer Ergebnisse dar (niedrigere Sensitivität). Die ähnlich schnell durchführbare PCR birgt die Gefahr falsch positiver Ergebnisse (Kontamination) oder klinisch irrelevant positiver Ergebnisse (z. B. nach Impfung). Abhängig vom eingesetzten Impfstoff ist bei der PCR eine Unterscheidung zwischen Impf- und Infektionsstämmen möglich. Als Untersuchungsmaterial dient in beiden Fällen eine Kotprobe. Alternativ können typische Läsionen histopathologisch bei Dünndarm, Mesenteriallymphknoten und Thymus festgestellt werden.

Indirekter Nachweis in der Praxis

Für die Praxis ist ein semiquantitativer Schnelltest im Handel, der aufgrund guter Korrelation zum HAH Aussagen über das Ausmaß des Infektionsschutzes zulässt. Da der Test nur IgG erfasst, werden in der Regel Serumpaare für eine ausreichende Interpretation benötigt.

Indirekter Nachweis im Labor

Für die Ermittlung der Titerhöhe (Infektionsschutz) ist der HAH die Methode der Wahl. Die Absicherung der klinischen Diagnose erfordert die Kombination von IgG- und IgM-Titern oder die Untersuchung von Serumpaaren (z. B. über IFT möglich).

Coronavirus (Hund, Katze)

Direkter Nachweis im Labor

Methode der Wahl stellt derzeit die PCR aus der Kotprobe dar. Der Nachweis beim Hund dient der Durchfalldiagnostik. Der Nachweis bei der Katze gibt Auskunft über den Ausscheidungsstatus und ist Werkzeug für effektives Management Coronavirus-positiver Katzenzuchten. Alternativ kann eine Kotprobe elektronenmikroskopisch untersucht werden (niedrigere Sensitivität). Zur Diagnostik einer bestehenden FIP kann prinzipiell Vollblut oder Exsudat mittels PCR untersucht werden. Der Direktnachweis eignet sich für diese Fragestellung aber wenig, da auch klinisch gesunde Tiere virus-positiv sein können und selbst der sensitive PCR-Test bei klinisch an FIP erkrankten Katzen negativ verlaufen kann.

Indirekter Nachweis in der Praxis

Der Antikörpernachweis über ELISA oder Immunchromatografie als qualitativer Test lässt eine Aussage darüber zu, ob das Tier Kontakt zum Virus hatte. Bei Katzen eignet er sich als Werkzeug zur Bestandssanierung, nicht jedoch zur Bewertung klinisch auffälliger Tiere.

Indirekter Nachweis im Labor

Genutzt werden in der Regel IFT oder ELISA. Klinisch benötigt wird bei Katzen

- die Aussage, ob überhaupt eine Auseinandersetzung mit dem Virus stattgefunden hat (Frage nach niedrigem Cut-off),
- eine Auskunft über die Titerhöhe, die im Zusammenspiel mit anderen Laborparametern beim klinisch kranken Tier ein diagnostischer Hinweis sein kann (Frage nach der maximal getesteten Titerhöhe).

Beide Punkte sind im Vorfeld der Untersuchung zu klären, um größtmögliche diagnostische Sicherheit zu erzielen.

Herpesvirus (Hund, Katze, Pferd)

Direkter Nachweis im Labor

Der Nachweis über eine PCR stellt derzeit die Methode der Wahl dar. Der positive Befund gilt als beweisend. Beim Pferd sind serovarspezifische PCRs etabliert.

Indirekter Nachweis im Labor

Der Antikörpernachweis erfolgt bei Hund und Katze meist über einen IFT, zur Bewertung ist in der Regel die Untersuchung eines Serumpaars erforderlich (Nachweis des Titeranstiegs nach 4–6 Wochen). Beim Pferd kommen Neutralisationstest, Komplementbindungsreaktion (KBR) oder ELISA zur Anwendung, wobei in unterschiedlichen Testsystemen erzielte Titer nicht identisch sind!

Staupevirus (Hund)

Direkter Nachweis in der Praxis

Seit Kurzem ist ein auf der Immunchromatografie basierender Test im Handel (Fa. MegaCor, Hörbranz, Österreich).

Direkter Nachweis im Labor

Methode der Wahl ist die PCR an Abstrichen von Konjunktiva oder Tonsillen bei Diagnostik am lebenden Tier. Für die PCR wird ein Tupfer ohne Transportmedium benötigt. In der virämischen Phase kann der Nachweis in EDTA-Blut oder Urin erbracht werden (Immunfluoreszenz oder PCR).
Histopathologisch werden typische Läsionen und Einschlusskörper in einer Vielzahl von

Organen nachgewiesen (lymphoide Organe, Respirationstrakt, Magen-Darm-Trakt, Blasenwand, ZNS). Beide Verfahren sind auch zur Diagnose beim Frettchen möglich.

Indirekter Nachweis in der Praxis

Seit Kurzem ist ein semiquantitativer ELISA im Handel (z. B. Fa. agrolabo, Turin, Italien). Da der Test nur IgG erfasst, werden in der Regel Serumpaare für eine ausreichende Interpretation benötigt.

Indirekter Nachweis im Labor

Als Nachweismethoden kommen meist IFT oder ELISA zum Einsatz. Als hinweisend auf Staupe gelten Titeranstiege um mindestens das Vierfache bei gepaarten Proben gezogen im Abstand von 4–6 Wochen, positive Titer bei erkrankten und bekannt ungeimpften Tieren oder positive Titer im Liquor bei erkrankten Tieren mit ZNS-Symptomatik (aufgrund der Blut-Hirn-Schranke treten Impftiter im Liquor nicht auf).

Calicivirus (Katze)

Direkter Nachweis im Labor

Die PCR stellt derzeit die sensitivste und schnellste Nachweismethode dar. Das positive Ergebnis ist beweisend für eine Infektion. Eine RT-PCR ist Methode der Wahl zum Nachweis von Rabbit haemorrhagic disease (RHD) beim Kaninchen.

Indirekter Nachweis im Labor

Der Antikörpernachweis erfolgt in der Regel über den IFT.

Felines Leukämievirus (FeLV)

Direkter Nachweis in der Praxis

Verschiedene Hersteller bieten Tests an, mit denen in der virämischen Phase selektiv das p27-Antigen mittels Immunchromatografie oder ELISA nachgewiesen werden kann. Eine Kreuzreaktion mit Impfantigen ist daher bei keinem gegeben.

Direkter Nachweis im Labor

Neben der Immunchromatografie analog zur Praxis werden vielfach ELISAs zum Nachweis des p27-Antigens in der virämischen Phase eingesetzt. Bestätigungstests sind möglich in Form von Antigennachweis mittels PCR oder IFT. Als Untersuchungsmaterial wird Blut oder bei nicht virämischen Tieren Knochenmark eingesetzt.

Indirekter Nachweis in der Praxis und im Labor

Der Antikörpernachweis mittels ELISA dient der Diskriminierung von Tieren, die abortive Infektionen durchlaufen haben. Diese sind im Erregernachweis negativ, aber vor FeLV-Infektionen geschützt und benötigen keine Impfung. Der Test wird nicht routinemäßig eingesetzt.

Felines Immundefizienzvirus (FIV)

Direkter Nachweis in der Praxis und im Labor

Zur Abklärung der Frage nach einer Infektion ist der direkte Nachweis theoretisch möglich, aufgrund der häufig niedrigen Antigenkonzentration im Blut jedoch nicht empfehlenswert. Noch nicht routinemäßig erhältlich, aber prognostisch interessant ist die Bestimmung der »virus load« mittels quantitativer PCR bei FIV-infizierten Tieren.

Indirekter Nachweis in der Praxis und im Labor

Der Antikörpernachweis mittels ELISA gilt im positiven Fall praktisch immer beweisend für das Vorliegen einer Infektion, da abortive Infektionen im Gegensatz zur

FeLV-Infektion höchst selten vorkommen. Getestet werden p24- und p41-Antigen, wobei der Anteil positiver Katzen gegen Letzteres höher sein kann als gegen p24-Antigen. Divergierende oder nicht mit der klinischen Symptomatik korrelierende Ergebnisse sollten über eine Nachuntersuchung verifiziert werden.

Influenza (Pferd)

Direkter Nachweis im Labor

Der Nachweis von Influenza A (H3N8 und H7N7) erfolgt entweder über PCR oder durch Virusanzucht aus Tupfern über Zellkultur. Die PCR ist auch die Methode der Wahl zum Nachweis von H1N1-Infektionen (sogenannte Schweinegrippe) bei Vögeln und Katzen. Beprobt wird dazu der Nasen-Rachen-Raum.

Indirekter Nachweis im Labor

Aussagekräftig ist lediglich der Neutralisationstest mit einer Serumprobe. Zur Interpretation bei Fragestellung nach Infektion sind in der Regel Serumpaare (Entnahmeabstand von 4–6 Wochen) erforderlich.

Pocken (Katze, Nager)

Direkter Nachweis im Labor

Der Nachweis der Orthopockenviren erfolgt aus von Läsionen an der Haut abgenommenem Material mittels PCR. Ein histologischer Nachweis an Biopsien (intrazytoplasmatische Einschlusskörperchen) oder über Elektronenmikroskopie ist gleichermaßen möglich. Infektionen des Menschen sind beschrieben (Zoonose), ein klinischer Verdacht sollte daher auf jeden Fall verifiziert werden.

Viruserkrankungen der Nutztiere

Nachweise von Viruserkrankungen der Nutztiere können in der Regel im Praxislabor nicht durchgeführt werden. Teilweise unterliegen sie dem Tierseuchenrecht, teilweise werden sie staatlicherseits vorgenommen oder die Untersuchung bezuschusst, sodass eine Bindung an Untersuchungsämter besteht. Die betreffenden Untersuchungsstellen sollten im Vorfeld der Probenentnahme zu ihren Anforderungen befragt werden.

31.4 Bakteriologie

Bakterien können als primär pathogene Erreger vorliegen oder sekundär andere Grunderkrankungen komplizieren. **Ziele einer bakteriologischen Untersuchung** sind:

- Bestimmung von Keimzahl und Keimart zur Interpretation der klinischen Relevanz
- Durchführung eines Antibiogramms als Grundlage für eine gezielte Antibiose

Probengewinnung

Bereits bei der Probenentnahme und -aufbewahrung muss das zu erwartende Keimspektrum mit seinen Lagerungs- und Anzuchtbedürfnissen bekannt sein. Nur so lässt sich vermeiden, dass präanalytisch bedingt falsch negative Ergebnisse erzielt werden. **Tabelle 31.1** zeigt die optimale Gewinnung und Aufbewahrung von mikrobiologischen Proben bis zur Untersuchung.

Direkte Nachweisverfahren

Nativ-, Abklatsch- oder Ausstrichpräparate dienen der semiquantitativen Abschätzung der Keimzahl, der Bewertung der klinischen Bedeutung (gleichzeitiges Vorliegen von

Tab. 31.1 Hinweise zu Gewinnung und Lagerung von Proben

Herkunft	Probenart	Kommentar
Blut (Septikämieverdacht)	Blutkulturflasche	Medium vor Beimpfen bereits inkubieren, optimal 3 × im Abstand von 1 Stunde
Harn	• Nährbodenträger, z. B. Uricult® • Harn in sterilem Röhrchen	• kein Transporteinfluss • Keimzahlbestimmung möglich • Zusatzuntersuchung möglich (Harnstatus, Hemmstofftest)
Haut	Hautgeschabsel/Haare	• optimal für Dermatophyten • Zusatzuntersuchungen möglich (Trichogramm, Ektoparasiten)
• Pustelinhalt, Ohr, Wunde	Tupfer in Transportmedium	• optimal für Bakterien und Hefen • zusätzlich Anaerobierkultur empfohlen
Kot	• möglichst Kotprobe • Tupfer bei sehr geringer Probenmenge	• Zusatzuntersuchung möglich (z. B. Parasiten) • Austrocknen des Untersuchungsguts vermeiden
Gelenkflüssigkeit, Brust-/Bauchhöhlenpunktat	steriles Röhrchen, Aliquot mit Gerinnungshemmer versetzen	• bei Zugabe von Gerinnungshemmer ist zytologische Untersuchung auch bei eiweißreicher Flüssigkeit möglich (gerinnt sonst) • bei Verdacht zusätzlich Anaerobierkultur
andere Probenherkunft	• Flüssigkeiten in sterilen Röhrchen • Tupfer in Transportmedium für bakteriologische Untersuchung	Spezialmedien für *Chlamydophila* und Mykoplasmen beachten

Entzündungsparametern) und – bei geeigneter Färbung – einer Vordifferenzierung, günstigstenfalls bis zur Gattungsdiagnose.

Nativpräparat

Technik

- 1 Tropfen des zu untersuchenden Materials mit sterilem Werkzeug auf einen Objektträger geben – eventuell mit physiologischer Kochsalzlösung verdünnen
- mit Deckglas abdecken
- mikroskopieren mit Phasenkontrast/Dunkelfeld

Ein Nativpräparat ist z. B. zum Nachweis von *Serpulina* spp. (Kot) und *Tritrichomonas* (Kot) geeignet.

Vorteile: extrem schnell und einfach durchzuführen, keine Reagenzien erforderlich

Nachteile: mit Ausnahme weniger Spezies ist keine Erregerdifferenzierung möglich, kein Nachweis von Entzündungsparametern, höherer apparativer Aufwand, wenn Phasenkontrast erforderlich

Präparat mit Schnellfärbung (Diff-Quick®, Hemacolor® etc.)

Technik

- Ausstrich wie Blutausstrich oder Abklatschpräparat anfertigen
- lufttrocknen lassen
- Objektträger je 5-mal 1 s in Fixans, Farbstoff 1 (Eosin in Phosphatpuffer) und Farbstoff 2 (Thiazin in Phosphatpuffer) eintauchen
- Objektträger mit Aqua dest. oder Weise-Puffer (pH 7,2) abspülen
- Objektträger trocknen (Filterpapierblock nutzen oder schräg auf Saugunterlage stellen)
- Mikroskopieren mit 200-facher und 1000-facher Vergrößerung (Ölimmersion), aufgeblendet

Schnellfärbungen sind z. B. zum Nachweis von Eitererregern bei Wunden und von Malassezien mittels Untersuchung von Ohrtupfern geeignet.
Vorteile: einfach durchzuführen, schnell, Ready-to-use-Reagenzien (können in verschlossenen Behältern über längere Zeit aufbewahrt werden), Nachfärben möglich, Gewebezellen gut zu beurteilen (Bakterien und Hefezellen sind blau, Entzündungszellen wie bei Pappenheim-Färbung gefärbt)
Nachteil: nachgewiesene Bakterien kaum differenzierbar

Gram-Präparat, Färbung nach Gram

Technik

- Ausstrich wie Blutausstrich oder Abklatschpräparat anfertigen
- lufttrocknen lassen
- hitzefixieren (= mit Pinzette 2- bis 3-mal durch die Flamme des Bunsenbrenners ziehen)
- Objektträger vollständig mit Karbol-Gentianaviolett bedecken (2–3 min)
- Farbstoff abgießen
- Objektträger vollständig mit Lugol-Lösung bedecken (2–3 min)
- Objektträger entfärben (= in Alkohol schwenken, bis sich kein weiterer Farbstoff ablöst, Präparat erscheint graublau)
- Objektträger mit 1 : 10 verdünnter Fuchsinlösung bedecken (30 s)
- Objektträger mit Leitungswasser abspülen
- Objektträger im Fließpapierblock trocknen
- Mikroskopieren mit 400-facher und 1000-facher Vergrößerung (Ölimmersion), aufgeblendet

Ein Gram-Präparat ist z. B. ergänzend zum Diff-Quick®-Präparat geeignet.
Vorteil: erste Keimdifferenzierung möglich
Nachteile: Gewebezellen sind schlecht anzusprechen, aufwändiges Verfahren, Färbelösungen müssen mindestens wöchentlich frisch angesetzt werden

Anzuchtverfahren

Jede Anzucht von Bakterien aus klinischem Untersuchungsmaterial setzt voraus, dass Kenntnis vorliegt über zu erwartende Keime und deren Anforderungen an das Anzuchtverfahren. **Tabelle 31.2** enthält Angaben zu den am häufigsten zu untersuchenden Materialien und den zu isolierenden Keimgattungen und -arten.

Material und Ablauf

Es werden immer mindestens ein **Universalnährboden** (Blutagar = 5–10 % Pferde- oder Schafblutzusatz) und ein **Selektivnährboden** (am gängigsten ist ein Selektivnährboden für Enterobacteriaceae, z. B. McConkey- oder XLD-[Xylose-Lysin-Desoxycholat-]

Tab. 31.2 Anzuchtbedingungen für klinische Untersuchungsmaterialien

Untersuchungsmaterial	Infrage kommende Keimart	Anzuchtbedingungen[1]
Harn	*Escherichia coli* Staphylokokken Streptokokken	BA, MC Keimzahl bestimmbar, z. B. über Uricult® (klinische Relevanz)
Hautgeschabsel/Haare, Dermatophyten	*Microsporum* spp.	Sab, Dermatophyten-Agar, 30 °C, bis 28 Tage
	Trichophyton spp.	Sab, Dermatophyten-Agar, 30 °C, bis 28 Tage
Hautläsionen, bakteriologisch und Hefen	Staphylokokken	BA, MC
	Streptokokken	BA, MC
	Malassezia pachydermatis	Sab, 30 °C, bis 5 Tage
Ohr	Staphylokokken	BA, MC
	Streptokokken	BA, MC
	Pseudomonas spp.	BA, MC
	Proteus spp.	BA, MC
	Malassezia pachydermatis	Sab, 30 °C, bis 5 Tage
Nasen-/Rachentupfer	*Bordetella bronchispetica*	BA, MC, 2–3 Tage
	Pasteurella multocida	BA, MC
	Staphylokokken	BA, MC
	Streptokokken	BA, MC
	Hämophilus felis (Katze)	Kochblutagar, 10 % CO_2-Zusatz, Staphylokokken-Amme
	Aspergillus spp.	Sab, 30 °C
	Cryptococcus	Sab, 30 °C
Scheidentupfer	Staphylokokken	BA, MC
	Streptokokken	BA, MC
	Escherichia coli	BA, MC

1 Wenn nicht anders angegeben: aerob, 35–37 °C, nach 1 und nach 2 Tagen ablesen, zusätzlich möglichst Anreicherung in Flüssigmedium über Nacht und Subkultur auf Nährböden identischer Auswahl

BA = Blutagar, MC = McConkey-Agar (alternativ: Endoagar), Sab = Sabouraud-Agar

Tab. 31.2 (Fortsetzung)

Untersuchungsmaterial	Infrage kommende Keimart	Anzuchtbedingungen[1]
Scheidentupfer	*Pseudomonas* spp.	BA, MC
	Pasteurella spp.	BA, MC
	Haemophilus	Kochblutagar, 10 % CO_2-Zusatz, Staphylokokken-Amme
	Taylorella equigenitalis (= CEM) (Pferd)	Kochblutagar, 5 % CO_2-Zusatz, mindestens 14 Tage
Kotprobe	*Escherichia* coli	BA, MC
	Klebsiella spp.	BA, MC
	Proteus spp.	BA, MC
	Salmonella spp.	MC, zweiter Selektivagar, 2 Anreicherungsmedien
	Campylobacter	Selektivagar, mikroaerophil, 42 °C
	Clostridien	BA, anaerob
	Serpulina spp. (Hund, Schwein)	anaerob, Spectinomycin-Blutagar, 42 °C, mindestens 3 Tage
Gelenkflüssigkeit	Staphylokokken	BA, MC
	Streptokokken	BA, MC
	Erysipelothrix rhusiopathiae	BA, MC
	Borrelia burgdorferi	PCR, (Spezialnährmedien)
Thorax-/Abdominalpunktat	Streptokokken	BA, MC
	Pasteurella spp.	BA, MC
	Nocardia asteroides	BA, 4 Tage
	Haemophilus felis	Kochblutagar, 10 % CO_2-Zusatz
	Mycoplasma spp.	Spezialmedium, 3–4 Tage
	Bacteroides spp.	BA, anaerob
andere einschließlich Abszessinhalt, Eiter	Aerobier	BA, MC
	Anaerobier	Kochblutagar, 10 % CO_2, Schaedler, Staphylokokken-Amme

Agar) eingesetzt. Die Verwendung weiterer Nährböden richtet sich nach dem zu erwartenden Keimspektrum (z. B. Staphylokokken-Agar = Baird-Parker-Agar, Streptokokken-Agar, Enterokokken-Selektiv-Agar). Keimarme Untersuchungsmaterialien sollten immer zusätzlich in **Flüssigmedium** (Nährbouillon) über Nacht vorbebrütet werden mit Subkultivierung aus der Anreicherung am Folgetag. Bei Salmonellenverdacht wird eine Anreicherung in zwei Selektivmedien über Nacht empfohlen (z. B. Tetrathionat-Flüssigmedium, Rappaport-Vassiliadis-Bouillon) mit nachfolgendem Beimpfen der festen Selektivnährböden.

Ungezielte bakteriologische Untersuchungen fallen unter die Schutzstufe 2 (s. S. 625 f.).

Fraktionierter Drei-Ösen-Ausstrich

Technik

- Material mit Tupfer oder steriler Bakterienöse auf ein Drittel der Nährbodenplatte ausstreichen
- Platte um ca. 30° drehen
- mit steriler Bakterienöse vom Ende des ersten Ausstrichs aus das zweite Drittel der Platte beimpfen
- Platte um ca. 30° drehen
- Mit steriler Bakterienöse vom Ende des zweiten Ausstrichs aus das letzte Drittel der Platte beimpfen

Die Bakterienöse wird im Bunsenbrenner ausgeglüht, um Keimfreiheit zu erzielen, und muss vor erneuter Verwendung abkühlen. Alternativ können sterile Einmalösen aus Plastik verwendet werden.

Harnproben lassen sich mithilfe von Eintauchnährböden (z. B. Uricult®) semiquantitativ untersuchen (**Abb. 31.3**). Dazu werden die beidseitig mit verschiedenen Nährböden beschichteten Objektträger kurz in den Harn getaucht und anschließend in den Aufbewahrungsbehälter zurückgegeben.

Die beimpften Nährböden werden über Nacht (16–20 Stunden) unter aeroben Bedingungen bei 35–37 °C bebrütet.

Bewertung

Die Auswertung der Kulturen erfolgt zunächst makroskopisch (Beurteilung von Wuchsform, Farbe und Größe der Kolonien auf den verwendeten Nährböden) und mikroskopisch (Beurteilung von Form, Größe und färberischem Verhalten in der Gramfärbung). Je nach Bedarf werden zusätzlich einfache chemische Reaktionen durchgeführt, biochemische Eigenschaften geprüft und serologische Tests vorgenommen.

Bei **Eintauchnährböden** kann die Keimkonzentration abgeschätzt werden (Vergleichsbilder und Bewertungsmaßstäbe liefert der Hersteller). Bei allen anderen Nährböden wird die Keimzahl semiquantitativ mit +, ++ bzw. +++ bewertet.

Selektivnährböden ermöglichen eine erste Differenzierung durch:

- Unterdrückung verschiedener Keimarten (z. B. Wachstum von Enterobacteriaceae, aber kein Wachstum von Kokken auf McConkey-Agar)

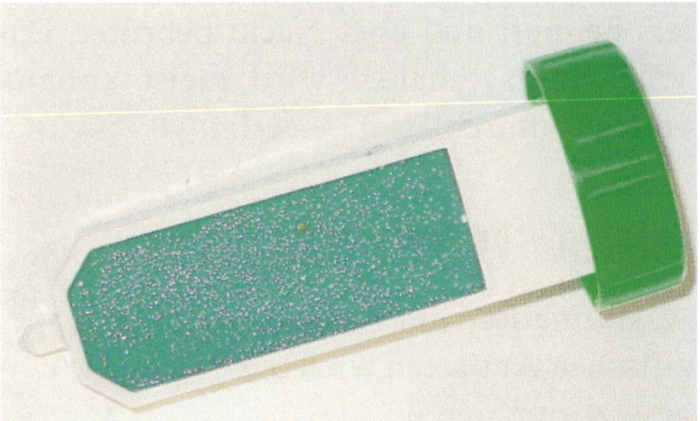

Abb. 31.3 Uricult® (Eintauchnährboden zur Harnuntersuchung)

- Ablauf erster biochemischer Differenzierung (z. B. Laktoseabbau auf McConkey-Agar: Laktosepositive Arten erscheinen rosa, laktosenegative gelb bzw. durchscheinend)

Einfache chemische Reaktionen

Katalase-Nachweis

Technik

- Kulturmaterial (nicht von bluthaltigem Agar abnehmen!) mit 3%iger Wasserstoffsuperoxidlösung auf einem Objektträger verreiben
- Schaumbildung = positiv

Oxidase-Nachweis

Technik

- Koloniematerial auf Oxidase-Teststreifen (= Filterpapierstreifen mit Dimethyl-p-phenylendiaminoxalat) auftragen
- 10 s warten
- Rot-/Violettfärbung = positiv

Biochemische Eigenschaften

Überprüfung des Wachstumsverhaltens bei restriktivem Nährstoffangebot (z. B. Verwendung von jeweils nur einer Stickstoff- und einer Kohlenhydratquelle). Entsprechende Systeme sind im Handel (z. B. API-Systeme von BioMerieux, Nürtingen). Sie werden nach Anleitung des Herstellers beimpft und über Nacht bebrütet. Das Wachstumsverhalten wird meist anhand von Farbumschlägen bewertet.

Serologische Tests

Agglutination von Kulturmaterial mit spezifischen Antiseren wird beispielsweise eingesetzt zur:

- Identifizierung pathogener Stämme von *Escherichia coli*
- Differenzierung von Salmonellen
- Differenzierung von Yersinien
- Differenzierung von Streptokokken

Antibiogramm

Die In-vitro-Prüfung der Empfindlichkeit von Bakterienisolaten stellt die Voraussetzung für einen gezielten Einsatz von Antibiotika und Chemotherapeutika dar. Sie ist jedoch nicht in der Lage, die In-vivo-Situation vollständig widerzuspiegeln. Als Aussage kann daher nicht erwartet werden, welcher Wirkstoff eingesetzt werden sollte, sondern vielmehr, von welchen Substanzen mit großer Wahrscheinlichkeit kein erfolgreicher Einsatz in vivo zu erwarten ist.

Prinzipiell kommen verschiedene Testmethoden infrage. Für das Praxislabor ist lediglich der **Agardiffusionstest** praktikabel. Dabei werden Nähragarplatten mit einer Keimsuspension beimpft, antibiotikagetränkte Filterpapierblättchen aufgelegt und die Kultur bebrütet. Bleibt Wachstum da aus, wo Wirkstoff vom Blättchen in den Nährboden diffundiert ist, spricht dies für eine Empfindlichkeit des Keims gegenüber dem verwendeten Wirkstoff. Die Bewertung erfolgt mit dem Auge. Um größtmögliche Aussagekraft zu erzielen, ist ein hohes Maß an Reproduzierbarkeit erforderlich. Der korrekte Ablauf, einschließlich Bewertung, ist daher in einer DIN (DIN 58 940) festgelegt.

Alternativ können **minimale Hemmstoffkonzentrationen** für jeden zu prüfenden Wirkstoff ermittelt werden. Bei dieser Methode werden Flüssignährböden mit einer Keimsuspension und mit unterschiedlichen Wirkstoffkonzentrationen versetzt. Nach Bebrüten wird die Konzentration ermittelt, ab der kein Wachstum mehr vorliegt und der Flüssignährboden ungetrübt bleibt. Die Bewertung erfolgt mit dem Auge oder als Trübungsmessung mit dem Fotometer. Ge-

mäß den in der DIN angegebenen Werten werden die ermittelten Konzentrationen den Kategorien »empfindlich« oder »resistent« zugeordnet.
Eine Kombination zwischen dem relativ einfach durchzuführenden Oberflächenverfahren und der Testung der minimalen Hemmstoffkonzentration ist als **E-Test** im Handel (Fa. AB Biodisk, Schweden). Dabei wird der Nährboden entsprechend dem Agardiffusionstest mit der Keimsuspension versehen. Statt eines Blättchens wird ein Streifen mit einem Konzentrationsgradienten des zu prüfenden Wirkstoffs aufgelegt. Es resultiert eine tropfenförmige Zone der Wachstumshemmung um den Teststreifen herum. Die minimale Hemmstoffkonzentration kann auf der Skala an der Schnittstelle zwischen Bakterienwachstum und Teststreifen direkt abgelesen werden.

Durchführung des Agardiffusionstests (nach DIN 58 940)

- Nährmedium (= Mueller-Hinton-Medium, Schichtdicke des Agars 3,0–3,45 mm) vortrocknen lassen
- Inokulum (= dicht stehende, jedoch nicht konfluierende Einzelkolonien nach 16–20 Stunden Bebrütung entspricht Anfangskonzentration von 1,5 × 10^8 Bakterien/ml oder McFarland-Trübungsreihe Nr. 0,5 oder schwacher Opaleszenz der auf den Nährboden zu verbringenden Suspension) mittels Wattetupfer auf dem Nährboden gleichmäßig ausstreichen
- Testblättchen auflegen (maximal 6 pro Platte, um Überschneiden von Hemmhöfen zu vermeiden)
- im Kühlschrank 2–3 Stunden vordiffundieren lassen
- bebrüten bei 36 °C über 16–20 Stunden
- ablesen (= Hemmhöfe mit Lineal ausmessen) und für jeden Wirkstoff entsprechend der Bewertungstabelle in »empfindlich«, »intermediär« oder »resistent« einordnen

Die Größe der Hemmhöfe wird nicht nur von der Wirkung der Substanzen gegenüber dem Testkeim, sondern ganz erheblich auch von der Bakteriendichte bei der Aussaat, der Bebrütungszeit, der Vordiffusion und den Diffusionseigenschaften des Wirkstoffs beeinflusst. Um klinisch relevante Ergebnisse zu erzielen ist daher wichtig, dass

- die Arbeitsbedingungen genau eingehalten werden,
- die erzielten Hemmhöfe individuell für jeden Wirkstoff ausgemessen und bewertet werden (**Tab. 31.3**).

Nachweis spezifischer Erreger

Nachfolgend sind tiermedizinisch bedeutsame und häufig zu Erkrankungen führende Erreger mit Nachweischarakteristika einzeln aufgeführt. Auf gesetzliche Bestimmungen wird nicht eingegangen.

Staphylococcus spp.

Wichtigste Vertreter sind *Staphylococcus pseudintermedius, Staphylococcus aureus* und *Staphylococcus epidermidis*

Grampositive Kokken (etwa 1 µm Durchmesser), katalasepositiv, im Nativpräparat in Haufen angeordnet, stecknadelkopfgroße Kolonien auf Blutagar (**Abb. 31.4**), variable Eigenfarbe der Kolonien durch Pigmentbildung, je nach Art teilweise mit Hämolyse, kein Wachstum auf McConkey-Agar. Differenzierung über Koagulase (= clumping factor) und biochemisch über kommerzielle Systeme

Tab. 31.3 Bewertung der chemotherapeutischen Empfindlichkeit (Auszug)

Chemotherapeutikum	Plättchenbeschickung (µg)	Hemmhofdurchmesser – empfindlich	Hemmhofdurchmesser – resistent	MHK (µg/ml) – empfindlich	MHK (µg/ml) – resistent
Penicillin für Staphylokokken für andere	 6 6	 29 24	 28 19	 0,13 0,25	 0,25 16
Ampicillin	10	19	13	2	16
Amoxicillin	25	27	20	2	16
Cephaclor	30	18	14	8	32
Cephalothin	30	26	18	2	16
Cefoperazon	30	21	15	16	64
Tetracyclin	30	22	16	1	8
Doxycyclin	30	20	16	1	8
Enrofloxacin	5	22	17	0,5	2
Erythromycin	15	21	16	1	8
Marbofloxacin	5	18	14	0,5	2
Streptomycin	10	15	11	5	16
Sulfonamid	300	17	12	100	350
Sulfonamid/ Trimethoprim	1,25/23,75	21	16	0,8/15,2	12,8/243,2
Gentamicin	10	21	16	1	8
Fusidinsäure	10	20	19	2	4

Referenz: wo möglich DIN, sonst DGHM (Deutsche Gesellschaft für Hygiene und Mikrobiologie) oder NCCLS (National Committee of Clinical Laboratory Standards)

Staphylococcus pseudintermedius wird nicht sicher erkannt.

Vorkommen: Dermatitis, Otitis, Wundinfektion

Antibiogramm: i. d. R. erforderlich, meist empfindlich gegenüber Makroliden, Tetrazyklinen, MacA-positive Staphylokkokken (MRSA, MRSPI) möglich

Streptococcus spp.

Grampositive Kokken (etwa 1 µm Durchmesser), oxidasenegativ und katalasenegativ, im Nativpräparat in Ketten angeordnet, stecknadelpunktgroße Kolonien auf Blutagar (**Abb. 31.5**), je nach Art teilweise mit Hämolyse, kein Wachstum auf McConkey-Agar. Differenzierung biochemisch über kommerzielle Systeme und serologisch.

Vorkommen: zahlreich, z. B. Dermatitis, Otitis, Wundinfektion, Infektion des Genitaltrakts, Druse (Pferd), Euterinfektion (Rind)
Antibiogramm: i. d. R. nicht erforderlich bei Serogruppe B und C (empfindlich gegenüber Penicillin)

Enterobacteriaceae

Gramnegative Stäbchen (2–3 µm × 0,5 µm), Wachstum auf Blut- und McConkey-Agar, oxidasenegativ, Artdifferenzierung lediglich biochemisch möglich (Wachstumsverhalten auf Selektivagar und in »bunter Reihe«). Zu ihnen gehören:

Escherichia coli

Gramnegative Stäbchen, 3–5 mm große, graue Kolonien auf Blutagar (**Abb. 31.6**) (können mukoid sein, können hämolysieren), laktosepositiv (= rosa) auf McConkey-Agar (**Abb. 31.7**), biochemische Differenzierung über kommerzielle Systeme möglich.
Vorkommen: Diarrhö, Metritis, Zystitis, Abszess, tiefe Pyodermie
Antibiogramm: erforderlich

Salmonella spp.

Gramnegative Stäbchen, 3–5 mm große, graue Kolonien auf Blutagar, **Abb. 31.8**), laktosenegativ (= gelb) auf McConkey-Agar (**Abb. 31.9**), biochemische Differenzierung über kommerzielle Systeme möglich, Agglutination mit typspezifischen Antiseren zur Diagnostik möglich.
Vorkommen: Diarrhö, Trägerstatus möglich (besonders Reptilien)
Antibiogramm: erforderlich

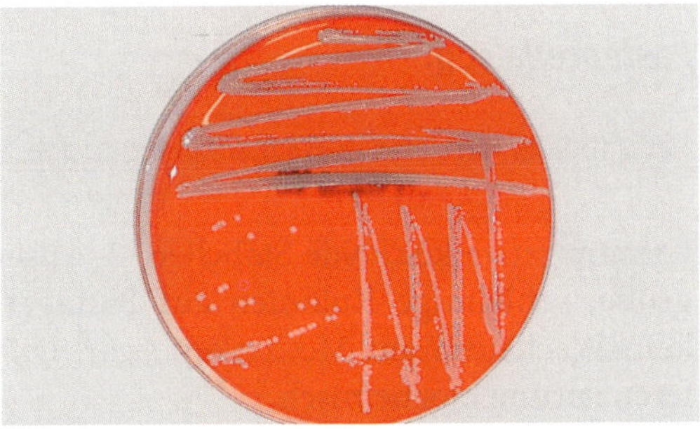

Abb. 31.4 Staphylokokken-Kolonien auf Blutagar

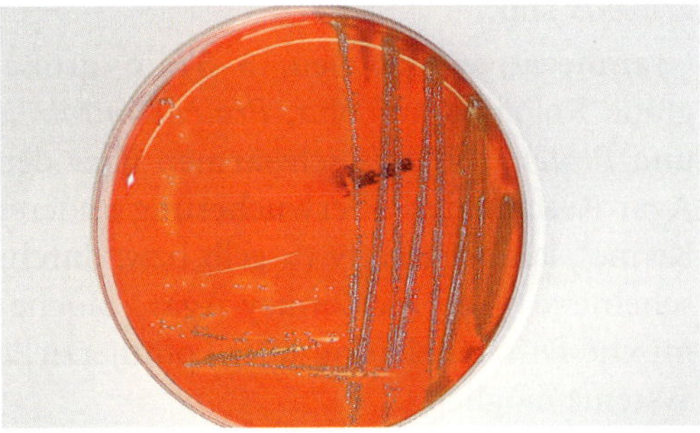

Abb. 31.5 Streptokokken-Kolonien auf Blutagar

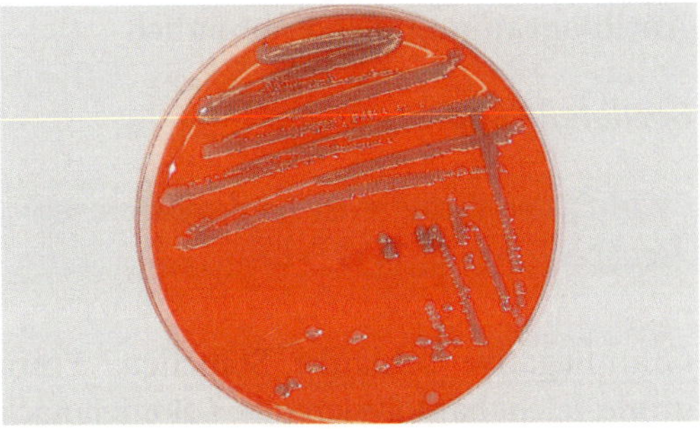

Abb. 31.6 *Escherichia-coli*-Kolonien auf Blutagar

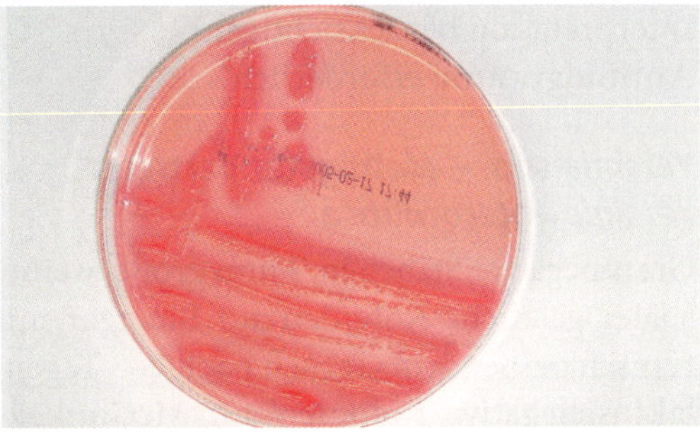

Abb. 31.7 *Escherichia-coli*-Kolonien auf McConkey-Agar

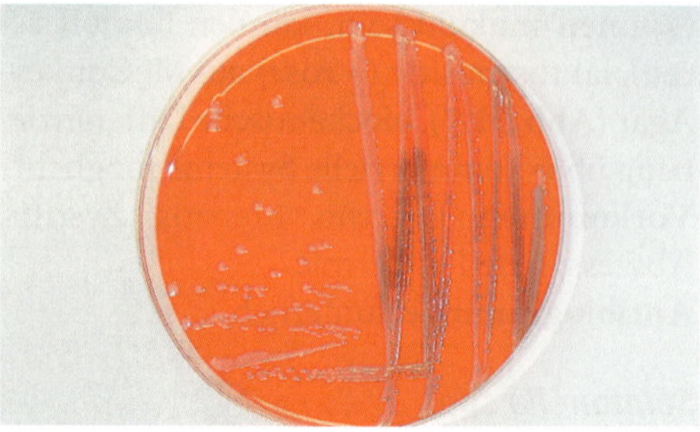

Abb. 31.8 Salmonellen-Kolonien auf Blutagar

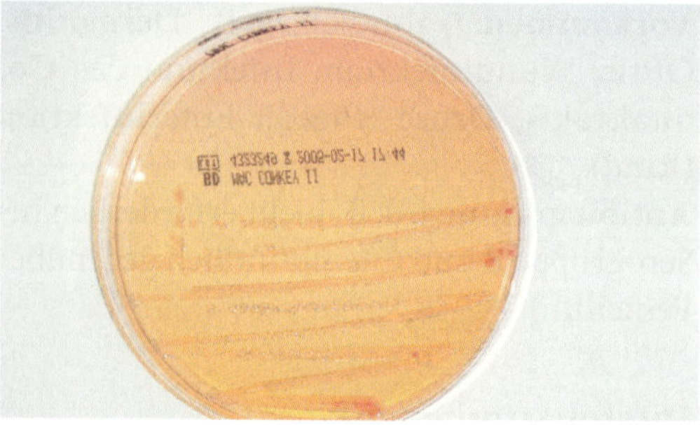

Abb. 31.9 Salmonellen-Kolonien auf McConkey-Agar

Klebsiella spp.

Gramnegative Stäbchen, 3–5 mm große, graue Kolonien auf Blutagar, mukoid wachsend, laktosepositiv (= rosa) auf McConkey-Agar, biochemische Differenzierung über kommerzielle Systeme möglich.
Vorkommen: Rhinitis, Diarrhö
Antibiogramm: erforderlich

Proteus spp.

Gramnegative Stäbchen, 3–5 mm große, graue Kolonien auf Blut, *Proteus mirabilis* und *Proteus vulgaris* schwärmen über den Agar (Gefahr der Überwucherung anderer Keime), laktosenegativ (= gelb bzw. durchscheinend) auf McConkey-Agar, biochemische Differenzierung über kommerzielle Systeme möglich.
Vorkommen: Zystitis, Otitis, tiefe Wunden (z. B. Interdigitalabszesse); kann Kontamination sein (Lokalisation und Keimzahl bei Interpretation berücksichtigen)
Antibiogramm: erforderlich

Yersinia spp. – wichtigster Vertreter *Yersinia enterocolitica*

Gramnegative Stäbchen, 1 mm große, weiße, später gelbliche Kolonien auf Blutagar mit typisch beißendem Geruch nach 2–3 Tagen, laktosenegative Kolonien auf McConkey-Agar verzögert nachweisbar (erst nach 2 Tagen). Differenzierung serologisch (pathogene Serotypen sind O : 1, O : 2, O : 3, O : 9).
Vorkommen: Diarrhö (Hund, Mensch), Nager zusätzlich Abszesse, sporadische Erkrankungen bei fast allen Säugern und Vögeln (septikämisch oder enteral), Trägerstatus möglich (besonders Schwein)
Antibiogramm: erforderlich

Pasteurella spp.

Wichtigster Vertreter ist *Pasteurella multocida.*

Gramnegative kokkoide Stäbchen, 2–4 mm große, schleimige Kolonien auf Blutagar, kein Wachstum auf McConkey-Agar, Differenzierung biochemisch.
Vorkommen: Atemwegsinfektion bei vielen Spezies, Schleimhäute von Mund und Genitaltrakt, Bissverletzung (durch Katzen)
Antibiogramm: i. d. R. erforderlich

Bordetella spp.

Wichtigster Vertreter ist *Bordetella bronchiseptica.*

Gramnegative schlanke Stäbchen, 1 mm große, leicht hämolysierende Kolonien nach 48 Stunden auf Blutagar, laktosenegativ auf

McConkey-Agar wachsend, oxidasepositiv, Differenzierung biochemisch.
Vorkommen: Zwingerhusten beim Hund, Rhinitis bei Hund, Katze, Schwein, Kaninchen, Nager
Antibiogramm: i. d. R. erforderlich

Campylobacter spp.

Gramnegative gebogene Stäbchen, Wachstum auf Blutagar unter mikroaerophilen Bedingungen (üblicherweise wird Selektivnährmedium verwendet), oxidasepositiv.
Vorkommen: Diarrhö (Hund, Katze, Mensch)

> Zoonosegefahr bei massiver Ausscheidung (Diarrhö).

Antibiogramm: empfindlich gegenüber Tylosin, Neomycin, Enrofloxacin

Pseudomonas spp.

> Wichtigster Vertreter ist *Pseudomonas aeruginosa.*

Gramnegative schlanke Stäbchen, Wachstum auf fast allen Nährböden, oxidasepositiv, graue Kolonien mit charakteristischem Geruch (lindenblütenähnlich) und teilweise Abgabe von grünem Pigment an den Nährboden.
Vorkommen: kontaminierte Wunde, chronische Läsion (Haut, Ohren, Blase, Atemwege)
Antibiogramm: zwingend erforderlich, meist multiresistent

Mycoplasma spp.

Gramnegative kokkoide Stäbchen, in der Regel zu klein für mikroskopischen Direktnachweis, erfordern spezielle Nährböden (Serumzusatz). In der Regel Rücksprache mit Speziallabor erforderlich.
Vorkommen: Atemwegsinfektion, Arthritiden und Septikämien bei verschiedenen Tierarten, Anämie bei der Katze (*Mycoplasma hemofelis*) und beim Hund (*Mycoplasma hemocanis*)
Antibiogramm: empfindlich gegenüber Lincomycin, Enrofloxacin, Doxycyclin, Tylosin

Chlamydophila spp. und *Chlamydia* spp.

Gramnegative intrazelluläre Stäbchen, nicht auf Nährböden für bakteriologische Untersuchungen anzuzüchten, Nachweis mikroskopisch oder – sensitiver – mit ELISA, Immunchromatografie oder PCR möglich. Heute werden zwei Gattungen unterschieden: Klinische Bedeutung besitzen bei *Chlamydia* die Arten *Chlamydia suis* und *Chlamydia muridarum* und bei *Chlamydophila* besonders die Arten *Chlamydophila psittaci, Chlamydophila abortus, Chlamydophila felis, Chlamydophila caviae, Chlamydophila pecorum*. Die Infektion mit *Chlamydophila psittaci* stellt eine Zoonose dar, die Einordnung in Risikogruppe 3 ist zu berücksichtigen (s. S. 623).
Vorkommen: Epithelien der Atemwege, des Genital- oder Verdauungstrakts verschiedener Spezies (*Chlamydophila* spp.: im Verdauungstrakt oft subklinisch und persistierend vorliegend)
Antibiogramm: empfindlich gegenüber Chlortetracyclin, Oxytetracyclin, Enrofloxacin

31.5 Mykologie

Unter dem Begriff **Mykosen** werden zusammengefasst:

- Infektionen mit Sprosspilzen oder Hefen (z. B. *Candida* spp., *Malassezia* spp., *Cryptococcus* spp.)

- Infektionen mit Dermatophyten (z. B. *Microsporum* spp., *Trichophyton* spp.)
- Infektionen mit Schimmelpilzen (z. B. *Aspergillus* spp.)

Probengewinnung

Die Art der Probengewinnung richtet sich nach dem klinischen Verdacht. Idealer Zeitpunkt der Probenentnahme ist vor dem Beginn einer Behandlung, optimale Lokalisation das betroffene Organ. Bei **Verdacht auf Spross- oder Schimmelpilze** wird wie bei der Probengewinnung für eine bakteriologische Untersuchung verfahren. Bei **Verdacht auf Dermatophyten** wird das Untersuchungsmaterial am Rand der veränderten Hautstelle, also am Übergang von gesunder zu kranker Haut, gewonnen. Falls keine größeren Epitheldefekte vorliegen, erfolgt eine Vorreinigung mit 70%igem Alkohol (Einschränkung von Bakterienwachstum). Nach Entfernung vorhandener oberflächlicher Krusten werden mit einem Skalpell oder einem scharfem Löffel die Schuppen in Richtung zum gesunden Gewebe abgeschabt und Haare im Randbereich der Veränderung vorsichtig ausgezupft. Alternativ kann mit einer sterilen Zahnbürste das verdächtigte Areal mehrfach abgebürstet werden (= vom Tier besser toleriertes Verfahren als Desinfektion und Schaben). Die hängengebliebenen Haare werden entfernt und die Bürste für die kulturelle Untersuchung direkt in den Nährboden gestippt. Das gewonnene Material wird in einem sterilen Röhrchen oder einer sterilen Petrischale aufgefangen. Häufigste **Fehler bei der Entnahme von** Hautgeschabseln sind:

- Gewinnung von Haaren aus einer gesunden Region oder dem Zentrum der Veränderung
- abgeschnittenes peripheres Haarende
- zu wenig Haare für eine erfolgreiche Untersuchung
- vom Untersucher nicht handhabbare Verpackung/Präparate (zwischen oder auf Objektträger geklebtes Material, gefärbtes Tesafilmpräparat)

Untersuchungsverfahren

Mikroskopische Untersuchung eines Direktpräparates

Verdacht auf Hefen

Hefen lassen sich gut im nach Gram gefärbten Präparat darstellen.

Technik

- Abklatschpräparat anfertigen oder Tupfer auf dem Objektträger abrollen (wie beim Präparat für die zytologische Untersuchung)
- nach Gram färben (s. S. 606)
- Mikroskopieren mit 100-facher oder 200-facher Vergrößerung, aufgeblendet.
- **Abb. 31.10** zeigt ein Präparat mit *Malassezia* aus einem Ohrtupfer.

Verdacht auf Dermatophyten

Zur Darstellung der Dermatophyten wird das Probenmaterial einer **Mazeration mit Kalilauge** oder einer **Färbung mit Lak-**

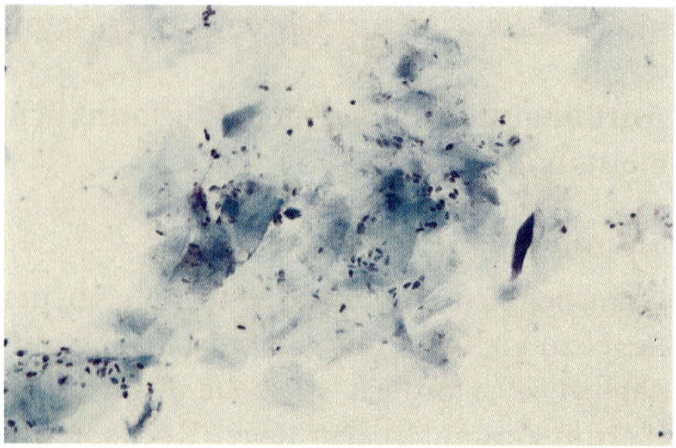

Abb. 31.10 *Malassezia*-Nachweis im Ohrtupfer

tophenolblau unterzogen. Den Verfahren liegen folgende Prinzipien zugrunde: Pilze enthalten Chitin, das im Gegensatz zum Keratin der Schuppen nicht durch Kalilauge aufgebrochen wird und sich mikroskopisch darstellen lässt. Laktophenolblau färbt die Pilzstrukturen selektiv blau an.

Technik

▶ Kalilauge-Präparat

- Geschabsel/Haare auf Objektträger bringen
- Mit 15–20%iger Kalilauge (1–2 Tropfen) versetzen
- mit Deckglas abdecken
- Objektträger über schwacher Flamme erwärmen (Kochen kann zu Zerfall der Pilzstrukturen führen!)
- Kalilauge ca. 30 min einwirken lassen (Zimmertemperatur, feuchte Kammer)
- mikroskopieren mit 100-facher oder 200-facher Vergrößerung, abgeblendet

▶ Laktophenolblau-Präparat

- Geschabsel/Haare auf Objektträger bringen
- 1 Tropfen Laktophenolblau-Lösung (Fa. Merck, Darmstadt, oder jede Apotheke) an den Rand des Deckglases geben
- mikroskopieren mit 100-facher oder 200-facher Vergrößerung, aufgeblendet

▶ Technik mit Fluoreszenzfarbstoff

- Nativpräparat mit Fluoreszenzfarbstoff färben (z. B. Calcoflor White, Fa. Difco, Detroit, USA, oder Cellufluor, Fa. Polysciences, Warrington, USA).
- Mikroskopieren bei 100-facher oder 200-facher Vergrößerung mit Blauanregung im Fluoreszenzmikroskop

Bewertung

Haarscheiden aus Mikrokonidien (= runde oder ovale Sporen), die perlschnurartig (eher *Trichophyton* spp.) oder mosaikartig (eher *Microsporum* spp.) angeordnet sein können, werden als positiv bewertet. Seltener vorkommend und auch positiv zu bewerten sind im Haar angeordnete Pilzssporen.

Beim ungeübten Mikroskopierer Verwechslungsgefahr mit pigmentierten Zellen.

▶ Häufigste Fehler

- falsch positiver Befund bei zu starkem Erhitzen oder Austrocknen (kristalline Strukturen)
- falsch positiver Befund durch Verwechslung (Fette, Öle, Fasern, Schimmelpilzsporen)
- falsch negativer Befund (Übersehen)

Abb. 31.11 zeigt das mikroskopische Bild eines Kalilauge-Präparats (Haare und Pilzsporen).

Kulturelle Untersuchung

Pathogene Pilze gehören zur Sicherheitsgruppe 2, daher sind entsprechende Sicherheitsvorkehrungen zu treffen.

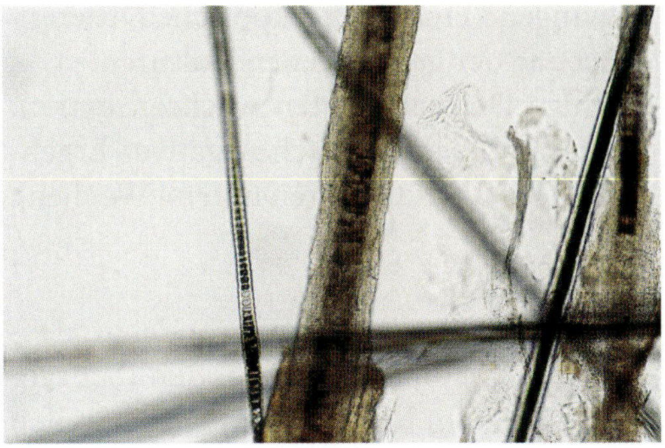

Abb. 31.11 Mikroskopisches Bild (Kalilauge-Präparat) mit Dermatophyten infizierter Haare (endotriche Sporen)

Als Nährböden dienen Selektivnährböden, die bakterielles Wachstum durch den pH-Wert (z. B. Sabouraud-Agar) oder durch Antibiotikazusätze (z. B. Kimmig-Agar) minimieren. Für den selektiven Nachweis von Dermatophyten werden Nährböden eingesetzt, die 0,5 mg/ml Cycloheximid enthalten (z. B. Taplin-Agar, Fa. Merck, Darmstadt, oder Mycosel-Agar, Fa. BBL, Cockeyville, USA). Taplin-Agar enthält zusätzlich Phenolrot als Indikator; ein Farbumschlag nach Rot ist hinweisend auf das Vorliegen auf Dermatophyten (nicht beweisend!).
In der Praxis gebräuchliche Medien, wie z. B. Fungassay (Fa. Synbiotics, San Diego, USA) oder Mycodermoassay (Fa. MegaCor, Hörbranz, Österreich) entsprechen im Prinzip von ihrer Zusammensetzung dem Taplin-Agar.
Wichtig ist die Berücksichtigung folgender Punkte:

- Nicht alle Dermatophyten bewirken immer einen Farbumschlag.
- Viele Kommensalen rufen bei länger dauerndem Wachstum ebenfalls einen Farbumschlag hervor.
- Verwendung von alkalischen Desinfektionsmitteln bewirkt sehr raschen Farbumschlag. Die Rotfärbung des Agars ist als alleiniges Merkmal nicht diagnostisch. Die Absicherung der Diagnose erfordert zwingend eine mikroskopische Differenzierung der gewachsenen Kulturen.
- Einige Dermatophyten wachsen extrem langsam (Gefahr falsch negativer Ergebnisse bei Bebrütungszeit unter 4 Wochen).

Technik

- einen universellen Pilznährboden und einen Dermatophytennährboden (Schrägagar oder am Rand mittels Klebestreifen verschlossene Petrischale, um Austrocknung zu vermeiden) verwenden
- Untersuchungsmaterial auf den Nährboden auftragen und andrücken, evtl. unter Verwendung von 1–2 Tropfen Kochsalzlösung, um die Kontaktfläche zu vergrößern
- über 5–30 Tage bei Zimmertemperatur (= 28 °C) unter regelmäßiger makroskopischer Kontrolle bebrüten, größere Temperaturabweichungen vermeiden
- Kulturen regelmäßig »lüften«, alternativ Verschluss nicht vollständig zuschrauben

Bewertung

Makroskopisch Morphologie und Farbe der Kulturober- und -rückseite (siehe unten), wobei sich viele Pilze hinsichtlich ihrer Wuchsformen und Pigmentausbildung variabel verhalten können.

Mikroskopisch charakteristisches Präparat (siehe unten)

Anfertigen eines Präparates von einer Pilzkultur

- Hefen: siehe Gramfärbung (s. S. 606)
- Dermatophyten und Schimmelpilze = Tesafilmpräparat

Technik

Tesafilmpräparat

- einen Tesafilmstreifen mit der Klebeseite von der Hand abgewandt im Bogen zwischen Daumen und Zeigefinger halten
- mit Tesafilm Kultur betupfen
- einen Tropfen Laktophenolblau auf Objektträger vorlegen
- Tesafilmstreifen auf Objektträger abrollen
- mikroskopieren mit 100-facher und 400-facher Vergrößerung, abgeblendet

Charakterisierung der tiermedizinisch bedeutsamsten Pilze

Hefen

Hefen sind einzellige Pilze, die sich über Sprossung vermehren und deren Kulturmorphologie der von Bakterien ähnelt, wenn geeignete Medien genutzt werden (meist weißlich opake Kolonien mit einem Kulturdurchmesser von 1–3 mm). Mikroskopische Präparate zeigen grampositive Strukturen deutlich größer als Bakterien, rund oder oval geformt, manchmal mit Sprosszellen.

Candida spp.

Ovoide, grampositive Hefezellen (durchschnittlich 5–8 µm Größe), manchmal mit Sprosszellen. Gutes Wachstum auf Sabouraud-Agar bei 37 °C mit ca. 1 mm Koloniegröße, fruchtiger Geruch. *Candida albicans* ist die wichtigste pathogene Art. Die Artdiagnose kann mit kommerziellen Systemen erfolgen (z. B. API 20 C aux, Fa. BioMerieux, Nürtingen; MycoTube, Fa. BBL, Cockeville, USA) oder durch Verwendung eines Selektivagars (z. B. Candida-Differenzierungs-Agar, Fa. BioMerieux, Nürtingen). Neben der Artdiagnose sind die Keimzahl und das Vorliegen von Pseudomyzelien (= Bildung von Kurz- oder Langsprossen) zur klinischen Bewertung heranzuziehen.

Vorkommen: Grundsätzlich ist eine Infektion aller Organe möglich. Meist lokale Infektionen: Hautläsionen (nicht heilende Ulzera), Mund- und Vaginalschleimhaut, Gastrointestinaltrakt. Systemische Infektionen treten selten auf. Zur Bewertung der klinischen Relevanz eines Nachweises wird teilweise die Keimzahl herangezogen (als relevant wird eine Keimzahl $> 10^4$/g bei Kot und $> 10^3$/ml bei Milch angegeben). Das massive Vorkommen geht in der Regel mit einem verkomplizierten Krankheitsverlauf einher. Ihm liegt eine Immunsuppression zugrunde.

Malassezia spp.

Veterinärmedizinisch wichtig ist die Art *Malassezia pachydermatis*. Birnenförmige, dickwandige grampositive Hefezellen mit monopolarer Sprossung (bis 6,5 µm Länge). Langsames Wachstum auf Sabouraud-Agar bei 37 °C (mindestens 4 Tage kultivieren), schlechtes Wachstum auf Blutagar. Gute Nachweismöglichkeit durch mikroskopische Untersuchung gefärbter Abklatschpräparate (z. B. Diff-Qick®). Qualitativer Nachweis allein ist nicht diagnostisch beweisend, da Kommensale auf der Haut bei Mensch und Tier.

Vorkommen: Otitiden, Dermatitiden beim Hund, selten bei der Katze. Erkrankung in der Regel an prädisponierende Faktoren gebunden (feuchte Haut, Hypersensitivität, seborrhoische Dermatitis, Keratinisierungsdefekte, Immunsuppression)

Cryptococcus spp.

Einzige pathogene Art ist *Cryptococcus neoformans*. Runde bis ovale dickwandige Hefezellen (3,5–8 µm, bekapselt bis 20 µm Durchmesser), Sprosszellen multilateral vorliegend. Wachstumsgeschwindigkeit kann schnell sein, Wachstum kann aber auch über Wochen dauern. Auf Sabouraud-Agar mukoide Kulturen bei Ausbildung einer Schleimkapsel, sonst cremefarbene Kolonien, im Alter gelb. Pathogenität ist an Wachstum bei 37 °C gekoppelt.

Vorkommen: hauptsächlich Atemwegsinfektionen (Pferd, Hund, Katze, Ziege), beim Hund generalisierte Erkrankung von Atemwegsaffektionen, einhergehend mit einer Meningoenzephalitis und Neuritis des Sehnervs, beim Rind sind Euterinfektionen beschrieben. Ubiquitär vorkommende Hefe. Vögel können symptomlose Träger sein.

31

Dermatophyten

Unter Dermatophyten versteht man Pilze, die isolierte Hautinfektionen verursachen. Zoophile (= tierpathogene) und anthropophile (= humanpathogene) sind im Gegensatz zu geophilen als obligat pathogen einzustufen. Die tiermedizinisch wichtigsten Gattungen stellen *Microsporum* spp. und *Trichophyton* spp. dar. Sie sind resistent gegenüber Cycloheximid und überstehen Austrocknung extrem gut. Auf Sabouraud-Agar bilden sie weißgraue Kolonien mit arttypisch gefärbter Unterseite (weiß, gelb, braun oder rot). Die Identifizierung erfolgt über die Koloniemorphologie und die Bewertung der mikroskopisch sichtbaren Strukturen (Hyphen, Makrokonidien). Eine biochemische Differenzierung analog zu Bakterien oder Hefen ist nicht möglich.
Im Folgenden werden die am häufigsten isolierten Arten mit tiermedizinischer Bedeutung aufgeführt.

Microsporum canis (Abb. 31.12)

Fluoreszierende Haare am Tier mit Wood'scher Lampe nachweisbar. Kolonie auf Sabouraud-Agar im Zentrum weiß mit Übergang zu orange-bräunlicher Farbe in der Peripherie und hautfarbener Kolonieunterseite, Koloniegröße bis 50 mm nach 10 Tagen. Mikroskopisch Hyphen und Mikrokonidien (= Sporen) und bei Sabouraud-Agar nur wenige Makrokonidien sichtbar. Makrokonidien sind rauwandig und beidseitig spitz zulaufend.
Vorkommen: häufigster Dermatophyt bei Hund und Katze. Bei der Katze ist symptomloser Trägerstatus möglich.

Infektionsgefahr für den Menschen.

Microsporum gypseum (Abb. 31.13)

Nicht fluoreszierend unter der Wood'schen Lampe. Kolonie auf Sabouraud-Agar creme- bis zimtfarben mit cremefarbener bis rötlich brauner Kolonieunterseite. Koloniegröße bis 50 mm nach 10 Tagen. Mikroskopisch Mikrokonidien, reichlich Makrokonidien und nur wenig Hyphen erkennbar. Makrokonidien sind rauwandig und beidseitig spitz zulaufend.
Vorkommen: geophiler Pilz, kommt in Nestern im Erdreich vor; häufiger Dermatophyt des Menschen bei exponierter Tätigkeit (z. B. Gärtner)

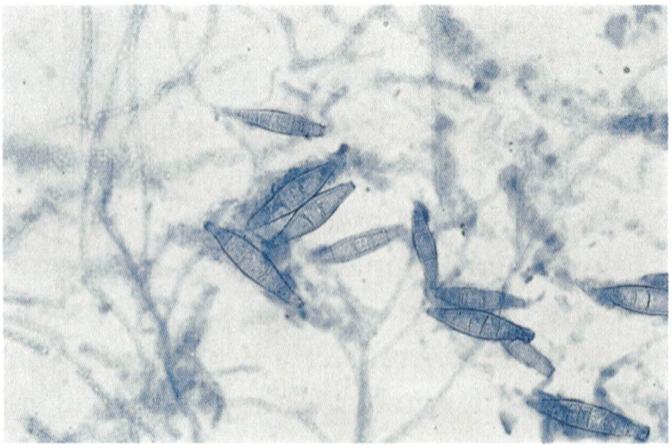

Abb. 31.12 *Microsporum canis* – mikroskopisches Präparat

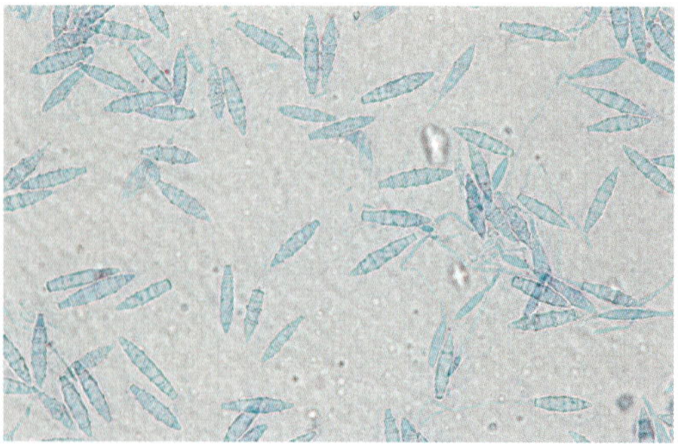

Abb. 31.13 *Microsporum gypseum* – mikroskopisches Präparat

Trichophyton mentagrophytes (Abb. 31.14)

Nicht fluoreszierend unter der Wood'schen Lampe. Kolonie auf Sabouraud-Agar weißlicher als bei *Microsporum*-Arten und pudrig erscheinend mit bräunlicher Unterseite. Koloniegröße bis 30 mm nach 10 Tagen. Mikroskopisch Hyphen und Mikrokonidien und nur wenig Makrokonidien sichtbar. Makrokonidien glattwandig und beiderseits stumpf abgerundet. Mikrokonidien oft in Trauben liegend.
Vorkommen: in der Natur weit verbreitet, oft bei Tieren vorkommend (z. B. Meerschweinchen, seltener beim Hund)

Infektionsgefahr für den Menschen.

Trichophyton verrucosum

Nicht fluoreszierend unter der Wood'schen Lampe. Langsam wachsend, Kolonie auf Sabouraud-Agar blass, samtartig mit blasser oder weißer Unterseite. Langsames Wachstum mit Koloniegröße bis 10 mm nach 20 Tagen. Mikroskopisch Hyphen sowie Mikrokonidien und nur wenig Makrokonidien sichtbar. Makrokonidien glattwandig und beiderseits stumpf abgerundet. Hyphen teilweise typisch spiralförmig (weinrankenförmig) angeordnet.

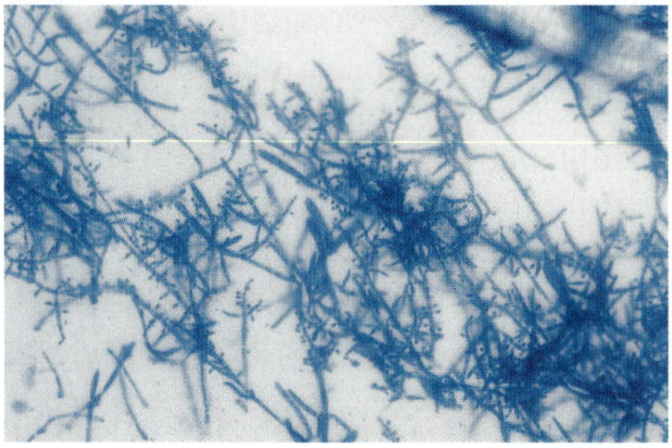

Abb. 31.14 *Trichophyton mengagrophytes* – mikroskopisches Präparat

Vorkommen: Erreger der Rindertrichophytie, bevorzugt bei Kälbern

Infektionsgefahr für den Menschen.

Schimmelpilze

Aspergillus spp.

Innerhalb von 2 bis 4 Tagen wachsende Kolonien auf Sabouraud-Agar, Cycloheximid-empfindlich, eventuell mit pigmentiertem Luftmyzel, Koloniegröße bis 5 cm nach 5 Tagen. Mikroskopisch Hyphen sichtbar mit gießkannenartig angeordneten Konidien (mehrreihig) an den Enden.
Vorkommen: in der Natur weit verbreitete Schimmelpilze (190 Arten, häufigste medizinisch relevante Vertreter: *Aspergillus fumigatus, Aspergillus niger*), die gelegentlich zu aerogenen Infektionen führen mit meist granulomatösen Veränderungen im Respirationstrakt und evtl. nachfolgender Besiedlung anderer Gewebe und Organe. Die häufigsten Erkrankungsformen sind nasale Aspergillose (besonders beim Hund), Pneumonien, Luftsackinfektionen bei Vögeln, Aborte und Mastitiden bei Rindern. Der Nachweis allein ist nicht pathognostisch, der Nachweis bei Vorliegen granulomatöser Veränderungen schon.

Kulturbeurteilung nach DHS-Schema

Zur einfachen Einordnung der gewachsenen Kulturen auf Pilznährböden hat sich das DHS-Schema bewährt, das eine grobe Einordnung in Dermatophyten, Hefen und Schimmelpilze ermöglicht (**Tab. 31.4**).

Unterscheidung zwischen Hefen einerseits und Schimmelpilzen und Dermatophyten andererseits: Koloniemorphologie beachten! Unterscheidung zwischen Dermatophyten einerseits und Hefen und Schimmelpilzen

31

Tab. 31.4 Schema zur Differenzierung von Dermatophyten, Hefen und Schimmelpilzen (DHS-Schema)

Merkmal	Dermatophyt	Hefe	Schimmelpilz
Cycloheximid (= Actidion)	resistent	empfindlich	empfindlich
Wachstumsgeschwindigkeit	i. d. R. >5 Tage	2–4 Tage	2–4 Tage
Koloniemorphologie	unscharfe Ränder, sich vergrößernd durch Wachstum in Peripherie, meist wollig oder samtig bis körnig	kompakt (1–3 mm Durchmesser), feucht oder trocken, gewölbt (ähnlich Bakterien)	sich vergrößernd durch Wachstum in Peripherie, meist wollig, wattig, pudrig oder samtig
Farbe der Kolonieoberseite	weißlich oder gelblich	weiß, gelb, lachsfarben, rot möglich	extrem unterschiedlich (weiß, gelb, gelbgrün, blaugrün, grau, braun, schwarz möglich)
Farbe der Kolonieunterseite	gelblich, bräunlich oder rötlich möglich	wie Oberseite	i. d. R. farblos, evtl. gelblich oder dunkel pigmentiert

andererseits: Wachstumsverhalten bei Cycloheximid-Zusatz beachten (ratsam ist daher immer eine gleichzeitige Verwendung von Sabouraud-Agar und von Dermatophyten-Agar).

Die klare Gattungs- und Artdiagnose der gewachsenen Kolonien erfordert die Begutachtung des mikroskopischen Präparats. Bei

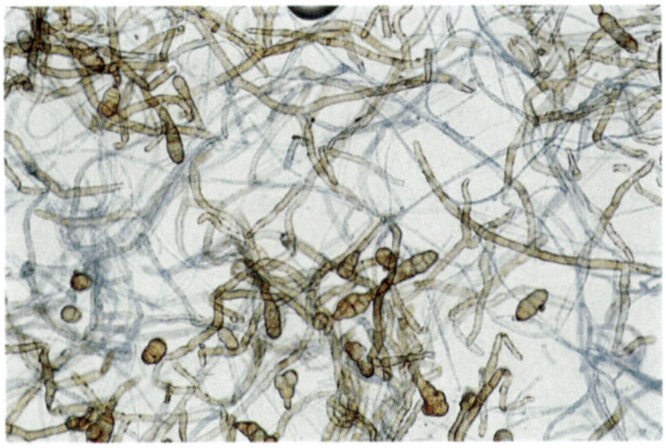

Abb. 31.15 *Alternaria alternata* – mikroskopisches Präparat

Dermatophyten können Subkulturen auf anderen Nährmedien notwendig sein.

Apathogene oder nur bedingt pathogene Schimmelpilze und Schwärzepilze, die in tiermedizinischem Untersuchungsgut häufig vorkommen, sind:

- *Alternaria* spp. (**Abb. 31.15**): dunkle Kolonien (braun bis grün), Hyphen mit mauerartig septierten Sporen, die sich mit Laktophenolblau bräunlich anfärben
- *Mucor* spp.: grauweiße bis bräunliche, watteartige Kolonien, mikroskopisch Myzel mit kugelförmigen Sporangien (ausgefüllt mit Konidien) sichtbar
- *Penicillium* spp.: anfangs weiß, später je nach Art gefärbte Kolonien, Myzel mit verzweigten oder unverzweigten Konidiophoren, mit teilweise langen Konidienketten
- *Scopulariopsis* spp. (**Abb. 31.16**): bräunliche, deutlich gefaltete Kolonien mit wie bestäubt aussehender Oberfläche (mas-

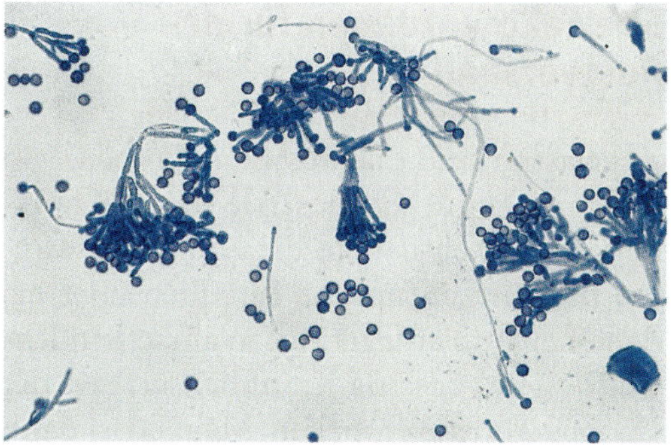

Abb. 31.16 *Scopulariopsis brevicaulis* – mikroskopisches Präparat

senhaft Konidien), im Präparat Myzel mit teilweise sehr langen Konidienketten. Posttraumatisch sind Nagelbettinfektionen mit *Scopulariopsis brevicaulis* möglich.

31.6 Allgemeine Hinweise zum Probenversand

Der Versand von Untersuchungsmaterial ist maßgeblich geregelt über das Europäische Übereinkommen über die internationale Beförderung gefährlicher Güter auf der Straße (ADR) und das Europäische Übereinkommen über die internationale Beförderung gefährlicher Güter mit der Bahn (RID). Beide beziehen sich auf die »Recommendations of Dangerous Goods« der WHO und sind heute mit der Gefahrgutverordnung Straße, Eisenbahn und Binnenschifffahrt in nationales Recht umgesetzt (1.1.2009). Sie gelten für jeden Transport, ob privat, über Transportunternehmen oder über Postversand, und beziehen sich auch auf ansteckungsgefährliche Stoffe, von denen anzunehmen ist, dass sie Krankheitserreger enthalten, die bei Tieren oder Menschen infektiöse Krankheiten verursachen (Risikogruppe 2, 3 oder 4 der WHO-Einstufung, die Krankheitserreger bei Mensch oder Tier betrifft). Diese **Risikogruppen** sind wie folgt definiert:

- *Gruppe 2:* können Krankheiten bei Mensch oder Tier hervorrufen, stellen aber keine ernste Gefahr dar
- *Gruppe 3:* ernste Gefahr für das Individuum bei verfügbarer wirksamer Behandlung
- *Gruppe 4:* ernste Gefahr bei normalerweise nicht verfügbarer wirksamer Behandlung

In dieser Verordnung sind Pflichten von Verpacker, Transporteur etc. festgelegt, u. a. ein Beförderungsverbot, wenn dem Fahrer Verpackungen als unvollständig, beschädigt oder undicht auffallen!
Es ergeben sich bindende Verpackungs- und Versandvorschriften, deren wichtigste Punkte nachfolgend angegeben sind.

Generelle Vorgaben für die Verpackung

Die Verpackung wird geregelt über die Verpackungsanweisung P 650 (diagnostische Proben) und die Verpackungsanweisung P 620 (Kulturen mit Krankheitserregern).
Wesentliches aus der P 650 und der P 620:
Innenverpackung: Sie besteht aus wasserdichter, erster Verpackung (Probengefäß) und wasserdichter, zweiter Verpackung (Transportgefäß). Das Probengefäß muss aus Glas, Metall oder Kunststoff sein, der Verschluss gesichert (Schraubverschluss oder Klebeband). Zwischen Proben- und Transportgefäß muss genügend absorbierendes Material vorliegen, um den gesamten Inhalt des Probengefäßes aufnehmen zu können.
Außenverpackung: Sie muss ausreichend sein hinsichtlich Fassungsraum, zu transportierender Masse und Verwendungszweck und soll als Mindestmaß 10 cm Kantenlänge haben. Eine Fallprüfung über 1,2 m muss erfolgreich bestanden werden können.

31

Innenverpackungen, die ansteckungsgefährliche Stoffe enthalten, dürfen nicht zusammen mit Innenverpackungen, die andere Art von Gütern enthalten, verpackt werden.

Generelle Vorgaben für den Versand

P 650 – diagnostische Proben: Ein Vermerk »diagnostische Proben« muss deutlich und dauerhaft vorliegen.
PI 650 – ansteckungsgefährliche Stoffe: Ab 1.1.2005 ist die zusätzliche Kennzeichnung mit UN-Nummer 3373 erforderlich. Das betrifft alle Proben zur mikrobiologischen Untersuchung (können Erreger der Risikogruppen 1, 2 und 3 enthalten). Verpackt werden muss mit Primär-, Sekundär- und Umverpackung, wobei die zweite oder dritte starr sein muss, detaillierte Angaben zu Materialbeschaffenheit liegen vor. Empfehlenswert ist, Versandmaterial von kommerziellen Dienstleitern zu nutzen, die die Materialien entsprechend den gültigen Vorschriften zusammenstellen.
P 620 – Kulturen mit Krankheitserregern: Die Kennzeichnung muss Biohazard-Zeichen, Text »ansteckungsgefährliche Stoffe« und »Bei Beschädigung oder Freiwerden unverzüglich Gesundheitsbehörden verständigen« sowie UN-Nummer (2814 = gefährlich für den Menschen, 2900 = nur gefährlich für Tiere) enthalten.
Das Transportunternehmen braucht dann einen Gefahrgutbeauftragten.

Der Transport von Stoffen der Risikogruppe 3 und 4 darf nicht ohne Voranmeldung bei Empfänger und Transporteur erfolgen!

Spezielle Vorgaben für den Postversand

Zugelassen sind diagnostische Proben, von denen bekannt ist, dass sie keine Krankheitserreger enthalten, die Krankheitserreger der Risikogruppe 1 enthalten oder bei denen eine relativ geringe Wahrscheinlichkeit besteht, dass sie Krankheitserreger der Gruppe 2 oder 3 enthalten. Möglich ist dann der Versand als Päckchen, als Paket oder als Maxibrief. Die Verpackungsvorschrift der Post entspricht im Wesentlichen der von P 650 (siehe oben). Zusätzlich muss sowohl der Text »diagnostische Proben« als auch das lilafarbene Grafiksymbol mit weißer Schlange um senkrechten Stab und weiß gedrucktem Text »Matières Médicales Périssables« oder »Matières Biologiques Périssables« vorliegen. Bei infektionsgefährdenden Stoffen wird zusätzlich ein auf die Spitze gestelltes quadratisches Symbol, UN 3373 innenstehend, Bauartkennzeichnung des Herstellers und Absenderangabe einschließlich Telefonnummer gefordert.

Grundsätzlich gilt, dass der Absender die Verantwortung dafür trägt, dass das Gut seinen Bestimmungsort in gutem Zustand erreichen kann!

Soll ein **Versand über eine nationale Grenze** erfolgen, ist es ratsam, die Broschüre der DSMZ zum Thema »Shipping of Infectious, Non-Infectious and Genetically Modified Biological Materials« zu studieren, die unter folgender Adresse bezogen werden kann:
DMSZ – Deutsche Sammlung von Mikroorganismen und Zellkulturen GmbH
Mascheroder Weg 1 b
D-38124 Braunschweig
Tel.: 0531 2616336
Fax: 0531 2616444

Besonders bei Drittländern ist der Empfänger im Voraus zu kontaktieren, da Importgenehmigung und Verzollung geregelt sein sollte, um Transportzeiten so kurz wie möglich zu halten.

Häufigste Verpackungsfehler sind:

- Kotproben in Plastikhandschuhen (instabiles Probengefäß, fehlendes Transportgefäß)
- Kotproben in Dosen ohne Schraubverschluss (instabiles Probengefäß, da nicht druckdicht, fehlendes Transportgefäß)
- Hautgeschabsel samt Skalpellklinge (Verletzungsgefahr)
- Spritze mit aufgesetzte Kanüle (Verletzungsgefahr)
- Tupfer in Transportmedium ohne Versandcontainer (fehlende Umverpackung)

31.7 Allgemeine Hinweise für das Arbeiten im mikrobiologischen Praxislabor

Allgemeine Bauvorschriften und Schutzmaßnahmen für Arbeiten in Laboratorien liegen in der **T**echnischen **R**egeln für **G**efahr**s**toffe TRGS 526 »Laboratorien« vom Februar 2008 vor und beziehen sich auf physikalische oder chemische oder physikalisch-chemische Methoden.

Das Arbeiten mit potenziellen Krankheitserregern ist im Wesentlichen in der Biostoffverordnung vom 18.10.1999 und in den **T**echnischen **R**egeln für **b**iologische **A**rbeitsstoffe TRBA 100 vom Dezember 2006 geregelt. Arbeiten in tiermedizinischen Laboratorien sind explizit in den TRBA 100 erwähnt: Die Arbeiten werden als nicht gezielte Tätigkeiten mit grundsätzlich potenziell infektiösen Untersuchungsmaterialien angesprochen.

In Bezug auf die Krankheitserreger werden vier **Risikogruppen** beschrieben, die im Wesentlichen denen der WHO ähneln, ohne sich dem Wortlaut nach auf diese zu beziehen:

- *Risikogruppe 1:* unwahrscheinlich krankheitsverursachend
- *Risikogruppe 2:* kann Krankheit beim Menschen hervorrufen und Gefahr für Beschäftigte darstellen, wirksame Vorbeugung oder Behandlung möglich
- *Risikogruppe 3:* kann schwere Krankheit beim Menschen hervorrufen und ernste Gefahr für Beschäftigte darstellen, wirksame Vorbeugung oder Behandlung möglich
- *Risikogruppe 4:* führen zu schwerer Krankheit beim Menschen und sind Gefahr für Beschäftigte, wirksame Vorbeugung oder Behandlung normalerweise nicht möglich

Den Risikogruppen sind **Schutzstufen** zugeordnet, wobei das Vermehren von Erregern automatisch nach Gefährdungsermittlung die Zuordnung der Tätigkeit mindestens zur Schutzstufe 2 zur Folge hat.

Die wesentlichen Punkte, die es zu beachten gilt, sind nachfolgend aufgeführt. Da ein mit Mikroorganismen arbeitendes Praxislabor automatisch in die Schutzstufe 2 fällt, höhere Anforderungen aber in der Regel nicht notwendig sind, wird gesondert auf diese eingegangen.

Allgemeine Maßnahmen (komprimiert aus TRBA 100)

1. Sicherstellung des bestimmungsgemäßen Betriebs, Einhaltung der Hygienemaßnahmen
2. abgegrenzte, ausreichend große Räume, ausreichende Arbeitsfläche für jeden Mitarbeiter
3. leicht zu reinigende Oberflächen, beständig gegen verwendete Stoffe und Reinigungsmittel

4. Grundregeln guter mikrobiologischer Technik (siehe unten) müssen eingehalten werden.
5. Hygieneplan muss vorliegen.
6. Arbeitsmedizinische Betreuung ist vorgeschrieben.
7. Schutzstufenzuordnung für Risikogruppen und tätigkeitsbezogene Gefährdungsbeurteilung muss vorliegen.

Spezielle Anforderungen (Schutzstufe 2) (komprimiert aus TRBA 100)

1. Vermeidung einer Exposition der Beschäftigten mit dem biologischen Arbeitsstoff während der Arbeit
2. räumliche Abgrenzung gegenüber Arbeitsbereichen, in denen nicht mit infektionsgefährdenden Stoffen gearbeitet wird
3. deutliche und dauerhafte Kennzeichnung (Schutzstufe, Symbol »Biogefährdung«)
4. Außenanschlag von Türen, Sichtfenster in Türen zum Personalschutz
5. Zutrittsbeschränkung für autorisierte Personen
6. Schutzkleidung, Ausmaß entsprechend der Tätigkeit
7. Händereinigung mit Möglichkeit der Bedienung ohne Handberührung, Händedesinfektion, Einmalhandtücher, Einrichtung zum Augenspülen
8. Desinfektion der Arbeitsgeräte und -flächen nach Ende der Tätigkeit
9. Nutzung einer mikrobiologischen Sicherheitswerkbank bei Gefahr von Bioaerosolen
10. Sammlung von Abfällen der biologischen Arbeitsstoffe in geeigneten Behältern, Inaktivierung oder Sterilisation mittels erregerbezogen nachweislich wirksamen physikalischen oder chemischen Verfahren (Autoklav oder Vergleichbares muss im gleichen Gebäude vorhanden sein)

Grundregeln guter mikrobiologischer Technik (komprimiert aus TRBA 100)

1. Fenster und Türen der Arbeitsbereiche sollen während der Tätigkeiten geschlossen sein.
2. Verbot von Essen, Trinken, Rauchen in den Arbeitsräumen, Verbot des Aufbewahrens von Nahrungsmitteln im Arbeitsbereich
3. Gebot des Tragens von Laborkitteln oder anderer Schutzkleidung
4. Gebot der Nutzung von Pipettierhilfen, Verbot des Mundpipettierens
5. Nutzung von Spritzen und Kanülen nur, wo unbedingt nötig
6. Aerosolbildung muss gemieden werden.
7. Gebot der Händereinigung – gegebenenfalls Desinfektion – nach Arbeitsende
8. Arbeitsbereiche sollen aufgeräumt und sauber sein, Vorräte sollen nicht im Arbeitsbereich gelagert werden.
9. Gebot der Überprüfung der biologischen Arbeitsstoffe auf ihre Identität (Zeitabstand ist Ermessenssache)
10. Gebot der Unterweisung von Beschäftigten, mindestens einmal jährlich, mündlich, arbeitsplatzbezogen
11. Gebot der umfassenden Anleitung, Unterrichtung und Überwachung von unerfahrenen Mitarbeitern
12. Gebot der Ungezieferbekämpfung, wo erforderlich

31.8 Fazit

Die Durchführung mikrobiologischer Untersuchungen im Praxislabor wurde in den letzten Jahren entscheidend stärker reglementiert. Vor dem Beginn solcher Arbeiten im eigenen Praxislabor wird das Studium der entsprechenden Gesetze und Verordnungen dringend empfohlen.

Literatur

Burkhardt F. Mikrobiologische Diagnostik. Stuttgart: Thieme 2009.

Davidson MG, Lumbsden J, Else R. BSAVA Manual of Small Animal Clinical Pathology. Shurdington: BSAVA 1998.

Greene C. Infectious Diseases of the Dog and Cat. Philadelphia: Saunders 2006.

Quinn PJ, Markey BK. Concise Review of Veterinary Microbiology. Oxford: Blackwell 2003.

Rieth H. Mykologie im Labor. Frankfurt: Biotest 1977.

Rolle M, Mayr A. Medizinische Mikrobiologie, Infektions- und Seuchenlehre. Stuttgart: Enke 2006.

Villiers E. BSAVA Manual of canine and feline clinical pathology. Chichester, UK: John Wiley & Sons 2005.

32 Parasitologische Diagnostik

Kurt Pfister, Pamela Beelitz und Dietmar Hamel

32.1 Parasitologische Diagnostik oder Direkteinsatz von Breitspektrum-Antiparasitika? – Eine relevante Frage!

Eine (veterinär)medizinisch verantwort- und jederzeit begründbare Parasitenbekämpfung beruht stets auf einer vorangegangenen, adäquaten Diagnostik. Diese neu dargestellte, »altbekannte (Ein-)Sicht« erfordert von vielen praktizierenden Kolleginnen und Kollegen mit Blick auf eine in der Zukunft stärker vertrauensbildende, tierärztliche Tätigkeit ein gewisses Umdenken.

Die mittlerweile bekannt niedrigen Befallsfrequenzen bzw. das außerordentlich geringe Endoparasitenvorkommen bei diversen Tierarten bzw. adulten Tieren (z. B. Hund, Katze, Pferd etc.) und die Resistenzproblematik rechtfertigen heutzutage meist **keine strategische Endoparasitenbekämpfung mehr in regelmäßigen, vorgegebenen Zeitintervallen, wie z. B. in nicht nachvollziehbarer Weise durch ESCCAP (European Scientific Counsel Companion Animal Parasites) für Hunde und Katzen empfohlen**, oder wie sie auf dem Pferdesektor durch regelmäßige, sog. strategische Entwurmungen nach wie vor sehr verbreitet durchgeführt wird. Es ist weder medizinisch-ethisch verantwortungsvoll noch infektionsepidemiologisch nachhaltig, kommerzielle Interessen über die medizinische Indikation zu stellen.

Im heutigen, in zunehmendem Maße von wirtschaftlichen Zwängen und zeitlichen Engpässen geprägten Berufsalltag sieht sich der praktizierende Tierarzt je nach vorgestelltem Patient oft mit der Frage konfrontiert, ob nach einer klinischen Fallbeurteilung noch eine parasitologische Diagnostik durchgeführt werden sollte oder nicht. Die Antwort ist klar und eindeutig: Bei bestehendem Zweifel über Ätiologie oder sonst unklarer klinischer Einschätzung ist stets eine parasitäre Genese des Krankheitsgeschehens in die Beurteilung einzubeziehen. Insbesondere jedoch sollten ätiologische Unklarheiten nicht durch die Verabreichung von Breitspektrum-Antiparasitika überbrückt werden. Dementsprechend sollte auch stets eine parasitologische Diagnostik in die klinische Abklärung integriert werden, handelt es sich doch dabei ebenfalls um eine der grundlegenden medizinischen Tätigkeiten. Als Veterinärmediziner sollten wir uns unserer fachlichen Verantwortung stets bewusst bleiben und diese nicht durch irgendwelche der adäquaten Krankheitserkennung Abbruch leistende Automatismen oder Mutmaßungen ersetzen, die dann von den Tierbesitzern nicht mehr ernst genommen werden.

Die kompetente und zuverlässige parasitologische Diagnostik muss heutzutage hohen Qualitätsstandards genügen, und das Ziel der klinischen Parasitologie besteht in erster Linie darin, mit einer qualitativ hoch stehenden Diagnostik Entscheidungshilfen für eine gezielte Therapie und Prophylaxe zu erarbeiten.

In diesem Kapitel werden die praxisrelevanten, routinemäßig durchführbaren Diagnostikverfahren dargestellt. Die spezifischen Nachweisverfahren, die in speziell ausgestatteten Laboren durchzuführen sind, werden erläutert und die wesentlichen morphologischen Kriterien für die Diagnostik in Erinnerung gerufen. Es ist den Autoren ein Anliegen, dadurch die Diagnostik im Sinne des Qualitätsbewusstseins (Qualitätsmanagement nach ISO-Normen) und im Sinne der Nachvollziehbarkeit der erhaltenen Befunde zu fördern und darauf aufmerksam zu machen, dass auch von Seiten der klinisch tätigen Kollegen diesem Leitgedanken für die diagnostische Tätigkeit in zunehmendem Maße nachgelebt werden soll.

Grundsätzlich sind bei der parasitologischen Befunderhebung bei Einzeltieren bzw. in Beständen verschiedene Kriterien zu berücksichtigen, und zwar

- anamnestische Angaben,
- klinische Symptome,
- die Begutachtung des Lebensraumes (Stall, Weide, Wohnung und Lagerstätte)
- und eventuelle Ergebnisse postmortaler Untersuchungen.

Parasitologische Diagnostik

Vor der parasitologischen Untersuchung am lebenden Tier sind unbedingt möglichst umfassend **anamnestische und klinische Angaben** einzuholen. In einigen Fällen erlaubt bereits der Vorbericht eine Verdachtsdiagnose. Die **klinische Befunderhebung** am Tier kann wichtige Hinweise für bestimmte Parasitosen, insbesondere bei Ektoparasitenbefall, liefern. Endoparasitosen zeigen vielfach einen subklinischen Verlauf, sodass Krankheitsanzeichen zunächst nicht unbedingt auffallen. Allgemeine Symptome wie struppiges Haarkleid, Inappetenz, Kachexie, Dyspnoe oder Anämie können Hinweise auf parasitär bedingte Erkrankungen sein.

Auch die **Begutachtung des Lebensraumes** des Tieres spielt eine wichtige Rolle bei der Diagnostik parasitärer Erkrankungen. Hier müssen natürlich auch die jeweiligen Habitatsansprüche von Vektoren beachtet werden. Darüber hinaus können sich durch eine Bewertung der Umweltverhältnisse Anhaltspunkte für eine gezielte Prophylaxe ergeben (Faktorenkrankheiten).

Am **lebenden Tier** umfasst die parasitologische Diagnostik den Nachweis des Erregers, seiner Entwicklungsstadien, zirkulierender Antikörper oder seiner DNA.

Der **direkte Erregernachweis** von Ektoparasiten lässt sich durch makroskopische Untersuchung am Tier oder mittels mikroskopischer Durchmusterung von aufbereitetem Hautmaterial, Haaren (Trichogramm) recht einfach durchführen. Die Identifizierung von Endoparasiten (Protozoen und Helminthen) erfordert dagegen eine Fülle von Methoden und Hilfsmitteln. In einem Nativpräparat aus Kot, Blut, Sekret, anderen Körperflüssigkeiten oder Spülproben, unter Umständen nach entsprechender Aufbereitung des Materials, z. B. durch Kultivierung, können Protozoen oder Entwicklungsstadien von Helminthen erfasst werden. Die makroskopische Erkennung von Endoparasiten beschränkt sich auf mit den Fäzes abgegangene adulte Exemplare, z. B. Askariden, Oxyuren oder auch deren Larven (z. B. von Strongyliden), sowie Proglottiden von Zestoden oder erbrochene Nematoden (Askariden). Mikroskopisch werden die mit dem bloßen Auge nicht sichtbaren, aus den verschiedenen Untersuchungsmaterialien mit Anreicherungsverfahren konzentrierten Entwicklungsstadien erfasst.

Heute gehören auch molekularbiologische Methoden, insbesondere die Polymeraseket-

tenreaktion (PCR), zu den Standardverfahren im parasitologischen Diagnostiklabor.
Für den **indirekten Erregernachweis** werden Patientenseren oder auch andere Körperflüssigkeiten mittels immunbiologischer Verfahren auf zirkulierende Antikörper untersucht. Die Befunde können weitgehend nur als **zusätzliche Diagnostikhilfe** gewertet werden und sind stets in Zusammenhang mit dem Vorbericht und dem klinischen Erscheinungsbild zu beurteilen.

Die **parasitologische Untersuchung post mortem** im Rahmen einer Sektion dient dem Ziel, anhand der erhobenen Befunde notwendige Maßnahmen für die Bestands- bzw. Herdenbehandlung einzuleiten. In größeren Beständen kann eine diagnostische Sektion erforderlich werden, um unklare Krankheitsverläufe ätiologisch abzuklären. Nach Zerlegung des Tierkörpers lässt sich aufgrund des Organtropismus der Erreger gezielt nach Endoparasiten suchen.
Die im Folgenden präsentierten Methoden sollen bei den oben erwähnten klinischen/pathologischen Erhebungen eine wichtige diagnostische Hilfestellung liefern und als solche möglichst häufig Anwendung zur ätiologischen Abklärung finden.

32.2 Parasitenstatus durch *In-vivo*-Diagnostik

Koproskopische Untersuchung

Die koproskopische Untersuchung stellt am lebenden Tier das wichtigste Verfahren zum Nachweis von Endoparasiten des Magen-Darm-Traktes, der Leber und der Lunge dar.

Entnahme, Aufbewahrung und Versand von Kotproben

Kotproben sollten zur Vermeidung einer Sekundärkontamination, z. B. mit Bodennematoden, möglichst rektal oder unmittelbar nach dem Absetzen entnommen werden. Bei den einzelnen Tierarten sind je nach Alter unterschiedliche Kotmengen erforderlich. Als Mindestmengen bei erwachsenen Tieren gelten: Pferd: 80 g; Rind, Schaf, Ziege: 40 g; Schwein: 20 g; Hund, Katze: 5–10 g; Heimtiere: 1–5 g. Bei Jungtieren sollte so viel Kot wie möglich gewonnen werden, damit eine adäquate Untersuchung mit hinreichender Sensitivität erfolgen kann. Um einen Überblick über die in einem Bestand vorkommenden Parasitenarten und Befallsraten zu bekommen, ist in Nutztierbeständen oder Zuchtbetrieben immer eine repräsentative Anzahl von Tieren der jeweiligen Altersgruppe (20–30 %) in die Untersuchung einzubeziehen. Um die Sensitivität der koproskopischen Untersuchung zu erhöhen, sollten stets drei Kotproben an jeweils drei aufeinanderfolgenden Tagen gewonnen werden. Kommerzielle Untersuchungskits werden mit speziellen Sammelbehältern angeboten, die aber nur für Kotmengen von Hunden, Katzen und kleinen Heimtieren ausreichen. Aufbewahrung und Transport der Proben erfolgen nach allgemeinen Beförderungsvorschriften in dicht verschließbaren und bruchfesten Behältnissen aus Plastik (s. hierzu S. 623 ff.).
Mit dem Kot ausgeschiedene Parasiten, z. B. Spulwürmer oder andere verdächtige Gebilde wie Bandwurmproglottiden, sollten grundsätzlich unfixiert in physiologischer Kochsalzlösung, nur bei längeren Transportzeiten in einer geeigneten Fixierungsflüssigkeit (z. B. nach Loss: 95 ml 70 % Alkohol und 5 ml Glyzerin), eingesendet werden. Die Probenbehältnisse werden mit wasserfester Beschriftung deutlich gekennzeichnet,

um eine eindeutige Zuordnung der Probe zum jeweiligen Tier zu gewährleisten. Bei Versand an ein Labor sollte die Probe mit einem Begleitschreiben versehen werden. Dies sollte Angaben zum Tierbesitzer (Anschrift, Telefon- und Faxnummer, E-Mail-Adresse) sowie zum Tier (Kennzeichen, Alter, Rasse, Geschlecht, Herkunft, klinische Symptome) enthalten. Kotproben und anderes Untersuchungsmaterial sollten möglichst rasch dem untersuchenden Labor zugestellt werden. Im Labor müssen die Proben umgehend untersucht bzw. bei Verzögerungen bis zur Untersuchung in einem Kühlschrank gelagert werden, da sich Eier verschiedener Helminthenarten durch Weiterentwicklung hinsichtlich ihrer diagnostischen Merkmale verändern. Bei warmem Wetter schlüpfen Larven von *Strongyloides* innerhalb weniger Stunden und die von Strongyliden in 1–2 Tagen aus ihren Eihüllen, sodass bei längerer Versanddauer die Proben gekühlt bei +4 °C verschickt werden sollten. Deshalb ist es auch ratsam, Kotproben nicht vor Feiertagen oder Wochenenden in ein Labor zu senden.

Makroskopische Untersuchung

In Kotproben können größere Parasiten oder Teile davon, z. B. Spulwürmer, Oxyuren, Proglottiden von Bandwürmern, makroskopisch nachgewiesen werden. Daher sollten die Proben zunächst durch Adspektion untersucht werden, wobei auch auf Kotkonsistenz, -farbe und Blutbeimengungen zu achten ist.

Mikroskopische Untersuchung

Mikroskopisch sind in den Kotproben Eier oder Larven von Helminthen des Verdauungstraktes, der Leber und der Lunge sowie Oozysten, Sporozysten oder Zysten von Protozoen feststellbar. Grundsätzlich müssen für die mikroskopische Untersuchung Anreicherungsverfahren angewendet werden, da die Zahl der nachzuweisenden Parasitenstadien im Verhältnis zu den relativ großen Kotvolumina sehr klein ist. Die Anreicherungsverfahren, wie z. B. das Flotations- oder das Sedimentationsverfahren, haben zum Ziel, die Parasitenstadien möglichst gut von den Kotbestandteilen zu trennen und in einem geringen, zur mikroskopischen Untersuchung geeigneten Flüssigkeitsvolumen zu konzentrieren.

Interpretation koproskopischer Befunde

Koproskopische Befunde lassen prinzipiell nur eine qualitative Aussage zum Parasitenbefall, jedoch nicht zur Befallsintensität des untersuchten Tieres zu, da die Anzahl der Parasitenstadien im Kot nicht mit der Größe der Wurmbürde des Tieres korreliert.

Hohe Eizahlen im Kot können aber bei Einzeltieren oder einer Tiergruppe unter Berücksichtigung der festgestellten Parasitenarten, des Alters der Tiere, eventuell vorhandener klinischer Symptome und epidemiologischer Gesichtspunkte auf eine hohe Befallsintensität hinweisen. Werden gering oder unverändert hohe Eizahlen nach einer anthelminthischen Behandlung in einem Tierbestand ermittelt, ist dringend anzuraten, in diesem Betrieb die Resistenzsituation im Rahmen eines Eizahlreduktionstestes mittels quantitativer Eizahlbestimmung (McMaster-Verfahren) zu überprüfen.

Untersuchungsverfahren

Nativpräparat

Zur mikroskopischen Durchmusterung von Kot ohne Anreicherung wird auf dem Objektträger dünn ausgestrichenes Material mit Wasser vermischt und mit einem Deckglas abgedeckt. Dieses Nativpräparat eignet sich zur Untersuchung von geringen Kotmengen bei Jungtieren oder zur allgemeinen Orientierung und im Zusammenhang mit hochgradigem parasitärem Befall von Hunden und Katzen, Heimtieren, Vögeln oder Reptilien. In allen anderen Fällen müssen Anreicherungsverfahren (Flotations-, Sedimentations- und Auswanderungsverfahren) durchgeführt werden, da ein negativer Befund im Nativpräparat aufgrund der geringen Sensitivität keine zuverlässige Aussage über eine parasitäre Infektion liefert.

Flotationsverfahren nach Fülleborn

Diese Technik dient zur Anreicherung und zum Nachweis von Nematoden- und Zestodeneiern (Ausnahme: *Diphyllobothrium-latum*-Eier), Oozysten (Ausnahme: *Eimeria leuckarti* – Equiden, *Eimeria cameli/Eimeria macusaniensis* – Kameliden) und Sporozysten in Kotproben mittels Flotation in einer Salz- oder Zuckerlösung.

Material

In **Abbildung 32.1** ist das erforderliche Material zusammengestellt.

- Zinkchlorid-Kochsalz-Lösung (Mischungsverhältnis $ZnCl_2$: NaCl = 1 : 2, spezifisches Gewicht = 1,3)
- Petrischale
- Holzspatel
- Sieb (Maschenweite 300 µm)
- Trichter
- Zentrifugenröhrchen
- Zentrifuge
- Drahtöse
- Objektträger
- Deckglas (18 × 18 mm)
- Lichtmikroskop

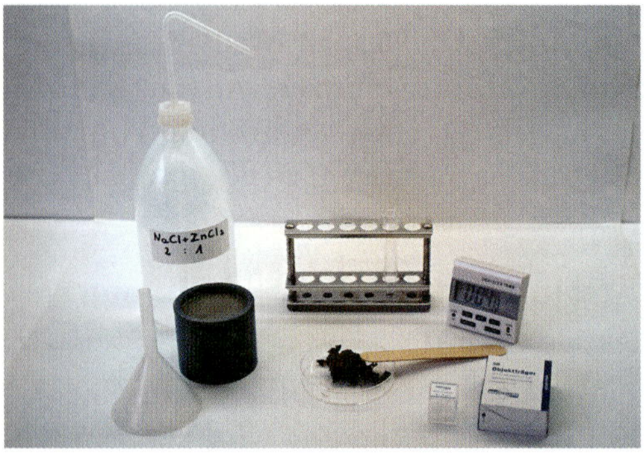

Abb. 32.1 Flotationsverfahren nach Fülleborn

Prinzip

Die Fäzes werden in eine Flotationslösung mit hohem spezifischem Gewicht verbracht, in der die Eier mit geringerem spezifischem Gewicht, weitgehend unterstützt durch Zentrifugieren, an die Oberfläche flotieren. Dort sammeln sie sich unter einem Deckglas an und können dann auf einen Objektträger überführt werden.

Für die Herstellung von Flotationslösungen können auch Natriumnitrat, Kaliumkarbonat, Magnesium, Zucker sowie Glyzerin oder Wasser verwendet werden, wobei einige Medien der Sondermüllregelung (Abfallgesetz und AbfBesVO) unterliegen. In parasitologischen Diagnostiklabors wird üblicherweise die hier beschriebene Methode nach Fülleborn unter Verwendung von Zinkchlorid und Kochsalz (Dichte: 1,3) durchgeführt.

Technik

- etwa 3–10 g Kot in einer Petrischale mit gesättigter $ZnCl_2$/NaCl-Lösung (Dichte: 1,3) mittels Spatel zu einer homogenen Suspension verrühren
- mithilfe von Trichter und Sieb (Entfernung grober Kotbestandteile) die Aufschwemmung in ein Zentrifugenröhrchen überführen, bis an dessen oberem Rand ein konvexer Oberflächenmeniskus entsteht

- nach Entfernen eventuell vorhandener Luftblasen Deckglas auf den Oberflächenmeniskus auflegen
- Röhrchen 3 min bei 360–630 × g (ca. 1500–2 000 U/min) zentrifugieren
- Deckglas vorsichtig abheben, auf einen Objektträger legen und Präparat mit 100- und 400-facher Vergrößerung durchmustern. Bei negativem Befund Ränder des Deckglases nochmals bei stärkerer Vergrößerung kontrollieren.

Im Handel sind aus Plastik hergestellte Einwegsysteme (z. B. Ovassay®, Fecalizer®) zur Untersuchung von Kotproben von Tieren erhältlich, die in erster Linie für eine rasche Orientierung über den Befallsstatus eines Patienten in der tierärztlichen Praxis vorgesehen sind. Diese Testkits enthalten neben einer detaillierten Bedienungsanleitung die fertige Flotationslösung. Wesentliche Vorteile sind eine einfache Handhabung, hygienische Aspekte bei Aufarbeitung, Versand und Probenbeseitigung sowie die Möglichkeit, reproduzier- und vergleichbare Untersuchungen an verschiedenen Standorten zu erhalten. Diese Diagnosesysteme sind vom Volumen her aber nur für kleine Kotmengen von Klein-, Heim- oder Jungtieren gedacht, sie lassen sich daher nur bedingt bei landwirtschaftlichen Nutztieren einsetzen. Zum Nachweis von *Trichuris-*, *Capillaria-* und *Toxocara*-Eiern eignet sich das mitgelieferte Flotationsmedium $NaNO_3$ weniger gut als gesättigte $ZnCl_2$/NaCl-Lösung.

Im Flotationsverfahren ist es möglich, die meisten dünn- und dickschaligen Eier der Zestoden und Nematoden sowie Oozysten und Sporozysten von zystenbildenden Kokzidien nachzuweisen. Ein noch besseres Anreicherungsresultat lässt sich mit dem kombinierten Sedimentations-Flotations-Verfahren erreichen.

Kombiniertes Sedimentations-Flotations-Verfahren

Diese Technik dient in erster Linie dem Nachweis von Zestoden- und bestimmten Nematodeneiern von Pferden. Diese flotieren unabhängig vom Flotationsmedium nur schwach. Durch die Kombination von Sedimentation und Flotation lässt sich die Sensitivität der Untersuchung erhöhen. Dieses Verfahren kann grundsätzlich auch bei anderen Spezies zur Anwendung kommen.

Technik

- eine Kotprobe (ca. 40 g) mit 500 ml Wasser in einer Petrischale homogenisieren
- Material durch ein Sieb in ein 600 ml fassendes Becherglas überführen
- nach mindestens 24-stündiger Sedimentation Überstand absaugen, das Sediment in zwei gleich große Portionen aufteilen und in je ein Zentrifugenröhrchen überführen
- beide Zentrifugenröhrchen für 3 min bei 630 × g (ca. 2000 U/min) zentrifugieren und anschließend Überstand absaugen
- Sediment in 50%iger Zinksulfatlösung oder gesättigter Sukroselösung resuspendieren, bis das Zentrifugenröhrchen am oberen Rand einen konvexen Oberflächenmeniskus aufweist
- Röhrchen mit einem Deckglas abdecken und nach einstündigem Stehenlassen für 3 min bei 630 × g (ca. 2000 U/min) zentrifugieren
- Deckglas auf Objektträger überführen und bei 100-facher Vergrößerung mikroskopisch untersuchen.

Sedimentationsverfahren nach Benedek

Dieses Verfahren dient dem Nachweis von Trematodeneiern, *Diphyllobothrium-latum*-Eiern, *Eimeria-leuckarti*-Oozysten sowie Kratzereiern von Affen, Igeln und Wildschweinen.

Material

In **Abbildung 32.2** ist das erforderliche Material zusammengestellt.

- Petrischale
- Holzspatel
- Sieb (Maschenweite 300 µm)
- dickwandige Bechergläser (250 ml, hohe Form)
- Leitungswasser (mit Detergenzien entspannt)
- 1%ige Methylenblau-Lösung
- Pasteurpipette
- Lichtmikroskop

Prinzip

Eier mit hohem spezifischem Gewicht, d. h. solche von Trematoden (*Dicrocoelium, Fasciola, Paramphistomum*), Zestoden (*Diphyllobothrium latum*) sowie Kokzidienspezies des Pferdes (*Eimeria leuckarti*) und von Kameliden (*Eimeria cameli, Eimeria macusaniensis*) sinken in Leitungswasser auf den Boden des Gefäßes. Gewöhnlich wird in der parasitologischen Routinediagnostik die nach Benedek modifizierte Methode angewendet.

Technik

- etwa 3–10 g Kot (bei Heimtieren, Igeln ggf. geringere Mengen) mittels Spatel in einer Petrischale mit Leitungswasser vermischen

Abb. 32.2 Sedimentationsverfahren nach Benedek

- Aufschwemmung zur Abtrennung grober Kotbestandteile durch ein Sieb in ein Becherglas überführen. Becherglas mit Wasser auffüllen (scharfen Wasserstrahl dabei durch das Sieb laufen lassen, um eventuell noch im Sieb hängen gebliebene Eier weiterzuspülen), bis eine Flüssigkeitssäule von etwa 10 cm erreicht ist
- nach einer Absetzzeit von 15 min Inhalt ohne Unterbrechung bis zu einer Höhe von ca. 2 cm abgießen und das Becherglas danach erneut mit Wasser auffüllen. Diesen Vorgang nach jeweils 15 min noch zweimal wiederholen
- nach dem letzten Dekantieren bis auf den Bodensatz Sediment mittels Pasteurpipette mit einem Tropfen Methylenblau-Lösung anfärben und in eine Petrischale überführen. Die pflanzlichen Bestandteile färben sich dabei blau, während die Parasitenstadien ihre gelbe oder weiße Farbe behalten und sich von der Umgebung gut abheben.
- Sediment mit dem Mikroskop bei 40-facher Vergrößerung (bei entsprechender Leistung auch mit dem Stereomikroskop) durchmustern

Auswander-Trichterverfahren nach Baermann-Wetzel

Dieses Verfahren dient vorzugsweise dem Nachweis von Lungenwurmlarven sowie anderer Nematodenlarven in Kotproben.

Material

In **Abbildung 32.3** ist das erforderliche Material zusammengestellt.

- Trichter
- Gummischlauch (ca. 10 cm, auf Trichterzapfen passend)
- Schlauchklemme
- Stativ und Halterung zum Einhängen des Trichters
- Gazematerial (10 × 10 cm)

- Wäscheklammer
- Objektträger
- Deckglas (18 × 18 oder 22 × 22 mm)
- Lichtmikroskop

Prinzip
Die im Kot vorhandenen feuchtigkeitsliebenden, nicht schwimmfähigen Larven migrieren infolge ihrer positiven Hydrotaxis zum Wasser und sinken zu Boden, von wo sie gewonnen werden können. Das Baermann-Wetzel-Trichterverfahren (Auswanderungsverfahren oder Migration) dient zum Auffinden von mit den Fäzes ausgeschiedenen Larven I großer und kleiner Lungenwürmer, Larven von sich schnell entwickelnden Spezies, wie z. B. *Strongyloides* spp., oder zur Gewinnung der durch Larvenzucht entwickelten infektionsfähigen Larve III der Magen-Darm-Würmer von Pferd, Wiederkäuer und Schwein.

Technik
- etwa 10–30 g Kot in Gaze verpacken und diese mit einer Wäscheklammer am Trichterrand befestigen. Mit einer Klemme den auf den Trichterzapfen aufgesetzten Gummischlauch am Auslauf verschließen.
- Trichter bis etwa zur Hälfte des Kotbeutels mit Leitungswasser füllen. Der untere Teil des Gazebeutels mit den Fäzes muss ins Wasser eintauchen.
- Probe mindestens 36 Stunden stehen lassen. Durch vorsichtiges kurzes Öffnen der Schlauchklemme einige Tropfen der Flüssigkeit auf einen Objektträger verbringen und mit einem Deckglas abdecken.
- Material bei 100-facher Vergrößerung mit einem Lichtmikroskop beurteilen

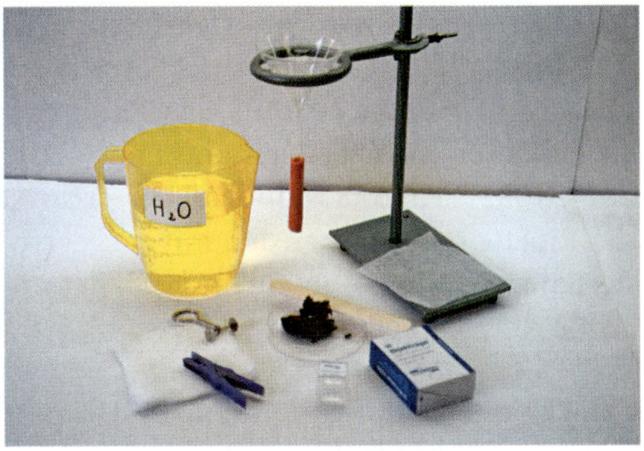

Abb. 32.3 Auswander-Trichterverfahren nach Baermann-Wetzel

Ergänzende Verfahren
Larvenanzucht
Patente Infektionen mit bestimmten Helminthenarten, z. B. Strongyliden beim Pferd oder Magen-Darm-Strongyliden beim Wiederkäuer, lassen sich durch Einachweis diagnostizieren, aber nicht näher differenzieren. Aufgrund mittlerweile weit verbreiteter Anthelminthikaresistenzen dieser Parasiten ist es notwendig, Gattungs- oder auch Artdiagnosen zu stellen, dies ist aber nur an den frei lebenden Larven III möglich, die in Larvenkulturen gezüchtet werden. Wichtige morphologische Merkmale sind z. B. bei den Strongylidenlarven des Pferdes die Anzahl von Darmzellen und die Gesamtlänge des Larvenkörpers.
Für die Kulturen dient eihaltiger Kot (Durchfallkot mit sterilisiertem, nicht behandeltem Sägemehl vermischen), der in Petrischalen oder anderen kleinen Behältnissen mit Deckel oder Korken bei Zimmertemperatur für bis zu 2 Wochen im Dunkeln aufbewahrt wird. Die Gefäße sollen täglich eine halbe Stunde gelüftet und der Kot etwas angefeuchtet werden. Die Gewinnung der Larven III erfolgt dann durch das Auswanderungsverfahren.
Eine Variation stellt die Verwendung einfacher Plastikdosen dar. Nach Ablauf der

Anzüchtungszeit wird der Deckel entfernt, die Dose umgekehrt in eine Petri- oder Drigalski-Schale gestellt und der Rand zwischen Dosen- und Schalenrand mit Wasser aufgefüllt. Nach 6–8 Stunden lässt sich mit der Pipette reine Suspension mit ausgewanderten Larven entnehmen, die keinerlei störende Kotpartikel enthält.

Selektive Anfärbung von *Haemonchus-contortus*-Eiern in Kotproben

Zur Differenzierung von *Haemonchus-contortus*-Eiern gegenüber anderen Magen-Darm-Strongylideneiern bei Wiederkäuern ist eine spezifische Lektin-vermittelte Fluoreszenzfärbung verfügbar. Hierbei werden Kotproben nach einem Anreicherungs- und Aufreinigungsschritt mit einer 5%igen FITC-konjugierten Erdnusslektin-PBS-Lösung (FITC: Fluoresceinisothiocyanat, PBS: phosphatgepufferte Salzlösung) inkubiert. Dieses Lektin bindet spezifisch an *Haemonchus-contortus*-Eier, sodass die Fluoreszenz im Fluoreszenzmikroskop diagnostisch ausgenutzt werden kann. Gegenüber der etwa 14-tägigen Inkubation ist dies eine sehr zeitsparende Methode, sie erlaubt jedoch nicht die Differenzierung anderer Nematodenspezies.

Klebestreifen-Hautabklatsch-Methode

Die Haut im Bereich des Anus wird mit durchsichtigem Klebeband (Tesafilm) abgetupft, das man anschließend auf einen Objektträger klebt und bei 40- bis 100-facher Vergrößerung durchmustert. Perineumproben dienen dem Nachweis der Eier von *Oxyuris equi* (Pferd), *Skrjabinema ovis* (Schaf und Ziege), Oxyuren (Nager) sowie von Zestoden-Proglottiden (Fleischfresser). In dieser Form gewonnene Abklatschpräparate von der Rückenpartie bei Hund, Katze und Kaninchen eignen sich auch für den Nachweis von Raubmilben (*Cheyletiella* spp.), Haarlingen und Läusen. Bei kleinen Heimsäugern oder Vögeln sind mikroskopisch im Klebestreifen-Abklatsch-Präparat diverse Ektoparasiten (Haarlinge, Federlinge, Läuse) und ihre Entwicklungsstadien erfassbar.

Kryptosporidien-Nachweis

Der direkte Nachweis von Kryptosporidien lässt sich mit einem Kotausstrich einfach durchführen, indem man die Lichtbrechung der nativen Stadien in einem Ölfilm ausnutzt.

▶ Material

- Glasstab
- Objektträger
- Deckglas (18 × 18 mm)
- Karbolfuchsinlösung (1 g basisches Fuchsin + 10 ml 2-Propanol + 5 g Phenol + 100 ml Aqua dest.)
- Immersionsöl
- Lichtmikroskop

▶ Technik

- Kot gut durchmischen
- eine senfkorngroße Menge Kot auf einen Objektträger verbringen und mit 1 Tropfen Karbolfuchsin vermischen
- mit einem zweiten Objektträger den Kot dünn ausstreichen
- nach der Trocknung ein Deckglas auflegen und das Präparat innerhalb von 10 min mit Immersionsöl bei 1000-facher Vergrößerung untersuchen

▶ Bewertung

Die ca. 4–5 µm großen Oozysten zeigen sich als stark lichtbrechende Gebilde mit einem als dunkler Fleck erscheinenden Restkörper. Neben diesem Verfahren nach Heine werden zusätzliche Färbemethoden nach Ziehl-Neelsen oder die Verwendung speziell entwickelter Testkits empfohlen.

MIFC-Technik

Mit der Merthiolat-Iodine-Formalin-Concentration-(MIFC-)Methode können Protozoen (Zysten von Giardien und Amöben) sowie Helmintheneier und -larven fixiert, angefärbt und angereichert werden, selbst wenn diese nur in geringen Mengen vorhanden sind. Vor allem bei fettreichen Kotproben von Ferkeln, Hunden und Katzen zeigt diese Technik eine gesteigerte Sensitivität gegenüber der üblichen Flotationsmethode.

▶ Material

- Kotröhrchen
- Plastiktrichter
- Gaze
- Zentrifugenröhrchen
- Zentrifuge
- Pipetten
- Objektträger
- Deckglas
- Lichtmikroskop
- Becherglas
- Lösungen
  - MF-Lösung aus 250 ml Aqua dest. + 200 ml Merthiolat-Lösung (1 : 1000 mit Aqua dest. verdünnt) + 5 ml 37%ige Formaldehyd-Lösung + 5 ml Glyzerin. Diese Lösung ist bis zu 6 Monate haltbar.
  - Lugol-Lösung 5 % aus 10 g Kaliumjodid, 5 g kristallinem Jod und 100 ml Aqua dest. Diese Lösung ist bis zu 6 Wochen haltbar, muss aber lichtgeschützt aufbewahrt werden (z. B. braune Glasflasche).

▶ Technik

- erbsengroße Kotprobe (1–2 g) im Becherglas mit 2,35 ml MF-Lösung verrühren, durch Gaze mittels Trichter in ein Zentrifugenröhrchen überführen und kräftig schütteln
- nach Zufügen von 1,5 ml kühlem Diethyläther Probe erneut schütteln, 1 min stehen lassen und anschließend bei 630 × g (ca. 2000 U/min) 3 min zentrifugieren
- Im Gefäß bilden sich 4 Schichten: Äther und Lipide, Detritus, MF-Schicht, Sediment mit Parasiten. Oberste 3 Schichten dekantieren, zuvor Detrituspfropf mit einer Öse vorsichtig von der Wand lösen.
- übrig gebliebenes Sediment tropfenweise auf Objektträger geben und mit 1 Tropfen Lugol-Lösung mischen
- Deckglas auflegen und bei 100- bis 400-facher Vergrößerung untersuchen

Quantitative Verfahren

Bei der koproskopischen Routinediagnose geht es in den meisten Fällen um die qualitative Erfassung von Reproduktionsstadien. Besteht dagegen Veranlassung, wie etwa bei Behandlungskontrollen, die Zahl der Eier oder Oozysten in einer bestimmten Kotmenge zu erfassen, sind zusätzlich quantitative Verfahren heranzuziehen. Verwendet wird die modifizierte McMaster-Zählkammer, mit der die **Ei-** oder **Oozystenzahl pro Gramm Kot (EpG oder OpG)** bestimmt werden kann, ohne damit den tatsächlichen Parasitenanteil erfasst zu haben. Alternativ kann die FLOTAC-Zählkammer genutzt werden. Bei Verdacht der Resistenzausbildung von Magen-Darm-Nematoden beim Pferd oder Wiederkäuern kann diese mittels des Eizahlreduktionstestes nachgewiesen werden. Dafür werden in Abhängigkeit des eingesetzten Anthelmintikums vor sowie 7–14 Tage nach der Behandlung Kotproben entnommen und mittels des McMaster-Verfahrens ausgewertet. Liegt eine Reduktion um weniger als 90 % vor, so kann man von einer Resistenz gegen den jeweiligen Wirkstoff ausgehen. Diese Methoden benötigen eine entsprechende Laborausstattung.

McMaster-Zählkammer

▶ Technik

- 6,7 g Kot in 40,5 ml gesättigter Kochsalzlösung (Dichte 1,3) homogenisieren, anschließend Homogenat durch ein Sieb in einen Plastikbecher seihen und Siebrückstand mit einem Pistill durchdrücken
- Plastikbecher verschließen und 30 s vortexen bzw. durchschütteln
- ein Zentrifugenröhrchen 3 cm unter dem Rand mit Permanentmarker markieren und Kotsuspension mit einer Pasteurpipette aufziehen. Das Zentrifugenröhrchen wird bis zur Markierung befüllt.
- anschließend zentrifugieren 1000 × g (ca. 2500 U/min) für 10 min, danach Überstand dekantieren
- Sediment vortexen und Zentrifugenröhrchen bis zur Markierung mit NaCl-Lösung auffüllen
- Zentrifugenröhrchen erneut vortexen und dabei Kotsuspension mit einer Pasteurpipette aufziehen
- mit einer Pipette Kotsuspension in die zwei Einzelkammern füllen
- nach 10 min das Präparat an den markierten Zählnetzen mikroskopisch auf Eier durchmustern

Nach Eizahl (n), verwendeter Suspensions- (ml) und Kotmenge (g) sowie Inhalt (m^3) und Zahl der separaten Kammern (2) lässt sich das quantitative Resultat errechnen, letztendlich aber auch einfacher ableiten (1 Ei in den zwei Kammerabschnitten entspricht 20 EpG, 2 = 40, 3 = 60 usw.).

Blutuntersuchung

Allgemeines

Die Blutuntersuchung am lebenden Tier dient dem Nachweis Vektor-übertragener Pathogene:

- Protozoen in Erythrozyten (Babesien) oder Leukozyten (*Hepatozoon* spp.)
- extrazellulärer Protozoen, z. B. Trypanosomen sowie Mikrofilarien
- intrazellulärer (Ehrlichien, Anaplasmen) oder epizellulärer (Mykoplasmen) Bakterien.

Wesentliche Voraussetzung ist die Entnahme von (Kapillar-)Blut an der zuvor desinfizierten Stichstelle, das mit Antikoagulanzien versetzt wird. Geeignet sind Heparin, Natriumzitrat (0,75 bzw. 5 mg/ml Blut) oder die Verwendung von kommerziell erhältlichen EDTA-Röhrchen.

Methoden ohne Anreicherung

Nativblutpräparat

Technik

- 1 Tropfen Blut auf einen Objektträger auftragen (evtl. mit etwas physiologischer Kochsalzlösung vermischen)
- Präparat mit Deckglas abdecken und bei 100- bis 400facher Vergrößerung untersuchen.

Blutausstrich

Technik

- 1 Tropfen Kapillarblut auf einen entfetteten Objektträger geben, einen Objektträger an diesen heranführen, bis sich an dessen Unterkante das Blut gleichmäßig verteilt hat, und anschließend Objektträger zügig über den Objektträger schieben. Je spitzer der Winkel zwischen den Objektträgern ist, umso dünner und damit besser beurteilbar wird der Blutausstrich.
- frischen, luftgetrockneten Blutausstrich 3–5 min mit Methylalkohol auf einer Färbebank fixieren
- nach Lufttrocknung mit frisch hergestellter Giemsa-Lösung (aus gleichen Teilen

Stammlösung und Puffer, z.B. Weise-Puffer) überschichten und 30 min färben
- Farblösung abgießen und Objektträger gründlich mit Wasser abspülen
- nach Lufttrocknung mikroskopische Untersuchung mit Ölimmersion bei 500- bis 1000-facher Vergrößerung (Blutprotozoen, Bakterien); Mikrofilarien sind bereits bei 100-facher Vergrößerung zu erkennen.

Methoden mit Anreicherung

»Dicker Tropfen«

Technik

- etwas Kapillarblut auf einen entfetteten Objektträger bringen und z.B. mit der Ecke eines weiteren Objektträgers von der Mitte heraus einen 10- bis 20-Cent-Stückgroßen, runden Blutfleck bilden
- mach mehreren Stunden Lufttrocknung Präparat 30 min mit Giemsa-Lösung färben und anschließend mit Wasser abspülen
- Das nicht mit Methanol fixierte Blut unterliegt durch die wässrige Farblösung einer Hämolyse, wodurch vorhandene Parasiten freigesetzt werden und bei 100- bzw. 1000-facher Vergrößerung nachgewiesen werden können.

WOO-Methode (Buffy Coat)

Diese Methode dient dem Nachweis lebender Trypanosomen, Babesien, Larven von Filarien und intra- und epizellulären Bakterien.

Technik

- Blut in Mikrohämatokritkapillare aufziehen, diese mit Spezialkitt verschließen und 10 min bei 13 700 × g (ca. 12 000 U/min) zentrifugieren
- zur Gewinnung von Trypanosomen die Kapillarpipette oberhalb des Leukozytensaumes zur Plasmaschicht mit Ampullenfeile ansägen, durchbrechen und abpipettieren; Babesien werden unterhalb des Leukozytensaumes gewonnen (s. S. 118)
- Material mit Deckglas abdecken und Präparat bei 400-facher Vergrößerung durchmustern

Knott-Technik

Sie dient dem Nachweis von Mikrofilarien unter Verwendung einer wässrigen Formaldehydlösung, die eine Hämolyse hervorruft.

Technik

- 1 ml ungerinnbares Blut im Zentrifugenröhrchen mit 9 ml einer 2%igen Formalinlösung (2 ml 37%iges Formaldehyd + 98 ml Aqua dest.) vermischen
- Probe 5 min bei 220–350 × g (1200–1500 U/min) zentrifugieren, danach Überstand abgießen
- Einen Tropfen Methylenblau ins Sediment mischen, dreimal 10 µl auf einen Objektträger verbringen und mit Deckgläschen abdecken
- Die blau angefärbten Mikrofilarien lassen sich bei 100-facher Vergrößerung nachweisen.

Spezialuntersuchungen

PCR

Das Grundprinzip der PCR (Polymerase Chain Reaction) beruht auf mehreren Teilschritten. Zunächst wird der DNA-Doppelstrang, der den zu vervielfältigenden Abschnitt, das sog. Template enthält, durch einen Erhitzungsschritt in die Einzelstränge getrennt (Schmelzen). Mithilfe einer speziellen, hitzestabilen DNA-Polymerase wird ein neuer, zum Ursprungsstrang komplementärer Strang gebildet (Replikation), wobei spezifische Primer den Startpunkt der Replikation und dadurch auch die Länge des Produktes vorgeben. Durch zyklische Wiederholung dieses Prozesses folgt eine exponenzielle Zunahme der DNA-Fragmente (Amplifikation). Die spezifische Vermehrung von Nukleinsäurefragmenten kann unmittelbar nach DNA-Isolierung, z. B. aus frischem Blut (EDTA- oder Vollblut), Kot oder Gewebestücken, erfolgen. Das Amplifikationsprodukt kann in Abhängigkeit des PCR-Verfahrens durch Hybridisierung mit internen Sonden, durch Spaltung mit spezifischen Restriktionsenzymen, durch Sequenzierung (Bestimmung der Nukleotidsequenz) oder einer Agarose-Gelelektrophorese zur Auswertung der Länge des Produktes charakterisiert werden. Dadurch lassen sich bestimmte Erreger mit einer sehr hohen Spezifität nachweisen. In der Regel ist die Sensitivität der PCR-Methoden sehr gut, ist aber natürlich abhängig davon, dass in dem entnommenen Probenmaterial zum Entnahmezeitpunkt auch Anteile des Erregers vorhanden sind. So kann ein PCR-Ergebnis durchaus negativ sein, wenn z. B. Blut untersucht wird, der Erreger jedoch sein Rückzugsorgan erreicht hat. In der Diagnostik ist die PCR z. B. für die Identifizierung von Babesien, Hepatozoen, Rickettsiales (Ehrlichien, Anaplasmen) und der Spezieszuordnung von Mikrofilarien von Bedeutung.

Urinprobe

Sie dient dem Nachweis von *Capillaria plica, Stephanurus dentatus* und *Dioctophyma renale* (Fleischfresser). Die Urinprobe wird 3 min bei 150–220 × g (ca. 1000–1200 U/min) zentrifugiert und das Sediment untersucht. Bei Verwendung von Spitzgläsern ist der Harn mit Wasser zu mischen und nach Sedimentation der Bodensatz lichtmikroskopisch zu durchmustern.

Der Nachweis von *Encephalitozoon-cuniculi*-Sporen beim Kaninchen kann serologisch oder alternativ in Urinproben mittels Tusche-Immunreaktion erfolgen, bei der Immunglobuline an Kohlepartikelchen der Tusche absorbiert werden. Die so markierten Antikörper haften an der Oberfläche der Sporen und machen sie lichtmikroskopisch sichtbar.

Spül- und Sekretproben

In Spülproben können Parasitenstadien (z. B. *Tritrichomonas foetus*, *Thelazia lacrymalis*) mittels Zentrifugation und anschließender Auswertung des Sedimentes nachgewiesen werden. Bei geringen Probenvolumen (z. B. Wundexsudat zum Nachweis von *Parafilaria* spp., Sekret aus den Atemwegen zum Nachweis von Lungenwurmlarven) kann das Material zusätzlich mit isotonischer Kochsalzlösung vermischt und als Nativpräparat begutachtet werden.

Mageninhalt

Aus Erbrochenem oder einer Magenspülprobe wird *Ollulanus tricuspis* bei der Katze nachgewiesen. Zunächst kann von einem Teil der gewonnenen Probe zusammen mit ein paar Tropfen 10%iger Kalilauge ein Ausstrich angefertigt und mikroskopisch beurteilt werden. Der Rest des Materials wird mit physiologischer Kochsalzlösung vermischt, in ein Zentrifugenröhrchen verbracht und kurz (1 min) zentrifugiert. Das Sediment wird anschließend unter dem Mikroskop auf Larven III und IV durchgemustert.
Aus einer körperwarmen Vomitusprobe lassen sich Magenwürmer mittels Auswanderungsverfahren gewinnen. In einer durch Magenspülung mit 0,9%iger Kochsalzlösung bei der sedierten Katze gewonnenen Probe können Larven III und IV sowie Adultwürmer nachgewiesen werden.

Indirekter Parasitennachweis

Parasitäre Erreger, insbesondere Endoparasiten, induzieren im Wirtsorganismus eine immunbiologische Antwort. Diese kann auf der Grundlage von Antigen-Antikörper-Reaktionen als Indikator für parasitäre Erkrankungen genutzt werden. Bei chronisch-latenten Protozoeninfektionen stellt die Serodiagnose ein wichtiges diagnostisches Hilfsmittel dar, während die Aufdeckung von Helminthosen, akut wie subklinisch verlaufend, nicht selten an Kreuzreaktionen scheitert.

Abgesehen von einer speziellen Laborausrüstung (z. B. ELISA-Reader, Fluoreszenzmikroskop etc.) ist eine langjährige Erfahrung des Laborpersonals für die korrekte Interpretation der Befunde erforderlich. Als Untersuchungsgut genügen in der Regel 2 ml Patientenserum.

Für den indirekten Erregernachweis dienen folgende Verfahren:

- **Komplementbindungsreaktion (KBR):** Nachweis von *Trypanosoma equiperdum* sowie der Babesien-Infektionen bei Equiden und Fleischfressern
- **indirekter Fluoreszenz-Antikörpertest (IFAT):** Nachweis von Antikörpern gegen Leishmanien, Toxoplasmen, *Neospora caninum*, Sarkosporidien, Babesien, Ehrlichien und Anaplasmen
- **indirekte Hämagglutination (IHAT):** Nachweis verschiedener Protozoen
- **Enzyme Linked Immunosorbent Assay (ELISA):** Nachweis von Antikörpern gegen Toxoplasmen, Piroplasmen des Pferdes, Leberegel, *Sarcoptes*-Milben oder Antigen von *Dirofilaria immitis*, u. a.
- **Card Agglutination Test for *Trypanosoma evansi* (CATT):** Nachweis von Antikörpern gegen *Trypanosoma evansi*

Diagnostik von Ektoparasiten

Allgemeines

Externe Parasiten, die bei Haustieren vorkommen und das Integument besiedeln oder dieses zur Nahrungsaufnahme aufsuchen, können grundsätzlich in zwei große Gruppen eingeordnet werden:

Acari (Spinnentiere): Sie besitzen einen Zephalothorax und vier Beinpaare. Bestimmte Entwicklungsstadien, z. B. Larven von Milben und Zecken, sind sechsbeinig. Bei den Zecken unterscheidet man Argasidae (Lederzecken) und Ixodidae (Schildzecken).

Insecta (Insekten): Ihr Körper ist dreigeteilt: Caput, Thorax und Abdomen. Sie weisen nur drei Beinpaare auf. Zu den Insekten zählen Mallophaga (Haar- und Federlinge), Anoplura (Läuse), Siphonaptera (Flöhe) und Diptera (Zweiflügler). Letztere führen als Lästlinge, Vektoren oder ausschließlich endoparasitisch lebende Larvenstadien zu direkter Erkrankung oder erheblicher Beeinträchtigung des Allgemeinbefindens ihrer Wirtsorganismen.

Ektoparasiten spielen häufig als Vektoren verschiedener pathogener Mikroorganismen (Viren, Bakterien, Pilze, Parasiten) eine Rolle, die sowohl von veterinär- als auch humanmedizinischem Interesse sind. Als Beispiele seien erwähnt: die von Sandmücken übertragene Leishmaniose, die durch Zecken übertragene Babesiose, Borreliose, Anaplasmose, Ehrlichiose, und FSME sowie die Hämobartonellose und *Dipylidium-caninum*-Infektion, für die Flöhe eine wichtige Vektorfunktion haben.

Neben Ektoparasiten von Nutz- und Heimtieren, Vögeln oder Reptilien sind gelegentlich auch **Haus- und Vorratsschädlinge** sowie **Futtermilben** zu untersuchen, die

sich meist nur mithilfe spezieller Literatur differenzieren lassen. Die Einordnung bestimmter Erreger kann diffizil und sehr aufwändig sein.
Zur Absicherung einer Bestimmung sollte mit den makroskopisch erkennbaren **Ektoparasiten** möglichst vorsichtig umgegangen und diese mit einer Uhrfederpinzette oder einem feinen, feuchten Malerpinsel eingesammelt werden. Falls sich die Parasiten rasch fortbewegen, wie etwa Flöhe oder bestimmte Milbenarten, empfiehlt sich vorher die Abtötung mit einem geeigneten Antiparasitikum, um differenzialdiagnostisch wichtige morphologische Strukturen nicht zu zerstören.
Hautgeschabsel zum Nachweis von Räude- oder *Demodex*-Milben werden mit einem scharfen Löffel oder Skalpell in der Peripherie der veränderten Hautbereiche, also am Übergang zur gesunden Haut, entnommen. Dazu ist so tief zu schaben, dass leichte Kapillarblutungen entstehen. Äthanol (70 %) mit etwas Glyzerin dient der Konservierung stark chitinisierter Formen und Strukturen, deren Erkennung für die Bestimmung wesentlich sein kann.

Methoden ohne Anreicherung

Hautgeschabsel und Proben aus dem Haarkleid werden zunächst in einer Petrischale adspektorisch auf die mit bloßem Auge erkennbaren Ektoparasiten untersucht. Eine Differenzierung lässt sich oft bereits mit einem Stereomikroskop mit Auflicht bei 10- bis 50-facher Vergrößerung durchführen.
Bei Verdacht auf Befall mit *Demodex*-Milben wird die Probe am besten mit Paraffinöl gemischt und bei etwas stärkerer Vergrößerung (100-fach) nach den zigarrenförmigen Haarbalgmilben durchsucht.

Methoden mit Anreicherung

Durch Zugabe einer **10%igen Kalilauge** zum gewonnenen Hautgeschabsel werden Haut- und Haarbestandteile aufgelöst, die chitinösen Bestandteile der Parasiten bleiben hingegen erhalten. Der Aufschluss, der etwa 3–4 Stunden dauert, kann durch Erhitzung der Probe verkürzt werden.

Material

- Becherglas (50 ml, hohe Form)
- 10%ige Kalilauge
- Kochplatte oder Bunsenbrenner
- Zentrifugenröhrchen
- Zentrifuge
- Schutzbrille
- Objektträger
- Deckglas (18 × 18 mm)

Technik

- Hautgeschabsel mit Kalilauge im Becherglas so lange erhitzen (nicht kochen!), bis die gröbsten Bestandteile (Borken, Krusten, Schuppen, Haare) aufgelöst sind
- die in ein Zentrifugenröhrchen gefüllte Lösung 5 min bei etwa 350 × g (ca. 1500 U/min) zentrifugieren
- Überstand dekantieren, Sediment ggf. mit Pipette auf Objektträger überführen, mit Deckglas abdecken und bei 100-facher Vergrößerung mikroskopisch auf Ektoparasiten bzw. deren morphologische Strukturen durchmustern

32.3 Identifizierung von Endo- und Ektoparasiten

Allgemeines zur Differenzialdiagnose

Bei der parasitologischen Untersuchung intra vitam sind vor Verwendung der aufgeführten diagnostischen Methoden für bestimmte Parasiten Besonderheiten zu beachten, auf die an dieser Stelle kurz hingewiesen werden soll.

- **Eier**, die bereits einen **Embryo** enthalten (*Strongyloides* spp. – Pferd, Wiederkäuer, Schwein, Fleischfresser; *Dictyocaulus arnfieldi* – Pferd, Esel) entwickeln sich in der Außenwelt sehr schnell weiter und schon nach wenigen Stunden schlüpft die Larve I.
- Lange Zeiträume zwischen der Aufnahme des infektionsfähigen Stadiums und dem Erscheinen erster Geschlechtsprodukte in Form von Eiern, Larven etc. **(Präpatenz)** führen in vielen Fällen dazu, dass ein Nachweis erst dann gelingt, wenn mit Schädigungen verbundene klinische Symptome beim Wirtstier längst aufgefallen sind, z. B. Kokzidien – Kaninchen, *Parascaris equorum* – Pferd; *Paramphistomum* spp. – Wiederkäuer.
- Der Vorbericht kann für die Verdachtsdiagnose wichtige Informationen liefern. Erfolgt die Entwicklung des parasitären Erregers über einen oder mehrere Zwischenwirte, kann eine Infektion von vornherein ausgeschlossen werden, wenn der Endwirt keinen Zugang zu den Zwischenwirten hat.

Im Folgenden wird die Diagnostik von veterinärmedizinisch relevanten Endo- und Ektoparasiten dargestellt.

Parasiten der Equiden

Zu den klinisch wichtigen Endoparasiten der Equiden zählen die Strongyliden, heutzutage besonders die kleinen Strongyliden, Anoplocephaliden, *Parascaris equorum*, die Gasterophiliden, je nach Region *Fasciola hepatica* und gelegentlich *Dictyocaulus arnfieldi*. Die Fauna der Ektoparasiten umfasst die große Gruppe der Dipteren, Zecken, Räudemilben, Läuse sowie Haarlinge. Einheimische Zecken können als Vektoren von Borrelien und Rickettsien dienen. Bei aus dem Ausland importierten sowie von internationalen Pferdesportveranstaltungen heimkehrenden Equiden sind zusätzlich Infektionen mit *Sarcocystis neurona*, Trypanosomen, Babesien und Infestationen mit tropischen Zecken zu beachten.

Im Rahmen der koproskopischen Diagnostik ist zu unterscheiden, ob es sich um Bestands- (z. B. Zuchtbetriebe) oder Einzeltieruntersuchungen handelt. Im ersten Fall umfasst eine repräsentative Probe 10–20 % der Tiere des Betriebes. Bei Einzeltieruntersuchungen sollten drei Kotportionen, die über 3 Tage entnommen werden, angefordert werden. Bestandsuntersuchungen erfolgen vorzugsweise in den Sommermonaten, da in dieser Zeit mit den höchsten Eiausscheidungsraten (Strongyliden) zu rechnen ist. Um sinnvolle Bekämpfungsmaßnahmen einleiten zu können, müssen bei der Diagnostik auch die Bestandssituation, klinische Symptome sowie Ergebnisse von Verlaufsuntersuchungen (Bestandsmonitoring) berücksichtigt werden.

Qualitative Nachweise von Parasitenstadien des Magen-Darm-Traktes sowie der Leber und Lunge werden im Allgemeinen mithilfe von Anreicherungsverfahren, quantitativen Eizahl-Bestimmungen, insbesondere zur Überprüfung der Resistenzsituation in einem Betrieb (kleine Strongyliden) und spezieller Methoden (McMaster-Verfahren) durchgeführt. Die Untersuchung auf Ektoparasiten erfolgt entweder direkt als Nativpräparat oder nach Aufbereitung des entnommenen Materials unter der Stereolupe sowie dem Mikroskop. Für den Nachweis von Blut- und Gewebeparasiten werden sowohl Nativpräparate, gefärbte Ausstriche als auch serologische und molekularbiologische Untersuchungsverfahren herangezogen.

Helminthen

Nematoden

Trichostrongylus axei (Magen)

Trichostrongylus-axei-Infektionen werden bei Equiden nur nach Weidekontamination durch Wiederkäuer beobachtet.

▶ Diagnostik

Nachweis von dünnschaligen, bis zu 90 × 35 µm messenden Eiern mittels kombiniertem Sedimentation-Flotations-Verfahren. Da *Trichostrongylus-axei*-Eier nicht von Strongylideneiern zu unterscheiden sind, ist eine Anzucht der Larve III in Koprokulturen und deren Bestimmung notwendig. Hierbei werden morphologische Merkmale wie die Larvengröße, die Form des Vorder- und Hinterendes, das Verhältnis der Länge des Larvenkörpers zum Scheidenschwanz sowie die Anzahl der Mitteldarmzellen herangezogen.

Draschia megastoma, Habronema majus, Habronema muscae (Magen)

Die Erreger sind weltweit verbreitet, jedoch tritt *Draschia megastoma* bei Equiden in Mitteleuropa nicht so häufig auf wie die anderen beiden Arten.

▶ Diagnostik

Ein koproskopischer Nachweis von Entwicklungsstadien (Eier und Larven) ist mit den herkömmlichen Standarduntersuchungsmethoden meist nicht erfolgreich. Mittels Gastroskopie kann bei Verdacht (schlecht heilende Sommerwunden, Konjunktivitiden) Magenspülflüssigkeit gewonnen werden und diese auf Eier (schlank-elliptisch, bis 90 × 15 µm groß), Larven (bei *Habronema* ca. 110 µm lang) und 7–35 mm lange Adulte untersucht werden.

Strongyloides westeri (Dünndarm)

Strongyloides-westeri-Infektionen treten bei Saugfohlen mit hohen Prävalenzen auf.

▶ Diagnostik

Nachweis von embryonierten, dünnschaligen, bis 50 × 40 µm großen Eiern (**Abb. 32.4**) mittels kombiniertem Sedimentation-Flotations-Verfahren in frischem Kot. Bei älterem Kot sollte zusätzlich das Auswanderverfahren durchgeführt werden, um bereits geschlüpfte Larven zu erfassen. Ein Nachweis der geschlüpften Larven I gelingt aber nicht immer, da diese schwimmfähig sind.

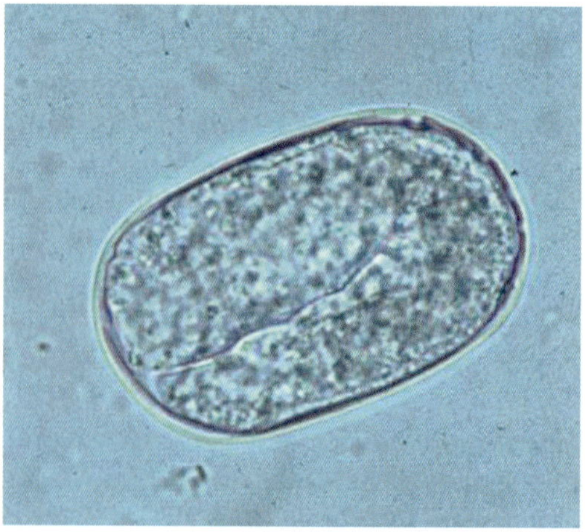

Abb. 32.4 Ei von *Strongyloides westeri*

Parascaris equorum (Dünndarm)

Parascaris equorum ist ein weit verbreiteter Parasit bei Fohlen und Jährlingen. Ältere Tiere sind seltener infiziert und scheiden auch weniger Eier aus, da es infolge von Immunitätsreaktionen zu einer partiellen oder totalen Elimination der Wurmbürde kommt.

▶ Diagnostik

Nachweis von abgegangenen Spulwürmern (bis zu 50 cm lang) und dunkelbraunen, dickschaligen, runden, bis zu 120 × 90 µm großen Eiern im Kot mittels kombiniertem Sedimentation-Flotations-Verfahren (**Abb. 32.5**).

Große und kleine Strongyliden (Dickdarm)

Pferde, insbesondere in Zuchtbetrieben, sind häufig mit Strongyliden befallen. Heutzutage überwiegend Infektionen mit kleinen Strongyliden, große Strongyliden werden eher selten nachgewiesen.

▶ Diagnostik

Nachweis von dünnschaligen, bis zu 140 × 40 µm messenden Eiern mit mehr als acht Furchungszellen (**Abb. 32.6**) im frischen Kot mittels kombiniertem Sedimentations-Flotations-Verfahren. Bei älteren Kotproben sollte zusätzlich immer das Auswanderverfahren nach Baermann-Wetzel eingesetzt werden, um auch bereits aus ihren Eihüllen geschlüpfte Larven zu erfassen. Eine Differenzierung der Strongyliden nach Gattungen und Arten anhand der Eier ist nicht möglich; zur Beurteilung muss eine Anzucht der Larven III (**Abb. 32.7**) mittels Koprokultur erfolgen. Hierbei werden die bei *Trichostrongylus axei* beschriebenen Kriterien herangezogen.

Die in der Dickdarmmukosa als hypobiotische Larven verweilenden Stadien kleiner Strongyliden (Unterfamilie Cyathostominae) lassen sich intra vitam nicht diagnostizieren. Manchmal sind spontan abgegange-

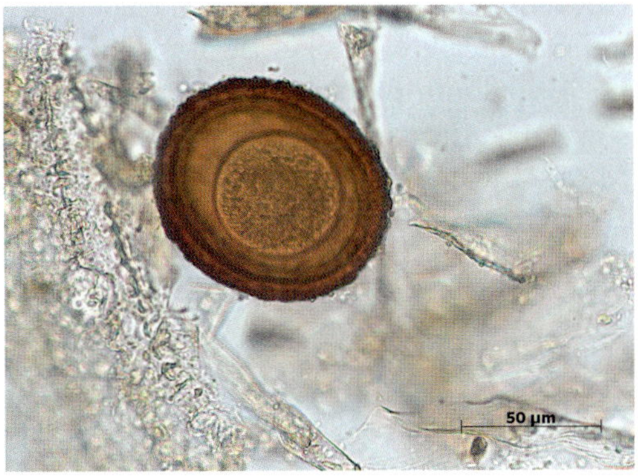

Abb. 32.5 Ei von *Parascaris equorum*

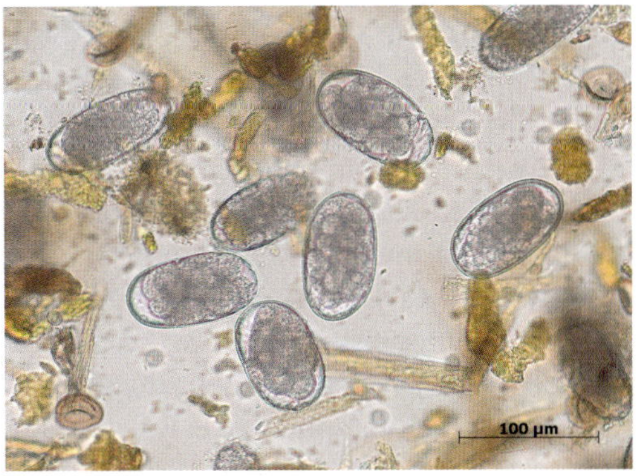

Abb. 32.6 Strongylideneier (Pferd)

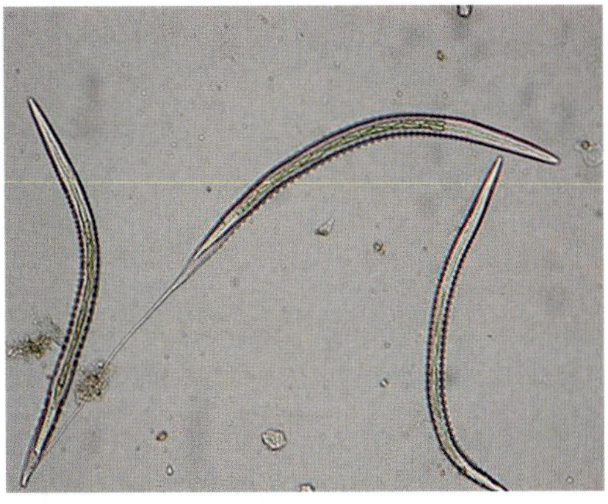

Abb. 32.7 Strongyliden Pferd (Larven III)

ne IV. oder V. Larven kleiner Strongyliden im Kot nachweisbar. Als Hinweise gelten klinische Symptome wie plötzlich einsetzender, persistierender Durchfall, rapider Gewichtsverlust, Dehydratation, Fieber, subkutane Ödeme, Leukozytose mit Neutrophilie, Hypalbuminämie, Hyperglobulinämie sowie das Alter der Tiere und die Jahreszeit. Meist sind jüngere Pferde im Alter bis zu 5 Jahren im Spätwinter oder in den Frühjahrsmonaten betroffen.

Oxyuris equi (Dickdarm)

Oxyuris equi ist bei Equiden weltweit verbreitet.

▶ Diagnostik

Abgescheuerte, haarlose Stellen an der Schweifrübe können auf einen Oxyurenbefall hinweisen. Der Nachweis der bis 100 × 45 µm großen, asymmetrischen Eier mit einem U-förmigen Embryo erfolgt mittels Klebestreifen-Abklatsch-Methode (**Abb. 32.8**). Eine Kotuntersuchung ist zum Nachweis eines Befalls nicht geeignet, da die Eier in einer viskösen Flüssigkeit im Perianalbereich abgelegt werden, dort relativ schnell eintrocknen und in die Einstreu fallen.

Dictyocaulus arnfieldi (Lunge)

Dictyocaulus arnfieldi ist ein weit verbreiteter Lungenwurm der Equiden, der primär an Esel angepasst ist und in den größeren und kleineren Bronchien parasitiert. Obwohl Esel oft große Wurmbürden beherbergen und hohe Ei- und Larvenausscheidungsraten aufweisen, werden in der Regel keine klinischen Symptome festgestellt. Bei älteren Pferden und Ponys, meist nach dem 9. Lebensmonat, wird hingegen die Entwicklung des IV. oder frühen V. Larvenstadiums gehemmt, wodurch die Tiere meist nur impatent infiziert bleiben. Diagnostisch sind dann trotz bestehender Lungensymptomatik keine Parasitenstadien im Kot nachweisbar.

▶ Diagnostik

Bei Eseln können in frisch abgesetztem Kot bereits embryonierte, bis zu 95 × 55 µm große, dünnschalige Eier (**Abb. 32.9**) mittels kombiniertem Sedimentations-Flotations-Verfahren nachgewiesen werden. Erfolgt die Untersuchung nicht unmittelbar nach dem Kotabsatz, muss zusätzlich das Auswanderverfahren nach Baermann-Wetzel angewendet werden, da *Dictyocaulus*-Larven I (Abb. 32.9) etwa 6 Stunden nach dem Kotabsatz ihre Eihüllen verlassen. Bei Pferden und Ponys ist bei therapieresistenter Lungen-

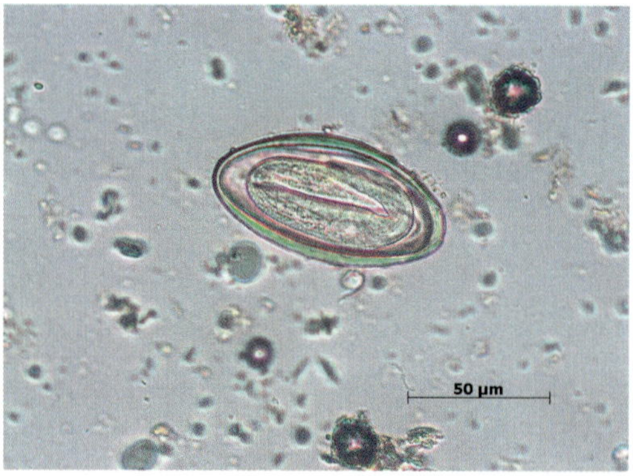

Abb. 32.8 Ei von *Oxyuris equi* (Pfriemenschwanz, Pferd)

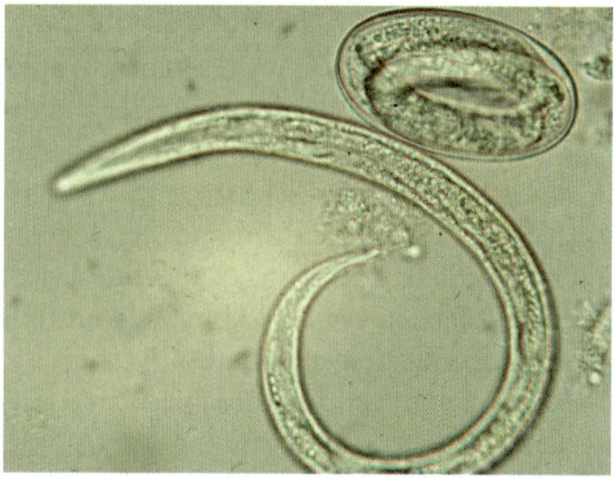

Abb. 32.9 Ei und Larve I von *Dictyocaulus arnfieldi*

symptomatik entweder eine Bronchoskopie durchzuführen und der Bronchialschleim auf Larvenstadien und Entzündungszellen (eosinophile Granulozyten) zu untersuchen oder alternativ eine diagnostische Entwurmung vorzunehmen, wobei auf eine Besserung der Symptomatik zu achten ist.

Parafilaria multipapillosa (Haut und Gewebe)

Eine Infektion mit *Parafilaria multipapillosa* tritt meist bei Equiden auf, die aus südlichen Regionen importiert wurden.

▶ Diagnostik

Klinische Symptome wie erbsen- bis haselnussgroße Knoten an Vorder-, Seitenbrust und Hals, aus denen sich an warmen Sommertagen blutiges Exsudat entleert, weisen auf eine Infektion hin. Der Nachweis erfolgt über embryonierte Eier (55 × 30 µm) und Mikrofilarien (< 200 µm, mit knopfartigem Vorder- und kurzem stumpfem Hinterende) in Nativpräparaten und giemsagefärbten Ausstrichen aus den Exsudaten.

Setaria equi (Haut und Gewebe)

Diese Filarie ist weltweit verbreitet und kommt auch in vielen Ländern Mitteleuropas vor.

▶ Diagnostik

Nachweis von bis zu 260 µm langen, bescheideten Mikrofilarien im Blut mithilfe des modifizierten Knott-Testes. Postmortal sind bis zu 15 cm lange Filarien in der Peritonealhöhle nachweisbar.

Onchocerca spp. (Haut und Gewebe)

Bei Equiden treten weltweit zwei *Onchocerca*-Arten auf, und zwar *Onchocerca cervicalis* und *Onchocerca reticulata*. Zusätzlich kann sich *Onchocerca gutturosa* vom Rind im Nackenband des Pferdes ansiedeln.

▶ Diagnostik

Hautveränderungen im Bereich von Hals, Widerrist, Vorderbrust, Schultergelenk und der proximalen Gleichbeinbänder können auf einen *Onchocerca*-Befall hindeuten. Eine Absicherung erfolgt durch Nachweis von Mikrofilarien in Hautbiopsieproben. Die Mikrofilarien wandern aus diesen Proben bei Inkubation in 0,9%iger NaCl-Lösung bei 20–30 °C in 6–12 Stunden aus. Nach Entfernung des Hautmaterials und Zentrifugation sind die Larven im Sediment nachweisbar.

Elaeophora boehmi (Haut und Gewebe)

Die bis zu 20 cm langen, in Mitteleuropa vorkommenden Filarien parasitieren in Gefäßen der distalen Extremitäten.

▶ Diagnostik

Nachweis von Mikrofilarien im Blut mithilfe des modifizierten Knott-Testes.

Thelazia lacrymalis (Auge)

Thelazia lacrymalis ist in Mitteleuropa weit verbreitet und tritt bei Equiden relativ häufig auf (Befallsraten bis zu 39 % bei getöteten oder geschlachteten Pferden).

▶ Diagnostik

Adspektion der Konjunktiva unter Anheben der Nickhaut, anschließende Spülung des Konjunktivalsacks und des Tränennasenganges mit 0,9%iger NaCl-Lösung nach Applikation eines Lokalanästhetikums in den Konjunktivalsack. Nach Zentrifugation der Spülflüssigkeit ist das Sediment auf bis zu 18 mm lange, weißliche Würmer und Larven I (bis 230 µm lange mit einem blasenförmigen Hinterende) zu untersuchen (**Abb. 32.10**).

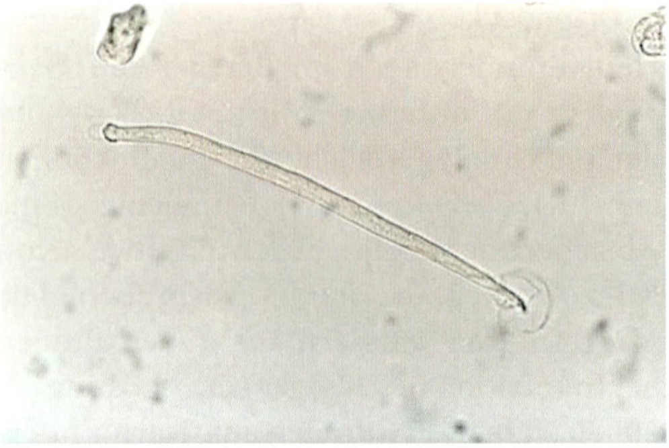

Abb. 32.10 Larve I von *Thelazia lacrymali)*

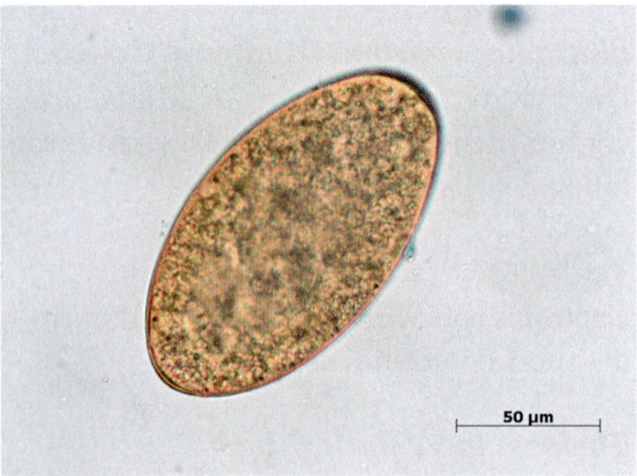

Abb. 32.11 Ei von *Fasciola hepatica* (Großer Leberegel)

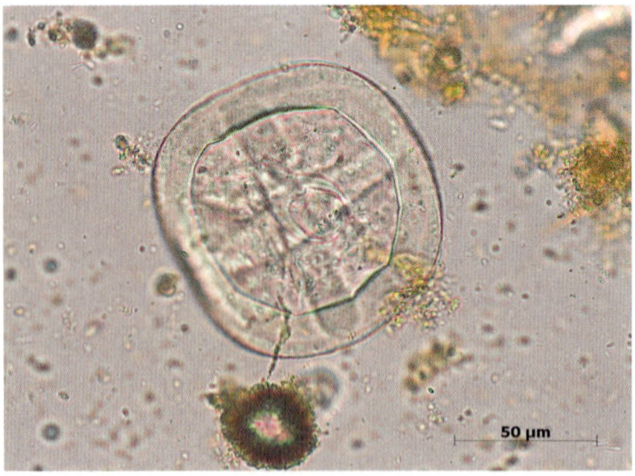

Abb. 32.12 Bandwurmei vom Pferd *(Anoplocephala perfoliata)*

Trematoden

Fasciola hepatica (Leber)

Mit *Fasciola-hepatica*-Infektionen ist in Endemiegebieten zu rechnen.

▶ Diagnostik

Nachweis von dünnschaligen, gelblichen, gedeckelten, bis zu 140 × 80 µm großen Eiern im Sedimentationsverfahren (**Abb. 32.11**). Wegen der relativ geringen Eiausscheidung beim Pferd ist die Untersuchung von mindestens drei Kotproben, die über 3 Tage entnommen werden, notwendig. Bei negativem koproskopischem Befund, aber weiter bestehendem klinischem Verdacht (Leistungsschwäche, erhöhte Leberwerte, z. B. GGT) sind zur weiteren Abklärung serologische Nachweisverfahren einzusetzen.

Dicrocoelium dendriticum (Leber)

Pferd und Esel können in Endemiegebieten auch von *Dicrocoelium dendriticum* befallen werden.

▶ Diagnostik

Nachweis von kleinen, bis 40 × 25 µm großen, gedeckelten, dunkelbraunen Eiern mithilfe des kombinierten Sedimentations-Flotations-Verfahrens (s. Abb. 32.24).

Zestoden

Anoplocephala perfoliata (kaudales Ileum, Zäkum), *Anoplocephala magna* (Jejunum), *Paranoplocephala mammilana* (Duodenum, Magen)

Anoplocephala perfoliata ist der häufigste Bandwurm des Pferdes in Mitteleuropa.

▶ Diagnostik

Nachweis von dickschaligen, polygonalen, bis zu 80 × 65 µm messenden Eiern mit einer Onkosphäre (Hakenlarve) und birnenförmigem Apparat (artabhängig unterschiedlich ausgebildet) mittels kombiniertem Sedimentations-Flotations-Verfahren (**Abb. 32.12**). Da die Eier aus den sporadisch ausgeschiedenen Proglottiden im Kot ungleichmäßig frei werden, sollte eine Untersuchung von mindestens drei Kotproben, die über 3 Tage zu entnehmen sind, erfolgen. Proglottiden werden im Kot sehr selten nachgewiesen. Serologische Nachweisverfahren (ELISA) ergeben keine deutlich höhere Sensitivität, molekularbiologische Methoden stehen für den Einsatz in der Routinediagnostik noch nicht zur Verfügung.

Protozoen

Eimeria leuckarti (Dünndarm)

Eimeria-leuckarti-Infektionen treten häufig bei Fohlen und Jungpferden auf, sind aber aus klinischer Sicht meist unbedeutend.

▶ Diagnostik

Nachweis der im frischen Kot unsporulierten, dunkelbraunen, bis zu 85 × 65 µm großen Oozysten mithilfe des Sedimentationsverfahrens (**Abb. 32.13**).

Giardia duodenalis (Dünndarm)

Mit einem Vorkommen dieser Giardien ist bei Fohlen zu rechnen.

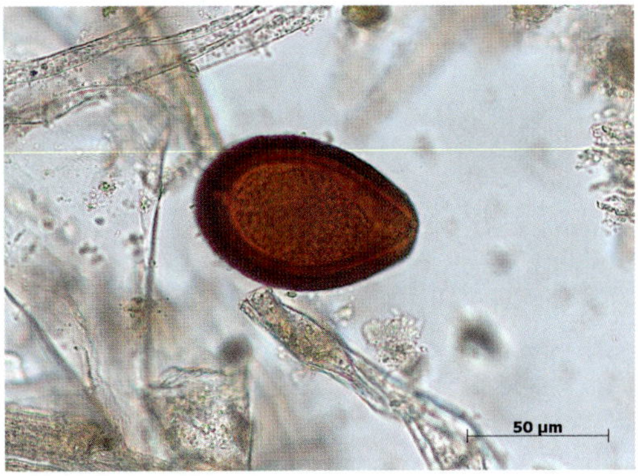

Abb. 32.13 Oozyste von *Eimeria leuckarti*

▶ Diagnostik

Nachweis von bis zu 15 × 11 µm großen, ovalen Zysten mit zwei oder vier Kernen im Kot mittels der MIFC-Methode oder SAF-Anreicherung. Zudem werden Koproantigen-ELISAs zum Nachweis von *Giardia*-spezifischem Antigen eingesetzt.

Cryptosporidium parvum (Dünn-/Dickdarm)

Cryptosporidium-parvum-Infektionen werden gelegentlich bei Fohlen beobachtet.

▶ Diagnostik

Nachweis der sehr kleinen, runden, stark lichtbrechenden, durchschnittlich 5,5 × 4 µm großen Oozysten im luftgetrockneten Kotausstrich.

Trypanosoma brucei equiperdum (Haut und Gewebe)

Bei *Trypanosoma brucei equiperdum* handelt es sich um den Erreger der Beschälseuche (Dourine), eine anzeigepflichtige Parasitose in Deutschland, die in Europa seit zwei Jahrzehnten getilgt ist.

▶ Diagnostik

Der direkte Erregernachweis gelingt nur während der fiebrigen Phase in giemsagefärbten Ausstrichen aus Genitalsekreten und frischen Hautveränderungen. In der latenten Phase der Infektion stehen indirekte Nachweismethoden wie IFAT, ELISA und die KBR zur Verfügung. Die KBR ist in der EU bei Einfuhr von Equiden aus Drittländern als Importuntersuchung amtlich vorgeschrieben.

Sarcocystis neurona (Haut und Gewebe)

Sarcocystis neurona gilt als der wichtigste Erreger der equinen protozoären Myeloenzephalitis in Amerika. In Europa treten Erkrankungsfälle selten und nur bei importierten Pferden auf. Diese sind Fehlwirte, in ihnen findet eine ungeschlechtliche Vermehrung mit Bildung von Endozoiten im ZNS, selten Zysten in der Muskulatur statt. Endwirte sind Opossumarten. Die meist chronisch verlaufende Krankheit ist gekennzeichnet durch Ataxie, Schwäche, Lahmheit, Muskelatrophie, einseitige Fazialislähmung, Zungenparalyse, Spasmus, Parese und Festliegen. Differenzialdiagnostisch ist *Neospora hughesi* zu berücksichtigen.

▶ Diagnostik

Neurologische Symptome unter Berücksichtigung der Herkunft des Tieres erlauben eine Verdachtsdiagnose. Eine Abklärung erfolgt in spezialisierten Diagnostiklabors durch eine Western-Blot-Analyse des Serums oder der Zerebrospinalflüssigkeit mit artspezifischem *Sarcocystis-neurona*-Antigen. Bei der Sektion sind Veränderungen im ZNS, die immunhistochemisch identifiziert werden können, nachweisbar.

Babesia caballi, Theileria equi (Blut)

Babesia caballi und *Theileria equi* werden nur bei aus dem Ausland nach Deutschland eingereisten Pferden nachgewiesen. In Deutschland sind diese Blutparasiten bisher nicht endemisch.

▶ Diagnostik

Während der akuten fiebrigen Phase der Erkrankung erfolgt der Erregernachweis direkt in gefärbten Blutausstrichen und/oder mittels molekularbiologischer Untersuchungsmethoden (PCR). In giemsagefärbten Blutausstrichen stellen sich die intraerythrozytären Stadien von *Babesia caballi* als bis zu 1,5 × 3 µm große, birnenförmige, in einem spitzen Teilungswinkel vorliegende Merozoiten dar. *Theileria equi* liegt intraerythrozytär als bis zu 2 µm lange, birnenförmige Struktur oder als Vier-Teilungsformen (Malteserkreuze) vor (**Abb. 32.14**). Serologische Verfahren (z. B. Kompetitiver ELISA) sind besonders in klinisch latenten Phasen der Infektion diagnostisch hilfreich. Für den Export von Pferden in bestimmte Länder (z. B. Nordamerika, Japan, Australien) sind serologische Kontrolluntersuchungen vorgeschrieben.

Arthropoden

Zecken

Bei Equiden kommen mehrere **Schildzecken** (*Ixodidae*) vor. Sie sind durch ein dorsal sichtbares Capitulum und ein Rückenschild gekennzeichnet.

Ixodes spp.

Ixodes ricinus stellt die am weitesten verbreitete Zeckenart in Mitteleuropa dar. Die Maße schwanken bei den Stadien je nach Saugzustand zwischen 2,2–11 mm, ihre Farbe ist gräulich bis bräunlich. Augen fehlen. Die Analfurche umgreift den Anus von kranial.

Dermacentor reticulatus, Dermacentor marginatus

Die 5–16 mm langen Adulten besitzen einen bunt ornamentierten Rückenschild und eine rechteckige Basis capituli. Augen sind vor-

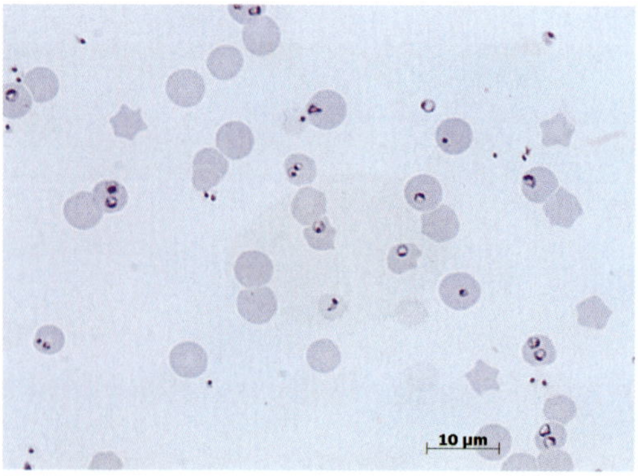

Abb. 32.14 Trophozoiten und Merozoiten von *Theileria equi* (Blutausstrich – Giemsafärbung)

handen. Die Analfurche umgreift den Anus von kaudal. Beide Zeckenarten kommen in Deutschland regional unterschiedlich fokal verbreitet vor, wobei Dermacentor marginatus eher trockene Habitate bevorzugt, vor allem Schafweiden.

Haemaphysalis concinna

Die Adulten sind 2,6–13 mm lang. Das 2. Segment der Palpen ist nach lateral ausgezogen, die Basis capituli rechteckig. Augen fehlen. Die Analfurche umgreift den Anus von kaudal.

Rhipicephalus spp.

Eine Einschleppung ist aus dem südlichen Ausland, so z. B. dem Mittelmeerraum, möglich. Die 3,5–11 mm messenden Adulten weisen einen rotbraunen Rückenschild und eine sechseckige Basis capituli auf. Augen sind vorhanden. Die Analfurche umgreift den Anus von kaudal.

Hyalomma spp.

Eine Einschleppung kann aus südlichen Ländern, z. B. Mittelmeerraum, erfolgen. Die Adulten sind bis 25 mm lang mit braunem oder schwarzem Rückenschild und besitzen Augen. Die Mundwerkzeuge überragen die Basis capituli, die Analfurche umgreift den Anus von kaudal.

> Die Zecken der Gattungen *Ixodes* sowie *Dermacentor, Rhipicephalus* und *Hyalomma* sind Überträger von Borrelien, Rickettsien bzw. Babesien beim Pferd.

▶ Diagnostik

Zecken werden unter einer Stereolupe nach den oben beschriebenen Merkmalen bestimmt. Zur Artdifferenzierung ist Spezialliteratur heranzuziehen. Auf Weideflächen können wirtsungebundene Zecken mittels sogenannter Schlepptücher (Flaggmethode) eingesammelt und identifiziert werden.

Milben

Sarcoptes equi

Die heute beim Pferd selten auftretende *Sarcoptes*-Räude beginnt meist im Kopfbereich oder in der Widerristgegend und kann sich von dort über den gesamten Körper ausbreiten.

Die 200–500 µm langen, schildkrötenförmigen Grabmilben besitzen einen abgerundeten Mundkegel. Das 3. und 4. Beinpaar überragt den hinteren Körperrand nicht. An den Extremitäten befinden sich lange ungegliederte Haftlappenstielchen mit tulpenförmigen Haftlappen, der Rücken ist mit starken Borsten und dreieckigen Dornen besetzt.

Psoroptes equi, Psoroptes cuniculi

Hautveränderungen treten an dicht behaarten Körperstellen wie Schweifansatz, unter der Mähne, Kehlgangsbereich, Unterbauch und Innenflächen der Hinterschenkel, bei *Psoroptes cuniculi* meist an den Ohren auf. Die ovalen, 500–800 µm langen Saugmilben besitzen einen zugespitzten Mundkegel und Beine mit langen dreigliedrigen Haftlappenstielchen und trompetenförmigen Haftlappen. Die Männchen weisen Analsaugnäpfe und lange, den hinteren Körperrand überragende Opisthosomallappen auf.

Chorioptes bovis

Prädilektionsstellen sind die Fesselbeugen, gelegentlich auch Karpal-, Tarsalgelenke sowie Schweifansatz. Die oval-rechteckige, 300–600 µm lange Nagemilbe ist mit einem stumpf-kegelförmigen Capitulum und kurzen ungegliederten Haftlappenstielchen mit glockenförmigen Haftscheiben an den Beinen ausgestattet (**Abb. 32.15**). Die Männchen besitzen Analsaugnäpfe und lange, den

32

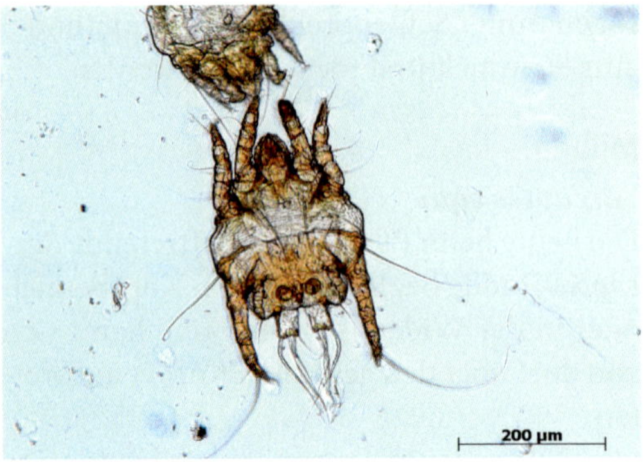

32

Abb. 32.15 Räudemilbe *(Chorioptes bovis)*

hinteren Körperrand überragende Opisthosomallappen.

▶ Diagnostik

Die Milben der Gattungen *Sarcoptes*, *Psoroptes* und *Chorioptes* werden im Hautgeschabsel nachgewiesen, das am Übergang der intakten zur veränderten Haut zu entnehmen ist. Es sollten stets mehrere Hautgeschabsel eines Tieres untersucht werden.

Demodex equi

Bei klinischer Manifestation (selten) fallen Hautveränderungen im Bereich des Kopfes (Stirn, Nase, Augen) auf. Eine Ausdehnung auf Schulter, Unterbrust und Flanken ist möglich. Die weißlichen Haarbalgmilben sind etwa 400 µm lang und durch eine quer gerillte Kutikula des Opisthosomas sowie vier Paar stummelförmige Beine mit je zwei krallenähnlichen Gebilden charakterisiert.

▶ Diagnostik

Die Diagnose erfolgt durch den Nachweis von Milben und elliptischen Eiern (*Demodex equi:* bis 80 × 50 µm) im Hautgeschabsel. Um die in der Tiefe der Haarbälge siedelnden Milben an die Hautoberfläche zu befördern, muss eine Hautfalte zwischen Zeigefinger und Daumen fest gepresst und dann tief und breitflächig geschabt werden. In Zweifelsfällen ist eine Hautbiopsie durchzuführen.

Neotrombicula autumnalis

Die Larven der Herbstgrasmilbe parasitieren etwa 1–5 Tage am Wirt. Sie besitzen drei Beinpaare und sind 250–500 µm groß. Ein Befall wird beim Pferd vereinzelt im Spätsommer und Herbst beobachtet.

▶ Diagnostik

Die Larven sind als orangerote Milbennester mittels Lupe erkennbar.

Läuse

Haematopinus asini macrocephalus

Die Pferdelaus ist 2,6–3,8 mm lang, bräunlich gefärbt, besitzt einen lang gestreckten Kopf, der schmaler ist als der Thorax, und ein länglich-ovales Abdomen.

Haematopinus asini asini

Die 2,0–2,5 mm lange Esellaus ähnelt der Pferdelaus.

Haarlinge

Werneckiella equi equi

Der Pferdehaarling ist 1,4–1,8 mm lang und besitzt beißend-kauende Mundwerkzeuge. Das Caput ist breiter als der Thorax, das Abdomen weißlich gelb und eiförmig.

Werneckiella equi asini

Der Eselhaarling lässt sich morphologisch kaum vom Pferdehaarling unterscheiden. Haarlinge und Läuse werden vorzugsweise bei schlecht gepflegten oder geschwächten Tieren festgestellt.

▶ Diagnostik

Nachweis der Parasiten mithilfe einer Lupe im Zusammenhang mit klinischen Symptomen (Juckreiz, Nissen an den Haaren). Haarlinge und Läuse sind tierartspezifisch.

Mücken

Sie besitzen Antennen mit mehr als sechs gleichartigen Gliedern und stechend-saugende Mundwerkzeuge. Der Körperbau ist segmentiert (Caput, Thorax, Abdomen). Meist sind nur die Weibchen hämatophag.

Simulidae

Die tagaktiven Kriebelmücken sind bis 6 mm lang, plump und fliegenähnlich, grau oder schwarz gefärbt. Sie besitzen einen kugeligen, hohen Thorax, breite hyaline Flügel und kurze kräftige Beine. Ihr Vorkommen ist an Fließgewässer gebunden.

Culicidae (*Aedes, Culex, Anopheles*)

Stechmücken sind bis 10 mm lang, haben große Komplexaugen und schlanke, dünne Beine.

Ceratopogonidae

Gnitzen sind bis 3 mm lange, dunkel gefärbte, relativ plumpe, tagaktive Mücken mit meist gefleckten und behaarten Flügeln.

Fliegen im weiteren Sinne

Sie weisen Antennen mit weniger als sechs unterschiedlich gestalteten Gliedern sowie einen segmentierten Körperbau (Caput, Thorax, Abdomen) auf.

Tabanidae (Tabanus, Chrysops, Haematopota)

Die bis zu 2,5 cm langen Bremsen haben einen breiten, dreieckigen Kopf, zwei große Facettenaugen und stechend-saugende Mundwerkzeuge. Die gut entwickelten Flügel überragen den Körper nach kaudal oft beträchtlich.

Muscidae (*Musca, Morelia, Hydrotea, Stomoxys, Haematobia*)

Die Fliegen sind bis zu 1,6 cm lang und mit stechend- oder leckend-saugenden Mundwerkzeugen ausgestattet.

Hippoboscidae (*Hippobosca equina* und *Lipoptena cervi*)

Die bis 8 mm lange, glänzende, mit Flügeln ausgestattete Pferdelausfliege weist große Augen, einen schwarzen Thorax mit gelbbrauner Zeichnung und rostgelbe Beine mit Haken auf (**Abb. 32.16**). Gelegentlich können Pferde aber auch beim Ausreiten von *Lipoptena cervi,* der Hirschlausfliege befallen werden. Sie wird i. d. R. auf Rehwild gefunden. Nach Befall des Wirtstieres wirft sie im Gegensatz zu *Hippobosca equina* die Flügel ab.

▶ Diagnostik

Der Nachweis von Mücken und Fliegen erfolgt am Pferd auf der Weide oder im Stall. Zur Gattungs- und Artbestimmung ist Spezialliteratur heranzuziehen.

Oestridae (Nasen-, Rachen-, Magen-, Dasselfliegen)

Sie kommen gelegentlich beim Pferd vor (*Rhinoestrus purpureus).* Dassellarven (Larven III) parasitieren in der Haut (*Hypoder-*

32

Abb.32.16 Lausfliege Pferd (*Hippobosca equina*)

ma bovis, Hypoderma lineatum) mit Ausbildung von Dasselbeulen oder im Nasen-Rachen-Raum).

▶ Diagnostik

Nachweis der bis zu 1,8 cm langen, bedornten und bei *Rhinoestrus purpureus* mit Mundhaken versehenen Larven in Hautbeulen bzw. im Nasen-Rachen-Raum mittels Endoskopie.

Gasterophilus intestinalis, G. inermis (Magen)

Gasterophilus spp. werden in manchen Gebieten Mitteleuropas immer noch häufig beobachtet.

▶ Diagnostik

Nachweis der gelblichen, bis zu 1,25 mm großen Eier (**Abb. 32.17**) an typischen Eiablagestellen (*Gasterophilus intestinalis*: Vorderbeine, Schultern, Mähne, Flanken; *Gasterophilus inermis*: Backengegend) während der Flugzeit der Imagines (Juni bis August) sowie von bis zu 4 cm langen, tonnenförmigen Larven III (Mundhaken, bedornte Oberfläche, paarige Stigmenplatten mit vertikal verlaufenden Schlitzen mit Lateralkrümmung) mittels Gastroskopie oder nach therapeutischer Elimination in den Wintermonaten (**Abb. 32.18**).

Gasterophilus nasalis, Gasterophilus haemorrhoidalis, Gasterophilus pecorum, Gasterophilus nigricornis (Duodenum, Rektum)

▶ Diagnostik

Nachweis der gelblichen, bis zu 1,25 mm großen Eier an den typischen Eiablagestellen (*Gasterophilus nasalis*: Kehlgang; *Gasterophilus haemorrhoidalis*: Lippenhaare, *Gasterophilus nigricornis*: Backengegend) während der Flugzeit der Imagines (Juni bis August). Bei *Gasterophilus pecorum* ist dies nicht möglich, da die Eiablage an Futterpflanzen erfolgt. Larven III können mittels Endoskopie oder nach therapeutischer Elimination in den Wintermonaten nachgewiesen werden.

Parasiten der Wiederkäuer

Beim Parasitenbefall der Wiederkäuer handelt es sich aufgrund der heutigen modernen Haltungssysteme meist um Herdenprobleme. Um sinnvolle Bekämpfungsmaßnahmen einleiten zu können, sollten parasitologische Untersuchungen prinzipiell zu einem integralen Bestandteil der Herdenbetreuungsprogramme gehören bzw. in solche aufgenommen werden.
Bei den Endoparasiten sind in unseren Breiten vor allem Magen-Darm-Strongyliden,

Abb. 32.17 Ei von *Gasterophilus intestinalis*

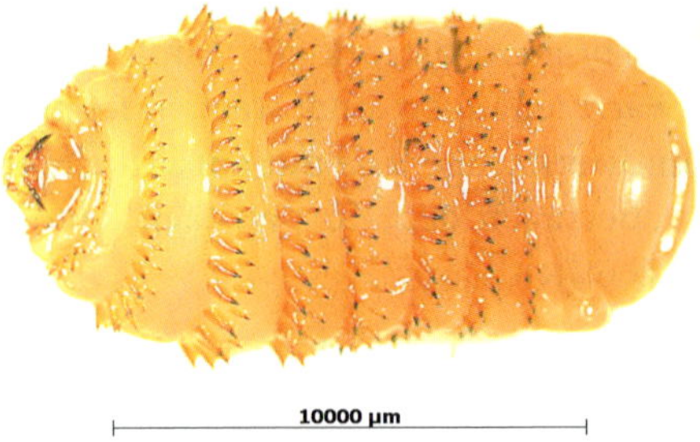

Abb. 32.18 Larve von *Gasterophilus intestinalis*

Leberegel, Peitschen-, Haar-, Lungen- und Bandwürmer sowie Kokzidien, in der Gruppe der Ektoparasiten Räudemilben, Läuse, Haarlinge und bei Weidetieren vor allem Zecken und Dipteren zu berücksichtigen. Besondere Aufmerksamkeit hat beim Rind *Neospora caninum* als Aborterreger erlangt.

Helminthen

Nematoden

Magen-Darm-Strongyliden (Trichostrongylidae/Molineidae)

Beim Rind und den kleinen Wiederkäuern kommen folgende Vertreter als Ursache einer parasitären Gastroenteritis vor:

Rind

- *Ostertagia ostertagi, Ostertagia leptospicularis*
- *Trichostrongylus axei*
- *Cooperia oncophora, Cooperia punctata, Cooperia pectinata*
- *Nematodirus helvetianus, Nematodirus battus*

Schaf

- *Teladorsagia circumcincta, Teladorsagia trifurcata*
- *Ostertagia leptospicularis*
- *Trichostrongylus axei, Trichostrongylus vitrinus, Trichostrongylus colubriformis*
- *Cooperia curticei, Cooperia oncophora*
- *Nematodirus filicollis, Nematodirus battus, Nematodirus spathiger, Nematodirus helvetianus*
- *Haemonchus contortus*

Ziege

- *Teladorsagia circumcincta, Teladorsagia trifurcata*
- *Trichostrongylus colubriformis, Trichostrongylus axei, Trichostrongylus vitrinus*
- *Cooperia curticei*
- *Nematodirus filicollis, Nematodirus battus*
- *Haemonchus contortus*

▶ Diagnostik

Der Nachweis der dünnschaligen, bis 150 × 65 µm großen Magen-Darm-Strongylideneier (**Abb. 32.19**) erfolgt mithilfe der Flotationsmethode. Eier der Gattung *Nematodirus* (Molineidae) sind aufgrund ihrer Größe (145–230 µm groß, wenige Furchungszellen) gegenüber Trichostrongylideneier eindeutig abgrenzbar. Eine Differenzierung der Trichostrongylideneier ist nur über die Anzucht der Larven III in einer Koprokultur möglich und beschränkt sich dabei in der Regel auf eine Gattungsdiagnose. Hierbei werden morphologische Merkmale wie die Larvengröße, die Form des Vorder- und Hinterendes, das Verhältnis der Länge des Larvenkörpers zum Scheidenschwanz sowie die Anzahl der Mitteldarmzellen herangezogen. Als klinische Untersuchungsmethode kann in betroffenen Beständen zusätzlich die Serum-Pepsinogen-Bestimmung für im Labmagen siedelnde Wurmarten herangezogen werden. Die Pepsinogenwerte sind im Blut vor allem bei *Ostertagia*-Infektionen erhöht. Speziell zur Diagnostik von

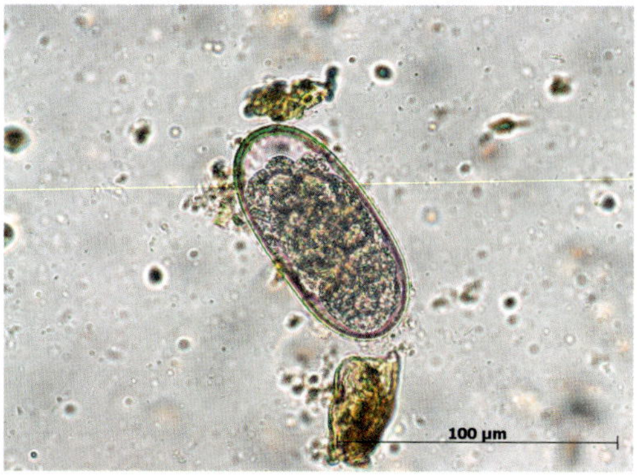

Abb. 32.19 Magen-Darm-Strongylidenei (Wiederkäuer)

Ostertagia-Infektionen wird auch ein kommerzieller ELISA-Test angeboten.

Capillaria spp. (Dünndarm)

Sie werden gelegentlich bei Rind, Schaf und Ziege festgestellt.

▶ Diagnostik

Nachweis von tonnenförmigen, dickschaligen, bis zu 50 × 25 μm großen Eiern mit zwei farblosen Polpfröpfen mittels Flotationsverfahren.

Strongyloides papillosus (Dünndarm)

Zwergfadenwurminfektionen kommen weltweit bei Haus- und Wildwiederkäuern vor.

▶ Diagnostik

Nachweis von embryonierten, dünnschaligen, bis 60 × 30 μm großen Eier mittels Flotationsverfahren in frischem Kot. Bei älteren Fäzes sollte zusätzlich das Auswanderverfahren durchgeführt werden, um bereits geschlüpfte Larven zu erfassen. Ein Nachweis der geschlüpften Larven I gelingt aber nicht immer, da diese schwimmfähig sind.

Bunostomum spp. (Dünndarm)

Beim Rind kommen in Mitteleuropa *Bunostomum phlebotomum*, bei Schaf und Ziege *Bunostomum trigonocephalum* vor.

▶ Diagnostik

Hakenwurmeier der Wiederkäuer sind bis zu 105 × 60 μm groß, dünnschalig und enthalten in frischem Kot weniger als acht Furchungszellen. Eine Abgrenzung von Eiern der Magen-Darm-Strongyliden ist nur nach Anzucht der Larven III in einer Koprokultur möglich.

Toxocara vitulorum (Dünndarm)

Spulwurminfektionen treten beim Wiederkäuer in Mitteleuropa selten auf, können aber bei importierten exotischen Wiederkäuern wie Zebus oder Wasserbüffel vorkommen und ggf. auch einheimische Rinder betreffen. Es können entweder Adultwürmer ausgeschieden oder Eier mittels Flotation nachgewiesen werden. Die Eiausscheidung ist begrenzt und kann diagnostisch nur bei Tieren bis zu einem Alter von etwa 6 Monaten herangezogen werden.

▶ Diagnostik

Nachweis von rundlichen, dickschaligen, bis zu 95 × 77 μm großen Eiern mittels Flotationsverfahren.

Trichuris spp. (Dickdarm)

Beim Rind kommen in Mitteleuropa *Trichuris globulosa, Trichuris discolor* und gelegentlich *Trichuris capreoli*, bei Schaf und Ziege *Trichuris ovis, Trichuris capreoli* sowie *Trichuris skrjabini* vor.

▶ Diagnostik

Nachweis von dickschaligen, zitronenförmigen, bräunlichen Eiern, die bis zu 105 × 50 μm groß und mit zwei konvexen Polpfröpfen versehen sind (**Abb. 32.20**), mittels Flotationsverfahren.

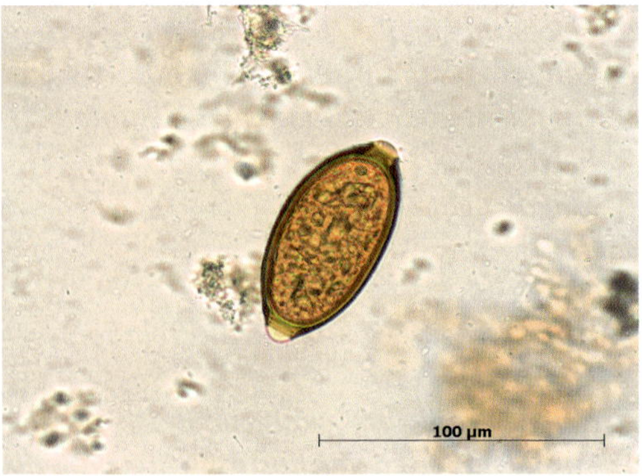

Abb. 32.20 Ei von *Trichuris* spp.

Oesophagostomum spp. (Dickdarm)

Bei Rind, Schaf und Ziege sind die Arten *Oesophagostomum radiatum* bzw. *Oesophagostomum venulosum* und *Oesophagostomum columbianum* beschrieben.

▶ Diagnostik

Nachweis von dünnschaligen, bis zu 105 × 55 µm messenden Eiern mit mehr als acht Furchungszellen im frischen Kot mithilfe des Flotationsverfahrens. Eine Abgrenzung von Trichostrongylideneiern ist nur nach Anzucht der Larven III in einer Koprokultur möglich.

Chabertia ovina (Dickdarm)

Chabertia ovina ist weltweit verbreitet und findet sich häufig bei Schafen, aber auch Ziegen, Rindern und Wildwiederkäuern.

▶ Diagnostik

Nachweis von bis 110 × 55 µm großen, asymmetrischen, dünnschaligen Eiern mittels Flotationsmethode, die nur nach Anzucht der Larve III in einer Koprokultur von Eiern der Magen-Darm-Strongyliden unterschieden werden können.

Skrjabinema ovis (Dickdarm)

Oxyuren kommen in Mitteleuropa bei der Ziege, seltener bei Schaf und Mufflon vor.

▶ Diagnostik

Nachweis von asymmetrischen, elliptischen, bis zu 60 × 35 µm großen Eiern mittels Klebestreifen-Abklatsch, da die Eier am Perineum abgelegt werden. Bei starkem Befall kann auch ein Nachweis mittels Flotationsverfahren erfolgreich sein.

Dictyocaulus viviparus (Lunge)

Dictyocaulus viviparus ist primär für die parasitäre Bronchopneumonie beim Rind verantwortlich, parasitiert aber gelegentlich auch bei anderen Boviden und Zerviden (Reh, Rothirsch, Damwild). Beim Lungenwurmbefall sind folgende Punkte zu beachten: Symptome (Husten, Fieber, Inappetenz) können schon während der Präpatenz auftreten, doch lassen sich während dieser Phase noch keine Larven im Kot nachweisen. In einer Herde sind zu Beginn meist nur wenige Tiere infiziert. Mit dem Kot ausgeschiedene Larven sterben bei Temperaturen über 20 °C schnell ab. Infolge der Hypobiose werden in den Wintermonaten keine oder nur wenige Larven ausgeschieden.

▶ Diagnostik

Der Nachweis der im Mittelbereich granulierten, ca. 400 µm langen Lungenwurmlarven (L I) mit einem abgerundeten Vorder- und einem spitz ausgezogenen Hinterende erfolgt mithilfe des Auswanderverfahrens nach Baermann-Wetzel (**Abb. 32.21**). Der Probenansatz ist 24–36 Stunden stehen zu lassen, damit möglichst viele Larven aus der Kotprobe auswandern können. Zusätzlich kann zum Nachweis einer Infektion ein ELISA herangezogen werden.

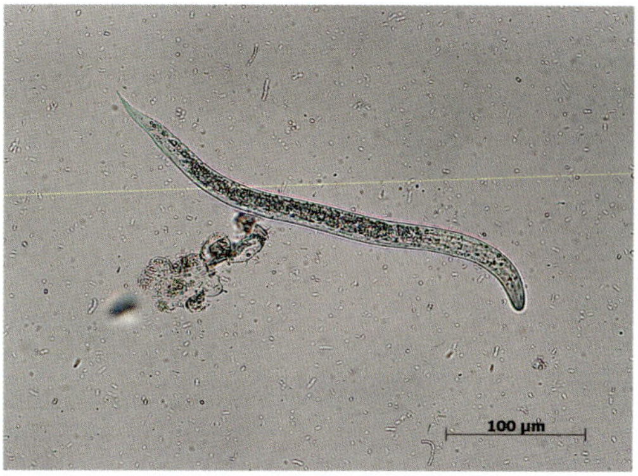

Abb. 32.21 Larve I von *Dictyocaulus viviparus* (Lungenwurm, Rind)

Dictyocaulus filaria (Lunge)

Dictyocaulus filaria kommt weltweit bei Schaf und Ziege, gelegentlich auch bei Mufflon, Gams und Steinbock vor.

▶ Diagnostik

Nachweis der bis zu 530 µm langen, stark granulierten Larven mit einem knopfartigen Vorder- und einem abgerundeten, kegelförmigen Hinterende.

Protostrongylidae (Lunge)

Kleine Lungenwürmer parasitieren bei Schaf und Ziege weltweit, häufig liegen Mischinfektionen vor.

▶ Diagnostik

Der Nachweis erfolgt anhand der typischen schlanken, zwischen 240 und 480 µm langen, transparenten Larven I mittels Auswanderverfahren. Sie können anhand ihrer gattungsspezifisch ausgeprägten Hinterenden identifiziert werden:

- *Protostrongylus rufescens, Protostrongylus brevispiculum* (nicht bei der Ziege): spitz auslaufend
- *Muellerius capillaris:* Hinterende mit starkem Dorsaldorn und gewellt (**Abb. 32.22**)
- *Cystocaulus ocreatus:* Hinterende mit starkem Dorsaldorn, abgesetzt mit zwei Häkchen

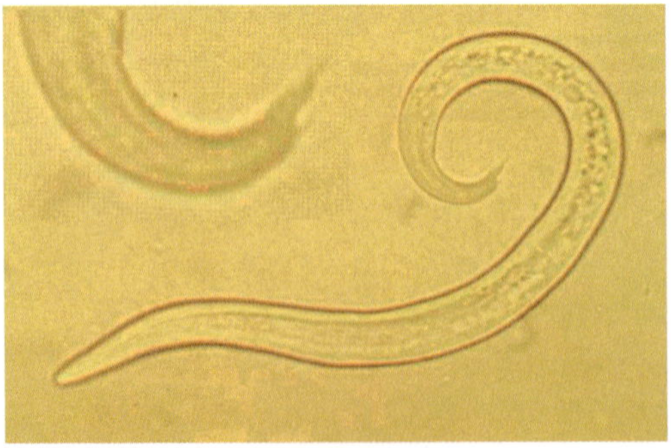

Abb. 32.22 Larve I von *Muellerius capillaris* (Lungenwurm Kleiner Wiederkäuer)

- *Neostrongylus linearis:* Dorsaldorn klein, Hinterende zweigeteilt, lanzettförmig

Thelazia spp. (Auge)

Beim Wiederkäuer kommen in Mittel- und Nordeuropa die Arten *Thelazia gulosa, Thelazia skrjabini,* in süddeuropäischen Ländern *Thelazia rhodesi* vor. Die beiden erstgenannten Parasiten siedeln hauptsächlich in den Ausführungsgängen der Tränendrüsen und im Tränennasengang, *Thelazia rhodesi* im Bindehautsack und unter dem dritten Augenlid.

▶ Diagnostik

Nach Einbringen eines Lokalanästhetikums und Spülung der Konjunktivalsäcke sowie Tränennasengänge lassen sich ausgewanderte Würmer und etwa 200 µm lange Larven I im Sediment der Spülflüssigkeit nachweisen.

Parafilaria bovicola (Unterhaut, Muskulatur)

Meist handelt es sich um eine in südlichen Ländern (Afrika, Asien) auftretende Parasitose, die seit mehreren Jahrzehnten, aber auch in Teilen Europas vorkommt. Als Überträger gelten Stallfliegen (*Musca autumnalis*).

▶ Diagnostik

Hautveränderungen in Form von Blutblasen, Blutstreifen an Widerrist, Schulter, Rücken, Brust und Flanken zum Ende des Winters oder am Frühjahrsanfang sprechen für einen *Parafilaria*-Befall. Eine Absicherung der klinischen Diagnose erfolgt durch Nachweis von dünnschaligen, rund-ovalen, bis zu 45 × 30 µm großen Eiern mit einer bis zu 215 µm langen Larve im Exsudat aus den Knoten sowie präadulten und adulten Stadien in der veränderten Unterhaut und Muskulatur.

Stephanofilaria spp. (Haut)

Ein Auftreten wurde nur im Sommer bei Weidegang im norddeutschen Flachland und in den deutschen Mittelgebirgen überwiegend bei Kühen beobachtet. Auch hier gelten vermutlich Weidefliegen als Vektoren.

▶ Diagnostik

Die Ausbildung von Hautwunden am Unterbauch, vor dem Euter, an der Zitzenbasis, in der Nähe der Kniefalte, selten am medialen Augenwinkel, am Flotzmaul oder an der Vorderbrust, in der Regel erst in den Sommermonaten, ist typisch für einen *Stephanofilaria*-Befall. Ein Nachweis der bis zu 60 µm langen, bescheideten Mikrofilarien aus dem Sekret frisch aufgebrochener Hautwunden gelingt selten. Deshalb sollten zusätzlich Hautproben auf die bis zu 8,4 mm langen Weibchen untersucht werden.

Setaria digitata (Bauchhöhle)

Setaria digitata kommt weltweit bei Rindern und Büffeln in der Bauchhöhle vor. Die Mikrofilarien (Larve I) befinden sich in tiefen Hautkapillaren, gelegentlich auch in der Milch und vorderen Augenkammer. Meist verlaufen die Infektionen symptomlos.

▶ Diagnostik

Nachweis von bescheideten Mikrofilarien im Kapillarblut mit dem modifizierten Knott-Test.

Onchocerca gutturosa, Onchocerca lienalis (Bindegewebe)

Die beim Rind in Mitteleuropa als Bindegewebsparasiten beschriebenen Filarien *Onchocerca gutturosa* und *Onchocerca lienalis* finden sich im Bereich des Nackenbandes, der Tibiofemoralbänder und Tarsalbänder bzw. im Magen-Milz-Band und dessen Umgebung.

▶ Diagnostik

Der Nachweis des meist symptomlos verlaufenden Befalls erfolgt eher zufällig in histologischen Präparaten. Bei Verdacht werden Gewebeproben verdächtiger Stellen in physiologischer Kochsalzlösung für 6–12 Stunden bei 20–30 °C inkubiert und anschließend das Sediment auf Larven untersucht.

Trematoden

Paramphistomum spp. (Pansen)

Paramphistomum ist bei Haus- und Wildwiederkäuern weltweit verbreitet; in Deutschland ist das Vorkommen fokal begrenzt.

▶ Diagnostik

Nachweis von bis zu 180 × 90 µm großen, weißlich-grauen, gedeckelten Eiern mit Dotterzellen mittels Sedimentationsverfahren (**Abb. 32.23**). Während der Präpatenz (Wanderphase der juvenilen Egel im Duodenum) ist eine koproskopische Untersuchung trotz auftretender klinischer Symptome nicht erfolgreich, da zu diesem Zeitpunkt noch keine Eier ausgeschieden werden.

Fasciola hepatica (Leber)

Infektionen mit *Fasciola hepatica* treten in Mitteleuropa häufig bei Haus- und Wildwiederkäuern auf.

▶ Diagnostik

Nachweis von dünnschaligen, goldgelben, gedeckelten, bis zu 140 × 80 µm großen Eiern im Kot mithilfe des Sedimentationsverfahrens (s. Abb. 32.11). Für eine aussagekräftige Bestandsdiagnostik muss eine repräsentative Anzahl von Tieren (mindestens 30 %) einbezogen werden, da betroffene Tiere *Fasciola*-Eier schubweise ausscheiden. Zur Herdendiagnostik werden heute besonders immunologische Nachweisverfahren

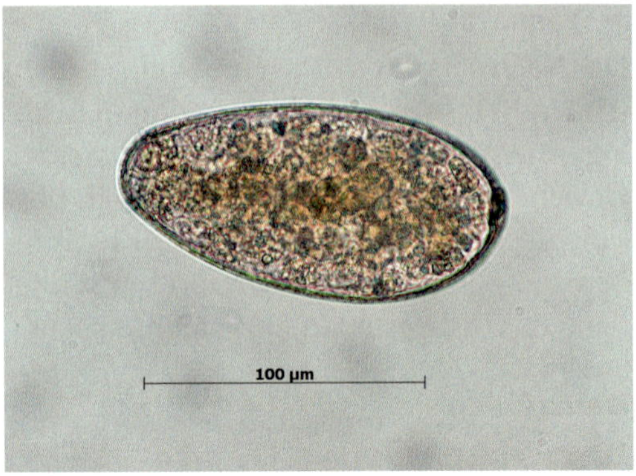

Abb. 32.23 Ei von *Paramphistomum* spp. (Pansenegel)

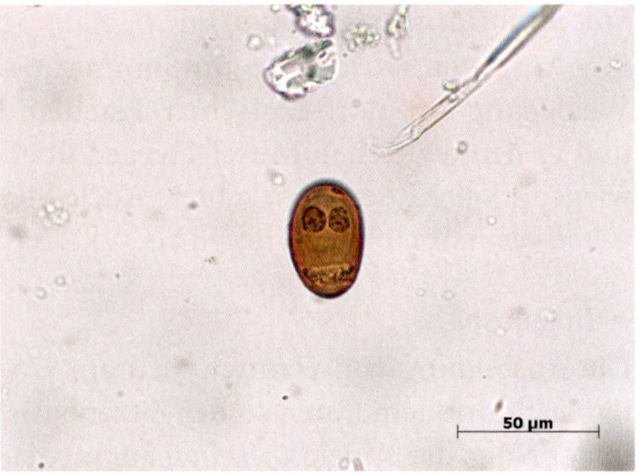

Abb. 32.24 Ei von *Dicrocoelium dendriticum* (Kleiner Leberegel)

(ELISA, Antikörpernachweis in Milch oder Serum) angewendet.

Dicrocoelium dendriticum (Leber)

Der kleine Leberegel tritt bei Haus- und Wildwiederkäuern auf.

▶ Diagnostik

Nachweis von kleinen, bis 40 × 25 µm großen, gedeckelten, dunkelbraunen Eiern (**Abb. 32.24**) mittels der kombinierten Sedimentations-Flotations-Methode. Bei alleiniger Durchführung des Sedimentationsverfahrens ist die Nachweisrate meist gering.

Zestoden

Moniezia spp. (Dünndarm)

Die Bandwürmer *Moniezia benedeni* (Rind) und *Moniezia expansa* (Schaf) sind weltweit verbreitet. Beide Arten werden auch bei Wildwiederkäuern festgestellt.

▶ Diagnostik

Nachweis von dickschaligen, polygonalen, bis zu 80 × 60 µm großen Bandwurmeiern mit einer Onkosphäre (Hakenlarve) und einem birnenförmigen Apparat mittels Flotationsverfahren (**Abb. 32.25**). Gelegentlich sind auch Proglottiden im Kot nachweisbar. Eine spezielle Anfärbung (z. B. Karbolfuchsin-Milchsäure) der Interproglottidealdrüsen der Bandwurmglieder erlaubt die Speziesdifferenzierung von *Moniezia benedeni* und *Moniezia expansa*.

Protozoen

Giardia duodenalis (Dünndarm)

Giardien kommen bei Wiederkäuern weltweit vor. Tiere, die mit den Genotypen A und B infiziert sind, können unter Umständen als Ansteckungsquelle für den Menschen fungieren.

▶ Diagnostik

Nachweis der bis 15 × 11 µm großen, ovalen Zysten mit zwei oder vier Kernen im Kot mittels MIFC-Verfahren oder SAF-Anreicherung. Heute werden auch Koproantigen-ELISAs zum Nachweis von *Giardia*-spezifischem Antigen angewendet. Mittels PCR kann auch DNA von Giardien nachgewiesen und genotypisiert werden

Eimeria spp. (Dünn-/Dickdarm)

Das Spektrum der *Eimeria*-Arten ist beim Wiederkäuer sehr vielfältig und umfasst beim Rind weltweit 21, bei Schaf und Zie-

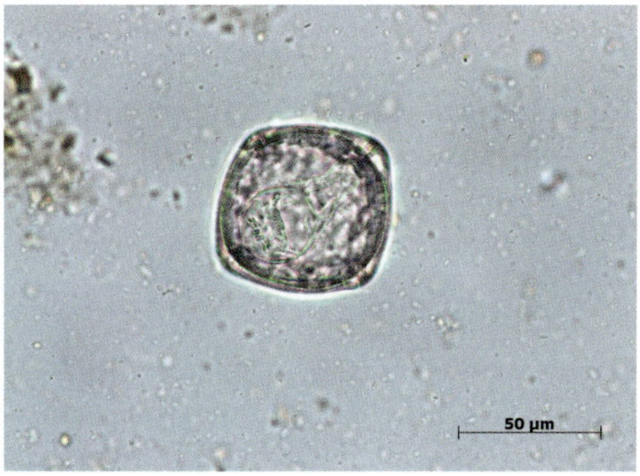

Abb. 32.25 Bandwurmei vom Wiederkäuer (*Moniezia* spp.)

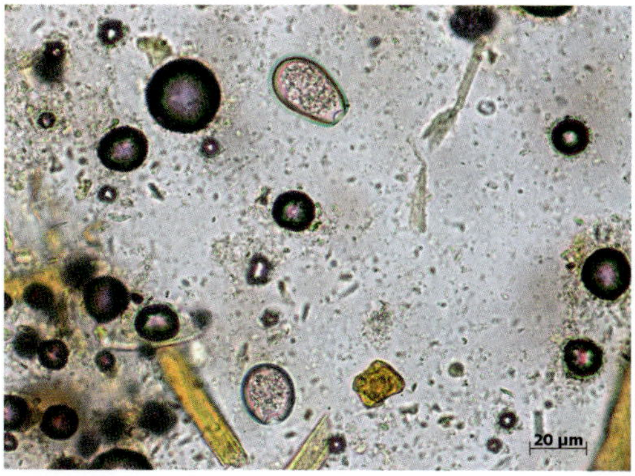

Abb. 32.26 Oozysten von *Eimeria* spp. (Wiederkäuer)

ge 15 bzw. 13 Spezies. Die klinisch bedeutsamensten Arten sind beim Rind *Eimeria bovis* und *Eimeria zuernii*, bei den kleinen Wiederkäuern *Eimeria ovinoidalis* (Schaf) und *Eimeria ninakohlyakimovae* (Ziege).

▶ Diagnostik

Der Nachweis der bis zu 42 × 30 µm großen, unterschiedlich geformten, dünnwandigen Oozysten erfolgt mit der Flotationsmethode (**Abb. 32.26**). Eine Differenzierung der *Eimeria*-Arten ist durch erfahrenes Laborpersonal möglich.

Cryptosporidium parvum, Cryptosporidium andersoni (Dünn-/Dickdarm)

Cryptosporidien treten weltweit bei Kälbern und Lämmern mit Befallsraten von bis zu 100 % auf. Infizierte Tiere können eine Ansteckungsgefahr für immunsupprimierte Personen, z. B. HIV-Patienten, darstellen.

▶ Diagnostik

Bei Auftreten von klinischen Symptomen (u. a. Durchfall) ist der direkte Nachweis der sehr kleinen, runden, stark lichtbrechenden, durchschnittlich 5,5 × 4 µm großen Oozysten (**Abb. 32.27**) unter Zugabe von Karbolfuchsinlösung im luftgetrockneten Kotausstrich meist erfolgreich. Daneben werden heute bevorzugt Koproantigen-ELISAs zum Bestandsscreening eingesetzt.

Tritrichomonas foetus (Genitaltrakt)

Bei der Trichomonadose handelt es sich um eine anzeigepflichtige Tierseuche, die in Deutschland getilgt ist.

▶ Diagnostik

Sie beruht auf dem direkten Erregernachweis (bis 17 × 11 µm große, birnenförmige Flagellaten mit drei an Basalkörperchen entspringenden Vordergeißeln und einer Schleppgeißel, die eine undulierende Membran ausbildet) in frisch abortierten Feten, Eihäuten, Fruchtwasser, Pyometrainhalt, aus Uterus oder Vagina, beim Bullen in Präputialspülproben oder Abstrichen von Glans und angrenzender Schleimhaut sowie nach Anzüchtung auf speziellen Nährböden (kommerzielles Kultursystem, z. B. InPouch®). Zusätzlich kommen molekularbiologische Methoden (PCR) zum Einsatz.

Sarcocystis spp. (Muskulatur)

- *Sarcocystis cruzi, Sarcocystis hirsuta, Sarcocystis hominis:* weltweites Vorkommen

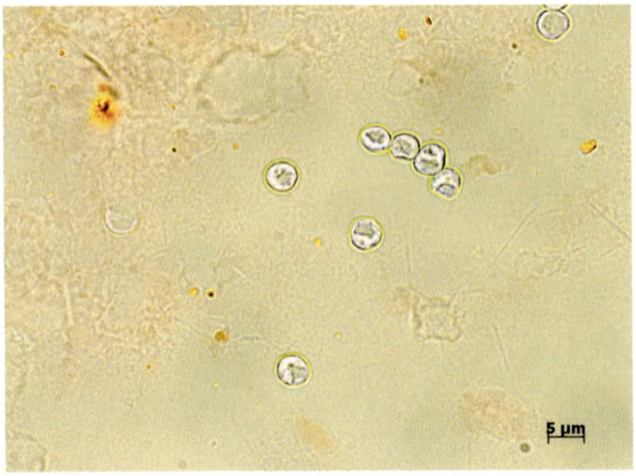

Abb. 32.27 Oozysten von *Cryptosporidium* spp.

bei Rindern. In Mitteleuropa sind bis zu 100 % der Schlachtrinder befallen.

- *Sarcocystis tenella, Sarcocystis gigantea, Sarcocystis arieticanis:* weltweit Schafe bis zu 100 % infiziert.
- *Sarcocystis capracanis, Sarcocystis hircicanis, Sarcocystis moulei*: weltweites Vorkommen bei Ziegen mit Prävalenzen bis zu 80 %.

▶ Diagnostik

Postmortaler Nachweis von Meronten in giemsagefärbten Organabklatschpräparaten (Niere) bei akuter Sarkosporidiose und Zysten in histologischen Schnitten (Herzmuskulatur) bei chronischer Infektion. Bei der Fleischbeschau werden befallene Tiere nur dann erfasst, wenn die Zysten makroskopisch sichtbar sind (*Sarcocystis gigantea* beim Schaf) oder die Muskulatur grobsinnliche Veränderungen aufweist. Eine Differenzierung ist nur mit immunhistochemischen, elektronenmikroskopischen oder auch molekularbiologischen (PCR) Methoden möglich.

Neospora caninum (ZNS, fetale Organe)

Der Erreger ist beim Rind mit Seroprävalenzen bis zu 87 % weltweit verbreitet und wurde auch bei Schafen, Ziegen und Wildwiederkäuern identifiziert. Nach transplazentarer Infektion von Feten werden Aborte, Totgeburten sowie die Geburt von infizierten, lebensschwachen Kälbern beschrieben. In Deutschland wurde der Erreger in 12,6 % der abortierten Rinderfeten nachgewiesen.

▶ Diagnostik

Nachweis von Zysten in fetalen Organen (Gehirn, Herz, Leber, Plazenta, Körperflüssigkeiten, Serum), am sichersten in fetalem Gehirn, mittels histologischer oder immunhistochemischer Untersuchung. Daneben kann der Erreger mithilfe molekularbiologischer (PCR) sowie serologischer Verfahren (ELISA), besonders bei Kühen zur Herdenuntersuchung, erfasst werden.

Toxoplasma gondii (ZNS, Muskulatur)

Der Erreger kommt weltweit beim kleinen Wiederkäuer mit Prävalenzen bis zu 45 % vor. Analog zu *Neospora caninum* beim Rind werden bei Schaf und Ziege nach transplazentarer Infektion Aborte ausgelöst. Beim Rind hat *Toxoplasma gondii* weder pathogenetische noch epidemiologische Bedeutung.

▶ Diagnostik

Ein Erregernachweis ist in fetalen Organen mittels histologischer und immunhistochemischer sowie auch molekularbiologischer (PCR) Untersuchungstechniken zu führen. Zur Herdenüberwachung von Muttertieren werden serologische Tests (IFAT, ELISA) eingesetzt.

Trypanosoma spp. (Blut)

Die in Europa beim Rind (*Trypanosoma theileri*), bei Schafen (*Trypanosoma melophagium*) und bei Ziegen (*Trypanosoma theodori*) parasitierenden *Trypanosoma*-Arten sind nach derzeitigen Erkenntnissen apathogen oder nur bedingt pathogen. Nur die in den Tropen und Subtropen vorkommenden *Trypanosoma* spp. (*Trypanosoma vivax, Trypanosoma congolense, Trypanosoma brucei* und *Trypanosoma evansi*) sind klinisch und wirtschaftlich relevant.

▶ Diagnostik

Der Nachweis erfolgt direkt im Nativpräparat aus Kapillarblut, im giemsagefärbten Ausstrich nach Anreicherung mittels der Methode nach Woo. Für Reihenuntersuchungen kommen immunologische Antigennachweise im Blut (ELISA) zur Anwendung. Mittels PCR kann auch eine Artdiagnose vorgenommen werden.

Babesia divergens (Blut)

Beim Rind ist in Mitteleuropa nur *Babesia divergens* als Erreger der seuchenhaften Hämoglobinurie von wirtschaftlicher Bedeutung.

▶ Diagnostik

Der Nachweis der 1,7 × 1,1 µm großen, keulenförmigen, marginal im stumpfen Winkel im Erythrozyten liegenden Parasitenstadien erfolgt während der akuten Phase der Infektion direkt im giemsagefärbten Blutausstrich (**Abb. 32.28**), in der latenten Phase der Infektion zusätzlich mittels serologischer Nachweisverfahren (IFAT, ELISA). Alternativ kann Erreger-DNA mittels PCR festgestellt werden.

Babesia spp. (Blut)

Bei Schafen und Ziegen kommen in Europa die *Babesia*-Arten *Babesia ovis* (2,5 × 1,5 µm) und *Babesia motasi* (2,2 × 2,0 µm) vor. *Babesia motasi* kommt in Deutschland lediglich fokal vor und besitzt hier aber keine klinische Relevanz. *Babesia ovis* ist für Schafe hochpathogen, kommt in Deutschland aufgrund des fehlenden Vektors nicht vor. Ziegen scheinen gegenüber diesen *Babesia* spp. resistent zu sein.

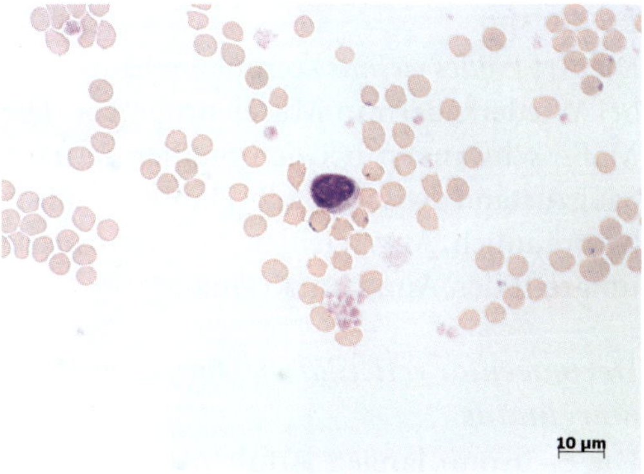

Abb. 32.28 Merozoiten von *Babesia divergens* (Blutausstrich – Giemsafärbung)

▶ Diagnostik

Sie werden direkt im giemsagefärbten Ausstrich nachgewiesen.

Besnoitia besnoiti (Haut, Schleimhaut)

In Afrika und Südeuropa (Portugal, Frankreich) ist die Besnoitiose eine Erkrankung von Rindern, die zu teilweise schweren Hautveränderungen führen kann. Vor Kurzem wurde dieser Erreger auch in Deutschland bei Importrindern isoliert.

▶ Diagnostik

Aus Bioptaten von veränderten Hautstellen kann der Erreger histopathologisch und auch molekularbiologisch (PCR) nachgewiesen werden. Serologisch können Antikörper mittels ELISA und Immunoblot bestimmt werden.

Arthropoden

Zecken

Bei Wiederkäuern besitzen die durch ein dorsal sichtbares Capitulum und ein Rückenschild gekennzeichneten **Schildzecken** (Ixodidae) Bedeutung.

Ixodes spp.

Die Art *Ixodes ricinus* kommt am häufigsten bei Wiederkäuern in Mitteleuropa vor. Die Maße schwanken bei den Stadien je nach Saugzustand zwischen 2,2–11 mm, gräulich bis bräunlich. Augen fehlen. Die Analfurche umgreift den Anus von kranial.

Dermacentor reticulatus, Dermacentor marginatus

Die 5–16 mm langen Adulten besitzen einen bunt ornamentierten Rückenschild und eine rechteckige Basis capituli. Augen sind vorhanden. Die Analfurche umgreift den Anus von kaudal. *Dermacentor marginatus* kommt in Deutschland eher in trockenen Habitaten, vor allem Schafweiden, vor.

Haemaphysalis punctata

Haemaphysalis punctata tritt in Deutschland nur auf den Nord- und Ostfriesischen Inseln auf. Die Adulten sind 2,6–13 mm lang. Das 2. Segment der Palpen ist nach lateral ausgezogen, die Basis capituli rechteckig. Augen fehlen. Die Analfurche umgreift den Anus von kaudal.
Die Zecken *Ixodes ricinus, Haemaphysalis punctata* und *Dermacentor marginatus* können als Vektoren von Borrelien, Rickettsien, Babesien, Theilerien und anderen Erregern fungieren.

▶ Diagnostik

Zecken werden unter einer Stereolupe nach oben beschriebenen Merkmalen bestimmt. Zur Artdifferenzierung ist Spezialliteratur heranzuziehen.

Milben

Sarcoptes spp.

Die *Sarcoptes*-Räude der Wiederkäuer, hervorgerufen durch *Sarcoptes bovis* (Rind), *Sarcoptes ovis* (Schaf), *Sarcoptes rupicaprae* (Ziege), beginnt meist im Kopfbereich und kann sich über den ganzen Körper ausbreiten. Die 200–500 µm langen, schildkrötenförmigen Grabmilben besitzen einen abgerundeten Mundkegel. Das 3. und 4. Beinpaar überragt den hinteren Körperrand nicht. Die Extremitäten sind mit langen ungegliederten Haftlappenstielchen und tulpenförmigen Haftlappen ausgestattet, der Rücken ist mit starken Borsten und dreieckigen Dornen besetzt (**Abb. 32.29**).

Psoroptes spp.

Die durch *Psoroptes ovis* (Rind, Schaf) bzw. *Psoroptes cuniculi* (Ziege) verursachten Hautveränderungen treten beim Rind bevorzugt an Widerrist, Rückenpartie sowie seitlich an Hals und Brust auf. Beim Schaf sind besonders Hals, Rücken, Rumpf, Flanken und der äußere Gehörgang betroffen, bei der Ziege meist nur der äußere Gehörgang. Schafe zeigen infolge Juckreiz und Scheuern flächenhaften Wollausfall. Die *Psoroptes*-Räude kann beim Schaf seuchenartig auftreten. Die ovalen, 500–800 µm langen Saugmilben besitzen einen zugespitzten Mundkegel und Beine mit langen dreigliedrigen Haftlappenstielchen und trompetenförmigen Haftlappen. Die Männchen weisen Analsaugnäpfe und lange, den hinteren Körperrand überragende Opisthosomallappen auf.

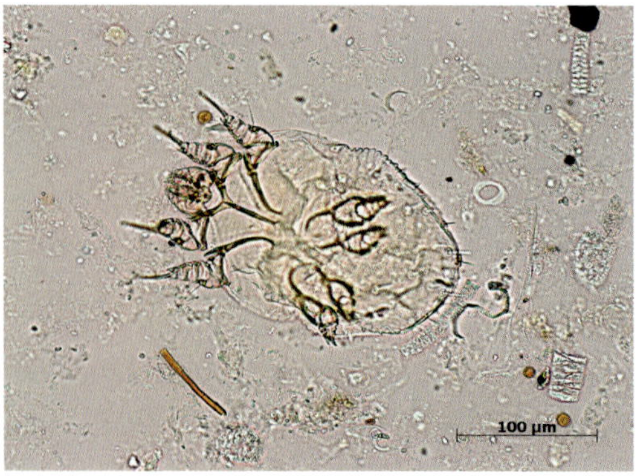

Abb. 32.29 Räudemilbe *(Sarcoptes bovis)*

Chorioptes bovis, Chorioptes texanus

Prädilektionsstellen sind der Schwanzansatz, aber auch der Kronsaum der Hinterextremitäten, Euterspiegel und Bauch (Rind), die Gliedmaßen (Schaf), seltener der Hals, Rücken und Schwanzwurzelbereich (Ziege). Die oval-rechteckige, 300–600 µm lange Nagemilbe ist mit einem stumpf-kegelförmigen Capitulum und kurzen ungegliederten Haftlappenstielchen mit glockenförmigen Haftscheiben an den Beinen ausgestattet (s. Abb. 32.15). Die Männchen besitzen Analsaugnäpfe und lange, den hinteren Körperrand überragende Opisthosomallappen.

▶ Diagnostik

Alle mit Juckreiz verbundenen Hautveränderungen sind räudeverdächtig und erfordern die Untersuchung eines oder mehrerer Hautgeschabsel, die am Übergang der intakten zur veränderten Haut zu entnehmen sind. Zusätzlich können zur Herdendiagnostik serologische Nachweisverfahren (ELISA für *Sarcoptes, Psoroptes*) eingesetzt werden.

Railliettia auris

Diese Milbenart führt beim Rind vereinzelt zu Entzündungen und zur Bildung von Geschwüren im äußeren Gehörgang sowie auch Mittelohrentzündungen mit resultierenden Hörstörungen und zentralnervösen Symptomen. Der Parasit ist bis 1,2 mm lang, weißlich und hat lange kräftige Extremitäten.

▶ Diagnostik

Permanentes Kopfschütteln sowie leichte Kopfschiefhaltung sind verdächtig. Die Diagnose erfolgt durch Untersuchung eines Hautgeschabsels.

Demodex bovis, Demodex ovis, Demodex caprae

Bei klinischer Manifestation treten Hautveränderungen beim Rind im Bereich des Vorderkörpers, bei Schaf und Ziege eher an Augenlidern, Gliedmaßen, Vulva und Präputium auf.
Die lang gestreckte, etwa 300 µm lange Haarbalgmilbe zeichnet sich durch eine quer gerillte Kutikula und vier Paar stummelförmige Beine mit je zwei krallenähnlichen Gebilden aus.

▶ Diagnostik

Die Diagnose erfolgt durch den Nachweis von Milben und elliptischen Eiern (bis 80 × 50 µm) im Hautgeschabsel. Um die in der Tiefe der Haarbälge siedelnden Milben an die Hautoberfläche zu befördern, muss eine Hautfalte zwischen Zeigefinger und Daumen fest gepresst und dann tief und breitflächig geschabt werden. In Zweifelsfällen ist zusätzlich eine Hautbiopsie durchzuführen.

Neotrombicula autumnalis

Prädilektionsstellen sind beim Rind Unterbauch und Gliedmaßen, bei Schaf und Ziege Nase, Ohren und Gliedmaßen. Die orangerot gefärbten Larven der Herbstgrasmilben sind 250–500 µm groß und besitzen drei Beinpaare.

▶ Diagnostik

Die Larven sind von Spätsommer bis Herbst in Form orangeroter Milbennester mittels Lupe erkennbar.

Läuse

Linognathus spp.

Beim Rind tritt ein Lausbefall (*Linognathus vituli*) bevorzugt bei unter 3 Jahre alten Tieren auf. Prädilektionsstellen sind Kopf, Hals, Brust und Flanken. Die langnasige

Rinderlaus ist 2–3 mm lang und besitzt einen schmalen, lang gestreckten Kopf. Das 1. Beinpaar ist deutlich kürzer als das 2. und 3. Beinpaar. Beim kleinen Wiederkäuer ist ein Lausbefall (*Linognathus ovillus, Linognathus stenopsis*) in Mitteleuropa selten.

Haematopinus eurysternus

Diese Spezies findet sich bevorzugt im Rücken- und Flankenbereich. Die kurznasige Rinderlaus ist 2,5–3,5 mm lang mit drei gleichartig ausgebildeten Beinpaaren (**Abb. 32.30**).

Solenopotes capillatus

Solenopotes capillatus tritt sehr selten und dann meist am Kopf auf. Die 1,3–1,6 mm lange, blaue Rinderlaus ist durch einen abgerundeten Kopf gekennzeichnet. Das 1. Beinpaar ist deutlich kürzer als die hinteren Beinpaare.

▶ Diagnostik

Die klinische Verdachtsdiagnose kann durch Parasitennachweis (Nissen an den Haaren) mithilfe einer Lupe erhärtet werden. Lausbefall wird besonders in den Wintermonaten bei geschwächten Tieren manifest.

Abb. 32.30 *Haematopinus eurysternus* (Kurznasige Rinderlaus)

Haarlinge

Bovicola bovis

Haarlingsbefall wird besonders an Nacken, Schultern, Lenden, im Sommer auch an Bauch, Flanken und Schwanz festgestellt. *Bovicola bovis* ist bis 1,5 mm lang, weist beißend-kauende Mundwerkzeuge und je eine Endkralle an den Extremitäten auf. Der Kopf ist breiter als der Thorax.

Lepikentron ovis

Haarlingsbefall äußert sich durch flächenhaften Fliesverlust. Der bis 1,6 mm lange Haarling des Schafes hat einen rundlichen Kopf, die abdominalen Seitenränder sind gekerbt. Jedes Segment besitzt typischerweise einen rechteckigen Streifen.

Bovicola caprae

Der 1,3–2 mm lange Ziegenhaarling ist bevorzugt im Bereich von Hals und Rücken zu finden.

▶ Diagnostik

Die klinische Verdachtsdiagnose kann durch Parasitennachweis (Nissen an den Haaren) mithilfe einer Lupe erhärtet werden. Haarlingsbefall wird genauso wie Lausbefall besonders in den Wintermonaten bei geschwächten Tieren manifest.

Mücken

Mücken besitzen Antennen mit mehr als sechs gleichartigen Segmenten sowie stechend-saugende Mundwerkzeuge. Meist sind nur die Weibchen hämatophag.

Simulidae

Die bis 4 mm langen, plumpen, fliegenähnlichen Kriebelmücken haben einen fast kugeligen Thorax, breite hyaline Flügel sowie kurze kräftige Beine. Ihr Vorkommen ist an Fließgewässer gebunden.

Culicidae (*Anopheles, Culex, Aedes*)
Stechmücken sind bis 10 mm lang und besitzen schlanke, dünne Beine.

Ceratopogonidae (*Culicoides* spp.)
Diese sehr kleinen Mücken, um 1–4 mm groß, besitzen einen typisch aufgewölbten Thorax. *Culicoides*-Stechmücken spielen als Überträger vom Blue-Tongue-Disease-Virus eine Rolle.

▶ Diagnostik

Mücken werden am Tier auf der Weide oder im Stall nachgewiesen. Zur Gattungs- und/oder Artbestimmung ist Spezialliteratur heranzuziehen.

Fliegen im weiteren Sinne
Zu ihren Charakteristika gehören Antennen mit weniger als sechs unterschiedlich gestalteten Gliedern sowie ein segmentierter Körperbau (Caput, Thorax, Abdomen).

Tabanidae (*Tabanus, Chrysops, Haematopota*)
Bremsen sind artabhängig bis zu 2,5 cm lang. Der breite, dreieckige Kopf weist zwei große Facettenaugen und stechend-saugende Mundwerkzeuge auf. Die gut entwickelten Flügel überragen den Körper nach kaudal oft beträchtlich.

Muscidae (Fliegen)
Sie sind mit stechend- oder leckend-saugenden Mundwerkzeugen ausgestattet und bis zu 1,6 cm lang. Zu ihnen gehören *Musca domestica* (Haus- oder Stubenfliege), *Musca autumnalis* (Augenfliege), *Hydrotea irritans* (Kopf- und Euterfliege), *Stomoxys calcitrans* (Wadenstecher), *Haematobia irritans* (Kl. Weidestechfliege), *Haematobia stimulans* (Gr. Weidestechfliege). Einige Muszidenspezies (z. B. *Musca autumnalis*) fungieren als Transportwirte bzw. Vektoren, z. B. für *Moraxella bovis* (Erreger der Weidekeratitis des Rindes) oder *Parafilaria bovicola.*

Calliphoridae (*Lucilia, Calliphora*)
Bei den Calliphoridae handelt es sich um bis 14 mm lange, metallisch glänzende Schmeißfliegen, die als Erreger von Hautmyiasen Bedeutung haben.

Sarcophagidae
Die Sarcophagidae zählen zu den Fleischfliegen, sind analog zu den Calliphoridae Erreger von Hautmyiasen, glänzen aber nicht metallisch. Ihr Abdomen ist schachbrettartig hell- bis dunkelgrau gefärbt.

▶ Diagnostik

Der Nachweis der Fliegen erfolgt wie bei den Mücken am Tier auf der Weide oder im Stall. Zur Gattungs- und/oder Artbestimmung ist Spezialliteratur heranzuziehen.

Oestridae (Nasen-, Rachen-, Magen-, Dasselfliegen)
- *Hypoderma bovis, Hypoderma lineatum* (Hautdasselfliegen beim Rind): Larven III parasitieren in der Haut mit Ausbildung von Dasselbeulen in der Rückengegend der Rinder
- *Oestrus ovis* (Schafbremse, selten auch Ziege): Larven III siedeln in den Choanen und Nasenhöhlen von Schaf und Ziege (selten).

▶ Diagnostik

Nachweis der bis zu 2,5 cm langen, bedornten und mit Mundhaken versehenen Larven III in Hautbeulen bzw. im Nasen-Rachen-Raum bei der Sektion. Zur Früh- sowie Intravitaldiagnose für *Hypoderma bovis* werden heute serologische Antikörpertests (ELISA) mit hoher Sensitivität und Spezifität angeboten.

Hippoboscidae (Lausfliegen)

Die bis 10 mm langen, glänzenden, behaarten Lausfliegen sind mit Augen sowie Beinen mit Haken ausgestattet. Sie besitzen je nach Art entweder zeitlebens, nur zeitweise oder nie Flügel.

- *Hippobosca variegata* (Rinderlausfliege), *Hippobosca equina* (Pferdelausfliege, gelegentlich beim Rind): beim Rind im Bereich der Schwanzwurzel und Schenkelinnenflächen bzw. After und Schamgegend auftretend. Flügel sind vorhanden.
- *Melophagus ovinus* (Schaflausfliege): Tritt beim Hausschaf, Mufflon, selten bei Ziege und Gemse auf und ist flügellos.
- *Lipoptena cervi* (Hirschlausfliege): Sie wird auf Zerviden, selten bei Rind und Ziege gefunden. Prädilektionsstelle ist der Ohrgrund. Nach Befall des Wirtstieres wirft sie die Flügel ab.
- *Lipoptena capreoli* (Ziegenlausfliege): Sie befällt häufig Ziegen, seltener Rinder. Nach Befall des Wirtstieres wirft sie die Flügel ab.

▶ Diagnostik

Nachweis am Tier auf der Weide. Die Identifizierung erfolgt nach oben beschriebenen Merkmalen. Gegebenenfalls ist Spezialliteratur zur Bestimmung heranzuziehen.

Parasiten der Schweine

Sowohl in der intensiven als auch extensiven Schweinehaltung kommen Endo- und Ektoparasiten vor. Während bei extensiven Haltungsformen, Weidehaltung oder Tieren mit Auslauf aufgrund der Möglichkeit zur Aufnahme von infizierten Zwischen- und Stapelwirten die Vielfalt an parasitären Erregern größer ist, haben Helminthen mit monoxener Entwicklung (z. B. *Ascaris suum*, *Oesophagostomum dentatum*) und Ektoparasitosen (*Sarcoptes suis*) auch in der modernen Stallhaltung eine wirtschaftliche Bedeutung. Zestoden(-entwicklungsstadien) und der Befall mit Trematoden hingegen haben, außer u. U. in Biobetrieben mit Extensivhaltung, keine Relevanz. Das Schwein kann Träger von Trichinen sein, deren Überwachung und Bekämpfung eine große lebensmittelhygienische und -rechtliche Bedeutung zukommt, da es sich bei der Trichinellose um eine Zoonose handelt.

In der koproskopischen Diagnostik ist das Flotationsverfahren das wesentliche Element zur Identifizierung eines patenten Befalls mit Helminthen. Zur Differenzierung der morphologisch sehr ähnlichen Eiern von *Hyostrongylus rubidus*, *Globocephalus urosubolathus* und *Oesophagostomum dentatum* kann eine Larvenanzucht zur Differenzierung der Larve III durchgeführt werden.

Helminthen

Nematoden

Hyostrongylus rubidus (Magen)

▶ Diagnostik

Mittels Flotationsverfahren können die 30–75 µm großen, dünnschaligen Eier mit 16 Furchungskugeln nachgewiesen werden.

Physocephalus sexalatus, Ascarops strongylina (Magen)

Die Infektion erfolgt über die Aufnahme von Zwischen- bzw. Stapelwirten. Andere Spiruroidenspezies wie *Gnathostoma hispidum* und *Simondsia paradoxa* besitzen keine wesentliche Bedeutung.

▶ Diagnostik

Die Eier der Rollschwänze sind dickschalig und embryoniert. *Physocephalus*-Eier (15 × 30–40 µm) besitzen abgerundete Pole, *Ascarops* (20 × 30–40 µm) geringgradig vorgewölbte Pole.

Ollulanus tricuspis (Magen)

▶ Diagnostik

Der Nachweis von adulten Nematoden (Weibchen bis 1 mm, Männchen kürzer) oder deren Entwicklungsstadien erfolgt aus Erbrochenem oder Sektionsmaterial.

Strongyloides ransomi (Dünndarm)

▶ Diagnostik

Aus den dünnschaligen embryonierten Eiern (25–30 × 45–55 µm) schlüpft nach wenigen Stunden die Larve I von *Strongyloides ransomi*, sodass neben dem Flotationsverfahren ergänzend auch das Auswanderungsverfahren eingesetzt werden muss. Eine Koprokultur mit Anzucht der Larve III erhöht die Sensitivität bei geringer Ausscheidung. Die Nematoden lassen sich mit einem Trichinen-Kompressorium in bei Sektionen entnommenen Dünndarmstücken nachweisen.

Ascaris suum (Dünndarm)

▶ Diagnostik

Die 46–57 × 56–87 µm großen braunen Eier mit grobhöckriger Außenhülle können mittels Flotationsverfahren nachgewiesen werden. Im Kot können spontan abgegangene Adultnematoden gefunden werden (**Abb. 32.31**). Koprophag aufgenommene Askarideneier aus Hundekot können als Passanten falsch positive Ergebnisse liefern.

Globocephalus urosubulatus (Dünndarm)

▶ Diagnostik

Die dünnschaligen Hakenwurmeier (25–35 × 50–55 µm) ähneln denen von *Hyostrongylus rubidus* und *Oesophagostomum* spp., besitzen aber weniger Furchungskugeln.

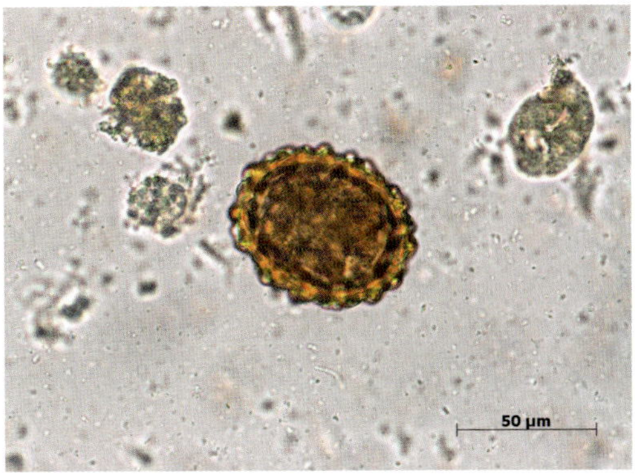

Abb. 32.31 Ei von *Ascaris suum*

32

Trichuris suis (Dickdarm)

▶ Diagnostik

Die gelblich braunen, zitronenförmigen Eier (25–35 × 50–70 µm) von Peitschenwürmern zeichnen sich durch zwei konvexe Polpfröpfe aus. Der Nachweis erfolgt mittels Flotationsverfahren.

Oesophagostomum dentatum, Oesophagostomum quadrispinulatum (Dickdarm)

▶ Diagnostik

Die dünnschaligen Eier (38–46 × 71–82 µm) des Knötchenwurms werden mittels Flotationsverfahren nachgewiesen. Nur bei der Untersuchung von frischen Kotproben können die Furchungskugeln (*Oesophagostomum dentatum*: 32, *Oesophagostomum quadrispinulatum*: 2–4) zur Speziesdiagnostik genutzt werden, wobei die schnelle Weiterentwicklung untereinander als auch zu *Hyostrongylus*-Eiern in der Regel dies nicht ermöglicht.

Metastrongylus spp. (Lunge)

Die Lungenwurminfektion ist an die Aufnahme von Regenwürmern, die als Zwischenwirt fungieren, gebunden, und ist so nur bei extensiv gehaltenen Schweinen und Wildschweinen zu beobachten.

32

▶ Diagnostik

Die rundlich-ovalen, dickschaligen, embryonierten Metastrongylideneier werden im Gegensatz zu Lungenwürmern z. B. der Wiederkäuer mittels Flotationsverfahren nachgewiesen (**Abb. 32.32**). Als Schlacht- bzw. Sektionsbefund können Lungenwürmer in den Bronchien und Bronchioli der Hauptlappen im Spitzenbereich der Lungen nachgewiesen werden.

Protozoen

Eimeria spp.

▶ Diagnostik

Mit Flotationsverfahren können die farblosen bis bräunlichen Oozysten nachgewiesen werden.

Isospora suis

Eine Infektion mit *Isospora suis* ist typisch bei Saugferkeln.

▶ Diagnostik

Die glatten, farblosen *Isospora*-Oozysten (18 × 21 µm) können sehr gut mit der MIFC-Technik angereichert werden. *Isospora suis* verfügt über Autofluoreszenz, die diagnostisch ausgenutzt werden kann (**Abb. 32.33**). Eine Inkubation bei 28 °C und Sporulation der Protozoenoozysten in 20 % Kaliumdichromat-Lösung zwischen 5 und 13 bzw. 24 und 48 Stunden erlaubt eine Spezieszuordnung.

Balantidium coli

▶ Diagnostik

Bei den 45–80 µm (bewimperte vegetative Stadien) bzw. 50–55 µm (Zysten) großen Balantidien handelt es sich um fakultativ pathogene Ziliaten, die im Nativausstrich nachgewiesen werden können. *Balantidium coli* zeigt Autofluoreszenz unter UV-Licht.

Arthropoden

Milben

Sarcoptes suis

▶ Diagnostik

Diese Grabmilben (♂: 180–250 µm; ♀: 380–500 µm) können häufig am Kopf-Hals-Bereich und am Unterbauch sowie an Sprunggelenksbeugen mittels eines tiefen Hautgeschabsels am Übergang zwischen gesunder und veränderter Haut nachgewiesen werden. Bei diesen schildkrötenförmigen Milben überragen das 3. und 4. Beinpaar nicht den hinteren Körperrand. Die Aufhellung der Geschabselprobe mit 10 % Kalilauge erleichtert das Auffinden. Subklinische Erkrankungen können mit serologischen Verfahren (ELISA zum Nachweis des Anti-*Sarcoptes-suis*-IgG) detektiert werden.

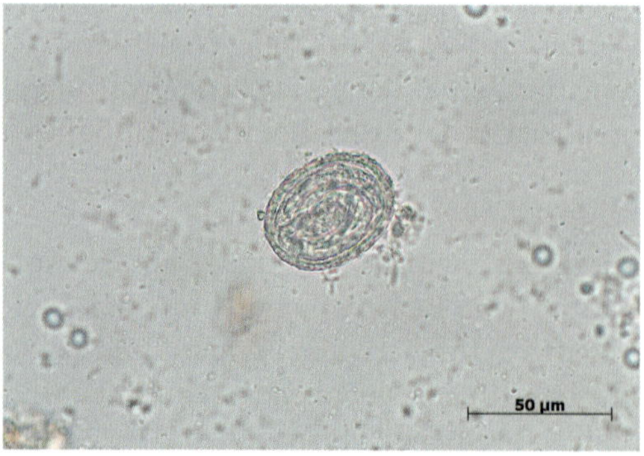

Abb. 32.32 Ei von *Metastrongylus* spp.

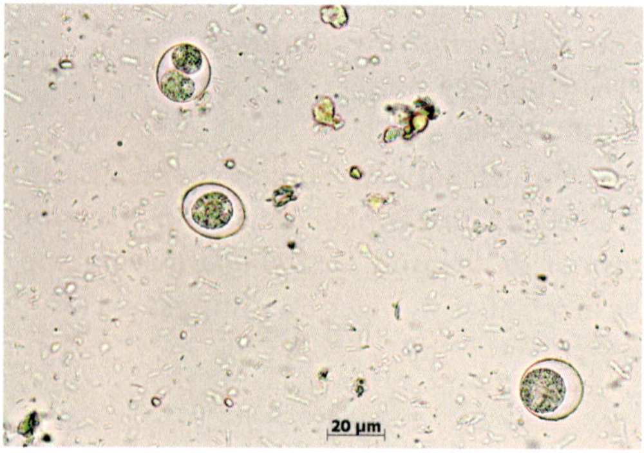

Abb. 32.33 Oozyste von *Isospora suis*

Dies sollte stets mit klinischen Ergebnissen (Hautveränderungen, Scheuerindex) kombiniert werden.

Läuse

Haematopinus suis

▶ Diagnostik

Die dunklen, 3–5 mm (Männchen) und 4–6 mm (Weibchen) großen Läuse können mit bloßen Augen auf infestierten Tieren beobachtet werden. Im und hinter dem Ohr lassen sich die gelblich weißen Nissen und farblosen Larven nachweisen. Läuse können als Vektoren bakterieller und viraler Erkrankungen dienen (**Abb. 32.34**).

Abb. 32.34 Männchen (rechts), Weibchen (links) und Nisse von *Haematopinus suis*

Parasiten von Hund und Katze

Zu den in der tierärztlichen Kleintierpraxis relevanten einheimischen Parasiten gehören Askariden, Zestoden, Kokzidien, Giardien und Ektoparasiten wie Flöhe, Zecken und Räudemilben. Durch den stetig zunehmenden Hundetourismus sowie den Import von Tieren aus Urlaubsländern werden Tierärzte heute, aber auch mit in Deutschland bisher nicht oder zumindest nur regional begrenzt vorkommenden exotischen Erregern konfrontiert. Hierzu zählen Leishmanien, Babesien, Filarien, Hepatozoen sowie die Bandwurmart *Echinococcus granulosus*.

Zum Nachweis von Parasiten des Magen-Darm-Traktes sowie der Lunge werden das Flotations- bzw. Auswanderverfahren, in Einzelfällen zur Diagnostik von Trematoden der Leber und des Pankreas auch die Sedimentationsmethode eingesetzt. Bei jungen Tieren oder bei länger auftretendem Durchfall sollte zusätzlich eine Untersuchung des Kotes auf Giardien mittels einer speziellen Anreicherungsmethode oder eines Koproantigen-ELISA erfolgen. Ektoparasiten werden direkt unter der Stereolupe oder nach Aufbereitung des Untersuchungsmaterials unter dem Mikroskop identifiziert. Für den Nachweis von Blut- und Gewebeparasiten kommen sowohl Nativpräparate, gefärbte Ausstriche und histologische Schnitte als auch serologische und molekularbiologische Untersuchungsverfahren zum Einsatz.

Helminthen

Nematoden

Ollulanus tricuspis (Magen)

Dieser auf der Magenschleimhaut parasitierende Nematode ist weltweit verbreitet und besonders bei frei laufenden Katzen von Bedeutung (Prävalenz in Deutschland bis zu 40 %). Neben Katzen sind andere Feliden sowie Hund, Fuchs und Schwein empfänglich.

▶ Diagnostik

Nachweis von Larven sowie der bis 0,8 mm (m) bzw. 1 mm (w) langen Würmer mit einer kelchartigen Mundkapsel in Erbrochenem oder im Sediment von Magenspülflüssigkeit nach Durchführung einer Gastroskopie.

Strongyloides stercoralis (Dünndarm)

Beim Fleischfresser ist dieser Zwergfadenwurm weltweit verbreitet, tritt aber besonders häufig in tropischen Regionen auf.

▶ Diagnostik

Nachweis der bereits im Darm geschlüpften Larven (228–353 µm lang) mittels Auswanderverfahren.

Toxocara canis, Toxocara mystax (syn. *Toxocara cati*) (Dünndarm)

Toxocara canis parasitiert außer beim Hund bei Füchsen, Wölfen und anderen Kaniden, *Toxocara mystax* bei der Katze und anderen wild lebenden Feliden, selten beim Fuchs.

▶ Diagnostik

Nachweis von runden, 90 × 75 µm (Hund) bzw. 75 × 65 µm (Katze) messenden, ungefurchten Eiern mit einer dicken, rauen, alveolierten Schale mittels Flotationsverfahren (**Abb. 32.35**). Bei starkem Befall können auch reife oder unreife Spulwürmer in Erbrochenem oder im Kot festgestellt werden.

Toxascaris leonina (Dünndarm)

Toxascaris leonina ist ein Dünndarmparasit von Hund und Katze, tritt aber seltener auf als *Toxocara* spp.

▶ Diagnostik

Nachweis von rundlich-ovalen, 85 × 75 µm großen, ungefurchten Eiern mit einer dicken, glatten, farblosen Schale mittels Flotationsverfahren (s. Abb. 32.35).

Uncinaria stenocephala, Ancylostoma spp. (Dünndarm)

Die Hakenwürmer *Uncinaria stenocephala* (Hund, Fuchs, Wildkaniden, Katze) und *Ancylostoma tubaeformae* (Katze) kommen in Mitteleuropa, *Ancylostoma caninum* (Hund, Wildkaniden) in tropischen und subtropischen Regionen vor. *Ancylostoma caninum* wird nach Deutschland meist eingeschleppt. Blutiger Durchfall, Blut im Kot und Anämie sollten Anlass für eine koproskopische Untersuchung auf Hakenwurmbefall sein.

▶ Diagnostik

Nachweis von dünnschaligen, ovalen, bis 92 × 58 µm großen, in frischem Kot 4–16 Blastomere enthaltenden Eiern mittels Flotationsverfahren (**Abb. 32.36**).

Nach peroraler Aufnahme von viablen larvenhaltign Eiern und/oder Kontakt mit infektiösen Larven von *Toxocara* spp. bzw. *Ancylostoma* spp. können die als »Larva migrans visceralis« bzw. »Larva migrans cutanea« beschriebenen Krankheitsbilder beim Menschen entstehen.

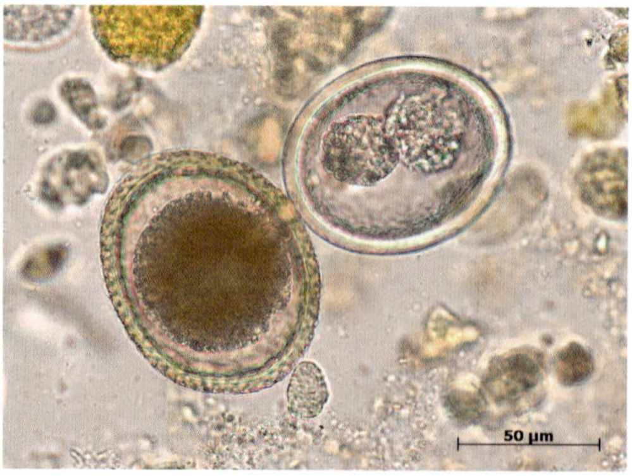

Abb. 32.35 Eier von *Toxocara* spp. und *Toxascaris leonina*

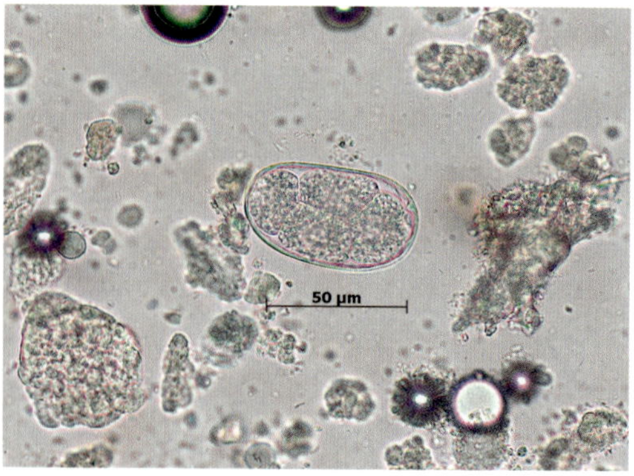

Abb. 32.36 Ei von *Ancylostoma* spp.

Capillaria spp. (Magen, Dünndarm)

Sie kommen gelegentlich bei Hunden und Katzen vor.

▶ Diagnostik

Nachweis tonnenförmiger, bis 66 × 26 µm großer Eier mit parallelen Seitenwänden und zwei konkaven Polpfröpfen mittels Flotationsverfahren.

Trichuris vulpis (Dickdarm)

Ein *Trichuris*-Befall tritt bei Hunden und anderen Kaniden relativ häufig, bei Katzen dagegen sehr selten auf.

▶ Diagnostik

Nachweis von dickschaligen, zitronenförmigen, bräunlichen Eiern, die bis zu 85 × 40 µm groß und mit zwei konvexen Polpfröpfen versehen sind, mittels Flotationsmethode (s. Abb. 32.20).

Angiostrongylus vasorum (Lunge/Herz)

Angiostrongylus vasorum parasitiert in der Arteria pulmonalis, seltener in der rechten Herzkammer von Rotfuchs, anderen Fuchsarten und Hund. Zwischenwirte sind Schnecken.

▶ Diagnostik

Bei hochgradigem Befall können neben einer Bronchitis auch eine Bronchopneumonie, Kreislaufstörungen, ZNS-Symptome und Blutbildveränderungen (Leukozytose, Eosinophilie, Hypoalbuminämie, Anämie) festgestellt werden. Der Nachweis der bis zu 310–400 µm messenden Larven I im Tracheobronchialsekret und Kot mithilfe des Auswanderverfahrens nach Baermann-Wetzel bestätigt die Verdachtsdiagnose. Die Larven weisen an ihrem Schwanzende eine ventrale Einkerbung und einen Dorsaldorn auf und sind damit leicht von *Crenosoma*-Larven zu differenzieren (**Abb. 32.37**). Alternativ stehen heute auch serologische Nachweisverfahren zur Verfügung.

Aelurostrongylus abstrusus (Lunge)

Aelurostrongylus abstrusus parasitiert in den Bronchiolen und Alveolen der Lunge bei Katzen.

▶ Diagnostik

Respiratorische Symptome im Zusammenhang mit Röntgenbefunden können auf eine Infektion hindeuten. Absicherung durch Nachweis von bis zu 400 µm langen Larven I mit typisch gestaltetem Hinterende im Kot oder Trachealschleim nach Durchführung des Auswanderverfahrens.

Crenosoma vulpis (Lunge)

Crenosoma vulpis ist ein Parasit von Wildkaniden, Hund, sehr selten auch der Katze und parasitiert in Bronchien und Trachea.

▶ Diagnostik

Respiratorische Symptome und Nachweis bis zu 330 µm langer Larven I mit einem zugespitzten Hinterende im Kot oder Trachealschleim mittels Auswanderverfahren nach Baermann-Wetzel (**Abb. 32.38**).

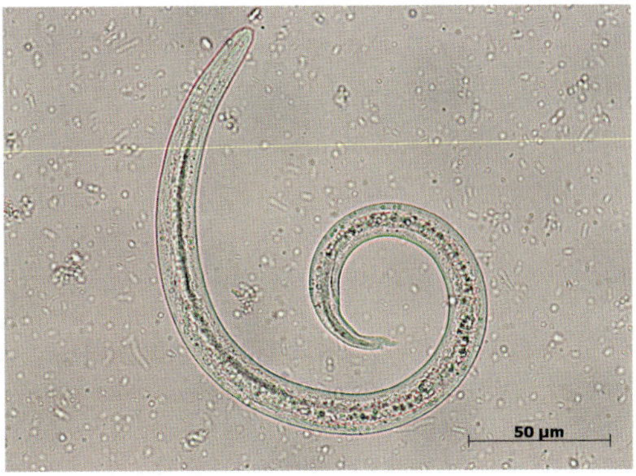

Abb. 32.37 Larve I von *Angiostrongylus vasorum*

Capillaria aerophila (Lunge)

Dieser Haarwurm siedelt in Trachea und Bronchien, gelegentlich in Nasen- und Stirnhöhlen bei Fuchs, Dachs, Marder, Igel, Katze, Hund und selten auch beim Menschen.

▶ Diagnostik

Nachweis von bis zu 70 × 40 µm großen, tonnenförmigen, mit Polpfröpfen versehenen, bräunlichen Eiern im Kot mittels Flotationsverfahren und im Nasen- oder Trachealschleimausstrich.

Dirofilaria immitis (Lunge/Herz)

Diese hochpathogene Filarienart parasitiert vorwiegend in der rechten Herzkammer und der Arteria pulmonalis von Hunden, seltener Katzen und anderen Wildkarnivoren. Sie wird durch weibliche Stechmücken übertragen und ist besonders in mediterranen Ländern, u. a. Italien (Po-Ebene), als Erreger der Herzwurmkrankheit verbreitet.

▶ Diagnostik

Als Hinweise gelten Auslandsaufenthalte in endemischen Regionen, verdächtige klinische Symptome einer sich langsam entwickelnden Rechtsherzinsuffizienz, röntgenologische sowie sonografische Befunde. Die Diagnose stützt sich auf den Nachweis bis zu 330 µm langer, unbescheideter Mikrofilarien (Larven I) mit einem konischen Vorder- und gerade auslaufenden Hinterende, nach Durchführung des modifizierten Knott-Tests (**Abb. 32.39**) sowie auf den Nachweis von löslichem Adultwurmantigen mittels ELISA. Diese Tests zeigen frühestens 6 Monate nach der Infektion Ergebnisse. Zur Feststellung von Mikrofilarien, die sich im peripheren Blut abends stark anreichern, soll möglichst nicht vor 18 Uhr entnommenes EDTA-Blut untersucht werden. Bei einem positiven Knott-Test sollten die Mikrofilarien mittels molekularbiologischen Methoden (PCR) differenziert werden, da *Dirofilaria-immitis*-Filarien aufgrund ihrer Pathogenität zwingend eine Behandlung erfordern. Infektionen mit anderen beim Hund vorkommenden Filarien wie *Dirofilaria repens, Dipetalonema reconditum, Dirofilaria grassi, Dirofilaria dracunculoides, Brugia malayi* und *Brugia pahangi,* deren Mikrofilarien auch im Blut zirkulieren, müssen nicht unbedingt behandelt werden, da diese Filarienarten wenig pathogen oder apathogen sind.

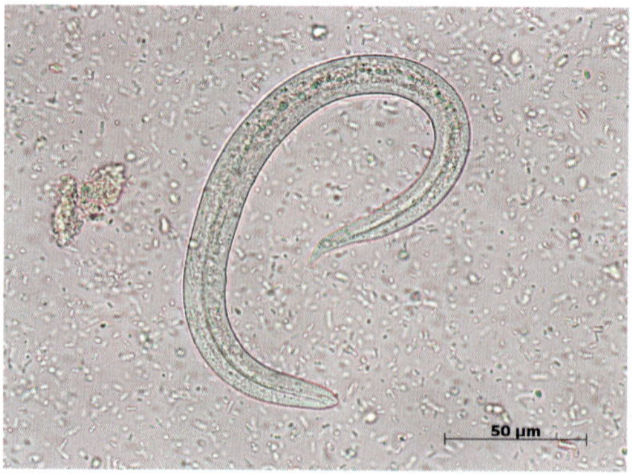

Abb. 32.38 Larve I von *Crenosoma vulpis*

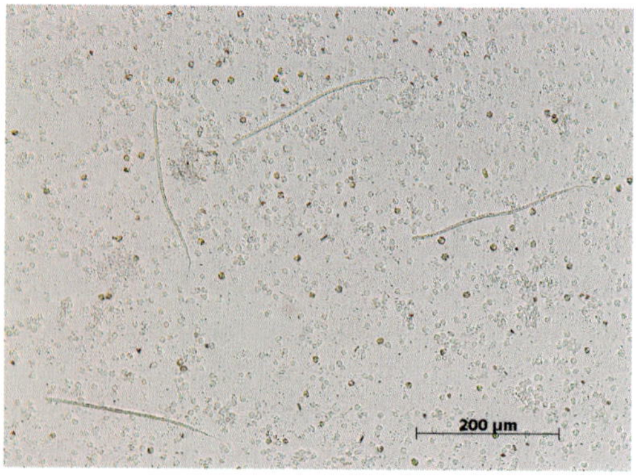

Abb. 32.39 Mikrofilarien von *Dirofilaria immitis* (Knott-Test)

Dirofilaria repens, Dipetalonema spp. (Gewebe, Peritonealhöhle)

Diese Filarien siedeln im subkutanen Bindegewebe oder in der Peritonealhöhle von Hunden, Katzen und wild lebenden Karnivoren. Die Verbreitung dieser wenig pathogenen oder apathogenen Filarienarten erstreckt sich ebenfalls auf den gesamten Mittelmeerraum und Süd- und Osteuropa. Vereinzelte autochthone Fälle sind auch in Deutschland beschrieben worden.

▶ Diagnostik

Der Nachweis erfolgt analog zu *Dirofilaria immitis* mittels im peripheren Blut zirkulierender Larven I nach Durchführung des modifizierten Knott-Tests.

Capillaria hepatica, Capillaria plica (Leber/Harnwege)

Die Haarwürmer *Capillaria hepatica* und *Capillaria plica* kommen selten in der Leber bzw. in Harnwegen und Harnblase von Kaniden und Feliden vor.

▶ Diagnostik

Nachweis der Parasiten in histologischen Präparaten nach Leberbiopsie (*Capillaria hepatica*) bzw. der bis zu 67 × 29 µm großen, tonnenförmigen, mit Polpfröpfen versehenen Eier im Urinsediment (*Capillaria plica*).

Spirocerca lupi (Gastrointestinaltrakt, andere Organe)

Spirocerca lupi ist in den Tropen und Subtropen verbreitet und parasitiert vorzugsweise beim Hund, aber auch bei der Katze und anderen wild lebenden Kaniden im Ösophagus, in der Magen- und Darmwand und gelegentlich in verschiedenen anderen Organen mit der Ausbildung von tumorartigen Granulomen.

▶ Diagnostik

Bei Schlingbeschwerden, Würgen, Erbrechen, Verdauungsstörungen, Atemnot und Abmagerung kann eine endoskopische und röntgenologische Untersuchung hinweisend sein. Der Nachweis erfolgt anhand der bis 35 × 15 µm messenden, dickschaligen und embryonierten Eier im Kot mittels Flotationsmethode.

Thelazia callipaeda, Thelazia californiensis (Auge)

Diese beiden Arten kommen bei Hund und Katze und anderen Karnivoren vor. Die etwa 7,5–19 mm langen Adulten siedeln im Konjunktivalsack sowie in den Tränengängen und können Konjunktivitis und Keratokonjunktivitis auslösen.

▶ Diagnostik

Nach Einbringen eines Lokalanästhetikums in den Konjunktivalsack und Spülung der Konjunktivalsäcke und Tränennasengänge lassen sich ausgewanderte Würmer sowie Larven I im Sediment der Spülflüssigkeit nachweisen.

Zestoden

Taeniidae (Dünndarm)

Diese Familie umfasst die Gattungen *Taenia* und *Echinococcus*.

Zu den in Mitteleuropa häufigen *Taenia*-Arten zählen beim Hund *Taenia hydatigena* und *Taenia pisiformis*, bei der Katze *Taenia taeniaeformis*.

▶ Diagnostik

Nachweis von Proglottiden oder Proglottidenverbänden sowie von runden, dickschaligen, radiär gestreiften, im Durchmesser etwa 35 µm großen Taenieneiern mit einer Hakenlarve (Onkosphäre) (**Abb. 32.40**) im Kot mittels Flotationsmethode. Bandwurmproglottiden sollten in einem separaten Ge-

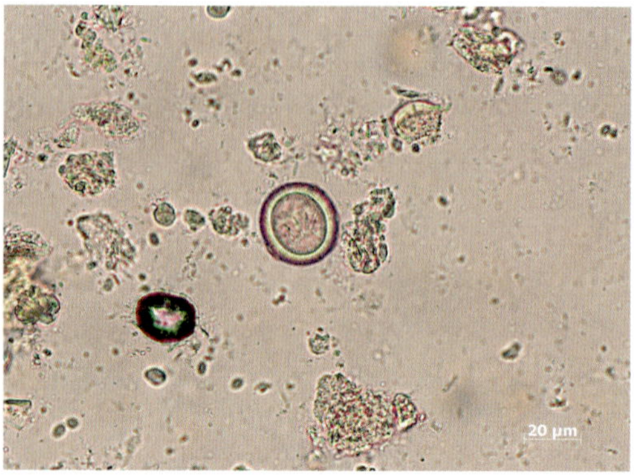

Abb. 32.40 Taenien-Ei mit Onkosphäre (Hakenlarve)

fäß in 70%igem Alkohol bis zur Untersuchung aufbewahrt und eingesandt werden, da sie sich im Kot bereits nach Stunden farblich und morphologisch stark verändern und nicht mehr sichtbar sind. An der Schwanzunterseite oder in der Perianalgegend des Tieres haftende Proglottiden und Taenieneier können auch mittels Klebestreifen-Abklatsch-Methode erfasst werden. Eier von Bandwürmern der Familie Taeniidae sind morphologisch nicht differenzierbar. Eine Unterscheidung, insbesondere die Identifizierung von *Echinococcus*-Eiern, kann nur mithilfe von molekularbiologischen Methoden (PCR) in Speziallabors erfolgen. Bei mit Taenien befallenen Tieren stehen als diagnostische Nachweisverfahren auch Koproantigen-ELISAs zur Verfügung.

▶ *Taenia hydatigena*

Dünndarmparasit von Hund und wild lebenden Kaniden, weltweite Verbreitung. Zwischenwirte: herbi- und omnivore Haustiere.

Reife Proglottiden sind 8–10 mm lang und durch randständige, einseitige, unregelmäßig alternierende Geschlechtsöffnungen sowie einen kurzen Uterusmedianstamm mit je 5–10 Seitenverzweigungen ausgestattet.

▶ *Taenia pisiformis*

Dünndarmparasit von Hund und wild lebenden Kaniden, selten auch bei der Katze. Zwischenwirte: Hase, Kaninchen und Kleinnager.

Reife Proglottiden sind 7–10 mm lang und durch randständige, einseitige, unregelmäßig alternierende Geschlechtsöffnungen sowie einen langen Uterusmedianstamm mit 8–14 Seitenverzweigungen gekennzeichnet.

▶ *Taenia multiceps*

Dünndarmparasit von Hund und wild lebenden Kaniden, in Mitteleuropa selten auftretend. Zwischenwirte: herbi- und omnivore Haustiere sowie sehr selten der Mensch (als Fehlwirt; Zoonoseerreger).

Reife Proglottiden sind 8–12 mm lang und durch randständige, einseitige, unregelmäßig alternierende Geschlechtsöffnungen und einen Uterusmedianstamm mit bis zu 25 Seitenverzweigungen charakterisiert.

▶ *Taenia taeniaeformis*

Häufiger Dünndarmparasit von Katze, gelegentlich Fuchs und sehr selten auch Hund. Zwischenwirte: Ratten, Mäuse, Bisam sowie andere Nager.

Reife Proglottiden sind durch randständige, einseitige, unregelmäßig alternierende Geschlechtsöffnungen und einen Uterusmedianstamm mit 5–19 sackförmig endenden Seitenverzweigungen gekennzeichnet.

▶ *Taenia ovis, Taenia crassiceps, Taenia serialis, Taenia polyacantha*

Selten bei Hund und Katze; *Taenia ovis* ist am ehesten bei Importhunden zu finden.

▶ *Echinococcus granulosus*

Weltweit vorkommender Bandwurm von Hunden und Wildkarnivoren, besonders häufig in Rinder- und Schafzuchtgebieten Südeuropas, v. a. im Balkan. Zwischenwirte:

herbi- und omnivore Haustiere, der Mensch ist ggf. Fehlwirt (Zoonoseerreger).
Der sehr kleine, im Dünndarm parasitierende Bandwurm ist meist dreigliedrig und bis 6 mm lang. Die Geschlechtsöffnung liegt in der Mitte der weißlichen, länglichen, graviden Endproglottide (0,5–3 mm). Der Medianstamm des graviden Uterus weist seitliche Ausbuchtungen auf.

▶ *Echinococcus multilocularis*

In der nördlichen Hemisphäre vorkommender Bandwurm von Füchsen, von Wildkarnivoren, Hunden und gelegentlich Katzen. In Süddeutschland sind gebietsweise bis zu 80 % der Füchse befallen. Zu den endemischen Regionen gehören die Schwäbische Alb und das südliche Oberbayern. Zwischenwirte: Kleinsäuger (Mäuse, Ratten, Bisam); der Mensch fungiert in seltenen Fällen als Fehlwirt (Zoonoseerreger).
Der im Dünndarm parasitierende Bandwurm ist meist fünfgliedrig und nur etwa 3,7 mm lang. Die Geschlechtsöffnung liegt im vorderen Bereich der graviden Endproglottide. Der gravide Uterus ist sackförmig ohne seitliche Ausbuchtungen.

Dipyliidae (Dünndarm)

Dünndarmparasiten bei Hund, Katze, wild lebenden Karnivoren, *Dipylidium caninum* selten auch beim Menschen. Zwischenwirte: *Dipylidium caninum:* Flöhe und Haarlinge; seltener kommen *Diplopylidium* spp. und *Joyeuxiella* spp. vor: erster Zwischenwirt Dungkäfer, zweiter Zwischenwirt Eidechsen, andere Reptilien und Kleinnager.

▶ Diagnostik

Nachweis von typischen Eipaketen (Eikapseln) mittels Flotationsverfahren oder von Proglottiden

▶ *Dipylidium caninum*

Eipakete ca. 120 × 200 µm groß, enthalten durchschnittlich 20 Eier (**Abb. 32.41**). Proglottiden: rosafarben, kürbiskern- oder gurkenkernähnlich mit doppeltem Satz von Geschlechtsorganen und zwei randständigen, in der Mitte gelegenen Geschlechtsöffnungen. Die Proglottiden können sowohl auf dem Kot als auch im Bereich des Anus, im Fell oder Lager des Tieres gefunden werden, da diese aktiv aus dem Anus in die Außenwelt auswandern. Auf eine *Dipylidium-caninum*-Infektion hinweisend ist das »Schlittenfahren des Hundes« infolge Juckreizes im Bereich des Afters.

▶ *Diplopylidium* spp.

Eikapseln enthalten jeweils nur ein Ei. Proglottide: weiß, kürbiskernförmig mit proximal gelegenen, bilateral angeordneten Geschlechtsöffnungen, eher selten zu finden.

▶ *Joyeuxiella* spp.

Eikapseln enthalten jeweils nur ein Ei. Proglottide: weiß, rechteckig mit median beidseits vorhandenen Geschlechtsöffnungen; eher selten anzutreffen.

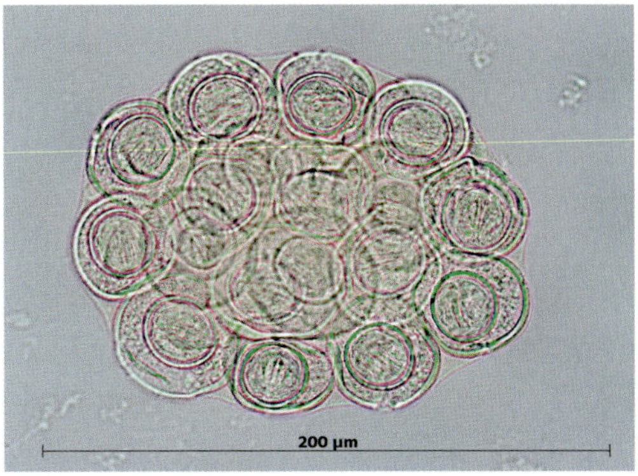

Abb. 32.41 Eipaket von *Dipylidium caninum*

32

Mesocestoididae (Dünndarm)

▶ *Mesocestoides lineatus, Mesocestoides leptothylacus*

Dünndarmparasit von Füchsen und anderen wild lebenden Karnivoren, Hund und Katze in Europa. Die Entwicklung ist nur unvollständig bekannt. Zwischenwirte für das dritte Larvalstadium sind Amphibien, Reptilien, Vögel und Säugetiere.

▶ Diagnostik

Nachweis von Proglottiden (länger als breit) mit in der Mitte gelegenem Eibehälter (Paruterinorgan) auf dem Kot (**Abb. 32.42**). Eier (bis 60 × 40 µm groß, dickwandig) werden nur selten im Kot mithilfe der Flotationsmethode nachgewiesen.

Diphyllobothriidae (Dünndarm)

▶ *Diphyllobothrium latum*

Der Grubenkopf- oder Fischfinnenbandwurm, in erster Linie Dünndarmparasit des Menschen, parasitiert auch bei Fisch fressenden Säugetieren wie Hund, Katze, Fuchs, Schwein, Wildkarnivoren und Seehunden. Erste Zwischenwirte sind Kleinkrebse, zweite Zwischenwirte Fische.

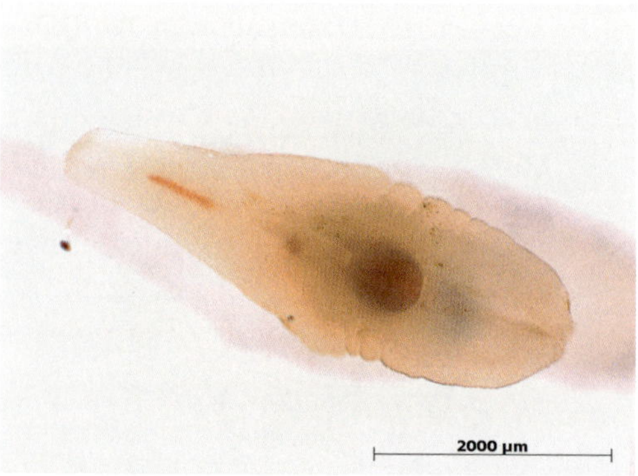

Abb. 32.42 Proglottide von *Mesocestoides* spp.

▶ Diagnostik

Nachweis von ovalen, goldgelben, dickschaligen, bis 70 × 50 µm großen Eiern mit einem Operkulum an einem Pol mit Sedimentationsverfahren oder von Proglottiden (breiter als lang, mit rosettenförmigem Uterus im Zentrum der Proglottide und bauchständig gelegenen Geschlechtsöffnungen) auf dem Kot.

Pentastomiden

> Wegen der ungeklärten systematischen Stellung der Pentastomiden wird *Linguatula serrata* hier gesondert im Anschluss an die Helminthen abgehandelt.

Linguatula serrata (Nase)

Der Zungen- oder Nasenwurm siedelt bei Kaniden und Feliden als adulter Parasit in Nasen- und Nasennebenhöhlen. Er ist weltweit verbreitet, kommt insbesondere bei streunenden Hunden im östlichen Mittelmeerraum endemisch vor. Als Zwischenwirte fungieren im Wesentlichen herbivore Haustiere. In Deutschland ist dieser Parasit ein außerordentlich seltener Fund.

▶ Diagnostik

Symptome wie Niesen, Schniefen und bisweilen blutiger Nasenausfluss im Zusammenhang mit einem Auslandsaufenthalt sind verdächtig für einen Pentastomidenbefall. Die Diagnose basiert auf dem Nachweis der bis zu 2 cm (Männchen) bzw. 13 cm (Weibchen) langen Würmer mittels Rhinoskopie und/oder der rundlichen, embryonierten, bis 90 × 70 µm großen Eier im Nasenausfluss oder Kot mittels Flotationsverfahren. Aufgrund der klebrigen Außenschale der Eier sollte der Kot vor Durchführung der Flotation mit 5%iger Kalilauge versetzt und einige Stunden gewässert werden.

Protozoen

Cystoisospora spp. (Dünndarm)

Beim Hund parasitieren im Dünndarm die Arten *Cystoisospora canis, Cystoisospora ohioensis* und *Cystoisospora burrowsi,* bei der Katze *Cystoisospora felis* und *Cystoisospora rivolta.*

▶ Diagnostik

Der Nachweis der beim Hund 39 × 32 µm bzw. 24 × 20 µm bzw. 21 × 18 µm, bei der Katze 45 × 33 µm bzw. 26 × 24 µm großen, rundlichen oder ovalen, unsporulierten Oozysten im frischen Kot erfolgt mittels Flotationsmethode (**Abb. 32.43**).

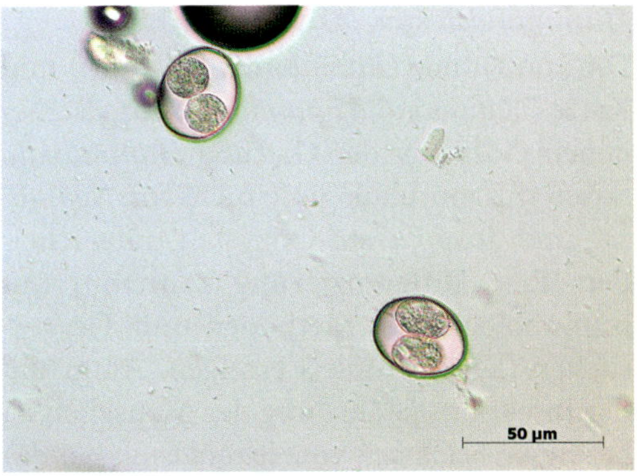

Abb. 32.43 Sporulierte Oozysten von *Cystoisospora canis*

Toxoplasma gondii (ZNS, Muskulatur, innere Organe)

Toxoplasma gondii zeichnet sich durch ein breites Wirtsspektrum aus, das alle Säugetiere, auch den Menschen, als Zwischenwirte mit der Ausbildung von Gewebszysten erfasst. Hierbei werden in Abhängigkeit von den befallenen Organen (ZNS, Lunge, Leber, Pankreas, Herz und Augen) klinisch manifeste Krankheitsbilder beobachtet. Meist stehen neurologische Symptome im Vordergrund. Endwirte sind Katzen und andere Feliden. *Toxoplasma-gondii*-Oozysten werden vorwiegend von jüngeren, noch nicht immunkompetenten oder älteren Tieren mit einem geschwächten Immunsystem ausgeschieden. Oozysten ausscheidende Katzen stellen ein Infektionsrisiko für immunsupprimierte Personen sowie schwangere Frauen ohne *Toxoplasma-gondii*-Antikörper dar.

▶ Diagnostik

Die Diagnose einer Toxoplasmose wird intra vitam mittels serologischer (IFAT, ELISA) und molekularbiologischer Methoden (PCR), post mortem durch Nachweis der Gewebszysten mithilfe histologischer und immunhistologischer Untersuchungen gestellt. Zur Abklärung einer akuten Infektion werden zwei Serumproben im Abstand von 2–4 Wochen untersucht. Hohe und ansteigende Antikörpertiter deuten dann auf einen akuten Verlauf hin, über Monate persistierende Antikörpertiter sprechen für eine klinisch inapparente Infektion. Der Nachweis von Oozysten im Kot erfolgt bei Katzen mittels Flotationsverfahren. Zur Überprüfung, ob Katzen ein aktuelles Infektionsrisiko für den Menschen darstellen, wird empfohlen, eine serologische Untersuchung in Kombination mit vier koproskopischen Untersuchungen in wöchentlichen Abständen durchzuführen. Katzen gelten als bereits infiziert, wenn sie zu Beginn der Untersuchung Antikörper gegen *Toxoplasma* aufweisen und stellen nach Abschluss der Kotuntersuchungen dann wahrscheinlich kein Infektionsrisiko mehr dar (Ausnahme: reshedding). Werden bei der Katze aber noch keine Antikörper nachgewiesen, ist das Tier für eine Infektion empfänglich und kann ggf. erst zu einem späteren Infektionszeitpunkt zum Oozystenausscheider werden. Die unsporulierten, rundlichen Oozysten sind durchschnittlich 12,4 × 10,5 µm groß und sind nicht von *Hammondia*-Oozysten zu unterscheiden.

Hammondia spp. (Dünndarm)

Die von Hund (*Hammondia heydorni*) und Katze (*Hammondia hammondi*) ausgeschiedenen Oozysten der Gattung *Hammondia* lassen sich morphologisch nicht von *Neospora*- und *Toxoplasma*-Oozysten unterscheiden. Eine Differenzierung kann nur mit immunologischen Methoden und Tierversuchen (heute obsolet) erfolgen. Aufgrund der Infektionsgefährdung des Menschen ist bei einem Nachweis von *Toxoplasma-gondii*-ähnlichen Oozysten im Kot von Katzen immer von *Toxoplasma*-Oozysten auszugehen.

▶ Diagnostik

Nachweis von unsporulierten, durchschnittlich 11,9 × 11,1 µm (Hund) bzw. 11,4 × 10,6 µm (Katze) großen, rundlichen Oozysten in frischem Kot mittels Flotationsverfahren.

Neospora caninum (ZNS, Muskultur, innere Organe, Haut)

Nach dem heutigen Kenntnisstand fungiert der Hund sowohl als Endwirt von *Neospora caninum,* einer weltweit verbreiteten Kokzidie, als auch als Zwischenwirt mit Ausbildung von Zysten in ZNS, Retina und Muskulatur. Resultierende Erkrankungen können sich in Form von Hinterhandparese, -paralyse, Streckkrämpfen, Schluck-, Schlingbeschwerden, Muskelschwäche, -atrophie sowie Herzversagen äußern. Überwiegend sind Welpen und Junghunde betroffen, doch können auch ältere Hunde erkranken.

▶ Diagnostik

Der Nachweis der Oozysten erfolgt im Kot mittels Flotationsverfahren. *Neospora*-Oozysten werden unsporuliert ausgeschieden, sind rundlich, durchschnittlich 11,7 × 11,3 µm groß und *Hammondia-heydorni*-Oozysten morphologisch sehr ähnlich. Die Diagnose einer durch *Neospora*-Zysten bedingten Erkrankung ist intra vitam mittels serologischer (IFAT, ELISA) und molekularbiologischer Verfahren (PCR), post mortem durch histologische Untersuchung zu stellen.

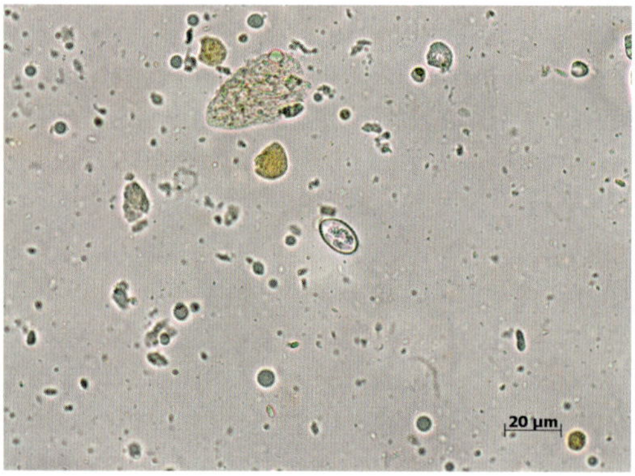

Abb. 32.44 Sporozyste von *Sarcocystis* spp.

Sarcocystis spp. (Dünndarm)

Hunde und Katzen sind neben dem Menschen die Endwirte von Sarkosporidien der herbi- und omnivoren Tiere.

▶ Diagnostik

Nachweis von Sporozysten in frischem Kot mittels Flotationsverfahren. Die Sporozysten messen beim Hund artabhängig bis zu 16,3 × 10,8 µm und bei der Katze bis zu 12,5 × 8,5 µm (**Abb. 32.44**).

Cryptosporidium spp. (Dünndarm)

Infektionen mit Cryptosporidien werden bei Hunden (*Cryptosporidium canis, Cryptosporidium parvum*) und Katzen (*Cryptosporidium felis, Cryptosporidium parvum*) weltweit beschrieben. Befallene Tiere können Ansteckungsquelle für immunsupprimierte Personen sein.

▶ Diagnostik

Nachweis von sehr kleinen, runden, stark lichtbrechenden, durchschnittlich etwa

5,5 × 4 µm großen Oozysten unter Zugabe von Karbolfuchsinlösung im luftgetrockneten Kotausstrich. Daneben werden Koproantigen-ELISAs zum Nachweis von *Cryptosporidium*-spezifischem Antigen eingesetzt.

Giardia duodenalis (Dünndarm)

Die bei Hunden und Katzen vorkommenden Giardien gehören zur *Giardia-duodenalis*-Gruppe. Sie bereiten oft bei Jungtieren klinische Probleme in Form von rezidivierendem Durchfall. Mit den Genotypen A und B infizierte Hunde und Katzen können als Ansteckungsquelle für den Menschen dienen.

▶ Diagnostik

Nachweis der bis 15 × 11 µm großen, ovalen Zysten (**Abb. 32.45**) mit zwei oder vier Kernen im Kot mittels MIFC-Verfahren, SAF-Anreicherung oder der bilateral symmetrischen, birnenförmigen, bis 17 × 10 µm großen Trophozoiten (vegetative Formen) mit zwei gebogenen Mediankörpern und acht Geißeln im Duodenalsaft nach Endoskopie. Heute werden vor allem Koproantigen-ELISAs zum Nachweis von *Giardia*-spezifischem Antigen angewendet.

Tritrichomonas foetus (Dünndarm)

Dieser Parasit gilt als Durchfallerreger bei Katzen.

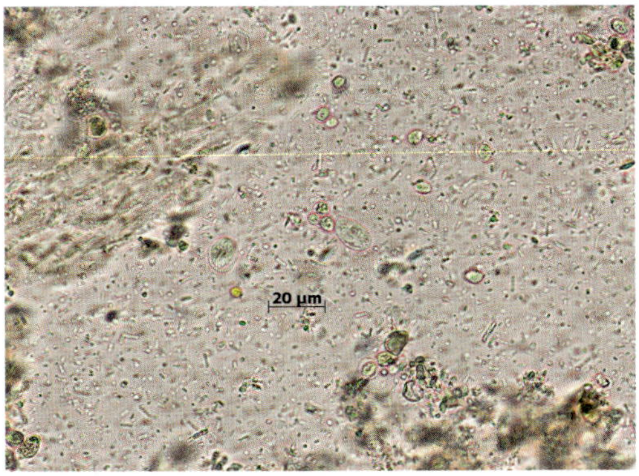

Abb. 32.45 Zyste von *Giardia duodenalis*

▶ Diagnostik

Sie beruht auf dem direkten Erregernachweis (bis 17 × 11 µm große, birnenförmige Flagellaten mit drei an Basalkörperchen entspringenden Vordergeißeln und einer Schleppgeißel), die mit einem speziellen Nährmedium (kommerzielles Kultursystem, z. B. InPouch®) selektiv angereichert werden können. Zusätzlich kommen molekularbiologische Methoden (PCR) zum Einsatz.

Leishmania infantum (Blut, Haut, innere Organe, Knochenmark)

Leishmania infantum ist in Mittelmeerländern weit verbreitet und verursacht beim Hund Leishmaniose, eine systemische, meist alle Organsysteme erfassende, chronisch verlaufende Krankheit, die ohne Behandlung oft tödlich endet. Bei Katzen liegen vereinzelt Berichte über Infektionen aus mediterranen Ländern vor; in Erkrankungsfällen dominieren kutane Verlaufsformen im Gesichtsbereich. Leishmanien parasitieren intrazellulär in den Makrophagen und werden durch weibliche Schmetterlingsmücken (Gattung *Phlebotomus*) übertragen. *Leishmania infantum* ist auch für den Menschen als Zoonoseerreger von Bedeutung.

▶ Diagnostik

Die Diagnose gestaltet sich bisweilen schwierig. Von Bedeutung sind Angaben zu Auslandsaufenthalten, eventuell mehrere Jahre zurückliegend, klinische Symptome und veränderte Laborparameter wie Hypergamma-, Hyperbetaglobulinämie und Hypalbuminämie. Beweisend sind ein positiver Befund im IFAT, ELISA, Western Blot und/oder ein DNA-Nachweis in der PCR. Ein direkter Nachweis der Leishmanien (eiförmig oder rund, bis 5 × 2 µm groß, mit einem deutlichen Kern und einem stabähnlichen Kinetoplasten) kann in giemsagefärbten Ausstrichen aus Lymphknotenaspiraten und/oder Knochenmarkspunktaten geführt werden. Histopathologische Untersuchungen sind lediglich bei Feststellung der Parasiten in den Bioptaten aussagekräftig. Dies gelingt aber nur bei Vorhandensein von zahlreichen Leishmanien in der Gewebeprobe. Eine Anzüchtung der Erreger aus Bioptaten in speziellen Kulturmedien benötigt 3–5 Tage.

Molekularbiologische Untersuchungsmethoden (PCR) sind zur Absicherung der Diagnose im frühen Infektionsstadium, bei grenzwertigem oder negativem serologischem Ergebnis sowie zur Kontrolle nach einer Leishmaniose-Therapie zu empfehlen. Die PCR weist bei Verwendung von Knochenmarkpunktaten eine Sensitivität und Spezifität von fast 100 % auf, da sich die Leishmanien überwiegend in das Knochenmark zurückziehen. Die Untersuchung von Blutproben ergibt dagegen nur eine Nachweisrate von ca. 60 %.

Babesien beim Hund (Blut)

Babesien werden heute nicht nur bei aus dem Ausland importierten oder nach einem Auslandsaufenthalt zurückkehrenden Hunden (Mittelmeerraum), sondern in den letzten Jahren auch regelmäßig in bestimmten Regionen Deutschlands (Baden-Württemberg, Saarland, Rheinland-Pfalz, Mark Brandenburg) als Erreger autochthoner Infektionen nachgewiesen. Bei den Babesien des Hundes unterscheidet man große Babesien und kleine Babesien. Die **großen Babesien** des Hundes umfassen *Babesia canis, Babesia vogeli* und *Babesia rossi,* die durch Zecken der Arten *Dermacentor reticulatus, Rhipicephalus sanguineus* bzw. *Haemaphysalis elliptica* übertragen werden. Sie lassen sich nur molekularbiologisch voneinander abgrenzen. **Kleine Babesien** werden aufgrund neuer molekularbiologischer Studien in mindestens drei Arten (*Babesia gibsoni, Babesia conradae, Theileria annae*) aufgeteilt. Als Vektoren sind für *Babesia gibsoni* Zecken der Arten *Haemaphysalis bispinosa* und *Haemaphysalis longicornis* bekannt. In mediterranen Ländern wird die Hundebabesiose hauptsächlich durch große Babesien verursacht, doch ist auch ein Vorkommen kleiner Babesien, z. B. in Italien, Frankreich und in Nordspanien, belegt.

▶ Diagnostik

Zur Absicherung der Diagnose von *Babesia*-Infektionen sollten nach gründlicher Befragung des Tierbesitzers nach Reisen in endemische Gebiete des Auslandes oder Herkunft aus solchen sowie nach Zeckenbefall und Bewertung klinischer Symptome (bei akutem Krankheitsverlauf: Fieber, Anämie, Ikterus, Hämoglobinurie, Bilirubinurie) stets ein indirekter und direkter und/oder molekularbiologischer Erregernachweis (PCR) durchgeführt werden.

Für den indirekten Erregernachweis, besonders in der chronisch-latenten Phase der Infektion, stehen als Testverfahren der IFAT sowie ELISA-Tests zur Verfügung. Da Jungtiere oft niedrige Antikörpertiter ausbilden oder im IFAT serologisch negativ reagieren, ist anzuraten, diese erst ab einem Alter von 3 Monaten auf *Babesia*-Antikörper zu untersuchen.

Für einen direkten Erregernachweis in giemsagefärbten Blutausstrichen, der meist nur in der akuten Phase der Infektion gelingt, ist Kapillarblut aus der Peripherie, z. B. Pfotenballen, zu entnehmen, da sich Babesien dort bevorzugt anreichern. Die intraerythrozytären Parasitenstadien von großen Babesien stellen sich als bis 6 × 3 μm große Doppelbirnenformen, in einem spitzen Teilungswinkel (**Abb. 32.46**) vorliegend, oder als 2–4 μm große, amöboide Formen dar. Die sehr kleinen Hundebabesien imponieren als runde oder ovale, 1,2–3,2 μm große

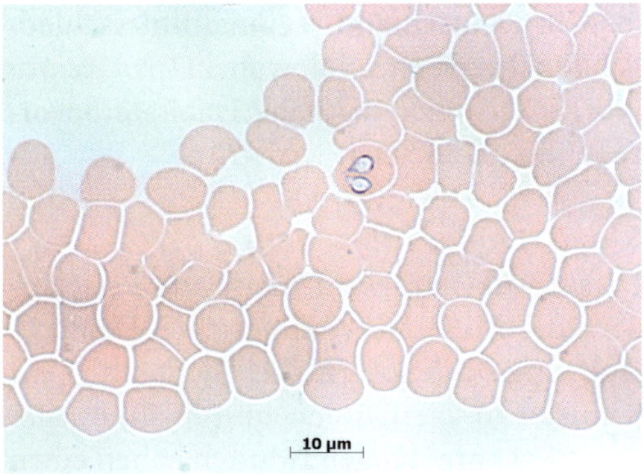

Abb. 32.46 Merozoiten von *Babesia canis* (Blutausstrich – Giemsafärbung)

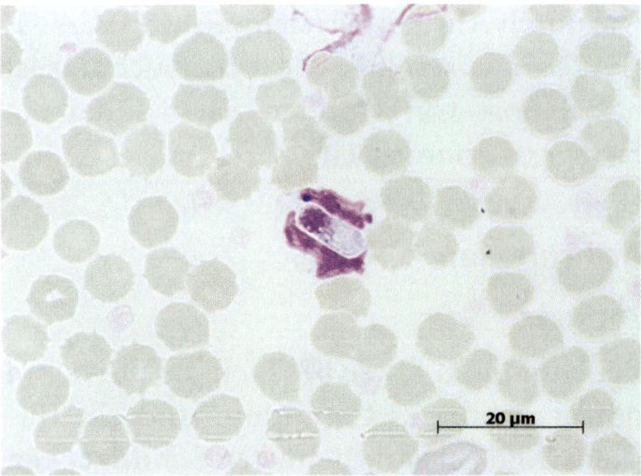

Abb. 32.47 Gamont von *Hepatozoon canis* (Blutausstrich – Giemsafärbung)

Formen, gelegentlich auch als Malteserkreuze. Sehr frische Infektionen mit Babesien werden nur mittels Parasitennachweis in gefärbten Blutausstrichen und PCR erkannt.

Babesien und Theilerien bei der Katze (Blut)

Infektionen mit Babesien bei Haus- und Wildfeliden wurden bisher in Afrika, Asien Amerika und Europa festgestellt, in Deutschland jedoch äußerst selten.

▶ Diagnostik

Nachweis kleiner intraerythrozytärer, maximal im Durchmesser 2,7 µm großer, rundlicher oder ovaler, manchmal auch als Malteserkreuz vorliegender Piroplasmen in giemsagefärbten Ausstrichen. Serologische und molekularbiologische Nachweisverfahren stehen nur in Speziallabors zur Verfügung.

Hepatozoon canis, Hepatozoon americanum (innere Organe, Muskulatur, Blut)

Bei Hunden werden *Hepatozoon*-Infektionen in Südeuropa, Afrika, Asien und Amerika (*Hepatozoon canis*) sowie in den südlichen USA (*Hepatozoon americanum*), bei Katzen in den USA und Israel beschrieben. In Deutschland ist vor allem *Hepatozoon canis* als Reiseparasit beim Hund von Bedeutung. Befallene Zellen sind neutrophile Granulozyten und Monozyten. Die Parasiten werden durch Zecken der Gattungen *Rhipicephalus sanguineus, Ixodes hexagonus* sowie vermutlich auch *Haemaphysalis* spp. übertragen.

▶ Diagnostik

Die Diagnose stützt sich neben dem Hinweis auf einen zurückliegenden Auslandsaufenthalt und den klinischen Symptomen (Fieber, Anorexie, Schwäche, Abmagerung, Anämie, Muskelatrophie, Aufstehschwierigkeiten) im Wesentlichen auf den Nachweis von länglichen, rechteckigen, durchschnittlich 11,4 × 5,4 µm großen, von einer zarten Kapsel umgebenen Gamonten (**Abb. 32.47**) in giemsagefärbten Leukozytenausstrichen (Buffy Coat) und/oder den Nachweis mittels PCR.

Trypanosoma brucei, Trypanosoma evansi (Blut)

▶ Diagnostik

Der Nachweis dieser in den Tropen beim Hund vorkommenden Flagellaten erfolgt nach Anreicherung in Mikrohämatokritkapillarröhrchen (Methode nach Woo), in giemsagefärbten Leukozytenausstrichen sowie durch Antikörpernachweis (z. B. CATT, IFAT). Eine serologische Untersuchung ist bei Export von Hunden nach Südafrika zwingend erforderlich.

Arthropoden

Zecken

Bei Hund und Katze besitzen die durch ein dorsal sichtbares Capitulum und ein Rückenschild gekennzeichneten **Schildzecken** (Ixodidae) Bedeutung.

Ixodes spp.

Ixodes ricinus, Ixodes hexagonus und *Ixodes canisuga* kommen häufig in Mitteleuropa vor. Die je nach Saugzustand 2,2–11 mm langen Stadien sind gräulich bis bräunlich. Augen fehlen. Die Analfurche umgreift den Anus von kranial (**Abb. 32.48**).

Dermacentor reticulatus, Dermacentor marginatus

Diese Buntzecken (bunt ornamentiertes Rückenschild) sind 5–16 mm lang und besitzen eine rechteckige Basis capituli und Augen (**Abb. 32.49**). Die Analfurche umgreift den Anus von kaudal. Beide Zeckenarten kommen in Deutschland regional unterschiedlich fokal verbreitet vor, wobei *Dermacentor marginatus* eher trockene Habitate bevorzugt, vor allem Schafweiden.

Rhipicephalus sanguineus

Diese Zeckenart wird meist aus Reiseländern des Mittelmeerraumes nach Deutschland eingeschleppt, ist aber nicht selten endemisch in Tierheimen und Wohnungen. Die 3,5–11 mm langen Adulten haben einen rotbraunen Rückenschild und eine sechseckige Basis capituli (**Abb. 32.50**). Augen

Abb. 32.49 *Dermacentor reticulatus* (Buntzecke) – Männchen (rechts) und Weibchen (links)

Abb. 32.48 *Ixodes ricinus* (Ventralansicht – Analfurche vor dem Anus)

Abb. 32.50 *Rhipicephalus sanguineus* (Braune Hundezecke mit sechseckiger Basis capituli – Weibchen)

sind vorhanden. Die Analfurche umgreift den Anus von kaudal.

Haemaphysalis spp.

Die Adulten sind 2,6–13 mm lang. Das 2. Segment der Palpen ist nach lateral ausgezogen, die Basis capituli rechteckig. Augen fehlen. Die Analfurche umgreift den Anus von kaudal.

> Die Zecken der Gattungen *Ixodes, Dermacentor, Rhipicephalus* und *Haemaphysalis* können als Überträger von Borrelien, Rickettsien, dem Erreger der FSME (Frühsommermeningoenzephalitis), Babesien und Hepatozoen fungieren.

▶ Diagnostik

Eine Bestimmung der Zecken erfolgt unter einer Stereolupe nach oben beschriebenen Merkmalen. Zur Artdifferenzierung ist Spezialliteratur heranzuziehen.

Milben

Sarcoptes canis

Die *Sarcoptes*-Räude der Hunde beginnt meist im Kopfbereich, besonders an den Ohrrändern, und kann sich über den gesamten Körper ausbreiten. Die schildkrötenförmigen, 200–500 µm langen Grabmilben weisen einen abgerundeten Mundkegel auf. Das 3. und 4. Beinpaar überragen den hinteren Körperrand nicht. An den Extremitäten befinden sich lange ungegliederte Haftlappenstielchen mit tulpenförmigen Haftlappen, der Rücken ist mit Borsten und dreieckigen Dornen besetzt.

Notoedres cati

Der Erreger ist Verursacher der Kopfräude bei Katzen und wird nur selten bei Hunden nachgewiesen. Eine Generalisierung der Räude ist möglich. Morphologisch bestehen, bis auf mittellange, ungegliederte Haftlappenstielchen und einen dorsal gelegenen Anus, weitgehende Übereinstimmungen mit *Sarcoptes*.

▶ Diagnostik

Hautveränderungen mit Juckreiz sind räudeverdächtig. Die Diagnose erfolgt durch den mikroskopischen Nachweis der Milben im Hautgeschabsel, das am Übergang der intakten zur veränderten Haut zu entnehmen ist. Zudem werden serologische Nachweisverfahren (*Sarcoptes*-ELISA) eingesetzt.

Otodectes cynotis

Die *Otodectes*-Räude der Katzen, Hunde und anderer Kaniden bleibt meist auf den äußeren Gehörgang und die innere Ohrmuschel beschränkt, kann aber auch den gesamten Körper erfassen. Hunde mit halb aufgestellten Ohren werden bevorzugt befallen. Die 500 × 300 µm große Milbe zeichnet sich durch einen stumpfen Mundkegel, sehr kurze und ungegliederte Haftlappenstielchen mit glockenförmigen Haftlappen aus. Die Männchen besitzen Analsaugnäpfe und kurze, den hinteren Körperrand nicht überragende Opisthosomallappen (**Abb. 32.51**).

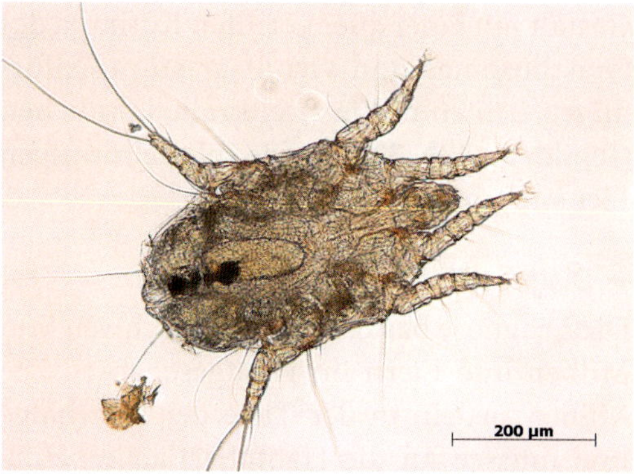

Abb. 32.51 *Otodectes cynotis* (Ohrmilbe, Männchen)

▶ Diagnostik

Der Milbennachweis erfolgt makroskopisch mithilfe eines Otoskops und/oder durch mikroskopische Untersuchung von Ohrinhalt oder Geschabselproben aus dem Gehörgang entweder als Nativpräparat oder nach 15-minütigem Erhitzen in 10%iger Kalilauge. Bei der otoskopischen Untersuchung darf die Lichtquelle erst nach Einführen des ausreichend langen Tubus in den äußeren Gehörgang eingeschaltet werden, da die Milben fototaktisch negativ reagieren und sich schnell unter die Krusten zurückziehen. Bei negativem Befund sollte wiederholt otoskopiert oder mehrere Proben untersucht werden, auch von anderen Körperregionen, falls diese Veränderungen aufweisen.

Demodex spp.

Die Demodikose kann lokalisiert oder generalisiert auftreten. Klinische Symptome wie Hautveränderungen im Gesichtsbereich (Brillenbildung) und an den Pfoten sowie das Alter der betroffenen Tiere, meist jünger als ein Jahr, sind verdächtig für eine durch Demodex-Milben beim Hund (*Demodex canis, Demodex injai*) verursachte Erkrankung. Bei der Katze wird die Demodikose (*Demodex cati, Demodex gatoi*) selten beobachtet. Es handelt sich um bis zu 300 µm lange, weißliche Milben von zigarrenförmiger Gestalt mit einer quer gerillten Kutikula des Opisthosomas und vier Paar stummelförmigen Beinen mit je zwei krallenähnlichen Gebilden (**Abb. 32.52**). Die spindelförmigen Eier sind ca. 90 × 25 µm groß.

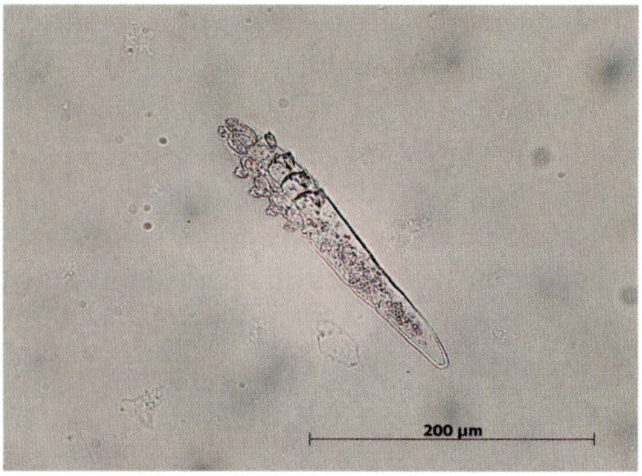

Abb. 32.52 *Demodex* spp. (Haarbalgmilbe)

▶ Diagnostik

Die Diagnose basiert auf dem Nachweis von Milben und Eiern im Hautgeschabsel. Die Milben siedeln in der Tiefe der Haarbälge und müssen an die Hautoberfläche befördert werden. Hierzu wird eine Hautfalte am Übergang zwischen verändertem und unverändertem Hautareal zwischen Zeigefinger und Daumen fest gepresst und dann tief und breitflächig geschabt. Eine Demodikose liegt nur bei positivem Milbennachweis in Verbindung mit klinischen Symptomen vor. Bei chronischen, sekundär infizierten Hautveränderungen kann der Milbennachweis schwierig sein. In diesen Fällen ist eine Hautbiopsie durchzuführen.

Neotrombicola autumnalis

Durch *Neotrombicola autumnalis* (Herbstgrasmilbe) bedingte Hautveränderungen werden hauptsächlich im Spätsommer und Herbst im Zwischenzehenraum, im Bereich von Augen, Lippen, Nasenrücken und Ohrmuscheln, bei Katzen auch an der Schwanzspitze festgestellt. Nur die Larven mit drei Beinpaaren parasitieren, ihre Größe beträgt 250–500 µm. Die orangeroten Milben werden in Form von Nestern mithilfe einer Lupe diagnostiziert.

Cheyletiella spp.

Bei starkem Befall (Hund: *Cheyletiella yasguri*, Katze: *Cheyletiella blakei)*, insbesondere bei Jungtieren, können räudeartige Hautveränderungen im Bereich des Kopfes und des Rückens festgestellt werden. Diese Raubmilbe ist etwa 540 × 340 µm groß, besitzt

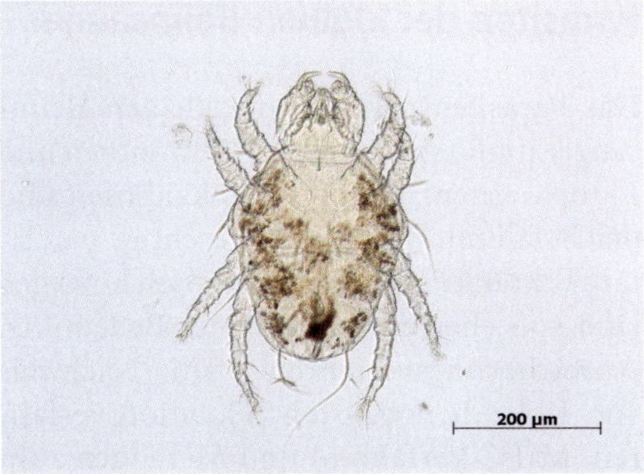

Abb. 32.53 *Cheyletiella yasguri* (Raubmilbe)

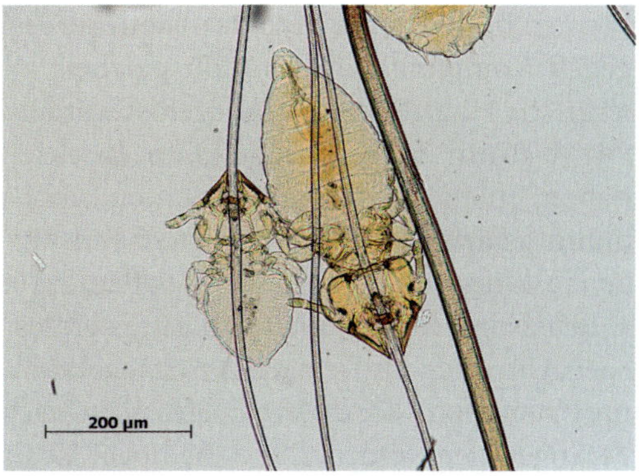

Abb. 32.54 *Felicola subrostratus* (Katzenhaarling)

einen dorsoventral abgeplatteten Körper, der in der Aufsicht sechseckig erscheint, sowie kräftige Maxillarpalpen mit mächtigen Klauen (**Abb. 32.53**).

▶ Diagnostik

Nachweis mittels Klebeband-Abklatsch-Präparat von verdächtigen Hautstellen. Alternativ können die Patienten auf einer dunklen Unterlage ausgebürstet und abfallendes Material oder Hautgeschabsel auf Milben durchgemustert werden.

Haarlinge

Trichodectes canis

Der Hundehaarling ist bis 1,5 mm lang, von gelblicher Farbe, dorsoventral abgeplattet, besitzt beißend-kauende Mundwerkzeuge und einen rechteckigen Kopf, der vorne abgestumpft und breiter als der Thorax ist.

Felicola subrostratus

Der hellgelbe Katzenhaarling ist bis 1,3 mm lang und weist einen fünfeckigen Kopf auf, der breiter als der Thorax ist (**Abb. 32.54**).

▶ Diagnostik

Haarlinge werden vorzugsweise bei schlecht gepflegten Tieren festgestellt. Prädilektionsstellen sind Kopf, Hals und Rücken.

Nachweis der Parasiten mithilfe einer Lupe im Zusammenhang mit klinischen Symptomen (Juckreiz, Nissen an den Haaren). Haarlinge sind tierartspezifisch.

Läuse

Linognathus setosus

Linognathus setosus parasitiert vorwiegend auf dem Hund, aber auch auf dem Fuchs. Katzen haben keine eigene Läuseart. Die bräunlich weiße, bis 1,7 mm lange Hundelaus besitzt einen Kopf, der nur wenig schmäler ist als der Thorax.

▶ Diagnostik

Läuse werden wie Haarlinge vorzugsweise bei schlecht gepflegten Tieren festgestellt. Prädilektionsstellen sind ebenfalls Kopf, Hals und Rücken.
Nachweis der Parasiten mithilfe einer Lupe im Zusammenhang mit klinischen Symptomen (Juckreiz, Nissen an den Haaren). Läuse sind tierartspezifisch.

Flöhe

Flöhe spielen als Überträger von Bandwürmern (z. B. *Dipylidium caninum*), Nematoden, (*Dipetalonema reconditum*) sowie Viren und Bakterien (*Bartonella*) eine wichtige Rolle. Durch wiederholten Flohbefall können infolge einer Hypersensibilisierung gegen Komponenten des Flohspeichels allergische Hautreaktionen ausgelöst werden. Die 1–8 mm langen, flügellosen Insekten haben einen seitlich abgeflachten, meist braun gefärbten Körper und stechend-saugende Mundwerkzeuge. Am Kopf und am 1. Brustsegment befinden sich kurze einlegbare Antennen und je nach Art Stachelkämme (Ctenidien), die differenzialdiagnostisch herangezogen werden. Das 3. Beinpaar ist als Sprungbein ausgebildet.

▶ Diagnostik

Nachweis durch Auskämmen des betroffenen Tieres auf einer hellen Unterlage. Da sich nur 1–5 % der Flohpopulation (Adulte) auf dem Tier und 95–99 % (Eier, Larven und Puppen) in der Umgebung befinden, sollte auch dort auf Flohstadien, z. B. Larven (bis 4 mm lang, wurmförmig, weißlich, spärlich beborstet, apod) (**Abb. 32.55**), geachtet werden. Bei Hund und Katze wird meist der Katzenfloh festgestellt (**Abb. 32.56**). Zur Diagnoseabsicherung können zusätzlich allergische Hauttests durchgeführt werden.

Parasiten der kleinen Heimsäuger

Das Parasitenspektrum der kleinen Heimsäuger umfasst Protozoen, Helminthen und Ektoparasiten. Vor allem Kokzidiosen und der Befall mit Milben sind wichtige parasitäre Erkrankungen, Helminthosen hingegen sind von eher untergeordneter Bedeutung. Anreicherungsverfahren zum Nachweis von Kokzidienoozysten (Flotationsverfahren, MIFC-Verfahren) und Methoden zum Nachweis von Ektoparasiten (Geschabsel-, Hautabklatschproben) sind die wesentlichen Elemente der parasitologischen Diagnostik bei kleinen Heimtieren.

Helminthen

Der Befall mit Helminthen – Trematoden, Zestoden bzw. deren Finnenstadien sowie mit Nematoden – ist ganz klar abhängig von der Haltungsform und Futterquelle. Infektionen mit Trematoden, Bandwürmern und Finnenstadien sind eher selten bei Heimtieren anzutreffen, da meist kein Zugang zu kontaminierten Futterquellen besteht. Bei Nagern werden häufig Oxyuren gefunden. Musteliden sind im Gegensatz empfänglich für diverse Helminthenspezies von Hund

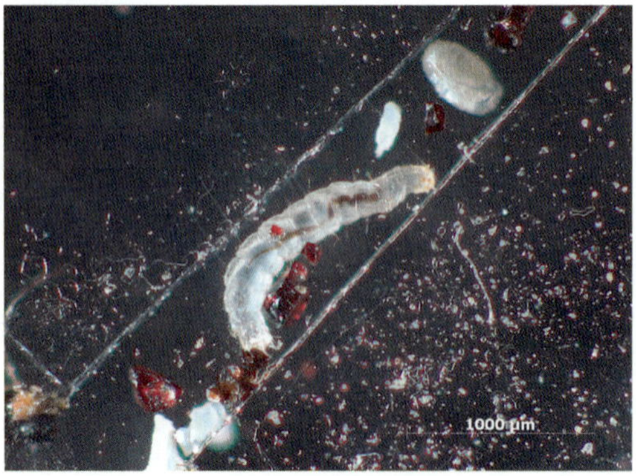

Abb. 32.55 Flohlarve

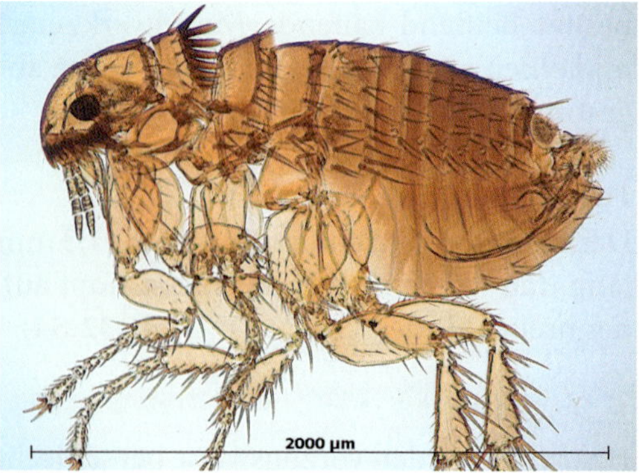

Abb. 32.56 *Ctenocephalides felis* (Katzenfloh – Männchen)

und Katze, so z.B. *Taenia* spp. oder *Toxocascaris leonina*. Somit kann auf den Teil Parasitosen bei Hund und Katze in diesem Kapitel verwiesen werden. Daneben können bei Musteliden auch Trematoden wie *Troglotrema acutum* nachgewiesen werden. Die Nachweismethode der Wahl bei Nematoden- und Zestodenbefall ist das Flotationsverfahren; eine Ausnahme ist der Nachweis von *Trichosomoides crassicauda*, ein Nematode, der in der Harnblase parasitiert. Hier gelingt der Einachweis nur mittels eines Urinsedimentes.

Nematoden

Graphidium strigosum, Trichostrongylus retortaeformis, Passalurus ambiguus

Vor allem bei jungen Kaninchen sind der Befall mit dem Magenwurm *Graphidium strigosum,* die Trichostrongylose durch *Trichostrongylus retortaeformis* und die Passalurose durch *Passalurus ambiguus* (»Pfriemenschwanz«) (**Abb. 32.57**) wichtige Parasitosen.

▶ Diagnostik

Die ausgeschiedenen Eier lassen sich mittels Flotationsverfahren nachweisen (*Passalurus ambiguus* 100 × 43 µm, dickschalig, bräunlich; *Graphidium strigosum, Trichostrongylus retortaeformis*: Eier vom *Trichostrongylus*-Typ).

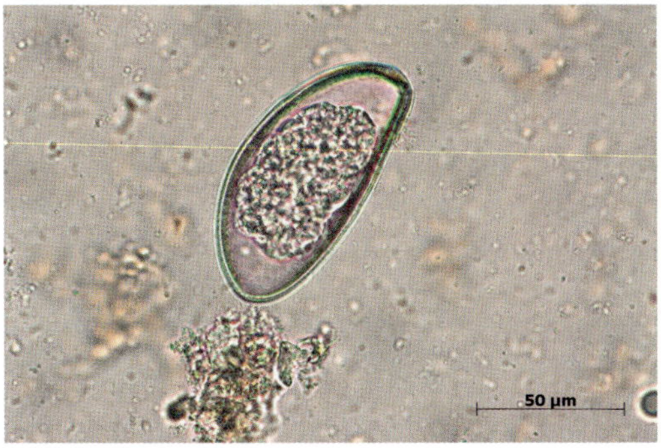

Abb. 32.57 Ei von *Passalurus ambiguus* (Pfriemenschwanz, Kaninchen)

Paraspidodera uncinata

Dieser spezifische Nematode des Meerschweinchens parasitiert im Blinddarm und erreicht eine Länge von etwa 2 cm. Vor allem sind schlecht gehaltene und verwahrloste Tiere betroffen.

▶ Diagnostik

Im Flotationspräparat sind die ovalen, dickschaligen Eier leicht nachweisbar.

Syphacia obvelata, Aspiculurus tetraptera

Bei Mäusen kommen Oxyuridosen, verursacht durch die Nematoden *Syphacia obvelata* (Ei: 45 × 130 µm, einseitig abgeflacht) und *Aspiculurus tetraptera* (Ei: 40 × 90 µm, dünnwandig, symmetrisch ellipsoid) vor, die gelegentlich Durchfall verursachen.

▶ Diagnostik

Flotationsverfahren oder Klebestreifen-Abklatsch-Präparat zum Nachweis der Eier.

Zestoden

Hymenolepis fraterna

Hymenolepis fraterna ist der wohl häufigste Zestode bei der Maus.

▶ Diagnostik

Nachweis der elliptischen Eier (40 × 55 µm) mithilfe des Flotationsverfahrens.

Protozoen

Diverse Protozoenspezies – *Eimeria* spp., *Giardia* spp., *Cryptosporidium* spp., *Tritrichomonas* spp. usw. – können bei kleinen Heimtieren nachgewiesen werden, jedoch werden die meisten Vertreter als apathogen erachtet. Im Gegensatz dazu ist bei den Eimeriosen der Kaninchen die Pathogenität einzelner Arten (z. B. *Eimeria flavescens*, *Eimeria intestinalis*, *Eimeria magna*, *Eimeria perforans*, *Eimeria stiedai*) durchaus beträchtlich. Der Nachweis von *Eimeria*-Oozysten ist über den Kot möglich. Bei der Toxoplasmose können Antikörper mittels IFAT nachgewiesen werden, da hier jedoch kleine Heimtiere als Zwischenwirt fungieren, kann mit dem Antikörpernachweis nicht zwischen einer aktiven und einer zurückliegenden Infektion unterschieden werden. Die Detektion von *Giardia*-spezifischem Antigen ist mit einem ELISA möglich, wobei nicht auf eine aktive Ausscheidung von *Giardia*-Oozysten geschlossen werden kann. Zum Nachweis von *Encephalitozoon-cuniculi*-Sporen eignet sich die Tusche-Immunreaktion, bei der speziell markierte Antikörper an der Oberfläche von *Eimeria cuniculi* binden und so die Sporen mikroskopisch sichtbar werden.

Eimeria spp., *Isospora* spp.

Diese Kokzidien kommen bei verschiedensten Nagern (Kaninchen, Chinchilla, Hamster, Meerschweinchen), Igeln und auch Musteliden vor und parasitieren im Darm und den Gallengängen. Die Schwere der klinischen Erscheinungen hängt von der Pathogenität und möglichen bakteriellen Sekundärinfektionen ab. Beim Kaninchen z. B. sind 25 Eimerienarten beschrieben, von denen insbesondere *Eimeria flavescens*, *Eimeria intestinalis*, *Eimeria magna*, *Eimeria perforans* und *Eimeria stiedai* (**Abb. 32.58**) von Bedeutung sind. Auch bei Musteliden in Farmhaltung haben Kokzidiosen erhebliche wirtschaftliche Bedeutung.

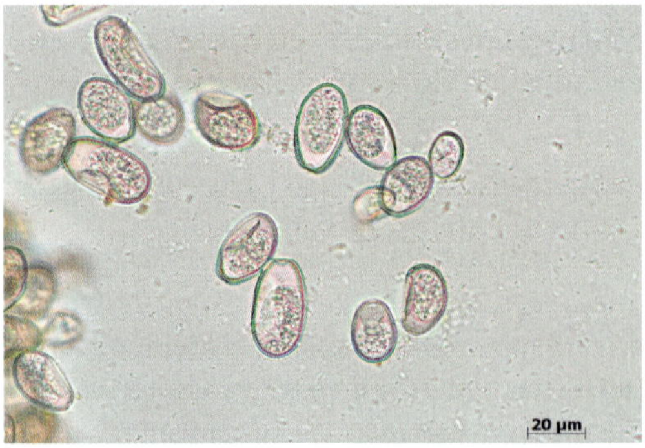

Abb. 32.58 Oozysten von *Eimeria* spp. (Kaninchen)

▶ Diagnostik

Über den Kot ausgeschiedene Oozysten können mittels Flotationsverfahren nachgewiesen werden. Eine Differenzierung der *Eimeria*-Arten ist durch erfahrenes Laborpersonal möglich.

Encephalitozoon cuniculi

Die Enzephalitozoonose des Kaninchens (selten auch bei Meerschweinchen) wird durch die obligat intrazellulär lebende Mikrosporidienart *Encephalitozoon cuniculi* hervorgerufen. Als Prädilektionsorgane gelten Gehirn und Nieren. Bei verdächtigen klinischen und labordiagnostischen (Blutbild, Nieren- und Leberwerte) Befunden sollte ein spezifischer Erregernachweis durchgeführt werden.

▶ Diagnostik

Sollten die Nieren befallen sein, können Sporen, die über den Urin ausgeschieden werden, mit der Tusche-Immunreaktion mikroskopisch sichtbar gemacht werden. Auch serologische Verfahren über den Antikörpernachweis können hinweisend auf eine Infektion sein, wobei nicht zwischen einer aktiven oder latenten Infektion unterschieden werden kann. Zusätzlich gibt es auch etablierte PCR-Nachweisverfahren.

Giardia spp.

Vor allem in Kotproben von Chinchillas (auch Hamster, Meerschweinchen) können Giardien häufig nachgewiesen werden.

▶ Diagnostik

Die 10 × 10–15 µm messenden, rübenförmigen vegetativen Formen (Trophozoiten) mit acht Geißeln sind nur in Durchfallkot nachweisbar, die äußerst widerstandsfähigen Zysten (s. Abb. 32.45) finden sich im Blinddarm und Kolon und werden mit dem Kot ausgeschieden. Der Zystennachweis von *Giardia* spp. gelingt am besten mit der MIFC-Methode, da routinemäßig verwendete Flotationsverfahren eine wesentlich geringere Sensitivität aufweisen und somit nicht alle Ausscheider erfasst werden. Ein spezifisches Koproantigen kann mit einem ELISA nachgewiesen werden.

Toxoplasma gondii

Die Toxoplasmose stellt bei Musteliden eine häufige protozoäre Erkrankung dar, die durch Verfütterung von zystenhaltigem rohem Fleisch hervorgerufen werden kann. Hasenartige und Nager dienen ebenfalls als Zwischenwirte.

▶ Diagnostik

Serologisch kann die Diagnose mit dem IFAT oder ELISA erfolgen. Auch Liquor oder Kammerwasser können für die Erregerdetektion herangezogen werden.

Tritrichomonas muris, Spironucleus muris

In größeren Mäusebeständen kann die Befallsextensität mit diesen zwei potenziell pathogenen Protozoen 100 % betragen.

▶ Diagnostik

MIFC-Methode, diese besitzt gegenüber herkömmliche Flotationsverfahren eine höhere Sensitivität. Aufgrund der geringen Kotmengen gestaltet sich dieses Verfahren allerdings oft problematisch.

Arthropoden

Bei kleinen Heimtieren kommen diverse Milbenspezies vor, die häufig zu einem eindeutigen Krankheitsbild führen und an Prädilektionsstellen zu finden sind. Dies erfordert eine entsprechende Probennahme. Deshalb wird nachfolgend der Milbenbefall gemäß der Nachweismöglichkeiten geordnet. Kaninchen können in den Sommermonaten auch von Myasis-Erregern befallen sein.

Milben

Psoroptes cuniculi

Als verdächtig für einen Befall mit *Psoroptes cuniculi* gelten die gelb-braunen, blätterteigartigen Borken am Ohrgrund und an der Innenseite der Ohrmuschel von Kaninchen.

▶ Diagnostik

Bei der mikroskopischen Untersuchung eines Ohrgeschabsels fallen 400 × 500 µm (Männchen) bzw. die 500 × 600 µm großen weiblichen Saugmilben auf. Die Milben können auch otoskopisch nachgewiesen werden.

Cheyletiella parasitovorax

Die Raubmilbe *Cheyletiella parasitovorax* parasitiert in der Nackenregion und Rückenlinie von Kaninchen. Deutlich fallen die gut ausgebildeten Klauen an den Maxillarpalpen auf.

▶ Diagnostik

Mit einem Klebestreifen-Abklatsch können die auf der Haut lebenden Milben (Männchen: 200 × 300 µm, Weibchen: 300 × 450 µm) mikroskopisch nachgewiesen werden.

Chirodiscoides caviae

Die Pelzmilbe, *Chirodiscoides caviae*, ist der häufigste Ektoparasit des Meerschweinchens.

▶ Diagnostik

Nachweis von Milben (Männchen: 180 × 300 µm, Weibchen: 150 × 450 µm) mittels mikroskopischer Untersuchung eines Klebestreifen-Abklatsch-Präparates.

Trixacarus caviae

Die Sarkoptesräude des Meerschweinchens wird durch die Grabmilbe *Trixacarus caviae* (Männchen: 100 × 135 µm, Weibchen: 145 × 190 µm) hervorgerufen. Prätarsen sind bei beiden Geschlechtern nur am 1. und 2. Beinpaar vorhanden.

▶ Diagnostik

Die Milben können in tiefen Hautgeschabseln am Übergang von gesunden zu veränderten Hautarealen nachgewiesen werden.

Myobia musculi, Myocoptes musculinus

Die *Myobia-musculi*-Milben (Männchen: 160 × 300 µm, Weibchen: 230 × 440 µm) sind wenig sklerotisiert und haben eine quer gestreifte Kutikula und stilettförmige Chelizeren. Das 1. Beinpaar ist dreifach segmentiert mit einem distalen Haken, die Tarsi der 2.–4. Beinpaare enden in ausgezogenen Krallen. *Myobia-musculinus*-Milben (Männchen: 160 × 240 µm, Weibchen: 180 × 350 µm) besitzen an den 1. und 2. Beinpaaren kurze, ungegliederte Haftstiele mit Haftscheiben. Beim Männchen ist das 4. Beinpaar deutlich verdickt, während beim Weibchen die 3. und 4. Beinpaare zu stark sklerotisierten Klauen entwickelt sind.

▶ Diagnostik

Die auf der Hautoberfläche parasitierenden Milben können mittels eines Klebefilm-Abklatsch-Präparates nachgewiesen werden.

Ornithonyssus bacoti

Die bis zu 1 mm große hämatophage Tropische Rattenmilbe, *Ornithonyssus bacoti*, kommt vor allem bei wild lebenden Ratten und Mäusen vor (**Abb. 32.59**). In der Hobbyhaltung sind häufig Gerbils, Ratten und Mäuse befallen, aber auch andere Nager und Vögel können als Wirte dienen.

▶ Diagnostik

Ein Befall ist schon makroskopisch zu erkennen. Mit einem Mikroskop kann man die scherenförmigen Chelizeren und die starke Behaarung der Milben deutlich erkennen. Das ungeteilte piriforme Rückenschild läuft nach kaudal spitz zu. Diese morphologischen Besonderheiten können zur Unterscheidung gegenüber der recht ähnlichen Roten Vogelmilbe dienen. Die Milben parasitieren den Wirt nur temporär während der Blutaufnahme.

Läuse

Polyplax serrata, Polyplax spinulosa

▶ Diagnostik

Die Läuse *Polyplax serrata* (Maus) und *Polyplax spinulosa* (Ratte) können mit einem Klebestreifen-Abklatsch-Präparat mikroskopisch nachgewiesen werden. Am Tier gelingt der Nachweis auch makroskopisch.

Haarlinge

Gliricola porcelli, Trimenopon hispidum, Gyropus ovalis

Auffallend sind die 4- oder 5-gliedrigen Antennen, gut ausgebildete Schneidemandibeln sowie die drei nicht verschmolzenen Thorakalsegmente. Die Eier werden am Haaransatz abgelegt und festgekittet. Prädilektionsstellen sind der Hals- und Kopfbereich.

▶ Diagnostik

Die 1–2 mm großen Mallophagen des Meerschweinchens können mesoskopisch festgestellt werden. Auch mittels Klebestreifen-Abklatsch-Präparat kann ein Befall nachgewiesen werden.

Flöhe

Spilopsyllus cuniculi

▶ Diagnostik

Der 1,4–2 mm große Floh ist bei Wildkaninchen nachweisbar. Er besitzt ein Pronotal- und Genalctenidium und eine stark abfallende Stirnpartie. Prädilektionsstellen sind die Ohren und Ohrbasis.

Fliegen im weiteren Sinne

Calliphoridae *(Lucilia sericata)*

Myasis-Erreger kommen bei Kaninchen vor allen in den warmen Sommermonaten vor. Gold-, Schmeiß- und andere Fliegenarten legen ihre Eier in Wunden bzw. in die verschmutzte Analregion und den Skrotalfalten ab.

▶ Diagnostik

Die massenhaft schlüpfenden Larven können direkt am Tier nachgewiesen werden, wo sie über die Darmmukosa des Enddarms auch in die Bauchhöhle eindringen können.

Parasiten der Vögel

Das Spektrum der Endo- und Ektoparasiten bei Stuben- und Wirtschaftsgeflügel ist sehr groß, sodass in der vorliegenden Aufstellung nur eine exemplarische Auswahl wiedergegeben werden kann. Bei Wirtschaftsgeflügel sind vor allem Eimeriosen und Milbenbefall mit *Dermanyssus gallinae*, der Roten Vogelmilbe, von Bedeutung. Helminthosen sind dagegen besonders bei Geflügel in der Freilandhaltung zu finden. Als wichtigste Nachweismethoden kommen in der parasitologischen Diagnostik bei Vögeln das Flotationsverfahren und die Entnahme von Hautgeschabseln zum Einsatz.

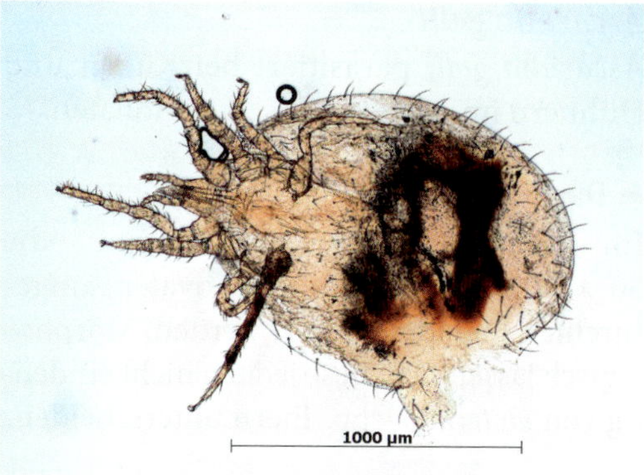

Abb. 32.59 *Ornithonyssus bacoti* (Tropische Rattenmilbe)

Helminthen

Prosthogonimus spp.

Die adulten Trematoden parasitieren im Eileiter sowie der Bursa fabricii von wild lebenden Vögeln, aber auch bei Wirtschaftsgeflügel wie Huhn, Ente und Gans.

▶ Diagnostik

Die 15 × 25 µm großen gedeckelten Trematodeneier können mittels Sedimentationsverfahren nachgewiesen werden.

Syngamus trachea

Syngamus trachae parasitiert im oberen Respirationstrakt bei Hausgeflügel und Wildvögeln. Weibliche Nematoden werden bis zu 36 mm lang und männliche bis zu 8 mm. Diese Nematoden leben in Dauerkopulation und bilden den sog. Gabelwurm.

▶ Diagnostik

Die 36–55 × 74–125 µm großen Eier mit zwei Polen mit verdickten, hyalinen Polkappen enthalten mindestens acht Blastomere und lassen sich im Flotationsverfahren nachweisen. Ein Direktnachweis adulter Nematoden ist bei Adspektion der Schnabelhöhle möglich.

Ascaridia galli

Ascaridia galli parasitiert bei Küken und Hühnern im Alter von bis zu 3 Monaten.

▶ Diagnostik

Im Flotationsverfahren können die 50 × 80 µm, dickschaligen, ovalen, ungefurchten Eier identifiziert werden. Morphologisch lassen sich diese jedoch nicht eindeutig von *Heterakis*-spp.-Eiern unterscheiden.

Heterakis gallinarum

Die Heterakiose ist bei Hühnervögeln und Wassergeflügel bekannt und spielt vor allem in der Putenhaltung eine bedeutende Rolle, da *Heterakis gallinarum* der Vektor von *Histomonas meleagridis* (Erreger der »Black head disease« der Puten) ist.

▶ Diagnostik

Die ovalen, granulierten Eier sind 45 × 70 µm groß. Eine Differenzierung gegenüber *Ascaridia*-Eiern ist morphologisch sehr unsicher.

Protozoen

Trichomonas gallinae

Bei der *Trichomonas gallinae* handelt es sich um eine klassische Parasitose von Tauben; aufgrund der typischen makroskopisch erkennbaren Veränderung wird diese Protozoenerkrankung auch »Gelber Knopf« genannt.

▶ Diagnostik

Bei Tauben können in einem Kropfabstrich mit einem angefeuchteten Wattetupfer (0,9 % NaCl-Lösung), der auf einem Objektträger abgerollt wird, die 6–18 µm großen, birnenförmigen, begeißelten Trophozoiten von *Trichomonas gallinae* nachgewiesen werden. Der Abstrich sollte bei nüchternen Vögeln, also mit entleertem Kropf, durchgeführt werden.

Eimeria spp.

Die Eimeriose ist die wichtigste Endoparasitose in Geflügelbeständen und spielt vor allem in der Mast, aber auch in der Legehennenhaltung eine große Rolle. Die Eimerien der Hühner unterscheiden sich hinsichtlich ihrer Pathogenität und führen zu teils hoher Morbidität und Mortalität in unterschiedlichen Alters- sowie Nutzungsgruppen. Die verschiedenen Spezies parasitieren z. T. in unterschiedlichen Abschnitten des Darmtraktes, sodass aufgrund der vorgefundenen Veränderungen in der Sektion bis zu einem gewissen Grad eine Spezieszuordnung möglich ist.

▶ Diagnostik

Die fast pathognostischen Veränderungen im Sektionsbild durch die Besiedlung unterschiedlicher Darmabschnitte erlauben eine Verdachtsdiagnose, der Nachweis von Meronten bzw. Gamonten in Schleimhautabstrichen dient der Bestätigung. *Eimeria tenella* besiedelt die distalen Bereiche der Caeca und verursacht eine hämorrhagische Typhlitis; weitere wichtige Arten sind *Eimeria necatrix*, *Eimeria acervulina* und *Eimeria maxima*, die eine hämorrhagische Enteritis in den Caeca, verschiedenen Abschnitten des Jejunums und/oder des Duodenums verursachen. *Eimeria brunetti* führt zu einer nekrotisierenden Enteritis im Bereich des Ileums, des Caecumhalses und des Rektums. *Eimeria mitis* und *Eimeria praecox* spielen aufgrund der geringen Mortalität eine untergeordnete Rolle. Mittels Flotation können ausgeschiedenen *Eimeria*-Oozysten nachgewiesen werden. Nur die sehr großen *Eimeria-maxima*-Oozysten (30 × 21 µm) eine direkte Spezieszuordnung zu. Mittels PCR können diverse Spezies auch molekularbiologisch identifiziert werden.

Haemoparasiten

Eine Vielzahl von Protozoen (*Haemoproteus* spp., *Leucocytozoon* spp., *Plasmodium* spp.) parasitiert weltweit im Blut bzw. Blutzellen von verschiedensten Vogelspezies. Infizierte Vögel erkranken in der Regel nicht.

Arthropoden

Zecken

Argas spp.

Die nachtaktiven Zecken *Argas reflexus*, *Argas persicus* und *Argas polonicus*, sind vor allem bei Tauben und bei Hühnervögeln zu finden. Die Taubenzecke *Argas reflexus* kann auch gelegentlich in Wohnräumen nachgewiesen werden, wenn Tauben in Dachböden nisten, und dann auch Menschen befallen.

▶ Diagnostik

Der Körper der 5–7,5 mm großen, ungesaugten adulten Zecken ist eiförmig und dorsoventral abgeplattet. Die Mundwerkzeuge liegen auf der Ventralseite des Körpers und sind bei Aufsicht von dorsal nicht erkennbar (**Abb. 32.60**).

Abb. 32.60 *Argas* spp. (Lederzecke)

Milben

Dermanyssus gallinae

In der Geflügelhaltung, insbesondere der Intensivhaltung, kann die Rote Vogelmilbe *Dermanyssus gallinae* massive ökonomische Schäden verursachen. Die im gesaugten Zustand deutlich roten Milben erreichen eine Größe von bis zu 1 mm. Die Milben suchen nachts die Wirte zur Blutmahlzeit auf und sind somit nur temporär auf diesen zu finden. Mittels im Stall ausgelegter Milbenfallen (z. B. gefaltetes Stück Karton von etwa 10 × 5 cm Größe) kann eine Infestation sicher nachgewiesen werden.

▶ Diagnostik

Mikroskopisch fällt die schwache Chitinisierung und die im Vergleich zur Tropischen Rattenmilbe geringe Behaarung auf. Die weiblichen Milben haben lange nadelförmige Chelizeren.

Ornithonyssus sylviarum

Die Nordische Vogelmilbe *Ornithonyssus sylviarum* parasitiert bei Wirtschafts- und Wildgeflügel und kann auch bei Fledermäusen gefunden werden. Diese Milbenart parasitiert permanent auf dem Wirt.

▶ Diagnostik

Nachweis mittels Klebestreifen-Abklatsch-Präparat (Weibchen: 0,4–0,7 mm, Männchen etwas kleiner). Die weiblichen Milben haben dünne, scherenförmige Chelizeren. Auch ein mesoskopischer Nachweis auf dem Wirt ist möglich.

Epidermoptes bilobatus

Diese Milbe (Männchen: 125 × 170 µm, Weibchen: 170 × 250 µm) von Hühnervögeln ernährt sich von Schuppen und lebt auf der Haut und unter Epidermisschuppen.

▶ Diagnostik

Der mikroskopische Parasitennachweis gelingt mit einem oberflächlichen Hautgeschabsel, welches mit 10%iger Kalilauge zusätzlich aufgehellt werden kann. Die Milben sind dorsoventral abgeplattet und besitzen kräftige Beinpaare mit kurzen gestielten Haftscheiben.

Knemidocoptes mutans, Knemidocoptes pilae

Die typische Lokalisation und Ausprägung der Veränderungen der Kalkbein- bzw. Schnabelräude kann als pathognomonisch betrachtet werden.

▶ Diagnostik

Die Milben können mittels Geschabsel an den Ständern (*Knemidocoptes mutans*, Kalkbeinmilbe bei Hühnervögeln, 350–450 × 280–280 µm) bzw. in den Krusten am Schnabel (*Knemidocoptes pilae*, Schnabelräudemilbe der Wellensittiche, Männchen: 200–219 × 143–152 µm, Weibchen: 315–428 × 252–378 µm) ohne Schädigung der Nasenwachshaut nachgewiesen werden. Das Untersuchungsmaterial kann in 10%iger Kalilauge zusätzlich aufgehellt werden.

Sternostoma tracheacolum

▶ Diagnostik

Bei Kanarienvögeln, Goldamadinen und Finkenvögeln können diese Milben (400–700 µm) als schwarze Punkte in der Trachea nachgewiesen werden. Hierzu betrachtet man den Halsbereich des Vogels nach Anfeuchten der Federn im Gegenlicht; als Lichtquelle dient hierbei z. B. eine Taschenlampe. In der Sektion können die Milben auch in den Bronchien oder in den Luftsäcken nachgewiesen werden.

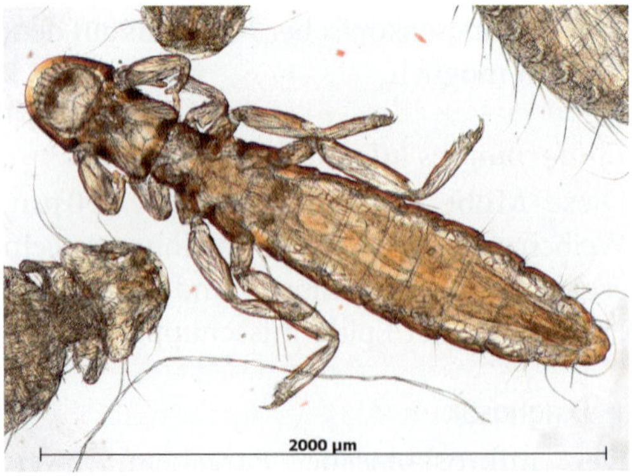

Abb. 32.61 *Lipeurus caponis* (Federling Geflügel)

Federlinge

Die Federlinge besitzen den typischen Körperbau der Mallophagen mit einem Kopf mit 3- bis 5-gliedrigen Fühlern, wobei der Kopf breiter als der Thorax ist. Das Abdomen ist in 9–10 Segmente gegliedert. Diese Insekten haben starke Schneid- (Amblycerinae) bzw. Festhaltemandibeln (Ischnocerinae). Federlinge parasitieren häufig an der Flügelunterseite, wo auch deren Eier zu finden sind. Einige Vertreter sind z. B. *Menopon gallinae*, *Lipeurus caponis* (**Abb. 32.61**) und *Columbicula columbae.*

▶ Diagnostik

Mit einem Klebestreifen-Abklatsch-Präparat sind beim Geflügel verschiedene Federlinge aus der Familie der Amblycerina und Ischnocerina nachzuweisen.

Flöhe

Ceratophyllus gallinae

Bei diesen Flöhen handelt es sich um Nestflöhe, die sich somit nur temporär auf dem Wirt befinden. Vor allem im Frühjahr, solange das Nest nicht besetzt ist, können diese Flöhe auch andere Tiere und den Menschen befallen.

▶ Diagnostik

Die bis zu 3 mm großen Flöhe besitzen einen Pronotal-, aber keinen Genalkamm. Das Receptaculum seminis bei weiblichen Hühnerflöhen besteht aus zwei verschieden großen Anteilen und kann so zur Differenzierung gegenüber anderen Vogelflöhen herangezogen werden.

Parasiten der Reptilien

Die Reptilienhaltung erfreut sich großer Beliebtheit, jedoch können die speziellen Haltungs- und Fütterungsansprüche von Schlangen, Schildkröten, Echsen und Panzerechsen den Besitzer überfordern. Ein Terrarium bietet zudem gute Umweltbedingungen zur Etablierung von eigenständigen Parasitenentwicklungszyklen, vor allem wenn die Tiere aus unkontrollierten Importen oder schlecht geführten Zuchten stammen. Besonders Endoparasiten sind ein häufiger Fund bei Reptilien, die nicht diagnostiziert und unbehandelt schnell zum Tod führen können. Flagellaten können regelmäßig nachgewiesen werden, jedoch sind diese eher als Faktorenkrankheit zu betrachten. Mittels Kloakenspülprobe können bei Reptilien Parasitenentwicklungsstadien gewonnen und mit einem Nativausstrich, Flotations- und Sedimentationsverfahren nachgewiesen werden.

Helminthen

Nematoden

Bei Reptilien, vornehmlich Landschildkröten und Schlangen, parasitieren diverse Nematodenspezies, deren Spezieszuordnung aufgrund morphologischer Kriterien nur in Ausnahmefällen möglich ist. Nur selten führt ein Befall zu einer gastrointestinalen Symptomatik. Der Nachweis ist mittels Flotationsverfahren aus einer Kloakenspülprobe möglich. Auch Adultwürmer können mit dem Kot ausgeschieden werden. Es können auch passagierte Eier (aus Futtertieren) nachgewiesen werden.

Trematoden

Verschiedene Trematodenspezies sind bei Schildkröten, Schlangen und Echsen beschrieben worden. Die gedeckelten Eier von Trematoden lassen sich durch das Sedimentationsverfahren nachweisen.

Zestoden

Vor allem bei Schlangen und Echsen, selten bei Schildkröten, sind Bandwürmer beschrieben worden. Die Diagnose erfolgt durch den Nachweis von Proglottiden oder Eiern (Onkosphäre mit sechs Embryonalhaken) im Kot mittels Flotationsverfahren.

Protozoen

Cryptosporidium spp.

Im Nativausstrich können bei Echsen (*Cryptosporidium-saurophilum*-Oozyste: 5,6–6,6 × 4,8–5,6 µm) und Schlangen (*Cryptosporidium-serpentis*-Oozyste: 4,4–5,6 × 4,2–5,2 µm) Cryptosporidien-Oozysten nachgewiesen werden. Aufgrund der intermittierenden Ausscheidung besitzt das Verfahren eine geringe Sensitivität.

Entamoeba invadens

Während der Nachweis von 16 µm beweglichen Trophozoiten nur selten gelingt, können die 11–20 µm großen Zysten mit bis zu vier Kernen gut mittels MIFC- oder SAF-Verfahren nachgewiesen werden. Beide Methoden haben eine wesentlich höhere Sensitivität als das Flotationsverfahren. Bei Sektion kann *Entamoeba invadens* in Spezialnährlösungen angezüchtet und nachgewiesen werden.

Flagellaten

Verschiedenste Flagellaten, *Giardia* spp., *Hexamita* spp. und Trichomonaden, können bei diversen Reptilienspezies gefunden werden. Anhand morphologischer Merkmale

– Anzahl und Ausrichtung der Geißeln – kann eine Spezieszuordnung durchgeführt werden. Hierzu eignet sich auch ein Nativausstrich, in dem die motilen Trophozoiten nachgewiesen werden können.

Arthropoden

Zecken

Vor allem bei Importtieren können diverse tropische Zeckenspezies (z. B. *Amblyomma* spp., *Aponomma* spp., *Ornithodoros* spp.) nachgewiesen werden; auch europäische Wildfänge können mit Zecken (z. B. *Ixodes ricinus*, *Haemaphysalis* spp.) befallen sein. Zecken lassen sich häufig an dünnhäutigen Körperstellen wie Kloake, Augenbereich oder Nasenlöchern finden.

Milben

Ophionyssus natricis (Schlangenmilbe)

Bei Schlangen und Leguanen können die hämatophagen Milben (Männchen: 0,3–0,7 mm; Weibchen: 0,4–0,8 mm; braun-rot gefärbt) regelmäßig im Kopfbereich (Augenregion, Trommelfell) oder der Kloakenregion gefunden werden. Bei Massenbefall sind Milben auch auf dem Terrarienboden zu finden.

Literatur

Bauer C. Praktikum der veterinärmedizinischen Parasitologie. Gießen: Ferber'sche Universitätsbuchhandlung 2001.

Beck W. Praxisrelevante Ektoparasitosen und Dermatophytosen bei kleinen Heimsäugern, Vögeln und Reptilien. Prakt Tierarzt 2003; 84(10): 752–62.

Beck W. Häufige Endo- und Ektoparasitosen bei kleinen Heimsäugern – Klinik, Diagnostik und Therapie. Tierärztl Prax K 2004; 32(5): 311–21.

Beelitz P, Gothe R. Bandwurmbefall bei Schlachtpferden in Oberbayern: Befallshäufigkeit und -stärke sowie Korrelation zwischen Befall mit Adultwürmern und Einachweis im Enddarmkot. Pferdeheilk 2001: 17: 423–8.

Beelitz P, Pfister K. Diagnostik und Therapie von Reisekrankheiten beim Hund. Tierärztl Prax K 2004; 32(3): 158–65.

Bisping W. Kompendium der Staatlichen Tierseuchenbekämpfung. Stuttgart: Enke 1999.

Daugschies A, Bialek R, Joachim A, Mundt H-C. Autofluorescence microscopy for the detection of nematode eggs and protozoa, in particular *Isospora suis*, in swine faeces. Parasitol Res 2001; 87(5): 409–12.

Deplazes P, Eckert J, von Samson-Himmelstjerna G, Zahner H. Lehrbuch der Parasitologie für die Tiermedizin. 3. vollständig überarbeitete Aufl. Stuttgart: Enke 2012.

Dongus H, Beelitz P, Wollanke B, Gerhards H, Gothe R. Zum Vorkommen von *Thelazia lacrymalis* (Nematoda, Spirurida, Thelaziidae) bei Pferden in Deutschland. Tierärztl Umsch 2000; 55(11): 599–602.

Dubey JP. Review of *Neospora caninum* and neosporosis in animals. Kor J Parasitol 2003; 41(1): 1–16.

Hamel D, Axt H, Pfister K.First Report on *Parafilaria bovicola* (Nematoda: Filaroidea) in Germany. Res Vet Sci 2009; 89(2): 209–11.

Hiepe T. Veterinärmedizinische Arachno-Entomologie. Bd. 4. Jena: Fischer 1982.

Janitschke K, Kimmig P, Seitz HM, Frosch M, Groß U, Hlobil H, Reiter-Owona I. Qualitätsstandards in der mikrobiologisch-infektiologischen Diagnostik – Parasitosen. Stuttgart, Jena: Fischer 1998.

Jurasek ME, Bishop-Stewart JK, Storey BE, Kaplan RM, Kent ML. Modification and further evaluation of a fluorescein-labeled peanut butter agglutinin test for identification of *Haemonchus contortus* eggs. Vet Parasitol 2010; 169(1–2): 209–13.

Meana A, Luzon M, Corchero J, Gomez-Bautista M. Reliability of coprological diagnosis of

Anoplocephala perfoliata infection. Vet Parasitol 1998; 74(1): 79–83.

Mitchell MA. Parasites of Reptiles. In: Baker DG. Flynn's Parasites of Laboratory Animals. 2nd ed. Philadelphia: Blackwell 2007.

Morishita TY. Parasites of Birds. In: Baker DG. Flynn's Parasites of Laboratory Animals. 2nd ed. Philadelphia: Blackwell 2007.

Olson ME, O'Handley RM, Ralston BJ, McAllister TA, Thompson RCA. Update on *Cryptosporidium* and *Giardia* infections in cattle. Trends Parasitol 2004; 20(4): 185–91.

Ribbeck R, Schusser GF, Haupt W. Zum Vorkommen der larvalen Cyathostominose beim Pferd. Tierärztl Umsch 1997; 52: 254–63.

Schnieder T, Hrsg. Veterinärmedizinische Parasitologie. 6. Aufl. Stuttgart: Parey 2006.

Schares G, Basso W, Majzoub M, Cortese HCE, Rostaher A, Selmair J, Hermanns W, Conraths FJ, Gollnick NS. First in vitro isolation of *Besnoitia besnoiti* from chronically infected cattle in Germany. Vet Parasitol 2009; 163(4): 315–22.

Würth S. Untersuchungen zur Piroplasmose bei Hauskatzen in Südafrika. München: Dissertation 2004.

Spezielle Untersuchungen und Labordiagnostik ausgewählter Tierspezies

33 Spezielle Untersuchungen beim Pferd

Arthur Grabner und Kerstin Fey

33.1 Arterielle Blutgasanalyse

Die Untersuchung arterieller Blutgasparameter gewährt einen Einblick in den Säuren-Basen-Haushalt und die Sauerstoffversorgung des Organismus. Diagnostisch wertvoll sind die Partialdrücke von Sauerstoff (pO_2) und Kohlendioxid (pCO_2), die schnell Hinweise für eine Beeinträchtigung des Gasaustausches bringen. Ein Anwendungsschwerpunkt für den Pferdepraktiker liegt in der Beurteilung der Gaspartialdrücke bei Pferden, die mit dem Vorbericht »Leistungsschwäche, Atmungs- und/oder Kreislaufinsuffizienz« vorgestellt werden.
Pathologische Veränderungen des pulmonalen Gasaustausches werden viel empfindlicher von einem Abfall des pCO_2 als von einer Erhöhung des pCO_2 dargestellt, da die Diffusionsgeschwindigkeit von CO_2 etwa 20-mal so groß ist wie die des O_2. Die in der Literatur angegebenen pCO_2-Mittelwerte für lungengesunde Pferde differieren jedoch oft beträchtlich, weil weitere Faktoren wie die aktuelle alveoläre Ventilation und der Barometerdruck nicht in die Berechnung einbezogen werden. Einen besseren Einblick in die jeweiligen Verhältnisse des pulmonalen Gasaustausches erhält man durch die Berechnung der alveolo-arteriellen Sauerstoffdifferenz (A-aDO_2).
Neben der Beurteilung respiratorischer Störungen ergibt die Blutgasanalyse anhand des pH-Wertes, der Basenabweichung und des Standardbikarbonats auch diagnostische Hinweise auf metabolische Störungen des Säuren-Basen-Haushaltes (s. Kap. 23).

Material

arterielles heparinisiertes Vollblut
Probengewinnung: Nach Vorbereitung der Punktionsstelle mit alkoholischer Desinfektionslösung wird die A. carotis communis im Bereich des sichtbaren Karotispulses in der rechten Fossa jugularis mit einer englumigen Kanüle (0,7–0,8 mm Durchmesser) punktiert. Die Streckung des Halses durch Anheben des Pferdekopfes erleichtert die Durchführung. Das Blut wird durch Aspiration mit einem heparinisierten Kapillarröhrchen (**Abb. 33.1**) oder einer heparinisierten Monovette gewonnen. Bei Verwendung der Monovette ist nach der Aspiration für das sofortige Ausdrücken der Luftblase im Konus zu sorgen.

Prinzip

Messung der Gaspartialdrücke

Die Messung des pCO_2 im Blutgasanalysegerät beruht auf der Veränderung des pH-Wertes einer Bikarbonatlösung nach Zusatz von Kohlendioxid proportional zur Menge des zugegebenen Gases. Die Messanordnung besteht aus einer Glaselektrodenkette, mit der der pH-Wert in einer Bikarbonatlösung gemessen wird. Diese ist vom Messgut durch eine kohlendioxiddurchlässige Membran getrennt, die für Wasser und Ionen nicht permeabel ist.

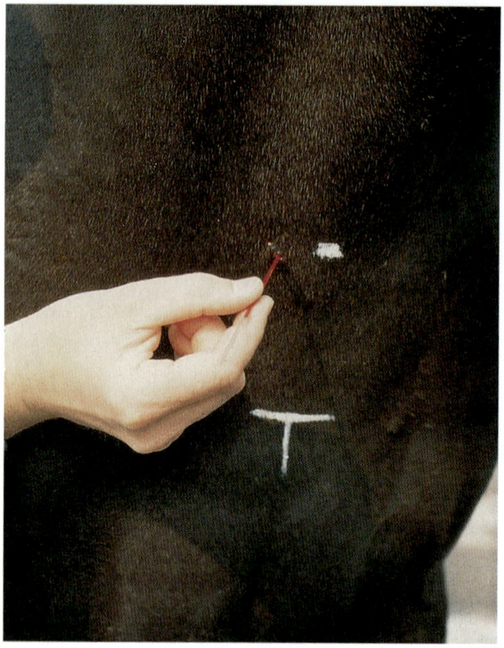

Abb. 33.1 Gewinnung arteriellen Blutes mit einem heparinisierten Kapillarröhrchen

Die Bestimmung des pO_2 erfolgt polarografisch mit einer Sauerstoffelektrode.

Berechnung der alveoloarteriellen Sauerstoffdifferenz (A-aDO_2)

In die Berechnung gehen der alveoläre Sauerstoffpartialdruck (p_AO_2), der von Höhen- und Wetterlage abhängige aktuelle Barometerdruck (p_B in Torr), die Wasserdampfdruck-Konstante (47 Torr) sowie die aktuelle Ventilation (F_IO_2: bei Atmung von Raumluft konstant 20,95 %) ein. Der respiratorische Quotient des Probanden liegt unter 1 % und ist deshalb rechnerisch als Faktor zu vernachlässigen.

- Messung von pCO und pCO_2
- Berechnung des p_AO_2:
  - $p_AO_2 = (p_B - 47\ \text{Torr}) \times 0{,}2095 - pCO_2$
- Berechnung der A-aDO_2:
  - A-a$DO_2 = p_AO_2 - pCO_2$

Tab. 33.1 Referenzbereiche für die Gaspartialdrücke

Parameter	Gaspartialdruck	
	mmHg	kPa
pO_2*	95–105	12,7–14
pCO_2*	35–45	4,7–6
A-aDO_2	5,4 ± 5,1	

* Beeinflussung durch Luftdruck und Höhe über NN

Referenzbereiche

Die in **Tabelle 33.1** genannten Referenzbereiche gelten für Normalnull (NN).

Bewertung

Bei geringgradigen Störungen des pulmonalen Gasaustausches sind die Partialdrücke der Atemgase aufgrund reflektorischer Kompensationsmechanismen in der Lunge noch unverändert.
Die klinische Bewertung des Sauerstoffpartialdruckes ist in **Tabelle 33.2** angegeben.
Die arterielle Blutgasanalyse erlaubt mit der klinischen Untersuchung eine grobe Einteilung in Schweregrade der chronisch obstruktiven Bronchitis (COB) oder rekurrierenden Atemwegsobstruktion (RAO) (**Tab. 33.3**). Die Beurteilung von respiratorischer Partial- und Globalinsuffizienz zeigt **Tabelle 33.4**.

33.2 Tests auf intestinale Malabsorption

Krankheiten, die mit einer intestinalen Resorptionsstörung einhergehen, sind beim Pferd häufiger anzutreffen. Sie manifestieren sich klinisch durch Gewichtsverlust

Tab. 33.2 Klinische Bewertung des Sauerstoffpartialdruckes

pO_2 vor Belastung	pO_2 nach Belastung	Klinische Bewertung
normal	normal	ohne Befund
↓	↑	leichte Bronchialobstruktion
↓	↓	fixierte Störung
normal	↓	latente Störung

Tab. 33.3 Schweregrade der chronisch obstruktiven Bronchitis (COB) oder rekurrierenden Atemwegsobstruktion (RAO)

Schweregrad	pO_2 (mmHg)	A-aDO_2 (mmHg)
latent	90–95	<10
geringgradig	80–90	10–15
mittelgradig	65–80	15–25
hochgradig	<65	25

ohne ersichtlichen Grund trotz ausreichender Futteraufnahme. Im fortgeschrittenen Stadium treten Depression und Lethargie auf. Die Malabsorption bezieht sich überwiegend auf den Dünndarm. Ist auch das Colon descendens betroffen, liegt zusätzlich eine chronische Diarrhö vor.

Viele Pferde mit Malabsorption entwickeln auch eine Hypoproteinämie (s. Kap. 18). Als *Ursachen* kommen unter anderem intestinale Mukosastörungen durch Entzündungs- und Tumorzellen infrage.

Prinzip

Der orale Glukosetoleranztest (oGTT) und der Xylose-Resorptionstest bewerten die funktionelle Integrität des Dünndarms durch Messung der Resorptionseffizienz von Zucker aus dem Darmlumen. Pathologische Veränderungen, die Einfluss auf die zellulären Transportmechanismen nehmen, führen zu einen reduzierten Aufnahme ins Blut.

Tab. 33.4 Respiratorische Partial- und Globalinsuffizienz und ihre Ursachen

	Respiratorische Partialinsuffizienz (mmHg)	Respiratorische Globalinsuffizienz (mmHg)
pO_2*	90	60
pCO_2*	47	50
A-aDO_2	10	30
Ursachen	• Ventilationsbehinderung infolge Bronchialobstruktion • Diffusionsstörungen bei interstitieller Pneumopathie	• bedrohliche alveoläre Hypoventilation • neonatale Asphyxie • sekundär bei schwerer Azidose

* Beeinflussung durch Luftdruck und Höhe über NN

33

33

Technik

Oraler Glukosetoleranztest

- Gewicht des Pferdes bestimmen
- 12 Stunden Nahrungskarenz und 2 Stunden Tränkeentzug
- unmittelbar vor Testbeginn »Nüchtern-Blutprobe« zur Plasmaglukosebestimmung in Na-Fluorid-Röhrchen (gelb) entnehmen
- 1 g Glukose in 20%iger Lösung pro kg KM per Nasenschlundsonde als Bolus verabreichen
- nach 30, 60, 90, 120, 180 und 240 min weitere Blutproben zur Glukosebestimmung in Na-Fluorid-Plasma entnehmen

Bewertung

Toleranzkurve im oGTT

Die **Toleranzkurve im oGTT** zeichnet sich bei normaler Resorption durch zwei Phasen aus (**Abb. 33.2**). In den ersten 2 Stunden wird Glukose kontinuierlich aus dem Dünndarm resorbiert, die Glukosekonzentration im Plasma verdoppelt sich. Diese Resorptionsphase wird von der Funktion der Mukosazellen, der Geschwindigkeit der Magenentleerung, der intestinalen Passagezeit und der vorausgehenden Futteraufnahme beeinflusst (reduzierte Spitzenwerte nach kurzfristig zurückliegender Aufnahme energiereichen Futters). Die zweite Phase ist insulinabhängig und zeigt einen progredienten Abfall bis zu einem Ruhespiegel, der nach 6 Stunden erreicht wird.

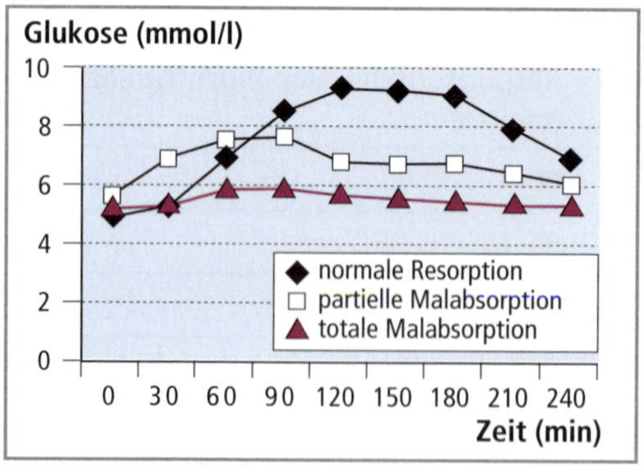

Abb. 33.2 Toleranzkurven im oralen Glukosetoleranztest bei normaler Resorption, partieller und totaler Malabsorption

Eine flache Linie weist auf einen Zustand totaler Malabsorption hin und steht für eine ungünstige Prognose, da die Hauptursachen progrediente Entzündungen mit zellulären Infiltraten der Darmwand (z. B. granulomatöse oder eosinophile Enteritis, Darmwandlymphome) sind.

Ein Kurvenverlauf zwischen normaler Resorption und totaler Malabsorption lässt auf einen Zustand partieller Malabsorption schließen. Diese verminderte Glukoseresorption kann bei gesunden Pferden durch Insulineinfluss und bakterielle Metabolisierung von Glukose, aber auch im Rahmen reversibel entzündlicher Veränderungen, unter anderem infolge von Durchblutungsstörungen, Zottenatrophie oder durch Parasitenbefall, hervorgerufen werden. Eine Darmwandbiopsie kann zur Diagnosestellung hilfreich sein.

Oraler Xylose-Resorptionstest

- Vorbereitung des Pferdes wie beim oGTT
- »Nüchtern-Blutprobe« zur Serumgewinnung (Xylose-Nullwert) entnehmen
- 0,5 g Xylose in 10%iger Lösung pro kg KM per Nasenschlundsonde als Bolus verabreichen
- nach 30, 60, 90, 120 und 150 min weitere Blutproben zur Serumgewinnung und Xylosebestimmung entnehmen

Der Verlauf der **Resorptionskurve von D-Xylose** (**Abb. 33.3**) wird nicht durch die endogenen Einflussfaktoren der Glukosekonzentration im Blut bestimmt. Xylose

(Pentose) ist kein normaler Bestandteil des Blutplasmas. Die Resorption von Xylose aus dem Dünndarm erfolgt passiv, während die der Glukose aktiv stattfindet. Somit erlaubt der Xylose-Resorptionstest eine genauere Bewertung der Resorptionsverhältnisse aus dem Dünndarm. Eine Reihe von Faktoren kann jedoch auch die Xyloseresorption beeinträchtigen, wie z.B. eine unmittelbar zurückliegende Nahrungsaufnahme, die Geschwindigkeit der Magenentleerung, die intestinale Passagezeit und eine intraluminale Überwucherung mit Bakterien.
Für die schnelle Information in der Praxis kann der oGGT empfohlen werden, da er kostengünstiger und labordiagnostisch einfacher durchzuführen ist. Der Xylose-Resorptionstest liefert jedoch spezifische und zuverlässigere Ergebnisse.

33.3 Abdominozentese und Punktatuntersuchung

Die Peritonealflüssigkeit reflektiert den Zustand der serösen Häute und der intraabdominalen Organe. Physiologischerweise ist sie ein Plasmadialysat mit geringem Zell- und Proteingehalt. Die Flüssigkeitsproduktion

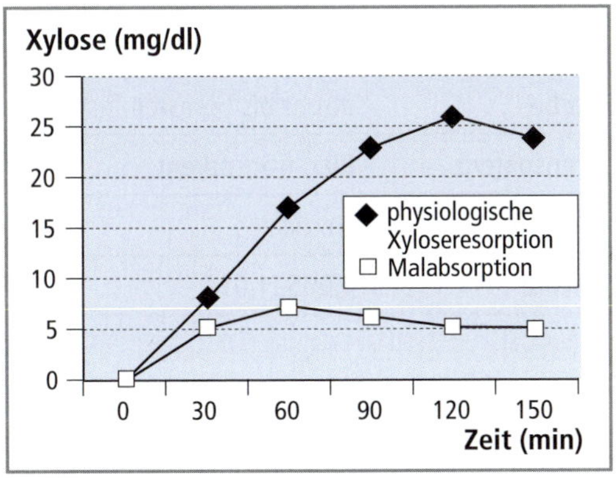

Abb. 33.3 Resorptionskurve von D-Xylose im physiologischen Zustand und bei Malabsorption

beträgt 60 ml/h. die Peritonealflüssigkeit fließt über Lymphgefäße des Diaphragmas zum Ductus thoracicus.

Indikationen

Für die Bauchhöhlenpunktion bestehen folgende Indikationen:

- Kolik (akut, persistierend, chronisch-rezidivierend)
- Peritonitis
- chronischer Gewichtsverlust
- chronischer Durchfall
- Verlustanämien, Verdacht auf Hämoperitoneum
- Fieber unklarer Genese, Verdacht auf intraabdominale Abszesse
- Hydrops ascites (Transsudat, modifiziertes Transsudat, Exsudat)
- Uroperitoneum, Verdacht auf Blasenruptur beim Fohlen
- Vedacht auf intraabdominalen Tumorverdacht

Technik

Bauchhöhlenpunktion

- Zwangsmaßnahmen (Fixierung des Patienten, ggf. mit Oberlippenbremse)
- chirurgische Vorbereitung der Punktionsstelle in der Linea alba
- geeignetes Punktionsinstrumentarium (vorzugsweise Tuohy-Kanüle, **Abb. 33.4**)

Die Punktion erfolgt in der Mittellinie (Linea alba) an der tiefsten Stelle des Abdomens zwischen Xiphoid und Nabel, da dieser Bereich relativ frei von Gefäßen und sensiblen Nervenenden ist. Die Tuohy-Periduralkanüle (1,6 × 76 mm) ist Stahlkanülen, Braunülen oder dem Gratzl-Trokar vorzuziehen. Der mit nur geringem Widerstand verbundene Einstich, wird von den Pferden gut toleriert. Darüber hinaus birgt die Tuohy-Kanüle nur

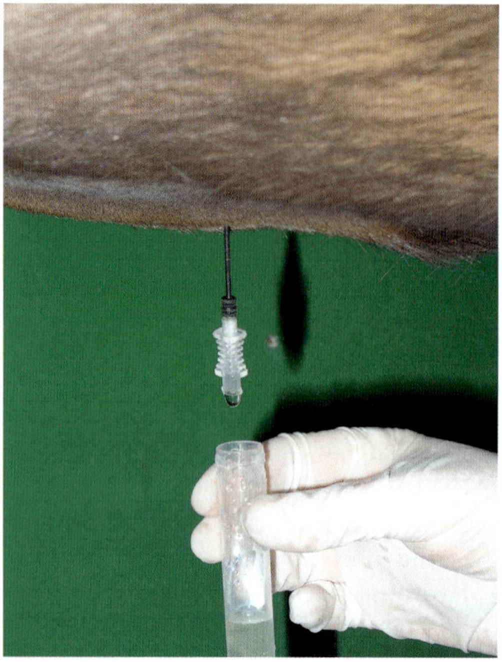

Abb. 33.4 Bauchhöhlenpunktion beim Pferd mittels Tuohy-Periduralkanüle

geringe Verletzungsgefahr und ist wiederverwendbar.

Komplikationen der Bauchhöhlenpunktion:

- Blutungen
- Enterozentese
- Peritonitis
- Phlegmone

Blutungen können auftreten als Inzisionsblutung, bei einer Perforation der Bauchmuskulatur, Serosagefäßen oder Milz sowie als Diapedeseblutung. Mögliche Folge ist ein Hämoperitoneum.

Eine versehentliche **Enterozentese** kann im Einstichbereich zu einem avitalen Darmabschnitt führen, ferner sind Darmadhäsionen und ein dilatierter Darm möglich. Bei Sandakkumulation im Darm besteht die Gefahr des Austritts in die Bauchhöhle.

Probenaufbereitung

- Punktat in zwei Röhrchen auffangen (mit und ohne EDTA-Zusatz)
- 10 min zentrifugieren bei 1500 U/min
- Überstand klinisch-chemisch untersuchen
- Sediment ausstreichen und Pappenheim oder mit Spezialfärbung anfärben

Referenzbereiche

Nachfolgend sind die Referenzbereiche für die physikalische (**Tab. 33.5**), zytologische (**Tab. 33.6**), klinisch-chemische (**Tab. 33.7**) und mikrobiologische Untersuchungen (**Abb. 33.5**) dokumentiert.

Physikalische Untersuchung

Tab. 33.5 Referenzbereiche für die physikalische Untersuchung

Kriterien	Referenz
Menge	wenige Milliliter
Farbe	stroh- bis bernsteinfarben
Transparenz	klar, transparent
Geruch	Geruchlos
Dichte	1,005–1,010

Zytologische Untersuchung

Tab. 33.6 Referenzbereiche für die zytologische Untersuchung

Kriterien		Referenzbereiche
Gesamtzellzahl		< 3 G/l
Differenzialzellbild	neutrophile Granulozyten	60–80 %
	Lymphozyten	0–20 %
	eosinophile Granulozyten	0–10 %
	Makrophagen	0–10 %
	Mesothelzellen	0–10 %
	Mastzellen	0–10 %

Klinisch-chemische Untersuchung

Tab. 33.7 Referenzbereiche für die klinisch-chemische Untersuchung

Parameter	Referenzbereiche
Gesamtprotein	< 25 g/l
Albumin	< 10 g/l
Fibrinogen	< 0,5 g/l
Laktat	< 1 mmol/l
alkalische Phosphatase	< 50 U/l
Phosphor	< 2 mmol/l
LDH	< 100 U/l

Mikrobiologische Untersuchung

- mikroskopische Untersuchung
- Anzüchtung
  - aerob
  - anaerob

Bewertung

- Transsudat
- modifiziertes Transsudat
- Exsudat
- Blut

Die Differenzierungskriterien sind in **Tabelle 33.8** enthalten. **Abb. 33.6** zeigt verschiedene Bauchhöhlenpunktate bei Malabsorption und Darmkoliken.

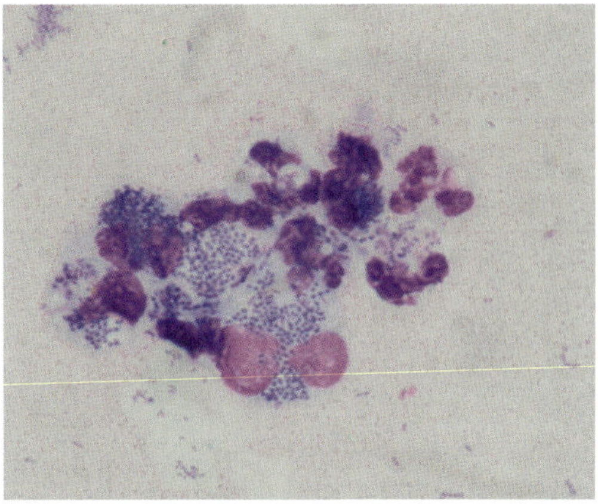

Abb. 33.5 Apoptotische Makrophagen und neutrophile Granulozyten mit Bakterienaussaat bei septischer Peritonitis (Pappenheim-Färbung, × 1000)

Tab. 33.8 Kriterien für die Differenzierung eines Bauchhöhlenpunktates

Kriterien	Transsudat	Modifiziertes Transsudat	Exsudat
Herkunft	• nichtentzündlich • kardiale und portale Blut-/Lymphstauungen • Hypo-/Dysproteinämien • Neoplasien	ähnlich wie Transsudat	• entzündlich (steril/septisch) • Neoplasien • Abszesse • Infarkte
Farbe, Aussehen	serös, hellgelb bis rötlich	seromukös, gelblich-grau bis rot	flockig, grau, rot bis schwarzrot
Trübung	klar	klar bis leicht getrübt	trüb
Gerinnung	–	–	+
Rivaltaprobe	–	–	+
Geruch	geruchlos	geruchlos	geruchlos bis übelriechend
Dichte	< 1,015	> 1,015	1,020–1,040
Fibrinogen	< 0,5 g/l	> 0,5 g/l	1–4 g/l
Leukozyten	< 3 G/l	< 7 G/l	>> 7 G/l
Neutrophile	überwiegend	vermehrt	deutlich vermehrt
degenerierte Neutrophile	–	vereinzelt	zahlreich
Monozyten, Eosinophile, Lymphozyten	wenig	zahlreich	zahlreich
reaktive Mesothelzellen	gelegentlich	zahlreich	zahlreich
Glukose	–/+	+/++	–/+/++/+++
Erythrozyten	–	–/+/++	–/+/++/+++
Bakterien	–	–	–/+/++/+++

–: negativ, –/+: negativ bis leicht erhöht, +: leicht erhöht, ++: erhöht, +++: stark erhöht

33.4 Laktatbestimmung

Laktat ist das Stoffwechselprodukt der anaeroben Glykolyse und entsteht aus Pyruvat. Die Reduktion von Pyruvat ist reversibel, sodass aus Laktat auch grundsätzlich Pyruvat gebildet werden kann. Unter physiologischen Bedingungen sind der arbeitende Muskel, die Erythrozyten, das Gehirn und das Nierenmark die wesentlichen Organe der Laktatbildung. Das anfallende Laktat wird teilweise vom Herzmuskel zur Deckung des Energiebedarfs genutzt. Leber und Nierenmark verwenden Laktat zur Glu-

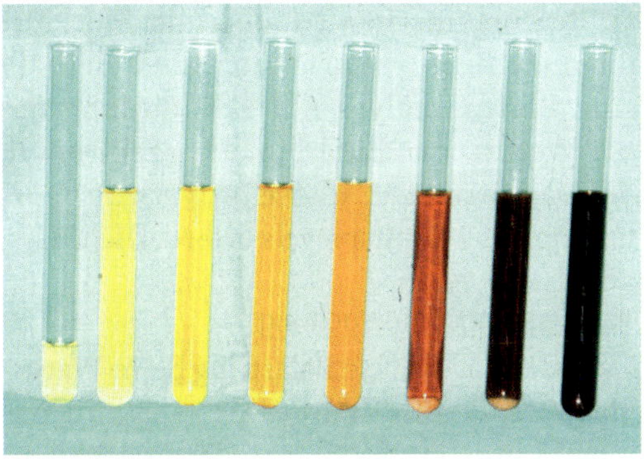

Abb. 33.6 Bauchhöhlenpunktate bei Malabsorption und Darmkoliken (von links nach rechts):
1 = physiologische Peritonealflüssigkeit
2 = Transsudat bei Hypoproteinämie und Malabsorption
3–5 = verschiedene Grade der venösen Stauung bei Darmwanddehnungen durch Obstipation, vermehrte Gasbildung und Lageveränderungen des Kolons
6 = hämorrhagische Infarzierung bei Ileus durch Darm- und Gekrösestrangulation mit vermehrter Sedimentation von Entzündungszellen
7 = Darmwandnekrose bei thrombotisch-embolischer Kolik mit vermehrter Zellsedimentation
8 = schwarz-grünliche Peritonealflüssigkeit bei Magen- oder Darmruptur

koneogenese und das entstandene Pyruvat wird in den Mitochondrien zu Kohlendioxid und Wasser verstoffwechselt.
Eine **vermehrte Laktatbildung** erfolgt bei besonderen Belastungen des Organismus und stellt einen empfindlichen Indikator für die mangelnde Sauerstoffversorgung des Gewebes dar. Beim Ileus ist die Laktatkonzentration in der Peritonealflüssigkeit auch ein wichtiger prognostischer Indikator.

Indikationen

- physiologische Situation:
  - Belastungsuntersuchung
  - Ausschluss einer latenten Myopathie
  - Leistungsdiagnostik
  - Rennsport
  - Vielseitigkeitsprüfung
  - Distanzreiten
- pathologische Situation:
  - hypovolämischer Schock
  - intestinale Ischämie bei Ileus
  - Endotoxämie, Sepsis
  - Tumorose
  - septische Arthritis
  - Meningitis

Material

Vollblut, Na-Fluorid-Plasma, Peritonealflüssigkeit, Synovia, Liquor

Prinzip

Im konventionellen fotometrischen Verfahren wird Laktat durch Laktatdehydrogenase (LDH) in Gegenwart von NAD im optischen Test zu Pyruvat umgesetzt, Messgröße ist $NADH_2$.
Im Küvetten-Test nach der LOX-PAP-Methode wird Laktat in Gegenwart von Laktatoxidase zu Pyruvat oxidiert. Das hierbei entstehende H_2O_2 reagiert unter dem Einfluss von Peroxidase mit 4-Aminophenzon und 4-Chlorphenol zu einem Chinoniminfarbstoff, der fotometrisch bei 520 nm gemessen wird.
Trockenchemisch erfolgt die Laktatbestimmung in Vollblut oder Plasma mittels Teststreifen.

33

Technik

Routineanalytik nach fotometrischen Verfahren mit und ohne Enteiweißung, Sofortdiagnostik im Küvettentest mit Minifotometern, trockenchemisch nach der Teststreifenmethode. Testkombinationen sind im Handel erhältlich, Arbeitsanleitung des Herstellers beachten.

Referenzbereiche

siehe **Tabelle 33.9**

Bewertung

Zur diagnostischen Beurteilung der Laktatkonzentration muss zwischen einer Hyperlaktatämie und einer Laktatazidose unterschieden werden.

▶ Hyperlaktatämie

Bei einer **Hyperlaktatämie** ist der erhöhte Laktatspiegel im Blut mit einem physiologischen Säuren-Basen-Status oder einer alkalotischen Reaktionslage verbunden.

▶ Laktatazidose

Bei einer **Laktatazidose** besteht dagegen eine kausale Verknüpfung, die Azidose ist die Folge der erhöhten Laktatkonzentration. Außer Laktatwerten über 4 mmol/l (anaerobe Stoffwechselsituation) muss auch ein pH-Wert unter 7,25 festgestellt werden. Das Laktat stellt dabei einen erheblichen Anteil an den organischen Anionen im Blut. Zur diagnostischen Beurteilung sind deshalb eine Blutgasanalyse mit Bestimmung des pH-Wertes, der Bikarbonatkonzentration, der Anionenlücke und eine Verlaufsbeurteilung des Laktatspiegels erforderlich.

Tab. 33.9 Referenzbereiche für die physikalische Untersuchung

Material	Laktat (mmol/l)
Vollblut, Plasma, Peritonealflüssigkeit, Synovia	0,5–1
Liquor cerebrospinalis	1–2

▶ Belastungsuntersuchung

Eine standardisierte Belastung beim Warmblutpferd (5 min Trab bei 4 m/s, 5 min Galopp, 5 min Trab) führt in der Regel zu einer Laktatkonzentration von 2–3 mmol/l. Die Blutproben werden vor der Belastung (Nullwert), 3 Minuten nach der Belastung (Belastungswert) und 15 Minuten nach der Belastung (Beruhigungswert) genommen. Der Beruhigungswert sollte mindestens 20 % unter dem Belastungswert liegen. Im Fall isoliert erhöhter Laktatwerte – ohne Erhöhung der Muskelenzymaktivitäten – wird von einer nicht muskulär bedingten Leistungsminderung ausgegangen.

Rennpferde weisen im Training und nach dem Rennen Laktatwerte auf, die über dem 20-Fachen der Ruhewerte liegen können. Die Erholungsphase bis zum Ruhewert kann 40–60 Minuten dauern.

▶ Pathologisch erhöhte Laktatwerte

Diese liegen bei hypovolämischen und toxämischen Schocksituationen vor und haben vor allem bei Ileuszuständen besondere Bedeutung. In letzteren Fällen ist die Laktatkonzentration in der Peritonealflüssigkeit höher als im Blut, da sie die eingeschränkte Gewebsperfusion bei intestinaler Ischämie besser reflektiert.

Laktatwerte im Bauchhöhlenpunktat, die über 10 mmol/l liegen, weisen auf eine ungünstige Prognose hin. Bei inneren Tumoren des Pferdes kann der Laktatwert, der häufig im aeroben Bereich erhöht ist, ein Indikator sein. Bei septischer Arthritis und Meningitis hat der zum Teil erheblich erhöhte Laktatwert in der Synovia bzw. im Liquor ebenfalls eine Indikatorfunktion.

33.5 Labordiagnostik bei Myopathien

Muskelenzyme im Serum

Nach hartem Training kommt es beim gesunden Pferd zu einem physiologischen Aktivitätsanstieg der Kreatinkinase (CK) und der Aspartataminotransferase (AST) im Blut. Die CK erreicht ihre maximale Aktivität nach etwa 6 Stunden, um sich dann innerhalb von 2 bis 3 Tagen auf den normalen Wert einzupendeln. Die AST-Aktivität zeigt ihr höchstes Niveau nach ungefähr 24 Stunden. Erst nach 7 bis 10 Tagen bewegt sich dieser Wert wieder in den physiologischen Bereich. Ständig erhöhte Muskelenzymaktivitäten weisen auf eine persistierende Myopathie hin. Während physiologische Schwankungen im oberen Messbereich das 4-Fache der normalen CK-Aktivität erreichen, können die AST- und CK-Werte im Verlauf einer Myopathie um den Faktor 10 bis 1000 erhöht sein.

Im Gegensatz zu den akuten und klinisch apparenten Myopathien, die sich anhand des Aktivitätsanstiegs der CK und der AST leicht diagnostizieren lassen, kann eine **latente Myopathie** mit dem Leitsymptom einer Leistungsschwäche nur im Rahmen eines **Belastungstests** nachgewiesen werden. Dieser berücksichtigt neben den Muskelenzymen auch das Laktat (s. hierzu S. 710).

Material

Serum für Muskelenzyme, Na-Fluorid-Plasma für Laktat

Technik

Die **angepasste Belastungsuntersuchung** wird in folgenden Schritten durchgeführt:

- Blutentnahme vor der Belastung (Ruhewert) zur Bestimmung der CK, AST, LDH und des Laktats
- Aufwärmen des Pferdes an der Longe in den Gangarten Schritt und Trab
- Galopp bis zur erkennbaren Ermüdung
- Blutentnahme 3 min nach der Belastung zur Laktatbestimmung
- Blutentnahme 15 min nach der Belastung zur Laktatbestimmung
- Blutentnahme 4 Stunden nach der Belastung zur Bestimmung der CK, AST und LDH
- Blutentnahme 24 Stunden nach der Belastung zur Bestimmung der CK, AST und LDH

Referenzbereiche

siehe **Tabelle 33.10**

Bewertung

Bei leistungsbereiten Pferden mit intaktem Muskelstoffwechsel kommt es zu den definierten Messzeitpunkten zu keiner nennenswerten Erhöhung der Enzymaktivitäten und zu einem Absinken der Laktatkonzentra-

Tab. 33.10 Referenzbereiche für muskelspezifische Parameter

Muskelenzyme/-parameter	Referenzbereiche
CK	bis 130 IU/l
AST	bis 250 IU/l
LDH	bis 500 IU/l
Laktat	bis 1 mmol/l

33

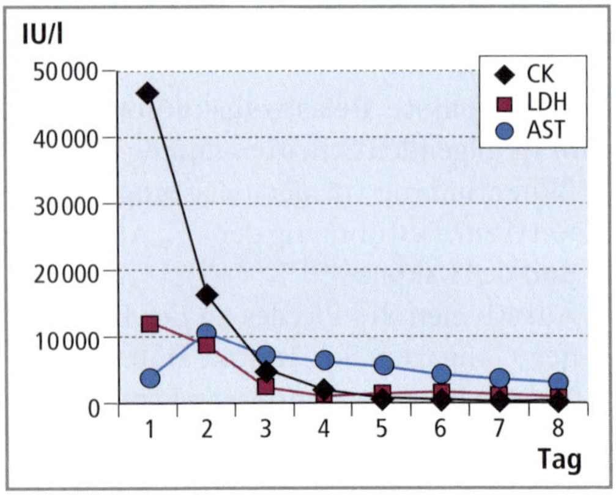

Abb. 33.7 Typischer Verlauf der Muskelenzymaktivitäten bei Tying-up (belastungsinduzierte Myopathie) einer 4-jährigen Traberstute

33

tion in der Beruhigungsphase (15-Minuten-Wert).

Pferde, die an einer latenten Myopathie leiden, weisen bereits 4 Stunden nach der Belastung einen Anstieg der CK-Aktivität bis zum 100-Fachen des Ausgangswertes auf. Der 24-Stunden-Wert fällt nur mäßig ab. Die AST-Aktivität steigt langsamer an und zeigt ihr höchstes Niveau nach 24–48 Stunden. Die LDH-Aktivitäten bewegen sich zwischen den Werten der beiden anderen Enzyme.

Isoliert erhöhte Laktatwerte weisen auf eine nicht myopathisch bedingte Belastungsintoleranz hin.

Muskelerkrankungen kommen beim Pferd häufig belastungsinduziert vor. Die Synonyme Kreuzverschlag, Tying-up, Azoturia, Feiertagskrankheit, Lumbago, paralytische Myoglobinurie stehen für eine mehr oder weniger ausgeprägte Rhabdomyolyse. Zwischen dem Schweregrad einer Muskelzellschädigung und dem Muskelenzymprofil (CK, AST, LDH) besteht im Allgemeinen eine gute Korrelation (**Abb. 33.7**).

Fraktionelle Exkretion der Elektrolyte

Die Muskelfunktion steht in enger Beziehung zum intra- und extrazellulären Gleichgewicht der Elektrolyte. Eine Imbalance im Elektrolythaushalt ist häufig verantwortlich für eine **rezidivierende Rhabdomyolyse** (**Abb. 33.8**). Nach neuerer pathogenetischer Sichtweise führen mitochondriale Störungen in den Skelettmuskelzellen bei intrazellulärem Kaliumdefizit zu abnormen Muskelkontraktionen.

Die Bestimmung der Elektrolytkonzentrationen im Blut kann nicht zur exakten Ermittlung einer Imbalance der Elektrolyte im Körper herangezogen werden, da homöostatische Mechanismen die physiologischen Blutspiegel aufrechterhalten. Das Elektrolytgleichgewicht wird hauptsächlich über die Nieren reguliert. Deshalb eignet sich für die Beurteilung der Elektrolytsituation in der Skelettmuskulatur die Bestimmung der Elektrolytausscheidung im Harn. Als Bezugsgröße für die renale Exkretion der Elektrolyte dient die Kreatininausscheidung, da endogenes Kreatinin ausschließlich über die glomeruläre Filtration ausgeschieden wird. Die Exkretionsrate von Kreatinin entspricht annähernd der glomerulären Filtrationsrate.

Material

Harn, Serum

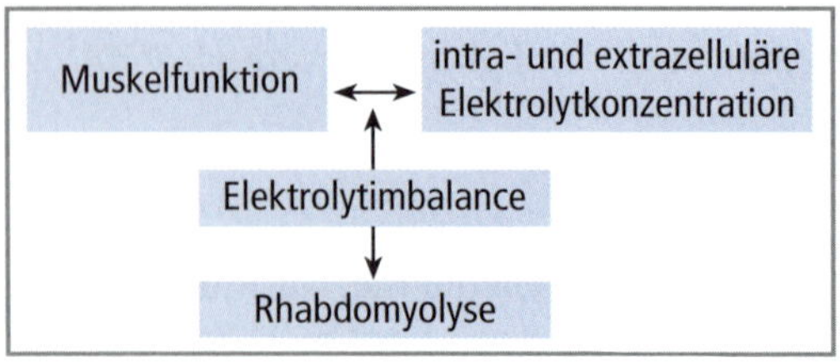

Abb. 33.8 Wechselwirkung zwischen Elektrolytimbalance und Rhabdomyolyse

Prinzip

Fotometrische Messung der Elektrolyte Kalium, Natrium, Chlorid und Phosphat (s. auch Kap. 21, 22) sowie von Kreatinin im Harn und im Serum zur Berechnung der fraktionellen Exkretion (FE) des jeweiligen Elektrolyts.

$$FE\ (\%) = \frac{Elektrolyt_{Urin}}{Elektrolyt_{Serum}} \times \frac{Kreatinin_{Serum}}{Kreatinin_{Urin}} \times 100$$

Technik

Probenentnahme

- Harn- und Blutproben in der Ruhephase oder kurz vor dem Füttern möglichst zeitgleich gewinnen (Harn- vor Blutprobe)
- vor der Entnahme Pferd im schnellen Trab zur Durchmischung der gefüllten Harnblase kurz belasten
- bei Hengst und Wallach Spontanharn gewinnen oder Harn im Harnbeutel auffangen
- bei der Stute Katheterharn entnehmen

Die Proben sollten nicht während oder kurz nach einer akuten Rhabdomyolyse genommen werden. Dies könnte durch erhöhte Plasmamyoglobinspiegel zu einer Beeinträchtigung der Nierenfunktion mit dem Ergebnis verfälschter FE-Werte führen.

Probenaufbereitung

- Harnproben in verschlossenen, sterilen Behältern überführen, um bakterielle Verunreinigungen zu vermeiden, die die Phosphat- und Kreatininwerte verändern können
- Harnproben mit pH-Wert < 6, Proteingehalt > 0,3 g/l sowie Nachweis von Glukose, Blut, Hämoglobin oder Myoglobin von der Untersuchung ausschließen
- Blutproben nach 20–30 min zentrifugieren
- hohe Temperaturen bei Probenversand vermeiden
- Laboranalyse innerhalb von 3 Tagen durchführen

Referenzbereiche

siehe **Tabelle 33.11**

Bewertung

FE-Werte zeigen in Abhängigkeit von der Futteraufnahme und des verabreichten Futters eine große Variationsbreite. Treten bei hinreichender und ausgewogener Fütterung des Pferdes abnorme FE-Werte auf, ist von einer individuellen Störung der intestinalen Absorption und/oder Utilisation auszugehen. Elcktrolytdefizite in der Nahrung führen zu einer renalen Elektrolytretention, die mit pathologisch erniedrigten FE-Werten, speziell des Kaliums, einhergeht. Diese Veränderungen können Grundlage für eine rezidivierende Rhabdomyolyse sein. Bei Rationen mit einem niedrigen Kalzium-Phosphor-Verhältnis ist die FE für Phosphat erhöht.
Die Konzentration der Elektrolyte im Harn und ihre Exkretionsrate werden auch vom Flüssigkeitshaushalt, von endokrinen sowie renalen Faktoren beeinflusst. Hohe FE-Wer-

Tab. 33.11 Referenzbereiche für die fraktionelle Exkretion (FE) der Elektrolyte

Elektrolyte	FE (%)
Kalium	35–80
Natrium	0,04–0,52
Chlorid	0,7–2,1
Phosphat	0–0,2

te sind physiologischerweise das Ergebnis einer gesteigerten Elektrolytaufnahme mit der Nahrung. Ein erheblicher Anstieg, speziell der Natriumexkretion, weist auf Nierenfunktionsstörungen hin.

33.6 Labordiagnostik bei Nephropathien

Nierenerkrankungen sind beim Pferd, vor allem in der Anfangsphase, nur selten mit einer ausgeprägten Symptomatik verbunden, sodass ihre Erkennung schwierig sein kann und eine differenzierte Diagnostik durch eine Funktionsanalyse erfordert.

Akute hämodynamische Perfusionsstörungen der Niere haben beim Pferd ihre Ursachen in Ileuszuständen, enteraler Ischämie, akuter Diarrhö, Enterotoxämie, Laktatazidose und Belastungsmyopathie. Bei nicht adäquater Flüssigkeitstherapie entwickelt sich aus einem prärenalen akuten Nierenversagen (ANV) ein renales ANV mit toxischer Nephropathie als Folge des Sauerstoffmangels. Andere Ursachen **toxischer Nephropathien** beim Pferd sind Vergiftungen mit Gentamicin, Phenylbutazon, Mykotoxinen oder Vitamin D. In Abhängigkeit vom Schweregrad der Schädigung wird ein renales ANV beobachtet, das zu akutem Exitus letalis oder einer chronischen Niereninsuffizienz führt. **Infektiöse** und **immunogene Nephropathien** sind beim Pferd selten. Die auf Enzymdefekten beruhende **tubuläre Azidose** kommt ebenfalls nur gelegentlich vor. Sie kann durch eine Blutgasanalyse und die stets auftretende Hyperchlorämie zweifelsfrei diagnostiziert werden.

Das **Nierenprofil** umfasst folgende Parameter:

- Harnstoff
- Kreatinin
- Blutstatus
- Blutgasanalyse
- Protein-Elektropherogramm
- Natrium, Chlorid, ggf. Kalzium und Phosphat
- Harnanalyse (Dichte, pH-Wert, Protein, Sediment, ggf. BU)
- γ-GT/Kreatinin-Verhältnis im Harn
- fraktionelle Exkretion (FE%) von Natrium (s. S. 715)

Material

- Serum für Harnstoff, Kreatinin, Elektrolyte, Elektropherogramm
- EDTA-Blut für Blutstatus, heparinisiertes Vollblut für Blutgasanalyse
- Harn für Harnstatus, γ-GT, Natrium (FE), Kreatinin

Referenzbereiche

siehe **Tabelle 33.12**

Bewertung

Die **Harnstoff**konzentration hängt vom endogenen Proteinabbau und der Nahrung ab. Bei stickstoffreichem Grünfutter kann der Harnstoffgehalt auf 60 mg/dl ansteigen.

Kreatinin ist als Produkt des endogenen Muskelstoffwechsels keinen diätetisch bedingten Schwankungen unterworfen. Eine Serum-Kreatininkonzentration über 140 µmol/l kann bereits auf eine unzureichende renale Filtration zurückzuführen sein.

Ein zusätzlicher wichtiger Parameter ist die **Exkretionsrate des Tubulusenzyms γ-GT** in Relation zum ausgeschiedenen Kreatinin. Erhöhte Werte (> 1 U/mmol) weisen auf Tubulusnekrosen hin und kommen besonders bei progredienten Veränderungen vor.

Die **FE von Natrium** ist ein wichtiger Indikator der tubulären Transportleistung.

Tab. 33.12 Referenzbereiche Labordiagnostik Nephropathien

Parameter	Referenzbereiche
Serum-Kreatinin	0,8–1,8 mg/dl (71–159 µmol/l)
Serum-Harnstoff	20–40 mg/dl (3,3–6,7 mmol/l)
γ-GT$_{Harn}$/Kreatinin$_{Harn}$	< 1 IU/mmol
FE von Natrium	< 0,04–0,52 % (Toleranz bis 1 %)
Harndichte	1,020–1,040

Niedrige FE%-Werte entsprechen einer hohen Resorptionsrate, während hohe Werte auf geringe Absorption und zusätzliche tubuläre Sekretion hinweisen. Hohe FE%-Werte liegen regelmäßig bei Resorptionsstörungen und Niereninsuffizienz vor.

Die fraktionelle Exkretion von Natrium stellt somit einen wichtigen Parameter für die Differenzierung zwischen prärenalem und renalem akutem Nierenversagen dar.

Hyperkalzämie (> 3,5 mmol/l) und Hypophosphatämie (< 0,6 mmol/l) sind häufige Zeichen einer chronischen Niereninsuffizienz.
Eine ständige **Harndichte** unter 1,020 kann Anzeichen einer Resorptionsstörung und Niereninsuffizienz sein.
Die geschätzte **Leukozytenzahl im Harnsediment** ist wichtiger Indikator einer Entzündung im Harntrakt.

▶ Differenzialdiagnostik von Nierenfunktionsstörungen

- Filtrationsstörungen (Kreatininkonzentration deutlich erhöht, Harndichte erhöht)
- Resorptionsstörungen (Kreatininkonzentration normal, Harndichte vermindert, erhöhte Natrium-FE%-Werte)
- Tubulusnekrosen (γ-GT$_{Harn}$/Kreatinin$_{Harn}$ > 1 IU/mmol)
- akutes Nierenversagen
  - prärenal (Kreatinin > 1000 µmol/l, FE-Na < 1 %)
  - renal (Kreatinin > 1000 µmol/l, FE-Na >> 1 %)
- Niereninsuffizienz (Kreatininkonzentration deutlich erhöht, Harndichte < 1,020, erhöhte Natrium-FE%-Werte)

33.7 Endokrinologische Diagnostik

Equines Cushing-Syndrom

Das equine Cushing-Syndrom (ECS) ist eine endokrine Störung des älteren Pferdes und wird überwiegend durch ein Adenom der Pars intermedia der Adenohypophyse verursacht. Daher wird im Angloamerikanischen die Bezeichnung »Pituitary Pars Intermedia Dysfunction (PPID)« bevorzugt. Neben Hirsutismus und mangelndem Fellwechsel als häufigstem Leitsymptom neigen die Pferde nicht selten zu Hufrehe, Infektionsanfälligkeit, Polyurie/Polydipsie, Muskelatrophie, supraorbitalen Fettpolstern und Lethargie.
Als labordiagnostische Testverfahren eignen sich die direkte ACTH-Bestimmung und der Dexamethason-Suppressionstest (DS-Test)

oder der kombinierte DS-/TRH-Stimulationstest. Die direkte Kortisolbestimmung hat beim ECS keinerlei diagnostischen Wert, da der Kortisolspiegel häufig im Referenzbereich liegt und nur die zirkadiane Sekretionsrhythmik verloren geht.

Direkte ACTH-Bestimmung

Die Blutprobe sollte unter Vermeidung jeglicher Art von Stress genommen werden. Eine akute Hufrehe oder anderweitig bedingte hochgradige Schmerzen können den ACTH-Wert erhöhen, ohne dass ein ECS vorliegt.

Material

1 ml EDTA-Plasma im vorgekühlten Probenröhrchen

Prinzip

RIA

Referenzbereiche

Die Referenzbereiche sollten im untersuchenden Labor erstellt worden sein. Zu beachten ist, dass im Herbst (Ende August bis Oktober) physiologischerweise höhere Werte vorkommen als zu den übrigen Jahreszeiten. Ein früher postulierter Unterschied zwischen den ACTH-Referenzbereichen von Ponys und Pferden hat sich in neueren Untersuchungen nicht bestätigt (McGowan et al. 2012).

Bewertung

Erhöhte ACTH-Werte ermöglichen bei einmaliger Probenentnahme eine Aussage hinsichtlich der Überfunktion der Pars intermedia. Die ACTH-Bestimmung wird als sensitiv und spezifisch für die Unterscheidung zwischen gesunden und an ECS erkrankten Pferden angesehen und häufig bei Tieren mit einer chronischen Hufrehe und auch zur Therapiekontrolle eingesetzt. Gänzliche diagnostische Sicherheit besteht jedoch nicht, da in seltenen Fällen ein zyklischer Verlauf des ECS mit normalen und erhöhten ACTH-Konzentrationen im Intervall vorliegt. ACTH ist zudem ein sehr empfindlicher Analyt, der in Vollblut bei 19 °C nur für 3 Stunden stabil bleibt (Couëtil et al. 1996).

Dexamethason-Suppressionstest

Pferde mit ECS zeigen nur eine kurzfristige Suppression mit raschem Wiederanstieg des Kortisolspiegels, während die Kortisolkonzentration bei gesunden Pferden nach Dexamethasongabe über mindestens 20 Stunden (tiefste Werte) supprimiert bleibt.

Material

Serum oder Plasma

Prinzip

RIA oder Elektrochemolumineszenz

Technik

- Bestimmung des Kortisol-Basiswertes (0-Wert)
- Intramuskuläre Applikation von 0,04 mg Dexamethason pro kg KM
- nach 20 Stunden erneute Bestimmung des Kortisolspiegels

Referenzbereich

- Kortisolmessung mit RIA: 3–7 µg/dl (83–193 nmol/l)
- erhebliche physiologische Variation, methodenabhängig

Bewertung

Bei gesunden Probanden sinkt der Kortisolspiegel deutlich unter 1 µg/dl (28 nmol/l) ab, sodass bei Werten über 1,5 µg/dl von einem ECS ausgegangen werden kann. Liegt der Wert in der »Grauzone« zwischen 0,8 und

1,5 µg/dl, empfiehlt sich die Durchführung des kombinierten DS-/TRH-Stimulationstests.
Der Dexamethason-Suppressionstest gilt allgemein als sehr sicheres und einfaches diagnostisches Verfahren. Die Gefahr einer Hufrehe nach niedrig dosiertem Dexamethason wird in der Literatur als sehr gering betrachtet. Bei Vorliegen einer Hufrehe ist jedoch der direkten ACTH-Bestimmung der Vorzug zu geben.

Equines metabolisches Syndrom

Bei genetisch prädisponierten Pferden und Ponys, übermäßiger Kalorienzufuhr mit stärkehaltigen Futtermitteln und mangelnder Bewegung kann ein metabolisches Syndrom (EMS) hervorgerufen werden. Die derzeitige Fütterungspraxis neigt zur übermäßigen Zufuhr von Nahrung mit einem hohen glykämischen Index. Folglich bildet sich vermehrt Fettgewebe, das nicht sichtbar sein muss, aber hormonell aktiv ist und eine Reihe sogenannter Adipokine freisetzt. Die Adipozyten enthalten wie die Zellen der Huflamellen das Hormon 11-Betahydroxysteroid-Dehydrogenase (11-β-H-1), welches die Umwandlung des inaktiven Ketoderivates Kortison in die aktive Form Kortisol bewirkt mit der Folge einer gesteigerten Kortisolaktivierung. Damit sind Veränderungen der inneren Glukosehomöostase verbunden, die sich als eine periphere Insulinresistenz mit Hyperinsulinämie äußern.
Die Insulinresistenz spielt eine zentrale Rolle beim Krankheitsgeschehen des EMS. Die Beeinträchtigung der Insulinwirkung an sensitiven Zielzellen (Leber, Fettgewebe, Muskulatur) führt zu einem Glukosemangel, der wiederum zu einer Myopathie führen kann. Andererseits kommt es in den Insulin-unabhängigen Zellen zu einem Glukoseüberschuss mit den Folgen einer Glukotoxizität. Durch Glykosylierung der Zellproteine können freie Radikale entstehen, die das Bild des oxidativen Stresses hervorrufen. Weitere Folgen sind unter anderem eine Endothelschädigung und -dysfunktion sowie die Aktivierung gewebszerstörender Matrixmetalloproteinasen mit dem Risiko einer Hufrehe.
Labordiagnostisch am aussagekräftigsten sind Funktionstests zur Glukoseregulation, wobei der kombinierte Glukose-Insulin-Test (cGIT, siehe unten) im US-amerikanischen Konsensuspapier empfohlen wird (Frank et al. 2010). Ein Insulinwert über 20 µU/ml (RIA) nach 12-stündigem Fasten wird als diagnostisch relevant angesehen. Allerdings gibt es eine Reihe von Pferden, die unter diesem Grenzwert liegen, aber im Funktionstest gleichwohl eine Insulinresistenz aufweisen.

Kombinierter Glukose-Insulin-Test

Material

- 50%ige Glukoselösung zur Infusion, Caninsulin
- Blutplasma

Technik

- Pferd 12 Stunden fasten lassen
- Infusion von 150 mg Glukose/kg KM i. v.
- sofort danach 0,1 IE Insulin (z. B. Caninsulin)/kg KM i. v. verabreichen
- Glukosekonzentrationsmessung
- 0, 15, 30, 45, 60, 75, 90, 105, 120, 150 min

Interpretation

Eine Insulinresistenz (**Abb. 33.9**) liegt vor, wenn der Glukosewert nach 45 min oberhalb des Ausgangswertes nach 12 Stunden Fasten liegt. Ebenso wird ein Insulinwert von > 100 µU/ml nach 45 min als Zeichen einer Insulinresistenz gesehen.
Der Blutzuckerspiegel eines Pferdes mit physiologischer Glukoseregulation wird unter

den 0-Wert absinken und es kann zu klinisch relevanter Hypoglykämie kommen, die eine weitere Glukosegabe erforderlich macht.

Bewertung

Die EMS ist eine endokrine Störung und kann mithilfe labordiagnostischer Untersuchungen von Glukose und Insulin erkannt werden. Dabei ist zu bemerken, dass die Konzentrationen von Glukose und Insulin, von verschiedenen äußeren Faktoren wie Fastenzeit vor Probenentnahme, Art und Menge des zuletzt aufgenommenen Futters, diurnalem Rhythmus von Kortisol, physiologischem Status und Kondition des Pferdes sowie Stress und Aufregung beeinflusst werden können.

33.8 Insuffizienz der Nebennierenrinde

Eine sekundäre NNR-Insuffizienz (Morbus Addison) kann beim Pferd iatrogen nach Abusus von Glukokortikoiden und Anabolika auftreten. Die Leitsymptomatik umfasst Depression, Lethargie, Gewichtsverlust, stumpfes Haarkleid, Dermatitis und Leistungsabfall. Labordiagnostisch fallen Hypoglykämie und Hyperkaliämie auf. Als Funktionstest ist die Stimulation mit ACTH geeignet.

ACTH-Stimulationstest

Material

Serum oder Plasma

Technik

- Bestimmung des Kortisol-Basiswertes (i. d. R. < 2 µg/dl)
- intravenöse Injektion von 0,2 IE ACTH (Synacthen®) pro kg KM *oder* intramuskuläre Injektion von 1 IE ACTH pro kg KM
- Blutentnahme zur Kortisolbestimmung (bei intravenöser ACTH-Applikation nach 2 Stunden, bei intramuskulärer Applikation nach 3 Stunden)

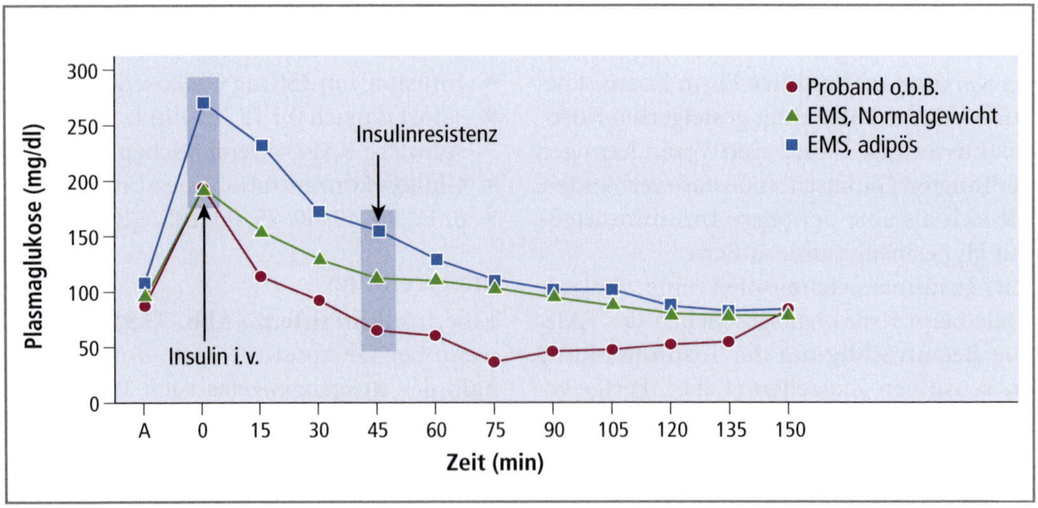

Abb. 33.9 Kombinierter Glukose-Insulin-Test (nach Frank et al. 2006)
o. b. B: ohne besonderen Befund, EMS: equines metabolisches Syndrom

Referenzbereich

Kortisolmaxima:
- nach intravenöser ACTH-Applikation: 2- bis 3-facher Anstieg nach 2 Stunden
- nach intramuskulärer ACTH-Applikation: Anstieg über 80 % nach 3 Stunden

Bewertung

Eine langfristige Applikation von Glukokortikoiden oder anabolen Steroiden kann zur Suppression der endogenen ACTH-Produktion führen, die in einer verminderten Synthese und Sekretion von Kortisol resultiert. Ein Fehlen der ACTH-Antwort und damit des Kortisolanstieges weist auf eine primäre oder fortgeschrittene sekundäre Insuffizienz der Nebennierenrinde (Hypoadrenokortizismus) hin.

Hypothyreose

Eine **primäre Hypothyreose** kommt bei älteren Pferden, insbesondere Rennpferden, vor. Sie manifestiert sich klinisch durch Gewichtszunahme, Lethargie, raues und glanzloses Haarkleid, Anhidrosis, Hufrehe, Leistungsabfall und Myopathie, bei Stuten zusätzlich durch Infertilität und Agalaktie. **Sekundär** können Erkrankungen von Hypothalamus oder Hypophyse zu einer Hypothyreose führen. Erheblich subnormale Konzentrationen der Schilddrüsenhormone werden bei neugeborenen Fohlen im Verlauf schwerer generalisierter Krankheitszustände gemessen.
Eine **primäre Hyperthyreose** ist beim Pferd nicht bekannt. Die relativ häufigen Kropfbildungen (Strumae) sind nicht das Ergebnis einer Endokrinopathie, sondern euthyreote knotige Hyperplasien parafollikulärer Zellen oder Adenome ultimobranchiogener Reste. Seltene Adenokarzinome können eine Hypo- oder Hyperthyreose auslösen. **Sekundär** treten Funktionsstörungen im Sinne eines Hyperthyreoidismus im Rahmen der zunehmenden Praxis einer Supplementierung von Schilddrüsenhormonen auf. Ein erhöhtes Angebot an Trijodthyronin (T_3) und Thyroxin (T_4) steigert die Rate des Knochenumbaus, stört die Kalziumhomöostase und erhöht den Kalziumspiegel im Plasma. Eine vermehrte Kalziumablagerung im Gewebe ist die Folge. Exzessive Jodaufnahme der graviden Stute führt beim neonatalen Fohlen zum Kropf (Goiter) und zu Schwächezuständen.

Trijodthyronin (T_3) und Thyroxin (T_4)

Thyroxin ist beim Pferd fast gänzlich an Transportproteine gebunden. Freies T_4 beträgt nur etwa 1 % des Gesamtthyroxins und ist deshalb für die Diagnostik kaum verwertbar.

Indikationen

- Hinweise auf Hypothyreose
- Nachweis eines Abusus von Schilddrüsenpräparaten

Material

Serum oder Plasma

Prinzip

RIA oder ELISA (s. Kap. 24, S. 367 f.)

Referenzbereiche

Die Referenzbereiche für Pferd und Fohlen gibt **Tabelle 33.13** wieder. Bei **Fohlen** im Alter von 1–14 Tagen liegen die Werte deutlich höher als beim Pferd.

Tab. 33.13 Referenzbereiche von Trijodthyronin (T_3) und Thyroxin (T_4)

	T_3	T_4
Pferd	25–180 ng/dl (0,4–2,8 nmol/l)	1,0–4,1 µg/dl (13–53 nmol/l)
Fohlen	400–800 ng/dl (6,1–12,3 nmol/l)	14–18 µg/dl (180–232 nmol/l)

33

Bewertung

Die Diagnose Hypothyreose sollte nie ohne Funktionstest (TRH-Stimulation) gestellt werden, da viele Faktoren die Blutspiegel von T_3 und T_4 beeinflussen können. Häufig weisen gesunde Pferde Werte im unteren Referenzbereich auf. Außerdem ist die diurnale Sekretionsrhythmik nicht exakt bekannt. Medikamente, wie z. B. Phenylbutazon, können die Hormonkonzentrationen im Blut deutlich absenken. Laktierende Stuten haben signifikant niedrigere T_4-Spiegel. Die Plasmakonzentrationen von T_3 und T_4 sind beim gesunden Neonaten (1–14 Tage alt) 10- bis 20-mal höher als bei adulten Pferden.

TRH-Stimulationstest

Indikationen

- grenzwertige oder unter dem Referenzbereich liegende T_3- und/oder T_4-Konzentration
- Diagnose einer Hypothyreose

Material

Serum oder Plasma

Technik

- Bestimmung des T_4-Basiswertes
- gleichzeitige intravenöse Infusion von 0,2 mg TRH (Protirelin) pro 100 kg KM in 50 ml physiologischer NaCl-Lösung
- Bestimmung des T_4-Wertes 2 Stunden nach TRH-Applikation
- Bestimmung des T_4-Wertes 4 Stunden nach TRH-Applikation

Referenzbereich

Die T_4-Konzentration steigt nach TRH-Stimulation um das 1,5-Fache nach 2 Stunden und um das 2-Fache nach 4 Stunden an. Der höchste Anstieg ist nach 4–10 Stunden zu beobachten.

Bewertung

Bei einer Hypothyreose liegen keine oder subnormale Konzentrationsanstiege vor.

33.9 Immunglobulin G beim Fohlen

Direkt nach der Geburt besitzen Fohlen keine oder nur geringe Anteile zirkulierender Immunglobuline. Ihre Immunglobulin-G-Konzentration im Serum ist deshalb nahezu gänzlich von der Absorption maternaler Antikörper aus dem Kolostrum abhängig (**Abb. 33.10**). Dieser passive Transport kann durch verfrüht einsetzende Laktation der Stute, Agalaktie, Nichtsaugenlassen des Fohlens sowie einen niedrigen IgG-Gehalt des Kolostrums negativ beeinflusst werden. Trennung von Stute und Fohlen, fehlender Saugreflex (Lebensschwäche) und mangelnde IgG-Absorption führen ebenfalls zu einem Versagen des passiven Immunglobulintransfers.

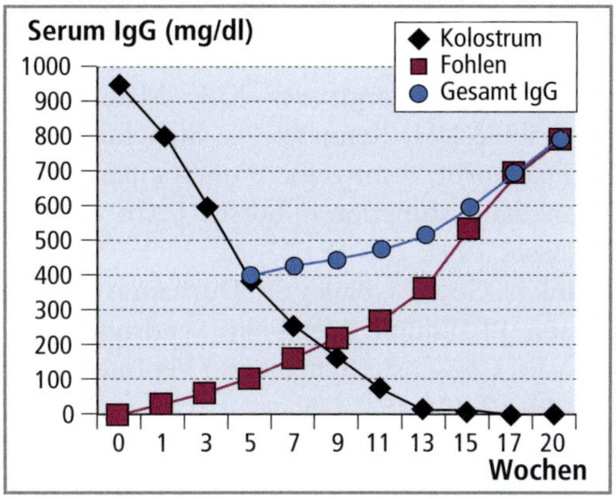

Abb. 33.10 IgG-Metabolismus beim Fohlen (nach Jeffcott 1974)

IgG-Mangel post partum ist die häufigste Prädisposition einer Infektion bei Fohlen unter 2 Wochen. Reduzierte IgG-Konzentrationen bei neonatalen Fohlen (< 400 mg/dl) treten vor allem bei Prämaturität und Septikämie sowie bei Mekoniumverhaltung, neonataler Diarrhö und Fehlanpassungssyndrom auf. Das frühzeitige, schnelle Erkennen eines IgG-Defizits ist die Basis zur sofortigen Einleitung immunitätsstützender Maßnahmen.

Snap® Fohlen IgG Testkit

Material

- Vollblut (EDTA oder Heparin als Antikoagulans): frisch oder bei 2–7 °C gekühlt bis zu einer Woche verwendbar
- Serum oder Plasma: frisch oder bei 2–7 °C gekühlt bis zu 14 Tage verwendbar

Das Ergebnis wird durch hämolysierte Proben nicht beeinflusst.

Prinzip

Enzymimmunoassay zur semiquantitativen Bestimmung von IgG

Technik

Testdurchführung nach Arbeitsanleitung des Herstellers

Referenzbereich

IgG-Spiegel: > 800 mg/dl

Bewertung

- absoluter IgG-Mangel: < 200 mg/dl
- relativer IgG-Mangel: 200–400 mg/dl
- subnormale IgG-Spiegel: 400–800 mg/dl

Die Kalibrierungsfelder im Snap-Test entwickeln eine Farbe, die einem IgG-Gehalt von 400 bzw. 800 mg/dl entspricht. Durch Vergleich der Farbintensität von Probenfeld und Kalibrierungsfeldern wird der IgG-Gehalt der Probe ermittelt.

Weitere Testverfahren

Für die IgG-Bestimmung stehen außerdem folgende Testverfahren zur Verfügung:

- radiale Immunodiffusion (SRID) zur Quantifizierung von IgG und IgM
- Proteinelektrophorese zur Auftrennung aller Serumproteine (s. S. 296 ff.)
- Zinksulfat-Trübungstest zum indirekten Nachweis der γ-Globuline
- Latex-Agglutinationstest zur IgG-Bestimmung in Vollblut oder Serum
- Alle genannten Testverfahren sind keine Schnelltests.

Literatur

Adams R, McClure JJ. Acute renal dysfunction: A review of 38 equine cases and discussion of diagnostic parameters. Proc Ann Conv Am Assoc Equine Pract 1985; 31: 635–47.

33

Andrews FM, Eiler H, Oliver JW, Fecteau KA, Green EM, McKCracken M. Diagnosis of pituitary adenoma by using a combined dexamethasone suppression and TRH stimulation test. AAEP Proc 1997; 43: 349–51.

Barrelet A. Peritoneal fluid: Part 1 – Laboratory analyses. Equine Vet Educ 1993; 5(2): 81–3.

Barrelet A. Peritoneal fluid: Part 2 – Cytological examination. Equine Vet Educ 1993; 5(3): 126–8.

Beech J. Disorders of adrenal gland function. In: Watson T, ed. Metabolic and endocrine problems of the horse. London: Saunders 1998; 60–8.

Beech J. Disorders of thyroid gland function. In: Watson T, ed. Metabolic and endocrine problems of the horse. London: Saunders 1998; 69–74.

Bickhardt K, Brandt K, Deegen E, Ganter M, Glitz F. Zum Vorkommen von Nierenfunktionsstörungen beim Pferd. Pferdeheilk 2003; 19(5): 481–9.

Binder U. Praxisnahe Laktatbestimmung – ein additiver prognostischer Parameter beim Kolikpferd. 6. Jg. DVG InnLab 1997; 57–8.

Böning D, Clasing D, Weicker H. Stellenwert der Laktatbestimmung in der Leistungsdiagnostik. Stuttgart: Fischer 1994.

Brandt K, Swagemakers JH, Bickhardt K, Kubis HP, Gross G, Deegen E. Renal tubular acidosis in a Frisian stallion caused by carbonic anhydrase deficiency. Equine Vet Educ 1998; 10(5): 250–4.

Couëtil L, Paradis MR, Knoll J. Plasma adrenocorticotropin concentration in healthy horses and in horses with clinical signs of hyperadrenocorticism. J Vet Intern Med 1996; 10(1): 1–6.

Cowell RL, Tyler RD, Clinkenbeard KD, Mac Allister CG. Collection and evaluation of equine peritoneal and pleural effusions. Vet Clin North Am Equine Pract 1987; 3(3): 543–61.

Deegen E. Beurteilung von Blutgasparametern des arteriellen Blutes bei Pferden mit respiratorischen und metabolischen Störungen. Prakt Tierarzt Colleg Vet 1983; XIV, 128–32.

Dybdal NO, Hargreaves KM, Madigan Je, Gribble DH, Kennedy PC, Stabenfeld GH. Diagnostic testing for pituitary pars intermedia dysfunction in horses. J Am Vet Med Assoc 1994; 204(4): 627–32.

Frank N, Geor RJ, Bailey SR, Durham AE, Johnson PJ. Equine Metabolic Syndrome. ACVIM Consensus Statement. J Vet Intern Med 2010; 24(3): 467, 475.

Frank N et al. Physical characteristics, blood hormone concentrations, and plasma lipid concentrations in obese horses with insulin resistance. J Am Vet Med Assoc 2006; 228(9): 1383–90.

Genn HJ, Hertsch B. Die diagnostische und prognostische Bedeutung des Laktatwertes im Blut sowie in der Bauchhöhlenflüssigkeit bei der Kolik des Pferdes. Dtsch Tierärztl Wschr 1982; 89(7): 295–9.

Harris P, Gray J. The use of the urinary fractional electrolyte excretion test to assess electrolyte status in the horse. Equine Vet Educ 1992; 4(4): 162–6.

Hodgson DR, Rose RJ. The athletic horse. Philadelphia: Saunders 1994.

Hospes R, Hospes BIL, Reiss I, Bostedt H, Gortner L. Molecular biological characterization of equine surfactant protein A. J Vet Med 2002; 49(10): 497–8.

Jefcott LB. Studies on the passive immunity in the foal. Gammaglobulin and antibody variations associated with the maternal transfer and the onset of active immunity. J Comp Pathol 1974; 84(1): 93–101.

Klein HJ, Deegen E. Beurteilung von Blutgasparametern des arteriellen Blutes von Pferden unter besonderer Berücksichtigung der alveoloarteriellen Sauerstoffdifferenz. Pferdeheilk 1986; 2(4): 331–6.

Kohn CW, Chew DJ. Laboratory diagnosis and characterization of renal disease in horses. Vet Clin North Am Equine Pract 1987; 3(3): 585–615.

LeBlanc MM, Tran T, Baldwin Jl, Pritchard EL. Factors that influence transfer of immunoglobulins in foals. J Am Vet Med Assoc 1992; 200(2): 179–83.

Lieske R, Deegen E, Fischer J. Der Einfluss der Lagerungstemperatur und -dauer auf das Verhalten einiger Blutgasparameter im arteriellen Pferdeblut. Prakt Tierarzt 1981; 6: 477–84.

Mair TS, Hillyer MH, Taylor FGR, Pearson GR. Small intestinal malabsorption in the horse: an assessment of the specifity of the oral glucose tolerance test. Equine Vet J 1991; 23(5): 344–6.

McGowan TW, Pinchbeck GL, McGowan CM. Evaluation of basal plasma a-melanocyte-stimulating hormone and adrenocorticotrophic hormone concentrations for the diagnosis of pituitary pars intermedia dysfunction from a population of aged horses. Equine Vet J 2013; 45(1): 66–73.

McGowan TW, Pinchbeck GL, McGowan CM. Prevalence and risk factors for equine pituitary pars intermedia dysfunction in aged horses. Equine Vet J 2013; 45(1): 74–9.

Perkins G, Valberg S, Madigan JM, Carlson GP, Jones SL. Electrolyte disturbances in foals with severe rhabdomyolysis. J Vet Intern Med 1998; 12(3): 173–7.

Ranner S. Vergleichende Betrachtungen zum equinen und caninen Cushing-Syndrom. München: Dissertation 2001.

Sobiraj A, Warko G, Lehmann B, Bostedt H. Das Lebensschwächesyndrom (LSS) bei neugeborenen Fohlen. Retrospektive Untersuchungen zu dessen ätiologischer Abklärung sowie zu den Heilungsabsichten. Tierärztl Prax 1992; (G) 20: 287–91.

Tennant B, Bettleheim P, Kaneko JJ. Paradoxic hypercalcemia and hypophosphatemia associated with chronic renal failure in horses. J Am Vet Med Assoc 1982; 180(6): 1050–1.

Valberg S, Haggendal J, Lindholm A. Blood chemistry and skeletal muscle metabolic responses to exercise in horses with recurrent exertional rhabdomyolysis. Equine Vet J 1993; 25(1): 17–22.

Venner M, Ohnesorge B. Glukose- und Xylose-Resorptionstest zur Diagnostik der Malabsorption beim Pferd. Tierärztl Prax 2001; (G) 29: 256–9.

Warko G, Bostedt H. Zur Entwicklung der IgG-Konzentration im Blutserum neugeborener Fohlen. Tierärztl Prax 1993; (G) 21: 528–35.

34 Spezielle Untersuchungen beim Wiederkäuer

Manfred Fürll

34.1 Pansensaftuntersuchung

Gesundheit und Leistung der Wiederkäuer hängen stark von der Funktion der Vormägen ab. Diese zeichnet sich vor allem durch die Fähigkeit zum Aufschluss von Zellulose sowie die Synthese von Bakterienprotein aus NPN-(Non-Protein-Nitrogen-)Verbindungen aus. Biochemische Vorgänge im Retikulorumen erfordern, ebenso wie die Motorik der Vormägen, einschließlich des Wiederkauens, Grundanforderungen an die Fütterung. Eine einwandfreie Qualität der Futtermittel, ein Mindestanteil an pansenmotorisch wirksamer Rohfaser, an verwertbarer Energie sowie an Protein muss gewährleistet sein.

Grobe Fütterungsfehler, wie z. B. die Verfütterung bzw. Aufnahme zu großer Mengen leicht verdaulicher Kohlenhydrate (Zuckerrübenschnitzel, Ausbrechen in Rübenfelder, zu langes Nachweiden auf abgeernteten Hackfrucht- oder Getreidefeldern, Kraftfutterüberdosierung), die Aufnahme feuchter, bei der Lagerung erwärmter Leguminosen oder fehlgegorener, verpilzter Silagen kann sehr schnell zu schweren Störungen, z. B. bei akuter Pansenazidose oder kleinschaumiger Durchmischungsgärung, bis hin zum Exitus letalis ganzer Herden (Schafe!) führen. Zur Diagnose dieser Störungen muss des Pansensaft untersucht werden. Aber auch bei weniger deutlichen Störungen sowie Leistungsdepression gibt die Untersuchung des Pansensaftes wertvolle Aufschlüsse.

Wichtige Einflussfaktoren

Bei der Untersuchung von Pansensaft ist zu beachten, dass seine Zusammensetzung von verschiedenen Faktoren abhängt. Den wichtigsten stellt die Art der **Fütterung** dar. So dominieren bei konzentratarmer, rohfaserreicher Fütterung große Infusorien und unter den drei flüchtigen Fettsäuren (Azetat, Propionat, Butyrat) das Azetat. Der pH-Wert liegt im oberen physiologischen Bereich. Umgekehrt verhalten sich die genannten Kriterien bei konzentratreicher, rohfaserarmer Fütterung. Ein weiterer Einflussfaktor ist die **Tageszeit** in Bezug auf die Fütterung. Die intensivste Fermentation findet 2–3 Stunden nach der Fütterung statt. In dieser Zeit sind die Infusorien sowie die Bakterien am zahlreichsten und am aktivsten, der pH-Wert erreicht sein Minimum, das bei konzentratreicher Fütterung deutlich unter 6,0 liegen kann. Bei fehlender Futteraufnahme nimmt die Aktivität des Pansensaftes ab. Der pH-Wert steigt (sog. »Hungeralkalose«), die Infusorienzahl sinkt stark, nimmt aber bei Wiederanfüttern schnell zu. Gegenüber den genannten Faktoren treten Unterschiede zwischen Rindern, Schafen und Ziegen in den Hintergrund.

Zur Untersuchung des Pansensaftes nutzt man physikalische, chemische, mikrobiologische und botanische Untersuchungsmethoden. Auch die grobsinnliche Beurteilung leistet wertvolle Dienste. Für die **Routinediagnostik** hat sich die Bestimmung von Farbe, Geruch, Konsistenz, pH-Wert, Sedimentaktivitätszeit (SAT), Methylenblau-Probe sowie Chloridkonzentration bewährt.

Entnahme des Pansensaftes

Die sachgerechte Gewinnung des Pansensaftes ist Grundvoraussetzung für den Erhalt objektiver Resultate. Zwei Punkte verdienen besondere Aufmerksamkeit:

1. die Gewinnung einer speichelfreien Flüssigkeit sowie
2. die Aufbewahrung des gewonnenen Pansensaftes bei 37–38 °C nach Entnahme zum Erhalt der Aktivität, wenn die Untersuchung nicht sofort möglich ist.

Eine speichelfreie Gewinnung ist durch Pansenpunktion in der linken Flanke möglich. Nachteilig sind die »punktuelle« Entnahme, die häufigen Abwehrreaktionen der Tiere sowie die Gefahr einer lokalen Peritonitis. Unter den verschiedenen Sonden zur Pansensaftgewinnung sind solche zu bevorzugen, die lenkbar eine Entnahme aus dem Pansensack ermöglichen, z. B. die Sonde nach Dirksen. Die Sonde nach Geishauser reicht bis in das Zentrum des Pansens und gewährleistet gute Ergebnisse. Die ersten 50–100 ml gewonnenen Pansensaftes sollten verworfen werden. Der frisch gewonnene Pansensaft ist sofort in eine vorgewärmte Thermosflasche zu verbringen. So aufbewahrt, behält er 9–12 Stunden seine Aktivität. Zu Verlaufsuntersuchungen werden Pansenfisteln oder -katheter genutzt. Der Pansen-pH-Wert ist bei einer Pansenpunktion ca. 0,5 niedriger als bei einer Pansensondenentnahme. Das Optimum des pH-Wertes im Pansenzentrum beträgt 6,21–6,44.

Grobsinnliche Pansensaftuntersuchung

Grobsinnlich bzw. sensorisch werden **Farbe**, **Geruch** und **Konsistenz** des Pansensaftes beurteilt. Diese Parameter sind von der Art der Fütterung abhängig und signalisieren sehr gut Störungen der Pansenfermentation. Farbe, Geruch und Konsistenz sollten sofort nach der Entnahme bewertet werden. Die Farbe variiert zwischen grün, braun, grau, weiß und gelb (hell bzw. dunkel). Der Geruch ist unter physiologischen Bedingungen aromatisch, kann aber vielfältig variieren, z. B. senfartig sein. Die Konsistenz ist normalerweise leicht viskös.

Technik

Vor der grobsinnlichen Beurteilung ist der Pansensaft gut zu mischen. Für die Farbeinschätzung ist das Verbringen in ein Becher- oder Reagenzglas zweckmäßig, z. B. in Verbindung mit der Bestimmung der SAT. Die Beurteilung des Geruchs erfolgt unter leichtem Schwenken des Gefäßes und gegebenenfalls dem Zuwedeln des darüber befindlichen »Gasgemisches« mit der Hand. Die Konsistenz wird während des Umfüllens des Pansensaftes geprüft. Dabei achtet man zugleich auf die enthaltenen Futterpartikel.

Bewertung

Trotz aller Subjektivität seitens des Prüfers sowie der fütterungsbedingten Variationen sind typische Abweichungen in der Beschaffenheit des Pansensaftes zweifelsfrei feststellbar. So weisen stechend-säuerlicher Geruch, die grau-milchige Farbe sowie wässrige Beschaffenheit auf eine Pansenazidose, muffig-fader bis fäkaler Geruch, grünbräunliche Farbe und gleichfalls wässrige Konsistenz auf eine Pansenalkalose oder Pansenfäule hin (**Tab. 34.1**). Mäßig säuerlicher Geruch kann auch durch starken Salzsäurereflux aus dem Labmagen bedingt sein.

pH-Wert-Messung

Die Kenntnis des Pansensaft-pH-Wertes beantwortet einfach die Frage nach dem Vorliegen grundlegender Störungen im Retikulorumen. Übermäßige oder fehlende Säurebildung führt schnell zu pH-Wert-Abweichungen. Eine noch differenziertere Bewertung der Säure-Basen-Verhältnisse ist durch Ermittlung der Titrationsazidität sowie -alkalität möglich.

Technik

Die pH-Wert-Messung kann mit einem handelsüblichen Indikatorpapier oder vorteilhafter potenziometrisch mit einem pH-Meter erfolgen. Vor der Messung ist der Pansensaft wiederum zu mischen und bei Nutzung eines pH-Meters gegebenenfalls durch Gaze zu filtern. Bei Nutzung von Indikatorpapier ist streng nach der Herstellervorschrift zu verfahren, da auch nach der vorgeschriebenen Ablesezeit z. T. noch eine Farbveränderung abläuft und so das reelle Ergebnis verfälscht wird.

Das Ergebnis muss mit Zehntelstelle bei maximaler Variation zweier Zehntel genau beurteilbar sein.

Vor Fehlinterpretationen schützt sicherer die Messung mit einem pH-Wert-Meter. Bei pH-Werten >7,2 ist zuerst die Frage nach möglichen Speichelbeimengungen zu beantworten.

Referenzbereiche

pH-Wert: 5,8–7,2 bei Sondenentnahme

Abhängigkeit von der Fütterungsart beachten: Bei strukturarmer, konzentratreicher Fütterung bewegt sich der pH-Wert zwischen 5,5 und 6,5. Bei alleiniger Pelletfütterung kann er bis maximal 4,6 ohne klinische Störungen

Tab. 34.1 Beschaffenheit des Pansensaftes unter physiologischen Bedingungen sowie bei typischen pathologischen Veränderungen (Sondenentnahme)

Kriterium	Physiologisch	Pansenazidose	Pansenalkalose	Kleinschaumige Tympanie
Farbe	grün	grau-milchig	bräunlich	grün
Geruch	aromatisch	stechend-säuerlich	fad bis fäkal	aromatisch
Konsistenz	leicht viskös	wässrig	wässrig	schäumend
pH-Wert	5,8–7,2	<5,5	>7,5	6,2–7,2
Infusorienschätzung	massenhaft	variabel vermindert	variabel vermindert	massenhaft
Methylenblau-Probe	≤3 min	verlängert oder stark verkürzt	stark verlängert	≤3 min
Sedimentaktivitätszeit	3–9 min	>15 min	>15 min	beschleunigt oder fehlende Schichtung

absinken. Bei intraruminaler Messung bzw. Pansenpunktion liegt der pH-Wert um 0,3–0,5 niedriger; weitere Differenzen resultieren je nach Entnahmeort im Pansen.

Bewertung

▶ pH-Wert ↓

- 5,5–5,8: subklinische Pansenazidose (SARA)
- < 5,5: akute Pansenazidose:
  - Überfütterung mit leicht verdaulichen Kohlenhydraten
  - Rohfasermangel (< 18 % der Trockensubstanz [TS])
  - Salzsäurereflux aus dem Labmagen[1]
  - Mineralsäurezusatz zu Futtermitteln (Silagen)

▶ pH-Wert ↑

- Pansenalkalose, Pansenfäule[2]:
  - NPN-Überfütterung
  - Eiweißüberfütterung (und Kohlenhydratmangel)
  - NaOH-aufgeschlossene Futtermittel
  - hoher Futterbasenüberschuss/Kaliumversorgung ↑ (Grassilage!)
  - stark verschmutztes Futter
  - Hungeralkalose

Infusorienschätzung

Infusorien stehen zwar bezüglich der Stoffwechselleistung deutlich hinter den Bakterien zurück, jedoch besitzen sie Indikatorfunktion für das gesamte Pansenmilieu und sind mikroskopisch einfacher zu beurteilen. Große Infusorien können als stecknadelspitzengroße, weiße Gebilde in Reagenzgläsern mit dem bloßen Auge oder mit einer Lupe erkannt werden. Sie bilden die unterste Schicht bei stehendem Pansensaft. Ihre Zählung erfolgt in der Fuchs-Rosenthal-Zählkammer. Hohen Aussagewert besitzt die Infusorienschätzung im hängenden Tropfen oder auf dem Objektträger. Neben der geschätzten Anzahl ermöglicht diese Untersuchungsform zusätzliche Aussagen zur Beweglichkeit und Größe der Infusorien.

Technik

Ein Tropfen gut gemischten Pansensaftes wird auf einen vorgewärmten Objektträger gegeben, mit einem Deckglas abgedeckt und bei 60- bis 80-facher Vergrößerung nach Zahl, Größe und Beweglichkeit der Infusorien beurteilt.

Referenzbereiche

Gesunder Pansensaft enthält massenhaft lebhaft bewegliche, große (bis 230 µm), mittlere und kleine (20–80 µm) Infusorien zu etwa gleichen Anteilen. Das Bild unterm Mikroskop erinnert an das Gewimmel eines Ameisenhaufens. Differenzen hinsichtlich Größe und Zahl resultieren aus unterschiedlicher Fütterungsart sowie dem Abstand zur letzten Fütterung.

Bewertung

Die Bewertung erfolgt gemäß den **Tabellen** 34.1 und **34.2.**

Die **Zählung der Infusorien** bringt für diagnostische Zwecke gegenüber der Infusorienschätzung keine wesentlichen Vorteile. Ähnliches gilt für die Beurteilung der Bak-

1 Gegenüber laktatbedingter Azidose sind Farbe und Geruch des Pansensaftes nicht oder nur gering verändert.

2 Bei Pansenfäule bersteht eine hochgradige Inaktivität des Pansensaftes mit stärkeren Geruchsveränderungen.

Tab. 34.2 Befunde der Infusorienschätzung bei physiologischen sowie pathologischen Bedingungen (modifiziert nach Hölzer 1966)

Zahl	Beweglichkeit	Große : mittlere : kleine Infusorien	Bewertung	Stufe
massenhaft	lebhaft	3 : 4 : 3	physiologisch	I
viele	gut	6 : 3 : 1	Rekonvaleszenz	II
mäßig viele	träge	7 : 2 : 1	alimentäre metabolische Azidose, Pansenhypotonie	III
wenig	schwach	mäßig tote	mittelgradige Azidose/Alkalose, Anorexie	IV
keine oder vereinzelte	keine	überwiegend tote	ausgeprägte Indigestion (Azidose, Alkalose, Pansenfäule)	V

terien. Einen gewissen praktischen Nutzen hat die Färbung eines Pansensaftausstriches nach Gram und die Beurteilung in »überwiegend grampositive« und »überwiegend gramnegative Bakterien« erfahren.

Sedimentation und Flotation (SAT, Sedimentaktivitätszeit)

In stehendem Pansensaft erfolgt in der ersten Phase entsprechend der relativen Dichte seiner Bestandteile zunächst ein **Sedimentieren** der schwersten und ein Aufsteigen der leichtesten Teile innerhalb von 1–3 Minuten. Je weniger feste Bestandteile enthalten sind, umso schneller vollzieht sich diese Schichtung. In der Bodenschicht sind als grauweiße Masse die Infusorien zu erkennen. Die hauptsächlich durch die Bakterien bedingte **Gasbildung** hat zur Folge, dass durch die Gasbläschen, die sich vergleichbar einem Schwimmkissen an sedimentierte, schwere Partikel anheften, in einer zweiten Phase diese auch nach oben getragen werden. Dieser als **Flotation** bezeichnete Vorgang ist umso intensiver, je mehr Gas gebildet wird, d. h., je aktiver die Pansenbakterien sind. Es tritt eine neue Schichtung des Pansensaftes mit einer Schwimm- (Futterpartikel und Gasbläschen), einer flüssigen, weitgehend klaren sowie einer Bodenschicht (Bakterien, Infusorien, schwere Futterbestandteile) ein. Somit stellt die Messung der Zeit bis zum Abschluss der Schichtung, die sog. Sedimentation Activity Time (SAT), ein Maß für die Aktivität der Pansenfauna dar.

Technik

Frisch entnommener bzw. warm bis 12 Stunden aufbewahrter Pansensaft wird gut gemischt und in ein Reagenzglas (20 ml) gegeben, dieses mit einem Stopfen verschlossen und in ein 37–38 °C warmes Wasserbad (Thermostat, Wärmeblock, Festhalten in der Hand) gestellt. Die Zeit bis zum Abschluss der Dreischichtung nach Flotation wird gemessen.
Bei dieser Arbeit können gleichzeitig Farbe, Geruch sowie Konsistenz erfasst werden. Außerdem lässt sich das so beschickte Reagenzglas als Vergleich für die Beurteilung der Methylenblau-Probe nutzen.

Referenzbereiche

Dreischichtung innerhalb von 3–9 min
Die SAT ist bei gesunden Wiederkäuern vom Zeitpunkt der letzten Fütterung abhängig: SAT nach der Fütterung: 3–4 min, SAT bei genüchterten Tieren: 7–9 min.

Bewertung

Dreischichtung innerhalb von:

- 10–15 min: verminderte Aktivität
- 15–30 min: hochgradig verminderte Aktivität
- > 30 min: völlige Inaktivität

Der Grad der Pansensaftinaktivität entspricht dem Schweregrad von Störungen bei einfacher Panseninaktivität, Pansenazidose, -alkalose oder -fäule. Auch im Hungerzustand bzw. bei Anorexie verlängert sich die SAT.

Methylenblau-Probe

Im Pansensaft sind vor allem bakterielle, aber auch pflanzliche Reduktasen wirksam. Diese katalysieren Reduktionsreaktionen, bei denen H^+-Ionen übertragen werden. Methylenblau ist eine heterozyklische, intensiv blau gefärbte Verbindung, die bei Aufnahme von H^+-Ionen in das farblose Leukomethylenblau übergeht. Dies wird als Indikator für die Aktivität der Reduktasen im Pansensaft oder vereinfacht für das Redoxpotenzial genutzt.

Technik

Unmittelbar nach der Probenentnahme oder sachgerechter Aufbewahrung wird gut gemischter Pansensaft mit 0,03 % Methylenblau-Lösung im Verhältnis 1 : 20 in einem Reagenzglas gemischt, mit einem Stopfen verschlossen und analog der SAT-Bestimmung in ein 37–38 °C warmes Wasserbad (Thermostat, Wärmeblock, Festhalten in der Hand) gestellt. Gemessen wird die Zeit, bis der Pansensaft wieder seine ursprüngliche Farbe angenommen hat.

> Zu beachten ist, dass auf der Schwimmschicht ein bläulicher Ring bestehen bleibt.

Referenzbereiche

- bei konzentratreicher Fütterung < 3 min
- bei konzentratarmer Fütterung < 8 min

Bewertung

Eine verlängerte Entfärbezeit entspricht einer verminderten Aktivität der Pansenmikroben bei Anorexie, einer einfachen Panseninaktivität (minderwertiges Futter), Pansenalkalose oder -fäule. Bei einer Pansenazidose kann die Entfärbezeit durch Laktobazillen extrem beschleunigt sein.

Chlorid

Chlorid im Pansensaft ist hauptsächlich alimentären Ursprungs. Seine Konzentration im Speichel entspricht der im Pansensaft. Chlorid kann auch durch Reflux von Labmagensaft mit der darin enthaltenen Salzsäure über die Hauben-Psalter-Brücke in den Pansen gelangen (»inneres Erbrechen«).

Technik

- *quantitative Bestimmung merkurimetrisch* (Titration mittels Silbernitrat), enzymatisch oder mittels chloridsensitiver Elektroden
- *semiquantitativ merkurimetrisch*: Zu 1 ml Aqua dest., 3 Tropfen Diphenylcar-

bon (Indikator) und 0,1 ml (gefiltertem) Pansensaft wird jeweils 0,1 ml $Hg(NO_3)_2$ schrittweise bis zu bleibendem blauviolettem Farbumschlag zugegeben; 0,1 ml zugegebenes $Hg(NO_3)_2$ entspricht 9 mmol Chlorid/l Pansensaft.
- *semiquantitativ* mittels Testsets für Wasseruntersuchungen

Referenzbereiche

< 30 mmol/l
(bei noch nicht ruminierenden Wiederkäuern < 100 mmol/l)

Bewertung

34

▶ Chlorid ↑
- Labmagensaftreflux:
  - Labmagenverlagerung
  - Abomasitis
  - Labmagenulzera
  - Labmagenversandung
  - Labmagenleukose
  - Pylorusstenose
  - weitere Ileuszustände

▶ alimentäre Aufnahme ↑
- NaCl-Intoxikation
- Eichelvergiftung

Eine erhöhte Chloridkonzentration im Pansensaft unterstützt den Verdacht eines Refluxes von Labmagensaft. Physiologische Chloridkonzentrationen schließen aber eine gestörte Labmagenpassage, z. B. infolge einer Dislocatio abomasi, nicht aus.

Flüchtige Fettsäuren

Gesundheit und Leistung der Wiederkäuer sind wesentlich von der im Retikulorumen gebildeten Menge und Art der (»im Wasserdampf«) flüchtigen Fettsäuren abhängig. Sie spiegeln die jeweilige Fütterungsart wider und können deshalb wichtige analytische Hinweise liefern. Das Milchfettmangel- und das Verfettungssyndrom lassen sich aus dem Verhältnis der einzelnen Säuren Azetat, Propionat und Butyrat heraus erklären. Die Analytik gehört nicht zur Routinediagnostik.

Technik

Der Pansensaft ist je nach analytischem Verfahren nach der Gewinnung zu präparieren (Sublimat) und gasdicht verschlossen zur Untersuchung zu übergeben. Diese erfolgt gaschromatografisch (HPLC) und liefert als Ergebnis die Gesamtmenge sowie den molaren Anteil der einzelnen flüchtigen Fettsäuren.

Referenzbereiche

Die Referenzbereiche für flüchtige Fettsäuren sind in **Tabelle 34.3** angegeben.

Tab. 34.3 Referenzbereiche für flüchtige Fettsäuren

Fettsäuren	Gesamtmenge bzw. molarer Anteil
Gesamtfettsäuren	60–120 mmol/l
Azetat	50–65 mol %
Propionat	20–25 mol %
Butyrat	10–20 mol %
Ameisen-, Valerian-, Capron- und höhere Fettsäuren	bis 5 mol %
Laktat	1,1–3,3 mmol/l

Bewertung

▶ Gesamtfettsäuren ↓

gehaltloses Futter, Inanition, alle Formen gestörter Pansenfunktion, ausgenommen die Pansenazidose

▶ Gesamtfettsäuren ↑

bei kohlenhydrat-, d.h. stärkereichen Futterrationen fließender Übergang von latenter zu klinisch manifester Pansenazidose

▶ Veränderungen im Fettsäurenmuster

- **Laktat ↑**
  - je nach pro Zeiteinheit gebildeter Menge Laktat Pansenazidose unterschiedlichen Schweregrades von subklinisch bis hin zu hochgradig (Milchsäureintoxikation) mit perakutem Verlauf und letalem Ausgang
- **Azetat ↑**
  - strukturreiche, konzentratarme Futterrationen
- **Propionat ↑**
- strukturarme, konzentratreiche Futterrationen → Milchfettmangel-, Verfettungssyndrom, Ruminitis-Leberabszess-Komplex
- **Butyrat ↑**
- buttersäurereiche Silagen, kohlenhydratreiche Futtermittel → alimentäre Ketose

Ammoniak

Verdauungsphysiologisch hat Ammoniak als Abbauprodukt der Nahrungsproteine und der NPN-(Non-Protein-Nitrogen-)Verbindungen sowie als Ausgangsstoff für die bakterielle Proteinsynthese eine zentrale Stellung im Pansenstoffwechsel. Die Ammoniakkonzentration wird wesentlich vom Protein- und Energieangebot bestimmt. Je besser die Energieversorgung ist, umso mehr bakterielles Protein kann synthetisiert werden. Entsprechend niedriger ist die Ammoniakkonzentration. Umgekehrt steigt die Ammoniakkonzentration bei Energiemangel an. Ammoniak gelangt über die Vena portae zur Leber und wird dort zu Harnstoff entgiftet. Die Ammoniakkonzentration hängt wesentlich von der Art der Fütterung und dem Zeitpunkt der Pansensaftentnahme ab. Die diagnostische Nutzung des Ammoniaks ist ähnlich der der flüchtigen Fettsäuren einzuordnen.

Technik

Bestimmung kolorimetrisch, titrimetrisch (Mikrodiffusion) oder enzymatisch

Referenzbereiche

5–15 mmol/l (stark methodenabhängig!)

Bewertung

▶ Ammoniak ↑

- erhöhte Protein- oder NPN-Zufuhr (Intoxikationen)
- Mangel an leicht löslichen Kohlenhydraten im Futter
- Pansenalkalose, -fäule
- > 30 mmol/l kritisch: → Anstieg des Ammoniakgehaltes im Blut
- > 60 mmol/l stark toxisch → Hemmung der Pansenmotorik

Bei gering- bis mittelgradigen Steigerungen der Ammoniakkonzentration im Pansensaft verlaufen die Harnstoffkonzentrationen im Blut und in der Milch parallel, jedoch ersetzen diese nicht den Informationswert des Ammoniaks im Pansensaft bei stärkeren Konzentrationserhöhungen.

Titrationsazidität und -alkalität

Die Gesamtheit der im Pansensaft enthaltenen Säuren (Anionen) und Basen (Kationen) kann getrennt titrimetrisch bestimmt werden. 40 ml frischer Pansensaft werden bei einem pH-Wert von > 6,8 mit 1 n HCl bzw. bei einem pH-Wert von < 6,8 mit 0,1 n NaOH bis zum pH-Wert 6,8 titriert. Die zugesetzte Menge Salzsäure wird mit dem Faktor 25, die der NaOH mit dem Faktor 2,5 multipliziert, um die Titrationsbilanz (Basenüberschuss [Säuremangel] bzw. Basendefizit [Säureüberschuss]) in mmol/l zu berechnen. Negative Werte kennzeichnen ein Basendefizit (Titration mit NaOH), positive Werte charakterisieren einen Basenüberschuss (Titration mit HCl). Der Basenüberschuss oder das Basendefizit können zur Differenz zwischen dem gemessenen pH-Wert der Probe und 6,8 (Endpunkt der Titration) in Beziehung gesetzt werden. Dieser Quotient beschreibt die Menge an Säure bzw. Base, die zur Titration notwendig war, im Verhältnis zur Änderung des pH-Wertes und gibt so Auskunft über die Pufferkapazität des Pansensaftes. Physiologisch beträgt die Titrationsazidität 80–250 mmol/l, die Titrationsalkalität 80–110 mmol/l. Die Bestimmung der Titrationsalkalität bzw. -azidität ermöglicht eine sensiblere Erfassung von azidotischen oder alkalotischen Belastungen als die pH-Wert-Bestimmung. Sie korrelieren jedoch mit dieser sehr eng und bieten keine diagnostischen Vorteile.

Weitere Proben

Nachstehend genannte Methoden sind geeignet, in gewissem Umfang Auskunft über bestimmte Leistungen des Pansensaftes zu geben, werden aber kaum noch praktisch angewendet.

Glukosegärprobe

Gemessen wird die Gasmenge, die in 10 ml Pansensaft aus 80 mg Glukose in einem Einhorn-Röhrchen innerhalb von 90 Minuten gebildet wird (physiologisch: 1–2 ml).

Zellulosedigestionsprobe

Messgröße ist die Zeit, in der ein standardisierter Zellulosefaden durch die Pansenfauna je nach deren Aktivität verdaut wird (physiologisch: innerhalb 48–72 Stunden).

Nitratbindungsprobe

In abgestufter Menge wird Pansensaftproben KNO_3 zugesetzt und die Zeit bis zu dessen Metabolisierung bestimmt (physiologisch: < 60 min).

34.2 Milchuntersuchung

Von den flüssigen Körpersubstraten ist die Milch das jederzeit am einfachsten zu gewinnende. Bereits die beim Melken gewonnene Milchmenge, deren Temperatur sowie makroskopische Beschaffenheit liefern wichtige Aufschlüsse. Die regelmäßig bei angelieferter Milch (Kühe, Ziegen, Schafe) analysierten Hauptinhaltsstoffe und Qualitätsmerkmale geben weitere Kontrollmöglichkeiten. So schreibt die Milch-Güteverordnung (9. Juli 1980) die Messung des Eiweiß- und Fettgehaltes, die Zählung der Keime und der somatischen Zellen sowie die Messung des Gefrierpunktes vor.
Die Milchuntersuchung bietet Rückschlüsse auf:

- die Milchqualität,
- die Eutergesundheit,
- den Stoffwechselstatus mit Bezug auf die Fütterung

und damit Rückschlüsse auf die Tiergesundheit insgesamt.

Die **makroskopische Beurteilung** hinsichtlich Farbe, Geruch, Konsistenz, Flocken sowie Blutbeimengungen liefert erste wichtige Informationen. Farbveränderungen nach Gelb, Braun, Rot oder Blau sind ein Hinweis auf Mastitiden oder Pflanzenfarbstoffe. Geruchsabweichungen (fruchtig, minzig, kampferartig, ätherisch, stechend, faulig, moschusartig) weisen ebenfalls auf Fütterungseinflüsse oder eine Mastitis hin. Bei Konsistenzveränderungen (wässrig, seimig, vollständiger Verlust des Milchcharakters) sind Fremdbeimengungen auszuschließen. Außerdem treten sie regelmäßig als Folge von Entzündungen auf. Das trifft auch für Flocken (krümelig-weiß, schleimig-weiß, schleimig-eitrig-gelb) zu. Daraus lassen sich erste Schlüsse auf bakteriell bedingte Mastitiden ableiten (z. B. Strepto- und Staphylokokkenmastitis: milchig-wässrig-flockiges Sekret, Colimastitis: graugelbes, wässrig-blutig-jauchiges Sekret, Pyogenesmastitis: serös-breiig, eitrig-stinkendes Sekret, Pilzmastitis: serös-schleimiges Sekret). Blutbeimengungen werden bei längerem Stehenlassen durch Bildung eines Bodensatzes ähnlich der Hämaturie deutlicher. Sie können traumatische, alimentär-toxische oder infektiöse Ursachen haben.

Rückschlüsse auf den **Stoffwechselstatus sowie die Fütterung** erlauben Analysen des Eiweiß-, Harnstoff- und Fettgehaltes, des Fett/Eiweiß-Quotienten (FEQ), der Ketonkörperkonzentration sowie der Milchazidität (pH-Wert, Soxhlet-Henkel-Zahl). Sie stehen in enger Wechselbeziehung zur Eutergesundheit und korrelieren deshalb mit der Zellzahl, den Laktose-, Kalium-, Natrium- und Chloridkonzentrationen sowie der Leitfähigkeit.

Milcheiweiß

Die Milcheiweiße bestehen aus Gesamteiweiß, Reineiweiß, Molkenproteine und Kasein und werden aus den Plasma-Aminosäuren synthetisiert. Diese haben ihren Ursprung z. T. in der ruminalen Bakterienproteinsynthese und z. T. in dem Durchflussprotein. Die Fähigkeit zur Milcheiweißsynthese ist genetisch fixiert. Sie wird außerdem durch die Fütterung (Energie, Protein), das Laktationsstadium, die Jahreszeit und den Gesundheitszustand beeinflusst.

Technik

- über die Bestimmung des Gesamtstickstoffs (kjeldahlometrisch, DUMAS-Methode)
- Bestimmung des Gesamteiweißgehaltes (Eiweißtiterbestimmung, Amidoschwarzmethode, Infrarotmessung [für Serienanalytik bevorzugt], Chromatografie, trockenchemische Bestimmung)

Referenzbereiche

3,2–3,8 % (3–4 %)[3]

Bewertung

▶ Mastitiden ↑ oder ↓

Mastitiden beeinflussen vor allem die qualitative Eiweißzusammensetzung (Immunglobuline ↑, Albumine ↑, Kaseine ↑)

3 Stark rasseabhängig, außerdem leistungs-, laktationsphasen- und jahreszeitabhängig: Zwischen Eiweißgehalt und Milchmenge besteht eine negative Korrelation. Im Winter sowie in der Frühlaktation werden niedrigere, nach Weideauftrieb höhere Eiweißkonzentrationen beobachtet.

▶ Art der Fütterung

Energieunterversorgung führt über eine verminderte Proteinsynthese im Pansen zu einer Abnahme der Milcheiweißmenge, Energie- sowie Proteinüberversorgung (bei ausgeglichenem Energieangebot) zu einer Zunahme. Die zusätzliche Berücksichtigung der Harnstoffkonzentration in der Milch (oder im Blut) ermöglicht eine weitere Differenzierung der Fütterungsart (**Tab. 34.4**) und somit eine Rationsbewertung.

Milchharnstoff

Die Harnstoffkonzentration in der Milch entspricht der im Blut. Sie folgt denselben Einflüssen und Veränderungen und ist demzufolge abhängig von der alimentären Aufnahme von Eiweiß und NPN-Verbindungen, dem Umsatz im Pansen, dem Leberstoffwechsel sowie der Ausscheidung hauptsächlich über die Nieren und die Milch. Die Milch-Harnstoffanalyse wird umfangreich genutzt, um Rückschlüsse auf die Verwertung des im Pansen aus Eiweiß und NPN entstehenden Ammoniaks zu erhalten: Bei ausreichender Energieversorgung wird der größte Teil zu bakteriellem Protein synthetisiert, bei Energiemangel steigt die Ammoniakkonzentration im Pansen an. Es werden größere Mengen resorbiert und in der Leber zu Harnstoff synthetisiert. Durch kombinierte Bewertung von Milcheiweiß und -Harnstoff können die Energie- und Proteinversorgung der Milchkühe sowie die Gesundheitsgefährdung abgeschätzt werden (Tab. 34.4, **34.5**). Kühe mit den Harnstoffbewertungsklassen (HBK) 1–3 werden als gefährdet für Ketose und mit den HBK 7–9 für Leberverfettung angesehen. Einzeltierbezogen muss dieser Verdacht aber labordiagnostisch abgeklärt werden. Die Bewertung des Harnstoffgehaltes der Milch kann aber nicht die Futtermittelanalyse ersetzen. Un-

Tab. 34.4 Einfluss der Energie- und Proteinversorgung auf den Eiweiß- und Harnstoffgehalt der Kuhmilch (nach Dirksen 1992)

HBK*	Milcheiweiß (%)	Harnstoff (ppm)	Energie im Futter	Protein im Futter
1	<3,3	<150	↓	↓
2	<3,3	150–300	↓	∅
3	<3,3	>300	↓	↑
4	3,3–4	<150	↑	↑
5	3,3–4	150–300	∅	∅
6	3,3–4	>300	∅	↓
7	>4	<150	↑	↓
8	>4	150–300	↑	∅
9	>4	>300	↑	↑

* HBK: Harnstoffbewertungsklassen
↓: erniedrigt, ↑: erhöht, ∅: ausgeglichen

Tab. 34.5 Beispiel für die Verteilung der Harnstoffbewertungsklassen (HBK) bei Milchkühen eines Betriebes, untersetzt nach Laktationsstadien

Laktationsstadium (d)	n Kühe gesamt	n Kühe in HBK								
		1	2	3	4	5	6	7	8	9
	E	↓	↓	↓	(↑)	∅	(↓)	↑	↑	↑
	P	↓	–	↑	↓	∅	↑	↓	–	↑
<100	63	3	5	1	8	40	2	2	2	0
100–200	73	1	9	2	5	46	0	0	9	1
>200	98	0	5	0	3	35	1	7	47	0
	243	10,2 % ketosegefährdet						28,0 % verfettungsgefährdet		

↓: erniedrigt, ↑: erhöht, ∅: ausgeglichen E: Energie, P: Protein

terversorgung wird nur zu ca. 50 %, Überversorgung zu ca. 78 % aus dem Verhalten des Harnstoff- und Eiweißgehaltes in der Milch richtig angezeigt.

Technik

- quantitative Bestimmung (enzymatisch durch Harnstoffspaltung mit Urease und Koppelung dieser Reaktion an ein Chromogen oder weiteren enzymatischen Umsatz auf nasschemischem oder trockenchemischem Weg)
- semiquantitative Bestimmung (gleichfalls auf der Basis der Ureasereaktion)

Referenzwerte

2,5–5,0 mmol/l (150–300 mg/l)
Die Harnstoffkonzentration ist leistungs-, laktationsphasen-, fütterungs- und jahreszeitabhängig.

Bewertung

▶ Harnstoff ↑

- mangelhafte Futterzusammensetzung (vgl. Tab. 34.4), hauptsächlich:
  - Energiemangel
  - Energiemangel/Proteinüberschuss
  - Proteinüberschuss
- Anorexie (1. Phase)
- Ausscheidungsstörungen (Urämiesyndrom)

▶ Harnstoff ↓

- mangelhafte Futterzusammensetzung, hauptsächlich:
  - Proteinmangel
  - länger dauernde Anorexie

Durch Mastitiden wird die Harnstoffkonzentration in der Milch wenig beeinflusst, wenn nicht bei schweren Mastitiden Anorexie eintritt. Erhöhte Harnstoffkonzentrationen korrelieren eng mit ketotischer Stoffwechsel- und schlechter Fruchtbarkeitslage. Sie sind immer Anlass, die tatsächlich gefressene Futtermenge, die Futterqualität, das Nährstoffverhältnis sowie die Haltungs- und Fütterungstechnologie zu überprüfen.

Milchfett

Das Milchfett wird aus Azetat, β-Hydroxybutyrat, Lipoproteinen, Chylomikronen sowie langkettigen Fettsäuren synthetisiert. Sein Gehalt ist abhängig von der Rasse, der Futterzusammensetzung, der Milchleistung sowie der Laktationsphase. Ein hoher Milchfettgehalt korreliert mit azetatbegünstigenden Futterrationen. Bei Energiemangel (»physiologisches Energiedefizit« in der Frühlaktation bei Hochleistungstieren, verminderte oder sistierende Futteraufnahme infolge Primärerkrankungen) wird Körperfett lipolytisch mobilisiert, führt zur Erhöhung der Konzentration freier (langkettiger) Fettsäuren sowie von Glyzerin im Blut (**Abb. 34.1 u. 34.2**) und ist, neben der Konzentrationssteigerung der Ketonkörper und der Leberlipide, mit einer Zunahme der Milchfettsynthese verbunden.

34

Technik

Die »klassische« Methode der Fettbestimmung ist die mit dem Butyrometer nach Gerber. Bei der Referenzmethode nach Röse-Gottlieb wird mit ammoniakalischer ethanolischer Lösung Fett extrahiert, das Lösungsmittel abdestilliert und der Rück-

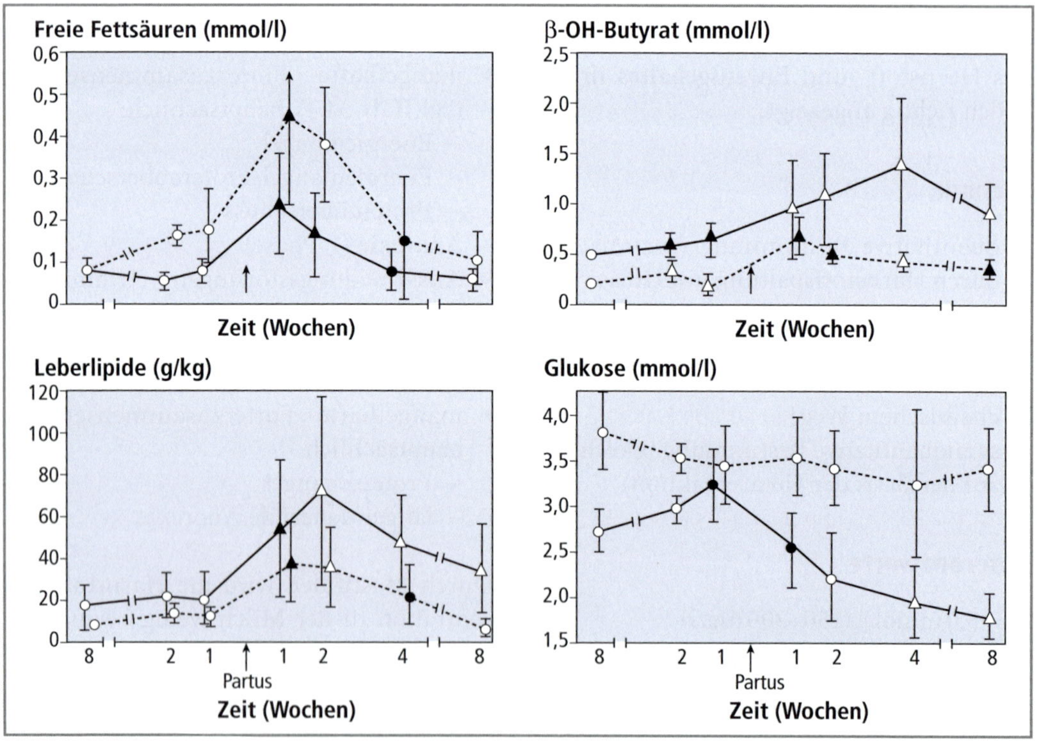

Abb. 34.1 Peripartal gesteigerte Lipolyse bei Milchkühen zweier Betriebe, ersichtlich an den Konzentrationen der freien Fettsäuren und indirekt der Leberlipide, sowie zeitversetzte Hyperketonämie und Hypoglykämie als Zeichen des Energiemangels (Fürll 1994)

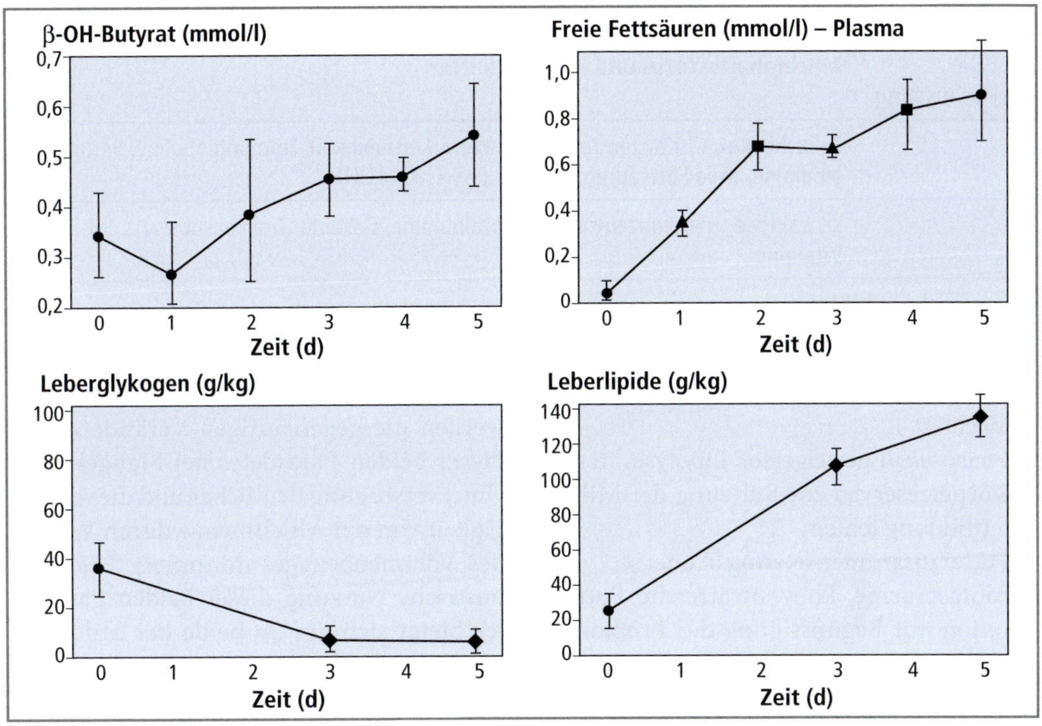

Abb. 34.2 Fastenbedingte Lipolyse bei Milchkühen mit Konzentrationssteigerung der freien Fettsäuren, der Leberlipide und der Ketonkörper sowie Abfall des Leberglykogengehaltes (Fürll 1994)

stand durch Wägung bestimmt. Zur Routineuntersuchung wird die hochleistungsfähige FTIR-Spektrometrie genutzt.

Weiterhin kann das Milchfett fotometrisch (Messung durch Infrarotstrahlen [für Serienanalytik bevorzugt], Nephelometrie) bestimmt werden.

Den Einfluss von Mastitiden auf Milchinhaltsstoffe und -eigenschaften zeigt **Tabelle 34.6.**

Referenzwerte

3,5–4,5 %[4]

Bewertung

▶ Milchfett ↑

- Lipolyse ↑:
  - postpartales Engergiedefizit
  - Fettmobilisationssyndrom, Metabolisches Syndrom
  - primäre/sekundäre Anorexie
- strukturwirksame Rohfaser mit hoher Verdaulichkeit (NDF) ↑
- Pansen: abbaubare Stärke und Zucker ↑
- Pansen: abbaubares Fett ↑
  - Futterzusammensetzung ↑ oder ↓
  - konzentratarmes, strukturreiches Futter mit hohem Azetatanteil bei der Pansenfermentation
- Milchleistung/Spätlaktation ↓
- Anfangsgemelk

4 Oben genannte Einflussfaktoren beachten!

34

Tab. 34.6 Einfluss von Mastitiden auf Milchinhaltsstoffe und -eigenschaften

Art der Beeinflussung	Milchinhaltsstoffe und -eigenschaften
↑	Zellzahl, Na-, Cl-Konzentration, pH-Wert, Leitfähigkeit, Immunglobuline, Serumalbumine, freie Fettsäuren, Enzyme (γ-GT, AP, LDH)
↓	K-, Laktose-, Fettkonzentration, Laktalbumine, Caseine, Trockensubstanz, SH-Zahl, Vitamine

↓: erniedrigt, ↑: erhöht

▶ Milchfett ↓

- Phase *nach* gesteigerter Lipolyse, in der Körperreserven zur Stützung der Milchfettbildung fehlen
- Futterzusammensetzung ↑ oder ↓
- rohfaserarme, konzentratreiche Futterration mit Begünstigung der Propionatbildung im Pansen bei Reduzierung der Azetatsynthese → »Milchfettmangel-/Verfettungssyndrom«
- Mastitiden

Fett/Eiweiß-Quotient (FEQ)

Die im Abschnitt »Milcheiweiß« bzw. »Milchfett« für die einzelnen Parameter geschilderten Einflussfaktoren lassen sich schematisch wie folgt zusammenfassen:

1. **Energiemangel** (Bedarf ↑/Angebot↓) → Lipolyse ↑ → Milchfettsynthese ↑ → **Milchfett ↑**
2. **Energie**-/Protein**mangel** → bakterielle Proteinsynthese im Pansen ↓ → Milcheiweißsynthese ↓ → **Milcheiweiß ↓**

Eine dritte Folge des Energiemangels ist eine verminderte Laktosebildung und damit ein **Rückgang der Milchleistung**.
Durch Quotientenbildung

$$\frac{\text{Milchfett (\%)}}{\text{Milcheiweiß (\%)}}$$

werden die gegenläufigen Veränderungen dieser beiden Parameter bei Mangel- bzw. Unterversorgung deutlicher und die Abhängigkeit von der Milchmenge durch Wegfall des Volumenbezuges minimiert. Die diagnostische Nutzung dieser beiden Parameter bietet sich an, da beide bei Milchleistungs- und -qualitätskontrollen bestimmt werden. Erschwerend wirkt sich allerdings die große Variabilität, insbesondere der lipolyseabhängigen (**Abb. 34.3**) Milchfettsynthese, in den ersten Tagen post partum (p. p.) aus. Außerdem stabilisieren sich die Milchfett- (ca. 5–6 Wochen p. p.) und die -Eiweißkonzentrationen (ca. 3–4 Wochen p. p.) zu unterschiedlichen Zeitpunkten im Laktationsverlauf. Bei Hochleistungskühen kann das postpartale Energiedefizit bis zu 12 Wochen dauern. Ab der 3. bis 5. Laktationswoche steigt der Informationswert des FEQ deshalb deutlich an.

Technik

Milchfett und Milcheiweiß werden periodisch (< 4 × wöchentlich) durch die jeweilige Molkerei bzw. den Landeskontrollverband herdenmäßig erfasst und stehen so zur weiteren Auswertung zur Verfügung.

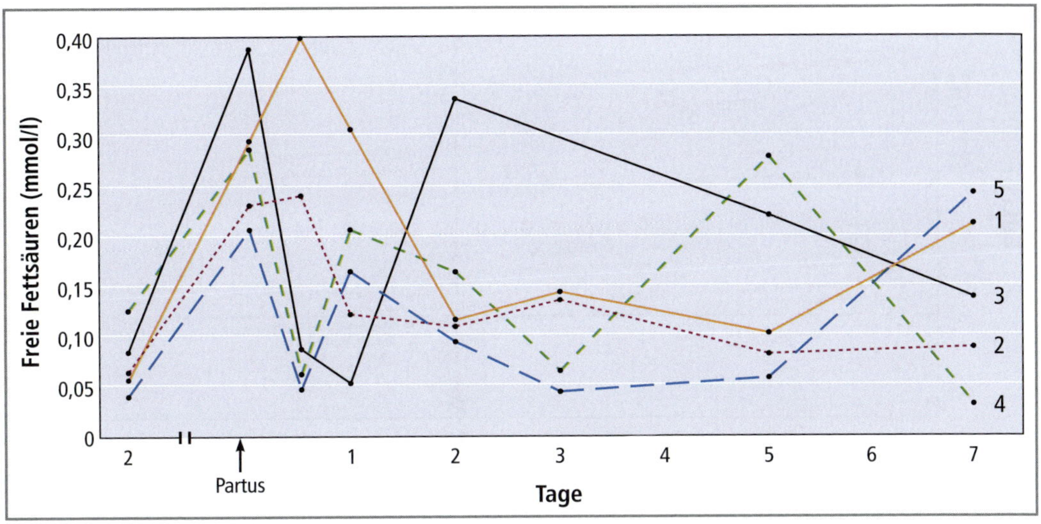

Abb. 34.3 Starke Streuung der Konzentration an freien Fettsäuren (FFS) in den ersten Tagen nach der Geburt bei fünf Kühen (Fürll et al. 1994)

Referenzbereiche

FEQ: 1,1–1,5
(Optimalbereich: 1,1–1,25)

Bewertung

▶ FEQ ↑

- Energie-/Proteinmangel in der Futterration → Ketose
- Fettmobilisationssyndrom
- sekundär gesteigerte Lipolyse (Lahmheiten, Puerperalstörungen, Mastitiden, Indigestionen, bovine Virusdiarrhö [BVD] u. a.) (**Abb. 34.4 u. 34.5**)

▶ FEQ ↓

- Rohfasermangel
- (subklinische) Pansenazidose
- schlechtes Anmelken (unzureichendes Anrüsten, Mastitiden, Brunst, jedweder Stress während des Melkens)

Die FEQ-Informationen sind orientierend, sichere Aussagen liefert die Ketonkörper-Analyse. Weitere Fütterungs- und Managementeinflüsse sind zu beachten, z. B. der Einsatz von Futterfetten.

Ketonkörperbestimmung in der Milch

Die Ketonkörper sind neben den freien Fettsäuren (dem Bilirubin) und dem Glyzerin die Stoffwechselmetabolite, die die beste Aussage über eine länger anhaltende energetische Unterversorgung bei Wiederkäuern geben (vgl. S. 751 ff.). Ihre Indikatorfunktion ist gegenüber Milchfett und dem FEQ erheblich sensibler und präziser.
In der Milch ist die Konzentration der Ketonkörper im Vergleich zu Blut und Harn relativ gering:

- Blut: < 0,6 mmol/l
- Harn: < 2,6 mmol/l
- Milch: < 0,4 mmol/l

Zwischen den Konzentrationen des Azetons, Azetazetats sowie β-Hydroxybutyrats im Blut sowie in der Milch bestehen gesi-

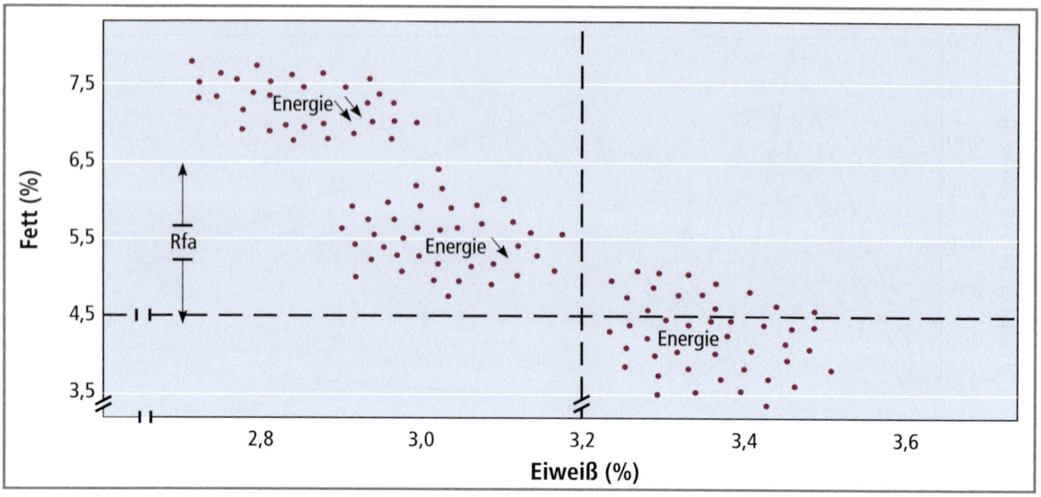

Abb. 34.4 Milchfett- und Milcheiweißgehalt bei inadäquater Energieversorgung von Milchkühen (Scholz 1990)

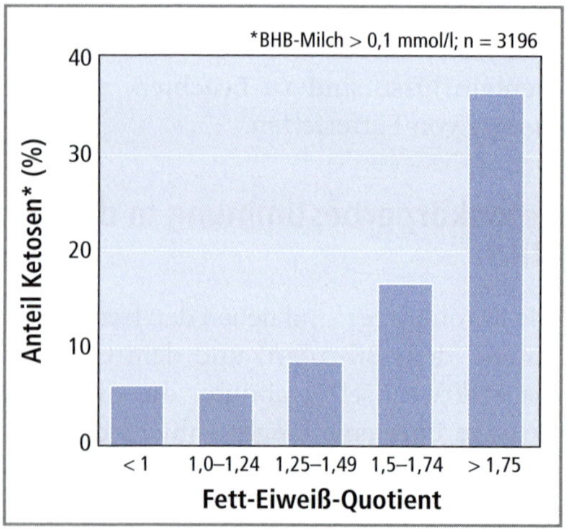

Abb. 34.5 Beziehungen zwischen Fett/Eiweiß-Quotienten und Ketoseanteil bei Milchkühen (Spohr et al. 1992)

cherte Korrelationen. Diese werden bei einer Hyperketonämie noch enger, sodass die Analyse der Ketonkörper in der Milch gut diagnostisch genutzt werden kann.

Technik

Ketonkörper können quantitativ und semiquantitativ in der Milch bestimmt werden.

Quantitative Bestimmung

- Fließinjektionstechnik: Sie ermöglicht die Reihenuntersuchung von Milchproben (100 Proben/Std.). Azetazetat wird in Azeton überführt und durch Diffusion durch eine Teflonmembran von der Milch getrennt. Azeton reagiert weiter mit Hydroxylamin unter Freisetzung von H^+-Ionen, die den Indikator Methylorange mengenabhängig verfärben.
- enzymatische Bestimmung von β-Hydroxybutyrat und Azetazetat (vgl. Kap. 25). Bei achttägiger Lagerung bleibt die β-Hydroxybutyrat-Konzentration bei 4 °C und 18 °C weitgehend konstant, die des Azetazetats sinkt um 20–30 %.

Semiquantitative Bestimmung

Enzymatische Messung von β-Hydroxybutyrat durch Koppelung mit dem Chromogen Nitrotetrazoliumblau (NTB) mittels »Teststäbchen«, z. B. Ketolac®:

$$\beta\text{-Hydroxybutyrat} + \text{NAD} \xleftrightarrow{\text{BHBDH}} \text{Azetazetat} + \text{NADH} + \text{H}^+$$
$$\text{NADH} + \text{NTB} \xleftrightarrow{\text{Diaphorase}} \text{NAD} + \text{Formazan (purpurrot)}$$

Referenzbereiche

siehe **Tabelle 34.7**

Bewertung

siehe **Tabelle 34.8**
Zur ätiologischen Interpretation vergleiche S. 752.

Laktose (Milchzucker)

Die Laktose der Milch wird ausschließlich aus Glukose insulinunabhängig synthetisiert und ist demzufolge von entsprechenden glukoplastischen Vorläufern abhängig. Die Laktosekonzentration ist abhängig vom Laktationsstadium, der Laktationszahl (Alter), der Melkzeit, der Fütterung und der Jahreszeit. Mit sinkendem Fütterungsniveau nimmt parallel die Laktosekonzentration ab. Sie reagiert außerdem sensibel auf Euterfunktionsstörungen.

Technik

Die Bestimmung der Laktose ist mit verschiedenen Methoden möglich: enzymatisch, polarimetrisch, fotometrisch (Infrarotabsorptionsmessung für Serienanalysen), maßanalytisch, gravimetrisch.

Referenzbereiche

46–50 g/l

Bewertung

▶ Laktose ↓

- unzureichende Energieversorgung
- Mastitiden (Indikator bereits für subklinische Veränderungen)

Tab. 34.7 Referenzbereiche für die Ketonkörperkonzentration in der Milch

Parameter	Konzentration
Azeton – gesamt	< 0,40 mmol/l
Azetazetat	0,17–0,25 mmol/l
β-Hydroxybutyrat	0,15–0,25 mmol/l

Tab. 34.8 Bewertung der β-Hydroxybutyrat-Konzentration

β-Hydroxybutyrat-Konzentration ↑	Bewertung	Bewertung nach Farbveränderung
0,1–0,2 mmol/l	geringgradige Ketolaktie	fraglich (±)
0,3–0,5 mmol/l	mittelgradige Ketolaktie	positiv (+)
> 0,5 mmol/l	hochgradige Ketolaktie	stark positiv (++)

Soxhlet-Henkel-Zahl (SHZ)

Die SH-Zahl stellt die **Titrationsazidität** der Milch dar und liefert Aussagen über deren Pufferkapazität. Sie wird auch als »Säuregrad der Milch« bezeichnet. Sie ist abhängig vom Alter der Kühe, der Laktationszahl, der Laktationsdauer, dem Eiweißgehalt sowie von der Fütterung (Kohlenhydrat-, Eiweiß-, NPN-, Rohfasergehalt, Nährstoffverhältnis). Einerseits gilt die SH-Zahl als relativ unspezifischer, von verschiedenen Faktoren beeinflussbarer Parameter, andererseits müssen Abweichungen vom physiologischen Bereich als Indikation zur Abklärung weiterer Ursachen verstanden werden.

Technik

Die SH-Zahl wird durch Titration der Milch mit 0,25 n Natronlauge bis zum Farbumschlag von Phenolphthalein als Indikator (pH-Umschlag: 8,2) bestimmt (vgl. Pansensaft und Harn).

Referenzbereich

6,0–7,4

Bewertung

▶ SHZ ↑

- sekundäre Milchsäuerung
- azidotische Belastung
- Milcheiweiß ↑
- Jungkühe und Frischmelker

▶ SHZ ↓

- alkalotische Belastung
- Milcheiweiß und Zitrat ↓
- Energiemangelversorgung (subklinische) Mastitis
- Altmelker und alte Kühe

pH-Wert

Der pH-Wert der Milch kann diagnostisch genutzt werden. Er wird durch Veränderungen von Puffersubstanzen (Phosphat, Bikarbonat) sowie durch Konzentrationsänderungen des Caseins, der Zitronensäure sowie der Milchsäure (sekundäre Milchsäuerung) in der Milch beeinflusst. Der pH-Wert wird beim Mastitis-Schnelltest nach Schalm (California-Mastitis-Test) über den Indikator Bromkresolpurpur erfasst.

Technik

Die alleinige Messung des pH-Wertes ist nur potenziometrisch mit pH-Wert-Messgeräten sinnvoll. Die Bestimmung mit Indikatorpapier liefert orientierende Aussagen.

Referenzbereich

6,4–6,7

Bewertung

Der pH-Wert der Milch folgt Veränderungen des Säure-Basen-Haushaltes des Gesamtorganismus. Bei Mastitiden steigt er an. Der pH-Wert der Milch korreliert eng mit der elektrischen Leitfähigkeit.

Elektrische Leitfähigkeit

Die elektrische Leitfähigkeit wird durch die in der Milch enthaltenen Elektrolyte Natrium, Chlorid und Kalium sowie durch den Laktosegehalt beeinflusst. Veränderungen von deren Gehalt in der Milch weisen auf Störungen der Blut-Euter-Schranke hin.
Die elektrische Leitfähigkeit hängt von endogenen (Laktationsstadium, -zahl, Rasse, Herde) und exogenen (pH-Wert, Temperatur, Melkintervall, Gemelk, Gemelkfraktion,

Fettgehalt, Infektionsstatus) Faktoren ab. Ihre Messung besitzt frühdiagnostische Aussagekraft, ist methodisch einfach, serienmäßig durchführbar und kann direkt in Melkmaschinen erfolgen.

Technik

Der Leitfähigkeitsmessung liegt der Widerstand der Milch zwischen planparallelen Platten definierter Fläche sowie Abstand bei konstanter Temperatur zugrunde. Die Leitfähigkeit entspricht dem Kehrwert des Widerstands ($1/\Omega = A/V$). Es werden sowohl Taschengeräte als auch in Melkanlagen eingebaute Messeinrichtungen zum kontinuierlichen Monitoring genutzt.

Referenzbereiche

siehe **Tabelle 34.9**

Bewertung

- ▶ Elektrische Leitfähigkeit ↑
- Mastitiden
- Na ↑, Cl ↑, K ↑
- Laktose ↓, N-Acetyl-β-D-glucosaminidase ↑
- Zellzahl ↑, bovines Serumalbumin ↑
- SH-Zahl ↓, pH-Wert ↓

Tab. 34.9 Referenzbereiche für die elektrische Leitfähigkeit

Leitfähigkeit	Referenzwerte
absolute Leitfähigkeit	< 7,0 mS/cm (S = Siemens)
Differenzmethode	0,6 mS/cm
Quotientenmethode	1,2 (ohne Maßeinheit)

Bereits subklinische Mastitiden werden durch eine erhöhte Leitfähigkeit signalisiert.

Elektrolyte Natrium, Chlorid, Kalium

Die Konzentrationen der Elektrolyte Natrium, Chlorid und Kalium verhalten sich in der Milch umgekehrt zu denen des Blutes: Natrium und Chlorid sind ca. 5-fach niedriger, Kalium dagegen ca. 7-fach höher in der Milch konzentriert als im Blut. Diese Elektrolyte beeinflussen wesentlich den osmotischen Druck der Milch.

Technik

Die Bestimmung der Elektrolyte kann flammenfotometrisch (Na, K), mittels ionensensitiven Elektroden (Na, K, Cl), merkurimetrisch (Cl) oder enzymatisch (Cl) erfolgen. Bei zweimaligem Auftauen gefrierkonservierter entfetteter Milchproben sinkt der Natrium- und steigt der Kaliumgehalt signifikant.

Referenzbereiche

siehe **Tabelle 34.10**

Bewertung

Die Elektrolyte reagieren empfindlich auf Entzündungsprozesse im Euter (Mastitiden), d. h., sie zeigen bereits subklinische Eu-

Tab. 34.10 Referenzbereiche für die Elektrolyte Natrium, Chlorid und Kalium

	Natrium	Kalium	Chlorid
Konzentration (mmol/l)	16–24	38–45	23–33
Na : K-Verhältnis < 1 : 3			

34

terstörungen an. Dabei steigen die Natrium- und Chloridkonzentration an, die Kaliumkonzentration fällt ab. Diese Veränderungen sind aber auch bei Allgemeinerkrankungen festzustellen.

Zellzahl und Zelldifferenzierung

Die Zellzahl ist ein zentrales Kriterium für die Eutergesundheit. Ihre Bestimmung ist eine der in der Milch-Güteordnung festgeschriebenen Forderungen und Grundlage zur Qualitätseinstufung sowie Abrechnung der Anliefermilch. Stallschnelltests ermöglichen eine schnelle semiquantitative Bestimmung und damit diagnostische Bewertung unmittelbar am Tier.

34

Die Bestimmung der Zellzahl ist mit direkten sowie indirekten Methoden möglich (**Tab. 34.11**).

Indirekte Zellzahlbestimmung

Unter den Verfahren zur indirekten Zellzahlbestimmung wird der **Schalm-Test (California-Mastitis-Test)** umfangreich angewendet. Er zeigt Erhöhungen der Zellzahl durch Detergens-DNS-Komplexbildung mit Entstehung eines gelartigen Gemisches sensibel an. Durch Zusatz eines Indikators (Bromkresolpurpur) werden gleichzeitig stärkere pH-Wert-Veränderungen sichtbar.

Technik

Milch jedes Euterviertels wird getrennt in eine viergeteilte Schale gegeben, durch Dekantieren auf 2 ml eingestellt und gleichfalls 2 ml Testflüssigkeit per Dosierspritze zugegeben. Anschließend wird die Schale kreisförmig zum Durchmischen bewegt. Dabei treten im positiven Fall Konsistenz- und Farbveränderungen ein.

Die Farbveränderungen bedeuten:

- starke Purpurfärbung: pH-Wert > 7,0
- deutliche Gelbfärbung: pH-Wert < 5,2

Tab. 34.11 Methoden zur Bestimmung der Milchzellzahl (nach Mielke und Schulz 1980)

Direkte Verfahren **Bestimmung der absoluten Zellzahl**	 **Relativierte Zellzahl zu Grenzwert**	**Indirekte Verfahren** **Basierend auf**
• mikroskopisches Direktausstrichverfahren • fluoreszenzmikroskopisches Verfahren • mikroskopisches Zählkammerverfahren • Teilchenzähler nach dem Coulter-Counter-Prinzip • optischer Milchzellzähler • Fussomatic (fluoreszenzoptisch) • Impulszytofotometer	Sedimentausstrichverfahren	• DNS-Gehalt der Milchzellen – Schalm-Test – Feulgen-Reaktionstest – Filter-DNS-Milchzelltest • Anteil Bodensatz – Trommersdorfer Leukozytenprobe – Abstehprobe • Enzymaktivitäten in der Milch – Katalase – LDH – AP – LAP – Aldolase u. a.

LAP: Leucinaminopeptidase, LDH: Laktatdehydrogenase, AP: Alkalische Phosphatase

Tab. 34.12 Beurteilung der Zellzahl (indirekte Bestimmung)

Zustand des Gemisches	Zellgehalt	Ergebnis
dünnflüssig, homogen, leichte Konsistenzänderung mit geringer Schlierenbildung	$<2 \times 10^5$/ml	negativ, <25 % polymorphkernige Leukozyten
leichte Konsistenzänderung mit Schlierenbildung	$<5,5 \times 10^5$/ml	fraglich, 30–40 % polymorphkernige Leukozyten
deutliche Konsistenzänderung in Form von Schlieren	$<15 \times 10^5$/ml	schwach positiv, 40–60 % polymorphkernige Leukozyten
sofortige Gelbildung beim Mischen und Zusammenziehen in der Mitte	$<50 \times 10^5$/ml	positiv, 60–70 % polymorphkernige Leukozyten
Milch fast völlig gelartig, sodass bei Schräghalten der Schale nichts abfließt	$>50 \times 10^5$/ml	stark positiv, 70–80 % polymorphkernige Leukozyten

Die Einstufung der Testergebnisse korreliert mit dem Schweregrad der entzündlichen Euterveränderungen. Bei Trockenstehern, in Kolostralmilch sowie bei plötzlichem Milchleistungsabfall besteht ein erhöhter Zellgehalt, der bei Nichtbeachtung dieser Tatsache zu falscher Ergebnisinterpretation führt.

Bewertung

siehe **Tabelle 34.12**

Direkte Zellzahlbestimmung

Sedimentausstrichverfahren

Für die Zählung somatischer Milchzellen gilt diese Methode als Referenzverfahren.

Technik

Nach Zentrifugation der Milchprobe wird aus dem Bodensatz ein Ausstrich angefertigt, dieser nach Lufttrocknung mit Methylenblau gefärbt (Zellkerne) und anschließend die in 10 Gesichtsfeldern vorhandenen Zellkerne mikroskopisch gezählt. Gleichzeitig wird auf qualitative Veränderungen der Zellen geachtet.

Fluoreszenzoptische Zählung

Sie wird als Routinemethode genutzt.

Technik

Die Zellkerne der Milchzellen werden mit einem Farbstoff (Ethidiumbromid) angefärbt und so fluoreszenzmikroskopisch ausgezählt. Zweckmäßig ist die Konservierung der Milch nach der Probengewinnung.

Referenzbereiche

Herdenmischmilch ≤400 000/ml[5]

Bewertung

Ein erhöhter Zellgehalt ist Ausdruck von Entzündungsprozessen im Euter. Eine differenzierte Bewertung lässt sich wie in **Tabelle 34.13** angegeben vornehmen.
Die Ursachen für Zellzahlsteigerungen sind vielfältig und folgenden Gruppen zuzuordnen:

- infektiöse Euterreaktion
- Destruktion im Verlauf eitriger Entzündungen

5 Geometrische Mittel aus dreimonatigen Kontrollen des jeweiligen Erzeugerbetriebes; die Zahlen gelten als Bedingung für die Verkehrsfähigkeit von Kuhmilch.

Tab. 34.13 Beurteilung der Zellzahl (direkte Bestimmung)

Viertelgemelk	Herdenmilch	Eutergesundheit
< 100 000	< 100 000	gut
100 000–150 000	200 000–400 000	mäßig
> 150 000	> 400 000	schlecht

- mechanische oder chemisch-toxische Euterreizung
- Reaktion auf Allgemeinerkrankung
- physiologische Umbauvorgänge bei Frisch- und Altmelkern

34.3 Stoffwechselüberwachung bei Rindern

Für die Sicherung von Gesundheit und Leistung sind drei Faktoren elementar: die tierartgerechte Fütterung und Haltung sowie der Schutz vor Tierseuchen. Das entspricht grundsätzlich der Ethik, ist aber auch das Ziel jedes Landwirtes für beste Leistung der Rinder. Stoffwechseluntersuchungen sind Teil der gesamten **Bestandsanalyse** (**Abb. 34.6**), die das Management, die Fütterung einschließlich Rationskenndaten, den Kuhkomfort, die Leistungsergebnisse sowie veterinärmedizinische Kenndaten umfasst. Ein Monitoring der Tiere ist täglich durch die Analyse der Milchleistung und die periodischen Informationen durch die Milchinhaltsstoffe (Fett, Eiweiß, Harnstoff, Zellzahl)

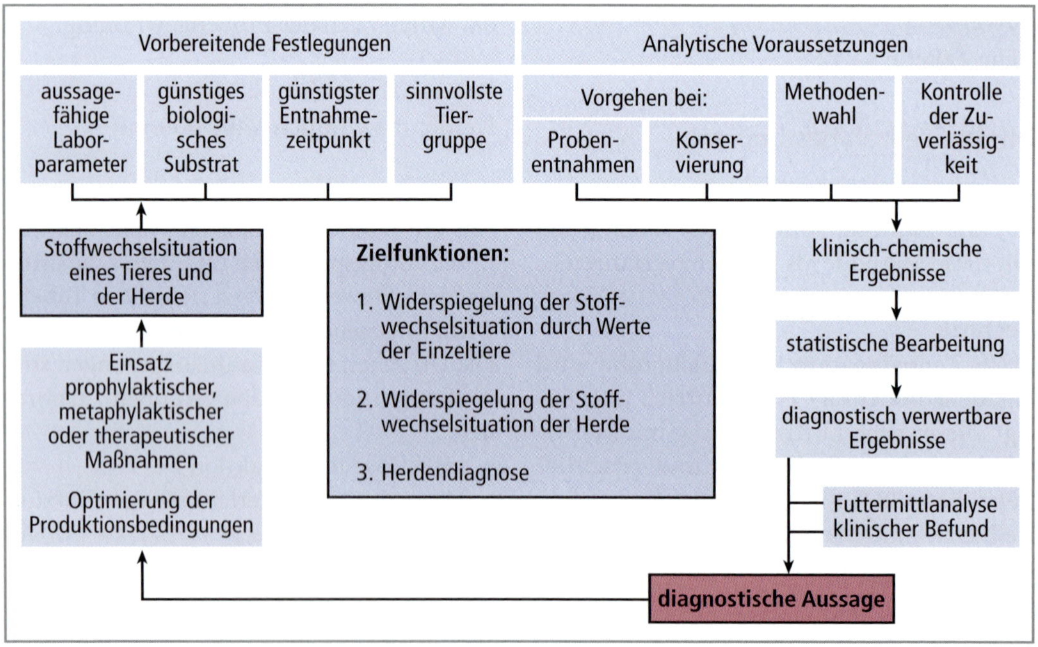

Abb. 34.6 System der Stoffwechselüberwachung für Kühe (modifiziert nach Gürtler 1976)

möglich. Allerdings haben diese Informationen Grenzen. Abweichungen sollten deshalb unbedingt für den betreuenden Tierarzt Anlass zu exakter klinischer und Labordiagnostik sein. Bei allen Bemühungen um eine optimale Versorgung gelingt in praxi nicht immer eine »lehrbuchgerechte« Fütterung und Haltung. Selbst Futterrationsanalysen liegen z. T. nicht vor. Dann ermöglichen nur gezielte labordiagnostische Kontrollen einen Einblick in die Herdensituation.

Ziele einer systematischen Stoffwechselüberwachung

Stoffwechselkontrollen können mit drei Zielen durchgeführt werden:

- periodische Kontrollen bei einzelnen Tieren oder Tiergruppen zur Bestätigung der Gesundheit bzw. Früherkennung von Stoffwechselbelastungen (z. B. vierteljährlich)
- Kontrolluntersuchungen bei besonderen Gefahren (z. B. Futterumstellung)
- als diagnostisches Instrument in Problembeständen, d. h., Analyse bei offensichtlichen Leistungseinbußen und/oder klinischen Erkrankungen

Im Mittelpunkt der Stoffwechselkontrollen stehen die in **Tabelle 34.14** genannten Herdenprobleme. Sie bestimmen wesentlich die verschiedenen Leistungen wie Wachstums- und Mastleistung, Milch- und Fruchtbarkeitsleistung sowie die Resistenz und damit die Rentabilität des Betriebes. Die Kontrollschwerpunkte bei extensiver und intensiver Nutzungsrichtungen sind unterschiedlich.

Regeln für erfolgreiche Stoffwechselkontrollen

Die »metabolischen Profile« bzw. »Stoffwechselkontrollen« haben eine wechselvolle Geschichte. Neben positiven stehen negative Erfahrungen, die z. T. auf grobe methodische Fehler zurückgehen. Deshalb müssen einige Regeln strikt eingehalten werden. Sie

Tab. 34.14 Wichtige Herdenkrankheiten und dabei gestörte Stoffwechselkreise

Häufige Herdenkrankheiten	Stoffwechselkreise
Ketose, Fettmobilisationssyndrom, Leberverfettung, Milchfettmangelsyndrom, Dislocatio abomasi	Energie- (Kohlenhydrat-, Fett-) und Eiweißstoffwechsel
direkt: Pansenazidose, Pansenalkalose; indirekt: Euter- und Klauenentzündungen, Gebärparese, Tetanien, Infektionen, Zerebrokortikalnekrose	Säure-Basen-Haushalt
Ca/P: Gebärparese, Rachitis/Osteomalazie; Mg: Tetanien; Na/K: Fruchtbarkeitsstörungen, Mastitiden	Mineralstoffwechsel: Na, K, Ca, P, Mg
Fruchtbarkeits- und Bewegungsstörungen, geringere Resistenz (u. a. Diarrhöen, Mastitiden und Pneumonien), Weißfleischigkeit, Anämien, Energiestoffwechselstörungen, Hautveränderungen u. a.	Spurenelementstoffwechsel: Mn, Cu, Se, Co, Zn, J u. a.
Fruchtbarkeitsstörungen, geringere Resistenz (u. a. Diarrhöen, Mastitiden und Pneumonien), Weißfleischigkeit, Hautveränderungen, Gebärparese, Rachitis/Osteomalazie	Vitaminhaushalt (Vitamin A bzw. β-Carotin, Vitamin D, Vitamin E, Vitamin C u. a.)/Antioxidanzien

umfassen vorbereitende Festlegungen und analytische Voraussetzungen, die Analysen selbst sowie deren Auswertung bis hin zur Herdendiagnose sowie die Festlegung therapeutischer bzw. prophylaktischer Maßnahmen (s. Abb. 34.6).

Zu diesen Regeln gehören:

1. für Kontrollen am stärksten belastete »Indikatortiere« (Kühe 1 Woche a. p./ 3. Tag p. p./2–8 Wochen p. p.) auswählen (**Tab. 34.15**)
2. **keine kranken Tiere** zur Herdenkontrolle untersuchen
3. Je Leistungsgruppe reichen in Großbeständen **10 Tiere** aus.
4. **Einzeltieranalysen** sind »Poolproben« vorzuziehen (u. a. wegen gegenläufiger Veränderungen einzelner Parameter, fehlender Normalverteilung, genetischer Differenziertheit der Tiere).
5. Das entnommene Probenmaterial (Blut, Harn, Milch, Haar u. a.) muss **optimalen Informationswert** haben (**Tab. 34.16**).
6. hohe Aussagefähigkeit der **analysierten Parameter** (s. Tab. 34.17)
7. Probenentnahme und -versand müssen die **Parameterstabilität** gewährleisten.
8. Bei Blutentnahme und -transport darf **keine Hämolyse** entstehen.
9. Die **Probenbeschriftung** muss eindeutig sein.
10. Die Analysenergebnisse sind mit einheitlichen Referenzwerten **komplex auszuwerten** (Tierarzt, Tierhalter, Futtermittelberater).

Tab. 34.15 Sinnvolle Kontrollzeiten für Stoffwechseluntersuchungen

Phasen	Zeitpunkt		Kontrolle
Phasen intensivster metabolischer Belastungen	**1–2 Wochen vor der Kalbung**		Energiestoffwechselbelastungen/Fettmobilisierung/ Ketose; Gebärparesegefährdung (Säure-Basen-Haushalt)
	Frühlaktation	**3. Tag nach der Kalbung**	Belastungen der Trockenstehphase und der Kalbung (Energie-, Leber-, Muskelstoffwechsel)/Anfälligkeit für Krankheiten in der Frühlaktation
		2–12 Wochen nach der Kalbung	höchste Milchleistung und Futtereinsatz: besondere Ausprägung von Pansenazidose/-alkalose, Fettmobilisierung, Ketose, Fruchtbarkeitsstörungen
	höchste Leistung am Tag	2–3 Stunden nach der Fütterung	Zeit höchster Verdauungsaktivität: Kontrolle auf Azidose/Alkalose, fütterungsbedingte Ketose
Phasen längster Exposition für Störeinflüsse	• Ende von Fütterungs- und Laktationsperioden • Ende von Weide- oder Stallhaltung, Schlachtung		• Kontrolle von Über- oder Unterversorgung • Wechselwirkungen im Stoffwechsel (i. d. R. in Kombination mit der intensivsten Stoffwechselbelastung)

Tab. 34.16 Übersicht über Indikatororgane

Indikatororgane/-substrate		Blut	Harn	Organe
Energiestoffwechsel		+	± (Ketonkörper!)	Leber
Säure-Basen-Haushalt		± (akut)	+ (chronisch)	Pansen, Lunge, Nieren
Mineralstoffe	Mg	+	+	
	Na	± (akut)	+	Speichel
	K	± (akut)	±	Speichel?
	Ca	± (akut)	?	Kot?
	P	+	+	
Spurenelemente	Se (GPX)	+	–	Niere, Deckhaar
	Fe	+	–	Milz
	Cu	+ (↓)	–	Gehirn, Leber, Deckhaar
	Zn	±	–	Skelett, Deckhaar
	Mn	(Heparinvollblut)	–	Niere, Leber, Deckhaar

+: geeignet, ±: bedingt geeignet, ?: fraglich, –: nicht geeignet

Stoffwechselparameter und Kontrollzeitpunkte mit hohem Informationswert

Bei Stoffwechselkontrollen ist ein **stufenweises Vorgehen** empfehlenswert. An erster Stelle steht bei Wiederkäuern immer die Frage nach den Konzentrationen der freien Fettsäuren (FFS) und der Ketonkörper im Blut sowie der Netto-Säure-Basen-Ausscheidung (NSBA) im Harn. Diese Parameter stellen das Minimalspektrum dar. Das »Suchspektrum« ermöglicht eine solide Bewertung des Gesundheitsstatus. Es umfasst folgende Parameter:

- Blut: FFS, Ketonkörper (β-Hydroxybutyrat [BHB]), Harnstoff, Bilirubin, Cholesterin, Kreatinkinase, AST, anorganisches Phosphat, Chlorid, Leukozyten und Hämatokrit
- Harn: relative Dichte, pH-Wert, NSBA, Natrium und Kalium

Erhöhte **Ketonkörper**konzentrationen (Referenzbereich < 0,6 mmol/l) weisen einen längeren Energiemangel als Ursache vieler Herdenkrankheiten (Infertilität, Retentio sec., Mastitis, Laminitis) sehr gut aus. Ihre prognostische Bedeutung ist relativ, da sich die Werte bei intensiver Behandlung innerhalb von 24 (bis 48) Stunden normalisieren können.

Die **freien Fettsäuren** (FFS) reagieren schnell und sensibel auf Energiemangel, signalisieren eine gesteigerte Lipolyse und reflektieren bereits ante partum (a. p.) das Fettmobilisationssyndrom bzw. metabolische Syndrom. Die Referenzwerte sind laktationsabhängig: a. p. < 150 mmol/l, erste

Woche p. p. < 620 mmol/l, > eine Woche p. p. < 340 mmol/l.

FFS-Analysen in der ersten Woche p. p. lassen gute Schlüsse auf die Belastungen der Trockenstehperiode sowie der Kalbung zu und zeigen sehr gut spätere Fruchtbarkeitsstörungen an.

Bilirubinkonzentrationen (< 5,3 µmol/l) bis 20 µmol/l entsprechen der natürlichen Reaktion auf Energiemangel (Inanitionsikterus) und sind klinisch unbedeutend. Höhere Werte weisen auf Mikrohämolysen hin. Konzentrationen über 50 µmol/l sind meist prognostisch ungünstig. Sie kommen u. a. bei nekrotisierenden Mastitiden, Endometritiden und bei Salmonellose vor.

Cholesterin (> 2,0 mmol/l, Obergrenze nicht sinnvoll!) reflektiert besonders seine Resorption aus dem Darm und korreliert mit der Futteraufnahme und der Milchleistung. Es zeigt peripartale Belastungen und schwere Krankheitszustände, besonders Enteritiden, sehr gut an. Prognostisch ungünstig ist, wenn seine Konzentration < 0,50 mmol/l sinkt und sich durch die Therapie nicht steigern lässt. Cholesterin steigt in der Frühlaktation systematisch an. Folgende Konzentrationen sind Zeichen für eine gute Verdauung und Leistung: 1 Woche p. p. > 2 mmol/l, 4 Wochen p. p. > 3 mmol/l, 8 Wochen p. p. > 4 mmol/l.

Harnstoff (2,5–5 mmol/l) wird vor allem durch Kreislaufstörungen (prärenale Urämie!) sowie durch Energieunterversorgung, analog wie in der Milch, verändert. Renale und postrenale Urämien kommen bei Rindern sehr selten vor.

Die **AST**-Aktivität (< 80 IU/l) spiegelt nur z. T. den Zustand der Leberzellmembranen wider. Sie ist häufiger bei gleichzeitig gesteigerter CK erhöht und somit myogenen Ursprungs (Uterus). Die alleinige AST-Bestimmung lässt sich deshalb nicht eindeutig diagnostisch interpretieren, d. h., dass eine gleichzeitige CK-Bestimmung nötig ist.

GLDH-Aktivitätssteigerungen (< 30 IU/l) gelten bei starkem Anstieg (> 1000 U/l) als Zeichen für prognostisch ungünstige Leberschäden. Erhöhte Stoffwechselaktivität sowie hoher Harnstoffumsatz führen auch zu einer GLDH-Aktivitätserhöhung.

Die γ-**GT** (< 50 IU/l) ist ein cholestaseanzeigendes Enzym und korreliert bei Rindern eng mit dem Grad der Leberverfettung und damit auch mit dem Schwellungsgrad der Leber, einschließlich Leberrand!

Die **CK** (< 200 IU/l [37 °C]) zeigt sehr sensibel Muskelschäden an. Sie muss bestimmt werden, um eine erhöhte AST-Aktivität eindeutig der Leber oder Muskulatur zuordnen zu können. CK- und AST-Aktivitätssteigerungen weisen im Puerperium den Schweregrad von Endometritiden aus.

Anorganisches Phosphat (1 Woche p. p. 1,25–2,13 mmol/l, > 1 Woche p. p. 1,55–2,29 mmol/l) ist bei unzureichender Futteraufnahme sowie Diarrhöen vermindert, bei azidotischen Belastungen erhöht.

Reduzierte **Chlorid**konzentrationen (< 95 mmol/l) weisen auf Störungen dessen Resorption bei Labmagenverlagerung (abomasaler Reflux) oder bei Diarrhöen hin.

Die **Glukose**konzentration (2,2–3,3 mmol/l) ermöglicht die Differenzierung der Ketoseformen, die Erkennung von Endotoxämien sowie Insulinresistenz. Endotoxämien werden noch sensibler durch die **Leukozytenzahl** (5–10 G/l) in Form einer Leukopenie (später Leukozytose möglich) angezeigt.

Die **NSBA** (80–220 mmol/l) im Harn informiert über den Zustand des Säure-Basen-Haushaltes (SBH). Ist die NSBA physiologisch, ist es der SBH insgesamt auch. Die NSBA und der pH-Wert sinken auch bei reduzierter oder fehlender Futteraufnahme ab (Azidurie). **Natrium** (> 2 mmol/l Harn) reflektiert sicher die Versorgungslage und ist elementar für eine gute Fruchtbarkeit.

Kalium (150–300 mmol/l Harn) steht im Harn tendenziell für dessen alimentäre Aufnahme bzw. die Kationen-Anionen-Bilanz. Es signalisiert u.a. eine Prädisposition für Gebärparese und Hypomagnesämie.

Bei der Analyse von Problemsituationen muss das genannte Spektrum durch weitere Parameter, in der Regel einem »Organprofil«, ergänzt werden. Weitere Stoffwechselparameter mit hohem Informationswert sind in den **Tabellen 34.17**–34.21 zusammengestellt.

Bei der Auswahl der **Kontrollzeitpunkte** nach **Belastungsphasen** kann man stufenweise vorgehen. Wichtigster Kontrollzeitraum für den Energiestoffwechsel ist der dritte (2.–4.) Tag nach der Kalbung, da zu

Tab. 34.17 Labordiagnostische Untersuchungsschwerpunkte, Kontrollzeiträume sowie wichtige und bewährte Laborparameter

Problemkreis	Fragestellungen	Kontrollschwerpunkte Wochen			Wichtige Laborparameter in Blut oder anderen Substraten
		1 a.p.	1 p.p.	3–4 p.p.	
Energieversorgung	1) gesteigerte Lipolyse 2) Energieunterversorgung	X	X	X	FFS, Bilirubin, BHB, Cholesterol
Proteinversorgung	1) Proteinüberversorgung 2) Energieunterversorgung		X	X	Harnstoff, Protein, (Albumin)
Leberstoffwechsel	»Leberstatus«	X	X	X	GLDH, GGT, AST
Uterus	Endometritis		X	X	K (B)
anorg. Phosphat (P_i)	1) Verdauungsstörung(en) 2) Azidosen		X	X	Pi (B, H)
Calcium	1) Verfügbarkeit 2) Ionisationsgrad		X	X	[Ca (B, H)]
Natrium	Versorgungsstatus			X	Na (H)
Kalium/ Alkalose	1) K-Versorgungsstatus 2) Stoffwechselalkalisierung	X	X	X	K (H), NSBA, pH-Wert (H)
Azidose	akute/chronische Azidose				
Jod	Versorgungsstatus	Frühlaktation (2–8 Woche p.p.)			J (B, Ha)
Mangan					Mn (Voll-B, Ha), AP (B)
Kupfer					Cu (B, Ha)
Selen					Se (B), GPX (Voll-B)
Zink					Zn (Ha)

Tab. 34.17 (Fortsetzung)

Problemkreis	Fragestellungen	Kontrollschwerpunkte Wochen			Wichtige Laborparameter in Blut oder anderen Substraten
		1 a.p.	1 p.p.	3–4 p.p.	
Vitamin A	Versorgungsstatus	2–4 Wochen p.p.			Vitamin A (B, L)
β-Carotin		4–8 Wochen p.p.			β-Carotin (B, L)
Vitamin E					Vitamin E
Vitamin C					Vitamin C
Antioxidanzien	Status an Pro-/Antioxidanzien, Futterqualität				TEAC, (ACW, ACL, SOD, GPX)
Phytoöstrogene	Futterbelastung, -qualität	je nach Anamnese (2–8 Wochen p.p.)			Östrogene
Zearalenon	Futterverpilzung, -qualität				»Mykotoxine«
Pilzinfektionen	Futterverpilzung, -qualität				
strumigene Substanzen	Futterbelastung, -qualität				Thyreoidea-Status
Mutterkornalkaloide	Futterbelastung, -qualität				Mykotoxine
»Giftpflanzen«	Futterzusammensetzung, -qualität				Botanik

B: Blut, H: Harn, Ha: Haare

diesem Zeitpunkt die Mängel der Trockenstehperiode, die Belastungen durch die Kalbung sowie die Gesundheitskonsequenzen für die Frühlaktation, besonders für die Fruchtbarkeit, am deutlichsten erkennbar sind. Der zweitwichtigste Kontrollzeitraum ist die Frühlaktation von der 2.–12. Woche nach der Kalbung. In dieser Phase steigt das Energiedefizit zwischenzeitlich erheblich. Es sollte spätestens nach 12 Wochen wieder ausgeglichen sein.

Es ist nicht sinnvoll, alle Tiere eines Betriebes zu kontrollieren. Es muss den Tierarzt auszeichnen, gezielt und problemorientiert Kontrollen vorzunehmen, um unnötige Analysekosten zu vermeiden.

Die korrekte Versorgung mit Spurenelement sollte einmal im Jahr durch Blut- bzw. Haaranalysen außerhalb des Haarwechsels überprüft werden (s. S. 768 ff.).

Parameter für spezifische Fragestellungen

Der Erkennung und Differenzierung von Krankheitsschwerpunkten bei Milchkühen dienen die nachstehenden Übersichten (Problem-, Organprofile).

Fettmobilisationssyndrom

Kontrolliert werden vor und nach der Kalbung mögliche Hinweise auf eine stärkere Lipolyse und Ketogenese, nachfolgende Organstörungen (besonders der Leber) und potenzielle Endotoxämien.

Blut

(**Tab. 34.18**)

Milch

Fett/Eiweiß-Quotient, Harnstoff (Harnstoffbewertungsklassen), Protein

Ketose

Zu differenzieren sind Hyperketonämien durch Futteraufnahme oder Bildung bei Energiemangel im Körper (Pansenwand, Leber, Euter) sowie zusätzliche Verwertungsstörungen bei Endotoxämien (**Tab. 34.19**).

Gefährdung der Gebärparese

Von den Gefährdungsfaktoren Ca-, kationen- und energiereiches Futter in der Trockenstehzeit, höheres Alter sowie Osteozytenaktivität können labordiagnostisch das schädliche alkalische Futtermilieu sowie die Osteozytenaktivität vor der Kalbung bewertet werden.

Tab. 34.18 Parameter im Blut, die in Kombination auf ein Fettmobilisationssyndrom hinweisen

Parameter	< 1 Woche a. p.	3 (2–4) Tage p. p.
BHB (mmol/l)	< 0,62	< 0,85
Bilirubin (µmol/l)	< 5,00	< 5,7
AST (IU/l)	< 80	< 100
Cholesterin (mmol/l)	(> 2,0)	> 2,0
FFS (mmol/l)	< 0,150	< 0,620
Leukozyten (G/l)	5–10	5–10

Tab. 34.19 Parameter im Blut zur ätiologischen Ketose-Differenzierung

	Energiemangel	alimentär	endotoxämisch
β-OH-Butyrat (BHB)	↑	↑	↑
Bilirubin	↑	~	↑
Glukose	↓	~	↑
Leukozyten	~	~	↓
FFS	↑	~	↑

↓: erniedrigt, ↑: erhöht, ~: gleichbleibend

- **Blut:** Kühe mit Gebärparesegefährdung haben gegenüber gesunden Kühen während der gesamten Trockenstehzeit eine signifikant erniedrigte AP-Aktivität: < 45 U/l.
- **Harn:** 2 bis 1 Woche(n) a. p.: NSBA: < 250 mmol/l, Basen: < 300 mmol/l, Basen/Säure-Quotient (BSQ): < 4,2, Kalium: < 300 mmol/l, pH-Wert: < 8,4 (8,0)
- Ergänzung durch Futtermittelanalysen mit Bestimmung der Kationen-Anionen-Differenz, von Kalzium, anorganischem Phosphat (Pi) sowie Vitamin D ist bei Herdenproblemen ratsam.

34

Prädisposition für Labmagenverlagerungen (Bestandscharakteristik)

Ätiologische Hauptfaktoren für Labmagenverlagerung (LMV) sind Energiemangel vor und nach der Kalbung sowie Stresseinflüsse bei der Kalbung. Es treten gehäuft Ketosen auf.

- **Milch:** FEQ ↑, Harnstoff ↑
- **Blut:** FFS ↑, Cholesterin ↓, CK ↑, Bilirubin ↑, Ketonkörper ↑, Chlorid ↓
- **Harn:** NSBA ↓
- Screening am 3. Tag p. p. (Blut): FFS ↑, Ketonkörper ↑, Cholesterin ↓, CK ↑, Leukozyten ↓, K ↓

Fruchtbarkeitsstörungen

Hauptursachen für Fruchtbarkeitsstörungen sind Verfettung a. p., starker Stress bei der Kalbung (FFS > 620 µmol/l am 3. Tag p. p.), Energiemangel in der Frühlaktation, zu hohe Harnstoffkonzentration (Referenzwert < 5 mmol/l), Alkalosen (K ↑, Na ↓), β-Carotin-, Se-, Cu- und Mn-Mangel sowie differenziert weitere Mangeleinflüsse.

- **Blut:** FFS, IGF-1, β-Hydroxybutyrat, Glukose, Cholesterin, Bilirubin, Harnstoff, Protein, β-Carotin, CK, AST, GLDH, P_i, Se, J, Cu, Mn, Co
- **Harn:** Na, K, P_i, fraktionierte NSBA, relative Dichte

Stoffwechseluntersuchungen nach mehrfach erfolglosen Besamungen sind nicht sinnvoll.

Mastitiden und Klauenkrankheiten

Ausgangspunkte für Mastitiden und Klauenkrankheiten können Azidosen, starke Fettmobilisierung, Ketosen sowie Mangel an Antioxidanzien und Spurenelementen sein.

- **Blut:** Parameter des Energie- und Eiweißstoffwechsels, Leukozyten, Selen und andere Antioxidanzien (TEAC, SOD, GPX, ACL, ACW)
- **Harn:** pH-Wert, fraktionierte NSBA, K, relative Dichte

Hygiene- und Haltungsverhältnisse unbedingt prüfen!

Störungen des Säure-Basen-Haushaltes

Störungen des Säure-Basen-Haushaltes (SBH) lassen sich auf einen Wasserstoffionenmangel oder -überschuss reduzieren. Klinisch verlaufen sie akut oder chronisch und beeinflussen viele Körperfunktionen wie die Verdauung und Atmung sowie die Leistung. Bei entsprechender Stärke oder Dauer können sie zum Tod der Tiere führen, z. B. perakute Pansenazidosen.

Klinische Hinweise liefern unter anderem die Kotbeschaffenheit, die Pansenbewegungen, die Atmung sowie die Häufigkeit von Euter- und Klauenentzündungen.

Labordiagnostische Früherkennung: Blutuntersuchungen sind nur bei plötzlichen und stärkeren Störungen des SBH sinnvoll, z. B. bei Schockreaktionen und starken Durchfällen. Chronische Belastungen des SBH können z. T. durch die Untersuchung der Netto-Säure-Basen-Ausscheidung (NSBA) im Harn erkannt werden, gleiche Veränderungen treten aber auch bei Anorexie auf! Eine Auswahl weiterer Parameter zur Beschreibung des SBH zeigt die folgende Aufstellung:

- **Blutserum:** P_i, Ca, Cl, Laktat
- **Vollblut:** pH-Wert, BE, pCO_2
- **Milch:** pH-Wert, Soxhlet-Henkel-Zahl
- **Harn:** pH-Wert, NSBA fraktioniert, BSQ, K, Na, P_i, Ca, relative Dichte
- **Pansensaft:** pH-Wert, Gesamtazidität, Laktat, Ammoniak

Oxidativer Stress

Endogene und exogene Radikale (Oxidanzien) sind unmittelbare Schadfaktoren für Gesundheit und Leistung von Rindern. Gegen Radikale gibt es enzymatische (SOD, Peroxidasen [z. B. GPX], Katalasen) und nichtenzymatische Antioxidanzien (Albumin, Bilirubin, Harnsäure, Coeruloplasmin, Transferrin, β-Carotinoide, Vitamin A, C, E [α-Tocopherol], β-Carotinoide, Ubiquinon, Flavonoide, Spurenelemente). Mangel an Antioxidanzien besteht bei den wichtigsten Rinderkrankheiten (Mastitis, Retentio sec., Laminitis, Gebärparese). Deshalb ist die Analyse der Antioxidanzien Teil der Ursachenanalyse (**Tab. 34.20**). Rasse- und standortspezifische Besonderheiten sind zu beachten.

Blutgerinnungsstörungen

Gerinnungsstörungen kommen bei allen Kreislaufstörungen (Schock!) vor. Sie werden lebensgefährlich, wenn größere Thromben entstehen, z. B. bei Septikämien. Sie kommen am häufigsten in der Lunge vor und äußern sich klinisch durch zunehmende Dyspnoe. In **Tabelle 34.21** sind bei Rindern praktikable Analysenmethoden zusammengefasst. In Kliniken sollten sie Standard sein.

Peritonitis

Ursachen für Peritonitiden sind hauptsächlich Fremdkörper sowie Verletzungen des Uterus. Sie können den Charakter einer Herdenkrankheit annehmen. Das Bauchhöhlenpunktat (BHP) liefert makroskopisch, mikroskopisch sowie biochemisch wichtige diagnostische Informationen.

Tab. 34.20 Herdendiagnostisch nutzbare Antioxidanzien bei Rindern

	Antioxidanzien	Bestandteile	Referenzbereich
SOD	Superoxiddismutase	mehrere Isoenzyme	500–980 U/ml E
GPX	Gluthationperoxidase	mehrere Isoenzyme, Se-abhängig	122–630 U/mg Hb
TEAC[1]	Trolox Equivalente of Antioxidative Capacity	Trolox, Ascorbinsäure, Harnsäure, Cystein, Glutathion, Albumin, Bilirubin	180–320 µmol/l
ACW[1]	Antioxidant Capacity of Water-soluble antioxidants	Ascorbinsäure, bilirubingebundenes Albumin, Harnsäure, Coeruloplasmin	12–140 µmol/l
ACL[1]	Antioxidant Capacity of Lipid-soluble antioxidants	Vitamin E, β-Carotin, Vitamin A, Steroide, aromatische Verbindungen	1–45 µmol/l

1 Summenparameter

34

34

Tab. 34.21 Praktikable gerinnungsanalytische Methoden bei Rindern

Test	Bedeutung	Referenzbereich	Abweichungen		
			Hyperkoagulabilität	Verbrauchskoagulopathie (DIC)	Thrombosen
Quick-Test (TPZ)	endogenes Gerinnungssystem (Thromboplastinzeit Prothrombinzeit)	7–9″ (80–130 %)	↓	↑	↑
Antithrombin III	bindet an Thrombin und Faktor Xa und hemmt so die Gerinnung	0,15–0,39 g/l (75–125 %)	↑	↓	↓
Fibrinogen	Fibrinogen (Faktor I) Vorstufe von Fibrin	1,6–4,4 g/l	↑	↑/↓	↓
D-Dimere	Fibrinspaltprodukte: bei Thromben erhöht	60–130 mg/l	↑	↑	↑
Thrombozyten	Blutplättchen	100–800 G/l	↓	↓	↓

↓: erniedrigt, ↑: erhöht

BHP kann man durch Punktion des Abdomens im rechten kaudalen Quadranten oder direkt kaudal des Processus xyphoideus in der Mittellinie oder rechts paramedian mit Einmalkanülen (1,2 × 40 mm) und ein- bis dreiminütigem Abfließen gewinnen.
Physiologisch besteht BHP aus wenige Tropfen (ca. 1 ml/kg KM), seine Farbe ist strohgelb, klar bis leicht trüb, flüssig, hat 2–4 G/l (< 6 G/l) Leukozyten sowie < 30 g/l (< 60 g/l) Protein. Die Light-kriterien charakterisieren Peritonealflüssigkeit als Exsudat, wenn die Konzentrationen in der Pleuralflüssigkeit bzw. im Blutserum folgenden Quotienten entsprechen: Protein > 0,5 und LDH > 0,6.
Durch Erweiterung des klassischen Spektrums (makroskopische Beurteilung, Zytologie [Anzahl und Differenzierung der Zellen], Gesamteiweiß, Gramfärbung des Ausstriches sowie bakteriologische Untersuchung) können wichtige diagnostische Zusatzinformationen gewonnen werden: erhöhte CK, LDH und AP für Zelluntergang, erhöhte D-Dimere, L-Laktat und Apoptose für Ischämie, erhöhte Apoptose der PMN auch für Entzündungen und oxidativen Stress sowie stark erniedrigte Glukose für Sepsis.
Tabelle **34.22** zeigt die Zusammensetzung des BHP bei gesunden Kühen, bei Kühen mit links- und rechtsseitiger Labmagenverlagerung (LMV) sowie bei Kühen mit Peritonitis. Die klassische Parameter (Protein, Fibrinogen, Zellzahl) zeigten bei diesen Krankheiten keine signifikanten Veränderungen in der Peritonealflüssigkeit.

Frühdiagnostik von Organstörungen

Parameter zur Frühdiagnostik der wichtigsten Rinderkrankheiten a. p. sind in **Tabelle 34.23** zusammengefasst.

Tab. 34.22 Zusammensetzung des Bauchhöhlenpunktates bei gesunden Kühen, bei Kühen mit links- und rechtsseitiger Labmagenverlagerung (LMV) sowie bei Peritonitis (1. und 3. Quartil; fett: diagnostisch wertvoll) (nach Wittek et al. 2010a–c)

	Gesund	Linksseitige LMV	Rechtsseitige LMV	Peritonitis
Protein (g/l)	20,5–26,5	22,8–37,6	28,9–52,7	34,1–45,5
Albumin (g/l)	11,6–15,3	10–17,5	14,3–21,1	13,3–21,2
L-Laktat (mmol/l)	0,30–0,41	**0,69–2,68**	**3,55–12,89**	**0,79–4,76**
Cholesterol (mmol/l)	0,61–0,86	0,36–0,87	0,80–1,44	0,66–0,97
Glukose	3,9–5,6			**0,1–5,2**
CK (U/l)	37,8–54,5	**37,6–85,9**	**84,0–230**	**63–196**
AP (U/l)	11,3–42	**18,5–44,7**	**35,9–120**	**17–194**
LDH (U/l)	739–913	**974–1886**	**1199–2878b**	**613–1157**
Haptoglobin (g/l)	0,04–0,13	0,08–0,50	0,11–0,57	
Fibrinogen (g/l)	0,10–0,90	0,09–0,44	0,00–0,25	1,41–4,41
D-Dimere (mg/l)	0,20–0,40	0,22–1,28	**0,00–1,85**	**0,90–1,60**
Leukozyten (G/l)	1,40–3,45	1,88–4,15	1,60–5,35	**3,93–9,38**
Neutrophile (%)	39,3–73,1	56,5–73,9	53,9–72,6	**65–84**
Monozyten (%)	11,5–17,4	13,0–25,8	13,5–36,0	
Lymphozyten (%)	11,3–26,7	9–19	7,6–19,7	8–22

Nutzungsdauer

Die **Nutzungsdauer** der Milchkühe ist die Zeit von der ersten Kalbung bis zum Merzen aus der Herde.

Sie liegt zurzeit in Deutschland bei 2,4 Jahren, obwohl Kühe erst in der 3. und 4. Laktation die höchste Milchleistung erreichen. Ursachen für die zu kurze Nutzungsdauer sind genetisch und durch Umwelteinflüsse bedingt. Die Krankheitsprädisposition manifestiert sich frühzeitig im Stoffwechsel. Jungkühe mit längerer Nutzungsdauer haben peripartal bessere klinische Befunde, weniger metabolische Belastungen, einen stabileren Energiestoffwechsel, aber eine schlechtere Fruchtbarkeitsleistung (RZ = Rastzeit, ZKZ = Zwischenkalbezeit, ZTZ = Zwischentragezeit, BI = Besamungsindex). Keine Veränderungen zeigen die Parameter Protein, Harnstoff, Kreatinin, BHB, Cholesterol, GGT, GLDH, AST, CK, Fe, Ca, P_i, Mg, Na, K, Cl im Blut sowie NSBA und pH-Wert im Harn um die Kalbung. Mit einem Screening können Färsen bei der Kalbung mit günstiger Prädisposition für längere Nutzungsdauer selektiert werden:

- **Klinik:** 3. Tag p.p . niedrige Rückenfettdicke und geringere Belastungsreaktionen (Temperatur ↓, Puls- und Atemfrequenzen ↑)
- **Blut:** Haptoglobin ↑, Laktat ↓, FFS ↓, Insulin ↑, Östrogen ↑, Leukozytenzahlen ↓

Tab. 34.23 Laborparameter zur Frühdiagnostik der wichtigsten Rinderkrankheiten a. p.

	Ovarzysten	Endometritis	Mastitis	Laminitis	LMV	GP
FFS	+	+	+	+	+++	–
BHB	+	++	+	+	++	–
Glukose	+	+	–	+	+	–
IGF-1	+++	–	–	+++	–	–
Insulin	+	–	–	–	–	–
CK	–	+	–	–	+	–
TEAC	–	+++	+++	–	–	–
Leukozyten	–	–	+	–	–	–
Haptoglobin	–	–	–	+	–	–
Bilirubin	–	–	–	–	+	–
AP	–	–	+	–	–	+++
NSBA	–	–	–	–	–	+

Auswertung der Analysenergebnisse

Grundsätzlich wird zunächst eine Gegenüberstellung von Analysenbefunden mit den Referenzwerten (**Tab. 34.24 u. 34.26**) vorgenommen und nach Abweichungen (**Tab. 34.25, 34.27**) gefragt. Allerdings ist das kein schematischer Vorgang, denn der Übergang von »gesund« zu »krank« ist auch bei einzelnen Stoffwechselparametern fließend. Die Orientierung für »physiologische Bereiche« geben die bei gesunden Tieren ermittelten Parameter an, ausgedrückt mit dem Bereich von arithmetischem Mittelwert plus/minus einfacher oder doppelter Standardabweichung $\overline{x} \pm [2]$ s.

In der Stoffwechselüberwachung hat sich ein modifiziertes Verfahren praktisch bewährt, das die »Kontroll- (K)« sowie »Toleranzgrenzen (T)« als Bewertungsgrundlagen benutzt. Kontrollgrenzen entsprechen in etwa $\overline{x} \pm 0{,}5$ s und Toleranzgrenzen (bei Normalverteilung) $\overline{x} \pm 1{,}0$ s. Gesundheits- bzw. Leistungsgefährdungen liegen dann vor, wenn der analysierte Gruppenwert (Mittel-/Medianwert) außerhalb der Kontrollgrenzen liegt oder wenn sich > 20 % der Einzelwerte außerhalb der Toleranzgrenzen befinden. Messwerte jenseits der Toleranzgrenzen bedeuten, dass sie nicht mehr zu einer gesunden, leistungsfähigen Population gehören, nicht aber automatisch, dass sie mit Sicherheit als pathologisch einzuordnen sind.

Zum Ausschluss grober Fehler ist darauf zu achten, nach welchen Methoden die **Laboranalysen** erfolgten. Besonders bei Enzymuntersuchungen werden Messungen bei verschiedenen Temperaturen (25/30/37 °C) durchgeführt, die große Unterschiede ergeben und damit Fehlinterpretationen ermöglichen, wenn nicht die methodenspezifischen Grenzbereiche beachtet werden.

Tab. 34.24 Physiologische Bereiche (obere [K_o] und untere Kontroll- [K_u] sowie Toleranzgrenzen [T_o] [T_u]) herdendiagnostischer Stoffwechselparameter im Blutserum/-plasma von Rindern

Blutserum/-plasma		**Adulte**				**Kälber/Jungrinder**			
Parameter	**Maßeinheit**	K_u	K_o	T_u	T_o	K_u	K_o	T_u	T_o
Ketonkörper gesamt	mmol/l		0,60		0,70				
β-Hydroxybutyrat	mmol/l	(0,42)	0,53	(0,34)	0,62				
Glukose	mmol/l	2,61	3,10	2,22	3,30			3,9	4,8
Laktat	mmol/l			0,66	2,20			0,60	2,20
Bilirubin	µmol/l	(3,8)	4,6	(3,3)	5,3				
Cholesterin	mmol/l	2,0		1,5				3,1	4,7
freie Fettsäuren	µmol/l		90		150				
– a.p.	µmol/l	40	500	10	620				
• 1. Woche p.p.	µmol/l				340				
• >1 Woche p.p.									
Triglyzeride	mmol/l			0,2	0,5				
Gallensäuren	µmol/l			15	88				
Protein	g/l	72	79	68	82			50	75
Albumin	g/l	33	38	30	39			26	37
Harnstoff	mmol/l	2,5	5	2	5,0			2,6	6,6
Haptoglobin	g/l				0,25				
Fibrinogen	g/l			1,6	4,4				
γ-Globuline	g/l	19,4	27	16,4	30,4			12,6	17,8
Kreatinin	µmol/l			55	150				106
NH_3	mmol/l			45	75				
AST	IU/l		69		80				60
GLDH	IU/l		30		41				
γ-GT	IU/l		25		50				12
CK	IU/l								
• a.p.					100				150
• 1 Woche p.p.					200[2]				
AP[1] seit 2006[5]	IU/l			45	120				1200
LDH seit 2006[5]	IU/l			700	1400				
Ca	mmol/l	2,12	2,46	2,00	2,54	2,5	2,8	2,4	3

34

Tab. 34.24 (Fortsetzung)

Blutserum/-plasma		**Adulte**				**Kälber/Jungrinder**			
Parameter	**Maßeinheit**	K_u	K_o	T_u	T_o	K_u	K_o	T_u	T_o
P_i: > 1 Woche p. p.	mmol/l	1,71	2,13	1,55	2,29	2,1[3]	2,7	1,9	3
P_i: 1. Woche p. p.	mmol/l	1,45	1,94	1,26	2,13	2,2[4]	2,9	2,1	3
Mg	mmol/l	1	1,23	0,90	1,32			0,75	1,15
Na	mmol/l			135	157			131	142
K	mmol/l			3,9	5,2			4,3	5,3
Cl	mmol/l			95	110			90	108
Cu	µmol/l			8,0	32,8			9,4	15,7
Se	µmol/l	0,50	0,80	0,40	0,88				
Zn	µmol/l			12	25			16	40
Mn (Vollblut)[6]	µmol/l mg/l			> 1,4 7,5					
Fe	µmol/l			13	33			14,5	25
I	µmol/l			0,39	0,87				
BEI[7]	nmol/l		200		240	360		300	
Thyroxin	nmol/l			25	75			20	60
β-Carotin	µmol/l µmol/l			4,02[2] 7,4					
Vitamin A	µmol/l			1,00				0,7	2,5
Vitamin E	µmol/l			7,2	21,0			0,7	4,7
SOD	U/ml E[8]			500	980				
GPX	U/mg Hb			122	630				
TEAC	µmol/l			180	320				
ACW	µmol/l			12	140				
ACL	µmol/l			1	45				
Quick-Test	s			7	9				
Antithrombin	g/l			0,15	0,39				
D-Dimere	Mg/l			60	130				

1 stark altersabhängig **2** Frischabkalber (1 Woche p. p.) **3** 2. Lebensmonat **4** 24. Lebensmonat **5** 2006 Methodenumstellung **6** Mn-Untersuchung im Serum (T_u = 0,36 µmol/l) wenig geeignet für Kontrolle der Versorgungslage **7** butanolextrahierbares Iod: Untergrenze biologisch wenig sinnvoll **8** U/ml Erythrozytenlysat

34

Tab. 34.25 Physiologische Bereiche (obere [K_o] und untere Kontroll- [K_u] sowie Toleranzgrenzen [T_o] [T_u]) herdendiagnostischer Stoffwechselparameter im Harn bei Rindern

Harn		Adulte				Kälber/Jungrinder			
Parameter	**Maßeinheit**	K_u	K_o	T_u	T_o	K_u	K_o	T_u	T_o
relative Dichte	kg/l			1,025	1,045				
Kreatinin	mmol/l			2,2	7,1				
Kreatinin-Quotient (Harn : Serum)				18	64				
pH-Wert		7,0	8,2	7,8	8,4	6,6	7,5	6,0	8,0
NSBA	mmol/l	107	193	83	215	30	150	60	160
NSBA[1]	mmol/l			0	60				
Basen	mmol/l			150	250			50	250
Basen[1]	mmol/l			20	250				
Säuren	mmol/l			50	100			20	70
Säuren[1]	mmol/l			20	120				
NH_4	mmol/l				<10				<20
NH_4[1]	mmol/l				<25				
BSQ		2,6	3,8	1,8	4,6			2	4
BSQ[1]				1,5	4,2				
AST; AST/Kreatinin	U/l			<7,5; <2					
ALT; ALT/Kreatinin	U/l			<10; <2					
γ-GT; GGT/Kreatinin	U/l			<5; <2					
AP; AP/Kreatinin	U/l			<1,2; <0,2					
Ca	mmol/l				2,5				
FE Ca	%			0,2	0,9				
P_i	mmol/l			0,1	3,3				
FE P_i	%			0,05	3				
Mg	mmol/l			3,7	16,5				
FE Mg	%			3	27				
Na	mmol/l	8,7		2,2					
FE Na	%			0,01	0,45				
K	mmol/l			150	300				
FE K	%			35	100				
Cl	mmol/l			40	160				

1 kraftfutterreich gefütterte Hochleistungskühe

34

Tab. 34.26 Herdendiagnostische Bedeutung von Stoffwechselparametern im Blut

Parameter		Bedeutung
Ketonkörper gesamt, β-Hydroxybutyrat	↑	1) (längerer) Energiemangel im Futter oder eingeschränkte Futteraufnahme bei Krankheiten (Energiemangelketose) 2) Buttersäure in Silage ↑, hohe Kraftfuttergaben (alimentäre Ketose)
Glukose	↓	Energiemangel im Futter oder eingeschränkte Futteraufnahme bei Krankheiten (hauptsächlich Ketose)
	↑	1) starke Belastungen (z. B. Transport) 2) Endotoxämie 3) metabolisches Syndrom
FFS	↑	Energiemangel im Futter oder eingeschränkte Futteraufnahme bei Krankheiten, Stress (Kalbung, Transport), Fettmobilisationssyndrom, metabolisches Syndrom
Bilirubin	↑	1) Energiemangel im Futter oder eingeschränkte Futteraufnahme bei Krankheiten (Inanitionsikterus!) 2) Leberbelastung 3) Erythrozytenzerfall (Anämie), häufig als Mikrohämolyse bei Septikämien; korreliert immer signifikant mit FFS
Cholesterin	↓	eingeschränkte Futteraufnahme (Transitphase!) und Darmverdauung (Diarrhö); systematischer Anstieg p. p. ist Zeichen für gutes Futtermanagement: 1 Woche p. p. >2 mmol/l, 4 Wochen p. p. >3 mmol/l, 8 Wochen p. p. >4 mmol/l
Protein	↑	1) wichtiger Entzündungsmarker (Mastitis, Metritis, Klauen, Fremdkörper, Pneumonien) 2) Proteinüberversorgung
	↓	1) Proteinverlust (Nieren, Darm, Bauchhöhle, Uterus) 2) starker Proteinmangel im Futter (Unterernährung)
Harnstoff	↑	1) Energiemangel im Futter 2) Kreislaufstörungen (Schock!) 3) Nierenkrankheiten (hauptsächlich prärenal)
	↓	1) Proteinmangel im Futter 2) reduzierte Futteraufnahme bei Krankheiten 3) chronische Krankheiten
Kreatinin	↑	1) Nierenkrankheiten 2) starker Körpermasseabbau und Unterernährung
Fibrinogen	↑	Akute-Phasen-Reaktion/Entzündungen
	↓	Blutgerinnungsstörungen/Thrombosen
Haptoglobin	↑	Akute-Phasen-Reaktion/Entzündungen, bes. bei Pneumonien und Enteritiden; wesentlich sensibler als Fibrinogen

Tab. 34.26 (Fortsetzung)

Parameter		Bedeutung
AST	↑	Muskel-(Uterus- [!], Labmagen-)schäden, Leberschäden; akute Endometritis; AST ist nur bei gleichzeitiger CK-Bestimmung aussagefähig
GLDH	↑	1) Leber-, (starke) Nierenschäden 2) intensiver Stoffwechsel- und Harnstoffumsatz
γ-GT	↑	Leberschäden ↑, korreliert eng mit Leberfett- und -volumenzunahme
	↓	unzureichende Kolostrumaufnahme (Kälber)
CK	↑	Muskel-, (Uterus- [!], Labmagen-)schäden; akute Endometritis
AP	↑	1) Knochenweiche (Rachitis) 2) Gebärpareserisiko wenn a. p. <45 U/l
	↓	Mangan-, Zinkmangel, azidotische Belastungen
LDH	↑	sensibler Indikator für Störungen im Körper (ohne genauere Lokalisation)
Ca	↓	Gebärparese, (Rachitis), subklinisch: Retentio sec., LMV, Mastitis
Pi	↑	Pansen- u. a. Azidosen, Kalzinose
	↓	1) chronische Pansen- u. a. Azidosen 2) starke Belastungen 3) gestörte Verdauung, z. B. Diarrhö oder Ileus 4) Pi-Binder (Zeolith)
Mg	↑	starke Stressreaktion
	↓	1) Weide-, Stall-, Transporttetanie, Tetanie der Kälber 2) Gebärparese
Na	↓	starker Diarrhö; ↓Versorgungslage → Harn!, Fruchtbarkeit ↓
K	↓	Diarrhö, eingeschränkte Futteraufnahme bei Krankheiten, Stress ↑
Cl	↓	Dislocatio abomasi, Diarrhö, Stase des Vormagen-Labmagen-Systems (Indigestionen), Labmagengeschwüre
Cu	↓	Unterversorgung, Leistung ↓, Fruchtbarkeit ↓, Anämie, Abmagerung, Bewegungsstörungen, Haarveränderungen, Herzschwäche, Gebärparese
Se	↓	Unterversorgung, Leistung ↓, Fruchtbarkeit ↓, Abmagerung, Bewegungsstörungen/Muskeldystrophie, Herzschwäche
Zn	↓	Unterversorgung, Leistung ↓, Haar- und Hautveränderungen (Parakeratose), Horninstabilität
Mn	↓	Unterversorgung, Leistung ↓, Fruchtbarkeit ↓, Abmagerung, Bewegungsstörungen, männliche Kälber ↑
Fe	↓	Unterversorgung, Leistung ↓, Resistenz ↓, Kümmern, Anämie
β-Carotin	↓	Unterversorgung, schlechte Fruchtbarkeit und Resistenz (Diarrhöen)

Tab. 34.26 (Fortsetzung)

Parameter		Bedeutung
Vitamin A	↓	Unterversorgung, schlechte Fruchtbarkeit und Resistenz (Diarrhöen)
Vitamin E	↓	Unterversorgung, analog wie bei Se
SOD	↓	Antioxidantienmangel, chronische Belastungen, z. B. linksseitige LMV
	↑	akute Belastungen, z. B. rechtsseitige LMV
GPX	↓/↑	i. d. R. invers zu SOD bei Rindern; bei Se-Mangel ↓;
TEAC	↓/↑	analog wie SOD für Summe wasserlöslicher Antioxidanzien und Vitamin E; ↓ z. B. bei Retentio sec., Mastitiden, LMV
ACW	↓	chronischer Mangel wasserlöslicher Antioxidantien, z. B. bei Mastitiden
ACL	↓	chronischer Mangel lipidlöslicher Antioxidantien

↓: erniedrigt, ↑: erhöht

Tab. 34.27 Herdendiagnostische Bedeutung abweichender Stoffwechselparameter im Harn

Parameter		Bedeutung
relative Dichte, Kreatinin	↑	Wassermangel, Nierenkrankheiten, NaCl-Vergiftung
	↓	Azidosen, Nierenkrankheiten, Tränkeaufnahme ↑, Infusionen ↑
pH-Wert	↓	1) reduzierte oder fehlende Futteraufnahme 2) Anionenüberschuss 3) akute oder chronische Pansenazidosen (Rohfasermangel)
	↑	Kationenüberschuss, Blasen-, (Nieren-)krankheiten
NSBA	↓	1) reduzierte oder fehlende Futteraufnahme 2) akute oder chronische Pansenazidosen (Rohfasermangel, Milchfett-mangelsyndrom) 3) Anionenüberschuss
	↑	Alkalose, Kationen-, Proteinüberschuss, Blasen-, (Nieren-)krankheiten
Basen	↓/↑	analog zu Gesamt-NSBA
Säuren	↓/↑	analog invers zu Gesamt-NSBA
NH_4	↑	akute und chronische Pansenazidosen, Nierenkrankheiten
BSQ	↓/↑	analog zu Gesamt-NSBA, aber bessere Differenzierungsmöglichkeiten und unabhängig von Harnmenge
γ-GT; γ-GT/ Kreatinin	↑	Nierenkrankheiten
Ca	↑	akute und chronische Azidosen

Tab. 34.27 (Fortsetzung)

Parameter		Bedeutung
Pi	↑	akute und chronische Azidosen, sensibler als Ca; hohe Phosphorversorgung
	↓	Phosphorunterversorgung (?), P_i-Binder (Zeolith)
Mg	↓	Mg-Unterversorgung (Tetanien), potenziell Gebärparese
Na	↓	Na-Unterversorgung (Fruchtbarkeitsstörungen!), K-Überschuss
K	↑	Alkalosen (Gebärparese, Weidetetanie u. a.)
	↓	Azidosen, eingeschränkte oder fehlende Futteraufnahme
Cl	↑	gemäß NaCl-Versorgung; NH_4-, KCl-Gaben ↑

↓: erniedrigt, ↑: erhöht

Bei der Befundbewertung sind **alters-, laktations-** und **geschlechtsspezifische Besonderheiten** zu berücksichtigen. Typisch altersabhängig sind z. B. die Phosphatkonzentration und die AP-Aktivität im Blut (s. Tab. 34.24).

Die größten Differenzen treten innerhalb der Laktationsperioden mit stärkeren Auslenkungen in der ersten Woche p. p. auf. Während der Trockenstehperiode sinkt z. B. die Konzentration der fütterungsabhängigen bzw. laktationsassoziierten Metabolite leicht ab (z. B. Cholesterin, CRP, Antioxidanzien), die Parameter des Energie- (FFS, Bilirubin, BHB, Triglyzeride) und des Muskelstoffwechsels (CK, AST) steigen unter ungünstigen Bedingungen an. Die Konzentration der Mineralstoffe Kalzium und Phosphat sowie Magnesium sinkt in den ersten Tagen p. p. typischerweise geringgradig ab (s. Tab. 34.24).

Die Frage nach spezifischen Grenzbereichen für Kühe unterschiedlicher Leistungsebenen, aber einer Rasse, ist ausnahmslos zu verneinen. Untersuchungen zeigten einerseits, dass »absolut gesunde« Kühe mit Leistungen um 10 000 kg Milch/Jahr mit Mutterkühen vergleichbare Stoffwechselbefunde aufweisen. Andererseits können Auslenkungen von Stoffwechselparametern nicht toleriert werden, wenn solche Kühe z. B. eine schlechte Fruchtbarkeitsleistung und geringe Nutzungsdauer haben. Ebenso abwegig ist die Forderung betriebsspezifischer Referenzwerte, da damit ebenfalls Mängel sanktioniert werden können.

Die Stoffwechselkontrollen haben erst dann ihren Sinn erfüllt, wenn Gesundheitsrisiken beseitigt sind und Stoffwechselstabilität garantiert ist.

Die Nutzung der Pansensaft-, Milch- und Haaranalysen im Rahmen der Stoffwechselkontrolle wird in gesonderten Abschnitten dieses Kapitels beschrieben.

34.4 Spurenelementanalyse

Allgemeine Aspekte

Als **Spurenelemente** werden solche Elemente bezeichnet, die in mittleren Konzentrationen von weniger als 50 mg/kg im Körper vorkommen. Dazu zählen die lebensnotwendigen Elemente Arsen (As), Kadmium (Cd), Kobalt (Co), Chrom (Cr), Kupfer (Cu), Fluor

(F), Eisen (Fe), Jod (J), Mangan (Mn), Molybdän (Mo), Nickel (Ni), Selen (Se), Silicium (Si), Vanadium (V), Zink (Zn) und Zinn (Sn). Die Elemente Aluminium (Al), Bor (B), Brom (Br), Kadmium, Chrom, Fluor, Lithium (Li), Silicium, Selen, Vanadium, Blei (Pb), Rubidium (Rb) und Titan (Ti) werden als **Ultraspurenelemente** bezeichnet, da sie in extrem geringen Konzentrationen auftreten. Aufgrund ihrer überwiegend toxischen Wirkungen sind Blei (Pb), Quecksilber (Hg) und Kadmium von tierärztlichem Interesse. Die Lebensnotwendigkeit vieler Spurenelemente ist seit Langem bekannt. Für die Gesundheit und Leistungsfähigkeit wichtige Funktionen werden bei Wiederkäuern durch Spurenelemente limitiert:

- Pansenverdauung: Co, Cu, Mo
- Intermediärenergiestoffwechsel: Co, Cu, Fe, Mn, Mo, J, Se, Zn
- Hämatopoese: Co, Cu, Fe, Mo
- Wachstum, Leistung: Cu, Co, Fe, Mn, Mo, J, Se, Zn
- Fruchtbarkeit: Cu, Co, Mn, J, Se, Zn
- Knochenstoffwechsel: Cu, Mn, Zn
- Klauenhornstabilität: Zn
- Widerstandsfähigkeit: Cu, Mn, Fe, Se

Spurenelemente müssen standortabhängig sowohl in der extensiven (v.a. Se, Cu, Mn, Zn, Co) wie auch in der intensiven (v.a. Cu, Co, Mn, Se, Zn) Tierhaltung substituiert werden. Dabei ist nicht nur die mit dem Futter aufgenommene Menge wichtig, sondern auch Interaktionen mit anderen Nahrungsbestandteilen, die überwiegend negative Folgen haben (**Tab. 34.28**). Daraus erklären sich beispielsweise auch die aktuell relativ ausgeprägten Versorgungsmängel bei Milchkühen mit Selen zu 5–43 %, Kupfer zu 5–10 %, Zink zu 24–74 % sowie bei Mangan.

Die **Ermittlung der Versorgungslage** mit Spurenelementen ist relativ schwierig. Um einen Zink- oder Manganmangel oder eine Kupferintoxikation zu erkennen, ist die Bestimmung im Blut nicht informativ. Leber, Milz und Nieren eignen sich als Untersuchungsmedien mehr oder weniger universell, doch ist ihre Nutzung beim lebenden Tier problematisch. Einen sehr guten Kompromiss stellt das Deckhaar dar, das ebenfalls sensibel auf Änderungen der Spurenelementversorgung reagiert.

Blut- und Haaruntersuchungen ergeben unterschiedliche Resultate, die nicht miteinander korrelieren. Dafür gibt es mehrere Gründe:

- Die Werte im Haar reflektieren den Spurenelementeinbau über längere Zeiträume, während die Messung im Blut die momentane Situation erfasst.
- Spurenelemente sind an Transportproteine gebunden, die zu den (negativen) Akute-Phase-Proteinen gehören. In Belastungssituationen, z.B. nach der Kalbung, sinkt deshalb die Konzentration der Transportproteine und damit auch die der Spurenelemente ab.
- Die Spurenelementkonzentrationen können sehr schnell durch Bewegungen zwischen verschiedenen Kompartimenten beeinflusst werden, ohne dass sich damit der Gesamtkörperbestand ändert.

Demzufolge verdienen Haaranalysen den Vorzug, wenn die Versorgungslage einer Rinderherde, aber auch von Einzeltieren, bewertet werden soll.

Haaranalyse

Die Haaranalyse wird bereits mehrere Jahrzehnte in der Veterinärmedizin zur Bewertung der Versorgungslage mit Spurenelementen, in jüngerer Zeit auch zur Rückstandsanalytik, z.B. von Clenbuterol, für forensische und sogar prähistorische Fragen bei Tieren genutzt.

Tab. 34.28 Wesentliche Charakteristika »klassischer« Spurenelemente

Element	Funktion im Körper	Mangelerscheinung: klinische Bedeutung	Wechselwirkungen		Indikatororgane/-medien
			Synergismus	Antagonismus	
Eisen (Fe)	Bestandteil von Hämoglobin, Myoglobin, Enzymen, Proteinen, Zytochromen	Ferkel-/Kälberanämie: Kümmern, Appetitverlust, höhere Krankheitsanfälligkeit, mausgraue Haare	Cu, Ca, Na	Zn, Cu, Co, Mn, Cd, Ca, Ni, P, Pb, Lignin, Phytat	Milz, (Serum ±)
Zink (Zn)	Bestandteil von Metalloenzymen (AP, SOD, Alkohol-DH u. a.), Hormonen; Enzymaktivator	Intermediärstoffwechselstörungen (Nukleinsäure- und Proteinbiosynthese), Parakeratose, Haarausfall, Wachstumshemmung, sinkende Milchleistung, Fruchtbarkeitsstörungen, Klauenschäden		Ca, Fe, Cd, Cu, P, S, Phytin, Glukosinolate (Schilddrüsenblocker)	Skelett, Deckhaar, (Serum ±)
Kupfer (Cu)	Bestandteil von Metalloenzymen (Cytochrom-c-Oxidase, SOD), Tyrosinase, Monoaminoxidase, Hämoglobinsynthese, Pigmentierung/Haarstruktur, Skelett-, ZNS-Ausbildung, Fruchtbarkeit, Immunität	Anämie, Haardepigmentierung, Milch(fett-)rückgang, Gewichtsabnahme, Fruchtbarkeitsstörungen: Aborte, frühembryonaler Fruchttod, lange Zyklen; Gelenkauftreibungen, ZNS-Störungen: enzootische Ataxie; Gefäßschäden, Lecksucht		Ca, Cd, Fe, Mo, P, S, Zn, Phytat Wiederkäuer (Kälber, Schafe) sind sehr empfindlich für Überversorgung	Leber, Gehirn, Deckhaar, Serum: Mangel, nicht Intoxikation
Kobalt (Co)	Bestandteil von Kobalamin, Vitamin B_{12} (Synthese im Pansen [Propionat]), Phospholipid-, VLDL-, Cholin-, RNA-, DNA-, Hämoglobinsynthese, Faserverdaulichkeit, Fruchtbarkeit	Energie-, Erythropoese- (Anämie), Verdauungsstörungen, Milchrückgang, Gewichtsabnahme (Kümmern, Marasmus), Lecksucht, Phagozytosehemmung, stärkere Peroxidbildung, Fe-Anreicherung; bei hoher Co-Zufuhr verstärkte J-Ausscheidung		Mn, K, Fe, Wiederkäuer sind sehr empfindlich für Mangel	Deckhaar, Vitamin B_{12}, Methylmalonsäure

Tab. 34.28 (Fortsetzung)

Element	Funktion im Körper	Mangelerscheinung: klinische Bedeutung	Wechselwirkungen		Indikatororgane/-medien
			Synergismus	Antagonismus	
Mangan (Mn)	ATP-Bildung, Enzymbestandteil (SOD, AP, PC, Arginase, Glykosyltransferase), Mukopolysaccharidsynthese: Knorpel, Knochen, knöchernes Labyrinth, Mineralisation; Sexualfunktionen, Hämatopoese, Immunität, Entgiftung	Skelettanomalien: Gelenkauftreibungen, steile Sprunggelenke, Infertilität: unregelmäßiger Zyklus, embryonaler Fruchttod, Umrindern, Sterilität, bevorzugt männliche Kälber, Spermiogenese; viel Mn im Futter senkt Fe- und P-Absorption sowie den Mg-Gehalt im Blut		Ca, P, Fe, Mg, Co, eiweißreiches Futter	Niere, Leber, Deckhaar, Blut ±
Jod (J)	in Schilddrüsenhormonen: Thyroxin und Trijodthyronin, Hauptspeicher Schilddrüse, Nebenspeicher Speicheldrüse, Darm, Nieren, Haut, Haar	Hypothyreose: Kropfbildung; Fruchtbarkeitsstörungen: Aborte, Totgeburten, verminderte(r) Geschlechtstrieb und Spermaqualität; Haarlosigkeit; Kretinismus, Myxödem	Zn, Se	Ca, Ar, F, Br, Glukosinolate: Senf-, Rapsöle, Thiozyanate, Nitrate	Blutserum, Deckhaar, Milch
Selen (Se)	in Enzymen (Glutathionperoxidase [GPX]), Zellschutz (Oxidation/Peroxide); wirkt als Puffer bei überhöhter Cd- und Hg-Aufnahme	Skelett-/Herzmuskeldegeneration: Weißmuskelkrankheit, Lebernekrosen, Wachstumshemmung, Immunsuppression (Mastitiden), Infertilität, exsudative Diathese	Vitamin E, schwefelhaltige Aminosäuren	Nitrat/Nitrit, ungesättigte Fettsäuren, Pansenazidose	Blutserum, Milch, Leber, Deckhaar
Molybdän (Mo)	in Enzymen: Xanthinoxidase; Wachstumsförderung (Pansenbakterien)	Anämie, Durchfall und Lähmungen; Symptome ähneln dem Cu-Mangel		Cu, S, Wo	Deckhaar, Leber, Serum, Milch

Der Aschegehalt von Haaren beträgt 5–35 g/kg. Der Mengenelementanteil macht mehr als 90 % aus. Das Haar spiegelt empfindlich die Versorgungslage mit einzelnen Spurenelementen wider. Mit radioaktiv markiertem Mangan wurde beispielsweise nachgewiesen, dass dieses Spurenelement wenige Stunden nach oraler Aufnahme in das Haar eingebaut wird. Zu den **Vorteilen** der Haaranalyse gehören unter anderem:

- gute Reflexion der Versorgungslage. Bei Zinkmangel z. B. sind neben der Rippe le-

diglich im Haar signifikant verminderte Zinkkonzentrationen nachweisbar.
- problemlose Probenentnahme
- gute Haltbarkeit und Lagerfähigkeit des Probenmaterials

Der Gehalt der Haare an anorganischen Stoffen hängt von verschiedenen **endo- und exogenen Einflussfaktoren** ab, die gewissenhaft zu berücksichtigen sind, um aussagekräftige und reproduzierbare Analysenergebnisse zu erhalten (**Tab. 34.29**). Zu diesen Faktoren gehören Haarart und -farbe sowie -schnitttiefe, Geschlecht, Alter des Haares, Abstammung, Gravidität bzw. Laktation. Auch die Art und Weise der Haarreinigung beeinflusst die Analysenergebnisse erheblich. Deshalb muss die Haaranalyse streng standardisiert erfolgen.
So ist z. B. der Mangangehalt im Deckhaar niedriger als im Schopf- oder Schwanzhaar. Pigmentiertes Haar hat einen höheren Mangangehalt als weißes oder farbloses. Die Geschlechtsabhängigkeit ist gering, doch haben weibliche Tiere einen signifikant höheren Gehalt in den Haaren als männliche. In absterbendem Haar vor dem Haarwechsel erhöht sich die Konzentration an Spurenelementen. Deshalb eignet sich Haar während des Haarwechsels nicht für die Analytik. Zum Teil besteht eine Altersabhängigkeit. Kälber werden z. B. mit sehr wenig Mangan im Haar geboren. Genetische Unterschiede sind schwach. Gravidität und Laktation haben ebenfalls nur einen geringen Einfluss.
Die Reinigung der Haare vor der Analyse im Labor ist ein wichtiger Schritt, da die am Haar haftenden und z. T. in einen Fettfilm eingebetteten Verunreinigungen das Analysenergebnis stark verfälschen können. Deshalb muss das Haar durch Ätherextraktion und nachfolgendes Spülen mit destilliertem Wasser gewissenhaft gereinigt werden.

34

Tab. 34.29 Anzeigevermögen des Spurenelementstatus durch das Haar und endogene Einflussfaktoren auf diesen (modifiziert nach Anke und Risch 1979)

Parameter	Mn	Cu	Zn	Se	Mo	J	Cd	Pb	Hg
Anzeigevermögen	++	++	+	+++	+++	+++	+++	++	++
Haarart	+++	++	++	+	–		+		
Haarfarbe	+++	–	–	–	+++		(+)		
Haaralter	+++	(+)	(+)	–	–	++			
Geschlecht	–	–	+	–	–	–	+		
Alter (adult)	–	–	–	–	–	–	(+)		
Abstammung	–	++	++						
Gravidität	–	++	–						
Schnitttiefe	–	(+)	–						

–: kein Einfluss vorhanden; (+): sehr schwacher endogener Einfluss; +: starke homöostatische Kontrolle bzw. schwacher endogener Einfluss; ++: mittlere homöostatische Kontrolle bzw. mittlerer endogener Einfluss; +++: schwache homöostatische Kontrolle bzw. starker endogener Einfluss; leere Felder = nicht geprüft

Die **Entnahme von Haarproben** muss folgende Kriterien berücksichtigen (Anke 1965):

- Geschlecht: weibliche Rinder
- Alter: ≥ 30 Monate
- Laktation: 2.–6. Woche
- Haarart: pigmentiertes Deckhaar zwischen Schulter und Becken
- Schnitttiefe: 0,1–1 mm
- Jahreszeit: Mai bis Februar (nicht während des Haarwechsels)

Nachweisverfahren

Für die Analysen von Spurenelementen im Blut gibt es verschiedene color- bzw. fotometrische Methoden (z. B. für Kupfer, Eisen, Jod und Selen), die auch Analysen in nicht spezialisierten Labors ermöglichen. Die notwendige Empfindlichkeit von atomabsorptionsspektrofotometrischen Analysen wird von ihnen aber nicht erreicht. Für Organanalysen kommen Atom- oder (Plasma-) Massenspektrometer zum Einsatz.

Referenzwerte, klinische Bedeutung und Besonderheiten

Tabelle 34.28 informiert über die klinische Bedeutung der einzelnen Spurenelemente. Die Referenzwerte sind in **Tabelle 34.30** zusammengestellt.
Bei einigen Spurenelementen sind Besonderheiten zu beachten:

Eisen

Für den Nachweis müssen eisenfreie Gefäße verwendet werden. Die exakte Beurteilung der Versorgungslage erfordert die zusätzliche Analyse der Eisenbindungskapazität (Referenzwert: > 75 µmol/l). Eine klinische Orientierung geben der Hämatokrit und Hämoglobin.

Zink

Serumanalysen besitzen eine geringe Aussagekraft. Der Referenzbereich im Kno-

Tab. 34.30 Referenzwerte für Spurenelemente in Serum/Plasma, verschiedenen Organen und schwarzem Deckhaar bei Rindern

Spurenelement	Serum/Plasma (µmol/l)	Leber (mg/kg TS)	Großhirn (mg/kg TS)	Milz (mg/kg TS)	Niere (mg/kg TS)	Deckhaar (mg/kg TS)
Eisen	13–33	> 540		> 410		
Zink	12–25					> 100
Kupfer	8–32,8	> 35	> 9			> 0,1
Kobalt	0,36–1,82	> 0,19				> 0,12
Mangan	0,137 (Vollblut)	8–12			4–6	> 6
Jod						0,08
Selen	0,40–0,88	> 1,25			> 2,7	> 3,2
Molybdän						0,15–0,35

TS: Trockensubstanz

chen (Rippe) als Indikatormedium beträgt >790 µmol/kg Trockensubstanz (TS) (>50 mg/kg TS).

Kupfer

Die Kupferversorgung ist wegen der geologischen Besonderheiten hauptsächlich in Norddeutschland häufig grenzwertig niedrig. Plasma zeigt einen Mangel gut, einen Überschuss weniger sicher an. Indikatororgane für Cu sind das Gehirn, die Leber (!) und das Haar. Da Cu im Blutgerinnsel mit gebunden wird, ist seine Konzentration im Serum ca. 10 % niedriger als im Plasma. Im Zweifelsfall ist die Cu-Konzentration im Leberbioptat zu prüfen. Die Plasmakonzentration ist altersabhängig (Kälber 9,4–15,7 µmol/l). Cu ist im Blut an Coeruloplasmin gebunden. Die Coeruloplasminkonzentration beträgt 1,3–1,9 µmol/l (0,2–0,3 g/l). Seine Konzentration korreliert nicht mit der des Cu in der Leber. Zum alleinigen Nachweis eines Cu-Mangels ist die Coeruloplasminkonzentration zu unempfindlich. Um geburtsbedingte Cu-Schwankungen objektivieren zu können, wird die Quotientenbildung aus Coeruloplasmin und Cu im Blut empfohlen (122–277 [bei Maßeinheiten in mg/l]).

Kobalt

Der Nachweis erfolgt direkt in Deckhaar als Indikatormedium oder indirekt als Vitamin B_{12} sowie Methylmalonsäure. Referenzwerte sind für Vitamin B_{12} (Plasma) 38–76 µmol/l bzw. >0,19 mg/kg TS (Leber), für Methylmalonsäure (Plasma) >5 µmol/l. Rinder mit gestörter Leberfunktion haben höhere Vitamin-B_{12}-Konzentration wegen eingeschränkter Ausscheidung.

Mangan

Mangan wird europaweit grenzwertig niedrig gefunden, da vor allem Eisen die Manganresorption stört. Bei hoher Milchleistung steigt der Manganbedarf deutlich an. Analysen im Blutserum sind wegen der geringen Mangankonzentration nicht zuverlässig. Bedingt verwertbare Ergebnisse ergibt die Analyse in heparinisiertem Vollblut, besser sind Haar- oder Leberanalysen.

Jod

Die Überprüfung der Versorgungslage ist in Blutserum, Milch und Deckhaar möglich. Dazu können Jod direkt sowie butanolextrahierbares Jod (BEI), proteingebundenes Jod (PBI) und die Schilddrüsenhormone analysiert werden. Die Referenzwerte im Blutserum/-plasma finden sich in **Tabelle 34.31**. Der Gehalt in der Milch sollte >20 µg/l sein.

Selen

Selen gehört zu den Spurenelementen mit dem größten Risiko der Unterversorgung. Es

Tab. 34.31 Referenzwerte für Jod im Serum/Plasma

	J (µmol/l)	BEI (nmol/l)	PBI (µmol/l)	Thyroxin (nmol/l)
Kalb		>300	120 ± 20	>100
Kuh	0,39–0,87	>200		49–106

BEI: butanolextrahierbares Jod, PBI: proteingebundenes Jod

Tab. 34.32 Bewertung der Selenversorgung

Selenstatus	Se (µg/l), Serum	Se (µmol/l), Serum	Vitamin E (mg/l), Serum	Se (µg/l), Vollblut	GPX (IU/ml), Hämatokrit
Übersorgung	> 88	> 0,88		> 120	ungeeignet
Optimalversorgung	40–88	0,50–0,88	3–10[1]	70–120	50–130
Unterversorgung	25–40	0,32–0,50	< 3	40–70	20–60
subklinischer Mangel	< 25	< 0,32		25–40	10–20
Muskeldystrophie	< 10	< 0,13		< 25	< 10

1 Kälber: 0,8–1,2 mg/l, Jungrinder: 1,2–2,4 mg/l
GPX: Glutathionperoxidase

hat nur eine geringe therapeutische Breite und führt zu Intoxikation bei Überdosierung. Die Bewertung des Selenstatus kann direkt (AAS) oder indirekt (Glutathionperoxidase [GPX]) erfolgen, die Selenmangel, jedoch nicht die Selenüberversorgung anzeigt. Die Bewertung der Messwerte gibt **Tabelle 34.32** wieder.

Molybdän

Klinische Bedeutung besitzt die Überversorgung (Molybdänose, > 1 mg/kg Grünfutter).

Literatur

Anderson L. Detection, Occurence, Causes and Effects of Hyperketonaemia in Swedish Dairy Cows. Thesis, Skara 1994.

Andersson R. Die Diagnose der bovinen subklinischen Mastitis mittels Laktatdehydrogenase-Aktivität und Leitfähigkeit. Agr. Diss., Bonn 1991.

Anke M. Der Mengen- und Spurenelementgehalt des Rinderhaares als Indikator der Calcium-, Magnesium-, Phosphor-, Kalium-, Natrium-, Eisen-, Zink-, Mangan-, Kupfer-, Molybdän- und Kobaltversorgung. Habilitationsschrift, landw. Fakultät, Jena 1965.

Anke M, Risch M. Haaranalyse und Spurenelementstatus. Jena: Fischer 1979.

Aschenbach JR, Penner GB, Stumpff F, Gäbel G. Ruminant Nutrition Symposium: Role of fermentation acid absorption in the regulation of ruminal pH. J Anim Sci 2011; 89(4): 1092–107.

Baumgartner W, Skalicky M. Arbeitswerte in der Labordiagnostik beim Rind. Zbl Vet Med A 1979; 26: 221–30.

Berger A. Untersuchungen über die Brauchbarkeit eines Schnelltestes zur semiquantitativen Bestimmung von β-OH-Butyrat in Milch. Diss., München 1995.

Breuking HJ. Disordered fermentation on the rumen. Tijdschr Diergeneeskd 1981 15; 106(4): 185–90.

Brandt M, Haeussermann A, Hartung E. Invited review: technical solutions for analysis of milk constituents and abnormal milk. J Dairy Sci 2010; 93(2): 427–36.

Bünger M. Anämien bei Aufzuchtkälbern – Vorkommen, Ursachen, Erkennung, Bedeutung und Bekämpfung. Habilitationsschrift, Berlin 1983.

Constable PD, Gelfert CC, Fürll M, Staufenbiel R, Stämpfli HR. Application of strong ion difference theory to urine and the relationship between urine pH and net acid excretion in cattle. Am J Vet Res 2009; 70(7): 915–25.

Côrtes C, da Silva-Kazama DC, Kazama R, Gagnon N, Benchaar C, Santos GT, Zeoula LM, Petit HV. Milk composition, milk fatty acid profile, digestion, and ruminal fermentation in dairy cows fed whole flaxseed and calcium salts of flaxseed oil. J Dairy Sci 2010; 93(7): 3146–57.

Dirksen G. Ist die Methylenblauprobe als Schnelltest für die klinische Pansensaftuntersuchung geeignet? Dtsch Tierärztl Wschr 1969; 76: 305–9.

Dirksen G. Control of Control of production disease in dairy cows in a changing agricultural environment. Proc 8th Intern. Conference on Product. Diseases in Farm Animals, Bern 1992; 27–282.

Dirksen G. Fett-Eiweiß-Quotient, Harnstoffgehalt und β-OH-Butyratkonzentration der Milch als »Metabolischer Profiltest« – Möglichkeiten und Grenzen. Proceedings »25 Jahre Buiatrik in Gießen«, FG Rinderkrankheiten der DVG, Gießen 1995; 97–103.

Dirksen G, Smith MC. Acquisition and analysis of bovine rumen fluid. Bovine Pract 1987; 22: 108–15.

Forenbacher S. Pansensaftuntersuchung. Tierärztl Prax 1973; 1: 481–6.

Furcht G, Grätzsch U. Moderne Methoden zur Stoffwechseldiagnostik. Mh Vet Med 1978; 33: 784–7.

Fürll M, Hrsg. Stoffwechselstörungen bei Wiederkäuern: Erkennen – Behandeln – Vorbeugen. Leipzig: Med. Tierklinik 2002.

Fürll M. Fettlebersyndrom der Milchkuh. Handlexikon der tierärztlichen Praxis. Jena: Fischer 1994.

Fürll M. Stoffwechselbelastung, -diagnostik und -stabilisierung beim Rind. Leipzig: Leipziger Samstagsakademie, Akademie für tierärztliche Fortbildung 1998; 248.

Fürll M. Clinical relevance and therapy of fatty liver in cows. Korean J Buiatrics 2007; 12(19): 1–15.

Fürll M. Update Leberverfettung. Nutztierpraxis aktuell. 6. Haupttagung der Agrar- u. Veterinär-Akademie, Göttingen 2007; 137–46.

Fürll M, Hädrich G, Heckel F, Jäkel L, Gottschalk J, Einspanier A. Beziehungen zwischen peripartalem Stoffwechsel sowie fruchtbarkeitsrelevanten Funktionen. Slov Vet Res 2006; 43(Suppl 10): 154–7.

Fürll M, Dabbagh MN. Erfahrungen bei der Anwendung von Pansenkathetern. Arch Exp Veterinarmed 1988; 42(3): 444–8.

Fürll M, Eckermann W, Amin M. Säure-Basen und Mineralstoffstatus bei gesunden Kühen im geburtsnahen Zeitraum. Tierärztl Umsch 1994; 49: 107–15.

Fürll M, Eckermann K, Bauerfeld J, Jäkel L. Stoffwechselveränderungen in der Trockenstehperiode bei Kühen mit späterer Gebärparese. Slov Vet Res 2006; 43(Suppl 10): 158–61.

Fürll M, Garlt CH, Lippmann R. Klinische Labordiagnostik. Leipzig: Hirzel 1981.

Fürll M, Sattler T, Anke M. Sekundärer Manganmangel als Bestandsproblem bei Rindern. Tierärztl Prax 2004; 33 (G): 126–32.

Gelfert CC, Staufenbiel R. Störungen im Haushalt der Spurenelemente beim Rind aus der Sicht der Bestandsbetreuung. Tierärztl Prax 1998; 26 (G): 55–66.

Graham TW. Trace element deficiencies in cattle. Vet Clin North Am: Food Anim Pract 1991; 7(1): 153–215.

Gravert HO, Langner R, Dieckmann L, Pabst K, Schulte-Coerne H. Ketonkörper in Milch als Indikatoren der Energiebilanz der Milchkühe. Züchtungsk 1986; 58: 309–18.

Gürtler H. Zur Absicherung industriemäßig produzierender Milchproduktionsanlagen gegenüber Stoffwechselerkrankungen durch klinisch-chemische Untersuchungsmethoden. Mh Vet Med 1976; 31: 481–4.

Hagen J Fürll M. Antioxidativer Stoffwechsel im Serum und in der Euterlymphe von an Mastitis erkrankten Kühen im Vergleich zu gesunden Kontrolltieren. Wien Tierärztl Monatsschr 2010; 97(11–12): 270–8.

Hagert C. Kontinuierliche Kontrolle der Energie- und Eiweiß-Versorgung der Milchkuh während der Hochlaktation an Hand der Konzentration von Aceton, Harnstoff, Eiweiß und Fett in der Milch. Diss., München 1991.

Hardfield W, Bahners N. Selenmangel in der Bundesrepublik Deutschland. VitaMinSpur 1987: 2: 125–31.

Heeschen W. Einfluß von Eutererkrankungen (Mastitiden) auf die Qualität und hygienische Beschaffenheit von Milch. Prakt Tierarzt 1996; 77: 223–8.

Hölzer K. Über die Bedeutung der Pansensaftuntersuchung für die klinische Diagnostik von Erkrankungen des Labmagen-Vormagen-Komplexes. Diss., Leipzig 1966.

Hollberg W. Vergleichende Untersuchungen von mittels Schamby-Sörensen-Sonde und durch Punktion des kaudoventralen Pansensackes gewonnener Pansensaftproben. Diss., Hannover 1983.

Janovick NA, Drackley JK. Prepartum dietary management of energy intake affects postpartum intake and lactation performance by primiparous and multiparous Holstein cows. J Dairy Sci 2010; 93(7): 3086–102.

Kaufmann W. Variationen in der Zusammensetzung des Rohstoffes Milch unter besonderer Berücksichtigung des Harnstoffgehaltes. Milchwiss 1982; 37: 6–9.

Kirchgessner M, Windisch W. Harnstoffgehalt und Allantoinausscheidung von Kühen während und nach Energie- und Proteinmangel. J Anim Physiol Anim Nutr 1989; 62(1–5): 101–10.

Kirchgessner M, Schwarz FJ, Stangl GI. Growth performance of beef cattle fed corn silage-based rations without Cu, Zn, Mn, Co and Se supplementation. J Anim Physiol Anim Nutr 2011; 78(1–5): 141–53.

Kruschwitz G. Experimentelle Untersuchungen zur metabolischen Azidose beim Mastlamm. Diss., Leipzig 1977.

Kuiper HA, Noordam MY, van Dooren-Flipsen MM, Schilt R, Roos AH. Illegal use of beta-adrenergic agonists: European Community. J Anim Sci 1998; 76(1): 195–207.

Laiblin Ch, Männer K, Teroerde H. Trace element supply of cow-calf herds in extensive pasture management. Edinburgh: Proc World Buiatrics Congress 1996; 269.

Løvendahl P, Ridder C, Friggens NC. Limits to prediction of energy balance from milk composition measures at individual cow level. J Dairy Sci 2010; 93(5): 1998–2006.

Madouasse A, Huxley JN, Browne WJ, Bradley AJ, Dryden IL, Green MJ. Use of individual cow milk recording data at the start of lactation to predict the calving to conception interval. J Dairy Sci 2010; 93(10): 4677–90.

Mielke H, Schulz J, Beuche W, Labitzke H. Zur Überwachung der Eutergesundheit durch Messung der elektrischen Leitfähigkeit von Viertelanfangsgemelkproben – Ergebnisse wiederholter Einzeltier- und Herdenuntersuchungen. Arch Exp Vet Med 1981; 35(2): 259–76.

Mielke H, Schulz J, Hrsg. Neuere Erkenntnisse über die Milchzellen des Rindes. Eberswalde-Finow: Tierhygiene-Informationen, Sonderheft 1980.

Müller K, Möhring M, Fürll M, Sobiraj A, Gmeiner K, Schoon H-A. Pulmonale Thrombosen beim weiblichen adulten Rind im klinischen Kontext. Tierärztl Prax 2009, 37(6): 359–64.

Nichols RE, Penn KE. Simple methods for the detection of unfavorable changes in ruminal ingesta. J Am Med Assoc 1958; 133(5): 257–77.

Orth A, Kaufmann W. Zur Verdauung im Pansen und ihre Bedeutung für die Fütterung der Wiederkäuer. Hamburg, Berlin: Parey 1961.

Payne JM, Dew SM, Manston R, Faulks M. The use of a metabolic profile test in dairy herds. Vet Rec 1970; 87(6): 150–8.

Piatkowski B, Voigt J, Girschewski H. Einfluß des Rohproteinniveaus auf die Fruchtbarkeit und den Harnstoffgehalt in Körperflüssigkeiten bei Hochleistungskühen. Arch Tierernährung 1981; 31(7–8): 497–504.

Puls R. Mineral levels in animal health: diagnostic data. 2nd Edition. Clearbrook, BC, Canada: Sherpa international 1994.

Reid IM. Production disease in farm animals – past, present and future. Proc ICPD, Ithaca, 1989; 162–71.

Ropstad E, Vik-Mo L, Refsdal AO. Levels of milk urea, plasma constituents and liquid ammonia in relation to the feeding of dairy cows during early lactation. Acta Vet Scand 1989; 30(2): 199–208.

Rossow N, Jacobi U, Schäfer M, Lippmann R, Furcht G, Slanina L, Vrzgula L, Ehrentraut W. Stoffwechselüberwachung bei Haustieren – Probleme, Hinweise und Referenzwerte. Tierhygieneinformation. Bd. 19. Eberswalde-Finow: Eigenverlag 1987.

Schäfer M, Fürll M, Kirbach H, Lippmann R. Klinische Labordiagnostik in der tierärztlichen Praxis. Wiss Z KMU Leipzig, Math Naturwiss R 1985; 34(5): 460–5.

Scholz H. Beurteilung der Nährstoffversorgung durch Parameter am Tier (Rind). Übers Tierernährg 1990: 18(2): 137–64.

Scholz H. Stoffwechselkontrolle in der Milchkuhherde an Hand von Blut- und Milchparametern. Prakt Tierarzt Colleg Vet 1990; XXI: 32–5.

Schüler D. Beeinflussung des Milcheiweißgehaltes und weiterer Parameter der Rohmilchqualität über die Fütterung. Leipzig: agrabuch 1986.

Seidel H, Ehrentraut W. Zur Problematik der Stoffwechselüberwachung von Milchkühen in industriemäßig produzierenden Anlagen aus der Sicht eines Bezirksinstituts für Veterinärwesen. Mh Vet Med 1976; 31: 49–3.

Slanina L, Beseda J. Metabolicky profil hovädzieho dobytka vo vzahn k zdravin a uzitkovosti. Bratislava: Priroda 1979.

Slanina L, Rossow N. Zur speziellen Diagnostik einiger Erkrankungen des Vormagen-Labmagen-Komplexes. Mh Vet Med 1964; 19: 282–91.

Sommer H. Zur Überwachung der Gesundheit des Rindes mit Hilfe klinisch-chemischer Untersuchungsmethoden. Arch Exp Vet Med 1969; 21: 735–50.

Spohr M, Beening J, Scholz H. Informationen aus der Milch des Rindes zur Überprüfung von Fütterung und Gesundheit. Prakt Tierarzt Colleg Vet 1992; XXIII: 52–7.

Staufenbiel R, Ahmed MM, Baumgartner W, Gelfert CC. The use biochemical and hepatic parameters to predict treatment outcome of dairy cows suffering from displacement of the abomasum. Dtsch Tierarztl Wochenschr 2007; 114(6): 225–30.

Thieme D, Grunwald A, Kron A, Sander W, Schmeichel A. Normabweichungen der Säurezahl von Herdenmischmilch und deren Ursachen. Mh Vet Med 1983; 38: 16–24.

Verband Deutscher Landwirtschaftlicher Untersuchungs- und Forschungsanstalten. Handbuch der landwirtschaftlichen Versuchs- und Untersuchungsmethodik (Methodenbuch). Bd IV. Darmstadt: VDLU-FA-Verlag 1985.

Weirather P. Vergleichende Prüfung einfacher Methoden zur Bestimmung der Gasbildung (Glukosevergärung), der Pufferkapazität, der Gesamtazidität und des Chloridgehaltes im Pansensaft von Rind und Schaf. Diss., München 1983.

Whittem T, Davis C, Beresford GD, Gourdie T. Detection of morphine in mane hair of horses. Aust Vet J 1998; 76(6): 426–7.

Willer H, Rossow N, Dudzus M. Stichprobenplanung bei der Stoffwechselüberwachung. Mh Vet Med 1976; 31: 497–502.

Wittek T, Grosche A, Locher LF, Fürll M. Diagnostic accuracy of D-Dimer and other peritoneal fluid analysis measurements in dairy cows with peritonitis. J Vet Intern Med 2010a; 24(5): 1211–7.

Wittek T, Grosche A, Locher L, Alkaassem A, Fürll M. Biochemical constituents of peritoneal fluid in cows. Vet Rec 2010b; 166(1): 15–9.

Wittek T Kricziokat J Fürll M. Pufferkapazität und pH-Wert des Pansensafts beim Milchrind während des Trockenstehens sowie in unterschiedlichen Laktationsstadien. Tierärztl Praxis (G) 2010c; 38(3), 141–6.

Wolf C, Bladt A, Altmann B. Selenversorgung von Kühen – Mangel oder Überschuss? 1. Mitt.: Diagnostik der Selenversorgung bei Kühen. Prakt Tierarzt 1998; 79: 651–6.

35 Spezielle Untersuchungen beim Schwein

Mathias Ritzmann

35.1 Untersuchung der Galle auf Mykotoxine

Die Aufnahme von mit Mykotoxinen belasteten Futtermitteln kann beim Schwein zu erheblichen wirtschaftlichen Einbußen führen. In Europa vorkommende klinisch relevante Mykotoxine sind Zearalenon (ZON, ZEA, ZEN), Deoxynivalenol (DON) und Ochratoxin A. Chronische Intoxikationen mit unspezifischer Symptomatik wie Kümmern, Leistungseinbußen, Reproduktionsstörungen oder erhöhter Infektanfälligkeit stehen im Vordergrund. Akute Vergiftungen sind dagegen seltener zu beobachten. Der Nachweis von Mykotoxinen in Futtermitteln ist durch die unregelmäßige, nestartige Verteilung erschwert und erlaubt nur eine bedingte Aussage über die tatsächliche Belastung eines Tieres. Darüber hinaus können Mykotoxine wie Zearalenon von Wirtspflanzen oder Mikroorganismen so modifiziert werden, dass sie sich als sog. maskierte Mykotoxine verschiedenen Nachweismethoden entziehen, aber dennoch biologisch wirksam sein können. Da manche Mykotoxine, wie z. B. ZON, enterohepatisch rezirkulieren, bietet sich prinzipiell die Untersuchung von Gallenflüssigkeit an. DON dagegen zirkuliert prominent systemisch, bevor es renal eliminiert wird (Dänicke et al. 2008).

Technik

Gallenblasenpunktion

An lebenden Schweinen kann Galle mittels Laparotomie (Lammers 2004) oder durch die deutlich weniger invasive ultraschallgestützte Gallenblasenpunktion (Keßler 2000) entnommen werden. Dazu werden die Schweine unter Neuroleptanalgesie (2 mg/kg KM Azaperon und 15–30 mg/kg KM Ketamin i. m.) in linke Seitenlage gebracht. Für die sonografische Untersuchung eignen sich tragbare Ultraschallgeräte mit einem 5-MHz-Konvexschallkopf. Der Schallkopf wird unterhalb des Rippenbogens angesetzt. Die Punktion der Gallenblase erfolgt mit Spinalkanülen mit Mandrin in der Stärke 0,9 × 70 mm bis 1,2 × 90 mm. Die Kanüle wird unter Sichtkontrolle im Bereich des 7. bis 8. Interkostalraumes durch die Leber bis zur Gallenblasenwand eingeführt. Nach ruckartiger Durchstechung der Gallenblasenwand und Entfernung des Mandrins erfolgt die Aspiration der Galle.

Der transhepatische Zugang wird gewählt, um die Gallenblasenwand nach Möglichkeit in der Pars affixa zu durchstechen und eine Eröffnung des Organs in die freie Bauchhöhle mit dem Risiko einer konsekutiven Gallenperitonitis zu minimieren. Erfolglose Punktionsversuche können durch mangelnde sonografische Darstellbarkeit der Gallenblase, insbesondere bei großen Schweinen, oder durch zähflüssige Konsistenz der Gallenflüssigkeit bedingt sein.

Mykotoxinnachweis

Die Untersuchung auf klinisch relevante Mykotoxine wird in spezialisierten Labors (z. B. BioCheck, Leipzig-Holzhausen) mittels HPLC oder ELISA durchgeführt. Dazu werden mindestens 1,5 ml Galle benötigt. Das Poolen von Proben ist im Rahmen einer Bestandsdiagnostik möglich. Der Transport erfolgt bei hohen Außentemperaturen gekühlt in Transportröhrchen.

Das Material soll nicht gefroren werden.

Bewertung

Zwischen Toxinaufnahme und Toxinkonzentrationen in Substraten wie Blut (für DON) oder Galle (für ZON) bestehen lineare Beziehungen. Allerdings ist durch die hohe Variabilität der Konzentrationen in den Substraten die praktische Anwendbarkeit dieser Beziehungen stark eingeschränkt (Dänicke et al. 2008). Somit ist die Festlegung von Grenzwerten für DON im Blut und ZON und dessen Metaboliten in der Galle, die Rückschlüsse auf eine praxisrelevante Toxinkonzentration im Futter erlauben, derzeit nicht möglich (nach Dänicke et al. 2008).

35.2 Bronchoalveolarlavage und Lungenbiopsie

Pneumonien zählen zu den wichtigsten Krankheiten in der Schweineproduktion. Effektive therapeutische und prophylaktische Maßnahmen auf Bestandsebene erfordern eine ätiologische Diagnostik an einzelnen Tieren. Die Untersuchung von Probenmaterial verendeter oder euthanasierter Schweine kann durch präfinal über den Blutweg oder postmortal in die Lunge eingewanderte Erreger erschwert sein. Für pathologisch-anatomische Untersuchungen stehen oftmals nur moribunde, chronisch kranke oder vorbehandelte Tiere zur Verfügung, bei denen häufig unspezifische Infektionen mit opportunistischen Erregern nachgewiesen werden. Vorteile der Probengewinnung am lebenden Tier sind die Auswahl verschiedener Altersgruppen sowie die Möglichkeit, einen repräsentativen Stichprobenumfang zu gewährleisten.

Bronchoalveolarlavage (BAL)

Die BAL ermöglicht eine Probengewinnung aus dem terminalen Respirationstrakt und erfasst 1,5–3 % der Lungenoberfläche. Unter Praxisbedingungen eignet sich aufgrund des geringen apparativen Aufwandes eine BAL ohne Bronchoskopie und somit ohne Sichtkontrolle. Mittels BAL gewonnenes Probenmaterial kann für mikrobiologische, zytologische, immunologische und molekularbiologische Untersuchungen eingesetzt werden.

Technik

Probengewinnung

Die BAL erfolgt beim Schwein unter Neuroleptanalgesie (2 mg/kg KM Azaperon und 15–30 mg/kg KM Ketamin i. m.) in Brust-Bauch-Lage auf einer stabilen Unterlage. Die Vordergliedmaßen werden dabei unter dem Körper nach kaudal, die Hintergliedmaßen nach kranial gestreckt. Der Kopf des Tieres sollte so weit über die Unterlage ragen, dass sich die Augen auf Kantenhöhe befinden. Der Oberkiefer wird mithilfe einer Schlinge so fixiert, dass die Wirbelsäule in beiden Ebenen eine Gerade darstellt. Die Zunge wird unter mäßigem Zug in Richtung des Operateurs gestreckt. Mit der zweiten Hand wird ein Zungenspatel über den Zungengrund eingeführt, bis die im Gaumensegel eingehakte Epiglottis zu sehen ist. Durch Druck auf den Zungengrund lässt sich die Epiglottis aus dem Gaumensegel lösen. Der Spatel wird weiter über die Epiglottis vorgeführt, bis sich die Stimmritze öffnet, und dient als Führungshilfe für das Einbringen des Absaugkatheters. Nach Einführung des Absaugkatheters bis zum Auslösen des Hustenreizes kann die Spülung erfolgen. Als Spülflüssigkeit dient sterile 0,9%ige NaCl-Lösung. Das Volumen richtet sich nach der Größe der Tiere und beträgt 10–30 ml. Sofort nach dem Einbringen wird die Spülflüssigkeit wieder aspiriert. Üblicherweise lassen sich etwa 60 % der instillierten Flüssigkeit zurückgewinnen.

Bis zu einer Gewichtsklasse von 50 kg ist eine BAL ohne Intubation möglich. Bei schwereren Tieren sind handelsübliche Spatel zu kurz, um die Stimmritze darzustellen. Bei ihnen erfolgt die BAL nach Intubation mittels handelsüblicher Endotrachealtuben. Bei Ferkeln und Läufern ist die Durchführung der BAL nach Punktion der Trachea mittels einer Braunüle (2,70 × 50 mm) 1–2 cm kaudal des Larynx und Einführen einer Ernährungssonde (1,5 × 2,1 mm, Länge 50 cm) möglich (Nienhoff 2004).

Probenbearbeitung und Untersuchungstechniken

Unter Praxisbedingungen entnommene BAL-Flüssigkeit wird gekühlt transportiert. Nach der makroskopischen Prüfung wird die Probe zentrifugiert (10 min bei 1500–3000 g) und der Überstand bis auf 1 ml dekantiert. Für eine mikrobiologische Untersuchung werden sterile Tupfer mit dem Sediment beimpft. Die Restflüssigkeit mit dem Sediment kann für eine molekularbiologische Untersuchung verwendet werden. Mittels PCR lassen sich klinisch relevante Erreger von Atemwegserkrankungen wie *Mycoplasma hyopneumoniae*, *Mycoplasma hyorhinis*, *Haemophilus parasuis*, Influenzavirus, porzines Circovirus Typ 2 (PCV2), porzines respiratorisches Coronavirus und porzines reproduktives und respiratorisches Syndrom Virus (PRRS-Virus) (Genotyp I (EU-Typ)- und Genotyp II (US-Typ) in spezialisierten Labors nachweisen.

Bewertung

In der grobsinnlichen Untersuchung zeigt sich die BAL-Flüssigkeit von gesunden Tieren klar oder geringgradig getrübt mit weißlichen kleinen Flocken, die die Alveolarepithelzellen repräsentieren. Weißer Schaum stellt in Lösung übergegangenen Surfactant dar. Abweichungen bezüglich der Farbe sind Gelbverfärbung bei eitriger Bronchopneumonie oder Rotverfärbung bei Blutungen, bedingt durch Infektionen mit *Actinobacillus pleuropneumoniae*. Eine zähe bis fadenziehende Konsistenz kann bei eitriger Bronchopneumonie und nach einer Infektion mit *Haemophilus parasuis* auftreten.

Lungenbiopsie

Um Kontaminationen mit Erregern aus dem naso- oder oropharyngealen Bereich auszuschließen, bietet sich die Entnahme von Proben mittels perkutaner Lungenbiopsie an. Die ultraschallgestützte Lungenbiopsie ermöglicht die gezielte Probengewinnung im Bereich sonografisch darstellbarer pneumonisch veränderter Areale. Die Biopsie kann unter Verwendung von Führungshilfen oder als Freihandtechnik mit einer vom Schallkopf unabhängigen Führung (z. B. mit Sonocan®, Fa. Braun, Melsungen) durchgeführt werden. Lungenbioptate können mikrobiologisch, zytologisch und histologisch untersucht werden. Die histologische Auswertbarkeit der Bioptate steigt mit zunehmender Nadeldicke und Entfernung vom ersten Interkostalraum. Geeignet sind Nadeln mit einem Durchmesser von 1,2 mm und einer Länge von 100 mm. Die Lungenbiopsie lässt sich bei Ferkeln ab einem Gewicht von 5–6 kg vornehmen.

Technik

Die transkutane Lungenbiopsie erfolgt bei Schweinen unter Neuroleptanalgesie (2 mg/kg KM Azaperon und 15 mg/kg KM Ketamin i. m.) in Seitenlage. Für die sonografische Untersuchung eignen sich tragbare Ultraschallgeräte mit einem 5-MHz-Schallkopf. Die sonografische Darstellung der Lunge erfolgt dabei von kranial nach kaudal sowie von dorsal nach ventral. Lungenbioptate können zwischen dem 5. und 9. Interkostalraum entnommen werden. Nach Rasieren und Desinfizieren der zu punktierenden Stelle wird die Haut mit einem Skalpell inzidiert, um das Einführen der Biopsienadel zu erleichtern.

Bewertung

Die histologische Bewertung der Bioptate nach Steinhausen (1999) ist in **Tabelle 35.1** dargestellt.

Referenzwerte bei Minipigs

Die Beliebtheit der Haltung von sog. Miniaturschweinen oder Minipigs als Haustiere nimmt kontinuierlich zu. Somit kommt auch der tierärztlichen Betreuung dieser Tiere eine wachsende Bedeutung zu. Eine routinemäßige Labordiagnostik spielte bislang keine wesentliche Rolle bei der Diagnosestellung. Dennoch ergeben sich zunehmend Fragestellungen, auch im Rahmen der Seuchenprophylaxe, bei denen das Heranziehen von Blutparametern notwendig ist.
Die Blutentnahme bei adulten Tieren erfolgt aus der V. jugularis externa. Dazu werden die Tiere mit einer Oberkieferschlinge fixiert. Bei kleineren Tieren kann die Blutentnah-

Tab. 35.1 Histologische Bewertung von Lungenbioptaten (nach Steinhausen 1999)

Histologische Diagnose	Histologische Befunde
Actinobacillus-Pleuropneumonie	• fibrinöse bis fibroplastisch-adhäsive Pleuritis • fibrinöse bis fibrinös-hämorrhagische und/oder nekrotisierende Pneumonie • Granulationsgewebe
enzootische Pneumonie	• mittel- bis hochgradige diffuse Hyperplasie des bronchiolusassoziierten lymphatischen Gewebes (BALT-Hyperplasie) • zusätzlich evtl. Proliferation der Typ-II-Pneumozyten- und/oder schleimig-eitrige Bronchiolitis
Verdacht auf PRRS	• lymphoplasmazelluläre Infiltrate im Interstitium • lymphoplasmazelluläre Perivaskulitis
katarrhalisch-eitrige Bronchopneumonie	• eitrige Bronchitis/Bronchiolitis • aus Makrophagen und neutrophilen Granulozyten bestehendes alveoläres Exsudat
eitrig-abszedierende Pneumonie	eitrige Gewebeeinschmelzung mit Abszesskapsel

Tab. 35.2 Referenzwerte bei Minipigs (nach Clark und Coffer 2008, Kixmöller et al. 2006)

Parameter	Referenz
Erythrozyten (T/l)	5,0–9,2
Hämatokrit (l/l)	0,32–0,5
Hämoglobin (mmol/l)	6,5–16
Thrombozyten (G/l)	225–772
Leukozyten (G/l)	10–29
Lymphozyten (%)	39–71
Monozyten (%)	0–10
segmentkernige Granulozyten (%)	25–41
stabkernige Granulozyten (%)	0–7
eosinophile Granulozyten (%)	0–11
basophile Granulozyten (%)	0–2
Phosphat (mmol/l)	1,7–2,9
Kalzium (mmol/l)	2,3–2,5
Eisen (µmol/l)	15,0–27,8
Magnesium (mmol/l)	0,6–1,2
Natrium (mmol/l)	137–152
Chlorid (mmol/l)	97–106
Kalium (mmol/l)	3,9–6
Harnstoff (mmol/l)	1,8–6,4
Kreatinin (µmol/l)	32–85
Gesamteiweiß (g/l)	56–87
Gesamtbilirubin (µmol/l)	1,1–6,8
Albumin (g/l)	33–47
Glukose (mmol/l)	5,3–11,3
AST (IU/l)	4–44
γ-GT (IU/l)	19–37
CK (IU/l)	37–1523
LDH (IU/l)	361–705
AP (IU/l)	119–593

35

me aus der V. cava cranialis durchgeführt werden. Hierzu wird das Tier in Rückenlage positioniert und die Vorderextremitäten werden nach kaudal gerichtet.
Referenzwerte bei Minipigs stehen nur begrenzt zur Verfügung (**Tab. 35.2**), variieren aber nicht wesentlich von denen der Hausschweine.

Literatur

Clark SG, Coffer N. Normal hematology and hematologic disorders in potbellied pigs. Vet Clin Exot Anim 2008; 11(3): 569–82.

Dänicke S, Döll S, Goyarts T, Valenta H, Ueberschär K-H, Flachowsky G. Zur Beurteilung des Vorkommens der *Fusarium*-Toxine Deoxynivalenol (DON) und Zearalenon (ZON) sowie ihrer Metaboliten in physiologischen Substraten des Schweines. Tierärztl Prax 2008; 36 (G): 35–47.

Delbeck F, Tegeler R, Ganter M. Lungenspülungen beim Schwein im Erzeugerbetrieb. Dtsch Tierärztl Wschr 1997; 104(9): 374–7.

Flaßhoff J. Ein praxisrelevantes Verfahren zur frühzeitigen Differenzierung bakterieller Bronchopneumonieerreger beim Schwein mittels Bronchiallavage (BAL). Prakt Tierarzt 1996; 77(11): 1020–4.

Kappelmann S. Die ultraschallgeführte Lungenbiopsie und bronchoalveoläre Lavage beim Schwein. Diss., München 2002.

Kixmöller M, Ritzmann M, Heinritzi K. Labordiagnostische Referenzbereiche bei Läuferschweinen unterschiedlicher Rassen. Prakt Tierarzt 2006; 87(3): 204–13.

Keßler B. Untersuchungen zur Sonographie der Leber und zur ultraschallgeführten Gallenblasenpunktion beim Schwein. Diss., München 2000.

Lammers JB. Gall bladder bile extraction on live fattening pigs using laparotomy. Proc Congr Int Pig Vet Soc 2004; 2: 856.

Meyer K, Usleber E, Märtlbauer E, Bauer J. Nachweis von Zearalenon-Metaboliten in

Gallen von Zuchtsauen mit Fertilitätsstörungen. Berl Münch Tierärztl Wschr 1997; 110(7–8): 281–3.

Meyer K, Usleber E, Märtlbauer E, Bauer J. Vorkommen von Zearalenon, α- und β-Zearalenol in Gallen von Zuchtsauen in Relation zum Fruchtbarkeitsgeschehen. Berl Münch Tierärztl Wschr 2000; 113(10): 374–9.

Nienhoff H. A practical way to perform broncholar lavage (BL) in pigs on farm. Proc Congr Int Pig Vet Soc 2004; 2: 633.

Pabst T. Ausbreitung von *M. hyopneumoniae* in endemisch infizierten Schweineherden und Bekämpfung der Enzootischen Pneumonie mittels *one-shot* Impfung (Ingelvac® M. hyo). Diss., Hannover 2004.

Schröder C, Waldmann K-H. Das Minipig – der etwas andere Patient in der Kleintierpraxis. Prakt Tierarzt 2008; 89(11): 909–15.

Steinhausen G. Untersuchungen zur ultraschallgeführten Lungenbiopsie beim Schwein. Diss., München 1999.

36 Klinische Labordiagnostik bei Kaninchen, Meerschweinchen, Chinchilla und Frettchen

Jutta Hein

36.1 Einleitung

Der Stellenwert von Kleinsäugern als Liebhabertiere steigt zunehmend. Über Biologie und Physiologie gibt es eine Fülle von Angaben, während sich an großen Tierzahlen ermittelte Referenzbereiche für Laborparameter, die auf die Arbeit in der tierärztlichen Praxis übertragbar sind, in der Literatur kaum finden. Gerade Laboruntersuchungen besitzen aber für die Diagnosefindung auch bei diesen Tieren essenzielle Bedeutung. Bisher publizierte Daten stammen zumeist von Labortieren und beziehen sich auf Untersuchungen an speziellen Rassen, Linien und Altersgruppen, teilweise mit sehr geringer Tierzahl, oder nur auf einzelne Laborparameter.

Die hier angegebenen Daten stammen aus aktuellen Referenzwertstudien. Untersuchungsmethoden zur Bestimmung von Laborparametern bei diesen Tierarten entsprechen den Verfahren, die in den vorausgegangenen Kapiteln für die anderen Tierarten beschrieben wurden.

36.2 Blutentnahme

Handling der Tiere

Kleinsäuger sind sehr stressempfindlich. Stress führt durch vermehrte ACTH- und Adrenalinausschüttung zur Erhöhung des Blutdruckes und somit unter anderem zu einer Abnahme des marginalen und einer Zunahme des zentralen Zellpools mit Anstieg der Leukozytenzahlen (Harkness 1987). Bei lang andauerndem Stress bedingt die ACTH-Ausschüttung eine Erhöhung des Kortisolspiegels mit nachfolgenden Veränderungen des Eiweiß- und Kohlenhydratstoffwechsels (Mc Laughlin und Fish 1994). Zwangsmaßnahmen können für den Aktivitätsanstieg von Muskelenzymen, LDH, AST und CK, verantwortlich sein (Reavill und Joseph 1997). Um den Stress für die Tiere so gering wie möglich zu halten, sollten sie erst unmittelbar vor der Blutentnahme aus dem Käfig genommen und von einer Hilfsperson mit minimalem Zwang und abgedecktem Kopf fixiert werden.

Das Gesamtblutvolumen wird bei Kaninchen mit 4,5–8,1 % der Körpermasse (KM) oder 55–66 ml/kg KM (Bivin und Timmons 1974), bei Meerschweinchen mit 4,5–8,3 % der Körpermasse oder 69–75 ml/kg KM angegeben (Anderson 1987). Bei gesunden Kleinsäugern können bis 10 % des Blutvolumens (entspricht 0,5 bis max. 1 % des Gesamtkörpergewichts) entnommen werden (Murray 2000, Quesenberry und Orcutt 2012).

Punktionsstellen

Bei Kaninchen, Meerschweinchen, Chinchilla und Frettchen werden verschiedene Punktionsstellen genutzt (**Tab. 36.1**). Viele Referenzwerte in der Literatur beruhen auf der Blutentnahme durch Herzpunktion, in Narkose oder post mortem. Diese Blutentnahmetechniken lassen sich in der tierärztlichen Praxis vor dem Tierbesitzer

Tab. 36.1 Blutentnahmestellen bei Kaninchen, Meerschweinchen, Chinchilla und Frettchen

Punktionsstelle	Geeignet bei Tierart	Bemerkung
V. saphena lateralis	Kaninchen (**Abb. 36.1**), Meerschweinchen (**Abb. 36.2**), Chinchilla (**Abb. 36.3**) Frettchen (**Abb. 36.4**)	Methode der Wahl für die Praxis; Vene ohne Rasur gut tast- und sichtbar, ausreichend groß; wiederholte Entnahme möglich; Sedation nicht erforderlich; geringe Belastung; selten Hämatome (Hein und Hartmann 2003a, b, Wuck et al. 2009, Hein 2011, Hein et al. 2012)
V. cephalica antebrachii	Kaninchen, Meerschweinchen (s. Abb. Cover) Chinchilla, Frettchen	nur für kleine Entnahmemenge; Vene klein und schlecht sichtbar; meist geeignet für Venenverweilkatheter (Tappa et al. 1989, Murray 2000, Hein 2011, Graham und Mader 2012, Quesenberrry und Orcutt 2012)
V. jugularis	Chinchilla (**Abb. 36.5**), Frettchen, (Kaninchen, Meerschweinchen)	geeignet für große Blutentnahmemenge und wiederholte Punktion; Vene schlecht sichtbar (Murray 2000, Campell und Ellis 2007, Graham und Mader 2012, Quesenberry und Orcutt 2012); bei Kaninchen (Wamme) und Meerschweinchen schwer zugänglich
V. auricularis	Kaninchen (**Abb. 36.6**)	geeignet für Entnahme kleiner Blutvolumina; kollabiert schnell; Othämatome; Thrombosen und Hautnekrosen möglich; ideal für Venenverweilkatheter (Moore 2000, Hein 2011, Graham und Mader 2012)
A. auricularis	Kaninchen	geeignet für Entnahme kleiner Blutvolumina; kollabiert schnell; Othämatome; Thrombosen und Hautnekrosen möglich (Moore 2000, Hein 2011, Graham und Mader 2012)
Herzpunktion	Labortiere	klassische Labormethode; nicht anwendbar vor Besitzer; Anästhesie sinnvoll; Myokardverletzung, Herztamponade und Tod möglich (Schermer 1958, Bivin und Timmons 1974)
Plexus venosus orbitalis	Labortiere	nur für sehr kleine Blutmenge; Sedation oder sehr gute Fixation erforderlich; vor Besitzer nicht durchführbar; Verletzungsgefahr des Bulbus (Grice 1964)

nicht anwenden. Die aus solchen Studien resultierenden Referenzwerte sind daher wenig repräsentativ. Eine Blutentnahme an verschiedenen Entnahmeorten kann zu unterschiedlichen Ergebnissen führen. Beispielsweise kommt es bei der Herzpunktion zu Muskelverletzungen, die die Aktivitäten von Muskelenzymen, LDH, AST und CK, beeinflussen (Grötsch und Hajdu 1971). Bei Punktion von kleinen Gefäßen ist die gewinnbare Blutmenge meist zu gering. Darüber hinaus besteht die Gefahr einer »Kontamination« mit anderen Körperflüssigkeiten. Eine Blutentnahme während einer Sedation oder Narkose beeinflusst teilweise die hämatologischen Werte, was bei der Interpretation berücksichtigt werden muss (Marini et al. 1994).

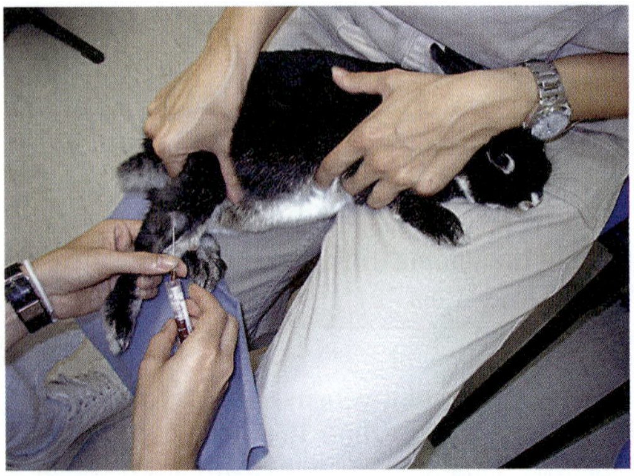

Abb. 36.1 Blutentnahme bei einem Kaninchen: Punktion der V. saphena

Methode der Wahl für die tägliche Arbeit in der Praxis ist bei Kaninchen, Meerschweinchen, Chinchilla und Frettchen die Entnahme aus der *V. saphena lateralis*. Bei **Kaninchen** erfolgt die Punktion je nach Größe des Tieres ca. 3–5 cm oberhalb des Tarsalgelenkes auf der lateralen Seite des Unterschenkels, in ihrem Verlauf von kranioventral nach kaudodorsal **(Abb. 36.1)**. Die V. saphena ist bereits bei geringer Stauung über eine längere Strecke unter dem Fell tast- und sichtbar und lässt sich wegen ihrer Größe sicher und einfach auch wiederholt punktieren. Eine Rasur des Fells kann unterbleiben, wenn die Haut mit Alkohol desinfiziert wird und die Haare über der Punktionsstelle gescheitelt werden. Eine Fixation der Kaninchen mit abgedecktem Kopf auf dem Schoß der Hilfsperson wirkt sich beruhigend auf die Tiere aus und so unterbleiben Abwehrbewegungen fast vollständig (Holtzmann 1994, Hein und Hartmann 2003a). Bei **Meerschweinchen** erfolgt die Punktion der *V. saphena* auf der kaudalen Seite der Hintergliedmaße auf halber Höhe zwischen Schenkelspalt und Tarsalgelenk, unmittelbar über dem Zusammenfluss von Ramus cranialis und Ramus caudalis, in einem Winkel von 30° zur Beinachse von ventral

36

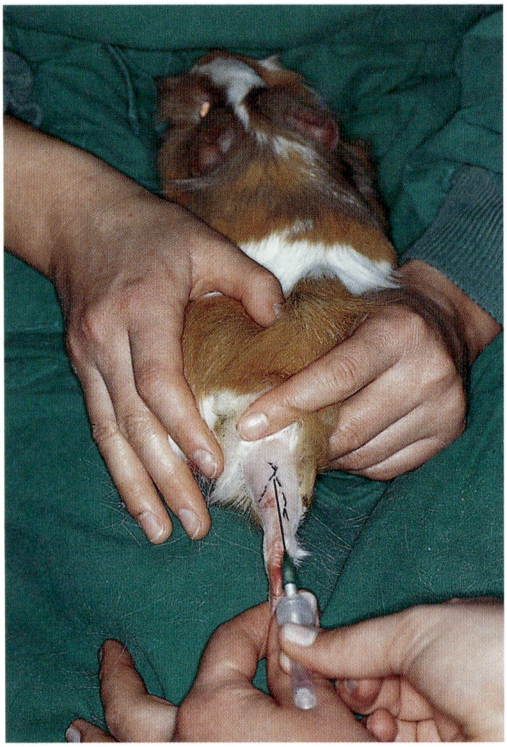

Abb. 36.2 Blutentnahme bei einem Meerschweinchen: Punktion der V. saphena

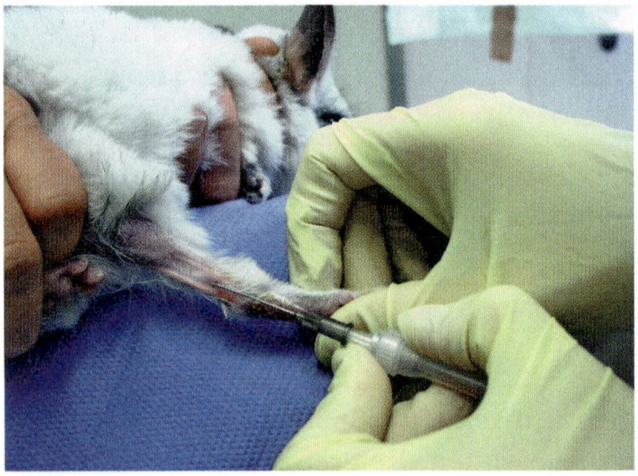

Abb. 36.3 Blutentnahme bei einem Chinchilla: Punktion der V. saphena

nach dorsal **(Abb. 36.2)**. Bei adipösen Tieren ist die Vene schlechter sichtbar, wird mit etwas Übung jedoch durch ihren bei allen

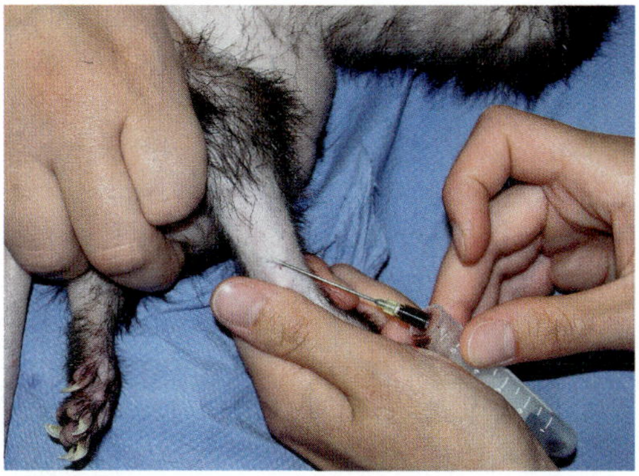

Abb. 36.4 Blutentnahme bei einem Frettchen: Punktion der V. saphena

Meerschweinchen ähnlichen Verlauf leicht getroffen (Hein und Hartmann 2003b).
Die *V. cephalica* ist bei Meerschweinchen gut geeignet zur Blutentnahme und zum Legen von Venenverweilkathetern. Die Vene verläuft allerdings lateral nicht dorsal. Wegen ihrer geringen Größe wird sie am einfachsten mit abgebrochener Kanüle, Neonatalenkanüle (s. Abb. Cover) oder aufgesteckter Multivette® punktiert (Hein 2011).
Die *V. saphena lateralis* ist beim **Chinchilla** klein, durch ihren konstanten Verlauf kranial der Achillessehne aber leicht aufzufinden. Die Tiere werden zur Blutabnahme wie die Kaninchen in Seitenlage auf dem Schoß einer Hilfsperson fixiert, das Bein durch Druck auf die Kniescheibe gestreckt und die Vene gestaut **(Abb. 36.3)**. Scheren ist nicht erforderlich, wenn das Fell mit Alkohol befeuchtet und gescheitelt wird (Wuck et al. 2009).
Beim **Frettchen** erfolgt die Punktion der V. saphena lateralis dorsolateral unmittelbar über dem Tarsalgelenk. Wird das Fell an der Punktionsstelle geschoren, sollte dies möglichst sparsam erfolgen, da es im Rahmen der beim Frettchen auftretenden saisonalen Alopezie unter Umständen erst nach Monaten nachwächst. Das Hinterbein wird in gestreckter Position fixiert und die Vene oberhalb des Kniegelenkes gestaut **(Abb. 36.4)**. Die Haut wird über der Vene gestrafft, um ein Wegrollen der Vene zu verhindern (Hein et al. 2012).
Sollen schnell größere Mengen Blut entnommen werden, empfiehlt sich bei Frettchen und Chinchilla **(Abb. 36.5)** die Blutent-

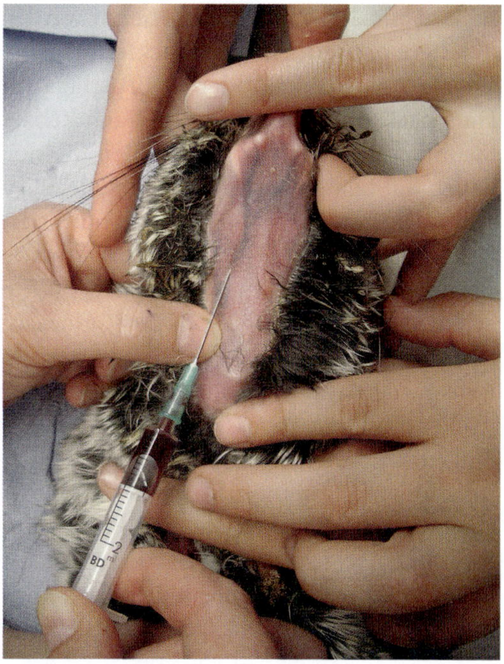

Abb. 36.5 Blutentnahme bei einem Chinchilla: Punktion der V. jugularis

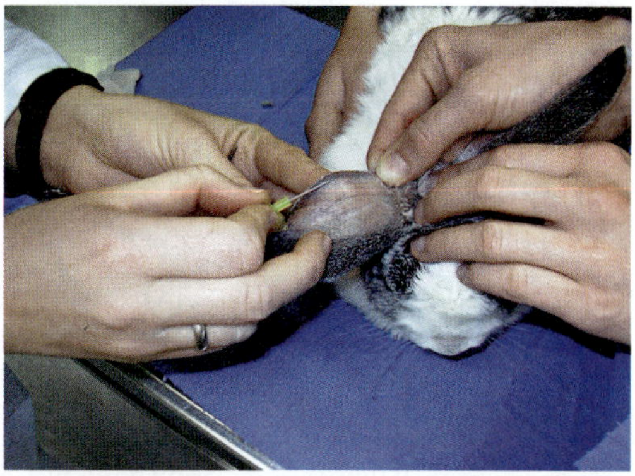

Abb. 36.6 Platzieren eines Venenkatheters bei einem Kaninchen in der V. auricularis

nahme aus der *V. jugularis*. Hierzu werden die Tiere entweder mit gestrecktem Hals in Rücklagen verbracht oder in Brustlage ihr Hals nach dorsal überstreckt. Nach kurzer Stauung der *V. jugularis*, die in den meisten Fällen auf beiden Seiten gut darstellbar ist, wird sie kopfwärts im 30°-Winkel punktiert (22-G-Nadel) und das Blut mit aufgesetzter 2- bis 5-ml-Spritze langsam aspiriert (Otto et al. 1993, Campell und Ellis 2007, Quesenberry und Orcutt 2012).
Entscheidend für die Gewinnung einer ausreichenden Blutmenge ist die Fließgeschwindigkeit des Blutes. Sinnvoll ist daher die Verwendung großluminger Kanülen (20 G) und entsprechender Auffanggefäße. Bei Kaninchen und Frettchen kann das Blut, wie bei Hund und Katze, mit normalgroßen EDTA- und Serumröhrchen aufgefangen werden, bei Meerschweinchen und Chinchilla wird die Verwendung von kleinen Einmalgefäßen mit Kapillarwirkung (z. B. Multivetten®, Fa. Sarstedt, Nümbrecht) oder Kanülen ohne Konus empfohlen (Hein 2011).
Wie bei anderen Spezies sollte die Untersuchung von hämolysierten oder lipämischen Proben vermieden werden (Fox 1989). Hämolyse kann zu einem Anstieg der Aktivitäten von AST, ALT, LDH, CK, α-Amylase und einer Konzentrationserhöhung von Gesamtprotein und Kalium führen (Murray 2000).

36.3 Hämatologie

Hämatologische Parameter

Referenzbereiche (Tab. 36.2)

36

Tab. 36.2 Referenzbereiche für hämatologische Parameter bei Kaninchen, Meerschweinchen, Chinchilla und Frettchen

Parameter	Einheit[4]	Kaninchen[1]	Meerschwein[1]	Chinchilla[2]	Frettchen[3]
Erythrozyten	10^{12}/l	5,36–8,13 (6,74)	4,51–6,36 (5,58)	5,82–9,15 (7,51)[G]	7,4–13,0 (10,5)[A, G]
Hämatokrit	l/l	0,36–0,55 (0,44)	0,39–0,55 (0,47)	0,33–0,48 (0,41)[G]	0,4–0,7 (0,6)
	%	36–55 (44)	39–55 (47)[G]	33–48 (41)[G]	40–70 (60)[A, G]
Hämoglobin	mmol/l	7,03–10,63 (8,43)	7,26–10,51 (8,69)	6,49–9,46 (8,05)[G]	8,6–13,6 (11,1)
	g/dl	11,3–17,1 (13,6)[A]	11,7–16,9 (14,4)[G]	10,5–15,2 (13)[G]	13,9–21,9 (17,9)[A]
MCV	fl (µm³)	59,3–69,6 (64,9)	80,3–89,1 (85,2)	48,7–59 (54,3)[G]	49,6–60,6 (54,3)[A, G]
MCHC	mmol/l	18,4–20,1 (19,5)	18,1–19,7 (19,0)	18,2–22,3 (19,7)	17,8–20,9 (19,3)
	g/dl	30–32 (31)	29–32 (31)	29–36 (32)	28,7–33,7 (31,1)[N, G]
MCH	fmol	1,14–1,37 (1,27)	1,50–1,70 (1,61)	0,90–1,27 (1,07)	1,0–1,2 (1,1)
	pg	18–22 (20)	24–27 (26)	15–21 (17)	16,1–19,3 (17,7)[A, G]
Leukozyten	10^6/l	3020–11 910 (6700)	2910–14 420 (8670)	2090–17 600 (6740)[A]	3000–16 700 (7200)

Tab. 36.2 (Fortsetzung)

Parameter	Einheit[4]	Kaninchen[1]	Meerschwein[1]	Chinchilla[2]	Frettchen[3]
Thrombozyten	10^9/l	193–725 (397)	273–745 (486)	208–867 (460)	171,7–1280,6 (80,07)
Retikulozyten	%	–	–	0–1,8 (0)	4–5[A]
Differenzialblutbild – absolute Zahlen					
Monozyten	10^6/l	0–756 (212)	0–657 (216)	0–810 (110)	0–500 (200)
Lymphozyten	10^6/l	1576–7870 (4004)	1401–10665 (4852)	1200–14350 (4420)[A]	600–10500 (3400)[A]
neutrophile Granulozyten	10^6/l	820–5031 (2108)	889–5169 (2771)	170–4920 (1570)	900–7500 (0)
• stabkernige	10^6/l	0 (0)	0–72 (0)	0–360 (0)	0–100 (0)
• segmentkernige	10^6/l	820–5031 (2018)	889–5097 (2771)	170–4560 (1570)	900–7400 (3000)[A, G]
eosinophile Granulozyten	10^6/l	0–82 (0)[G]	0–1563 (111)[A]	0–22 (0)[A]	0–700 (100)
basophile Granulozyten	10^6/l	0–518 (67)[A]	0–106 (0)	0–90 (0)	0–200 (0)
Differenzialblutbild – relative Zahlen					
Monozyten	%	0–12 (3)	0–9 (3)	0–14 (2)[A]	0–6,5 (2)
Lymphozyten	%	32–81 (62)[G]	28–84 (60)	31–94 (66)[A]	12,6–80,6 (53)
neutrophile Granulozyten	%	15–61 (33)	12–63 (35)	4–64 (28)	17,2–81,9 (43)
• stabkernige	%	0 (0)	0–1 (0)	0–6 (0)	0–1,2 (0)
• segmentkernige	%	15–60 (33)	12–62 (35)	4–58 (28)[A]	17,2–81,9 (43)
eosinophile Granulozyten	%	0–1 (0)	0–14 (2)[G]	0–3 (0)	0–5,7 (2)
basophile Granulozyten	%	0–7 (1)[A]	0–2 (0)	0–1 (0)	0–1,4 (0)

1 Referenzwerte aus Hein und Hartmann 2003a, b
2 Referenzwerte aus Wuck et al. 2009
3 Referenzwerte aus Hein et al. 2012
1–2 95 %-Perzentil (Median); **3** 90 %-Konfidenzintervall (Median)
1–3 Cell-Dyn® 3500 R, Fa. ABBOTT Diagnostics, Illinois, USA
4 Umrechnungsfaktoren s. Kap. 2, S. 14 ff.
A Altersabhängigkeit
G Geschlechtsabhängigkeit
N Abhängigkeit vom Nüchternstatus

36

Besonderheiten

Kaninchen

Kaninchen**erythrozyten** haben eine vergleichsweise kurze Lebensdauer (60–70 Tage). Der damit verbundene hohe Umsatz äußert sich in vermehrt Polychromasie (1–2 %), Anisozytose und einer hohe Anzahl von Retikulozyten (1–7 %) besonders bei jungen Tieren (Vella und Donnelly 2012). Kaninchen besitzen ein **lymphozytäres Blutbild**. Die Umwandlung vom ursprünglich granulozytären Blutbild erfolgt in den ersten Lebenstagen (Fox und Laird 1970). Die neutrophilen Granulozyten werden wegen ihrer azidophilen Färbung auch als »Heterophile« oder »pseudoeosinophile« Granulozyten bezeichnet und können leicht mit den nur in geringer Zahl vorkommenden eosinophilen Granulozyten verwechselt werden. Die neutrophilen Granulozyten sind aber im Vergleich zu den eosinophilen mit 7–11 µm kleiner, ihr Kern ist zumeist weniger segmentiert und sie besitzen kleinere Granula (Hein und Hartmann 2003a, Walberg und Loar 2004) (**Abb. 36.7**). Kaninchen reagieren mit einer Eosinophilie bei Gewebsverletzungen, jedoch kaum nach Kontakt zu Allergenen und Parasiten (Fudge 2000b).

Kleinsäuger sind sehr stressempfindlich. Adrenalin und Cortison führen auch bei ihnen zu einer Verschiebung des Blutbildes mit einem Anstieg der Zahl der neutrophilen Granulozyten und Monozyten und einem Abfall der Zahl der Lymphozyten (sog. **Stressleukogramm** [Harkness 1987]). Leukozytosen und stabkernige neutrophile Granulozyten sind bei ihnen aber selten (Hein und Hartmann 2003a). Bei akuten bakteriellen Infektionen ist daher typischerweise nur eine »**Pseudolinksverschiebung**« zu beobachten, das heißt eine Verschiebung des ursprünglich lymphozytären Blutbildes

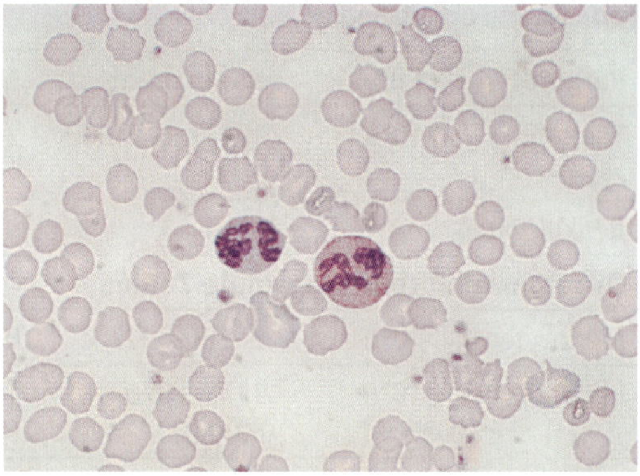

Abb. 36.7 Blutausstrich eines Kaninchens mit zahlreichen Erythrozyten, einem pseudoeosinophilen Granulozyten (links) und einem eosinophilen Granulozyten (rechts, größer, Granulation deutlicher) (modifizierte Wright-Färbung, Ölimmersion, × 1000)

hin zum granulozytären Blutbild ohne eine Erhöhung der Anzahl der Stabkernigen und zumeist auch ohne eine Leukozytose (Hein 2011). Auch beim **Lymphom**, das beim Kaninchen zumeist »aleukämisch« ist, d. h. ohne Nachweis von lymphatischen Blasten im peripheren Blut verläuft, werden nur selten Leukozytosen mit Lymphozytosen beobachtet.

Meerschweinchen

Meerschweinchen besitzen im Vergleich zu anderen Tierarten weniger **Erythrozyten**, die aber größer sind. Eine »Jungtieranämie«, wie sie bei anderen Tierarten auftritt, ist auch beim Meerschweinchen beschrieben (Constable 1963).

Ebenso wie Kaninchen haben Meerschweinchen ein **lymphozytäres Blutbild**. Die neutrophilen Granulozyten sind azidophil gefärbt, kleiner als die eosinophilen Granulozyten, besitzen einen pyknotischen Kern sowie kleinere, dichtere Granula und werden, wie die der Kaninchen, als »pseudoeosinophile« Granulozyten bezeichnet (Walberg und Loar 2004). Stabkernige neutrophile

Granulozyten und Leukozytosen mit Neutrophilien sind bei Meerschweinchen ähnlich selten wie beim Kaninchen. Als Zeichen akuter bakteriellen Infektionen tritt auch hier eine Verschiebung vom lymphozytären zum granulozytären Blutbild ohne ein Anstieg der Zahl der stabkernigen Neutrophilen auf (»**Pseudolinksverschiebung**«) (Hein 2011). Im Gegensatz zu Kaninchen, Chinchilla und Frettchen mit den meist »aleukämischen« Lymphomen, geht das Lymphom **(leukämisches Lymphom)** beim Meerschweinchen zumeist mit massiver Leukozytose mit hochgradiger Lymphozytose einher (Hartmann et al. 2001). Eine Besonderheit bei Meerschweinchen ist das Vorkommen von »**Kurloff-Zellen**« (»Foa-Kurloff cells«). Dabei handelt es sich um mononukleäre Leukozyten mit Einschlusskörperchen (**Abb. 36.8**). Die Einschlusskörperchen (»Kurloff-Körperchen«) liegen einzeln vor, sind rötlich, bis zu 8 µm groß und können in 3–4 % der peripheren Leukozyten, vor allem Lymphozyten, nachgewiesen werden. Vermutlich handelt es sich bei diesen Zellen um Äquivalente der natürlichen Killerzellen anderer Säugetiere. Bei jungen und männlichen Meerschweinchen sind sie seltener. Bei weiblichen Tieren korreliert ihre Anzahl mit dem Östrogenspiegel (besonders hoch in der Trächtigkeit). Die Zellen spielen möglicherweise eine Rolle in der Barriere zwischen Fetus und Muttertier (Quesenberry und Orcutt 2012, Walberg und Loar 2004).

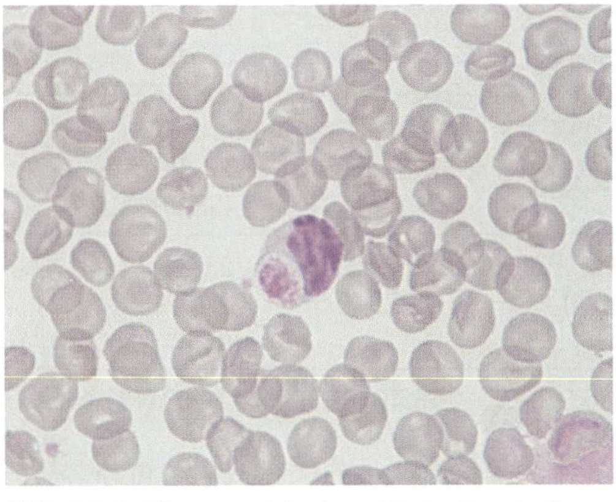

Abb. 36.8 Blutausstrich eines Meerschweinchens: Lymphozyt mit Kurloff-Körperchen (modifizierte Wright-Färbung, Ölimmersion, × 1000)

Chinchilla

Chinchillas haben ebenfalls ein **lymphozytäres Blutbild**, die Lymphozytenzahl ist bei ihnen aber höher (bis zu 94 % der Gesamtleukozytenzahl) als bei Meerschweinchen (bis 84 %). Der Hämatokrit ist mit 33–48 % etwas geringer als bei Meerschweinchen (Wuck et al. 2009). Auch bei Chinchillas ist die massive Verschiebung vom lymphozytären zum granulozytären Blutbild (»Pseudolinksverschiebung«) als Zeichen der akuten bakteriellen Infektion zu werten, da auch hier Leukozytosen und ein Ansteigen der Anzahl der stabkernigen neutrophilen Granulozyten eher untypisch sind (Hein 2011). Stress führt nur zu leichten Verschiebungen (Harkness 1987).

Frettchen

Bei Frettchen kommen sowohl lymphozytäre (ähnlich den Herbivoren) als auch granulozytäre **Blutbilder** (ähnlich den Carnivoren) vor, wobei eine leichte Tendenz zum lymphozytären Blutbild besteht. Stabkernige neutrophile Granulozyten treten auch im Blut von Frettchen sehr selten auf. Hinweis auf eine akute bakterielle Infektion ist auch hier eher die massive Verschiebung zum granulozytären Blutbild. Der Hämatokritwert **(Hkt)** bei Frettchen ist mit 0,42–0,67 l/l sehr hoch (Fudge 2000a, Hein et al. 2012, Quesenberry und Orcutt 2012). Im Gegensatz zu den kleinen Herbivoren sind Anämien bei Frettchen deutlich häufiger. Hochgradige Anämien werden insbesondere im Rahmen eines Hyperöstrogenismus und bei gastrointestinalen Blutungen beobachtet (Fudge 2000a).

Serumparameter

Referenzbereiche (Tab. 36.3)

Tab. 36.3 Referenzbereiche für Serumparameter bei Kaninchen, Meerschweinchen, Chinchilla und Frettchen

Parameter	Einheit[6]	Kaninchen[1]	Meerschwein[1]	Chinchilla[2]	Frettchen[3]
Enzyme					
GLDH	IU/l	0–19 (3)[A]	0–17 (4)	0–3 (1)	0–2,5 (1)
ALT	IU/l	0–61 (27)	0–61 (26)[G]	2–24 (9)	49–242,8 (110)[A, G]
AP	IU/l	0–397 (59)[A]	0–418 (109)[A]	22–247 (73)[A, G]	13,3–141,6 (34)[G]
AST	IU/l	0–28 (9)	0–90 (24)[G]	19–166 (89)	13,3–141,6 (74)[A, G]
γ-GT	IU/l	0–13 (6)[A]	0–13 (9)	0–28 (11)[A]	0,2–14 (4)[N, G]
LDH	IU/l	0–571 (111)[A]	0–515 (163)	261–1108 (692)[A, G]	154,4–1780,6 (325)[A, G]
CK	IU/l	0–958 (249)	0–2143 (162)[G]	116–938 (281)	94–730,9 (203)[A, G]
Cholinesterase	IU/l	0–3564 (605)	0–8052 (4389)	2172–11447 (6718)	262,1–1017,5 (526)[A, G]
α-Amylase	IU/l	0–459 (301)[A]	0–3159 (2196)	1051–3991 (1884)[G]	19,4–61,9 (38)[N, A, G]
Lipase	IU/l	0–1587 (552)	0–152 (38)	35–234 (87)	73,2–351,1 (204)
Substrate					
Harnstoff	mmol/l	2,05–8,42 (5,23)	3,34–10,33 (65,7)	5,02–13,49 (8,39)	4,8–16,9 (9,8)
	mg/dl	12–51 (31)	20–62 (40)	30–81 (50)	28,8–101,5 (58,9)[N, A]
Kreatinin	µmol/l	34–166 (83)	0–77 (36)	22–77 (47)A	23–76,7 (44)
	mg/dl	0,4–1,9 (0,9)[A]	0–0,9 (0,4)	0,3–0,9 (0,5)[A]	0,26–0,87 (0,5)[G]
Bilirubin	µmol/l	0,29–2,53 (1,32)	0–1,59 (0,56)	0–6,46 (3,17)	0–3,3 (1,1)
	mg/dl	0–0,1 (0,1)	0–0,1 (0)	0–0,4 (0,2)	0–0,2 (0,1)[G]
Serumgallensäuren	µmol/l	0–77,6 (17,4)[A]	0–84,5 (31,6)	1,0–91,9 (21,6)[A]	0–28,9 (5,7)

Tab. 36.3 (Fortsetzung)

Parameter	Einheit[6]	Kaninchen[1]	Meerschwein[1]	Chinchilla[2]	Frettchen[3]
Cholesterin	mmol/l mg/dl	0,3–2,7 (1) 12–103 (39)[A]	0,3–1,7 (1) 12–65 (37)	1,2–5,2 (2,7)[A] 48–199 (103)[A]	2,4–7,1 (4,9) 92,8–274,5 (189,5)[N, A]
Triglyzeride	mmol/l mg/dl	0,5–3,4 (1,2) 39–293 (101)	0,3–2,4 (1) 29–206 (84)	0,3–2,3 (0,7)[A] 22–205 (57,8)[A]	0,5–2,8 (1) 43,8–245 (87,5)
Glukose	mmol/l mg/dl	5,8–14,8 (7,5) 105–267 (136)	5–16 (7,6) 89–287 (137)	2,9–13,8 (7,5) 52,6–248,6 (134,7)	3–8,5 (6) 54–153,1 (108,1)
Fruktosamin	µmol/l	314–527 (415)[A]	134–271 (220)	119–233 (176)	121,1–201,6 (163)
Gesamteiweiß	g/l	59–74 (63)	44–66 (57)	41–68 (56)	54,7–77,9 (67,8)[A]
Albumin	g/l	36–57 (48)	26–41 (34)	23–45 (36)[G]	28–43,9 (36,1)
Globulin gesamt[3]	g/l	13–17 (15)	19–25 (23)	18–23 (20)	–
α_1-Globulin	g/l	0–4 (1)[A]	1–4 (3)	–	–
α_2-Globulin	g/l	2–5 (3)	8–15 (11)	–	–
β-Globulin	g/l	4–11 (7)	3–7 (4)[A]	–	–
γ-Globulin	g/l	1–9 (4)	2–8 (5)	–	–
Albumin	%	67,7–86,1 (75,5)	53–69,7 (60,3)	56,1–66,2 (64,3)	–
Globulin gesamt[2]	%	13,9–33,3 (24,5)	30,3–47,0 (39,7)	41–43,9 (35,7)	–
α_1-Globulin	%	0,1–5,7 (0,9)	2,4–6,3 (4,5)	–	–
α_2-Globulin	%	2,9–7 (4,8)	16,3–27,1 (19)	–	–
β-Globulin	%	6,9–16,8 (11,4)	4,8–11,4 (6,8)	–	–
γ-Globulin	%	0,9–12,1 (6,2)	3,3–13,4 (8,8)	–	–
Elektrolyte					
Kalzium	mmol/l mg/dl	3,1–3,9 (3,5) 12,4–15,6 (14)	2,4–3,1 (2,7) 9,6–12,4 (10,8)	1,9–3,0 (2,5) 7,5–11,9 (9,9)	2,0–2,6 (2,3) 8,0–10,4 (9,2)[G, A]

36

Tab. 36.3 (Fortsetzung)

Parameter	Einheit[6]	Kaninchen[1]	Meerschwein[1]	Chinchilla[2]	Frettchen[3]
Phosphat	mmol/l	0,81–3,15 (1,42)	1,03–6,98 (1,8)	0,59–3,71 (1,66)[A]	1,0–3,1 (1,8)
	mg/dl	2,5–9,8 (4,4)[A, G]	3,2–21,6 (5,6)	1,83–11,49 (5,14)[A]	3,1–9,6 (5,57)[G, A]
Magnesium	mmol/l	0,90–1,66 (1,17)	0,99–2,56 (1,73)	1,00–2,75 (1,60)	0,9–1,6 (1,2)
	mg/dl	2,2–4 (2,8)	2,4–6,2 (4,2)	2,43–6,69 (3,89)	2,18–3,89 (2,92)[N]
Natrium	mmol/l	139–149 (144)	130–150 (141)	150–169 (158)	140,1–169,7 (154)[A]
Kalium	mmol/l	3,7–6,3 (4,8)	4,5–8,8 (5,7)	3,3–6,1 (4,3)	3,9–5,9 (5,0)[G]
Chlorid	mmol/l	93–109 (101)	94–111 (102)	105–126 (115)	108–119,9 (114)
Eisen	µmol/l	20–59 (39)	26–76 (55)	14–59 (35)	11,7–56,3 (33,8)[G]
Hormone					
Thyroxin	nmol/l	22–31[5]	14,2–66,9 (27)[4, A]	–	15,9–42 (27)
	µg/dl	1,7–2,4[5]	1,1–5,2 (2,1)[4, A] 2–4[5]	–	1,24–3,3 (2,1) 0,9–2,6[5]
Kortisol	nmol/l	72,9–106[5]	140–841[5]	–	0–101,5 (6,6)
	µg/dl	2,6–3,8[5]	0,6–5,8[5]	–	0–3,6 (0,2) 0,5–2,15[5]
Progeste-ron	ng/ml	–	–	–	0–0,4 (0)
	nmol/l	–	–	–	0–1,3 (0)[G]
Estradiol	pg/ml	–	–	–	0–12,2 (5)
	pmol/l	–	–	–	0–44,9 (18,4)

1 Referenzwerte aus Hein und Hartmann 2003a, b
2 Referenzwerte aus Wuck et al. 2009
3 Referenzwerte aus Hein et al. 2012
1–2 95 %-Perzentil (Median); **3** 90 %-Konfidenzintervall (Median)
1–3 Serumparameter: Autoanalyser Hitachi 911®, Fa. Boehringer, Mannheim, Deutschland; Hormone: Elecsys 1010®, Fa. Roche Diagnostics, Mannheim, Deutschland
4 Müller et al. 2009 (Minimum – Maximum [Median]); Chemilumineszenztest (Immulite 2000 Canine Total T_4, Diagnostic Products Corporation, Los Angeles, CA, USA)
5 Campell 2006 (keine Angaben zu Referenzbereich und Verfahren)
6 Umrechnungsfaktoren s. Kap. 2, S. 14
A Altersabhängigkeit
G Geschlechtsabhängigkeit
N Abhängigkeit vom Nüchternstatus

36

36.4 Leber

Enzyme

Besonderheiten

Kaninchen

Als sensitivstes Leberenzym beim Kaninchen gilt die GLDH (Clampitt und Hart 1978, Keller 1979). Im Gegensatz zu Hund und Katze werden ALT und AST beim Kaninchen als wenig sensitiv beschrieben. Obwohl die ALT-Aktivität im Herz ähnlich hoch ist wie in der Leber und nur halb so hoch wie z. B. beim Hund, ist eine Korrelation zwischen dem Grad des Leberzelluntergangs und der Serum-ALT-Aktivität beschrieben (Jenkins 2000). Sie gilt beim Kaninchen daher, neben dem »Akute-Phase-Parameter« GLDH, als guter Parameter für chronische oder stärkere Leberzellschäden. Die AST-Aktivität beim Kaninchen steigt erst bei starken Leberzellschäden oder bei Muskelschäden. Eine AP-Aktivität kann in zahlreichen Geweben (Darmmukosa, Nieren, Knochen, Leber, Plazenta) nachgewiesen werden. Eine Besonderheit beim Kaninchen stellt das Vorkommen von zwei verschiedenen AP-Isoenzymen in der Leber dar. Ein kortikosteroidsensibles Isoenzym scheint es beim Kaninchen dagegen nicht zu gegeben (Jenkins 2000).

Meerschweinchen

Die ALT gilt auch bei Meerschweinchen als nicht sensitiv und nicht spezifisch für hepatozelluläre Schädigungen (White und Lang 1989). Ein deutlicher Aktivitätsanstieg ist erst bei starker Schädigung der Leber zu erwarten. Daher sollten auch die AST und die GLDH für ein Leberscreening herangezogen werden.

Chinchilla

Die Referenzbereiche der Enzymaktivitäten von γ-GT, LDH und besonders AST sind beim Chinchilla höher, die von GLDH und AP deutlich niedriger als beim Meerschweinchen. Ob es sich um tatsächlich erhöhte/erniedrigte Aktivitäten handelt oder um unterschiedliche Empfindlichkeiten der Testsysteme auf die Blutproben verschiedener Tierarten, kann nicht gesagt werden. Die höheren Aktivitäten der Enzyme, die auch im Muskel vorkommen, sind sehr wahrscheinlich durch die hohe Aktivität der bewegungs- und springfreudigen Chinchillas zurückzuführen (Wuck et al. 2009).

Frettchen

Die ALT ist bei Frettchen leberspezifisch, da ihre Gewebeaktivität in der Leber 3- bis 10-mal höher liegt als in anderen Geweben (Clampitt und Hart 1978). Die AST ist auch beim Frettchen leberunspezifisch mit hoher Aktivität im Muskel. Somit müssen Muskelmasse, Haltungsbedingungen und Aktivität der jeweils untersuchten Tiere bei der Interpretation der AST-Aktivität berücksichtigt werden (Hein et al. 2012).

Bilirubin

Besonderheiten

Kaninchen

Mehr als 70 % der Gallepigmente liegen als Biliverdin vor, da die geringe Biliverdin-Reduktase-Aktivität der Kaninchen die Synthese von Bilirubin begrenzt (Jenkins 2000).

Chinchilla

Die Bilirubinkonzentration ist beim Chinchilla (bis 6,46 µmol/l) deutlich höher als bei Meerschweinchen (bis 1,59 µmol/l); die Ursache hierfür ist nicht bekannt (Wuck et al. 2009).

Serum-Gallensäuren

Besonderheiten

Kaninchen

Die Gallesekretion ist etwa 7-mal höher als bei Hunden. So produziert ein Kaninchen mit 2 kg KM ca. 250 ml Galle pro Tag (3,7–9,2 ml/Stunde). Die bedeutendste Gallensäure ist die Glykochenodeoxycholinsäure. Der Anteil an Ursodeoxycholin- und Lithocholinsäure liegt deutlich niedriger (Jenkins 2000).

36.5 Exokrines Pankreas

Besonderheiten

Kaninchen

Die α-Amylase-Aktivität im Serum ist vergleichsweise gering und ihre Halbwertszeit kurz (1,5 Stunden). Produziert wird die α-Amylase im Pankreas und in geringer Menge in Speicheldrüsen und Darm, nicht in der Leber (Jenkins 2000).

Frettchen

Die α-Amylase-Aktivität ist beim Frettchen verglichen mit der Lipase-Aktivität niedrig. Bedingt ist dies durch die Anpassung der vom Pankreas sezernierten Verdauungsenzyme an die Futterzusammensetzung, die beim Frettchen hauptsächlich durch Proteine und Fette und weniger durch Kohlenhydrate bestimmt wird (Hein et al. 2012).

36.6 Harnapparat

Substrate im Serum

Besonderheiten

Kaninchen, Meerschweinchen und Chinchilla

Im Gegensatz zum Fleischfresser ist die Harnstoffkonzentration im Serum bei den kleinen Herbivoren nur wenig nahrungsabhängig. Isolierte Anstiege der Harnstoffkonzentration können hier v. a. ein Hinweis auf Blutungen im Magen-Darm-Trakt sein, während isolierte Anstiege der Kreatininkonzentration zumeist auf eine vermehrte Freisetzung aus der Muskulatur hinweisen. Ansonsten sind beide Substrate durch prärenale, renale und postrenale Faktoren beeinflussbar (Hein und Hartmann 2003a, b, Wuck et al. 2009).

Frettchen

Bei Frettchen ist die Harnstoffkonzentration im Serum wie bei anderen Fleischfressern v. a. auch nahrungsabhängig (Hein et al. 2012).

Urinuntersuchung

Die Urinuntersuchung beim Kleinsäuger dient, wie bei anderen Tierarten auch, der Überprüfung der Funktion von Nieren und harnableitenden Wegen und der Prüfung auf systemische Krankheiten (Diabetes mellitus, Ketose etc.). Die **Uringewinnung** erfolgt meist mittels Zystozentese (blind mit Palpation der Blase oder unter Ultraschallkontrolle), durch Ausdrücken der Blase oder Auffangen von freiwillig abgesetztem Urin. Die Zystozentese ermöglicht die Gewinnung sterilen Urins zur bakteriologischen Untersuchung, führt aber wie das Ausdrücken der Blase häufig zu Beimengungen von geringen Mengen Blut und somit auch Protein. Das

Auffangen von Urin beim Harnabsatz ohne oder mit Blasenmanipulation ist möglich, führt aber, wie bei anderen Tierarten auch, zur Kontamination des Urins mit Zellen und Bakterien aus den ableitenden Harnwegen und der Umgebung. Die Katheterisierung der Blase kann vor allem bei weiblichen Tieren schwierig sein und wird daher meist nur zur Blasenspülung durchgeführt.

Auch bei Kleinsäugern wird die **Urinuntersuchung** in eine makroskopische Untersuchung (Farbe und Transparenz/Trübung), eine physikalische Untersuchung (urinspezifisches Gewicht [USG]), eine chemische Untersuchung (Untersuchungen mit Urinteststreifen) und eine Untersuchung des Sediments eingeteilt. Goldstandard für die Bestimmung des USG ist die refraktometrische Messung. Urinteststreifen ermöglichen die Bestimmung der Parameter pH-Wert, Protein, Leukozyten, Nitrit, Erythrozyten, Ketonkörper, Bilirubin, Urobilinogen, Glukose und teilweise des USG. Die Sedimentuntersuchung ist immer dann von Bedeutung, wenn Zellen, Kristalle und Mikroorganismen (Bakterien, Hefen etc.) differenziert werden sollen. Eine bakteriologische Untersuchung sollte nur aus Zystozenteseurin durchgeführt werden.

Referenzbereiche

Bei den in der Literatur vorhandenen Referenzwerten für Urinparameter handelte es sich bisher ausschließlich um Buchangaben ohne zugrunde liegende Studien. Eine neue Untersuchung (Binder et al. 2010) an mittels Ausdrücken der Blase gewonnenem Kaninchen- und Meerschweinchenurin zeigt, dass das Vorkommen von Erythrozyten und Protein stark abhängig von der Entnahmemethode ist und teilweise extrem hohe Kristallkonzentrationen, auch bei klinisch gesund erscheinenden Tieren vorkommen. Eine Vergleichbarkeit der getesteten Verfahren ist kaum gegeben (Binder et al. 2010) (**Tab. 36.4**).

Besonderheiten

Kaninchen

Kaninchenharn kann physiologischerweise hellgelb bis bräunlich rot sein. Die *Färbung* wird zumeist durch Pigmente aus dem endogenen Abbau (Gallepigmente, Porphyrine, Melanin etc.) und/oder Pflanzenfarbstoffen verursacht. Die Pigmentierung tritt meist intermittierend auf und wird vom Besitzer oft als Blut fehlinterpretiert. Eine einfache Unterscheidung kann durch Urinstick (Blutfeld) und/oder Sedimentuntersuchung (Erythrozytenzahl) erfolgen.

Die **Konsistenz** ist vielfach dick bis cremig durch Beimengung weißlicher Kalziumkristalle. Die **Kalzium**ausscheidung im Urin hängt vom Serum-Kalziumspiegel und dem Kalziumgehalt in der Nahrung ab. Kaninchen nehmen Kalzium nahrungsabhängig auf und scheiden zwischen 45 und 60 % des Kalziums über die Nieren aus. Harngries, auch in größeren Mengen, kommt bei gesunden Kaninchen als Zufallsbefund vor, kann aber auch eine Rolle bei der Harnsteinbildung und der Kalzifizierung von Gefäßen und Organen spielen (Buss und Bourdeau 1984, Vella und Donnelly 2012). Das Vorkommen von **Glukose** im Urin kann kurzzeitig in Abhängigkeit von Schwankungen der Glukosekonzentration im Blut auftreten (Nahrung, Stress, Zyklus) oder ein Hinweis auf eine Hyperglykämie oder Niereninsuffizienz sein. Eine Glukosurie sollte immer mittels Glukose- und Fruktosaminmessung im Blut verifiziert werden. Der Nachweis von **Ketonkörpern** im Urin (Nachweis von Azeton und Azetoessigsäure mittels Urinstick) ist immer ein Hinweis auf eine schwerwiegende Stoffwechselentgleisung. Da die

Tab. 36.4 Referenzbereiche für Urinparameter bei Kaninchen, Meerschweinchen, Chinchilla und Frettchen

Parameter	Kaninchen[1]	Meerschwein[1]	Chinchilla[2]	Frettchen[3]
Farbe	hellgelb bis rotbraun, klar bis leicht trüb (kann umfärben)	gelb (rötlich), klar bis leicht trüb	gelb (rötlich), klar bis leicht trüb	gelb, klar
Konsistenz	dünn bis leicht cremig	dünn	dünn	dünn
Harnvolumen (ml/kg KM/Tag)	20–350	keine Angabe	0,4–17,4	keine Angabe
spezifisches Gewicht	1,005–1,053	1,005–1,048	keine Angabe	keine Angabe
pH-Wert	5,0–9,0 (8,25)	8,0–9,0 (8,5)	8–9	6,5–7,5
Kristalle	amorphe Kristalle, Kalziumoxalate, vereinzelt Kalziumcarbonate und Struvit	amorphe Kristalle, Kalziumoxalate, vereinzelt Struvit	amorphe Kalziumkarbonat- und Kalziumoxalatkristalle	Magnesium-Ammonium-Phosphat-(Struvit-)Steine
Epithelzellen	Plattenepithel, vereinzelt Übergangsepithel	Plattenepithel, vereinzelt Rundepithel	abwesend bis selten	abwesend bis selten
Bakterien	abwesend (Kontamination)	abwesend	abwesend	abwesend
Leukozyten	gelegentlich (Kontamination)	gelegentlich (aufgefangener Urin)	gelegentlich (aufgefangener Urin)	gelegentlich (aufgefangener Urin)
Erythrozyten	gelegentlich (Zystozentese, Druck)	gelegentlich (Zystozentese, Druck)	gelegentlich (Zystozentese, Druck)	gelegentlich (Zystozentese)
Gesamteiweiß	–/(+) (abhängig vom Erythrozytengehalt)	–/(+) (abhängig vom Erythrozytengehalt)	–/(+)	männl.: 7–33 mg/dl weibl.: 0–32 mg/dl
Glukose	–	–	–	–
Ketone	–	–	–	–
Bilirubin	–	–	–	–

1 Werte aus Binder et al 2010, Vella und Donnelly 2012
2 Werte aus Quesenberry et al. 2012
3 Werte aus Quesenberry 1994

Ketoazidose bei Kaninchen meisten Folge einer Hyperglykämie (nicht Hypoglykämie) ist (siehe Besonderheiten des Kohlenhydratstoffwechsels bei Kaninchen), sollte bei der weiteren Beurteilung und Behandlung immer die aktuelle Glukosekonzentration im Blut berücksichtigt werden.

Meerschweinchen

Erythrozytenzahl und **Proteingehalt** im Urin sind bei Meerschweinchen stark abhängig von der Art der Uringewinnung. Bei Zystozenteseurin sind geringe Mengen als entnahmebedingt anzusehen; beim Ausdrücken der Blase steigen beide aber proportional zur Anzahl der Ausdrückversuche (Binder et al. 2010).
Die Resorption von **Kalzium** im Meerschweindarm erfolgt, wie bei Kaninchen, nahrungsabhängig, die Ausscheidung vorwiegend renal. Deshalb neigen Meerschweinchen, zudem begünstigt durch den basischen pH-Wert des Urins, zur Harnsteinbildung. Inwiefern der Hyperparathyreoidismus bei Meerschweinchen eine Rolle bei der Demineralisierung der Knochen und der Kalziumausscheidung spielt, ist noch unklar. Es ist aber davon auszugehen, dass bei Satinmeerschweinchen mit Osteodystrophia fibrosa auch eine vermehrte Ausscheidung von Kalzium und somit Neigung zu Harnries- und Steinbildung vorliegt (Jordan et al. 2009).

Chinchilla

Der Chinchilla-Urin ist, abhängig von der Flüssigkeitsaufnahme und der Umgebungstemperatur, meist sehr gut konzentriert. Die **Kalzium**resorption bei Chinchillas erfolgt nahrungsabhängig, die Ausscheidung, im Gegensatz zu Meerschweinchen und Kaninchen, aber vorrangig über den Kot und nur zu 1–2 % über den Urin (Hansen 2012).

36.7 Skelettmuskulatur, Knochen

Enzyme

Besonderheiten

Die Aktivität der Muskelenzyme hängt bei kleinen Heimtieren von der Haltungsform ab. Hohe Aktivitäten von Muskelenzymen wie CK, AST und LDH werden besonders nach einem Trauma, aber auch bei erhöhter physiologischer Muskelaktivität (Freilauf, Deckakt) gemessen (Reavill und Joseph 1997). So sind z. B. die Referenzbereiche der Enzymaktivitäten von LDH und besonders AST bei den bewegungs- und springfreudigen Chinchillas deutlich höher als beim Meerschweinchen (Wuck et al. 2009). Auch häufige Fluchtversuche beim Einfangen und Zwangsmaßnahmen können für einen Aktivitätsanstieg dieser Enzyme verantwortlich sein (Reavill und Joseph 1997).

36.8 Serumproteine

Besonderheiten

Die Serumproteinkonzentration hängt bei Kleinsäugern wie bei Hund und Katze wesentlich von der Produktion in der Leber und vom Verlust ab (Blut, Kot, Urin etc.) und sollte immer in Bezug auf den Hydratationsstatus beurteilt werden. Krankheiten, die wie die Aleutenkrankheit beim Frettchen mit teilweise massiver Hypergammaglobulinämie einhergehen, sind bei kleinen Herbivoren bisher nicht bekannt.

36.9 Serumlipide

Besonderheiten

Kaninchen

Der aktive Fettstoffwechsel von Kaninchen führt in Hungerphasen schnell zu massiver Fettmobilisation und Fetteinlagerung in die Leber (Neigung zur Leberlipidose) (Hein und Hartmann 2003a).

Meerschweinchen

Eine Hypercholesterinämie kommt häufig vor. Sie ist oft mit fettiger Infiltration in vielen Geweben, einschließlich der Leber, verbunden (White und Lang 1989).

36.10 Elektrolyte

Besonderheiten

Kaninchen

Kaninchen haben einen ungewöhnlichen **Kalzium**metabolismus. Im Gegensatz zu anderen Tierarten ist die Kalziumabsorption weitgehend unabhängig von Vitamin D und erfolgt proportional zur Kalziumaufnahme mit der Nahrung. Die Kalziumexkretion (bis zu 60 %) erfolgt über die Nieren. Daher treten deutliche Schwankungen der Kalziumkonzentration auf (Buss und Bourdeau 1984, Kamphues et al. 1986).

Meerschweinchen

Auch bei Meerschweinchen erfolgt die **Kalzium**aufnahme nahrungsabhängig und die Ausscheidung überwiegend renal (Binder et al. 2010).

Chinchilla

Wie Kaninchen und Meerschweinchen nehmen Chinchillas **Kalzium** nahrungsabhängig auf, scheiden es aber überwiegend mit dem Kot aus. Bedingt durch die geringe renale Kalziumausscheidung sind Harnkonkremente bei ihnen sehr selten. Fütterungs- und altersabhängig treten jedoch erhebliche Schwankungen des Blutkalziumspiegels auf (bis 5 mmol/l), die teilweise auch mit Verkalkungen in Geweben einhergehen können. Die Ursache und der hormonelle Einfluss sind hierbei noch unklar (Hansen 2012).

36.11 Klinische Endokrinologie

Blutglukose

Besonderheiten

Kaninchen

Der Glukosemetabolismus ist komplex und wird von vielen physiologischen (Katecholamin- und Glukokortikoidkonzentration, Nahrung etc.) und pathologischen Faktoren (Leberfunktion, Neoplasie, Entzündung, Endokrinopathie etc.) beeinflusst. Im Gegensatz zu Fleischfressern spielt bei Kaninchen der Kohlenhydratgehalt der Nahrung und der Zeitpunkt der letzten Futteraufnahme nur eine untergeordnete Rolle, da sie nie nüchtern werden und zudem auch bei reduzierter Futteraufnahme sehr effektiv Glukoneogenese betreiben. Die Glukosekonzentration im Serum ist bei Kaninchen daher vergleichsweise hoch (Referenzbereich bis 14,8 mmol/l). Da der Kohlenhydratumsatz bei Kaninchen zudem deutlich langsamer ist als ihr Fettstoffwechsel, sind hier auch die Fruktosaminkonzentrationen im Blut dauerhaft höher (bis 527 µmol/l) als bei anderen Kleintieren (Hein und Hartmann 2003a).

Laut einer neuen Studie (Harcourt-Brown und Harcourt-Brown 2012) sind sowohl Hypoglykämien als auch diabetesbedingte Hyperglykämien bei Kaninchen sehr selten, stressbedingte Hyperglykämien aber häufig. So wurden bei anorektischen Kaninchen (besonders Tiere mit gastrointestinalen Obstruktionen) deutlich höhere Glukosekonzentrationen gemessen als bei Kaninchen mit normaler Futteraufnahme oder leicht reduzierter Futteraufnahme. Laut den Autoren nimmt die Prognose mit steigender Glukosekonzentration ab (Harcourt-Brown und Harcourt-Brown 2012). Glukosegaben (oral oder parenteral) sollten bei Kaninchen daher nur erfolgen, wenn eine Hypoglykämie auch bewiesen ist.

Meerschweinchen und Chinchilla

Auch bei Meerschweinchen und Chinchilla kann Stress zu einer leichten Hyperglykämie führen. Da sie bei der Blutentnahme nicht nüchtern sein können, sind auch hier die Glukosekonzentrationen im Serum vergleichsweise hoch. Im Gegensatz zum Kaninchen haben sie aber eine deutlich höhere Kohlenhydratstoffwechselaktivität, weshalb ihre Fruktosaminkonzentration im Serum eher der von Hund und Katze entspricht (Hein und Hartmann 2003b, Wuck et al. 2009).

Frettchen

Glukose- und Fruktosaminkonzentration beim Frettchen sind ähnlich denen von Hund und Katze. Da Frettchen innerhalb von 6 Stunden nüchtern sind, ist bei ihnen die Glukosekonzentration im Blut stark vom Zeitpunkt der letzten Fütterung abhängig. Idealerweise sollte die Blutentnahme daher beim nüchternen Frettchen erfolgen (ab 4 Stunden nach Futteraufnahme, Stabilisierung der Probe mit Natrium-Fluorid oder baldiges Abzentrifugieren und Abpipettieren von Serum/Plasma). Die Gabe von Vitaminpasten o. ä. kohlenhydratreichen Futtermitteln sollte erst nach der Blutentnahme erfolgen. Bei Verdacht auf Insulinom sollte das Ausnüchtern unterbleiben und zunächst ein Glukosebasiswert mit Fruktosaminkonzentration bestimmt werden, um eine hypoglykämische Krise zu vermeiden (Hein 2011).

Hormone

Frettchen

Referenzwerte für Hormone sind zwar gerade in der amerikanischen Literatur ausreichend vorhanden; diese können aber zumeist nicht übertragen werden, da sie mit den in Deutschland üblichen Messmethoden häufig nicht übereinstimmen. Die Messung der Progesteronkonzentration im Serum von Frettchen ergab in der angeführten Studie (Hein et al. 2012) eine signifikante Abhängigkeit vom Geschlecht. Estradiol, Kortisol und Thyroxin zeigen hingegen keine statistisch signifikante Geschlechtsabhängigkeit. Grund für diese Ergebnisse können hormonelle Schwankungen sein oder aber auch unterschiedliche Eignungen der Testkits für Frettchen (Hein et al. 2012).

36

Literatur

Anderson LC. Guinea pig husbandry and medicine. Vet Clin North Am Small Anim Pract 1987; 17(5): 1045–6.

Binder N, Hartmann K, Hein J. Referenzbereiche für Urinparameter bei Kaninchen und Meerschweinchen. Abstract zur 18. Jahrestagung der Fachgruppe Innere Medizin und klinische Labordiagnostik der Deutschen Veterinärmedizinischen Gesellschaft (DVG). Hannover, Deutschland 06.–07.02.2010. Tierärztl Prax 2010: 38 (K); A 16.

Bivin WS, Timmons EH. Basic biomethology. In: Weisbroth SH, ed. The Biology of the Laboratory Rabbit. London, New York: Academic Press 1974; 75–6.

Buss SL, Bordeau JE. Calcium balance in laboratory rabbits. Miner Electrolyte Metab 1984; 10(2): 127–32.

Campell TW. Chapter 31. Clinical Chemistry of Mammals: Laboratory Animals and Miscellaneous Species. In: Thrall MA, ed. Veterinary Hematology and clinical Chemistry. Iowa: Blackwell 2006; 463–78.

Campell TW, Ellis CK. Avian & Exotic Animal Hematology & Cytology, 3. Aufl. Iowa, USA: Blackwell 2007; 113–38.

Clampitt RB, Hart RJ. The tissue activities of some diagnostic enzymes in ten mammalian species. J Comp Pathol 1978; 88(4): 607–21.

Constable BJ. Changes in blood volume and blood picture during the life of the rat and guinea pig from birth to maturity. J Physiol 1963; 167: 229–38.

Fox RR, Laird CW. Diurnal variations in rabbits: haematological parameters. Am J Physiol 1970; 218(6): 1609–12.

Fox RR. The rabbit. In: Loeb WF, Quimby FW, ed. The clinical chemistry of laboratory animals. New York: Pergamon Press 1989; 5: 41–6.

Fudge AM. Ferret haematology. In: Fudge AM, ed. Laboratory Medicine. Avian and Exotic Pets. Philadelphia: Saunders 2000a; 269–72.

Fudge AM. Rabbit haematology. In: Fudge AM, ed. Laboratory Medicine. Avian and Exotic Pets. Philadelphia: Saunders 2000b; 273–5.

Graham J, Mader DR. Rabbits. Chapter 13. Basic approach to veterinary care. In: Quesenberry KE, Carpenter JW, eds. Ferrets, Rabbits and Rodents. 3rd ed. Missouri: Elsevier 2012; 174–82.

Grice AC. Methods of obtaining blood and for intravenous injections in laboratory animals. Lab Anim Care 1964; 14: 483–93.

Grötsch H, Hajdu P. Automatische Bestimmung von Enzymaktivitäten in tierischen Seren mit dem Reaction Rate Analyzer 860. 1. Mitteilung Z Klin Chem Klin Biochem 1971; 9(2): 123–5.

Hansen S. Untersuchungen zum Ca-Stoffwechsel sowie zur Zahnlängenentwicklung und -zusammensetzung von Chinchillas bei Variation der Ca-Zufuhr und des Angebots von Nagematerial. Diss. vet med, Hannover 2012.

Harcourt-Brown FM, Harcourt-Brown S. Clinical value of blood glucose measurement in pet rabbits. Vet Rec 2012; 170(26): 674. doi: 10.1136/vr.100321.

Harkness JE. Rabbit husbandry and medicine. Vet Clin North Am Small Anim Pract 1987; 17(5): 1019–44.

Hartmann K, Hein J, Ripken A, Majzoub M, Hirschberger J, Schulz B. Leukämisches malignes Lymphom beim Meerschweinchen – zwei Fälle. Tierärztl Prax 2001; 29 (K): 256–63.

Hein J. Blutentnahme und -untersuchung bei Kleinsäugern. Kleintierprax 2011; 9: 482–94.

Hein J, Hartmann K. Labordiagnostische Referenzbereiche bei Kaninchen. Tierärztl Prax 2003a; 31 (K): 321–8.

Hein J, Hartmann K. Labordiagnostische Referenzbereiche bei Meerschweinchen. Tierärztl Prax 2003b; 31 (K): 383–9.

Hein J, Spreyer F, Sauter-Louis C, Hartmann K. Reference ranges for laboratory parameters in ferrets. Vet Rec 2012; 171(9): 218. doi: 10.1136/vr.100628.

Holtzmann M. Die Punktion der Vena saphena lateralis zur Blutentnahme und intravenösen Injektion beim Kaninchen. Kleintierprax 1994; 39: 37–40.

Jenkins JR. Rabbit and ferret liver and gastrointestinal testing. In: Fudge AM, ed. Laboratory medicine. Avian and exotic pets. Philadelphia: Saunders 2000; 291–304.

Jordan J, Brunnberg L, Ewringmann A, Müller K. Klinische, radiologische und labordiagnostische Untersuchungen zur Osteodystrophia fibrosa beim Hausmeerschweinchen (Cavia porcellus) der Züchtung »satin«. Kleintierprax 2009; 54: 5–13.

Keller P. Enzymaktivitäten bei kleinen Haus- und Laboratoriumstieren: Organanalysen, Plasmaspiegel und intrazelluläre Verteilung. Kleintierprax 1979; 24: 51–68.

Kamphues J, Carstensen P, Schroeder D, Meyer H, Schoon HA, Rosenbruch M. Effekt einer steigenden Calcium- und Vitamin-D-Zufuhr auf den Calciumstoffwechsel von Kaninchen. J Anmim Physiol Anim Nutr 1986; 56(4): 191–208.

Marini RP, Jackson LR, Esteves MI, Andrutis KA, Golant CM, Fox JG. Effect of isofluoran on hematologic variables in ferrets. Am J Vet Res 1994; 55(10): 1479–83.

Mc Laughlin RM, Fish RE. Clinical biochemistry and haematology. In: Manning PJ, Ringler DH, Newcomer CE, eds. The Biology of Laboratory Rabbits. San Diego: Academic Press 1994; 11–27.

Moore DM. In: Feldmann BF, Zinkl JG, Jain NC, ed. Schalm's Veterinary Hematology 5. Aufl. Philadelphia: Lippincott Williams & Wilkins 2000: 1100–10.

Müller K, Müller E, Klein R, Brunnberg L. Serum thyroxine concentrations in clinically healthy pet guinea pigs (*Cavia porcellus*). Vet Clin Pathol 2009; 38(4): 507–10.

Murray MJ. Rabbit and ferret sampling and artefact considerations. In: Fudge AM, ed. Laboratory Medicine. Avian and Exotic Pets. Philadelphia: Saunders 2000; 265–8.

Otto G, Rosenblad WD, Fox JG. Practical venipuncture techniques for the ferret. Lab Anim 1993; 27(1): 26–9.

Quesenberry KE. Rabbits. In: Birchard SJ, Shering RG, eds. Manual of Small Animal Practice. Philadelphia: Saunders 1994; 1346.

Quesenberry KE, Donnelly TH, Mans C. Guinea pigs and chinchillas. Chapter 22. Biology, husbandry, and clinical techniques of guinea pigs and chinchillas. In: Quesenberry KE, Carpenter JW, eds. Ferrets, Rabbits and Rodents, 3rd ed. St. Louis: Elsevier 2012; 279–94.

Quesenberry KE, Orcutt C. Ferrets. Chapter 2. Basic approach to veterinary care. In: Quesenberry KE, Carpenter JW, eds. Ferrets, Rabbits, and Rodents: Clinical Medicine and Surgery. 3rd ed. St. Louis: Elsevier 2012: 13–26.

Reavill D, Joseph V. Clinical pathology of the rabbit. In: Berkeley CA, ed. Rabbit Medicine and Procedures for Practioners. Abstract. House Rabb Soc Vet Conf 1997; 157–70.

Schermer S. Die Blutmorphologie der Laboratoriumstiere. Leipzig: Barth 1958; 5–16.

Tappa B, Amao H, Takahashi KW. A simple method for intravenous injection and blood collection in the chinchilla (Chinchilla laniger). Lab Anim 1989; 23(1): 73–5.

Thornton PC, Wright PA, Sacra PJ, Goodier TE. The ferret, mustela putorius furo, as a new species in toxicology. Lab Anim 1979; 13(2): 119–24.

Vella D, Donnelly TM. Rabbits. Chapter 12. Basic Anatomy, Physiology, and Husbandry. In: Quesenberry KE, Carpenter JW, eds. Ferrets, Rabbits, and Rodents: Clinical Medicine and Surgery. 3rd ed. St. Louis: Elsevier 2012: 157–73.

Walberg J, Loar AS. Cytology and hematology of small mammals. In: Quesenberry KE, Carpenter JW, eds. Ferrets, Rabbits and Rodents. 2nd ed. Missouri: Saunders 2004; 414–20.

White WJ, Lang C. The guniea pig. In: Loeb WF, Quimby FW, eds. The Clinical Chemistry of Laboratory Animals. New York: Pergamon Press 1989; 27–30.

Wuck A, Hein J, Hartmann K. Labordiagnostische Referenzwerte beim Chinchilla. Abstract zur 17. Jahrestagung der Fachgruppe Innere Medizin und Medizinische Labordiagnostik der Deutschen Veterinärmedizinischen Gesellschaft (DVG). Berlin, Deutschland 31.01.-01.02.2009. Tierärztl Prax 2009: 37: A 24.

37 Klinische Labordiagnostik beim Vogel

Rüdiger Korbel und Michael Lierz

37.1 Problematik der Erstellung von Referenzbereichen

Der klinischen Labordiagnostik kommt nicht nur bei Ziervögeln – hier primär als Individualpatienten –, sondern auch beim Wirtschaftsgeflügel – hier im Rahmen der Herdendiagnostik – für eine kausale Diagnostik hohe Bedeutung zu. Hervorzuheben sind in diesem Zusammenhang die häufig sehr raschen Krankheitsverläufe – im deutlichen Gegensatz zu den Verhältnissen beim Haussäugetier. Trotz eines enormen Wissenszuwachses in den letzten Jahren hat die klinische Labordiagnostik auch heute bei Weitem noch nicht das Niveau derjenigen bei Haussäugetieren erreicht und beruht nach wie vor in vielen Bereichen auf klinischen Erfahrungen. Die Gründe hierfür sind mannigfaltig:

- Die große Artenvielfalt mit rund 8800 Vogelarten und mehr als 27 000 Unterarten resultiert in einer großen Vielfalt anatomischer und physiologischer Eigenarten, sodass selbst innerhalb verschiedener Vogelordnungen bis hinab auf Genusebene gravierende Unterschiede bestehen.
- Die Erstellung von allgemeingültigen Referenzbereichen (vgl. Kap. 1) für verschiedene Parameter ist aufgrund ihrer raschen Beeinflussbarkeit (u. a. bei der Probenentnahme) kaum möglich. Vielmehr muss mit individuellen Referenzbereichen gearbeitet werden, denen im optimalen Fall individualspezifische Werte (individueller Gesundheitspass) zugrunde liegen.
- Die häufig geringe Körpergröße der Vögel begrenzt das zur Verfügung stehende Probenvolumen beträchtlich und erfordert somit den Einsatz von Mikromethoden.
- Nahezu allen Vögeln ist aufgrund ihres reflexorientierten Verhaltens mit einem übergeordneten Fluchtreflex eine erhöhte Stressanfälligkeit eigen. Das damit verbundene Schockrisiko limitiert zeitlich ausgedehnte Untersuchungen.

Hierdurch bedingt sind bislang bei Weitem nicht für alle Vogelspezies, welche in der täglichen Praxis als Patienten vorgestellt werden, wissenschaftlich exakte Referenzbereiche verfügbar. Dies spiegelt sich auch in der großen Streuungsbreite der in der Literatur für verschiedene Vogelspezies angegebenen labordiagnostischen Werte wider. Die Interpretation von Laboruntersuchungsergebnissen beim Vogel gestaltet sich daher schwierig und es muss eine Vielzahl von Aspekten (z. B. veränderter Blutkalziumspiegel in der Legeperiode, Abweichungen von Laborwerten infolge Beeinflussungen durch Untersuchungsstress) berücksichtigt werden.

Die grundsätzlichen Vorgehensweisen zur Erstellung von Referenzbereichen sind jedoch für eine effiziente, den vogelspezifischen Eigenarten Rechnung tragende Schnell- und Notfalldiagnostik außerordentlich wichtig. Weiterhin erfolgt eine Übersicht über wichtige, in der täglichen Routine benötigten Referenzbereiche der klinischen Labordiagnostik für häufig vorgestellte Patientengruppen (**Tab. 37.1–37.3**).

Tab. 37.1 Referenzbereiche häufig in der tierärztlichen Praxis vorgestellter Ziervogelspezies (Auswahl) (nach Fudge 2000, Carpenter 2005, Harcourt-Brown und Chitty 2005, Lightfoot 2006, Lierz und Hafez 2006, Chitty und Lierz 2008)

Vogelspezies	Hkt (%)	WBC (Zellzahl/µl)	RBC (Zellzahl/µl)	Hb (g/dl)	TP (g/dl)	AST (U/l)	CK (U/l)	Gallensäure (µmol/l)	Harnsäure (µmol/l)	Albumin (g/dl)	Glukose (mmol/l)	Kalzium (mmol/l)
Kanarie/Finkenvögel (*Serinus canariae*)	45–56	3–10	2,5–4,5	11–16,5	2,0–4,4	132–351	177–556		243,4–773,5		8,9–20	1,3–3,3
Wellensittich (*Melopsittacus undulatus*)	44–58	3–10		12,–16,9	2,1–4,3	156–375	117–368	32–117	208–773	0,9–1,2	10,5–25,3	1,6–3,3
Nymphensittich (*Nymphicus hollandicus*)	41–59	5–11	2,5–4,7	11–16	2,1–4,8	95–396	30–420	44–108	202–773	0,8–1,8	10,5–25	1,6–3,3
Agapornide (*Agapornis* spp.)	44–55	7–16	3,0–5,1	13–18	1,8–3,7	130–360	160–392	12–90	196,4–654,5	1,3–2,1	12,2–21,6	2,1–2,9
Edelpapagei (*Eclectus roratus*)	45–55	9–15	2,5–4,0		3,2–4,3	144–339	132–410	30–110	119–654,5	1,1–2,0	12–22	2–3
Graupapagei (*Psittacus erithacus*)	41–53	6–13	3,0–3,6	14,2–17	3–5	100–365	123–412	12–96	268–565	1,5–2,4	10,5–19	2–3,3
Lori (Rotlori) (*Lorius* spp.)	47–55	8–13		11–16	1,9–4,1	141–369	178–396	20–97	119–714	1,2–3,1	10,7–21,5	2–2,9
Gelbhaubenkakadu (*Cacatua galerita*)	38–52	5–13	2,4–3,0	13,8–17,1	2,8–5	134–345	95–408	24–95	130,9–654,5	0,3–3,1	7,7–19	2–3,3
Blaustirnamazone (*Amazona aestiva*)	42–53	5–15	2,6–3,5	13,8–17,9	3,5–6,5	130–408	55–345	34–140	136,9–595	0,3–3,1	10,5–21,6	2–3,4
Gelbscheitelamazone (*Amazona ochrocephala ochrocephala*)	40–53	5–15	2,6–3,5	13,8–17,9	3–5,5	130–350	55–265	32–144	136,9–595	0,3–3,1	10,5–20,5	2,1–3,5
Gelbbrustara (*Ara ararauna*)	44–55	8–16	2,7–3,5	14,7–18,8	3–5	58–206	92–380	27–86	113,1–654,5	1,2–3,1	8–20,4	2–3,3
Dunkelroter Ara (*Ara macao*)	42–54	11–16	2,8–3,3	14,8–18,9	3–5	58–206	96–368	15–78	89,25–654,5	1,1–2,4	8–19,5	2–3,3

1 keine verlässlichen Werte verfügbar
AST: Aspartataminotransferase, Hb: Hämoglobin, Hkt: Hämatokrit, RBC: »red blood cells«, Erythrozyten; TP: »total protein«, Gesamteiweiß; WBC: »white blood cells«, Leukozyten

Tab. 37.2 Klinische Referenzbereiche häufig in der tierärztlichen Praxis vorgestellter Wild- und Greifvogelspezies

Vogelspezies	Hkt (%)	WBC (Zell-zahl/µl)	RBC (Zell-zahl/µl)	Hb (g/dl)	TP (g/dl)	AST (U/l)	CK (U/l)	Gallen-säure (µmol/l)	Harnsäure (µmol/l)	Albumin (g/dl)	Glukose (mmol/l)	Kalzium (mmol/l)
Turmfalke (*Tinnunculus tinnunculus*)	39–51	4–9,5	2,85–4,1	13,2–17,9	2,7–3,9	50–125	521–807			0,8–1,6		
Wanderfalke (*Hierfofalco pere-grinus*)	37–53	3,3–11	2,95–3,94	11,8–18,8	2,5–4	50–105	357–850			0,8–1,25		
Sakerfalke (*Falco cherrug*)	38–49	3,8–11,5	2,5–3,9	11,5–16,5	2,7–3,6	45–95	355–651		119–1071	0,9–1,2	12,9–22	
Mäusebussard (*Buteo buteo*)	32–44	5–13	2,1–2,7	10,1–16,7								
Waldkauz (*Asio otus*)	36–47	2,4–11,8	2,0–2,9	12,9–16,4								
Haustaube (*Columba livia*)	42–50	9–13			2,1–3,7	111–372	180–388	40–106	148,8–714	1,2–1,6	9,1–21,4	2–3,1
Rabenkrähe (Corvus corone)	40–49	4,2–20,9	3,2–4,4	13–15	3,2–4,2	290–446			261,8–1190		17,5–23,1	1,8–2,3
Höckerschwan (*Cygnus alba*)	32–50	11–16	1,9–2,9	11–16	2,1–4,4	10–108	130–389	18–85	125–654,5	1,2–1,8	7,3–20	2–3,3

Leere Felder: keine verlässlichen Werte verfügbar
AST: Aspartataminotransferase; Hb: Hämoglobin; Hkt: Hämatokrit; RBC: »red blood cells«, Erythrozyten; TP: »total protein«, Gesamteiweiß; WBC: »white blood cells«, Leukozyten

Tab. 37.3 Klinische Referenzbereiche häufig in der tierärztlichen Praxis vorgestellter Zier- und Rassegeflügelspezies

Vogelspezies	Hkt (%)	WBC (Zellzahl/µl)	RBC (Zellzahl/µl)	Hb (g/dl)	TP (g/dl)	AST (U/l)	CK (U/l)	Gallensäure (µmol/l)	Harnsäure (µmol/l)	Albumin (g/dl)	Glukose (mmol/l)	Kalzium (mmol/l)
Haushuhn (*Gallus gallus*)	24–43	19,8–32,6	2,2–3,3	8,9–13,5	3,3–3,5				148,8–482	1,2–2,8		3,3–5,9
Hausente (*Anas platyrhynchos*)	35–50	14,0–24,0	2,3–3,5		3,5–5,5	12–73	165–378	22–82	119–714	1,7–2,2	7–17,7	2,2–3,2
Hausgans (*Anser anser*)	35–49	3,0–15,0	2,2–3,3	12,2–17,2	4,0–4,8					1,7–2,3		
Pfau *Pavo cristatus*)	33–41	11,0–31,0	2,2–3,6	8,0–15,0	3,5–4,7	79–305			107,1–220,2	1,6–2,0	15,1–19,8	

AST: Aspartataminotransferase, Hb: Hämoglobin, Hkt: Hämatokrit, RBC: »red blood cells«, Erythrozyten; TP: »total protein«, Gesamteiweiß; WBC: »white blood cells«, Leukozyten

Für weitergehende Informationen zu Referenzbereichen von Laborwerten verschiedener Vogelspezies wird auf die entsprechende Literatur verwiesen (Fudge 2000, Carpenter 2005, Lightfoot 2006, Samour 2008, Pendl 2009, Hafez und Scope 2011, Chitty und Lierz, 2008, Harcourt-Brown und Chitty 2005, Pees et al. 2011).

37.2 Bedeutung und Einsatzbereiche der Labordiagnostik

Hämatologische und serologische Laborbefunde sind neben mikrobiologischen und parasitologischen Untersuchungsergebnissen zur Ergänzung der klinischen Untersuchung auch beim Vogelpatienten unabdingbar (Hafez und Scope 2011). Große Bedeutung kommt ihnen aufgrund des bei Vögeln meist raschen Krankheitsverlaufes, der sprichwörtlichen Symptomarmut und der hieraus resultierenden späten Erkennung von Krankheitszuständen, insbesondere im Rahmen einer Schnell- und Notfalldiagnostik, zu. Prinzipiell ist hierbei zwischen schwerpunktmäßig **individualmedizinischen Fragestellungen** bei Zier- und Greifvögeln sowie primär **herdendiagnostischen Problemstellungen** beim Wirtschaftsgeflügel zu unterscheiden, während bei den Patientengruppen Zoo- und Wildvögel sowie Tauben beide Bereiche gleichermaßen tangiert sind (**Abb. 37.1**; Korbel et al. 2001). Laboruntersuchungen dienen beim Vogel unter anderem folgenden Aspekten:

- Feststellung des Gesundheitszustandes
- Schnell- und Notfalldiagnostik
- ätiologischen Diagnostik und Differenzialdiagnostik
- Bewertung von Behandlungsergebnissen
- Erfolgskontrolle von Schutzimpfungen

37.3 Möglichkeiten und Grenzen der Labordiagnostik

Die in der Literatur angegebenen Referenzbereiche für Vögel weisen im Vergleich zu denen der Säugetiere eine große Streuungsbreite auf (Korbel et al. 2001). Grund hierfür ist eine Vielzahl von Einflussfaktoren (siehe unten), die zum Teil im Rahmen der Anamnese ermittelt werden können. Sie müssen bei der Interpretation zwingend berücksichtigt werden, dies bei Zier-, Zoo-, Greif- und Wildvögeln in größerem Umfang als bei Wirtschaftsgeflügel. Gleichfalls erfordern sie eine größtmögliche Standardisierung bei der Probenentnahme, insbesondere auch hinsichtlich der gegebenenfalls anzuwendenden Fixations- und Ruhigstellungstechniken (Korbel et al. 2009, Korbel und Krautwald-Junghanns 2011, Korbel und Lierz 2011). Zu den zu berücksichtigenden Einflussgrößen gehören:

- Spezies
- Geschlecht
- Alter
- Dauer und Art der Fixationstechnik
- Aufregungsgrad während der Probenentnahme
- Art der (Blut-)Probenentnahme
- Entnahmezeitpunkt (Tageszeit)
- Fütterung und Fütterungstechnik
- Wasserversorgung
- Art und Dauer der Probenlagerung
- Probenversand
- Labortechnik

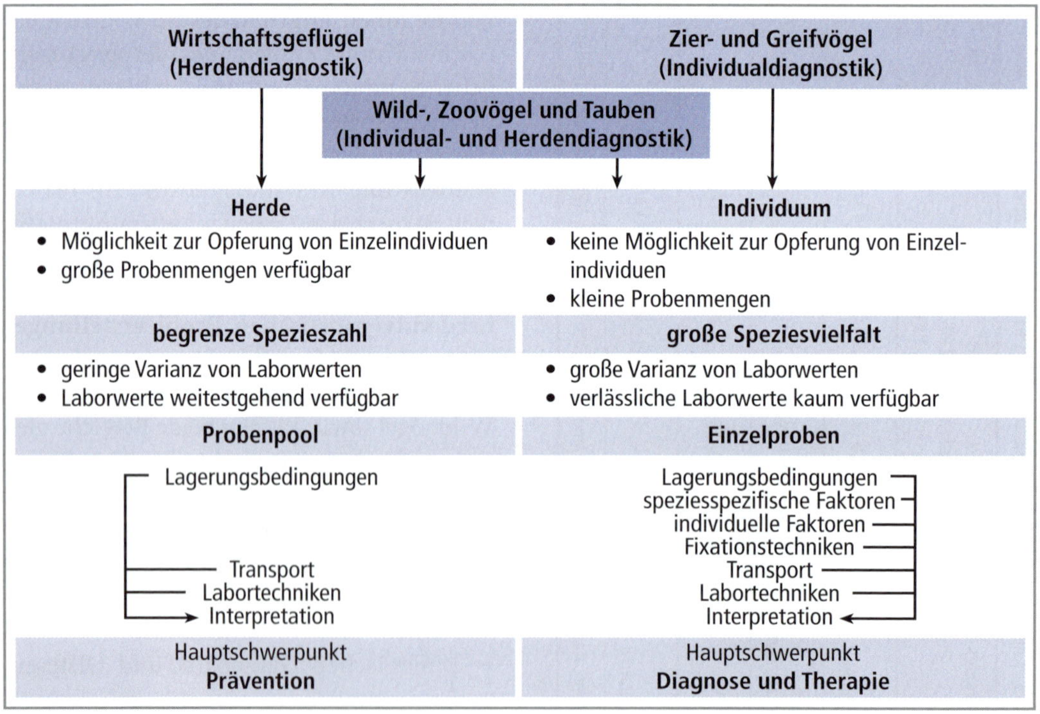

Abb. 37.1 Mögliche Einflüsse auf Laboruntersuchungsergebnisse und Konsequenzen für ihre Bewertung vergleichend für Zier- und Wirtschaftsgeflügel (nach Korbel und Hafez 2001)

Die Vielzahl der genannten Einflussfaktoren macht deutlich, dass die Qualität eines kommerziellen Labors für die Vogelmedizin entscheidend nicht nur vom laborspezifischen Standard der verwendeten Nachweisverfahren abhängt, sondern vor allem auch von der Ausbildung und Fähigkeit des Laborpersonals, den behandelnden Tierarzt bei der Interpretation der gewonnenen Laborergebnisse zu unterstützen. Einige Autoren empfehlen, durch wiederholte Untersuchung eines einzelnen gesunden Individuums einen »Gesundheitspass« zu erstellen, der im Erkrankungsfall des Tieres als Interpretationsgrundlage für Laborbefunde herangezogen werden kann und – abgesehen von dem vergleichsweise hohen Aufwand – eine größtmögliche Interpretationssicherheit bietet (Scope et al. 2001).

37.4 Probenentnahme

Aufgrund der Vielzahl von Vogelspezies sowie der artspezifisch infrage kommenden Erkrankungen ist es wichtig, im Rahmen der Diagnosestellung stets ein schematisches Vorgehen einzuhalten. Nach Aufstellung einer Problemliste folgt hierauf aufbauend eine gewichtete differenzialdiagnostische Liste, die ergänzend zu klinischen Untersuchungen gezielt labordiagnostische Verfahren einbezieht (**Abb. 37.2**).
Die im Folgenden genannten Laborproben können bei Vögeln routinemäßig, z. B. zur Diagnostik häufig auftretender Erkrankungen untersucht werden. Für verschiedene Teilbereiche lassen sich standardisierte Untersuchungsbögen verwenden (**Abb. 37.3 u. 37.4**).

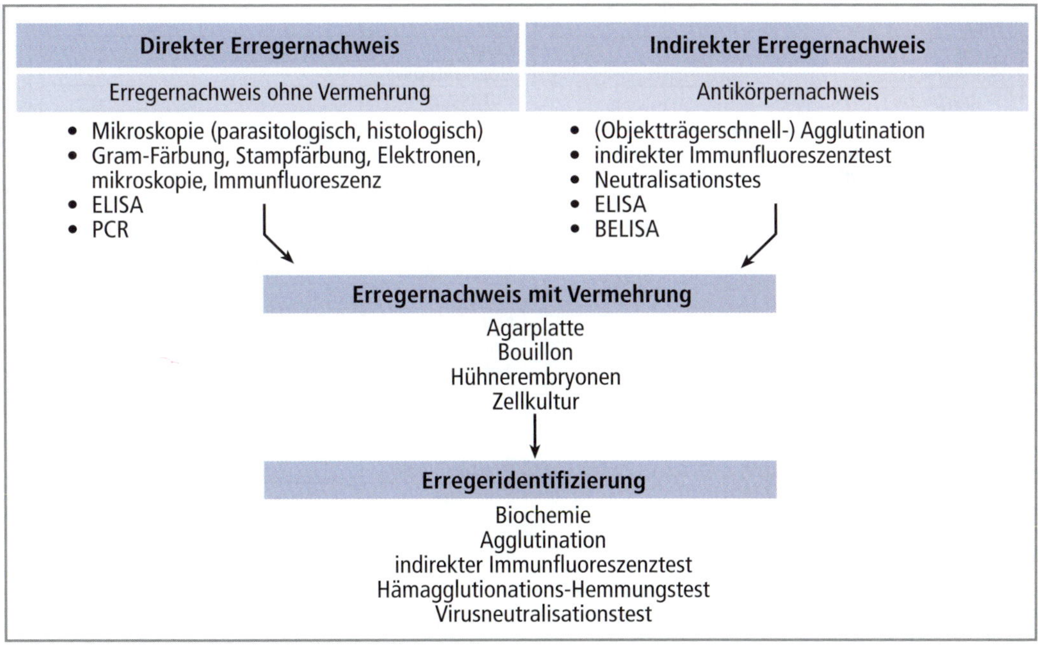

Abb. 37.2 Direkte und indirekte labordiagnostische Nachweismethoden von Krankheitserregern beim Vogel (nach Hafez und Scope 2001)

UNTERSUCHUNGSANTRAG BAKTERIOLOGIE

Tierarztpraxis Dr. med. vet. M. Muster Musterweg 1, D – 12345 Musterhausen Fon: 0123 - 45678 Fax: 0123 – 56789 E-Mail : xyz@muster.de	Klinik für Vögel Klinikadresse Fax: 012-3456 E-Mail: xyz@xyv-vogelklinik.de www.xyz-vogelklinik.de
Betrieb (Name, Adresse) Tierseuchenkasse ☐ ja ☐ nein Spezies/Bestandsgröße: Schlupf/Einstallungsdatum:	Klinikstammnummer / Labornummer

UNTERSUCHUNGSANTRAG

Untersuchungsmaterial / Tupfer	Anzahl
Leber	
Herzbeutel	
Dottersack	
Darm	
Gelenk	
Lunge	
Luftsack	
Sinus	
Milz	
Ovar	
Sockentupfer	
Futterprobe	
Sonstige	

Erwünschte Untersuchung

Untersuchungsantrag	×	Bemerkung
Allg. Bakteriologie	☐	
Salmonellenanreich.	☐	
Salmonellentypisier.	☐	
Mikoraerophil	☐	
Anaerob	☐	
Biochemische Diff.	☐	
Antibiogramm	☐	
Mykoplasmenkultur	☐	
Mykologie	☐	
Sonstiges	☐	

....
Entnahmedatum / Probennehmer

Unterschrift:...
Datum / Name

UNTERSUCHUNGSBEFUND

Material	Isolierte Keime
Leber	
Herzbeutel	
Dottersack	
Darm	
Gelenk	
Lunge	
Luftsack	
Sinus	
Milz	
Ovar	
Sockentupfer	
Futterprobe	
Sonstige	

Antibiogramm

Keim	# 1			# 2		
Antibiotika	R	I	S	R	I	S
Enrofloxacin						
Colistin						
Neomycin						
Trim./Sulfon.						
Tetrazyklin						
Lincomycin						
Tilmicosin						
Amoxicillin						
Erythromycin						
Sonstige						

Unterschrift:...
Datum / Labortierarzt

Unterschrift:...
Datum / Klinikleitung

Abb. 37.3 Formblatt zur bakteriologischen und mykologischen Untersuchung von Laborproben beim Wirtschaftsgeflügel

Laboruntersuchungsbogen für Ziervögel

Klinik-Nummer:

Patient (Vogelspezies):

Name: Alter: Geschlecht:

Datum der Blutentnahme: Zeitpunkt der Blutentnahme:

	Laborparameter	Ergebnis	Einheit	Referenzbereich
□	Hämatokrit		Vol.%	35–49
□	Hämoglobin		g/dl	10–16
□	Erythrozytenzahl		× 10^6/µl	2,0–3,0
□	Leukozytenzahl		× 10^3/µl	5–15
□	Differenzialblutbild			
	Heterophile/Eosinophile			
	Mononukleäre			
	Erythrozytenmorphol.			
□	MCV		fl	
□	MCH		pg	
□	MCHC		g/dl	
□	Gesamteiweiß (TP) (refraktrometrisch)		g/dl	3,5–4,5
	AST	Geräteausdruck (z. B. VetScan®)	IU/l	100–300
	CK		IU/l	100–300
	Glukose		mg/dl	100–300
	Gesamteiweiß (TP)		g/dl	3,5–4,5
	Albumin		g/dl	66 % von TP
	Globuline		g/dl	22 % von TP
	Harnsäure		mg/dl	<10
	Harnstoff		mg/dl	1–4
	Phosphat		mg/dl	2,5–3,5
	Kalzium		mg/dl	6–12
	Kalium		mmol/l	2,5–4,5
	Natrium		mmol/l	137–150

□	Blei (Intoxikation)		µg/dl	0–10 (unverdächtig) 10–20 (verdächtig) >40 (Nachweis)
□	Zink (Intoxikation)		µg/dl	>200 (verdächtig)

□	Virologie	□ PBFD	□ APV	□ APMV	□ PHV
□	Bakteriologie	□ Tbc-AK	□ Salmonellen-AK	□ Mykoplasmen-AK	
□	Externes Labor	□ Geschlecht	□ Sonstiges		

Abb. 37.4 Formblatt zur klinischen Labordiagnostik mit Erfassung der wichtigsten Laborparameter beim Ziervogelpatienten. Nota bene: Die angegebenen Referenzbereiche dienen nur der groben Orientierung, da innerhalb verschiedener Vogelspezies gravierende Unterschiede bestehen. In jedem Fall sind die spezifischen Angaben der Spezialliteratur zu beachten.

Tupferproben

- **Dreifachtupfer von Konjunktiva – Choane – Kloake** zur Untersuchung auf Chlamydien (Psittakose-/Ornithoseerreger)
- **Nasentupfer** zur Untersuchung von bakteriellen und mykotischen Erkrankungen
- **Konjunktivaltupfer** zur bakteriologischen Untersuchung
- **Trachealtupfer** zur Untersuchung auf respiratorische Erreger, z. B. Mykoplasmen
- **Kropftupfer/-spülproben** zur Untersuchung bei Verdacht auf Trichomonadosen sowie Candidosen (Soor) (**Abb. 37.5**)
- **Kloakentupfer** zum färberischen Nachweis oder zu weiterführenden Untersuchungen von Bakterien und Viren (z. B. ELISA, PCR), insbesondere von Chlamydien (**Abb. 37.6**)
- **Kottupfer** zur bakteriologischen Untersuchung
- **Socken- oder Schlepptupfer** zur Entnahme von Proben aus der Stalleinstreu (z. B. zur Untersuchung auf Salmonellen)

Blutproben

Die Blutentnahme erfolgt am Individualpatienten vorzugsweise aus der V. jugularis dexter (**Abb. 37.7**), der V. ulnaris profunda oder der V. metatarsalis plantaris superficialis (Korbel et al. 2009). Zur Herdendiagnostik beim Wirtschaftsgeflügel werden einzelne Tiere geopfert, das Blut beim

Abb. 37.5 Entnahme einer Kropftupferprobe bei einer Reisetaube (*Columba livia*, Gmel 1789). Einführung des Tupfers im linken Schnabelwinkel und Fixation des Kopfes im sog. Scherengriff. Zu achten ist auf die Streckung des Halses

Abb. 37.6 Entnahme einer Kloakentupferprobe als Bestandteil eines Dreifachtupfers (Konjunktiva [a], Choane, Kloake [b]) zur Untersuchung auf Chlamydiose (Psittakose/Ornithose-Komplex) bei einem Wellensittich (*Melopsittacus undulatus*, Shaw 1805)

Schlachtvorgang gewonnen und der Tierkörper einer pathologisch-anatomischen Untersuchung unterzogen. Die gewonnene Blutmenge am lebenden Tier darf maximal 1 % der Körpermasse des Vogels nicht übersteigen, wobei besonders bei kleinen Vogelpatienten unter 100 g Körpermasse ggf. auftretende Hämatome in die Volumenberechnung mit einfließen müssen. Als Gerinnungshemmer, z. B. zur serologischen Untersuchung, werden vorzugsweise Heparin oder Natriumzitrat verwendet. Zur Bestimmung der Zahl von roten und weißen Blutkörperchen empfiehlt sich die Verwendung von speziellen Mikropipetten (z. B. Unopette®, Fa. Becton Dickinson, USA).

Für ein **Notfallprotokoll** müssen zumindest die Werte für den Hämatokrit und das Totalprotein erhoben werden.

Abb. 37.7 Blutentnahmetechnik aus der V. jugularis dexter beim Wellensittich (*Melopsittacus undulatus*, Shaw 1805)

Ein **umfassendes Routineprotokoll** beinhaltet folgende Parameter: Hämoglobin, Hämatokrit, Gesamteiweiß, Erythrozytenzahl, Gesamtleukozytenzahl, Differenzialblutbild mit Differenzierung von heterophilen und eosinophilen Granulozyten und mononukleären Zellen sowie Beurteilung der Erythrozyten- und Thrombozytenmorphologie, Erythrozytenindizes (MCV, MCH, MCHC). In den Abbildungen **37.8–37.28** sind die verschiedenen Blutbestandteile im physiologischen und pathologisch veränderten Blutausstrich von Vögeln dargestellt. Aufgrund der vom Haussäugetier abweichenden Verhältnisse sowie speziesspezifisch bedingter Unterschiede gestaltet sich die Beurteilung von ggf. auftretenden technisch bedingten Artefakten schwierig. Hier können die Darstellungen zu den physiologischen Verhältnissen als Beurteilungsgrundlage für pathologische Zustände herangezogen werden. Situationen, welche zu Fehlinterpretationen führen können, wie z. B. zu dicke oder aber zu dünne Blutausstriche, sind ebenso berücksichtigt (**Abb. 37.8 u. 37.9**) wie eine Auswahl pathologischer Zustände und nicht selten zu beobachtende parasitäre Infestationen (**Abb. 37.27 u. 37.28**).

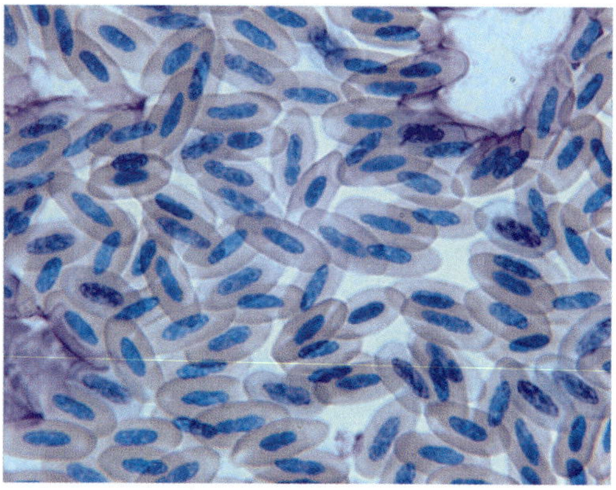

Abb. 37.8 Negativbeispiel: nicht beurteilbarer, zu dicker Blutausstrich mit sich überlagernden Erythrozyten (Gelbscheitelamazone)

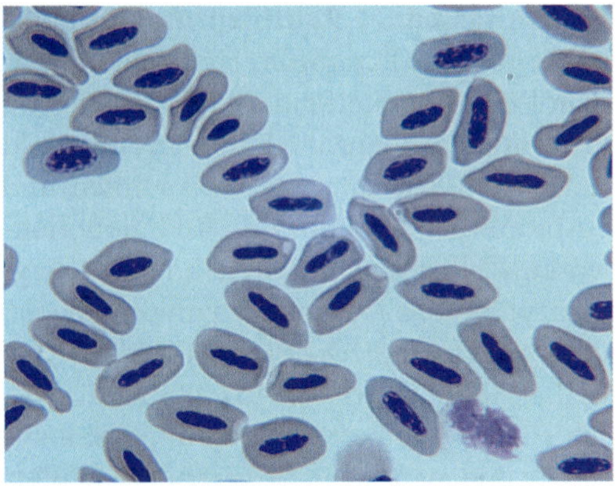

Abb. 37.9 Negativbeispiel: nicht beurteilbarer, zu dünner Blutausstrich mit zu wenig Erythrozyten (Gelbscheitelamazone)

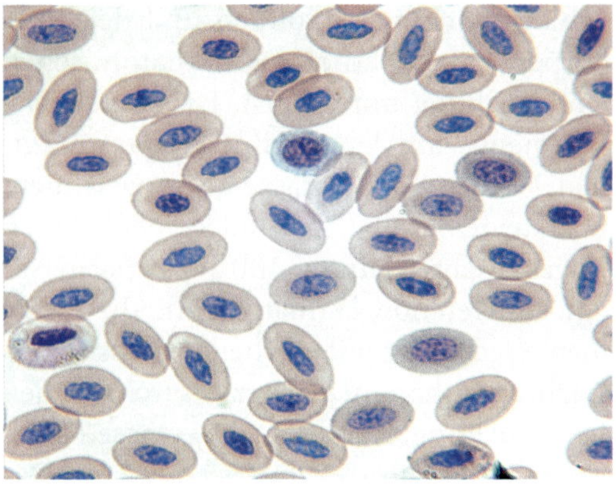

Abb. 37.10 Darstellung aviärer juveniler Erythrozyten beim Greifvogel (Turmfalke, *Tinnunculus tinnunculus*)

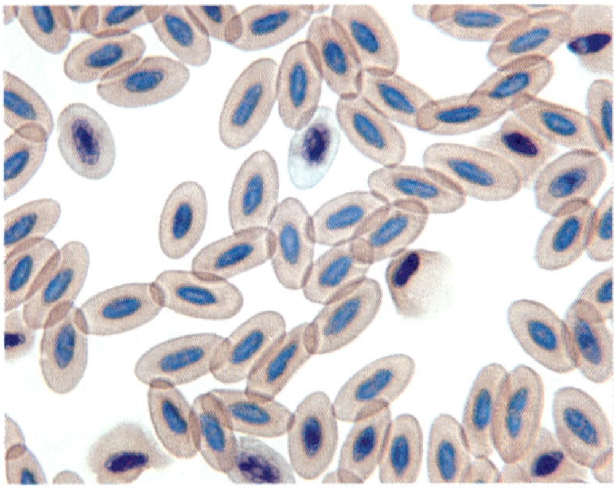

Abb. 37.11 Darstellung aviärer juveniler Erythrozyten beim Psittaziden (Palmkakadu, *Probosciger aterrimus*)

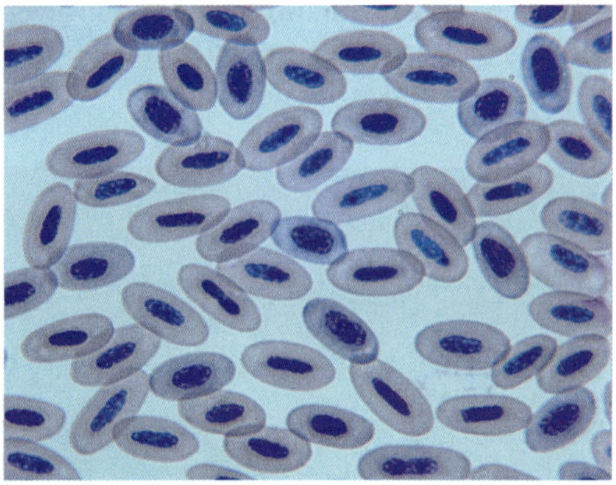

Abb. 37.12 Überreifer Erythrozyt im Blutausstrich eines Greifvogels (Mäusebussard, *Buteo buteo*)

Für die Bestimmung der **klinisch-chemischen Parameter** AST, CK, Glukose, Gesamteiweiß, Albumin, Globulin, Harnsäure, Harnstoff, Phosphor, Kalzium, Kalium und Natrium hat sich die Untersuchung mittels nasschemischer Untersuchungsmethoden (z. B. mittels VetScan® VS 2, Fa. Abaxis, California, USA) nicht nur in der Vogel-, sondern auch in der Reptilienmedizin bewährt. Hierbei können Einzelwerte oder ganze Profile mit sehr wenig Vollblutvolumen untersucht werden (s. Kap. 6). Darüber hinaus bieten aktuelle Systeme die Möglichkeit, Elektrolyte, Blutgase und vor allem ionisiertes Kalzium zu messen (ISTAT®, Fa. Abaxis, California, USA). Letzteres ist für die klinische Diagnostik von großer Bedeutung, da nur das ionisierte Kalzium die biologisch aktive Form darstellt und somit dieser Wert eine deutlich höhere Aussagekraft besitzt als der bislang übliche Wert des Gesamtkalziums. Als weitere Parameter werden bei

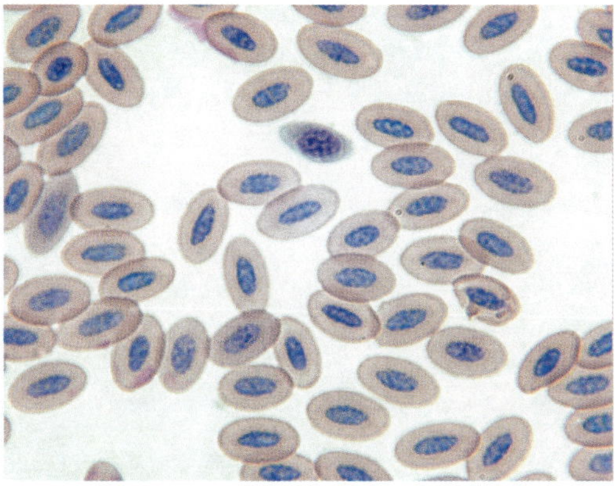

Abb. 37.13 Überreifer Erythrozyt im Blutausstrich eines Greifvogels (Turmfalke, *Tinnunculus tinnunculus*)

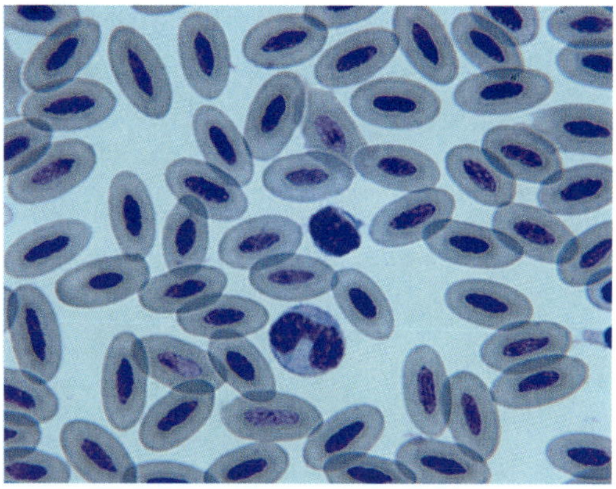

Abb. 37.14 Vergleichende Darstellung eines Monozyten und eines Lymphozyten, Rohrweihe, *Circus aeruginosus*)

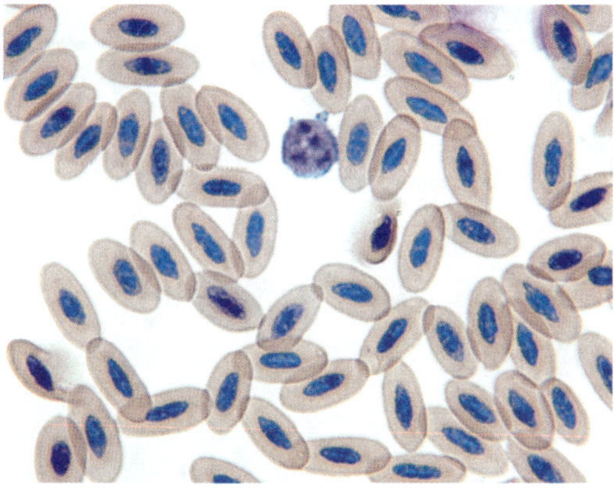

Abb. 37.15 Aktivierter Monozyt im Blutausstrich eines Psittaziden (Palmkakadu, *Probosciger aterrimus*)

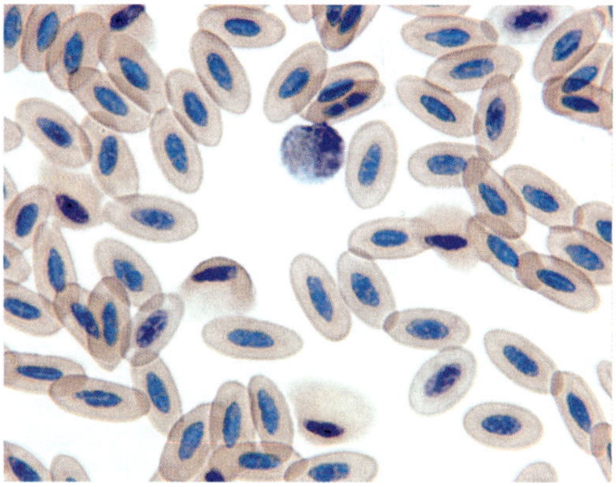

Abb. 37.16 Phagozytierter Monozyt im Blutausstrich eines Psittaziden (Palmkakadu, *Probosciger aterrimus*)

entsprechendem klinischem Verdacht der Blei- und Zinkgehalt im Blut ermittelt. Einen Standard für die Bestimmung von Blutbleiwerten stellt das LeadCare® II System (Fa. Magellan Biosciences, Chelmsford, MA, USA) dar.

Für die **Leberdiagnostik** sind AST, GLDH, Gesamteiweiß, Albumin, Harnsäure und vor allem die Gallensäure relevant. Darüber hinaus kann die Cholinesterase bestimmt werden, wobei hier eine Unterschreitung des Referenzbereichs eine pathologische Veränderung darstellt. Insbesondere eine erhöhte AST-Konzentration lässt sich nur in Verbindung mit der CK-Konzentration interpretieren, um einen Leberschaden von einem Muskelschaden abgrenzen zu können. Zur **Nierendiagnostik** werden vorzugsweise Harnsäure, Kalium, Phosphor und Glukose bestimmt. Das Hinzuziehen von Harnstoff kann ebenfalls hilfreich sein, um einen potenziellen Nierenschaden zu loka-

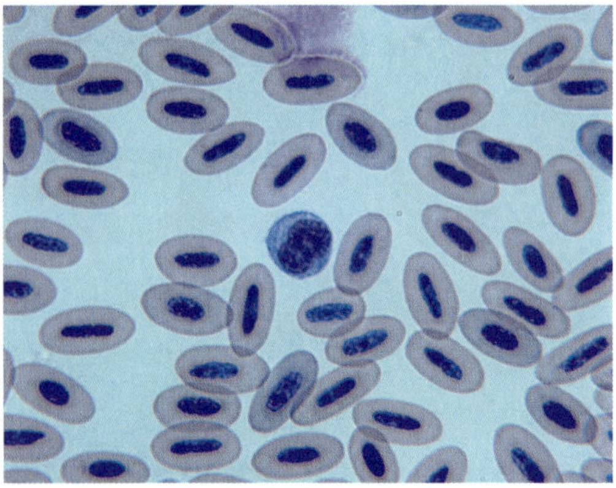

Abb. 37.17 Monozyt im Blutausstrich eines Greifvogels (Mäusebussard, *Buteo buteo*)

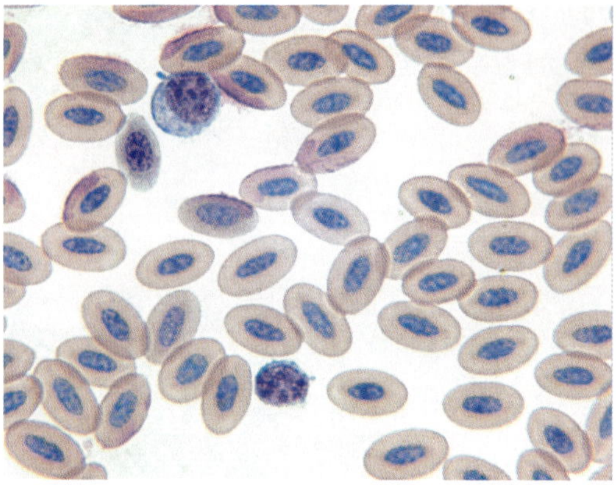

Abb. 37.18 Vergleichende Darstellung eines aktivierten Monozyten und eines aktivierten Lymphozyten beim Greifvogel (Turmfalke, *Tinnunculus tinnunculus)*

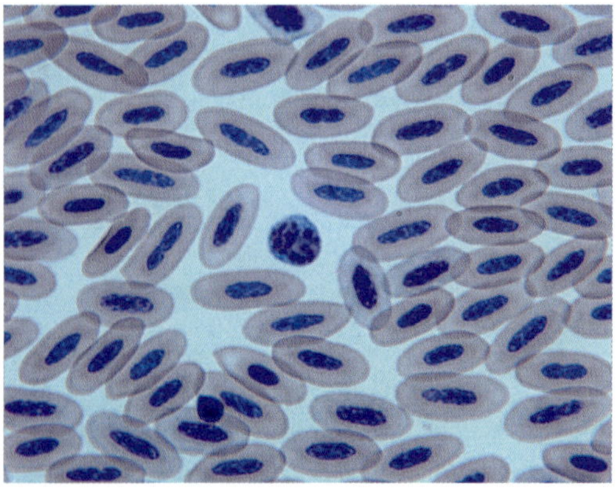

Abb. 37.19 Monozyt im Blutausstrich eines Psittaziden (Gelbscheitelamazone, *Amazona aestiva*)

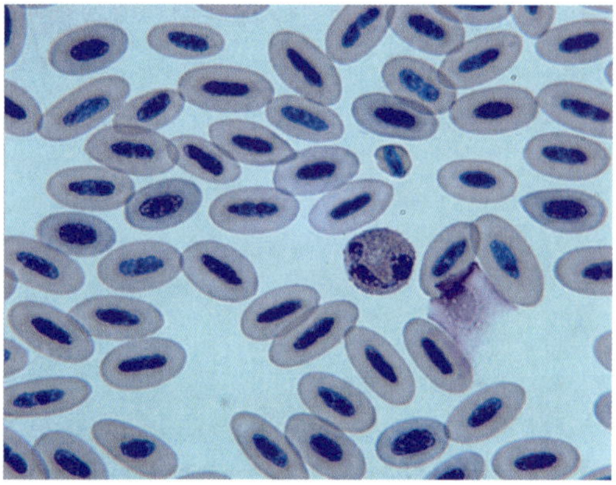

Abb. 37.20 Darstellung eines eosinophilen Granulozyten im Blutausstrich eines Greifvogels (Mäusebussard, *Buteo buteo*)

lisieren bzw. Dehydratationen auszuschließen. Harnstoff wird passiv in den Glomeruli filtriert, während Harnsäure aktiv in den Nierentubuli ausgeschieden wird.

Mittels **serologischer Untersuchung** ebenso wie mittels **ELISA- und PCR-Diagnostik** können eine Vielzahl viral bedingter vogelspezifischer Krankheiten diagnostiziert werden, wie z. B. PBFD (Psittacine Beak and Feather Disease, Feder- und Schnabelhornerkrankung), APMV (aviäre Paramyxovirose), APV (aviäres Pockenvirus), PHV (psittacines Herpesvirus), aber auch Antikörper gegen Mykobakterien, Salmonellen und Mykoplasmen bestimmt werden. Besondere Bedeutung in der Vogelmedizin kommt derzeit der Diagnostik von Bornavirusinfektionen zu (sog. neuropathische Magendilatation der Papageienvögel) (Lierz et al. 2010, Rinder et al. 2009).

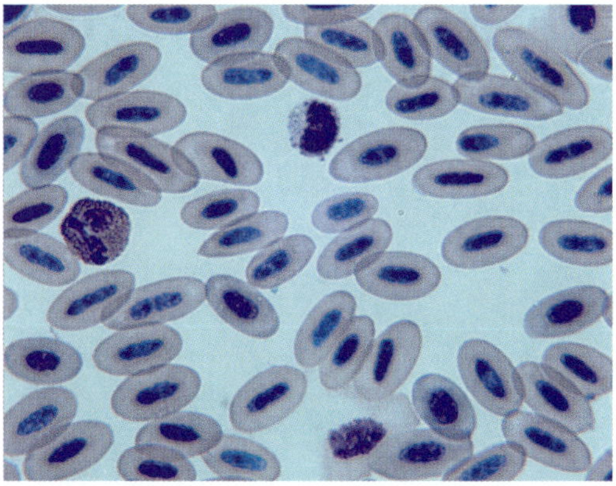

Abb. 37.21 Vergleichende Darstellung eines eosinophilen und eines toxischen Granulozyten beim Greifvogel (Mäusebussard, *Buteo buteo*)

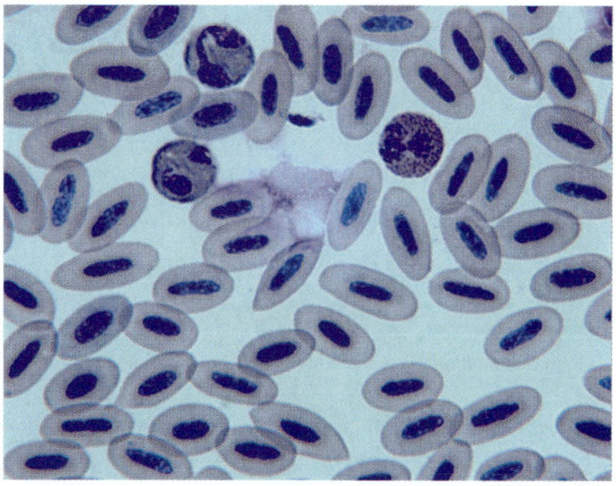

Abb. 37.22 Vergleichende Darstellung eines eosinophilen und eines heterophilen Granulozyten beim Greifvogel (Mäusebussard, *Buteo buteo*)

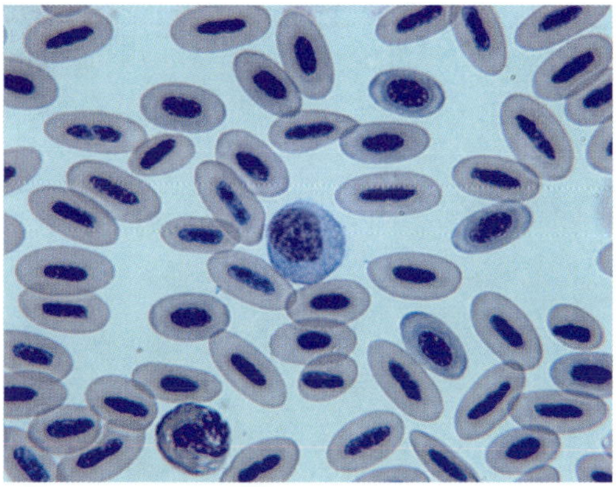

Abb. 37.23 Vergleichende Darstellung eines heterophilen Granulozyten und eines Monozyten beim Greifvogel (Mäusebussard, *Buteo buteo*)

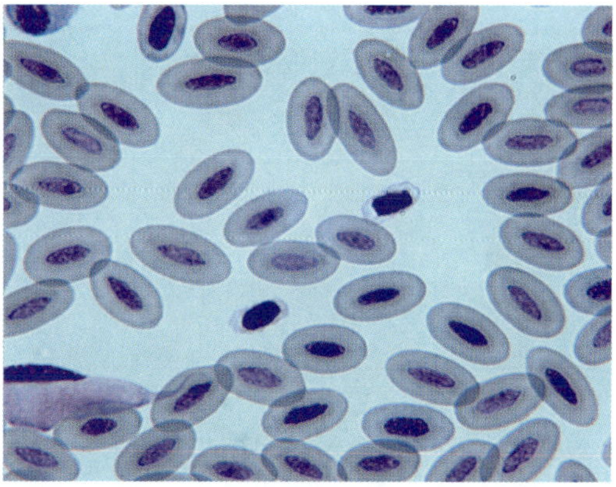

Abb. 37.24 Darstellung eines Thrombozyten im Plasma eines Greifvogels (Rohrweihe, *Circus aeruginosus*)

Hautgeschabsel

Die Entnahme erfolgt mittels Skalpell oder scharfem Löffel aus dem Randbereich veränderter Bezirke. Hautgeschabsel dienen z. B. zum Nachweis von Dermatomykosen. Besteht Verdacht auf eine Ektoparasiteninfestation, z. B. mit Federspulmilben, roter Vogelmilbe, müssen zusätzlich Federn entnommen werden.

Knochenmarkpunktat

Die Knochenmarkpunktion (Lierz 2008, Korbel et al. 2009) erfordert eine Allgemeinanästhesie (Korbel und Lierz 2011) und eine sorgfältige Desinfektion des Punktionsbereichs. Die bevorzugte Entnahmestelle ist der Markraum der Ulna (**Abb. 37.29**) oder des Tibiotarsus. Die Knochenmarkpunktion wird angewendet, um z. B. Mykobakterien direkt nachweisen zu können.

37

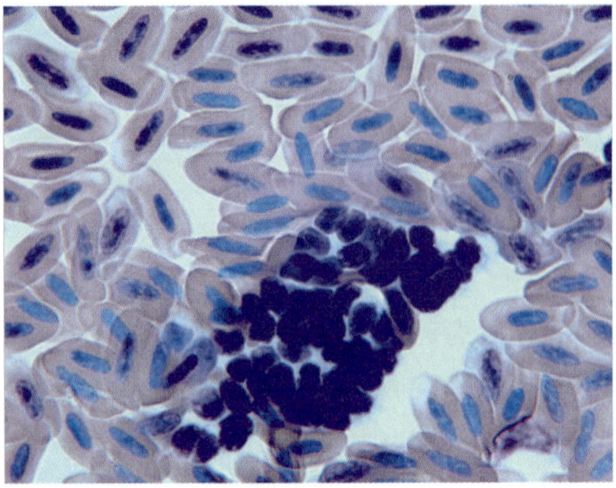

Abb. 37.25 Thrombozytenagglutination im Blutausstrich eines Greifvogels (Mäusebussard, *Buteo buteo*)

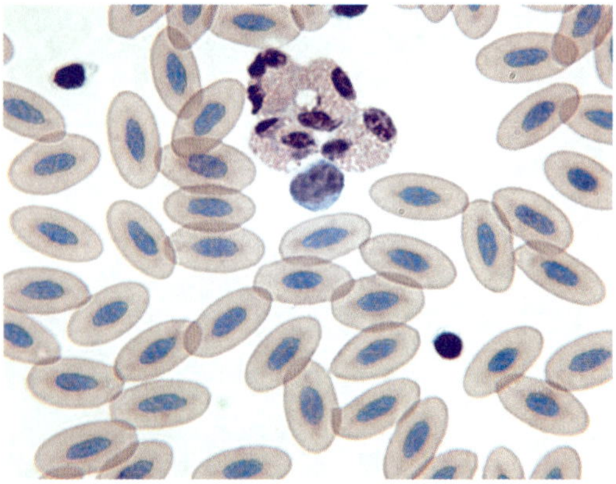

Abb. 37.26 Vergleichende Darstellung eines heterophilen Granulozyten, eines Monozyten und eines Thrombozyten beim Gänsevogel (Höckerschwan, *Cygnos olor*)

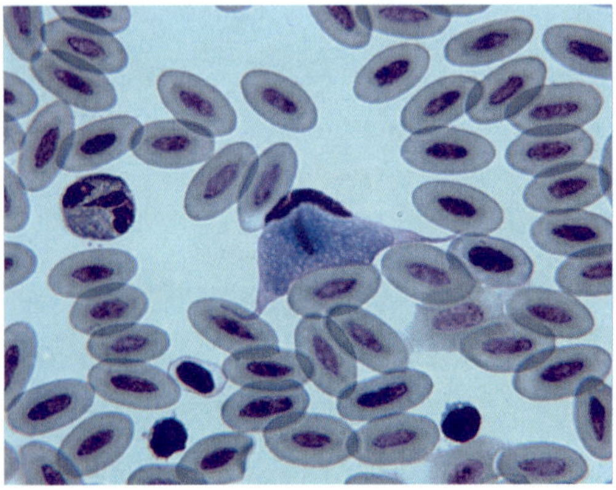

Abb. 37.27 Darstellung einer Leukozytozoon-Infestation im Blutausstrich eines Greifvogels (Rohrweihe, *Circus aeruginosus*)

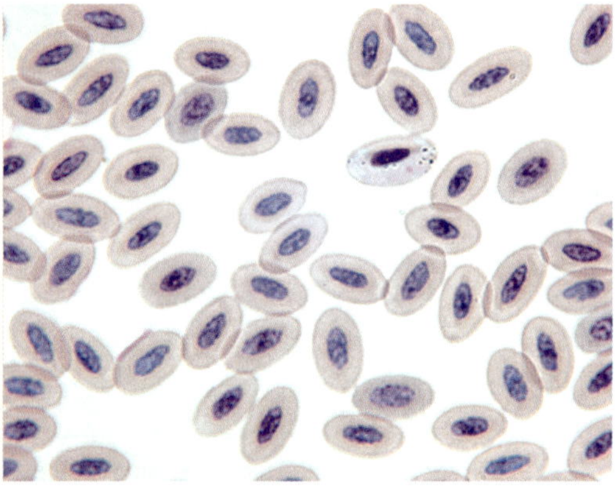

Abb. 37.28 Darstellung einer *Haemoproteus*-Infestation im Blutausstrich eines Greifvogels (Turmfalke, *Tinnunculus tinnunculus*)

Organbioptate

Sie werden unter endoskopischer Sichtkontrolle, z. B. aus der Leber, Niere, Lunge oder den Luftsäcken, mittels einer Biopsiezange entnommen (Lierz 2008) und dienen dem direkten Nachweis von Mykobakterien. In Abhängigkeit von anderweitigen, die Blutgerinnung beeinflussenden Erkrankungen und der Größe des Bioptats müssen unter Umständen lebensbedrohliche Blutungen einkalkuliert werden.

Zur Abklärung bestimmter Erkrankungskomplexe können die in **Tabelle 37.4** aufgelisteten Verfahren herangezogen werden.

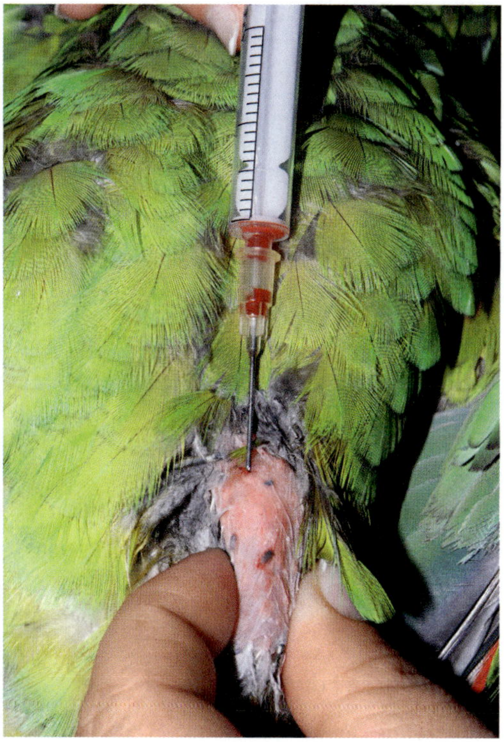

Abb. 37.29 Punktion der Markhöhle bei einer Blaustirnamazone (*Amazona aestiva*) zur Entnahme eines Knochenmarkpunktats aus dem linken Tibiotarsus (Darstellung der optischen Sichtbarkeit wegen ohne die üblicherweise notwendige OP-Abdeckung bzw. OP-Klebefolie)

Tab. 37.4 Direkte und indirekte labortechnische Nachweisverfahren für häufige Erkrankungen und bevorzugte Untersuchungsproben beim Vogel

Fragestellung	Methodik	Bevorzugte Probenart	Anmerkungen
Bakterielle/mykotische Erkankungen			
grampositive bzw. -negative Bakterien	Kultivierung, Gramfärbung, Serologie	Kotprobe, Tupferprobe	ggf. nach Anreicherung, z. B. mit Tetrathionat; schwerpunktmäßige Untersuchung auf Enterobacteriaceae; Gramfärbung und Serologie zur morphologischen Differenzierung bzw. Schnell- und Notfalldiagnostik, z. B. bei Salmonellosen
Bakterien	Methylenblaufärbung	s. o.	s. o.
Bakterien	Immunfluoreszenz, PCR	s. o.	s. o.

Tab. 37.4 (Fortsetzung)

Fragestellung	Methodik	Bevorzugte Probenart	Anmerkungen
Bakterielle/mykotische Erkankungen			
Chlamydien	Stamp- oder Giemsafärbung	Konjunktivalabstrich, Korneaabklatschpräparat	im positiven Fall beweisend, im negativen Fall keine sichere Aussage
Mykobakterien	Ziehl-Neelsen-Färbung, Serologie	Kotprobe, Natriumzitrat-Plasma	Anreicherung im Kot mittels Sputofluol
Schimmel- und Hefepilze	Kultivierung, Nativpräparate	Trachealtupfer, Kropfspülproben, Hautgeschabsel	Nachweis von Mykosen des Atmungstraktes, von Soor; Nachweis von der Haut, v. a. als Indiz für anderweitige Primärerkrankung
Chlamydien	Antigen-ELISA	Serum	
Schimmel- und Hefepilze	Laktophenolblaufärbung	Hautgeschabsel	
Virologische Erkrankungen			
Bornavirus-, Polyomavirus-, Herpesvirus-, Pockenvirus- u. a. Infektionen	Antigen-ELISA, Elektronenmikroskopie, Immunfluoreszenz, PCR		
Histologische Untersuchungsmethoden			
Pacheco-, Herpes-, Pocken-, Adeno-, Polyomavirus	HE-Färbung von Abklatschpräparaten und Dünnschnitten		Nachweis von virusbedingten Einschlusskörperchen
Pockenvirus	Sudan-III-Färbung		Nachweis von virusbedingten Einschlusskörperchen
Schimmelpilze	Grocott-Färbung von Dünnschnitten		
Hämatologische Untersuchungsmethoden			
Differenzialblutbild, Blutparasiten	Blutausstrichfärbung nach Wright u. a.		

Literatur

Carpenter JW. Exotic animal formulary. 4. Aufl. Edinburgh, London, New York: Mosby Elsevier 2005: 264–77.

Chitty J, Lierz M, Hrsg. BSAVA Manual of Raptors, Pigeons and Passerine Birds. Gloucester, UK: BSAVA 2008.

Fudge AM. Avian laboratory medicine. In: Fudge AM, Hrsg. Laboratory Medicine. Philadelphia, London, Toronto: Saunders 2000; 1–184.

Hafez HM, Scope A. Probenentnahme und Laboruntersuchungen. In: Kaleta EF, Krautwald-Junghanns ME, Hrsg. Kompendium der Ziervogelkrankheiten. 4. Aufl. Hannover: Schlütersche 2011; 56–61.

Harcourt-Brown N, Chitty J, Hrsg. BSAVA Manual of Psittacine Birds. 2. Aufl. Gloucester, UK: BSAVA 2005.

Kösters J, Grimm F. Zur Problematik der Blutuntersuchung beim Vogelpatienten. Wien Tierärztl Mschr 1987; 74: 180–6.

Korbel RT, Hafez HM, Kösters J. Comparative aspects of laboratory medicine in poultry and pet birds. Proc 7th Conf Europ Assoc Avian Vet, Munich 2001; 146–53.

Korbel RT, Reese S, König HE. Klinischer Untersuchungsgang, Fixationstechniken, Injektions- und Blutentnahmetechniken einschließlich ophthalmologischer Untersuchung. In: König H, Korbel R, Liebich HG. Anatomie der Vögel – Klinische Aspekte und Propädeutik Zier-, Greif-, Zoo-, Wildvögel und Wirtschaftsgeflügel. 2. Aufl. Stuttgart, New York: Schattauer 2009; 293–320.

Korbel RT, Krautwald-Junghanns ME. Schmerz- und Schmerzausschaltung. In: Kaltea EF, Krautwald-Junghanns ME. Kompendium der Ziervogelkrankheiten. 4. Aufl. Hannover: Schlütersche 2011; 97–100.

Korbel RT, Lierz M. Anästhesie beim Vogel. In: Erhardt W, Haberstroh J, Lendl C, Hrsg. Anästhesie beim Kleintier. Stuttgart, New York: Schattauer 2011; 724–67.

Lierz M. Endoscopy, biopsy and endosurgery. In: Chitty J, Lierz M, Hrsg. Raptors, pigeons and passerine birds. Gloucester: BSAVA 2008; 128–42.

Lierz M, Herden C, Herzog S, Piepenbring A. [Proventricular dilatation disease and Avian Bornavirus as a possible cause]. Tierarztl Prax (K) 2010; 38(2): 87–94.

Lightfoot T. Appendices – hematologic reference values. In: Harrison G, Lightfoot T. Clinical avian medicine. Vol. 2. Palm Beach: Spix 2006.

Naldo J. Medical procedures. In: Samour J, Hrsg. Avian medicine. 2. Aufl. Edinburgh, London, New York: Mosby Elsevier; 168–73.

Pees M. Leitsymptome bei Papageien und Sittichen. Stuttgart: Enke 2011.

Pendl H. Einführung in die Zytodiagnostik bei Vögeln und Reptilien. Vet Spiegel 2009; 19(4): 192–6.

Rinder M, Ackermann A, Kempf H, Kaspers B, Korbel R, Stäheli P. Broad tissue and cell tropism of avian borna virus in parrots with proventricular dilataion disease. J Virol 2009(83): 5401–7.

Samour J. Hematology and blood chemistry reference values. In: J. Samour, Hrsg. Avian Medicine. 2. Aufl. Edinburgh, London, New York: Mosby Elsevier 2008; 420–62.

Scope A, Schwendenwein I, Scope AEM, Gabler C. Short-term variances of clinical chemistry parameters in racing pigeons (C. livia domestica). Proc 7th Conf Europ Assoc Avian Vet, Munich 2001; 154–9.

Smith DA, Cranfield MR, Stoskopif MK, Weber M, Waters M. Avian groups. In: Fowler EM, Miller RE, Hrsg. Zoo and Wild Animal Medicine. 5th ed. Philadelphia, London, Toronto: Saunders 2003; 32–267.

Tully NT, Dorrestein GM, Jones AK. Haematology and biochemical reference values. 2. Aufl. In: Tully NT, Dorrestein GM, Jones AK. Handbook of Avian Medicine. Edinburgh, London, New York: Saunders 2009; 437–49.

38 Klinische Labordiagnostik bei Reptilien

Petra Kölle

38.1 Allgemeines

Bei der Erstellung und Beurteilung von Referenzbereichen für Reptilien ergeben sich folgende Probleme:

- Es gibt ca. 9000 **verschiedene Arten**. Die vorhandene Literatur bezieht sich nur auf wenige Arten.
- Reptilien sind poikilotherme Tiere. Im Gegensatz zu Säugetieren weisen sie keine konstante, sondern umweltbedingt eine schwankende Körpertemperatur auf, die je nach Haltung und Saison in dem weiten Bereich von 5–40 °C liegen kann. Da die Analysesysteme aber auf Säuger mit konstant etwa 37 °C Körpertemperatur ausgerichtet sind, ist fraglich, inwieweit dadurch Analyseergebnisse beeinflusst werden. Dies gilt insbesondere für Enzyme, deren Aktivität auch von der Körpertemperatur abhängt, da nicht bekannt ist, in welchem Umfang sie bei 37 °C (einer für viele Reptilien eher unphysiologischen Temperatur) aktiv sind.
- Je nach Habitat besitzen die verschiedenen Spezies einen unterschiedlichen **Stickstoffstoffwechsel** (ammonthel/ureothel/urikothel).
- In Abhängigkeit vom **Blutanalysesystem** (Nass-/Trockenchemie) gibt es große Unterschiede in den Werten (z. B. LDH).
- Reptilien zeigen saisonale Schwankungen der **Aktivität** (Hibernation – Aktivitätsphase) und damit der Blutwerte (z. B. bei Hämatokrit, Harnstoff, Kalzium, Magnesium, ALT, Ammoniak).
- Bei einigen Parametern bestehen **Alters- und Geschlechtsunterschiede** (z. B. Hämatokrit, Cholesterin, Triglyzeride).
- Einige Blutwerte hängen von der **Ernährungsweise** (karnivor/omnivor/herbivor) bzw. der **Rationsgestaltung** ab (z. B. Harnsäure, Harnstoff).
- Zahlreiche Blutparameter werden vom Zeitpunkt der **letzten Nahrungsaufnahme** beeinflusst (z. B. Harnsäure)
- Die **Haltungsbedingungen** (z. B. Temperatur) und der **Häutungszyklus** üben einen Einfluss auf viele Parameter aus.
- Zahlreiche Blutparameter werden durch die **Blutentnahme** selbst (Trauma) beeinflusst (z. B. Phosphor, AST, LDH, CK).
- Je nach **Blutentnahmestelle** können sich unterschiedliche Werte ergeben.
- Viele Referenzwerte wurden bei »klinisch gesunden« Reptilien bestimmt, wobei ein großer Teil jedoch latent Erkrankungen aufgewiesen haben dürfte. Somit sind die Referenzwerte in den meisten Publikationen viel zu weit gefasst.

38.2 Blutuntersuchung

Indikationen

- diagnostische Hinweise bei Krankheiten
- Ankaufsuntersuchung
- Verlaufskontrolle, speziell bei Nieren- und Lebererkrankungen

Material

- Hämatologie: Vollblut
- blutchemische Untersuchungen: Plasma (Lithium-Heparin)

Technik

Tabelle 38.1 gibt eine Übersicht über die **Blutentnahmestellen** bei verschiedenen Reptilien. Die Punktion ist in den **Abbildungen 38.1–38.3** dargestellt.
Die Tiere sollten nicht zu kalt sein (> 20 °C). Die **Gefäßpunktion** erfolgt mit einer relativ weitlumigen Kanüle (0,8 mm), da Reptilienerythrozyten aufgrund der Tatsache, dass sie kernhaltig sind, einen größeren Durchmesser aufweisen als Säugererythrozyten. Ihr Durchmesser beträgt je nach Spezies 7,4–23,3 µm. Bei Schildkröten kann mit etwas Übung ab einer Größe von ca. 100 g KM Blut entnommen werden. Das Volumen darf pro 100 g KM maximal 0,4 ml betragen. Kanüle und Spritze sollten vor der Blutentnahme mit Lithium-Heparin-Lösung gespült werden.

EDTA-Röhrchen sollten keine Verwendung finden, da es bei diesen in vielen Fällen zur Hämolyse des Reptilienblutes kommt, auch wenn EDTA nach einigen Autoren bei bestimmten Reptilienspezies geeignet zu sein scheint.

Die Ermittlung der **Erythrozyten-**, **Leukozyten-** und **Thrombozytenzahl** erfolgt in der Neubauer-Zählkammer nach Durchmischen mit der Lösung nach Natt und Herrick (1952).

Abb. 38.1 Blutentnahme aus der dorsalen Schwanzvene bei einer Schildkröte

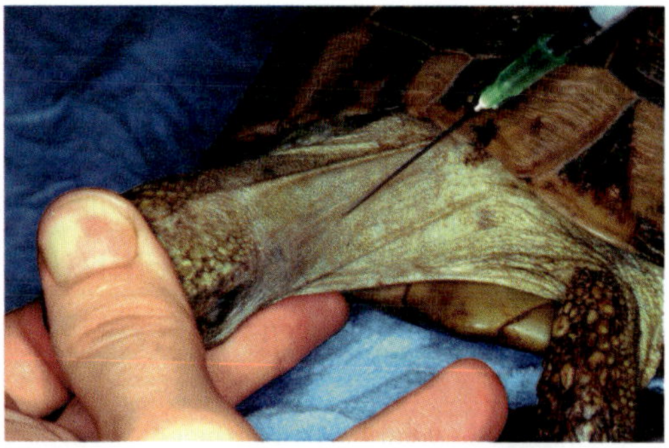

Abb. 38.2 Blutentnahme aus der Jugularvene bei einer Schildkröte

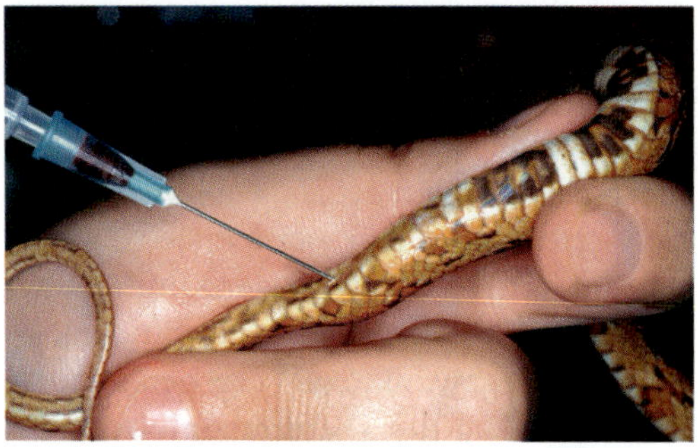

Abb. 38.3 Blutentnahme aus der ventralen Schwanzvene bei einer Schlange

Tab. 38.1 Blutentnahmestellen bei verschiedenen Reptilien

Tierart	Blutentnahmestelle	Bemerkung
Schildkröten	Jugularvene	Kopf muss herausgezogen und fixiert werden; gut geeignet für kleinere Exemplare Hämatombildung!
	dorsale Schwanzvene	wird vom Besitzer am besten akzeptiert; schwierig bei kleineren weiblichen Tieren; in seltenen Fällen Schwanzlähmung
	Supravertebralvene	v. a. bei Schildkröten, bei denen sich der Kopf nicht fixieren lässt und der Schwanz zu klein ist
	Femoralvene	Verlauf je nach Spezies unterschiedlich, Bein oft schwierig zu fixieren
	Okzipitalsinus	große Gefahr von Hämatomen, in seltenen Fällen unstillbare Blutungen
	Herzpunktion	Gefahr der Herzbeuteltamponade
	Infraorbitalsinus	sehr gute Fixation des Kopfes oder Narkose erforderlich, abzulehnen wegen Kontamination der Blutprobe und erhöhter Verletzungsgefahr
	Nägel klippen	abzulehnen wegen Kontamination der Blutprobe und des Zufügens eines unverhältnismäßig großen Schmerzes
Echsen	ventrale Schwanzvene	bei Arten, die zur Autotomie neigen, nur in Narkose; möglichst weit kaudal bei männlichen Tieren (Hemipenes)
	Okzipitalsinus	bei Panzerechsen
	Nägel klippen	abzulehnen wegen der Kontamination der Blutprobe und des Zufügens eines unverhältnismäßig großen Schmerzes
Schlangen	ventrale Schwanzvene	Vorsicht bei männlichen Tieren (Hemipenes)!
	Herzpunktion	Gefahr der Herzbeuteltamponade

Bei Reptilien lassen sich Thrombozyten in der Zählkammer nur schwer von Leukozyten, insbesondere den kleinen Lymphozyten, unterscheiden und zeigen außerdem keine Aggregation. Deshalb wurden sie von einigen Autoren in die Leukozytenzählung integriert, sodass sich bei den Literaturangaben sehr große Schwankungen ergeben.

Zur Erstellung des **Differenzialblutbildes** werden die Blutausstriche nach Pappenheim oder mit Schnellfärbemethoden (z. B. Diff-Quick®) gefärbt. Folgende Zellarten können differenziert werden (**Abb. 38.4–38.6**):

- Granulozyten (Heterophile, Eosinophile, Basophile, Neutrophile)
- Lymphozyten
- Monozyten
- Plasmazellen

Von einigen Autoren wird der neutrophile Granulozyt als sog. Azurophiler den Monozyten zugeordnet.

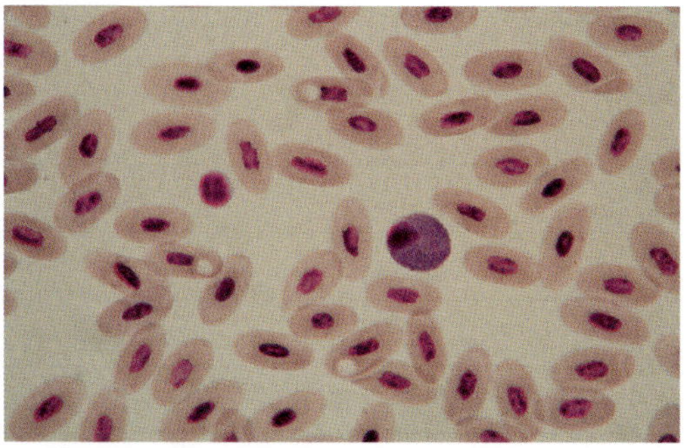

Abb. 38.4 Blutausstrich *(Iguana iguana):* eosinophiler Granulozyt, kleiner Lymphozyt (links), Erythrozyten mit Einschlüssen, May-Grünwald-Giemsa-Romanowski-Färbung (Foto: Prof. Z. Knotek, Dr. Z. Knotkova)

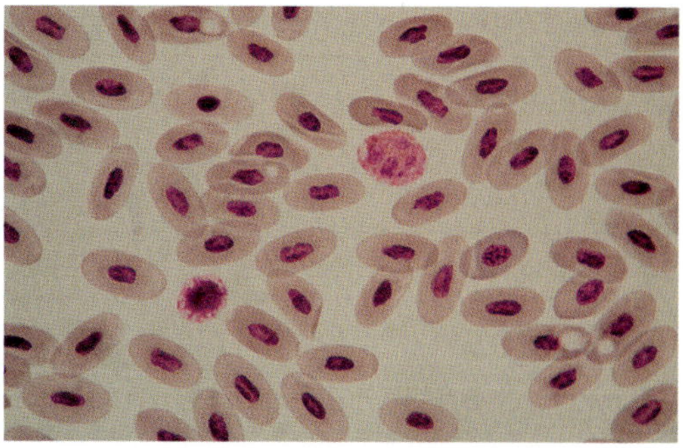

Abb. 38.5 Blutausstrich *(Iguana iguana):* heterophiler Granulozyt, degranulierter basophiler Granulozyt (links unten), Erythrozyten, May-Grünwald-Giemsa-Romanowski-Färbung (Foto: Prof. Z. Knotek, Dr. Z. Knotkova)

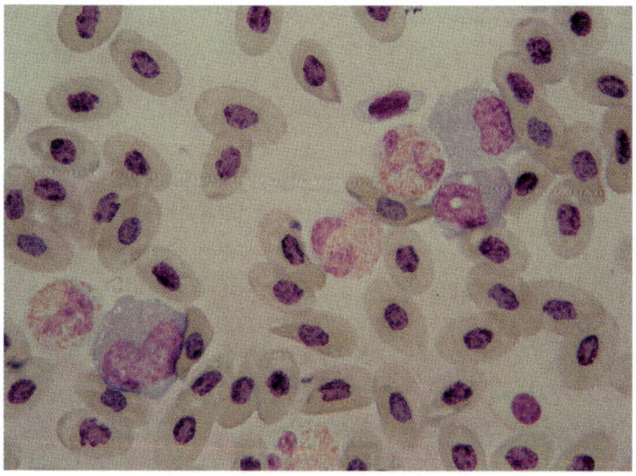

Abb. 38.6 Blutausstrich *(Iguana iguana):* drei Monozyten, drei heterophile Granulozyten, ein Thrombozyt, May-Grünwald-Giemsa-Romanowski-Färbung (Foto: Prof. Z. Knotek, Dr. Z. Knotkova)

Blutchemische Untersuchungen erfolgen analog zum Säugerblut mit Nass- oder Trockenchemie.

Referenzbereiche

Reptilien haben größere, mit einem höheren Hämoglobingehalt ausgestattete Erythrozyten als Säuger, aber aufgrund der geringeren Erythrozytenzahl ist der Hämoglobingehalt geringer.

Insgesamt liegen 25–350 Thrombozyten pro 100 Leukozyten vor.

Referenzbereiche für die Blutuntersuchung bei Reptilien siehe **Tabelle 38.2**. Die Referenzbereiche für Schildkröten sind in **Tabelle 38.3**, für Echsen in **Tabelle 38.4** und für Schlangen in **Tabelle 38.5** angegeben.

Diese Tabellen geben nur Richtwerte an, wobei jedoch klinisch erkrankte Reptilien meistens sehr stark nach oben oder unten abweichende Werte aufweisen, sodass diese Werte als Hilfsmittel in der Diagnostik in der Praxis in der Regel ausreichen. Referenzbereiche für die einzelnen Reptilienspezies können entsprechenden Publikationen sowie dem International Species Informations System (ISIS) entnommen werden.

Bewertung

siehe **Tabelle 38.6**

38

Tab. 38.2 Referenzbereiche für die Blutuntersuchung bei Reptilien

Blutparameter	Einheit	Referenzbereich Literatur	Empfohlener Referenzbereich
Erythrozyten (RBC)	$\times 10^{12}$/l	1,1–13,6	3–8
Hämoglobin (Hb)	g/dl	3,2–18	5–8
Leukozyten (WBC)	$\times 10^{6}$/l	0,3–45,5	3–8
Thrombozyten (PLT)	$\times 10^{6}$/l	4–80	3–8
Differenzialblutbild			
Heterophile	%	5,2–94	15–60
Eosinophile	%	0–64	3–50
Basophile	%	0–25	0–12
Azurophile bzw. Neutrophile	%	2–22	2–22
Lymphozyten	%	2–83	18–50
Monozyten	%	0–35	0–8

Tab. 38.3 Referenzbereiche für die Blutuntersuchung bei Schildkröten

Parameter	Konventionelle Einheiten	Referenzbereich Literatur	Empfohlener Referenzbereich	SI-Einheiten	Referenzbereich Literatur	Empfohlener Referenzbereich
Hämatokrit	%	6–55	20–28	l/l	0,06–0,55	0,20–0,28
Leukozyten	10^{3}/µl	1,5–45,5	2,0–8,0	10^{6}/l	1,5–45,5	2,0–8,0
AP	IU/l	10–425	36–156	IU/l	10–425	36–156
ALT	IU/l	0–85	<25	IU/l	0–85	<25
AST	IU/l	10–1135	<80	IU/l	10–1135	<80
γ-GT	IU/l	<10	0	IU/l	<10	0[1]
LDH	IU/l	25–5963	987 ± 279 LSK <2800 WSK	IU/l	25–5 963	987 ± 279 LSK <2800 WSK
CK	IU/l	0–4293	<1000	IU/l	0–4293	<1000
Amylase	IU/l	1010–1790	190 ± 96 LSK <2050 WSK	IU/l	1010–1790	190 ± 96 LSK <2050 WSK
Lipase	IU/l	57 ± 42	57 ± 42	IU/l	57 ± 42	57 ± 42

Tab. 38.3 (Fortsetzung)

Parameter	Konventionelle Einheiten	Referenzbereich Literatur	Empfohlener Referenzbereich	SI-Einheiten	Referenzbereich Literatur	Empfohlener Referenzbereich
Glukose	mg/dl	22–209	62–76 LSK 27–43 WSK	mmol/l	1,24–11,59	3,44–4,22 LSK 1,50–2,39 WSK
Gesamtprotein	g/dl	0,8–8,4	3–6	g/l	8–84	30–60
Albumin	g/dl	0,3–4,1	1,3–3 LSK 0,5–1,1 WSK	g/l	3–41	13–30 LSK 5–11 WSK
Harnstoff	mg/dl	0–317	< 20 LSK < 39 WSK	mmol/l	0–52,7	< 3,3 LSK < 6,5 WSK
Harnsäure	mg/dl	0,2–9,7	< 2,5	µmol/l	10–577	< 149
Ammoniak	µg/dl	12–1882	< 110 LSK < 470 WSK	µmol/l	7–1105	< 65 LSK < 276 WSK
Kreatinin	mg/dl	0,10–1,52	< 0,40 LSK < 0,22 WSK	µmol/l	8,8–134	< 35 LSK < 19 WSK
Cholesterin	mg/dl	45,7–480,3	< 200	mmol/l	1,2–12,4	< 5,2
Triglyzeride	mg/dl	16,8–925,6	< 400	mmol/l	0,19–10,55	< 4,56
Gesamtbilirubin	mg/dl	0,01–0,60	< 0,60	µmol/l	0,2–10,3	< 10,3
Natrium	mg/dl	242–421	276–345	mmol/l	100–183	120–150
Kalium	mg/dl	5,9–30,5	9,8–21,5	mmol/l	1,5–7,8	2,5–5,5
Chlorid	mg/dl	238–475	284–425	mmol/l	67–134	80–120
Kalzium	mg/dl	2,8–32,4	10–14,5 LSK 2,8–5,6 WSK	mmol/l	0,7–8,1	2,5–3,6 LSK 0,7–1,4 WSK
Phosphor	mg/dl	2,1–17,3	4,0–8,0 LSK 1,8–2,8 WSK	mmol/l	0,67–5,59	1,29–2,58 LSK 0,58–0,90 WSK
Magnesium	mg/dl	1,1–12,0	3,8–5,8	mmol/l	0,45–4,92	1,56–2,39

1 bei Vettest®
LSK = Landschildkröten (*Testudo* spp.)
WSK = Wasserschildkröten (*Emys orbicularis* und *Pseudemys* und *Trachemys* spp.)

Tab. 38.4 Referenzbereiche für die Blutuntersuchung bei Echsen (ohne Panzerechsen)

Parameter	Konventionelle Einheiten	Referenzbereich Literatur	Empfohlener Referenzbereich	SI-Einheiten	Referenzbereich Literatur	Empfohlener Referenzbereich
Hämatokrit	%	11–52	25–35	l/l	0,11–0,52	0,25–0,35
Leukozyten	10^3/µl	1,7–23,3	2–9	10^6/l	1,7–23,3	2–9
AP	IU/l	5–776	<99	IU/l	5–776	<99
ALT	IU/l	2,7–64,8	<25	IU/l	2,7–64,8	<25
AST	IU/l	0–103	<100	IU/l	0–103	<100
γ-GT	IU/l	0–10	0	IU/l	0–10	0
LDH	IU/l	250–6075	250–1000	IU/l	250–6075	250–1000
CK	IU/l	77–4770	<1000	IU/l	77–4770	<1000
Amylase	IU/l	1010–3953	110–3953	IU/l	1010–3953	110–3953
Lipase	IU/l	89–907	89–907	IU/l	89–907	89–907
Glukose	mg/dl	45–572	54–198	mmol/l	2,5–31,8	3–11
Gesamtprotein	g/dl	3–8,1	4,2–7,9	g/l	30–81	42–79
Albumin	g/dl	1,1–3,1	1,5–3,1	g/l	11,1–31,2	15–31
Harnstoff	mg/dl	0,1–12	0,1–12	mmol/l	0,02–2	0,02–2
Harnsäure	mg/dl	0,3–9	0,7–2,5	µmol/l	15,5–535,4	41,6–148,7
Ammoniak	µg/dl	191–1550	191–1550	µmol/l	112–910	112–910
Kreatinin	mg/dl	0–3,7	0,06–0,15	µmol/l	0–327	5–13
Cholesterin	mg/dl	10–430	46–140	mmol/l	0,3–11,1	1,2–3,6
Triglyzeride	mg/dl	53–375	53–106	mmol/l	0,60–4,28	0,60–1,21
Gesamtbilirubin	mg/dl	0–1,5	0–1,4	µmol/l	0–25,7	0–23,8
Natrium	mg/dl	299–416	299–416	mmol/l	130–181	130–181
Kalium	mg/dl	5,1–28,6	11,3–27,8	mmol/l	1,3–7,3	2,9–7,1
Chlorid	mg/dl	404–525	404–525	mmol/l	114–148	114–148
Kalzium	mg/dl	7,6–15,6	9–14	mmol/l	1,9–3,9	2,3–3,5
Phosphor	mg/dl	1,9–13,6	3,6–9	mmol/l	0,61–4,38	1,16–2,9
Magnesium	mg/dl	2,16–5,52	2,3–4,7	mmol/l	0,89–2,27	0,95–1,93

Tab. 38.5 Referenzbereiche für die Blutuntersuchung bei Schlangen

Parameter	Konventionelle Einheiten	Referenzbereich Literatur	Empfohlener Referenzbereich	SI-Einheiten	Referenzbereich Literatur	Empfohlener Referenzbereich
Hämatokrit	%	16–45	22–30	l/l	0,16–0,45	0,22–0,30
Leukozyten	10^3/µl	0,4–2,5	1–2,5	10^6/l	0,4–2,5	1–2,5
AP	IU/l	18,7–527	< 145	IU/l	18,7–527	< 145
ALT	IU/l	0,4–260	< 25	IU/l	0,4–260	< 25
AST	IU/l	1,4–94	< 35	IU/l	1,4–94	< 35
γ-GT	IU/l	0–15	0	IU/l	0–15	0*
LDH	IU/l	4–600	< 600	IU/l	4–600	< 600
CK	IU/l	21,9–735	< 700	IU/l	21,9–735	< 700
Amylase	IU/l	0–6362	< 6360	IU/l	0–6362	< 6360
Lipase	IU/l	13–5082	< 5080	IU/l	13–5082	< 5080
Glukose	mg/dl	10–108	25–107	mmol/l	0,6–6	1,4–5,9
Gesamtprotein	g/dl	2,9–11,3	3,5–6,5	g/l	29–113	35–65
Albumin	g/dl	2,1–8	2,1–3,6	g/l	21–80	21–36
Harnstoff	mg/dl	0–11	< 11	mmol/l	0–1,8	< 1,8
Harnsäure	mg/dl	1–12,1	< 2,5 (nüchtern!)	mmol/l	59,5–714,0	< 149
Ammoniak	µg/dl	50–238	< 238	µmol/l	29,4–139,8	< 139,8
Kreatinin	mg/dl	0–0,6	< 0,5	µmol/l	0–48,6	< 48,6
Cholesterin	mg/dl	21,7–279,9	< 280	mmol/l	0,6–7,2	< 7,2
Triglyzeride	mg/dl	0–177	< 177	mmol/l	0–2,02	< 2,02
Gesamtbilirubin	mg/dl	0–1	< 0,3	µmol/l	0–17,1	< 5
Natrium	mg/dl	308–384	308–382	mmol/l	134–167	134–166
Kalium	mg/dl	13,5–27,6	13,5–27,6	mmol/l	3,46–7,05	3,46–7,05
Chlorid	mg/dl	1395–1697	1395–1697	mmol/l	393,5–478,6	393,5–478,6
Kalzium	mg/dl	10–130	10–22	mmol/l	2,5–32,5	2,5–5,5
Phosphor	mg/dl	2,8–35	2,8–5,7	mmol/l	0,9–11,3	0,9–1,8
Magnesium	mg/dl	3,7–6,2	3,7–6,2	mmol/l	1,5–2,6	1,5–2,6

Tab. 38.6 Bewertung der Ergebnisse der Blutuntersuchung

Parameter	Bewertung
Blutausstrich	Blutparasiten, Bakteriämie, hochgradige Leukozytose und Einschlusskörperchen in Erythrozyten und Leukozyten als Hinweis auf Virusinfektionen (z. B. IBD bei Boiden) diagnostizierbar
Differenzialblutbild	absolute Werte: extrem große Streubreite in der Literatur, für Individuum und Krankheitsverlauf eher Verlaufskontrollen von diagnostischer und prognostischer Bedeutung
Erythrozyten (RBC)	↑ posthibernale Anorexie bei Landschildkröten
Hämatokrit	↑ Dehydratation (Exsikkose) ↓ Anämie, z. B. nach Blutverlusten, Traumata
Hämoglobin (Hb)	↑ posthibernale Anorexie bei Landschildkröten ↓ Anorexie, nach Blutungen, Infektionen des oberen Respirationstraktes
Leukozyten (WBC)	↑ Infektionen, v. a. bakterieller Art
Thrombozyten (PLT)	↑ Entzündungsprozesse, nach Traumata (Wundheilung), traumatischer Blutentnahme
Heterophile	↑ akute Entzündungen, Parasiteninfektionen
Eosinophile	↑ Entzündungen, Parasitenbefall
Basophile	↑ chronische Entzündungen, Blutparasiten
Azurophile/ Neutrophile	↑ Entzündungen
Lymphozyten	↓ physiologisch während Hibernation
Monozyten	↑ Entzündungsreaktionen, v. a. Granulombildungen
Kalzium	↑ primärer oder sekundärer Hyperparathyreoidismus, Osteolyse, übermäßige, Kalzium- und Vitamin-D_3-Gaben; physiologisch während der Eianbildung ↓ Nephropathie, ernährungsbedingter Kalzium- und/oder Vitamin-D_3-Mangel, Osteomalazie, Endstadium einer fibrösen Osteodystrophie
Phosphor	↑ Nephropathie, Hypervitaminose D, nach traumatischer Blutentnahme ↓ Anorexie, Phosphorunterversorgung, Krankheiten des Respirationstraktes, Osteomalazie
Kalzium-Phosphor-Verhältnis	< 1: Nephropathie
Magnesium	↑ Exsikkose, Nephropathie ↓ Malabsorption/chronische Darmerkrankungen
AP	↑ Osteomalazie, Exostosenbildung an der Wirbelsäule, Nephropathie
ALT	geringe Organspezifität ↑ zusammen mit erhöhter AST-Aktivität: Hinweis auf Hepatopathie
AST	↑ Schädigungen von Herz- oder Skelettmuskulatur, chronische Nephropathie, Entzündung, Legenot, nach traumatischer Blutentnahme; zusammen mit erhöhter ALT-Aktivität Hinweis auf Hepatopathie

Tab. 38.6 (Fortsetzung)

Parameter	Bewertung
γ-GT	bei Vettest® nicht aussagefähig
LDH	↑ nach Trauma, traumatischer Blutentnahme, Myokardiopathien, Entzündungen
CK	↑ Skelettmuskelschäden, nach traumatischer Blutentnahme
Amylase	nicht aussagefähig
Lipase	nicht aussagefähig
Glukose	↑ sehr niedrige Umgebungstemperatur, Stress, physiologisch bei kurz zuvor erfolgter Nahrungsaufnahme; in Verbindung mit Glukosurie: Diabetes mellitus ↓ sehr hohe Umgebungstemperatur, Anorexie, Hepatopathie, Septikämie
Gesamtprotein	↑ Dehydratation, Entzündungen, posthibernale Anorexie bei Landschildkröten ↓ Malabsorption, Maldigestion, Anorexie, Kachexie, Parasitose, Blutverlust, chronische Hepato- und Nephropathien
Albumin	↑ Dehydratation ↓ Malabsorption, Maldigestion, Anorexie, Kachexie, Parasitose, Blutverluste
Harnstoff	stark ernährungsabhängig, höhere Konzentration bei Reptilien aus ariden Habitaten ↑ prärenale Azotämie, Nephropathie, Dehydratation, Posthibernale Anorexie (PHA); physiologisch nach Aufnahme proteinreicher Nahrung, meistens physiologisch während und unmittelbar nach Hibernation; ↓ Anorexie
Harnsäure	stark abhängig vom Proteingehalt der Nahrung und vom Zeitpunkt der letzten Nahrungsaufnahme ↑ Nephropathien, Gicht, hohe Proteinzufuhr, Dehydratation, katabole Stoffwechsellage bzw. längerdauernde unphysiologische Inappetenz
Ammoniak	stark abhängig vom Proteingehalt in der Nahrung ↑ Hepatopathie, Nephropathie, hochgradige Urämie, physiologisch nach Aufnahme proteinreicher Nahrung
Kreatinin	bei Reptilien wenig nierenspezifisch ↑ zum Teil bei chronischen und schwerwiegenden Nephropathien
Cholesterin	↑ Diabetes mellitus; physiologisch bei Eianbildung
Triglyzeride	↑ bei Eianbildung
Gesamtbilirubin	Aussagefähigkeit fraglich, da eventuell nur Biliverdin bei Reptilien existiert
Natrium	↑ Dehydratation, Infektionen der des oberen Respirationstraktes ↓ Diarrhö, Regurgitieren
Kalium	↑ übermäßige Kaliumaufnahme, Hämolyse; bei warmer Lagerung der Blutproben ↓ Diarrhö, Anorexie, kaliumarme Nahrung
Chlorid	↑ Deydratation, Nephropathien

↓: erniedrigt, ↑ erhöht

38.3 Weitere Untersuchungsmethoden

Kotuntersuchung

Indikation

- Kachexie
- Verdacht auf Parasitose
- Kontrolluntersuchung bei Neuzukauf bzw. während Quarantäne

Material

Kotprobe, Kloakenspülprobe

Technik

Nativpräparat (Methode der Wahl), bei bestimmten Parasiten (v. a. Helminthen) auch Flotation

Bewertung

Feststellung von Würmern (Nematoden, Cestoden, Trematoden, Pentostomiden) und Einzellern (Flagellaten, Amöben, Kokzidien, Kryptosporidien u. a.)

Urinuntersuchung

Indikationen

- Verdacht auf Nieren- und/oder Blasenerkrankung
- Verdacht auf Hexamitenbefall

Technik

Die flüssige Phase von spontan abgesetztem Harn oder von Zystozenteseharn bei Spezies mit Harnblase (alle Schildkröten und der überwiegende Teil der Echsen) wird makroskopisch und mikroskopisch untersucht. Die Zystozentese erfolgt bei Schildkröten mittels Punktion kranial der Hintergliedmaße in kraniomedialer Richtung.

Bewertung

Farbe, Konsistenz, spezifisches Gewicht sowie Beimengungen von Erythrozyten, Leukozyten, Kristallen, Zylindern, und Glukose geben analog zu Säugetieren Hinweise auf Erkrankungen des Harntraktes. Amorphe Urate sind physiologisch. Harnsäurekristalle, die in den verschiedensten Formen (Drusen-, Hantel-, Wetzstein-, Rhombenform) auftreten können, weisen auf eine Nierengicht hin.

Magenspülung

Indikationen

- Regurgitieren der Nahrung, Vomitus
- Verdacht auf Parasitose
- äußerlich sichtbare Hypertrophie des Magens bei Schlangen (Verdacht auf Kryptosporidiose)

Technik

- Einmalharnkatheter in den Magen vorschieben
- ca. 1 ml/100 g KM physiologische NaCl-Lösung instillieren und wieder aspirieren
- Nativ- und gefärbtes Präparat der gewonnenen Flüssigkeit unter dem Mikroskop betrachten

Bewertung

Es können Kryptosporidien, evtl. auch Würmer/Wurmeier nachgewiesen werden.

Lungenlavage

Indikation

respiratorische Symptome

Technik

- Einmalharnkatheter über die gut sichtbare Trachealöffnung (**Abb. 38.7**) bis in die Lunge einführen
- je nach Größe des Tieres 1–20 ml physiologische NaCl-Lösung instillieren und wieder aspirieren
- Nativpräparat der gewonnenen Flüssigkeit unter dem Mikroskop betrachten und/oder eine bakteriologische/mykologische Untersuchung einleiten

Bewertung

Es können Würmer (z. B. *Rhabdias* spp.) und deren Eier, Flagellaten sowie ggf. bakterielle und mykotische Infektionen des Respirationstraktes festgestellt werden.

Abb. 38.7 Darstellung der gut sichtbaren Trachealöffnung bei einer Schlange

Zungenabklatschpräparat

Indikation

Verdacht auf Herpesvirusinfektion bei Landschildkröten (Stomatitis, Glossitis)

Technik

- mit kleinem Spatel über die Zungenoberfläche fahren
- gewonnenes Material auf einem Objektträger ausstreichen und färben (z. B. mit Diff-Quick®).

Bewertung

Einschlusskörperchen in den Epithelzellen weisen auf eine Herpesvirusinfektion hin.

Nasenspülprobe

Indikation

Verdacht auf Mykoplasmeninfektion bei Landschildkröten

Technik

- mit auf Spritze aufgesetzter Knopfkanüle auf ein Nasenloch aufsetzen
- je nach Größe des Tieres 0,2–1,5 ml sterile NaCl-Lösung in Nasenloch instillieren
- Flüssigkeit wieder aspirieren

Bewertung

Aus der Spülprobe kann ein Mykoplasmennachweis durchgeführt werden.

Literatur

Alleman AR, Jacobson ER, Raskin RE. Morphological and cytochemical characteristics of blood cells from the desert tortoise *(Gopherus agassizii)*. Am J Vet Res 1992; 53(9): 1645–51.

Ammermann P. Klinische Untersuchungen wildlebender Großleguane *(Ctenosaura bakeri, Ctenosaura similis* und *Iguana iguana)* auf den Inseln Utila und Roatan (Honduras, Mittelamerika) mit virologischen, bakteriologischen, mykologischen und parasitologischen Beiträgen sowie Angaben ausgewählter Blutparameter. Diss., Gießen 1999.

Anderson NL, Wack RF, Hatcher R. Hematology and clinical chemistry reference ranges for clinically normal, captive New Guinea snapping turtle *(Elyseya novaeguineae)* and the effects of temperature, sex and sample type. J Zoo Wildl Med 1997; 28(4): 394–403.

Bolten AB, Bjorndal KA. Blood profiles for a wild population of green turtles *(Chelonia mydas)* in the southern Bahamas: size-specific and sex-specific relationships. J Wildl Dis 1992; 28(3): 407–13.

Bruder M. Blutreferenzwerte bei Grünen Leguanen (*Iguana iguana*). Diss., München 1998.

Campbell TW. Clinical pathology. In: Mader DR, ed. Reptile Medicine and Surgery. Philadelphia: Saunders 1996; 248–57.

38

Dessauer HC. Blood chemistry of reptiles: Physiological and evolutionary aspects. In: Gans C, Parsons TC, eds. Biology of the Reptilia. Vol. 3. San Diego: Academic Press 1970; 1–72.

Dickinson VM, Jarchow JL, Trueblood MH. Hematology and plasma biochemistry reference ranges values for free-ranging desert tortoises in Arizona. J Wildl Dis 2002; 38(1): 143–53.

Donhauser JI. Blutreferenzwerte Europäischer Landschildkröten *(Testudo hermanni, Testudo graeca, Testudo marginata, Agrionemys horsfieldi)*. Diss., München 1997.

Duguy R. Numbers of blood cells and their variations. In: Gans C, Parsons TC, eds. Biology of the Reptilia. Vol. 3. San Diego: Academic Press 1970; 93–109.

Erler M. Saisonale Veränderungen hämatologischer und blutbiochemischer Werte bei europäischen Landschildkröten *(Testudo graeca, Testudo hermanni, Testudo marginata)*. Diss., München 2003.

Frair W, Mittermeier RA, Rhodin AGJ. Blood biochemistry and relations among Podocnemis Turtles (Pleurodira, Pelomedusidae). Comp Biochem Physiol 1978; 61B: 139–43.

Frye FL. Hematology as applied to clinical reptile medicine. In: Frye FL, ed. Reptile Care. An Atlas of Diseases and Treatments. Neptune City, N. J.: T. H. F. Publications 1991.

Gilles-Baillen M. Seasonal variations in weight and hematological data of *Testudo hermanni hermanni*. Arch Intern Physiol Biochem 1973; 81(4): 723–32.

Göbel T, Spörle H. Blutentnahmetechnik und Serumnormalwerte wichtiger Parameter bei der griechischen Landschildkröte *(Testudo hermanni hermanni)*. Tierärztl Prax 1992; 20: 231–4.

Gottdenker NL, Jacobson ER. Effect of venipuncture sites on hematologic and clincal biochemical values in desert tortoises *(Gopherus agassizii)*. Am J Vet Res 1995; 56(1): 19–21.

Grant KR, THode HP, Connor S, Johnston MS. Establishment of plasma biochemical reference values for captive green iguanas, *Iguana iguana*, using a point-of-care biochemistry analyzer. J Herpetol Med Surg 2009; 19(1): 23–8.

Hawkey CM, Dennett TB. Farbatlas der Hämatologie: Säugetiere, Vögel, Reptilien. Ins Dt. übertr. von A. Kohlstädt. Hannover: Schlütersche 1990.

Hawkey CM, Bennet PM, Gascoyne SC, Hart MG, Kirkwood JK. Erythrocyte size, number and hemoglobin content in vertebrates. Br J Hematol 1991; 77(3): 392–7.

Heady JM, Rogers TE. Turtle blood cell morphology. Proc Iowa Acad Sci 1962; 69: 587–90.

Hutton KE, Goodnight CJ. Variations in the blood chemistry of turtles under active and hibernating conditions. Physiol Zool 1957; 30: 198–207.

International Species Information System (ISIS). Apple Valley, MN: 2002. www.isis.org.

Jackson CG, Legendre RC. Blood serum cholesterol levels in turtles. Comp Biochem Physiol 1967; 20: 311–2.

Jackson CG, Holcomb CB, Jackson MM. Aortic calcification, serum calcium, magnesium, sodium and cholesterol in *Gopherus polyphemus*. Comp Biochem Physiol 1974; 49A: 603–5.

Jackson OF, Lawton MPC. Untersuchung des Patienten und Diagnosestellung. In: Beynon PH, Lawton MPC, Cooper JE, Hrsg. Kompendium der Reptilienkrankheiten: Haltung Diagnostik – Therapie. Ins Dt. übertr. von Blahak S, Krug P. Hannover: Schlütersche 1997; 39–46.

Jacobson ER. Laboruntersuchungen. In: Beynon PH, Lawton MPC, Cooper JE, Hrsg. Kompendium der Reptilienkrankheiten: Haltung – Diagnostik – Therapie. Ins Dt. übertr. von Blahak S, Krug P. Hannover: Schlütersche 1997; 57–70.

Kaplan HM. Annual variations in the red cell count, hemoglobin concentration and packed cell volume of Pseudemyd turtles. Anat Rec 1960; 37(3): 369.

Knotková Z, Doubek J, Knotek Z, Hájková P. Blood cell morphology and plasma biochemistry in Russian tortoises *(Agrionemys horsfieldii)*. Acta Vet Brno 2002; 71: 191–8.

Kölle P. Landschildkröten: Handling in der Praxis. (2): Blutentnahme. Kleintier Konkret 1998; 5: 30–1.

Kölle P. Die Schildkröte – Heimtier und Patient. Stuttgart: Enke 2009.

Kölle P, Hoffmann R. Blutparameter als Hilfe in der Diagnostik von Reptilienkrankheiten. Tierärztl Prax 1996; 4: 402–6.

Kölle P, Lamnek H, Hoffmann R. Blutwerte bei der Europäischen Sumpfschildkröte *(Emys orbicularis)*. Tierärztl Prax 1999; 27 (K): 198–201.

Kölle P, Donhauser J, Krause D, Hoffmann R. Blutwerte bei europäischen Landschildkröten *(Testudo hermanni, Testudo graeca, Testudo marginata, Agrionemys horsfieldii)*. Tierärztl Prax 2001; 29 (K): 386–91.

Krause D. Vergleich von trocken- und nasschemischen Blutanalysen bei Europäischen Landschildkröten. Diss., München 2001.

Kuchling G. Seasonal variations of the oxygen consumption and the blood glucose concentration under low temperature conditions in male tortoise, *Testudo hermanni hermanni* Gmelin. Amphibia – Reptilia 1981; 2: 235–41.

Lamirande EW, Bratthauer AD, Fischer DC, Nichols DK. Reference hematologic and plasma chemistry values of brown tree snakes (*Boiga irregularis*). J Zoo Wildl Med 199; 30(4): 516–20.

Lammerschmidt V. Untersuchungen zur Blutentahmetechnik und Referenzwertbestimmung blutchemischer Parameter bei gesunden Riesenschlangen (*Boa constrictor* und *Pythons*). Diss., Berlin 1995.

Lamnek HF. Saisonale Einflüsse auf Blutparameter und Sexualhormone bei der Europäischen Sumpfschildkröte *(Emys orbicularis)*. Diss., München 1996.

Lawrence K, Hawkey C. Seasonal variations in hematological data from Mediterranian tortoises *(Testudo graeca and Testudo hermanni)* in captivity. Res Vet Sci 1986; 40(2): 225–30.

Marks KS, Citino SB. Hematology and serum chemistry of the radiated tortoise *(T. radiata)*. J Zoo Wildl Med 1990; 21: 342–4.

Martinez-Jimenéz D, Hernandez-Divers SJ, Floyd TM. Comparison of the effects of dipotassium ethylendiaminetetraacetic acid and lithium heparin on hematologic values in yellow-blotched map turtles, *Graptemys flavimaculata*. J Herpetol Med Surg 2007; 17(2): 36–41.

38

Masat RJ, Dessauer HC. Plasma albumins of reptiles. Comp Biochem Physiol 1968; 25(1): 119–28.

Musquera S, Massergu J, Planas J. Blood proteins in turtles *(Testudo hermanni, Emys orbicularis and Caretta caretta)*. Comp Biochem Physiol 1976; 55A: 225–30.

Natt MP, Herrick CA. A new blood diluent for counting the erythrocytes and leukocytes of the chicken. Poult Sci 1952; 31: 735–8.

Pages T, Peinado VI, Viscor G. Seasonal changes in hematology and blood chemistry of the freshwater turtle, *Mauremys caspica leprosa*. Comp Biochem Physiol 1992; 103A: 275–8.

Pienaar Ude V. Hematology of the south african reptiles. Johannesburg: Witwatersrand, Univ. Press 1962.

Rosskopf WJ. Normal hemogram and blood chemistry values for California Desert Tortoises. Vet Med/Small Anim Clin 1982; 77(1): 85–7.

Schildger BJ, Herzberger S. Einige blutchemische Parameter von Echsen und Schildkröten. Reflotron Vet-Info 17. Mannheim: Prämix Wirkstoff, 1993.

Stenroos OO, Bowman W. Turtle blood. I. Concentrations of various constituents. Comp Biochem Physiol 1968; 25(1): 219–22.

Taylor RW, Jacobson ER. Hematology and serum chemistry of the gopher tortoise *(Gopherus polyphemus)*. Comp Biochem Physiol 1982; 72A(2): 425–8.

Vettest. Betriebshandbuch für die Analyse. IDEXX Laboratory Inc. 1992.

Watson J. Diagnostic procedures: hematology, chemistry. In: Ackermann L, ed. The Biology, Husbandry and Health Care of Reptiles. Vol. III. Neptune City, N. J.: T. H. F. Publications 1998; 703–13, 826–33.

39 Klinische Labordiagnostik bei Amphibien

Frank Mutschmann

39.1 Allgemeines

Die Klasse der Amphibien umfasst die Ordnungen der **Froschlurche** (Anura), der **Schwanzlurche** (Urodela) und der **Wühlen** (Gymnophiona oder Apoda). Derzeit sind ca. 7044 rezente Arten bekannt, wobei die Froschlurche mit annähernd 6200 Spezies die größte, die Wühlen mit 192 Arten die kleinste Gruppe darstellen. Amphibien sind weltweit, mit Ausnahme der Polkappen und der offenen Meere, verbreitet und besiedeln die unterschiedlichsten Habitate. Sie sind mit ihrer Morphologie, Physiologie, Ernährung und Reproduktion stark an die Lebensräume adaptiert, was extreme Schwankungen hinsichtlich klinisch oder labordiagnostisch erfassbarer Werte bedingt. Weiterhin stellt die Tatsache der zumeist extrakorporalen Befruchtung und der Metamorphose vom befruchteten Ei über Larvenstadien bis hin zum adulten Amphib ein Problem dar. Dieser Tatsache geschuldet sind erhebliche Veränderungen der Ernährungsweise (z. B. herbi- oder omnivore Larven, carni- bzw. insectivore Adulti) und des Stoffwechsels zu verzeichnen. Amphibien sind poikilotherm, hinsichtlich ihrer Aktivität und des Stoffwechsels also von der Umgebungstemperatur abhängig. Dabei schwanken die Grenzen der Aktivitätstemperatur bzw. der Temperaturoptima erheblich. Im Extremfall sind bestimmte Arten bei Temperaturen um den Gefrierpunkt oder aber in Bereichen von über 40 °C aktiv. Hinzu wird der Stoffwechsel von Faktoren wie Jahres- und Tageszeit, Feuchtigkeit der Umgebung, Lichtintensität, Luftdruck, Alter bzw. Entwicklungsstadium, Geschlecht, Reproduktionszyklus usw. beeinflusst. Je nach Lebensweise werden als Endprodukte des Stickstoffwechsels vordergründig Ammoniak, Harnstoff oder Harnsäure ausgeschieden. Adulte Amphibien sind zum Teil in der Lage, über Wochen und Monate ohne Nahrung zu überleben, jedoch wird von der Mehrzahl der Spezies Wassermangel bzw. eine trockene Umgebung nur kurzzeitig toleriert, wobei speziesspezifische Besonderheiten (habitatbezogen) zu beachten sind. Physiologische, intraspezifische Schwankungen, z. B. des Hämatokrits (Hkt), können beträchtlich sein (Hkt bei manchen Fröschen zwischen 16 und 52 %)!

Ausgehend von diesen Tatsachen sind Referenzwerte, z. B. für Blutparameter, entweder nicht vorhanden oder äußerst kritisch zu werten. Bedingt durch die kernhaltigen Erythrozyten ist eine automatisierte bzw. apparative Erstellung eines Blutbildes nicht möglich. Die auf Säuger bzw. Warmblüter ausgerichteten Blutanalysesysteme für die klinische Chemie sind nur bedingt zur Untersuchung von Amphibienblut geeignet. Systembezogene, laborinterne Referenzwerte sollten deshalb für kommune Spezies erarbeitet werden.

39.2 Untersuchungsmethoden

Ungeachtet der angesprochenen Schwierigkeiten kann in den meisten Fällen auf labordiagnostische Untersuchungen nicht verzichtet werden, sie sind ein immanenter Bestandteil der Diagnostik und eine notwendige Bereicherung des (nur eingeschränkt möglichen) klinischen Untersuchungsganges. Dabei sollte auf Folgendes besonders geachtet werden:

- Amphibien sind extrem stressempfindlich, deshalb ist ein zügiges und konzentriertes Handeln erforderlich, mehrmaliges Handling vermeiden.
- Die Haut der Tiere ist oft äußerst empfindlich, z. T. sehr feucht oder schleimig. Beim notwendigen manuellen Umgang sollten die Patienten sicher und fest, jedoch auch schonend gegriffen werden. Angefeuchtete Bauchwolltücher sind ein gutes Hilfsmittel, bei Larven und aquatilen Arten sind Kescher zu verwenden.
- Beim Handling sollten ungepuderte, sterile Untersuchungshandschuhe getragen werden (nach jedem Patienten wechseln!), um sich vor toxischen oder allergenen Hautsekreten und Verletzungen zu schützen.
- Ein Austrocknen (auch von partiellen Körperteilen) ist zu verhindern, nach dem Handling Tiere möglichst in ein temperiertes (dem Vorzugstemperaturen angepasstes) Bad mit 7%iger Kochsalzlösung überführen.
- Durch das ausgeprägte subkutane Lymphkanalsystem ist eine Vermischung von Blut und Lymphe leicht möglich (beim Differenzialblutbild und Bestimmung des Hkt beachten!).
- Klinisch auffällige Amphibien sind in der Regel **Notfälle**. Deshalb sollten möglichst umfangreiche Untersuchungen (parasitologische Untersuchung, Blutbild, Zytologie, Mikrobiologie) eine (rasche) Diagnose sichern. Ein stufenweises Vorgehen über mehrere Tage ist für das Einzeltier in der Regel unangebracht.
- Die mikrobiologische und mykologische Untersuchung (einschließlich Resistenztest!) ist oft unverzichtbar. Die Kulturen sollten bei Temperaturen bebrütet werden, die der Körpertemperatur der Patienten im aktiven Zustand entsprechen. Eine Bebrütung bei Temperaturen > 30 °C ist in der Regel ungeeignet und verfälscht die Ergebnisse. Für einige Erreger sind Spezialnährböden (z. B. wie bei Fischen) notwendig. Dem Nachweis von Mykobakterien und pathogenen Pilzen ist besonderes Augenmerk zu widmen.
- Moderne, immunologische Methoden zum Erregernachweis sind für Amphibienpathogene nur in Ausnahmefällen etabliert (z. B. PCR zum Nachweis von *Batrachochytrium dendrobatidis*) und stehen somit kaum zur Verfügung.
- Die Einzeltierdiagnostik am lebenden Patienten ist meist nur eingeschränkt möglich. In der Regel sind Sektionen, histologische, mikrobiologisch und virologische Untersuchungen erforderlich, um die Ursache einer Erkrankung zu ermitteln und den Restbestand entsprechend therapieren zu können.

Parasitologische Untersuchung

Die parasitologische Untersuchung ist immanenter Bestandteil der klinischen Untersuchung von Amphibien. Sie beinhaltet sowohl die Koproskopie, die Untersuchung von Harn, Haut- und Kiemenabklatschpräparaten, Blut, Punktaten, Biopsien als auch von Blutausstrichen. Proben sollten immer zuerst nativ, ggf. unter Zugabe von physiologischer Kochsalzlösung, mikroskopiert werden. Manche Parasiten (z. B. *Cryptosporidium* spp., einige Diplomanadiden und andere Protozoen) sind äußerst fragil und nur in relativ frischen Proben eindeutig zuzuordnen, deshalb sind Kotproben so frisch wie möglich zu untersuchen. Ist dies nicht möglich, sind Kotproben feucht zu halten und kühl zu lagern (maximal 10 °C). Dadurch wird z. B. ein Flagellatennachweis auch noch nach 72 Stunden möglich. Für die Differenzierung von motilen Protozoen sind in der Regel Färbungen (Trichrom, Giemsa) erforderlich, die an fixierten (Methanol, Lufttrocknung, Schaudinn'sche Lösung) Präparaten erfolgt. Opalinaden (*Opalina ranarum*, **Abb. 39.1**; *Protooalina* spp.) sowie peritriche Ziliaten (z. B. *Nyctotherus cordiformis*, **Abb. 39.2**) sind im Enddarm und Kloake von Amphibien als Kommensalen anzusehen und bedürfen keiner Therapie.

Konzentrationsmethoden (Flotation, kombinierte Flotation/Sedimentation, MIFC etc.) sind für den Nachweis von Helmintheneiern, Ziliatenzysten, Myxosporidien usw. geeignet und können auch bei älteren Proben erfolgreich durchgeführt werden.

Harn wird, zumindest bei Froschlurchen, oft spontan als Abwehrreaktion beim Ergreifen der Tiere abgesondert. Deshalb sollte das Handling immer über einem geeigneten Auffanggefäß (Pertischale o. Ä.) erfolgen. Frisch abgesetzter Harn kann nativ auf Zellgehalt, Parasitenstadien und andere Beimengungen (Pilzsporen, Algen, Fremdkörper) mikroskopisch untersucht werden. Kristalline Strukturen (Kristalle von Uraten) treten bei Amphibien (außer bei strikt urikothelen Arten aus Wüstenregionen) kaum auf. Sollten diese nachzuweisen sein, ist dies oft ein Anzeichen von Stoffwechselstörungen.

Blutproben werden zuerst als »Dicker Tropfen« nativ mikroskopiert, Mikrofilarien, Trypanosomen usw. sind hier rasch zu diagnostizieren. Die Nachweissicherheit von Blutparasiten im peripheren Blut ist in den Abend- bzw. Nachstunden oft höher als am Tage. Ausstriche werden mit Diff-Quick®, nach Giemsa oder nach Pappenheim gefärbt, was den Nachweis von Hämogregarinen und anderen intrazellulären Parasiten, Viruspartikeln oder bakteriellen Erregern (*Aegyptanella, Chlamydophila* etc.) ermöglicht.

Abklatsch- oder Abstrichpräparate von Haut und Kiemen werden ebenso nativ untersucht, Dauerpräpate können mit Diff-Quick®, Giemsa, oder Trichrom gefärbt werden. Gleiches geschieht mit Punktaten oder Bioptaten. Auch von Sektionstieren werden

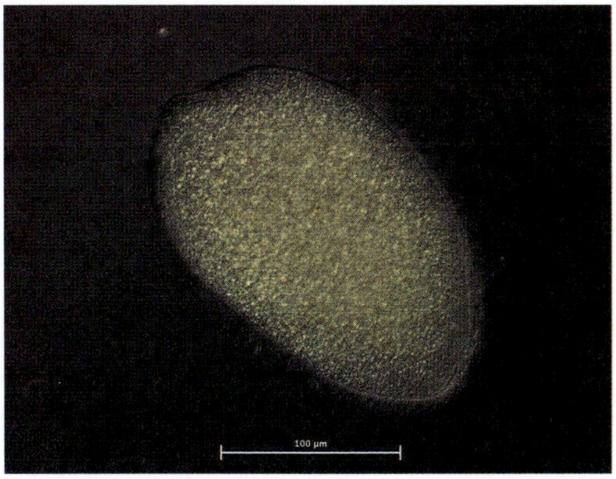

Abb. 39.1 *Opalina ranarum* aus dem Darm eines Grasfrosches

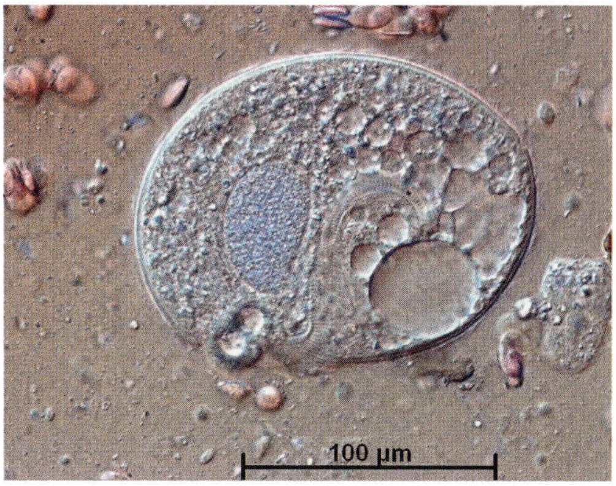

Abb. 39.2 *Nyctotherus* sp. aus dem Darm einer Erdkröte

Organzupf- oder Quetschpräparate primär nativ mikroskopiert. Auf diesem Wege lassen sich parasitäre Stadien (Helminthen, Mikro- und Myxosporidien, Kokzidien, Mesomycetozoa usw.) besser nachweisen und zuordnen als in gefärbten Präparaten oder histologischen Schnitten. Durch Mykobakterien verursachte Granulome sind leicht zu erkennen und durch eine Ziehl-Neelsen-Färbung (ggf. durch Anzucht und Differenzierung) anschließend zu verifizieren.

Amphibien beherbergen oft eine Vielzahl parasitärer Stadien, ohne dass diese mit einer klinisch manifesten Erkrankung primär in Verbindung stehen. Ein Parasitennachweis muss deshalb kritisch bewertet und mit dem Krankheitsbild sowie weiterhin diagnostizierten Pathogenen in Korrelation gebracht werden!

Blutuntersuchung

Die Gewinnung von Blutproben wird oft durch die Größe der Patienten limitiert. Generell sollten nicht mehr als 5–10 % des Blutvolumens (ca. 5 % der Gesamtkörpermasse) entnommen werden. Geeignete Blutentnahmestellen sind:

- abdominale Bauchvene (Frosch- und größere Schwanzlurche, median, **Abb. 39.3**)
- Femoralvene (Froschlurche, über gespanntem Kniegelenk, **Abb. 39.4**)
- laterale Schwanzvene (Schwanzluche, medial im Bereich der Schwanzwirbelsäule)
- Veneneplexus in Maulhöhle (**Abb. 39.5**)
- Herzpunktion (Wühlenlurche)

Bei geringen Blutmengen sind die Gefäße mit einer Kanüle zu punktieren und sofort eine heparinisierte Blutkapillare aufzusetzen. EDTA führt zur Hämolyse!

Die gewonnenen Blutproben sollten primär für die parasitologische oder hämatologische Untersuchung Verwendung finden. Die

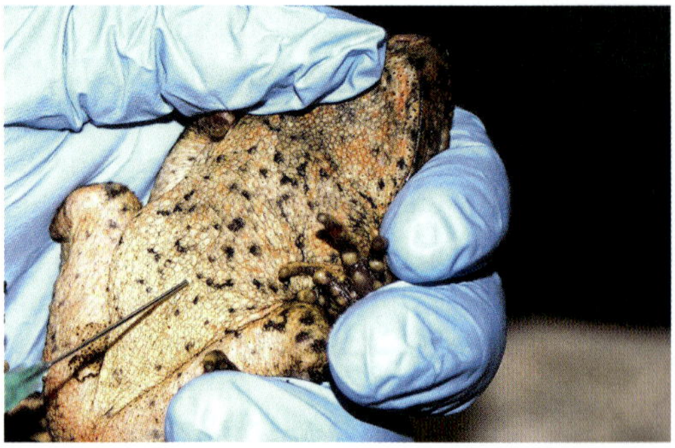

Abb. 39.3 Blutentnahme aus der medianen Abdominalvene bei einer Kröte

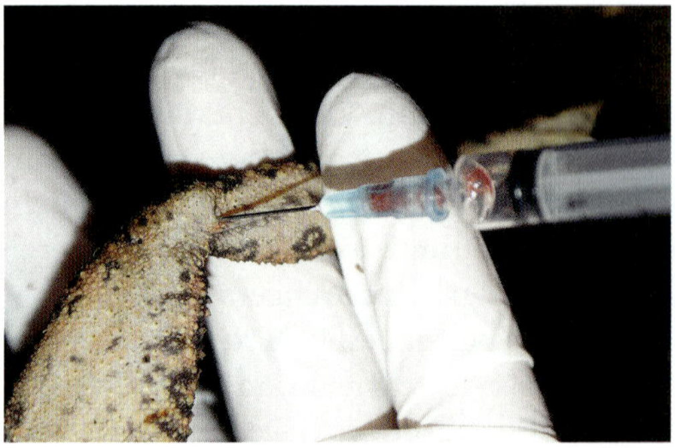

Abb. 39.4 Punktion der Femoralvene bei einer Schwarznarbenkröte

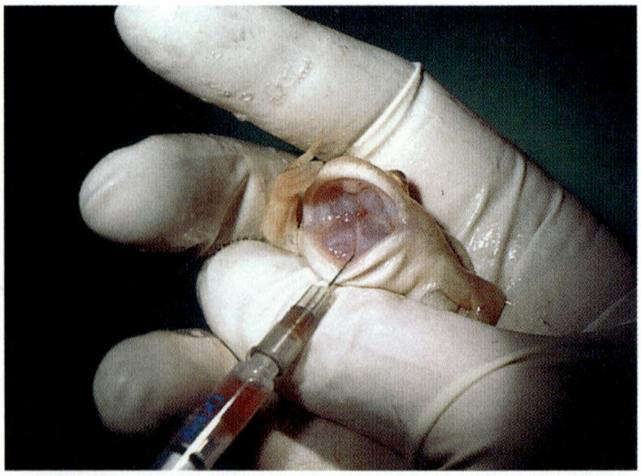

Abb. 39.5 Blutentnahme aus der Mundhöhle eines Krallenfrosches

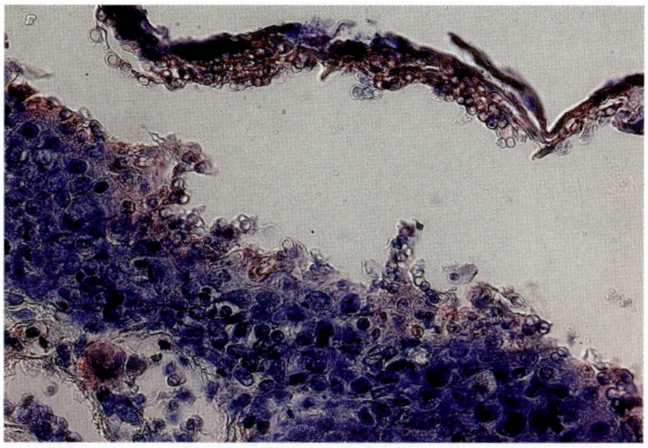

Abb. 39.6 Histologisches Präparat (1000 ×) von der Epidermis einer Geburtshelferkröte mit *Batrachochytrium*-Befall. Die Epidermis ist weitgehend zerstört, bei den sphärischen Strukturen handelt es sich um Zoosporangien des Pilzes

kernhaltigen **Erythrozyten** sind zum Teil physiologisch sehr groß (> 40 µm). Doppelkernige Erythrozyten treten im peripheren Blut mitunter als physiologisches Ergebnis einer Vermehrung durch Zellteilung auf, bei Schwanzlurchen finden sich mitunter vereinzelte kernlose Erythrozyten (physiologisch < 2 %). **Thrombozyten** sind oft spindelförmig oder rund und ähneln Lymphozyten, unterscheiden sich jedoch durch ihren Gehalt an alkalischer Phosphatase, auch hier sind physiologisch kernlose Formen möglich (Aufgabe: Fibrinfreisetzung). **Granulozyten** treten als **Neutrophile (Heterophile), Eosinophile** oder **Neutrophile** auf, wobei die Neutrophilen die häufigste Form darstellen. Weiterhin kommen **Lymphozyten, Monozyten** und (selten) **Plasmazellen** vor. Veränderungen der korpuskulären Blutbestandteile treten sowohl physiologisch (Aktivitätsphasen) als auch infolge von Infektionen, Parasitosen oder nichtinfektiösen Krankheiten auf (Blutverluste, Tumoren usw.)

Nachweis von Batrachochytrium dendrobatidis (Chytridpilz)

Die Chytridiomykose ist derzeit die häufigste Krankheitsursache. Der Nachweis erfolgt:

- histologisch (HE-Färbung, **Abb. 39.6**) oder immunohistochemisch
- durch eine Untersuchung von Hautabklatsch- oder Gewebeproben (nativ, einfache Färbemethoden) = unsicher!
- mithilfe von Real-Time-PCR (Goldstandard)

Literatur

Bauer Ch. Untersuchungsmethoden. In: Schnieder Th. Veterinärmedizinische Parasitologie. Stuttgart: Parey 2006; 84–104.

Campbell TW, Ellis Ch. Avian and Exotic Animal Hematology and Cytology. Ames, Oxford, Carlton: Blackwell Publishing 2007.

Campbell TW. Hematology of Amphibians. In: Thrall MA, ed. Veterinary Hematology and Chemistry. Ames, Oxford, Carlton: Blackwell Publishing 2006; 291–300.

Campbell TW. Clinical Chemistry of Fish and Amphibians. In Thrall MA, ed. Veterinary Hematology and Clinical Chemistry. Ames, Oxford, Carlton: Blackwell Publishing 2006; 499–504.

Mutschmann F. Erkrankungen der Amphibien. Stuttgart: Enke 2010.

Mutschmann F. Amphibien. In: Gabrisch P, Fehr M, Sassenburg L, Zwart P. Krankheiten der Heimtiere. Hannover: Schlütersche 2008; 849–84.

Mutschmann F. Parasitosen der Amphibien. In: Schnieder Th. Veterinärmedizinische Parasitologie. Stuttgart: Parey 2006; 715–38.

Wrigt KM, Whitaker BR. Amphibian Medicine and Captive Husbandry. Malabar: Krieger 2001.

Wright KM. Overview of Amphibian Medicine. In: Mader DR. Reptile Medicine and Surgery. St. Louis: Saunders Elsevier 2006; 941–971.

40 Klinische Labordiagnostik bei Fischen

Henner Neuhaus

40.1 Allgemeines

Die klinische Untersuchung wird auch bei Fischen durch labordiagnostische Methoden ergänzt. Allerdings liegt der Schwerpunkt in der Zierfischpraxis derzeit nicht auf den klassischen Verfahren, wie man sie von der Säugetiermedizin kennt, sondern auf fischspezifischen Labormethoden.

Bei Fischen gestaltet sich aus folgenden Gründen die Anwendung und Interpretation der klassischen Labordiagnostikmethoden als schwierig: Zum einen sind derzeit nur von sehr wenigen Fischarten, welche die größte Wirbeltiergruppe mit mehr als 32 000 Spezies bilden, Daten zu Referenzbereichen in der Literatur zugänglich. Zum anderen sind diese wenigen verfügbaren Daten nicht ohne Weiteres auf andere Fischarten extrapolierbar. Weiterhin sind Fische poikilotherme Tiere und stehen damit in direkter Abhängigkeit von ihrer Umgebung, sodass insbesondere die Wassertemperatur, jegliche Einflussfaktoren aus der Umwelt wie die Wasserqualität, die aktuelle Stressbelastung sowie die Ernährung einen deutlichen Einfluss auf die klassischen (Referenz-)Werte/Profile der betrachteten Fischart haben. Je nach aktuellen Umweltbedingungen und dem physiologischen/Fortpflanzungsstatus des Fisches können die Normalwerte somit deutlich unterschiedlich sein. Neben den genannten beeinflussenden ex- und intrinsischen Faktoren, welche ebenfalls die schwer bis gar nicht zu ermittelnden Referenzbereiche bedingen, sind viele Parameter zudem starken individuellen Schwankungen unterworfen: Selbst unter denselben Bedingungen gehaltene Geschwisterkarpfen *(Cyprinus carpio)* zeigen deutliche individuelle Schwankungen bei der Messung wichtiger Blutwerte, wie z. B. beim Hämoglobin oder Hämatokrit. Insgesamt eignen sich derzeit also die klassischen labordiagnostischen Parameter nur eingeschränkt für eine unterstützende Beurteilung des Gesundheitszustandes eines Individuums oder Fischbestandes in der tierärztlichen Praxis.

Das folgende Kapitel möchte deshalb insbesondere die fischspezifischen Verfahren für die Routinepraxis vorstellen und erst zum Ende des Kapitels die klassischen Labordiagnostikmethoden mit in der Literatur zugänglichen, ausgewählten Parametern ergänzen (Tab. 40.1–40.3). Hierbei werden vornehmlich Werte vom Karpfen *(Cyprinus carpio)* im typischen Wassertemperaturbereich von 13–25 °C aufgezeigt, da seine Farbvariante, der Koi, die derzeit in der Zierfischpraxis am häufigsten vorgestellte Spezies ist. Zusammenfassend ist festzuhalten, dass trotz aller unwegsamen Voraussetzungen labordiagnostische Methoden, wenn auch derzeit in anderer Form, sowie die klinische Untersuchung von Fischen eng zusammen gehören.

40.2 Pathogenese von Fischkrankheiten

Sehr viele Erkrankungen der Fische sind infektiöser Natur; so werden im Routine-Praxisbetrieb vor allem Fische mit parasitären, bakteriellen, mykotischen und/oder viralen Erkrankungen vorgestellt. Da Fische jedoch in der Regel in Gruppen und nicht als Einzeltiere gehalten werden, stellen sich die meisten Erkrankungen somit – im Gegensatz zu denen anderer in Privathaltungen gehaltenen Tiere – fast ausnahmslos als Bestandsproblem und nicht als Individualerkrankung dar. Dieser Grundsatz sollte bei der Anwendung jeder labordiagnostischen Methode bedacht werden: Es ist für eine aussagekräftige Diagnose je nach Bestandsgröße/Individuenzahl sinnvoll, mehr als nur ein Tier einer labordiagnostischen Untersuchung zu unterziehen. In umgekehrter Betrachtungsweise muss immer bedacht werden, dass eine an einem oder wenigen Tieren gestellte Diagnose fast immer auf den gesamten Bestand zu übertragen ist und sich dies auch in der Therapie widerspiegeln muss.

Der Verlauf einer Erkrankung steht wie der Stoffwechsel, das Immunsystem des poikilothermen Fisches und die infektiöse Noxe selbst *immer* unter dem Einfluss der Wassertemperatur – vereinfacht gesagt: »Je wärmer, umso schneller«. Dieser maßgebliche Zusammenhang zwischen Temperatur und zeitlichem Verlauf muss bei jeder Untersuchung und Behandlung (insbesondere hier für die Dauer) bedacht werden. Der Verlauf und die Ausprägung einer piscinen Erkrankung wird neben der Temperatur auch durch die weiteren Umwelt-/Haltungsbedingungen beeinflusst, stärker als es bei landlebenden Tieren der Fall ist. Wasser ist etwa 850-mal dichter als Luft, deshalb können suboptimale Haltungsbedingungen, die sich vor allem als Mängel in der Wasserqualität zeigen können, eine piscine Erkrankung deutlich beeinflussen oder gar alleiniger Grund für eine Erkrankung sein.

Die Pathogenese von Fischkrankheiten ist also viel stärker als die beim gleichwarmen Säugetier von Einflüssen aus der Umgebung abhängig und stellt sich als komplexes **Zusammenspiel aus Umwelt, Erreger und Wirt** dar.

Aus diesen Grundüberlegungen wird schnell klar, dass bei der Untersuchung eines Fisches/einer Fischgruppe immer auch die **Überprüfung der wichtigsten Haltungsparameter** mit in aller Regel labordiagnostischen Methoden durchgeführt werden muss. So kommt es beispielsweise häufig vor, dass Fische an einer ektoparasitären Primärinfektion erkrankt sind. Durch suboptimale Wasserwerte werden diese Fische weiter gestresst, erkranken stärker und können dann zusätzlich eine Sekundärinfektion mit fakultativ-pathogenen Bakterien des Wassers aufweisen. Zur vollständigen Genesung von Fischen gehört also neben der Beseitigung der Grundursache immer eine **Gewährleistung optimaler Haltungsbedingungen, insbesondere der Wasserqualität** (s. auch S. 848).

40.3 Allgemeine Untersuchungsmethoden

Material

Narkosemittel, Narkosebad, feuchte Unterlage, Einmalhandschuhe

Prinzip/Technik

Für die Erstellung einer Diagnose sind als Untersuchung unabhängig von der Technik ausschließlich lebende, moribunde Fische und zeitgleich fachgerecht entnommene Wasserproben gut geeignet. Andernfalls ist mit Einbußen in der Aussagekraft der Befunde zu rechnen, da post mortem die Autolyse/Zersetzung sehr schnell einsetzt und sich die Wasserparameter bei falsch genommenen Wasserproben mit Lufteinschluss verändern können. Viele relevante, parasitäre und bakterielle Erreger sind nur am lebenden oder ganz frisch toten Fisch sicher nachweisbar. Bei jeder Maßnahme am Tier und beim Umgang mit der entnommenen Probe für labordiagnostische Methoden sollten angefeuchtete Einmalschutzhandschuhe getragen werden, um die empfindliche Schleimhaut der Fische nicht zu schädigen und den Untersucher vor potenziellen Zoonosen oder Toxinen zu schützen.

Für die Untersuchung sowie Entnahme von Untersuchungsmaterial ist eine **Narkose** des Fischpatienten aus Tierschutzgründen unumgänglich, da der Fisch hierfür seinen Lebensraum Wasser verlassen muss. Er wird für die Untersuchung auf eine feuchte Unterlage verbracht. Für eine Narkose über das Wasser eignen sich verschiedene Wirkstoffe, wie z. B. Tricainmesilat oder Benzocain. Für Dosierung und Anwendung wird auf die weiterführende Literatur am Ende des Kapitels verwiesen.

Untersuchung eines Abstriches von Haut und Kieme

Material

Lichtmikroskop, (Einmal-)Skalpell steril, Objektträger, Deckgläschen, temperiertes, fischphysiologisches Wasser

Prinzip

Die mikroskopische, labordiagnostische Beurteilung eines Haut- und Kiemenabstriches des Fischpatienten ist essenzieller Bestandteil einer jeden tierärztlichen Untersuchung. Sie dient vornehmlich dem Nachweis ektoparasitärer (häufig protozoärer) Infektionen, der Beurteilung der Schleimmenge sowie von Veränderungen der Morphologie, vor allem des Kiemengewebes. Entnommene Abstriche dürfen nicht austrocknen und müssen somit direkt und nativ (Methode der Wahl) mit dem Lichtmikroskop durchgemustert werden. Unumgänglich ist hierbei eine fachgerechte Beurteilung der vorliegenden Befunde, denn nicht jeder gefundene Parasit ist auch gleichermaßen therapiewürdig (siehe weiterführende Literatur).

Technik

Als Erstes wird vom narkotisierten Fisch der Hautabstrich von mehreren Stellen der Oberfläche, auch von den Flossenansätzen, angefertigt: Dafür wird ein Deckgläschen, ein Objektträger oder eine stumpfe Skalpellklingenseite in Schuppenrichtung von kranial nach kaudal in einem Winkel von etwa 45° über den Fisch geführt, zusammengeschobener Schleim auf einen Objektträger gebracht und mit einem Deckgläschen abgedeckt (**Abb. 40.1**). Einige Fischarten sind aufgrund ihrer Morphologie nur im ventralen Bereich für einen Hautabstrich zugänglich. Die Abstriche sollten direkt nach Anfertigung angefeuchtet werden, indem ein Tropfen temperiertes Wasser neben das Deckgläschen unter Ausnutzung der Kapillarkräfte abgesetzt wird, um so ein zu schnelles Austrocknen zu verhindern.

Nach Anfertigung des Hautabstriches wird auf ähnliche Weise ein Kiemenpräparat für die mikroskopische Untersuchung angefer-

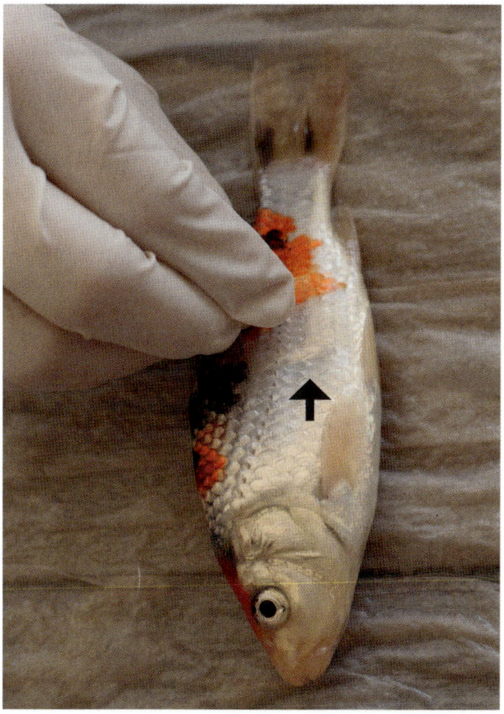

Abb. 40.1 Hautabstrich bei einem narkotisierten Koi *(Cyprinus carpio)* mit einem Deckgläschen, welches den Mukus zusammenschiebt (➔). Der Koi befindet sich auf einer feuchten Unterlage

tigt. Beim Kiemenabstrich wird etwas Kiemengewebe von beiden Seiten des Fisches vorsichtig und oberflächlich mit einem sterilen (Einmal-)Skalpell abgeschabt. Der Kiemendeckel kann dabei zusätzlich mit der anderen Hand oder vorsichtig mit einer Pinzette hochgeklappt werden (**Abb. 40.2**). Das entnommene Gewebe wird ebenfalls mikroskopisch nach Überführung auf einen Objektträger mit Deckgläschen als Nativpräparat mäanderförmig durchgemustert. Die Kiemen von Jungtieren, von Fischen mit spezieller Anatomie, von sehr kleinen Fischarten und von Knorpelfischen können aufgrund ihrer Größe und Morphologie nur eingeschränkt bis gar nicht mit einem Kiemenabstrich/-bioptat untersucht werden.

Abb. 40.2 Kiemenabstrich bei einem narkotisierten Koi *(Cyprinus carpio)* mit einem sterilen Mehrfachskalpell auf einer feuchten Unterlage

Bewertung

Beurteilt werden insbesondere die Schleimmenge auf dem Kiemengewebe, Aussehen und Form von Primär- und Sekundärlamellen, Auflagerungen, Beimengungen sowie (Ekto-)Parasitenstadien. Für die Bestimmung der Ektoparasitenstadien/ihrer Morphologie, wie z. B. *Ichthyophthirius multifiliis, Ichthyobodo necator, (Pseudo-)Dactylogyrus* sp., *Gyrodactylus* sp. oder *Cryptocaryon irritans* sowie für die sonstige Bewertung abweichender Befunde in den Abstrichen wird auf die weiterführende Literatur am Ende des Kapitels verwiesen.

Untersuchung des Magen- und Darminhaltes/Chymus- und Kotuntersuchung

Material

Lichtmikroskop, Einmalspritze, temperiertes Wasser, Knopfkanüle(n), Venenverweilkatheter, Objektträger, Deckgläschen

Prinzip

Insbesondere bei tropischen Zierfischen des Süß- sowie Meerwassers ist die Untersuchung des Gastrointestinaltraktes, vor allem auf Endoparasiten(stadien), essenziell. Es können im Gastrointestinaltrakt sowohl einzellige als auch mehrzellige Organismen gefunden werden. Es empfiehlt sich, mit einer in der Größe passenden Knopfkanüle zunächst den Magen/die magenähnliche Erweiterung und erst in der Folge den Darm mit einer flexiblen Kanüle zu spülen.

Abb. 40.3 Magenspülung bei einem narkotisierten Regenbogenfisch *(Melanotaenia lacustris)* mit einer Knopfkanüle auf einer feuchten Unterlage

Abb. 40.4 Darmspülung bei einem narkotisierten Regenbogenfisch *(Melanotaenia lacustris)* mit einem kurzen Venenverweilkatheter. Der Fisch liegt auf einer feuchten Unterlage

Technik

Die Entnahme einer Magen- und Darmspülung darf aus fachlicher Sicht nur unter Narkose durchgeführt werden. Dabei wird die Knopfkanüle auf eine Spritze gesetzt, die mit etwas temperiertem Wasser gefüllt ist. Der Salzgehalt des Wassers sollte den physiologischen Anforderungen des Fisches entsprechen. Es kann auch alternativ eine temperierte, NaCl-Lösung (etwa 0,7 %) verwendet werden. Unter Berücksichtigung möglicher (Schlund-)Zähne des Fisches wird die Kanüle in den Ösophagus des narkotisierten Fischpatienten eingeführt (**Abb. 40.3**). Zur Spülung wird eine kleine Menge Flüssigkeit instilliert und anschließend wieder aspiriert, wobei maximal (je nach Fischart) 0,5 ml bis 1 ml Flüssigkeit pro 100 g Körpermasse (KM) abgesetzt werden sollten. Die aspirierte Flüssigkeit wird auf einen Objektträger gegeben, mit einem Deckgläschen abgedeckt sowie direkt und nativ (Methode der Wahl) auf Parasiten(stadien) oder auch nach Flotation mikroskopisch untersucht.

Für die Kotuntersuchung mittels einer Spülung des Enddarmes ist entsprechend der Magenspülung vorzugehen (s. o.). Allerdings kann hierfür die Verwendung eines weichen, dünnen Schlauches ohne scharfe Kanten empfohlen werden. Praktikabel sind auch Venenverweilkatheter ohne Mandrin (**Abb. 40.4**). Für die Kotuntersuchung sollte die Probe in oben beschriebener Weise direkt aus dem Darm entnommen werden. Allerdings sollten die maximal instillierten Volumina geringer als bei der Magenspülung sein (etwa 0,3 ml pro 100 g KM).

Bewertung

Beurteilt werden können Aussehen sowie Konsistenz des Chymus/Kotes, etwaige Beimengungen und insbesondere (Endo-)

Parasitenstadien. Für die Klassifizierung/Bestimmung von Parasitenstadien, wie z. B. *Hexamita* sp., *Spironucleus* sp., *oder* Stadien/Eiern von Nematoden und Cestoden oder für die sonstige Bewertung abweichender Befunde wird auf die weiterführende Literatur verwiesen.

Abgesetzter, im Aquarium/Behälter schwimmender Kot eignet sich nur bedingt für eine Beurteilung, da insbesondere vorhandene Parasiten in das Haltungswasser auswandern bzw. ausgewaschen werden und zugleich für den Fisch unbedenkliche Organismen aus dem Haltungswasser einwandern können. Bei der parasitären Begutachtung des Chymus des Magens bzw. Kotes ist ausschließlich ein positiver Befund zu verwerten, negative Befunde sind als nicht aussagekräftig zu sehen.

Mikrobiologische Untersuchung bei Zierfischen

Material

Abstrichbesteck (»Tupfer«), für den Versand ins Labor mit Kohlemedium

Prinzip

Fische sind in ihrem aquatischen Lebensraum einer viel höheren Keimzahl ausgesetzt als das landlebende Wirbeltier. Natürliche Keimdichten liegen zwischen 10^2 bis 10^3 KBE/ml Wasser, in suboptimalen Haltungen kann die Keimdichte durchaus 10^6 KBE/ml Wasser oder mehr betragen. Auch aus diesem Grund sind viele Knochenfische mit Mukus überzogen, der in Form eines Biofilmes den Fisch schützt und (infektiöse) Noxen binden und eliminieren kann. Wird diese Schleimschicht, beispielsweise durch suboptimale Wasserwerte oder parasitäre Noxen, beschädigt, können sekundär bakterielle Keime aus der Umgebung und auch Wasserschimmelpilze in die geschädigte Haut eindringen. Es können lokal oberflächliche bis tiefe Ulzera in der Haut mit Verpilzung entstehen, aus denen sich in der Folge auch systemische, bakterielle Infektionen entwickeln können. Für die Diagnostik kann vor allem bei Zierfischen, die häufig nicht wie Nutzfische für eine diagnostische Tötung mit mikrobiologischer Untersuchung von Organmaterial zur Verfügung stehen, die Entnahme eines mikrobiologischen Tupferpräparates der veränderten Haut mit anschließender Untersuchung und Anfertigung eines Antibiogramms erforderlich sein. Wird die Tupferprobe zu einem Labor versendet, muss unbedingt beachtet werden, dass sie nicht austrocknet, nicht zu warm wird sowie zügig und dunkel zur Untersuchung gelangt. Das Untersuchungsspektrum sowie das gesamte Probenmanagement sollte zuvor mit dem Labor abgesprochen werden.

Technik

Die Entnahme eines Tupfers von veränderten Hautbereichen für die mikrobiologische Untersuchung ist bei Zierfischen dann von Bedeutung, wenn der Verdacht auf eine systemische oder lokale Primär- bzw. Sekundärinfektion besteht. Für die Entnahme wird ein steriles Abstrichbesteck so über die veränderten Bereiche geführt, dass der Tupfer gut mit Schleim und Bakterien durchtränkt wird. Dieser kann direkt ausgestrichen werden oder mittels Medium an ein Labor zur weiteren Bearbeitung gesendet werden. Die weitere mikrobiologische Differenzierung ist in aller Regel speziellen Laboratorien vorbehalten, da zur Diagnostik auch spezielle Nährboden verwendet und vom Säuger abweichende Bebrütungstemperaturen sowie -zeiten eingehalten werden müssen. In aller Regel dauert es länger als beim Säuger, bis ein mikrobiologisches Ergebnis mit Resistenztest vorliegt. Für die vom Säuger abweichende, mikrobiologische Methodik bei Fischen sei auch hier auf die weiterführende Literatur am Ende des Kapitels verwiesen.

Bewertung

Bei der Bewertung von mikrobiologischen Befunden müssen insbesondere die Primärerkrankung, die Wasserqualität, das klinische Bild und der differenzierte Keim berücksichtigt werden. Primärpathogene sind antibiotisch zu behandeln, fakultativpathogene Keime sollten nur dann therapiert werden, wenn nach Beseitigung aller anderen Ursachen keine Verbesserung des Gesundheitszustandes des Fisches eintritt oder bereits ein gestörtes Allgemeinbefinden auf eine systemische Infektion des Fisches hindeutet. Neuere Literaturquellen zeigen, dass auch innerhalb einer fakultativpathogenen bakteriellen Spezies deutliche Unterschiede in den Pathogenitätsmechanismen bestehen. So kann beispielsweise ein typischer, diagnostizierter Wasserkeim im Süßwasser wie *Aeromonas hydrophila* kaum oder hochgradig virulent sein. Auch hier muss für die fachliche Beurteilung insbesondere der klinische Befund mit einbezogen werden.

Sind mykotische Erkrankungen vorhanden, die klinisch ein wattebauschähnliches Aussehen haben, ist eine Speziesdifferenzierung in aller Regel nicht notwendig. Meistens handelt es sich bei diesen Pilzerkrankungen um Wundschmarotzer, die nach erfolgreicher Therapie der Primärursache von selbst verschwinden.

Virologische Untersuchung bei Zierfischen

Virologische Nachweise bei Zierfischen sind speziellen Laboratorien vorbehalten, weil viele Viruserkrankungen nur über spezielle Zellkulturen und/oder Molekularbiologie nachgewiesen werden können und unter Umständen tierseuchenrechtlich geregelt sind. Die meisten Viruserkrankungen können derzeit nur aus Organgewebe mit ausreichender Sicherheit diagnostiziert werden.

Untersuchung von Wasserproben

Material

Steriles, möglichst lichtdichtes Gefäß, Testsystem für Süß- bzw. Salzwasser (Tröpfchentest, Fotometer oder elektronisches Gerät), fachgerecht entnommene Wasserprobe (insbesondere ohne Lufteinschlüsse).

Prinzip

Die Untersuchung von Wasserproben auf die wichtigsten fischproblematischen Wasserparameter ist bei jeder Untersuchung essenziell (siehe auch Abschnitt Pathogenese von Fischkrankheiten). Prinzipiell ist dafür die Verwendung von folgenden Testsystemen möglich: Gängige Systeme arbeiten mittels Farbumschlag durch feste bzw. flüssige Indikatorsubstanzen (Teststreifen oder Tröpfchentests), kostenintensivere Systeme messen elektronisch. In der Routinefischpraxis hat sich die Anwendung von Tröpfchentests in Kombination mit elektronischen Messverfahren für bestimmte Parameter (z. B. für die Temperatur, den pH-Wert oder den Sauerstoffgehalt) bewährt. Teststreifen dienen nur als grobe Orientierung und sind somit für den Einsatz in der Tierarztpraxis nur eingeschränkt zu empfehlen.

Die mittels Tröpfchentests angezeigten Farbintensitäten können entweder durch Farbtafeln adspektorisch oder fotometrisch ihren entsprechenden Werten zugeordnet werden. Die Wasserprobe sollte mithilfe eines sterilen möglichst weithalsigen Gefäßes entnommen werden. Sofern die Wasserprobe nicht sofort untersucht werden kann, muss sie abgedunkelt und möglichst gekühlt transportiert werden. Für eine zeitlich versetzte Wasseruntersuchung muss die Wasserprobe bei einigen Parametern gegebenenfalls (chemisch) konserviert werden; einige Parameter wie die Temperatur oder der Sauerstoffgehalt können aussagekräftig nur direkt an frisch entnommenen Wasserproben bestimmt werden.

Technik

Bei jeder Wasseruntersuchung sollte vor dem eigentlichen Messvorgang zunächst eine sensorische Überprüfung des Wassers durchgeführt werden: Es sollten mindestens Aussagen zur Trübung, zu eventuellen untypischen Gerüchen und zur Farbe getroffen werden. So kommt es z. B. vor, dass Brunnenwasser für den Teich verwendet werden soll, welches Schwebstoffe, nicht oxidiertes Eisen oder gar Faulgase wie Schwefelwasserstoff enthält. Sofern die Wasserproben nicht unmittelbar untersucht werden können, müssen insbesondere die Temperatur und der Sauerstoffgehalt vor Ort gemessen bzw. bei der Anamnese erfragt werden.

In Süßwasserproben sollten für jede Untersuchung mindestens folgende Parameter erfasst werden: Die Wassertemperatur, der pH-Wert, die Werte des Stickstoffkreislaufes (Ammonium, Nitrit, Nitrat), die Gesamt- und Karbonathärte sowie der Sauerstoffgehalt. Aus Meerwasserproben sollten mindestens neben der Temperatur, dem pH-Wert und den Parametern des Stickstoffkreislaufes die Karbonathärte, die Dichte und der Sauerstoffgehalt bestimmt werden. Für die Untersuchung weiterer, durchaus relevanter Wasserparameter, wie z. B. den Schwermetallen, hierbei vor allem Kupfer, sind entsprechende Testkits erhältlich. Bei spezifischen Fragestellungen können auch spezialisierte Laboratorien weiterhelfen.

Bewertung

Die Aufstellung von Referenzbereichen hinsichtlich der Wasserqualität ist aufgrund der mannigfaltigen Lebensräume und Fischarten sowie ihrer Anpassungsfähigkeit an das umgebende Wasser schwierig. Die in **Tabelle 40.4** beispielhaft angegebenen Werte – wie auch die Werte aus anderen Literaturquellen – sollten deshalb nicht als starre Grenzen, sondern vielmehr als unbedenkliche Bereiche verstanden werden. Als Orientierung für Süßwasserfische kann das Gutachten über Mindestanforderungen an die Haltung von Zierfischen des Bundesministeriums für Landwirtschaft und Forsten von 1998 empfohlen werden. Die dort angegebenen Werte sind Richtwerte für die Haltung der genannten Fischarten. Für die dauerhafte Pflege sind dabei mittlere Werte anzustreben. Zur Zucht, zu Therapiezwecken oder zur Eingewöhnung importierter Fische können kurzfristig Abweichungen der angegebenen Wasserparameter erforderlich sein. Im einzelnen Fall wie auch bei Meerwasserfischen ist auch weiterführende Literatur zu verwenden.

Blutuntersuchung

Material

weitlumige Kanüle (0,8–0,9 mm), Gerinnungshemmer, Einmalspritze (2–5 ml)

Prinzip

Das Blut macht bei modernen Knochenfischen etwa 3–4 %, bei Knorpelfischen (Haie und Rochen) etwa 5–8 % der Körpermasse aus, wobei – Säugetierkriterien vergleichend angesetzt – kein klassisch aufgebautes Lymphsystem existiert. Allerdings beträgt die Menge des Lymphvolumens etwa das Vierfache der Blutmenge.
Eine Untersuchung des Blutes ist auch bei Fischen möglich: Allerdings ist die Indikationsstellung und Anwendung derzeit nicht so umfangreich wie beim Säugetier (siehe auch Allgemeines). Eine Blutuntersuchung eignet sich in der Praxis – über alle Fischarten betrachtet – somit eher zum Nachweis von Blutparasitenstadien, wie z. B. Trypanoplasmen, oder auch zur Klärung von septikämischen Erkrankungen als zum Nachweis von inneren Erkrankungen. Vorhandene einzellige Blutparasiten oder deren Vermehrungsstadien können nach Blutentnahme direkt und nativ und/oder nach Anfärbung des Ausstriches mit einer modifizierten Färbung nach Pappenheim mikroskopisch diagnostiziert werden.
Die Interpretation der klassischen Blutparameter ist derzeit nur Erfolg versprechend, wenn bereits Werte desselben Fisches oder von Fischen desselben Bestandes im ungestressten, gesunden Zustand vorhanden sind. Insbesondere das Differenzialblutbild ist nur im Rahmen einer vergleichenden Verlaufskontrolle hilfreich. Viele Blutparameter werden durch die Blutentnahme selbst beeinflusst, da immer Stress beim Fisch induziert wird.

Daher muss für eine aussagekräftige Beurteilung die Technik der Blutentnahme immer identisch sein: Es sollte dafür eine eigene, stets gleich ablaufende Technik entwickelt werden. Nur unter diesen Voraussetzungen reduzieren sich die vorkommenden Schwankungen bei den Parametern auf ein Minimum und liefern bessere Ergebnisse.

Technik

Die Entnahme einer Blutprobe darf aus fachlicher Sicht nur am ruhig gestellten Fisch durchgeführt werden. Generell sollte zur Vermeidung von Schockgeschehen nicht mehr als 0,3–0,5 ml Blut pro 100 g Fischgewicht abgenommen werden. Für die Blutentnahme sollte generell eine weitlumige Kanüle von 0,8–0,9 mm Durchmesser verwendet werden, da die Erythrozyten durch ihren Kern größer als bei Säugetieren sind. Eine Punktion des Herzens – wie auch in der Literatur beschrieben – sollte aus Tierschutzgründen wegen der Gefahr einer Herztamponade nicht durchgeführt werden.
Das Vorgehen bei der Blutentnahme ist primär von der Fischgröße abhängig. Kleinere Blutmengen können insbesondere bei sehr großen Fischen mittels einer Glaskapillare aus den Kiemenlamellen entnommen werden. Für größere Volumina empfiehlt sich die Punktion der *Vena cava* im Schwanzbereich von ventral und median in dorsaler Stichrichtung. Die Nadel wird dazu unter leichter Aspiration kaudal der Afterflosse unter Schutz der gemeinsamen Genital-Afteröffnung bis zur Wirbelsäule vorgeschoben, dann leicht zurückgezogen, und ggf. etwas gedreht, bis das Blut in die Spritze fließt. Bei größeren Fischen empfiehlt sich der laterale Einstich kaudal der Afterflosse, etwas ventral der Wirbelsäule in kraniodor-

somedianer Richtung bis zur Wirbelsäule (**Abb. 40.5**).
Entnommenes Blut gerinnt außerhalb des Fisches sehr schnell, was durch Stress seitens des Fisches verstärkt werden kann. In aller Regel ist somit die Verwendung eines Blutentnahmemediums angezeigt. Als Antikoagulans hat sich (Lithium-)Heparin (50–100 USP U/ml) bewährt. Das Blutentnahmeröhrchen oder die Einmalspritze können zuvor mit Lithium-Heparin gespült werden. Mit Lithium-Heparin bedampfte Kügelchen können alternativ verwendet werden.

EDTA sollte als Gerinnungshemmer nicht eingesetzt werden, da es eine Erythrozytenlyse verursachen kann.

Für die Gewinnung von Plasma wird das entnommene Blut vorsichtig (bei etwa 500–600 g) abzentrifugiert. Unter Umständen kann das Plasma auch durch Stehenlassen der Blutprobe, allerdings dann in geringeren Anteilen, gewonnen werden.
Für die Bestimmung des Hämatokritwertes kann die Mikrohämatokritmethode in Spezialzentrifugen empfohlen werden, wobei deutliche Fischartenunterschiede hinsichtlich der Senkungsgeschwindigkeit bestehen: Generell können 3000 U/min für 3 Minuten als Zentrifugationsbedingungen empfohlen werden; es können jedoch auch fischartenabhängig höhere Geschwindigkeiten notwendig sein. Hämoglobin kann mittels der Zyan-Methämoglobin-Methode bestimmt werden, bei der über eine fotometrische Messung der Farbintensität des entstehenden Cyanmethämoglobins die Konzentration bestimmt wird. Hämoglobin befindet sich bei den meisten Knochenfischen in den Erythrozyten, einige polare Fische besitzen kein Hämoglobin, da unter den kalten Bedingungen der Sauerstoff gelöst im Plasma transportiert wird. Generell existiert eine beachtliche Variation im Fisch-

Abb. 40.5 Blutentnahme bei einem narkotisierten Koi *(Cyprinus carpio)*. Der Koi befindet sich auf einer feuchten Unterlage.

hämoglobin: Bis zu vier unterschiedliche Typen sind in einem Individuum gefunden worden. Außerdem können viele Fischarten Hämoglobin in unterschiedlichen Entwicklungsstufen aufweisen. Auch das Beispiel des Hämoglobins zeigt, dass die Anwendung der klassischen Labormethoden (momentan) in der Praxis schwierig ist.
Die Bestimmung der Erythrozyten-, Leukozyten- sowie Thrombozytenzahl erfolgt in der Neubauer-Zählkammer; automatisierte Zählverfahren haben insbesondere wegen der kernhaltigen Erythrozyten noch keinen Einzug in die Routinediagnostik gefunden. Die Zählung in der Neubauer-Zählkammer läuft analog zu der bei anderen Vertebraten, wobei generell die Färbelösung nach Natt und Herrik (1952), nach Shaw (1930) oder Dacie's Lösung (Blaxhall und Daisley 1973, siehe auch Roberts und Schlotfeldt 1985) gute Ergebnisse liefert.
Für die Erstellung eines Differenzialblutbildes können die Ausstriche neben einer Färbung nach Pappenheim (Romeis 1989) auch mittels eines Schnellfärbeverfahrens (z. B. Diff-Quick®) angefärbt werden. Generell sind Granulozyten (Neutrophile, Eosinophile, Basophile, [Heterophile]), Lymphozyten, Monozyten sowie Thrombozyten differen-

zierbar. Die Bezeichnung der Granulozyten in der Literatur ist aufgrund ihres unterschiedlichen Färbeverhaltens uneinheitlich und vielfach verwirrend. Thrombozyten und Lymphozyten können nur schwer unterschieden werden. Die in der Literatur beschriebene Anzahl von Lymphozyten ist sehr unterschiedlich, so dass der diagnostische Nutzen (momentan) nicht zweifelsfrei ist. Für spezielle Fragestellungen sei auf weiterführende Literatur am Ende des Kapitels verwiesen.

Bewertung

Für die Bewertung der bestimmten Parameter sei auf die wenigen, zugänglichen Referenzwerte, die Problematik der Extrapolierung auf andere Fischarten sowie die zahlreichen, beeinflussenden Faktoren verwiesen (Referenzwerte Karpfen: s. **Tab. 40.1–40.3**). Bei einer Bewertung ist vor allem zu beachten, dass eine Erhöhung der Wassertemperatur in aller Regel auch eine Erhöhung der Erythro-, Thrombo-, Gesamtleuko- sowie Granulo- und Lymphozyten bedingt. So wird beim Karpfen in aller Regel bei etwa 25 °C ein Maximum an Blutzellen erreicht.

Auch beim Karpfen können Thrombo- und Lymphozyten leicht verwechselt werden.

Tab. 40.1 Hämatologische Parameter des Karpfens *(Cyprinus carpio)* (n. b. = nicht bestimmt)

Parameter	**Autoren**			
	Hilge (1980)	**Kakuta et al. (1992) (13–23 °C)**	**Groff und Zinkl (1999)**	**Meyer (2001, 2002) (18–22 °C) Negenborn (2009) (20 °C)**
Erythrozyten [Tera Erythozyten/l]	1,48–1,71	1,27 ± 0,085	1,67 ± 0,08 (16 °C)	1,67 ± 0,40 1,91 ± 0,17
Hämatokrit [l/l]	0,33–0,45	0,31 ± 0,01	0,33 ± 0,015 (16 °C)	0,38 ± 0,28 0,36 ± 0,03
Hämoglobin [g/l]	87–109	81 ± 6,2	82 ± 3,6 (16 °C)	104,7 ± 25,8 80 ± 9,6
Leukozyten [1000/µl]	n. b.	n. b.	37,8 ± 2,88 (17 °C)	n. b. 6,86 ± 1,93
neutrophile Granulozyten [%]	n. b.	n. b.	3–10 (19 °C)	n. b. 4,6 ± 3,7
eosinophile Granulozyten [%]	n. b.	n. b.	0,5–1 (19 °C)	n. b. n. b.
basophile Granulozyten [%]	n. b.	n. b.	0,5–1,5 (19 °C)	n. b. n. b.
Lymphozyten [%]	n. b.	n. b.	88–93 (19 °C)	n. b. 94 ±4,9
Monozyten [%]	n. b.	n. b.	0,5–2 (19 °C)	n. b. 1,4 ± 0,3
Thrombozyten [1000/µl]	n. b.	n. b.	12,6 ± 3,5 (23 °C)	n. b. 3,4 ± 0,8 %
MCV [µm^3]	191,8–211	243 ± 8,9	202 ± 5,5 (16 °C)	237,14 ± 47,7 189 ± 0,9
MCH [pg]	55,6–66	64 ± 3,7	49,1 (16 °C)	64,63 ± 18,48 41,8 ± 2,1
MCHC [g/l]	233–292	260 ± 23	240 (16 °C)	276,7 ± 69,9 221,6 ± 3,1

Die Haltungstemperatur ist jeweils in Klammern angegeben

Tab. 40.2 Osmolarität und Elektrolytkonzentrationen im Plasma von Karpfen *(Cyprinus carpio)*

Parameter	Autoren				
	Kakuta et al. (1992) (13–23 °C)	Groff und Zinkl (1999) (17 °C)	Meyer (2001, 2002) (18–22 °C)	Palmeiro et. al. (2007) (19–20 °C)	Negenborn (2009) (20 °C)
Osmolarität [mOsm]	258,0 ± 11,2	274 ± 3	280 ± 11,93		281 ± 3,9
Natrium [mmol/l]	120,8 ± 9,31	130,3 ± 1,4	138,56 ± 3,51	133(110–143)	133,4 ± 3,26
Kalium [mmol/l]	3,2 ± 0,68	2,93 ± 0,11	0,28 ± 0,09	(1) 0,19 ± 0,2 (2) 1,4 (0–2,9)	0,41 ± 0,21
Kalzium [mmol/l]	5,68 ± 1,22	8,5 ± 0,8 mg/dl	1,66 ± 0,60	(1) 0,09 ± 0,07 (2) 2,83 (2,03–5)	2,12 ± 0,43
Magnesium [mmol/l]	1,28 ± 0,401	3,0 ± 0,4 mg/dl	1,30 ± 0,20		1,07 ± 0,21

Natrium und Chlorid sind die primären Osmoregulationselektrolyte, die vor allem in Abhängigkeit der Salinität des Wassers und der Jahreszeit schwanken. Starker Stress, wie z. B. bei Infektionskrankheiten oder durch extreme Temperaturen, führen zum Verlust von Natrium und Chlorid. Kalium steigt bei starken Stresssituationen in aller Regel an, Kalzium und Magnesium nehmen bei Infektionskrankheiten in aller Regel ab.

Tab. 40.3 Gesamtprotein im Blut vom Karpfen *(Cyprinus carpio)*

Parameter	Autoren							
	Hilge (1980)	Amlacher (1992)	Oesterreich (1996)	Böttcher (1998)	Groff und Zinkl (1999)	Meyer (2001, 2002)	Palmeiro et. al. (2007)	Negenborn (2009)
Plasma/ Serum	Plasma	Serum	Serum	Plasma	Plasma	Plasma	Plasma	Plasma
Proteine [g/l]	30,9–40,8	34,7–40,8	23–38	21,3–37,6	25–35	34,06 ± 4,29	(1) 6 ± 4,29 (2) 30 (20–45)	31,97 ± 3,51

Plasmaproteine nehmen bei steigender Umgebungstemperatur zu; bei starker Stresseinwirkung, in der Fortpflanzungszeit oder bei Infektionskrankheiten ab.

Tab. 40.4 Ausgewählte Haltungsparameter für eine langfristige Pflege/Gesunderhaltung (auf Grundlage des Gutachtens über die Anforderungen an die Haltung von Zierfischen, modifiziert)

Fischart	Temperatur [°C]	pH	Gesamthärte [°dH]
(Koi-)Karpfen *(Cyprinus carpio)*	18–28	6,5–8,5	<30
Goldfisch *(Carassius auratus)*	18–28	6,5–8,5	<30
Diskus *(Symphysodon aequifasciatus)*	26–31	5,0–7,0	<15
Neon *(Paracheirodon axelrodi)*	24–30	5,0–7,0	<15
Lebendgebärende Zahnkarpfen: Black Molly *(Poecilia sphenops)*, Guppy *(Poecilia reticulata)*, Platy *(Xiphophorus maculatus)*, Schwertträger *(Xiphophorus helleri)*	24–28	6,5–8,5	15–30
Süßwasserstechrochen (*Potamotrygon* sp.)	25–30	6,5–8,5	<25
Meerwasserfische aus dem Indopazifik	24–26	8,0–8,5	Karbonathärte 7–15 Salinität/Dichte: s. u.

Die o. g. Werte sind nicht als starre Grenzen zu sehen. Zur Zucht, zu Therapiezwecken oder zur Eingewöhnung importierter Fische (Wildfänge) können (kurzfristig) Abweichungen der angegebenen Wasserparameter erforderlich sein. Zudem gelten langjährig in Aquarien gezüchtete Fische als anpassungsfähiger als Wildfänge. Ammoniak darf, Ammonium und Nitrit sowie Schwermetalle sollten generell nicht im Wasser nachweisbar sein. Dies trifft auch auf Phosphat zu (v. a. im Meerwasser mit Korallenhaltung/Riffbecken), Nitrat sollte im Süßwasser 100–150 mg/l nicht überschreiten, im Meerwasserriffbecken sollte es nur in geringen Mengen nachweisbar sein, Dichte Meerwasser: Indopazifik: 1021–1025 g/cm^3 bei 25 °C.

Literatur

Amlacher E. Taschenbuch der Fischkrankheiten – Grundlagen der Fischpathologie. 6. Aufl. Stuttgart, Jena: Gustav Fischer 1992.

Austin B, Austin DA. Diseases in Farmed und Wild Fish – Bacterial Fish Pathogens. New York: John Wiley & Sons 1987.

Blaxhall PC, Daisley KW. Routine haematological methods for use with fish blood. J Fish Biol 1973: 5(6): 771–81.

Bly JE, Clem LW. Temperature and teleost immune functions. Fish Shellfish Immunol 1992; 2(3): 159–71.

Böttcher K. Untersuchungen zu klinisch-chemischen Parametern im Blutplasma von Karpfen *(Cyprinus carpio)*. Hannover: Dissertation, Tierärztliche Hochschule 1998.

Bundesministerium für Landwirtschaft und Forsten. Gutachten über die Anforderungen an die Haltung von Zierfischen (Stand: 30. Dezember 1998). www.bmelv.de.

Campbell TW. Tropical Fish Medicine. Fish cytology and haematology. Vet Clin North Am 1988; 18(2): 347–64.

Dombrowski H. Untersuchungen über das Blut des Karpfens (*Cyprinus carpio* L.) und einiger anderer Süßwasserfischarten. Biol Zentralbl 1953; 72: 182–95.

Ellis AE. The immunology of teleosts. In: Roberts RJ, Hrsg. Fish Pathology. 2. Aufl. London: Baillière Tindall 1989; 135–54.

Evans, DH. Osmotic and ionic regulations. In: Evans DH, Hrsg. The Physiology of Fishes. Florida: Boca Raton CRC Press 1993; 315–41.

Groff JM, Zinkl JG. Hematology and clinical chemistry of cyprinid fish. Vet Clin North Am: Exotic animal practice 1999; 2(3): 741–76.

Hilge V. Long-term observation on blood parameters of adult mirror carp (*Cyprinius carpio* L.) held in a close warm water system. Arch Fischereiwiss 1980; 31(1): 41–50.

Kakuta I, Naba K, Uematsu K, Murachi K. Effects of hypoxia on renal function in carp, *Cyprinus carpio*. Comp Biochem Physiol 1992; 101(4): 769–74.

Karnaky I. Osmotic and ionic regulations. In: Evans DH, Hrsg. The Physiology of Fishes. Florida: Boca Raton CRC Press 1993; 157–67.

Kleingeld DW, Steinhagen D, Hrsg. Der Weg zum gesunden Fisch. Tagungsband der XII. Gemeinschaftstagung der Deutschen, Österreichischen und Schweizer Sektionen der European Association of Fish Pathologists (EAFP) 8.–10.10.2008 in Jena. 2009.

Leatherland JF, Woo PTK, Hrsg. Fish Diseases and Disorders, Volume 2: Non-infectious Disorders. Wallingford, Oxfordshire, UK: CABI Publishing 1998.

Lechleiter S, Kleingeld DW. Krankheiten der Koi und anderer Gartenteichfische. 3. aktualisierte Aufl. Stuttgart: Ulmer 2005.

Meyer C, Ganter M, Körting W, Steinhagen D. Effects of a parasite-induced nephritis on osmoregulation in common carp *Cyprinus carpio*. Dis Aquat Organ 2002; 50(2): 127–35.

Natt MP, Herrick CA. A new blood diluent for counting the erythrocytes and leukocytes of the chicken. Poult Sci 1952; 31: 735–8.

Negenborn J. Klinisch-chemische Parameter im Blut und Urin von Karpfen unter Infektion mit dem Koi-Herpesvirus. Hannover: Dissertation, Tierärztliche Hochschule 2009.

Oesterreich B. Goussia carpelli – Kokzidiose des Karpfens – Hämatologische Untersuchungen. Hannover: Dissertation, Tierärztliche Hochschule 1996.

Palmeiro BS, Rosenthal KL, Lewbart GA, Shofer FS. Plasma biochemical reference intervals for koi. J Am Vet Med Assoc 2007; 230(5): 708–12.

Roberts RJ, Schlothfeld HJ, Hrsg. Grundlagen der Fischpathologie. Berlin und Hamburg: Parey 1985.

Roberts RJ, ed. Fish Pathology. 2. Aufl: London: Baillière Tindall 1989.

Roberts RJ, ed. Fish pathology. 3rd ed. Wiley-Blackwell 2012.

Romeis B, Hrsg. Mikroskopische Technik, Stain for the panoptic staining according to Pappenheim. München: Urban & Schwarzenberg 1989.

Schäperclaus W, Hrsg. Fischkrankheiten. 5. Aufl. Berlin: Akademie-Verlag 1990.

Schreckenbach K, Hrsg. Anpassung von Fischen an Temperaturänderungen. Aquakultur und Fischereiinformationen. Rundbrief der Fischereibehörden, des Fischgesundheitsdienstes und der Fischereiforschungsstelle Baden-Württemberg 2001; 2: 9–11.

Shaw AFB. A direct method for counting leucocytes, thrombocytes and erythrocytes of birds' blood. J Path Bact 1930; 33: 833–5.

Sniezko SF. The effects of environmental stress on outbreaks of infectious diseases of fishes. J Fish Biol 1974; 6(2): 197–208.

Stoskopf MK, Hrsg. Fish Medicine. Philadelphia, London: WB. Saunders 1993.

Wildgoose WH. In: Wildgoose WH, Hrsg. BSAVA Manual of ornamental fish – second edition. Gloucester: British Small Animal Veterinary Association 2001; 262–3.

Woo PTK, Hrsg. Fish Diseases and Disorders, Volume 1: Protozoan and Metazoan Infections. 2nd ed. Wallingford, Oxfordshire, UK: CABI Publishing 2006.

Woo PTK, Bruno DW, Hrsg. Fish Diseases and Disorders, Volume 3: Viral, Bacterial and Fungal Infections. Wallingford, Oxfordshire, UK: CABI Publishing 1999.

41 Klinische Labordiagnostik in der pharmazeutischen Industrie

Martina Stirn

41.1 Einleitung

Bevor neue Medikamente am Menschen eingesetzt werden dürfen, fordern Zulassungsstellen weltweit die Untersuchung von möglichen Sicherheitsrisiken in Tierversuchen. Dabei erreichen nur ein bis zwei von 10 000 untersuchten Substanzen den Verbrauchermarkt (Poitout-Belissent und McCartney 2010) und die Kosten für die Entwicklung eines neuen Medikaments lagen 2005, bei einer Entwicklungszeit von 10–15 Jahren, im Durchschnitt bei 1,3 Billionen Dollar (Pharmaceutical Research and Manufacturers of America 2010). Zum besseren Verständnis wird im Folgenden kurz der Prozess der Medikamentenentwicklung dargestellt (Schultze et al. 2008), wobei die veterinärmedizinische Labordiagnostik vor allem in den Phasen 1–3 zum Einsatz kommt:

1. **Entdeckung von Substanzen (»Drug Discovery«)**
   - Suche nach Substanzen, die bestimmte zelluläre oder genetische Faktoren angreifen, die eine Schlüsselrolle im Pathomechanismus von Erkrankungen spielen
   - In-vitro- oder In-vivo-Studien an Tiermodellen, um die Wirksamkeit der Substanzen zu testen
2. **Lead Optimierung**
   - frühe Wirksamkeits- und Sicherheitsstudien (in vitro oder in vivo) mit dem Ziel, Substanzen mit Entwicklungspotenzial zu identifizieren und Moleküle mit geringer Erfolgswahrscheinlichkeit auszusortieren
   - endet mit dem sog. »candidate selection point«, d. h., eine einzelne Substanz wird identifiziert, die in die Evaluationsphase (»candidate evaluation phase«) übergeht
3. **Evaluationsphase (»candidate evaluation«)**
   - beinhaltet die präklinischen Tierversuche, die eng von Zulassungsstellen reguliert sind und unter Good-Laboratory-Practice-(GLP-)Richtlinien durchgeführt werden
   - Typischerweise müssen Substanzen an einer Nagertierart (Ratte, Maus) und einer Nicht-Nagertierart (Hund, Primat, Minischwein) getestet werden.
   - Basierend auf den Ergebnissen dieser präklinischen Studien, die klinische Untersuchungen, klinische und anatomische Pathologie sowie Toxikokinetik beinhalten, wird der sog. NOAEL (»no observed adverse effect level«) etabliert.
4. **Klinische Studien**
   - Studien am Menschen, um Wirksamkeit und Sicherheit zu bestimmen
   - insgesamt drei verschiedene Phasen, die im Idealfall mit dem Antrag auf Zulassung bei den Zulassungsbehörden einhergehen
5. **Markteinführung**

41.2 Richtlinien der Zulassungsbehörden

Wie bereits erwähnt, sind die notwendigen Tierversuche im Rahmen der Evaluationsphase eng von Zulassungsstellen wie der

United States Food and Drug Administration (FDA) und der European Medicines Agency (EMEA) kontrolliert, deren Richtlinien und Empfehlungen nur geringgradig voneinander abweichen. Im Allgemeinen werden akute, subakute, chronische und Karzinogenitätsstudien benötigt. Bei **akuten Studien** wird die Substanz einmalig in unterschiedlichen Dosen verabreicht, gefolgt von einer 14-tägigen Beobachtungsphase. Bei den **subakuten** und **chronischen Toxizitätsstudien** wird die Substanz mehrmalig über 2–4 Wochen bzw. für sechs oder mehr Monate in unterschiedlichen Dosen gegeben, wohingegen bei **Karzinogenitätsstudien** die Substanz nahezu lebenslang an Nager verabreicht wird (Reagan et al. 2010). Bezüglich der empfohlenen labordiagnostischen Untersuchungen in Toxizitätssudien berufen sich die Zulassungsbehörden überwiegend auf zwei Positionspapiere aus den 1990er Jahren (Weingand et al. 1996, 1992). Neuere Expertenempfehlungen existieren nur für die Beurteilung von Leberveränderungen (Boone et al. 2005). Die wichtigsten Empfehlungen sind in **Tabelle 41.1** zusammengefasst, wobei zu beachten ist, dass z. T. leicht gegensätzliche Angaben in den Literaturverweisen zu finden sind und sich in der Praxis im Laufe der Jahre teilweise leicht abgeänderte Protokolle etabliert haben.

Tab. 41.1 Zusammenfassung der wichtigsten Empfehlungen bezüglich labordiagnostischer Untersuchungen in Toxizitätsstudien (nach Boone et al. 2005, Weingand et al. 1996, 1992, Reagan et al. 2010). Hierbei handelt es sich um minimale Empfehlungen, je nach eingesetzter Tierart können einzelne Parameter auch variieren.

Parameter	Empfehlung
Zeitpunkte der Blutentnahme	• vor Behandlungsbeginn – nur bei Nichtnagern • 2–4-Wochen-Studien – innerhalb von 7 Tagen nach Behandlungsbeginn – am Ende der Studie • 13-Wochen-Studien – ca. 4 Wochen nach Behandlungsbeginn – am Ende der Studie • chronische und Karzinogenitätsstudien – zirca 13, 26 und 52 Wochen nach Behandlungsbeginn – nach der 52. Woche sind die labordiagnostischen Ergebnisse bei Nagern häufig von natürlich vorkommenden Erkrankungen beeinflusst. Daher sind keine quantitativen Untersuchungen angeraten, sondern nur die Anfertigung eines Blutausstriches zur qualitativen Untersuchung von möglichen hämatopoetischen Tumoren.
empfohlene Gerinnungsparameter	• Prothrombinzeit • aktivierte partielle Thromboplastinzeit • Thrombozytenzahl

Tab. 41.1 (Fortsetzung)

Parameter	Empfehlung
empfohlene Hämatologieparameter	• Gesamtleukozytenzahl • absolutes Differenzialblutbild • Erythrozytenzahl • Hämoglobinkonzentration • Hämatokrit • MCV • MCH • MCHC • Thrombozytenzahl • absolute Retikulozytenzahl • Knochenmarksausstriche[1]
empfohlene klinisch-chemische Parameter	• Glukose • Harnstoff • Kreatinin • Gesamteiweiß, inkl. Albumin und Globulin • Elektrolyte (Kalzium, Phosphor, Natrium, Kalium, Chlorid) • Cholesterol • Alaninaminotransferase • Aspartataminotransferase • alkalische Phosphatase • Gesamtbilirubin
empfohlene Parameter im Urin	• Volumen • Makroskopie (Farbe und Trübung) • spezifisches Gewicht/Osmolalität • pH-Wert • Protein (quantitativ oder semiquanititativ) • Glukose (quantitativ oder semiquantitativ)

1 Nur notwendig, wenn unerklärte Veränderungen in der hämatologischen Untersuchung oder der histopathologischen Untersuchung des Knochenmarks vorhanden sind.

41.3 Interpretation von Ergebnissen

Der Hauptunterschied hinsichtlich der Evaluierung und Interpretation von Ergebnissen aus präklinischen Toxizitätsstudien besteht darin, dass Gruppen von Tieren beurteilt werden, und Tiere, die nur mit Vehikel behandelt wurden, als Vergleich dienen. Das heißt, eine Beurteilung von Einzeltierergebnissen findet in der Regel nicht statt. Bei Studien mit Nichtnagern wird üblicherweise vor Beginn der Behandlung ebenfalls Blut für labordiagnostische Untersuchungen entnommen. Diese Resultate dienen genauso als Vergleichsergebnis, wie die Resultate von Kontrollgruppen (in Kurzzeitstudien möglicherweise nicht vorhanden) (Poitout-Belissent und McCartney 2010).

Die Ergebnisinterpretation soll letztendlich die Unterscheidung erlauben, ob vorhandene Veränderungen durch die Behandlung mit der Substanz bedingt sind, oder das Ergebnis von studienbedingten Prozeduren bzw. analytischen oder biologischen Variationen. Folgende Punkte müssen dabei in Betracht gezogen werden, um substanzbedingte Veränderungen zu erkennen (Poitout-Belissent und McCartney 2010):

- Vorhandensein einer Dosisabhängigkeit (d. h. die vorhandenen Veränderungen nehmen mit zunehmender Dosis in ihrer Amplitude zu): Obgleich das Fehlen einer Dosisabhängigkeit eine substanzbedingte Veränderung nicht komplett ausschließt, wird in der Regel erwartet, dass substanzbedingte Veränderungen in präklinischen Studien eine Dosisabhängigkeit zeigen.
- bekannte Effekte der untersuchten Substanzgruppe
- Korrelation mit klinischen sowie histopathologischen Ergebnissen

Vor allem bei Nagerstudien werden parametrische oder nichtparametrische statistische Tests bei der Ergebnisinterpretation zu Hilfe genommen (Poitout-Belissent und McCartney 2010). Allerdings können auch Veränderungen ohne biologische oder toxikologische Signifikanz statistisch signifikant sein bzw. können toxikologisch signifikante Veränderungen vorhanden sein, die keine statistische Signifikanz aufweisen (Carakostas und Banerjee 1990). Die Ergebnisse der statistischen Untersuchungen sollten daher mit Vorsicht interpretiert werden und ersetzen nicht den Vergleich von individuellen Ergebnissen mit denen der Kontrollgruppe. Weiterhin ist zu beachten, dass Ausreißer die statistischen Untersuchungen sowie die Berechnung von Mittelwert und Standardabweichung beeinflussen werden.

> Als **Ausreißer** werden extreme individuelle Werte bezeichnet, die deutlich vom Mittelwert der restlichen Gruppe abweichen (Poitout-Belissent und McCartney 2010).

Neben technischen Fehlern kommen vor allem Erkrankungen, die unabhängig von der verabreichten Substanz auftreten, als Ursache infrage. Wenn möglich, sollten Ausreißer mit klinischen und/oder histopathologischen Ergebnissen korreliert werden. In einigen Fällen ist es hilfreich, die statistischen Auswertungen nach Ausschluss von Ausreißerwerten zu wiederholen.

Um möglichst robuste Daten zu erhalten und die biologische Variation so klein als möglich zu halten, müssen zahlreiche präanalytische Variablen kontrolliert werden. Hierzu gehören unter anderem Alter, Geschlecht, Herkunft der Tiere, Futteraufnahme, Anästhesie, Unterkunft und Umgang mit den Tieren, Zeitpunkt der Blutentnahme und Umgang mit den entnommenen Blutproben (Reagan et al. 2010).

Das letztendliche Ziel der präklinischen Toxizitätsstudien ist die Festlegung von sicheren Bedingungen für den Einsatz einer Substanz im Menschen. Hierfür werden NOEL (»no observed-effect level«) und NOAEL (»no observed-adverse-effect-level«) festgelegt (Boone et al. 2005):

NOEL = der höchste Expositionslevel, bei dem keine Effekte (»adverse« oder »nonadverse«) vorhanden sind (als Vergleichsgruppe dient immer die Kontrollgruppe, welche nur mit Vehikel behandelt wurde)

Adverse = biochemische, morphologische oder physiologische Veränderungen, die alleine oder in Kombination die Leistungsfähigkeit des Gesamtorganismus negativ beeinflussen oder die Fähigkeit des Organismus, auf zusätzliche Umwelteinflüsse zu reagieren, einschränken

NOAEL = der Expositionslevel, bei dem keine »adversen« Effekte vorhanden sind

Hieraus wird schnell ersichtlich, dass die wichtigste Herausforderung ist, festzulegen, ob ein Effekt »adverse« oder »nonadverse« ist, wobei hierfür alle Ergebnisse (klinische, labordiagnostische, [histo-]pathologische) im Zusammenhang beurteilt werden. Mehrere diskriminierende Faktoren werden zudem zu Hilfe genommen. Ein Effekt ist mit höherer Wahrscheinlichkeit »nonadverse«, wenn folgende Bedingungen zutreffen (Lewis et al. 2002):

- kein Effekt auf die Funktion des Gesamtorganismus
- Es handelt sich um einen adaptiven Effekt (z. B. Erhöhung der Retikulozytenzahl bei Medikamenten, die eine Hämolyse verursachen; die Veränderungen in der RBC-Zahl sind möglicherweise »adverse«, nicht jedoch die Erhöhung der Retikulozytenzahl [Poitout-Belissent und McCartney 2010]).
- Der Effekt ist transient.
- Der Schweregrad ist nur gering.
- Es handelt sich um eine isolierte Veränderung, d. h. andere assoziierte Parameter sind nicht verändert.
- Der Effekt ist kein Vorläufer, d. h. es wird nicht erwartet, dass der beobachtete Effekt sich zu einem »adverse« Effekt entwickelt.
- Der Effekt ist sekundär zu einem anderen »adverse« Effekt.
- Konsequenz eines Tiermodells

Neben der Beurteilung, ob vorhandene Effekte substanzbedingt und »adverse« oder »nonadverse« sind, ist es die Aufgabe des klinischen Pathologen, unter Einbeziehung von klinischen sowie (histo-)pathologischen Ergebnissen mögliche zugrunde liegende pathophysiologische Mechanismen zu erkennen und erklären. Hierfür sind genau wie bei der Beurteilung von Patientenergebnissen genaue Kenntnisse der Physiologie und klinischen Labordiagnostik nötig, wobei einige speziesspezifische Besonderheiten zu beachten sind. Einige wichtige Punkte werden im Folgenden genannt, wobei eine vollständige Erläuterung der klinischen Pathologie von Nagern und Primaten außerhalb des Ziels dieses Kapitels liegt:

- **Leber:** Als Indikatoren für hepatozellulären Schaden werden bei Hund, Ratten und Primaten die Messung der ALT und AST Aktivitäten empfohlen, wobei die ALT-Aktivität spezifischer und sensitiver ist. Als Indikatoren für hepatobiliären Schaden dienen die ALP-Aktivität sowie Gesamtbilirubin. Bei der Ratte ist zu beachten, dass intestinale ALP den Hauptanteil des zirkulierenden Enzyms ausmacht und eine transiente ALP-Erhöhung nach der Futteraufnahme bzw. eine Verminderung der ALP bei fehlender Futteraufnahme vorhanden sein kann (Boone et al. 2005; Loeb 1999). Provost et al. konnten zeigen, dass die Triglyzeridkonzentration bei Ratten, die mit verschiedenen lebertoxischen Substanzen behandelt wurden, innerhalb von 24 Stunden deutlich vermindert war. Dies ging einher mit verschiedenen histopathologischen Leberveränderungen. Und obgleich der zugrunde liegende pathophysiologische Mechanismus nicht vollständig geklärt werden konnte, ist die Triglyzeridkonzentration möglicherweise ein früher Indikator für Lebertoxizität bei der Ratte (Provost et al. 2003).
- **Niere:** Zur Beurteilung der Nierenfunktion werden in präklinischen Studien nach wie vor Harnstoff und Kreatinin als

Routineparameter im Serum eingesetzt. Je nach Studienart wird zusätzlich Urin untersucht (s. Tab. 41.1). Auf der Suche nach sensitiveren Biomarkern wurden zahlreiche Rattenstudien mit verschiedenen Biomarkern im Urin durchgeführt. Dabei haben sich KIM-1 (kidney injury molecule-1), Albumin, TFF3 (trefoil factor 3) und Clusterin zur Erkennung von tubulären Schäden und Gesamteiweiß, Cystatin C und β2-Mikroglobulin zur Detektion von glomerulären Schäden und Einschränkung der tubulären Reabsorptionsfähigkeit, verglichen zu Harnstoff und Kreatinin als sensitiver erwiesen (Dieterle et al. 2010a, Ozer et al. 2010, Vaidya et al. 2010). Zum momentanen Zeitpunkt wird von der FDA und EMEA kein routinemäßiger Einsatz dieser Parameter bei der Ratte empfohlen, allerdings können sie auf freiwilliger Basis zusätzlich zu den Routineparametern Harnstoff und Kreatinin im Serum sowie Histopathologie eingesetzt werden (Dieterle et al. 2010b). Weitere Studien werden möglicherweise die Nützlichkeit dieser Parameter sowohl in präklinischen als auch in klinischen Studien zur Überwachung von substanzbedingten Nierenschädigungen zeigen. Eine weitere Besonderheit gibt es bei der männlichen Ratte: α_2-urinary globulin (Synonym: major urinary protein), welches für den charakteristischen Geruch von männlichem Rattenurin verantwortlich ist und als Pheromon angesehen wird (Logan et al. 2008), wird physiologischerweise in der Leber produziert, von den Nierenglomeruli gefiltert und in den proximalen Tubuluszellen resorbiert und degradiert. Verschiedene Xenobiotika werden von diesem Protein gebunden, was zu einer Verlangsamung der Degradierung in den proximalen Tubuluszellen führt. Bei Anreicherung des Proteins in den proximalen Tubuluszellen werden diese geschädigt und prädisponiert Ratten Nierenkarzinome zu entwickeln (Car et al. 2006).

- Veränderungen der Futteraufnahme mit sekundärem Effekt auf Körpergewicht und Körpergewichtszunahme kommen in präklinischen Toxizitätsstudien häufig vor und können direkt oder indirekt durch die Verabreichung einer Substanz verursacht sein. Kenntnisse über den Effekt von verändertem Futterkonsum auf labordiagnostische Parameter sind wichtig, um diese von substanzbedingten Veränderungen unterscheiden zu können. Es gibt einige Studien zu Ratten, bei denen Auswirkungen auf labordiagnostische Parameter bei unterschiedlich starker Reduktion der Futteraufnahme über unterschiedliche Zeiträume untersucht wurden (Levin et al. 1993, Hubertet al. 2000; Kaleet al. 2009, Sekiet al. 1997). Eine Zusammenfassung der Auswirkungen von eingeschränkter Futteraufnahme auf labordiagnostische Parameter gibt **Tabelle 41.2.**
- **Hämatologie** (Bolliger et al. 2010): Bezüglich der Hämatologie gibt es ebenfalls einige Besonderheiten bei Nagern: Aufgrund höherer Retikulozytenzahlen ist die Polychromasie und Anisozytose deutlich ausgeprägter; die häufigsten Leukozyten sind Lymphozyten, wobei physiologischerweise sowohl kleine als auch große Lymphozyten im peripheren Blut vorkommen können. Letztere weisen gelegentliche feine Granula im Zytoplasma auf. Die neutrophilen Granulozyten von Nagern haben mehr Segmente und erscheinen dadurch häufig hypersegmentiert; gelegentlich sind Ringformen vorhanden, wobei diese vor allem bei beschleunigter Granulopoese auftreten. Im Gegensatz zu anderen Tierarten kommt

Tab. 41.2 Zusammenfassung der wichtigsten labordiagnostischen Veränderungen bei Ratten, verursacht durch verminderte Futteraufnahme (der Grad der Auswirkungen spiegelt sich nicht wider)

Parameter	Veränderungen							
Autoren	Kale et al. 2009		Levin et al. 1993		Seki et al. 1997		Hubert et al. 2000	
Dauer der Futterreduktion	4–48 Stunden		2 Wochen		13 Wochen		2 Jahre	
Grad der Futterreduktion	komplett		75, 50, 25 % der Kontrollgruppe		85, 70, 55 % der Kontrollgruppe		75, 45 % der Kontrollgruppe	
Stamm	Wistar		Sprague-Dawley		Sprague-Dawley		Sprague-Dawley	
	Männchen	Weibchen	Männchen	Weibchen	Männchen	Weibchen	Männchen	Weibchen
Erythrozyten	↑ 48 Stunden	↑ 48 Stunden	↑ alle Gruppen	↑ alle Gruppen				
Hämoglobin	↑ 16–48 Stunden		↑ alle Gruppen	↑ alle Gruppen				
Hämatokrit	↑ 16–48 Stunden		↑ alle Gruppen	↑ alle Gruppen				
Leukozyten			↓ 25 %	↓ 25 %	↓ alle Gruppen	↓ alle Gruppen	↓ 45 %	↓ 45 %
Thrombozyten			↓ alle Gruppen	↓ alle Gruppen			↓ 45 %	↓ 45 %
ALT	↓ 4–48 Stunden	↓ 4–48 Stunden						
AP	↓ 4–48 Stunden	↓ 4–48 Stunden				↑ alle Gruppen		↑ 45 %

Tab. 41.2 (Fortsetzung)

Parameter	Veränderungen							
Autoren	Kale et al. 2009		Levin et al. 1993		Seki et al. 1997		Hubert et al. 2000	
Glukose	↓ 16–48 h	↓ 16–48 Stunden	↑ alle Gruppen	↑ alle Gruppen	↓ alle Gruppen	↓ alle Gruppen		
Triglyzeride	↓ 16–48 Stunden	↓ 8–48 Stunden					↓ 45 %	↓ alle Gruppen
Cholesterol		↓ 16–48 Stunden		↓ 25 %				↓ 45 %
Kreatinin	↑ 24 Stunden	↑ 16–48 Stunden				↓ alle Gruppen		
Harnstoff			↑ 25 %	↑ 25 %				
Bilirubin			↑ 25 %	↑ 25 %				
Gesamteiweiß			↓ 25 %	↓ alle Gruppen	↓ alle Gruppen	↓ alle Gruppen		↓ 45 %
Natrium					↑ alle Gruppen	↑ alle Gruppen		
Kalium			↓ 25 %	↓ 25 %				
Chlorid			↑ 25 %	↑ 25 %				↑ 45 %
Kalzium			↓ 25 %	↓ 25 %				↓ 45 %

↑ = Erhöhung; ↓ = Verminderung, ALT = Alaninaminotransferase, AP = alkalische Phosphatase

es bei Nagern im Rahmen von Entzündungen häufig zu einer Erhöhung von Lymphozyten und neutrophilen Granulozyten.

Obgleich die klassischen labordiagnostischen Parameter nach wie vor als Routineparameter in präklinischen Toxizitätsstudien eingesetzt werden, nimmt die Forschung im Bereich neuer Biomarker, mit dem Ziel nichtinvasive Parameter mit hoher Sensitivität zu finden, mehr und mehr Platz in der pharmazeutischen Industrie ein. Dies betrifft sowohl gängige Organsysteme wie Leber und Niere als auch Organsysteme, die mit den Routineparametern weniger oder kaum untersucht werden (z. B. Knochen, Herz, Skelettmuskel) sowie alle Arten von endokrinologischen Fragestellungen. Der Einsatz dieser neuen Parameter dürfte daher in den nächsten Jahren mehr und mehr zunehmen und ein weites Betätigungsfeld für klinische Pathologen eröffnen.

Literatur

Bolliger AP, Everds N, Zimmermann KL, Moore DM, Smith SA, Barnhart KF. Hematology of Laboratory Animals. In: Weiss D, Wardrop KJ, eds. Schalm's Veterinary Hematology. 6th Ed. Philadelphia: Wiley-Blackwell 2010; 852.

Boone L, Meyer D, Cusick P, Ennulat D, Bolliger AP, Everds N, Meador V, Elliott G, Honor D, Bounous D, Jordan H. Selection and interpretation of clinical pathology indicators of hepatic injury in preclinical studies. Vet Clin Pathol 2005; 34(3): 182–8.

Car BD, Eng VM, Everds N, Bounous D. Clinical Pathology of the Rat. In: Suckow MA, Weisbroth SH, Franklin CL, eds. The Laboratory Rat. New York: Academic Press 2006; 127–46.

Carakostas MC, Banerjee AK. Interpreting rodent clinical laboratory data in safety assessment studies: biological and analytical components of variation. Fundam Appl Toxicol 1990; 15(4): 744–53.

Dieterle F, Perentes E, Cordier A, Roth DR, Verdes P, Grenet O, Pantano S, Moulin P, Wahl D, Mahl A, End P, Staedtler F, Legay F, Carl K, Laurie D, Chibout SD, Vonderscher J, Maurer G.Urinary clusterin, cystatin C, beta2-microglobulin and total protein as markers to detect drug-induced kidney injury. Nat Biotechnol 2010a; 28(5): 463–9.

Dieterle F, Sistare F, Goodsaid F, Papaluca M, Ozer JS, Webb CP, Baer W, Senagore A, Schipper MJ, Vonderscher J, Sultana S, Gerhold DL, Phillips JA, Maurer G, Carl K, Laurie D, Harpur E, Sonee M, Ennulat D, Holder D, Andrews-Cleavenger D, Gu YZ, Thompson KL, Goering PL, Vidal JM, Abadie E, Maciulaitis R, Jacobson-Kram D, Defelice AF, Hausner EA, Blank M, Thompson A, Harlow P, Throckmorton D, Xiao S, Xu N, Taylor W, Vamvakas S, Flamion B, Lima BS, Kasper P, Pasanen M, Prasad K, Troth S, Bounous D, Robinson-Gravatt D, Betton G, Davis MA, Akunda J, McDuffie JE, Suter L, Obert L, Guffroy M, Pinches M, Jayadev S, Blomme EA, Beushausen SA, Barlow VG, Collins N, Waring J, Honor D, Snook S, Lee J, Rossi P, Walker E, Mattes W. Renal biomarker qualification submission: a dialog between the FDA-EMEA and Predictive Safety Testing Consortium. Nat Biotechnol 2010b; 28(5): 455–62.

Hubert MF, Laroque P, Gillet JP, Keenan KP. The effects of diet, ad Libitum feeding, and moderate and severe dietary restriction on body weight, survival, clinical pathology parameters, and cause of death in control Sprague-Dawley rats. Toxicol Sci 2000; 58(1): 195–207.

Kale VP, Joshi GS, Gohil PB, Jain MR. Effect of fasting duration on clinical pathology results in Wistar rats. Vet Clin Pathol 2009; 38(3): 361–6.

Levin S, Semler D, Ruben Z. Effects of two weeks of feed restriction on some common toxicologic parameters in Sprague-Dawley rats. Toxicol Pathol 1993; 21(1): 1–14.

Lewis RW, Billington R, Debryune E, Gamer A, Lang B, Carpanini F. Recognition of adverse and nonadverse effects in toxicity studies. Toxicol Pathol 2002; 30(1): 66–74.

Loeb WF. The Rat. In: Loeb WF, Quimby FW, eds. The Clinical Chemistry of Laboratory Animals. Oxford, UK: Taylor & Francis 1999; 33–48.

Logan DW, Marton TF, Stowers L. Species specificity in major urinary proteins by parallel evolution. PLoS One 2008; 3(9): e3280.

Ozer JS, Dieterle F, Troth S, Perentes E, Cordier A, Verdes P, Staedtler F, Mahl A, Grenet O, Roth DR, Wahl D, Legay F, Holder D, Erdos Z, Vlasakova K, Jin H, Yu Y, Muniappa N, Forest T, Clouse HK, Reynolds S, Bailey WJ, Thudium DT, Topper MJ, Skopek TR, Sina JF, Glaab WE, Vonderscher J, Maurer G, Chibout SD, Sistare FD, Gerhold DL. A panel of urinary biomarkers to monitor reversibility of renal injury and a serum marker with improved potential to assess renal function. Nat Biotechnol 2010; 28(5): 486–94.

Pharmaceutical Research and Manufacturers of America. Pharmaceutical Industry Profile 2010 (Washington DC: PhRMA, March 2010). http://www.phrma.org/profiles_and_reports.

Poitout-Belissent FM, McCartney JE. Interpretation of Hematology Data in Preclinical Toxicity Studies. In: Weiss D, Wardrop KJ, eds. Schalm's Veterinary Hematology. Philadelphia: Wiley-Blackwell 2010: 78–84.

Provost JP, Hanton G, Net JLL. Plasma triglycerides: an overlooked biomarker of hepatotoxicity in the rat. Comp Clin Path 2003; 12(2): 95–101.

Reagan WJ, Poitout-Belissent FM, Irizarry Rovira AR. Design and Methods Used for Preclinical Hematotoxicity Studies. In: Weiss D, Wardrop KJ, editors. Schalm's Veterinary Hematology. Philadelphia: Wiley-Blackwell 2010: 71–7.

Schultze AE, Bounous DI, Bolliger AP. Veterinary clinical pathologists in the biopharmaceutical industry. Vet Clin Pathol 2008; 37(2): 146–58.

Seki M, Yamaguchi K, Marumo H, Imai K. Effects of food restriction on reproductive and toxicological parameters in rats – in search of suitable feeding regimen in long-term tests. J Toxicol Sci 1997; 22(5): 427–37.

Vaidya VS, Ozer JS, Dieterle F, Collings FB, Ramirez V, Troth S, Muniappa N, Thudium D, Gerhold D, Holder DJ, Bobadilla NA, Marrer E, Perentes E, Cordier A, Vonderscher J, Maurer G, Goering PL, Sistare FD, Bonventre JV. Kidney injury molecule-1 outperforms traditional biomarkers of kidney injury in preclinical biomarker qualification studies. Nat Biotechnol 2010; 28(5): 478–85.

Weingand K, Bloom J, Carakostas M, Hall R, Helfrich M, Latimer K, Levine B, Neptun D, Rebar A, Stitzel K, et al. Clinical pathology testing recommendations for nonclinical toxicity and safety studies. AACC-DACC/ASVCP Joint Task Force. Toxicol Pathol 1992; 20(3 Pt 2): 539–43.

Weingand K, Brown G, Hall R, Davies D, Gossett K, Neptun D, Waner T, Matsuzawa T, Salemink P, Froelke W, Provost JP, Negro GD, Batchelor J, Nomura M, Groetsch H, Boink A, Kimball J, Woodman D, York M, Fabianson-Johnson E, Lupart M, Melloni E.Harmonization of Animal Clinical Pathology Testing in Toxicity and Safety Studies*. Fundam Appl Toxicol 1996; 29(2): 198–201.

42 Drug Monitoring

42.1 Therapeutisches Drug Monitoring

Alexander Pankraz

Allgemeines

Der Begriff »therapeutisches Drug Monitoring« bezeichnet die Überwachung von Blut-, Serum- und Plasmakonzentrationen bestimmter Pharmaka, um einerseits eine sichere, anderseits eine effiziente Arzneimitteltherapie zu gewährleisten. Neben der Compliance des Patientenbesitzers sind die Pharmakokinetik und die Pharmakodynamik von entscheidender Bedeutung für eine erfolgreiche Arzneimitteltherapie bei gleichzeitiger Minimierung unerwünschter Medikamentenwirkungen.

Pharmakodynamik

Die **Pharmakodynamik** beschreibt die pharmakologische Wirkung der therapeutischen Substanz am Zielrezeptor. Dies gilt sowohl für erwünschte (therapeutische) Arzneimittelwirkungen als auch für mögliche toxische Effekte.

Man geht davon aus, dass die Pharmakodynamik die größte Quelle interindividueller Variabilität hinsichtlich der Wirkung eingesetzter Pharmaka darstellt. Ein solches therapeutisches Monitoring der Wirksubstanz am Zielrezeptor wäre zur Überwachung einer Arzneimitteltherapie ideal, beispielsweise die Bestimmung der Konzentration von Antiepileptika im ZNS oder von Digitalispräparaten am Herzmuskelgewebe. Unglücklicherweise kann die Pharmakodynamik mit den Mitteln des therapeutischen Drug Monitoring nicht beurteilt werden.

Pharmakokinetik

Der Begriff **Pharmakokinetik** ist durch die Interaktion des Organismus mit dem applizierten Medikament charakterisiert.

Da die Konzentration des applizierten Pharmakons am Zielrezeptor nicht evaluiert werden kann, wird stattdessen die Blut-, Serum- und Plasmakonzentration des eingesetzten Pharmakons und/oder die der wirksamen Metaboliten bestimmt. Dies geschieht unter der Annahme, dass sich die Konzentration der wirksamen Substanz(en) am Zielrezeptor und im zur Analyse eingesetzten Serum, Plasma oder Vollblut in einem Gleichgewicht befinden. Liegt der Zielrezeptor in einem Kompartiment des Körpers mit verzögertem Konzentrationsausgleich, stellt sich ein solches Gleichgewicht eventuell mit erheblicher zeitlicher Verzögerung ein. Neben der Pharmakodynamik ist die Pharmakokinetik die wichtigste Ursache für die in der Pharmakotherapie beobachteten interindividuellen Unterschiede.
Nach der Applikation eines Pharmakons wird dessen Pharmakokinetik von fünf wesentlichen, teilweise gleichzeitig ablaufenden Prozessen bestimmt. Diese sind die

- **Freisetzung** der Substanz,
- **Absorption,**
- **Verteilung,**
- **Metabolisierung** sowie die **Ausscheidung**

des Pharmakons oder seiner Metaboliten.

Generell kann bei der Pharmakokinetik eines Medikamentes die α-Phase und die β-Phase unterschieden werden. In der α-Phase, der Phase der initialen Verteilung des Pharmakons, finden die Freisetzung, Absorption und Verteilung des Medikamentes statt. In dieser Phase liegt zwischen der Konzentration des Pharmakons am Zielrezeptor und seiner Serumkonzentration kein Gleichgewicht vor, der Medikamentenspiegel ändert sich schnell. In der β-Phase, der Gleichgewichtsphase, nehmen vor allem die Metabolisierung und Ausscheidung des Medikamentes Einfluss auf die Serumkonzentration; in dieser Phase korrelieren die gemessen Serumspiegel besser mit der Konzentration am Wirkort. Die **Freisetzung** des Pharmakons ist hauptsächlich von seiner Galenik abhängig. Bei der **Absorption** von Medikamenten sind sowohl physikochemische Eigenschaften des Pharmakons wie Molekülgröße, eine lipophile oder polare Struktur, die Art der Applikation (oral, i. m., i. v.), Wechselwirkungen mit anderen Medikamenten sowie der funktionelle Zustand des Applikationsortes (z. B. pH, Durchblutung, pathologische Veränderungen, Futtermittel, Darmpassagezeit) von Bedeutung. Bei der **Verteilung** des Pharmakons bestimmen seine physikochemischen Eigenschaften die Anreicherung in bestimmten Geweben und Organen. Weiterhin nehmen aktive Transportmechanismen, die Bindung an Plasmaproteine, Interferenzen mit anderen Medikamenten und der Zustand des Patienten (z. B. Alter, Grunderkrankungen, Adipositas) Einfluss auf die Verteilung eines Medikamentes. Im Plasma sind die meisten Pharmaka reversibel an Plasmaproteine gebunden; hierbei sind insbesondere Albumin, aber auch Globuline wie α1-saures-Glykoprotein und β-Globuline von Bedeutung. Die Plasmaeiweißbindung beeinflusst die Wirkungsintensität und die Geschwindigkeit der Elimination eines Medikamentes. Durch Substanzen mit höherer Bindungsaffinität wie andere Pharmaka oder Stoffwechselprodukte (z. B. bei Azotämie) können die gebundenen Pharmaka aus der Plasmaeiweißbindung verdrängt werden. Auch bei chronischen Lebererkrankungen mit verminderter Syntheseleistung von Bindungsproteinen kann es zu einem höheren Anteil an ungebundenen Pharmaka kommen, was eventuell in toxischen Nebenwirkungen resultiert, obwohl die Gesamtkonzentration des Medikamentes im therapeutischen Bereich liegt. Die Effekte einer veränderten Plasmaeiweißbindung sind insbesondere bei Therapeutika mit hoher Proteinbindung relevant. Bei der **Metabolisierung** eines Medikamentes sind wiederum seine physikochemischen Eigenschaften wichtig. Außerdem haben hier interindividuelle sowie speziesspezifische Unterschiede der Enzymausstattung der Leber sowie pathologische Veränderungen der Leber (z. B. Zirrhose, Cholestase) einen großen Einfluss auf die Metabolisierung eines Pharmakons. Bestimmte Pharmaka, wie z. B. Phenobarbital, führen zu einer Enzyminduktion im Lebergewebe, welche zu einer erhöhten Metabolisierung des Medikamentes, aber auch anderer Pharmaka führen kann. Bei oraler Applikation von Medikamenten kommt dem »first pass«-Effekt eine besondere Rolle zu. Hierbei handelt es sich um die verstärkte Metabolisierung eines Medikamentes nach oraler Applikation durch die Leber bevor das Therapeutikum in den systemischen Blutkreislauf eintritt. Die **Ausscheidung** eines Pharmakons oder seiner Metaboliten ist abhängig von der Nierengängigkeit der Wirkstoffe, der Funktionsfähigkeit der Nieren sowie etwaiger Wechselwirkungen mit anderen Medikamenten. Andere Ausscheidungswege, wie über den Darm oder über die Galle, und deren funktionelle Einschränkung können ebenfalls die Pharmakokinetik beeinflussen.

Beim **scheinbaren Verteilungsvolumen** wird die Gesamtmenge einer Substanz im Körper in Beziehung zu deren Serumkonzentration gesetzt. Es handelt sich um kein reales Volumen, sondern um eine fiktive Größe, bei deren Berechnung eine sofortige und vollständige Verteilung des Wirkstoffs vorausgesetzt wird. Bei Pharmaka, die über eine ausgeprägte Serumproteinbindung verfügen, und Therapeutika, welche sich vornehmlich im Fettgewebe anreichern, werden sehr hohe Werte des scheinbaren Verteilungsvolumens erreicht. Das scheinbare Verteilungsvolumen ist lediglich als Rechengröße zu verstehen, mit der die Verteilung eines Wirkstoffes aus dem Serum in die Gewebe beschrieben wird.

Wird ein Pharmakon regelmäßig appliziert, kommt es nach vier bis fünf Halbwertszeiten einem **Steady State**, einem Gleichgewicht, bei dem pro Dosierungsintervall so viel Wirksubstanz zugeführt wird, wie durch Eliminationsprozesse ausgeschieden wird. Die meisten Pharmaka unterliegen bei therapeutischen Dosierungen einer linearen Kinetik (Reaktion erster Ordnung); dies bedeutet, dass eine Verdopplung der Dosierung eine linear gleiche Veränderung der Steady-State-Konzentration bewirkt. Einige Pharmaka unterliegen bereits bei der Gabe therapeutischer Dosen einer nichtlinearen Kinetik, da hierbei die Eliminationssysteme bereits gesättigt sind (Reaktion nullter Ordnung; z. B. Elimination von Phenytoin). Hierbei kann pro Zeitintervall, unabhängig von der eingesetzten Dosis, aufgrund der Sättigung der Eliminationssysteme nur eine bestimmte Stoffmenge ausgeschieden werden. Hieraus ergibt sich, dass bei Therapeutika, deren Elimination einer Reaktion nullter Ordnung unterliegt, eine Verdopplung der Dosis zu einem mehr als doppelt so hohen Anstieg der Steady-State-Konzentration führt. Weiterhin wird bei einer Erhöhung der Dosis dieser Pharmaka die Eliminationshalbwertszeit gesteigert.

Therapeutischer Bereich

Der **therapeutische Bereich** ist als der Konzentrationsbereich eines Pharmakons definiert, bei dem bei der Mehrzahl der Patienten ein therapeutischer Effekt ohne inakzeptables Toxizitätsrisiko eintritt.

Weder die Ober- noch die Untergrenze des therapeutischen Bereiches sind als scharfe Trennlinien zu verstehen. Weiterhin sind zahlreiche therapeutische Bereiche aus der Humanmedizin übernommen worden, da entsprechende Studien bei Tieren fehlen. Es kann bei der Therapie mit mehreren Pharmaka durch synergistische oder antagonistische Effekte zu Über- oder Unterschreitungen des therapeutischen Bereiches kommen. Auch Toleranzentwicklungen, wie sie bei der Therapie mit Antiepileptika auftreten, das Vorliegen von pharmakologisch wirksamen Metaboliten sowie etwaige Unterschiede in den Analysemethoden sollten beim therapeutischem Drug Monitoring berücksichtigt werden. Die in diesem Kapitel aufgeführten therapeutischen Bereiche sind lediglich als unverbindliche Empfehlungen zu interpretieren. Generell gilt, dass die Beurteilung einer Therapie sich primär an der Verbesserung der klinischen Symptome orientieren sollte. Eine Kontrolle der Wirkspiegel von Pharmaka sollte zur Abschätzung der

Therapiesicherheit sowie in zweiter Linie zur Kontrolle der Therapieeffektivität erfolgen.

Probennahme

Generell gilt, dass die Blutentnahme zum therapeutischen Drug Monitoring erst nach Erreichen des Steady States, also nach vier bis fünf Halbwertszeiten erfolgen sollte. Auch bei Veränderungen der Dosis während der Therapie sollte so lange mit der Bestimmung der Pharmakonkonzentration gewartet werden, bis sich das neue Steady-State-Gleichgewicht eingestellt hat. Bei den meisten Arzneimitteln, deren therapeutische Effizienz evaluiert werden soll, sollte die Messung der Medikamentenkonzentration unmittelbar vor der Gabe der nächsten Dosis erfolgen. Eine Blutabnahme zu Zeitpunkten, an denen keine Minimalkonzentration des Pharmakons vorliegt, kann zu falschen Schlussfolgerungen im Hinblick auf Therapieeffizienz und Dosisanpassung führen. So kommt es bei einigen Pharmaka im Zuge der Therapie zu so hohen Serumspiegeln, dass diese als potenziell toxisch zu interpretieren wären, da die meisten therapeutischen Bereiche sich an den Minimalspiegeln orientieren.

Bei einigen Therapeutika mit sehr kurzer Halbwertszeit (z. B. Gentamicin) wird der maximale Serumspiegel zu definierten Zeitpunkten nach der Applikation ermittelt. Hierbei müssen die Zeitpunkte zur Blutentnahme unbedingt eingehalten werden, da bei diesen Medikamenten mit sehr kurzer Halbwertszeit die Serumkonzentrationen aufgrund der schnell ablaufenden Resorptions- und Verteilungsvorgänge sowie der schnell ablaufenden Elimination des Pharmakons sich schnell ändert, wodurch es leicht zu einer falschen Interpretationen des therapeutischen Erfolges kommen kann.

Neben den falschen Zeitpunkten der Probennahme können auch technische Fehler bei der Probennahme selbst zu aberranten Ergebnissen führen. Wird die Probennahme aus einem Venenverweilkatheter durchgeführt, der vorher zur i. v.-Applikation des Medikamentes benutzt wurde, so können hieraus falsch hohe Messergebnisse resultieren. Dies ist neben residualen Volumina im Venenverweilkatheter durch eine reversible Bindung des Pharmakons an die Kunststoffmaterialien des Kathetersystems bedingt. Falsch hohe Messergebnisse sind ebenfalls zu erwarten, wenn die Blutentnahme weiter proximal von den Zugängen, die zur Applikation genutzt werden, gewonnen wurde. Neben den Kenntnissen der Artefakte durch die Abnahme ist auch die Wahl des geeigneten Probenmaterials zur Aufbereitung der Probe bei einigen Pharmaka für ein korrektes therapeutisches Drug Monitoring wichtig. So kann das in einigen Serumröhrchen enthaltene Silikon zu Interferenzen bei der Bestimmung der Wirkspiegel führen. Ciclosporin muss zwingend im Vollblut bestimmt werden, da es bei diesem Pharmakon zu einer temperaturabhängigen Umverteilung aus dem Plasma in die Erythrozyten kommt.

Messmethoden

Wurden früher vornehmlich chromatografische Messmethoden zum quantitativen Nachweis von Pharmaka im Serum verwendet, werden heute zunehmend Immunoassays verwendet. Der chromatografische Nachweis, vor allem durch Gas- oder Hochleistungsflüssigchromatografie, bietet den Vorteil, dass auch Pharmaka bestimmt werden können, für die bislang kein geeigneter Immunoassay validiert wurde, oder bei denen die meist für den humanmedizinischen Markt etablierten Immunoassays

für eine oder mehrere Haustierspezies nicht adäquat funktionieren. Ein weiterer Vorteil sind niedrige Kosten für Reagenzien und die Tatsache, dass in einer Analyse mehrere Pharmaka und/oder deren Metaboliten nachgewiesen werden können. Weiterhin verfügen chromatografische Nachweisverfahren über eine hohe Spezifität. Nachteile chromatografischer Nachweismethoden sind der hohe Arbeitsaufwand und die lange Analysezeit.
Aufgrund ihrer guten Automatisierungsmöglichkeiten haben sich zunehmend Immunoassays zum Nachweis von Pharmaka und ihren Metaboliten durchgesetzt. Die Spezifität dieser Immunoassays ist überwiegend von der Qualität der verwendeten Antikörper abhängig. Bei manchen immunlogischen Nachweissystemen wurden Kreuzreaktionen mit strukturell ähnlichen Substanzen nachgewiesen.

Therapeutisches Drug Monitoring bei ausgewählten Pharmaka

Gentamicin

Nach oraler Gabe von Gentamicin lässt sich die enterale Resorption des Pharmakons nur schwer abschätzen. Dies gilt auch für andere Aminoglykosidantibiotika. Nach intramuskulärer Injektion treten die maximalen Serumlevel nach ca. 0,5–1 Stunde auf. Bei subkutaner Gabe kommt es zu einem, im Vergleich zur intramuskulären Injektion, geringgradig verzögertem maximalen Wirkstoffspiegel. Bei parenteraler Gabe von Gentamicin liegt eine Bioverfügbarkeit von ca. 90 % vor. Nach der Absorption verteilt sich Gentamicin vornehmlich im extrazellulären Flüssigkeitskompartiment. Es liegt eine geringgradige Plasmaproteinbindung von etwa 20 % vor. Die scheinbaren Verteilungsvolumina für Gentamicin liegen bei 0,15–0,3 l/kg bei adulten Hunden und Katzen und bei 0,26–0,58 l/kg bei Pferden. Die Verteilungsvolumina bei Jungtieren sind aufgrund des höheren Anteils des extrazellulären Flüssigkeitskompartiments deutlich größer. Gentamicin und andere Aminoglykosidantibiotika werden nahezu ausschließlich über die Niere durch glomeruläre Filtration ausgeschieden. Die Eliminationshalbwertszeiten von Gentamicin liegen bei 0,5–1,5 Stunden bei Hunden und Katzen, 1,8–3,2 Stunden bei Pferden, 1,8 Stunden bei adulten Rindern (Kälber: 2,2–2,7 Stunden) sowie bei 1,9 Stunden bei Schweinen. Es sollte bedacht werden, dass die gleichzeitige Gabe von β-Laktam-Antibiotika zu einer falsch niedrigen Messung der Gentamicin-Serumkonzentration führen kann. In solchen Fällen sollte Gentamicin zu Talzeitpunkten der β-Laktam-Antibiotika-Konzentration bestimmt werden. Sollten die Serumproben nicht umgehend analysiert werden können, sollten diese bei –20 °C gelagert werden. Zum Monitoring empfiehlt sich bei der parenteralen Gabe eine Kontrolle 1, 2 und 4 Stunden nach Applikation. Hierbei sollten die maximalen Wirkstoffkonzentrationen über 20 µg/ml liegen. In der Probe 4 Stunden nach Applikation sollte unter 10 µg/ml Gentamicin enthalten sein. Da Gentamicin an Glasflächen adsorbiert, sollten zur Probengewinnung nur Plastikgefäße verwendet werden.

Ciclosporin

Nach oraler Gabe wird Ciclosporin nur schlecht aus dem Magen-Darm-Trakt resorbiert. Ferner ist die Bioverfügbarkeit interindividuell sehr unterschiedlich. Es sollte bedacht werden, dass Ciclosporinpräparate in Emulsionsform, verglichen mit einer Kapselgabe, wesentlich höhere Blutkonzentrationen bei Hund und Katze erzielen. Die enterale Resorption von Ciclosporin erfolgt beim Hund rasch. Es wird eine Bioverfügbarkeit von 23–45 % angegeben; eine gleichzeitige Futtergabe erhöht die interindividuelle Variabilität der Bioverfügbarkeit und reduziert diese außerdem um ca. 20 %. Große Mengen Ciclosporin reichern sich im Fettgewebe, der Leber sowie den Erythrozyten an. Ciclosporin wird hauptsächlich in der Leber metabolisiert und mit der Galle ausgeschieden. Weniger als 1 % des Pharmakons wird unverändert über die Nieren ausgeschieden. Die Halbwertszeit von Ciclosporin liegt beim Hund bei 9–12 Stunden. Das Monitoring der Ciclosporintherapie empfiehlt sich sowohl bei auftretenden Nebenwirkungen als auch zur Kontrolle der Therapieeffizienz. Die Ciclosporin-Blutkonzentration sollte 24–48 Stunden nach Beginn der Therapie und nachfolgend alle 2–4 Wochen kontrolliert werden. Zielwerte der minimalen Wirkstoffkonzentration liegen bei 100–500 ng/ml bei Hunden und 250–1000 ng/ml bei Katzen. Zur Untersuchung sollte Vollblut eingeschickt werden, da ein Großteil des Pharmakons in den Erythrozyten vorliegt.

Digoxin

Nach der oralen Gabe wird Digoxin vor allem im Dünndarm resorbiert. Die gleichzeitige Gabe von Futter soll zu einer Verzögerung der Resorption führen. Bei Katzen ist eine Reduktion der resorbierten Wirkstoffmenge bei der Gabe von Tabletten und gleichzeitiger Fütterung beschrieben. Maximale Wirkstoffkonzentrationen werden ca. 45–60 Minuten nach der Gabe von Suspensionen und etwa 90 Minuten nach der Gabe von Tabletten erreicht. Bei der Gabe von therapeutischen Dosen Digoxin sind 20–30 % des Pharmakons an Plasmaproteine gebunden. Da sich Digoxin kaum im Fettgewebe anreichert, sollten adipöse Patienten auf Grundlage ihres »lean body weights« (fettfreie Körpermasse) dosiert werden. Digoxin wird nur in geringem Maße metabolisiert. Der Hauptausscheidungsweg bei Digoxin sind glomeruläre Filtration und tubuläre Sekretion. Die Eliminationshalbwertszeiten variieren stark und liegen bei 14,4–56 Stunden bei Hunden, 30–173 Stunden bei Katzen sowie 17–23,2 Stunden bei Pferden. Aufgrund der hohen interindividuellen Variabilität der Pharmakokinetik bei Digoxin und seiner engen therapeutischen Breite empfiehlt sich eine Kontrolle der Serumspiegel. Diese sollte nicht vor dem sechsten Tag nach Therapiebeginn durchgeführt werden, da sich bis dahin noch kein Steady State ausgebildet hat. Die therapeutische Serumkonzentration beim Hund reicht von 0,9–3 ng/ml, bei der Katze werden 0,5–2 ng/ml angegeben. Bei anderen Spezies sollten Digoxin-Serumkonzentrationen von 0,5–2 ng/ml als Richtwert zugrunde gelegt werden. Im Allgemeinen werden die minimalen Serumkonzentrationen bestimmt.

Theophyllin

Nach der oralen Gabe von Theophyllin ist seine Resorptionsrate vor allem von der Löslichkeit der Dosierungsform im Darmlumen abhängig. In Studien mit Hunden, Katzen und Pferden konnte eine Bioverfügbarkeit von nahezu 100 % ermittelt werden, wenn keine Retardprodukte appliziert wurden. Bei der Verwendung von Retardformulierungen wurde bei Hunden eine Bioverfügbarkeit von 30–76 % ermittelt. Theophyllin reichert sich im extrazellulären Flüssigkeitskompartiment und im Gewebe an. Bei Hunden sind 7–14 % des Theophyllins bei der Gabe therapeutischer Dosen an Plasmaproteine gebunden. Das scheinbare Verteilungsvolumen von Theophyllin liegt beim Hund bei 0,82 l/kg, bei Katzen bei 0,46 l/kg und beim

Pferd bei 0,85–1,02 l/kg. Aufgrund der Lipophilität von Theophyllin sollten adipöse Patienten auf der Grundlage ihres »lean body weights« dosiert werden. Theophyllin wird beim Menschen vornehmlich in der Leber metabolisiert, die renale Ausscheidung von Theophyllin trägt nur zu 10 % zur Elimination bei. Die mittleren Eliminationshalbwertszeiten liegen beim Hund bei 5,7 Stunden, bei der Katze bei 7,8 Stunden, bei Pferden zwischen 11,9 und 17 Stunden und beim Schwein bei 11 Stunden. Da beim Menschen starke interindividuelle Unterschiede hinsichtlich der Serumhalbwertszeit beobachtet werden, sollte auch bei der veterinärmedizinischen Anwendung von Theophyllin mit beträchtlicher interindividueller Variation gerechnet werden, insbesondere dann, wenn die Patienten begleitende Erkrankungen aufweisen. Neben der therapeutischen Effizienz und dem etwaigen Auftreten von Toxizitätssymptomen sollten die minimalen Serumspiegel nach Erreichen eines Steady State oder bei Grunderkrankungen, welche eine verminderte enterale Resorption nahelegen, bestimmt werden. Bei Kleintieren sollte der minimale Serumspiegel über 8–10 µg/ml liegen; bei Pferden sollten 15 µg/ml nicht überschritten werden.

Bromide

Nach oraler Gabe werden Bromide gut absorbiert, Hauptresorptionsort ist der Dünndarm. Die Verteilung von Bromiden im extrazellulären Flüssigkeitskompartiment ähnelt der von Chlorid; das Verteilungsvolumen liegt bei 0,2–0,4 l/kg. Bromide werden nicht an Plasmaproteine gebunden und erreichen im ZNS hohe Wirkstoffspiegel (Hund: 87 % der Serumkonzentration). Bromide werden hauptsächlich über die Nieren ausgeschieden. Die Halbwertszeit von Bromiden liegt beim Hund bei 16–25 Tagen, bei der Katze bei 10 und beim Menschen bei 12 Tagen. Einige Autoren geben eine toxische Konzentration von Bromiden von > 150 mg/dl an, wohingegen andere die toxische Dosis bei 300 mg/dl ansetzen. Aufgrund der außerordentlich langen Halbwertszeit der Bromide bei Hund und Katze kann es bis zu 4 oder 5 Monate dauern, bis sich ein Steady State ausgebildet hat. Bei Hunden wird eine therapeutische Bromidkonzentration von 100–300 mg/dl angegeben. Das Monitoring einer Therapie mit Bromiden ist abhängig davon, ob eine »loading dose« (Initialdosis) verabreicht wurde. Wurde keine »loading dose« gegeben, sollte die Serumkonzentration von Bromid 3–4 Wochen nach Therapiebeginn und nach etwa 3 Monaten kontrolliert werden. Hierbei erlaubt der frühe Kontrollzeitpunkt eine Vorhersage über die Konzentration im Steady State, zu diesem Zeitpunkt liegen ungefähr 50 % des Wirkspiegels vor, welcher bei Erreichen des Steady State zu erwarten ist. Die Bestimmung der minimalen Bromidkonzentration sollte vor der nächsten Dosisgabe erfolgen.

Phenobarbital

Phenobarbital wird nach oraler Applikation langsam aus dem Magen-Darm-Trakt resorbiert. Bei Hunden wurden ungefähr 90 % Bioverfügbarkeit ermittelt, bei erwachsenen Pferden liegt die Bioverfügbarkeit bei nahezu 100 %. Die höchsten Serumspiegel treten beim Hund 4–8 Stunden nach oraler Applikation auf. 40–50 % des Phenobarbitals im Blut sind an Plasmaproteine gebunden. Die ungefähren scheinbaren Verteilungsvolumina von Phenobarbital liegen beim Hund bei 0,75 l/kg und beim adulten Pferden bei 0,8 l/kg (Fohlen 0,86 l/kg). Beim Hund variiert die Eliminationshalbwertszeit zwischen 12–125 Stunden. Bei Katzen werden Eliminationshalbwertszeiten von

34–43 Stunden beschrieben, bei Pferden liegen diese bei ca. 13 Stunden bei Fohlen und 18 Stunden bei adulten Pferden. Ungefähr 25 % einer Dosis werden unmetabolisiert über die Niere ausgeschieden; dieser Anteil kann durch Alkalisierung des Urins beträchtlich gesteigert werden. Bei an- oder oligurischen Patienten kann der Wirkstoff akkumulieren. Bei Phenobarbital liegt der therapeutische Bereich der Serumkonzentration bei Hunden bei 15–45 mg/l und bei Katzen bei 12–30 mg/l. Das therapeutische Drug Monitoring der Phenobarbitaltherapie wird dadurch erschwert, dass sich während der Therapie eine Toleranz entwickeln kann. Dieser Prozess wird durch die Induktion hepatischer mikrosomaler Enzyme vermittelt. Diese Enzyminduktion kann auch die Metabolisierung und damit die Eliminationszeiten anderer Pharmaka beeinflussen. Weiterhin unterliegt Phenobarbital einer hohen interindividuellen Variabilität, was die Verteilung des Pharmakons angeht. Serumspiegel von > 50 mg/l gelten im Allgemeinen als toxisch. Bei Dosen im toxischen Bereich ist eine anfallsfördernde Wirkung beschrieben. Nach Erreichen des Steady State (nach ca. 14–16 Tagen) sollte eine Therapiekontrolle mit Bestimmung der minimalen Plasmaspiegel erfolgen. Eine Bestimmung der minimalen Wirkstoffkonzentration ist ebenfalls nach Anfällen und etwa nach 1–3 Monaten unter Therapie indiziert. Treten < 4 Anfälle pro Jahr auf, reicht eine halbjährliche Kontrolle des minimalen Medikamentenspiegels aus. Die minimale Plasmakonzentration wird vor der nächsten Dosisgabe bestimmt.

Primidon

Primidon wird in der Leber metabolisiert. Hierbei entstehen zwei Metaboliten mit antikonvulsiver Wirkung (Phenobarbital, Phenylethylmalonamid). Da Phenobarbital der größte Anteil der antikonvulsiven Wirkung unter der Primidontherapie zugeschrieben wird, wird üblicherweise bei der Therapiekontrolle nur der Phenobarbitalspiegel bestimmt. Demnach gelten die für Phenobarbital aufgeführten Empfehlungen zur Therapiekontrolle. Primidon weist eine geringe Serumproteinbindung von etwa 30 % auf.

Procainamid

Nach der intravenösen oder intramuskulären Gabe von Procainamid setzt die Wirkung praktisch sofort ein. Bei Hunden werden ca. 85 % der oralen Dosis absorbiert, beim Menschen zwischen 75 und 95 %. Eine gleichzeitige Nahrungsaufnahme, eine verzögerte Magenentleerung oder ein erniedrigter pH im Magen können zu einer verzögerten Absorption nach oraler Gabe führen. Das scheinbare Verteilungsvolumen von Procainamid liegt beim Hund bei 1,4–3 l/kg, etwa 15 % des Wirkstoffes sind an Plasmaproteine gebunden. Beim Hund liegt die Eliminationshalbwertszeit bei etwa 2–3 Stunden. Beim Menschen wird Procainamid in der Leber zu dem aktiven Metaboliten N-Azetyl-Procainamid (NAPA) umgewandelt, beim Hund scheint es aufgrund der geringgradigen Azteylierungskapazität von aromatischen oder Hydrazin-Aminogruppen zu keiner Umwandlung zu NAPA zu kommen. Beim Hund werden etwa 90 % einer i. v. verabreichten Dosis innerhalb von 24 Stunden über den Urin ausgeschieden. Aufgrund der variablen Pharmakokinetik beim Hund sollte ein therapeutisches Drug Monitoring stattfinden. Über den therapeutischen Bereich finden sich in der Literatur kontroverse Angaben; es werden therapeutische Bereiche von 3–8 µg/ml bis zu 8–20 µg/ml vorgeschlagen. Im Allgemeinen werden die Talspiegel des Pharmakons kontrolliert.

Beim Pferd werden therapeutische Bereiche von 4–10 µg/ml (nur Procainamid), bzw. 10–30 µg/ml (Procainmaid und NAPA) beschrieben.

Lidocain

Aufgrund des hohen First-Pass-Effektes und des Auftretens von toxischen Erscheinungen vor dem Eintritt des erwünschten Wirkung, was eventuell durch anflutende Metaboliten von Lidocain bedingt ist, wird Lidocain generell nur parenteral eingesetzt. Bei der Gabe einer intravenösen Bolusinjektion tritt die Wirkung innerhalb weniger Minuten ein und hält etwa 10–20 Minuten an. Lidocain hat eine hohe Affinität zu Fettgewebe und wird in hohem Maße an Plasmaproteine, vor allem α_1-saures-Glykoprotein, gebunden. Die Bindung an dieses positive Akute-Phase-Protein ist hochgradig variabel sowie konzentrationsabhängig und kann bei Hunden mit entzündlichen Erkrankungen höher ausfallen. Das apparente Verteilungsvolumen für Lidocain liegt beim Hund bei 4,5 l/kg. Lidocain wird in der Leber zügig zu teils aktiven Metaboliten (Monoethylglycinexylidid, MEGX, und Glycinxylidin, GX) umgewandelt. Die Eliminationshalbwertszeit von Lidocain liegt beim Hund bei 0,9 Stunden und beim Menschen bei 1,5–2 Stunden. Die Halbwertszeiten von Lidocain und MEGX können bei Patienten mit Herzversagen oder Lebererkrankungen deutlich verlängert sein. Die maximalen Serumkonzentrationen von Lidocain sollten zwischen 1 und 6 µg/ml liegen.

Levothyroxin

Nach oraler Gabe von Levothyroxin werden bei Hunden 4–12 Stunden nach Tablettengabe die maximalen Serumkonzentrationen gemessen. Die Eliminationshalbwertszeit im Serum beträgt 12–16 Stunden. Es liegt allerdings eine hohe interindividuelle Variabilität vor. Ist eine Überprüfung der Serumkonzentration gewünscht oder indiziert, sollte diese frühestens 4–6 Wochen nach Therapiebeginn stattfinden. Bei der Therapiekontrolle ist die Blutentnahme 4–6 Stunden nach der Tablettengabe durchzuführen. Der angestrebte therapeutische Bereich liegt im oberen Drittel der Referenzbereiches für T_4 oder leicht darüber.

Literatur

Plumb DC, ed. Plumb's Veterinary Drug Handbook. 6th Ed. Iowa: Blackwell-Wiley 2008.

Guder WG, Nolte J. Das Laborbuch. Für Klink und Praxis. München: Elsevier 2005.

Gressner AM, Arndt T. Lexikon der Medizinischen Laboratoriumsdiagnostik. Bd. 1: Klinische Chemie. Heidelberg: Springer 2006.

42.2 Drug-Monitoring beim Pferd (Lebensmittelüberwachung, Kaufuntersuchung, Doping)

Kerstin Fey

Einleitung

Im Vergleich zum Kleintier wird die Konzentration von Arzneistoffen in Blut, Serum oder Plasma von Pferden nur selten im Sinne eines **Drug Monitoring** bestimmt, also mit dem Ziel, therapeutisch sichere Wirkspiegel zu gewährleisten. Häufiger geht es darum, nachzuweisen, das **keine** die Gesundheit bzw. Leistungsfähigkeit beeinflussenden Substanzen im Körper des Tieres vorhanden sind. Dies spielt bei Pferden im Bereich der **Lebensmittelüberwachung**, bei **Kauf-**

untersuchungen und **Dopingkontrollen** eine Rolle. Während es beim Drug Monitoring darauf ankommt, eine bekannte Substanz quantitativ exakt zu bestimmen, werden bei Medikationskontrollen meist zunächst hoch sensitive Screeningmethoden eingesetzt, bevor quantitative Bestimmungen von Einzelsubstanzen infrage kommen. Die oft erhebliche ökonomische, forensische und öffentlichkeitswirksame Bedeutung der Resultate sollte allen Beteiligten stets bewusst sein und zu sorgfältiger und exakt dokumentierter Probenahme, Präanalytik und schließlich Probenaufbereitung und Untersuchung in Laboratorien führen, die die eigenen Methoden validieren bzw. speziell akkreditiert sind.

Therapeutisches Drug Monitoring beim Pferd

Die Prinzipien der Überwachung von Arzneimittelkonzentrationen im Blut von Pferden entsprechen jenen beim Kleintier und können dem vorigen Kapitel (Kap. 42.1) entnommen werden. Nur sehr wenige Erkrankungen des Pferdes erfordern den Einsatz von Therapeutika, deren Blutspiegel überwacht werden sollten. Von der Palette der Arzneistoffe, für die in der Human- bzw. Kleintiermedizin derzeit routinemäßig Konzentrationsbestimmungen angeboten werden, kommen beim Pferd am ehesten Gentamicin (evtl. bei Fohlen, Blutspiegel sollte mindestens 0,2 µg/ml erreichen), Theopyllin, Digoxin bzw. Digitoxin, Carbamazepin oder Phenobarbital bzw. Phenytoin zum Einsatz. Die zur Verfügung stehenden Tests wurden für Proben aus dem Human- bzw. Kleintierbereich etabliert. Es sollte dem Anwender bewusst sein, dass bei einer Untersuchung von Pferdematerialien mit den gleichen Verfahren methodisch bedingt Fehlmessungen auftreten können. Die noch größere Schwierigkeit für den Praktiker dürfte darin liegen, dass in der Literatur zwar einige Dosierungsempfehlungen, aber kaum Angaben zu beim Pferd empfohlenen Blutspiegel-Bereichen für die o. g. Substanzen zu finden sind. Die für Pferde relevanten Daten zu Digoxin sowie Theophyllin können in dem vorangegangenen Kapitel 42.1 nachgelesen werden.

Lebensmittelüberwachung

Im Rahmen der gesetzlich vorgegebenen Fleischuntersuchungen erfolgt die Analytik in den jeweiligen Landesuntersuchungsämtern. Dabei sind Vorgaben des nationalen Rückstandskontrollplans (NRKP) für Lebensmittel tierischen Ursprungs einzuhalten, die das Bundesamt für Verbraucherschutz und Lebensmittelsicherheit vorgibt. Derzeit müssen bei mindestens 0,5 Prozent aller gewerblich geschlachteten Huftiere amtliche Proben entnommen und auf Rückstände untersucht werden. Im Jahr 2010 waren das bundesweit 117 Proben (Quelle: Jahresbericht 2010 zum NRKP, http://www.bvl.bund.de). Routinemäßig wird auf Stoffe mit anaboler Wirkung, nicht zugelassene Stoffe sowie auf Tierarzneimittel und Kontaminanten untersucht, die im Anhang I der Richtlinie 96/23/EG vom 29.04.1996 näher bezeichnet sind. 2010 konnte in einer Probe Phenylbutazon nachgewiesen werden und in drei Proben wurden überhöhte Cadmiumgehalte festgestellt.

Kaufuntersuchungen

Um auszuschließen, dass die Ergebnisse von Kaufuntersuchungen durch Fremdsubstanzen beeinflusst sind, kann in Abstimmung mit Verkäufer oder Käufer eine Urin- bzw. Blutprobe entnommen und in entsprechend akkreditierten Labors auf Wirkstoffe (insbesondere Schmerz- und Entzündungshemmer sowie das Verhalten beeinflussende Substanzen) gescreent werden. Häufiger werden die Proben zunächst lediglich aufbereitet und asserviert (tiefgefroren), um im Verdachtsfall nach dem Verkauf analysiert werden zu können. Daher besitzen handelsübliche Protokolle für Kaufuntersuchungen in der Regel den Punkt »Probe zum Medikationsnachweis«. Zahlreiche kommerzielle Labore bieten an, die Proben über einen festzulegenden Zeitraum (meist 6 Monate) sicher und eindeutig gekennzeichnet zu lagern sowie im Bedarfsfall zu analysieren. Dabei scheint es im Streitfall nicht notwendig zu sein, wie in der Dopinganalytik (siehe unten) ein zu versiegelndes Medikationskit zu verwenden. Allerdings sollten mindestens 25–30 ml Serum für die Analytik zur Verfügung stehen.

Dopinganalytik

Einem Pferd im Wettkampf bzw. Training verbotene Substanzen zu verabreichen bzw. verbotene Methoden einzusetzen oder ein Pferd in einem Wettkampf zu starten, obwohl (noch) Substanzen in seinem Körper nachweisbar sind, die aufgrund einer vorhergehenden Erkrankung (legal) verabreicht wurden, wird als **Doping** bezeichnet.

Dabei sind die Details zwischen den Sportverbänden, je nach Veranstaltungsart und je nach Ort bzw. Internationalität der Pferdesportveranstaltung unterschiedlich. Listen verbotener Substanzen bzw. mindestens einzuhaltender Karenzzeiten nach Gabe zugelassener Arzneimittel sollen international vereinheitlicht (www.ehslc.com) und müssen laufend aktualisiert bzw. erweitert werden. Für den Turniersport in Deutschland gelten derzeit (2012) die Anti-Doping- und Medikamentenkontrollregeln (ADMR, Pdf-Datei unter http://www.pferd-aktuell.de). Über die Deutsche Reiterliche Vereinigung können Medikation-Kontrollkits (www.berlinger.ch) bestellt werden, die genaue Anleitungen zur Probennahme enthalten und in denen Urin- bzw. Blutproben zum zuständigen Analyselabor zu senden sind. In Deutschland sind derzeit das Institut für Biochemie der Sporthochschule Köln (www.dopinginfo.de) sowie das Institut für Dopinganalytik und Sportbiochemie Dresden (www.idas-kreischa.de) von der World Anti Doping Agency (www.wada-ama.org) akkreditiert.

Literatur

Schlatterer B, Hrsg. Doping im Pferdesport. Stuttgart: Schattauer 2010.

43 Genetische Untersuchungen

Petra Kühnlein und Elisabeth Müller

43.1 Erbkrankheiten

Definition hereditäre Erkrankung

Erbkrankheiten oder **hereditäre Erkrankungen** werden durch dauerhafte Veränderung des Erbguts (Mutationen) hervorgerufen. Diese Mutationen müssen in den Information enthaltenden Bereichen, den Genen, auftreten, um überhaupt relevant sein zu können. Häufig liegen Punktmutationen vor, bei denen nur eine einzige Base in der DNA ausgetauscht ist. Deletions-, Insertions- und Duplikationsmutationen sind Mutationen, bei denen eine oder mehrere Basen deletiert, inseriert oder dupliziert wurden. Nicht alle Mutationen führen auch zwangsläufig zur Entstehung einer Erbkrankheit. Dies ist abhängig vom Mutationstyp. In Form eines Leserasters werden immer drei Basen der Erbinformation in eine Aminosäure und damit letztlich in ein Protein übersetzt, wobei nur die ersten beiden Basen die Auswahl der Aminosäure bedingen. Bleibt beispielsweise nach einer Punktmutation das Leseraster erhalten und wird aufgrund der Degeneration des genetischen Codes und der dadurch bedingten Fehlertoleranz keine Aminosäure ausgetauscht (Mutation in der dritten Base des Tripletts), so handelt es sich um eine »stille« Mutation, die keine Auswirkungen auf die Zusammensetzung und Gestalt des Proteins hat. Ein verändertes Protein kann jedoch auf zwei Wegen entstehen:

1. durch Punktmutation: Hierbei handelt es sich um eine »*missense*«-Mutation (sinnverändernde Mutation), die den Austausch einer Aminosäure zur Folge hat. Die Mutation betrifft die Base 1 oder Base 2 des Basentripletts.
2. durch »*nonsense*«-Mutation (sinnentstellende Mutation): Es entsteht ein »Stoppcodon«, welches die Proteinsynthese stoppt, sodass ein verkürztes Protein synthetisiert wird.

Grundsätzlich können bei Erbkrankheiten ein Gen (monogen) oder mehrere Gene (polygen) verändert sein (monogenetische bzw. polygenetische Erkrankungen). Genetische Untersuchungen sind in der Regel nur mit befriedigender Aussage möglich, wenn möglichst wenige Gene (am besten nur ein Gen) betroffen sind und die durch die Mutation entstehenden Veränderungen im Proteinmuster unmittelbar zur Erkrankung führen und nicht lediglich eine Disposition bewirken.
Eine Erbkrankheit ist weiterhin dadurch gekennzeichnet, dass die der Erkrankung zugrunde liegenden veränderten Gene durch Vererbung an nachfolgende Generationen weitergegeben werden können, was Erkrankungen in nachfolgenden Generationen bedingt. Folgende Erbgänge werden dabei unterschieden:

Autosomal-rezessiver Erbgang

Wird eine Erkrankung autosomal rezessiv vererbt, kommt diese nur dann zur Ausprägung, wenn die Mutation von beiden Elternteilen vererbt wurde, also auf jeweils beiden

Autosomen in beiden Kopien eines bestimmten Gens auftritt. Die Elterntiere selbst müssen nicht zwangsläufig klinisch auffällig sein. Die autosomal-rezessive Erkrankung tritt nicht unbedingt in jeder Generation auf und kann daher über Generationen hinweg unbemerkt weitergegeben werden.

Beispiele für einen autosomal-rezessiven Erbgang sind:
- progressive Retinaatrophie (prcd-PRA) beim Hund
- spinale Muskelatrophie (SMA) bei der Katze
- Hereditary Equine Regional Dermal Asthenia (HERDA) beim Pferd

Anzumerken ist, dass in einigen Fällen auch beim autosomal-rezessiven Erbgang die Trägertiere Einschränkungen zeigen, die zwar nicht das Ausmaß der Erkrankung eines homozygot betroffenen Tieres erreichen, sich aber klar von dem Zustand eines erbgesunden Tieres unterscheiden. Hier ist z. B. die MDR1-Mutation zu nennen, in deren Folge auch bei heterozygoten Tieren eingeschränkte Funktionen des MDR1-Transporters, z. B. von Ivermectin, beschrieben sind (Mealey et al. 2008).

Autosomal-dominanter Erbgang

Bei der autosomal-dominanten Vererbung führt bereits eine Kopie des veränderten Gens auf einem der beiden homologen Chromosomen zum Auftreten der Erkrankung. Bei homozygot betroffenen Individuen kommt es, z. B. bei der polyzystischen Nierenerkrankung (PKD), zum frühen Versterben bzw. lassen kleine Würfe von Eltern, bei denen homozygot betroffene Nachkommen wahrscheinlich sind, den Schluss zu, dass es zum embryonalen Tod bzw. zur Resorption von Feten kommt. Bei allen (klinisch auffälligen) Trägern der Mutation ist mindestens ein Elternteil auch Merkmalsträger und gibt die Mutation mit einer Wahrscheinlichkeit von 50 % an den Nachkommen weiter. Gentests für autosomal-dominante Erkrankungen werden nur selten entwickelt, da ein Zuchtausschluss in der Regel auch ohne das Hilfsmittel Gentest möglich ist, weil jedes Tier, welches die Mutation trägt, auch klinisch auffällig wird (Ausnahme: late onset, variable Penetranz, Erklärung siehe unten).

Beispiele für einen autosomal-dominanten Erbgang sind:
- Von-Willebrand-Disease (vWD) Typ I beim Hund (z. B. Dobermann)
- polyzystische Nierenerkrankung (PKD) bei der Katze
- Polysaccharid-Speicher-Myopathie Typ I (PSSM) beim Pferd

Gonosomaler Erbgang

Dem gonosomalen oder geschlechtsgebundenen Erbgang einer Erkrankung liegt eine Mutation auf einem der Geschlechtschromosomen zugrunde. In den meisten Fällen ist das X-Chromosom betroffen, da das Y-Chromosom nur sehr wenige Gene enthält. Man unterscheidet zwischen:

X-chromosomal-dominant: Männliche Tiere sind immer betroffen, da sie nur über ein X-Chromosom (von der Mutter) verfügen. Weibliche Tiere, die heterozygot sind, erkranken in der Regel ebenfalls.

X-chromosomal-rezessiv: Männliche Tiere sind immer betroffen, da sie nur über ein X-Chromosom (von der Mutter) verfügen. Weibliche Tiere können nur erkranken, wenn beide X-Chromosomen von der Mutation betroffen sind. Ist nur ein X-Chromosom betroffen, sind die weiblichen Tiere

Überträgerinnen (Konduktorinnen) und geben die Mutation mit 50 % Wahrscheinlichkeit an ihre Nachkommen weiter, ohne selbst zu erkranken.

Beispiele für einen X-chromosomal-rezessiven Erbgang sind:
- Hämophilie A und B beim Hund (z. B. Havaneser, Rhodesian Ridgeback)

Mitochondrialer bzw. extrachromosomaler Erbgang

Zirka 0,1 % der DNA einer tierischen Zelle befinden sich nicht im Zellkern, sondern in den Mitochondrien. Da Eizellen im Gegensatz zu Spermien mehrere hunderttausend Mitochondrien besitzen, werden Mutationen in der Mitochondrien-DNA nur von der Mutter vererbt. Erbkrankheiten mit mitochondrialer Vererbung spielen in der Tiergenetik eine eher untergeordnete Rolle.

Ein Beispiel für einen mitochondrialen Erbgang ist:
- sensorische ataxische Neuropathie (SAN) beim Golden Retriever

Mutationen und phänotypische Ausprägung

Folgende Faktoren beschreiben den Unterschied zwischen Vorliegen einer Mutation und Auftreten des korrespondierenden klinischen Bildes einer Erbkrankheit:

Penetranz

Man unterscheidet zwischen
- vollständiger Penetranz, bei der es immer zur Ausprägung bzw. Manifestation eines Merkmals kommt, und
- unvollständiger Penetranz, bei der sich trotz des vorhandenen Genotyps die Merkmale des zugehörigen Phänotyps nicht in jedem Fall manifestieren.

Late onset

Das genetische Muster und damit das durch Mutation veränderte Proteinmuster liegt bei Erbkrankheiten von Beginn des Lebens an vor.

Der Zeitpunkt der klinischen Erkrankung kann von Erkrankung zu Erkrankung unterschiedlich sein, progressiv verlaufen oder auch von Haltungs- und Umweltfaktoren abhängig sein.

Late onset beschreibt den Beginn der klinischen Erkrankung mit fortgeschrittenem Alter.

43.2 Möglichkeiten und Grenzen genetischer Untersuchungen

Gentests werden mit dem Ziel durchgeführt, hetero- oder homozygot mit einer Mutation behaftete Individuen aufzuspüren. **Vorteile** gegenüber anderen Untersuchungsmethoden sind:
- Für die Durchführung wird nur eine sehr geringe Menge DNA benötigt, welche aus dem Zellmaterial isoliert wird. In der Praxis reichen kleinste Mengen Blut (Vollblut oder EDTA-Blut), ein Backenabstrich oder Haare aus.
- Die Durchführung ist nicht an ein bestimmtes Alter des Tieres gebunden. Gentests können bereits bei Welpen jeden Alters durchgeführt werden, da der Genotyp eines Tieres schon mit der Befruchtung festgelegt wird.

- Das Ergebnis eines Gentests ist unveränderlich und gilt für das gesamte Leben des Tieres.
- Gentests identifizieren genetisch betroffene Tiere unabhängig von dem Zeitpunkt des ersten Auftretens einer Erkrankung.
- Klinisch unauffällige Anlageträger, die die Erkrankung ohne eigene Symptomatik in der Population weiterverbreiten können, können nur über diese Methode zweifelsfrei erkannt werden.

Beim Einsatz von genetischen Untersuchungen existieren allerdings auch klare **Einschränkungen**:

- Ein Gentest weist immer nur die zu untersuchende Mutation nach. Andere Ursachen oder auch andere Mutationen, die zum identischen klinischen Bild führen, werden nicht erkannt (Beispiel: hypertrophe Kardiomyopathie (HCM) bei der Katze, primäre bzw. sekundäre Epilepsie beim Hund).
- Aufgrund geschlossener Zuchtbücher, z. B. in der Hundezucht, bleiben bestimmte Mutationen meist auf eine oder wenige (verwandte) Rassen beschränkt. Eine Anwendbarkeit eines für eine Rasse etablierten Gentests auf beliebige andere Rassen ist daher nicht ohne Weiteres möglich. Das Vorliegen der betreffenden Mutation in einer weiteren Rasse in Verbindung mit dem klinischen Erscheinungsbild muss als aussagekräftig für einen Kausalzusammenhang angesehen werden. Das Fehlen der betreffenden Mutation in einer bislang nicht untersuchten Rasse schließt dagegen das Vorliegen einer anderen Mutation als Grundlage für die gleiche Erbkrankheit nicht aus (Beispiel: unterschiedliche ursächliche Mutationen für die neuronale Ceroid-Lipofuszinose [NCL] bei verschiedenen Rassen).
- Ein Gentest lässt keine Aussage über den Zeitpunkt des Auftretens oder den Schweregrad einer Erkrankung zu. Dieser kann damit *nie* eine klinische Untersuchung ersetzen, sondern lediglich die Zusatzinformation liefern, welche Tiere ein Risiko einer Erkrankung bergen bzw. welche im Rahmen einer Zuchtentscheidung eventuell zu maßregeln sind.
- Aufgrund unvollständiger Penetranz kann ein auffälliges Ergebnis eines Gentests vorliegen, ohne dass es jemals zu einer Erkrankung kommt. Ursache einer unvollständigen Penetranz (< 100 %) können beispielsweise modifizierende Gene oder Umwelteinflüsse sein (Beispiel: Von-Willebrand-Erkrankung [vWD Typ I] beim Dobermann).
- Polygenetische Erbgänge führen in der Regel zu Dispositionen für bestimmte Erkrankungen. Im Gegensatz zum monogenen Erbgang vererben sie die Disposition durch Überlagerung der Effekte unterschiedlicher Gene daher nicht mit 50 % Wahrscheinlichkeit an die Nachkommen weiter (Beispiel hierfür ist nach derzeitigem Kenntnisstand die Hüftgelenksdysplasie des Hundes).

Untersuchungsmaterialien

Probenmaterial und -entnahme

Als Probenmaterial für einen genetischen Test eignet sich prinzipiell jedes zellkernhaltige Material. Gängige Probenmaterialien für genetische Untersuchungen beim Tier sind Blut, Backenabstriche sowie Haare. Bei Hund und Katze haben sich EDTA-Blut sowie Backenabstriche für die Durchführung von Gentests besonders bewährt. Beim Pferd werden neben EDTA-Blut oft auch Haare als Untersuchungsmaterial eingesetzt.

Blut

EDTA-Blut ist aufgrund der großen isolierbaren DNA-Menge das am besten geeignete Probenmaterial für DNA-Tests. Andere Gerinnungshemmer, besonders Lithium-Heparin oder Zitrat, sind als Antikoagulanzien ungeeignet, da sie bei den Untersuchungen (Polymerasekettenreaktion, PCR) als Inhibitoren wirken können. In sehr seltenen Fällen können auch eine transportbedingte Hämolyse oder extremer Stress bei der Probenentnahme dazu führen, dass eine Probe nicht analysiert werden kann. Der Anteil nicht auswertbarer Blutproben ist jedoch mit unter 1 % extrem niedrig.

Häufig werden – vor allem zum Versand über weitere Strecken – auch Blutkarten verwendet. Dazu wird das Blut auf spezielle Filterkarten getropft. Um einer Zersetzung infolge von Schimmelbildung vorzubeugen, muss das Blut gut getrocknet sein, bevor die Filterkarte für den Versand in eine Plastikfolie eingepackt wird.

> Serum (zellfrei!) ist nicht für einen Gentest geeignet, da die für die DNA-Extraktion notwendigen kernhaltigen Leukozyten fehlen.

Backenabstriche

Backenabstriche, auch missverständlich Speichelproben genannt, sind für Gentests gut geeignet. Voraussetzung ist die korrekte Abnahme unter Einhaltung von einigen Grundregeln, wie sie unten aufgeführt sind. Die aus Schleimhautabstrichen isolierbare DNA-Menge ist im Vergleich zu der aus Blutproben gering. Es gelingt daher nicht immer aus einem Backenabstrich in ausreichendem Maße DNA-Material zu isolieren. In Abhängigkeit von den jeweiligen DNA-Tests und der Labormethode ist der Anteil der Backenabstrichproben, bei denen aufgrund mangelnder Qualität des Abstrichs kein Testergebnis erzielt werden kann, unterschiedlich hoch, aber immer höher als bei Blut. Zur Minimierung der Ausfallsquote sind folgende Regeln zu beachten:

- Das Tier sollte etwa 1–2 Stunden vor der Entnahme des Abstrichs nichts gefressen haben bzw. nicht gesäugt worden sein.
- Bei der Entnahme des Abstrichs sollte an der Backeninnenseite kräftig gebürstet werden, um eine ausreichende Anzahl von Zellen der Mundschleimhaut mit dem Tupfer aufzunehmen. Speichel allein genügt in der Regel nicht für den Test.
- Um Wachstum von Bakterien und Schimmelpilzen mit daraus resultierendem DNA-Abbau zu verhindern, sollten die Bürsten bzw. Tupfer nach der Entnahme 2–4 Stunden an der Luft getrocknet werden. Eine ausreichende Trocknung erfolgt z. B., wenn die Tupfer in das Transportröhrchen gegeben werden, der Verschluss der Röhrchen aber erst nach einer Wartezeit von 2–4 Stunden erfolgt.

Haare

Haare sind generell als Probenmaterial geeignet, solange sichergestellt ist, dass sie mitsamt der Wurzel ausgezogen werden, um genügend Material für die Isolierung einer ausreichenden Menge DNA zur Verfügung zu stellen.

> Abgeschnittene Haare enthalten keine genomische DNA und sind für einen genetischen Nachweis von Erbkrankheiten daher gänzlich ungeeignet.

Da die meisten Untersucher Haare als Untersuchungsmaterial ablehnen, ist im Vorfeld solcher Proben unbedingt Rücksprache mit dem entsprechenden Labor zu halten.

Dokumentation

Wie bei allen Beprobungen ist es wichtig, dass eine eindeutige Kennzeichnung erfolgt (z. B. Name des Tieres, Geburtsdatum oder Chip-Nummer). Grundsätzlich kann die Probenentnahme an den Tierhalter delegiert werden, wenn Backenabstriche oder Haare zum Einsatz kommen sollen. Häufig besteht aber, gerade wenn das Ergebnis züchterische Konsequenzen hat, ein massiver Interessenskonflikt. Der Tierarzt sollte die Probenentnahme daher immer selber durchführen, und auch bei Kenntnis des Tieres die Identität desselben überprüfen (Chip-Nummer, Zuchtbucheintrag) und schriftlich bestätigen. Eine sorgfältige Identifikation des Tieres sowie die korrekte Eintragung aller Daten in die Begleitformulare und das Beifügen einer Kopie des Stammbaums sind wichtige Beiträge zur Qualitätssicherung.

Beprobungszeitpunkt

Da der Genotyp jedes Tieres unveränderlich ist, kann ein Gentest unabhängig vom Alter oder vom Gesundheitszustand des Tieres durchgeführt werden. Damit können auch Jungtiere praktisch ab der Geburt getestet werden.

Testmethoden

Im Labor wird aus dem Untersuchungsmaterial zunächst die Nukleinsäure – in der Regel genomische DNA – isoliert. Im nächsten Schritt wird mittels PCR ein Abschnitt des für die Untersuchung relevanten Gens millionenfach vervielfältigt, sodass es in nachfolgenden Schritten analysiert werden kann. Das PCR-Verfahren stellt dabei eine Nachahmung der natürlichen DNA-Replikation dar. Die Vervielfältigung der DNA wird hierbei durch eine DNA-Polymerase katalysiert, die ausgehend von Oligonukleotiden eine Matrizen-DNA amplifiziert. Als Substrat dienen die Basen in Form von Desoxynukleotidtriphosphaten (dNTPs). Durch eine zyklische Wiederholung der Schritte Denaturierung, Hybridisierung und Elongation entstehen nach 20 Zyklen aus einem DNA-Strang ca. 1 Million Kopien der gewünschten Gensequenz. In der Praxis wird mit ca. 25–40 Zyklen gearbeitet (**Abb. 43.1**). Ausgehend von einem mittels PCR amplifizierten DNA-Abschnitt erfolgt die eigentliche Mutationsanalyse. Hier gibt es folgende Möglichkeiten:

RFLP-Analyse

Restriktionsfragmentlängenpolymorphismus, abgekürzt RFLP, bezeichnet Unterschiede von DNA-Sequenzen homologer Chromosomen, welche als verschiedene Restriktionsfragmentmuster nach enzymatischem Verdau bei der Gelelektrophorese sichtbar werden. Die Länge eines Restriktionsfragments wird durch das Vorhandensein oder Nichtvorhandensein einer Mutation beeinflusst, bei der eine Erkennungssequenz für ein Restriktionsenzym entsteht oder verlorengeht. Die Methode ist in hohem Maße davon abhängig, dass der der PCR nachgeschaltete enzymatische Verdau optimal abläuft, theoretisch ist ein fälschliches Ergebnis »homozygot« bei einem heterozygoten Tier möglich (**Abb. 43.2**).

Sequenzierung eines Genabschnitts nach Sanger

Nach Amplifikation des zu untersuchenden Genabschnitts mittels PCR besteht neben einer RFLP-Analyse auch die Möglichkeit der Direktsequenzierung des Genabschnitts, um Mutationen nachzuweisen. Dazu wird beispielsweise die Didesoxymethode nach

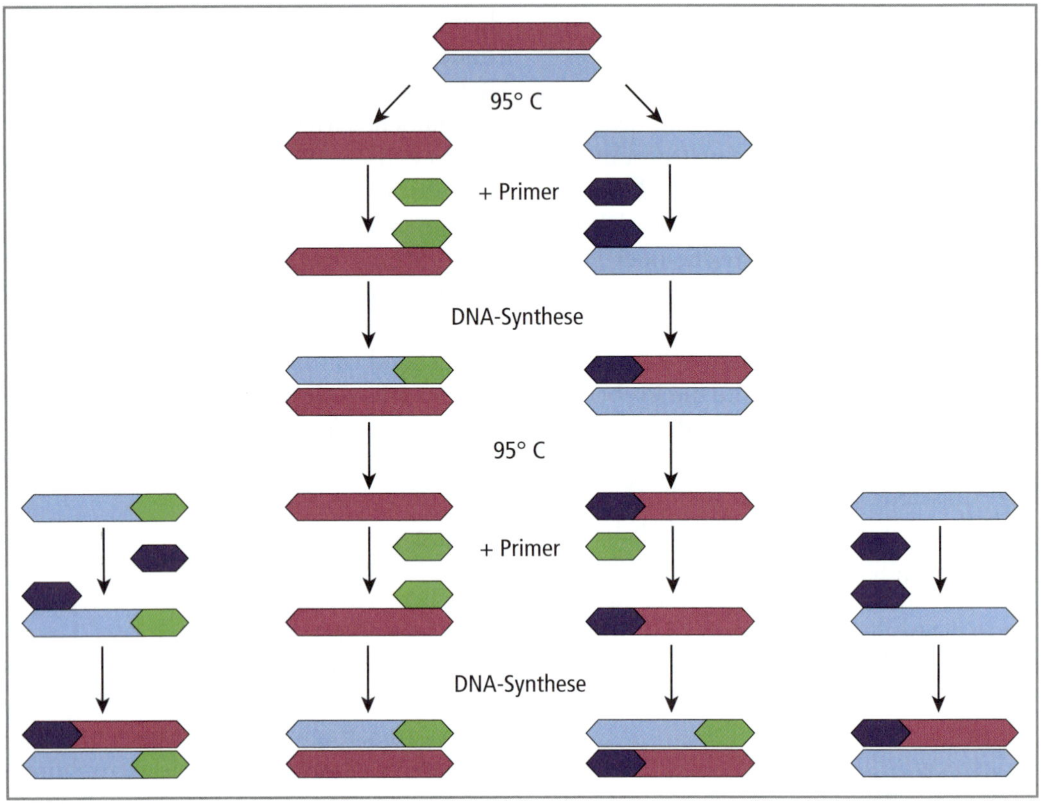

Abb. 43.1 Schema der Polymerasekettenreaktion zur Vervielfältigung des betroffenen Genabschnitts

Sanger (auch Kettenabbruch-Synthese genannt) angewendet, bei der in einer zweiten PCR mit fluoreszenzfarbstoffmarkierten Reagenzien gearbeitet wird, deren Einbau bei der Replikation jeweils zum Abbruch der Kettenreaktion führt. Die entstehenden Kettenabbruchprodukte werden mittels Kapillargelelektrophorese aufgetrennt und mithilfe eines Lasers zur Fluoreszenz angeregt. Das enthaltene Fluoreszenzmuster, gemessen über einen Detektor, spiegelt die Sequenz der Basen im untersuchten DNA-Strang wider (**Abb. 43.3**).

TaqMan® SNP Genotyping Assay

Der TaqMan® SNP Genotyping Assay stellt eine weitere schnelle und effiziente Analysemethode dar und wird heute, wenn technisch möglich, vielfach angewendet. Dabei werden allelspezifische TaqMan®-Sonden (Oligonukleotid) und ein PCR-Primerpaar genutzt, um einen bestimmten Basenaustausch (Single Nucleotide Polymorphism = SNP) zu detektieren. Primer und Sonden binden ausschließlich an ihr bestimmtes Ziel im Genom, wodurch diese Methode eine extrem hohe Spezifität liefert. Durch diese Methode kann direkt anhand der ersten PCR und ohne nachgeschaltete Reaktion zwischen zwei Allelen (Zuständen

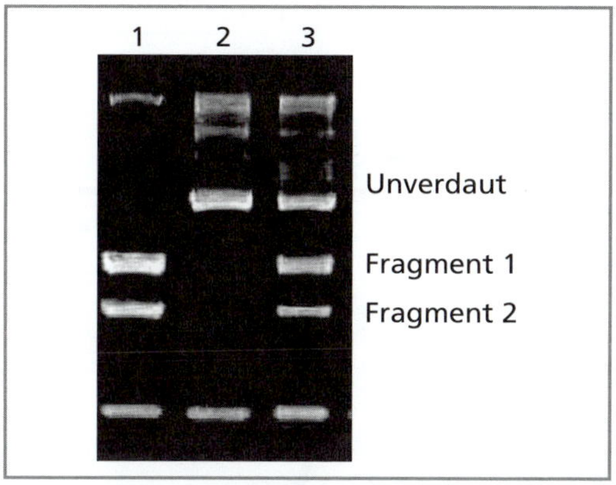

Abb. 43.2 Elektrophoretische Auftrennung einer RFLP-Analyse mit drei möglichen Genotypen:
Spur 1 mit vollständigem Verdau und Bande für Fragment 1 und Fragment 2 (homozygot betroffen)
Spur 2 unverdaut (Wildtyp = erbgesund)
Spur 3 mit unvollständigem Verdau; Banden von unverdautem PCR-Produkt sowie Fragment 1 und Fragment 2 (heterozygot für Erbanlage)

eines Gens) differenziert werden. TaqMan®-Sonden sind sogenannte Hydrolyse-Sonden, die mit einem Reporter-Fluoreszenzfarbstoff und einem Quencher verbunden sind, wobei der Quencher die Fluoreszenz des Reporters unterdrückt. Bindet die Sonde spezifisch an ein PCR-Produkt, so wird die Sonde durch die Polymerase abgebaut. Der Reporter kann fluoreszieren und somit detektiert werden.

Der Einsatz dieser Methode ist beschränkt auf bestimmte Mutationen (SNPs, kurze Deletionen und Insertionen). Zudem müssen diese Mutationen in unverwechselbaren Genabschnitten lokalisiert sein (**Abb. 43.4**).

43.3 Gentests bei einzelnen Erkrankungen bzw. Symptomkomplexen

Insbesondere bei folgenden Erkrankungen bzw. Symptomkomplexen können Gentests zur Abklärung von Differenzialdiagnosen sinnvoll sein und daher bei klinischen Untersuchungen zum Einsatz kommen:

- **neuromuskuläre Erkrankungen**, z. B.:
  - Exercise Induced Collapse (EIC) beim Hund
  - Polyneuropathie beim Hund
  - Episodic Falling (EF) beim Hund
  - Startle Disease beim Hund
  - degenerative Myelopathie (DM) beim Hund
  - hyperkaliämische periodische Paralyse (HYPP) beim Pferd
- **Speicherkrankheiten**, z. B.:
  - Glykogenspeicherkrankheit IIIa (GSD IIIa) beim Hund

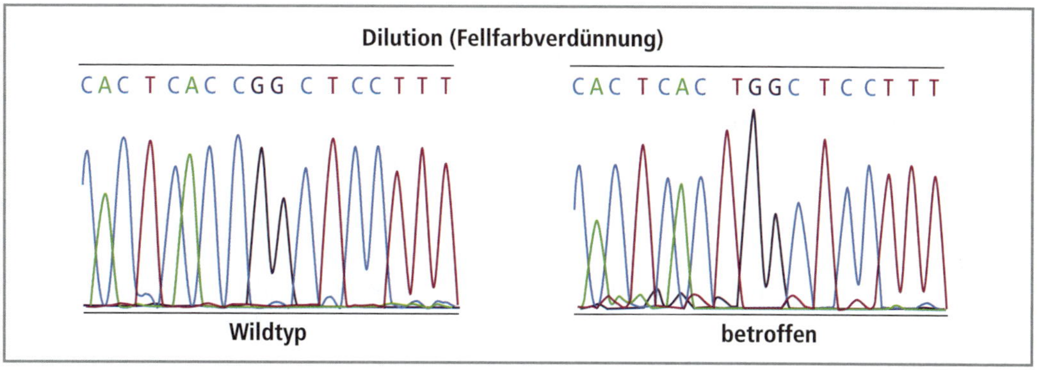

Abb. 43.3 Sequenz eines mutationsfreien Genabschnitts (Wildtyp) und der korrespondierenden Mutation

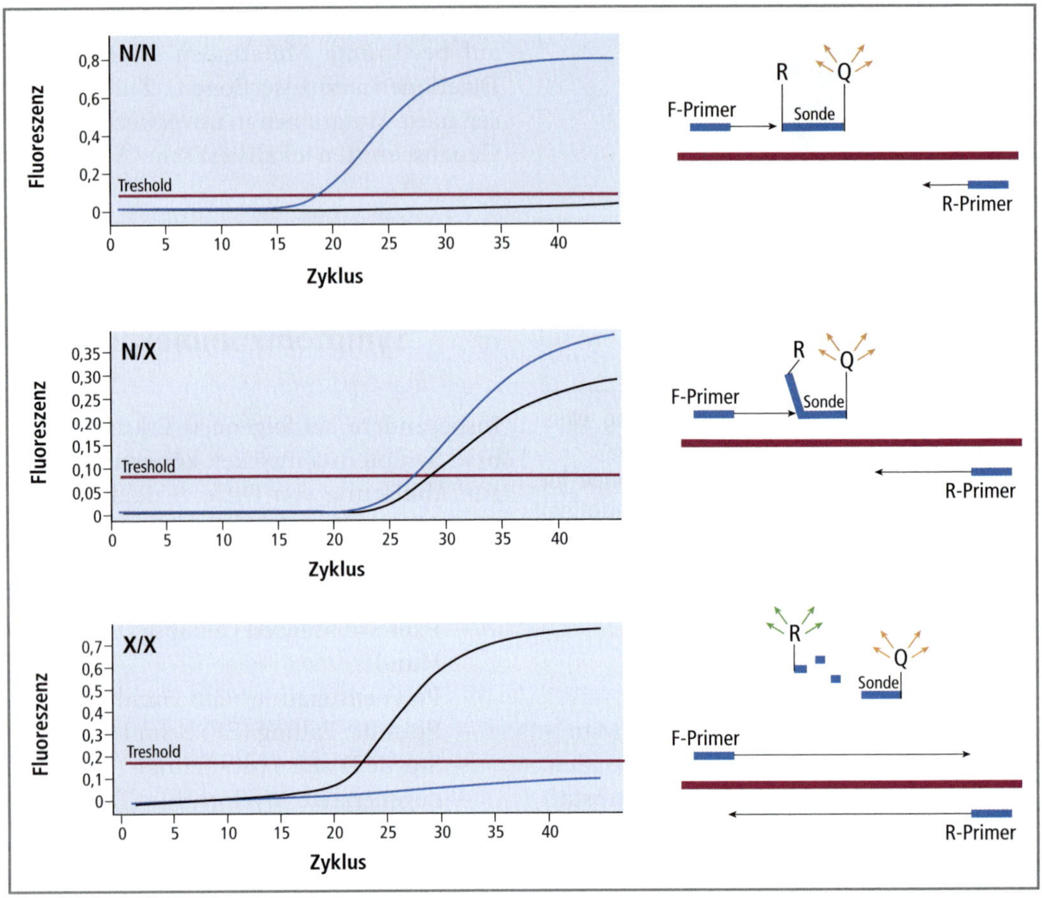

Abb. 43.4 Genotypisierung mittels TaqMan®-Assay: Eine Sonde bindet spezifisch an ein normales Allel, die andere Sonde bindet an ein mutiertes Allel. Die Amplifikation unter Beteiligung beider Sonden ist typisch für ein heterozygotes Tier (mittleres Schaubild), die alleinige Amplifikation des gesunden (Wildtyp) bzw. des mutierten Allels ist typisch für ein freies bzw. für ein homozygot betroffenes Tier (Bild oben bzw. Bild unten). In der rechten Abbildung ist ein TaqMan®-Assay schematisch dargestellt.

- Mukopolysaccharidosen bei Hund und Katze
- Glykogenspeicherkrankheit IV (GSD IV) bei der Katze
- Polysaccharid-Speicher-Myopathie Typ I (PSSM Typ I) beim Pferd

- **Augenerkrankungen**, z. B.:
  - progressive Retinaatrophie (prcd-PRA) beim Hund
  - Collie-Eye-Anomalie (CEA) beim Hund
  - primäre Linsenluxation (PLL) beim Hund
  - hereditärer Katarakt beim Hund
  - progressive Retinaatrophie (rdAC-PRA) bei der Katze
- **Gerinnungsstörungen**, z. B.:
  - Hämophilie A und B beim Hund
  - Von-Willebrand-Disease (vWD) Typ I, II und III beim Hund

- **Nierenerkrankungen**, z. B.:
  - polyzystische Nierenerkrankung (PKD) bei der Katze
  - familiäre Nephropathie (FN) beim Hund
  - Cystinurie beim Hund

Die im Anhang aufgeführten Erbkrankheiten (s. S. 893) stellen eine Auflistung der kommerziell erhältlichen genetischen Tests auf hereditäre Erkrankungen zum Zeitpunkt der Drucklegung des Buches dar. Sie sind alphabetisch geordnet und unabhängig von klinischer Relevanz oder Verbreitungsgrad der zugehörigen Erkrankung aufgeführt. Zu bemerken ist, dass der Verbreitungsgrad und damit die Relevanz von Zuchtentscheidungen innerhalb der Rassen von Land zu Land unterschiedlich sein kann, wie am Beispiel des Exercise Induced Collape (EIC) beim Retriever deutlich zu sehen ist (Owczarek-Lipska et al. 2011).

43.4 Phänotypische Merkmale: Farbe, Haarlänge, Spotting, Masken

Neben der Untersuchung auf verschiedene Erbkrankheiten und genetische Dispositionen ist heute die Untersuchung auf phänotypische Merkmale, wie z. B. Fellfarbe, Haarlänge und Haarstruktur, möglich. In wenigen Fällen bestehen Assoziationen des Phänotyps mit Erkrankungen (Beispiel Merlefaktor: Bei einer Merle-Merle-Verpaarung ist wegen assoziierter Fehlbildungen des Innenohrs Taubheit bei homozygoten Nachkommen möglich) (Clark et al. 2006).

Die Fellfarbe eines Hundes wird durch das Zusammenspiel mehrerer Gene bestimmt, die die Bildung und Verteilung der beiden Hauptpigmente Eumelanin (schwarz) und Pheomelanin (rot/gelb) steuern.

Die Produktion der Pigmente wird gesteuert von dem Gen MC1R (Melanocortin-1-Rezeptor). Andere Gene sind verantwortlich für die Farbvarianten und Muster. Das Gen für die Fellfarbe Braun (Tyrosinase-related-protein 1, TYRP1) modifiziert das schwarze Pigment zu braun ohne Beteiligung des roten Pigments (Schmutz et al. 2002). Andere an der Fellfarbe beteiligte Gene sind Agouti (Agouti-signaling-protein, ASIP), welches für die Verteilung von schwarzem und rotem Pigment verantwortlich ist, und Dilution (Melanophilin, MLPH), welches schwarz zu blau verdünnt bzw. rot zu cream. Weitere Gene sind verantwortlich für die Verteilung von weißen Mustern, Masken und Scheckungsfaktoren. Daneben gibt es Aufhellungsgene, die nur bei bestimmten Rassen eine Rolle spielen (z. B. greying).

Für die Beschaffenheit des Fells ist eine Kombination aus bislang drei beschriebenen Genen verantwortlich. Hier kann die genetische Anlage für Langhaar/Kurzhaar sowie für die Fellstrukturen »curly« und »furnishing« analysiert werden. Laufende Forschungsaktivitäten auf diesem Gebiet lassen für die Zukunft weitere Testmöglichkeiten im Hinblick auf rassespezifische Farb- und Strukturgene erwarten.

43.5 Identität, Abstammung, Wahrscheinlichkeitsberechnungen (Likelihood-Ratio)

Das **DNA-Profil**, auch genetischer Fingerabdruck genannt, hat im Gegensatz zu anderen Markierungsmethoden wie Mikrochips oder Tätowierungen den Vorteil, dass es nicht manipuliert oder durch äu-

ßere Einflüsse, wie z. B. Verletzungen, zerstört werden kann. Es bleibt ein Leben lang unverändert. Das DNA-Profil ermöglicht eine zweifelsfreie Identifikation eines Tieres. Zusätzlich kann durch einen Vergleich mit den DNA-Profilen der Elterntiere eine Abstammung sicher ausgeschlossen oder mit an Sicherheit grenzender Wahrscheinlichkeit nachgewiesen werden.
Die Erstellung von DNA-Profilen wird bei Hunden, Katzen, Pferden und Rindern heute vielfach angewendet. DNA-Profile sind aber auch bei anderen Tierarten möglich.
Das Prinzip des DNA-Profils beruht auf der Untersuchung hochvariabler DNA-Abschnitte (Mikrosatelliten) im nichtkodierenden, also nicht erbinformationstragenden Bereich, die sich zwischen den einzelnen Individuen durch ihre Länge voneinander unterscheiden (Längenpolymorphismus). Die Gesamtheit der Mikrosatelliten in ihrer Kombination ergibt ein für jedes Individuum unverwechselbares DNA-Profil, das umso einzigartiger ist, je mehr Mikrosatelliten in die Untersuchung einbezogen werden.
Das DNA-Profil, wie mit den von der internationalen Gesellschaft für Tiergenetik (ISAG) vorgeschlagenen Markern durchgeführt, ist mit einer Wahrscheinlichkeit von größer als 99,99 % einzigartig. Die einzige Ausnahme hiervon bilden eineiige Mehrlinge.
Wird ein DNA-Profil gemäß dem von der ISAG empfohlenen Mikrosatelliten-Marker-Set erstellt, ist das DNA-Profil mit anderen nach den ISAG-Empfehlungen arbeitenden Laboratorien international vergleichbar. Das kann für Abstammungsbegutachtungen von Vorteil sein, da bekannte Muster z. B. von einem Elternteil, auf das kein Zugriff mehr möglich ist, ohne neue Beprobung in die Analyse mit eingehen können.

Abstammungsnachweis

Mithilfe des Abstammungsnachweises kann geklärt werden, ob die angegebenen Eltern eines Tieres aufgrund des DNA-Profils tatsächlich als biologische Eltern infrage kommen.
Jeder Nachkomme erhält 50 % seines Erbguts von der Mutter und 50 % vom Vater. Vorausgesetzt die Mutterschaft gilt als gesichert, so müssen grundsätzlich alle nichtmütterlichen Anteile im DNA-Profil des Nachkommen vom Vater vererbt worden sein. Stimmen mindestens zwei Anteile im DNA-Profil nicht überein, kann die Vaterschaft mit hoher Wahrscheinlichkeit ausgeschlossen werden. Analoges gilt für die Mutter.
Wie beim Identitätsnachweis hängt auch die Aussagefähigkeit des Abstammungsnachweises wesentlich von der Anzahl und der Eignung der untersuchten Mikrosatelliten sowie der genetischen Variabilität der getesteten Rasse ab (siehe ISAG-Profil). Je mehr hochvariable DNA-Abschnitte bei einer Abstammungsbegutachtung untersucht werden, desto sicherer kann die tatsächliche Abstammung bestätigt oder ausgeschlossen werden. Während das Ergebnis eines Abstammungsausschlusses mit nahezu 100%iger Sicherheit zutreffend ist, gilt für die Bestätigung einer Abstammung eine um den Faktor X geringere Sicherheit. Sie ist abhängig von der Häufigkeit der nachgewiesen Allele in der Population der untersuchten Rasse. Soll dieser Unsicherheitsfaktor näher bestimmt werden, so ist die Kenntnis des Genpools der zugehörigen Rasse erforderlich. Die statistische Berechnung erfolgt als **»Likelihood-Ratio«**, womit beziffert ist, um welchen Faktor die tatsächliche Abstammung wahrscheinlicher ist als das zufällige Zusammentreffen der identischen Muster. Die Wahrscheinlichkeit, dass ein beliebig ausgewähltes Tier aufgrund eines identischen

Mikrosatellitenmusters als Vorfahre infrage kommt, ist allerdings extrem gering. Damit liegt die Sicherheit für ein positives Ergebnis bei Verwendung des gesamten Panels an ISAG-Markern bei nahezu 100 %.

Rassezuordnung und Tierartdifferenzierung

Rassezuordnung

Die genetische Zuordnung eines Hundes zu einer bestimmten Rasse wird durch die Methodik des genetischen Fingerabdrucks mit einer großen Zahl an Mikrosatelliten in Verbindung mit einer statistischen Auswertung möglich. Sie kann die phänotypische Bestimmung, die bisweilen mit Unsicherheitsfaktoren behaftet ist, untermauern bzw. widerlegen. Besonders bei Tieren, deren Elterntiere nicht bekannt sind, ist diese Bestimmung sinnvoll.

Zur molekularbiologischen Rassezuordnung wird das DNA-Profil eines Hundes herangezogen. Die Rassezuordnung basiert dabei auf einer statistischen Wahrscheinlichkeitsberechnung, bei der das DNA-Profil eines Hundes mit einer Datenbank aus hinterlegten Rasseprofilen abgeglichen wird. Das Ergebnis der Rassezuordnung stellt dann eine Zuordnungswahrscheinlichkeit des fraglichen Hundes zu einer der im Datenpool befindlichen Rassen dar. Grundlage ist daher das Vorliegen von Referenzpopulationen in der Datenbank.

Das Fehlen einer betreffenden Rasse im Datenpool führt nicht zu einer Fehlzuordnung, sondern lediglich für alle geprüften Rassen zu extrem niedrigen Zuordnungswahrscheinlichkeiten. Zuordnungswahrscheinlichkeiten < 30 % werden als nicht aussagekräftig angesehen, da eine genügend hohe Testsicherheit für das errechnete Ergebnis nicht gewährleistet werden kann.

Grundlage für eine genetische Rassezuordnung mit ausreichend großer Testsicherheit ist, dass mit einem aktuellen Datenpool gearbeitet wird, der der geografischen Population, aus der das fragliche Tier kommt, entspricht. Die Qualität des Testergebnisses ist damit extrem abhängig von der Qualität des Datenpools.

Tierartendifferenzierung

Mit bloßem Auge oder mithilfe gängiger Labormethoden können nur selten Rückschlüsse auf die Herkunft der Probe gezogen werden, wenn es sich um Materialien wie Kot, Haar oder Blutspuren handelt. Gerade wenn dabei nur Spuren vorliegen, ist eine auf der DNA-Analyse basierende Tierartendifferenzierung Mittel der Wahl. Bei folgenden Fragestellungen kommt diese Methodik derzeit zum Einsatz:

- Unterscheidung zwischen Wildtier und Haustier, z. B. bei Verkehrsunfällen
- Herkunft von Verunreinigungen tierischer Herkunft bei Herstellungsprozessen etc.

Auch hier muss darauf hingewiesen werden, dass eine gerichtsverwertbare Aussage einer Probennahme durch einen Sachverständigen oder zumindest durch eine Person ohne Interessenskonflikt bedarf.

Bei der Tierartendifferenzierung wird ein Gen amplifiziert, das bei allen höheren Lebewesen/Säugetieren vorkommt und hoch konserviert ist, gleichzeitig aber genügend Unterschiede zwischen den Arten aufweist. Eine Sequenzierung des amplifizierten Genabschnitts gibt Auskunft über die genaue Gensequenz im fraglichen Bereich und somit über die Herkunft der Probe. Dazu wird die gewonnene Sequenz mit Sequenzen bekannter Herkunft verglichen.

Literatur

Clark LA, Wahl JM, Rees CA, Murphy KE. Retrotransposon insertion in SILV is responsible for merle patterning of the domestic dog. Proc Natl Acad Sci USA 2006; 103(5): 1376–81.

Mealey KL, Fidel J, Gay JM, Impellizeri JA, Clifford CA, Bergman PJ. ABCB1-1Delta polymorphism can predict hematologic toxicity in dogs treated with vincristine. J Vet Intern Med 2008; 22(4): 996–1000.

Owczarek-Lipska M, Thomas A, André C, Hölzer S, Leeb T. Häufigkeit von Gendefekten in ausgewählten europäischem Retriever-Populationen. Schweiz Arch Tierheilkd 2011; 153(9): 418–20.

Schmutz SM, Berryere TG, Goldfinch AD. TYRP1 and MC1R genotypes and their effects on coat color in dogs. Mamm Genome 2002; 13(7): 380–7.

Weiterführende Literatur

AHT (UK): www.aht.org.uk.

André C, Chaudieu G, Thomas A, Jongh O, Jegou J-P, Chahory S, Clerc B, Pilorge P, Brenac O. Hereditary retinopathies in the dog: Genetic fundamentals and genetic tests. Prat Méd Chir Anim Comp 2008; 43(2): 75–84.

Antagene (F): www.antagene.com.

Genindexe (F): www.genindexe.com.

Laboklin (D): www.laboklin.de.

Mellersh C. DNA testing and domestic dogs. Mamm Genome 2012; 23(1–2): 109–23.

Mellersh C, Sargan D. DNA testing in companion animals – what is it and why do it. In Practice 2011; 33(9): 442–53.

Optigen (USA): www.optigen.com.

PennGen (USA): http://research.vet.upenn.edu/DiseaseInformation/DiseasesbyBreed/tabid/1967/Default.aspx.

Schmutz SM, Berryere TG. Genes affecting coat colour and pattern in domestic dogs: a review. Anim Genet 2007; 38(6): 539–49.

UC Davis (USA): http://www.vgl.ucdavis.edu/services/.

VetGen (USA): www.vetgen.com.

Anhang

Erbkrankheiten verschiedener Tierspezies, für die Gentests zur Verfügung stehen (vgl. Kap. 43)

Erbkrankheiten beim Hund

Erkrankung	Rasse	Erbgang
Achromatopsie	Alaskan Malamute, Deutsch Kurzhaar	autosomal-rezessiv
arrhythmogene rechtsventrikuläre Kardiomyopathie (ARVC)	Boxer	autosomal-dominant mit variabler Penetranz
Bandera's Neonatale Ataxie	Coton de Tulear	autosomal-rezessiv
Black Hair Follicular Dysplasie	Großer Münsterländer	autosomal-rezessiv
Brachyurie (Stummelrute)	verschiedene Rassen	autosomal-dominant
canine Leukozytenadhäsionsdefienz (CLAD)	Irish Setter, Irish Red and White Setter	autosomal-rezessiv
canine multifokale Retinopathie (CRM 1)	Australian Shepherd, Mini Australian Shepherd, Toy Australian Shepherd, (English) Mastiff, Bullmastiff, Cane Corso, Bordeaux Dogge (French Mastiff), Pyrenäenberghund, Perro de Presa Canario	autosomal-rezessiv
canine multifokale Retinopathie (CRM 2)	Coton de Tulear	autosomal-rezessiv
canine multifokale Retinopathie (CRM 3)	Lapponian Herder	autosomal-rezessiv
cerebelläre Ataxie	American Staffordshire Terrier, Spinone Italiano	autosomal-rezessiv
Cobalamin-Malabsorption	Australian Shepherd, Riesenschnauzer	autosomal-rezessiv

Erkrankung	Rasse	Erbgang
Collie-Eye-Anomalie (CEA)/ choroidale Hypoplasie (CH)	Langhaar-Collie, Kurzhaar-Collie, Border-Collie, Australian Shepherd, Lancashire Heeler, Shetland Sheepdog, Langhaar Whippet, Nova Scotia Duck Tolling Retriever, Hokkaido, Silken Windhound, Boykin Spaniel	autosomal-rezessiv
Cone-Degeneration (CD)	Australian Shepherd, Mini Australian Shepherd, Toy Australian Shepherd, Alaskan Malamut, Deutsch Kurzhaar	autosomal-rezessiv
Cone-Rod-Dystrophie (CRD)	Rauhaardackel, Rauhhaarzwergdackel	autosomal-rezessiv
Cone-Rod-Dystrophie 2 (CRD 2)	American Pit Bull Terrier	autosomal-rezessiv
Cone-Rod-Dystrophie 3 (CRD 3)	Glen of Imaal Terrier	autosomal-rezessiv
kongenitale stationäre Nachtblindheit (CSNB)	Briard	autosomal-rezessiv
Cystinurie	Neufundländer, Landseer, Labrador Retriever	autosomal-rezessiv
degenerative Myelopathie (DM)	verschiedene Rassen	autosomal-rezessiv mit unvollständiger Penetranz
dilatative Kardiomyopathie (DCM)	Dobermann	autosomal-dominant mit unvollständiger Penetranz
Dry-Eye-Curly-Coat-Syndrom	Cavalier King Charles Spaniel	autosomal-rezessiv
early retinal degeneration (erd)	Norwegischer Elchhund	autosomal-rezessiv
epidermolytische Hyperkeratose	Norfolk Terrier	autosomal-rezessiv
Episodic Falling	Cavalier King Charles Spaniel	autosomal-rezessiv
Exercise Induced Collapse (EIC)	Labrador Retriever, Curly Coated Retriever, Chesapeake Bay Retriever, Deutsch Drahthaar, Boykin Spaniel, Pembroke Welsh Corgi	autosomal-rezessiv
erbliche Myopathie (CNM)	Labrador Retriever	autosomal-rezessiv

Erkrankung	Rasse	Erbgang
Faktor-VII-Defizienz	Beagle, Riesenschnauzer, Airedale Terrier, Scottish Deerhound, Alaskan Klee Kai	autosomal-rezessiv
Faktor-XI-Defizienz	Kerry Blue Terrier	autosomal-dominant mit unvollständiger Penetranz
familiäre Nephropathie (FN) (Alport-Syndrom)	English Springer Spaniel, English Cocker Spaniel	autosomal-rezessiv
Fanconi-Syndrom	Basenji	autosomal-rezessiv
Fukosidose	English Springer Spaniel	autosomal-rezessiv
Glanzmann's Thrombasthenie Typ I	Otterhund, Pyrenäenberghund	autosomal-rezessiv
Glasknochenkrankheit (Osteogenesis imperfecta)	Dackel, Beagle, Golden Retriever	autosomal-rezessiv
Globoid-Zell-Leukodystrophie (Krabbe-Krankheit)	Cairn Terrier, West Highland White Terrier	autosomal-rezessiv
Gykogenspeicherkrankheit (GSD Ia)	Malteser	autosomal-rezessiv
Gykogenspeicherkrankheit (GSD IIIa)	Curly Coated Retriever	autosomal-rezessiv
GM1-Gangliosidose	Husky, Portugiesischer Wasserhund, Shiba	autosomal-rezessiv
Grey Collie-Syndrom (canine zyklische Neutropenie)	Collie	autosomal-rezessiv
Golden Retriever-Muskeldystrophie (GRMD)	Golden Retriever	X-chromosomal-rezessiv
Golden Retriever Progressive Retinaatrophie (GR_PRA1)	Golden Retriever, Golden Doodle	autosomal-rezessiv

Erkrankung	Rasse	Erbgang
Hämophilie A (Faktor-VIII-Defizienz)	Havaneser	X-chromosomal-rezessiv
Hämophilie B (Faktor-IX-Defizienz)	Rhodesian Ridgeback, Airedale Terrier, Bull Terrier, Cairn Terrier, Deutsch Drahthaar, Lhasa Apso	X-chromosomal-rezessiv
hereditäre Nephropathie (HN)	Samojede	X-chromosomal-rezessiv
hereditäre Neuropathie (GHN)	Greyhound	autosomal-rezessiv
hereditärer Katarakt (HSF4)	Australian Shepherd, Wäller, Boston Terrier, Französische Bulldogge, Staffordshire Bullterrier	autosomal-dominant
Hyperurikosurie (HUU)	verschiedene Rassen	autosomal-rezessiv
Ichthyosis	Golden Retriever	autosomal-rezessiv
junctional Epidermolysis bullosa (JEB)	Deutsch Kurzhaar	autosomal-rezessiv
juvenile Epilepsie	Lagotto Romagnolo	autosomal-rezessiv
juvenile renale Dysplasie (JRD)	verschiedene Rassen	autosomal-dominant mit unvollständiger Penetranz
Kupferspeicherkrankheit	Bedlington Terrier	autosomal-rezessiv
Lafora-Krankheit	Basset, Zwerg-Rauhhaardackel	autosomal-rezessiv
L-2-Hydroglutaric Azidurie (L-2-HGA)	Staffordshire Bull Terrier	autosomal-rezessiv
maligne Hyperthermie (MH)	verschiedene Rassen	autosomal-dominant
MDR1-Gendefekt (Ivermectin-Sensitivität)	Langhaar-Collie, Kurzhaar-Collie, Border-Collie, Australian Shepherd, Shetland Sheepdog, Bobtail, Langhaar Whippet, Silken Windhound, Wäller, Weißer Schweizer Schäferhund, Deutscher Schäferhund, McNab, Elo	autosomal-rezessiv
Merle-Faktor	verschiedene Rassen	autosomal-dominant mit unvollständiger Penetranz

Erkrankung	Rasse	Erbgang
Mukopolysaccharidose Typ I (MPS Typ I)	Plotthund	autosomal-rezessiv
Mukopolysaccharidose Typ IIIa (MPS Typ IIIa)	Rauhhaardackel	autosomal-rezessiv
Mukopolysaccharidose Typ IIIb (MPS Typ IIIb)	Schipperke	autosomal-rezessiv
Mukopolysaccharidose Typ VI (MPS Typ VI)	Zwergpinscher, Zwergpudel, Zwergschnauzer	autosomal-rezessiv
Mukopolysaccharidose Typ VII (MPS Typ VII)	Deutscher Schäferhund	autosomal-rezessiv
Musladin-Lueke-Syndrom	Beagle	autosomal-rezessiv
Myostatin-Gen (Bully Whippet)	Whippet	autosomal-rezessiv
Myotonia congenita	Zwergschnauzer	autosomal-rezessiv
Narkolepsie	Dobermann, Labrador Retriever, Dackel	autosomal-rezessiv
neonatale Enzephalopathie	Großpudel	autosomal-rezessiv
neuronale Ceroid-Lipofuszinose (NCL)	Border Collie, American Bulldog, Dackel, English Setter, Australian Shepherd, Tibet Terrier	autosomal-rezessiv
Phosphofruktokinase-Defizienz (PFKD)	English Springer Spaniel, American Cocker Spaniel, English Cocker Spaniel, Wachtelhund, Whippet	autosomal-rezessiv
progressive Retinaatrophie (prcd-PRA)	American Cocker Spaniel, American Eskimo Dog, Australian Cattle Dog, Australian Shepherd, Mini Australian Shepherd, Australian Stumpy Tail Cattle Dog, Chesapeake Bay Retriever, Chinese Crested, English Cocker Spaniel, Entlebucher Sennenhund, Finnischer Lapphund, Golden Retriever,	autosomal-rezessiv

Erkrankung	Rasse	Erbgang
progressive Retinaatrophie (prcd-PRA)	Kuvasz. Lapponian Herder, Labrador Retriever, Labradoodle, Norwegischer Elchhund, Nova Scotia Duck Tolling Retriever, Portugiesischer Wasserhund, Silky Terrier, Spanischer Wasserhund, Schwedischer Lapphund, Toy Pudel, Yorkshire Terrier, Zwergpudel	
progressive Retinaatrophie (cord1-PRA)	Kurzhaarzwergdackel, Langhaarzwergdackel, Rauhhaarzwergdackel, English Springer Spaniel	autosomal-rezessiv
progressive Retinaatrophie (dominante PRA)	(English) Mastiff, Bullmastiff	autosomal-dominant
progressive Retinaatrophie (generalisierte PRA)	Schapendoes	autosomal-rezessiv
progressive Retinaatrophie (rcd1-PRA)	Irish Setter, Irish Red and White Setter	autosomal-rezessiv
progressive Retinaatrophie (rcd1a-PRA)	Sloughi	autosomal-rezessiv
progressive Retinaatrophie (rcd2-PRA)	Collie, Langhaar-Collie, Kurzhaar-Collie	autosomal-rezessiv
progressive Retinaatrophie (rcd3-PRA)	Cardigan Welsh Corgi	autosomal-rezessiv
progressive Retinaatrophie (rcd4-PRA)	Irish Setter, Gordon Setter	autosomal-rezessiv
progressive Retinaatrophie (Typ A PRA)	Zwergschnauzer	autosomal-dominant mit unvollständiger Penetranz
progressive Retinaatrophie (XL-PRA)	Samojede, Sibirischer Husky	X-chromosomal-rezessiv

Erkrankung	Rasse	Erbgang
primäre Hyperparathyreoidismus (PHPT)	Wolfsspitz	autosomal-dominant
primäre Linsenluxation (PLL)	Chinese Crested, Jack Russell Terrier, Jagd Terrier, Lancashire Heeler, Miniature Bull Terrier, Parson Russell Terrier, Patterdale Terrier, Rat Terrier, Sealyham Terrier, Tibet Terrier, Toy Fox Terrier, Volpino Italiano, Welsh Terrier,	autosomal-rezessiv
Pyruvatdehydrogenase-Phosphatase-1-Defizienz (PDP1)	Clumber Spaniel, Sussex Spaniel	autosomal-rezessiv
Pyruvatkinase-Defizienz (PK-Defizienz)	Basenji, West Highland White Terrier, Cairn Terrier, Beagle, Labrador Retriever, Pug	autosomal-rezessiv
retinale Dysplasie (OSD)	Labrador Retriever, Samojede	autosomal-dominant mit unvollständiger Penetranz
Startle Disease	Irischer Wolfshund	autosomal-rezessiv
Trapped Neutrophil Syndrome (TNS)	Border Collie	autosomal-rezessiv
Von-Willebrand-Erkrankung Typ I	Dobermann, Deutscher Pinscher, Manchester Terrier, Berner Sennenhund, Coton de Tulear, Drentse Patrijshond, Kerry Blue Terrier, Papillion, Stabyhound, Welsh Corgi, Zwergpudel, Standardpudel, Toypudel	autosomal-doninant mit variabler Penetranz
Von-Willebrand-Erkrankung Typ II	Deutsch Drahthaar, Deutsch Kurzhaar	autosomal-rezessiv
Von-Willebrand-Erkrankung Typ III	Scotch Terrier, Shetland Sheepdog, Dutch Kooiker	autosomal-rezessiv
X-linked schwere kombinierte Immundefizienz (X-SCID)	Basset, Welsh Corgi	X-chromosomal-rezessiv
Zwergenwuchs	Saarloos Wolfshund, Deutscher Schäferhund, Tschechoslowakischer Wolfshund	autosomal-rezessiv

Erbkrankheiten beim Pferd

Erkrankung	Rasse	Erbgang
zerebelläre Abiotrophie (CA)	Araber und verwandte Rassen	autosomal-rezessiv
equine maligne Hyperthermie (EMH)	Quarter Horse, Paint Horse und verwandte Rassen	autosomal-dominant
Glycogen Branching Enzyme Deficiency (GBED)	Quarter Horse, Paint Horse und verwandte Rassen	autosomal-rezessiv
Greying	alle Rassen	autosomal-dominant
Hereditary Equine Regional Dermal Asthenia (HERDA)	Quarter Horse, Paint Horse und verwandte Rassen	autosomal-rezessiv
hyperkalämische periodische Paralyse (HYPP)	Quarter Horse, Paint Horse (alle Nachkommen des QH-Hengstes „Impressive")	autosomal-dominant
junctional Epidermolysis bullosa (JEB)	Belgisches Kaltblut, American Saddlebred und verwandte Rassen	autosomal-rezessiv
Lavender-Foal-Syndrom (LFS)	Araber	autosomal-rezessiv
Overo Lethal White Syndrome (OLWS)	Paint Horse	autosomal-rezessiv
Polysaccharid-Speichermyopathie (PSSM) Typ1	alle Rassen	autosomal-dominant
Roan	Quarter Horse, Paint Horse und verwandte Rassen, Kaltblut	autosomal-dominant
schwere kombinierte Immundefizienz (SCID)	Araber	autosomal-rezessiv

Erbkrankheiten bei der Katze

Erkrankung	Rasse	Erbgang
Gangliosidose (GM1)	Siam, Korat	autosomal-rezessiv
Gangliosidose (GM2)	Burma, Korat	autosomal-rezessiv
Glykogenspeicherkrankheit Typ IV (GSD IV)	Norwegische Waldkatze	autosomal-rezessiv
hypertrophe Kardiomyopathie (HCM)	Maine Coon, Ragdoll	autosomal-dominant
Leukozyten-Adhäsionsdefizienz	Kurzhaar-Hauskatze	autosomal-rezessiv
Mannosidose	Kurzhaar-Hauskatze, Perser	autosomal-rezessiv
Mukolipidose Typ II	verschiedene Rassen	autosomal-rezessiv
Mukopolysaccharidose Typ I	verschiedene Rassen	autosomal-rezessiv
Mukopolysaccharidose Typ VI	Kurzhaar-Hauskatze, Siam	autosomal-rezessiv
Mukopolysaccharidose Typ VII	Kurzhaar-Hauskatze	autosomal-rezessiv
polyzystische Nierenerkrankung (PKD)	Perser und Perser-Verwandte	autosomal-dominant
Porphyrie	Kurzhaar-Hauskatze	autosomal-rezessiv
progressive Retinaatrophie (rdAc)	Abessinier, Somali, Ocicat, Siam, Bengalkatzen, Balinese, Javanese, Orientalisch Kurzhaar, Tonkinese, American Curl, American Wirehair, Cornish Rex, Munchkin, Singapora	autosomal-rezessiv
progressive Retinaatrophie (Rod-cone dysplasia; Rdy)	Abessinier, Somali	autosomal-dominant
Pyruvatkinase-Defizienz (PK)	Abessinier, Somali, Kurzhaar-Hauskatze, Bengalkatze	autosomal-rezessiv
spinale Muskelatrophie (SMA)	Maine Coon	autosomal-rezessiv

Sachverzeichnis

Für tierartspezifische Begriffe siehe auch unter den einzelnen Tierarten.
Seitenzahlen in **fetter** Schrift verweisen auf die Hauptfundstellen im Text.

A

C

D

F

G

H

I

J

K

M

N

O

P

Q

R

S

U

V